教育部高等学校
化工类专业教学指导委员会推荐教材

 国家级一流本科专业建设成果教材

 石油和化工行业"十四五"规划教材
（普通高等教育）

# 精细化工工艺学

## 第五版

郭清泉　方岩雄　主编　　宋启煌　副主编

化学工业出版社

·北京·

**内容简介**

《精细化工工艺学》（第五版）系统地介绍了精细化工的分类、特点、工艺学基础和主要领域系列产品的生产基本原理、性能特点、应用范围、发展动向，以及有代表性产品的生产工艺和技术开发。

全书共分 11 章，包括绪论、表面活性剂、合成材料助剂、食品添加剂、胶黏剂、涂料、香料、电子化学品、化妆品、工业水处理剂、精细化工发展新动向。应对新热点，新增加了工业水处理剂章节。主要设备及原理配有动画与视频演示和一些拓展阅读材料，可通过扫描二维码观看。

《精细化工工艺学》（第五版）可作为高等院校化工、化学、轻工及相关专业的教材，同时可供成人教育选用，也可供从事精细化工、化工、应用化学、化学等领域生产、科研人员学习与参考。

**图书在版编目（CIP）数据**

精细化工工艺学 / 郭清泉，方岩雄主编 ；宋启煌副主编. —5 版. —北京：化学工业出版社，2024.5
教育部高等学校化工类专业教学指导委员会推荐教材
国家级一流本科专业建设成果教材 石油和化工行业"十四五"规划教材（普通高等教育）
ISBN 978-7-122-44656-5

Ⅰ．①精… Ⅱ．①郭… ②方… ③宋… Ⅲ．①精细化工-工艺学-高等学校-教材 Ⅳ．①TQ062

中国国家版本馆 CIP 数据核字（2024）第 058155 号

责任编辑：杜进祥 徐雅妮　　　　　文字编辑：黄福芝
责任校对：宋　玮　　　　　　　　　装帧设计：关　飞

出版发行：化学工业出版社
　　　　　（北京市东城区青年湖南街 13 号　邮政编码 100011）
印　　刷：北京云浩印刷有限责任公司
装　　订：三河市振勇印装有限公司
787mm×1092mm　1/16　印张 30¼　字数 808 千字
2024 年 8 月北京第 5 版第 1 次印刷

购书咨询：010-64518888　　　　　售后服务：010-64518899
网　　址：http://www.cip.com.cn
凡购买本书，如有缺损质量问题，本社销售中心负责调换。

定　　价：75.00 元　　　　　　　　版权所有　违者必究

# 序

化工是工程学科的一个分支，是研究如何运用化学、物理、数学和经济学原理，对化学品、材料、生物质、能源等资源进行有效利用、生产、转化和运输的学科。化学工业是美好生活的缔造者，是支撑国民经济发展的基础性产业，在全球经济中扮演着重要角色，处在制造业的前端，提供基础的制造业材料，是所有技术进步的"物质基础"，几乎所有的行业都依赖于化工行业提供的产品支撑。化学工业由于规模体量大、产业链条长、资本技术密集、带动作用广、与人民生活息息相关等特征，受到世界各国的高度重视。化学工业的发达程度已经成为衡量国家工业化和现代化的重要标志。

我国于 2010 年成为世界第一化工大国，主要基础大宗产品产量长期位居世界首位或前列。近些年，科技发生了深刻的变化，经济、社会、产业正在经历巨大的调整和变革，我国化工行业发展正面临高端化、智能化、绿色化等多方面的挑战，提升科技创新能力、推动高质量发展迫在眉睫。

党的二十大报告提出要坚持教育优先发展、科技自立自强、人才引领驱动，加快建设教育强国、科技强国、人才强国，坚持为党育人、为国育才。建设教育强国，龙头是高等教育。高等教育是社会可持续发展的强大动力。培养经济社会发展需要的拔尖创新人才是高等教育的使命和战略任务。建设教育强国，要加强教材建设和管理，牢牢把握正确政治方向和价值导向，用心打造培根铸魂、启智增慧的精品教材。教材建设是国家事权，是事关未来的战略工程、基础工程，是教育教学的关键要素、立德树人的基本载体，直接关系到党的教育方针的有效落实和教育目标的全面实现。为推动我国化学工业高质量发展，通过技术创新提升国际竞争力，化工高等教育必须进一步深化专业改革、全面提高课程和教材质量、提升人才自主培养能力。

教育部高等学校化工类专业教学指导委员会（简称"化工教指委"）主要职责是以人才培养为本，开展高等学校本科化工类专业教学的研究、咨询、指导、评估、服务等工作。高等学校本科化工类专业包括化学工程与工艺、资源循环科学与工程、能源化学工程、化学工程与工业生物工程、精细化工等，培养化工、能源、信息、材料、环保、生物、轻工、制药、食品、冶金和军工等领域从事科学研究、技术开发、工程设计和生产管理等方面的专业人才，对国民经济的发展具有重要的支撑作用。

2008 年起"化工教指委"与化学工业出版社共同组织编写出版面向应用型人才培养、突出工程特色的"教育部高等学校化学工程与工艺专业教学指导分委员会推荐教材"，包括国家级精品课程、省级精品课程的配套教材，出版后被全国高校广泛选用，并获得中国石油和化学工业优秀教材一等奖。

2018 年以来，新一届"化工教指委"组织学校与作者根据新时代学科发展与教学改革，持续对教材品种与内容进行完善、更新，全面准确阐述学科的基本理论、基础知识、基本方法和学术体系，全面反映化工学科领域最新发展与重大成果，有机融入课程思政元素，对接国家战略需求，厚植家国情怀，培养责任意识和工匠精神，并充分运用信息技术创新教材呈现形式，使教材更富有启发性、拓展性，激发学生学习兴趣与创新潜能。

希望"教育部高等学校化工类专业教学指导委员会推荐教材"能够为培养理论基础扎实、工程意识完备、综合素质高、创新能力强的化工类人才，发挥培根铸魂、启智增慧的作用。

**教育部高等学校化工类专业教学指导委员会**
**2023 年 6 月**

# 前　言

《精细化工工艺学》教材（第一版）于 1995 年出版，先后多次重印，并于 1998 年获部级优秀化工教材二等奖，被评为化学工业出版社第三届优秀畅销教材。2003 年修订第二版，也得到了广大师生的厚爱，多次重印，有 60 多所高等院校相关专业广泛采用，得到了一致好评。2013 年，《精细化工工艺学》（第三版）出版，荣获 2014 年中国石油和化学工业优秀教材一等奖，得到了更多高校相关专业的广泛采用和好评。2018 年，《精细化工工艺学》（第四版）出版，配套了数字化资源，历经多次加印，深受高校欢迎。

广东工业大学轻工化工学院"化学工程与工艺"专业 2008 年被评为广东省特色专业，2010 年获批国家特色专业，2011 年获批教育部"卓越工程师教育培养计划"，2018 年通过教育部国际工程教育认证，2019 年入选国家级一流本科专业建设点。为进一步促进学科的发展和教学水平的提高，提出要把"精细化工工艺学"课程建设成为国家级精品课程。从教材建设入手，对《精细化工工艺学》（第四版）教材进行修订和完善，以适应教学改革的需要。

《精细化工工艺学》（第五版）教材修订的指导思想如下。

1. 本书在保留原有各章结构和特色的基础上，适应新形势的要求。首先增加工业水处理剂一章全新内容，同时将第四版第一章和第二章内容进行合并精简，将发展动向内容统一调整到第十一章精细化工发展新动向，这样第五版还是保持十一章内容，但是与第四版相比，已经有了较大改动，同时各章内容均进行了较大更新。

2. 与时俱进，增加了课程思政内容。科学家故事、家国情怀、创新创业史等，放在数字化资源中，可通过扫描二维码进行阅读，提高学生的祖国荣誉感和担当精神。

3. 增加安全生产事故警示案例，强调精细化工发展中安全生产的重要性。

4. 牢固树立"绿水青山就是金山银山"的理念，注重环境保护和协调发展。

5. 注意学科交叉和融合创新，对最新的生物技术、信息技术与精细化工结合情况进行阐述。

第五版主编郭清泉、方岩雄，副主编宋启煌。全书共十一章，编写分工如下：郭清泉编写第一章绪论、第九章化妆品，张维刚编写第二章表面活性剂，孙明编写第三章合成材料助剂，方岩雄编写第四章食品添加剂和第十一章精细化工发展新动向，梁亮编写第五章胶黏剂，刘金成编写第六章涂料，梁亮、吴克刚编写第七章香料，高粱编写第八章电子化学品，刘计省编写第十章工业水处理剂。全书由郭清泉、宋启煌统稿。方岩雄负责全书数字化资源。潘传艺提供一些实际生产事故案例。书中二维码链接的主要设备及原理素材资源由北京东方仿真软件技术有限公司提供技术支持。硕士研究生袁宇玺、张煜东也对本书的组稿、核对做了一些工作。

《精细化工工艺学》（第五版）的出版，适应新形势、新要求、新理念，更具有"教材新颖、内容丰富、实用性强"的特色。

本书在编写过程中，得到了广东工业大学各级领导、轻工化工学院领导以及相关院校专家教授的大力支持和热情帮助与指导，在此一并致谢！

希望本书能发挥"培根铸魂、启智增慧"的作用，能在精细化工人才培养中，对教学水平的提高和推进行业的科技进步能发挥更大的作用。本书在修订中的不足之处，敬请广大读者批评指正。

编者

于广东工业大学（广州）

2023 年 4 月

# 第一版前言

精细化工是与经济建设和人民生活密切相关的重要工业部门，是化学工业发展的战略重点之一。近几年来，国内外高度重视精细化学品的研制、开发和生产。

为适应精细化工发展的需要，培养更多的精细化工的专门技术人才，一些高等院校相继成立了"精细化工"专业，为发展精细化工担负着培养专业人才的重任。从1985年起，我校在广东省首先招收精细化工专业本科学生。鉴于目前精细化工专业仍无统编教材，而精细化工又是技术密集型产业，涉及的行业部门多，产品品种繁杂的情况，我们结合多年的教学实践，为学生在学完《精细有机合成单元反应》课程基础上，开设了《精细化工工艺学》这门专业课，并组织编写了这本教材。由于教学时数（50～60学时）和教材篇幅所限，在贯彻"少而精"的基本原则下，不必要也不可能面面俱到地介绍所有行业的系列产品。本书结合精细化工发展的重点及本学科的主要研究方向，选编了表面活性剂、合成材料助剂、食品添加剂等十大专题内容，同时还附录编写了部分有关精细化工工艺计算，工艺流程设计技术，环境污染及防治的部分重要工艺技术内容。本书在编写上结合精细化工品的合成实例，重点讲述它们的合成原理、原料消耗、工艺过程、主要操作技术和产品的性能用途等，为学生毕业后从事精细化工产品的生产和新品种的开发奠定必要的理论和技术基础；同时也希望能为有关工厂企业和科研单位的工程技术人员开展技术工作提供方便。

全书共分十章，由广东工业大学宋启煌担任主编，参加该书编写的分工如下：第一章绪论、第二章精细化工工艺学基础及技术开发、第四章合成材料助剂、第七章涂料，由宋启煌编写；第三章表面活性剂由 宋晓锐 编写；第六章黏合剂、第八章香料由梁亮编写；第五章食品添加剂由方岩雄编写；第九章感光材料及附录由张维刚编写；第十章化妆品由王飞镝编写。

作者在编写过程中得到了广东工业大学罗宗铭教授、杨辉荣教授等的帮助和指导，并得到了化学工业出版社的大力支持和帮助，特此一并致谢！

由于编者水平有限，书中出现的缺点、不足和错误之处，敬请专家和广大读者给予批评指正，以使本教材不断得到完善。

编　者

于广东工业大学（广州）

**1995 年 4 月**

# 目　录

# 第三章　合成材料助剂 / 95

# 第四章　食品添加剂 / 151

## 第五章　胶黏剂 / 217

## 第六章　涂料 / 264

# 第七章 香料 / 297

# 第八章 电子化学品 / 349

# 第九章 化妆品 / 366

# 第十章　工业水处理剂 / 403

# 第十一章　精细化工发展新动向 / 433

# 主要设备及原理素材资源
# （建议在 WiFi 环境下扫码观看）

## 拓展阅读材料
## （建议在 WiFi 环境下扫码观看）

# 第一章

# 绪　论

## 1.1　精细化工及精细化学品的定义

精细化学工业是生产精细化工产品工业的通称，简称"精细化工"。精细化工产品也称精细化学品（fine chemicals），是化学工业中用来与通用或大宗化学品（heavy chemicals）相区分的一个专用术语。精细化学品通常指一些具有特定应用性能、合成工艺精细、技术密集度高、产量小而产值高的产品，例如医药、染料、农药、化学助剂等；通用化学品指一些应用范围广泛，生产中化工技术要求高，产量大的产品。

"精细化学品"一词在国外沿用已久，但到目前为止，尚无严格统一的科学定义。在我国将精细化学品定义为：凡能增进或赋予一种产品以特定功能，或本身拥有特定功能的小批量、纯度高的化工产品称为精细化学品，有时也称为专用化学品。日本把凡是具有专门功能，研究、开发、制造及应用技术密集度高，配方技术决定产品性能，附加值大、收益大、批量小、品种多的化工产品统称为精细化学品。欧美一些国家依据产品的功能性把产量小、按不同化学结构进行生产和销售的化学型产品，称为精细化学品；把产量小、经过加工配制、具有专门功能或最终使用性能的功能性产品，称为专用化学品（specialty chemicals）。如何区分精细化学品与专用化学品可归纳为以下 6 点：

（1）精细化学品多为单一化合物，往往是化学制药、染料、农药、有机功能材料等复合物的中间体，可以用化学式表示其成分（如 3,5-二甲氧基苯甲酸），而专用化学品很少是单一的化合物，常常是若干种化学品组成的复合物或配方物，通常不能用化学式表示其成分（如乳胶漆、日化产品）；

（2）精细化学品一般为最终使用性产品，用途较广，而专用化学品的加工度更高，也为最终使用性产品，但用途较窄；

（3）精细化学品大体是用一种方法或类似的方法制造的，不同厂家的同种产品基本上没有差别。而专用化学品的制造，各生产厂家互不相同，产品有区别，甚至可完全不同；

（4）精细化学品是按其所含的化学成分来销售的，而专用化学品是按其功能销售的；

（5）精细化学品的生命期相对较长，而专用化学品的生命期短，产品更新很快；

（6）专用化学品的附加价值率、利润率更高，技术秘密性更强，更需要依靠专利保护或对技术严加保密，新产品的生产可完全依靠本企业的技术开发。

实际上欧美国家广泛使用"专用化学品"一词，而日本和我国在化工领域常用精细化学品一词。目前，随着精细化学品和专用化学品的发展，在国外，精细化学品和专用化学品倾向于通用。当前得到较多国家公认的定义是：对基本化学工业生产的初级或次级化学品进行深加工而制取的具有特定功能、特定用途、小批量生产的系列产品，称为精细化学品。这些产品具备许多特点：产品门类多，有不同的品种牌号，商品性强，生产工艺精细，有些产品的化学反应与工艺步骤复杂（如药物），附加价值高，投资少，利润大，对市场适应性强，服务性强，产品更新换代快，技术密集性高，适合于中小型厂家生产，商品富于竞争性，研究经费一般高于其他化工部门等。

# 1.2 精细化工的范畴和分类

精细化工的范畴相当广泛，包括的范围也无定论。各国对精细化工范畴的规定是有差别的。纵观世界主要工业国家关于精细化学品的范围划分，虽然有些不同，但并无多大差别，只是划分的宽窄范围不同而已。随着科学技术的不断发展，一些新兴的精细化工行业正在不断出现，行业越分越细。

**(1) 按化学结构分类**

按化学结构精细化学品可分为有机化学品（如有机磷农药）、精细化工高分子化学品（如涂料和胶黏剂）、精细无机化学品（如电子级硫酸钡）和精细生物化学品（氨基酸）。

**(2) 按用途分类**

日本 1984 年版《精细化工年鉴》中共分为 35 个行业类别，而到 1985 年，发展为 51 个类别，即医药、农药、合成染料、有机颜料、涂料、黏合剂、香料、化妆品、盥洗卫生用品、表面活性剂、合成洗涤剂、肥皂、印刷用油墨、塑料增塑剂、其他塑料添加剂、橡胶添加剂、成像材料、电子用化学品与电子材料、饲料添加剂与兽药、催化剂、合成沸石、试剂、燃料油添加剂、润滑剂、润滑油添加剂、保健食品、金属表面处理剂、食品添加剂、混凝土添加剂、水处理剂、高分子絮凝剂、工业杀菌防霉剂、芳香除臭剂、造纸用化学品、纤维用化学品、溶剂与中间体、皮革用化学品、油田用化学品、汽车用化学品、炭黑、脂肪酸及其衍生物、稀有金属、精细陶瓷、无机纤维、储氢合金、非晶态合金、火药与推进剂、酶、生物技术，功能高分子材料、稀有气体。

1986 年，为了统一精细化工产品的口径，加快调整产品结构，发展精细化工，并作为今后计划、规划和统计的依据，我国化学工业部根据其所属精细化工行业把精细化学品分为11 大类。具体分类如图 1-1。

其中催化剂和各种助剂一项，又包括以下内容：

① 催化剂，分为炼油用、石油化工用、有机化工用、合成氨用、硫酸用、环保用和其他用途的催化剂；

② 印染助剂，含柔软剂、匀染剂、分散剂、抗静电剂、纤维用阻燃剂等；

③ 塑料助剂，含增塑剂、稳定剂、发泡剂、阻燃剂等；

④ 橡胶助剂，含促进剂、防老剂、塑解剂、再生胶活化剂等；

⑤ 水处理剂，含水质稳定剂、缓蚀剂、软水剂、杀菌灭藻剂、絮凝剂等；

⑥ 纤维抽丝用油剂，含涤纶长丝用、涤纶短丝用、锦纶用、腈纶用、丙纶用、维纶用、玻璃丝用油剂等；

⑦ 有机抽提剂，含吡咯烷酮系列、脂肪烃系列、乙腈系列、糠醛系列等；

⑧ 高分子聚合物添加剂，含引发剂、阻聚剂、终止剂、调节剂、活化剂等；

⑨ 表面活性剂，除家用洗涤剂以外的阳性、阴性、中性和非离子型表面活性剂；

⑩ 皮革助剂，含合成鞣剂、涂饰剂、加脂剂、光亮剂、软皮油等；

⑪ 农药用助剂，含乳化剂、增效剂等；

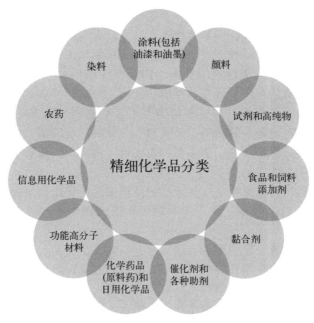

图 1-1 我国精细化学品分类

(注：功能高分子材料包括功能膜、偏光材料等；信息用化学品包括感光材料、磁性材料等能接受电磁波的化学品。)

⑫ 油田用化学品，含油田用破乳剂、钻井防塌剂、泥浆用助剂、防蜡用降黏剂等；

⑬ 混凝土用添加剂，含减水剂、防水剂、脱模剂、泡沫剂（加气混凝土用）、嵌缝油膏等；

⑭ 机械、冶金用助剂，含防锈剂、清洗剂、电镀用助剂、各种焊接用助剂、渗碳剂、汽车等机动车用防冻剂等；

⑮ 油用添加剂，含防水、增黏、耐高温等各类添加剂，汽油抗震、液压传动、变压器油、刹车油添加剂等；

⑯ 炭黑（橡胶制品的补强剂），分高耐磨炭黑、半补强炭黑、色素炭黑、乙炔炭黑等；

⑰ 吸附剂，含稀土分子筛系列、氧化铝系列、天然沸石系列、二氧化硅系列、活性白土系列等；

⑱ 电子工业专用化学品（不包括光刻胶、掺杂物、MOS 试剂等高纯物和高纯气体），含显像管用碳酸钾、氟化物、助焊剂、石墨乳等；

⑲ 纸张用添加剂，含增白剂、补强剂、防水剂、填充剂等；

⑳ 其他助剂，如玻璃防霉剂、乳胶凝固剂。

精细化学品范围很广，品种繁多，并且随着科学技术的不断发展，品种会越来越多，涉及的行业也会越来越多。其分类会因每个国家经济体制的不同、生产和生活水平变化而变化，从而会不断地修改和增添。

## 1.3 精细化工的特点

### 1.3.1 精细化工产品特点

#### 1.3.1.1 品种多、小批量、系列化

每种精细化工产品都有其一定的应用范围，以满足社会的不同需要。从精细化工的范畴

和分类可以看到，精细化学品必然具有品种多的特点。由于产品应用面窄、针对性强，特别是专用品和特制配方的产品，往往一种类型的产品可以有多种牌号，因而使新品种和新剂型不断出现，日新月异。所以，品种多这一点实际上是精细化工的一个重要特征。可以以表面活性剂为例，众所周知，表面活性剂的基本作用是改变不同两相间的界面张力。根据这一点，就可以利用其所具有的润湿、洗净、浸渗、乳化、分散、增溶、起泡、消泡、凝聚、平滑、柔软、减摩、杀菌、抗静电、防锈和匀染等表面性能，做成多种多样的洗净剂、渗透剂、扩散剂、起泡剂、消泡剂、乳化剂、破乳剂、分散剂、杀菌剂、湿润剂、柔软剂、抗静电剂、抑制剂、防锈剂、防结块剂、防雾剂、脱皮剂、增溶剂、精炼剂等，并将它们用于国民经济各部门中，例如纺织、石油、轻工、印染、造纸、皮革、食品、化纤、化工、冶金、煤炭、建筑、采矿、医药、农业等。这些产品的品种多，产量小，呈现系列化。例如，国外表面活性剂的品种就有 5000 多种。据《染料索引》第三版统计，不同化学结构的染料品种有 5000 种以上。

精细化工产品一般都有一定的寿命，通常是起初处于萌芽期，其销售量较少；以后进入成长期，而在成长前期销售量增长较快，到了后期增长变慢；然后达到饱和期，其销售量不再增长；最后进入衰退期，逐渐被新产品所取代。因此，不断开发新品种、新剂型、新配方和提高开发新品种的创新能力，是当前国际上精细化工发展的总趋势。

### 1.3.1.2　特定的功能和属性

每一种化工产品都有其各自的性能，精细化工产品与大化工产品性能不同的是，精细化学品更着重于产品所具有的特定功能，因而产品具有应用范围比较窄、专用性能强而通用性弱的特点。大多数精细化学品的特定功能经常与消费者直接相关，因而产品的功能能否满足消费者的要求就显得格外重要。如家庭用的液体洗涤剂就是利用表面活性剂复配而成的，若用于洗衣服，则要求在自动化洗衣机所规定的洗涤时间内必须有良好的洗涤效果；若用于清洗餐具，就要求具有较强的去油污能力，无毒且对皮肤无刺激。另外，有些精细化学品是针对专门的消耗者而设计的，例如医药和农药。特定功能还表现在其使用上的小变化即可产生显著的效果。

## 1.3.2　精细化工生产特点

### 1.3.2.1　技术密集度高

精细化工是综合性较强的技术密集型工业。精细化学品是以商品的综合功能出现的。首先在合成过程中要筛选不同的化学结构；在剂型生产中应充分发挥精细化学品自身功能与其他物料配合的协同作用；在商品化上又有一个复配过程，以更好地发挥产品的优良性能。以上三个过程是相互联系又相互制约的。这是精细化工生产技术密集度高的一个主要原因。

要生产一种优质的精细化工产品除了化学合成以外，还必须考虑如何使其商品化，这就要求多门学科知识的互相配合及综合运用。不仅如此，同类精细化工产品之间的相互竞争也是十分激烈的。为了提高竞争能力，必须坚持不懈地开展科学研究，注意采用新技术、新工艺和新设备，及时掌握国内外情报，搞好信息储存。

技术密集还表现为情报密集、信息快。由于精细化工产品是根据具体应用对象而设计的，它们的要求经常会发生变化，一旦有新的要求提出，就必须按照新要求来重新设计化合物结构，或对原有的结构进行改进，其结果就会出现新产品。此外，大量的基础研究产生的新化学品也需要寻求新的用途。为此，某些大化学公司已经开始采用新型计算机信息处理技术对国际化学界研制的各种新化合物进行储存、分类以及功能检索，以达到快速设计和筛选的目的。

技术密集这一特点还反映在精细化工产品的生产中技术保密性强，专利垄断性强。这几乎是各精细化工公司的共同特点。它们通过自己的技术开发部拥有的技术进行生产，并以此为手段在国内及国际市场上进行激烈竞争。因此，一个具体品种的市场寿命往往很短。例如，新药的市场寿命通常只有3～4年。在这种激烈竞争而又不断改进的形势下，专利权的保护是十分重要的。我国已实行了专利法，这对精细化工产品的生产无疑起到十分重要的作用。

因此，一个精细化学品的研究开发，要从市场调查、产品合成、应用研究、市场开发，甚至技术服务等各方面全面考虑和实施，这需要解决一系列的技术课题，渗透着多方面的技术、知识、经验和手段。

### 1.3.2.2 综合生产流程和多功能生产装置

多数精细化工产品需要由基本原料出发，经过深度加工才能制得，因而生产流程一般较长，工序较多。由于这些产品的需求量不大，故往往采用间歇式装置生产。虽然精细化工产品品种繁多，但从合成角度看，其合成单元反应不外乎十几种，尤其是一些同系列产品，其合成单元反应及所采用的生产过程和设备，有很多相似之处。近年来，许多生产工厂广泛采用多品种综合生产流程，设计和制作用途广、功能多的生产装置。也就是说，一套流程装置可以经常改变生产品种的牌号，使其具有相当强的适应性，以适应精细化工产品品种多、小批量、系列化的特点。精细化工最合理的设计方案是按单元反应来组织反应设备，用若干个单元反应器组合起来生产不同的产品。单元反应器的生产能力可以很大，对一个具体品种来说，通过几批甚至一批生产就可以满足年产量的要求。精细化工产品的生产，通常以间歇反应为主，采用批量生产。这种做法收到了明显的经济效益，但同时对生产管理和操作人员的素质提出了更高的要求。

### 1.3.2.3 大量采用复配技术

大量采用复配技术也是精细化工生产的特点之一。为了满足各种专门用途的需要，许多由化学合成得到的产品，除了要求加工成多种剂型（粉剂、粒剂、可湿剂、乳剂、液剂等）外，常常必须加入多种其他试剂进行复配。由于应用对象的特殊性，很难采用单一的化合物来满足要求，于是配方的研究便成为决定性的因素。例如，在合成纤维纺织用的油剂中，要求合成纤维纺丝油剂应具备以下特性：平滑、抗静电、有集束或包合作用、热稳定性好、挥发性低、对金属无腐蚀、可洗性好等。由于合成纤维的形式及品种不同，如长丝或短丝，加工的方式不同，如布速纺或低速纺，则所用的油剂也不同。为了满足上述各种要求，合纤油剂都是多组分的复配产品。其成分以润滑油及表面活性剂为主，配以抗静电剂等助剂。有时配方中会涉及10多种组分。又如金属清洗剂，组分中要求有溶剂、除锈剂等。其他如化妆品，常用的脂肪醇不过是很少的几种，而由其复配衍生出来的商品，则是五花八门，难以作确切的统计。农药、表面活性剂等门类的产品，情况也类似。有时为了使用户使用方便及安全，也可将单一产品加工成复合组分商品，如液体染料就是为了印染工业避免粉尘污染环境和便于自动化计量而提出的，它们的组分要用到分散剂、防沉淀剂、防冻剂、防腐剂等。

采用复配技术所推出的产品，具有增效、改性和扩大应用范围等功能，其性能往往超过结构单一的产品。因此，掌握复配技术是使精细化工产品具备市场竞争能力的一个极为重要的方面。但这也是目前我国精细化工发展的一个薄弱环节，必须给予足够的重视。

### 1.3.2.4 科学发展，安全生产

安全生产是化工生产的前提条件，安全生产是化工生产发展的关键。精细化工的特点，强调要"科学发展、安全发展"。

目前，我国精细化学工业正处于快速发展期，生产规模日益扩大，装置日趋大型化，新

的工艺技术不断涌现。化工过程伴随有毒有害、易燃易爆等物料，并涉及工艺、设备、仪表、电气等多个专业和复杂的公用工程，这又极大地增加了精细化工事故发生的可能性和事故后果造成的严重程度。要从全局和战略的高度，充分认识加强安全生产工作的极端重要性。我国正处在发展机遇期和矛盾凸显期并存的发展阶段，处在工业化和城镇化快速发展、生产安全事故易发的特殊阶段。切实做好安全生产工作，是深入贯彻落实习近平新时代中国特色社会主义思想，加快转变经济发展方式，推进经济社会全面、协调、可持续发展的重要任务，是保障人民群众生命财产安全，进一步促进社会和谐稳定的必然要求，是加快改革开放和现代化进程的重要保障。精细化工企业必须从全局和战略的高度，充分认识加强安全生产工作的极端重要性，自觉坚持"安全第一、预防为主、综合治理"的方针，把生命高于一切的理念落实到生产、经营、管理的全过程，坚决守住安全生产这条红线。

### 1.3.3　精细化工经济特点

#### 1.3.3.1　投资效率高

精细化工装置规模较小，很多采用间歇生产方式，一种装置多种用途，装置投资相对比较小，投资效率高。精细化工的资本密集度仅为石油化学工业平均指数的 0.3～0.5，为化肥工业的 0.2～0.3。

$$投资效率＝(附加价值/固定资产)×100\%$$

#### 1.3.3.2　利润率高

通常评定一个企业或一个生产装置的利润率标准是：销售利润率小于 15% 的为低利润率，15%～20% 的为中等利润率，高于 20% 的为高利润率。精细化工企业的利润率处于 15% 以上。利润高低在很大程度上取决于技术垄断情况和产品质量。化工原料的日益枯竭，使其价格不断上涨，给精细化工的发展带来了很大的经济压力。另外，产品的利润还与产品的供求关系密切相关。

#### 1.3.3.3　附加价值率高

附加价值是指在产品的产值中扣去原材料、税金、设备和厂房的折旧费后，剩余部分的价值。这部分价值是指从原材料开始经加工至产品的过程中实际增加的价值，它包括利润、工人劳动、动力消耗以及技术开发等费用，所以称为附加价值。附加价值不等于利润。因为若某种产品加工深度大，则工人劳动及动力消耗也大，技术开发的费用也会增加；而利润则受各种因素的影响，例如是否属垄断技术，市场的需求如何等。附加价值高低可以反映出产品加工中所需的劳动、技术利用情况以及利润是否高等。国外有一个统计，每投入价值 100 美元的石油化工原料，产出初级化学品价值为 200 美元，再产出有机中间体 480 美元和最终成品 80 美元；如果进一步加工为塑料、合成橡胶和纤维以及清洗剂和化妆品，则可产生价值 800 美元的中间产品和价值 540 美元的最终产品；如再深一步加工成用户直接使用的家庭耐用品、纺织品、鞋、汽车材料、书刊印刷物等，则总产值可达 10600 美元，也即比原来的 100 美元投入增值为 106 倍。

精细化工产品的附加价值与销售额的比率在化学工业的各大部门中是最高的，一般大宗化工产品原材料费率（原材料费与产值的比率）为 60%～70%，附加价值率（附加价值与产值的比率）为 20%～30%；而精细化工产品的原材料费率则为 30%～40%，附加价值率约达 50%，远远高于其他化工的平均附加价值率（35.5%）。产品的附加值通常随其深度加工和精细化而急剧增加。

#### 1.3.3.4　返本期短

精细化工的投资效率、利润率和附加价值率高，不言而喻，其可以大大缩短投资的返本期。

### 1.3.4　精细化工商业特点

#### 1.3.4.1　市场从属性

市场从属性是精细化学品最主要的商业特点。精细化学品发展的推动力是市场，市场是由社会需求决定的。通用化学品面向的市场是全方位的，弹性大；精细化工产品的应用市场很多是单向的，从属于某一个行业，有些产品虽能覆盖几个行业，但弹性仍然很小。精细化工投资决策很大程度上取决于市场。因此，精细化工企业要不断寻求市场需要的新产品和现有产品的新用途，对现有市场和潜在市场规模、价格、价格弹性系数作出切合实际的估计，综合市场情况，对改进生产管理提出建议。

#### 1.3.4.2　市场竞争导致市场排他性

精细化学品是根据其特定功能和专用性质进行生产、销售的化学品，商品性很强，用户的选择性也很大，市场竞争激烈。精细化学品很多是复配加工的产品，配方技术和加工技术具有很高保密性、独占性、排他性。因此，企业要注意培养自己的技术人才，依靠本身的力量去开发。对自己开发的技术和市场应注意保密。

#### 1.3.4.3　应用技术和技术服务是争夺市场的重要手段

精细化学品在完成商品化后，即投放市场试销，应用技术及其为用户提供技术服务好坏关系到能否争取市场，扩大销路，进而扩大生产规模和争取更大利润。因此，应用技术和技术服务极为重要，应抽调相当数量素质好、有实践经验的人员担任销售及技术服务工作。以瑞士为例，精细化工研究、生产销售和技术服务人员的比例为 32∶30∶35，由此可见一斑。

#### 1.3.4.4　企业和商品信誉是稳定市场的保证

市场信誉取决于产品质量和服务情况。精细化工企业应该建立自己的商标，打造自己的品牌应该成为全企业所有人员共同努力的目标。

## 1.4　发展精细化工的意义及策略

精细化工与工农业、国防、人民生活和尖端科学技术都有着极为密切的关系。精细化工是当今世界各国发展化学工业的战略重点，也是一个国家综合技术水平的重要指标之一。

### 1.4.1　精细化工在化学工业中的地位

从 20 世纪 70 年代以来，一些工业发达国家相继将化学工业发展的战略重点转向精细化工，其原因是：

① 随着科学技术的进步和人类社会的发展，人类社会需要精细化学品。

② 一些缺乏资源的工业发达国家，由于能源危机的冲击，不得不改变化工产品的结构，将其战略重点由石油化工转向省资源、省能源、附加价值高和技术密集的精细化工，以便用技术优势来弥补资源劣势。如：日本早在 1968 年就提出发展精细化工；20 世纪 80 年代以来，日本采取了一系列的措施促进精细化工的发展，从而使精细化工获得了较快的发展。

③ 一些工业发达国家的石油化工已经发展到由量到质的转变阶段。目前其通用产品已能基本满足需要，故要进一步开发新产品，开拓新市场，只有转向发展功能性材料、特种材料和专用商品。

④ 一些工业发达国家的石油化工已发展到相当规模，并具有技术优势，能为精细化工

的发展提供充足的原料、中间体和技术条件。

德国精细化工发展的历史较长，基础也较好。该国为了发挥自己在精细化工方面的技术优势，为了保持在国际市场上的优势地位和获得更高的附加价值及利润，近几十年来也在大力调整化工产品的结构，将发展重点转向精细化工。

美国尽管有丰富的天然气和石油资源，且受能源危机的冲击不大，但在20世纪70年代就开始重视精细化工的技术开发，许多化工公司纷纷调整化工产品结构，加快精细化工的步伐。

英国和法国也都在近几十年进行了化工产品结构的调整，将发展战略重点转向精细化工。

精细化工率（精细化工产值占总化工产值的比例）已代表一个国家化学工业发展水平。美国等发达国家的精细化工率已高达70%。

我国从"六五"时期开始，直至"十五"时期，在国民经济发展计划中，都把精细化工，特别是新领域精细化工作为发展的战略重点之一，在政策和投资上予以倾斜。经过20多年的努力，精细化工产业已在中国得到发展，我国计划到2025年将精细化工率提高到55%。在政策的影响下，2022年，我国精细化工行业总产值约为5.7万亿元，同比增长16.3%，占化工行业总产值的比例达到43.7%。2023年，我国精细化工行业保持了较快的增长势头，预计到2027年，我国精细化工行业总产值有望超过11万亿元。

## 1.4.2　精细化工的战略意义

### 1.4.2.1　精细化工与农业的关系

农业是国民经济的重要命脉，高效农业成为当今世界各国农业发展的大方向。高效农业中需要高效农药、兽药、饲料添加剂、肥料及微量元素等。化学农药工业的重点是发展高效、安全、经济的新产品，如杀虫剂、杀菌剂、杀鼠剂、除草剂、植物生长调节剂及生物农药等。目前以新制剂为主，尽量满足农业对各种剂型产品的需求。全世界每年因病虫害造成粮食损失占可能收获量的三分之一以上。使用农药后所获效益是农药费用的5倍以上。使用除草剂其效益可达物理除草的10倍。兽药和饲料添加剂可使牲畜生病少、生长快、产值高，经济效益大。

### 1.4.2.2　精细化工与轻工业和人民生活的关系

当今社会人们的生活水平越来越高，生活需求与日俱增。由原先的生活必需品增加到现在许多的高档消费品。各种用品讲求高效率、高质量、低价位。单就化妆品一项，其品种数量不计其数。美容、护肤、染发、祛臭、防晒、生发、面膜、霜剂、粉剂、膏剂、面油、手油、早用品、晚用品、日用品等举不胜举。卫生用品也是琳琅满目，如家用清洗剂中有：餐具洗洁净、油烟机及厨具清洗剂、玻璃擦净剂、地毯清洗剂等等。还有冰箱用、卫生间用、鞋用等除臭剂，家用空气清新剂等。各种用途的表面活性剂更是精细化工行业最重要、最广泛的物质。各种香料、香精、食品添加剂，以及皮革工业、造纸工业、纺织印染工业的各种助剂就更是不胜枚举。研究表面活性剂的分离方法、洗涤作用、表面改性、微胶囊化、薄膜化及超微粒化技术和增效复配技术的使用，改善印染需求量大的活性染料、分散染料、还原染料等，以及涂料、橡胶与塑料、油墨和塑料加工的高档有机颜料和助剂的物化性质，使其更好地满足技术要求。涂料工业以发展满足建筑、汽车、电器、交通（船舶、路标）、家具需要的高档涂料，解决恶劣条件下的防腐难题，着重抓好低污染、节能型新品种的研制，主要有水性涂料、高固体分涂料、粉末涂料、光固化涂料等。同时重视涂料用无机颜料和配套树脂、助剂、填料、溶剂的开发。胶黏剂工业主要发展低毒（或无毒）、中低温固化和高强耐候品种，开发功能型的新品种，尤其注重开发鞋用胶黏剂。发达国家化工产品数量与商品数量之比为 1∶20，总之，轻工业和人们的生活用品是精细化工的一个很大的市场。

### 1.4.2.3　精细化工与军工、高技术领域的关系

在军事工程、高空、水下、特殊环境等条件下需要各种不同性质和功能的材料。如火箭、航空与航天飞机、原子反应堆、高温与高压下作业、能源开发等不同环境下需要的高温高强度结构材料。从功能角度来说，各种具有热学、力学、磁学、电子与化学、光学、化学与生物等性能的功能材料，这些都无一不与精细化学品有关。如在航天航空中，巨型火箭所使用的液态氧、液态氢贮箱是用多层保温材料制造的，这些材料难以用机械方法连接，而采用了氨酯型和环氧-尼龙型超低温胶黏剂进行粘接。大型波音型客机所用的蜂窝结构以及玻璃钢和金属蒙面结构也都离不开胶黏剂。材料的复合化可以集合各自的优点，从而满足许多特殊用途的要求。继玻璃纤维增强塑料以后，又研究开发出碳纤维、硼纤维和聚芳酰胺纤维等增强轻塑料复合材料，在宇航和航空中，特别需要这种轻质高强度耐高温材料。其他如生物技术、聚合物改性技术、计算机化工应用技术、综合治理技术等都与化学工业、精细化工的发展密切相关。它们的突破与发展，都会给经济的发展和社会的进步产生巨大的影响。

## 1.4.3　精细化工发展的策略

近几年来，我国精细化工取得了较快的发展，但由于品种繁多，技术水平不一，行业状态各异，管理体制难以按照统一的发展规划进行，为了推进精细化工更健康地发展，要充分注意精细化工发展的策略。

### 1.4.3.1　依靠科技进步，以技术为核心

目前，无论是大中型企业，还是小型乡镇企业，在发展精细化工的过程中，往往和发展重化工一样，即以项目为核心。认为只要确定了一个项目，就有了品种和规模、市场和效益。实际上，精细化工与重化工不同，其项目小、投资少、建设快。一个效益较好的项目，容易被较多企业模仿，形成相似项目，彼此争夺市场，结果易被挤垮。比较科学的策略应是以技术为核心，发展自身的技术力量，掌握本行业与相关行业的技术领域，不着眼一两个品种，而着眼于完整的产品方案和系列产品的开发，这样道路才能越走越宽。

### 1.4.3.2　培植技术力量，注意人才培养

企业和部门在发展精细化工时，首先应注意培植自己的技术力量。因为精细化工产品多、更新换代快、市场竞争激烈，国内外成功与失败的经验都证明，抓住一两个产品不放的企业难以持久。

制订科技人员培训计划，发展自身的技术力量。掌握本行业与相关行业的技术领域，了解和跟踪本行业的最新产品、最新技术、最新设备；不断加强科技人才、情报信息的交流。

### 1.4.3.3　做好行业内部、行业之间的协调

一个精细化工行业应当看成是由生产厂、研究院所、大专院校、设计院所、信息部门、环保部门、设备制造部门等共同组成的。提倡"产、学、研"相结合，这些部门协调得好，行业则发展得快；否则，就出现衔接工作脱节，研究部门找不到针对性很强的课题，或是研究成果不能尽快转化成生产力的情况。一个较为完整的企业有 20 多个部门，这些部门之间，必须有效地配合，才能充分体现一个企业的生命力。比如，一个企业的供销部门，买不进原料，卖不出产品，生产的产品质量再好也无用；仅仅买进、卖出，没有信息反馈，厂里不知客户要求和市场变化也是不行的。应当根据掌握的知识和经验，敏感地捕捉市场信息，分析市场变化形势，反馈企业决策，及时调整产品方案，使企业不失时机地抓住每一项机遇。

另外，在整个精细化工领域内，有几十个行业，有的相互之间存在着服务关系。这些行业之间的协调发展关系到行业间的兴旺。

### 1.4.3.4 产品方案向横向、纵向延伸

企业发展突出的表现在产品方案的扩展上。产品方案科学、合理，企业自然盈利、兴旺；反之将衰败。

横向延伸，是指以现有产品为基础，再开发出几个产品，这些产品使用相同的主要原料，其生产工艺、生产装置和非主要原料也基本一致。这对掌握生产技术，开展销售、供应等经营管理，多有方便之处。

纵向延伸，比较合理的做法是以现有产品为基础，向上延伸，为自己的产品配套生产原料和中间体。其优点是可以少一次征税，节省一次运费，且产品质量有保证。在市场容量、销售价格、质量控制等技术经济问题方面，其均在一个系统内便于管理。向下延伸，是以现有产品作为原料和中间体，加工成最终产品，或向更深加工。

如果新开发的产品在纵向、横向都与原有产品无关，产品的开发自然要费更多的力气，但从全厂的发展着眼，有时产品分散却能够有较强的能力抵抗市场的大波动。

### 1.4.3.5 采取多种技术引进方式

国内引进：在精细化工发展中，引进国内技术可以节省资金和时间，比自己开发效率高。尤其是精细化工门类广、品种多，加之我国幅员广大，几个厂点产品重复常常还是适宜的。值得注意的是，如何避免过多的重复建设所造成的不良后果。从行业看，应多传播建设与发展方面的信息；从企业看，立项之前也应当主动做较周密调查。

国际引进：有时从国外引进大量的技术，其费用比自己开发节省很多。但精细化工的技术转让，大多数不像重化工的技术转让那样完整、正规，有的是卖所谓的"钥匙工厂"，而且负责培训、开车。有的精细化工的技术转让很简单，甚至买到的只是一纸配方。因此，要求接受技术一方要有足够的技术判断能力和专业基本知识。

针对技术本身成熟的程度和双方技术力量的水平，近几年来已形成了很多种引进技术的方式，都有很好的经验可供借鉴。

（1）引进人才　不论是国内引进，还是国外引进，在精细化工技术转让过程中，这已成为一种重要的形式。

（2）引进软件　与重化工不同，精细化工的技术引进，工程问题较少，较多的是软件，但这要求具有较强的判断力和接受能力。

（3）引进设备　有时通过引进设备，可以得到有关应用该设备的软件工艺技术，这值得注意。

（4）合资建设　在技术成熟和经济效益方面较为可信，但项目成功以后必然存在分成、管理等一系列的问题。

（5）合作开发　这是一种在双方力量相当、发展方向一致、该项技术又不很成熟的条件下引进技术的方式。

还有独资建设、交"钥匙工厂"等较特殊的引进技术的方式。所有这些已有的引进技术的方式都可以灵活地采用。

### 1.4.3.6 加大科研开发投入和科技创新力度

精细化学品的生产技术往往被开发者所垄断，它与大型化肥、石油化工生产技术和设备可以招标选择完全不同。因此，精细化学品的科研开发和科技创新更体现第一生产力，其开发、创新工作必须先行。

（1）新产品的研究开发　新产品的研究开发是各国、各大企业发展经济、提高生产率首

先要做的事。新产品的研究开发应包括：开发什么产品，怎么合成、生产，应用到哪些领域，与传统品种或类似产品比较有什么特别的功能和特点，效果如何，成本低否，它对人、动物、环境是否安全等。只有不断开发新产品，才能保证企业永葆青春活力。最突出的例子是 Du Pont（杜邦）公司。该公司每年投入科研开发的资金达几十亿美元，专门设有 5000人以上的科学院，院内设有 Du Pont 公司自己的科学院院士，据说有近百名。Du Pont 公司是世界上第一个建立实验室的公司，重视科研开发是保证 Du Pont 公司 200 年来不衰的根本原因之一。

（2）生产工艺技术开发　因为精细化学品的合成路线很多，原料来源往往也不同，生产企业也有很多，因此工艺技术路线开发或改进的机会也多。如：南通醋酸化工厂的产品山梨酸，自 20 世纪 80 年代就进行了中小试，多年进展不大。之后，改进了工艺，特别是后处理工艺，生产技术有了很大突破。现已建成 1000t/a、3000t/a 级生产装置，打破了国外公司的技术垄断。因此，生产工艺技术的改进和开发大有作为，很有潜力可挖。而产、学、研的结合，将会加速生产工艺技术开发的成功。

（3）应用开发和市场开发　一个再好的产品，特别是新产品，如果应用开发和市场开发工作做不到家，产品照样销不出去。正因为如此，国外公司舍得在应用开发和市场开发方面投入大量人力、财力。这部分的投入往往比品种开发、工艺开发还大，有的甚至高出几倍，精细化学品中的农药、医药、日用化学品、化妆品等几乎都是如此。

在应用开发与市场开发方面，我们与国外的差距较大。在观念上，重生产不重销售；重合成却忽略应用加工方面的研究；加工方面做了些工作，但推广服务往往又跟不上。

20 世纪 90 年代前后，国家为促进工业表面活性剂的发展，中央和地方引进了生产表面活性剂的中间原料脂肪醇、脂肪胺、壬基酚及其化学加工装置（乙氧基化、磺化、季铵盐化）生产表面活性剂。但是这些装置开工率低，企业亏损严重，其中一个重要原因就是应用开发和市场开发工作未能先行。只宏观地进行市场预算（没有做到预测水平）后就先建设生产装置，然后开发市场。这样就很容易出现在一定时间内装置开工率低、企业亏损的状况。

（4）提高科技成果转化率　精细化工的发展关键靠科研开发。科研开发成果必须转化为生产力，才会有经济效益。我国科技成果转化方面虽然取得了巨大成绩，但与发达国家相比，还有不少差距。发达国家科技成果转化率达 50% 以上，我国约 10%。

一般来说，工业院所的科研成果转化率高于高等院校和基础研究为主的院所，化学工业院所的科研成果转化率一般在 15%～20%，即使是这样，其转化率也是偏低的。

提高科研成果转化率从以下两方面入手。

① 实行"产、学、研"三结合，提高科技成果转化率。要大力提倡科研机构（院所及高校）、工程设计、企业三结合，发挥各自优势，共同开发，成果共享，提高成果转化率。这是已被我国实践证明的成功经验，应该大力提倡，尽力结合好。

② 针对科研成果转化率低的原因，政府部门、企业以及高等院校、科研院所应各自采取相应的措施，只有改革原有做法，在体制上，进行大胆的改革和创新，才能大见成效。扬长避短，着力发展有竞争力的优势产品。

# 1.5　国内外精细化工的发展特点与趋势

精细化工是当今化学工业中最具活力的新兴领域之一，是新材料的重要组成部分。精细化工产品种类多、附加值高、用途广、产业关联度大，直接服务于国民经济的诸多行业和高新技术产业的各个领域。大力发展精细化工已成为世界各国调整化学工业结构、提升化学工业产业能级和扩大经济效益的战略重点。精细化工率（精细化工产值占化工总产值的比例）的高低已经成为衡量一个国家或地区化学工业发达程度和化工科技水平高低的重要标志。

## 1.5.1　国外精细化工发展的特点与趋势

综观近 20 多年来世界化工发展历程，尤其是美国、德国、日本等化学工业发达国家及其著名的跨国化工公司，都十分重视发展精细化工，把精细化工作为调整化工产业结构、提高产品附加值、增强国际竞争力的有效举措，世界精细化工呈现快速发展态势，产业集中度进一步提高。进入 21 世纪，世界精细化工发展的显著特征是：产业集群化，工艺清洁化、节能化，产品多样化、专用化、高性能化。

### 1.5.1.1　精细化学品销售收入快速增长，精细化率不断提高

20 世纪 90 年代以来，基于世界高度发达的石油化工向深加工发展和高新技术的蓬勃兴起，世界精细化工得到前所未有的快速发展，其增长速度明显高于整个化学工业的发展。精细化率是衡量一个国家和地区化学工业技术水平的重要标志。美国、西欧和日本等化学工业发达国家和地区，其精细化工也最为发达，曾代表了世界精细化工的发展水平。发达国家的精细化率已达 55％～60％。

我国的精细化工生产规模在世界排名榜上不断前移。目前，精细化工发达的国家和地区是中国、日本、北美和西欧。我国 2005 年排名世界第四，2009 年至今排名第三。精细化工产业重心转移的趋势愈发明显。

### 1.5.1.2　加强技术创新，调整和优化精细化工产品结构，产品更新换代快

加强技术创新，调整和优化精细化工产品结构，重点开发高性能化、专用化、绿色化产品已成为当前世界精细化工发展的重要特征，也是今后世界精细化工发展的重点方向。

以精细化工发达的日本为例，技术创新对精细化学品的发展起到至关重要的作用。过去 10 年中，日本合成染料和传统精细化学品市场缩减了一半，取而代之的是大量开发功能性、绿色化等高端精细化学品，从而大大提高了精细化工的产业能级和经济效益。例如，重点开发用于半导体和平板显示器等电子领域的功能性精细化学品，使日本在信息记录和显示材料等高端产品领域建立了主导地位。在催化剂方面，随着环保法规日趋严格，为适应无硫汽油等环境友好燃料的需要，日本积极开发新型环保型催化剂。

### 1.5.1.3　联合兼并重组，增强核心竞争力

许多知名的公司通过兼并、收购或重组，调整经营结构，退出没有竞争力的行业，发挥自己的专长和优势，加大对有竞争力行业的投入，重点发展具有优势的精细化学品，以巩固和扩大市场份额，提高经济效益和国际竞争力。例如，德固赛和美国塞拉尼斯各出资 50％合并羰基合成产品，在欧洲建立丙烯-羰基合成产品生产基地。合并后，羰基合成醇年产量将达到 80 万吨——占欧洲市场份额的三分之一。与此同时，德固赛公司以 6.7 亿美元价格将其食品添加剂业务出售给嘉吉公司（Cargill），从而使嘉吉公司成为食品添加剂行业的领先者，能向全球的食品及饮料公司提供各种专用添加剂。

### 1.5.1.4　注重绿色化学品和精细化工清洁生产工艺技术的开发

为了适应环境保护和资源保护的要求，各国都非常重视环保型和"可再生"型精细化工产品的开发。国际上，特别是西方工业发达国家，认真总结了"先污染，后治理"发展工业生产的经验教训，提高了对环境保护重要意义的认识。经过实践探索，对工业污染防治战略进行了重大的改革，即用"生产全过程控制"取代"以末端治理为主"的环境保护方针，用

"清洁生产工艺技术"这一发展精细化工的新模式取代"粗放经营"的老模式。这是世界工业发展史上一个新的里程碑，它为如何解决在发展经济的同时，保护好人类赖以生存的环境，实现经济可持续发展，开辟了道路，指明了方向。

注重环保型和"可再生"型精细化工产品的开发，如表面活性剂向无磷和易生物降解转变，而涂料、胶黏剂等则逐渐向无溶剂型、水性过渡。

#### 1.5.1.5 全球精细化工产品重心向亚洲特别是中国转移

精细化工发达地区近年来不断进行产业转移，目前精细化工的发展重心已经转向中国和印度。中国超过日本成为世界精细化工生产规模的第三大国。

近年，随着全球经济的复苏，2023年全球化工市场规模达到5.5万亿美元，精细化学品的市场规模近1.7万亿美元，精细化率提升至47.2%。

在国外精细化工中间体产业转移的过程中，我国由于大宗化工原料资源丰富、中间体及原料药的研发与生产有优势、知识产权保护规范、基础设施完备、气候比较适宜等因素，因而逐步承接了医药和农药中间体的产业转移。

因此，跨国公司充分利用全球资源，将主要精力放在研发和销售上，而将产业链中的前端原料环节转移到有相对成本优势和技术基础的国家（如中国、印度），随之在这些国家产生了专注于中间体和原料药的生产企业。而低成本优势是我国企业承接产业转移的有利基础。我国基础化工产品市场供应充足，价格较低，且精细化工市场极为分散，有17000家精细化工企业，可生产16大类2万多种精细化学品，竞争也使得制造成本降低。同时，我国的研发人员和产业工人的薪资水平与发达国家存在差距，加上我国的设备采购、安装和建筑施工等投入的成本低，使得我国医药和农药中间体的产值和出口值高速增长。

#### 1.5.1.6 世界精细化工发展新趋势

目前世界各国正以生命科学、材料科学、能源科学和空间科学为重点进行开发研究。其中主要领域有：新材料（含精细陶瓷、功能高分子材料、金属材料、复合材料）；现代生物技术（即生物工程，包含遗传基因重组利用技术、细胞大量培养利用技术、生物反应器）；新功能元件，如三维电路元件、生物化学检测元件等。这些方面的研究大多与精细化工密切关联，在各个方面推动精细化工的发展。其中功能高分子材料和生物工程是精细化工新领域中影响和地位最为显著的。

总之，在当今世界高新技术革命浪潮中，精细化学品在各门类的范围上，必将会有较大发展。跨行业学科的产品，也必将越来越多。

### 1.5.2 国内精细化工的发展与趋势

近十多年来，我国十分重视精细化工的发展，把精细化工特别是新领域精细化工作为化学工业发展的战略重点之一和新材料的重要组成部分，列入多项国家计划中，从政策和资金上予以重点支持。目前，精细化工已成为我国化学工业中一个重要的独立分支和新的经济效益增长点。可以预见，随着我国石油化工的蓬勃发展和化学工业由粗放型向精细化方向发展，以及高新技术的广泛应用，我国精细化工自主创新能力和产业技术能级将得到显著提高，成为世界精细化学品生产和消费大国。

#### 1.5.2.1 精细化工取得长足进步，部分产品居世界领先地位

我国精细化工的快速发展，不仅基本满足了国民经济发展的需要，而且部分精细化工产品还具有一定的国际竞争能力，我国成为世界上重要的精细化工原料及中间体的加工地与出口地，精细化工产品已被广泛应用到国民经济的各个领域和人民日常生活中。统计表明，2022年，我国精细化工行业规模以上企业数量为28500家，其中年产值超过10亿元的企业

有 400 多家,占比 1.5％。2023 年,受国家"双碳"目标和供给侧结构性改革的影响,我国精细化工行业规模以上企业数量减少到 27000 家左右,其中年产值超过 10 亿元的企业有 350 多家,占比 1.3％。

#### 1.5.2.2 建设精细化工园区,推进产业集聚

近几年,许多省市都把建设精细化工园区,作为调整地方化工产业布局、提升产业、发展新材料产业、推进集聚的重要举措。据报道,目前全国已建和在建的国家级精细化工园区有 15 个。如深圳精细化工园区、杭州湾精细化工园区、上海精细化工园区、广东清远精细化工园区等等。

以深圳精细化工园区为例,规划建设深圳生态精细化工园区是深圳市贯彻落实广东省政府关于加快建设现代产业体系的决定的重大举措之一,符合广东省石化产业发展政策,而且深圳精细化工园区与惠州大亚湾石化工业区同属大亚湾石化基地,能够形成产业联动、互补关系,对推动产业结构优化升级,共同打造环大亚湾临港化工产业带,促进深惠两市乃至珠江三角洲地区经济的共同繁荣具有重要意义。同时,在当地建设精细化工园区,发展精细化工产业将大幅带动本地区的经济发展。

#### 1.5.2.3 跨国公司加速来华投资,有力推动精细化工发展

跨入 21 世纪以来,随着经济全球化趋势快速发展,以及我国国民经济持续稳步快速发展对精细化学品和特种化学品产生强大市场需求,诸多世界著名跨国公司纷纷来我国投资精细化工行业,投资领域涉及精细化工原料和中间体、催化剂、油品添加剂、塑料和橡胶助剂、纺织/皮革化学品、电子化学品、涂料和胶黏剂、发泡剂和制冷剂替代品、食品和饲料添加剂以及医药等,从而有力地推动我国精细化工产业的发展。

世界知名涂料公司纷纷来华设厂,如 PPG 在天津、黄山建厂;立邦、多乐士在广东、上海、河北建厂。化妆品品牌也纷纷进入中国,如宝洁、高露洁在广东设有生产基地,欧莱雅、强生在苏州、上海设有生产基地。

#### 1.5.2.4 优先发展有创新能力的关键技术,积极采用先进生产装置和设备

对于推动精细化工行业技术进步有着重要作用的关键技术要优先发展,借鉴国外科技发展、结合我国科技实际,拟优先发展的关键技术有:新催化技术、新分离技术、增效复配技术、超细粉体技术、生物技术、纳米技术、清洁生产工艺技术等。采用先进的综合生产流程,多功能、多用途组合单元反应装置,并使这些装置更加先进,控制更加精密。

#### 1.5.2.5 深化体制改革,加强人才培养

大力推动精细化工企业改革,加大国有企业股份制改革力度,实现企业自主经营、自主分配、自主发展。政府的职能是宏观导向、立法执法。加大对外合作力度,改变合作方式,可采用合资、合作生产的做法。合作开发是更重要的合作,各企业、各有关部门都应更重视这一点。

加强专业技术人才的培养,是发展精细化工的一个极其重要的任务。对于专门从事精细化学品生产与开发的技术人员来说,必须做到眼里看到的是产品的今天,手上干的应是产品的明天,脑子里想的应是产品的后天。由于技术的创新与更新在精细化学品的产品开发中起着关键作用,因此在精细化工行业职工人数中,科技人员将占有明显较高的比率。教育是发展国民经济的基础,因此,必须大力加强精细化工专门人才的培养和在职科技人员的终身培训,为发展我国精细化工产业做出贡献。

#### 1.5.2.6 中国精细化工发展新趋势

**(1) 精细化工行业主要政策发展趋势**　一是保护环境的政策力度加大;二是对产业结构

优化的政策支持增多；三是出口政策的实施将配合环境保护、产业结构优化政策。

（2）我国精细化工行业技术发展趋势　我国精细化工工业正进入规模扩张和结构调整并进为特征的时代，技术创新尚在起步之中。近几年，主要依靠对关键技术装备的引进，以求发挥先进装备优势，开发具有竞争力的产品，进而开展二次技术创新，以形成具有我国自主知识产权的核心技术，向真正意义上的精细化工强国迈进。

（3）大力发展新领域精细化学品　随着国家对精细化工行业重视程度的逐步提高，我国精细化工行业将迎来大发展。《石油和化学工业"十四五"发展指南》（以下简称《指南》）于 2021 年 1 月初在北京发布。《指南》指出，"十四五"期间，行业将以推动高质量发展为主题，以绿色、低碳、数字化转型为重点，以加快构建以国内大循环为主体、国内国际双循环相互促进的新发展格局为方向，以提高行业企业核心竞争力为目标，深入实施创新驱动发展战略、绿色可持续发展战略、数字化智能化转型发展战略、人才强企战略。

工业和信息化部、发展改革委、科技部、生态环境部、应急部、能源局 2022 年 4 月联合发布《关于"十四五"推动石化化工行业高质量发展的指导意见》（简称《意见》），提出到 2025 年，石化化工行业要基本形成自主创新能力强、结构布局合理、绿色安全低碳的高质量发展格局，高端产品保障能力大幅提高，核心竞争能力明显增强，高水平自立自强迈出坚实步伐。

《意见》提出大力发展化工新材料和精细化学品，加快产业数字化转型，提高本质安全和清洁生产水平，将加速石化化工行业质量变革、效率变革、动力变革，推进我国由石化化工大国向强国迈进。

# 1.6　精细化工工艺学基础

## 1.6.1　概述

精细化工工艺学主要包括以下内容：对具体产品，选择和确定在技术上和经济上最合理的合成路线和工艺路线；对单元反应，确定最佳工艺条件、合成技术和完成反应的方法，以得到高质量（优质）、高产率（高产）的产品，以及了解该产品的主要应用及发展动向。

合成路线，指的是选用什么原料，经由哪几步单元反应来制备目的产品。如苯酚的生产可以有好几条合成路线，它们各有优缺点。关于合成路线将结合具体产品讨论。

工艺路线，指的是对原料的预处理（提纯、粉碎、干燥、熔化、溶解、蒸发、汽化、加热、冷却等）和反应物的后处理（蒸馏、精馏、吸收、吸附、萃取、结晶、冷凝、过滤、干燥等）应采用哪些化工过程（单元操作）、采用什么设备和什么生产流程等。关于化工过程及设备是前期课程内容，而且已有许多专著，这里要讨论的主要内容是如何结合产品来组织生产工艺流程。

反应条件，指的是反应物的摩尔比，主要反应物的转化率（反应深度），反应物的浓度，反应过程的温度、时间和压力以及反应剂、辅助反应剂、催化剂和溶剂的使用和选择等，这些将结合到产品生产制造过程中去讲述，讨论影响反应的因素。

合成技术，主要指的是非均相接触催化、相转移催化、均相络合催化、光有机合成和电解有机合成以及酶催化等，这些合成技术将在部分产品的制造工艺中得到应用。

完成反应的方法，主要指的是间歇操作和连续操作的选择，反应器的选择和设计。这些内容也将在部分产品的生产工艺过程中得到应用，但对反应器的设计将在精细化工工程（化学反应工程学）中得到更系统的学习。

以上内容，有些已在精细有机合成单元反应、精细化工理论基础课程中学习过，有些正在其他专业课中学习。作为工艺学，拟把很多有关知识有机地组织结合起来，应用到精细化工产品的生产中去。由于精细化学品品种太多，内容太广，限于篇幅，产品的生产过程只能做扼要介绍。

为了完成精细化学品的生产，需要对所涉及的各种物料的性质有充分的了解，这些性质主要有：

① 物料在一定条件下的化学稳定性、热稳定性、光稳定性以及储存稳定性（包括与空气和水分长期接触的稳定性）等；

② 物料的熔点（凝固点）、沸点及在不同温度下的蒸气压，物料在水中的溶解度，水在液态物料中的溶解度，物料与水是否形成恒沸物，以及恒沸温度和恒沸物组成等；

③ 密度、折射率、比热容、热导率、蒸发热、挥发性和黏度等；

④ 闪点、爆炸极限和必要的安全措施；

⑤ 物料的毒性，对人体的危害性，在空气中的允许浓度，必要的防护措施以及中毒的急救措施；

⑥ 物料的商品规格、各种杂质和添加剂的允许含量，价格，供应来源，包装和贮运要求等。

以上性质可以查阅各种有关手册。

在精细有机合成中的分析、测试和检验以及生产过程中的环境保护和"三废"治理等，可查阅有关的参考书籍和刊物。

## 1.6.2  化学计量学

**(1) 反应物的物质的量比**  指的是加入反应器中的几种反应物之间的物质的量之比。这个物质的量比值可以和化学反应式的物质的量之比相同，即相当于化学计量比。但是对于大多数有机反应来说，投料的各种反应物的物质的量比并不等于化学计量比。

**(2) 限制反应物和过量反应物**  化学反应物不按化学计量比投料时，其中以最小化学计量数存在的反应物称为"限制反应物"。而某种反应物的量超过"限制反应物"完全反应的理论量，则该反应物称为"过量反应物"。

**(3) 过量百分数**  过量反应物超过限制反应物所需理论量部分占所需理论量的百分数称为"过量百分数"。若以 $N_e$ 表示过量反应物的物质的量（mol），$N_t$ 表示它与限制反应物完全反应所消耗的物质的量（mol），则过量百分数为

$$过量百分数 = \frac{N_e - N_t}{N_t} \times 100\%$$

**【例 1-1】** 氯苯二硝化反应生成二硝基氯苯

$$ClC_6H_5 + 2HNO_3 \longrightarrow ClC_6H_3(NO_2)_2 + 2H_2O$$

| 物料名称 | 化学计量比（系数） | 投料物质的量 | 投料摩尔比 | 投料化学计量数 |
| --- | --- | --- | --- | --- |
| 氯苯 | 1 | 5.00 | 1 | 5 |
| 硝酸 | 2 | 10.70 | 2.14 | 5.35 |

因此，氯苯是限制反应物，硝酸是过量反应物。

$$硝酸过量百分数 = \frac{5.35-5}{5} \times 100\% = 7\%$$

或

$$= \frac{2.14-2}{2} \times 100\% = 7\%$$

应该指出，对于苯的一硝化或一氯化等反应，常常使用不足量的硝酸或氯气等反应剂，但这时仍以主要反应物（苯）作为配料基准。例如，在使 1mol 苯进行一硝化时用 0.98mol 硝酸，通常表示苯与硝酸的摩尔比为 1∶0.98，硝酸用量是理论量的 98%。但这种表示法不利于计算转化率。

**（4）转化率** 某一种反应物 A 反应掉的量 $N_{AR}$ 占其向反应器中输入量 $N_{A,in}$ 的百分数，叫作反应物 A 的转化率 $x_A$。

$$x_A = \frac{N_{AR}}{N_{A,in}} = \frac{N_{A,in} - N_{A,out}}{N_{A,in}} \times 100\%$$

式中，$N_{A,out}$ 表示 A 从反应器输出的量，mol。

一个化学反应以不同的反应物为基准进行计算，可得到不同的转化率。因此，在计算时必须指明某反应物的转化率。若没有指明，则常常是主要反应物或限制反应物的转化率。

**（5）选择性** 是指某一反应物转变成目的产物，其理论消耗的物质的量（mol）占该反应物在反应中实际消耗掉的总物质的量（mol）的百分数。设反应物 A 生成目的产物 P，$N_P$ 表示生成目的产物的物质的量（mol）；$a$，$p$ 分别为反应物 A 和目的产物 P 的化学计量系数，则选择性为

$$S = \frac{\dfrac{a}{p} N_P}{N_{A,in} - N_{A,out}} \times 100\%$$

**（6）理论收率** 是指生成的目的产物的物质的量（mol）占输入的反应物物质的量（mol）的百分数。这个收率又叫作理论收率。

$$y = \frac{\dfrac{a}{p} N_P}{N_{A,in}} \times 100\%$$

转化率、选择性和理论收率三者之间的关系是：$y = Sx$。

**【例 1-2】** 100mol 苯胺在用浓硫酸进行焙烘磺化时，反应物中含 87mol 对氨基苯磺酸，2mol 未反应的苯胺，另外还有一定数量的焦油物。则苯胺的转化率

$$x = \frac{100 - 2}{100} \times 100\% = 98.00\%$$

生成对氨基苯磺酸的选择性

$$S = \frac{87 \times \dfrac{1}{1}}{100 - 2} \times 100\% = 88.78\%$$

生成对氨基苯磺酸的理论收率

$$y = Sx = 88.78\% \times 98\% = 87.00\%$$

或

$$y = \frac{87 \times \dfrac{1}{1}}{100} = 87.00\%$$

**（7）质量收率** 理论收率一般用于计算某一反应步骤的收率。但是在工业生产中，为了计算反应物经过预处理、化学反应和后处理之后所得目的产物的总收率，还常常采用质量收率 $y_W$，它是目的产物的质量占某一输入反应物质量的百分数。

$$y_W = \frac{所得目的产物的质量}{某输入反应物的质量} \times 100\%$$

**【例 1-3】** 100kg 苯胺（纯度 99%，分子量 93）经烘焙磺化和精制后得 217kg 对氨基苯磺酸钠（纯度 ≥97%，分子量 231.2）。则按苯胺计，对氨基苯磺酸钠的理论收率

$$y = \frac{217 \times 97\% \div 231.2}{100 \times 99\% \div 93} \times 100\% = 85.5\%$$

对氨基苯磺酸钠的质量收率

$$y_W = \frac{217}{100} \times 100\% = 217\%$$

在这里，质量收率大于 100%，主要是因为目的产物的分子量比反应物的分子量大。

**(8) 原料消耗定额** 指每生产 1t 产品需消耗（吨或公斤）的各种原料。对于主要反应物来说，它实际上就是质量收率的倒数。在上例中，每生产 1t 对氨基苯磺酸钠时，苯胺的消耗定额：

$$100/217 = 0.461(t) = 461kg$$

**(9) 单程转化率和总转化率** 有些生产过程，主要反应物每次经过反应器后的转化率并不太高，有时甚至很低，但是未反应的主要反应物大部分可经分离回收循环再用。这时要将转化率分为单程转化率和总转化率两项。设 $N_{A,in}^R$ 和 $N_{A,out}^R$ 分别表示反应物 A 输入和输出反应器的物质的量。$N_{A,in}^S$ 和 $N_{A,out}^S$ 分别表示反应物 A 输入和输出全过程的物质的量。则

$$单程转化率 = \frac{N_{A,in}^R - N_{A,out}^R}{N_{A,in}^R} \times 100\%$$

$$总转化率 = \frac{N_{A,in}^S - N_{A,out}^S}{N_{A,in}^S} \times 100\%$$

**【例 1-4】** 在苯—氯化制氯苯时，为了减少副产物二氯苯的生成量，每 100mol 苯用 40mol 氯，反应产物中含 38mol 氯苯，1mol 二氯苯，还有 61mol 未反应的苯，经分离后可回收 60mol 苯，损失 1mol 苯，如下图所示。

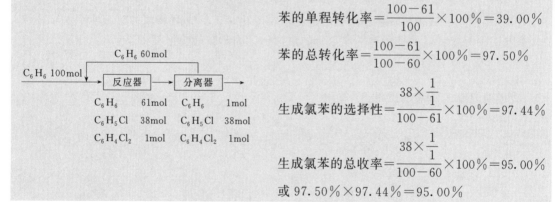

苯的单程转化率 $= \frac{100-61}{100} \times 100\% = 39.00\%$

苯的总转化率 $= \frac{100-61}{100-60} \times 100\% = 97.50\%$

生成氯苯的选择性 $= \frac{38 \times \frac{1}{1}}{100-61} \times 100\% = 97.44\%$

生成氯苯的总收率 $= \frac{38 \times \frac{1}{1}}{100-60} \times 100\% = 95.00\%$

或 $97.50\% \times 97.44\% = 95.00\%$

由上例可以看出，对于某些反应，其主反应物的单程转化率可以很低，但是总转化率和总收率却可以很高。

### 1.6.3　配方研究的重要性及配方设计原理

#### 1.6.3.1　配方研究的重要性

配方研究在化学工业中，特别是对精细化工产品的开发极为重要。西方工业发达国家对此十分重视，在一家化学公司中，研究配方的工作人员有时会比研究合成工艺的工作人员还要多。这是一种重视应用开发的结果。其原因在于很少有一种单一的化学品能完全符合某一

项特定的最终用途。例如，阿司匹林要复配制成复方阿司匹林的药片；洗涤剂由若干种不同结构的表面活性剂及化工产品复配而成；染料的使用必须加入各种助剂。即使是一些非精细化工产品，例如塑料在制成塑料制品时，也绝不是单一的。PVC（聚氯乙烯）及其共聚物用途十分广泛，从下水道、地板，一直到坐垫材料。但PVC对热及光都不稳定，会分解放出氯化氢，当加入环氧大豆油后就可吸收自由基引发剂及分解出的氯化氢，这样就可使复配后的PVC应用性能提高。

配方研究员是精细化工产品应用技术开发的中心人物。配方本身确有一定的科学性，但很大程度上也依赖于经验的积累。一个优秀的配方研究员，不仅要有科学理论知识作背景，同时还必须对各种化学品的性能有清晰的了解；此外，还要有一定的经验以及直觉。后者是指类似于艺术的感觉。例如，化妆品中香水的复配就几乎是一种艺术。

配方研究员的任务是根据一项具体的应用要求出发，以企业生产的某一种化工产品为科研对象，通过大量筛选式的复配试验，确定需要加入的助剂或添加剂的种类及数量，最佳应用工艺等。这时，除考虑确定最佳的应用配方以及应用工艺外，如何降低成本，如何推广应用技术也十分重要。

### 1.6.3.2 配方设计原理

(1) 配方设计研究的原则 是从产品设计的用途出发，在要求产品配方的全部性能指标均应达到规定标准的前提下，使得产品配方综合性能（特别是主要性能）指标达到最优化。

配方设计研究中，如何安排试验，是一个十分重要的问题。试验安排得好，不仅可以减少试验的次数，缩短试验时间，克服盲目性，节省人力和物力，而且可以迅速得到有效的试验结果；反之，试验次数既多，结果也不一定满意，甚至劳而无功。在化工试验中，无论是配方设计与选择，还是工艺条件的优化，采用好的试验设计方法，科学安排试验，对提高工作效率、节约科研经费、取得好的结果具有十分重要的意义。

(2) 配方优化设计方法 系指主要性能优化，其他性能全面满足要求的配方设计。其设计过程是：首先将产品主要性能作为设计的目标函数进行配方设计；然后将参与反应的主要组分按照反应机理的计量关系选择，其他组分则按照其互相作用原则进行选择，用主要性能指标作为评价标准，进行配方试验、性能测试，以确定其优化配方。

配方优化设计方法很多，常用的有单因素优选法，多因素、多水平试验设计法（包括全面试验法、正交试验法、均匀设计法等），计算机辅助配方设计等。

1) 单因素优选法 在几个组分（因素）的配方体系中，将 $n-1$ 个因素固定，逐步改变某一个因素水平（各因素的不同状态），根据目标函数评定该因素的最优水平。然后，依次求取体系中各因素的最优水平，最后将各因素的最优水平组合成最佳配方。虽然，这样的配方未必是产品体系的最优配方，但是对于比较复杂的实际问题，单因素优选法仍不失为一种比较简单的最基本的方法。运用时，应按因素对目标函数的敏感程度依次优选。常用的单因素优选法中，有适于求极值的黄金分割法（即0.618法）等。

2) 多因素、多水平试验设计法

① 全面试验法 全面试验法是让每个因素的每个水平都有配合的机会，并且配合的次数一样多。通常全面试验的次数至少是各因素水平数的乘积。该法的优点是可以分析出事物变化的内在规律，结论较精确。但由于试验次数较多，在多因素、多水平的情况下常常是不可想象的。如5因素4水平的试验次数为 $4^5=1024$ 次，而6因素5水平的试验次数为 $5^6=15625$ 次，这在实际中是很难做到的。

② 正交试验法 也叫正交试验设计法，它是使用一套规格化的"正交表"来安排和分析多因素试验的一种数理统计方法，排出最有代表性的试验次数，并能从仅做的少数试验中

充分得到所需信息。该法的优点是试验次数少，效果好，方法简单，使用方便，效率高。从方案设计到结果分析都完全表格化，试验具有均匀分散、整齐可比性，是安排多因素试验的有效方法，因此被广泛应用。

在研究比较复杂的问题中，往往都包含着多种因素。这里把准备考察的有关影响试验指标的条件称为因素，例如配方中的组分、反应温度、时间等。把在试验中准备考察的各种因素的不同状态称为水平，例如配方试验中某组分的不同含量（或比例：9%；10%；11%）。为了寻求最优化的生产条件，就必须对各种因素以及各种因素的不同水平进行试验，这就是多因素优选的问题。正交试验法就是告诉人们怎样合理安排试验的科学分析试验，从而可以减少试验次数，缩短周期，并且得到理想的结果。

**正交表**　常见的正交表是 $L_9(3^4)$，含意如下："$L$"代表正交表；$L$ 下角的数字"9"表示有9横行，简称行，即要做9次试验；括号内的指数"4"表示有4纵列，简称列，即最多允许安排的因素是4个；括号内的数3表示该因素有3种水平1、2、3。

正交表的特点是其安排的试验方法具有均衡搭配特性，常见的正交表有 $L_4(2^3)$、$L_8(2^7)$、$L_{16}(2^{15})$、$L_9(3^4)$、$L_{18}(3^7)$、$L_{27}(3^{13})$、$L_{16}(4^5)$、$L_{25}(5^6)$ 等。

**正交表的选择**　选择正交表的原则，应当是被选用的正交表的因素数与水平数等于或大于要进行试验的因素数与水平数，并且使试验次数最少。如常选用 $L_9(3^4)$（见表1-1）。

表1-1　$L_9(3^4)$

| 试验号 | A | B | C | D | 试验号 | A | B | C | D | 试验号 | A | B | C | D |
|---|---|---|---|---|---|---|---|---|---|---|---|---|---|---|
| 1 | 1 | 1 | 1 | 1 | 4 | 2 | 1 | 2 | 3 | 7 | 3 | 1 | 3 | 2 |
| 2 | 1 | 2 | 2 | 2 | 5 | 2 | 2 | 3 | 1 | 8 | 3 | 2 | 1 | 3 |
| 3 | 1 | 3 | 3 | 3 | 6 | 2 | 3 | 1 | 2 | 9 | 3 | 3 | 2 | 1 |

具体的试验计划是在 $L_9(3^4)$ 表头的四因素三水平，分别在水平数1、2、3处放入该因素的1水平、2水平和3水平。这样就得到一张试验计划表，即可按表每行安排进行9次试验，把每次试验结果分别填入表的右端。

③ 均匀设计法　均匀设计的优点如下。

a. 均匀设计的最大优点是可以节省大量的试验，即大大减少试验次数。如果有 $s$ 个因素，每个因素的水平数为 $q$，则全面试验的次数至少是 $q^s$，正交设计的试验次数为 $q^2$，而均匀设计的试验次数仅为 $q$。如3因素7水平试验，用全面试验法需做 $7^3 = 343$ 次试验；用正交试验，需做 $7^2 = 49$ 次试验；而用均匀设计则仅需做7次试验即可。又如3因素5水平试验，用全面试验法，需做 $5^3 = 125$ 次试验；用正交设计，需做25次；而按均匀设计则只需5次试验即可。

b. 由于均匀试验充分利用了试验点分布的均匀性，所得的适宜条件虽然不一定是全面试验中的最优条件，但至少也在某种程度上接近最优条件。另外可以利用均匀设计中试验次数少的特点，适当增加试验次数，也即增加各因素水平数。水平数增加，试验点在研究范围内更加均匀分散，代表性也更强，更接近最优化条件。

c. 均匀设计可以处理各因素有不同水平数的试验安排问题，还可以处理某些带约束条件的试验设计问题。但平时用得最多的仍然是处理各因素水平数相等的试验安排问题。均匀设计在化工中的应用可参考有关专著及文献。

由于均匀设计只考虑试验点的"均匀分散"性，而不再考虑"整齐可比"性，在正交设计中为整齐可比而设置的试验点可不再考虑，因而大大减少了试验次数。均匀设计作为我国科学家独创的重大科学试验方法，目前在国内广泛应用于军事工程、冶金、纺织、医药和化工等诸多领域，取得了巨大的经济和社会效益。

3）计算机辅助配方设计　随着计算机应用的日益广泛，计算机辅助配方设计得到迅速发展。

计算机辅助配方最优化设计的原理是应用数理统计理论设计变量因子的水平试验，用计算机处理实验数据，根据回归分析建立变量因子指标之间的数学关系，采用最优化方法在配方体系中寻找最优解，再从全部最优解中得出最佳配方。其主要步骤如下：

变量因子水平设计→配方设计→建立数学模型→配方最优化→验证实验→最优配方

最优配方设计的关键是最优化方法的选择，它直接影响到最优配方的优劣。这种以数理统计和最优方法为基础的计算机辅助配方设计具有如下特点：实验次数少，数据处理快，可求得最优配方，节省经费。对配方的最优化设计、数学模型的建立，可参考有关专著解决。

但对有复杂的化学反应的配方设计，最好还应结合正交试验法、均匀设计法等来综合考虑配方的最优化设计。

## 1.6.4　化工产品的经济核算

经济核算是任何一家从事化工产品生产的公司或工厂最重要的一个管理环节。任何一种化工产品必须出售，而且常常会面临着与不同公司生产的同类产品的竞争。生产厂必须从生产及销售产品中得到利润，否则他们就不会再生产这类产品。由此可见，化工产品与一般的商品一样，其售价必须要比生产及分配商品的花费要高，以取得合适的利润。

为了实现上述各项目标，生产化工产品的公司及工厂必须认真地、科学地进行经济核算，这样才能使工厂逐步发展起来，并为国家做出贡献。

### 1.6.4.1　成本

成本是任何一种商品进行经济核算中最重要的问题。产品成本分配涉及一系列特殊的规律，但也很不精确。因为计算的最终结果会涉及许多变量，例如，企业的管理费及车间管理费，存货的数量及时间，还有其他会计方面的原则。最简单的方法可把成本分为两个部分：固定成本及可变成本。前者是指工厂不管是否开工，只要它存在一天就必须支付的，例如，行政管理人员工资，厂房及设备的折旧费，必须上交的税金，基建投资贷款的利息，保险费，等；后者则与产品生产有关，例如，工人的工资、原材料以及能源消耗等。

化工产品的成本分配情况随产品的不同而有所不同。对精细化工产品来说，由于技术密集，连续化程度低，常采用间歇生产，因此原材料成本所占比重并不大。以染料工业为例，按目前我国的管理水平，原材料成本占染料品种售价的60%左右。根据上述情况，在确定某一产品的合成工艺以后，可按原材料消耗定额及原材料的价格大致估算出化工产品的售价，并以此估计产品在销售后是否有利润可得。

原材料消耗定额是针对生产过程中涉及的一切化工原料。对大批量生产的产品，原材料消耗定额可按产品1t为单位计算，对小批量生产的产品可以公斤为单位。

消耗定额是可以变动的。若对一个产品的生产工艺进行一定的改进，包括操作条件的改进或者采用新的工艺路线，则原材料的消耗定额就会变动。由此可见，降低成本的首要条件还是技术方面的革新。除此以外，企业的管理水平也会对成本造成很大的影响。例如，原材料的节省，节能以及提高工作效率，精简非生产人员等。目前一些企业管理水平还较低，这方面的改进也是一个迫切需要解决的问题。

### 1.6.4.2　价格

原材料成本对确定产品的价格起的作用较大。但实际的情况却很复杂。一个企业制定价格的政策有各种影响因素，同时又与国家的制度与政策有关。

在西方国家，某一产品的价格基本上是自由竞争的产物。公司在考虑建设一个新工厂时，总是希望得到的收益除补偿固定成本及可变成本外，还必须获得利润。然而，一旦工厂建成后，公司可能会发现不能以计划的价格来销售产品。这里的原因有很多，由于工厂的建设需要时间，化学工业的特点之一是竞争激烈，往往会产生某种产品在市场上已经过剩，于是产品价格可能下降到只够抵偿固定成本及可变成本的总和（在经济学上称为不盈亏点），但仍能高于可变成本。在这种情况下，公司往往还会继续开工生产，因为只要能够补贴一部分固定成本也还可以维持生产，而后者中的最大部分是厂房及设备投资的回收比例，这部分资金不管怎么样也是已经付过的资金。而且由于化学工业有规模节省的特点，因此产量越大，总成本消耗也就越低。如果售价跌到只能抵偿可变成本，也就是所谓的关厂点，公司就可能会选择退出这一行业，或是紧缩工厂等待市场好转。

西方经典经济学家对产品定价的原则是："制定市场可忍受的价格。"这就是说，提高或降低价格直到产品能销售出去为止。这一点可由考察工业的整体来加以解释。一般情况下，如果价格过高，则许多公司都想进入这一市场，但由于只有少数买主能支付这种高价格，从而出现供过于求，于是价格就下跌。相反，若价格很低，但需求很高，由于只有少数工厂生产，就会出现商品短缺，引起价格上升。在达到平衡时，工厂生产的产品量基本上等于消费者购买的量。此时的价格就是"市场可忍受的价格"。

另一种情况是新产品的开放。专利技术的垄断会造成开发这一新产品的公司处于独家垄断生产的局面。从理论上来说，它可制定任何价格并可任意确定生产量来求得最大的利润。事实上却也有一些限制，非常高的价格会吸引其他公司开发有竞争力的技术或研究代用品。在西方国家，有时也会引起政府的干预。

无论如何，开发新产品的企业总是处于十分有利的地位，它或者采用获取高利润的政策，或者采用薄利多销的低价政策。后者的另一个好处是用低定价来阻止竞争对手进入市场。有关医药新产品的开发就有不少这类例子。

# 1.7 精细化学品的开发

## 1.7.1 精细化工过程开发的一般步骤

现代化工技术的一个显著特点是，新技术大量涌现，从新的技术思路、实验室研究阶段到工业应用的时间大大缩短，放大的倍数越来越大。例如，美国杜邦公司二次大战前研制尼龙花了 12 年，而战后研制特丽龙从研究到工业化仅花了 6 年。由于市场上激烈竞争，为了捷足先登和跟上迅速发展的潮流，在国外，技术开发的研究已引起越来越多公司和专家的重视，各大公司都不惜重金组织庞大的"技术开发研究中心"或"技术开发部"。1978 年，美国化工过程开发研究费用就占总化工研究费的 50％，日本占 66％。在国内，化工技术开发也正日益引起各方面重视，取得令人鼓舞的成效。

精细化工过程开发的一般步骤是指，从一个新的技术思想的提出，通过实验室试验、中间试验，到实现工业化生产取得经济实效并形成一整套技术资料这一个全过程。或者说是把"设想"变成"现实"的全过程。由于化工生产的多样性与复杂性，化工过程开发的目标和内容有所不同，如新产品开发，新技术开发，新设备开发，老技术、老设备的革新等。但开发的程序或步骤大同小异。

综合起来看，一个新的过程开发可分为三大阶段。

**(1) 实验室研究阶段** 它包括根据物理和化学的基本理论，从实验现象的启发与推演或从情报资料的分析等出发，提出一个新的技术思路，然后在实验室进行实验探索，明确过程的可能性和合理性，测定基础数据，摸索工艺条件等。这一步是带有战略性的、方向性的，它要求研究人员有扎实的基础知识和技巧，又要求其思想敏锐与视野开阔，善于去伪存真，把握过程的内在规律，从而作出正确的判断。

**（2）中间试验阶段**　由于化工过程的极端复杂性，往往不能把实验室的研究成果直接用于生产中，而必须经过中间规模的试验考察（有时还要辅以大型冷模试验）。这一步是从实验室过渡到生产的关键阶段。在此阶段中，化学工程知识和手段是十分重要的。中试的时间对一个过程的开发周期往往具有决定性的影响。中试要求研究人员具有丰富的工程知识，掌握先进的测试手段，并能取得提供工业生产装置设计足够的工程数据，进行数据处理从而修正为放大设计所需的数学模型。此外，对新过程的经济评价也是中试阶段的重要组成部分。

**（3）工业化阶段**　对开发研究人员来说，主要的任务是根据前两个阶段的研究结果作出工业装置的"基础设计"，然后由工程设计部门进行工程和施工设计。但研究人员应在工业装置建成后，取足必要的现场数据以最后完善开发研究的各项成果，并形成一整套技术资料，作为专利或推广之用。

当然，上述的过程开发步骤仅是一般的规律，而且几个步骤之间也不是截然分开的，有时有交叉，甚至倒回（如在中试后再补做小试）的情况也时有发生。同时化工过程的复杂性，决定了它比其他过程更加依赖于实验。其关系如图1-2所示。

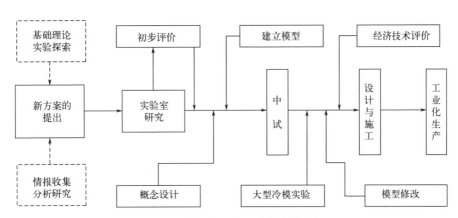

图 1-2　精细化工过程开发步骤示意

就精细化工过程开发而论，不论是实验室研究还是中试，都要做大量的实验。如何科学地组织实验以求得能用最少的人力和物力、花费最少的时间取得尽可能多的结果，这对于精细化工过程开发的成败是关键性的。

用电子计算机进行化工过程的数学模拟放大，是近20多年来发展的一种方法。通过在实验室里获得的结果以及对过程的物理-化学规律的了解，就可提出一个描述过程的初级模型（通常是一组微分方程和代数方程）。然后在计算机上进行解算，经过对模型的不断修正，使其符合于试验结果，就可用于放大设计。当然，目前还不能说所有化工过程都可以用数学模拟放大方法，也不是说每个化工过程的开发都必须建立数学模型，而应视具体情况来定。此外，有些过程的数学模型，往往要经过中试，甚至工业装置的检验后才能成立。建立数学模型时反复循环的过程如图1-3所示。

数学模型法已不断用于过程的控制和过程的最优化，也开始应用于精细化工生产过程的设计与优化。如精细化工生产中常用到的间歇操作一直是建模、设计和优化的研究课题之一。间歇过程有很大的自由度，手算方法只可以得到可行解，但很难找到最优设计，间歇过

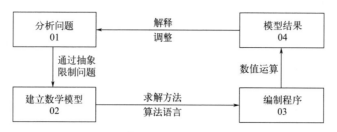

图 1-3 建立数学模型的循环框图

程的最优设计必须借助于计算机才能完成。

搅拌混合在间歇操作的精细化工厂中应用极为广泛。搅拌混合是传质、传热、物理、化学过程的核心。混合与加工时间、温度、压力和催化剂活性的影响一样，对控制产品的收率和质量起着重要的作用。目前针对该过程有人正进行优化设计的研究，并已初步掌握间歇过程优化设计的规律。

## 1.7.2　精细化工新产品开发程序

精细化工新产品的开发有一定的程序。一些大的研究机构和企业在攻克国家或部门所确定的重大研究项目时，必须严格按照研究程序和计划进行。但在化工小企业或独立研究者开发一些小产品时，则可以根据自身的实际情况灵活地制定研究计划，但工作仍有一定的程序。了解精细化工产品的开发程序，有助于制订研究计划。通常产品的开发程序分以下五步。

**(1) 选择研究课题**　研究课题可以是研究者自己提出来的，也可以来自产品用户的要求，或来自产品国产化的要求，或来自上级机关等。

新产品的预测及研究，可根据国家有关产业发展政策、物资流动情况、用户要求信息、国内外科技文献信息、国内外市场动向等来选择有关研究课题。

**(2) 课题的可行性分析和论证**　无论课题来源是什么，都必须对课题的意义、是否重复研究、在科学和技术上的合理性、经济和社会效益等进行全面的分析。在开发国外或国内已经存在的产品时，这种可行性分析一般比较容易，因为产品在科学和技术上的合理性和可行性已经显而易见了，市场前景往往也比较明朗。但对于独创性质的产品开发，研究者往往必须通过大量文献调研及尝试性实验方能确定，而且在实际开发过程中仍有较大的风险。所以，要系统地、全面地收集有关的科技情报资料，加以整理、分析、比较以作为借鉴，这样就可开阔视野，少走弯路，争取时间，得到事半功倍之效。

**(3) 实验研究**　在对研究项目进行详细的论证和文献、样品分析后，便可制定研究方法。在实验小试中，通常要进行流程和生产方法的考察（所谓打通流程），并寻找合适的操作条件。一般而言，研究方法在研究过程中还必须随着研究进展而修正，甚至放弃原定方案而另辟他径。

另外，还需研究出必要的分析、测试方法，提出保证产品质量和某一定技术经济指标的控制参数。

**(4) 中间试验**　目的在于检验实验室研究成果的实用性和工艺合理性，并在实际应用过程中不断完善产品性能。进行中间试验的主要目的：

① 获取设计工业装置所必需的工艺数据和化学工程数据；

② 研究生产控制方法；

③ 考虑杂质积累对过程的影响；

④ 考核设备的选型及材料的耐腐蚀性能；

⑤ 确定实际的经济消耗指标；

⑥ 提供少量产品，考核产品的加工和使用性能；

⑦ 修正和检验数学模型。

中间试验所消耗的人力、物力和时间是最多的，因此必须合理组织，尽可能缩小规模。

**(5) 性能、质量检测和鉴定** 性能和质量检测一般分权威机构检测和用户试用两个方面，即对产品进行评判。化工产品在进入市场前，必须通过质量监督检测部门检验批准；必要时，可由主管部门为产品举行专门的鉴定会。

### 1.7.3 精细化工新产品开发的高新技术

#### 1.7.3.1 精细化工与高新技术的关系

高新技术对社会经济的发展起着重要作用，从政治看是影响力；从经济发展看是生产力；从军事看是威慑力；从社会发展看是推动力。目前我国高新技术企业申报认定的八大领域为：电子信息、生物与新医药、航空航天、新材料、高技术服务、新能源与节能、资源与环境、先进的制造和自动化。这些领域与精细化工均有着密切的相互促进发展的关系。越来越多的精细化工产品成为高新技术产品。精细化工为功能高分子材料如医用高分子材料（整形材料、医用黏合剂、人工器官等）和电子信息材料（光导材料、有机导体、绝缘体、光敏材料、光纤通信材料等）、生物工程、环保能源等服务，与这些高新技术领域息息相关、互相渗透。

精细化工生产过程本身亦需越来越多的高新技术，如新催化技术（酶催化技术、相转移催化技术、电解精细有机合成技术、碳-化学新型催化技术、生物催化技术、清洁催化技术等）、新分离技术（分子精馏、超临界流体萃取、膜分离技术、精细分离技术等），聚合物改性（纳米材料改性等），超微颗粒技术，分子设计技术，新加热技术，超高温、超低温技术，超高压技术，超高真空技术，过程模型化，控制和优化设计技术，绿色化学清洁生产工艺技术，超声化学技术，微型化工技术，空间化工技术，等离子化工技术，纳米技术等。

#### 1.7.3.2 精细化工发展的关键技术——过程模型化

过程模型化、控制和优化技术已成为制约国内精细化工发展的瓶颈之一。主要表现在如下几方面。

① 如何依靠过程模拟、控制和优化技术来提高行业的工程化、规模化水平，安全、平稳、高效生产，节能降耗，控制污染。

② 如何依靠过程模型化、控制和优化技术来改善产品结构、提高分离纯度、增加分割点、增加品种、提高加工深度。

③ 如何在现有起点低、资金薄的国情下依靠计算机辅助设计和动态仿真，开发起点高、投资少、周期短的产品来改善开发环境、增强开发力度。

技术创新已逐步取代价格竞争而成为世界精细化工国际竞争的一个决定性因素。依靠控制和优化设计技术来开发高附加值的精细化工产品，如加速精密精馏的工程化，在反应精馏方面力争领先发展是我国精细化工积累资金、加速技术创新的有效手段。

### 1.7.4 精细化工新产品发展的一般规律

一个精细化工产品从无到有、从低级到高级的不断发展，往往要经历很长时间，但随着现代科学技术的进步，这个过程被大大缩短了。只要掌握了产品发展的规律，就能对产品的发展方向有正确的预测、提出具有先进水平的科研课题、预测明天的新产品。

虽然每一个化工产品都有其独特的发展历史，但仔细分析它的发展过程，便可发现其规律性，即任何一种产品都要经历原型发现阶段、雏形发明阶段、性能改进阶段和功能扩展阶段。

### 1.7.4.1　原型发现阶段

精细化工产品的原型，即是其发展的起点。原型的发现是一种科学发现。在原型被发现之前，人们对所需要的产品是否存在、是否可能实现是完全茫然无知的。原型的发现是该类产品研究和发展的根据，为开发该产品提供了基本思路。

许多精细化工产品的原型是人们在长期实践中逐步发现的。例如，数千年前人类便已发现了天然染料，由植物提取的靛蓝，由茜草提取的红色染料，由贝壳类动物提取的紫色染料，等。这些天然染料便是现代人工合成染料的原型。

现代科学技术的发展，使许许多多过去见所未见、闻所未闻的新产品原型不断被发现。新产品原型的发现，往往预示着一类新的化工产品即将诞生。一系列根据原型发现的原理做出的新发明即将出现，企业应该对此有所准备。同时，在化工生产中，还应该随时注意发现新的科学技术现象，捕捉新的产品信息，做出创造性的发明。

### 1.7.4.2　雏形发明阶段

原型发现往往直接导致一个全新的化工产品的雏形发明。例如，天然除虫菊灭虫能力的发现，导致了天然除虫菊灭虫剂的诞生和应用。

雏形发明的出现可视为精细化工产品研究的开始，为开发该类产品提供了客观可能性。一般而言，在雏形发明诞生之后，针对该雏形发明的改进工作便会兴起，许多有类似性质和功能的物质也会逐渐被发现，有关的科技论文逐渐增多，产品日益朝实际应用的方向发展。通常，雏形发现和发明容易引起人们的怀疑和抵制，因为它的出现往往冲击了人们的传统观念。但研究者如果能认识到某一雏形发明的潜在前景，在此基础上开展深入的研究，往往可以做出有重大意义的化工产品发明来。

### 1.7.4.3　性能改进阶段

雏形发明出现之后，对雏形发明的性能、生产方式进行改进以及克服雏形发明的各种缺陷的应用研究工作便会广泛地开展，科技论文数量大幅度增加，对作用机理及化合物结构和性能特点的研究也开始进行。一般通过两种方式对雏形发明进行改进。

① 通过机理研究，初步弄清雏形发明的作用机理，从而从理论上提出改进的措施，并通过大量的尝试和筛选工作，找到在性能上优于雏形发明的新产品。例如，在罗斯发明第一个磷化液后，人们便初步了解在铁制品表面形成致密薄膜有助于提高防锈能力这一道理，从这一原理出发，寻找能在铁制品表面形成更致密的薄膜的新型磷化液。

② 使雏形发明在工艺上、生产方法上以及价格上实用化。经过改进后的雏形发明虽然性能上有所改善并能够应用于工业及生活实际中，但往往受到工艺条件复杂、使用不方便及原料缺乏等限制，为了解决这些问题，还必须做更多的研究，做出许多大大小小的发明和改进，才能使产品逐渐走向实用。

### 1.7.4.4　功能扩展阶段

当一种新型精细化工产品已在工业或人们生活中实际应用之后，便面临研究工作更为活跃的功能扩展阶段。功能扩展主要有以下几个方面。

① 品种日益增多。为了满足不同使用者和应用场合的具体要求，在原理上大同小异的新产品和配方大量涌现，还会出现一些系列产品。在这一阶段，研究论文和专利数量非常多，重复研究现象也大量出现。

② 产品的性能和功能日益脱离原型。虽然新产品仍留有原型的影子，但在化学结构、生产工艺和配方组成上离原型会越来越远，性能也更为优异。

③ 产品的使用方式也日益多样化。例如出现不同包装方式、不同使用方法的产品。

小型化工厂开发的新产品一般都是功能扩展阶段的产品。但一个具有创新精神的企业，也应时刻注意有关原型发现和雏形发明的信息，不失时机地开始性能改进工作。一旦性能改进研究工作完成后，便要尽快转入产品的功能扩展研究，尽可能研制出系列产品，占领市场。

对于一个特定的化工产品，其具体的发展动向应通过阅读最新文献和文献综述来确定。

### 1.7.5　精细化工产品市场预测

要对化工产品，尤其是精细化工产品进行市场预测，往往是非常困难的。但以下一些线索，将有助于对市场前景的了解和把握。

#### 1.7.5.1　掌握国家产业发展政策和新法规

国家发展重点的变化，往往导致某些产品的需要量大增而另一些产品的需要量减少。例如，几年前建筑业兴旺，导致建筑材料需求量大增，建材化工产品供不应求；但压缩基建投资后，情况就发生了变化。企业应该预先对这些情况有所估计。现在，国家对环境保护的要求日益重视，一些对环境有污染的化工产品势必好景不长。例如，涂料用的有毒颜料，农业用的剧毒农药，防锈用的致癌物亚硝酸钠等将逐渐被淘汰，市场将越来越小。所以，在强手如林的众多竞争对手面前，企业要想站稳脚跟，就必须做到"人无我有、人有我优、人优我创"。因此，精细化工开发新产品的必要性和重要性比其他任何行业都更为显著。

#### 1.7.5.2　了解同类产品在发达国家的情况

随着我国现代化水平的提高，人民生活的不断改善，某些正在使用的产品将逐渐被淘汰，新产品也将不断出现。这一过程发达国家比我国较早发生，类似情况也可能在我国出现，因此他们的经验可以作为我们分析产品前景时的借鉴。许多专业性刊物，如《化工新型材料》《现代化工》《化工进展》《精细化工》《石油化工》《当代化工研究》等经常刊载这一类综述文章，可供了解产品在国外市场上消亡和兴起的情况。

#### 1.7.5.3　了解产品在国际、国内市场上的供、求总量及其变化动向

企业应该对产品在国际、国内市场上的总需求量有一个估计。国外市场的需求数可通过查阅有关文献获得，并应了解需求上升或下降的原因；国内市场的总需求量则可根据用户的总数及典型用户的使用量来估算。企业还应尽可能参加地区性、全国性甚至国际性的交易会、专业会、展销会以及上网查询等，了解先进国家和地区的产品行情，了解产品有多少厂家在生产或准备生产，以及其生产规模的情况，以便估计总供货量。根据需求量与供货量的对比，确定是否生产或生产规模的大小。在国家产业政策和计划支持下，我国的精细化工发展迅猛，从精细化工综合实力来看，我国已成为世界精细化工生产大国，各项精细化工产品在国民经济中发挥了重要作用，其市场上的供求量在不断变化。

#### 1.7.5.4　了解国家在原料基地建设方面的信息

有些性能很好的化工产品，由于原料来源短缺，无法在国内广泛应用。但一旦解决了原料来源问题，产品可能很快更新换代。多年来，我国已建成新领域精细化工技术开发应用中心，以及大型化工产品生产基地、精细化工产品生产基地若干。

#### 1.7.5.5　了解同行业建厂情况

国外是否有厂家到我国投资兴建同类产品工厂，国内是否正在建新厂或转产同类产品，

生产规模多大，技术力量和产品质量如何等。近几年，国外大公司也大量投资国内精细化工领域。

# 1.8 精细化学品的商品化

精细化学品是具有特殊属性、特定使用对象、特殊质量要求的综合性较强的技术密集型化工产品，要生产优质的精细化学品，除了先进可靠的生产工艺和设备外，先进的商品化技术是不可或缺的，这必然涉及多学科的交叉与融合。众所周知，精细化学品间的竞争十分激烈，为了提高市场竞争能力，加大商品化的研究开发力度是十分必要的。

## 1.8.1 商品化的内涵及意义

一个合格的精细化学品的上市可以概括为三步，即产品化、商品化和商业化。精细化学品作为能满足消费者或用户需求的特殊产品被推向市场而成为商品。所谓商品，是指用来交换的劳动产品。既然是交换，就需要使产品带上交换市场上必备的标签与特性，这就是产品的商品化过程。化学合成的产品不是最终具有实用性的商品，为了把它们转化为具有很好应用特性的商品，必须进行商品化处理。例如，颜料是一种几乎不溶解的有色微粒状物质，化学合成的有机颜料不是最终的具有实用性的商品，为了把它们转化为具有很好应用特性的微细分散体形式的商品，有机颜料必须利用商品化技术进行商品化处理，有机颜料的分散性与分散稳定性成为有机颜料商品化的特定要求。

简单地讲，精细化学品商品化就是将化学合成的产品赋予实用性并推向市场，以实现精细化学品的经济价值的过程。精细化学品商品化是提高国家或地区精细化工率的前提，是化学工业经济增长的重要推动力，对国民经济的发展起着举足轻重的作用，同时对我国的现代化建设发挥着重要作用，具有不可替代性。

## 1.8.2 商品化技术

通常，化学合成或提取出的化学品是不适宜直接投入市场应用的，需要将化学品利用商品化技术进行商品化后才有市场实用性。

复配技术是精细化学品常用的商品化技术之一，由两种或两种以上主要组分或主要组分与助剂经过复配，获得使用时远优于单一组分性能的效果。精细化学品在生产中广泛使用复配技术获取各种具有特定功能的商品以满足各种专门需要，拓宽了应用范围。例如，胶黏剂配方中，除以黏料为主外，还要加入固化剂、促进剂、增塑剂、防老剂等。在一些经过复配的产品中，其组成甚至有十多种，因此经过剂型加工和复配技术所制成的商品数目，远远超过由合成得到的单一产品数目。仅就化妆品而言，常用的脂肪醇不过几种，但经过复配而衍生出来的商品却品种繁多。采用复配技术所得到的商品具有增效、改性和扩大应用范围的功能，其性能也往往超过单一结构的产品。

有机颜料商品化技术包括颜料化技术（特别是颜料表面处理剂的应用）和预分散化技术（特别是机械研磨处理技术、微细分散技术、挤水转相技术与新颖载体树脂等）等。颜料表面处理剂的应用技术是指在颜料粒子表面上沉淀或吸附某种物质，使粒子降低聚集的活性或使晶粒活性中心钝化，这样减少了聚集体的生成且使絮凝体易被粉碎，同时降低了粒子与使用介质之间的表面张力，增加了粒子的易润湿性，也能改进耐光和耐气候等牢度，因此它是目前制造易分散型有机颜料最主要的技术。机械研磨处理技术是在球磨机、砂磨机或捏合机中研磨或捏合粗品颜料时加入无机盐（如 $NaCl$、$CaCl_2$、$Na_2CO_3$ 等）作为助磨剂，依靠强大的机械冲击力和摩擦剪切力作用改变颜料的晶型和粒径，研磨或捏合后的物料再经过酸碱处理得到达到使用目的的颜料晶型和粒子。

有机染料的商品化技术是在已有生产的基础上通过商品成型进行改进，使染料商品的发色、上色和应用性能（如得色深度、提升力、染色间的配伍性、溶解度、剂型、防尘等性能）得到改进，满足市场需要。有机染料的商品化技术包括染料间的复配增效、染料与助剂间的增溶技术等。染料间的复配增效技术是指将色相或性能接近、化学结构相近或不同的分散染料按一定比例混合，从而提高染料的染深性和提升力的商品化技术。染料与助剂间的增溶技术是指在染料中加入分散剂和润湿剂等助剂使染料分散成单分子状态，提高溶解度，从而提高上染速率、发色强度和向纤维内部的扩散度的商品化技术。

# 1.9　精细化学品生产与安全

## 1.9.1　精细化学品生产的特点

精细化学品种类繁多、用途广泛，是新兴材料和高科技产品基础原料的重要组成部分。精细化学品已成为世界化学工业最具活力和前景的领域之一，其产品已经并将继续渗透到国民经济的各个领域。从安全的角度分析，化工生产不同于其他行业的生产，精细化学品生产过程的主要特点有以下几个方面。

**(1) 精细化学品生产涉及的危险品多**

精细化学品生产使用的原料、半成品和成品种类繁多，且绝大部分是易燃、易爆、有毒、有腐蚀性的化学危险品。这些物质又多以气体和液体状态存在，极易泄漏和挥发，生产中的储存和运输等有其特殊的要求。

**(2) 精细化学品生产要求的工艺条件苛刻**

精细化学品生产过程中，有些化学反应在高温、深冷、高压、真空等条件下进行，工艺操作条件苛刻，许多加热温度都达到和超过了物质的自燃点，一旦操作失误或因设备失修，极易发生火灾、爆炸事故。

**(3) 生产相互依赖，操作要求严格**

一种精细化学品的生产往往由多个化工单元操作和若干台特殊要求的设备和仪表联合组成生产系统，常用管道互通，原料产品互相利用，形成工艺参数多、要求严格的生产线。这就要求在生产过程中任何人不得擅自改动工艺参数和技术，要严格遵守操作规程，注意上下工序联系，及时消除隐患，否则容易导致事故的发生，并且任何一个车间或一道工序发生事故，都会影响全局。

**(4) 生产方式日趋先进**

现代化工企业的生产方式已经从过去的手工操作、间歇生产转变为高度自动化、连续化生产，生产装置大型化明显加快。生产操作由分散控制变为集中控制，同时也由人工手动操作和现场观测发展到由计算机遥测遥控等。

**(5) 设备要求日益严格**

精细化学品生产离不开高温高压设备，这些设备能量集中，如果在设计制造中不按规范进行，存在材质和加工缺陷及腐蚀，质量不合格，就会发生灾害性事故。

**(6) "三废"多，污染严重**

精细化学品在生产中产生的废气、废水、废渣、副产物多，导致有害物质的排放也相应增多，是环境污染中的大户。排放的"三废"中，许多物质具有可燃性、易燃性、有毒性、腐蚀性以及有害性，这都是生产中不安全的因素，如果处理不当将对人类和环境产生严重影响。

（7）事故多，损失重大

化工生产中的许多关键设备，当进入设备寿命周期的故障频发阶段时，常会出现多发故障的情况。故障处理不当往往造成事故。精细化工行业每年都有重大事故发生，事故中有70%以上是违章指挥和违章作业造成的。因此，进行安全教育和专业技能教育是非常重要的。

### 1.9.2　安全生产的重要性

安全是指客观事物的危险程度能够为人们普遍接受的状态，也就是说安全是不存在能够导致人身伤害和财产损失的状态。安全生产是为了使生产过程在符合物质条件和工作秩序下进行，防止发生人身伤亡和财产损失等生产事故，消除或控制危险、有害因素，保障人身安全与健康，使设备和设施免受损坏，使环境免遭破坏的总称。自古以来，哪里有生产活动，哪里就存在危险（危及人身健康和财产损失）因素。安全生产管理的目标是减少和控制危害，减少和控制事故，尽量避免生产过程中由事故造成的人身伤害、财产损失、环境污染等。安全在精细化学品生产中的地位如下。

（1）安全生产是精细化学品生产的前提条件

由于精细化学品生产中易燃、易爆、有毒、有腐蚀性的物质多，高温、低温、高压、真空设备多，接触高温、毒物的岗位多，生产流程复杂，形成了多种不安全因素。爆炸、急慢性中毒等各种设备和人身事故屡有发生，给职工生命和国家财产带来很大威胁。随着生产技术的发展和生产规模的大型化，安全生产已成为社会问题。因为如果管理不善，操作失误，就可能造成废气、废水、废渣超标排放，一旦发生火灾和爆炸事故，就会造成生产链中断，影响生产的正常进行，而且还会造成人身伤亡，产生无法估量的损失和难以挽回的影响。

（2）安全生产是精细化学品生产的保障

设备规模大型化，生产过程连续化，过程控制自动化，是精细化学品生产的发展方向。要充分发挥现代化工生产的优越性，必须实现安全生产，确保设备长期、连续、安全运行。操作失误、设备故障、仪表失灵、物料异常均会造成重大安全事故。例如，2005年，某石化公司双苯厂发生爆炸事故，造成一定的经济损失、人员伤亡等，此次事故直接原因是硝基苯精制岗位操作人员违反操作规程操作，导致硝基苯精馏塔发生爆炸，并引起其他装置、设施连续爆炸。

（3）安全生产是精细化学品生产的关键

精细化学品的开发、新产品的试生产必须解决安全生产的问题。我国要求化工新产品的研究开发项目，化工建设的新建、改建、扩建的基本建设工程项目，技术改造的工程项目的安全生产措施应符合我国规定的标准，否则不能投入实际生产。

## 1.10　精细化学品生产与环境保护

### 1.10.1　精细化学品生产污染的种类和来源

在现代生活中，精细化学品的使用量越来越大，而精细化学品工业的蓬勃发展不仅给人类带来了福音，也给社会环境带来了负面影响。由于精细化学品生产具有工艺复杂、原料多样化、连续生产、品种多等特性，形成的污染物多种多样，产生的废弃物量大，排放到环境中，使环境受到污染。精细化工污染物的种类，按污染物的形态可分为废气、废水和废渣，即"三废"。精细化工生产中的三废，实际上是生产过程中流失的原料、中间体、副产品，甚至是宝贵的产品，其主要原料利用率一般只有30％～40％。因此，对三废的有效处理和利用，既可创造经济效益，又可减少环境污染。精细化学品生产污染物都是在生产过程中产生的，但其产生的原因和进入环境的途径则是多种多样的。污染的途径主要有以下几种。

**(1) 因化学反应不完全产生化工污染物**

对几乎所有的化工生产来说，原料是不可能全部转化为半成品或成品的。未反应的原料虽有一部分可以回收再用，但最终总有一部分因回收不完全或不可能回收而被排放。若精细化学品生产所需原料为有害物质，排放后便会造成环境污染。

**(2) 因原料不纯产生化工污染物**

精细化学品生产所需原料中有时含有杂质，因杂质一般不参与化学反应，最后会被排放掉，大多数的杂质为有害的化学物质，对环境会造成污染。有些化学杂质即使参与化学反应，生成的反应产物对所需产品而言仍是杂质，对环境而言，也是有害的污染物。

**(3) 因"跑、冒、滴、漏"产生化工污染物**

由于生产设备、管道等封闭不严密，或者由于操作水平和管理水平跟不上，物料在储存、运输以及生产过程中，往往会发生原料、产品的泄漏，习惯上称为"跑、冒、滴、漏"现象。这些情况可能会造成环境污染事故，甚至会带来难以预料的后果。

**(4) 燃烧过程中排放出的废弃物**

精细化学品生产过程一般需要在一定的压力和温度下进行，从而要使用大量的燃料，而在燃料燃烧过程中会排放大量的废气和烟尘，也会对环境造成危害。

**(5) 冷却水**

精细化学品生产过程中许多反应是放热反应，为了稳定温度，需要大量的冷却水。在生产过程中，用水冷却一般有直接冷却和间接冷却两种方式。采用直接冷却时，冷却水直接与被冷却的物料进行接触，很容易使水中含有化工原料，从而成为污染物质。采用间接冷却时，因为在冷却水中往往加入防腐剂、杀藻剂等化学物质，排放后也会造成污染，即使没有加入有关的化学物质，冷却水也会对周围环境带来热污染问题。

**(6) 副反应产物**

精细化学品生产中，主反应进行的同时还经常伴随着一些副反应和副反应产物。副反应产物虽然有的经过回收可以成为有用的物质，但由于副产物的数量不大，成分又比较复杂，要进行回收存在许多困难，需要耗用一定的经费，所以副产物往往作为废料排弃，从而引起环境污染。

**(7) 生产事故造成的化工污染**

因为原料、成品、半成品很多都具有腐蚀性，容器管道等很容易被腐蚀。如果检修不及时，就会出现"跑、冒、滴、漏"等污染现象，流失的原料、成品或半成品就会对周围环境造成污染。比较偶然的事故是工艺过程事故，由于精细化学品生产条件的特殊性，如反应条件没有控制好，或催化剂没有及时更换，或者为了安全而大量排气、排液，或生成了不需要的物质，就会造成污染。

## 1.10.2 "三废"处理的主要原则

### 1.10.2.1 精细化学品生产中废水控制原则

在控制精细化学品生产企业水污染时，主要考虑以下原则：

① 采用绿色环保生产工艺。采用环境友好的原料，尽量不用或少用易产生污染的原料、设备和生产方法，选择不用水或少用水的生产工艺流程，以减少废水的排放量。

② 采用重复用水和循环用水系统，使废水排放量减至最少。根据不同生产工艺对水质的不同要求，可将前一个工段排出的废水输送到后一工段使用，实现重复用水；或将化工废水经过适当处理后，送回本工段再次利用，即循环用水；达到排放标准的废水也可以用来浇灌厂区花木，达到一水多用的目的。废水的重复利用已经作为一项解决环境污染和水资源贫乏的重要途径。

③ 回收有用物质，变废为宝。可以将废水中的污染物质通过萃取法等方法加以回收利用，化害为利，既防止了污染危害又创造了财富，变废为宝。例如，在含酚废水中用萃取法或蒸气吹脱法回收酚等。也可以在工业园内，通过厂际协作，变一厂废料为他厂原料，综合利用，降低成本，减少污染。对无回收价值的废水，必须加以妥善处理，使其无害化，不致污染环境。

④ 采用先进的废水处理工艺和技术。根据精细化学品生产企业的类别，选择合理的处理工艺与方法，做到经济合理，并尽量采用先进技术。对大多数能降解和易集中处理的污染物，集中到废水处理站经过适当处理达到规定的有关排放标准后排放，达到规模效应和对环境的改善。对于一些特殊的污染物，如难降解有机物和重金属应以厂内处理为主。

### 1.10.2.2 精细化学品生产中废气控制原则

精细化学品生产中大气污染控制主要考虑以下几个原则：

① 合理利用环境的自净作用。将工厂合理分散布设，充分考虑地形、气象等环境条件，提高烟囱有效高度以利于烟气的稀释扩散，发挥环境的自净作用，可减少废物对大气环境的污染危害。

② 控制污染物的排放。控制或减少污染物的排放有多种途径，如改革能源结构、发展集中供热、进行燃料的预处理以及改革工艺设备和改善燃烧过程等。开发利用洁净的能源，利用集中供热取代分散供热的锅炉，是综合防治大气污染的有效途径。结合技术改造和设备更新，改善燃烧过程，提高烟气净化效率，从根本上减少大气污染物特别是尘和二氧化硫污染的排放，是控制大气污染的一项重要措施。

③ 生产过程中废气处理。精细化学品生产中产生的空气污染物，可通过废气净化装置除尘除去气溶胶污染物，如粉尘、烟尘、雾滴和尘雾等颗粒状污染物；通过冷凝、吸收、吸附、燃烧、催化等方法进行处理 $SO_2$、$NO_x$、$CO$、$NH_3$、$H_2S$、有机废气等气态污染物。例如，尾气可采用除尘、填料塔吸收，然后电除雾，排放到大气。

### 1.10.2.3 精细化学品生产中废渣处置原则

采用新工艺、新技术、新设备，最大限度地利用原料资源，使生产过程中不产生或少产生废渣；综合利用废物资源，将未发生变化的原料和副产物回收利用。例如，废催化剂含有 Au、Ag、Pt 等贵金属，只要采取适当的提取方法，就可以将其中有价值的物质回收利用。在工业园区可以通过物质循环利用工艺，使第一种产品的废物成为第二种产品的原料，第二种产品的废物又成为第三种产品的原料等，最后只剩下少量废物进入环境，以取得经济、环境和社会综合效益。无法处理的废渣，采用焚烧、填埋等无害化处理方法，以避免和减少废渣的污染。

### 参 考 文 献

[1]  张俊甫. 精细化工概论. 北京：北京中央广播电视大学出版社，1992.
[2]  殷宗泰. 精细化工概论. 北京：北京化学工业出版社，1985.
[3]  程侣柏，等. 精细化工产品的合成及应用. 大连：大连工学院出版社，1987.

[4] 朱铁均，王铀．发展精细化工及其前沿学科——功能高分子．精细化工，1993（6）：6-9.

[5] 钱鸿元．世界化工现状、趋势和展望．化工进展，1994（3）：1-5.

[6] 卢栋华．2000年广州市石油化工的发展与展望．广州化工，1991（3）：12-15.

[7] 国务院安委会．关于《进一步加强安全生产工作的通知》（安委明电〔2011〕8号）．北京：国务院安委会，2011-07-31.

[8] 马榴强．精细化工工艺学．北京：化学工业出版社，2016.

[9] 广东省安全生产技术中心．危险化学品企业主要负责人与安管人员初始教育讲义．广州：广东省安全生产技术中心，2015：7-12.

[10] 周立国．精细化学品化学．北京：化学工业出版社，2020.

[11] 程春生．精细化工反应风险与控制．北京：化学工业出版社，2022.

[12] 韩长日，刘红．精细化工工艺学．北京：中国石化出版社，2019.

[13] 唐林生．精细化学品化学．北京：化学工业出版社，2019.

[14] 张先亮．精细化学品化学．武汉：武汉大学出版社，2021.

[15] 薛泮海．浅谈精细化工．黑龙江交通科技，2010，33（7）：208.

[16] 宋启煌，方岩雄，郭清泉．精细化工工艺学．4版．北京：化学工业出版社，2018.

## 思考题与习题

1. 精细化工的定义是什么？

2. 简述精细化工的范畴和分类。

3. 精细化工有哪些特点？对"科学发展，安全发展"的新特点应如何理解？

4. 试论述精细化工与农业、工业、人民生活和国防、尖端科技之间有哪些密切关系。

5. 精细化工发展的重点和动向有哪些？

6. 发展精细化工，要优先发展哪些关键技术？

7. 何谓精细化工生产工艺的优化与完善？

8. 何谓清洁生产？

9. "精细化工工艺学"课程的性质与基本内容有哪些？

10. 简述精细化工的产品特点、生产特点、经济特点和商业特点。

11. "精细化工工艺学"主要包括哪些内容？

12. 何谓转化率（$x$）、选择性（$S$）、收率（$y$）？三者之间的关系是$y=Sx$，如何推导出该结论？

13. 精细化学品配方研究和设计的基本原则是什么？

14. 在精细化学品开发中配方优化经常用到正交试验法，何谓正交试验法？常见的正交表$L_9(3^4)$有何含义？

15. 简述精细化学品开发的一般步骤以及新品开发步骤。

16. 何谓精细化学品的商品化？商品化的一般步骤是什么？

17. 简述精细化工与安全生产、绿色环保之间的关系。

# 第二章

# 表面活性剂

## 2.1 概述

表面活性剂是一类具有两亲性结构的有机化合物，至少含有两种极性与亲液性迥然不同的基团部分。人们对其进行系统的理论和应用研究的历史并不长，但它独特多样的功能性使其发展非常迅速。目前，表面活性剂的应用已渗透到所有技术经济部门。它用量虽小，对改进技术、提高质量、增产节约却收效显著，有"工业味精"之美称。在人类日常生活中，表面活性剂的制品也已成为必需的消费品，它是精细化工产品中产量较大的主要门类之一。经过经济快速增长，亚洲已经超越欧美成为世界最大的表面活性剂市场。中国表面活性剂行业起步较晚，但发展和更新速度较快，现已经具备了相当的产业规模，2021年，根据中国洗协表面活性剂专业委员会统计数据，中国（不含港澳台）表面活性剂总产量达到388.52万吨，销量为378.54万吨，产、销量较2020年分别同比增长5.01%和3.71%。大宗表面活性剂的生产能力有较大的提高，可以满足国内的基本需求，少量出口。

本章将着重介绍表面活性剂的结构、性质、原料、制备方法及各种应用的基本知识。

### 2.1.1 表面活性剂与表面张力

凝聚体与气体之间的接触面称为表面，凝聚体与凝聚体之间的接触面称为界面，也可通称为表面。由于表面分子所处的状况与内部分子不同，因而表现出很多特殊现象，称为表面现象，例如，荷叶上的水珠、水中的油滴、毛细管的虹吸等。表面现象都与表面张力有关。表面张力是指作用于液体表面单位长度上使表面收缩的力（mN/m）。由于表面张力的作用，液体表面积永远趋于最小。

表面张力是液体的内在性质，其大小主要取决于液体自身和与其接触的另一相物质的种类。例如水、水银、无机酸等无机物与气体的表面张力大，醇、酮、醛等有机物与气体的表面张力小。气体的种类对表面张力也有影响，水银与水银蒸气的表面张力最大，与水蒸气的表面张力则小得多。实验研究表明，水溶液中溶质浓度对表面张力的影响有3种情况：

① 随浓度的增大，表面张力上升，如图2-1中曲线1所示，无机酸、碱、盐溶液多属此种情况；

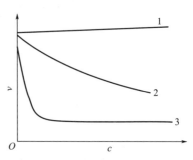

图 2-1 物质在水溶液中溶质浓度与表面张力的关系

② 随浓度的增大，表面张力下降，如图 2-1 中曲线 2 所示，有机酸、醇、醛溶液多属此种情况；

③ 随浓度的增大，开始表面张力急剧下降，但到一定程度便不再下降，如图 2-1 中曲线 3 所示，肥皂、长链烷基苯磺酸钠、高级醇硫酸酯盐等属于这种情况。

从广义上讲，能使体系表面张力下降的溶质均可称为表面活性剂。但习惯上只将降低表面张力作用较大的一类化合物称为表面活性剂，即能够大幅度降低体系表面张力的物质称为表面活性剂。它们都具有上述③那样的曲线。

表面活性剂何以能有效降低表面张力呢？分析表面活性剂的结构发现，它们都有两亲性结构，即同时具有亲油疏水的基团和亲水疏油的基团，通常称为亲油基和亲水基，如图 2-2 所示。

图 2-2　表面活性剂两亲性结构

溶液中加入表面活性剂后其亲油基会向无水的表面运动，亲水基会留在液面之下，这个结果使表面活性剂在表面上的浓度比在溶液内部大，此为正吸附现象。有人也将表面活性剂定义为能产生正吸附现象的物质。表面活性剂这种独特的分子结构正是它能降低表面张力具有表面活性的根本原因所在。

### 2.1.2　表面活性剂分子在表面上的定向排列

表面活性剂溶液随着浓度的增加，分子在溶液表面上将产生定向排列，从而改变溶液的表面张力，如图 2-3 所示。

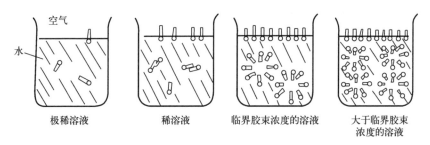

图 2-3　表面活性剂浓度变化和其活动情况的关系

当溶液极稀时，表面活性剂分子在表面的聚集极少，几乎不改变表面张力。稀溶液时，聚集增加，表面张力急剧下降，而溶液内部的表面活性剂分子相互将亲油基靠近。随着浓度的进一步增加，表面聚集的分子越来越密集，表面张力越来越低，直至达到临界胶束浓度。此时，表面活性剂分子在表面无间隙排列，形成分子膜，将气液两相彻底隔绝，表面张力降至最低；同时，溶液中有胶束形成，即几十甚至几百的表面活性剂分子将亲油基向内靠拢，亲水基向外与水接触，缔合成一个大的分子团。若继续增加浓度，制成大于临界胶束浓度的溶液，将不会改变表面分子膜，故表面张力也不再改变，这便形成了图 2-1 曲线 3 中水平的直线部分；而溶液内胶束的数量和大小会有所增加。

临界胶束浓度（critical micelle concentration，CMC）是表面活性剂的一个重要参数，它是指表面活性剂分子或离子在溶液中开始形成胶束的最低浓度。达到 CMC 后即有胶束形成。胶束中的表面活性剂分子可随时补充表面分子膜中分子的损失，从而使表面活性得以充分发挥。

### 2.1.3　表面活性剂的分类

表面活性剂按照溶解性分类，有水溶性和油溶性两大类。油溶性表面活性剂种类及应用少，本章不作单独讨论。而水溶性表面活性剂按照其是否离解又可分为离子型和非离子型两大类，前者可在水中离解成离子，后者在水中不能离解。离子型表面活性剂根据其活性部分的离子类型又分为阴离子、阳离子和两性离子三大类。

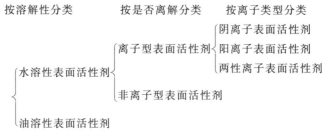

### 2.1.3.1　阴离子表面活性剂

阴离子表面活性剂的特点是在水溶液中会离解开来，其活性部分为阴离子或称负离子。市场出售的阴离子表面活性剂按照其亲水基不同主要有四大类，包括羧酸盐型、硫酸酯盐型、磺酸盐型和磷酸酯盐型。

$$阴离子表面活性剂\begin{cases}羧酸盐型 & R\!-\!COONa \\ 硫酸酯盐型 & R\!-\!OSO_3Na \\ 磺酸盐型 & R\!-\!SO_3Na \\ 磷酸酯盐型 & R\!-\!OPO_3Na\end{cases}$$

上述四类阴离子表面活性剂仅是目前使用较多的种类。事实上，凡是活性部分能够离解并呈负离子态的表面活性剂都是阴离子表面活性剂。

### 2.1.3.2　阳离子表面活性剂

阳离子表面活性剂在水溶液中离解后，其活性部分为阳离子或称正离子。目前应用较多的有胺盐和季铵盐两大类，胺盐类又包括伯胺盐、仲胺盐和叔胺盐。

$$阳离子表面活性剂\begin{cases}胺盐型阳离子表面活性剂\begin{cases}伯胺盐 & R\!-\!NH_2\cdot HCl \\ 仲胺盐 & R\!-\!NH(CH_3)\cdot HCl \\ 叔胺盐 & R\!-\!N(CH_3)_2\cdot HCl\end{cases} \\ 季铵盐型阳离子表面活性剂 \quad R\!-\!N^+(CH_3)_3Cl^-\end{cases}$$

除直链含氮的阳离子表面活性剂外，含氮原子环以及硫、砷、磷等形成的锑盐类化合物均可在水中离解成阳离子，所以都能成为阳离子表面活性剂。

### 2.1.3.3　两性离子表面活性剂

两性离子表面活性剂的亲水基是由带正电荷和负电荷的两部分有机地结合起来而构成的。在水溶液中呈两性状态，会随着介质不同显示不同的活性。主要包括两类，即氨基酸型和甜菜碱型。

$$两性离子表面活性剂\begin{cases}氨基酸型 & R\!-\!N^+H_2CH_2CH_2COO^- \\ 甜菜碱型 & RN^+(CH_3)_2CH_2COO^-\end{cases}$$

甜菜碱型和氨基酸型两性离子表面活性剂的阳离子部分，分别是季铵盐和胺盐，阴离子部分都是羧酸盐。实际上，前述阴离子表面活性剂的几个品种如硫酸酯盐、磺酸盐等均可成为两性离子表面活性剂亲水基的阴离子部分，从而形成两性离子表面活性剂的新品种。只是生产和应用都很少，本章不作详细介绍。

### 2.1.3.4　非离子表面活性剂

非离子表面活性剂在水中不会离解成离子，但同样具有亲油基和亲水基。按照其亲水基结构的不同分为聚乙二醇型和多元醇型。

$$非离子表面活性剂 \begin{cases} 聚乙二醇型 & R{-}O(CH_2CH_2O)_n H \\ 多元醇型 & R{-}COOCH_2C(CH_2OH)_3 \end{cases}$$

聚乙二醇型也称为聚氧乙烯型或聚环氧乙烷型。它是由环氧乙烷的聚合链来作亲水基的，而多元醇型则是靠多元醇的多个羟基与水的亲和力来实现亲水的。

不同类型的表面活性剂具有不同的特性和应用场合，有的可以混用，有的不能混用。所以，遇到一种表面活性剂，应当首先分清它是哪一种类型，应用时也应首先弄清该用哪一种类型的表面活性剂。

## 2.1.4 表面活性剂的物化性质

### 2.1.4.1 表面活性剂亲水-亲油性平衡与性质的关系

不同的表面活性剂带有不同的亲油基和亲水基，其亲水亲油性便不同。这里引入一个亲水-亲油性平衡值（即 HLB 值）的概念，来描述表面活性剂的亲水亲油性。HLB 是表面活性剂亲水-亲油性平衡的定量反映。

表面活性剂的 HLB 值直接影响着它的性质和应用。例如，在乳化和去污方面，按照油或污垢不同的极性、温度而有最佳的表面活性剂 HLB 值。表 2-1 是具有不同 HLB 值范围的表面活性剂所适用的场合。

表 2-1 不同 HLB 值范围的表面活性剂所适用的场合

| HLB 值范围 | 适用的场合 | HLB 值范围 | 适用的场合 |
|---|---|---|---|
| 3～6 | 油包水型乳化剂 | 13～15 | 洗涤 |
| 7～9 | 润湿、渗透 | 15～18 | 增溶 |
| 8～15 | 水包油型乳化剂 | | |

对离子型表面活性剂，可根据亲油基碳数的增减或亲水基种类的变化来控制 HLB 值；对非离子表面活性剂，则可采取一定亲油基上连接的聚环氧乙烷链长或羟基数的增减，来任意细微地调节 HLB 值。

表面活性剂的 HLB 值可通过计算得来，也可测定得出。常见表面活性剂的 HLB 值可由有关手册或著作中查得。

### 2.1.4.2 胶束与胶束量

表面活性剂溶液形成胶束的大小可用胶束量来描述，胶束量是构成一个胶束的分子量。
$$胶束量 = 表面活性剂的分子量 × 缔合度$$
缔合度为缔合成一个胶束的分子个数，表面活性剂溶液中胶束与表面活性剂分子处于平衡状态，一旦吸附在表面的活性剂分子或离子被消耗掉，胶束中便离解出表面活性剂分子补充上去。因此，胶束起到表面活性剂贮存库的作用。表面活性剂溶液只有在 CMC 值以上，才能很好地发挥活性。

### 2.1.4.3 表面活性剂溶解性与温度的关系

在低温时，表面活性剂一般都很难溶解。如果增加水溶液的浓度达到饱和态，表面活性剂便会从水中析出。但是，如果加热水溶液达到某一温度时，其溶解度会突然增大。这个使表面活性剂的溶解度突然增大的温度点，称为克拉夫特点，也称为临界溶解温度。这个温度相当于水和固体表面活性剂的熔点。非离子表面活性剂的这个熔点很低，一般温度下看不见。而大多数离子型表面活性剂都有自己的克拉夫特点，故它是离子型表面活性剂的特性常数。

聚乙二醇型非离子表面活性剂与离子型表面活性剂相反，将其溶液加热，达到某一温度时，透明溶液会突然变浑浊、这一温度点称为浊点。这一过程是可逆的，温度达浊点时乳浊液形成，降温时透明溶液又重现。但当保持温度在浊点以上时，静置一定时间乳浊液将分层。

聚乙二醇型非离子表面活性剂之所以存在浊点，是因为其亲水基依靠聚乙二醇链上的醚键与水形成氢键而亲水。氢键结合较松散，当温度上升时，分子热运动加剧，达到一定程度，氢键便断裂，溶解的表面活性剂析出，溶液变为乳浊液；而当温度降低至浊点之下时，氢键恢复，溶液便又变透明。

对于应用而言，克拉夫特点是下限温度，而浊点是上限温度。

### 2.1.5 表面活性剂的应用性能

表面活性剂由于其独特的两亲性结构而具有降低表面张力、产生正吸附现象等诸多功能，因而，在应用上可发挥特别的作用。最主要的包括起泡、消泡、乳化、分散、增溶、洗净、润湿、渗透等。

泡沫是气体分散在液体或固体中的分散体系。乳化是加入第三种成分，使两互不相溶的液体形成乳液，并具有一定稳定性的过程。分散是使固体粒子集合体以微小单个粒子状态分散于液体中的过程。这些都可看作是一相在另一相的分散，由于表面张力的存在，体系都是不稳定的，而表面活性剂通过在两相界面形成单或双分子膜的方法，使这些体系趋于稳定。增溶是由于胶束的存在而使物质溶解度增加的现象，这些物质或溶入胶束的亲油基中间，或插于胶束的分子之间，或黏附于胶束的亲水基上，从而使溶解度大增。润湿和渗透是使液体迅速均匀地浸湿固体的表面或内部，这也要表面活性剂在固液界面发挥作用。洗净则是上述乳化、分散、增溶、润湿等作用的综合结果。正是表面活性剂的这些应用功能，使其成为几乎各工业行业均使用的助剂，并越来越多地进入民用市场。

表面活性剂除上述主要作用外，还因其具有强吸附性、离子性、吸湿性等特性而衍生出其他一些功能，如柔软平滑、抗静电、匀染、固色、防水、防蚀和杀菌等，在工业上同样有着重要意义。

## 2.2 阴离子表面活性剂

### 2.2.1 羧酸盐型阴离子表面活性剂

羧酸盐型阴离子表面活性剂俗称皂类，是使用最多的表面活性剂之一。肥皂是高级脂肪酸的碱金属盐类，用作洗涤品、化妆品等。此外，钙、铅、锰、铝等金属皂多不溶于水，而溶于溶剂，常用作油漆催干剂、防结块剂、塑料稳定剂等工业助剂。还有多羧酸皂、松香皂、N-酰基氨基羧酸皂，多用作乳化剂、洗净剂等。

#### 2.2.1.1 肥皂
天然油脂与氢氧化钠进行皂化反应即生成肥皂和甘油。

$$
\begin{array}{l}
\text{R—COOCH}_2 \\
\text{R—COOCH} + 3\text{NaOH} \longrightarrow 3\text{R—COONa} + \\
\text{R—COOCH}_2
\end{array}
\quad
\begin{array}{l}
\text{CH}_2\text{—OH} \\
\text{CH—OH} \\
\text{CH}_2\text{—OH}
\end{array}
$$

天然油脂　　　碱　　　　　肥皂　　　甘油

式中，R 视天然油脂的种类而定，常用天然油脂中脂肪酸的主要组成见表 2-2。所用原料天然油脂不同，得到的肥皂性质也不同，最明显的是其适应温度范围的差异。如含 $C_{12}\sim$

表2-2 天然油脂中脂肪酸的主要组成

单位:%

| 油脂名称 | 饱和酸 C6 | C8 | C10 | C12 | C14 | C16 | C18 | C20 | C22 | C24 | 一烯 C14 | C16 | C18 | C20 | C22 | 二烯 C18 | 三烯 C18 | 其他酸 |
|---|---|---|---|---|---|---|---|---|---|---|---|---|---|---|---|---|---|---|
| 牛油 | — | — | — | — | 2~7 | 26~30 | 17~24 | — | — | — | 1 | 6 | 43~45 | — | — | 1~4 | — | — |
| 羊油 | — | — | — | — | 2~5 | 24~25 | 30 | — | — | — | — | — | 30~39 | — | — | 2~4 | — | — |
| 猪油 | — | — | — | — | 1.3~3 | 24~28 | 12~18 | 1 | — | — | — | 3 | 42~48 | — | — | 6~9 | — | — |
| 骨油 | — | — | — | — | — | 20~21 | 19~21 | — | — | — | — | — | 50~55 | — | — | 5~10 | — | — |
| 桕油 | — | — | 0~1.7 | 2.5 | 3.6~4.7 | 58~64 | 2 | 0.5 | — | — | — | — | 28~35 | — | — | 12.2 | 21.2 | — |
| 木油 | — | — | — | 1.3 | 2 | 35 | 2~3.3 | — | — | — | — | — | 22~33 | — | — | 44~53 | — | C$_{10}$ 2,3-二烯 |
| 梓油 | — | — | — | — | — | — | 5~12 | — | — | — | — | — | 28~30 | — | — | — | — | — |
| 漆蜡 | 0.6~2 | 3 | 4~6 | 48~55 | 1.9 | 68~79 | 3~4 | — | — | — | — | — | 12~14 | — | — | 9~9.5 | — | — |
| 棕榈油 | 0.2~2 | 3~10 | 4~11 | 45~51 | 0.6~1 | 44~48 | 2~7 | — | — | 0.1 | — | — | 38~43 | — | — | 0~2 | — | — |
| 棕榈仁油 | — | — | — | — | 12~19 | 8~9 | 1~5 | — | — | — | — | — | 4~14 | — | — | 1~2.5 | — | — |
| 椰子油 | — | — | — | — | 17~22 | 4~9 | — | — | — | — | — | — | 2~20 | — | — | — | — | — |
| 花生油 | — | — | — | — | — | 6~7.3 | 5 | 2~4 | 3~9 | 1~3 | — | — | 56~61 | 13 | 40 | 22~23 | 8 | — |
| 菜籽油 | — | — | — | — | — | 4 | 2 | 0.6 | 0.4 | — | — | — | 19 | — | — | 14 | — | — |
| 棉籽油 | — | — | — | — | 0.4~1 | 20~29 | 2~4 | 0.5 | — | — | — | 2 | 24~35 | — | — | 40~44 | — | — |
| 糠油 | — | — | — | — | 0.5 | 12~20 | 2 | 0.7 | 0.4 | 0.1 | — | 0.4~2 | 40~50 | — | — | 29~42 | — | — |
| 豆油 | — | — | — | — | — | 6.5~11 | 4 | — | — | — | — | — | 25~32 | — | — | 49~51 | 2~9 | — |
| 茶油 | — | — | — | — | — | 7.5 | 0.8 | 0.4 | — | — | — | — | 74~84 | — | — | 7~14 | — | — |
| 玉米油 | — | — | — | — | — | 7~13 | — | — | — | 0.2 | — | — | 29~43 | — | — | 39~54 | — | — |
| 向日葵油 | — | — | — | — | — | 11 | 6 | — | — | — | — | — | 29 | — | — | 52 | 2 | — |
| 蓖麻油 | — | — | — | — | — | 2 | 1~2 | — | — | — | — | — | 7~8.6 | — | — | 3~3.5 | — | 蓖麻酸 87 |
| 蚕蛹油 | — | — | — | — | — | 20 | 4 | — | — | — | — | 2 | 35 | — | — | 12 | 25 | — |
| 鲸蜡油 | — | — | — | — | — | 8 | 12 | — | — | — | — | 17 | 25 | — | — | 20 | — | C$_{22}$ 五烯酸-18 |
| 亚麻仁油 | — | — | — | — | — | 2.7 | 5.4 | — | — | — | — | — | 5 | — | — | 48.5 | 34.1 | — |
| 大麻油 | — | — | — | — | — | 4.5 | — | — | — | — | — | — | 14 | — | — | 65 | 16 | — |
| 芝麻油 | — | — | — | — | — | 7.3 | 4.4 | 4 | — | 0.4 | — | — | 46 | — | — | 35.2 | — | — |
| 橄榄油 | — | — | — | — | — | 9.2 | 2 | 0.2 | — | — | — | — | 83.1 | — | — | 3.9 | — | — |

$C_{14}$ 为主的椰子油皂常温下即可使用，但 $C_{18}$ 的硬脂酸皂则要温度稍高至 $70\sim80℃$ 才行。含双键的油酸皂，虽也是 $C_{18}$，却因双键的存在而适应温度范围很宽。洗涤用肥皂最常选用的是以 $C_{12}\sim C_{18}$ 为主的混合油脂，单用椰子油硬度不够，需加一定量牛油、硬化油混用。蓖麻油水溶性好，但去污力差，主要用于纺织等工业用皂。碱金属钾皂也称软质皂，多用于液体洗涤剂或化妆品中。

使用肥皂应注意：酸性介质中肥皂会生成不溶性脂肪酸，硬水中生成钙镁盐，从而导致失效；肥皂还易受电解质的作用而影响性能。

肥皂的生产是表面活性剂最古老的生产工艺之一，设备简单，制备容易。将油脂与碱液放入皂化釜，加热煮沸，待皂化后转入盐析池，加浓食盐水进行盐析，上层肥皂精加工成产品；下层甘油回收加工作为副产品。生产周期至少 1 天，有时甚至需几天时间，这是传统工艺的主要缺点。为了缩短皂化时间已有采用氧化锌、石灰作催化剂，先将油脂高压水解，再加碱中和。先进的连续皂化法利用油脂在高温高压（$200℃$，$20\sim30MPa$）下快速皂化的原理，$4min$ 就可得到 $40\%\sim80\%$ 的肥皂，产品质优价廉。

#### 2.2.1.2　多羧酸皂

多羧酸皂使用不多，较典型的是用作润滑油添加剂、防锈剂的烷基琥珀酸系列制品。琥珀酸学名丁二酸，其上带有一个长碳链后便成为有亲油基的二羧酸。此系列产品一般是利用 $C_3\sim C_{24}$ 的烯烃与顺丁烯二酸酐共热，在 $200℃$ 下直接加成为烷基琥珀酸酐而制得的。其中较常见的是十二烷基琥珀酸（DSA）。

一般来说，亲油基上带有两个亲水基的产物，其表面活性不会优良。因而，此系列产品常将两个羧基中的一个用丁醇或戊醇加以酯化，生成单羧酸钠盐，即变为润湿、洗净、乳化作用良好的表面活性剂。

#### 2.2.1.3　松香皂

松香皂是一种天然植物树脂酸用碱中和的产物。分子式为 $C_{19}H_{29}COOH$。它本身没有洗涤作用，但却有优良的乳化力和起泡力，与肥皂配用可提高洗涤效果。

#### 2.2.1.4　N-酰基氨基羧酸盐

N-酰基氨基羧酸盐是脂肪酰氯与氨基酸的反应产物，随着碳链长度和氨基酸种类的不同，可以有多种同系产品生成。这类产品除具有优良的表面活性外，其突出优点是低毒、低刺激性。因而广泛用于人体洗涤品、化妆品和牙膏、食品等。N-酰基氨基羧酸盐的结构为

$$R—CON(CONHR'')_n COONa$$
$$|$$
$$R'$$

式中，R 为长碳链烷基；R′ 和 R″ 为蛋白质分解产物带有的低碳烷基。常用的氨基酸原料是肌氨酸和蛋白质水解物，脂肪酰氯则多为 $C_{12}$、$C_{14}$、$C_{16}$、$C_{18}$ 的月桂酰氯、肉豆蔻酰氯、棕榈酰氯和硬脂酰氯以及带有一个双键的油酰氯。其中较著名的产品是商品名为雷米邦的 N-油酰基多缩氨基酸钠，其去污力和乳化力强，还具有良好的钙皂分散力，在纺织印染、丝毛加工业中用作洗净剂、乳化剂等。制备方法如下。

**（1）蛋白质的水解**　将动物皮屑（也可使用脱脂蚕蛹等）脱臭，加入 $10\%\sim14\%$ 的石

灰和适量的水，以蒸汽直接加热，并保持 0.35MPa 左右的压力，搅拌 2h，过滤后即可得到含多缩氨基酸钙的滤液，加纯碱使钙盐沉淀，再过滤，将滤液蒸发浓缩，便可用于和油酰氯的缩合。

**(2) 油酰氯的制备**　油酸经干燥脱水后放入搪瓷釜，加热至 50℃，搅拌下加入油酸量 20%～25% 的三氯化磷，55℃ 下保温搅拌 0.5h，放置分层，得相对密度为 0.93 的褐色透明油状产物。

**(3) 油酰氯与蛋白质的缩合**　于搪瓷釜中放入多缩氨基酸溶液，60℃ 下搅拌加入油酰氯，保持碱性反应条件，最后加少量保险粉，升温至 80℃，并将 pH 值调至 8～9。为了分离水层，先将产物用稀酸沉淀，分水后再加氢氧化钠溶解，即得到产品。当用于洗发或沐浴香波时，中和可用氢氧化钾。

#### 2.2.1.5　聚醚羧酸盐

聚醚羧酸盐主要用于润湿剂、钙皂分散剂及化妆品，其分子式如下：

$$R—(OC_2H_4)_n OCH_2COONa$$

聚醚羧酸盐是聚乙二醇型非离子表面活性剂进行阴离子化后的产品。以高级醇聚氧乙烯醚这种非离子表面活性剂为原料，与氯乙酸钠反应或与丙烯酸酯反应，均可制备这种产品。

$$R—(OCH_2CH_2)_n OH + ClCH_2COONa \longrightarrow R—(OCH_2CH_2)_n OCH_2COONa$$
$$R—(OCH_2CH_2)_n OH + CH_2=CHCOOR' \longrightarrow R—(OCH_2CH_2)_n OCH_2CH_2COONa$$

### 2.2.2　硫酸酯盐型阴离子表面活性剂

高级醇及其他含—OH 的化合物均可硫酸化生成硫酸酯。含双键的烯烃也可硫酸化生成硫酸酯，经中和后即得到各种硫酸酯盐型表面活性剂。

$$R—OH \xrightarrow{H_2SO_4} R—O—SO_3H \xrightarrow{NaOH} R—O—SO_3Na$$

$$R—CH=CH—R' \xrightarrow{H_2SO_4} \begin{matrix} R—CH_2CH—R' \\ | \\ O—SO_3H \end{matrix} \xrightarrow{NaOH} \begin{matrix} R—CH_2CH—R' \\ | \\ O—SO_3Na \end{matrix}$$

#### 2.2.2.1　高级醇硫酸酯盐

高级醇硫酸酯盐也称为伯烷基硫酸酯盐（AS）。它具有良好的洗净力、乳化力，泡沫丰富，易于生物降解。其水溶性和去污力均比肥皂好，又由于溶液呈中性，不损织物，且在硬水中不像肥皂产生沉淀，因而广泛应用于家庭及工业洗涤剂，还用于香波、化妆品等。其缺点是亲水基和亲油基由酯键相连接，与磺酸盐型表面活性剂比较，热稳定性较差，在强酸或强碱介质中易于水解。高级醇硫酸酯盐作洗涤剂时会受硬水影响而降低效能，需添加相当量的螯合剂才行。AS 中的烷基链长对产品性能有直接影响，溶解度、表面活性、去污力、泡沫性等均与链长有关。实验证明，$C_{12}$～$C_{14}$ 的 AS 溶解度较好；$C_{12}$～$C_{16}$ 的 AS 降低表面张力的能力较强，其中 $C_{14}$～$C_{15}$ 的 AS 最好；$C_{12}$ 的 AS 润湿性最好；$C_{13}$～$C_{16}$ 的 AS 去污性优良，与 α-烯烃磺酸盐（AOS）接近；$C_{14}$～$C_{15}$ 泡沫最丰富，接近 $C_{14}$～$C_{16}$ 的 AOS。工业月桂醇硫酸钠含有少量游离醇，泡沫丰富且细密洁白，低温下仍有优良洗净力。常用于牙膏的发泡剂、液体洗涤剂的活性物等。十八醇硫酸钠溶解度较低，发泡力也低，在较高温度时才显示好的表面活性和去污性，但带有双键的十八油醇却在低温水溶液中具有良好性能。这些与肥皂的链结构对性能的影响很相似。高级醇硫酸酯的成盐离子也将影响产品性能，二价金属盐溶解度按如下次序递降：Mn＞Cu＞Co＞Mg＞Pb＞Sr＞Bb。有人还发现二价盐和一价盐或胺盐混用，有调节洗涤和乳化性的作用。

**(1) 原料制备**　制备高级醇硫酸酯盐的原料——高级醇是表面活性剂工业的一种重要亲

油基原料,在多种表面活性剂的合成中有所应用,包括阴离子、非离子和阳离子等,其产品应用于各个领域。高级醇的工业生产方法有如下几种。

① 脂肪酸、脂肪酸酯还原生产高级醇  天然油脂加氢还原制高级醇的工业方法已有许多年历史,甘油酯直接加氢,得醇率较低,甘油也被还原,无法回收,现已较少采用。一种方法是将油脂先水解成脂肪酸,再加氢制醇,生产中存在脂肪酸腐蚀严重的问题,但随着设备防腐技术和材料的改进,此工艺已得到进一步推广;另一种常用的方法是油脂醇解得到甘油和脂肪酸甲酯,后者再加氢还原制高级醇。

$$RCOOCH_3 + 2H_2 \xrightarrow{Cu-Cr} RCH_2OH + CH_3OH$$

② 动植物蜡中提取高级醇  自然界中的蜡是高级脂肪酸和高级一元醇形成的酯。这些蜡经水解便得到优质的高级醇。如从鲸蜡中可得到十六醇、油醇,从蜂蜡、巴西棕榈蜡、煤蜡、糠蜡、虫蜡和霍霍巴蜡等中均可提取各种高级醇。

③ 利用脂肪酸工业副产的二级不皂化物提取高级醇。

以上三种方法都是以天然油脂为原料的加工生产方法。这种再生性原料不受贮量、能源的影响,制得的醇都是直链醇,特别适用于表面活性剂工业,因而一直受到重视,特别是由椰子油制十二醇,一些国家已建立了稳定的供应基地。但是,天然油脂毕竟来源有限,远不能满足需要。随着石油化工的发展,合成醇已形成较成熟的大吨位生产工艺。

④ 齐格勒法制备高级醇  由三乙基铝与乙烯聚合,最后得到长链烯烃或高级醇的方法是德国化学家齐格勒发现的。烯烃在三乙基铝的乙基上加成,得到长链烷基铝;长链烷基铝如果用乙烯进行催化置换,便得到长链 $\alpha$-烯烃和三乙基铝;如果进行氧化便得到醇化铝,再水解即成为高碳醇。此法生产的脂肪醇只能是双碳数的醇,反应式如下:

$$Al(C_2H_5)_3 + nC_2H_4 \longrightarrow Al(C_2H_4R)_3$$

$$Al(C_2H_4R)_3 + \frac{3}{2}O_2 \longrightarrow Al(OC_2H_4R)_3$$

$$2Al(OC_2H_4R)_3 + 3H_2SO_4 \longrightarrow Al_2(SO_4)_3 + 3RC_2H_4OH$$

⑤ 羰基合成法制高级醇  烯烃和氢、一氧化碳在催化剂存在下,高温高压合成醛的反应称为羰基合成反应。羰基化得到的长链醛加氢还原而成为高级醇。这一方法生产的高级醇支链较多,正异构的比例取决于所采用的工艺路线、工艺参数和催化剂,最高可达到 16∶1。反应方程如下:

$$RCH{=}CH_2 + H_2 + CO \longrightarrow \underset{\underset{CHO}{|}}{R{-}CHCH_3} + RCH_2CH_2CHO \xrightarrow{H_2} \underset{\underset{CH_2OH}{|}}{R{-}CHCH_3} + RCH_2CH_2CH_2OH$$

⑥ 液蜡氧化制仲醇  液体石蜡主要由正构烷烃组成,以氧氮混合物作氧化剂,经氧化制得高级醇。由于碳链两端与中间各碳原子上的碳氢键反应能力不同,因此极少生成伯醇,羟基将分配在中间各碳原子上而形成仲醇;又由于此氧化反应并无选择性,会同时生成酮、醛、酸等副产物,虽经处理,但最终产物仍含有少量羰基。

除上述合成高级醇的方法外,还有其他一些小规模采用的方法,如由低级醛或酮缩合制高级醇的羟醛缩合法,由低级醇脱水缩合成高级醇的双醇缩合法以及制备 $C_7 \sim C_9$ 醇的轻烯烃水合法等。

**(2) 高级醇的硫酸化**  高级醇的硫酸化,所用硫酸化剂有浓硫酸、发烟硫酸、三氧化硫、氯磺酸和氨基磺酸等多种。浓硫酸是最简单的硫酸化剂,随着浓度的增加,反应速率及转化率均提高。发烟硫酸结合反应生成水的能力更强,反应也将更快、更完全,但与三氧化硫和氯磺酸比较,高级醇的转化率较低。氯磺酸硫酸化的反应几乎是定量反应,脂肪醇转化率可达 90% 以上。但这一方法成本较高,反应中排出的氯化氢较难处理,因而,常用于小规模硫酸化生产，如牙膏、化妆品用月桂醇硫酸钠的制取等。此外，氯磺酸还用于不饱和脂肪醇的硫酸化，为了保护碳链上的双键，将氯磺酸与吡啶混合作硫酸化剂。氨基磺酸比氯磺酸更昂贵，一般不采用。它可直接生成铵盐，无需中和，当要制备的是硫酸酯铵盐表面活性剂时非常适用。对于大规模生产，三氧化硫是更具优势的硫酸化剂，没有氯化氢副产物，高级醇转化率高，产品含盐量低，质量好，成本也最低。其缺点是三氧化硫反应能力强，容易产生副反应，需使用合适的反应器及严格控制工艺条件。

① 三氧化硫硫酸化的工艺　高级醇用三氧化硫进行硫酸化的反应如下：

$$R\!-\!OH + SO_3 \longrightarrow ROSO_3H \xrightarrow{NaOH} ROSO_3Na$$

此反应得率高，但放热量大，且产物黏度很大，极易引起局部过热而使醇脱水、物料焦化，产品色泽加深，影响质量。因此，要求反应器冷却面积大，传热效果好，并能减慢初始反应，按比例均匀分配物料。目前膜式反应器已经能较好地解决这些问题，成为硫酸化和磺化反应的理想反应器。三氧化硫硫酸化的工艺流程与磺化工艺流程常可通用，例如有保护风的 TO 型双膜反应器及 α-烯烃磺化工艺流程也可用于高级醇醚硫酸酯盐（AES）、直链烷基苯磺酸盐（LAS）和高级醇硫酸酯盐（AS）。详细介绍参见磺酸盐表面活性剂的有关章节。

三氧化硫作硫酸化剂一般要用空气稀释至 3%～5%，反应温度为 30～35℃，原料配比将直接影响醇的转化率和产品色泽，具体关系参见表2-3。

**表 2-3　原料配比与转化率及色泽的关系**

| 三氧化硫：脂肪醇<br>（摩尔比） | 转化率/% | Klett 色泽 5%<br>A. M. 40mm | 三氧化硫：脂肪醇<br>（摩尔比） | 转化率/% | Klett 色泽 5%<br>A. M. 40mm |
|---|---|---|---|---|---|
| 0.5 | 50 | 2.3 | 1.03 | 98 | 8.72 |
| 0.9 | 90 | 3.5 | 1.05 | 99 | 20.88 |
| 1.0 | 97 | 5.7 | 1.06 | 99.3 | 40.60 |

② 氯磺酸硫酸化的工艺　高级醇用氯磺酸进行硫酸化的反应如下：

$$R\!-\!OH + HSO_3Cl \longrightarrow R\!-\!OSO_3H + HCl$$

氯磺酸硫酸化的间歇操作常因反应时间长，一部分硫酸酯又分解成硫酸和脂肪醇而降低了转化率，并且在反应开始时，由于反应较激烈，局部温升较大使产品色泽加深，质量下降；同时氯化氢气体排出时，产生大量气泡，反应难以控制，这也导致产品质量下降。因此，间歇反应器已逐步被连续硫酸化所替代。连续操作能提高醇的转化率，改善产品色泽，产品质量较好。图2-4为雾化法连续硫酸化流程，整套设备由雾化混合器、反应釜、循环泵、石墨冷却器、脱气锅、水流泵等组成。开始时，在反应釜1中加入高级醇，启动循环泵2，使物料经石墨冷却器3及雾化混合器4回到反应釜，形成循环回路。雾化混合器相当于一个液体喷射泵，高级醇和氯磺酸按 1:1.02 的摩尔比进入，被喷射进反应釜。新鲜物料加入量与循环物料量之比为 1:100。反应温度 28℃±1℃。水流泵将反应釜中生成的氯化氢抽出。反应生成热经石墨冷却器排出。冷却后的硫酸酯大部分回流至雾化器，其余部分作为成品抽出，引入脱气锅5，用空气吹除残余的氯化氢后，去中和釜6，用碱中和。除雾化连续法外，还有管式反应器连续法，反应器为套管式，内外均通冷却介质，氯磺酸预冷至 −20℃，然后进入反应器，与管壁上的醇反应，并将温度维持在 30℃或更低，只要高于醇的熔点 5℃即可。物料在反应管内的停留时间约 15s，出来后进入气液分离器，除去氯化氢气体，便得到产物硫酸酯。

间歇法、雾化法和管式法三种硫酸化方法相比较，后两种连续法得到的产品转化率高，含盐量低，色泽浅；而雾化法较管式法醇的转化率更高。详见表2-4。

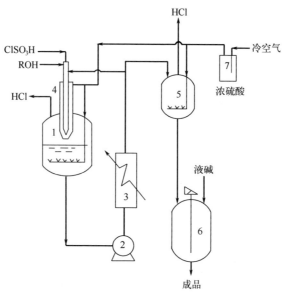

图 2-4　雾化法连续硫酸化流程

1—反应釜；2—循环泵；3—石墨冷却器；4—雾化混合器；

5—脱气锅；6—中和釜；7—浓硫酸罐

表 2-4　不同工艺生产十二醇硫酸钠的比较

| 项目 | 间歇法 | 雾化连续法 | 意大利 Bozzetto 连续法 | 项目 | 间歇法 | 雾化连续法 | 意大利 Bozzetto 连续法 |
|---|---|---|---|---|---|---|---|
| 活性物/% | 34～36 | 34～36 | 30～40 | $Na_2SO_4$/% | 1.5～2.5 | 1.2～1.8 | 3.5 |
| 游离醇/% | 1.0～1.8 | 0.8～1.5 | 1.5 | 色泽 | 黄～棕 | 白～微黄 | 白 |
| NaCl/% | 0.1～0.3 | 0.1～0.3 | 1.0 | 醇的转化率/% | 93～95 | 95～96 | 93 |

③ 氨基磺酸硫酸化的工艺　用氨基磺酸硫酸化的反应式如下：

$$ROH + H_2NSO_3H \longrightarrow ROSO_3NH_4$$

这种方法可直接生成铵盐，省去了中和步骤。若要得到钠盐产品，可用氢氧化钠处理。氨基磺酸较其他磺化剂更温和，副反应少。缺点是成本高，仅适用于小规模生产。目前，大多用于烷基酚聚氧乙烯醚甲醛缩合物等多苯环结构物质的硫酸化。因为其他较强的硫酸化剂可能导致苯环上的磺化而使收率降低。

**(3) 高级醇硫酸酯的中和**　脂肪醇硫酸酯用碱中和便得到最终产品，反应式如下：

$$ROSO_3H + NaOH \longrightarrow ROSO_3Na + H_2O$$

中和的副反应是水解反应，在酸性条件下，产品重新水解为醇和硫酸，因而严格控制中和条件，避免局部偏酸和温度过高是非常必要的。一般 pH 值为 7～8.5，反应温度不超过 50℃。中和反应器有间歇式和连续式两种。间歇式也称中和锅，反应热用冷却夹套或蛇管中的冷却水除去。连续中和器由离心泵和换热器组成，泵用来将大量中和物料循环并均匀分散，同时不断引入碱，在循环线上新鲜物料加入处设有混合器，以便与循环物料强烈混合。中和系统中还应有缓冲罐，用以防止产物返酸，循环的形式及工艺流程参见磺酸盐表面活性剂的有关章节。

高级醇硫酸酯盐在一定的温度下会发生热分解，使产物中含有醛、醚、环氧化物和烯烃。微量水的存在会促进热分解反应，分解生成的 $NHSO_2$、$N_2S_2O_7$ 和 $N_2S_2O_3$ 也有同样作用。伯醇分解温度较仲醇高，如1-辛醇硫酸酯盐的分解温度为192～195℃，2-辛醇硫酸酯盐的为122℃，4-辛醇硫酸酯盐的为118℃。喷粉干燥时应控制好热风温度，一般顺流操作在220～230℃，逆流操作为210～220℃。产品添加少量酚系或胺系抗氧剂或重碳酸盐，可防止室温下贮存产生异臭。

高级醇硫酸酯盐抗硬水性低，目前加入三聚磷酸钠螯合剂的量又受到环保要求的限制。为了解决这一问题，人们已更加注意高级醇聚氧乙烯醚硫酸酯盐这种新的硫酸酯盐型阴离子表面活性剂。它也是一种聚氧乙烯型非离子进行阴离子化的产品，具有优良的抗硬水性，其他各种性能与高级醇硫酸酯盐相近，甚至更优。其合成方法是将高级醇聚氧乙烯醚用硫酸化剂进行硫酸化后再中和，所用的硫酸化剂种类和工艺与高级醇的一样。原料高级醇聚氧乙烯醚的合成可参阅非离子表面活性剂的有关章节。

#### 2.2.2.2 其他硫酸化产物

**(1) 硫酸化烯烃** 长链不饱和烯烃的硫酸化产物也称脂肪仲醇硫酸酯盐或仲烷基硫酸盐。其优点是具有优良的渗透力，在纺织工业中占有一定的地位。它们的性质随碳链结构和亲水基的位置不同而有所不同，链长较短带有支链和亲水基位于亲油基中部的渗透力、润湿性好，但洗净力差。链长增加洗净力增加，而溶解性下降。这些规律也适用于其他表面活性剂。

硫酸化烯烃中最重要的品种是商品名为梯波尔的 $\alpha$-烯烃硫酸酯盐。它的原料烯烃来自油页岩、石油、低温煤焦油等，常见加工方法有如下几种。

① 齐格勒法制取 $\alpha$-烯烃 本法在高级醇硫酸酯盐的原料醇制备中已有所介绍，可参阅2.2.2.1。齐格勒聚合得到的中间体——高级三烷基铝在催化剂作用下与乙烯发生置换反应，便得到长链 $\alpha$-烯烃和三乙基铝，反应式如下：

$$Al{\begin{subarray}{l}(CH_2CH_2)_nC_2H_5 \\ -(CH_2CH_2)_nC_2H_5 \\ (CH_2CH_2)_nC_2H_5\end{subarray}} + 3CH_2{=}CH_2 \longrightarrow Al{\begin{subarray}{l}C_2H_5 \\ -C_2H_5 \\ C_2H_5\end{subarray}} + 3CH_2{=}CH(CH_2CH_2)_{n-1}C_2H_5$$

低聚得到的 $\alpha$-烯烃质量较好，正构烯烃含量可达94.9%左右，二烯烃等杂质很少，但烯烃碳数分布广，需经蒸馏切取合适的馏分，其中目的馏分的收率较低。为了解决这些问题，在工艺方法上采取了许多措施，出现了一些新的技术发明，现已能够有效提高产品收率。过轻或过重的组分可经异构化、歧化制成目的烯烃，用作合成表面活性剂原料的高级醇。

② 石蜡裂解法制取 $\alpha$-烯烃 此法是将 $C_{21}$～$C_{25}$（目的烯烃碳数的两倍）的石蜡进行热裂解，得到较低碳数的烯烃。反应式如下：

$$RCH_2CH_2CH_2CH_2R' \longrightarrow RCH{=}CH_2 + R'CH{=}CH_2$$
$$RCH_2CH_2CH_2CH_2R' \longrightarrow RCH{=}CH_2 + R'CH_2CH_3$$

石蜡裂解得到的烯烃纯度较低，仅为87%左右，含有7%二烯烃及相当量的多烯烃，还会有二次副反应生成的裂化残油和高聚物。由其制备的表面活性剂色泽较差，性能也不理想，不如齐格勒法生产的 $\alpha$-烯烃好。

③ 长链高碳烷烃脱氢制烯烃 此方法主要生产内烯烃，由美国环球油品公司（UOP）开发并实现工业化。产品质量好，含量90%以上，更适合作烷基苯生产中的烷基化剂。合成工艺见烷基苯的有关章节。

$\alpha$-烯烃的硫酸化一般用浓硫酸即可，烯烃与硫酸的摩尔比为1:2，在10～20℃下，短时间内反应便可完成。

**(2) 硫酸化油** 天然不饱和油脂或不饱和蜡经硫酸化再中和的产物通称为硫酸化油。常用的油脂为蓖麻油、橄榄油，有时也使用花生油、棉籽油、菜籽油和牛角油等。这些产品均结合硫酸量较低，仅有微弱亲水性，可勉强溶于水或成为乳状液。因此，完全不适宜作洗涤剂。一般多用作纺纱油剂、纤维整理剂等的复配原料，较少单独作为商品出售。

硫酸化反应需在低温下进行，以避免分解、聚合、氧化等副反应过多。硫酸化剂除硫酸外，发烟硫酸、氯磺酸等均可使用。反应生成物中含有原料油脂和副产物，组成较为复杂。以土耳其红油为例，原料油为蓖麻油，经硫酸化后，含有未反应的蓖麻油、蓖麻油脂肪酸、蓖麻油脂肪酸硫酸酯、硫酸化蓖麻油脂肪酸硫酸酯、二羟基硬脂酸硫酸酯、二羟基硬脂酸、二蓖麻醇酸、多蓖麻醇酸、多蓖麻醇酸硫酸酯和其他内酯等。中和以后成为结合硫酸量 5%～10%、浓度 40% 左右的市售土耳其红油。这种产品虽硫酸化程度很低，但水溶性却很大，这是副产的大量皂类起作用的结果。红油具有优良的乳化力，耐硬水性较肥皂强，润湿渗透力好，但几乎无洗净力，用作纤维染色助剂、乳化剂或皮革柔软剂。

为了改进低度硫酸化油对酸的稳定性，已有一系列高度硫酸化油产品出现。结合硫酸量可达 15%～20%，例如玛瑙皂、阿维罗 KM 等。

**(3) 硫酸化脂肪酸酯** 硫酸化脂肪酸酯是不饱和脂肪酸的低级醇酯经硫酸化、再中和的产物。常用原料为油酸丁酯、蓖麻酸丁酯等。这些产品属于红油的改良品种，性能有所提高，结合硫酸量 12.5%～20%，渗透力强，常作低泡染色助剂。

**(4) 硫酸化脂肪酸盐** 为不饱和脂肪酸盐经硫酸化、再中和的产物，分子上同时有两个亲水基（如下列分子式所示），因而较肥皂洗涤性下降，润湿、渗透性提高。

$$CH_3—(CH_2)_a—CH—CH_2—(CH_2)_b—COONa$$
$$|$$
$$OSO_3Na$$

### 2.2.3 磺酸盐型阴离子表面活性剂

磺酸盐由于磺基硫原子与碳原子直接相连，较硫酸酯盐更稳定，在酸性溶液中不发生水解，加热时也不易分解。广泛应用于洗涤、染色、纺织行业，也常用作渗透剂、润湿剂、防锈剂等工业助剂。

#### 2.2.3.1 烷基苯磺酸盐

烷基苯磺酸盐是阴离子表面活性剂中最重要的一个品种，产品占阴离子表面活性剂生产总量的 90% 左右。其中烷基苯磺酸钠是我国洗涤剂活性物的主要成分，洗涤性能优良，去污力强，泡沫稳定性及起泡力均良好。

烷基苯磺酸钠的生产工艺路线有多条，如图 2-5 所示。

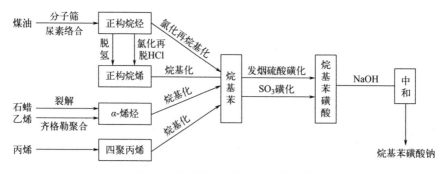

图 2-5　烷基苯磺酸钠生产工艺路线

生产过程可分为三部分：烷基苯的制备，烷基苯的磺化和烷基苯磺酸的中和。

**(1) 烷基苯的制备** 烷基苯的四条原料路线中以煤油路线应用最多。煤油来源方便，成本较低，工艺成熟，产品质量也好。石蜡裂解和乙烯低聚都是制取高碳醇和 $\alpha$-烯烃的方法。$\alpha$-烯烃作为烷基化剂与苯反应得到烷基苯。这样生产的烷基苯多为 2-苯基烷，作洗涤剂时性能不理想。丙烯低聚制得的四聚丙烯支链化程度高，由其生产的烷基苯不易生物降解，会造成公害，20 世纪 60 年代已被正构烷基苯所代替，现只有少量生产以供农药乳化剂配用。

天然煤油中正构烷烃仅占 30％左右，将其提取出来的方法有两种，尿素络合法和分子筛提蜡法。

① 尿素络合法　尿素络合法是利用尿素能和直链烷烃及其衍生物形成结晶络合物的特性而将正构烷与支链异构物分离的方法。在直链烷烃和其衍生物存在时，尿素可以由四面晶体转化形成直径为 0.55nm、内壁为六方晶格的孔道。直链烃烷，例如 $C_3 \sim C_{14}$ 正构烷烃的横向尺寸约在 0.49nm，如果增加一个甲基支链，它的横向尺寸就增加到 0.56nm，分支链越大，横向尺寸越大，苯环或环烷环的尺寸更大，如苯的直径达 0.59nm。这样一来煤油中只有小于尿素晶格的正构烷烃分子才能被尿素吸附入晶格中，而比尿素晶格大的支链烃、芳烃、环烷烃就被阻挡在尿素晶格之外。然后再将这些不溶性固体加合物用过滤或沉降的办法将它们从原料油中分离出来。将加合物加热分解，即可得到正构烷烃，而尿素可以重复使用。

② 分子筛提蜡法　应用分子筛吸附和脱附的原理，将煤油馏分中的正构烷烃与其他非正构烷烃分离提纯的方法称为分子筛提蜡。这是制备洗涤剂轻蜡的主要工艺。分子筛也称人造沸石，是一种高效能、高选择性的超微孔型吸附剂。它能选择性地吸附小于分子筛空穴直径的物质，即临界分子直径小于分子筛孔径的物质才能被吸附。在分子筛脱蜡工艺中选用 5A 分子筛就是基于此点。5A 分子筛的孔径为 0.5～0.55nm，因此它只能吸附正构烷烃，而不能吸附非正构烷烃。吸附了正构烷烃的分子筛经脱附得到正构烷烃。脱附方法有很多：可以通过热切换脱附，压力切换脱附，用非吸附物质吹扫脱附，用可吸附物料置换脱附，等。吸附性更强的物料也可用吸附性弱的物料进行置换脱附。现较多采用低级烷烃等更易吸附的物质进行置换脱附。表 2-5 为两种提蜡用分子筛的性质。

表 2-5　5A 和 10X 分子筛性质

| 分子筛名称 | 孔径/nm | 内表面积/($m^2/g$) | 机械强度/($kgf/mm^2$) | 吸附正构烷烃/($mg/g$) | 吸苯量/($mg/g$) |
|---|---|---|---|---|---|
| 5A | 0.5～0.55 | 750～800 | 不小于 0.2 | 不小于 105 | — |
| 10X | 小于 1 | 约 1030 | 不小于 0.15 | — | 不小于 180 |

注：$1kgf/mm^2 = 980.665Pa$。

由上述方法得到的正构烷烃可经两条途径制得烷基苯：一为氯化法，另一为脱氢法。

① 氯化法　此法是将正构烷烃用氯气进行氯化，生成氯代烷。氯代烷在催化剂三氯化铝存在下与苯发生烷基化反应而制得烷基苯。流程如图 2-6 所示。反应混合物经分离精制除去催化剂络合物和重烃组成的褐色油泥状物质（泥脚）。再分离出来未反应的苯和未反应的正构烷烃，分别循环利用，便得到粗烷基苯。粗烷基苯虽已可以使用，但为了提高产品质量，仍需精制处理，以除去大部分茚满、萘满等不饱和杂质。这样产品可避免着色和异味。

② 脱氢法　脱氢法生产烷基苯是美国环球油品公司（UOP）开发并于 1970 年实现工业化的一种生产洗涤剂烷基苯的方法。由于其生产的烷基苯内在质量比氯化法的好，又不存在使用氯气和副产盐酸的处理与利用问题，因此这一技术较快地在许多国家被采用和推广。生产过程大致如图 2-7 所示。

煤油通过选择性加氢精制，除去所含的 S、N、O、双键、金属、卤素、芳烃等杂质，以使分子筛提蜡和脱氢催化剂的效率及活性更高。高纯度正构烷烃提出后，经催化脱氢制取相应的单烯烃，单烯烃作为烷基化剂在 HF 催化下与苯进行烷基化反应，制得烷基苯。精馏

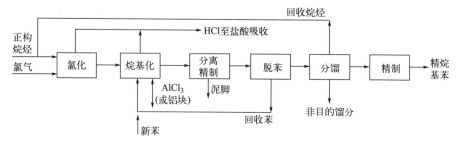

图 2-6　氯化法制烷基苯流程简图

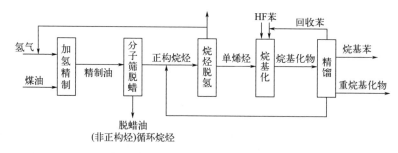

图 2-7　脱氢法生产烷基苯流程简图

回收未反应的苯和烷烃，使其循环利用。此时，便得到品质优良的精烷基苯。

**(2) 烷基苯的磺化**　磺化是个重要而广泛使用的有机化工单元反应，磺化这一步对烷基苯磺酸钠洗涤剂的质量影响很大。单体中活性物的高低、颜色的深浅以及不皂化物的含量都与磺化工艺有密切关系。生产过程随烷基苯原料的质量和组成及磺化剂的种类不同而异。常用磺化剂有浓硫酸、发烟硫酸、三氧化硫等。

以浓硫酸作磺化剂，酸耗量大，产品质量差，生成的废酸多，效果很差，国内已很少利用。

长期以来，烷基苯的磺化一直采用发烟硫酸作为磺化剂。当硫酸浓度降至一定数值时，磺化反应就终止，因而其用量必须大大过量。它的有效利用率仅为 32%，且产生废酸。但其工艺成熟，产品质量较为稳定，工艺操作易于控制，所以至今仍有采用。

近年来，三氧化硫磺化在我国已逐步被采用，而国外 20 世纪 60 年代就已发展。这是因为三氧化硫磺化得到的单体含盐量低，可用于多种产品的配制（如用于配制液体洗涤剂、乳化剂、纺织助剂等）；又能以化学计量与烷基苯反应，无废酸生成，节约烧碱，降低成本，三氧化硫来源丰富等。因此，三氧化硫替代发烟硫酸作为磺化剂已成趋势。

① 磺化反应的基本规律　其主反应方程式为

$$R\text{—}\langle\bigcirc\rangle + H_2SO_4 \longrightarrow R\text{—}\langle\bigcirc\rangle\text{—}SO_3H + H_2O$$

$$R\text{—}\langle\bigcirc\rangle + H_2SO_4 \cdot SO_3 \longrightarrow R\text{—}\langle\bigcirc\rangle\text{—}SO_3H + H_2SO_4$$

$$R\text{—}\langle\bigcirc\rangle + SO_3 \longrightarrow R\text{—}\langle\bigcirc\rangle\text{—}SO_3H$$

由于磺化剂不同、反应条件有差异，显得比较复杂。一般认为磺化反应是亲电取代反应，属阳离子反应机理。磺化剂都是阳离子，缺乏电子，很容易进攻具有亲核性能的苯分子，在电子云密度大的地方，接受电子，形成共价键，和苯环上的氢发生取代反应。由于磺化剂的种类、被磺化对象的性质和反应条件的影响，有的磺化剂（如发烟硫酸）本身就是很强的氧化剂，因此在主反应进行的同时，还有一系列二次副反应（串联反应）和平行的副反应发生，情况十分复杂，主要副反应有如下几类。

a. 生成砜　芳烃磺化采用 $SO_3$ 或发烟硫酸作磺化剂，当反应温度较高或反应时间过长时，砜的生成是重要的副反应。

用发烟硫酸磺化时：

$$R-\text{〈〉}-SO_3H + R-\text{〈〉} \longrightarrow R-\text{〈〉}-SO_2-\text{〈〉}-R + H_2O$$

用 $SO_3$ 磺化时：

$$R-\text{〈〉}-S_2O_6H \xrightleftharpoons{SO_3} R-\text{〈〉}-S_3O_9 \xrightarrow{R-\text{〈〉}} R-\text{〈〉}-SO_2-\text{〈〉}-R + H_2SO_4 \cdot SO_3$$

砜是黑色有焦味的物质，它的产生对磺酸的色泽影响很大；同时，它不和烧碱反应，使最终产品的不皂化物含量增高。

b. 生成砜酐　在以 $SO_3$ 与空气的混合气流进行磺化时，$SO_3$ 过量，反应温度过高，都有利于砜酐的生成。在中和之前需加水，以分解砜酐，否则带到单体中会产生泛酸现象，且不皂化物增加。

$$2R-\text{〈〉} + 2SO_3 \longrightarrow R-\text{〈〉}-SO_2-O-SO_2-\text{〈〉}-R$$
$$\xrightarrow{H_2O} 2R-\text{〈〉}-SO_3H$$

$$R-\text{〈〉} + 2SO_3 \longrightarrow R-\text{〈〉}-SO_2OSO_2OH$$
$$\xrightarrow{H_2O} R-\text{〈〉}-SO_3H + H_2SO_3$$

$$R-\text{〈〉}-SO_2OSO_2OH + R-\text{〈〉}-SO_3H \longrightarrow R-\text{〈〉}-SO_2OSO_2-\text{〈〉}-R + H_2SO_4$$
$$\xrightarrow{H_2O} 2R-\text{〈〉}-SO_3H$$

c. 生成多磺酸　苯环上引入两个以上的磺酸基就生成所谓二磺酸或多磺酸，其反应式为：

$$R-\text{〈〉}-SO_3H + SO_3 \longrightarrow R-\text{〈〉}\begin{smallmatrix}SO_3H\\SO_3H\end{smallmatrix}$$

$$R-\text{〈〉}-SO_3H + SO_3 \longrightarrow R-\text{〈〉}\begin{smallmatrix}SO_3H\\SO_3H\end{smallmatrix}$$

d. 氧化反应　苯环及烷基侧链在磺化过程中都有被氧化的可能。

Ⅰ. 苯环氧化　随着芳环上支链的增加，氧化作用会增加；温度高更易氧化。通常氧化为醌型化合物，其对位呈黄色，邻位呈红色。

对位醌　　邻位醌

Ⅱ. 烷基链的氧化　烷基侧链较苯环更易氧化并常伴有氧转移、链断裂、放出质子及环化等反应。氧化结果往往生成黑色难漂白的产物，尤其是有叔碳原子的烷烃链，会产生焦油状的黑色硫酸酯。

e. 脱烃反应　在强酸中，磺化物可能发生逆烷基化，而生成烯烃和苯，支链烷基尤为突出。结果使产品中不皂化物增加或脱烃产物继续发生加成聚合等二次副反应。

f. 其他反应　如烃基的脱氢环化、脱磺等。上述副反应大部分是由工艺条件剧烈、混合不均、局部过热、反应时间过长、烷基苯中杂质过多等引起的。这些副反应的产生，不但使原料消耗增加，而且使最终产物的色泽加深，洗涤去污能力降低，不皂化物含量增加。但是，如果设备合理，严格操作，掌握合适的工艺条件，这些副反应的产物是可以控制在最终产品的1%以下的。

② 发烟硫酸磺化　发烟硫酸磺化分间歇和连续两种。间歇磺化可在一般的带搅拌器的反应锅中进行。这种磺化方法缺点很多。主要是由于硫酸与烷基苯相对密度差较大，液滴分布差，碰撞率小，反应时间较长，产量无法提高。同时，由于反应不均匀，容易出现局部过热，发生氧化及其他副反应。而且它只能在低温下进行。在磺化的后阶段，物料黏度增大，如操作不慎，就易导致焦化。故此法已基本不采用。连续磺化方式也有多种，但目前应用最广的是主浴式也称泵式均质连续磺化装置。它由磺化反应泵、冷却器、盘管式老化器和分油器等组成。其工艺流程如图2-8所示。

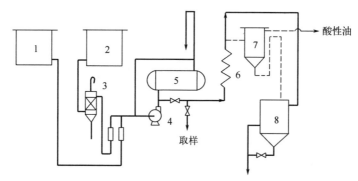

图2-8　泵式发烟硫酸磺化（包括分油）工艺流程

1—烷基苯高位槽；2—发烟硫酸高位槽；3—发烟硫酸过滤器；4—磺化反应泵；
5—冷却器；6—盘管式老化器；7—分油器；8—混酸贮槽

其工艺过程为：烷基苯与发烟硫酸的烃酸比为1∶(1.1～1.2)（质量比），经过流量计分别进入反应泵的进口管道，为防止发烟硫酸与被磺化物局部磺化而变焦，发烟硫酸管道较细并接近泵的叶轮处（距离8～10mm），硫酸与经过冷却的循环物料混合，借泵的高速转动，使两相在泵体内充分混合，基本上完成磺化反应。反应温度一般控制在35～44℃，泵前泵后温度差为3℃左右。反应热量由经冷却器冷却的循环混酸带走。其回流比一般控制在(1∶20)～(1∶25)，由冷却器前的分支管进老化器，再送至分油器分酸。磺化率一般在98%以上。老化时间5～10min。

③ 三氧化硫磺化　与发烟硫酸磺化比较，三氧化硫磺化具有下列优点：

a. 发烟硫酸在国防工业和化学工业中需用量甚大，用三氧化硫代替发烟硫酸，可以不与国防工业、化学工业争原料，而且降低生产成本。

b. 反应没有废酸、水生成，三氧化硫利用率高，中和时省碱，单耗低。

c. 生产的单体纯度高，含盐量小；活性物含量高，可用作液体洗涤剂、浆状洗涤剂等。

d. 装置适应性强，有的磺化装置不但可以磺化烷基苯，还可以磺化（或硫酸化）脂肪醇、α-烯烃、脂肪醇聚氧乙烯醚、α-脂肪酸酯等。

三氧化硫连续磺化工艺技术虽然较为复杂，设备较为庞大，投资费用较高，其整个经济效果仍然是比较好的。因此最近十多年来，开发各种类型的三氧化硫磺化新工艺已经成为发展合成洗涤剂生产的一个重要内容。新建的磺化装置，绝大部分为三氧化硫磺化。

三氧化硫连续磺化生产过程主要包括空气干燥及三氧化硫制取、磺化、尾气处理三个部分。

三氧化硫可由三种方法得到：液体三氧化硫蒸发，发烟硫酸蒸发和燃硫法。后者是采用燃烧硫黄来产生三氧化硫的。硫黄在过量空气存在下直接燃烧成二氧化硫，再经催化转化为三氧化硫。此法技术比较成熟，成本较低。

燃硫法制取三氧化硫的生产过程还应包括空气干燥脱水，参见图2-9。

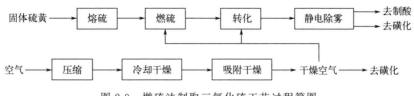

图2-9 燃硫法制取三氧化硫工艺过程简图

空气干燥的程度决定了带入系统水分的多少，脱水的不良，不但影响 $SO_3$ 发生，而且使磺化质量低劣。因此作为磺化用的空气，一般规定其露点在-40℃以下。国际先进装置现在的趋势是脱水越来越高（露点-50～-60℃）。脱水度越高，带入系统的水分越少，会使硫定量泵提供的硫转化为 $SO_3$ 更精确。磺化操作也就越稳定。

空气干燥可用硫酸吸收，硅胶或活性氧化铝吸附剂吸收，冷冻干燥等方法。目前，采用较多也较为经济的是冷却干燥与吸附剂干燥相结合的方法。即首先经过冷却脱水，除去空气中大部分水分，余下少量水分通过吸附剂硅胶（或氧化铝）吸附除去，最后得到露点在-40℃以下的干燥空气，供给燃硫、转化、磺化之用。

**三氧化硫制取过程** 首先将固体硫黄在150℃左右熔融，过滤，送入燃硫炉燃烧，在600～800℃下与空气中的氧反应生成二氧化硫。炉气冷却至420～430℃进入转化器，在 $V_2O_5$ 催化下，二氧化硫与氧转化为三氧化硫。进入系统的空气所含微量水经冷却，会与三氧化硫形成酸雾，必须经过玻璃纤维静电除雾器除去，否则将影响磺化操作和产品质量。由于磺化装置对三氧化硫要求较严，生产操作要求稳定，否则也会影响磺化操作及产品质量。故在开停车时必须有一套制酸装置，随时引出不稳定的三氧化硫气体。

**三氧化硫磺化工艺** 此反应属气液非均相反应，主要发生在液体表面或内部。在大多数情况下，扩散速率是主要控制因素。反应为强放热瞬时反应，大部分反应热在反应的初始阶段放出。因此如何控制反应速率，迅速移走反应热成为生产的关键。在反应过程中副反应极易发生，反应系统黏度急剧增加，烷基苯在50℃时其黏度为1mPa·s，而三氧化硫磺化产物的黏度为1.2Pa·s，因此带来物料间传质和传热的困难，使之产生局部过热和过磺化。同时磺酸黏度与温度有关，温度过低，黏度加大，因此反应温度的控制又不能过低。以上特点正是考虑磺化反应器设计和磺化工艺控制的基础。目前，已工业化的磺化反应器主要有多釜串联式和膜式两大类。多釜串联式，也称罐式，20世纪50年代已开发成功。它具有反应器容量大，操作弹性大，结构简单，易于维修，无需静电除雾和硫酸吸收装置，投资较省的优点。缺点是仅适合于处理热敏性好的有机原料（如烷基苯），对热敏性差的有机物料如 $\alpha$-烯烃、醇醚等则不适宜。膜式反应器，有升膜、降膜、单膜、双膜等多种形式。现以降膜磺化反应器为例加以说明。降膜反应器分单膜多管式和双膜隙缝式两种类型。单膜多管磺化反应器是由许多根直立的管子组合在一起，共用一个冷却夹套。其液体有机物料通过小孔和缝隙均匀分配到管子内壁上形成液膜。反应管内径为8～18mm，管高0.8～5m，反应管内通入用空气稀释至3%～7%的三氧化硫气体，气速在20～80m/s。气流在通过管内时扩散至有机物料液膜，发生磺化反应，液膜下降到管的出口时，反应基本完成。单膜多管式反应器的构造设计专利许多公司拥有。图2-10为意大利 Mazzoni 公司多管式薄膜磺化反应器示意图。

双膜隙缝式磺化反应器由两个同心的不锈钢圆筒构成，并且有内外冷却水夹套。两圆筒环隙的所有表面均为流动着的反应物所覆盖。反应段高度一般在 5m 以上，空气-SO₃ 通过环形空间的气速为 12～90m/s，气体浓度为 4% 左右。整个反应器分为三部分：顶部分配部分，用以分配物料形成液膜；中间反应部分，物料在环形空间完成反应；底部尾气分离部分，反应产物磺酸与尾气在此分离。其结构简图见图 2-11。

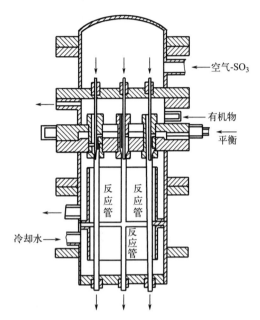
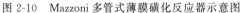

图 2-10　Mazzoni 多管式薄膜磺化反应器示意图

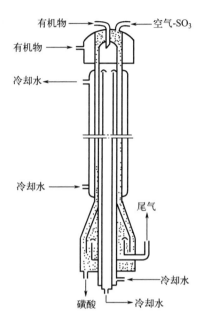

图 2-11　双膜隙缝式磺化反应器示意图

将物料分配成均匀液膜的分配装置，无论在单膜或双膜反应器中均十分重要。上述隙缝式磺化器采用环形缝隙的方式作为进料分配器，其缝隙极小，为 0.12～0.38mm。加工精度及光洁度对物料能否得到均匀分配影响很大，因此对加工的要求很高。另一种转盘式分配器主要是依靠高速转子来分配有机物料的，这在加工安装和调试时也很困难。目前，认为由日本研制的 TO 反应器（也称等温反应器）的分配系统最先进。它是一种环状的多孔材料或是覆盖有多孔网的简单装置，其孔径 5～90μm，最好是 10～50μm。它不但加工、制造、安装简单，而且穿过这些微孔漏挤出来的有机物料能更加均匀地分布于反应面上，形成均匀的液膜。此反应装置还采用了二次保护风新技术，即在液膜和三氧化硫气流之间，吹入一层空气流，这样可以使三氧化硫气体浓度得到稀释，并在主风与有机物料之间起了隔离作用，使反应速率减慢，延长了反应段。它不但消除了温度高峰，而且在整个反应段内温度分布都比较平稳，接近一个等温反应过程。这显著地改善了产品色泽并减少了副反应。故像 α-烯烃等热敏性有机原料，用 TO 反应器也能得到满意的优质产品。同时多孔板进料分配器本身也需用二次风使之与 SO₃ 隔开，以防止在进料处就发生反应，引起结焦甚至堵塞孔道而影响成膜的均匀性。这也是二次风的主要作用之一。图 2-12 为 TO 反应器磺化工艺流程。此流程不仅适用于烷基苯的磺化，也适用于高级醇硫酸酯盐（AS）、高级醇醚硫酸酯盐（AES）和 α-烯烃磺酸盐（AOS）的生产。

进入磺化反应器的三氧化硫的含量为 3%～5%，温度 40℃左右，原料烷基苯（或脂肪醇、或脂肪醇醚、或 α-烯烃）由供料泵进入磺化反应器 1，在磺化反应器中与三氧化硫发生反应，磺化产物经循环泵 3 后，部分经冷却器 4 回到反应器底部，用于磺酸的急冷，部分反应产物被送入老化器 5、水化器 6，然后经中和器 7，就可制得烷基苯磺酸盐（LAS）、脂肪醇硫酸酯盐（AS）及高级醇醚硫酸酯盐（AES）。若需制取 α-烯烃磺酸盐（AOS），则经中和后的物料还需通过水解器 8，将酯水解，然后用硫酸调整产品的 pH 值。尾气经除雾器 9 除去酸雾，再经吸收后放空。

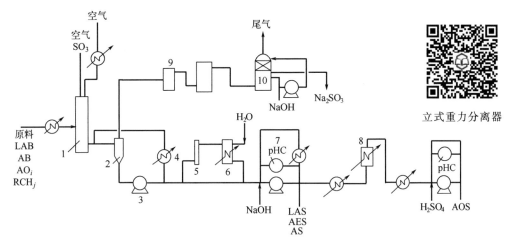

立式重力分离器

图 2-12　TO 反应器制取磺化或硫酸化产物的工艺流程

1—磺化反应器；2—分离器；3—循环泵；4—冷却器；5—老化器；6—水化器；

7—中和器；8—水解器；9—除雾器；10—吸收塔

**(3) 烷基苯磺酸的中和**　中和部分含如下两个反应：

$$R \text{—} \!\!\!\!\bigcirc\!\!\!\!\text{—} SO_3H + NaOH \longrightarrow R\text{—}\!\!\!\!\bigcirc\!\!\!\!\text{—}SO_3Na + H_2O$$

$$H_2SO_4 + 2NaOH \longrightarrow Na_2SO_4 + 2H_2O$$

　　烷基苯磺酸与碱中和的反应与一般的酸碱中和反应有所不同，它是一个复杂的胶体化学反应。由于烷基苯磺酸黏度很大，在强烈的搅拌下，磺酸被粉碎成微粒，反应是在粒子界面上进行的。生成物在搅拌作用下移去，新的碱分子在新的磺酸粒子表面进行中和；照此下去，磺酸粒子逐步减少，直至磺酸和碱全部作用，成为一均相的胶体。中和产物，工业上俗称单体，它由烷基苯磺酸钠（称为活性物或有效物）、无机盐（如芒硝、氯化钠等）、不皂化物和大量水组成。单体中除水以外的物质含量称为总固体含量。不皂化物是指不与烧碱反应的物质，主要是不溶于水、无洗涤能力的油类，如石蜡烃、高级烷基苯及其衍生物、砜等。中和工艺的影响因素主要有：工艺水的加入量，电解质加入量，中和温度和 pH 值的控制。此外，两相能否充分混合也是一个重要条件。中和的方式分间歇式、半连续式和连续式三种。间歇中和是在一耐腐蚀的中和锅中进行，中和锅为一敞开式的反应锅，内有搅拌器、导流筒、冷却盘管、冷却夹套等。操作时，先在中和锅中放入一定数量的碱和水，在不断搅拌的情况下逐步分散加入磺酸，当温度升至 30℃后，以冷却水冷却；pH 值至 7～8 时放料；反应温度控制在 30℃ 左右。间歇中和时，前锅要为后锅留部分单体，以使反应加快均匀。所谓半连续中和是指进料中和为连续，pH 调整和出料是间歇的。它由一个中和锅和 1～2 个调整锅组成，磺酸和烧碱在中和锅内反应，然后溢流至调整锅，在调整锅内将单体 pH 值调至 7～8 后放料。连续中和是目前较先进的一种方式。连续中和的形式很多，但大部分是采取主浴（泵）式连续中和。中和反应是在泵中进行的，以大量的物料循环使系统内各点均质化。根据循环方式又可分为外循环和内循环两种。

　　① 主浴式外循环连续中和　　其装置是由循环泵、均化泵（中和泵）和冷却器组成的。从水解器来的磺酸进入均化泵的同时，碱液和工艺水分别以一定流量在管道内稀释，稀释的碱液与从循环泵出来的中和料浆混合后也进入均化泵，在入口处磺酸与氢氧化钠立即中和，

并在均化泵内充分混合，完成中和反应。从均化泵出来的中和料浆经 pH 测量仪后，进入冷却器（板式换热器），除去反应热量，控制温度 50～60℃。冷却器出来的中和料浆大部分用循环泵送到均化泵入口，进行循环，以稀释中和热量，小部分通过单体贮罐旁路出料。中和碱液的浓度约 12%，系统压力 2～8MPa，中和料浆循环比约 20:1。

② 主浴式内循环连续中和　也称塔式中和或称闪激式中和（见图 2-13）。

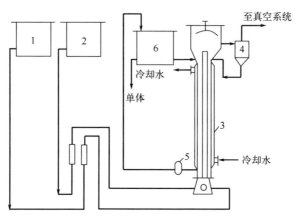

图 2-13　主浴式内循环连续中和工艺流程
1—磺酸高位槽；2—烧碱高位槽；3—中和反应器；4—分离器；5—出料齿轮泵；6—单体贮罐

中和反应器 3 为一个由内外管组成的套管设备（内管 $\phi100mm \times 4800mm$，外管 $\phi200mm \times 4000mm$），外管外有夹套冷却。内管底部装有轴流式循环泵的叶轮下面装有磺酸和碱液的注入管。两只注入管上有蒸汽冲洗装置，以防止管路堵塞。内管上部装有折流板，可用于调节其高度。套管上部为蒸发室，它和分离器相连，由蒸汽喷射泵抽真空，残压为5.3kPa。整个操作均采用自动控制。磺酸和烧碱从高位槽分别经转子流量计（或比例泵）计量后从中和反应器底部进入反应系统，随即和轴流泵从外管流下的单体混合，借泵叶的剧烈搅拌及物料在内管的湍流运动使物料充分混合，并进行反应。单体从内管顶部喷入真空蒸发室，冲击在折流板上，分散形成薄膜，借喷射泵形成的真空使单体部分水分闪激蒸发，从而使单体得到冷却和浓缩。由于真空脱气的作用，单体大部分从外管回到中和反应器底部，小部分从外管下侧处用齿轮泵 5 抽出，送往单体贮罐 6。总固体含量控制在 55% 左右。中和温度控制在 50～55℃，反应热主要靠水分蒸发带走，部分热量靠外管夹套冷却水冷却移走。

#### 2.2.3.2　烷基磺酸盐

烷基磺酸盐（SAS）表面活性与烷基苯磺酸钠相接近，它在碱性、中性和弱酸性溶液中较为稳定，在硬水中具有良好的润湿、乳化、分散和去污能力，易于生物降解。其生产方法主要有磺氯化法和磺氧化法。

**(1) 磺氯化法**　正构烷烃在紫外线的照射下和二氧化硫、氯气反应，生成烷基磺酰氯，反应方程式为

$$RH + SO_2 + Cl_2 \longrightarrow RSO_2Cl + HCl$$

除去反应产物中溶解的气体，用碱皂化，然后脱除皂化混合物中的盐及未反应的烷烃，即可得到产品烷基磺酸钠：

$$RSO_2Cl + 2NaOH \longrightarrow RSO_3Na + H_2O + NaCl$$

磺氯化工艺流程见图 2-14。

经处理的原料石蜡进入反应器 1，在紫外线照射下，由底部引入氯气和二氧化硫。反应后的物料部分经冷却后返回反应器，使反应温度保持在 30℃，其他部分磺氯化物进入脱气

塔2，脱气后的磺氯化物送入中间贮罐4，再在皂化器5中与氢氧化钠反应，然后在分离器6中分离残留的石蜡，下层进入分离器7，在此脱盐后，进入蒸发器8。然后在磺酸盐分离器9中分出磺酸盐。蒸出的部分在油水分离器10中分离石蜡和水。由反应器1和脱气塔2放出的氯化氢气体进入气体吸收塔3用水吸收。

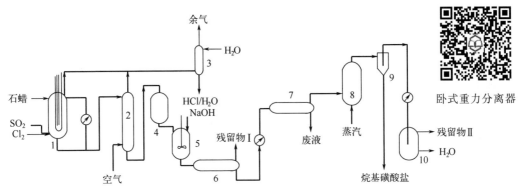

图 2-14　磺氯化法制取烷基磺酸钠的工艺流程

1—反应器；2—脱气塔；3—气体吸收塔；4—中间贮罐；5—皂化器；
6，7—分离器；8—蒸发器；9—磺酸盐分离器；10—油水分离器

由于原料中杂质（如芳烃、烯烃、醇、醛、酮及含氧化合物等）会抑制链反应的进行，为了加速反应，减少副反应，对原料质量应有一定的要求。原料石蜡中的正构烷烃含量＞98%，碳原子数一般多为 $C_{16}$～$C_{17}$，芳烃含量≤0.06%，此外，为了减少氧化副反应，三氧化硫和氯气中氧含量应＜0.2%，系统中也应避免空气的漏入。高温有利于氯化副反应的发生，并且中间产物磺酰氯也会分解，而反应温度低于 15℃，会降低反应速率，所以反应温度一般控制在 30℃±2℃。根据磺氯化反应方程式，二氧化硫和氯气的进料体积比应为 1∶1，由于氯气在烃中的溶解度比二氧化硫高 3.6 倍，为了减少氯代反应，可以适当提高二氧化硫在混合气中的分压。因此，在实际生产中将二者的体积比控制在 1.1∶1。根据烃的磺氯化反应程度的不同，产物可分为三种：反应至磺酰氯含量在 70%～80% 的称为 M-80，由于反应时间长，磺氯化程度高，所以副产物多，产品质量较差，主要在纺织、印染方面用作洗涤剂和清洗剂；反应至磺酰氯含量在 50% 左右的称为 M-50，这种产品的质量比 M-80 好，可与苯酚酯化制成增塑剂，或用来制取乳化剂和匀染剂；反应至磺酰氯含量在 30% 的称为 M-30，因为反应深度浅，副反应少，单磺酰氯含量高，所以产品质量较好，一般用作聚氯乙烯聚合用乳化剂、泡沫剂以及皮革厂的皮革处理剂，也可作为质量较好的洗涤剂使用。表 2-6 为不同程度磺氯化产物的组成。

表 2-6　磺氯化产品组成

| 项目 | M-80 | M-50 | M-30 | 项目 | M-80 | M-50 | M-30 |
|---|---|---|---|---|---|---|---|
| 磺酰氯含量/% | 70～80 | 45～55 | 30 | 未反应烷烃/% | 30～20 | 55～45 | 70 |
| 磺酰氯组成 | | | | 链上氯含量/% | 4～6 | 1.5 | 0.5～1.0 |
| 单磺酰氯/% | 60 | 85 | 95 | 反应终点的相对密度 | 1.02～1.03 | 0.88～0.90 | 0.83～0.84 |
| 多磺酰氯/% | 40 | 15 | 5 | | | | |

在生产中，一般用反应液的相对密度来控制磺氯化深度。M-80 的反应液相对密度为 1.02～1.025 时，含氯量＜15.5%，其中水解氯（—$SO_2Cl$ 上的氯）含量＞10.5%，键上氯（与烷烃碳原子直接相连的氯）＜3.5%。皂化过程中，反应液应始终保持微碱性，游离碱含

量为 0.3%～0.5%，反应温度保持在 98～100℃，不能忽高忽低。如果反应液呈酸性或反应温度过高，会造成溢锅事故。液碱的加入要均匀，反应液的搅动要充分，这样可防止中和后泛酸。皂化所用碱液的浓度不同，磺氯化产物也不一样。M-80、M-50 和 M-30 产物皂化时分别采用 30%、16.5% 和 10% 氢氧化钠的碱液。碱液浓度的选择与后面的脱盐、脱油工艺有关。磺氯化产物皂化后得到的活性物溶液中含有未反应的烃也称重蜡油，需回收利用。对 M-80 的产物，皂化后静止分层，下层浆状物用离心机脱盐，上层清液用加热、保温和加水稀释的方法，使大部分增溶在活性物中未反应的重蜡油释放出来，利用重蜡油与活性物溶液间的密度差，使油层自动地浮在活性物溶液的上方。加水量一般为皂液量的 40%～50%，温度维持在 102～105℃，pH 值在 8～9 之间，除去重蜡油后的活性物溶液，加水稀释使成品中的活性物含量达到 25% 左右。活性物溶液分批降温，通入压缩空气均匀翻动，可进一步脱除部分重蜡油。经上述处理后，产品中的不皂化物含量可达 10% 以下。对 M-50 的产物，皂化后先静止分层，除去部分未反应的重蜡油，然后冷却，除去含有少量活性物的氯化钠溶液，再在 65℃ 下用甲醇和水萃取，除去重蜡油。国内也有采用稀碱液连续皂化，先静止脱油，然后蒸发脱油的工艺。对 M-30 的皂化液，未反应的重蜡油含量高，为了尽可能降低产物中的不皂化物含量，可在静止脱油、冷冻降温脱盐后采用蒸发脱油的工艺除去不皂化物。

**(2) 磺氧化法** 将正构烷烃在紫外线照射下，与 $SO_2$、$O_2$ 作用生成烷基磺酸：

$$RCH_2CH_3 + SO_2 + \frac{1}{2}O_2 \xrightarrow{\text{紫外线}} R\!-\!\underset{\underset{SO_3H}{|}}{CH}\!-\!CH_3 \xrightarrow{NaOH} R\!-\!\underset{\underset{SO_3Na}{|}}{CH}\!-\!CH_3$$

紫外线是引发剂，在反应器中加入水，水-光磺氧化可制取 SAS，此法目前最常使用，其工艺流程见图 2-15。

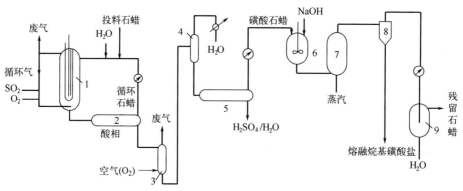

图 2-15　水-光磺氧化法生产烷基磺酸盐的工艺流程
1—反应器；2,5,8—分离器；3—气体分离器；4,7—蒸发器；6—中和釜；9—油水分离器

二氧化硫和氧经反应器 1 底部的气体分布器进入，并很好地分布在由正构烷烃和水组成的液相中。反应器内装高压汞灯，液体物料在反应器中的停留时间为 6～7min，反应温度 ≤40℃，反应物料经反应器下部进入分离器 2，分出的油相经冷却器回入反应器再次反应。由于一次通过反应器的 $SO_2$ 和 $O_2$ 转化率不高，大量未反应气体由反应器顶部排出后，经升压也返回反应器。由分离器 2 分出的磺酸液（含有 19%～23% 磺酸，30%～38% 烷烃，6%～9% 硫酸及水等）在气体分离器 3 中脱去 $SO_2$ 后进入蒸发器 4，从蒸发器 4 的下部流出的物料进入分离器 5，从下层分出 60% 左右的硫酸，上层为磺酸相并打入中和釜 6，用 50% 氢氧化钠中和。中和后的浆料约含有 45% SAS 和部分正构烷烃。然后料浆进入蒸发器 7、分离器 8。从分离器 8 底部分出高浓度的 SAS，可制得含量为 60% 或 30% 的 SAS 产品。从分离器 8

的上部出来的物料经冷凝后，在油水分离器 9 中分出油相（残余的正构烷烃）及水相。

用此工艺制得的高浓度 SAS 的典型组成如下：

| | | | |
|---|---|---|---|
| 链烷单磺酸盐 | 85%～87% | 硫酸钠 | 5% |
| 链烷二磺酸盐 | 7%～9% | 未反应烷烃 | 1% |

反应速率与杂质的浓度成反比，因此为了增加反应速率，提高产物质量，必须除去原料中的杂质，故芳烃含量必须控制在 $50 \times 10^{-6}$（质量比）以下。磺酸的生成速率与光的辐射强度成增函数关系，增加辐射强度，可提高反应速率，采用波长 254～420nm 的高压汞灯较合适。磺氧化反应温度以 30～40℃ 为宜，温度太低，磺酸生成量减少；温度太高，气体在烷烃中的溶解度降低，磺酸生成量也会降低，且副反应增加。磺氧化反应是气液两相间的反应，增加气体空速有利于传质，气体通入量以 $3.5～5.5L/(h \cdot cm^2)$ 为宜，高于这一数值，对产率影响不大。一次不能全部参与反应的 $SO_2$ 和 $O_2$，大部分循环回用，最终的利用率可达 95% 以上。烷烃的单程转化率高，副反应会增多，二磺酸含量增加，使产品质量下降，而且反应器中磺酸浓度增加，使反应速率下降，影响到磺酸产率。水-光磺氧化法由于在反应过程中加入水，可将烷烃相中的反应物立即萃取出来，然后在分离器中分出磺酸，烷烃回到反应器继续进行反应，这样有效地控制了反应器中烷烃的一次转化率，提高了产品的质量。反应过程中的加水量可根据磺酸产率来确定，一般应为磺酸产率的 2～2.5 倍。加水太多，反应器中物料乳化严重，黏度增加，物料泵送困难，磺酸难以从烷烃相中分出；加水量太少，反应混合物呈透明状，磺酸亦不易分出，且磺酸色泽加深，产率降低。

磺氧化反应的引发剂除了紫外线外，还可采用 γ 射线、$O_3$，或在紫外线、γ 射线照射下加入 $O_3$、醋酐或含氮、含氯化合物。

### 2.2.3.3 α-烯烃磺酸盐

α-烯烃磺酸盐（AOS）生物降解性好，对皮肤的刺激性小，去污力强，泡沫细腻、丰富而持久，因而被广泛地用来制取液体洗涤剂，如餐具洗涤剂、洗发香波等。AOS 与 AES 或 AS 相比，在较大的 pH 范围内较为稳定，因此广泛用作香波的基本原料（流行的护发、护肤香波是酸性的）。但 AOS 配制粒状洗涤剂易于吸水结块，所含的烯烃磺酸盐有自动氧化倾向，尚需进一步改进。随着 AOS 生产的发展以及配方和制造工艺的改进，其质量将会进一步有所提高，成本将进一步下降，它的应用也将更为广泛。

AOS 的合成包括磺化和水解两个主要反应，由于异构体多，产物很复杂。

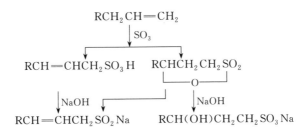

磺化反应产物中含有：

| | | | |
|---|---|---|---|
| 烯基磺酸 | 40% | 1,3-和 1,4-磺内酯 | 40% |
| 二磺内酯 | 20% | | |

由于磺内酯不溶于水，没有表面活性，因此采用碱性水解，使磺内酯变成羟基磺酸盐或烯烃磺酸盐。

α-烯烃磺酸盐生产中的磺化部分与烷基苯的磺化工艺相类似，可参阅上述有关章节。但 α-烯烃和 $SO_3$ 的反应速率极快，据测定，是烷基苯磺化的 100 倍；同时反应中放出大量的热，比烷基苯的多 30%。如果没有合适的磺化设备和适宜的工艺条件，就会在很短的时间内由于放出大量的反应热而使副反应增加、产物质量降低。因此要得到质量较好的产品，必须严格控制原料的配比、反应温度、反应时间等工艺条件。

$SO_3$ 和 $\alpha$-烯烃的摩尔比小于 1.05 时，随着摩尔比的增加，单磺酸盐的得率呈直线状增加，二磺酸盐含量几乎不增加，水解后难溶于水的 2-羟基磺酸盐仅少量存在。但当摩尔比低于 0.6 时，2-羟基磺酸盐的生成量增加。当摩尔比大于 1.05 时，单磺酸得率下降，二磺酸含量增加。这也说明，单磺化和二磺化是分阶段进行的。所以在反应中 $SO_3$ 不宜过量，反应时二者的摩尔比应控制在 1.05 左右。摩尔比为 1.22 时，$\alpha$-烯烃的转化率较高，且随着温度的升高略有下降，但二磺酸的含量在 50℃时出现最大值。当摩尔比为 1.0 时，在 50℃附近 $\alpha$-烯烃的转化率出现最大值，二磺酸含量很低。温度高于 50℃，转化率急剧下降，这是由于高温促进了 $\alpha$-烯烃的异构化，从而阻碍了磺化反应。可见 $SO_3$ 不过量时，反应温度在 50℃左右较为适宜。$\alpha$-烯烃磺化的粗产品是磺内酯和烯基磺酸的混合物。非水溶性的磺内酯用 NaOH 水解，可转化成水溶性的烯基磺酸盐和羟基磺酸盐，磺内酯在室温下是比较稳定的，温度升高，水解速率增加，如要将产品中磺内酯的含量减少至一个很低值，必须在高温下进行长时间的水解。为了使 $C_{16} \sim C_{18}$ 的 AOS 中磺内酯的残存量降至 $200 \times 10^{-6}$，必须在 165℃下水解 20min。水解温度若提高到 170℃和 180℃时，磺内酯的含量可分别降至 $80 \times 10^{-6}$ 和 $30 \times 10^{-6}$。

### 2.2.3.4　其他磺酸盐型表面活性剂

**(1) 琥珀酸酯磺酸盐**　将顺丁烯二酸（马来酸）的两个羧基用高级醇酯化，双键处以硫酸钠加成引入磺酸盐基即变为琥珀酸酯磺酸盐。根据所用高级醇种类的不同，可获得一系列磺基琥珀酸酯的产品。其特点是净洗力很小，但润湿、渗透力特强。磺基琥珀酸酯型表面活性剂的性质，可因酯化时所用醇类分子量与化学结构的不同而有所不同。一般使用低级醇的溶解度好，但没有润湿性；使用带支链的醇，润湿性有显著提高，特别是溶解度显著增加。当使用带支链的醇其直链部分为 $C_6 \sim C_7$ 时，润湿性要较其他相同碳原子数的异构醇为强，同时仲醇酯要较伯醇酯的润湿性大一些。此类表面活性剂的代表产品是阿罗素 OT（Aerosol OT），也称渗透剂 OT。主要用于织物的快速渗透。其最主要的缺点是不耐碱。可以通过下列途径合成：

$$CH_3CH_2CH_2CH_2{-}\underset{\underset{CH_2CH_3}{|}}{CH}CH_2OH + \underset{CH-CO}{\overset{CH-CO}{\|}}\Big\rangle O \xrightarrow{\text{加热}} \underset{C_8H_{17}OOCCH}{\overset{C_8H_{17}OOCCH}{}} \xrightarrow{Na_2SO_4} \underset{C_8H_{17}OOCCH{-}SO_3Na}{\overset{C_8H_{17}OOCCH_2}{}}$$

**(2) 烷基萘磺酸盐**　此类表面活性剂的代表产品是二异丙基萘磺酸盐，称 Nekol 系。在低温时，它有良好的润湿性能。Nekol 型表面活性剂的母体结构主要为萘磺酸盐，它极易溶解于水，对强酸、强碱稳定，不但润湿渗透力好，而且有增溶、乳化、分散性能。缺点是起泡性差，泡沫不够稳定；对铝盐及硬水的稳定性较胰加漂 T 为差，并有吸湿性。Nekol 系产品广泛用作渗透剂，在漂白、精炼以及不溶性偶氮染料与还原染料的染色过程中，可代替土耳其红油。其中拉开粉 A 主要用作润湿剂、分散剂以及合成橡胶乳液聚合用的乳化剂。

拉开粉 A

烷基萘磺酸盐的烷基碳链不宜太长。太长,不仅溶解性能要降低,而且不能在低温下使用。烷基萘磺酸盐的烷基数一般为 1~2 个(异丙基、丁基、异丁基),也可以有 3 个。

此类表面活性剂用甲醛缩合后,是一种乳化分散力很强的新品种,分子式如下:

$$\underset{SO_3Na}{\bigodot\bigodot}-CH_2-\underset{SO_3Na}{\bigodot\bigodot}$$

通常磺酸的结合位置是在萘环的 $\alpha$、$\alpha'$ 位置。甲醛缩合物分子中,有 2~4 个萘环。这种产物都用作颜料,特别是作分散染料商品化的分散剂。

**(3) 脂肪酰胺磺酸盐** 脂肪酰胺磺酸盐分子式可表示如下:

$$RCONH-SO_3Na$$

分子中的磺酸基是通过羟基磺酸盐及其相应的中间体引入的。其代表性产品为胰加漂 T (IgeponT),也称依捷邦,新商品名还有 Hostapon 或 Arkopon,通常是用油酸酰氯与甲基牛胆素缩合而成。

$$\underset{\text{油酸酰氯}}{C_{17}H_{33}-COCl}+\underset{\text{甲基牛胆素}}{CH_3-NH-CH_2-CH_2-SO_3Na} \longrightarrow \underset{\text{胰加漂 T}}{C_{17}H_{33}-CO-\overset{CH_3}{\underset{|}{N}}-CH_2-CH_2-SO_3Na}$$

胰加漂 T 有良好的溶解性能,其净洗力比较好,是一种优良洗涤剂。胰加漂 T 的亲水基为磺酸钠盐,它较油醇或其他脂肪醇硫酸酯盐的稳定性大,能耐过氧化氢、次氯酸钠漂白,耐酸,耐硬水,钙皂分散力也好。这些性能均胜过脂肪醇硫酸酯或烷基芳基磺酸盐。遇金属盐不产生沉淀,即使在硬水中也可进行洗涤。遇钙、镁、铝、铜、铁、锌、铬、锰盐时可以生成可溶性盐。由于对金属盐类、酸、碱稳定性高,可用于金属媒染染料、还原染料、不溶性偶氮染料的染色,亦广泛用于漂白工艺,作为润湿渗透、洗涤剂。

**(4) 木质素磺酸盐** 木质素的分子式如下:

$$\underset{(OCH_3)_{1\sim2}}{HO-\bigodot}-CH=CH-CH_2OH$$

$\alpha$-碳原子上引入磺酸基而成的木质素磺酸盐分子式为:

$$\underset{(OCH_3)_{1\sim2}}{HO-\bigodot}-\overset{SO_3Na}{\underset{|}{CH}}-CH_2-CH_2OH$$

木质素磺酸盐是在造纸工艺中用硫酸制浆时生成的。将造纸废液加工提取,便可得到廉价的木质素磺酸盐。

木质素磺酸盐主要用于石油钻井泥浆配方,控制钻井泥浆的流动性;也是水泥的减水剂,可增加水泥的流动性及提高水泥的强度。精制后的木质素磺酸盐可用作不溶性染料(如分散染料及还原染料)的分散剂,也可用作煤-水燃料浆的分散剂。

**(5) 石油磺酸盐** 石油磺酸盐一般来自石油精制的副产品。当石油馏分用强烈磺化剂精制去杂质时,容易生成硫酸酯与磺酸等的混合物。中和后便是石油磺酸盐。由于其在油中的优良表面活性而使其产量大增,目前,石油磺酸盐由沸点远大于 260℃、含有 5%~30% 芳烃和其他可磺化烃的石油原料经磺化制取。

石油磺酸盐主要用于原油回收率的提高。也可用作润滑油添加剂、钻孔油、金属切削油和矿石浮选剂等。

### 2.2.4 磷酸酯盐型阴离子表面活性剂

磷酸酯盐型表面活性剂具有优良的抗静电、乳化、防锈和分散等性能。广泛应用于纺织、化工、国防、金属加工和轻工等工业部门。

磷酸酯盐包括高级醇磷酸酯盐和高级醇或烷基酚聚氧乙烯醚磷酸酯盐两大类。

### 2.2.4.1　高级醇磷酸酯盐

高级醇磷酸酯盐也称为烷基磷酸酯盐，其化学结构可分为以下主要两种类型。

高级醇磷酸酯二钠盐　　　　　　高级醇磷酸双酯钠盐

单酯易溶于水，双酯较难溶于水，呈乳化状态。实际使用的产品均为两者的混合物。

工业上采用脂肪醇和五氧化二磷反应制取烷基磷酸酯，反应式如下：

$$P_2O_5+4ROH \longrightarrow 2(RO)_2PO(OH)+H_2O \tag{1}$$

$$P_2O_5+2ROH+H_2O \longrightarrow 2ROPO(OH)_2 \tag{2}$$

$$P_2O_5+3ROH \longrightarrow (RO)_2PO(OH)+ROPO(OH)_2 \tag{3}$$

反应产物是单酯和双酯的混合物。单酯和双酯的比例与原料中的水分含量以及反应中生成的水量有关，水量增加，产物中的单酯含量增多；脂肪醇碳数较高，单酯生成量也较多。醇和 $P_2O_5$ 的摩尔比对产物组成也有影响，二者的摩尔比从 2:1 改变到 4:1，产物中双酯的含量可从 35% 增加到 65%，用这种方法制得的产品成本较低。焦磷酸和脂肪醇用苯作溶剂，在 20℃ 进行反应，可制得单烷基酯。用三氯化磷和过量的脂肪醇反应，可制得纯双烷基酯。脂肪醇和 $POCl_3$（亚磷卤氧化物）反应，也可制得单酯或双酯。

### 2.2.4.2　聚氧乙烯醚磷酸酯盐

这是一种非离子表面活性剂阴离子化的产品。高级醇聚氧乙烯醚和烷基酚聚氧乙烯醚这两种非离子物和磷酸酯化剂反应，即制得此类产品。其中前者使用最广泛，产物包括下列三种成分。

单酯型　　　　　　　　双酯型　　　　　　　　三酯型

合成中常用的磷酸酯化剂有：$H_3PO_4$、$P_2O_5$、$POCl_3$ 等。例如，在室温和强烈搅拌下，于 15min 内将 1mol $P_2O_5$ 加入 2.7mol 壬基酚和 6mol 环氧乙烷的缩合物中，加热到 100℃，维持 5h，然后冷却，产物中含有单酯、二酯和少量三酯。改变投料比，产物中各组成物之间的比例也会发生变化。

聚氧乙烯醚磷酸酯盐具有非离子表面活性剂的一些性质，它能溶解在高电解质的溶液中，耐强碱，但在强酸中会发生水解。聚氧乙烯醚磷酸酯盐的平滑性比单烷基磷酸酯的差，但抗静电性比单烷基磷酸酯的好。

## 2.3　阳离子表面活性剂

阳离子表面活性剂最初是作为杀菌剂出现的。20 世纪 60 年代产量有了较大的增长，应用范围也日益扩大。例如，可用作天然或合成纤维的柔软剂，抗静电剂和纺织助染剂，肥料的抗结块剂，农作物除莠剂，沥青和石子的黏结促进剂，金属防腐剂，颜料分散剂，塑料抗静电剂，头发调理剂，化妆品用乳化剂，矿石浮选剂和杀菌剂，等。

阳离子表面活性剂在水溶液中或某些有机溶剂中可形成胶束，降低溶液的表面张力，具有乳化、润湿、去污等性能。在弱酸性溶液中能洗去织物（像丝毛类）上带正电荷的污垢，但日常生活中却很少使用，这是因为一般纤维织物和固体表面均带负电荷，且不用酸性介质洗涤。当使用阳离子表面活性剂时，它吸附在基质和水的界面上。由于表面活性剂和基质间具有强烈的静电引力，亲油基朝向水相，使基质疏水，因此不适用于洗涤。但当其吸附在纤维表面形成一定向吸附膜后，中和了纤维表面带有的负电荷，减少了因摩擦产生的自由电子，因而具有较好的抗静电性能。此外，它还能显著降低纤维表面的静摩擦系数，具有良好的柔软平滑性能，故广泛用作纤维的柔软整理剂。

阳离子表面活性剂的杀菌作用是很显著的。很稀的溶液（1/100000～1/10000）即有杀菌效果。有人认为这是由细菌被强力吸附后，阻止了细菌的呼吸作用与糖解作用所致。故常用于外科消毒、伤口洗涤和食具消毒等方面。

在使用阳离子表面活性剂时应注意：它不能与肥皂或其他阳离子表面活性剂共用，否则将引起阳离子活性物沉淀而失效；同样，遇到偏硅酸钠、硝酸盐、蛋白质、大部分生物碱、羧甲基纤维素也会发生作用而失效；阳离子活性剂能与直接染料或荧光染料发生作用，使织物褪色，使用时也要注意。

市售的阳离子表面活性剂的种类很多，但工业上有重要作用的都是含氮化合物。此外，还有锍盐类化合物，主要用作杀菌剂，但种类很少。含氮化合物阳离子表面活性剂主要分为两大类：胺盐和季铵盐。胺盐包括伯胺盐、仲胺盐、叔胺盐。

常见的阳离子表面活性剂如表 2-7 所示。

表 2-7　常见的阳离子表面活性剂

| 类别 | 表面活性剂名称 | 结构式 | 用途 |
|---|---|---|---|
| 脂肪胺及盐类 | 伯胺 | $RNH_2$　R 中的 C＝8～18 | 金属酸洗的钝化剂、防锈剂、矿物浮选剂，还可作其他阳离子表面活性剂的原料，汽油添加剂 |
| | 仲胺 | $R_2NH$　R 中的 C＝10～18 | 防锈剂，可作季铵盐的原料 |
| | 伯胺醋酸盐 | $RNH_2 \cdot HAc$ | 采矿浮选剂，肥料防固化剂，沥青乳化剂 |
| | 伯胺盐酸盐 | $RNH_2 \cdot HCl$ | 采矿浮选剂，肥料防固化剂 |
| | 伯胺磷酸盐 | $RNH_2 \cdot H_3PO_4$ | 汽油添加剂 |
| | 烷基亚丙基二胺 | $RNHCH_2CH_2CH_2NH_2$ | 汽油添加剂，沥青乳化剂 |
| | 多乙氢基脂肪酰胺 | $R—CONH(CH_2CH_2NH)_nH$ R 中的 C＝8～16，$n$＝1～4 | 纤维与纸张助剂 |
| | 多烷基多胺衍生物 | | 其抗菌性和杀菌性强，用作乳化剂、纤维处理剂、抗静电剂、防腐剂、洗净剂、柔软剂 |
| 季铵盐 | 烷基三甲基氯化铵 | $[R—N(CH_3)_3]^+Cl^-$ | 纤维的染色助剂和干洗剂，染料的固色剂，颜料的分散剂 |
| | 二烷基二甲基氯化铵 | $\left[\begin{matrix}R\\\phantom{R}\\R\end{matrix}N(CH_3)_2\right]^+ Cl^-$ | 纤维柔软剂，软发剂 |

| 类别 | 表面活性剂名称 | 结构式 | 用途 |
|---|---|---|---|
| 季铵盐 | 二甲基烷基苄基氯化铵 | $\left[\begin{array}{c} CH_3 \\ R-N-CH_3 \\ CH_2 \end{array}\right]^+ Cl^-$ | 杀菌剂,消毒剂 |
| | 烷基吡啶盐 | $\left[R-N\right]^+ X^-$ （X代表氯化物或溴化物） | 染料固色剂 |

胺盐类和季铵盐阳离子表面活性剂在制备方法和性质上均有很大差别。胺盐可由相应伯、仲、叔胺用酸简单中和即可，反应极易进行；而季铵盐一般需由叔胺与烷基化剂反应才能制备，反应较难进行。在酸性介质中胺盐和季铵盐均溶解并发挥表面活性；而在酸性介质中只有季铵盐不受影响，能很好溶解，胺盐则会还原为原来的不溶性胺而析出，失去其表面活性。表 2-7 已列出了常用原料胺的种类，表 2-8 为合成季铵盐所用烷基化剂举例。

**表 2-8　用于制造季铵盐的具有代表性的烷基化剂**

| 烷基化剂 | 季铵盐的结构[①] | 烷基化剂 | 季铵盐的结构[①] |
|---|---|---|---|
| $CH_3Cl$ | $\rightarrow N^+-CH_3 \cdot Cl^-$ | $CH_2-CH-CH_2Cl$ ($O$) | $\rightarrow N^+-CH_2-CH-CH_2 \cdot Cl^-$ ($O$) |
| $CH_3Br$ | $\rightarrow N^+-CH_3 \cdot Br^-$ | $(CH_3)_2SO_4$ | $\rightarrow N^+-CH_3 \cdot CH_3SO_4^-$ |
| $\bigcirc-CH_2Cl$ | $\rightarrow N^+-CH_2-\bigcirc \cdot Cl^-$ | $(C_2H_5)_2SO_4$ | $\rightarrow N^+-C_2H_5 \cdot C_2H_5SO_4^-$ |
| $RCl$(高级氯代烷) | $\rightarrow N^+-R \cdot Cl^-$ | $CH_2-CH_2(H_2O)$ ($O$) | $\rightarrow N^+-CH_2-CH_2-OH \cdot OH^-$ |

注：① $\rightarrow$N 代表 $\begin{array}{c} R^1 \\ R^2-N \\ R^3 \end{array}$ 。

阳离子表面活性剂亲油基的结构大体上与阴离子表面活性剂的相似。亲油基与亲水基的连接可通过酯、醚、酰胺、铵离子键等。

## 2.3.1　胺盐型阳离子表面活性剂

高级伯、仲、叔胺与酸中和便成为胺盐型阳离子表面活性剂。常用的酸有盐酸、甲酸、乙酸、氢溴酸、硫酸等。例如，十二胺是不溶于水的白色蜡状固体，加热至 $60 \sim 70 ℃$ 变为液体后，在良好的搅拌条件下加入乙酸中和，即可得到十二胺乙酸盐。成为能溶于水的表面活性剂。但胺的高级羧酸盐不溶于水。伯胺的硫酸盐和磷酸盐也难溶于水。

### 2.3.1.1　高级伯胺的制取

常用高级伯胺的合成方法有脂肪酸法和脂肪醇法。

**(1) 脂肪酸法**　脂肪酸与氨在 $0.4 \sim 0.6MPa$、$300 \sim 320 ℃$ 下反应生成脂肪酰胺：

$$RCOOH + NH_3 \Longleftrightarrow RCONH_2 + H_2O$$

然后用铝土矿石作催化剂，进行高温催化脱水，得到脂肪腈：

$$RCONH_2 \Longleftrightarrow RCN + H_2O$$

脂肪腈用金属镍作催化剂，加氢还原，可得到伯胺、仲胺和叔胺：

$$RCN + 2H_2 \xrightarrow{Ni} RCH_2NH_2$$

$$2RCN + 4H_2 \xrightarrow{Ni} (RCH_2)_2NH + NH_3$$

$$3RCN + 6H_2 \xrightarrow{Ni} (RCH_2)_3N + 2NH_3$$

反应过程中如有氨存在，再加入一种合适的添加剂（氢氧化钾或氢氧化钠），即能抑制仲胺的生成。工业生产上的反应压力为 $2.94 \sim 6.87MPa$、温度为 $120 \sim 150℃$。如果碱的用量达到 $0.5\%$，反应可在 $1.22 \sim 1.42MPa$ 下进行。如果需制取不饱和碳链的脂肪胺（如十八烯胺），则氢化反应可在有氨饱和的醇中进行。脂肪酸、氨和氢直接在催化剂上反应制取胺的新工艺如下：

$$RCOOH + NH_3 + 2H_2 \longrightarrow RCH_2NH_2 + 2H_2O$$

脂肪酸甘油酯（或甲酯）与氨及氢反应也可制取伯胺，所用催化剂正在不断改进提高。利用脂肪酸法，可由椰子油制取以十二胺为主的椰子胺，用牛脂制取十八胺为主的牛脂胺，还可由松香酸制取廉价的松香胺。

**(2) 脂肪醇法** 脂肪醇和氨在 $380 \sim 400℃$ 和 $12.16 \sim 17.23MPa$ 下反应，可制得伯胺：

$$ROH + NH_3 \longrightarrow RNH_2 + H_2O$$

高碳醇与氨在氢气和催化剂存在下，也能发生上述反应，使用催化剂可将反应温度和压力降至 $150℃$ 和 $10.13MPa$。伯胺大量用于浮选剂和纤维柔软剂。如 $C_8 \sim C_{18}$ 伯胺、椰子油、棉籽油、牛脂等制得的混合伯胺以及它们的醋酸盐均为优良的浮选剂。用作纤维柔软剂的伯胺结构复杂一些，多为含酰胺键的亚乙基多胺化合物。

### 2.3.1.2 高级仲胺的制取

仲胺的合成方法主要有如下几种。

**(1) 脂肪醇法** 高碳醇和氨在镍、钴等催化剂存在下生成仲胺：

$$2ROH + NH_3 \xrightarrow{Ni} R_2NH + 2H_2O$$

**(2) 脂肪腈法** 首先，将脂肪腈在低温下转化为伯胺，然后在铜铬催化剂存在下脱氨，得到仲胺：

$$2RNH_2 \xrightarrow{Cu-Cr} R_2NH + NH_3$$

**(3) 卤代烷法** 卤代烷和氨在密封的反应器中反应，主要产物为仲胺。仲胺盐的价值相对于伯胺尤其是叔胺而言，明显低些。市售产品主要是高级卤代烷与乙醇胺或高级胺与环氧乙烷的反应产物，品种较少。

### 2.3.1.3 高级叔胺的制取

叔胺盐是胺盐型阳离子表面活性剂中的一个大类，用途较广。叔胺又是制取季铵盐的主要原料。其合成方法及原料路线有许多，应用较多的有如下几种。

**(1) 伯胺与环氧乙烷或环氧丙烷反应制叔胺** 这一方法是工业上制取叔胺的重要方法，应用很广，反应式如下：

$$RNH_2 + 2CH_2{-}CH_2 \xrightarrow[\text{碱性催化剂}]{230℃} RN \begin{matrix} CH_2CH_2OH \\ \\ CH_2CH_2OH \end{matrix}$$

在碱性催化剂存在下可进一步反应，生成聚醚链，如下式所示：

$$RN \begin{matrix} (CH_2CH_2O)_p H \\ \\ (CH_2CH_2O)_q H \end{matrix}$$

分子中随聚氧乙烯含量增加，产物的非离子性质也增加；但在水中的溶解度却不随 pH 值的变化而改变，并且具有较好的表面活性。有人称其为阳离子进行非离子化的产品。

**(2) 脂肪酸与低级胺反应制取高级叔胺** 由这类叔胺制得的胺盐成本较低，性能较好，大都用作纤维柔软整理剂。例如，硬脂酸和三乙醇胺加热缩合酯化，形成叔胺，再用甲酸中和，生成索罗明（Soromine）A型阳离子表面活性剂：

$$C_{17}H_{33}COOH + N \overset{CH_2CH_2OH}{\underset{CH_2CH_2OH}{-CH_2CH_2OH}} \xrightarrow{160\sim180℃} C_{17}H_{33}COOCH_2CH_2N \overset{CH_2CH_2OH}{\underset{CH_2CH_2OH}{}} + H_2O$$

$$\xrightarrow{HCOOH} C_{17}H_{33}COOCH_2CH_2N \overset{CH_2CH_2OH}{\underset{CH_2CH_2OH}{}} \cdot HCOOH$$

用硬脂酸和氨基乙醇胺或二亚乙基三胺加热缩合后再与尿素作用，经醋酸中和后，可制得优良的纤维柔软剂阿柯维尔（Ancovel）A，分子式如下：

$$\begin{array}{c} RCONHCH_2CH_2NCH_2CH_2OH \\ | \\ C=O \qquad \cdot CH_3COOH \\ | \\ RCONHCH_2CH_2NCH_2CH_2OH \end{array}$$

**(3) 非对称高级叔胺的制取** 非对称高级叔胺是合成季铵盐的中间体。通常它由一个 $C_8$ 以上长碳链和两个短碳链（如甲基、乙基、苄基等）构成。其合成路线有以下几条。

① 长碳链氯代烷与低碳的烷基仲胺（如二甲基胺）生成叔胺 反应温度 130～170℃，压力 1.01～4.05MPa，制得的叔胺需蒸馏提纯，否则色泽很深。

$$RCl + NH(CH_3)_2 \xrightarrow{NaOH} RN(CH_3)_2 + NaCl + H_2O$$

② α-烯烃制取叔胺 α-烯烃在过氧化物存在下与溴化氢进行反应，生成1-溴代烷，1-溴代烷与二甲胺反应生成二甲基胺溴酸盐，然后，在氢氧化钠作用下生成目的产物叔胺。

③ 脂肪腈与二甲胺、氢在镍催化剂存在下反应制叔胺

$$RCN + (CH_3)_2NH + 2H_2 \xrightarrow{Ni} RCH_2N(CH_3)_2 + NH_3$$

④ 脂肪伯胺与甲酸、甲醛混合物反应制烷基二甲基叔胺

$$RNH_2 + 2HCHO + 2HCOOH \longrightarrow RN(CH_3)_2 + 2CO_2 + 2H_2O$$

⑤ 脂肪伯胺（或仲胺）在甲醛存在下进行加氢制得叔胺

$$RNH_2 + 2HCHO + 2H_2 \xrightarrow{Ni} RN(CH_3)_2 + 2H_2O$$

⑥ 脂肪醇与二甲基胺制叔胺 在铜-铬催化剂存在下，于250～300℃、20.27～25.33MPa 下进行反应。

$$ROH + HN(CH_3)_2 \xrightarrow[Cu-Cr]{H_2} RN(CH_3)_2 + H_2O$$

上述以 α-烯烃为原料的路线成本较低，虽使用了昂贵的溴化氢，但已解决其回收问题，是目前认为较先进的方法。

叔胺盐产品多用作柔软剂、纤维整理剂，也可用作杀菌剂、皮革增色剂、印染助剂等。

## 2.3.2 季铵盐型阳离子表面活性剂

季铵盐是阳离子表面活性剂中最重要的一类，在工业上有着重要的应用价值。由于其结构性质等方面的优势，如亲水基的强碱性结构，对介质 pH 值的强适应能力，以及与其他表面活性剂的强配伍性等，因此一些著名的阳离子产品均为季铵盐。常用的季铵盐合成方法有如下几种。

### 2.3.2.1 从伯、仲、叔胺制取季铵盐

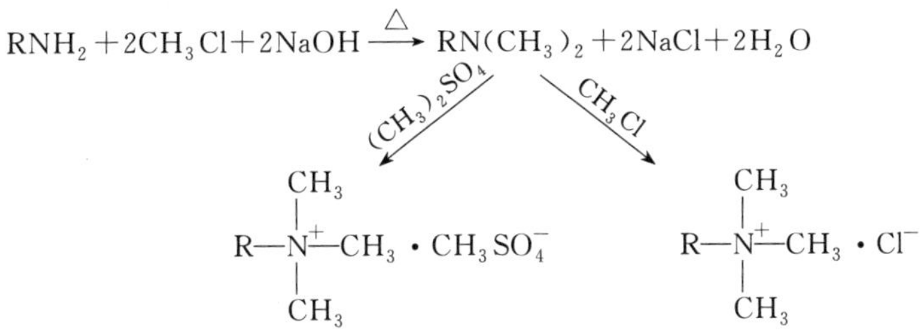

$$RNH_2 + 2CH_3Cl + 2NaOH \xrightarrow{\triangle} RN(CH_3)_2 + 2NaCl + 2H_2O$$

烷基三甲基季铵甲基硫酸酯　　　烷基三甲基氯化铵

这是一种应用最广的方法。反应在极性溶剂（如水或酒精）中进行得较为迅速。为了提高产率，必须保证反应物不呈酸性，因此要加入 $Na_2CO_3$ 或 $K_2CO_3$。例如，十二烷基三甲基氯化铵（防黏剂 DT），由十二胺或 $N,N$-二甲基十二胺制取：

$$C_{12}H_{25}NH_2 + 3CH_3Cl \xrightarrow[125℃]{3NaHCO_3} C_{12}H_{25}N^+(CH_3)_2 \cdot Cl^-$$

$$C_{12}H_{25}N(CH_3)_2 + CH_3Cl \longrightarrow C_{12}H_{25}N^+(CH_3)_3 \cdot Cl^-$$

这一产品能溶于水，呈透明状，具有优良的表面活性，常用作黏胶凝固液的添加剂。

### 2.3.2.2 低级叔胺与卤代烷反应制取季铵盐

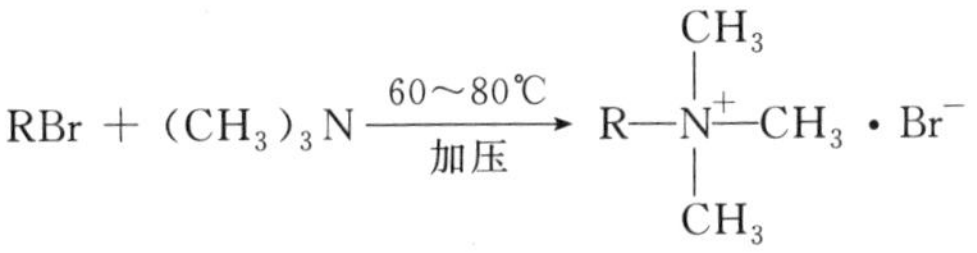

$$RBr + (CH_3)_3N \xrightarrow[加压]{60\sim80℃} R-N^+(CH_3)_3 \cdot Br^-$$

如需在分子中引入芳基化合物，则可将伯胺通过甲基化反应制得叔胺后，与氯化苄反应，即可得含有苄基的季铵盐：

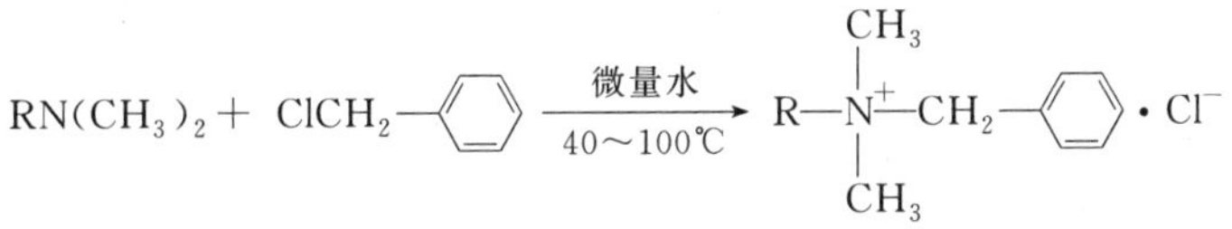

$$RN(CH_3)_2 + ClCH_2-\bigcirc \xrightarrow[40\sim100℃]{微量水} R-N^+(CH_3)(CH_2-\bigcirc) \cdot Cl^-$$

当烷基为十二碳时，便是十二烷基二甲基苄基氯化铵，国内商品名为"洁尔灭"。它是消毒杀菌剂，也可用作聚丙烯腈染色的缓染剂。当烷基为十二烷基、阴离子为溴离子时，即为"新洁尔灭"（十二烷基二甲基苄基季铵溴化物，$\left[ C_{12}H_{25}N^+(CH_3)_2(CH_2-\bigcirc) \right]^+ \cdot Br^-$）。这是一种很强的阳离子杀菌剂，在我国使用比较普遍。应用时如掺入少许非离子活性物。如壬基酚聚氧乙烯醚或胺的氧化物，杀菌作用将更强。当烷基为硬脂酰胺次乙基、阴离子为氯离子时，即为匀染剂 PC（上海助剂厂出产），分子式为：

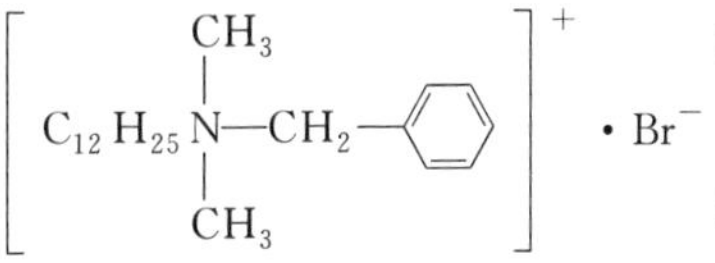

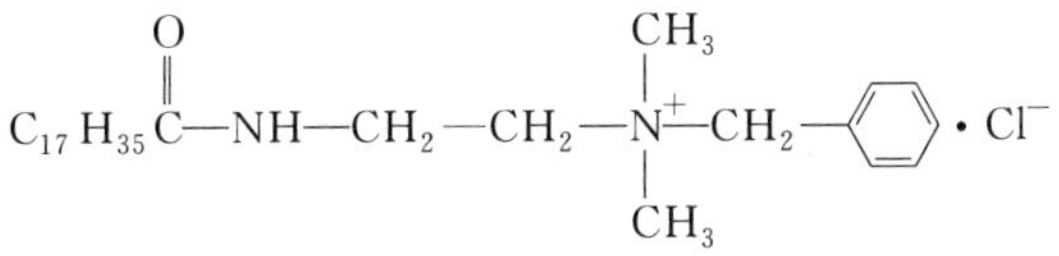

$$C_{17}H_{35}C(=O)-NH-CH_2-CH_2-N^+(CH_3)_2-CH_2-\bigcirc \cdot Cl^-$$

叔胺或胺盐与环氧乙烷或环氧丙烷作用制取季铵盐。叔胺与环氧乙烷缩合后的硝酸盐、过氯酸盐都是应用较广的抗静电剂。例如，胶片抗静电剂 PC 的制取如下式所示：

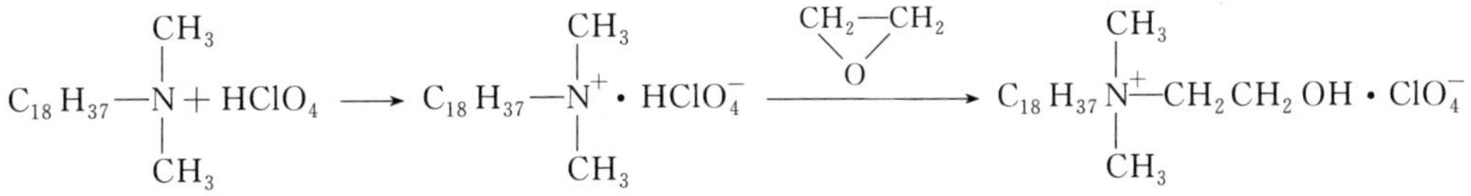

$$C_{18}H_{37}-N(CH_3)_2 + HClO_4 \longrightarrow C_{18}H_{37}-N^+(CH_3)_2 \cdot HClO_4^- \xrightarrow{CH_2-CH_2 \atop O} C_{18}H_{37}-N^+(CH_3)_2-CH_2CH_2OH \cdot ClO_4^-$$

此外，高速胶辊抗静电剂 LA 使用于纺织橡胶辊时，可防止纱面与辊摩擦产生静电，避免纱断头。这一产品是叔胺与酸反应后通入环氧乙烷所得，其化学结构为：

$$C_{18}H_{37}\overset{\underset{\displaystyle CH_3}{|}}{\underset{\underset{\displaystyle CH_3}{|}}{N^+}}-CH_2CH_2OH \cdot C_{11}H_{23}COO^-$$

另一有效抗静电剂的结构为：

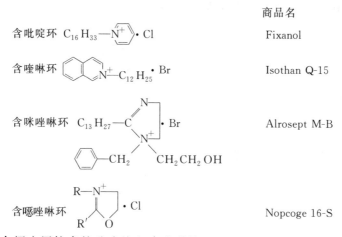

$$R-N\underset{(CH_2CH_2O)_q H}{\overset{(CH_2CH_2O)_p H}{\big<}} \qquad (p+q=15)$$

可以将其视为非离子化的阳离子。

## 2.3.3 其他阳离子表面活性剂

### 2.3.3.1 含氮原子环型胺（季铵）盐

除直链含氮化合物外，一些环状含氮化合物也可制成优良的阳离子表面活性剂，代表性产品如下：

|  |  | 商品名 |
|---|---|---|
| 含吡啶环 | $C_{16}H_{33}$—$N^+$〇 · Cl | Fixanol |
| 含喹啉环 | 〇〇$N^+$—$C_{12}H_{25}$ · Br | Isothan Q-15 |
| 含咪唑啉环 | Alrosept M-B |
| 含噁唑啉环 | Nopcoge 16-S |

这里主要介绍应用较多的吡啶盐和咪唑啉盐。

**（1）吡啶型胺（季铵）盐**　吡啶与 $C_2 \sim C_{18}$ 卤代烷，在 $130 \sim 150℃$ 下反应，蒸馏除去水及未反应的吡啶，即得到吡啶型胺（委铵）盐：

$$RX + N^+〇 \longrightarrow R-N^+〇 \cdot X$$

例如，十六烷基氯化吡啶、十六烷基溴化吡啶，可用作染色助剂和杀菌剂，十八酰胺甲基氯化吡啶是常用的纤维防水剂，它是吡啶氯化物与十八酰胺反应后再接甲醛的产物。

**（2）咪唑啉型胺（季铵）盐**　用氨乙基单乙醇胺或聚乙烯多胺与脂肪酸（硬脂酸、油酸）在 $160 \sim 200℃$ 下反应，则生成咪唑啉型化合物。它们的醋酸盐、磷酸盐广泛地用于纺织柔软剂、破乳剂、防锈剂等方面。

$$RCOOH + NH_2CH_2CH_2NHR \longrightarrow R-\overset{\underset{\displaystyle R}{|}}{\big\langle{N \atop N}\big\rangle} + 2H_2O$$

例如，用油酸与氨乙基单乙醇胺反应，脱水，可生成 $\alpha$-十七烯基羟乙基咪唑啉（即 Amine220）：

$$C_{17}H_{33}COOH + H_2NCH_2CH_2NHCH_2CH_2OH \xrightarrow{160\sim200℃} C_{17}H_{33}C \underset{N}{\overset{N}{\cdots}} + 2H_2O$$

上述产物用酸中和，即为咪唑啉型胺盐。

合成纤维丙烯腈常用的柔软剂 IS（硬脂酰胺乙基十七烷基咪唑啉醋酸盐），是由硬脂酸与二乙烯三胺缩合成咪唑啉后，再用冰醋酸中和生成的盐：

$$2C_{17}H_{35}COOH + H_2NCH_2CH_2NHCH_2CH_2NH_2 \xrightarrow[-H_2O]{100\sim170℃} C_{17}H_{35}CONHCH_2CH_2NHCH_2CH_2NHOCC_{17}H_{35}$$

$$\xrightarrow[-H_2O]{260℃} C_{17}H_{35}CONHCH_2CH_2-\overset{CH_2}{\underset{C}{\overset{|}{N}}} \xrightarrow[100℃]{CH_3COOH} \left[ C_{17}H_{35}CONHCH_2CH_2NH \atop C_{17}H_{35} \right]^{+} CH_3COO^{-}$$

1-β 硬脂酰胺乙基-2-十七烷基咪唑啉醋酸盐

### 2.3.3.2　双季铵盐

在阳离子表面活性剂的活性基上带有两个正电荷的季铵盐称为双季铵盐。如以叔胺与β-二氯乙醚反应，可以制得双季铵盐，反应如下：

$$2RN(CH_3)_2 + ClCH_2CH_2OCH_2CH_2Cl \longrightarrow RN(CH_3)_2CH_2CH_2OCH_2CH_2N(CH_3)_2R \cdot Cl_2$$

同样，如以叔胺与对苯二甲基二氯反应，可生成如下的双季铵盐：

$$RN^{+}(CH_3)_2CH_2-\underset{\text{苯环}}{}-CH_2N^{+}(CH_3)_2R \cdot Cl_2^{2-}$$

这些化合物都是良好的纺织柔软剂。吡啶型季铵盐也可以是双季铵吡啶化合物。例如，卤代烷与四个（2-吡啶基甲基）亚烃基二胺反应，即可生成双季铵盐：

$$\left[ \underset{R}{\overset{N}{}}-CH_2-\underset{CH_3}{\overset{|}{N}}-(CH_2)_n-\underset{CH_2}{\overset{|}{N}}-CH_2-\underset{R}{\overset{N}{}} \right]^{2+} \cdot X_2^{2-}$$

### 2.3.3.3　鎓盐型阳离子表面活性剂

鎓盐型阳离子表面活性剂广泛用作杀菌剂它们的杀菌力强，能阻止细菌发育。

**(1) 硫的鎓盐型阳离子活性剂**

分子通式为 $R^2-\underset{R^3}{\overset{R^1}{\overset{|}{S}}}-X$ ，　如　$CH_3-\underset{CH_3}{\overset{C_{12}H_{25}}{\overset{|}{S}}}-O-SO_2-OCH_3$ 。

极稀浓度下便能杀死大肠杆菌、霍乱菌和葡萄球菌等。

**(2) 磷的鎓盐型阳离子活性剂**

分子通式为 $\left[ \underset{R^2}{\overset{R^1}{\overset{|}{P}}}\overset{R^3}{\underset{R^4}{}} \right] \cdot X$，产品也多为杀菌剂。如 $\left[ C_{12}H_{25}-P(\text{三个对甲苯基}) \right] \cdot Br$ 。

**（3）砷的锍盐型阳离子活性剂**

分子通式为 $\left[\begin{array}{cc} R^1 & R^3 \\ & As \\ R^2 & R^4 \end{array}\right]\cdot X$，典型产品如：$\left[\begin{array}{cc} C_8H_{17} & CH_3 \\ & As \\ CH_3 & CH_2- \bigcirc \end{array}\right]\cdot Br$。

# 2.4 两性离子表面活性剂

两性离子表面活性剂，在分子结构上既不同于阳离子表面活性剂，也不同于阴离子表面活性剂，因此具有很多优异的性能：良好的去污、起泡和乳化能力，耐硬水性好，对酸碱和各种金属离子都比较稳定，毒性和皮肤刺激性低，生物降解性好，并具有抗静电和杀菌等特殊性能。因此其应用范围正在不断扩大，特别是在抗静电、纤维柔软、特种洗涤剂以及香波化妆品等领域，预计两性离子表面活性剂的品种和产量将会进一步增加，成本也会有所下降。

两性离子呈现的离子性视溶液的 pH 值而定。在碱性溶液中呈阴离子活性，在酸性溶液中呈阳离子活性，在中性溶液中呈两性活性。以下为甜菜碱型两性离子表面活性剂在不同介质中的情况：

$$R-\overset{\overset{CH_3}{|}}{\underset{\underset{CH_3}{|}}{N}}{}^{+}-CH_2COOH \quad Cl^-$$

在酸性介质中

$$R-\overset{\overset{CH_3}{|}}{\underset{\underset{CH_3}{|}}{N}}{}^{+}-CH_2COO^-\ Na^+$$

在碱性介质中

$$R-\overset{\overset{CH_3}{|}}{\underset{\underset{CH_3}{|}}{N}}{}^{+}-CH_2COO^-$$

在中性介质中

根据两性离子表面活性剂分子中亲水基上阳离子和阴离子组分的相对强度和位置，即按酸性基和碱性基的种类位置和数量不同，可分为 4 种基本类型：

① 强阴离子-强阳离子，AC 类型；
② 弱阴离子-强阳离子，aC 类型；
③ 强阴离子-弱阳离子，Ac 类型；
④ 弱阴离子-弱阳离子，ac 类型。

每一类型的两性离子平衡中和曲线如图 2-16 所示。

阴影部分为等电点区，等电点区域的位置和大小与阴离子和阳离子的强弱有关。如果羧基多，而氨基又在侧链上，则阴离子性就强，只有在强酸性时才显示出阳离子性。具有 1 个氨基、两个以上羧基的两性离子表面活性剂，等电点在 pH＝1～4 的范围内；弱阴离子、强阳离子的两性离子表面活性剂，等电点在 pH＝7 以上；具有 1 个氨基和 1 个羧基的活性剂，由于酸的介电常数较大，所以等电点在 pH＝6～7 的范围内。当溶液的 pH 值低于等电点时，多呈阳离子性；pH 值高于等电点时，

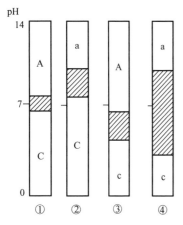

图 2-16 两性离子平衡中和曲线

多呈阴离子性，但绝不能认为这种表面活性剂所具有的性质完全是阴离子的或完全是阳离子的。

咪唑啉型两性离子表面活性剂阳离子和阴离子具有同等的强度，等电点在 pH＝7 附近。这是两性离子中不多见的一个典型，它易于和其他表面活性剂混合使用，因而用途较广。

## 2.4.1 氨基酸型两性离子表面活性剂

这类产品大都是烷基氨基酸的盐类，具有良好的水溶性，洗涤性能很好，并有杀菌作用。它们的毒性比阳离子活性物低，常用于洗发膏及洗涤剂中。典型产品及合成路线举例如下。

$N$-十二烷基-$\beta$-氨基丙酸钠的制取方法：

$$C_{12}H_{25}NH_2 + CH_2 = CHCOOCH_3 \longrightarrow C_{12}H_{25}NHCH_2CH_2COOCH_3 \xrightarrow{NaOH} C_{12}H_{25}NHCH_2CH_2COONa + CH_3OH$$

当十二胺与丙烯酸甲酯的比例为 1：2 时，则可得到二羧酸 $R-N\begin{array}{c}CH_2CH_2COOH\\ \\CH_2CH_2COOH\end{array}$。根

据烷基碳数、亲水基部分氨基和羧基数以及所在位置的不同，可以产生各种产品。用丙烯腈代替丙烯酸甲酯，也可制取氨基酸型两性离子表面活性剂，且成本较低。

$$C_{12}H_{25}NH_2 \xrightarrow{ClCH_2COONa} C_{12}H_{25}NHCH_2COONa + NaCl$$

$$C_{12}H_{25}NHCH_2COONa \xrightarrow[NaOH]{ClCH_2COONa} C_{12}H_{25}N\begin{array}{c}CH_2COONa\\ \\CH_2COONa\end{array} + NaCl$$

它是一种优良的杀菌剂。

"Tego"系列两性离子表面活性剂对结核和伤寒菌等的杀菌效果很好，并且有良好的表面活性及热稳定性。其化学式如下：

$$R^1-(NHCH_2CH_2)NHCH_2COOH \qquad R^1 = C_{12} \sim C_{18}$$
$$(R^2NHCH_2CH_2)_2NCH_2COOH \qquad R^2 = C_8$$

## 2.4.2 甜菜碱型两性离子表面活性剂

甜菜碱的结构为 $CH_3-\overset{\overset{\displaystyle CH_3}{|}}{\underset{\underset{\displaystyle CH_3}{|}}{N^+}}-CH_2COO^-$，甜菜碱型两性离子表面活性剂是指甜菜碱中的

甲基被长链烷基取代后的产物，即：

$$R-\overset{\overset{\displaystyle CH_3}{|}}{\underset{\underset{\displaystyle CH_3}{|}}{N^+}}-CH_2COO^-$$

式中，R 为 $C_{12} \sim C_{18}$。这类化合物是由季铵盐型阳离子部分和羧酸盐型阴离子部分构成的。它在任何 pH 值下都能溶于水，即使在等电点也无沉淀发生，不会因温度升高而出现浑浊，水溶液的渗透性、泡沫性较强，去污力也很好，超过一般阴离子型表面活性剂，分散力也较好。因此应用颇广，可作为洗涤剂、染色助剂、柔软剂、抗静电剂和杀菌剂等。杀菌力不及阳离子活性剂，在酸性溶液中对绿脓杆菌有作用，但对金黄葡萄球菌及大肠杆菌则以碱性时的杀菌力较强。目前这一产物的成本还较高，因此仅用于某些特殊场合。甜菜碱型两性离子表面活性剂中最普通的品种是十二烷基二甲基甜菜碱，它是由叔胺和一氯乙酸乙酯反应：

$$RN(CH_3)_2 + ClCH_2COOC_2H_5 \xrightarrow{85 \sim 100℃} \left[\begin{array}{c}CH_3\\ |\\ RN-CH_2-COOC_2H_5\\ |\\ CH_3\end{array}\right] \cdot Cl$$

然后再与 NaOH 作用，生成烷基二甲基甜菜碱：

$$\begin{bmatrix} \quad\ \ CH_3 \\ RN-CH_2COOC_2H_5 \\ \quad\ \ CH_3 \end{bmatrix} \cdot Cl + NaOH \xrightarrow[pH=8\sim9]{<80℃} \begin{matrix} CH_3 \\ RN^+-CH_2COO^- \\ CH_3 \end{matrix} + NaCl + C_2H_5OH$$

甜菜碱型两性离子表面活性剂还有十八烷基二甲基甜菜碱、十二烷基二羟乙基甜菜碱：

$$\begin{matrix} \quad\ \ CH_3 \\ C_{18}H_{37}N^+-CH_2COO^- \\ \quad\ \ CH_3 \end{matrix} \qquad \begin{matrix} \quad\ \ CH_2CH_2OH \\ C_{12}H_{25}N^+-CH_2COO^- \\ \quad\ \ CH_2CH_2OH \end{matrix}$$

十八烷基二聚氧乙烯基丙酸内酯：

$$\begin{matrix} \quad\ \ (CH_2CH_2O)_pH \\ C_{18}H_{37}N^+-CH_2CH_2COO^- \\ \quad\ \ (CH_2CH_2O)_qH \end{matrix} \qquad (p+q=4)$$

### 2.4.3　咪唑啉型两性离子表面活性剂

烷基化的咪唑啉衍生物是常见的平衡型两性离子表面活性剂。由于这类化合物的刺激性和毒性都很低，广泛用作婴儿香波。它又能与季铵化合物等产品配伍，因而也可用于某些无刺激性的成人化妆品中，这类产品的产量在国外大量增加，国内用量也在不断增长。典型产品如1-烷基-2-羟乙基-2-羧乙基咪唑啉，通常可用脂肪酸和氨基乙基乙醇胺制取。使用过量的氨基乙基乙醇胺可抑制副反应。优质的咪唑啉两性离子表面活性剂的纯度在99%左右，否则产品在贮存时会产生浑浊或生成沉淀。上述产品结构式如下：

$$\begin{matrix} N = \\ R-C \\ N^+ \end{matrix} \begin{matrix} \\ CH_2CH_2OH \\ CH_2COOH \end{matrix}$$

商品名为"MONA"的咪唑啉型两性离子表面活性剂的结构式为

$$\begin{matrix} N = \\ R-C \\ N^+ \\ \ \ \ \ \ \end{matrix} \begin{matrix} \\ \\ \\ H \quad CH_2CH_2OCH_2CH_2COO^- \end{matrix}$$

## 2.5　非离子表面活性剂

非离子表面活性剂的应用起始于20世纪30年代，开始只用作纺织助剂，20世纪40年代发展为多种工业助剂，20世纪50年代进入民用市场。20世纪60年代由于织物中合成纤维的比例上升，家用洗衣机大量使用，表面活性剂要软性化，而非离子表面活性剂性能优良，能适应这些变化，因此其产品产量增长迅速。目前它主要用来配制农药乳化剂，纺织、印染和合成纤维的助剂与油剂，原油脱水的破乳剂，民用及工业清洗剂。随着脂肪醇自给能力的提高和环氧乙烷商品量的增加及其质量的提高，我国非离子表面活性剂的生产将会得到更快的发展。

非离子表面活性剂的亲油基原料是具有活泼氢原子的疏水化合物，如脂肪醇、脂肪酸、脂肪胺和脂肪酸酯等。目前使用量最大的是高级脂肪醇。亲水基原料有环氧乙烷，多元醇和氨基醇等。非离子表面活性剂可以根据亲水基种类的不同分为聚乙二醇型和多元醇型。

## 2.5.1 聚乙二醇型非离子表面活性剂

聚乙二醇型非离子表面活性剂品种多、产量大，是非离子表面活性剂中的大类。凡有活性氢的化合物均可与环氧乙烷缩合制成聚乙二醇型非离子表面活性剂。这类表面活性剂的亲水性是靠分子中的氧原子与水中的氢形成氢键，产生水化物而具有的。聚乙二醇链有两种状态，在无水状态时为锯齿型，而在水溶液中主要是曲折型。

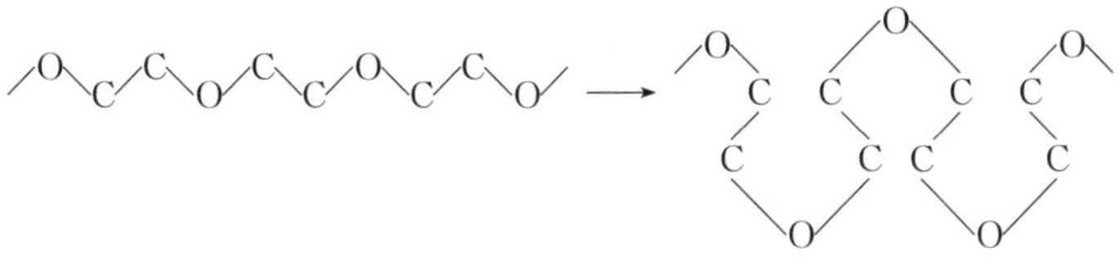

无水时的状态　　　　　　　水溶液中的状态

当它一旦在水中成为曲折型时，亲水性的氧原子即被置于链的外侧，憎水性的—CH₂—基位于里面，因而链周围就变得容易与水结合。此结构虽然很大，但其整体恰似一个亲水基。因此，聚乙二醇链显示出较大的亲水性。分子中环氧乙烷的聚合度越大，即醚键—O—越多，亲水性越大。

各种聚乙二醇型非离子表面活性剂的亲水基原料均为环氧乙烷。环氧乙烷的生产直接影响着非离子表面活性剂的发展。目前，环氧乙烷的工业生产方法有两种：氯醇法和直接氧化法。

氯醇法是 20 世纪 20 年代开发的老工艺方法，但由于生产技术简单，乙烯消耗定额低，所以长期以来仍被采用着。氯醇法生产环氧乙烷有两个基本反应：乙烯与次氯酸反应生成氯乙醇，氯乙醇再与碱反应生成环氧乙烷。

$$CH_2{=}CH_2 \ + \ HOCl \ \Longrightarrow \ \underset{\underset{Cl}{|}}{CH_2}{-}\underset{\underset{OH}{|}}{CH_2}$$

$$\underset{\underset{Cl}{|}}{CH_2}{-}\underset{\underset{OH}{|}}{CH_2} \ +NaOH \longrightarrow CH_2{-}CH_2 \ +NaCl+H_2O$$

氯醇法生产环氧乙烷对原料乙烯的纯度要求不高。石油裂解气可不必分离而直接进行次氯酸化，然后与碱液反应，同时制得环氧乙烷和环氧丙烷。此外，它的生产工艺较简单，因此对于中小型企业尚有一定意义。但是，反应过程中使用的氯气最终变成氯化废料而难以处理，污染环境，造成资源浪费，且在乙烯的次氯酸化过程中副产的盐酸，腐蚀严重。鉴于上述情况，氯醇法已逐渐为后来发展起来的直接氧化法所取代。

直接氧化法有空气氧化和氧气氧化两种。空气氧化发展较早，曾逐步取代占优势的氯醇法；而 20 世纪 50 年代末发展的氧气氧化法，由于强化了生产过程，乙烯消耗定额低，且廉价的纯氧易于制得，因而 20 世纪 70 年代后生产能力已超过空气氧化法。它是乙烯和氧在银催化剂上催化氧化的反应过程：

$$CH_2{=}CH_2 \ + \frac{1}{2}O_2 \xrightarrow[\text{Ag}]{250℃} CH_2{-}CH_2$$

目前，无论空气氧化法还是氧气氧化法都在不断改进，包括新型银催化剂的研制，工艺设备的改进，自动化水平的提高，等。在不断完善直接氧化法的同时，人们还努力探索合成环氧乙烷的新方法，如电解法、无声放电法、非银催化法、与其他有机化工原料的交叉生产法、二氧化氮光解法及烯烃催化气相氧化法等，这些方法大多数还处于研究阶段。

### 2.5.1.1 乙氧基化反应的影响因素

环氧乙烷由于结构呈三节环而具有强的开环反应能力。它与含有活性氢的高级醇、烷基酚、脂肪酸、脂肪胺和酰胺等一类化合物发生乙氧基化反应而生成各种聚乙二醇型非离子表面活性剂。环氧乙烷与含有活性氢的化合物在碱或酸存在下的加成反应随催化剂的种类、活性氢化合物的酸度而有差异。它们的反应机理和聚合物分布各不相同。但不管怎样，它们总是先生成能继续反应的乙氧基衍生物作为第一产物。该乙氧基上—OH 的反应性要比原来作用物上活性氢功能团为强，这样就继续将环氧乙烷加成，生成同系聚合物的混合物。该聚合反应一直进行至环氧乙烷反应完或催化剂失去作用为止。影响反应的因素主要有如下几条。

**(1) 反应物结构及催化剂** 在碱性条件下，活性氢化合物加成环氧乙烷的速率次序如下：醇基＞酚基＞羟基。即加成速率是随酸度的增加而降低的，仲醇及叔醇在碱性催化剂条件下的反应性要比它们的乙氧基加成物为低，其环氧乙烷分布也较伯醇为宽，反应速率很低，因此就需选用酸性催化剂。脂肪胺酸度弱，可以在无催化剂或酸催化剂下与环氧乙烷加成为乙醇胺或二乙醇胺，再在碱催化剂下继续乙氧基化。除上述情况外，实际上很少使用酸催化剂来制备聚氧乙烯型表面活性剂。

作为碱性催化剂使用的有：金属钠、甲醇钠、乙醇钠、氢氧化钾、氢氧化钠、碳酸钾、碳酸钠、醋酸钠等。当温度 195～200℃ 时，前五种催化剂有相同活性，但后三种则甚低。当温度降为 135～140℃ 时，前四种催化剂有相同活性，氢氧化钠活性稍低，而后三种就没有了活性。碱性催化剂的碱性越大，则效率越高。反应随催化剂浓度的增加而加快，但反应速率并不是成比例地增加，如当 KOH 的摩尔分数 $n_{KOH}/n_{醇}$ 自 1.8％ 逐渐增至 14％ 时，低浓度时反应速率增长较快，高浓度时则增长较慢。这是由于环氧乙烷分子仅与 $RO^-$ 反应，而不与未离解的 ROM 作用，因此必须考虑催化剂在反应混合物中的离解程度。

**(2) 温度对反应的影响** 一般温度升高，反应加快，但不呈直线关系。高温时加成速率比低温时更快。在 195～200℃ 时金属钠、甲醇钠和苛性钾（钠）等的作用几乎一样。NaOH 与 KOH 在高温时反应比较完全，但易使色泽增深。

**(3) 反应压力的影响** 环氧乙烷的压力直接与系统中环氧乙烷的浓度呈正比，但在低压范围内（例如 9.33～20kPa，表压）这种现象并不显著。

### 2.5.1.2 环氧乙烷加成物的聚合度分布

环氧乙烷加成链的长短直接影响产物的性质。由于环氧乙烷的加成是逐级进行的，所得产物的聚合度不可能一致，往往是各种加成产物的混合物。聚合度分布宽窄不同，导致产品性能也有所不同。例如，醇醚单一纯品的浊点要比具有分布的产品高 10～12℃，而去污力和渗透力无明显差别。烷基酚醚单一纯品的起泡性强，但稳泡性差。聚合度分布宽的产品乳化力较好。家用洗涤剂、香波中所用 AES，聚合度分布窄，具有去污力强、发泡良好、对皮肤作用温和、润滑等优点。

关于产物组成的分布模型主要有三类：Poisson（泊松）分布、Weibull-Nycander 分布和 Alfonic 窄分布。当各级反应速率相同时，产物呈 Poisson 分布；当第一级以外的各级反应速率相同时，则呈 Weibull 分布；若各级反应速率均不相同时，其产物分布由 Natta 方程决定。酚类、羧酸类和环氧乙烷加成物的分布在无位阻情况下与 Poisson 分布相吻合。

醇类和环氧乙烷加成产物的组成分布受催化剂种类影响，一般用碱性强的催化剂，产物分布较 Poisson 分布宽，与 Weibull 分布接近，见图 2-17。用碱性较弱的碱或碱土氢氧化物作催化剂，得到的产物分布窄得多。酸性催化剂仅得到聚合度窄的产物分布。例如，用 $SbCl_5$ 催化时，其产物分布（如图 2-18）与 Poisson 分布吻合。但由于酸性催化的副反应多，工业上很少应用。

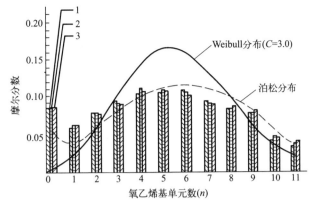

图 2-17　甲醇钠催化下，不同醇和 6mol 环氧乙烷（EO）加成产物的分布

1—乙醇，0.4%（$n_{甲醇钠}/n_{乙醇}$）甲醇钠；2—己醇，1%（$n_{甲醇钠}/n_{己醇}$）甲醇钠；

3—月桂醇，1.7%（$n_{甲醇钠}/n_{月桂醇}$）甲醇钠

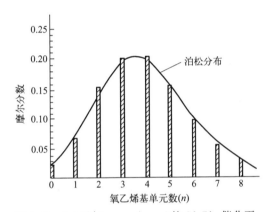

图 2-18　0.14%（$n_{SbCl_5}/n_{己醇}$）的 $SbCl_5$ 催化下，

己醇和 4.04mol 环氧乙烷（EO）加成产物的分布

### 2.5.1.3　脂肪醇聚氧乙烯醚

脂肪醇聚氧乙烯醚（AEO）是非离子表面活性剂中的主要品种之一。在工业及民用方面应用极为广泛。它具有生物降解性能良好，溶解度高，耐电解质，能低温洗涤，泡沫低等特点。

脂肪醇除以椰子油及动物脂氢化外，几乎有 2/3 的醇是来自石油化学原料的羰基合成醇、齐格勒聚合醇、石蜡氧化醇以及脂肪酸还原醇等。

制备脂肪醇聚氧乙烯醚有下面三种方法。

**(1)** 溴代烷与聚乙二醇单钠盐醚化

$$RBr + NaO(CH_2CH_2O)_nH \longrightarrow RO(CH_2CH_2O)_nH + NaBr$$

**(2)** 烷基对甲苯磺酸盐与聚乙二醇醚化

$$RSO_3\text{—}\bigcirc\text{—}CH_3 + HO(CH_2CH_2O)_nH \longrightarrow RO(CH_2CH_2O)_nH + HSO_3\text{—}\bigcirc\text{—}CH_3$$

这两种合成方法可得到均匀分布的醇醚产品。

**(3)** 脂肪醇与环氧乙烷进行醚化

$$ROH + CH_2\text{—}CH_2 \longrightarrow ROCH_2CH_2OH$$
$$\underset{O}{\diagdown\diagup}$$

$$ROCH_2CH_2OH + n\ CH_2\!\!-\!\!CH_2 \xrightarrow{\quad} RO(CH_2CH_2O)_nC_2H_4OH$$
$$\underset{O}{\diagdown\diagup}$$

两步反应的速率不同，反应开始速率较慢，待醇单醚生成后反应趋快。反应过程中 RO⁻ 的形成起着主要作用。

环氧乙烷易燃有毒，并且与空气形成易爆炸的混合气体，能分解放热，应用时要多加小心。工业上也一定要非常注意环氧乙烷的安全生产和应用。

使用的环氧乙烷应控制其醛含量在最低量以下，含有 0.01% 的乙醛，就能使产品变色。环氧乙烷含量应在 99% 以上。反应开始时不能有水存在，否则生成乙二醇。

环氧乙烷生产
事故案例

氢氧化钾可以直接溶于醇中，氢氧化钠可配成水溶液（50%）加入，然后于真空氮气流中将水分除去。催化剂用量为脂肪醇的 0.1%～0.5%（质量分数）。环氧乙烷开环为一放热反应，每摩尔放热 22kcal（1cal＝4.1868J），反应温度 135～180℃。引发反应时温度可高些，反应正常后再降温，温度过高，易使色泽增深，还可能会脱去末端羟基生成水。

为了便于掌握反应及其产物的组成，适应原料的变换与多品种、小批量等特点，工业上常采用间歇操作，而较少用连续法生产。但近年来，由于民用洗涤剂中大量使用非离子表面活性剂，产量增加很快，因此连续法生产也在发展中。连续法有槽式和管道式之分。连续操作反应比较激烈，为使排热容易，采用环氧乙烷分段供应和反应物循环的方法。管道式反应器由直径为 9.4mm，长 2.5m 的管道组成。环氧乙烷分四段供应。反应温度 190～250℃，压力 2.16MPa。平均停留时间 15min，催化剂用量 0.2%（质量分数），环氧乙烷转化率达 99.5%，聚乙二醇含量在 1% 以下，聚合度分布与间歇法相同。据称建设费比间歇法减少 30%。

常用间歇式操作有两种方法。

**(1) 搅拌式** 反应器为不锈钢或搪瓷锅式反应器，先将原料投入反应器，在搅拌下加入 50% 浓度的碱催化剂液，反应器用氮气清扫，抽真空，用夹套蒸汽加热至 130℃ 左右，使反应器内充分干燥，不断充氮气，抽真空，抽取原料检查水分至符合要求，用氮气将环氧乙烷压入反应器。反应器类型有气相反应与液相反应之分。如为液相反应，则采用滴加的办法，控制滴加速度，反应器压力以保持 0.147～0.245MPa 为度，并且一直低于环氧乙烷贮罐压力。反应器压力下降而温度上升，说明反应已开始，保持温度 130～170℃，持续到反应完毕。反应器压力下降至零，使产物冷却，用氮气将产物压入漂白锅，用冰醋酸中和，双氧水漂白（用量为反应物量 1%）。气相加料的反应速率较液相加料为慢，但反应容易控制，色泽较浅。

**(2) 循环式** 原料醇用压力喷入反应器，液体环氧乙烷以一定速度加入，汽化后与原料醇在循环过程中完成反应，反应物不断通过外部热交换器循环移走热量，循环速度根据反应物黏度而有所不同，通常循环一次 1～10min，反应器中氮气压应保持 0.098MPa，温度在 150～170℃。这种方法能使反应物料很好接触混合，反应速率快，温度比较稳定，质量均匀一致。

搅拌釜式反应器

反应罐除用立式外也有采用卧式的，卧式反应罐物料用外循环控制温度，据测定，其产物中组分分子量分布较立式为窄。

我国生产脂肪醇聚氧乙烯醚的主要品种见表 2-9。

表 2-9 我国生产脂肪醇聚氧乙烯醚的主要品种

| 商品名 | 性质 | 用途 | 商品名 | 性质 | 用途 |
|---|---|---|---|---|---|
| 乳化剂 MOA-3 | $n=3$ 或 4 | 液体洗涤剂,合纤油剂 | JFC 匀染剂 O(平平加 O) | HLB=12 $n=22$ | 渗透剂,柔软剂 匀染剂 |
| 净洗剂 FAE | $n=8$ | 印染渗透剂 | 平平加 O5-15 | HLB=14.5 | 匀染剂,金属清洗剂 |
| 乳化剂 FO | 醇/EO=1/0.8 | 乳化剂 | 平平加 A-20 | HLB=16 | 乳化剂 |
| 乳百灵 A | HLB=13 | 矿油乳化剂 | 匀染剂 102 | $n=25\sim30$ | 匀染剂、石油乳化剂 |

蓖麻油由于其脂肪酸链上具有羟基,同样可与环氧乙烷反应生成油醚,商品名为乳化剂 EL,有 $n=80$、54、20 等多种,用作皮革、农药、矿物油的乳化剂。

### 2.5.1.4 烷基酚聚氧乙烯醚

烷基酚聚氧乙烯醚的商品名有 TX-10、OP-10 等。烷基酚与环氧乙烷间的反应可分为几步,其中第一步是烷基酚与等物质的量的环氧乙烷进行加成,并不发生聚合,直到所有烷基酚与环氧乙烷反应生成单乙氧基化合物后,才开始第二个乙氧基的合成,此时有一个反应速率增长的转折点。反应速率还取决于原料及催化剂的浓度。

烷基酚乙氧基化与脂肪醇乙氧基化类似,通常在加压中以单批间歇操作方式进行,反应温度 170℃±30℃,压力 0.147~0.294MPa,以 NaOH 或 KOH 为催化剂,用量 0.1%~0.5%。

烷基酚乙氧基化也可采用类似脂肪醇乙氧基化的连续制备方法。

烷基酚聚氧乙烯醚由于在烷基链上引入了一个强疏水性苯基,就容易溶解在芳烃、四氯化碳等有机溶剂中。它具有优良的热稳定性,可在金属酸洗、高温条件下的石油钻探等方面发挥作用。当高于 80℃时,烷基酚聚氧乙烯醚在空气中长期暴露会慢慢变色。

分子量高的产品会引起"过冷"现象。含 80%EO 的烷基酚醚在室温下放置一天仍呈液状。通常固体产品(75%EO 以上)趁热贮存于桶内,冷却后,会出现分层现象,桶边或桶底部分的浊点及黏度比桶中部高(脂肪醇醚亦一样)。

多数烷基酚醚水溶液的黏度在其浓度为 50%~60%时会大增,有时形成胶冻;而高温及有盐分时则不会形成胶冻。

### 2.5.1.5 脂肪酸聚氧乙烯酯

脂肪酸聚氧乙烯酯中的酯键比起醚键就显得较不稳定,在热水中易水解,在强酸或强碱中稳定性也差,溶解度也比醚类要小。但由于脂肪酸来源比较容易,成本低,工艺较简单,并具有低泡、生物降解好等特点,应用较广。

常用脂肪酸有硬脂酸、椰子油酸、油酸、松香酸、合成脂肪酸。碳链越长,产物的溶解度越小,浊点越高,但是含羟基或不饱和键的脂肪酸却是例外。作为洗涤剂使用的产物大都是 $C_{12}\sim C_{13}$ 脂肪酸与 12~15 个 EO 的缩合物。木浆浮油聚氧乙烯酯是经过提纯除去不皂化物后的木浆浮油在 230~300℃、压力为 1.52~2.03MPa 时,以 1mol 木浆浮油接上 12~18molEO 而得到。失水山梨醇脂肪酸酯(Span)接上 60~100 分子 EO 后为一良好乳化剂、分散剂、柔软剂。根据脂肪酸的种类有 Tween-20、Tween-40、Tween-60、Tween-80、Tween-85 等。

脂肪酸聚氧乙烯酯的生产方法与生产醚类产品相类似。

**(1)** 脂肪酸与环氧乙烷的酯化反应 用碱性催化剂对酸和 EO 进行反应时,会引起酯交换。副产二酯和聚乙二醇,使反应更为复杂。副产物很多,一般较少采用。

**（2）脂肪酸与聚乙二醇的酯化反应** 这种反应除生成单酯外，还生成水，为一可逆反应，由于聚乙二醇有两个羟基，都能和酸发生反应，因而也能生成二酯。两者的比例与反应物料的比例有关。如采用等物质的量反应，则单酯含量较高；如果脂肪酸的摩尔用量较高，则反应物中二酯含量较多，为制得大量单酯，通常在反应中加入过量聚乙二醇。

$$RCOOH + HO(CH_2CH_2O)_nH \Longrightarrow RCOO(CH_2CH_2O)_nH + H_2O$$
$$2RCOOH + HO(CH_2CH_2O)_nH \Longrightarrow RCOO(CH_2CH_2O)_nOCR + 2H_2O$$

催化剂一般用酸性催化剂如浓硫酸、苯磺酸等。1mol月桂醇酸用量为1.6g，在110~130℃搅拌下脱水缩合2~3h，然后中和。

上述反应为了获得高转化率，必须将生成的水及时除去。可用真空酯化，通入惰性气体（$CO_2$ 或 $N_2$）将水分带走，或加入与水能形成共沸物的溶剂苯。

使用聚苯乙烯磺酸型阳离子交换树脂作催化剂，也有较好效果。易于分离，无需中和，可直接采用固定床连续酯化工艺，据报道，金属细粉（如锌粉、锡粉、铁粉）或其盐类可缩短反应时间并改善色泽。反应过程最好用惰性气体保护，以防氧化。

其他制造方法还有几种，但不常用。

脂肪酸酐与聚乙二醇反应：
$$(RCO)_2O + 2HO(C_2H_4O)_nH \longrightarrow 2RCOO(C_2H_4O)_nH + H_2O$$

脂肪酰氯与聚乙二醇反应：
$$RCOCl + HO(C_2H_4O)_nH \longrightarrow RCOO(CH_2CH_2O)_nH + HCl$$

脂肪酸金属盐与聚乙二醇反应：
$$RCOONa + HO(C_2H_4O)_nH \longrightarrow RCOO(C_2H_4O)_nH + NaOH$$

脂肪酸酯与聚乙二醇进行酯交换：
$$RCOOR + HO(C_2H_4O)_nH \longrightarrow RCOO(C_2H_4O)_nH + ROH$$

### 2.5.1.6 脂肪胺、脂肪酰胺与环氧乙烷加成物

脂肪胺与环氧乙烷作用生成表面活性剂聚氧乙烯烷基胺。随着 EO 的引入逐渐使阳离子性质转为非离子性，它在碱性溶液中比较稳定，呈非离子性；而在酸性溶液中则呈阳离子性，可以很强地吸附在物体表面。可用作中性或酸性溶液中的乳化剂、起泡剂、防腐剂、破乳剂、润湿剂、钻井泥浆添加剂和匀染剂等。

脂肪胺极易与环氧乙烷反应。反应可在无催化剂下分为两步进行。第一步是—$NH_2$ 上两个活性氢与环氧乙烷加成，烷基为 $C_3 \sim C_{13}$，环氧乙烷数为 2~50：

$$RNH_2 + \underset{O}{CH_2-CH_2} \longrightarrow RNHCH_2CH_2OH$$

$$RNHCH_2CH_2OH + \underset{O}{CH_2-CH_2} \longrightarrow RN\begin{matrix} CH_2CH_2OH \\ CH_2CH_2OH \end{matrix}$$

反应开始将脂肪胺加热至100℃，然后慢慢加入2mol环氧乙烷。一般烷基胺要比芳基胺的反应快。第二步是链的增长反应。由于反应速率较慢，需加入粉状氢氧化钠或醇钠催化剂，温度提高至150℃以上。反应如下式进行：

$$RN\begin{matrix} CH_2CH_2OH \\ CH_2CH_2OH \end{matrix} + n\underset{O}{CH_2-CH_2} \longrightarrow RN\begin{matrix} (C_2H_4O)_pH \\ (C_2H_4O)_qH \end{matrix}$$

催化剂碱性越大，反应速率也越大。

聚氧乙烯烷基胺中三个主要大类是聚氧乙烯脂肪胺、聚氧乙烯脂肪叔胺及聚氧乙烯脱氢

松香胺。

脂肪酰胺与环氧乙烷的加成比较困难，酰胺与环氧乙烷反应先生成单乙醇酰胺，再加合更多的环氧乙烷：

$$RCONH_2 + n\,CH_2\!\!-\!\!CH_2\text{（O）} \longrightarrow RCONH(CH_2CH_2O)_nH$$

另外一种方法是用单乙醇酰胺或二乙醇酰胺与环氧乙烷反应：

$$RCON\begin{smallmatrix}C_2H_4OH\\\\C_2H_4OH\end{smallmatrix} + n\,CH_2\!\!-\!\!CH_2 \xrightarrow{NaOH} RCON\begin{smallmatrix}(C_2H_4O)_{p+1}H\\\\(C_2H_4O)_{q+1}H\end{smallmatrix} \qquad (p+q=n)$$

烷基醇酰胺的聚氧乙烯化合物水溶性较高，环氧乙烷数越多，溶解度越大。此物可用于配制液体洗涤剂及钙皂分散剂，也可用于皂粉中作为添加剂。

### 2.5.1.7 聚环氧丙烷与环氧乙烷加成物

环氧丙烷和环氧乙烷一样，可进行聚合，成为聚环氧丙烷，也称为聚丙二醇：

$$n\,H_3C\!-\!CH\!-\!CH_2\text{（O）} \longrightarrow HO\!-\!(CH_2\overset{\underset{\displaystyle CH_3}{|}}{C}HO)_nH$$

分子量为 1000～2500 的聚环氧丙烷不溶于水，适合作为亲油基原料。其长链分子的两端与环氧乙烷反应，可合成出水溶性的非离子表面活性剂：

$$HO\!-\!\underset{\text{亲水基}}{(CH_2CH_2O)_a}\!-\!\underset{\text{亲油基}}{(CH_2\overset{\underset{\displaystyle CH_3}{|}}{C}HO)_b}\!-\!\underset{\text{亲水基}}{(CH_2CH_2O)_n}H$$

此加成物也称为聚醚型非离子表面活性剂或嵌段共聚物。可用作低泡性洗涤剂、乳化剂、破乳剂、防静电剂等。

## 2.5.2　多元醇型非离子表面活性剂

多元醇型非离子表面活性剂是一类亲油基上带有多个羟基，依靠羟基与水的亲和力而具有两亲性结构的表面活性剂，常用的多羟基原料如表 2-10 所示；而亲油基原料均为高级脂肪酸。主要品种如下：

$$\text{多元醇型非离子表面活性剂}\begin{cases}\text{甘油的脂肪酸酯}\\\text{季戊四醇的脂肪酸酯}\\\text{山梨醇及失水山梨醇的脂肪酸酯}\\\text{蔗糖脂肪酸酯}\\\text{醇胺类的脂肪酰胺}\\\text{烷基糖苷}\\\text{其他}\end{cases}$$

表 2-10　多元醇型非离子表面活性剂的亲水基原料

| | 名称 | 化学式 | 脂肪酸酯或酰胺的水溶性 |
|---|---|---|---|
| 多元醇类 | 甘油(—OH 数=3) | $\begin{matrix}CH_2\!-\!CH\!-\!CH_2\\ \ \ \ \mid\ \ \ \ \ \ \mid\ \ \ \ \ \ \mid\\ OH\ \ \ OH\ \ \ OH\end{matrix}$ | 不溶,有自乳化性 |
| | 季戊四醇(—OH 数=4) | $\begin{matrix}CH_2OH\\ \mid\\ HOCH_2\!-\!C\!-\!CH_2OH\\ \mid\\ CH_2OH\end{matrix}$ | 不溶,有自乳化性 |

| 名称 | | 化学式 | 脂肪酸酯或酰胺的水溶性 |
|---|---|---|---|
| 多元醇类 | 山梨醇(—OH 数＝6) | $\begin{array}{c}\qquad\qquad OH\\ CH_2-CH-CH-CH-CH-CH_2\\ \,\,|\quad\,\,|\qquad\qquad\,|\quad\,\,\,|\quad\,\,\,|\\ OH\,\,\,OH\qquad\,\,OH\,\,OH\,\,OH\end{array}$ | 不溶至难溶,有自乳化性 |
| | 失水山梨醇(—OH 数＝4) | 各种异构体的混合物 | 不溶,有自乳化性 |
| 胺 | 一乙醇胺 | $H_2NCH_2CH_2OH$ | 不溶 |
| | 二乙醇胺 | $HN\Big\langle\begin{array}{c}CH_2CH_2OH\\ CH_2CH_2OH\end{array}$ | 1:2(摩尔比)型可溶<br>1:1(摩尔比)型难溶 |
| 糖类 | 蔗糖(—OH 数＝8) | | 可溶至难溶 |
| | 其他单糖聚合物 | 葡萄糖苷等 | 可溶 |

多元醇型非离子表面活性剂,由于其羟基的亲水性很小,多数不溶于水,大部分在水中呈乳化或分散状态。因此,很少作为洗涤剂和渗透剂来使用。但是一个亲油基上有多个羟基的蔗糖脂肪酸单酯和烷基糖苷,却能溶于水,可用作洗涤剂。这类表面活性剂毒性低,常在食品、医药、化妆品中作乳化剂、改性剂,也在纺织业中用作油剂、柔软剂等。

此类化合物一般采用酯化方法来合成。如在 1mol 甘油或季戊四醇中,加入 1mol 月桂酸或棕榈酸之类的脂肪酸,加氢氧化钠 0.5%～1%,在不断搅拌下于 200℃ 左右反应 3～4h,即可完成酯化反应生成非离子表面活性剂:

$$C_{11}H_{23}COOH+\begin{array}{c}CH_2-OH\\ |\\ CH-OH\\ |\\ CH_2-OH\end{array}\underset{月桂酸}{\longrightarrow}\begin{array}{c}C_{11}H_{23}COOCH_2\\ |\\ CHOH\\ |\\ CH_2OH\end{array}+H_2O$$

$$C_{15}H_{31}COOH+\underset{季戊四醇}{HOCH_2\begin{array}{c}CH_2OH\\ |\\ -C-CH_2OH\\ |\\ CH_2OH\end{array}}\longrightarrow C_{15}H_{31}COOCH_2\begin{array}{c}CH_2OH\\ |\\ -C-CH_2OH\\ |\\ CH_2OH\end{array}+H_2O$$

实际上,在甘油和季戊四醇分子中,每个羟基具有相同的反应能力,所以除了生成单酯外,还生成大量的双酯和少量的三酯,产物是复杂的。

工业上更常见的是采用酯交换的办法,特点是工艺简单,成本低廉。

如

$$\begin{array}{c}C_{11}H_{23}COO-CH_2\\ |\\ C_{11}H_{23}COO-CH\\ |\\ C_{11}H_{23}COO-CH_2\end{array}+2\begin{array}{c}CH_2OH\\ |\\ CHOH\\ |\\ CH_2OH\end{array}\xrightarrow[200\sim240℃,\ 2\sim3h]{0.5\%\sim1\%NaOH}3\ C_{11}H_{23}COO-CH_2\begin{array}{c}\\ |\\ CHOH\\ |\\ CH_2OH\end{array}$$

月桂酸单甘油酯

其他的多元醇型非离子表面活性剂的合成与上述类似。

### 2.5.2.1 甘油和季戊四醇的脂肪酸酯

脂肪酸的甘油单酯或双酯，亲油性强，比较难溶于水，主要用作水/油型乳化剂，可作食品、化妆品的乳化剂及纤维柔软剂等。

季戊四醇脂肪酸酯同样难溶于水，作为油溶性乳化剂使用。

### 2.5.2.2 山梨醇及失水山梨醇的脂肪酸酯

失水山梨醇脂肪酸酯也称山梨醇酐烷基酯，商品名为司盘（Span）。山梨醇可由葡萄糖加氢制得，是具有六个羟基的多元醇。由于分子中没有醛基，所以对热和氧稳定。与脂肪酸反应不会分解或着色。山梨醇在酸性条件下加热或者与脂肪酸酯化时，能从分子内脱掉一分子水，变成失水山梨醇（四个羟基），如再脱去一分子水，便生成二脱水物（二个羟基）。由于山梨醇羟基失水位置不定，所以一般所说的失水山梨醇是各种失水山梨醇异构体的混合物。

山梨醇或失水山梨醇与脂肪酸酯化时，适当调节反应温度、催化剂的种类与数量以及反应时间，可以得到山梨醇酯或失水山梨醇酯。二失水山梨醇酯不溶或难溶于水而溶于热油及有机溶剂中，常用作纺织柔软剂、油漆中的颜料分散剂等。失水山梨醇酯则不论作柔软剂或乳化剂均较适宜。一般所说的山梨醇型非离子表面活性剂大都指失水山梨醇酯。根据其组成比及脱水程度这一品种的 HLB 值可为 2～9。

失水山梨醇酯不溶于水，很少单独使用，但与其他水溶性表面活性剂复配，具有良好的乳化力，尤其与失水山梨醇脂肪酸酯聚氧乙烯醚复配最为有效。它是在失水山梨醇的单酯、双酯、三酯上加成 60～100 分子环氧乙烷后得到的产品，水溶性和分散性较好。这类产品的商品名为吐温（Tween），吐温型产品根据所用脂肪酸的种类和所接环氧乙烷的数目不同而有不同的品种。目前在医药、化妆品和硅油中用作乳化剂。一般认为不宜用于食品中。

### 2.5.2.3 蔗糖脂肪酸酯

蔗糖脂肪酸酯（简称蔗糖酯）是糖基脂肪酸酯的一种。糖基脂肪酸酯的糖源有葡萄糖、蔗糖、棉籽糖、木糖等。脂肪酸可为月桂酸、棕榈酸、硬脂酸、油酸、蓖麻酸等。糖基脂肪酸酯中具有八个以上羟基的产品（如蔗糖酯），其水溶性良好，乳化分散性强，生物降解完全，去污性能优良，对人体无毒、无刺激性，可作食品及医药用乳化剂。若副产的二酯、三酯增多，将会使水溶性下降。糖基脂肪酸酯接上的脂肪酸碳链越长，非极性越强，使单糖基脂肪酸酯的熔点变低。糖基脂肪酸酯的 CMC 较低，降低表面张力的能力较阴离子差。糖基脂肪酸酯的泡沫性也很低，尤其是硬脂酸酯与棕榈酸酯，因此可作为低泡重垢型洗涤剂。

蔗糖酯的合成方法主要有以下三种。

**(1) 溶剂法** 这方法是将蔗糖溶于溶剂二甲基甲酰胺（DMF）中，加入脂肪酸甲酯（常用硬脂酸），用量为摩尔比 3∶1。在碱性催化剂（甲醇钠 0.2mol）存在下，于 1.33～2.67kPa 真空里加热至 60℃，约 3h，反应产物经蒸馏除去溶剂后，再用正己烷抽提数次，将其中未反应的脂肪酸甲酯抽提出来，并分去未反应的糖，再用 5 倍于残液的丙酮稀释，糖基脂肪酸酯呈白色沉淀析出。减压蒸馏除去丙酮，最后在残压 0.67kPa、温度 80℃ 下干燥，可以得到55％的糖基脂肪酸酯。如需精制，还需将单酯、双酯分开。这一方法比较简单，但溶剂二甲基甲酰胺不易回收，成本较高，且有毒性。在糖基脂肪酸酯中DMF含量的许可限度不超出$50 \times 10^{-6}$（质量比）。这限制了糖基脂肪酸酯在食品、医药、化妆品等领域的使用。因而此方法已减少了应用。

**（2）微乳化法** 这一方法不以DMF为溶剂而改用无毒可食用的丙二醇，同时加入油酸钠肥皂作为表面活性剂，在碱性条件下使脂肪酸与蔗糖在微滴分散情况下进行反应。即先将蔗糖溶于丙二醇中加入硬脂酸甲酯，糖与脂肪酸甲酯摩尔比为0.9：0.8。再加入硬脂酸钠0.54mol，以少许$K_2CO_3$作催化剂。加入0.1％的水以有利于加热温度的降低。不断搅拌，加热至130～135℃，然后在减压下蒸除丙二醇并维持温度120℃以上，最后温度可达165～167℃，真空残压为0.4～0.5kPa，得到粗糖基脂肪酸酯。将粗糖基脂肪酸酯磨碎溶入丁酮中，滤去蔗糖和大部分肥皂，再加入醋酸或柠檬酸使肥皂分解为脂肪酸，冷却、过滤、滤饼即为糖基脂肪酸酯。产品为蔗糖、单酯、二酯、多酯的混合物。纯化后糖基脂肪酸酯含量在96％以上。此方法的优点是用糖量少，溶剂可回收，无毒可食用。缺点是有少许的蔗糖会焦化。

**（3）无溶剂法** 蔗糖直接与甘油三酯进行酯转移。反应产物为糖基脂肪酸酯、肥皂、单甘油酯、二甘油酯、甘油三酯与未反应糖的混合物。此平衡产物组成随反应温度、原料配比、催化剂种类、糖的颗粒度、催化剂用量及有无水存在而有所不同。如需进一步提纯，则需应用溶剂乙酸乙酯或异丙醇在液固相萃取器中进行萃取。

蔗糖酯广泛用于食品乳化剂、分散剂、低泡无刺激洗涤剂、化妆品、感光材料等。

### 2.5.2.4 醇胺脂肪酰胺

用含氨基和羟基的化合物与脂肪酸反应，即可生成醇胺脂肪酰胺。也称为脂肪酰醇胺或烷基醇酰胺。

在以上所述的多元醇酯中，亲油基和亲水基都是由酯键相连接的，有易于水解的缺点。而脂肪酰醇胺，用酰胺结合代替酯结合，增强了耐水解性，并且保持了酯结合物的原来特性。

常用含氨基和羟基的原料为二乙醇胺，有时也用单乙醇胺、三乙醇胺以及异丙醇胺等。这些烷基醇胺是在氨水中通入环氧乙烷或环氧丙烷制得的。

乙醇胺的制取如下式所示：

$$NH_3 + \underset{O}{CH_2\!-\!CH_2} \longrightarrow NH_2C_2H_4OH \xrightarrow{\underset{O}{CH_2\!-\!CH_2}} NH(C_2H_2OH)_2 \xrightarrow{\underset{O}{CH_2\!-\!CH_2}} N(C_2H_4OH)_3$$

单乙醇胺        二乙醇胺        三乙醇胺

上述产物间的比例与氨及环氧乙烷的比率有关，比率越大，单乙醇胺量越多；反之，比率越小，三乙醇胺量越多。该反应为放热反应，操作温度一般在50～60℃，操作压力0.1～0.2MPa，氨水浓度20％～22％。

制取烷基醇酰胺所用的脂肪酸大都是椰子油酸、油酸或合成脂肪酸，也可用它们的甲酯或乙酯。油脂（如椰子油）也可直接与乙醇胺缩合。工业上常用椰子油酸和椰子油。

由1mol椰子油酸与2mol二乙醇胺在气流存在下，经搅拌加热、脱水缩合，制得水溶性烷基二乙醇酰胺：

$$RCOOH + \underset{CH_2CH_2OH}{\overset{CH_2CH_2OH}{NH}} \longrightarrow \underset{CH_2CH_2OH}{\overset{CH_2CH_2OH}{RCON}} + H_2O$$

这种烷基二乙醇酰胺，由于分子中结合有一个多余的二乙醇胺，因此极易溶于水，具有优良的洗涤性能及稳泡性。这个产品即是尼纳尔洗涤剂。

工业上生产烷基醇酰胺，大都采用脂肪酸的甲酯。这样制得的产物中烷基二乙醇酰胺的含量可高达 99%（上述方法只有 60%）。为防止生成酯及其他副产物，以在低温（116℃）下反应为宜，甲酯与二乙醇胺的比例为 （1∶1）～（1∶3），催化剂采用甲醇钠或氢氧化钾：

$$RCOOCH_3 + HN\begin{array}{c}C_2H_4OH\\ \\C_2H_4OH\end{array} \xrightarrow{100\sim110℃} RCON\begin{array}{c}C_2H_4OH\\ \\C_2H_4OH\end{array} + CH_3OH$$

椰子油酸乙酯与二乙醇胺反应可制得洗涤剂 6501。它们以 1.1∶1.0（质量比）的比例在纯碱存在下，140～150℃反应 3h，即得到所需产品。

采用椰子油与二乙醇胺直接反应制得的产品称为 6502 洗净剂，这一产品的稳泡作用稍差，但去污力与 6501 相当。

$C_{10}\sim C_{13}$、$C_{10}\sim C_{16}$ 合成脂肪酸的二乙醇酰胺也是一种良好的洗涤剂。

如果烷基醇酰胺与氨基醇磷酸酯借助于"磷桥"偶合，可生成抗盐性很强的烷基醇酰胺磷酸酯（如洗净剂 6503）。这个产品的合成反应如下：

$$RCON\begin{array}{c}C_2H_4OH\\ \\C_2H_4OH\end{array} + HO-\overset{O}{\underset{O}{P}}-OC_2H_4N\begin{array}{c}C_2H_4OH\\ \\C_2H_4OH\end{array} \xrightarrow[N_2]{200℃} RCONC_2H_4OH\quad C_2H_4O-\overset{O}{\underset{O}{P}}-OC_2H_4N\begin{array}{c}C_2H_4OH\\ \\C_2H_4OH\end{array}$$

该产品在硬水、盐类电解质水溶液中仍具有优良的去污、乳化和泡沫稳定等性能。甚至在高达 20%的氯化钠水溶液中亦能溶成透明的均相体并有缓蚀性能，对铝制品的清洗更为有效。同时，该产品有降低溶液黏度的特性，常在超声波清洗液中配用。亦可用作纤维抗静电剂。

上面讨论的是烷基二乙醇酰胺，至于烷基单乙醇酰胺，同样可以用脂肪酸、脂肪酸酯或脂肪胺为原料与单乙醇胺反应制得。

### 2.5.2.5　烷基糖苷

烷基糖苷（简称 APG）是糖类化合物和高级醇的缩合反应产物。其较典型的结构式为

APG 是 20 世纪 80 年代末 90 年代初开发出的一种多元醇型非离子表面活性剂。它同时兼具阴离子表面活性剂的许多特点，不仅表面活性高，起泡、稳泡力强，去污性能优良，而且与其他表面活性剂配伍性极好，在浓电解质中仍能保持活性。此外，APG 对皮肤、眼睛刺激很小，口服毒性低，易生物降解，因而可用作洗涤剂、乳化剂、增泡剂、分散剂等。被誉为能满足工业上各种要求又不存在卫生环保问题的新一代世界级表面活性剂。烷基糖苷最常用的糖类原料为葡萄糖。高级醇原料为 $C_8\sim C_{18}$ 的饱和醇。APG 的合成方法有数种，最初采用 Kaenigs-Knorr 反应合成，但因银化合物作催化剂价格太贵，开发受到限制。其后，陆续出现了转糖苷法、直接苷化法、酶催化法、原酯法和糖的缩酮物醇解法等，这些方法中转糖苷法和直接苷化法研究得最多，认为是最有希望实现工业化并走向成熟的方法。

**(1) 转糖苷法**　转糖苷法是葡萄糖先与低级醇进行缩合反应，生成低级烷基糖苷。再以高级醇与其进行双醇交换反应，将低级烷基糖苷转变为高级烷基糖苷。以下是一合成例子。

将 222g 正丁醇加入带搅拌器、温度计、滴液漏斗以及用以分出水的蒸馏柱的多颈烧瓶中，并加入 2.2g 对甲苯磺酸作为催化剂，混合物加热到 110℃，然后于 5min 内分 10 批加入 180g 无水葡萄糖在另外 222g 正丁醇中的悬浮液。这期间形成清澈的反应混合物。在计算加料过程中，大部分的反应水与丁醇一起常压蒸出，然后于 75min 内连续向反应混合物中加入 1164g、预热约 80℃ 的 $C_{12} \sim C_{14}$ 脂肪醇，同时进一步蒸出丁醇。蒸出丁醇后，混合物再于 100℃ 和常压下搅拌 30min，冷却至 90℃，然后通过加 1.93g 甲醇镁而使催化剂钝化。再于 90℃ 搅拌 30min，反应混合物 pH 值达到 9～10。于 90℃ 加热过滤，产物在 1Pa 真空和最高为 160℃ 的釜温条件下进行蒸馏，以分出过量脂肪醇，得最终产物 298g。

转糖苷法因有中间产物低级烷基糖苷存在而使反应体系黏度下降，易于控制，对设备要求也相应较低，但产物中必然含有未转化的低级烷基糖苷。产物为高级烷基糖苷、低级烷基糖苷、多糖、聚糖等的混合物。

**(2) 直接苷化法** 直接苷化法是高级醇和葡萄糖直接缩合的一种方法。高级醇原料可为单一醇，也可为混合醇。

此方法省去了双醇交换步骤，工艺得到简化，产物中无低级烷基糖苷存在。但反应体系随产物的增多黏度大大增加，给传质、传热带来困难，致使焦糖等副产物增加，产品质量下降。因而人们正在研究开发适用的反应设备，以期尽早实现工业化。

# 2.6　其他表面活性剂

## 2.6.1　氟碳表面活性剂

表面活性剂在日常生活、工业生产及科技领域的应用已日益广泛。作为特种表面活性剂，氟碳表面活性剂的合成研究异军突起，逐渐成为表面活性剂研究的焦点。氟碳表面活性剂是特种表面活性剂中最重要的品种，它的表面活性是迄今为止所有表面活性剂中最高的一种。氟碳表面活性剂能够在碳氢表面活性剂不能胜任的场合使用，开拓了表面活性剂的应用领域，现已广泛应用于合成洗涤剂、化妆品、食品、橡胶、塑料、消防、感光材料、医疗器材等诸多行业。一般表面活性剂的结构由两部分组成，一部分为油溶性基团或称疏水基，另一部分为水溶性基团或称亲水基。油溶性基团中的氢原子被氟原子全部或部分取代，就成为氟碳表面活性剂。氟碳表面活性剂具有"三高"（即高表面活性、高热稳定性和高化学稳定性）、"两憎"（既憎水又憎油）的独特性能。与碳氢表面活性剂类似，氟碳表面活性剂按极性基团的解离性质分类，可以分为阴离子型、阳离子型、两性型和非离子型四大类。

氟碳表面活性剂的合成分 3 个步骤：首先，合成疏水疏油氟碳链；其次，合成可以引入亲水基团的含氟中间体；最后，引入各种亲水基团制成氟碳表面活性剂。其中，最困难的是氟碳链的合成，常用的氟碳链合成方法有：电化学氟化法、调聚反应合成法、低聚反应合成法。

上述 3 种合成氟碳链的方法，每种方法都有自己的优点和缺点，综合各种因素以调聚反应合成法较为优越。由于调聚法不仅能生产氟碳表面活性剂，而且可以生产一系列可用于各种领域的含氟材料和中间体，因而建立调聚反应合成法生产工艺不仅发展了氟碳表面活性剂工业而且带动发展了其他的工业技术领域。

### 2.6.1.1　氟碳表面活性剂合成方法

**(1) 阴离子型氟碳表面活性剂合成方法** 阴离子型氟碳表面活性剂是指在溶液中解离

后，具有表面活性的基团是阴离子的一类氟碳表面活性剂。根据阴离子的结构不同，一般可以分为羧酸盐型、磺酸盐型、硫酸酯盐型、磷酸酯盐型等。阴离子型氟碳表面活性剂是氟碳表面活性剂的重要类别，产量最大，品种最多，工业化最成熟，由于其具有较好的润湿性和较强的去污性，可作为润湿剂、家用洗涤剂、工业清洁剂和干洗剂的重要原料。有些品种已广泛用于日用化工、皮革、医药、印染、造纸、感光材料、油田化学品和纺织助剂等领域。阴离子表面活性剂的亲水基通常是磺酸基或羧基，产品常以碱金属盐或铵盐出现，引入的办法有磺酰氟（氯）、酰氟的碱水解，芳香族化合物的磺化，含氟烯烃与亚硫酸钠加成等。范春雷、林晓晨等首先制得正己基磺酰氯，再通过电解氟化法合成全氟己基磺酰氟，最后加入氢氧化钾，使酰氟通过碱水解过程，得到全氟己基磺酸钾这种阴离子表面活性剂，合成路线如下：

$$n\text{-}C_6H_{13}OH \xrightarrow[\text{吡啶}]{SOCl_2} n\text{-}C_6H_{13}Cl \xrightarrow[\text{DMF}]{Na_2SO_3} n\text{-}C_6H_{13}SO_3Na \xrightarrow[\text{CCl}_4]{PCl_5} n\text{-}C_6H_{13}SO_3Cl$$

$$\xrightarrow[\text{HF}]{\text{电解氟化法}} n\text{-}C_6F_{13}SO_3F \xrightarrow[\text{CaO}]{KOH} n\text{-}C_6F_{13}SO_3K$$

Yukishinge 等以乙二酸酐、全氟烷基醇、马来酸酐为原料合成了一种含磺酸基的双链氟阴离子型表面活性剂：

$$R_fCH_2CH_2OCH_2CH_2OCOCH_2$$
$$R_fCH_2CH_2OCH_2CH_2OCOCHSO_3Na$$

其中 $R_f = F(CF_3)$，乙氧基的引入增加了这类新型的阴离子氟碳表面活性剂——氟碳烷基琥珀酸表面活性剂的亲水能力，改进了水溶性，并减少了邻酯磺酸盐表面活性剂，经性能测试，其临界胶束浓度为 5.9mmol/L，表面张力为 24.068mN/m。毛逢银、黄小兵等以八氟戊醇、顺丁烯二酸酐和亚硫酸钠为原料，经过酯化、磺化，合成了一种阴离子表面活性剂，路线如下：

$$H(CF_2)_4CH_2OH \xrightarrow{\text{酯化}} H(CF_2)_4CH_2OCCH=CHCOOH \xrightarrow[\text{磺化}]{Na_2SO_3} H(CF_2)_4CH_2OCCH_2CHCOONa$$

**（2）阳离子型氟碳表面活性剂合成方法**　阳离子型氟碳表面活性剂是指在溶液中解离后，具有表面活性的基团是阳离子的一类氟碳表面活性剂。此类氟碳表面活性剂不受 pH 影响，在酸、碱介质中均可使用，并且与其他类型的表面活性剂复配效果较好。目前的阳离子氟碳表面活性剂产品以季铵盐型为主，常应用于抗静电剂、杀菌剂、柔软剂、乳化剂、缓蚀剂等领域。水基为带正电荷的阳离子。正电荷可以由氮原子携带，也可以由硫原子（硫化物）或磷原子（磷化物）携带。在合成研究中，以氮原子带正电荷作为阳离子的最多，通称季铵盐。季铵盐类阳离子氟碳表面活性剂是最具商业价值的一类阳离子氟碳表面活性剂。通常是将带有活性反应基团的全氟烷基转化成叔胺衍生物，再经季铵化即可得到阳离子氟碳表面活性剂，其疏水基为氟碳链。田秋平、李中华等以全氟辛基磺酰氟为基础原料，首先与 $N,N$-二甲基-1,3-丙二胺磺酰化，再先后与 2-氯乙醇和过量环氧丙烷反应，合成了一种聚醚季铵盐类阳离子型氟碳表面活性剂。通过测定其在水溶液中的表面张力，可知其临界胶束浓度为 CMC=54mmol/L，此时最低表面张力值达 18.8mN/m。具体合成路线如下：

$$C_8F_{17}SO_2F \xrightarrow{NH_2(CH_2)_3N(CH_3)_2} C_8F_{17}SO_2NH(CH_2)_3N(CH_3)_2 \xrightarrow{ClCH_2CH_2OH}$$

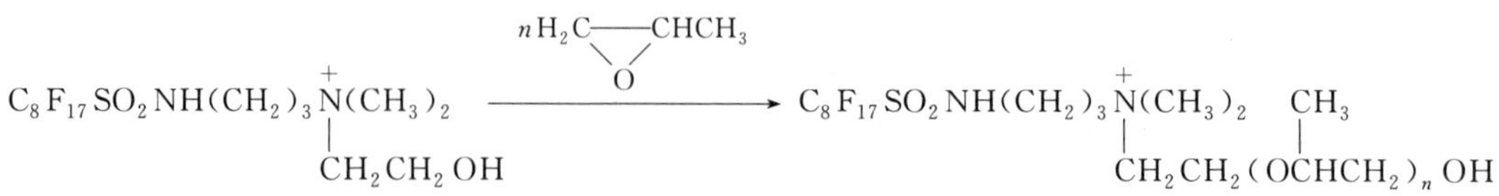

$$C_8F_{17}SO_2NH(CH_2)_3\overset{+}{\underset{\underset{CH_2CH_2OH}{|}}{N}}(CH_3)_2 \xrightarrow{\underset{O}{n H_2C-CHCH_3}} C_8F_{17}SO_2NH(CH_2)_3\overset{+}{\underset{\underset{CH_2CH_2(OCHCH_2)_nOH}{|}}{N}}(CH_3)_2\ \overset{CH_3}{\underset{}{|}}$$

刘在美、吴京峰等以六氟丙烯二聚体和 $N,N$-二甲基-1,3-丙二胺为主要原料，首先合成了两种含氟中间体叔胺，然后再用溴代烷与叔胺反应，合成了季铵盐阳离子表面活性剂。基本物化性能表明，该类新型阳离子表面活性剂具有良好的表面活性，如表面张力小、临界胶束浓度低等，并且和碳氢表面活性剂复配效果较好。具体合成路线如下：

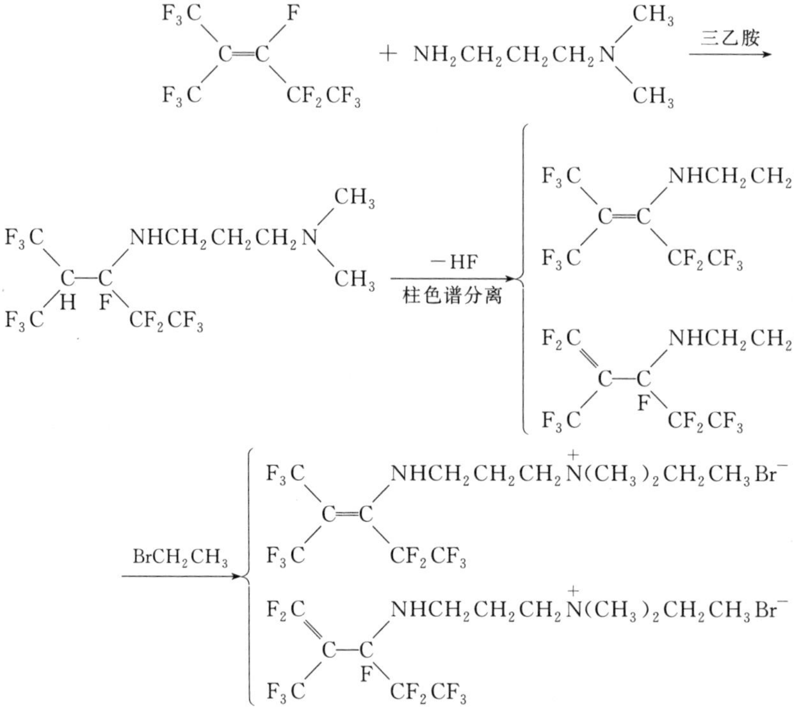

**(3) 两性型氟碳表面活性剂合成方法** 两性型氟碳表面活性剂在水中可以离解出正离子、负离子两种离子。随着 pH 值的不同，呈现表面活性的部分可以是正离子，也可以是负离子。即在 pH 值较低时，带正电荷的亲水基团呈现表面活性；在 pH 值较高时，带负电荷的亲水基团呈现表面活性。两性表面活性剂与两性电解质一样，有一个等电点，即正离子、负离子解离度相等时溶液的 pH 值，用 p$I$ 表示。在等电点时，表面活性剂在水中的溶解度最低，它的发泡润湿以及洗涤能力比较低。影响两性型氟碳表面活性剂等电点的决定因素是酸性基团和碱性基团的相对解离强度，氟碳链的长度对 p$I$ 也有影响，但幅度较小。两性型氟碳表面活性剂的阴离子多是羧酸基、磺酸基或硫酸酯基，阳离子可以是氨基阳离子、季铵阳离子或者吡啶阳离子。目前，两性型氟碳表面活性剂比较成熟的合成方法是：首先将含氟碳链的羧酸酯、羧酸酰卤或磺酸酰卤与二胺反应合成含氟叔胺，二胺应含有伯（仲）胺和叔胺，然后含氟叔胺再季铵化就得到两性型氟碳表面活性剂。氟碳两性磷酸酯表面活性剂是一种新型的两性表面活性剂，同时具有磷酸酯甜菜碱两性表面活性剂和普通氟碳表面活性剂的优点。氟碳两性磷酸酯表面活性剂具有比普通碳氢表面活性剂更高的表面活性，从而降低了使用成本并提高了生物安全性，较宽的等电点也使其具有较大的 pH 应用范围，所以极具商业开发价值。姚钱君、陈洪龄等以全氟辛基磺酰氟、$N,N$-二甲基-1,3-丙二胺、环氧氯丙烷等为初始原料，合成了两种以磷酸酯基为亲水基的氟碳两性磷酸酯表面活性剂。一种为单氟碳链两性磷酸酯表面活性剂 MFAP，具体合成路线如下：

$$NaO-\overset{\overset{\displaystyle O}{\|}}{\underset{\underset{\displaystyle OH}{|}}{P}}-OH \ + \ ClCH_2\overset{}{\underset{\underset{\displaystyle O}{\diagdown}}{CH}}CH_2 \ \longrightarrow \ NaO-\overset{\overset{\displaystyle O}{\|}}{\underset{\underset{\displaystyle OH}{|}}{P}}-O-CH_2\overset{}{\underset{\underset{\displaystyle OH}{|}}{CH}}CH_2Cl$$

（Ⅰ）

$$C_8F_{17}\overset{\overset{\displaystyle O}{\|}}{S}OF \ +NH_2CH_2CH_2CH_2N（CH_3）_2 \ \longrightarrow \ C_8F_{17}\overset{\overset{\displaystyle O}{\|}}{S}ONHCH_2CH_2CH_2N(CH_3)_2$$

（Ⅱ）

$$（Ⅰ）+（Ⅱ）\longrightarrow C_8F_{17}\overset{\overset{\displaystyle O}{\|}}{S}ONHCH_2CH_2CH_2\overset{\overset{\displaystyle CH_3}{|}}{\underset{\underset{\displaystyle CH_3}{|}}{N^+}}CH_2\overset{}{\underset{\underset{\displaystyle OH}{|}}{CH}}CH_2-O-\overset{\overset{\displaystyle O}{\|}}{\underset{\underset{\displaystyle OH}{|}}{P}}-O^-$$

（MFAP）

另一种为氟碳 Gemini 两性磷酸酯表面活性剂 FGAP，Gemini 型表面活性剂，又叫两亲型表面活性剂，是分子中含有两个亲水基团和两个亲油基团的特殊结构的表面活性剂，具有更高的表面活性和更低的临界胶束浓度，从而提高了表面活性剂的使用效率。具体合成路线如下：

$$ClCH_2\overset{}{\underset{\underset{\displaystyle O}{\diagdown}}{CH}}CH_2 \xrightarrow{HCl} ClCH_2\overset{}{\underset{\underset{\displaystyle OH}{|}}{CH}}CH_2Cl \xrightarrow[\text{催化剂}]{POCl_3} \overset{\overset{\displaystyle ClCH_2CHCH_2Cl}{|}}{\underset{\underset{\displaystyle Cl \ \ \ Cl}{\diagup \ \diagdown}}{\overset{\displaystyle O}{\|}{P}}} \xrightarrow[H_2O]{NaOH} \overset{\overset{\displaystyle ClCH_2CHCH_2Cl}{|}}{\underset{\underset{\displaystyle HO \ \ \ OH}{\diagup \ \diagdown}}{\overset{\displaystyle O}{\|}{P}}}$$

（Ⅲ）

$$（Ⅱ）+（Ⅲ）\longrightarrow C_8F_{17}\overset{\overset{\displaystyle O}{\|}}{S}ONH(CH_2)_3N^+(CH_3)_2CH_2\overset{}{\underset{}{CH}}CH_2(CH_3)_2N^+(CH_2)_3NH\overset{\overset{\displaystyle O}{\|}}{S}OC_8F_{17}$$

$$\overset{\overset{}{\underset{\underset{\displaystyle ^-O \ \ \ O \ \ \ O^-}{|}}{P}}}{}$$

（FGAP）

测试结果表明：MFAP 水溶液的临界胶束浓度为 $1.99\times10^{-3}\,mol/L$，最低表面张力值为 $24.0mN/m$，pH 值为 7.0 时表面张力最低，即为两性表面活性剂时其表面性能最高；FGAP 水溶液的临界胶束浓度为 $1.55\times10^{-3}\,mol/L$，最低表面张力值为 $23.2mN/m$，在酸性条件下表面张力最低，即为阳离子表面活性剂时其表面性能最高。FGAP 由于其独特的双子型结构，降低表面张力的效率更高。MFAP 和 FGAP 水溶液的 CMC 值都随无机盐 NaCl 浓度的增加逐渐降低，随温度的升高缓慢降低，并且在等电点范围内较高。

（4）非离子型氟碳表面活性剂合成方法

非离子型氟碳表面活性剂是在溶液中不发生解离现象具有两亲结构的化合物，按照分子结构不同可分为聚乙二醇型、多元醇型、亚砜型和聚醚型，目前主要使用的是聚乙二醇型。非离子型氟碳表面活性剂在水中不电离，故对溶液的酸碱性和电解质的存在不敏感，可以用于强酸或者强碱性的环境中，并且与离子型表面活性剂的相容性好，可用于表面活性剂的复配、改性和增效。在水溶液中使用的氟碳表面活性剂的亲水基主要是聚氧乙烯链段，而在有机溶剂中使用的氟碳表面活性剂是没有亲水基团的，它们是由既憎水又憎油的氟碳链段和亲油的碳氢链段组成的。非离子型氟碳表面活性剂水溶液在温度升高的过程中会出现突然变为浑浊的现象，突然出现浑浊的温度称作浊点（cloud point）。在浊点处，胶团的聚集是如此之大，使得突然出现的浑浊可以肉眼观察到。此时表面活性剂溶液分成两相：一相为水相

（aqueous phase），其中仅含有浓度接近 CMC 的表面活性剂；另一相为表面活性剂富集相（surfactan t-rich phase），其中包含大部分由水中析出的表面活性剂。为保证非离子表面活性剂处于良好的溶解状态，一般应控制在其浊点以下使用。浊点是非离子表面活性剂的一种特殊性能，这是由它的结构特点决定的。浊点的高低反映了非离子表面活性剂亲水性大小，亲水性越大的非离子表面活性剂浊点也越高。如果非离子表面活性剂的亲水链段为聚氧乙烯链，疏水链段为氟碳链，当聚氧乙烯链相同时，碳氟链越长，亲水性越差，浊点越低；碳氟链相同时，聚氧乙烯链越长，亲水性越好，则浊点越高。

非离子型氟碳表面活性剂种类繁多，其合成方法多种多样，主要有以下 3 种：①含氟碳链的醇或酸在催化剂作用下进行氧乙基化反应，合成聚乙二醇系氟碳表面活性剂；②含氟碳链的磺酸酰卤、羟酸酰卤与含亲水基的胺或醇直接反应；③利用特殊的聚合方法如 ATRP，合成两亲"嵌段"聚合物。胡娟等以全氟烷基酸、二乙醇胺等为原料，合成了一种非离子型氟碳表面活性剂 $N,N$-二羟乙基全氟烷基酰胺（FCDA），反应机理如下：

$$R_fCOOH + NH(CH_2CH_2OH)_2 \xrightarrow{\text{酰化}} R_fCON(CH_2CH_2OH)_2 + H_2O$$

经测试分析，FCDA 具有很高的表面活性，临界胶束浓度为 0.012mol/L，最低表面张力为 19.07mN/m。FCDA 具有优良的起泡性能，形成的泡沫稳定，耐温抗盐性较好，并且具有很强的抗油性，在油田化学中得到了很好的应用。韩璐璐等以全氟-2,5-二甲基-3,6-二氧杂壬酰氟和直链醇为主要原料、三乙胺为缚酸剂，通过酯化反应合成了一系列无亲水基的非离子型氟碳表面活性剂，反应方程式如下：

通过测定其在环己烷、$N,N$-二甲基甲酰胺和氯苯中的临界胶束浓度和表面张力可知，此种氟碳表面活性剂能在极低的浓度下降低有机溶剂的表面张力，因此有望用于有机溶剂体系中，解决一些油溶性体系表面张力高的问题。目前广泛应用于合成非离子型氟碳表面活性剂的全氟碳链主要有直链或支链全氟烷基或全氟烷基磺酸，但这些全氟碳链柔顺性能比较差，使表面活性剂的熔点和 Krafft 点比较高，且在溶剂中的溶解性能比较差。研究表明，若氟碳链带有聚醚结构，表面活性剂则具有更好的柔顺性能，且熔点较低，溶解性能更好。到目前为止，最适于应用的聚醚结构为六氟环氧丙烷的低聚物。张永明、陈慧卿等以六氟环氧丙烷二聚体即全氟-2-甲基-3-氧杂己基氟化物、三聚体即全氟-2,5-二甲基-3,6-二氧杂壬酰氟为含氟链段原料，以环境友好的聚乙二醇为亲水链段，合成了新型双氧杂全氟端基的聚乙二醇系非离子氟碳表面活性剂，得到了结构可调的"三嵌段"氟碳表面活性剂，扩大了其应用范围。

### 2.6.1.2 氟碳表面活性剂的应用

氟碳表面活性剂由于性能特殊，用途也较广泛，含氟表面活性剂可用于纺织、皮革、造纸、选矿、农药、化工等工业领域，作为乳化剂、润湿剂、铺展剂、起泡剂、浮选捕集剂、抗黏剂、防污剂、除尘剂等。比如，在电镀工业，把 $C_8F_{17}SO_3Na$、$C_6F_{13}OC_2F_4SO_3K$ 以千分之几的量加入电镀液，在电镀槽的电镀液表面形成一层致密泡沫，从而阻止铬酸雾的逸出，既保护了环境，改善了劳动条件，又减少了铬的损失。铬液有强酸性、强氧化性，一般的表面活性剂不能适应这样的环境。在灭火上，含氟表面活性剂的水溶液（尽管其密度比油大）能在油面上铺展成水膜，隔断了油与空气的接触，成为一种极有效的扑灭油料着火的方法，称为"轻水"型灭火剂。不粘锅既不粘油，也不粘水，制造不粘锅涂层"特富龙

（TEFLON）"的主要原料是全氟辛酸铵。

## 2.6.2 含硅表面活性剂

含硅特种表面活性剂是随着有机硅材料的发展而发展起来的。如果按疏水基来分，可分为硅烷基型（Si—C 键）和硅氧烷型（Si—O—C）两类；如果按亲水基类型来分，可分为阴离子、阳离子、非离子三类。目前较常用的主要品种是硅醚型非离子表面活性剂。

**(1) 性质特点** 表面张力低，表面活性好，其表面活性仅次于含氟表面活性剂，水溶液的最低表面张力也可降至 20mN/m（dyn/cm）。具有优良的润湿性、消泡性，热稳定性高，毒性小，刺激性低，生物降解性较差。

**(2) 制备方法** 首先合成具有活性基团的有机硅化合物（这是第一步，主要是在有机硅厂完成），第二步是接上亲水基团。这里仅介绍第二步过程。

① 阴离子型

$$R_3SiC_nH_{2n}X + H-\underset{COOC_2H_5}{\overset{COOC_2H_5}{\underset{|}{\overset{|}{C}}}}-H \longrightarrow R_3SiC_nH_{2n}-\underset{COOC_2H_5}{\overset{COOC_2H_5}{\underset{|}{\overset{|}{C}}}}-H \xrightarrow{\text{水解}}$$

$$R_3SiC_nH_{2n}CH_2COOH \xrightarrow{\text{皂化}} R_3SiC_nH_{2n}CH_2COONa$$

用这种方法可制备下列物质：$(CH_3)_3SiCH_2CH_2COONa$、$C_6H_5(CH_3)_2SiCH_2CH_2COONa$、$(CH_3)_3SiCH_2CH_2CH_2CH_2COONa$ 等。

② 阳离子型 如：$[(C_4H_9O)_2Si(OCH_2CH_2NH_3)_2]^{2+}(C_{17}H_{37}COO^-)_2$、$[(C_{12}H_{25}NH_3)_4]^{4+} \cdot 4Cl^-$ 等。

③ 非离子型

$$CH_3SiCl_3 + 3RO(CH_2CH_2O)_nH \longrightarrow RO(CH_2CH_2O)_y-\underset{RO(CH_2CH_2O)_z}{\overset{RO(CH_2CH_2O)_x}{\underset{|}{\overset{|}{Si}}}}-CH_3$$

此产品叫分散剂 WA，具有低泡性、高分散性，在纺织工业中可提高印染效果，防止染料沉淀。

**(3) 用途** 可在日化、造纸、纺织、印染、食品、医药、石油、化工、塑料、涂料、橡胶、消防等行业使用，起到消泡、润湿、分散、乳化、渗透、增溶、破乳、柔软整理、杀菌、抗静电等作用。

## 2.6.3 含硼表面活性剂

含硼表面活性剂分子的亲水基中含有硼元素，能够形成 B—O 键。含硼表面活性剂通常是一种半极性化合物，具有沸点高、不挥发、高温下极其稳定的特点，但是在水溶液中能水解。含硼表面活性剂无腐蚀性，毒性较低，具有很好的阻燃性和杀菌抗菌性。可用作气体干燥剂、润滑剂、压缩机工作介质和防腐剂，还可以用作聚乙烯、聚氯乙烯、聚丙烯酸甲酯的抗静电剂、防滴防雾剂以及一些物质的分散剂、乳化剂、杀菌剂等。含硼表面活性剂的品种、特性、用途仍在积极开发中。

## 2.6.4 木质素磺酸盐

木质素磺酸盐是制浆造纸工业的副产品，可由制浆过程中的亚硫酸废液中获得，木浆与二氧化硫水溶液和亚硫酸氢钙反应就可制得木质素磺酸盐。

木质素磺酸盐的化学结构是愈创木基丙烷的多聚物，是线型高分子化合物，含有多个磺酸基团，分子量 200～10000 不等，一般水溶性较好，可生物降解。

木质素磺酸盐主要用于工业，作为分散剂使用，如石油钻探中可使用无机泥土和无机盐在钻井泥浆中保持悬浮状态，从而保证钻井泥浆的流动性；还可用于废水处理。

木质素磺酸钠是一种黄褐色或棕色固体，能溶于任何硬度的水中，水溶液化学性质稳定，具有良好的扩散性，可用作分散剂、乳化剂、悬浮剂、润湿剂、调理剂、抑泡剂、抗絮凝剂等。用于农药作杀虫剂和除草剂；用作饲料和肥料的添加剂和黏合剂；用作水泥和混凝土的乳化和润湿剂；用作水处理剂、金属加工清洗剂、纺织印染扩散剂、橡胶耐磨剂；还用于选矿、冶金、皮革等工业。

木质素磺酸钙为深褐色黏稠液体，可溶于水，呈微酸性。可用作分散剂、乳化剂、润湿剂等。用于工业洗涤剂、农药杀虫剂、除草剂、水泥及混凝土的减水剂、染料及颜料扩散剂、蜡乳液等。

### 2.6.5 冠醚类表面活性剂

冠醚类表面活性剂是冠醚类大环化合物与烷基疏水基相连而成的一类新型表面活性剂。冠醚类大环化合物如 15-冠-5、18-冠-6 等主要由聚氧乙烯链段构成，为冠醚类表面活性剂的亲水基。

冠醚类表面活性剂性能独特，主要特点是其冠醚部分的极性亲水基与某些金属离子能形成配合物，此配合物因结合了金属离子而转变成带电荷的阳离子，且易溶于有机溶剂中，因此冠醚大环化合物可作为相转移催化剂使用，并可作为金属离子萃取剂、离子选择性电极使用。

### 2.6.6 高分子表面活性剂

一般把分子量在 1000 以上的表面活性剂称为高分子表面活性剂。高分子表面活性剂按亲水基也分为阴离子、阳离子、非离子、两性四种类型；按来源可分为天然、半合成、合成高分子表面活性剂。天然高分子表面活性剂历史较长，如淀粉、纤维素、阿拉伯树胶、海藻酸钠等早已得到应用；半合成高分子表面活性剂如淀粉衍生物、纤维素衍生物等；用化学合成方法制备了大量的合成高分子表面活性剂。

高分子表面活性剂与普通表面活性剂相比，降低表面活性的能力较差，因此表面活性相对较弱，比如洗涤去污性差，润湿渗透力低，不易起泡。但高分子表面活性剂有其特殊的表面活性，如乳化能力强，稳泡性好，分散力好，且具有增稠、增黏、增溶、絮凝、胶体保护、消泡、抗污垢再沉积、成膜、保湿等特性，一般情况下使用高分子表面活性剂就是发挥它们的这些特性。如聚醚（pluronic）可用作消泡剂、乳液聚合的乳化剂；萘磺酸甲醛缩合物可用作染料、颜料的分散剂；羧甲基纤维素（CMC）可用作增稠剂、乳化体稳定剂、合成洗涤剂中的抗污垢再沉积剂；聚乙烯醇（PVA）可用作胶体保护、乳液稳定剂；聚丙烯酸钠（PAANa）用于增黏、胶体保护、颜料的分散剂、废水处理的絮凝剂；聚丙烯酰胺（PAM）用作絮凝剂；聚乙烯吡咯烷酮（PVP）用作抗污垢再沉积剂、发用化妆品的成膜物质；聚甘油酯用于食品、饮料、化妆品中作为乳化剂、分散剂、保湿剂；聚乙二醇 6000 双月桂酸酯（DM-639）可用于洗发香波、护发素、洗面奶等作为毛发梳理剂、泡沫增厚剂。

### 2.6.7 生物表面活性剂

由细菌、酵母和真菌等微生物产生的具有表面活性剂特征的化合物叫生物表面活性剂。微生物在一定条件下培养时，在其代谢过程中会分泌产生一些具有一定表/界面活性的代谢产物，如糖脂、多糖脂、肽脂或中性类脂衍生物等。它们具有与一般表面活性剂类似的双亲结构（其非极性基大多为脂肪酸链或烃链，极性部分多种多样，如糖、多糖、肽及多元醇等），也能吸附于界面，改变界面的性质。

生物表面活性剂具有很高的表面活性，降低表面张力的能力很强，如鼠李糖脂的最低表面张力仅为 $26\sim27mN/m$。与化学合成表面活性剂相比，生物表面活性剂还具有选择性好、用量少、无毒、能够被生物完全降解、不对环境造成污染、可用微生物方法引入化学方法难以合成的新化学基团等特点。另外，生物表面活性剂主要用微生物发酵法生产，工艺简便易行。

按照生物表面活性剂的化学结构不同，可将其分为糖脂系生物表面活性剂、酰基缩氨酸系生物表面活性剂、磷脂系生物表面活性剂、脂肪酸系生物表面活性剂和高分子生物表面活性剂五类。

生物表面活性剂可以从动植物及微生物体内直接提取。磷脂类表面活性剂就是从蛋类及大豆的油和渣中分离提取的。这是一种天然表面活性剂，目前已广泛用于医药、食品及化妆品中。磷脂酸胆碱也叫卵磷脂，是一种黄色蜡状产品，不溶于水但溶于油脂，可作为乳化剂、分散剂大量用于食品及动物饲料工业，还可在化妆品、医药品等产品中用作乳化剂、分散剂。卵磷脂在医药制品中用于脂质体或药用乳化剂，作为治疗高血脂、脂肪肝、阿尔茨海默病及癌症等药物的原辅料，在保健食品中具有健脑益智、调节血脂、保护肝脏、延缓衰老的功效。大豆磷脂是制造大豆油时的副产品，将提取大豆油的溶剂蒸发出去，再通入水蒸气，则会有磷脂沉淀出来，将沉淀分离的黄色乳浊液经离心脱水，再在 $60℃$ 下减压干燥、精制，就得到大豆磷脂。

另一种方法是由微生物制备，生物表面活性剂主要通过微生物方法来生产。

**(1) 发酵法** 发酵法生产工艺简单，绝大部分生物表面活性剂几乎都可以由发酵法获得。

① 糖脂是发酵法生产生物表面活性剂的一大品种。糖脂系生物表面活性剂是生物表面活性剂中最主要的一种，主要包括鼠李糖脂、海藻糖脂、槐糖脂等。鼠李糖脂是假单胞菌在以正构烷烃为唯一碳源的培养基时得到的一种表面活性剂。鼠李糖脂可在工业中用作乳化剂。鼠李糖脂还对正构烷烃有优良的促进降解的功能，如在炼油厂废水的活性污泥处理池中加入鼠李糖脂，污泥中的正构烷烃可在两天后完全分解。此外，鼠李糖脂还有一定的抗菌抗病毒等性能。海藻糖脂是一种酯化产物，它具有很好的表面活性，乳化能力很强，主要用于石油三次开采的研究中。槐糖脂是球拟酵母或假丝酵母在葡萄糖和正构烷烃或长链脂肪酸中培养时产生的，是糖脂系生物表面活性剂中最有应用前途的一类。由槐糖脂进一步衍生的不同生物表面活性剂可用在化妆品、医药、食品、农药等产品中。

② 酰基缩氨酸系生物表面活性剂是由枯草杆菌等细菌培养的产物。如含表面活性蛋白的脂肽有很高的表面活性，它有溶菌和抗菌作用。

③ 脂肪酸系生物表面活性剂如青霉孢子酸的钠盐及烷基铵盐的表面活性、洗涤能力都比 LAS 高，CMC 比 LAS 低。

④ 脂多糖属高分子生物表面活性剂，它是多糖与脂肪酸酯化后的产物，虽然降低表面张力的能力不是很强，但它可以作为 W/O 型乳化体的稳定剂。

**(2) 酶促反应** 酶促反应可生产甘油单酯。酶促反应本质上属于有机合成，生物酶在反应中充作传统非生物催化剂的生物替代品。

生物表面活性剂有着比较广泛的用途，在医药、化妆品、食品、纺织等工业领域中都有重要应用，发挥其乳化、破乳、湿润、发泡、抗静电等功能。在石油化工方面也有应用，如它可在使用量非常小的情况下在高浓度盐的环境中非常有效地将一次采油、二次采油后仍遗留在油井中的脂肪烃、芳香烃和烷烃彻底乳化，甚至在地下高温环境中仍能发挥其表面活性作用。

## 2.7 表面活性剂的生产现状及发展动向

### 2.7.1 表面活性剂的生产与市场现状

#### 2.7.1.1 世界表面活性剂的生产与市场现状

表面活性剂具有广泛的用途，在现代生产和生活中发挥着重要的作用，因此全球表面活性剂行业市场规模持续增长。2021 年全球表面活性剂市场规模达到 514 亿美元。

在全球四种类型表面活性剂中，阴离子表面活性剂是应用最广的表面活性剂，2020 年市场占比达到 45%。其次为非离子表面活性剂，市场占比为 38%。而两性离子表面活性剂和阳离子表面活性剂市场占比分别为 9% 和 8%。2021 年全球合成洗涤剂产量为 1037.7 万吨，同比下降 6.4%。

全球表面活性剂应用结构情况：家居护理 43.46%，个人护理 10.31%，工业与公共清洗 10.10%，食品加工 7.81%，油田化学品 6.81%，农药化学品 6.68%，纺织化学品 5.54%，乳化聚合 4.76%，其他 4.53%。

#### 2.7.1.2 全球表面活性剂行业细分市场

阴离子表面活性剂是表面活性剂中发展历史最悠久、产量最大、品种最多的一类产品。它不仅是日化产品洗涤剂、化妆品的主要活性组分，在其他诸多工业领域也有广泛用途。无论是在工业领域还是民用领域，阴离子表面活性剂均发挥着重要的作用。根据数据，2020 年全球阴离子表面活性剂行业市场规模为 210 亿美元，2021 年全球阴离子表面活性剂行业市场规模 225 亿美元。

非离子表面活性剂具有很高的表面活性，良好的增溶、洗涤、抗静电、钙皂分散等性能，刺激性小，还有优异的润湿和洗涤功能，有一定的耐硬水能力，又可与其他离子型表面活性剂共同使用，是净洗剂、乳化剂配方中不可或缺的成分。

随着全球对净洗剂、乳化剂等产品的需求量不断上升，全球非离子表面活性剂行业市场规模不断上升，2020 年全球非离子表面活性剂行业市场规模为 185 亿美元，2021 年全球非离子表面活性剂行业市场规模 198 亿美元。

阳离子表面活性剂在工业上大量使用的历史不长，但发展速度较快。它主要用作杀菌剂、纤维柔软剂和抗静电剂等，因此与阴离子和非离子表面活性剂相比，使用量相对较少。2020 年全球阳离子表面活性剂行业市场规模为 39 亿美元，2023 年市场规模约 50 亿美元。

两性离子表面活性剂的分子结构中同时具有正、负电荷基团，在不同 pH 值介质中可表现出阳离子或阴离子表面活性剂的性质。全球两性离子表面活性剂市场规模从 2016 年的 28 亿美元增长至 2020 年的 43 亿美元、2021 年 48 亿美元的市场规模。

#### 2.7.1.3 中国表面活性剂工业状况

**(1) 供需情况** 我国表面活性剂行业起步较晚，但发展和更新速度较快，现已经具备了相当的产业规模，特别是大宗表面活性剂的生产能力有较大的提高，除满足国内的基本需求外，还部分出口东南亚国家。2021 年，根据中国洗协表面活性剂专业委员会统计数据（60 家规模以上企业数据上报），中国（不含港澳台，下同）国内表面活性剂总产量达到 388.52 万吨，销量为 378.54 万吨，产销量较 2020 年分别同比增长 5.01% 和 3.71%。细化产品，阴离子表面活性剂合计产量 152.53 万吨，销量 147.62 万吨，分别同比增长 0.55% 和 1.39%；非离子表面活性剂（含部分聚醚大单体产品）产量 202.79 万吨，销量 197.74 万吨，较 2020 年分别同比增长 8.91% 和 6.83%；阳离子表面活性剂产、销量分别为 16.69 万吨和 16.40 万吨，同比增长 13.00% 和 8.68%；两性及其他类型产品产、销量分别为 16.51 万吨和 16.79 万吨，分别同比增长 -2.31% 和 1.14%。

表面活性剂原料方面，2021 年国内表面活性剂行业主要原料产量合计 281.87 万吨，较 2020 年同比增长 10.10%；具体产品类别，其中脂肪醇（含天然脂肪醇和合成脂肪醇）产量 为 42.90 万吨，销量 38.51 万吨，脂肪酸产、销量分别为 132.91 万吨和 110.01 万吨，脂肪胺类产、销量分别为 23.09 万吨和 22.08 万吨，包括脂肪叔胺产量 14.45 万吨和脂肪伯胺 8.65 万吨，甘油作为油脂化学品加工副产物，当年产销量为 29.62 万吨和 22.49 万吨。

**(2) 进出口情况** 根据中华人民共和国海关总署有关数据显示，2021 年，国内非离子表面活性剂全年进口量 19.72 万吨，进口额 5.70 亿美元，进口均价 2891.82 美元/吨，较 2020 年（20.08 万吨，4.44 亿美元，2209.60 美元/吨）分别同比增长 -1.79%，28.38% 和 30.88%。同期非离子表面活性剂出口量 24.82 万吨，出口额 5.42 亿美元，出口均价 2184.33 美元/吨，较 2020 年（18.83 万吨，3.48 亿美元，1848.11 美元/吨）分别同比增长 31.81%，55.75% 和 18.19%。2021 年国内非离子表面活性剂进口贸易伙伴主要集中在新加坡、马来西亚、日本、德国、美国等，进口量分别为 5.34 万吨，4.41 万吨，2.15 万吨，1.60 万吨，1.41 万吨，进口合计为 14.91 万吨，占比 75.6%，其中日本、德国和美国进口均价超过 4200 美元/吨，高于传统脂肪醇醚 1500~2000 美元/吨，推断进口产品以特种非离子为主，其中异构醇醚占比较高。2021 年国内非离子表面活性剂出口贸易伙伴排名在前的有越南、印度、俄罗斯、巴基斯坦、韩国、泰国和印度尼西亚，出口量分别为 1.63 万吨，1.49 万吨，1.42 万吨，1.33 万吨，1.31 万吨，1.17 万吨和 1.07 万吨，出口均价在 2000~2500 美元/吨，产品为一般性脂肪醇醚。

**(3) 技术与工业进展** 未来中国表面活性剂工业发展如下。

① 传统大宗商品已经进入瓶颈期，亟待高质量发展主导下的大宗产品品质升级和工艺改进。诸如磺化生产伴随热能回收利用，低碳、低馏分产品的高转化率磺化技术和设备开发，脂肪醇醚生产过程智能化及稳定操作，转化率的提升，以及催化剂改进升级等。

② 当前，无论是发展中国家、发达国家还是新兴市场国家，大家对环境问题的认识是高度一致的，据此，ISO 制定了与新能源相关的标准，首先满足市场需求，其次通过国际标准引领全球发展理念的变化。绿色环保的表面活性剂产品成为趋势，替代性产品开发和配方工艺研究备受关注，诸如烷基酚醚已成为全球主要国家限制和禁止使用成分，尤其在一些与人体密切相关领域，发达国家明令禁止使用，以异构醇醚及其配方研究为代表的新产品、新技术成为今后行业发展热点。

③ 现有结构产品下的性能改进和品质提升，对传统产品的深层次性能挖掘以及功能团改进，成为后期行业发展的一个亮点，对于提升产业结构具有重要意义，尤其特种阳离子表面活性剂、异构类产品、环状系列产品等。

④ 行业产品研究从快消品向工业领域重点转变，目前以洗涤用品为主的日用化学品制造业进入发展成熟期，国内企业在新产品开发和新原料使用方面并不感兴趣，外加国家政策下的调整，以新能源、工业公共清洗、金属加工、能源开采和矿物浮选等为主的助剂领域被作为"十四五"表面活性剂研究重点。

⑤ 高附加值和高性能产品开发和工业生产，包括烷基糖苷、氨基酸型表面活性剂以及甜菜碱等特种离子表面活性剂产品，国内企业已具备通用性产品工业化能力和水平，但是在一些中高端产品，诸如高固含量甜菜碱、高固含量氨基酸型表面活性剂、冷冻干燥 K12 等

产品，还依赖于外资企业或少数企业。

⑥ 大宗产品上游原料进口依赖度较高，主要产品产能过剩，出口贸易影响面较广，急需开发本土原料资源，扩大出口，降低内需市场压力等。

⑦ 开展标准创新示范活动，促进行业进步。行业标准的发展化目的是要提升自身技术和创新能力。行业应通过标准的创新示范活动，将标准化活动深入推广到生产企业、消费者等方方面面发挥标准促进产品技术进步的作用和影响，以标准带动我国日化产品品牌与技术的发展，提升产品和产业的竞争力。

### 2.7.2 表面活性剂的发展动向

近年来，表面活性剂工业应在传统产品满足市场需求的前提下，天然油脂基的绿色表面活性剂逐渐替代石油基表面活性剂。AES、SAS 及 MES 等为代表的天然油脂基阴离子表面活性剂用量逐年递增，逐渐替代石油基阴离子表面活性剂。而且以 APG、AEO、FMEE 等天然醇系为主的非离子表面活性剂发展迅速，成为国内发展最快的表面活性剂产品。

随着素有"工业味精"的表面活性剂被广泛应用于国民经济发展的各个领域，开发温和、安全、高效的功能型和环境友好型表面活性剂成为近期表面活性剂研究和开发的热点。

**(1) 传统表面活性剂的改性** 通过对表面活性剂分子结构的改变来提高其应用性能。如采用带甲基支链的疏水基对传统十二烷基磺酸钠（AS）和 LAS 进行改性，降低其 Krafft 点（当温度升高至某一点时，表面活性剂的溶解度急剧升高，该温度称为 krafft 点），改善其冷水溶解性，并提高其抗硬水性。

**(2) 绿色温和型表面活性剂** 随着生活水平的提高和人类文明的进步，人们对环境的保护和自身的健康越来越重视，人们趋向于使用既不污染环境，又对人体温和、安全的天然的绿色产品，这就对表面活性剂的生物降解性、刺激性和生态毒性提出了更高的要求。以油脂、淀粉、松香和氨基酸等天然可再生资源为原料的绿色表面活性剂及其衍生物产品代表了新一代绿色表面活性剂的发展方向。

**(3) 高分子表面活性剂** 高分子表面活性剂是具有表面活性功能的高分子化合物，广泛用作胶凝剂、减阻剂、增黏剂、絮凝剂、分散剂、乳化剂、破乳剂、增溶剂、保湿剂、抗静电剂和纸张增强剂等。开发低廉、无毒、无污染和一剂多效的高分子表面活性剂将是当今高分子表面活性剂的研究趋势。

**(4) 阴阳离子型表面活性剂** 阴阳离子型表面活性剂由具有表面活性的阳离子和阴离子通过离子间相互作用结合而成，与经典表面活性剂相比具有十分显著的功效。此类表面活性剂使用效率远远高于其他类型的表面活性剂，它可以在极低浓度下发挥良好的作用，成为现今研究的热点之一。

**(5) 生物质表面活性剂** 生物质表面活性剂在石化资源日益紧张、环境恶化日趋严重的当前，具有非常重要的科学研究价值和工业化生产潜力，然而在生活、生产的工业化应用过程中许多工作还有待进一步探索研究：

① 生物质结构复杂、成分较多，在制备精细化学品表面活性剂的过程中须有高效的降解、分离、改性等工艺方法，以使制备的生物质表面活性剂结构确定、性能稳定，可根据其特点广泛地应用于各个行业；

② 基于生物质表面活性剂的天然结构组成，其在医药、食品、化妆品等领域的特殊生理性功能机理须深入研究，以便科学、合理地根据其特点高效应用。

**(6) 元素型表面活性剂** 由于氟、硅、磷和硼等元素的引入而赋予其更独特、优异的性能的表面活性剂，加入量少，表面张力超低，是一类特殊表面活性剂品种。随着国民经济的发展，对高性能表面活性剂的需求增加，其发展潜力巨大。

**（7）特殊结构表面活性剂**　Bola 型和 Gemini 型等作为特殊结构的表面活性剂，其胶束行为特殊，更易形成囊泡，在交叉学科领域的应用如生命科学和靶向药物等领域具有一定的前景。

**（8）其他特殊功能表面活性剂**　其他特殊功能表面活性剂包括反应型表面活性剂、手性表面活性剂、开关型表面活性剂和螯合型表面活性剂等。

科学家的故事——中国
表面活性剂专家
张高勇院士

## 参考文献

[1]　Adamson A W. Physical Chemistry of Surfaces. New York：John-Wiley，1976.

[2]　Hiemenz P C. Principles of Colloid and Surface Chemistry. London：Utterworth and Co（Publishers）Ltd，1983.

[3]　程侣柏，等 . 精细化工产品的合成及应用 . 大连：大连理工大学出版社，1991.

[4]　李宗石，徐明新 . 表面活性剂合成与工艺 . 北京：中国轻工业出版社，1990.

[5]　查伦·克雷布（美），黄汉生 . 表面活性剂发展的新动向 . 日用化学品科学，2002，25（4）：15-16.

[6]　张高勇，罗希权 . 表面活性剂市场动态与发展建议 . 日用化学品科学，2000，23（1）：11-14.

[7]　罗希权 . 2001 年中国表面活性剂行业产销量情况分析 . 日用化学品科学，2002，45（4）：1-2.

[8]　冀华 . 我国表面活性剂的发展趋势 . 化工之友，2001（6）：40.

[9]　肖进新 . 绿色表面活性剂的生产及市场前景 . 日用化学品科学，2022，45（2）：10-13；（3）：12-15；（4）：4-6

[10]　李干佐，隋华，朱卫忠 . 表面活性剂研究新进展 . 日用化学工业，1999（1）：24-26.

[11]　Knodel W C，Stokes J P. Proceedings of the 4th World Conference on Detergents：Strategies for the 21th Century. Montrex，Switzerland，1998：27-34.

[12]　王世荣，李祥高，刘东志 . 表面活性剂化学 . 北京：化学工业出版社，2010.

[13]　王军，杨许召 . 表面活性剂新应用 . 北京：化学工业出版社，2009.

[14]　赵永杰，裴鸿 . 2021 年中国表面活性剂行业原料及产品统计分析 . 日用化学品科学，2022，45（5）：1-4.

[15]　Global Report on the Surfactants Market. Focus on Surfactants，2012（4）：4.

[16]　卢志敏 . 全球洗涤剂及洗涤剂用表面活性剂专利布局分析 . 中国洗涤用品工业，2022（6）：80-86.

[17]　王军，杨许召，李刚森 . 功能性表面活性剂制备与应用 . 北京：化学工业出版社，2009.

[18]　罗希权 . 我国阴离子表面活性剂的生产近况及展望 . 日用化学品科学，2011（2）：1-7.

[19]　孙淑华，李真，万晓萌 . 表面活性剂行业现状及发展趋势 . 精细化工原料及中间体，2012（3）：18-21.

[20]　王泽云，陈海兰 . 我国洗涤用绿色表面活性剂最新进展 . 日用化学品科学，2011（7）：21-23.

[21]　祝乾伟 . 国内乙氧基化技术现状及安全生产形势 . 日用化学品科学，2016，39（8）：44-48.

## 思考题与习题

1. 解释名词：

（1）胶束　　　（2）临界胶束浓度 CMC　　　（3）缔合度　　　（4）表面张力　　　（5）HLB 值

（6）生物质表面活性剂

2. 按照亲水基团的电荷性质，表面活性剂分为哪些类型？其中，用量最大、最常用的是哪一类型？

3. 制备肥皂的基本原理是什么？传统制备肥皂的工艺包括哪些步骤？不同油脂制备的肥皂具有什么不同的使用性能？

4. 从苯开始，经过哪些反应制备烷基苯磺酸钠？烷基苯磺化可以采用哪些磺化剂？写出合成路线的化学反应方程式。

（1）什么是膜式反应器？在膜式反应器中，$SO_3$保持什么流动形式？$SO_3$磺化制备洗衣粉主要原理是怎样的？

（2）硫酸磺化烷基苯制备烷基苯磺酸钠的反应是怎样的？这种磺化在什么设备中进行？其采用什么材质防腐？

（3）微通道反应器是否适合烷基苯的磺化反应？为什么？

5. 季铵盐型表面活性剂的制备方法有哪些？

6. 两性型表面活性剂包含哪些类型？

7. 商品名为 Span 和 Tween 的表面活性剂的化学成分分别是什么？以山梨醇为原料，怎样制备失水山梨醇和二失水山梨醇？

8. 举例说明绿色表面活性剂合成工艺。

9. 日化用品生物降解措施有哪些？

10. 氟碳表面活性剂具有哪"三高"和"三惰"？分哪几种类型？

11. 有机硅表面活性剂的制备方法有哪几种？

12. 生物表面活性剂的制备方法有哪几种？

13. 表面活性剂的生产现状及发展动向如何？

# 第三章

# 合成材料助剂

## 3.1 概论

### 3.1.1 助剂的定义和类别

为了优化生产的工艺条件，或提高产品的质量，或赋予产品某种特性，在产品的生产和加工过程中需要添加各种辅助化学品。尽管添加的量可能不多，但却发挥着重要的作用。这种辅助的化学品就称为助剂。笼统而言，助剂是某些材料和产品在生产、加工过程或使用过程中所需添加的各种辅助化学品，用以改善生产工艺和提高产品性能，大部分的助剂是在加工过程中添加于材料或产品中的，因此，助剂也常被称作"添加剂"。

助剂的范围广泛，可以细分为很多类别，在各个行业中，诸如塑料、橡胶和合成纤维等合成材料部门，以及纺织、印染、农药、造纸、皮革、食品、饲料、水泥、油田、机械、电子和冶金等工业部门，都需要助剂。本章主要讨论合成材料加工中所用的重要助剂。

随着合成材料的发展，加工技术的不断进步，助剂的类别和品种也日趋增加，成为一个品种繁杂的精细化工行业。从助剂的化学结构看，既有无机物，又有有机物；既有单一的化合物，又有混合物；既有单体，又有聚合物。从助剂的应用对象看，在塑料、橡胶和合成纤维中等都有应用。目前通用的是按助剂的功能分类，在功能相同的类别中，再按作用机理或化学结构分成小类。合成材料所用的助剂按照其功能分类大致归纳可见表3-1。

表 3-1　合成材料助剂分类

| 类别 | 简介 | 举例 |
|---|---|---|
| 抗老化作用的稳定化助剂 | 合成材料在贮存、加工和使用过程中受到光、热、氧、辐射、微生物和机械疲劳因素的影响而发生老化变质 | 光稳定剂、热稳定剂、抗氧剂、防霉剂等 |
| 改善力学性能的助剂 | 改善合成材料的力学性能包括抗张强度、硬度、刚性、热变形性、冲击强度等 | (1)树脂的交联剂可以使高聚度的线型结构变成网状结构，从而改变高聚物材料的力学和理化性能。这个过程对橡胶来说，习惯称为"硫化"，其所用的助剂有硫化剂、硫化促进剂、硫化活性剂和防焦剂；<br>(2)改善硬质塑料制品抗冲击性能而添加的抗冲击剂；<br>(3)塑料和橡胶制品中具有增量作用和改善力学性能的填充剂和偶联剂 |

| 类别 | 简介 | 举例 |
|---|---|---|
| 改善加工性能的助剂 | 在对聚合物树脂加工时,常因聚合物的热降解、黏度及其与加工设备和金属之间的摩擦力等因素而使加工发生困难 | 润滑剂、脱模剂(改善聚合物加热成型时的流动性和脱模性);软化剂(改善胶料加工性能);塑解剂(能切断生胶分子链以提高生胶塑性)。对加工黏度很小的液体或糊状树脂时,可加入增稠剂或触变剂,以使体系呈假塑性 |
| 柔软化和轻质化的助剂 | 在塑料(特别是聚氯乙烯)加工时,需要添加大量增塑剂以增加塑料的可塑性和柔软性。在生产泡沫塑料和海绵橡胶时要添加发泡剂 | 增酸剂、发泡剂 |
| 改进表面性能和外观的助剂 | | (1)防止塑料和纤维在加工和使用中产生静电危害的抗静电剂;<br>(2)防止塑料薄膜(农业温床覆盖薄膜)内壁形成雾滴而影响阳光透过率的防雾滴剂;<br>(3)用于塑料和橡胶着色的着色剂;<br>(4)在纤维纺织品中添加柔软剂,可以改善表面手感,滑爽柔软;<br>(5)能使织物平整挺直不走形的硬挺剂;<br>(6)荧光增白剂也可视作一种着色剂 |
| 阻燃添加剂 | 使可燃材料难燃,含有一定量阻燃剂的塑料在火焰中能缓慢燃烧,而一旦脱离火源则立即熄灭。聚合物燃烧时能产生大量使人窒息性的烟雾,需要加入助剂防止或者降低烟雾产生 | 阻燃剂、烟雾抑制剂 |

### 3.1.2　助剂的作用

在实际生产中,所用到的助剂品种数以万计。几乎所有的聚合物都需要助剂,如果没有助剂,许多合成树脂将失去实用价值。

在合成材料的加工过程中,例如塑料和橡胶的配合塑炼、成型,纤维的纺织和染整,助剂都是不可缺少的。它不仅在加工过程中可以改善聚合物的工艺性能,影响加工条件,提高加工效率,并且可以改进产品的性能,提高使用价值和延长寿命。这些助剂品种繁多,各自具有重要的作用。以聚丙烯为例,它是一种极易老化的合成树脂,纯聚丙烯薄片在150℃下只需 0.5h 就脆化。在树脂中添加适量的抗氧剂和稳定剂后,在同一温度下就可经受 2000h 的老化考验。这样就可使聚丙烯成为具有广泛实用价值的通用塑料。又如,在纤维染整过程中,表面活性剂的添加可以适应各种纤维染整加工工艺的不同要求,因为表面活性剂可以起到洗涤、乳化、润湿、渗透、起泡、精炼、匀染、柔软、防水、防油、防静电等作用。再如,丁苯橡胶中仅含有 2 份硫黄时,在 145℃下达到完全硫化的时间长达 60min 左右,如果再加入 1 份硫化促进剂 CZ,完全硫化的时间即可缩短为 40min。

所以,助剂的用量虽然比较小,但起的作用却很显著,甚至可以使某些因性能有较大缺陷或加工很困难而几乎失去实用价值的聚合物变成宝贵的材料。

总之,助剂和聚合物的关系是相互依存的。一般而言,聚合物的研究和生产先于助剂,但只有在具备适当的助剂和加工技术的条件下,它们才有广泛的用途。

### 3.1.3　助剂在应用中需注意的问题

助剂的应用是很复杂的技术，本节仅讲述选择和使用助剂时应注意的一些基本问题。

#### 3.1.3.1　助剂与聚合物的配伍性

助剂与聚合物的配伍性，是指聚合物和助剂之间的相容性以及在稳定性方面的相互影响，这是选用助剂时首先要考虑的问题。

一般而言，助剂必须长期、稳定、均匀地存在于制品中才能发挥其应有的效能，通常要求所选择的助剂与聚合物应有良好的相容性。如果相容性不好，助剂就容易析出。固体助剂的析出，俗称为"喷霜"；液体助剂的析出，则称作"渗出"或"出汗"。助剂析出后不仅失去作用，而且影响制品的外观和手感。

助剂和聚合物的相容性主要取决于它们的结构相似性。例如，极性强的增塑剂和极性强的聚氯乙烯的相容性要比与极性较弱的为好。又如，在抗氧剂和光稳定剂中引入较长的烷基，就可以改善它们与聚烯烃的相容性；酚类和亚磷酸酯类抗氧剂在橡胶中的溶解度大，因为相容性好而不产生喷霜现象。

对于一些无机填充剂等不溶于聚合物的助剂，由于它们和聚合物无相容性，则要求它们粒度小、分散性好，在聚合物中是非均相分散而不会析出。

助剂和聚合物配伍性的另一个重要问题是在稳定性方面的相互影响。应该注意到，有些聚合物（如聚氯乙烯）的分解产物具有酸碱性，会使一些助剂分解；也有些助剂会加速聚合物的降解。

#### 3.1.3.2　助剂的耐久性

这是选用助剂时必须着重考虑的一个问题。助剂的损失主要通过三条途径：挥发、抽出和迁移。挥发性大小取决于助剂本身的结构，例如，邻苯二甲酸二丁酯由于分子量较小，挥发性比邻苯二甲酸二辛酯大得多。抽出性与助剂在不同介质中的溶解度直接相关，要根据制品的使用环境来选择适当的助剂品种。迁移是指助剂由制品中间邻近物品的转移，其可能性大小与助剂在不同聚合物中的溶解度有关。如软聚氯乙烯制品常因增塑剂发生迁移而引起软化、发黏或碎裂。又如，在煤油中使用的聚合物，采用邻苯二甲酸二辛酯作增塑剂是不适宜的，因为它较易溶解而被抽出；而采用磷酸三甲苯酯作增塑剂则较好。

#### 3.1.3.3　助剂对加工条件的适应性

某些聚合物的加工条件比较苛刻，如加工温度高、时间长等，因此必须考虑助剂能否适应。同一种聚合物，由于加工成型的方法不同，所需要的助剂也可能有所不同。加工条件对助剂的首要要求是耐热性，即助剂在加工温度下不分解，不易挥发和升华。此外，还要注意助剂对加工设备和模具可能产生的腐蚀。因此不同的加工方法和条件往往就要选择不同的助剂。

#### 3.1.3.4　助剂必须适应产品的最终用途

助剂的选择常常受到制品最终用途的制约，这是选用助剂的重要依据。不同用途的制品对所欲采用助剂的外观、气味、污染性、耐久性、电气性能、热性能、耐候性、毒性等都有一定的要求。

助剂的毒性问题已引起广泛注意，特别是添加了助剂的食品和药物包装材料、水管、医疗器械、玩具等塑料和橡胶制品的安全问题更为人们所关切。例如，磷酸三甲苯酯是一种具有阻燃性能的增塑剂，但由于其毒性大而不能用于与食品、药物、医疗器械、玩具、水管等接触的塑料制品中。

2012 年 11 月 19 日，21 世纪网发表报道《致命危机：××酒塑化剂超标 260％》称，将 438 元/瓶的 50 度××酒送第三方检测出 DEHP［邻苯二甲酸二（2-乙基己）酯］、DIBP（邻苯二甲酸二异丁酯）和 DBP（邻苯二甲酸二丁酯）三种塑化剂成分，含量严重超标。

助剂毒性问题

中国酒业协会 19 日晚发表声明称："通过对全国白酒产品全面的测定，白酒产品中基本上都含有塑化剂成分。"声明还称，"白酒产品中塑化剂属于特定迁移，主要源于塑料接酒桶、塑料输酒管、封酒缸塑料布、成品酒塑料内盖等，而白酒自身发酵环节不产生塑化剂。白酒中检测出塑化剂很可能是生产过程中产生被动迁移所致。"

××酒塑化剂超标事件，引发消费者对白酒质量安全的关注，并对助剂的毒性问题高度关注。对添加了增塑剂等助剂的食品和药物包装材料的安全要求，引起了有关部门的高度重视。要求企业要提高食品安全意识，酒品企业要认真查明可能导致白酒含有邻苯二甲酸酯类物质的原因，从源头抓紧整改，包括采取调整工艺设备、更换接触材料和产品包装等措施。禁止在白酒生产、储存、销售过程中使用塑料制品，防患于未然。

中国酒业协会发布通知：要求白酒企业"禁止在酒类生产、储存、销售过程中使用塑料制品，加强对酒类塑料瓶盖的检测"。塑化剂的问题首次与白酒行业相关联。提醒酒企注意塑化剂污染。

工业上使用的邻苯二甲酸酯有 20 余种，其中 DEHP 日常使用最广泛且毒性较大，容易迁移至环境中，已成为全球范围内严重的化学污染物之一，塑化剂"无孔不入"，目前尚无对其慢性毒害的准确评估。

多年的科学研究已经证明，塑化剂，特别是邻苯二甲酸酯类塑化剂，早已成为全球分布最广的有机污染物之一。"有使用塑料的地方，就可能出现塑化剂的污染。"有必要对塑化剂对人体的危害进行风险评估，塑化剂检测纳入常态质控体系。

又如，对苯二胺类防老剂虽然性能很全面，在黑色橡胶制品中早已广泛使用，但因具有污染性而限制了它在浅色和彩色橡胶制品中的应用。目前国内外对助剂的毒性及适用品种和用量都有严格的规定。

#### 3.1.3.5　助剂配合中的协同作用和相抗作用

一种聚合物常常同时使用多种助剂，这些助剂同处在一个聚合物体系里，彼此之间有所影响。如果配合得当，不同助剂之间常常会相互增效，即起所谓的"协同作用"。聚合物配方研究的主要目的之一就是发现助剂之间的协同作用。例如，聚合物的老化是多种因素的综合结果，每一种稳定化助剂都有其局限性，只有将几种不同类型、不同作用机理的稳定化助剂通过反复的配方和测试工作，充分发挥它们的协同作用，才能确定最有效的稳定体系。当然，配方研究还有其他目的，如简化组分、降低成本等。

配方选择不当，有可能产生助剂之间的"相抗作用"。相抗作用是协同作用的反面，会彼此削弱各种助剂原有的效能。另外，还需注意不同助剂之间可能发生的化学反应，以免引起变色等不良后果。

## 3.2　增塑剂

### 3.2.1　概述

#### 3.2.1.1　定义

增塑剂是添加到聚合物体系中，能使聚合物体系增加塑性的物质。

增塑剂的主要作用是削弱聚合物分子间的次价键，即范德瓦耳斯力，从而增加了聚合物分子链的移动性，降低聚合物分子链的结晶性，即增加了聚合物的塑性，表现为聚合物的硬度、软化温度和玻璃化温度下降，而伸长率、曲挠性和柔韧性提高。

远在合成树脂问世以前，人们就已经把增塑剂应用到天然树脂中了。自从 1935 年德国法本（IG）公司聚氯乙烯（以下简称 PVC）工业化以来，增塑剂工业得到急速的发展。现在增塑剂主要用在 PVC 树脂中。目前 PVC 软制品所耗用的增塑剂占增塑剂总耗用量的 80%～85%，其余的则主要用在纤维素树脂、醋酸乙烯树脂、ABS 树脂以及橡胶中。在 PVC 软制品中平均 100 份树脂要添加 40～50 份增塑剂。

增塑剂是各种塑料助剂使用量最大的品种，占塑料助剂总消费量的 60% 左右。增塑剂的发展与 PVC 的发展有密切的关系。PVC 是最重要的通用塑料之一，而且今后仍将稳步增长。目前，软质 PVC 在西方工业化国家里约占 PVC 总消费量的 40%，在发展中国家其百分比更高，占 60%～80%。由于硬质 PVC 管材、板材以及其他挤出成型品在建筑工业中的应用日益广泛，硬质 PVC 制品所消费的 PVC 树脂的比例将不断增加；而软质

古代增塑剂的应用

PVC 所占的比例会相对下降。因而增塑剂消费量的增长率将低于 PVC 树脂的增长率。

随着 PVC 生产和石油化学工业的发展，增塑剂已经发展成为一个以石油化工为基础，以邻苯二甲酸酯类为中心，多品种、大生产的化工行业，其品种和产量在塑料助剂中都居首位。

增塑剂的品种繁多，在增塑剂的研究发展阶段其品种曾达 1000 种以上，而目前作为商品生产的增塑剂不过 200 多种，且是以邻苯二甲酸酯为中心的。目前邻苯二甲酸酯类约占增塑剂总产量的 80%，产量很大。

生产邻苯二甲酸酯的原料为邻苯二甲酸酐（俗称苯酐）和 $C_6$～$C_{13}$ 的高级醇，特别是 2-乙基己醇（亦称辛醇）。用于生产邻苯二甲酸酯所耗用的苯酐约占世界苯酐总消费量的 60%，而 $C_6$～$C_{13}$ 的高级醇几乎全部用于增塑剂的生产。因此高级醇和苯酐的生产是增塑剂工业的基础。

### 3.2.1.2 分类

可以从不同的角度对增塑剂进行分类。

**(1) 按相容性的差异分为主增塑剂和辅助增塑剂** 凡是能和树脂充分相容的增塑剂称为主增塑剂，或称溶剂型增塑剂。其分子不仅能进入树脂分子链的无定型区，也能插入分子链的结晶区，因此它不会渗出而形成液滴、液膜，也不会喷霜而形成表面结晶，这种主增塑剂可以单独应用。而辅助增塑剂一般不能进入树脂分子链的结晶区，只能与主增塑剂配合使用。有一些价格低廉的辅助增塑剂（如氯化石蜡）又被称为增量剂。

**(2) 按作用方式分为内增塑剂和外增塑剂** 通常，内增塑剂是在聚合过程中加入的第二单体，以进行共聚对聚合物进行改性。第二单体进入聚合物的分子结构中，降低了聚合物分子链的有规度（也即结晶度）。例如氯乙烯-醋酸乙烯共聚物比氯乙烯均聚物更加柔软。因此，内增塑剂实际上是聚合物分子的一部分。另一种情况是在聚合物分子链上引入支链，支链在分子结构中的存在，降低了聚合物链与链之间的作用力，也降低了分子链的有规性，从而使分子链之间互相移动的可能性增加，也即增加了聚合物的塑性。随着支链长度增加，由于支链分子增大，增塑作用也增大。但当支链分子链超过一定长度使支链分子链之间有可能产生结晶性排列时，反而会使增塑作用下降。

外增塑剂一般为低分子量的化合物或聚合物，将其添加到需要增塑的聚合物中，可增加聚合物的塑性。外增塑剂通常是高沸点难挥发的液体或低熔点固体，不与聚合物起化学反

应，和聚合物的相互作用主要是在升高温度时的溶胀作用，与聚合物形成一种固体溶液。外增塑剂性能全面，生产和使用比较方便。不像内增塑剂那样必须在聚合过程中加入，而且使用的温度范围也比较狭窄。本章主要讨论外增塑剂。

(3) **按分子量的差异分为单体型和聚合物型** 绝大部分增塑剂为单体型，有固定的分子量，如邻苯二甲酸酯类、脂肪酸二元酸酯类等，也有些单体型增塑剂（如环氧大豆油）因组分含量不等而使分子量不固定。由二元酸与二元醇缩聚而得的聚酯（$M$ 为 $1000\sim6000$）是聚合型增塑剂。

(4) **按增塑剂的应用特性分为通用型和特殊型** 有一些增塑剂性能比较全面，如邻苯二甲酸酯类，但没有特效的性能，称之为通用型。有些增塑剂则除了增塑作用外，还有其他的功能，如脂肪族二元酸酯具有良好的低温柔曲性能，称为耐寒增塑剂；而磷酸酯类有阻燃性能，称为阻燃增塑剂，它们均称之为特殊型。

(5) **按化学结构分类** 这是最常用的分类方法，后面增塑剂的品种，将按此分类方法来进行详细的讨论。

## 3.2.2 增塑机理

增塑剂的作用机理是当增塑剂添加到聚合物中，或增塑剂分子插入聚合物分子链之间，削弱了聚合物分子链间的引力，增加了聚合物分子链的移动性，降低了聚合物分子链的结晶度，从而使聚合物的塑性增加。由此可见，聚合物分子链的作用力和结晶性实际上是对抗塑化的主要因素，它也取决于聚合物的化学与物理结构。

从表观来看，一些常见的热塑性高分子聚合物的玻璃化温度（$T_g$）是高于室温的，因此在常温下，聚合物处于玻璃样的脆性状态。加入适当的增塑剂以后，聚合物的玻璃化温度可以下降到使用温度以下，这时聚合物材料就呈现出较好的柔韧性、可塑性、回弹性和耐冲击强度，可以制成各种有实用价值的产品。增塑剂本身的玻璃化温度越低，则其使塑化物的玻璃化温度下降的效果也越好，塑化效率也越高。

### 3.2.2.1 聚合物的分子间力

首先，物质在聚集状态下，分子之间存在着一种较弱的引力，称为范德瓦耳斯力，其作用范围只有几十纳米。

比较强的作用力是氢键，含有—OH 或—NH—的分子，如聚酰胺、聚乙烯醇、纤维素等，在分子间或分子内部能形成氢键，由于氢键产生的力能阻碍增塑剂分子插入聚合物分子链之间，当氢键沿聚合物分子链的分布越密时，对增塑剂插入的对抗力也越强。另外，当升高温度时，由于分子的热运动妨碍了聚合物的分子取向，氢键的作用能相应削弱。

所谓聚合物的结晶度，是指空间有规结构的聚合物分子链在适当的条件下，一部分高分子链可以从卷绕杂乱的状态变成紧密折叠成行的有规则排列状态。在一般条件下，聚合物分子链的排列是由结晶区分散于无定形区的，而增塑剂分子插入结晶区要比插入无定形区困难得多。这里，对增塑剂来说，就有主增塑剂和辅助增塑剂之分。如果增塑剂的分子既能插入聚合物的无定形区域，又能插入结晶区域，则此增塑剂便是溶剂型增塑剂，即所谓主增塑剂；如果增塑剂的分子仅能插入部分结晶的聚合物的无定形区域，则此增塑剂便是非溶剂型增塑剂。

### 3.2.2.2 塑化作用

增塑剂塑化作用基本原理可以用邻苯二甲酸酯类塑化聚氯乙烯为例说明。

聚氯乙烯的各链节由于存在氯原子是有极性的，它们的分子链相互吸引在一起。当加热时，其分子链的热运动就变得激烈，削弱了分子链间的作用力，分子链间的间隔也有所增加。此时，增塑剂分子就有可能钻到聚氯乙烯的分子链间隔中，聚氯乙烯的极性部分和增塑剂的极性部分相互作用，这样，新形成的聚氯乙烯-增塑剂体系即使冷却后，增塑剂的极性分子也仍留在原来的位置上，从而妨碍了聚氯乙烯分子链之间的接近，使分子链的微小热运动变得比较容易，于是聚氯乙烯就变成柔软的塑料了。以邻苯二甲酸二丁酯（DBP）作增塑剂来塑化聚氯乙烯（PVC）为例，在升高温度时，DBP 分子插入 PVC 的分子链间，DBP 的酯型偶极与 PVC 的偶极相互作用而使 DBP 的苯环极化，这样，DBP 与 PVC 就结合在一起。由于 DBP 非极性部分的亚甲基链不极化，它夹在 PVC 的分子链间，削弱了 PVC 分子间力，使 PVC 分子链的移动容易了。

　　由此可见，一般增塑剂分子内部必须含有能与极性聚合物相互作用的极性部分和不与聚合物作用的非极性部分，关于 DBP 的结构及其塑化 PVC 的模拟图见图 3-1、图 3-2。

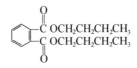

极性部分　　　非极性部分

图 3-1　DBP 的结构图

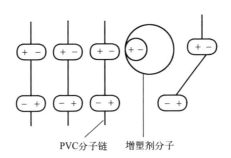

PVC分子链　　增塑剂分子

图 3-2　增塑剂 DBP 塑化 PVC 的模拟图

### 3.2.3　对增塑剂性能的基本要求

从性能来说，理想的增塑剂应满足以下条件。

#### 3.2.3.1　增塑剂和聚合物树脂有良好的相容性

相容性是增塑剂在聚合物分子链之间处于稳定状态下相互掺混的性能，是作为增塑剂最基本的要求。

以聚氯乙烯为例，一般使用的聚合物标准聚合度在 800～1200 之间，此种纯聚氯乙烯质硬，即使升温到 150℃以上也不会变。若要使其软化必须再升温，但在高温下，聚氯乙烯易分解而放出 HCl 且腐蚀设备。如果聚氯乙烯树脂中加入少量邻苯二甲酸二丁酯增塑剂，则在 160℃下它能软化熔融成一均匀体系，可以制得在常温下透明、稳定和柔软的薄片。

#### 3.2.3.2　塑化效率高

增塑剂的塑化效率是使树脂达到某一柔软程度的用量，它和相容性是两个概念。举例说明，如果有 A、B 两种增塑剂，虽然 A 对树脂的相容性比 B 大，但 B 用较少的量可以达到 A 用较多量而使树脂达到的同样韧度，则可以认为 B 的塑化效率比 A 高。塑化效率是一个相对比较值，通常以邻苯二甲酸二辛酯（DOP）为基准，以 100% 模数来表示，用于比较增塑剂的塑化效果，表 3-2 为部分增塑剂对 PVC 的塑化效率（增塑剂量/%）及相对效率比值，依此可以算出癸二酸二丁酯的相对效率为 26.5/33.5＝0.79，磷酸三甲苯酯的相对效率为 35.3/33.5＝1.05。

表 3-2　部分增塑剂对 PVC 的塑化效率及相对效率比值

| 增塑剂 | 黏度(20℃)/mPa·s | 塑化效率[2]增塑剂量/% | 相对效率比值[1] |
|---|---|---|---|
| 邻苯二甲酸二(2-乙基己)酯 DEHP 或 DOP | 80.0 | 33.5 | 1.00 |
| 邻苯二甲酸二丁酯 DBP | 20.3 | 28.5 | 0.81 |
| 邻苯二甲酸二异丁酯 DIBP | 36.4(25℃) | | 0.87 |
| 癸二酸二丁酯 DBS | 10.0 | 26.5 | 0.79 |
| 癸二酸二(2-乙基己)酯 DOS | 20.8 | 32.5 | 0.93 |
| 乙二酸二(2-乙基己)酯 DOA | 15.3 | | 0.91 |
| 磷酸三甲苯酯 TCP | 120.0 | 35.3 | 1.12 |
| 磷酸三(丁氧乙基)酯 | 20.1 | 29.5 | 0.92 |
| 环氧乙酰蓖麻酸丁酯 | 35.3 | 34.6 | 1.03 |
| 氯化石蜡(含 Cl 40%) | | | 1.80～2.20 |

注：① 表中数值为不同作者测得数据的平均值。
②　塑化效率值是作者里德测定的数值。

相对效率比值小于 1.0 的是较有效的增塑剂，而大于 1.0 的则是相对 DOP 来说较差的增塑剂。相对效率比值与增塑剂用量有关，可以用它来计算增塑剂的用量。例如，有 100g PVC，作为某制品时需用 50g DOP 作增塑剂，如果用 DBP 来代替 DOP，要求达到 DOP 作增塑剂时同等的柔韧性，则需用 DBP 的量为 50g×0.81/1＝40.5g。

通常情况下，聚氯乙烯制品性能越柔软，加入的增塑剂量也越多，此时，分子量越小，塑化效率越好。在相同分子量时，随着增塑剂分子内极性的增加，支链烷基的增加，环状结构的增加，塑化用增塑剂量就要增加，也即塑化效率降低。

### 3.2.3.3　挥发性低

低挥发性是增塑剂的耐久性问题。增塑剂一般是蒸气压较低的高沸点液体，然而当聚合物加热成型以及增塑制品贮存时，在制品的外表，增塑剂还会逐渐挥发而散失，使制品性能恶化。因此要求增塑剂的挥发性越低越好，特别是对汽车内部装饰塑料制品、电线电缆等用的增塑剂要求更高。

### 3.2.3.4　耐寒性好

增塑剂的耐寒性与其结构有直接关系。一般相容性较好的增塑剂，耐寒性都较差；分子中带有环状结构（包括芳环和脂环类）耐寒性也不好。以直链的亚甲基（中文系统名称为甲叉基）ᵉ(CH₂)ₓ 为主体的脂肪族酯类，有良好的耐寒性；烷基链越长，耐寒性越好。但当有支链时，耐寒性也会有所降低，耐寒性对某些处于低温环境或室外，特别是北方地区的制品，更重要。

### 3.2.3.5　耐老化性好

耐老化主要是指对光、热、氧、辐射等的耐受力。由于增塑剂在聚合物中的加入量很大，所以增塑剂的耐老化能力直接影响到塑化制品的耐老化性。一般具有直链烷基的增塑剂比较稳定，烷基支链多的增塑剂耐热性相对差一些。环氧系列增塑剂具有良好的耐候性，并且可以防止制品加工时着色，因此又起着稳定剂的作用（耐热和光）。抗氧剂的加入会大大改善塑化制品的耐老化性能。

#### 3.2.3.6 耐久性好

耐久性是指增塑剂的挥发、抽出和迁移等的损失而引起塑料的老化。例如，经塑化的PVC中增塑剂向紧贴的油漆层迁移而使漆膜增塑软化，反过来使油漆与增塑的PVC表面发生粘连；又如，增塑剂向被包装的食品中迁移而使食品带有增塑剂的气味。在耐抽出方面，大多数增塑剂都难以被水抽出，因而许多PVC软制品可以在常与水接触的条件下长期使用，但许多增塑剂的耐油耐溶剂性不好。

一般而言，在耐挥发性方面，增塑剂的分子量越小，与PVC树脂相容性越差，外界温度高等因素都会使挥发性增加；相反，当增塑剂分子内具有体积较大的基团时，由于它们在塑化物内向外扩散较困难，因而挥发性小。增塑剂分子量大于350是必要的，聚酯类和偏苯三酸酯的耐久性很好，其分子量都在1000以上。含苯基、酯基多的极性增塑剂耐油抽出性好，聚酯类和偏苯三酸酯的耐油抽出性也很好。烷基支链多的增塑剂也耐油抽出，例如邻苯二甲酸丁苄酯（BBP）、磷酸三甲苯酯（TCP）和邻苯二甲酸二（3,5,5-三甲基己）酯（DNP）等都是耐油性好的增塑剂。

在迁移性方面，增塑剂容易向相容性好的高聚物迁移。例如，用DOP增塑剂增塑的复合材料来铺装地板时，采用沥青黏合剂来粘接，发现沥青黏合剂向DOP迁移而使地板砖污染变黑。如果用BBP来代替DOP，则不发生上述现象，这是因为沥青对BBP的相容性比DOP要小得多。

#### 3.2.3.7 电绝缘性能好

电性能首先要考虑所选用增塑剂的结构特点。一般来说，极性低的增塑剂化合物电绝缘性能差，因为此时聚合物分子链上的偶极自由度较大，从而使导电率增加；而分子内支链较多、塑化效率较差的增塑剂，电绝缘性较好。

增塑剂的纯度与电性能也有关，增塑剂不纯，内含离子性杂质或填充料，就可使绝缘性降低。

对电线、电缆来说，除电绝缘性外，还要有良好的热稳定性、耐老化性以及由于长期埋于地下所必需的耐霉菌性和耐油抽出性能，常用的增塑剂有邻苯二甲酸系列的二异辛酯（DIOP）、二异癸酸（DIDP）、二（3,5,5-三甲基己）酯（DNP）、偏苯三酸三（2-乙基己）酯（TOTM）、聚酯、氯化石蜡等。

#### 3.2.3.8 难燃性

大量聚合物材料已获得广泛应用，如建筑、交通、电气、纺织品等，而许多场合都要求制品具有难燃性能。在增塑剂中，氯化石蜡、氯化脂肪酸酯和磷酸酯类都具有阻燃性，特别是磷酸酯的阻燃性很强。氯化石蜡价廉，大量作为辅助增塑剂。氯化石蜡的性能与氯含量有极密切的关系，随着氯含量的增加，阻燃性、相容性等都相应得到改善，但耐寒性却显著变差，所以作为增塑剂使用的氯化石蜡，通常氯含量多为40%～50%，如果作为阻燃剂用时，氯含量可达70%。

聚氯乙烯的氯含量约为56.8%，本身就具有自熄性。由于大量加入了增塑剂，增塑剂的性能也就影响到聚氯乙烯制品的性能。

#### 3.2.3.9 尽可能无色、无臭、无毒

这对许多场合下使用的制品是很必要的，例如，制造白色或浅色透明的制品，与食品及医药有关的制品。塑料薄膜、容器、软管等已广泛用在食品和药品的贮存和包装，因而要求这些制品是无毒的或低毒的。

苯二甲酸酯类增塑剂具有一定安全风险。目前，在土壤、海水和生物体残骸中，甚至在

人的母乳中都发现了邻苯二甲酸酯类增塑剂。自 1999 年起美国、欧盟纷纷出台政策限制邻苯二甲酸酯类增塑剂的应用。欧盟通过 ROHS 指令和 REACH 法规限制了邻苯二甲酸酯（主要是 DEHP、DBP、DIBP 和 BBP 四种）的使用，浓度均不能大于 0.1%。美国环保署（EPA）将 DINP 列入有害化学品清单，并将 6 种邻苯二甲酸酯（DEHP、DMP、DBP、DIBP、DINP 和 DIOP）列入重点控制的污染物黑名单。2008 美国明令禁止在塑料玩具中使用 6 类邻苯二甲酸酯。

### 3.2.3.10　耐霉菌性强

像电线、电缆、农用薄膜、土建器材之类的塑料制品，在使用过程中会接触自然界中的微生物，由于微生物的侵害而造成老化。因此上述这些塑料制品应该具有耐菌性。

PVC 及其他高分子材料本身一般对微生物的破坏作用都具有较强的抵抗性，但是在塑化物中的增塑剂却往往成为微生物的营养源，因而容易受霉菌、细菌之类的侵害，结果使塑化物的性能降低。现在最成问题的是霉菌的侵害，特别是丝状菌。增塑剂的组成和结构不同，受霉菌侵害的程度也不同。从试验数据来看，长链的脂肪酸酯类最容易受到侵害，脂肪族二元酸酯也易受侵害；反之，邻苯二甲酸酯类和磷酸酯类有强的抗菌性。环氧化大豆油易成为菌类的营养源，以酚类为原料的磷酸酯、氯化石蜡具有较好的耐霉菌性能。

### 3.2.3.11　配制增塑剂糊的黏度稳定性好

配制聚氯乙烯增塑剂糊（也称 PVC 塑溶胶），是将 PVC 微粒分散悬浮在增塑剂介质中而配成高黏度糊状混合物，广泛用于人造革、纸张涂层、金属防腐、浇注制品等方面。在增塑剂糊中，增塑剂除具有增塑作用外，还起着 PVC 微粒分散作用。因此一方面要求增塑剂在常温下溶剂化能力小，凝胶化速度慢，使增塑剂糊的黏度比较稳定，贮存期可达几个月以上；另一方面要求增塑剂糊在加热下，增塑剂和树脂微粒能迅速融合而完成凝胶化，得到性能良好的制品。显然这两个要求是相互矛盾的，因而常常采用几种增塑剂的混合物。

增塑剂糊的黏度稳定性与增塑剂的结构和性质有密切的关系。用不同增塑剂调成的增塑剂糊的黏度稳定性也不同。增塑剂糊中增塑剂的浓度不仅是决定制品物理性能的重要因素，而且对增塑剂糊的黏度也有很大的影响。在增塑剂糊中增塑剂的添加量一般都较大，根据需要其添加量在 30 份到 150 份之间。近来，30 份到 40 份的低增塑剂浓度的增塑剂糊也颇流行，且出现了低增塑剂浓度、粗树脂粒子的增塑剂糊。

此外，还应具有良好的耐化学药品和耐污染性。综上，要全部符合上述条件的理想增塑剂是没有的，在具体选用增塑剂时只能抓住主要矛盾，选择最合适的品种单独或混合使用，以达到价廉物美的要求。

## 3.2.4　增塑剂的结构与增塑性能的关系

增塑剂的特性都是由其本身的化学结构所决定的。掌握增塑剂的化学结构与各种性能之间的关系有助于增塑剂的使用和研制。

### 3.2.4.1　增塑剂与聚合物化学结构上的类似性

增塑剂与聚合物具有类似的化学结构，就能得到较好的塑化效果。PVC 的分子链是有极性的，从目前所使用的增塑剂的结构来看，它们的分子也都是由极性部分和非极性部分组成的，而且极性部分绝大多数是酯型结构。从分子类型来看，对于 PVC，芳香族化合物的相容性较好，但耐寒性差，脂肪族化合物相容性较差，但耐寒性好。而脂环化合物的性能居于上述两者之间。

### 3.2.4.2　极性部分的酯型结构

绝大部分增塑剂都含有 1～3 个酯基，一般随着酯基数目的增多，相容性、透明性都更好。当仅含有一个酯基时，A—C—O—B结构和相反的B—C—O—A结构在增塑性能上没有多大的差别，但当具有多个酯基时，酯基的相对位置对增塑性能是有影响的。例如，在具有长链烷基的直链状增塑剂中，如果两个酯基靠近则会使相容性降低。

（结构式：A—C—O—B，C上方为O双键；B—C—O—A，C上方为O双键）

由仲醇合成的酯基与由伯醇合成的酯基相比，塑化效率、相容性、耐寒性、耐热性等都较差；但应用在增塑剂糊中，其增塑剂糊黏度的稳定性较好。

酯类广泛地用作增塑剂是因为它的化学性质较稳定，同时具有适度的极性。它不仅和聚合物的相容性良好，而且也能满足对增塑剂的其他物理性质的要求。除了酯基以外，极性部分还可以是环氧基、酮基、醚键、酰胺基、氰基以及氯等。环氧基有优良的耐热性；酮基相容性较好；醚键对相容性也稍有改善，但耐水性和耐热性差。

### 3.2.4.3　非极性部分的亚甲基链和烷基

邻苯二甲酸酯、脂肪族二元酸酯等一般酯类增塑剂，随着直链烷基碳原子数的增加，耐寒性和耐挥发性提高，但相容性、塑化效率等相应降低。当碳原子数在 4～8 之间变化时上述这种影响不显著；但碳原子如果增加到 14 以上，这种影响就特别显著了。

另一方面，碳原子数相同的支链烷基与直链烷基相比，其塑化效率、耐寒性、耐老化性和耐挥发性均较差。同时随着支链的增加，这种倾向变得更为明显。但是 $R^1$—C—$R^3$—型的（C上方为$R^2$，下方为$R^4$）

分支结构却对热氧化分解有良好的稳定性，这是因为季碳原子上没有氢。

### 3.2.4.4　非极性部分和极性部分的比例 $(A_p/P_o)$

$A_p/P_o$ 值是增塑剂分子中非极性的脂肪碳原子数（$A_p$）和极性基（$P_o$）的比值。例如，壬二酸二辛酯的 $A_p/P_o$ 值为 11.5，DOP 的 $A_p/P_o$ 值为 8（在计算 DOP 的 $A_p/P_o$ 值时，忽略了半极性基——苯基），磷酸三辛酯的 $A_p/P_o$ 值也是 8。

非极性部分和极性部分的比例对增塑剂的性能有很大的影响，现将其定性关系列于表 3-3。

表 3-3　增塑剂的 $A_p/P_o$ 与性能的关系

| $A_p/P_o$ 值 | 低→高 | $A_p/P_o$ 值 | 低→高 |
| --- | --- | --- | --- |
| 相容性 | 高→低 | 低温柔软性 | 低→高 |
| 塑化效率 | 高→低 | 挥发性 | 高→低 |
| 热稳定性 | 低→高 | 耐油性 | 高→低 |
| 增塑糊黏度稳定性 | 低→高 | 耐肥皂水性 | 低→高 |

### 3.2.4.5　分子量的大小

增塑剂分子量的大小要适当，分子量较大的增塑剂耐久性较好，但塑化效率低，加工性差；分子量较低的增塑剂相容性、加工性、塑化效率等较好，但耐久性较差。增塑剂的分子量应在 250 以上（DBP 为 278），因此，300～500 似乎成了一般增塑剂的标准分子量范围（DOP 为 390，DIDP 为 446）。

综合上述各点，对 PVC 而言，一种性能良好的增塑剂，其分子结构应该具备以下几点：

① 分子量在 300～500；
② 具有 2～3 个极性强的极性基团；
③ 非极性部分和极性部分保持一定的比例；

④ 分子形状呈直链形，少分支。

## 3.2.5 增塑剂的主要品种

### 3.2.5.1 苯二甲酸酯类

苯二甲酸酯类是工业增塑剂中最重要的品种，品种多，产量大，占增塑剂年消耗量的80%以上。由于 PVC 的广泛应用，苯二甲酸酯类作为增塑剂能使 PVC 得到优异的改性，满足多方面应用的需要；同时由于配合用量大，特别对软 PVC 制品，苯二甲酸酯类成为增塑剂工业大规模生产的中心品种系列。

苯二甲酸酯是一类高沸点的酯类化合物，它们一般都具有适度的极性，与 PVC 有良好的相容性。与其他增塑剂相比较，还具有适用性广、化学稳定性好、生产工艺简单、原料便宜易得、成本低廉等优点。

**(1) 邻苯二甲酸酯** 由邻苯二甲酸酐与各种醇类酯化可以制取多品种的邻苯二甲酸酯系列化合物。其化学结构式为

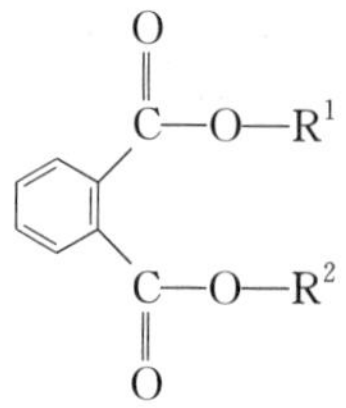

$$\text{结构式：苯环邻位上连接 } C(=O)-O-R^1 \text{ 和 } C(=O)-O-R^2$$

（$R^1$ 与 $R^2$ 为 $C_1 \sim C_{13}$ 烷基）

习惯称 R 在 $C_5$ 以下的为低碳醇酯，作为 PVC 增塑剂，邻苯二甲酸二丁酯是分子量最小的化合物。因为它的挥发度太大，耐久性差，近年来已在 PVC 工业中逐渐被淘汰，而转向用于黏合剂和乳胶漆中作增塑剂。

在高碳醇酯方面，最重要的代表品种是邻苯二甲酸二（2-乙基己）酯，它是一个带有支链的侧链醇酯，通常也称其为二辛酯（DOP），是无色透明的油状液体，有特殊气味。它是所有的增塑剂中产量最大、综合性能最好的品种，体现了成本、实用性和加工性能等各方面最理想的结合。因而目前以它为通用增塑剂的标准，任何其他增塑剂都是以它为基准来加以比较的，只有比 DOP 便宜或具备独特的理化性能，才能在技术经济上占优势。

与 DBP 比较，DOP 的挥发度只有 DBP 的 1/20；与水的互溶性低，并有良好的电性能；除对 PVC 外，DOP 能与硝酸纤维素形成坚韧柔软的薄膜，还可用来增塑丁苯、丁腈和氯丁橡胶，以及脲醛和苯乙烯树脂。与某些增塑剂品种相比较，它也有不足之处，在热稳定性、耐迁移性、耐寒性和卫生性方面还稍差。例如，邻苯二甲酸二异癸酯（DIDP）是耐热性较好的电缆用增塑剂。关于常用增塑剂的特点和用途可见表 3-4。

**表 3-4 常用增塑剂的性能与用途**

| 增塑剂名称 | 缩写 | 分子量 | 沸点/℃ | 凝固点/℃ | 25℃黏度/mPa·s | 优点 | 缺点 | 主要用途 |
| --- | --- | --- | --- | --- | --- | --- | --- | --- |
| 邻苯二甲酸酯类 | | | | | | | | |
| 二甲酯 | DMP | 194 | 282 | 5.5 | 13.14 | ① | ② | 醋酸纤维素 |
| 二乙酯 | DEP | 222 | 296 | −4 | 10.1 | ① | ② | 醋酸丁酸纤维素 |
| 二异丁酯 | DIBP | 278 | 327 | −50 | — | ① | ②④⑤ | 软管,杂品 |

| 增塑剂名称 | 缩写 | 分子量 | 沸点/℃ | 凝固点/℃ | 25℃黏度/mPa·s | 优点 | 缺点 | 主要用途 |
|---|---|---|---|---|---|---|---|---|
| 二丁酯 | DBP | 278 | 339 | −35 | 16.11 | ①③⑪ | ① | 通用型,清漆,溶剂 |
| 二庚酯 | DHP | 363 | 212(5) | −46 | 44.7(20) | ⑪⑫ | ② | 通用型 |
| 二(2-乙基己)酯或二辛酯 | DOP | 391 | 231(5) | −55 | 77.4(20) | 全面性能 | — | 通用型 |
| 二异辛酯 | DIOP | 391 | 229(5) | −45 | 83 | ⑬⑭ | ④⑤ | 电线,板材 |
| 二(3,5,5-三甲基己)酯 | DNP | 419 | 246(5) | — | 78.1 | ②⑬ | ③④ | 电线,板材 |
| 二正辛酯 | DnOP | 391 | 220~248(4) | −25 | 40(20) | ④⑮⑯ | — | 农用薄膜,电线,增塑糊 |
| 二(十三烷基)酯 | DTDP | 530 | 235(3.5) | −37 | 320(20) | ②⑥ | ①⑪ | 耐热电线 |
| 二异癸酯 | DIDP | 447 | 248(5) | −37 | 110(20) | ②⑬ | | 高级人造革,电线 |
| 二环己酯 | DCHP | 330 | 212~218(5) | 58~65 | 223(60) | ⑥⑮ | ④⑰ | 包装材料 |
| 丁苄酯 | BBP | 312 | 370 | −40 | 50 | ⑥⑪⑱ | ④ | 板材,人造革,电线 |
| C<sub>7</sub>~C<sub>10</sub>醇酯(直链率60%) | T-710 | 约390 | | | 52.7(20) | ②④ | | 通用型 |
| 丁基月桂基酯 | BLP | 390 | 210~220(5) | <−35 | | ④ | | 通用型 |
| 二烯丙酯 | DAP | 246 | 158(4) | −70 | 8.4(30) | | | 涂料,唱片,增塑糊 |
| 丁基邻苯二甲酰基甘醇酸丁酯 | BPBG | 336 | 215(5) | −35 | 51 | ①⑧无臭 | ⑫ | 口香糖,食品包装 |
| 对苯二甲酸二(2-乙基己)酯 | DOTP | 391 | | | 6.4 | ②④⑯ | 原料来源有限 | 汽车内制品、家具 |
| 间苯二甲酸二(2-乙基己)酯 | DOIP | 391 | 241 | | 6.3 | ②⑥ | 耐水耐油抽出 | 日用品、家具 |
| 脂肪族二元酸酯 | | | | | | | | |
| 己二酸二(2-乙基己)酯 | DOA | 370 | 214(5) | <−60 | 12 | ④ | ②⑲ | 耐寒性辅助增塑剂 |
| 己二酸二异癸酯 | DIDA | 426 | 242(5) | <−60 | 21 | ②④⑲ | ①⑭ | 耐寒性辅助增塑剂 |
| 癸二酸二丁酯 | DBS | 314 | 200(5) | −11 | 7.9 | ④⑧ | ①⑩⑭ | 耐寒性辅助增塑剂 |

| 增塑剂名称 | 缩写 | 分子量 | 沸点/℃ | 凝固点/℃ | 25℃黏度/mPa·s | 优点 | 缺点 | 主要用途 |
|---|---|---|---|---|---|---|---|---|
| 癸二酸二(2-乙基己)酯 | DOS | 426 | 242(5) | <−60 | 18 | ②④ | ①⑫⑭ | 耐寒性辅助增塑剂 |
| 壬二酸二(2-乙基己)酯 | DOZ | 413 | 238(5) | −65 | 16 | ②④ | ①⑭ | 耐寒性辅助增塑剂 |
| 马来酸二(2-乙基己)酯 | DOM | 340 | 203(5) | −50 | | 能与乙烯基单体共聚 | | 与氯乙烯共聚,内增塑剂 |
| 富马酸二丁酯 | DBF | 228 | 285 | 12.5 | | 能与乙烯基单位共聚 | | 与氯乙烯共聚,内增塑剂 |
| 磷酸酯 | | | | | | | | |
| 磷酸三甲苯酯 | TCP | 368 | 265~285(10) | −35 | 120(20) | ①⑦⑩⑲ | ④⑧ | 电线,清漆,纤维素 |
| 磷酸三苯酯 | TPP | 326 | 220(5) | 48.5 | 8.3(60) | ①⑦ | ④⑧ | 电线,合成橡胶,纤维素 |
| 环氧化合物 | | | | | | | | |
| 环氧化大豆油 | ESO | | | | | ②⑮ | 表面渗出 | 耐热性辅助增塑剂 |
| 环氧油酸丁酯 | EBSt | | | | | ④⑮ | ① | 耐候耐寒性辅助增塑剂 |
| 环氧硬脂酸辛酯 | EOSt | | | | | ④⑮ | ① | 耐候耐寒性辅助增塑剂 |
| 聚酯 | | | | | | | | |
| 己二酸丙二醇聚酯 | Paraplex G-50 | | | | | ②⑥ | ①③ | 耐久性制品 |
| 癸二酸丙二醇聚酯 | Paraplex G-25 | | | | | ②⑥ | ③ | 耐久性制品 |
| 含氯增塑剂 | | | | | | | | |
| 氯化石蜡(含氯42%) | | 约530 | | | 2500 | ⑦⑫⑬ | ①⑤ | 辅助增塑剂,电线,板材 |
| 氯化石蜡(含氯52%) | | 约400 | | | 900~1900 | ⑦⑫⑬ | ③⑤ | 辅助增塑剂,电线,板材 |
| 五氯硬脂酸甲酯 | MPCS | 471 | | −20 | 243(39) | ⑦⑬⑭ | ⑤ | 辅助增塑剂,电线,板材,软管 |
| 脂肪酸酯 | | | | | | | | |
| 油酸丁酯 | BO | 339 | 190~230(6.5) | −15 | 7.7 | ④⑲ | ①⑨⑭ | 耐寒性辅助增塑剂 |
| 硬脂酸丁酯 | | 341 | 220~225(25) | 18~20 | 8.1 | ⑳ | ① | 辅助增塑剂,润滑剂 |
| 乙酰蓖麻酸甲酯 | MAR | 355 | 185(1) | <−30 | 18.8 | ④⑧ | ① | 辅助增塑剂,丙烯酸树脂 |

| 增塑剂名称 | 缩写 | 分子量 | 沸点/℃ | 凝固点/℃ | 25℃黏度/mPa·s | 优点 | 缺点 | 主要用途 |
|---|---|---|---|---|---|---|---|---|
| 柠檬酸三丁酯 | TBC | 360 | 225(2) | −85 | 31 | ④⑧⑩⑮ | ⑫ | 食品包装 |
| 乙酰柠檬酸三丁酯 | ATBC | 403 | 178(1) | −80 | 42.7 | ⑧⑲ | ⑫ | 食品包装 |
| 多元醇酯 | | | | | | | | |
| 一缩二乙二醇二苯甲酸酯 | DEDB | 314 | 240(5) | 16 | | ⑥⑱ | ④ | 地板料,床板 |
| 一缩二乙二醇 C₇～C₉ 酸酯 | | | | | | ④ | | 丁腈,氯丁橡胶 |
| 甘油三乙酸酯 | | 218 | 259～262 | −37 | | ⑧ | ②㉑ | 纤维素 |
| 甘油三丁酸酯 | | 302 | 315 | <−75 | | ⑧ | ②㉑ | 纤维素 |
| 其他 | | | | | | | | |
| 偏苯三酸三(2-乙基)己酯 | TOTM | 546 | 260(1) | | 210 | ⑤⑥⑬ | ④ | 耐热电线 |
| 烷基磺酸苯酯 | T-50 (M·50) | | 200～220 | | 80～120 | | ①④ | 通用型辅助增塑剂 |
| N-乙基对甲苯磺酰胺 | | 187 | 340 | (58) | — | ① | ④ | 聚酰胺 |
| 樟脑 | | 152 | 204 | 173(1) | | ① | ②㉑ | 硝酸纤维素 |

注:优、缺点栏符号含义如下:①相容性;②挥发性;③塑化效率;④耐寒性;⑤耐热性;⑥耐久性;⑦阻燃性;⑧毒性;⑨耐候性;⑩耐菌性;⑪加工性能;⑫价格,经济;⑬电绝缘性;⑭耐油性;⑮耐光热稳定性;⑯增塑糊黏度稳定;⑰柔软性;⑱耐污染;⑲耐水性;⑳润滑性;㉑耐药品性,可燃性。

在邻苯二甲酸二烷基酯中,低碳酯主要用于纤维素类树脂,而高碳醇酯通用性较好,其中大多数为侧链醇酯。随烷基碳数增加而挥发度降低,热稳定性提高,耐迁移和耐水抽出能力增强,低温柔曲性好,毒性小。在直链醇酯的开发方面远不如侧链醇酯,其中最常用的有DOP、DIOP、DIDP 和 DBP 等。在我国,DOP 约占增塑剂总量的 45%,在美国约占 25%,而在日本占 55%。DBP 由于挥发性大,耐久性差,所以在增塑剂中的比例已逐渐下降;DIDP 由于挥发性低、耐热性好,近十年来有较大幅度的增长。

直链醇的邻苯二甲酸酯与许多聚合物都有良好的相容性,且挥发性低,低温性能好,是一类性能十分优良的通用型增塑剂。随着石油化工的发展,近年来原料直链醇或混合的准直链醇日益丰富,且准直链醇的价格也较低廉,因而直链醇的邻苯二甲酸酯的发展十分迅速。混合的准直链醇邻苯二甲酸酯不仅较 DOP 价廉,而且还因为有良好的分子量平衡,所以性能优越。直链醇邻苯二甲酸酯广泛地用在汽车内制品、电线、电缆和食品包装等方面。

近年来,由于发现由椰子油提取的混合醇制取的酯呈现较好的综合性能,因而着力研究用 C₆～C₁₀ 之间的混合醇来生产增塑剂。如邻苯二甲酸系列的 710 酯、711 酯和 911 酯等,即烷基链为 C₇～C₁₀、C₇～C₁₁ 和 C₉～C₁₁ 的混合物,含直链率在 60%～80% 间,以正构醇酯为主体,在性能和价格上都可以和 DOP 相竞争。

**（2）对苯二甲酯和间苯二甲酯** 对苯二甲酯一般为结晶状固体，与 PVC 树脂不相容；但具有一定支链的 $C_8 \sim C_9$ 醇的对苯二甲酯是液体，与 PVC 相容，它们与相应的邻苯二甲酯比较，挥发性低，低温性、增塑剂糊黏度稳定性及电性能都较好，可以作为耐迁移增塑剂。代表性品种是对苯二甲酸二辛酯（DOTP），用它代替 DIDP，具有更好的低温性能，可以用于汽车零部件，家具和装饰材料的 PVC 制品中。

间苯二甲酯的某些性能，如挥发性，耐油抽出性，溶剂化能力等，比对苯二甲酯还稍好些，代表性品种如间苯二甲酸二辛酯（DOIP）。但由于对苯二甲酸和间苯二甲酸来源有限，所以发展受到一定限制。

### 3.2.5.2　脂肪族二元酸酯

脂肪族二元酸酯的化学结构可用如下通式表示：

$$R^1-O-\overset{\overset{\textstyle O}{\|}}{C}-(CH_2)_n-\overset{\overset{\textstyle O}{\|}}{C}-O-R^2$$

式中，$n$ 一般为 $2 \sim 11$，即由二酸至十三烷二酸；$R^1$ 与 $R^2$ 一般为 $C_4 \sim C_{11}$ 烷基或环烷基，$R^1$ 与 $R^2$ 可以相同也可以不同。常用长链二元酸与短链一元醇或用短链二元酸与长链一元醇进行酯化，使总碳原子数在 $18 \sim 26$ 之间，以保证增塑剂与树脂获得较好的相容性和低挥发性。

脂肪族二元酸酯的产量约为增塑剂总产量的 5%。我国生产的品种主要有癸二酸二丁酯（DBS）、己二酸二（2-乙基己）酯（DOA）和癸二酸二（2-乙基己）酯（DOS），其中 DOS 占 90% 以上，其的耐寒性最好，但价格比较昂贵，因而限制了它的应用。国外己二酸酯类价格比较便宜，所以发展很快。目前在二元酸酯类中己二酸酯类的消费占压倒性优势，美国己二酸酯类的年产量已近 3 万吨。目前国内外都致力于开发成本低的新品种，例如利用合成己二酸的副产物（含己二酸、戊二酸和丁二酸的混合酸，简称 AGS 酸）来制取尼龙酸酯，其低温性能良好，已在 PVC 增塑剂糊料中得到很好的应用。我国也已有 AGS 酸二辛酯的生产，其性能良好。由油页岩氧化得到的 $C_4 \sim C_{10}$ 混合二元酸也是制取酯类增塑剂的廉价原料，低温性能良好。随着石化工业的发展，预计己二酸酯的生产和应用在我国将会有更大的发展。

在己二酸酯类中，DOA 分子量较小（370），挥发性大，耐水性也较差；DIDA 分子量与 DOS 相同（426），耐寒性与 DOA 相当，而挥发性少，耐水耐油性也较好，所以用量正在日益增加。在美国，己二酸酯还广泛用于食品包装。

由于脂肪族二元酸价格较高，所以脂肪族二元酸酯的成本也较高。目前，从制取己二酸母液中所获得的尼龙酸作为增塑剂的原料受到人们注意。据称这种 $C_4$ 以上的混合二元酸的酯类用作 PVC 增塑剂具有良好的低温性能，且来源丰富，成本低廉。癸二酸除了传统的蓖麻油裂解法生产外，还可以用电解己二酸的方法来生产，国内还进行了用正癸烷发酵生产的试验。

### 3.2.5.3　磷酸酯

磷酸酯的化学结构可用如下通式表示：

$$O=\overset{\overset{\textstyle O-R^1}{|}}{\underset{\underset{\textstyle O-R^3}{|}}{P}}-O-R^2$$

（$R^1$、$R^2$、$R^3$ 为烷基、卤代烷基或芳基）

磷酸酯是由三氯氧磷或三氯化磷与醇或酚经酯化反应而制取的。磷酸酯与聚氯乙烯、纤维素、聚乙烯、聚苯乙烯等多种树脂和合成橡胶有良好的相容性。磷酸酯最大的特点是有良好的阻燃性和抗菌性。芳香族磷酸酯（如 TCP）的低温性能很差；脂肪族磷酸酯的许多性能均和芳香族磷酸酯相似，但低温性能却有很大改善。在磷酸酯中三甲苯酯（TCP）的产量最大，甲苯二苯酯（CDP）次之，三苯酯（TPP）居第三位。它们多用在需要具有难燃性的场合。在脂肪族磷酸酯中三辛酯（TOP）较为重要。

在性能上，磷酸酯和各类树脂都有良好的相容性。磷酸酯的突出特点是其阻燃性，特别是单独使用时效果更佳。但实际使用时还要考虑到其他的因素，通常和其他增塑剂混用，这样反而会降低其阻燃作用。磷酸酯类增塑剂挥发性较低，抗抽出性也优于 DOP，多数磷酸酯都有耐菌性和耐候性。这类增塑剂的主要缺点是价格较贵，耐寒性较差，大多数磷酸酯类的毒性都较大，特别是 TCP，不能用于和食品相接触的场合。因为 TCP 的原料是三氯氧磷和甲酚，甲酚中邻甲酚的毒性较大。磷酸二苯一辛酯（DPOP 或 ODP）是允许用于食品包装的唯一磷酸酯。当 DOP 和 ODP 并用时，ODP 能改善制品的耐候性。含卤磷酸酯几乎全部作为阻燃剂使用。

#### 3.2.5.4 环氧化合物

作为增塑剂的环氧化合物主要有环氧化油、环氧脂肪酸单酯和环氧四氢邻苯二甲酸酯三大类，它们的分子中都含有环氧结构$\overset{}{\underset{O}{(CH-CH)}}$，主要用在 PVC 中以改善制品对热和光的稳定性。它不仅对 PVC 有增塑作用，而且可以使 PVC 链上的活泼氯原子稳定化，阻滞了 PVC 的连续分解，如果是将环氧化合物和金属盐稳定剂同时应用，将进一步产生协同效应而使之更为加强。因此，环氧增塑剂的这种特殊作用也是它在塑料工业中发展较快的一个重要原因。在美国，环氧增塑剂的消费量仅次于邻苯二甲酸酯类和脂肪族二元酸酯类而占第三位，另据其他资料计算，环氧增塑剂的消费量用于 PVC 制品占 $85\%\sim90\%$，而用于其他树脂占 $8\%\sim13\%$，约 $2\%$ 用于黏合剂和密封胶等方面。在 PVC 的软制品中，只要加入 $2\%\sim3\%$ 的环氧增塑剂，就可明显改善制品对热、光的稳定性。在农用薄膜上，添加 $5\%$ 就可大大改善其耐候性。如和聚酯增塑剂并用，则更适合于作冷冻设备、机动车辆等所用的垫片。此外，环氧增塑剂毒性低，可用作食品和医药品的包装材料。

环氧化油的原料是含不饱和双键的天然油，其中最重要的是大豆油，由于产量多，价廉，制成的增塑剂性能好，因此环氧化大豆油占环氧增塑剂总量的 $70\%$，其次是亚麻仁油、玉米油、棉籽油、菜籽油和花生油等。

环氧增塑剂的生产，在早期均使用双氧水作为氧给予体，即以醋酸作为氧的载体的一步环氧化工艺。随着环氧化增塑剂生产的扩大，环氧化工艺已逐渐过渡到乙醛自动氧化的过醋酸法工艺。

为了得到高质量的环氧化油，环氧化反应分两步进行，以防止在环氧化反应后期由于有高浓度的副产醋酸存在而容易发生的开环反应。即第一步只用过醋酸理论量的 $70\%\sim95\%$，待反应完全并除去溶剂和 $90\%$ 以上的醋酸后，再加入过量的过醋酸进行第二步环氧化，这样得到的环氧化油其残留碘值在 1 以下。

在最近开发的环氧增塑剂中，较突出的有环氧化-1,2-聚丁二烯。因其分子内含有多个环氧基及乙烯基，用离子反应或自由基反应能使这些官能团进行交联反应，因而所得到的制品具有优良的耐水性和耐药品性。此外因具有环氧基，故树脂配合物也有良好的黏合性，能用于涂料、电气零件以及天花板材料中。用于 PVC 增塑剂糊中，不仅增塑剂糊的黏度贮存稳定性好，而且能帮助填充剂分散，使高填充量成为可能。

#### 3.2.5.5 聚酯增塑剂

聚酯增塑剂属于聚合型增塑剂，它由二元酸和二元醇缩聚而制得，其结构为

$$H \xleftarrow{} OR^1OOCR^2CO \xrightarrow{}_n OH$$

式中，$R^1$ 与 $R^2$ 分别代表二元醇（有 1,3-丙二醇，1,3-或 1,4-丁二醇、乙二醇等）和二元酸（有己二酸、癸二酸、苯二甲酸等）的烃基。有时为了通过封闭基进行改性，使分子量稳定，则需加入少量一元醇或一元酸。

聚酯增塑剂的最大特点是其耐久性突出，因而有"永久型增塑剂"之称。近些年来一直在稳步发展，年产量约占增塑剂总消耗量的 3%。其中大部分用于 PVC 制品，少量用于橡胶制品、黏合剂和涂料中。下面分别介绍其主要品种及其性能。

**(1) 品种分类**　聚酯增塑剂的品种繁多，许多生产厂为了进一步改善产品的性能，将单纯的聚酯聚合物进行共聚改造或配成混合物，并给予一个商品牌号，而不公开其具体组成。因此聚酯增塑剂不按化学结构来分类，而要按所用的二元酸分类，大致可分为：己二酸类、壬二酸类、戊二酸类和癸二酸类等。在实际使用上，以己二酸类的品种最多，重要的代表为己二酸丙二醇类聚酯，其分子量在 3000～3500 间；其次为壬二酸类和癸二酸类聚酯。

**(2) 性能**　不同二元酸制成的聚酯增塑剂相容性不同，由低碳数二元酸制成的聚酯易产生渗出现象。当二元酸固定时，改变二元醇也能对相容性产生影响。在塑化效率上，一般聚酯增塑剂不如 DOP。其次，这类增塑剂挥发性较低，因为其分子量大，蒸气压低。在 PVC 中的扩散速度小，因而也较耐抽出，迁移性小。另外，聚酯增塑剂一般为无毒或低毒化合物，用途很广泛。主要用于汽车内制品、电线电缆、电冰箱等室内外长期使用的制品。其使用日益广泛，是发展较快的一类增塑剂。

聚酯增塑剂，目前的研究方向是尽力解决耐久性与加工性、低温性之间的矛盾，研制出具有较低黏度和较好低温性能的聚酯。通过适当选择二元酸和二元醇已能制得较低黏度（3～5Pa·s）的聚酯。

苯多酸酯主要包括偏苯三酸酯和均苯四酸酯。苯多酸酯挥发性低、耐抽出性好、耐迁移性好，具有类似聚酯增塑剂的优点；同时苯多酸酯的相容性、加工性、低温性能等又类似于单体型的邻苯二甲酸酯。美国偏苯三酸酯中产量最大的为 1,2,4-偏苯三酸三异辛酯（TIOTM），其次为 1,2,4-偏苯三酸三（2-乙基己）酯（TOTM）。它们兼具有单体型增塑剂和聚合型增塑剂两者的优点，作为耐热、耐久性增塑剂有广泛的用途，目前主要用于 105℃ 级的电线中。

### 3.2.5.6　含氯增塑剂

含氯化合物作为增塑剂最重要的是氯化石蜡，其次为含氯脂肪酸酯等。它们最大的优点是具有良好的电绝缘性和阻燃性。其缺点是与 PVC 相容性差，热稳定也不好，因而一般作辅助增塑剂。高含氯量（70%）的氯化石蜡可作阻燃剂。

氯化石蜡是指 $C_{10}～C_{30}$ 正构混合烷烃的氯化产物，有液体和固体两种。按含氯量多少可以有 40%、50%、60% 和 70% 几种。其物化性质取决于原料构成、含氯量和工艺条件三因素。低含氯量品种与 PVC 相容性差，高含氯量则黏度大，也会影响塑化效率和加工性能。

氯化石蜡对光、热、氧的稳定性差，长时间在光和热的作用下易分解产生氯化氢，并伴有氧化、断链和交联反应发生。要提高稳定性，可以从几个方面加以考虑，即提高原料石蜡含正构烷烃的纯度（百分比）；适当降低氧化反应温度；加入适量稳定剂以及对氯化石蜡进行分子改性（引入—OH、—SH、$—NH_2$、—CN 等极性基团）。此外，氯化石蜡耐低温，作为润滑剂的添加剂可以抗严寒，当含氯量在 50% 以下时尤为突出。研究表明，耐热性的氯化石蜡含氯量为 31%～33%，其结构非常类似于 PVC。

### 3.2.5.7　其他增塑剂

除上述的增塑剂种类以外，还有烷基磺酸苯酸类（力学性能好，耐皂化，迁移性低，电性能好，耐候，等）、多元醇酯类（耐寒）、柠檬酸酯（无毒）、丁烷三羧酸酯（耐热性和耐久性好）、氧代脂肪族二元酸酯（耐寒性、耐水性好）、环烷酸酯（耐热性好）等。

## 3.2.6 增塑剂生产中的酯化过程和酯化催化剂

### 3.2.6.1 酯化过程

虽然增塑剂的种类很多，但其中绝大部分都是酯类，绝大多数酯类的合成都是基于酸和醇的反应：

$$酸 + 醇 \rightleftharpoons 酯 + 水$$

该反应是典型的可逆反应，当达到平衡时：

$$\frac{[酯][水]}{[酸][醇]} = K$$

式中，$K$ 为平衡常数。

如果能把生成的酯或水两者中任何一个从反应系统中除去，就能使化学平衡向正反应方向移动，使酯化完全。因此，为了除去酯化反应所生成的水，一般在反应混合物中加入一种能与水形成共沸混合物的溶剂。在有些情况下，可以由过量的醇本身起共沸剂的作用。与此相反，酯化反应也可以在过量的酸存在下进行，这时酸起共沸剂的作用。不管是外加的共沸剂，还是过量的醇或过量的酸作共沸剂，在酯化过程中都可以循环使用。由于一般酸的沸点比醇高，为了便于循环使用和简化工艺过程，大都以醇过量。酯化的最佳工艺条件是根据醇、酸和产物酯的物理、化学性质来选定的。

采用催化剂和提高反应温度可以大大加快酯化反应的速率，缩短达到平衡时的时间。例如邻苯二甲酸酐与醇的酯化反应，在没有催化剂的情况下单酯化反应能迅速进行〔见反应(1)〕，然后由单酯进一步反应变成双酯却非常缓慢〔见反应(2)〕：

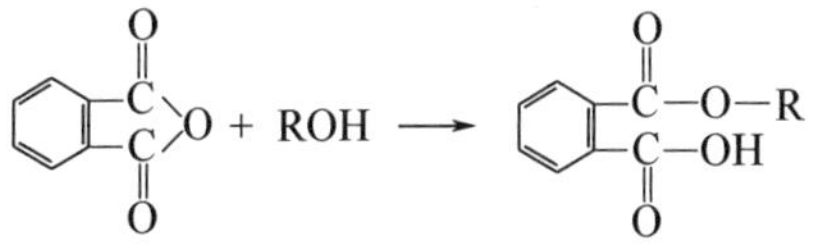

$$\tag{1}$$

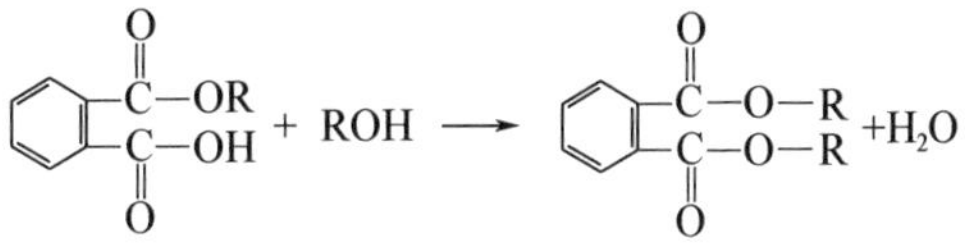

$$\tag{2}$$

因此双酯化反应需要较高的温度和催化剂。硫酸、对甲苯磺酸等是工业上广泛使用的催化剂。

众所周知，烯烃水合是生产醇类的一个重要方法。而醇与酸反应生成酯时又脱去一分子水，因此用烯烃与酸直接酯化成酯是人们所希望的。

美国孟山都公司进行了烯烃直接酯化的中间试验研究，即先用苯酐和等物质的量伯醇反应制成单酯，然后用过量 50% 的烯烃（如 1-辛烯、2-辛烯等）以过氯酸为催化剂在 80℃ 左右与单酯反应制得邻苯二甲酸混合酯，其收率为 80%～90%。除了过氯酸以外，三氟化硼络乙醚（$BF_3 \cdot CH_3CH_2OCH_2CH_3$）也可以作为上述过程的直接酯化催化剂。烯烃与酸直接酯化问题的关键在于寻找一种经济、有效且使用安全的催化剂。烯-酸法只有在经济上能与醇-酸法比较时才具有工业意义。

### 3.2.6.2 醇-酸酯化的催化剂

在醇与酸的酯化过程中，氢离子（$H^+$）对酯化反应有很好的催化作用。硫酸、对甲苯磺酸等是工业上广泛使用的催化剂。磷酸、过氯酸、萘磺酸、甲基磺酸、硼和硅的氟化物

（如三氟化硼络乙醚）以及铵、铝、铁、镁、钙的盐类等也是普通的催化剂。

硫酸具有很强的催化活性，反应时间短，但极容易使反应混合物着色；而硫酸盐、酸式硫酸盐具有和硫酸相同的催化效果，但着色性低，特别是酸式亚硫酸盐据报道着色性极低。

为了解决酸性催化剂容易使反应混合物着色的问题，并力求使工艺过程更为简化，近年来研究了一系列的非酸性催化剂，并且已经应用到工业生产上。这些非酸性催化剂主要包括以下四类：

① 铝的化合物，如氧化铝、铝酸钠，含水 $Al_2O_3 + NaOH$ 等；

② Ⅳ族元素的化合物，特别是原子序数≥22 的Ⅳ族元素的化合物，如氧化钛、钛酸四丁酯、氧化锆、氧化亚锡和硅的化合物等；

③ 碱土金属氧化物，如氧化锌、氧化镁等；

④ Ⅴ族元素的化合物，如氧化锑、羧酸铋等。

其中最重要的是铝、钛和锡的化合物，可以单独使用，也可以搭配使用，还可以载于活性炭等载体上作为悬浮型固体催化剂使用。采用一些非酸性的新型催化剂不仅酯化时间短（与不使用催化剂比较而言，实际上酯化时间与硫酸催化剂相比还是稍长），而且产品色泽优良，回收醇只需简单处理就能循环使用。这些非酸性催化剂的主要缺点是在较高的温度下（一般在 180℃左右）才具有足够的催化活性，所以采用这些非酸性催化剂时酯化温度较高，一般多在 180～250℃。

### 3.2.7 增塑剂中微量杂质对其性能的影响

在增塑剂中往往含有一些少量的杂质。这些杂质有的是由增塑剂的原料带来的，有的则是在增塑剂合成过程中由副反应生成的。杂质的存在使增塑剂的品质降低，在增塑剂使用时往往会给 PVC 软制品等带来不良的影响。如导致塑化物变色、发臭、出汗和体积电阻值降低等。因此，了解增塑剂中的杂质对其性能的影响，不管对增塑剂的合成还是应用都是有意义的。

以通常的酯化方法制得的 DOP、DBP、DOA、DOS 等增塑剂中，含有如下杂质：水分、酸分、重金属和无机物、着色物质、低沸组分等。这些杂质的存在和它们之间的相互影响，促成增塑剂的变质分解（如变色、酸值上升、聚酯增塑的黏度增加等），进而影响塑化物的性能。

#### 3.2.7.1 水分

一般增塑剂不溶于水，但因酯型增塑剂等的极性较大，所以能吸收和溶解微量的水。这些微量水的存在会促进增塑剂的分解。

把不同含水量的 DOP 在常温下贮存 1～5 星期后，其酸值上升，当 DOP 中的含水量超过 0.05% 时，就使贮存后的酸值明显上升。同样把含水量不同的 DOP 放在密封管中加热后，含水量大的 DOP，分解生成水的量也大。当 DOP 的体积电阻值较低（$1 \times 10^{11} \Omega \cdot cm$）时，水分对体积电阻值的直接影响较小；当 DOP 的体积电阻值较高（$1 \times 10^{12} \Omega \cdot cm$）时，水分的影响较大。

#### 3.2.7.2 酸分

增塑剂酸值的高低受下列因素的影响：

① 增塑剂中残存有未反应的原料酸和单酯（即酸性酯）；

② 增塑剂在蒸馏及其他热处理过程中因热分解而生成了单酯或酸；

③ 增塑剂中残存有酸性催化剂或它们的酯；

④ 增塑剂出厂后在贮存中会氧化分解（如光、热、氧、水分等引起的分解）。

在中和工序残存的原料酸和酸性催化剂较容易除去，因此在增塑剂中的含量甚微。但是单酯（如邻苯二甲酸单烷基酯）和以硫酸为催化剂时所生成的硫酸酯（如硫酸单辛酯、硫酸二辛酯等），易溶于有机相，所以难以完全除去。罗纳-普朗克 DOP 生产工艺过程中，为了尽可能地除去硫酸二辛酯，特别增加了一个硫酸二辛酯的热分解工序。

在蒸馏工序，酯型增塑剂在 200℃ 以上只要稍有一点酸存在就会发生接触分解，分解为原料酸和烯烃。

酸值较高的增塑剂一般热稳定性较差，更容易发生热分解；反过来又促使酸值进一步升高。这是由于酸是增塑剂热氧化降解和水解的催化剂，酸值对增塑剂的体积电阻影响很大，随着增塑剂酸值的增加，体积电阻值将显著下降。酸值与增塑剂产生的臭味有密切的关系，如把 DOS 减压密封在安瓿中，在 180℃ 下加热时，原来酸值高的产生的臭味就更强。酚类抗氧剂的加入能抑制增塑剂的热分解，从而抑制了酸值的上升和臭味的产生。

### 3.2.7.3　重金属和无机物

在增塑剂中常含有极微量的重金属盐或无机物，重金属是自动氧化的催化剂，会促进增塑剂的氧化分解；离子性物质的存在是导致增塑剂体积电阻值降低的原因。

### 3.2.7.4　着色物质

一般酯型增塑剂都不同程度地带有颜色。这些着色物质有的是随原料醇和酸带入的，有的则是在增塑剂生产过程中产生的，从原料醇带来的杂质中，醛与着色程度关系不大，而含有双键的不饱和化合物是造成着色的主要原因。这些不饱和化合物衍生出来的聚合物便是着色物质的主体。在增塑剂的生产过程中由于空气的混入，生成着色物质是极为明显的。这是因为反应混合物里的微量烯烃（由醇脱水生成）和不饱和化合物等被氧化成了过氧化合物，而过氧化合物又是不饱和化合物聚合的引发剂。因此在有的生产工艺过程中采用惰性气体保护酯化。酯化催化剂的种类和用量对酯化产物的色泽也是有明显影响的。使用酸性催化剂，特别是硫酸时，酯化产物的色泽很深，其着色程度与硫酸的用量几乎成正比。使用一些金属氧化物、金属氢氧化物等非酸性悬浮型催化剂时，其酯化产物的色泽要比使用硫酸时浅得多。

### 3.2.7.5　低沸组分

增塑剂中低沸组分的组成是复杂的，其中含有未反应的原料醇，在蒸馏时分解产生的烃和醇、醇脱水生成醚以及单酯等。虽然这些低沸物的含量甚微，却是产生臭味的原因；同时还使增塑剂的体积电阻值下降。当增塑剂中的低沸组分含量较高时，还会直接影响增塑剂的挥发减量。

其他类型的增塑剂中的杂质对其性能也存在不同的影响。

在邻苯二甲酸酯等酯类增塑剂的生产过程中，工艺上是通过对反应混合物、原料醇等进行一系列处理来除去各种杂质，以保证得到合格的产品。但是，有时因采用质量低劣的廉价原料，虽经一般工艺过程的一系列处理，还往往得不到合格的产品。有时为了满足一些对高纯度产品的特殊需要，还必须对酯类增塑剂进行进一步的精制，以除去其中的微量杂质。工业上常用的精制方法主要有吸附法、氧化-中和法和还原法等。

## 3.2.8　增塑剂生产和使用过程中的环境保护

### 3.2.8.1　含邻苯二甲酸酯的废水处理

邻苯二甲酸酯类增塑剂不仅产量大，而且已有几十年的使用历史，因此在海洋、湖泊以及人们的日常食品中都能检验出它们的痕迹。经过多年的环境监测和研究，关于邻苯二甲酸酯类增塑剂的污染和危害已日趋明朗。今天看来，邻苯二甲酸酯类所造成的环境污染对人类有一定的害处，生物富集的可能性小，且容易被微生物分解。

对含邻苯二甲酸酯的废水处理的最适宜方法是活性污泥法。含邻苯二甲酸酯0.01%的蒸馏水用活性污泥处理7~14天后，邻苯二甲酸酯的微生物分解率为98%左右。

对于烷基磺酸苯酯生产过程中的含酚废水，可先用烷基磺酰氯萃取以降低酚含量，然后再按一般含酚废水处理。

### 3.2.8.2 增塑剂生产过程中的废气和废渣处理

增塑剂生产过程中所排出的废气因含有一些低沸组分而带臭味。一般采用填料式废气洗涤器，用水洗涤除去臭味后再排入大气。

增塑剂生产过程中产生的废渣，如吸附有增塑剂的活性炭，从回收醇中切除出来的轻组分和重组分等，通常采取焚毁的办法处理。

### 3.2.8.3 PVC加工厂中增塑剂烟雾的处理

在PVC软制品加工过程中，加热时飞散的增塑剂烟雾及臭味，不仅使加工厂内的环境条件变坏，劳动生产率下降；而且也波及工厂周围的居民，甚至损坏农作物。所以对加工过程中产生的增塑剂烟雾，必须进行捕集和处理。

最有效的方法是通过过滤将空气中飞散的增塑剂烟雾捕集下来。例如，采用由一定直径的长玻璃丝按一定密度和方向组成的过滤层，能将$3\mu m$以上的粒子完全捕集，$3\mu m$以下（$1\mu m$）的粒子能捕集99%。

为了能将极细微的增塑剂粒子捕集下来，而又不致使过滤器的阻力过大（即最后一级过滤器的负荷太重），在过滤过程中，将极细微的粒子凝集成较大粒子是十分重要的。为了达到这个目的，通常采用喷水、离心、吸收和静电凝集等手段。

目前在工厂中使用的过滤设备的类型有：喷水式过滤器、离心式过滤器、吸附式过滤器和静电式过滤器。

## 3.2.9 增塑剂的选择应用

### 3.2.9.1 从性能和技术经济角度选用增塑剂

选择一个综合性能良好的增塑剂，要考虑的因素有很多，必须在选用前全面了解增塑剂的性能和市场情况（包括商品质量、供求情况、价格）以及制品的性能要求等。为了满足制品的多种性能，有时还要采用两种或两种以上增塑剂按一定比例混合来形成综合性能。

例如，汽车内装饰材料用的人造革，主要性能要求是不起雾性，因而要采用挥发性极低而不产生雾的增塑剂，如邻苯二甲酸二异癸酯、偏苯三酸酯、聚酯来代替邻苯二甲酸二辛酯（DOP）。冬季温度较低时车内装饰材料要有良好的低温柔曲性，还要求有较长的寿命，耐紫外线稳定性和耐燃性，因此还要添加部分磷酸酯增塑剂或三氧化二锑来达到阻燃要求。防止紫外线辐射最经济的办法是加入足够的颜料，使用少量己二酸酯或癸二酸酯类增塑剂还可改善耐低温性能。当PVC塑料作为食品包装材料、冰箱密封垫、人造革制品时，就要选用无毒和耐久性好的聚酯、环氧大豆油、柠檬酸三丁酯等，但后者的价格较贵，影响了其使用价值。在选择增塑剂时，价格因素往往是关键性条件。价格和性能之间的综合评价尤为重要。

对于增塑剂的最大使用对象聚氯乙烯制品来说，DOP由于其具有综合性能好，无特殊缺点，价格适中以及生产技术成熟，产量较大等特点而成为PVC的主要增塑剂。一般情况下，对无特殊性能要求的增塑PVC制品都可采用DOP作增塑剂，其用量主要根据对制品性能的要求来确定，此外，还要考虑加工性能问题。DOP用量越大，则制品越柔软，PVC软化点下降越多，则流动性越好，但过量添加会使增塑剂渗出。

在对PVC增塑中，除增塑剂外还加入填料、颜料等其他成分，这些组分对增塑剂的用量是有影响的。因为这些填料和颜料都具有不同的吸收增塑剂的性能，因而使增塑剂量有不同程度的增加，以获得同样柔软程度的制品。

当塑化物制品在某些方面需要更为突出的性能要求时，往往可以在 DOP 的基础上组成新配方。例如，在普通的农用薄膜中，用 100 份 PVC，需加入 DOP 50 份、稳定剂 2 份、润滑剂 2.5 份，如果要使薄膜具有更好的耐热耐光稳定性和阻燃性，则从增塑剂角度可做如下调整：

① 加入部分环氧大豆油以取代部分 DOP，使薄膜具有更好的热-光稳定性；

② 加入适量磷酸三甲苯酯（TCP）取代部分 DOP 来提高阻燃性；

③ 加入 TCP，制品的耐寒性有所下降，为了弥补这个缺陷，可以加入少量环氧油酸丁酯或直链邻苯二甲酸酯。

在选用某种增塑剂来部分或全部代替 DOP 时，一般应注意下述问题。

① 新选用的增塑剂在主要性能上要满足制品的要求，但在其他性能上最好不下降，否则就需要采取弥补措施。例如更换品种或配合多种增塑剂，使制品在综合性能良好的基础上，实现某些性能的优化。

② 新选用的增塑剂必须与 PVC 相容性好，否则就不能取代 DOP，或只能部分取代。

③ 由于增塑效率不同，因而用新增塑剂去取代 DOP 的量必须要经过计算。

④ 由于增塑剂选用的影响因素很多，因此配方经过调整以后，还需经各项性能的综合测试才能最后确定，不能只用数学计算来进行配方设计。

### 3.2.9.2 增塑剂在各行业中的应用

（1）增塑剂在聚氯乙烯（PVC）制品中的应用　自从 20 世纪 30 年代聚氯乙烯生产实现工业化以来，极大促进了增塑剂的生产。市场上品种繁多的聚氯乙烯制品，都是由聚氯乙烯与多种增塑剂和助剂的恰当配合后加工而成的。一般硬质 PVC 制品，增塑剂可以不加或加 10% 以下，如果增塑剂加入 10%～30% 是半硬质的，加入 30% 以上则是软质的。目前生产的增塑剂有几百种，大部分都可用在对 PVC 的增塑上，其中比较常用的 PVC 增塑剂有几十种，PVC 是当前最重要的通用树脂，它具有强度大、耐腐蚀性好、电绝缘性优良、加工容易、价格低廉等优点，因而应用最为广泛。

作为塑料，其一次成型都是在高于其熔融温度 $T_f$ 条件下通过熔融流动而实现的，特别是如果熔融黏度低，易流动，在大多数加工成型过程中就具有较好的成型性。对 PVC 来说，其玻璃化温度 $T_g$ 约为 87℃，$T_f$ 约为 210℃，而 PVC 本身在 100℃ 时即开始分解出氯化氢，高于 150℃ 分解更迅速。因此，不加增塑剂的 PVC 在受热软化以前就已明显分解，难以一次成型。另外，塑料的二次成型一般要在高于 $T_g$ 直至 $T_f$ 之间进行。如果 $T_g$ 过高，也不易操作。另外，从力学性能上看，未增塑的 PVC 硬而脆，而增塑后由于 $T_g$ 和 $T_f$ 下降，PVC 的柔性、可挠性、撕裂性、韧性提高，从而也改善了加工性能。

聚氯乙烯糊是由高分散性 PVC 树脂加稳定剂、增塑剂等各种添加剂调制成的糊状物，它与通用型 PVC 树脂相比具有独特的加工工艺特点。在常温成型后只需通过加热就可以变为 PVC 制品。现以汽车内装饰材料用的人造革为例，其配方见表 3-5。

表 3-5　汽车内装饰材料的典型配方（份数/100 份树脂）

| 组分 | 表面层 | 发泡层 | 组分 | 表面层 | 发泡层 |
|---|---|---|---|---|---|
| 糊用 PVC 树脂 | 100 | 100 | 碳酸钙 | 5～20 | 10～25 |
| 增塑剂 | 60～80 | 65～85 | 发泡剂 | — | 2 |
| 环氧增塑剂 | 3 | 3 | 颜料 | 适量 | 适量 |
| 稳定剂 | 2 | 2 | | | |

从表 3-5 可见，软 PVC 材料中增塑剂的加入量是比较大的，加入环氧增塑剂是考虑到其耐久性和无毒性，在发泡层还需另外加入发泡剂，碳酸钙为填料。

**(2) 增塑剂在其他塑料加工中的应用**　在塑料中加入增塑剂能改善成型工艺性能，同时提高制品的柔软性。从另一角度讲，增塑剂不仅能降低聚合物的玻璃化温度，而且能增加玻璃化转变区的宽度，并在多方面改变聚合物的性能。

① 热塑性树脂是线型高聚物。由于化学结构上的区别，热塑性树脂又分为结晶型和非晶型两种。对结晶型聚合物而言，增塑是很困难的，非晶型聚合物，特别是具有强极性基团的高聚物，分子间相互作用力强，经增塑后可以改善加工性能和制品的柔韧性，聚氯乙烯就是最典型的代表。

聚乙烯和聚丙烯是工业上最重要的聚烯烃树脂，目前世界上聚烯烃的产量占总塑料产量的 40%。由于聚乙烯是非极性且有较高结晶度的聚合物，熔体流动性好，易于成型，因此通常是不用增塑的，而且增塑剂的加入反而会使制品的物理性能普遍下降。对于某些制品（如薄膜）有时只需加入少量油酸酰胺起加工助剂作用，使制品滑爽。聚丙烯大分子链中由于存在一 $CH_3$ 基团，其空间排列规整性和平均分子量会影响到聚合物的脆性温度，与聚乙烯相比，它在低于室温下是脆性材料。为了提高聚丙烯的韧性，改善低温脆性，对某些制品需要考虑加增塑剂，如壬二酸酯类；应用凡士林增塑剂也能改善低温性能。

② 热固性树脂是高度交联的不溶的体型高聚物，是刚性材料。在工业加工时，热固性树脂先采用分子量较低的液态、黏稠流体或脆性固体，其分子中具有反应活性的基团，为线型或支链线型结构。在成型中，加入配合剂发生固化反应，转变成高度交联的体型高聚物。增塑剂的加入仅在于在加工过程中增加物料的可塑性，改善成型工艺性能，改善树脂对填料等配合剂的润滑和渗透性，有时也改善制品的某些性能。以酚醛树脂为例，其特点是成本低，物理力学性能较好；其最大缺点是性脆。为了使其具有弹性，改善脆性，加工过程需考虑增塑，酚醛树脂在固化成体型高聚物前，其线型分子上还带有未反应的活性基团，所以采用的增塑剂可以分为反应活性增塑剂和无反应活性增塑剂两大类，也即称为内增塑剂和外增塑剂。

**(3) 增塑剂在橡胶制品生产中的应用**　橡胶制品在硫化前，必须在生胶的基础上加入各种化学配合剂。因而在橡胶制品的生产过程中，首先要考虑解决塑性和弹性的矛盾，要使弹性强韧的生胶变为柔软可塑的生胶，这一过程称塑炼，实质上这是一个增塑过程。经过塑炼后才能与多种配合剂在以后的混炼过程中得到充分而均匀的混合。为了保证生胶塑炼和胶料混炼过程的顺利进行，生产上通常要使用增塑剂，按功能可以分为塑解剂（又称化学增塑剂）和软化剂（又称物理增塑剂）。

通过化学作用增强生胶塑炼效果，缩短塑炼时间的物质称为化学增塑剂。它增塑效力强，因而用量少。对制品的物理力学性能几乎没有影响，也就是说能保持橡胶的原有性能。

塑解剂的作用原理有两种不同的情况：其一为引发剂，这类塑解剂在受热时分解为自由基，促使橡胶大分子分裂，提高生胶的可塑性，运用于高温塑炼，即使在没有机械作用时也能起化学增塑作用，这类化合物是某些有机过氧化合物或偶氮化合物；另一为接受型，这类塑解剂本身分解后能封闭生胶在机械作用断裂后大分子的端基，使其失去活性，不再重新结聚而使生胶可塑性提高，运用于低温塑炼，这类塑解剂有五氯苯硫酚及其锌盐、苯肼等。

通过物理作用增强胶料塑性而有利于配合剂在橡胶中混合和分散，从而使胶料易于成型的物质称为物理增塑剂。这类化合物能增大橡胶分子链间的距离，减少分子间的作用力并产生润滑作用，使分子链易于滑动。在橡胶加工中，物理增塑剂（软化剂）的用量是比较大的，其种类繁多，如凡士林、煤焦油、松焦油、棉籽油、油酸等。

**(4) 增塑剂在其他行业的应用**　在涂料生产中，增塑剂用于树脂涂料中增加涂膜的柔韧性，提高附着力，克服涂膜硬脆易裂的缺点，同时改善配制工艺性能。这类增塑剂应与树脂有良好的相容性，能溶于涂料用的溶剂中，不易挥发损失，并具有耐久、耐热、耐寒、耐光等性能，常用苯二甲酸酯、磷酸酯、含氯化合物、癸二酸酯等。同样的要求也可以用于胶黏剂的生产中。

### 3.2.10　增塑剂生产工艺实例——邻苯二甲酸酯的生产工艺

#### 3.2.10.1　酯化反应的基本原理

邻苯二甲酸酯类是由醇和苯酐经酯化反应合成的，其反应式如下。

主反应：

$$\text{(邻苯二甲酸酐)} + ROH \longrightarrow \text{(单酯)COOR / COOH} \tag{1}$$

$$\text{(单酯)COOR / COOH} + ROH \underset{}{\overset{H_2SO_4}{\rightleftharpoons}} \text{(双酯)COOR / COOR} + H_2O \tag{2}$$

副反应：

$$ROH + H_2SO_4 \longrightarrow RHSO_4 + H_2O \tag{3}$$

$$RHSO_4 + ROH \longrightarrow R_2SO_4 + H_2O \tag{4}$$

$$2ROH \longrightarrow ROR + H_2O \tag{5}$$

此外，还有微量的醛及不饱和化合物（烯）生成。

酯化完全后的反应混合物用碳酸钠溶液中和。中和时将发生如下反应：

$$RHSO_4 + Na_2CO_3 \longrightarrow RNaSO_4 + NaHCO_3 \tag{6}$$

$$RNaSO_4 + Na_2CO_3 + H_2O \longrightarrow ROH + Na_2SO_4 + NaHCO_3 \tag{7}$$

$$\text{(单酯)COOR / COOH} + Na_2CO_3 \longrightarrow \text{COOR / COONa} + NaHCO_3 \tag{8}$$

但反应（7）是不完全的。

酯化反应是一个典型的可逆反应。邻苯二甲酸酯的生产主要依靠优化酯化反应而提高生产效率，一般应注意做到以下几点。

① 将原料中的任一种过量（一般为醇），使平衡反应尽量右移。

② 将反应生成的酯或水两者中任何一个及时从反应系统中除去，促使酯化完全，生产中，常以过量醇作溶剂与水起共沸作用，且这种共沸溶剂可以在生产过程中循环使用。

③ 酯化反应一般分两步进行，第一步生成单酯，这步反应速率很快，但由单酯反应生成双酯的过程却很缓慢，工业上一般采用催化剂和提高反应温度促进。最常用的催化剂是硫酸和对甲苯磺酸等，氢离子（$H^+$）对酯化反应也有很好的催化作用；此外也有用磷酸、过氯酸、萘磺酸、甲基磺酸以及铝、铁、镁、钙等氧化物与金属盐等。

#### 3.2.10.2　生产过程的工艺特点

整个生产过程中，酯化是关键的工序。酯化后的所有工序，是为了将产品从反应混合物中分离、脱色、提纯，这里有必要强调注意几个工艺特点。

**(1) 关于反应器的选择**　反应器的选用关键在于反应是采取间歇操作还是连续操作。这个问题首先取决于生产规模，当液相反应且生产量不大时，采用间歇操作比较有利。间歇操作流程与控制比较简单，反应器各部分的组成和温度稳定一致，物料停留时间也一样。随着反应时间延续，反应速率逐渐减慢，温度控制逐步提高，到反应告一段落时，反应物料从反应器中一次流出。通常采用的间歇式反应器为带有搅拌和换热（夹套和蛇管热交换）的釜式设备，为了防腐和保证产物纯度，可以采用衬搪玻璃的反应釜。

连续操作的反应器有不同的类型，其中一种是管式反应器，反应物的流动形式可看成平推流，较少返混。也就是说流体的每一部分在管道中停留时间都是一样的。这种特征从化学动力学来考虑是可取的，但对传热和传质要求较高的反应来说则不宜采用。另一种是搅拌釜（看成全混釜），流动形式接近返混。釜内各部分组成和温度完全一样，但其中分子的停留时间却参差不齐，分布不均。一部分分子可能在反应器内停留时间短于平均停留时间，还有一小部分分子有可能长期停留在釜内。这种情况在多釜串联反应后，可使停留时间分布的特性向平推流转化。但当产量不大时，多釜串联在投资的经济效益上是不合算的。另一种类型的反应器是分级的塔式反应器，实质上也是变相的多釜串联。单个反应釜在放大时一般都往高度发展，这样既可扩大传热面积，也可改善流动形式，这种塔式反应釜犹如一个精馏塔，但它主要是满足反应的要求，因而并不需要太高的分离效率，采用一般泡罩塔即可。

**(2) 中和过程的控制**　反应结束时，反应混合物中因有残留的苯酐和未反应的单酯而呈酸性。如用酸催化剂，则反应液的酸值更高，必须用碱加以中和，常用的碱液为 3%～4% 碳酸钠。碱液太稀则中和不完全，且醇的损失和废水量都会增加，碱液太浓则会引起酯的皂化反应。

中和过程会发生一些副反应，如碱和酸催化剂反应、纯碱与酯反应等，为避免副反应，一般控制中和温度不超过 85℃。

中和时，碱与单酯生成的单酯钠盐是表面活性剂，有很强的乳化作用，特别是当温度低时，搅拌剧烈或反应混合物的相对密度与碱液相近的情况下更易发生乳化。此时可采用加热、静置或加盐来破乳。中和法一般采用连续过程，属于放热反应。

**(3) 水洗过程**　中和后一般都需进行水洗以除去粗酯中夹带的碱液、钠盐等杂质。常采用去离子水进行水洗，可以减少成品中金属离子型杂质，以提高体积电阻率。

一般情况下，进行两次水洗后反应液即呈中性。当不采用催化剂或采用非酸性催化剂时，可以免去中和与水洗两道工序。

**(4) 醇的分离回收**　通常，采用水蒸气蒸馏法来使醇与酯分开，有时醇与水共沸的溶剂（或称带水剂）一起被蒸汽蒸出来，然后用蒸馏法分开。脱醇采用过热蒸汽，因此可以除去中和水洗后反应物中含有的 0.5%～3% 水。

回收醇中要求含酯量越低越好，否则循环使用中会使产品色泽加深。醇和酯虽然沸点相差不小，但要完全彻底地分开是不容易的。工业采取减压下水蒸气蒸馏的办法，并且严格控制过程的参数，如温度、压力、流量等。国内厂家的脱醇装置通常选用 1～2 台预热器和 1 台脱醇塔。预热器通常为列管式，脱醇塔可采用填料塔。近年来，国外也有采用液膜式蒸发器的，此类蒸发器中液体呈薄膜状沿传热面流动，单位加热面积大，停留时间很短，仅数秒钟，因而比较适用于蒸发热敏性高和易起泡沫的液体，进入的料液一次通过就被浓缩。

**(5) 精制**　比较成熟的方法是真空蒸馏。其优点是温度低，保持反应物的热稳定性，产品质量高，几乎 100% 达到绝缘级质量要求。这种塔式设备对如苯二甲酸酯这类高沸点、高黏度、高热敏性的化合物性质在设计时都要考虑到，因而投资较大。实际上，对于某些沸点差较小的混合物，可以通过改变相对挥发度，以改变其共沸组成来提高分离效果；对有些使用上要求不高的产物，通常只要加入适量的脱色剂（如活性炭、活性白土）吸附微量杂质，再经压滤将吸附剂分离出去，也能符合要求，这样就可以在很大程度上降低生产成本。

**(6) "三废"处理**　生产过程中工业废水的主要来源是：酯化反应中生成的水；经多次中和后含有单酯钠盐等杂质的废碱液；洗涤粗酯用的水；脱醇时汽提蒸汽的冷凝水。它们的组成大致如表 3-6 所示（以 DOP 生产为例）。

表 3-6　酯化液与中和废水的组成

| 酯化反应液 | 组成/% | 中和废碱液 | 浓度/(mg/L) | 酯化反应液 | 组成/% | 中和废碱液 | 浓度/(mg/L) |
|---|---|---|---|---|---|---|---|
| DOP | 90.4 | DOP | 2000 | 硫酸单辛酯 | 1.16 | 硫酸单辛酯钠 | 23000 |
| 苯酐 | 7.83 | 苯酐 | 2000 | 硫酸双辛酯 | 0.19 | 苯二甲酸二钠 | 4000 |
| 苯二甲酸单辛酯 | 0.065 | 苯二甲酸单辛酯钠 | 1000 | | | | |

治理的办法，首先应从工艺上减少废水排放量，例如，如果采用非酸催化剂，则可去掉中和水洗两个工序；其次，对产生的废水要进行废水处理。一般说全部处理过程分为回收和净化两级。回收时必须考虑经济效益，如果回收有效成分的费用很大，就不如用少量碱将其破坏除去。

### 3.2.10.3　间歇法生产 DOP 工艺过程

对间歇法生产 DOP 的工艺过程的研究，在相当程度上也可以反映出许多产量不高的精细化学品的生产工艺特点。间歇式通用生产装置流程如图 3-3 所示。

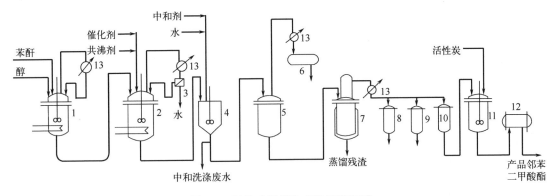

图 3-3　间歇式通用生产装置流程图
1—单酯化反应器（溶解器）；2—酯化反应器；3—分层器；4—中和洗涤器；5—蒸馏器；
6—共沸剂回收贮槽；7—真空蒸馏器；8—回收醇贮槽；9—初馏分和后馏分贮槽；
10—正馏分贮槽；11—活性炭脱色器；12—过滤器；13—冷凝器

本装置除能生产一般邻苯二甲酸酯以外，还能生产脂肪族二元酸酯等其他种类的增塑剂，大致过程如下。

苯酐与 2-乙基己醇以 1∶2（质量）的比例在 0.25%～0.3%（以总物料量计）硫酸的催化作用下，于 150℃左右进行减压酯化。系统压力维持 80kPa（约 600mmHg），酯化时间一般为 2～3h，酯化时加入总物料量 0.1%～0.3% 的活性炭，反应混合物用 5% 纯碱液中和，再经 80～85℃ 热水洗涤，分离后的粗酯在 130～140℃ 与减压下（相当于酯化时采用的压力）进行脱醇，直到闪点为 190℃ 以上为止。脱醇后再以直接蒸汽脱去低沸物，必要时在脱醇前可以补加一定量的活性炭。最后经压滤而得成品。如果要获得更好质量的产品，脱醇后可先行高真空精馏而后再压滤。

间歇式生产的优点是设备简单，改变生产品种容易；其缺点是原料消耗定额高，能量消耗高，劳动生产率低，产品质量不稳定。间歇式生产方式适用于多品种、小批量的生产。

### 3.2.10.4　连续法生产 DOP 工艺流程

连续法生产能力大，适合于大吨位 DOP 的生产。酯化反应设备分塔式反应器和串联多釜反应器两类。前者结构复杂，但紧凑，投资较低，操作控制要求高，动力消耗少。

由于 DOP 等主增塑剂的需要量很大，因此以 DOP 为中心的全连续化生产工艺已普遍采用，目前一般单线生产能力为2～5万吨/年。全连续化生产的产品质量稳定，原料及能量消耗低，劳动生产率高，因此比较经济。

日本窒素公司年产4.8万吨DOP连续化生产工艺过程如图3-4所示。

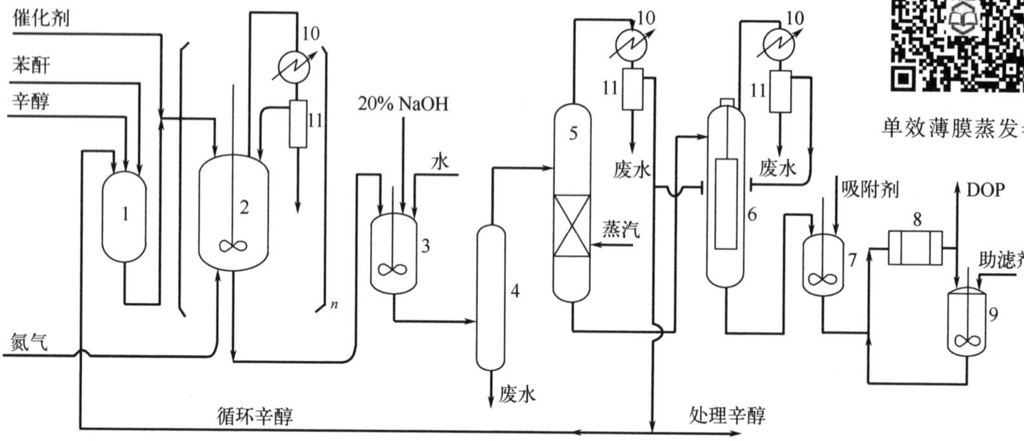

图 3-4　窒素公司 DOP 连续化生产工艺过程

1—单酯反应器；2—阶梯式串联酯化器（$n=4$）；3—中和器；4,11—分离器；5—脱醇塔；
6—干燥器（薄膜蒸发器）；7—吸附剂槽；8—叶片式过滤器；9—助滤剂槽；10—冷凝器

日本窒素工艺路线是在原西德BASF（巴斯夫）工艺基础上的改进型，主要改进在于采用新型的非酸性催化剂。它不仅提高了从邻苯二甲酸单酯到双酯的转化率，减少了副反应，简化了中和、水洗工序，而且产生的废水量也较少。

其工艺过程大致如下。

熔融苯酐和辛醇以一定的摩尔比[（1∶2.2）～（1∶2.5）]在130～150℃先制成单酯，再经预热后进入四个串联的阶梯式酯化釜的第一级。非酸性催化剂也在此加入。第二级酯化釜温度控制不低于180℃，最后一级酯化釜温度为220～230℃，酯化部分用3.9MPa的蒸汽加热。邻苯二甲酸单酯到双酯的转化率为99.8%～99.9%。为了防止反应混合物在高温下长期停留而着色，并强化酯化过程，在各级酯化釜的底部都通入高纯度的氮气（氧含量<10mg/kg）。

中和、水洗是在一个带搅拌的容器中同时进行的。碱的用量为反应混合物酸值的3～5倍。使用20% NaOH水溶液，当加入无离子水后碱液浓度仅为0.3%左右。因此无需再进行一次单独的水洗。非酸性催化剂也在中和、水洗工序被洗去。

然后物料经脱醇（1.32～2.67kPa，50～80℃）、干燥（1.32kPa，50～80℃）后送至过滤工序。过滤工序不用一般的活性炭，而用特殊的吸附剂和助滤剂。吸附剂成分为 $SiO_2$、$Al_2O_3$、$Fe_2O_3$、$MgO$ 等，助滤剂（硅藻土）成分为 $SiO_2$、$Al_2O_3$、$Fe_2O_3$、$CaO$、$MgO$ 等。该工序的主要目的是通过吸附剂和助滤剂的吸附、脱色作用，保证产品DOP的色泽和体积电阻值两项指标，同时除去DOP中残存的微量催化剂和其他机械杂质。最后得到高质量的DOP。DOP的收率以苯酐计或以辛醇计约为99.3%。

回收的辛醇一部分直接循环至酯化部分使用，另一部分需进行分馏和催化加氢处理。生产废水（COD值700～1500mg/L）用活性污泥进行生化处理后再排放。

## 3.2.11　增塑剂的现状和发展趋势

### 3.2.11.1　增塑剂的市场现状

截至目前，增塑剂有超过1200种，然而只有100余种产品取得了工业化应用。我国增塑剂的生产始于 20 世纪 50 年代中期，邻苯二甲酸酯的工业化从 1985 年开始，起步较晚，但发展迅速。2018 年我国增塑剂总产量约为 550 万吨，占全球市场份额近一半，是全球最大的增塑剂市场。我国工业增塑剂品种较为单一，产品结构还不合理，特种增塑剂产量较小，其中邻苯二甲酸酯类增塑剂的实际消费量占总用量的 75%，环保型增塑剂的消费不足 20%。

国内增塑剂的研发与国外先进水平存在一定差距，存在生产工艺参差不齐、生产规模小、产品结构不合理、产能过剩等问题。自主研制的新型高性能的增塑剂所占比例较低。

### 3.2.11.2 增塑剂的发展趋势

减小邻苯二甲酸酯类增塑剂比例，增加无毒、环保增塑剂的使用量，是必然发展趋势。高效、环保、无害是增塑剂的发展方向。如开发聚酯类、环氧油类、柠檬酸酯类、醚酯类和偏苯三酸酯类增塑剂。

柠檬酸酯类增塑剂具有无毒、不易挥发、耐候性好、相容性好等优点，被认为是代替邻苯二甲酸酯的首选绿色环保增塑剂。

环氧油类增塑剂是利用有机过氧酸和天然油脂进行环氧化反应制备的一类环保增塑剂，因价格低廉、毒性低也获得一定应用，目前应用最多的是环氧大豆油增塑剂（ESO）。

聚酯类增塑剂具有迁移性小、耐高温、不易被水和溶剂抽提等优点，但相溶性、加工性和低温性差。

环己烷二羧酸酯类增塑剂。2002 年，BASF 公司推出环己烷-1,2-二甲酸二异壬酯（DINCH）并取得成功，该种增塑剂发展迅速。其特点是无邻苯结构、毒性小、与 PVC 相容性好。在儿童玩具和医疗器械类等安全卫生要求高的领域获得广泛应用，还可用于食品保鲜膜、软管或密封垫等食品接触类 PVC 制品。目前，国内还没有能够工业化该类增塑剂。

超支化聚酯增塑剂。超支化分子结构的增塑剂具有更大的分子量、更多的分支和官能团，使得它们与聚合物基体的相容性更好，有更好的耐迁移性能。在儿童用品、食品包装或医药等对耐迁移性能有较高要求的领域中发挥着重要作用。例如己二酸基超支化聚酯增塑剂，$\varepsilon$-己内酯基超支化聚酯增塑剂。

## 3.3　阻燃剂

### 3.3.1　概述

随着合成材料工业的发展，大量合成树脂用于建筑、交通、电器、航空、日用生活品等领域以后，由于有机树脂类化合物是可燃的，因而复合材料的阻燃日益重要。采用阻燃剂的目的是使可燃性材料难燃，即在接触火源时燃烧速度很慢，当离开火源时能很快停止燃烧而熄灭。

在降低聚合物可燃性方面还可以考虑合成具有高热氧稳定性的耐热材料，但这样的聚合物材料往往成本很高。

阻燃剂的分类方法有两种，一种按组成分类，一种按使用方法分类。

按组成分类如下：

火灾与阻燃

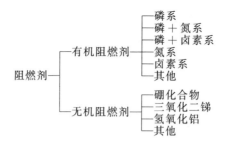

按使用方法分类如下：

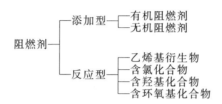

一般而言，根据阻燃的加工和使用方法将阻燃剂分为添加型和反应型两大类。

添加型阻燃剂主要有磷酸酯、卤代烃和氧化锑等，与聚合物简单地掺和，不起化学反应，使用方便，应用范围广，对多种塑料均有效，但主要用在热塑性树脂中。消耗阻燃剂最多的塑料品种为聚氨酯泡沫塑料、聚氯乙烯、聚苯乙烯、聚酯和聚烯烃。对纤维来说，重点是化学纤维阻燃，特别是易燃烧的合成纤维。添加型的纤维阻燃剂在湿法纺丝中是在纺丝前加入原液中，在熔融纺丝时是在纺丝前与聚合物共混，此时要求阻燃剂磨得很细，在纺丝过程中无堵孔现象。添加型阻燃剂与聚合物仅仅是单纯的物理混合，所以添加阻燃剂后虽然改善了聚合物的燃烧性，但也往往影响到聚合物的物理力学性能，因此配方至关重要。添加型阻燃剂主要包括磷酸酯及其他磷化物、有机卤化物和无机化合物等三类。常见的添加型阻燃剂的性质列于表 3-7。

反应型阻燃剂作为高聚物合成中的一个组分参与反应，通过化学反应使其成为塑料分子链的一部分，从而使塑料获得难燃性。主要有卤代酸酐和含磷多元醇等。在反应型阻燃剂分子中，除含有溴、氯、磷等阻燃性元素外，同时还具有反应性官能团。反应型阻燃剂的优点在于：它对塑料的物理力学性能和电性能等影响较小，且阻燃性持久。但其价格一般较高。与添加型阻燃剂相比，反应型阻燃剂的种类较少，应用面也较窄，多用于热固性塑料，所适用的塑料仅限于聚氨基甲酸酯、环氧树脂、聚酯和聚碳酸酯等。反应型阻燃剂主要包括卤代酸酐、含磷多元醇以及其他阻燃单体等。一些反应型阻燃剂也能作添加剂阻燃剂使用。常见主要的反应型阻燃剂性质见表 3-8。

对阻燃剂的基本要求如下：

① 阻燃剂不能损害聚合物的物理力学性能，即塑料经阻燃加工后，其原来的物理机械性能不变坏，特别是不降低热变形温度、机械强度和电气特性；

② 阻燃剂的分解温度必须与聚合物的热分解温度相适应，以发挥阻燃效果，而不能在塑料加工成型时分解，以免分解产生的气体污染操作环境和使产品变色；

③ 具有持久性，其阻燃效果不能在材料使用期间消失；

④ 具有耐候性；

⑤ 价格低廉。

表 3-7 主要添加型阻燃剂的性质

| 序号 | 名称 | 缩写或商品名 | 分子式或结构式 | 外观 | 分子量 | 熔点/℃ | 阻燃元素及含量/% | 溶解性 |
|---|---|---|---|---|---|---|---|---|
| 1 | 磷酸甲苯二苯酯 | CDP | $C_{19}H_{17}O_4P$ | 易流动液体 | 340 | 390 | P 9.1 | |
| 2 | 磷酸三苯酯 | TPP | $(C_6H_6O)_3P=O$ | 白色针状结晶 | 326.3 | 48.4~49 | P 9.5 | 醚、苯、氯仿、丙酮等 |
| 3 | 磷酸三甲苯酯 | TCP | $(CH_3 \cdot C_6H_4O)_3P=O$ | 无色液体 | 368.4 | 420 | P 8.3 | 苯、醚、醇 |
| 4 | 磷酸三(β-氯乙基)酯 | TCEP | $(ClCH_2CH_2O)_3P=O$ | 黄色油状液 | 285.5 | 194/100mmHg（真空度 99.99kPa） | P 10.9、Cl 37.4 | 多种溶剂 |
| 5 | 磷酸三(二氯丙基)酯 | | $C_9H_{15}O_4Cl_6P$ | 黄色黏液 | 143 | >200/4mmHg（真空度 100.79kPa） | P 7.2、Cl 49.5 | 氯烃类溶剂 |
| 6 | 磷酸三(二溴丙基)酯 | | $(BrCH_2 \cdot BrCH_2CH_2O)_3P=O$ | 黄色黏液 | 697 | 110~130/1mmHg（真空度 101.19kPa） | P 4.45、Br 68.9 | 氯烃类、醇、芳烃 |
| 7 | 卤化有机多磷酸酯 | Phosgard C-22R(美) | $C_{14}H_{28}Cl_5O_9P_3$ | 无色黏液 | 611 | | P 15、Cl 27 | 多种有机剂，不溶于水 |
| 8 | 十溴二苯醚 | 2R-10 | $C_{12}Br_{10}O$ | 结晶粉末 | 960 | 296 | Br 83.4 | |
| 9 | 四溴乙烷 | | $C_2H_2Br_4$ | 黄色油状液 | 346 | 243.5 | Br 92.5 | 多种有机剂，不溶于水 |
| 10 | 氯化石蜡 | | $C_{20}H_{24}Cl_{18} \sim C_{24}H_{29}Cl_{21}$ | 白色粉末 | 900~1000 | 95~120 | Cl 70 | 氯烃、芳烃、酮 |
| 11 | 六溴苯 | | $C_6Br_6$ | 白色粉末 | 551.5 | 315 | Br 86.9 | 不溶于有机溶剂 |
| 12 | 氧化铝 | C-30、C-31、C-330等 | $Al(OH)_3$ | 白色微晶粉末 | 102 | | | |
| 13 | 氧化锑 | 锑白 | $Sb_2O_3$ | 白色粉末 | 291.5 | 655 | | 浓盐酸、硫酸 |
| 14 | 硼酸锌 | ZB-112、325,237 | $3ZnO \cdot 2B_2O_3$ | 白色结晶粉末 | 383.4 | | | NaOH溶液，不溶于水 |
| 15 | 偏硼酸钡 | Firebrake 2B | $Ba(BO_2)_2$ | 无色结晶或白色粉末 | 223 | 1060 | | |

**表 3-8　主要反应型阻燃剂的性质**

| 序号 | 名称 | 缩写或商品名 | 分子式或结构式 | 外观 | 分子量 | 熔点/℃ | 阻燃元素含量/% | 溶解性 |
|---|---|---|---|---|---|---|---|---|
| 1 | 四溴双酚A | TBA | $(HOBr_2C_6H_2)_2C(CH_3)_2$ | 白色粉末 | 544 | 179~181 | Br 58.8 | 甲醇,丙酮,NaOH水溶液,不溶于水 |
| 2 | 四氯双酚A | TCBA | $C_{15}H_{12}O_2Cl_4$ | 白色粉末 | 366 | 136~137 | Cl 38.8 | |
| 3 | 二溴新戊二醇 | FR-1138(美) | $C_5H_{10}Br_2O_2$ | 白色粉末 | 262 | 109~110 | Br 61.1 | 硝基苯,二甲基甲酚胺,不溶于水,醇,苯 |
| 4 | 四溴邻苯二甲酸酐 | TBPA | $C_8H_3Br_4$ | 淡黄白色粉末 | 463 | 279~280 | Br 68.9 | |
| 5 | 溴乙烯 | | $C_2H_3Br$ | 白色粉末 | 107 | 沸 15.8 | Br 74.7 | 醇,醚,苯,丙酮 |
| 6 | 氯桥酸酐 | HET酸酐 | 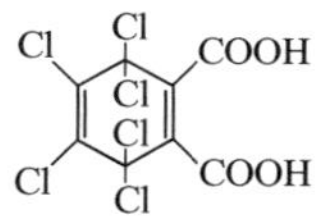 | 白色粉末 | 371 | 239~240 | Cl 57.4 | 苯,丙酮,乙烷,四氯化碳 |
| 7 | 桥二氯亚甲基四氯代八氢化萘二甲酸酐 | | 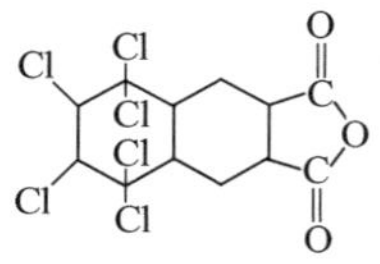 | 白色粉末 | | 275~276 | Cl 50.2 | |
| 8 | O,O-二乙基-N,N-二(2-羟乙基)氨基甲基膦酸酯 | (含磷多元醇)Fyrol-6 | 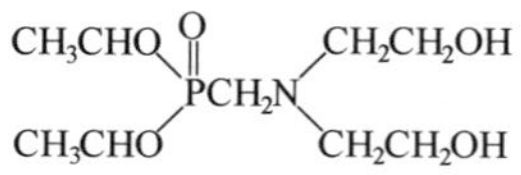 | | 253 | | P 12.6 | |

### 3.3.2 聚合物的燃烧和阻燃剂的作用机理

#### 3.3.2.1 聚合物燃烧的基本原理

燃料、氧和温度是维持燃烧的三个基本要素。燃烧过程是一个非常复杂的急剧氧化过程，包含着种种因素，除去其中任何一个要素都将减慢燃烧速度。从化学反应来看，燃烧过程属于自由基反应机理，因此，当链终止速度超过链增长速度时，火焰即熄灭。如果干扰上述三因素中的一个或几个，就能达到阻燃的目的。

聚合物的典型燃烧过程如图3-5所示。

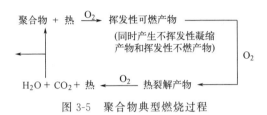

图 3-5　聚合物典型燃烧过程

聚合物材料在空气中被外界热源加热，使聚合物降解产生挥发性可燃产物。这些裂解气体根据其燃烧性能和产生的速度，在外界热源和氧的存在下，达到某一温度就会着火。燃烧放出一部分热量返供给正在降解的聚合物，从而产生更多的挥发性可燃物，如果燃烧热能充分返供给聚合物，则即使除去初始热源，燃烧循环也能自己继续下去。在实际燃烧中，聚合物燃烧所放出的一部分热量通过传导、辐射和对流等途径又被正在降解的聚合物所吸收，于是挥发出更多的可燃性产物。它将大量燃烧热返供给聚合物，同时，火焰周围气流的扰动更增加了可燃性挥发物与空气的混合速度，以致在很短的时间里使火焰迅速扩大而变成一场大火。

聚合物燃烧时包含着一系列复杂的过程，如热裂解气体的产生速度，热裂解气体与氧的混合速度，热裂解气体与氧的反应速率以及燃烧热返供给聚合物的速度等。从另一方面看，这里面包含着自由基反应，热返供、热对流和热扩散等一系列复杂过程。

在实际应用中，聚合物的燃烧性可以用燃烧速度和氧指数来表示。氧指数的定义是使试样像蜡烛状持续燃烧时，在氮-氧混合气流中所必需的最低氧含量。氧指数可按下式求出：

$$氧指数 = \frac{[O_2]}{[O_2] + [N_2]} \times 100\%$$

氧指数0.21可作为可燃性聚合物与不燃性聚合物在空气中燃烧的分类标准，但考虑到实际燃烧中总有一部分对流加热存在，故以氧指数为0.27作自熄性材料标准。聚苯乙烯、聚烯烃及丙烯酸树脂等是易燃的，而含卤树脂、尼龙、聚砜、聚碳酸酯、酚醛树脂、聚硅氧烷树脂、脲醛树脂和三聚氰胺树脂等是较难燃的。

总之，聚合物的燃烧是一个激烈的热氧化过程，聚合物在该过程中不断降解放出挥发性可燃气体及熔融态的凝相降解产物，这两种可燃性物质是研究燃烧和阻燃的重要对象。

#### 3.3.2.2 阻燃剂的作用机理

阻燃剂的作用机理比较复杂，但其作用不外乎是通过物理途径和化学途径来达到切断如图3-5所示的燃烧循环的目的。阻燃剂的作用机理现在还有很多地方并不清楚，基于目前的研究可以归结为以下几个方面。

(1) 阻燃剂分解产物的脱水作用使有机物碳化　塑料的燃烧是分解燃烧，而通常单质碳不进行产生火焰的蒸发燃烧和分解燃烧。因此，如果能使塑料的热分解迅速进行，不停留在可燃性物质阶段而一直分解到碳为止，就能防止燃烧。例如，用磷酸盐或重金属盐的水溶液浸渍过的纤维素，干燥后在加热时只碳化变焦，难以引起产生火焰的燃烧。这是由于磷酸盐引起了纤维素的脱水反应，从而促进了单质碳的生成：

$$(C_6H_{10}O_5)_n \longrightarrow 6nC+5nH_2O$$

当有机磷化合物暴露于火焰中时，会发生如下的分解：

$$有机磷化合物 \longrightarrow 磷酸 \longrightarrow 偏磷酸 \longrightarrow 聚偏磷酸$$

最终生成的聚偏磷酸是非常强的脱水剂，能促使有机化合物碳化，所生成的炭黑皮膜起了阻燃的作用。

**(2) 阻燃剂分解形成不挥发性的保护皮膜**　阻燃剂在树脂燃烧的温度下分解，其分解产物形成不挥发性的保护皮膜覆盖在树脂的表面上，从而把空气遮断达到阻燃的目的。在使用硼砂-硼酸混合物和卤化磷作为阻燃剂时就是这种情况。

卤化磷（$R_4PX$）受热分解生成膦（$R_3P$）和烷基卤化物（$RX$）。膦很容易被氧化生成膦氧化物（$R_3PO$），再进一步分解生成聚磷酸盐玻璃体。此连续的玻璃体形成一层保护膜，覆盖在聚合物表面把氧隔绝，而发挥其阻燃效果。

**(3) 阻燃剂分解产物将 HO· 自由基连锁反应切断**　塑料燃烧时分解为烃，烃在高温下进一步氧化分解产生 HO· 自由基，HO· 自由基的连锁反应使烃的火焰燃烧持续下去。在聚合物的燃烧过程中，烃的火焰燃烧是最重要的，因此如能将 HO· 自由基的连锁反应切断就能有效地防止火焰燃烧。烃的燃烧过程是很复杂的，根据有关研究现将其反应历程简化如下

$$RH \longrightarrow R· + H· \tag{1}$$
$$H· + O_2 \longrightarrow HO· + O· \tag{2}$$
$$O· + H_2 \longrightarrow HO· + H· \tag{3}$$
$$RH + HO· \longrightarrow R· + H_2O \tag{4}$$
$$RH + O· \longrightarrow R· + HO· \tag{5}$$
$$R· + O_2 \longrightarrow R^1CHO + HO· \tag{6}$$
$$R^1CHO + HO· \longrightarrow CO + H_2O + R^1· \tag{7}$$
$$CO + HO· \longrightarrow CO_2 + H· \tag{8}$$

HO· 自由基具有很高的能量，反应速率非常快，所以燃烧的程度由 HO· 自由基的增殖程度而定。

当含卤阻燃剂存在时，含卤阻燃剂在高温下会分解产生卤化氢（HX），而 HX 能把燃烧过程中生成的高能量的 HO· 自由基捕获转变成低能量的 X· 自由基和水。同时 X· 自由基与烃反应又再生为 HX。如此循环下去，于是将 HO· 自由基的连锁反应切断：

$$HO· + HX \longrightarrow X· + H_2O \tag{9}$$
$$X· + RH \longrightarrow HX + R· \tag{10}$$

像这样聚合物热分解产生的氢通过上述途径变成了水，仅留下炭黑变成黑烟，结果使烃的火焰燃烧熄灭。

**(4) 自由基引发剂、氧化锑与含卤阻燃剂的协同作用**　把脂肪族含溴阻燃剂与过氧化二异丙苯等自由基引发剂并用，可以产生非常强的阻燃效果，这是在热的作用下过氧化物等自由基引发剂促进了 Br· 自由基的产生，从而使燃烧过程中产生的 HO· 自由基迅速消逝的缘故。

聚苯乙烯单用含卤阻燃剂时，需要 $10\%\sim15\%$ 的 Cl 或 $4\%\sim5\%$ 的 Br 才能达到难燃的目的；如果和自由基引发剂并用，则仅需 $4\%\sim8\%$ 的 Cl 或 $0.5\%\sim3\%$ 的 Br 就可以了。

氧化锑（$Sb_2O_3$）作为阻燃剂单独使用时效果很差，但与卤化物并用时却有优良的阻燃效果，其主要原因是在高温下生成了卤化锑：

$$Sb_2O_3 + 6RCl \longrightarrow 2SbCl_3 + 3R_2O$$

$SbCl_3$（沸点 $223℃$）和 $SbBr_3$（沸点 $288℃$）都是沸点较高的挥发性物质，因而能较长

时间地留在燃烧区域中。卤化锑在液、固相中能促进聚合物-阻燃剂体系脱卤化氢和聚合物表面碳化，同时在气相中又能捕获 HO· 自由基。所以，氧化锑与含卤阻燃剂并用是最广泛使用的阻燃配方。

(5) 燃烧热的分散和可燃性物质的稀释　氢氧化铝就是具备这种功能的阻燃剂之一。它的阻燃性不强，因此添加的份数高达 $40\sim60$，兼作填充剂。在塑料燃烧时，氢氧化铝会发生分解，同时吸收大量的热：

$$2Al(OH)_3 \longrightarrow Al_2O_3 + 3H_2O - 0.3kJ$$

由于燃烧热被大量吸收，降低了聚合物的温度，从而减缓了分解蒸发和燃烧。氢氧化铝是不燃的，当以 $40\sim60$ 份的量填充到聚合物中时，等于将可燃性聚合物"稀释"，从而提高了难燃性。

另外，在聚合物热分解产生可燃性气体的同时，如果聚合物-阻燃剂体系能分解产生 $H_2O$、$HCl$、$HBr$、$CO_2$、$NH_3$、$N_2$ 等不燃性气体，就能在一定程度上将可燃性气体稀释，达到阻燃效果。

阻燃剂的作用是上述各种因素综合在一起的复杂过程。

### 3.3.3　阻燃剂的应用

阻燃剂在合成材料中的主要应用对象是塑料，其次是纤维。美国是纤维用化学品需用量最多的国家，对阻燃标准要求较高，但阻燃剂主要还是用于塑料方面，其中用量最大的品种为氧化铝三水合物和磷系阻燃剂。合成橡胶和合成树脂涂料也需要使用阻燃剂，而合成树脂黏合剂则用得较少，特别是近年来迅速开发的热熔胶和水性涂料系列产品，基本上可以消除火灾事故。

#### 3.3.3.1　阻燃剂在塑料中的应用

(1) 聚烯烃　聚烯烃很容易燃烧，火焰上端呈黄色，下端呈蓝色，燃烧时熔融滴落，因而它需要的阻燃剂量较大，用得较多的是卤代烃类与氧化锑并用，单独使用氧化锑（$Sb_2O_3$）效果较差，并会影响塑料的透明度。卤代烃最有代表性的是氯化石蜡，此外还有氯化聚乙烯、四溴乙烷、四溴双酚 A（TBBA）等。氯化石蜡在 200℃ 下会分解引起着色，不能用于高温成型的树脂（如聚丙烯）。芳香族溴化物和全氯戊环癸烷等含卤量高的阻燃剂耐热性能好。另外，含卤磷酸酯也适用于聚烯烃。

(2) 聚苯乙烯（PS）与 ABS 树脂　聚苯乙烯易燃，离火继续燃烧，火焰呈黄色、冒黑烟，燃烧时软化，一般采用含卤磷酸酯和有机溴化物作阻燃剂。含卤磷酸酯相容性好，而四溴双酚 A 等芳香族溴化物的用量稍大些，且能制得透明和耐候性好的制品，阻燃效果较高的是脂肪族和脂环族溴化物，六溴化环十二烷广泛用于聚苯乙烯的阻燃。例如：

【配方-1】

| PS 制品 | 质量份 | PS 制品 | 质量份 |
|---|---|---|---|
| PS | 790 | （辛基硫代乙醇酸）二丁基锡 | 15 |
| PVC | 150 | 三（2,3-二氯丙基）磷酸酯 | 155 |
| $Sb_2O_3$ | 200 | | |

【配方-2】

| ABS 制品 | 质量份 | PS 制品 | 质量份 |
|---|---|---|---|
| ABS | 100 | 四溴双酚 A | 25 |
| PVC | $5\sim7$ | 热稳定剂 | $0.4\sim4$ |
| $Sb_2O_3$ | $5\sim7$ | 润滑剂 | $1.4\sim4$ |

ABS 树脂是丙烯腈、丁二烯和苯乙烯的三元共聚物，由于比例不同，可以制取各种不同性质的树脂，其燃烧性也不同，但阻燃方法与聚苯乙烯相仿。考虑到 ABS 树脂成型温度一般在 200～260℃，所以必须采用耐高温的阻燃剂，如全氯戊环癸烷、六溴苯等。

**(3) 聚酯** 聚酯树脂易燃烧，火焰呈黄色、冒黑烟，一般采用反应型阻燃剂，如四溴邻苯二甲酸酐。氯桥酸酐也常用，但其耐光性较差，在日光下易变黄，常与紫外光吸收剂并用。氢氧化铝是不饱和聚酯重要的添加型阻燃剂。

**(4) 聚氯乙烯** 聚氯乙烯分子中有卤原子，具有难燃的特性，离火即灭，火焰呈黄色，下端呈绿色，白烟，燃烧时塑料变软，发出刺激性气味。在实际应用中，由于在 PVC 中配合大量有机酯类（如 DOP）可燃性增塑剂，所以必须考虑阻燃问题。

在 PVC 树脂中单独使用三氧化二锑就具有阻燃性，添加量为 1%～3%，如果与氯化石蜡并用则阻燃性更好，透明的 PVC 制品则应使用磷酸酯类阻燃剂，常用磷酸三甲苯酯（TCP），但 TCP 低温性能差。含卤磷酸酯阻燃效果好，也不影响塑料的物理性能，用量也较少，但价格稍贵。例如：

**【配方】**

| PVC 制品 | 质量份 | PVC 制品 | 质量份 |
|---|---|---|---|
| PVC 树脂 | 100 | 稳定剂 | 3 |
| DOP | 38 | 试样的可燃性 | 自熄 |
| 磷酸三甲苯酯 | 14 | | |

### 3.3.3.2 阻燃剂在纤维中的应用

纤维的阻燃包括工人、消防队、军队、警察、老人和儿童服装；公共场所设施（如窗帘、地毯、帷幕等）；交通工具（如车、船、飞机等）用装饰织物，高层与地下建筑、露营、家具等用的装饰布和织物；等。这些都越来越需要考虑阻燃问题。国外已陆续制定各种法令来控制纤维织物的防火标准。

各种纤维的燃烧状态见表 3-9。

表 3-9　各种纤维的燃烧状态

| 序号 | 纤维 | 燃烧状态 | | | | |
|---|---|---|---|---|---|---|
| | | 接近火焰时 | 火焰中 | 离开火焰后 | 臭味 | 灰分颜色与形状 |
| 1 | 羊毛、丝 | 收缩 | 边收缩，边燃烧 | 继续燃烧，燃烧前收缩 | 似烧羽毛臭 | 黑色、膨胀块状，易碎 |
| 2 | 棉、麻 | 接触火焰立即燃烧 | 燃烧 | 继续很快燃烧，有残渣 | 似烧纸臭味 | 灰白色、柔软粉末状 |
| 3 | 黏胶纤维 | 接触火焰立即燃烧 | 燃烧 | 继续很快燃烧，无残渣 | 似烧纸臭味 | 灰量比棉少 |
| 4 | 铜氨纤维 | 接触火焰立即燃烧 | 燃烧 | 继续很快燃烧，无残渣 | 似烧纸臭味 | 灰量比棉少 |
| 5 | 醋酸纤维 | 熔融 | 熔融并很快燃烧 | 边熔融，边继续燃烧 | 醋酸味 | 黑色、硬脆块状，无规则形 |
| 6 | 尼龙 | 熔化 | 熔融燃烧 | 不继续燃烧 | 芹菜臭味 | 玻璃珠状灰色硬块 |
| 7 | 维尼纶 | 熔化 | 熔融燃烧 | 继续燃烧 | 香花气味 | 黑色，不定形状 |
| 8 | 聚酯纤维 | 熔化 | 熔融燃烧 | 容易燃烧 | 稍带香味 | 黑色，圆珠形 |
| 9 | 聚丙烯腈 | 熔融着火 | 熔融燃烧 | 发光，继续燃烧 | 微带烧肉臭味 | 黑色，不定形块状 |

| 序号 | 纤维 | 燃烧状态 | | | | |
| --- | --- | --- | --- | --- | --- | --- |
| | | 接近火焰时 | 火焰中 | 离开火焰后 | 臭味 | 灰分颜色与形状 |
| 10 | 氯乙烯纤维 | 收缩 | 熔融，燃烧，冒黑烟 | 不继续燃烧 | 麻辣甜味 | 黑色，不定形块状 |
| 11 | 丙烯类纤维 | 收缩 | 熔融，燃烧，冒黑烟 | 不继续燃烧 | 烧石蜡臭味 | 黑色，不定形块状 |
| 12 | 聚偏氯乙烯纤维 | 收缩 | 熔融，燃烧，冒黑烟 | 不继续燃烧 | 特殊臭味 | 黑色，不定形块状 |
| 13 | 聚烯烃纤维 | 收缩 | 熔融冒烟，迅速燃烧 | 慢慢融化并燃烧 | 烧石蜡气味 | 灰色块状 |
| 14 | 玻璃纤维 | | 熔融，不变色 | | 无臭 | 玻璃本色，球珠状 |

实现纤维阻燃可以用阻燃剂，也可通过纤维后整理阻燃。纤维用添加型阻燃剂的品种很多，主要采用含溴和含磷有机物、聚合物和低聚物（旧称齐聚物）。而反应型阻燃剂一般是含有阻燃元素的二元酸、二元酸酯或二元醇。

纤维后整理阻燃（即防火整理）最好的办法是控制热解，使之不产生可燃性气体而只生成不燃性分解产物和固体残渣，特别是使纤维发生脱水碳化。含磷化合物可以满足此要求。研究发现，当磷原子与氮原子相连时，P—N 键的 P 原子具有更显著的亲电子性，因此，具有 P—N 键的磷化物与纤维素的—OH 作用生成酯而使纤维脱水的反应能力更大，即磷-氮协同效应。因此大部分纤维后整理的防火整理剂都采用含磷和氮的化合物，它们又可以分为三种类型。

**（1）暂时性防火整理剂**　将纤维在防火整理剂水溶液中浸渍后干燥，能保持织物的良好防火性能，但一经水洗即全部失效。这类防火整理剂有磷酸氢铵、烷基磷酸铵、三聚氰胺磷酸盐、无机溴化物、硼砂、硼酸等，可用于剧院、办公大楼和地下商场等不常清洗的帷幕、窗帘、装饰用褶皱织物等。

**（2）半耐久性防火整理剂**　一般可耐 3～5 次洗涤或干洗，如商品阻燃剂 462-5（flameproof 462-5）为一种卤磷化物，适用于聚酯，TY-1068 为一种有机聚磷酸铵，适用于纤维素纤维和羊毛等，还有其他品种。

**（3）耐久性防火整理剂**　利用化学方法在纤维内部或表面层进行聚合或缩聚，形成一种不溶于水与溶剂的聚合物，或用乳胶、树脂等不溶性物黏附在纤维上，如法罗尔 76（Fyrol 76），化学结构为 

$$\left(\!\!\begin{array}{c} O \\ \| \\ O{-}P{-}O{-}R \\ | \\ CH{=}CH_2 \end{array}\!\!\right)_n$$

；乙烯基磷酸酯的聚合物，含磷量 22.5%。通常与 N-羟甲基丙烯酰胺并用，以过硫酸钾为引发剂，在织物上形成含磷酸酯成分的共聚物。织物处理后经 50 次洗涤，仍基本保持含磷量和含氮量，具有很好的防火效果。

### 3.3.4　阻燃剂生产工艺实例1——氢氧化镁的生产工艺

氢氧化镁是一种绿色环保阻燃剂，可用于橡胶、塑料、纤维和树脂等高分子材料，具有良好的阻燃和消烟作用。在聚乙烯、聚丙烯、聚苯乙烯及 ABS 树脂中，加入量为 20～40 份。一般情况下，都需要先对其表面改性，才能添加到树脂中。常用的表面处理剂有：表面活性剂，如高级脂肪酸碱金属盐、油酸钠、硬脂酸钠等，用量约为 3%；偶联剂，如有机硅烷、钛酸酯、铝酸酯等。

氢氧化镁的阻燃机理是通过受热分解时释放出结合水，吸收大量的潜热，来降低它所填

充的合成材料在火焰中的表面温度，具有抑制聚合物分解和对所产生的可燃气体进行冷却的作用，放出的水蒸气也可作为一种抑烟剂。氢氧化镁是公认的橡塑行业中具有阻燃、抑烟、填充三重功能的优秀阻燃剂。

全球氢氧化镁阻燃剂主要厂商有 Martin Marietta、Kyowa Chemical Industry、Huber Engineered Materials（HEM）、ICL、Russian Mining Chemical Company 等，它们占有近 80% 的市场。欧洲是全球最大的氢氧化镁阻燃剂市场，占有大约 40% 的市场，北美和日本二者共占有接近 38% 的份额。

制备工艺主要包括物理粉碎法和化学沉淀法。

**(1) 物理粉碎法** 将矿石直接粉碎，经过干法粗磨和湿法超细研磨，制得所需要的粒度等级的氢氧化镁，常用的矿石为水镁石，其工艺流程如下所示。

$$\text{水镁石} \longrightarrow \boxed{\text{干法粗磨}} \xrightarrow{\text{助磨剂}} \boxed{\text{湿法超细研磨}} \xrightarrow{\text{水、分散剂、助磨剂}} \boxed{\text{洗涤、过滤、干燥}} \longrightarrow \text{氢氧化镁}$$

**(2) 化学沉淀法** 原料有两种来源，一种是菱镁矿、白云石、蛇纹石等经酸解得到的镁盐，后与碱进行沉淀反应制备氢氧化镁。另外一种是从海水、盐湖水和井卤水得到的镁盐，后与碱沉淀反应制备氢氧化镁。

**氨法**：以卤水（需提前经净化处理除去硫酸盐、二氧化碳、少量硼等杂质）或者镁盐为原料，以氨水作沉淀剂。反应前加入一定晶种。温度控制 40℃，卤水与氨水比例为 1:(0.9~0.93)。制备过程如下，原理为：$MgCl_2 + 2NH_3 + 2H_2O \longrightarrow Mg(OH)_2 + NH_4Cl$。

$$\text{卤水} \longrightarrow \boxed{\text{沉淀反应}} \xrightarrow{\text{氨水}} \boxed{\text{表面改性}} \xrightarrow{\text{表面处理剂}} \boxed{\text{洗涤、过滤、干燥}} \longrightarrow \text{氢氧化镁}$$

**石灰乳法**：以石灰乳与镁盐或者卤水沉淀反应，经过改性表面处理制备得到 $Mg(OH)_2$，制备流程如下，其原理为：$MgCl_2 + Ca(OH)_2 \longrightarrow 2Mg(OH)_2 + CaCl_2$。

$$\text{氢氧化钙} \longrightarrow \boxed{\text{沉淀反应}} \xrightarrow{\text{镁盐}} \boxed{\text{表面改性}} \xrightarrow{\text{表面处理剂}} \boxed{\text{洗涤、过滤、干燥}} \longrightarrow \text{氢氧化镁}$$

### 3.3.5 阻燃剂生产工艺实例2——四溴双酚A的生产工艺

四溴双酚 A[2,2 双-(3,5 二溴-4-羟基苯基)丙烷]为白色结晶型粉末，室温下，具有热稳定性和亲酯性强的特点。它是一种性能优良的阻燃剂，具有较高的性价比。广泛用于聚酯、不饱和聚酯、聚苯乙烯（PS）、ABS、聚烯烃、聚酰胺、酚醛树脂等高分子材料。同时又是合成其他阻燃剂的重要中间体，例如溴化环氧树脂（液体溴化环氧树脂和固体溴化环氧树脂）、溴化聚碳酸酯、溴化酚醛树脂等阻燃树脂。

四溴双酚 A 是产量和消耗量最大的含溴阻燃剂。2019 年全球四溴双酚 A（TBBA）市场总值达到了 66 亿元，预计未来几年年复合增长率（CAGR）约为 3.0%。

合成原料包括溴素、双酚 A、过氧化氢，氯苯作为反应溶剂，亚硫酸钠溶液作为漂白剂。

反应原理：双酚 A 和溴素在氯苯溶剂中反应生成四溴双酚 A，过氧化氢用于将反应生成的 HBr 氧化成 $Br_2$，进而提高 $Br_2$ 利用率。反应过程比较剧烈，采用冷冻盐水控制反应在低温下进行。方程式如下所示：

$$HO\text{—}\underset{CH_3}{\overset{CH_3}{\underset{|}{\overset{|}{C}}}}\text{—}OH + Br_2 + H_2O_2 \longrightarrow HO\text{—}\overset{Br}{\underset{Br}{\bigcirc}}\text{—}\underset{CH_3}{\overset{CH_3}{\underset{|}{\overset{|}{C}}}}\text{—}\overset{Br}{\underset{Br}{\bigcirc}}\text{—}OH$$

反应工艺流程如下所示：

氯苯、双酚 A 配料 → 配置反应釜 → 低温溴化 → 高温熟化 → 中和水洗釜 → 结晶离心 → 产品

　　向反应釜中加入氯苯，然后加入双酚 A，得到双酚 A 的氯苯溶液，再向此溶液中加入 35％的过氧化氢，在温度为 20℃时，缓慢滴加溴素与一定量的过氧化氢，溴化过程的反应温度保持在 22℃，直至上述反应完成。反应过程完成后，反应液中仅存在少量的溴和微量的溴化氢，保证双酚 A 的溴化完全，减少了副产物的生成，低温溴化反应完成后，将反应液升温到 70℃进行强溴化反应（高温熟化），其目的是提高四溴双酚 A 的产品质量，即提高其熔点。同时将过氧化氢尽量分解，以避免过氧化氢在之后工序中氧化反应物。强溴化反应完毕之后，将反应液转入中和水洗工序，先加入亚硫酸钠溶液，用于漂白还原反应物系中残余的溴素和氧化性物质，保证产品色度。再对反应液进行洗涤，除去反应物系中的亚硫酸钠等水溶性物质，保证产品质量和色度。洗涤温度 80℃，洗涤后，将反应液冷却到 10℃以下，然后离心，将离心后的物料转入烘干机，在 90℃下进行干燥，干燥完的成品即为产品四溴双酚 A。

　　经验表明，原料配比为：$n$（双酚 A）：$n$（溴素）：$n$（双氧水）：$n$（水）：$n$（氯苯）＝1：2.23：1：2.7：9，反应温度控制在 25～30℃，反应时间为 3h，得到的产品质量超过我国化工行业一等品标准（HG/T 5343）。

三合一设备结构
三合一洗涤过程
三合一干燥过程
三合一过滤过程
三合一进料过程

## 3.3.6　阻燃剂的现状和发展趋势

### 3.3.6.1　市场现状

　　2021 年全球阻燃剂行业市场规模约 80 亿美元，预计未来年均复合增长速度约为 6％。2021 年全球阻燃剂需求量为 320 万吨，其中氢氧化铝 106.56 万吨（33.3％）、溴系 67.2 万吨（21.0％）、磷系 60.8 万吨（19.0％）、氮系 23.04 万吨（7.2％）、氧化锑 24.64 万吨（7.7％）、其他阻燃剂 37.76 万吨（11.8％）。预计年均需求增速约 5％，到 2030 年将达约 470 万吨。国际领先企业包括：德国巴斯夫、瑞士科莱恩、德国朗盛、美国雅宝。

　　近年来我国阻燃剂需求量不断上升，2021 年中国阻燃剂市场需求量接近百万吨，市场规模超过 200 亿元。我国阻燃剂上市企业中，氢氧化铝等无机阻燃剂占据主要市场（近 30％）；磷系阻燃剂的占比也较高，达到 16％，磷系阻燃剂以三（2-氯丙基）磷酸酯（TCPP）、二苯基磷酸酯（BDP）为主要品种；溴系阻燃剂的产量仅占 5％左右。我国氮系阻燃剂产业化程度不高，使用量不大，市场规模较小。

　　我国阻燃剂企业主要集中在京津冀、长江三角洲与珠江三角洲等高技术发达地区，山东省的阻燃剂企业最多，达到 590 家；其次，广东省、河北省和江苏省的阻燃剂企业也较多，均超过 300 家。国内龙头企业包括：万盛股份、苏利股份、雅克科技、晨化股份等。

### 3.3.6.2 发展趋势

**(1) 结炭技术** 高聚物燃烧时，在凝聚相产生结炭就能达到阻燃目的。在材料表面结炭的厚度达 1mm 时，就能承受 743℃ 的高温而不着火。在涂料中，季戊四醇、聚磷酸铵和三聚氰胺可分别作为良好的碳化剂、碳化催化剂和发泡剂。如将三者按一定配比添加于涂料中，就制成性能优良的阻燃涂料。

此外，采用易碳化的高聚物与不能碳化的高聚物共混，也有良好的阻燃效果，如将易结炭的聚苯醚与高抗冲聚苯乙烯共混，就因能结炭而大大提高阻燃性；如再添加少量的气相灭火的含卤阻燃剂，就具有很高的阻燃性能。这种结炭技术将广泛应用。

**(2) 非卤化、抑烟化和无毒气体** 在火灾的死亡事故中，80% 左右是因有毒的烟雾窒息所造成的。非卤化阻燃剂由于在燃烧过程中不会产生有毒或腐蚀性的气体，并且产生的烟雾也比较少，所以比卤系阻燃剂会具有更好的环保性，因此发展低烟无毒的阻燃剂迫在眉睫。

聚合物中加入阻燃剂后，发烟量增加，因此消烟、抑烟成为重要的研究课题。消烟剂是能有效地减小发烟量和烟密度的添加剂，消烟剂应用的重点是 PVC。含钼化合物的消烟阻燃剂是最有效的消烟剂。除了三氧化钼和八钼酸铵之外，国外新开发的消烟剂钼酸锌是中毒效率低和阻燃性优良的消烟剂。由于钼化物价格昂贵，故常采用硼酸锌、Al$(OH)_3$、锌、硅和磷等与少量钼化物进行复配之后再添加，这是当前解决消烟问题较现实的途径。

**(3) 微胶囊化技术** 微胶囊化能阻止阻燃剂的迁移、提高阻燃效果、改善稳定性、改变剂型等。微胶囊化技术的研究已成为阻燃技术研究的前沿。近年来，国外已有微胶囊化商品，如杜邦公司的氟利碳化合物用聚合物使其微胶囊化，并用于 PVC、PP（聚丙烯）以及 PVR（聚氨酯），效果甚佳。

**(4) 无机阻燃剂表面处理和超细化** 无机阻燃剂表面处理、超细化技术等已成为当今阻燃技术开发的重点。常见的表面改性剂分为阳离子型、阴离子型以及非离子型，以硬脂酸、月桂酸等较常见。

无卤阻燃剂其颗粒直径越细，具有更快的受热降解速度，阻燃性能越好，同时还能改善其制成品的强度。氢氧化铝、氢氧化镁、氧化锑等阻燃剂，要求采用新技术、新装置使其微粒化，以改善其流动性、加工性，提高阻燃效果等。要求氢氧化铝的平均粒度达到 $1\mu m$，对于氧化锑则要求更细的粒度。我国规定 V-0 级三氧化二锑含 $Sb_2O_3$ 99.5% 以上，平均粒度 $1.3\sim1.5\mu m$；用于短纤维的 $Sb_2O_3$，平均粒度在 $0.30\sim0.35\mu m$；用于涤纶、尼龙等的 $Sb_2O_3$，平均粒度在 $0.1\mu m$ 以下。超微粒的 $Sb_2O_3$，平均粒度为 $0.027\mu m$，最大粒径不大于 $0.5\mu m$。用粒度 $0.015\sim0.020\mu m$ 的 $Sb_2O_3$ 胶体作阻燃剂处理过的纤维，阻燃效果提高了 3 倍，其他性能也有提高。

**(5) 通过协同效应增强阻燃剂的性能** 主要方式有两种：一种是阻燃剂复配，各个阻燃组分除了发挥自己的优势，相互间发挥协同效应。另一种是基材复配，即基材本身采用多组分，或者通过添加各种助剂，如乳化剂、增塑剂、热稳定剂、偶联剂等，克服阻燃剂和基材或者其间的不兼容性。

近年来，国外研究、开发出"阻燃-交联剂"，如美国 FMC 公司开发的四溴邻苯二甲酸二烯丙酯（DATBP）产品，就是一种含有多功能双键的溴阻燃剂，具有阻燃与交联的双重功能。我国研制的二烯丙基溴丙基异氰酸酯（DABC），也是一种多功能的双键阻燃-交联剂。

添加增效剂可以大幅度降低阻燃剂的用量，提高阻燃性能、降低产品成本。已经公认的两大类增效剂为卤-锑和磷-氮增效剂。近年来，发现某些有机过氧化物，许多抗氧剂、酸性填料（如 $TiO_2$、$Fe_2O_3$）等，对阻燃剂都有明显的增效作用。

# 3.4 抗氧剂

## 3.4.1 概述

### 3.4.1.1 高分子材料的老化现象

塑料、橡胶等高分子材料在贮存、加工、使用过程中由于受到外界种种因素的综合影响而在结构上发生了化学变化,逐渐地失去其使用价值,这种现象称之为高分子材料的老化。老化过程是一种不可逆过程,在日常生活中常可见到,例如橡胶制品逐渐失去弹性,塑料薄膜发脆破裂,燃料油黏度增加,等。对于高分子材料来说,老化过程可以有以下的变化:

① 外观变化,如表面变色、出现斑点、发黏、变形、裂纹、脆化、发霉等;

② 物理与化学性能发生变化,如溶解性、耐热性、流变性、耐寒性、相对密度、折射率变化等;

③ 力学性能变化,如拉伸强度、伸长率、抗冲击强度、疲劳强度、硬度变化等;

④ 电性能变化,如介电常数、击穿电压变化等。

发生上述变化的原因很多,外界的作用可概括为物理因素(光、热、应力、电场、射线等)、化学因素(氧、臭氧、重金属离子、化学介质等)及生物因素(微生物、昆虫等)。内在的原因可考虑到高分子材料的分子结构、加工时选用的助剂和加工方法等。但比较起来,以外界因素氧、光、热的作用影响最大。本节重点讨论氧对高分子材料的影响问题。

氧气能使高分子聚合物的分子链发生氧化降解,缩短材料的使用寿命,这就需要采用有效的办法来阻止或延缓材料的氧化(或称老化)。抗氧剂是一类很容易与氧作用的物质,将之放在被保护的物质中,大气中的氧优先与它们作用来使被保护物质免受或延迟氧化。在橡胶工业中,抗氧剂又被称为防老剂。抗氧剂也同样应用于石油、油脂、食品和饲料等工业中。

### 3.4.1.2 抗氧剂的分类和基本性能要求

抗氧剂应用范围广,品种多。对合成材料的抗氧剂来说,按其反应机理可以分为两类,即链终止型抗氧剂和预防型抗氧剂;按分子量差别分,可以分为低分子量抗氧剂和高分子量抗氧剂;按化学结构可分为胺类、酚类、含硫化合物、含磷化合物、有机金属盐类等;按用途分为塑料抗氧剂(塑料和纤维用)、橡胶防老剂、石油抗氧剂及食品抗氧剂等。

对合成材料的抗氧剂,一般都要求抗氧性能好,相容性好,化学和物理性能比较稳定,不变色,无污染性,无毒或低毒,不会影响合成材料的其他性能等。

## 3.4.2 氧化和抗氧的基本原理

### 3.4.2.1 聚合物的氧化降解

高分子聚合物在老化过程中结构会发生如下变化:分子链的断裂、交联、聚合物链的化学结构变化、侧链的变化等。聚丙烯和天然橡胶主要发生主链断裂;丁苯及丁腈橡胶主要发生交联;而聚醋酸乙烯则发生侧链的断裂。高压聚乙烯在空气中即使在室温下也会有相当严重的老化。但如果使之隔绝空气,要一直升温到 290℃ 以上才会出现分解。这表明聚合物的热老化实质上是一种在能量作用下的热氧老化。由于聚合物的制造、加工、贮存、应用都与空气接触,因而抗热氧老化对聚合物非常重要。

高分子化合物的氧化有三种形式:分子型氧化;链式氧化;聚合物热分解产物氧化。氧化的产物又是聚合物进一步分解的催化剂。

在上述三种形式中以链式氧化最为重要。大量的研究已证实，聚合物的氧化和低分子烃类的氧化有大体相同的规律，此规律是按照一种"S"形吸氧动力学曲线进行的自动氧化反应。

### 3.4.2.2 抗氧剂的基本作用原理

按反应机理来分类，抗氧剂可以分为链终止型抗氧剂和预防型抗氧剂两类。前者为主抗氧剂，后者为辅助抗氧剂。

**(1) 链终止型抗氧剂** 这类抗氧剂可以与 $R \cdot$、$RO_2 \cdot$ 反应而使自动氧化链反应中断，从而起稳定作用：

$$R \cdot + AH \xrightarrow{k_1} RH + A \cdot \quad (AH \text{ 表示抗氧剂})$$

$$RO_2 \cdot + AH \xrightarrow{k_2} ROOH + A \cdot$$

$$RO_2 \cdot + RH \xrightarrow{k_3} ROOH + R \cdot$$

必须使上述反应中反应速率常数 $k_1$ 和 $k_2$ 大于 $k_3$，才能有效地阻止链增长反应。一般认为，消除过氧自由基 $RO_2 \cdot$ 是阻止高聚物降解的关键，因为消除 $RO_2 \cdot$ 可以抑制氢过氧化物的生成。链终止型抗氧剂作用机理又可以分为三类。

① 自由基捕获体 自由基捕获体能与自由基反应，使之不再进行引发反应，或由于它的加入而使自动氧化反应稳定化。前者如炭黑、醌、某些多核芳烃和一些稳定的自由基等，后者多为一些稳定的自由基，当与 $R \cdot$ 反应而终止动力学链。

某些酚类化合物作抗氧剂时能产生 $ArO \cdot$ 自由基，具有捕集 $RO_2 \cdot$ 等自由基的作用：

$$ArO \cdot + RO_2 \cdot \longrightarrow RO_2 ArO \quad (Ar \text{ 为芳基})$$

② 电子给予体 由于给出电子而使自由基消失，例如变价金属在某种条件下具有抑制氧化的作用：

$$RO_2 \cdot + Co^{2+} \longrightarrow RO_2^- \cdot Co^{3+}$$

③ 氢给予体 这类抗氧剂为一些具有反应性的仲芳胺和受阻酚化合物，它们可以与聚合物竞争自由基，从而降低了聚合物的自动氧化反应速率：

$$Ar_2 NH + RO_2 \cdot \longrightarrow ROOH + Ar_2 N \cdot \quad (\text{链转移}) \tag{1}$$

$$Ar_2 N \cdot + RO_2 \cdot \longrightarrow Ar_2 NO_2 R \tag{2}$$

$$\text{又} \qquad ArOH + RO_2 \cdot \longrightarrow ROOH + ArO \cdot \quad (\text{链转移}) \tag{3}$$

$$ArO \cdot + RO_2 \cdot \longrightarrow RO_2 ArO \tag{4}$$

上述反应中，式（1）、式（3）为仲芳胺和受阻酚抗氧剂的氢转移反应，式（2）、式（4）为比较稳定的自由基 $Ar_2 N \cdot$ 或 $ArO \cdot$ 捕获自由基 $RO_2 \cdot$，使反应动力学链终止。显然，这种情况只能在聚合物与自由基反应速率小于 $Ar_2 N \cdot$ 或 $ArO \cdot$ 捕集 $RO_2 \cdot$ 的速率时才实现。

**(2) 预防型抗氧剂** 它的作用是能除去自由基的来源，抑制或延缓引发反应。这类抗氧剂包括一些过氧化物分解剂和金属离子钝化剂。

① 过氧化物分解剂 这类抗氧剂包括一些酸的金属盐、硫化物、硫酯和亚磷酸酯等化合物。它们能与过氧化物反应并使之转变为稳定的非自由基产物（如羟基化合物），从而完全消除自由基的来源：

$$ROOH + R^1 SR^2 \longrightarrow ROH + R^1 SOR^2 \tag{5}$$

$$ROOH + R^1 SOR^2 \longrightarrow ROH + R^1 SO_2 R^2 \tag{6}$$

$$ROOH + (RO)_3 P \longrightarrow ROH + (RO)_3 P = O \tag{7}$$

含硫化合物中，硫醇具有较高的抗氧化能力，但它与聚合物相容性不大好。其反应机理如下：

$$RO_2 \cdot + R^1 SH \longrightarrow ROOH + R^1 S \cdot \tag{8}$$

$$2R^1S \cdot \longrightarrow R^1SSR^1 \qquad\qquad (9)$$

$$RO_2 \cdot + R^1S \longrightarrow 稳定产物 \qquad\qquad (10)$$

$$2R^1SH + ROOH \longrightarrow ROH + R^1SSR^1 + H_2O \qquad\qquad (11)$$

应该指出，有机硫醚与氢过氧化物反应生成亚砜化合物［式(5)］，亚砜与氢过氧化物反应生成砜［式(6)］。这些含硫化合物一般能使聚合物颜色发生变化。

② 金属离子钝化剂 变价金属能促进高聚物的自动氧化反应，使聚合物材料的使用寿命缩短。这个问题特别是在电线电缆工业中尤为敏感。

金属离子钝化剂是具有防止重金属离子对高聚物产生引发氧化作用的物质。这些微量的重金属离子存在于聚合物材料中，可能来源于聚合反应过程所采用的催化剂残留物或其他的污染物，以及材料上的某些颜料、润滑剂等。这些微量的金属离子会与氢过氧化物生成一种不稳定的配合物，继而该配合物进行电子转移而产生自由基，导致引发加速，氧化诱导期缩短。

由此可见，金属钝化剂应该在聚合物材料中的金属离子与氢过氧化物形成配合物以前，就先和该金属离子形成稳定的螯合物，从而阻止自由基的生成。此外，金属钝化剂分子和金属离子的配位必须使金属主体配位全部饱和，避免使残存的金属配位数继续受氢过氧化物的攻击而增加自动氧化的活性。

工业上生产和研制的金属钝化剂主要是酰胺和酰肼两类化合物，如 1,2-双（2-羟基）苯甲酰肼（$C_{14}H_{12}N_2O_4$）。该产品为聚乙烯、聚丙烯等聚合物使用的抗氧剂，与树脂相容性好，不挥发，不污染。

### 3.4.3 抗氧剂的选用原则

#### 3.4.3.1 对抗氧剂性质的基本要求

高分子材料的制造、贮存、加工和使用期间都存在氧化（老化）的问题，添加抗氧剂是为了防止材料老化而使之具备必要抗氧能力，因此，对抗氧剂的性质应有一定的要求。

**(1) 溶解性** 抗氧剂在其所使用的聚合物中的溶解性（或相容性）应该比较好，而在其他介质中则较低。相容性小就易出现喷霜现象。除此以外，抗氧剂也不应在水中或溶剂中被抽出，或发生向固体表面迁移的现象，如果出现这些现象就会降低抗氧效率。

**(2) 挥发性** 抗氧剂的挥发性在很大程度上取决于其本身的分子结构与分子量。一般来说，分子量较大的抗氧剂，挥发性较低。分子结构对挥发性的影响更明显。例如，分子量为 220 的 2,6-二叔丁基-4-甲酚的挥发性比分子量为 260 的 $N,N'$-二苯基对苯二胺大 3000 倍。温度高低、暴露表面大小和空气流动状况等对挥发性也有不同程度的影响。

**(3) 稳定性** 抗氧剂应对光、热、氧、水等外界因素很稳定，耐候性好。例如，对苯二胺系列衍生物对氧化就较敏感；二烷基对苯二胺本身会在短期内被氧化而受到破坏；而芳基对苯二胺则较稳定。另外，受阻酚在酸性条件下加热易发生脱烃反应，这些现象都能降低抗氧剂的效用。

**(4) 变色和污染性** 一般说，胺类抗氧剂有较强的变色性和污染性，而酚类抗氧剂则不发生污染。因而，酚类抗氧剂可用于无色和浅色的高分子材料中。而胺类抗氧剂往往抗氧效率高，因而在橡胶工业、电线电缆和机械零件上用得很多。

**(5) 物理性能** 在聚合物材料的制造过程中，一般优先选用液体和易乳化的抗氧剂；而在橡胶加工过程中常选用固体、易分散且无尘的抗氧剂。此外，在与食品有关的制品中，必须选用无毒的抗氧剂。这些都是在选用时从物理性能的角度必须加以考虑的问题。

#### 3.4.3.2 选择抗氧剂的考虑因素

选择抗氧剂时，除了抗氧剂本身的性质外，还需考虑到其他的外界影响因素。

首先，高聚物的化学结构决定了它对大气中氧的敏感性。例如，丁基胶和三元乙丙胶等低不饱和度橡胶具有较好的耐氧化性，而多数二烯类橡胶则对氧敏感。分子量分布广和带支链结构的聚合物易被氧化。

温度升高会导致氧化加速，载重汽车轮胎在运行中生热使其经常处在 100℃ 左右的温度，因而加快了老化。合成胶比天然胶更易生热。此外，还有因疲劳应力而引起的机械破坏（如产生裂纹等）。这些情况都要求选用耐高温的抗氧剂。

此外，还应考虑臭氧的作用，尽管臭氧浓度较低，但对塑料和橡胶影响较大，臭氧主要攻击高聚物分子中的双键，生成稳定的过氧化物，使材料性能降低，因而需采用抗臭氧剂或进行表面的物理防护。

### 3.4.3.3 抗氧剂的用量与配合

当两种或两种以上的抗氧剂配合使用时，其总效应大于单独使用的各个效应之和称协同效应；反之则为对抗效应。例如，胺类或酚类链终止型抗氧剂与预防型的过氧化物分解剂配合使用，可以提高聚合物抗热老化的性能，它们之间有协同效应；而受阻酚与炭黑在聚乙烯中配合使用时，由于炭黑对酚的直接氧化产生催化作用而使酚的抗氧能力下降，它们之间存在着对抗效应。

抗氧剂的用量取决于聚合物的性质、抗氧剂的效率、协同效应、制品使用条件与成本价格等种种因素。一般情况下，每一种抗氧剂都有最佳的浓度。

## 3.4.4 各类抗氧剂简介

在高分子合成材料中，抗氧剂的主要使用对象是塑料和橡胶，而它们两者使用的抗氧剂品种、类型却有所不同。塑料制品使用的抗氧剂主要是酚类化合物、含硫有机酯类和亚磷酸酯化合物；而橡胶制品所用的防老剂则主要采用胺类化合物，其次是酚类化合物和少数其他品种防老剂。

抗氧剂的化学结构特点对抗氧能力有影响。以酚类抗氧剂为例，苯环上羟基的邻对位有供电子取代基团（如甲基、甲氧基、叔丁基等）时，抗氧能力提高；如羟基邻对位有吸电子基团（如硝基、羧基、卤素等）时，则抗氧能力下降；特别是羟基的邻位有 $\alpha$-支链烷基（如叔丁基），即所谓受阻酚结构时，由于空间位阻效应，苯氧自由基具有很高的稳定性，大大提高了抗氧效率。一个或几个体积较大的邻位取代基对羟基进行保护，对防止直接氧化和减少链转移是重要的。同样情况也适用于胺类化合物，如果氨基对位是供电子取代基，则抗氧效率高；如果是吸电子基，则抗氧效率下降。橡胶制品中常用的胺类防老剂也有很多受阻胺结构。

### 3.4.4.1 胺类抗氧剂

胺类抗氧剂广泛使用在橡胶工业中，是一类发展最早、效果最好的抗氧剂，它不仅对氧，而且对臭氧有很好的防护作用，对光、热、曲挠、铜害的防护也很突出。目前橡胶工业常用的防老剂如下：

N-苯基-2-萘胺（防丁），$C_{16}H_{13}N$

N-苯基-1-萘胺（防甲），$C_{16}H_{13}N$

N-苯基-N′-环己基对苯二胺（4010），$C_{18}H_{22}N_2$

胺类抗氧剂品种还很多，在此不一一列举。

### 3.4.4.2 酚类抗氧剂

酚类抗氧剂品种繁多，商品牌号最早出现于 20 世纪 30 年代，如 BHA（丁基羟基苯甲醚）、BHT（2,6-二叔丁基-4-甲基苯酚，即 264）。264 仍是当前产量很大的品种，它可用于多种高聚物，还可大量用于石油产品和食品工业中。近年来，又出现了不少高效优良的新品种，尽管其防护能力不及胺类，但它们具有胺类所没有的不变色、不污染的优点，因而用途广泛。大多数酚类抗氧剂具有受阻酚的化学结构。

式中，R 为—CH$_3$，—CH$_2$—，—S—；X 为—C(CH$_3$)$_3$。

常用的酚类抗氧剂如：

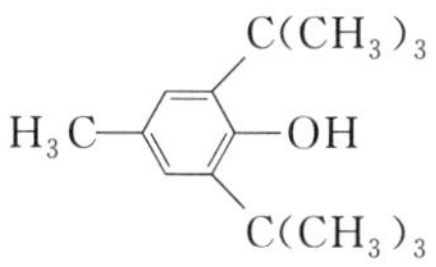

2,6-二叔丁基-4-甲基苯酚（264），C$_{15}$H$_{24}$O

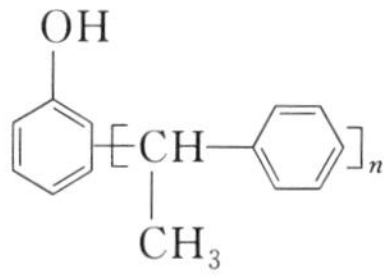

苯乙烯化苯酚（SP），$n=1\sim3$

### 3.4.4.3  二价硫化物及亚磷酸酯

二价硫化物和亚磷酸酯是一类过氧化物分解剂，因而属于辅助抗氧剂。它们能分解氢过氧化物产生稳定化合物，从而阻止氧化作用，主要品种如：

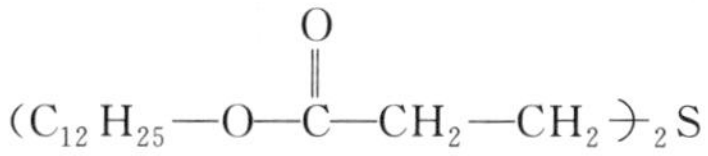

硫代二丙酸二月桂酯
（DLTP），C$_{30}$H$_{58}$O$_4$S

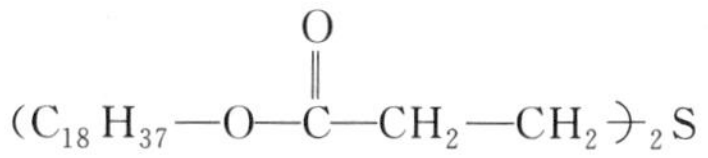

硫代二丙酸双十八酯（DSTP）
C$_{42}$H$_{82}$O$_4$S

## 3.4.5  抗氧剂生产工艺实例——抗氧剂 264 的生产工艺

抗氧剂 264 也称为抗氧剂 BHT（2,6-二叔丁基-4-甲基苯酚），其抗氧效果好，成本低，安全性佳，可广泛应用于塑料、橡胶、涂料、润滑油、食品等行业。

其生产反应方程式如下：

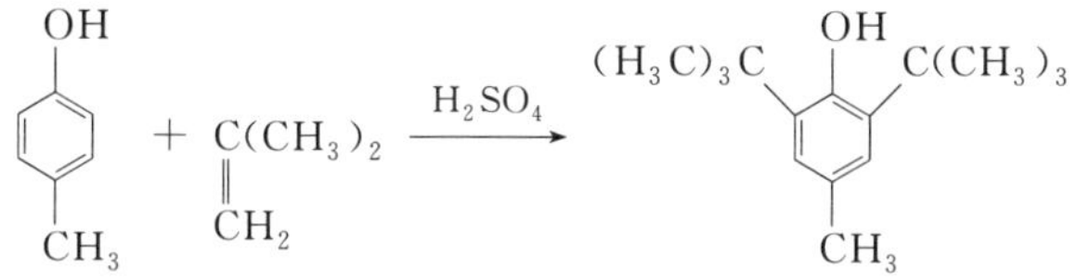

抗氧剂 264 的生产有间歇操作和连续操作两种，间歇操作的工艺流程如 3-6 图所示。

工序 1：烷基化。在反应器中加入对甲酚和硫酸催化剂，65℃时通入异丁烯反应。工序2：中和。反应结束后，用 60℃ 热水洗涤，用碳酸钠中和至 pH=7。工序 3：水洗。烷化水洗釜中用 70～80℃ 水洗到中性，转移到结晶釜，冷却结晶。工序 4：离心脱水。离心机脱水得粗品。工序 5：重结晶。在重结晶釜中，将粗品溶于 80～90℃ 乙醇及 0.5% 的硫脲中，趁热过滤，滤液冷却结晶。工序 6：离心脱水。工序 7：干燥。在干燥箱中干燥，得到最终产品（温度低于 100℃）。

## 3.4.6  抗氧剂的现状和发展趋势

2019 年全球主流地区抗氧剂消费量约为 60 万吨，其中中国抗氧剂消费量约 20 万吨。在全球市场中，抗氧剂的生产集中度较高，主要集中在巴斯夫、松原、Addivant 等知名企业。亚洲为全球抗氧剂主要生产地区，占全球生产量的 55% 左右，中国、韩国、印度及日

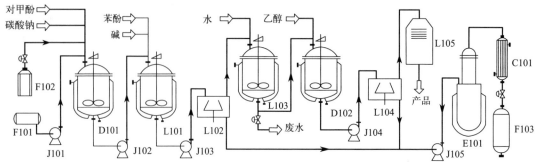

图 3-6　抗氧剂 264 间歇操作工艺流程图

F101—硫酸储罐；F102—异丁烯汽化罐；J101—原料泵；D101—烷化中和反应器；
J102～J105—输送泵；L101—烷化水洗釜；L102，L104—离心机；L103—熔化水洗釜；
D102—结晶釜；L105—干燥箱；E101—乙醇蒸馏塔；C101—冷凝器；F103—乙醇储罐

本是亚洲的主要生产地区，其中中国抗氧化剂产量在亚洲占比最多。我国年产能超过 20000 吨的抗氧剂主要厂商有临沂三丰、巴斯夫高桥、天津利安隆等企业。

目前，受阻酚类是占比最重要的一类抗氧剂。在日本，受阻酚类占比最高达 55％左右；在西欧，受阻酚类占比约为 50％；在北美，受阻酚类占比约为 54％；在中国，塑料抗氧剂市场以受阻酚和有机亚磷酸酯为主，占比分别为 50％和 43％。

近年来，抗氧剂的发展趋势为：抗氧效力快而高；无毒或低毒；不污染产品以制取白色或浅色的最终产品；最好是液体，使用方便；价格低廉；分子量大（受阻酚类抗氧剂的分子量通常在 1500 以下），不挥发、不抽出、不迁移，并与高聚物有很好的相容性；等。兼有链终止型和链预防型性质的多功能抗氧剂以及复配型抗氧剂也是研究的重点。反应型抗氧剂可以很好地将抗氧基团镶嵌在高分子链之中，反应型和聚合型的抗氧剂具有巨大的潜力。

以酚类抗氧剂为例，提高分子量可以使抗氧性能得到改善，因而出现了一些大分子量和聚合型的高分子量酚类产品，可取代 BHT（264）。一种牌号为 poly AO-79 的高分子量抗氧剂为各种酚抗氧剂与二乙烯苯的缩聚物，具有优良的热稳定性，适用于聚烯烃和聚碳酸酯塑料，在重复挤压加工中不挥发，很稳定。

# 3.5　热稳定剂

## 3.5.1　概述

热稳定剂的发展与 PVC 制品的发展密切相关，它能防止 PVC 在加工过程中由热和机械剪切所引起的降解，另外还能使制品在使用过程中长期防止热、光和氧的破坏作用。热稳定剂的选用必须根据加工工艺的需要和最终产品性能的要求来考虑。

从国外 PVC 制品的发展趋势来看，硬制品的比例在增长。一般来说，对 100 份树脂而言，PVC 软制品中热稳定剂使用量在 2 份左右，而硬制品则用 3～5 份。所以，热稳定剂的生产必将随着硬制品的增长而得到发展。随着热稳定剂对环境污染问题的日益严重，以及考虑到 PVC 制品特别是食品包装容器的安全性问题，热稳定剂的安全性引起关注。今后对镉类稳定剂的使用和生产都加以限制；铅类稳定剂，由于它固有耐热性好、电绝缘性好、耐候性优、价廉等特点，未来一段时间还不会为其他稳定剂所代替。但是，在应用方面会受到越来越多的限制。基于上述诸因素，在热稳定剂中镉/钡的比例将逐渐减少，而低毒和无毒的钡/锌和钙/锌将有较大的增长。热稳定剂中有机锡的发展较快，但是价格昂贵，影响了它的推广使用，在整个热稳定剂行业中仍占较小比例。

关于国内 PVC 热稳定剂的生产情况，目前仍以盐基性铅盐和脂肪酸皂类为主。国内热稳定剂技术革新和科学研究的重点是减少和避免铅盐和镉盐稳定剂的中毒问题以及开拓新品种。

### 3.5.2 聚氯乙烯的热降解及热稳定剂的作用机理

#### 3.5.2.1 聚氯乙烯的热降解机理

当聚氯乙烯加热到 100℃ 以上时，树脂就发生降解而放出氯化氢，颜色渐渐变黄、变棕直到黑色，性能变脆，失去使用价值。热稳定剂的功能在于抑制和防止在加工过程中（通常对 PVC 的加工温度高于其分解温度）发生降解或大分子交联，从而保证加工的顺利进行，延长制品的使用寿命。

据研究，对 PVC 的热降解脱 HCl 过程存在着几种解释，即自由基机理、离子机理和单分子机理；另外，还有分子-离子机理和分子-自由基机理等说法。PVC 的热降解是一个复杂的过程，与诸多因素有关，这里只介绍自由基反应机理。

巴顿（Barton）等在 1949 年提出烷基氯化物降解的两种可能历程，即自由基链式反应或氯化氢的单分子释出反应。他们提出一个假设并得到了证实，当体系中引发出一个氯自由基后，该氯自由基夺取氢原子形成氯化氢和一个烷烃自由基。以 1,2-二氯乙烷为例：

$$Cl \cdot + ClCH_2CH_2Cl \longrightarrow HCl + Cl\dot{C}H-CH_2Cl$$

如果该烷烃自由基能够分裂成烯烃和一个氯自由基，则降解能按自由基链式反应进行。

即
$$Cl\dot{C}H-CH_2Cl \longrightarrow CHCl=CH_2 + Cl \cdot$$

如果该烷烃自由基不能分裂成一个氯自由基，则降解按单分子消除 HCl 的历程进行。例如氯乙烷的裂解就是如此，$CH_3\dot{C}HCl$ 不能分裂：

$$Cl \cdot + CH_3CH_2Cl \longrightarrow HCl + CH_3\dot{C}HCl$$

基于上述假设，聚氯乙烯的分解取决于优先夺取哪一个氢原子：

$$Cl \cdot + \sim\!\! CH_2CHCl \begin{cases} \sim\!\!\dot{C}HCHCl \longrightarrow \sim\!\! CH=CH \sim + Cl \cdot \\ \sim\!\! CH_2\dot{C}Cl \sim \longrightarrow 非链式增长 \end{cases}$$

研究表明，以上两种夺氢的机会是相等的，但链式自由基反应消除氯化氢的效率高，因而是主要的反应。

关于热降解反应机理的其他种种论述，在此不一一列举。

#### 3.5.2.2 热稳定剂的作用机理

无论是盐基性铅盐、金属皂类还是其他各类热稳定剂，之所以能起到热稳定化的作用，主要是由于它们都有着一个共同的特点——均属氯化氢的接受体，能够捕捉 PVC 热降解时所脱出的氯化氢。用简单的化学计量关系来表达可以写成下列各式：

$$PbO \cdot PbSO_4 \cdot H_2O + 2HCl \longrightarrow PbCl_2 + PbSO_4 + 2H_2O$$
$$(C_{11}H_{23}COO)_2Cd + 2HCl \longrightarrow CdCl_2 + 2C_{11}H_{23}COOH$$
$$(C_4H_9)_2Sn(C_{11}H_{23}COO)_2 + 2HCl \longrightarrow (C_4H_9)_2SnCl_2 + 2C_{11}H_{23}COOH$$

$$\text{—CH—CH—} + HCl \longrightarrow \text{—CH—CH—}$$
$$\underset{O}{\diagdown\diagup} \qquad\qquad \underset{OH\ \ Cl}{|\quad\ |}$$

$$SC(NHC_6H_5)_2 + 2HCl \longrightarrow [SC(NH_2C_6H_5)_2]^{2+}(Cl^-)_2$$

但是各类热稳定剂仍有其独特的作用。如金属皂类和 PVC 中不稳定氯原子在热反应过程中生成了酯键，从而使 PVC 得到了稳定。

总之，热稳定剂掺入 PVC 制品中，能与产生的微量 HCl 起作用，因而它能防止 PVC 在加工过程中由于热和机械剪切作用而引起的降解，还能使制品在使用中长期防止热、光、氧的破坏作用。实际上，除作为 HCl 的接受体外，各类热稳定剂还有其独特的复杂的热稳定化作用。

### 3.5.3 影响聚氯乙烯降解的因素

**(1) 分子链结构的影响** 聚氯乙烯在脱 HCl 后形成双键，或在氯乙烯进行自由基聚合时在 PVC 分子链末端产生双键，这些双键在很大程度上能使聚合物热稳定性下降。另外，PVC 在热降解时的变色与链中生成共轭双键链段有关，随着 HCl 脱出量的增加，颜色越来越深。

分子量对 PVC 的热稳定性也有影响，在氮气流中 180℃ 下进行不同聚合度 PVC 的热稳定性试验，发现低聚合度的试样容易脱氯化氢；而分子量的分布则对热稳定性无多大关系。

**(2) 氧的影响** 氧的存在对聚氯乙烯的热降解能起加速脱氯化氢的作用，并且降解后链段长度分布变短而使聚合物褪色。在氧的影响下，PVC 热降解开始时主要产生交联，分子量有所增加，随后由于断链不断增加，分子量下降。

**(3) 氯化氢的影响** 研究证实氯化氢对降解有催化加速作用，同时对变色也产生影响。因此，如果能将 PVC 降解产生的 HCl 及时除去，对材料的稳定化是有利的。

**(4) 临界尺寸的影响** PVC 树脂的颗粒形态、颗粒大小及其压片压力，对脱氯化氢反应速率有影响。因为先脱出的氯化氢对进一步降解有催化作用，所以从理论上推测，PVC 薄膜厚度或颗粒大小与氯化氢扩散排出 PVC 体外的难易有关，当薄膜厚度很小，达到某临界厚度或颗粒小到某临界尺寸时，可以认为氯化氢的自动催化作用开始消失。

**(5) 增塑剂的作用** 增塑的 PVC 的热稳定性与增塑剂的类别和用量有关。PVC 脱 HCl 的反应速率与增塑剂用量有关，它们之间没有线性关系；而对特定浓度的每一种增塑剂都有一个最小降解速率值。这可能是因为在浓度较低的情况下，PVC 的极性基与增塑剂分子之间的相互反应比 PVC 链间的反应性强。增塑剂分子使 PVC 链溶剂化可能起某种程度的稳定作用，使 HCl 的脱出需要较高的能量。

### 3.5.4 热稳定剂分类

热稳定剂的种类繁多，可以分为金属皂类、铅系、有机锡系、液体复合系列以及一些有机化合物稳定剂。

#### 3.5.4.1 铅热稳定剂

这类热稳定剂是现在仍在大量使用的开发最早的化合物，我国所使用的热稳定剂大约 60% 属于这类，还不包括金属铅皂。

铅热稳定剂具有很强的结合氯化氢的能力，但对 PVC 脱氯化氢既无抑制作用也无促进作用。盐基性铅盐是目前应用最广泛的类别，如三盐基硫酸铅（$3PbO \cdot PbSO_4 \cdot H_2O$）、盐基性亚硫酸铅（$nPbO \cdot PbSO_3$）和二盐基亚磷酸铅（$2PbO \cdot PbHPO_3 \cdot 1/2H_2O$）等。

铅热稳定剂的优点是耐热性好，特别是长期热稳定性良好；电气绝缘性优良；具有白色颜料的性能，覆盖力大、耐候性也良好；价格低廉。但它也有一些缺点，主要是毒性、相容性和分散性差，所得制品不透明；没有润滑性，需与金属皂、硬脂酸等润滑剂并用；容易产生硫化污染等。尽管有这些缺点，仍大量用于各种不透明的软硬制品和耐热电线、电缆料中，也有用于泡沫塑料和增塑剂糊中，盐基性铅盐一般都是白色（或浅黄色）细粉、有毒。为安全起见，工厂在使用时要加强通风设备，最好是将其与增塑剂先配制成预分散体后再使用。

### 3.5.4.2　金属皂类

金属皂一般是钙、镁、锌、钡、镉等的硬脂酸、棕榈酸和月桂酸盐，通式为

$$M + O-\overset{\overset{\displaystyle O}{\parallel}}{C}-R)_n$$ 。也可以是芳香族酸、脂肪族酸、酚和醇的金属盐等。如苯甲酸、水杨酸、环烷酸、烷基酸等的金属盐类，实际上后面这些金属盐并非属于皂类，而是金属盐类。

这类化合物与 PVC 配合进行热加工时起着氯化氢接受体的作用，有机羧酸基与氯原子发生置换反应，由于酯化作用而使 PVC 稳定化。酯化反应速率随金属不同而异，其顺序为：

$$Zn > Cd > Pb > Ca > Ba$$

脂肪酸根中碳数多的，一般热稳定性与加工性较好，但与 PVC 的相容性则较差，容易出现喷霜现象。水与溶剂抽出性也减小，脂肪酸的臭味也减轻。金属皂大多用于半透明制品。

金属皂热稳定剂的性能随金属的种类和酸根不同而异，大体有以下规律性。

**(1) 耐热性**　镉、锌皂初期耐热性好，钡、钙、镁、锶皂长期耐热性好，铅皂居中。

**(2) 耐候性**　镉、锌、铅、钡、锡皂较好。

**(3) 加工性**　铅、镉皂润滑性好，对同一种金属来说，脂肪族酸根（尤其是分子链长时）润滑性好，钡、钙、镁、锶皂润滑性稍差。

**(4) 压折性**　在塑料加工过程中，配合剂组分（如颜料、各种助剂等）从配合物中析出而黏附在压辊或塑模等金属表面上，逐渐形成有害膜层的现象称为"压折"，在 PVC 加工中特别容易出现此类现象。钡、钙、镁、镉易出现压折现象，而锌、镉、铅则不易，一般脂肪酸皂（特别是分子链长时）压折严重，喷霜现象也较厉害。

**(5) 毒性**　铅、镉皂毒性大，有硫化污染；钙、锌皂可用于无毒配方中；钡、锌皂多用于耐硫化污染的配方中。

### 3.5.4.3　有机锡热稳定剂

有机锡化合物具有以下通式：

$$Y-\underset{\underset{\displaystyle R}{\mid}}{\overset{\overset{\displaystyle R}{\mid}}{Sn}} + X-\underset{\underset{\displaystyle R}{\mid}}{\overset{\overset{\displaystyle R}{\mid}}{Sn}})_n Y$$

式中，R 为甲基、正丁基、正辛基等烷基；Y 为脂肪酸根（如月桂酸、马来酸等）；X 为氧、硫等。

工业上用作 PVC 热稳定剂的有机锡化合物大多为羧酸、二羧酸单酯、硫醇、巯基酸酯等的二烷基锡盐，烷基主要是正丁基或正辛基。作为热稳定剂的商品，一般是复配物而不用纯有机锡化合物。

有机锡为高效热稳定剂，其最大的优点是具有高度透明性，突出的耐热性，耐硫化污染。缺点是价格贵，但其使用量较少，通常每 100 份硬制品料的用量不超过 2 份，软制品还可更少些。因此具有一定的竞争力。如乙烯基塑料透明硬管只能用锡系稳定剂。

有机锡热稳定剂大多数不具备润滑性质，使用时需添加适量润滑剂。当使用硫醇锡时，

要注意铅化合物与硫醇锡能生成铅的硫化物并形成污染。在我国有机锡产量还不大，有待进一步发展。

#### 3.5.4.4 液体复合热稳定剂

液体复合热稳定剂是一种复配物，其主要成分是金属盐，其次配合以亚磷酸酯、多元醇、抗氧剂和溶剂等多种组分。从金属盐的种类来说，有锡-钡（通用型）、钡-锌（耐硫化污染等）、钙-锌（无毒型）以及钙-锡和钡-锡复合物等类型。有机酸也可有很多种类，如合成脂肪酸、油酸、环烷酸、辛酸以及苯甲酸、水杨酸、苯酚、烷基酚等。亚磷酸酯可以采用亚磷酸三苯酯、亚磷酸三异辛酯、三壬基苯基亚磷酸酯等。抗氧剂可用双酚 A 等。溶剂则采用矿物油、液体石蜡以及高级醇或增塑剂等。配方上的不同，可以生产出多种性能和用途的不同牌号产品。

从配方上来看，液体复合热稳定剂与树脂和增塑剂的相容性好；透明性好，不易析出，用量较少，使用方便，用于软质透明制品，比用有机锡便宜，耐候性好；用于增塑剂糊时黏度稳定性高。其缺点是缺乏润滑性，因而常与金属皂和硬脂酸合用，这样会使软化点降低，长期贮存不稳定。

#### 3.5.4.5 其他热稳定剂

除上述热稳定剂外，还有其他一些品种，它们有的在综合性能上还有差距，尚处于发展状态，还不能作为主稳定剂使用。例如环氧化合物，亚磷酸酯类，多元醇类以及某些含氮、硫有机物等。

例如，把高环氧值的液体环氧树脂用于农膜，热稳定效果好，不渗出，不吸尘；亚磷酸三苯酯、三烷酯、三烷基苯基酯等亚磷酸酯类作为辅助稳定剂添加于液体复合稳定剂中，用量为 10%～30%，被大量用于农膜和人造革等软质制品中；山梨醇、季戊四醇等多元醇作为辅助稳定剂对提高 PVC 的热稳定性也起一定作用。

### 3.5.5 热稳定剂生产工艺实例 1——硬脂酸钙的生产工艺

硬脂酸钙，又称为十八酸钙，白色颗粒状或脂肪性粉末。可用作聚氯乙烯的稳定剂和润滑剂，可作为无毒的食品包装、医疗器械等软质薄膜器皿。在聚乙烯、聚丙烯中作为卤素吸收剂，可以消除树脂中残留的催化剂对树脂颜色和稳定性的不良影响。还广泛用作聚烯烃纤维和模塑品的润滑剂，也可作为酚醛、氨基等热固性塑料以及聚酯增强塑料的润滑剂和脱模剂。

合成原理：将熔化的硬脂酸与氢氧化钠溶液反应，制成稀皂液，硬脂酸皂化后与氯化钙进行复分解反应。反应式如下

$$C_{17}H_{35}COOH + NaOH \longrightarrow C_{17}H_{35}COONa + H_2O$$
$$2C_{17}H_{35}COONa + CaCl_2 \longrightarrow (C_{17}H_{35}COO)_2Ca + 2NaCl_2$$

生产工艺（图 3-7）：在反应釜中加入硬脂酸与水，加热溶解后在 90℃ 左右加入碱液进行皂化反应。然后，在同一温度下加入氯化钙溶液进行复分解反应。硬脂酸钙沉淀用水洗涤，离心脱水，最后在 100℃ 左右干燥后即得成品。

### 3.5.6 热稳定剂生产工艺实例 2——二月桂酸二丁基锡的生产工艺

二月桂酸二丁基锡，透明油状液体（有一定毒性）。可用作聚氯乙烯的热稳定剂，是有机锡类稳定剂中使用最早的品种，润滑性优良，耐候性和透明性亦可，与增塑剂有良好的相容性，不喷霜，无硫污染性，对热合性和印刷性无不良影响。该产品主要用于软质透明制品或半软质制品，一般用量为 1%～2%。与硬脂酸镉、硬脂酸钡等金属皂或环氧化合物并

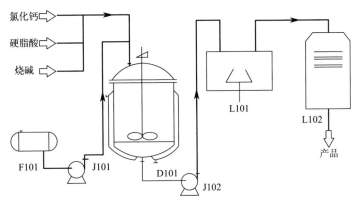

图 3-7　硬脂酸钙的生产工艺流程

F101—水储罐；J101—原料泵；D101—反应釜；J102—输送泵；L101—离心机；L102—干燥器

用有协同效应。在硬质制品中，该产品可作为润滑剂，与马来酸有机锡或硫醇系有机锡并用，改善树脂料的流动性。与其他有机锡相比，该产品的初期着色性较大，会造成发黄变色。

合成原理：氧化二丁基锡与月桂酸缩合得到二月桂酸二丁基锡，反应如下

$$\begin{matrix} C_4H_9 \\ Sn=O \\ C_4H_9 \end{matrix} +2C_{11}H_{23}COOH \longrightarrow \begin{matrix} O \\ \| \\ O-C-C_{11}H_{23} \\ Sn \\ O-C-C_{11}H_{23} \\ \| \\ O \end{matrix} +2H_2O$$

其中，氧化二丁基锡的合成方法主要是直接法：

$$2C_4H_9I+Sn \longrightarrow (C_4H_9)_2SnI_2$$
$$(C_4H_9)_2SnI_2+2RCOONa \longrightarrow (C_4H_9)_2Sn(OOCR)_2+2NaI$$

以直接法生产工艺为例，其工艺过程如下（图 3-8）：

**(1)** 常温下将红磷和正丁醇投入碘丁烷反应釜中，分批加入碘。将反应温度逐渐上升，当温度达到 127℃ 左右时停止反应，水洗蒸馏得到精制碘丁烷。

**(2)** 将规定配比的碘丁烷、正丁醇、镁粉、锡粉加入锡化反应釜内，强烈搅拌下于 120～140℃ 蒸出正丁醇和未反应的碘丁烷，得到碘代丁基锡粗品。粗品在酸洗釜内用稀盐酸于 60～190℃ 洗涤精制，得二碘代二正丁基锡。

**(3)** 在缩合釜中加入水，液碱升温到 30～40℃ 逐渐加入月桂酸，加完后再加入二碘代二正丁基锡，于 80～90℃ 下反应 1.5h，静置 10～15min，分出碘化钠，将反应液送往脱水釜减压脱水、冷却、压滤得成品。

### 3.5.7　热稳定剂的现状和发展趋势

近年来，热稳定剂的产能、产量和消费量都取得了较快的增长。据《中国塑料工业年鉴》数据统计，2019—2021 年全国钙锌、钡锌、有机锡类等热稳定剂合计年产量均在 50 万吨左右，较 2016—2018 年间的年产量 25.80 万～36.80 万吨实现了大幅提高。2021 年我国钙锌系列热稳定剂产量为 29 万吨，占比 60.42%，钡锌系列热稳定剂产量为 14.5 万吨，占比 30.21%，有机锡类热稳定剂产量为 4.5 万吨，占比 9.38%。今后的发展趋势大致有以下几方面。

**(1)** 发展低毒和环保品种　无铅化。随着热稳定剂行业的快速发展以及世界各国对 PVC 在生产和加工过程中对环境造成的污染问题越发重视，环保的硬脂酸盐类热稳定剂也

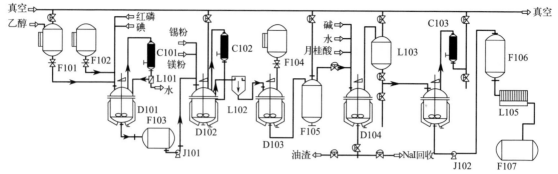

图 3-8 二月桂酸二丁基锡生产工艺流程

F101—丁醇计量罐；D101—碘丁烷反应釜；F102—水计量罐；F103—碘丁烷接受罐；C101，C102—冷凝器；

J101，J102—输送泵；D102—锡化反应釜；L101—分水器；L102—沉降器；D103—酸洗釜；

F104—盐酸计量罐；F105—碘代丁基锡储罐；D104—缩合釜；L103—油水分离器；

L104—脱水釜；F106—成品压滤罐；L105—压滤机；F107—成品储罐

将逐步替代现有的铅盐类热稳定剂的市场。短期内热稳定剂无铅化的主要领域为管材，管材老化后其中的铅会析出，会污染传输的液体，危害用户的健康，管材的热稳定剂的无铅化具备一定的紧迫性。过去 PVC 农膜多用 Ba-Cd-Zn 系列品种作为主稳定剂，后来发现镉能向土壤迁移而被农作物吸收，进而引起人的中毒。环保 PVC 稳定剂具有无毒高效的特点，随着欧盟 ROHS 指令在各地区的实施力度不断加大，包括复合钙/锌在内的高性能环保 PVC 稳定剂有望获得迅速增长。

**（2）大力发展有机锡热稳定剂**　其中甲基锡和酯锡（硫锡化合物）等都是性能优良的稳定剂。

**（3）大力研究作为 PVC 主稳定剂的有机酸金属盐**　重点是开发新的阴离子基团，如吡咯烷酮羧酸锌等，它们的分子中存在着能与氯化锌起螯合作用的配位基，能抑制氯化锌对 PVC 老化的促进作用。

**（4）积极开发有机辅助热稳定剂**　为了进一步提高稳定化效果，对螯合剂、多元醇衍生物等新品种也在进一步研究。在 PVC 的稳定化过程中，为了抑制氯化锌的不良影响，加入螯合剂是一种有效方法。

# 3.6　塑料助剂生产现状和发展趋势

## 3.6.1　塑料助剂的生产现状

世界塑料助剂需求以年均 3%～4% 的速度持续增长，欧洲、北美和亚太地区（不包括中国）需求的年均增速为 3%，中国塑料助剂的年均增速高达 8%～10%，其他地区需求的年均增速为 5%～6%。据预测，在未来一段时期内，塑料助剂市场仍将以 3%～4% 的速度增长。

我国的塑料助剂行业是随聚氯乙烯行业的发展而发展起来的，随着其他合成树脂行业的发展，塑料助剂行业的应用领域不断拓宽，产品种类也逐渐丰富。经过多年的建设，塑料助剂行业已成为门类齐全、产品品种繁多的重要行业，在技术水平、产品结构、生产规模和科技人员的素质等方面均有长足的进步，基本满足了下游行业对塑料助剂产品的需求。

随着我国塑料消费量的快速增加，塑料助剂的消费量也呈现稳步增加的趋势。2011—2020年塑料助剂年均复合增长率约为5.4%。

我国是全球最大的PVC助剂行业生产和消费国，据中国塑料加工工业协会统计数据显示，2019年前三季度，我国塑料助剂的消费量约600万吨，其中，增塑剂消费量近300万吨，热稳定剂消费量约为50万吨，阻燃剂40万吨，抗冲改性剂与加工助剂40万吨，发泡剂16万吨，润滑剂20万吨，抗氧剂20万吨，光稳定剂4.5万吨，偶联剂、抗静电剂消费量都有所提高。增塑剂和热稳定剂的环保类产品增长较快，非环保类呈缩量态势。

我国塑料助剂行业存在的主要问题。塑料助剂企业大多数为中小企业，管理水平不高，大中型骨干企业少，许多产品未形成集约化规模经营。产品结构不尽合理，高端产品少，根据客户个性化需求生产的专用品种不多，产品质量不够稳定，有些塑料助剂产品品种单调，构不成系列体系。和国外先进企业相比，我国塑料助剂企业的技术工艺水平不高，装备相对落后。企业对科技投入不足、自主创新能力薄弱，缺乏高水平的专业人才。行业中缺乏知名品牌。部分产品还存在着高排放、高污染的问题。

## 3.6.2　塑料助剂的发展趋势

### 3.6.2.1　绿色、环保、无毒、高效是发展方向

无毒、无公害成为塑料助剂发展的重点。

近几年来，塑料助剂行业大部分企业根据市场需求，积极开发新产品，革新工艺，提高产品质量。增塑剂行业积极开发环氧大豆油、柠檬酸酯类、偏苯三酸酯类产品替代对健康有影响的邻苯二甲酸酯类增塑剂。

塑料制品中使用的含卤阻燃剂，在燃烧时释放出大量含卤气体，不仅造成环境污染，而且对人身安全造成极大危害。因此，开发低毒、无毒阻燃剂的呼声越来越高，多国已立法明确禁止含卤阻燃剂的使用，于是非卤素阻燃化合物应运而生。阻燃剂行业增加了无机阻燃剂和磷氮类阻燃剂的产能、产量，逐年减少含卤阻燃剂的生产，大幅度降低多溴联苯类阻燃剂的销售。

目前最常用的无卤阻燃剂是磷（磷酸酯）系阻燃剂。而另一种构造主体为二甲基硅氧烷，作为PC用阻燃剂的聚硅氧烷系阻燃剂也已在日本电器行业被开发出来。此类新品因具有阻燃性和成型性佳、安全性高、环保效果好的特点而迅速占领市场。此外，无机新型阻燃剂也成为各国致力研究的目标。总之，无公害、绿色环保已成为各国阻燃剂发展的最重要方向。

热稳定剂行业逐步减少铅盐的用量，快速发展符合环保要求的钙锌稳定剂，具有中国特色的稀土类热稳定剂也得到了长足的发展。我国抗氧剂、光稳定剂行业的技术水平与国外的差距逐步缩小，通用型塑料抗氧剂、光稳定剂已经基本满足国内需求，专用型抗氧剂、光稳定剂也已有一些品种投入生产。

"碳中和、碳达峰"战略目标的提出，对包括塑料助剂在内的精细化工行业提出更高的要求。塑料助剂行业要重视技术创新，加大技术投入，采用更加原子经济性的工艺技术，积极开发优质高效、绿色、环保的新产品，满足市场对塑料助剂行业的需求。要加倍重视技术人才的引进与培养，跟踪国内外同行业的技术发展趋势，开发拥有自主知识产权的产品和专有技术，提高行业的技术水平和自主技术创新的能力，促进企业和行业高质量发展。

### 3.6.2.2　多功能化成为研究热点

在加工过程中，塑料制品往往需要添加多种助剂来实现多种功能，但这往往使塑料的加

工性能下降、加工程序复杂。因此，开发复合功能的助剂成为业界研究的热点。通过把多种助剂的功能附加在一种"综合助剂"上，或者是把多种助剂以合适的配比打成一个"复合包"，助剂就实现了包括抗氧性、稳定性、耐老化性等于一体的综合性能，是市场上最受欢迎的品种。

例如塑料抗氧剂以受阻酚为主，还有亚磷酸酯类化合物及二者复配品，通常包括酚类抗氧剂、磷类和硫类辅助抗氧剂以及金属离子钝化剂等。近年来，国外硫类抗氧剂的开发速度放慢，许多公司把重点转移到主剂和辅剂复合使用的开发，以实现产品分子量高、热稳定性好、不污染、不变色的特点。在其他类型的助剂中，主要用于降低塑料制品表面电阻、消除表面静电的抗静电剂，目前国外在耐久、耐热、功能性、阻燃性和透明性等方面都有较大提高，品种已形成系列化。另外，还有一些功能助剂也已开始形成市场规模，如发泡剂、润滑剂、着色剂、偶联剂、生物抑制剂、防雾剂、增强剂和填充剂、成核剂、降解剂等，尽管需求量还相对较少，但发展前景不容忽视。

### 3.6.2.3 规格细化成为流行趋势

在塑料助剂向综合型、复合型发展的同时，每种助剂本身的规格呈现出越来越细化的发展趋势。塑料工业的发展，塑料树脂牌号的增加，成型加工技术的进步和应用领域对制品性能要求的提高，极大地促进了塑料助剂门类的扩大和规格的细化。

如抗氧剂产品结构上依然是受阻酚类居多，使用的烷基酚却是各异，故其所赋予的抗氧剂性能大不相同，互相无法取代，这大大丰富了产品规格，分子结构也从单一分子向聚合性大分子发展，反映出其发展趋势。光稳定剂生产工艺日趋完善，各品种特性细分，难以替代，多种规格配合使用的良好效果使单一产品难望其项背。用于长效农膜生产的光稳定剂正朝着高分子量、多官能团化、非碱性与反应型方向发展。其中，受阻胺光稳定剂（HALS）具有高效、多功能、无毒等优点，已成为 21 世纪光稳定剂发展方向。光引发剂随着用量的显著增多，种类早已从最初的过氧化物、偶氮二异丁腈等化合物中衍生出大量新品，在 $\alpha$-羟基酮之后，ITX、907 等被市场广为接受，将是极具潜力的塑料助剂。

### 3.6.2.4 生产趋向大型专用化

一些应用广泛的助剂，如增塑剂、热稳定剂等，由于市场需求的不断增加，生产规模不断扩大，技术开发也向着生产大型化、产品专用化发展。

增塑剂是世界产量和消费量最大的塑料助剂之一，目前国外的研究重点是开发具有特殊性能和用途的增塑剂。在工艺方面，目前国外已废除了无催化剂工艺，只采用酸性和非酸性两大催化剂体系；在产品方面，占主导地位的 DOP 已趋向于大型化生产，并且开发出电气绝缘级、食品包装级、医药卫生级等专用品种。如德国 BASF 公司开发的环保增塑剂可用于食品包装、医用设备和玩具，美国和日本开发的新型增塑剂不仅无毒、无臭，并且耐油、耐萃取及耐迁移性良好。

合成材料助剂
生产事故案例

热稳定剂是塑料助剂的重要组成部分，专用于聚氯乙烯制品的加工，防止树脂在受热时引发的老化降解现象。2018 年，全世界热稳定剂的消费总量已达 53 万吨/年，其中铅盐、复合金属皂、有机锡等传统的热稳定剂品种仍然在 PVC 热稳定剂市场占主导地位。近来，美国推出的固体钙/锌稳定剂，可用于 90℃、105℃ 两种温度的电缆护套和绝缘材料，具有良好的性价比；OMG 公司开发出一种可大大提高产品中金属含量的独特技术，大大提高了产品的热稳定性。

目前塑料助剂正在向绿色化、大型专用化方向发展，产品种类分得更细、规格更多、更加系列化。高效、特效、无毒或低毒、无公害的复配多功能化是全球塑料加工助剂发展的总趋势。通过复合化，使复合化成分各自的功效和相互间的协同效应得以充分发挥，开发出满足各自特定要求的产品；研发新型剂，如低粉尘和无粉尘剂型，改善使用性、环保性；通过助剂高分子化等途径，开发无毒或低毒的环保型产品，以适应各种卫生和安全的要求。

## 参 考 文 献

[1] 张俊甫. 精细化工概论. 北京：中央广播电视大学出版社，1992.
[2] 山西省化工研究所. 塑料橡胶加工助剂. 北京：化学工业出版社，1987.
[3] 《合成材料助剂手册》编写组. 合成材料助剂手册. 北京：化学工业出版社，1985.
[4] 吴舜英，徐敬一. 泡沫塑料成型. 北京：化学工业出版社，1992.
[5] 程侣柏，等. 精细化工产品的合成及应用. 大连：大连工学院出版社，1987.
[6] 雷燕，等. 实用化工材料手册. 广州：广东科技出版社，1994.
[7] Technical Specification of Chisso DOP Process（1979）.
[8] Penn W S. PVC Technology. London：Applied Science Publishers Ltd，1971.
[9] 丁学杰. 精细化工新品种与合成技术. 广州：广东科技出版社，1993：406.
[10] 技术中心. 国内外主要塑料加工助剂现状及发展趋势. 上海氯碱化工信息，2002（8）：11-14.
[11] 广州市精细化工发展规划小组. 广州市精细化工现状调研与发展规划. 广州，2002：44-45.
[12] 宋启煌，崔英德. 塑料助剂工业的现状与发展趋势//广东省高分子材料研究开发应用及产业对策研讨会论文集. 广州，2002：178-191.
[13] 薛冰妮. 白酒中塑化剂哪来？广州：南方都市报，2012-11-21.
[14] 中塑在线. 国内外塑料助剂之发展趋势. 北京：中塑在线，2009-12-4.
[15] 李晔，许文. 中国塑料制品市场分析与发展趋势. 化学工业，2021，39（04）：37-43.
[16] 李和平. 现代精细化工生产工艺流程图解. 北京：化学工业出版社，2014.
[17] 建伟. 四溴双酚A合成工艺研究. 化工管理，2018（33）：88-89.
[18] 唐星三，刘亭，单景波. 安全高效的四溴双酚A合成工艺. 盐科学与化工，2017，46（12）：17-19.
[19] 前瞻产业研究院 https：//bg.qianzhan.com/.
[20] 华经情报网 https：//www.huaon.com/.

## 思考题与习题

1. 试述助剂的定义。合成材料助剂按其功能如何分类？

2. 助剂在应用中需注意的问题有哪些？助剂的毒性问题要如何注意？对食品和药物包装材料有何特殊要求？

3. 什么是增塑剂？一种理想的增塑剂应满足哪些条件？

4. 增塑剂的结构与其性能之间有什么关系？

5. 以邻苯二甲酸酯的生产为例，简述增塑剂生产中酯化过程的生产原理、工艺控制措施、特点以及注意事项。

6. DOP作为增塑剂有哪些优缺点？在对PVC增塑中，其用量受哪些因素影响？

7. 阻燃剂有什么作用？阻燃剂可分为哪些种类？对阻燃剂有哪些基本要求？试述阻燃剂的作用机理。

8. 何谓高分子材料的老化现象？其原因何在？试述抗氧剂的分类和基本性能要求。试述抗氧剂的基本作用原理，抗氧剂的选用原则。

9. 试述聚氯乙烯的热降解机理及热稳定剂的作用机理。

10. 结合本章内容并查询文献，总结各类合成材料助剂添加到高分子材料中的添加方式和生产工艺。

11. 任选一种合成材料助剂，尤其是绿色环保产品，查询中外文文献，总结其性能特性、生产工艺或者合成原理、最新的发展趋势和市场状况。

12. "双碳"背景下，塑料助剂面临的机遇和挑战有哪些？

# 第四章

# 食品添加剂

## 4.1 概述

　　一万多年前，中国人就发现了人类最早的食品添加剂（food additive）——盐。在汉语中，"盐"的意思是"在器皿中煮卤"，《说文》上提到："天生者称卤，煮成者叫盐。"六千多年前，中国人又发现了转化酶（蔗糖酶），可以用来酿酒。三千多年前，周朝时，中国人开始用肉桂来增味。汉朝时，中国人开始用盐卤作为凝固剂来制作豆腐，淮南王刘安被称为豆腐鼻祖。魏晋时期，中国人开始用碱面蒸馒头，据说诸葛亮是馒头的发明者。唐朝时，中国人开始使用食用色素，例如"槐叶冷淘"，就是以面与槐叶水等调和，切成饼、条、丝等形状，煮熟，用凉水汀过后食用，是一种凉食。宋朝时，中国人开始用亚硝酸盐作食品添加剂做腊肉，并用"一矾二碱三盐"的食品添加剂配方"炸油条"。

　　近年来随着我国人民生活水平的不断提高，生活节奏的加快，食品消费结构的变化，促进了我国食品工业的快速发展，食品方便化、多样化、营养化、风味化和高级化成为新趋势。面临人们食品消费结构变化和食品消费层次提高的挑战，研究开发新型加工食品，扩大方便食品和预制食品的产量，充分利用食物资源，是我国食品工业发展的方向。食品添加剂已成为食品生产中最有创造力的领域，其发展非常迅速。

　　**(1) 定义**　食品添加剂是为改善食品色、香、味等品质，以及根据防腐和加工工艺的需要而加入食品中的人工合成或者天然物质。

　　**(2) 食品添加剂使用时应符合以下基本要求**

　　① 不应对人体产生任何健康危害；

　　② 不应掩盖食品腐败变质；

　　③ 不应掩盖食品本身或加工过程中的质量缺陷或以掺杂、掺假、伪造为目的而使用食品添加剂；

　　④ 不应降低食品本身的营养价值；

　　⑤ 在达到预期效果的前提下尽可能降低在食品中的使用量。

　　**(3) 分类**　食品添加剂按其原料和生产方法可分为化学合成添加剂和天然食品添加剂。一般来说，除化学合成的添加剂外，其余的都可纳入天然食品添加剂。后者主要来自植物、动物、酶法生产和微生物菌体生产。

　　世界各国至今没有统一的食品添加剂分类标准。我国是按食品添加剂的主要功能分类的，共分为23大类：酸度调节剂，抗结剂，消泡剂，抗氧化剂，漂白剂，膨松剂，胶基糖果中基础剂物质，着色剂，护色剂，乳化剂，酶制剂，增味剂，面粉处理剂，被膜剂，水分保持剂，营养强化剂，防腐剂，稳定和凝固剂，甜味剂，增稠剂，食用香料，食品工业用加工助剂和其他。

(4) 特点

① 品种繁多、销售量大　这是食品添加剂最显著的特点。世界各国使用的食品添加剂总数已达 14000 种以上，其中直接使用的约为 10000 种，常用的 600 种左右。20 世纪 80 年代初世界食品添加剂总销售额除日本外已达 45 亿美元。《食品安全国家标准　食品添加剂使用标准》（GB 2760—2014）批准使用超过 2600 种，其中食用香料 1868 种，营养强化剂 200 多种，加工助剂（含酶制剂）163 种，胶姆糖基础剂 55 种，其他 345 种。

② 变化迅速，日新月异　随着科学技术的发展，人们对食品添加剂的认识也在不断发展和完善。现在，世界各国均转向高度安全的天然食品添加剂的开发和研究，如天然甜味剂的研究和开发，而合成甜味剂在不少使用领域用量迅速减少。着色剂也是如此，尽管天然色素色泽不够理想，但由于安全性高，因此近年来天然色素竞相斗艳，大有取代合成色素之势。

# 4.2　主要品种及生产方法介绍

食品添加剂种类繁多，在此不作一一介绍。下面按照国家现在重点发展的方向，着重介绍防腐剂、乳化剂和调味剂。

## 4.2.1　防腐剂

防腐剂（preservatives）是抑制微生物活动，使食品在生产、运输、贮藏和销售过程中减少因腐败而造成经济损失的添加剂。虽然现在冷藏设备普及，但食品化学防腐由于使用方便，效果好且不耗能，其使用量仍在逐年增加。现在国际市场上供应的化学防腐剂品种较多。我国允许使用的主要有山梨酸及其钾盐，对羟基苯甲酸酯类及其盐类，丙酸及其钠盐、钙盐，单辛酸甘油酯，二甲基二碳酸盐，ε-聚赖氨酸及其盐酸盐，纳他霉素，溶菌酶，乳酸链球菌素，双乙酸钠，脱氢乙酸及其钠盐，稳定态二氧化氯，等。

### 4.2.1.1　山梨酸及其盐和山梨酸的衍生物

(1) 山梨酸及其盐的性质和用途　山梨酸又名 2,4-己二烯酸、2-丙烯基丙烯酸，结构式是 $CH_3CH=CHCH=CHCOOH$，是无色针状结晶或白色结晶状粉末，无臭或有微弱的辛辣味，熔点 133～135℃，228℃时分解。难溶于水，易溶于乙醇、冰醋酸。常用的山梨酸盐为山梨酸钾，山梨酸钾为无色或白色鳞片状结晶，或白色结晶状粉末。而山梨酸钠因在空气中不稳定，故不采用。

山梨酸对霉菌、酵母菌和好气性细菌均有抑制作用，但对厌气性芽孢杆菌、乳酸菌等几乎无效。山梨酸适用于 pH 值 5.5 以下的食品防腐，最高不超过 6.5。山梨酸及山梨酸钾盐使用范围较广，可用于酱油、醋、果酱类（最大使用量 1g/kg）、低盐酱菜、面酱类、蜜饯类、山楂糕、果味露、罐头（最大使用量为 0.5g/kg）、方便米面制品（仅限灌肠制品）、其他杂粮制品（仅限灌肠制品）、面包、糕点（最大使用量为 1.5g/kg）、果汁类、果子露、葡萄酒、果酒（最大使用量为 0.6g/kg），以及汽酒、汽水（最大使用量为 0.4g/kg）等。ADI（每日允许摄入量）为 0～25mg/kg。

(2) 山梨酸及其盐的生产方法

1) 丁烯醛和丙二酸法

① 技术路线

$$\underset{\underset{\text{COOH}}{|}}{\overset{\overset{\text{COOH}}{|}}{\underset{\text{CH}_2}{|}}} \xrightarrow[90\sim100\text{℃},5\text{h}]{\overset{\text{[缩合][消除][脱羧]}}{\text{CH}_3\text{CH}=\text{CHCHO},\text{吡啶}}} \text{CH}_3\text{CH}=\text{CHCH}=\text{CHCOOH}$$

② 生产工艺　工艺流程见图 4-1。

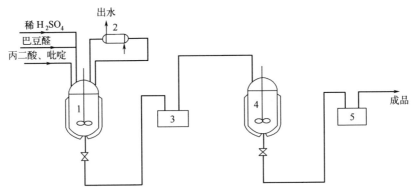

图 4-1　山梨酸生产工艺流程

1—反应釜；2—冷凝器；3,5—离心机；4—结晶釜

在反应釜中依次投入 175kg 巴豆醛、250kg 丙二酸、250kg 吡啶，室温搅拌 1h 后，缓缓加热升温至 90℃，维持 90~100℃ 反应 5h，反应毕降至 10℃ 以下，缓慢地加入 10% 稀硫酸，控制温度不超过 20℃，至反应物呈弱酸性，pH 值 4~5 为止，冷冻过夜，过滤，结晶用水洗，得山梨酸粗品，再用 3~4 倍量 60% 乙醇重结晶，得山梨酸约 75kg。用碳酸钾或氢氧化钾中和即得山梨酸钾。

2）巴豆醛与乙烯酮法　反应式为

$$\text{CH}_3\text{CH}=\text{CHCHO}+\text{CH}_2=\text{CO} \xrightarrow{\text{BF}_3} \text{CH}_3\text{CH}=\text{CHCH}=\text{CHCOOH}$$

将巴豆醛与乙烯酮在含有催化剂（将等物质的量三氟化硼、氯化锌、氯化铝以及硼酸和水杨酸在 150℃ 下加热处理）的溶剂中，于 0℃ 左右进行反应。然后加入硫酸，除去溶剂，在 80℃ 下加热 3h 以上；冷却后，对所析出的粗结晶用以上方法重结晶。

采用静态混合外循环式塔式缩合反应器，可以减少焦油生成量，提高乙烯酮利用率。

3）有机电化学合成法　在使用碳纤维阳极的电解槽内，加入 147mL 醋酸、25g 醋酸钠、12.5g 醋酸锰、3.7g 醋酸铜和 28.4g 丁二烯，在 32V 下，反应 6.25h 可得 6-乙酰氧基-4-己烯酸和 4-乙酰氧基己烯酸，将其加入含有阳离子交换树脂的乙酸溶液中，于加热下回流得山梨酸。

丁二烯与醋酸电化学合成方法在原料、收率、反应条件、操作、无“三废”等方面是可取的。采用电化学法耗能少，电流密度和电位易于调节，可任意施加动力，便于控制反应，实现自动化；特别是从根本上解决了化学法合成中的环境污染和设备腐蚀问题。

**(3) 山梨酸酯的合成**　在常温下，产物为淡黄色油状液体，各产物的熔点分别是山梨酸甲酯 6℃，山梨酸乙酯 −22℃，山梨酸丙酯 −33℃，山梨酸丁酯 −65℃。

由山梨酸和醇进行酯化反应，酸催化，回流反应 4h，经乙醚萃取，碳酸氢钠溶液洗涤，蒸馏水洗涤乙醚层至中性，收集乙醚层；减压蒸去乙醚，得浅黄色油状液体产物山梨酸酯。

**(4) 溴代山梨酸的合成**　在 10℃ 下向山梨酸的冰醋酸溶液中加入 Br₂，搅拌 10h 左右，使颜色褪至淡黄色。倒入冷水中，于 4℃ 冰箱中放置 1 天，收集沉淀物，用一定浓度醋酸溶液重结晶，可得到白色结晶状中间产物。将中间产物溶于乙醇，加入一定量氢氧化钠，使整个溶液呈碱性。不断搅拌，于40～50℃温度下反应1h。反应完成后，倒入水中，滴加盐酸至酸性，可见有白色沉淀析出。过滤收集沉淀物，用一定浓度醋酸溶液重结晶，干燥，得到产物。

#### 4.2.1.2 对羟基苯甲酸酯

**(1) 性质和用途** 对羟基苯甲酸酯又称尼泊金酯，其通式为 $p\text{-}HOPhCOOR$（R＝$C_2H_5$，$C_3H_7$，$C_4H_9$）。它是无色结晶或白色结晶粉末，无味，无臭。防腐效果优于苯甲酸及其钠盐，使用量约为苯甲酸钠的1/10，使用范围pH值为4～8。缺点是使用时因对羟基苯甲酸酯类的水溶性较差，常用醇类先溶解后再使用；同时价格也较高。以对羟基苯甲酸计的最大允许使用量，用于酱油为0.25g/kg，用于醋为0.25g/kg，用于碳酸饮料0.20g/kg，用于果味饮料0.25 g/kg，用于水果蔬菜表皮0.012g/kg，用于果子汁、果酱及果蔬汁为0.25g/kg。ADI为10mg/kg。

**(2) 生产方法**

1）酯化法

① 技术路线

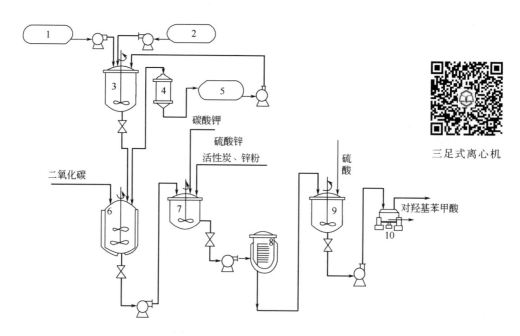

② 生产工艺 工艺流程见图4-2。

图4-2 对羟基苯甲酸生产工艺流程

1—苯酚贮槽；2—氢氧化钾贮槽；3—混合器；4—冷凝器；5—回收苯贮槽；

6—高压釜；7—脱色槽；8—压滤器；9—沉淀槽；10—离心机

从贮槽来的苯酚在铁制混合器中与氢氧化钾和少量水混合，加热生成苯酚钾，然后送到高压釜中，在真空下加热至130～140℃，完全除去过剩的苯酚和水分，得到干燥的苯酚钾盐，并通入二氧化碳，进行羧基化反应，开始时因反应激烈，反应热可通过冷却水除去，后期反应减弱，需要外部加热，温度控制在 $180\sim210℃$，反应 $6\sim8h$。反应结束后，除去二氧化碳，通入热水溶解得到对羟基苯甲酸钾溶液。溶液经木制脱色槽用活性炭和锌粉脱色，趁热用压滤器过滤后，在木制沉淀槽中用硫酸析出对羟基苯甲酸。析出的浆液经离心分离、洗涤、干燥后即得工业用对羟基苯甲酸。

对羟基苯甲酸、乙醇、苯和浓硫酸依次加入酯化釜内，搅拌并加热，蒸汽通过冷凝器冷凝后进入分水器，上层苯回流入酯化釜内，当馏出液不再含水时，即为酯化终点。切换冷凝液流出开关，蒸出残余的苯和乙醇，当反应釜内温度升至 $100℃$ 后，保持 $10min$ 左右，当无冷凝液流出时趁热将反应液放入装有水并不断快速搅拌的清洗锅内。加入 NaOH，洗去未反应的对羟基苯甲酸。离心过滤后的结晶再回到清洗锅内用清水洗两次，移入脱色锅用乙醇加热溶解后，加入活性炭脱色，趁热进行压滤，滤液进入结晶槽结晶，结晶过滤后即得产品。

近年来，对羟基苯甲酸乙酯的合成方法有了很多改进，主要包括固体超强酸、对甲苯磺酸铜、离子液体、微波辐射、超声波、壳聚糖磷钨酸盐催化合成和原甲酸三乙酯脱水法等。

2）一步法　由苯甲酸、碳酸钠、甲酸和一氧化碳，在催化剂作用下一步合成对羟基苯甲酸酯。

### 4.2.1.3　丙酸及其盐

**(1) 性质和用途**　丙酸，其结构式为 $CH_3CH_2COOH$。它是无色液体，有与乙酸类似的刺激味，能与水、醇、醚等溶剂相混溶。丙酸盐中作防腐剂用的主要是丙酸钙和丙酸钠。丙酸钙为白色颗粒或粉末，无臭或稍有特异臭，溶于水，不溶于乙醇。丙酸钠易溶于水，微溶于乙醇，其他性质与丙酸钙相似。丙酸及其盐类对引起面包产生黏丝状物质的好气性芽孢杆菌有抑制效果，但对酵母菌几乎无效。国内外广泛用于豆类制品、面包及糕点类的防腐，最大使用量为 $2.5g/kg$。ADI 值没有限量。

**(2) 生产方法**

1）羰基合成法

① 技术路线

$$CH_2{=}CH_2+CO+H_2 \longrightarrow CH_3CH_2CHO \xrightarrow[\text{环烷酸钴}]{O_2} CH_3CH_2COOH$$

② 生产工艺　工艺流程见图 4-3。

合成气（表压 $2.1MPa$）先经铂、氧化锌及活性炭净化器净化脱硫后进入反应系统与进料乙烯及循环气汇合，然后进入 2 台釜式反应器进行反应，反应热借反应器循环泵通过外冷却换热器以软水冷却维持反应温度，反应在 $1.4MPa$（表压）、$110℃$ 下进行。催化剂为 Rh 系催化剂，反应产物经冷却器冷凝后入闪蒸罐，分离的气体经循环压缩机压缩后送回反应系统，部分气体放空。闪蒸后的粗丙醛进入精制蒸馏塔，经精馏后的精制丙醛经冷却后进入贮槽，塔顶排空气体与闪蒸罐放空气体合并，经冷却后以压送机送至火炬，塔底重馏分亦送往焚烧炉烧掉。

羰基合成的丙醛自丙醛贮罐送入三台串联的列管式氧化器中，与此同时向氧化器通入空气，丙醛在 $1.5MPa$ 的压力下被氧化成粗丙酸。产品粗丙酸经破坏过酸加热器和停留罐进入丙酸粗制系统；反应废气送入冷凝器，使一部分未反应的丙醛冷凝，经排气分离器分离回收冷凝下来的丙醛。分离器的排出气体中含有少量丙醛，再经冷却器冷却至 $7\sim10℃$，回收剩余丙醛。丙醛回收后的废气经捕集器后送入高压洗涤塔，用水洗涤，废气送入焚烧炉焚烧除臭；洗涤液进入洗涤液汽提塔。

丙酸精制系统由三个精馏塔组成，在汽提脱臭塔中，脱除丙酸中的臭气，塔底放出脱臭丙酸进入脱轻组分塔，于塔顶脱除轻组分，并进一步分离不凝气体及少量丙醛。这些排出气

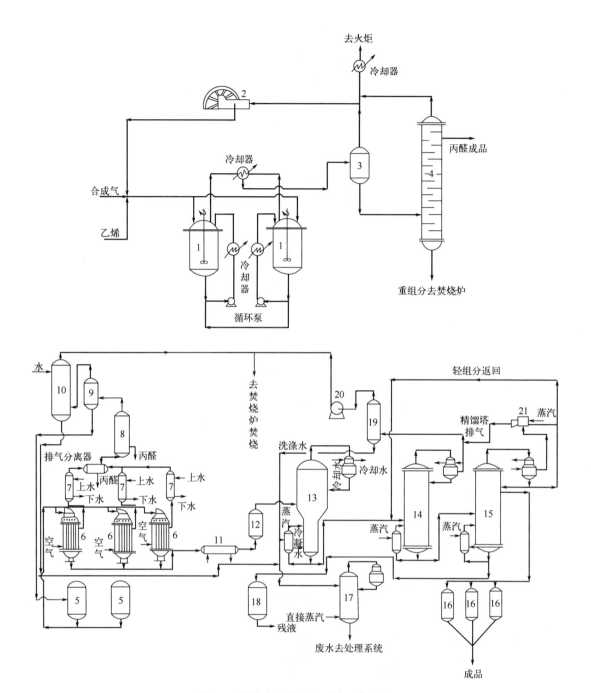

图 4-3 羰基合成法生产丙酸工艺流程

1—反应器；2—循环压缩机；3—闪蒸罐；4—丙醛蒸馏塔；5—丙醛进料罐；6—列管式氧化器；7—冷凝器；
8—冷却器；9—捕集器；10—高压洗涤塔；11—破坏过酸加热器；12—停留罐；13—粗丙酸汽提脱臭塔；
14—脱轻组分塔；15—丙酸精馏塔；16—精丙酸贮罐；17—洗涤液汽提塔；
18—残液贮罐；19—低压洗涤塔；20—排气压缩机；21—蒸汽喷射泵

体与蒸汽喷射泵的排气合并，送入低压洗涤塔，用水洗涤后，经排气压缩机送焚烧炉焚烧；洗涤液送入洗涤液汽提塔。来自高压洗涤塔和低压洗涤塔的洗涤液，在洗涤液汽提塔中汽提，回收丙醛，塔底废水排入处理系统。脱轻组分塔底排出的丙酸送入丙酸精馏塔，于减压下蒸馏得到精制丙酸，送入贮罐。丙酸精馏塔底物送入残液贮罐。丙酸与 NaOH、Ca

（OH）$_2$反应即可得丙酸钠、丙酸钙。

2）丁烷氧化法制醋酸副产丙酸

① 技术路线

$$C_4H_{10}+O_2 \longrightarrow C_2H_4O_2+C_3H_6O_2$$

② 生产工艺　工艺流程见图4-4。

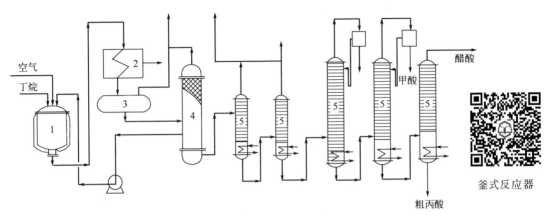

图4-4　丁烷氧化法制醋酸副产丙酸工艺流程

1—反应器；2—冷却器；3—冷凝物贮罐；4—分馏塔；5—自左向右为第一、二、三、四、五蒸馏塔

丁烷和富氧空气通过分布盘进入不锈钢反应器，反应器温度控制在170～200℃，压力6.3MPa。反应生成物和未反应的丁烷从反应器底部排出，送入三段冷却器中，冷却至−60℃，每段的冷凝物合并送入分馏塔。塔中段分出的丁烷返回反应器，塔底分出粗氧化产物。粗氧化产物在蒸馏塔系中连续蒸馏，第一塔回收低沸点馏分并循环回反应器中；第二塔蒸出酯和酮的混合物，混合物处理后分成两种馏分作为溶剂，塔底物是酸的混合物、高沸点馏分和水；在第三塔中，用与水形成共沸物的醚处理二塔塔底物，脱去水；脱水的混酸在第四塔中用与甲酸形成共沸物的氯化烃处理；塔底分出的甲酸、丙酸及乙酸的混合物在第五塔中直接蒸馏，塔顶分出醋酸，塔底获得粗丙酸。

#### 4.2.1.4　其他防腐剂

**(1) 脱氢醋酸**　脱氢醋酸，简称DHA，其结构为　　　　　　　　　　。它是无色无

臭略带酸味的粉末，溶于水，微溶于乙醇。其生产方法为醋酸裂解制取二乙烯酮，再由二乙烯酮在催化剂（苛性碱叔胺等）存在下缩合而得：

还可以用丙酮热解，2分子的乙酰乙酸乙酯在碱性催化剂存在下进行克莱森缩合等合成反应。

脱氢醋酸可以用于面包、糕点、肉制品、腐乳、什锦酱菜、原汁橘浆等，由于在食品中使用DHA，在达到防腐目的的用量范围内对人畜是无害的，因而以脱氢醋酸取代苯甲酸类

添加剂已成为一种趋势。最大使用量为 1.0g/kg。ADI 为 70mg/kg。

（2）脱氢醋酸钠　脱氢醋酸钠其结构式为 $\begin{smallmatrix}H_3C-C & O & C=O \\ \| & & | \\ HC & & C-COCH_3 \\ & ONa\cdot H_2O\end{smallmatrix}$。它是白色结晶状粉末，几乎无臭。易溶于水，水溶液呈中性或弱碱性，难溶于乙醇等有机溶剂，对光、热稳定。它由脱氢醋酸与氢氧化钠作用制得。其应用范围同脱氢醋酸。其毒性大鼠经口 LD50 为 570mg/kg。

（3）双乙酸钠　双乙酸钠（sodium diacetate），简称 SDA。国外商品名为 VITA-CROP。在美国称 CROP-CURE，日本称固体醋酸。化学式为 $NaAc\cdot HAc\cdot xH_2O$（$x<1$，无水物 $M=142.09$，实际产品均含有不定量的吸附水和结晶水），是 NaAc 与 HAc 的分子复合物，由短氢键相螯合。白色吸湿性结晶粉末，略有醋酸气味，熔点为 96℃，150℃即分解，放出刺激性酸味，易溶于水和醇。SDA 中游离乙酸含量达到 39%，与乙酸钠等物质的量，故 SDA 水溶液为一种很好的缓冲溶液，它的 10% 水溶液的 pH 值为 4.5~5.0。小鼠经口 $LD_{50}$ 为 3.31g/kg，大鼠经口 $LD_{50}$ 为 4.96g/kg，ADI 为 0~15mg/kg。

SDA 用于食品时，既是高效保鲜剂，又是优良螯合剂。用 10% 的 SDA 喷于面包表面，常温下放置 10 天无变化。在面包中添加 0.2%~0.4%（为丙酸钙的 1/2）的 SDA，可使其保存期延长数倍且风味不变，所以日本称之为"固体醋酸"。在生面团中加入 0.2%，37℃下保存期由 3h 延至 2~3 天。对鱼类防腐效果更好，用 10%SDA 浸渍过的小鱼，放塑料袋内，室温下放 15 天，仍鲜嫩如初。在肉类、土豆泥中添加 0.01%~0.04%，保存期延长 2周以上。对泡菜、咸菜的腌制也有良好的防腐作用，在啤酒行业中亦用于大麦芽的防霉保鲜。在公认的安全使用量（0.01%~0.40%）下对人体无害，软糖、油脂、肉制品、谷面豆制品、饮料均为 0.1%，调味品为 0.25%，焙烤（膨化）品为 0.4%，小吃食中加 0.05%，都收到很好的效果。

① HAc-NaAc 合成法　分为气相法和液相法。前者以 $N_2$ 或 $CCl_4$ 为流动介质，反应物在 100~200℃ 的流化床中反应。该法生产能力大，但能耗高，操作条件要求比较苛刻，且废气中有大量的酸雾，为防止环境污染需回收废气中的酸性物。后者是以 45% 乙醇作溶剂，HAc 与 NaAc 的摩尔比为 1:（1.00~1.03），在 65~95℃、搅拌速率为 30~40r/min 下进行反应，1h 后冷却结晶（速率 3℃/min），出料温度 25℃。生产过程需加吸水性的抗结块剂，如硅铝酸钠、硬脂酸钙、$CaCO_3$、$CaSiO_3$ 等。此法原料易得，工艺简单，操作简便，反应时间短，收率较高（95% 以上），成本低，产品质量达到美国食品级标准，基本无污染。工艺成熟，国内已有多条生产线。

反应式：$HAc+NaAc+xH_2O\longrightarrow NaAc\cdot HAc\cdot xH_2O$

② HAc-$Na_2CO_3$ 合成法　有三种不同的合成工艺。

第一种是以 35% 乙醇作溶剂，HAc 与 $Na_2CO_3$ 的摩尔比为 4:（0.995~1.035）。

反应式：$2HAc+Na_2CO_3\longrightarrow 2NaAc+H_2O+CO_2$（室温下反应）

$2HAc+2NaAc+2xH_2O\longrightarrow 2NaAc\cdot HAc\cdot xH_2O$（80~83℃下反应）

初生产时无母液，乙醇用量为反应物的 40%，有母液循环后，新加的乙醇量为投入反应物料量的 10%，母液循环量约为反应物的 77%，整个反应完成后，冷却至 25℃，析出率 70%，离心分离，滤饼经干燥即得产品，总收率 96%。该法原料充足，工艺简单，母液可循环利用，收率高，成本低，基本无"三废"，但损耗部分乙醇。国内已有工业化生产，其反应、中和、结晶、分离、干燥等工艺是在全封闭、一步法合成效率很高的不锈钢立式反应釜中完成的。

第二种是以水作溶剂，HAc、$Na_2CO_3$、$H_2O$ 的摩尔比为 1：0.27：0.54，在 65～80℃、搅拌速率为 60r/min 下进行反应，2～3h 后冷却结晶（速率 2℃/min），出料温度 25℃。

反应式：$4HAc+Na_2CO_3+xH_2O \longrightarrow 2NaAc \cdot HAc \cdot xH_2O+(1-x)H_2O+CO_2$

滤液经蒸发脱去 30％水后作母液循环使用，收率约 96％，产品质量符合国家食品使用卫生标准和美国食品级标准。该法原料充足，母液可循环利用，以水代替乙醇，成本更低（约降低投资 60％），更适于工业化生产，基本无污染。但需蒸发水分，能耗较高。

第三种是不需外加溶剂介质，HAc 与 $Na_2CO_3$ 的摩尔比为（3.77～4.30）：1，在 90℃下反应 3h 后冷却结晶（速率 3℃/min）至 25℃。产品各项指标均达 FAO/WHO 标准。该法原料充足，操作简单，母液可以完全再利用，无废液排出，属于清洁生产，投资少，成本低，较原有的方法有较大优势。

③ HAc-$(CH_3CO)_2O$-$Na_2CO_3$ 法　HAc、$(CH_3CO)_2O$、$Na_2CO_3$ 的摩尔比为 2：1：1，常压下反应 8h。该法反应顺畅，工艺简单，产品粒度细小均匀（180$\mu$m 左右），但原原料中醋酐价格高，反应时间长，产率低（80％），成本高，难以工业化生产，国内研究很少。

反应式：$2HAc+Na_2CO_3+(CH_3CO)_2O+2xH_2O \longrightarrow 2NaAc \cdot HAc \cdot xH_2O+CO_2$

④ HAc-NaOH 合成法　不需外加溶剂，一步合成。HAc 与 NaOH 的摩尔比为（2.1～2.2）：1，在搅拌速率为 30～40r/min、温度为 90～100℃下进行反应，1.5h 后冷却至室温（速率 3℃/min），结晶成块，经粉碎于 80℃下干燥 2～4h 即得产品。该法原料易得，设备简单，工艺流程短，容易操作，收率高（97％以上），产品质量达到美国食品级标准，基本无"三废"。此法国内研究较多。

反应式：$2HAc+NaOH \longrightarrow NaAc \cdot HAc \cdot xH_2O+(1-x)H_2O$

⑤ $(CH_3CO)_2O$-NaOH 法　此法以乙酸酐、氢氧化钠为原料，水为溶剂一步制成 SDA，反应成本较以乙醇为溶剂成本低，生产过程无"三废"排放。

反应式：$(CH_3CO)_2O+NaOH+xH_2O \longrightarrow NaAc \cdot HAc \cdot xH_2O$

⑥ $(CH_3CO)_2O$-NaAc 法　此法产品收率高，但原料中醋酐成本高，反应时间长，难以工业化生产，国内无人研究。

反应式：$2NaAc+(CH_3CO)_2O+(2x+1)H_2O \longrightarrow 2NaAc \cdot HAc \cdot xH_2O$

**(4) 细菌素**　细菌素（nisin）是一类具有生物活性的蛋白质或多肽类物质，对那些与细菌素菌株亲缘关系较近的菌种有杀菌或抑菌作用。nisin 是由某些乳酸乳球菌在代谢过程中合成和分泌的具有较强抑菌作用的小分子肽，是目前研究最多、应用较广的由乳酸菌产生的唯一能应用于商业化生产的细菌素之一。1969 年世界粮农组织（PAO）和世界卫生组织（WHO）同意将 nisin 作为一种生物型防腐剂应用于食品工业，以便提高食品的货架期。1988 年，美国食品和药物管理局（FDA）也正式批准将 nisin 应用于食品中。1992 年 3 月 29 日我国卫生部食品监督部门签发了 nisin 在国内的使用合格证明，同时将 nisin 列入 1992 年 10 月 1 日实施的国标 GB 2760—86 中的增补品种，可用于罐藏食品、植物蛋白食品、乳制品和肉制品的保藏中。迄今为止，nisin 已在全世界 60 多个国家和地区被用作食品保护剂，并获得了广泛的应用。

作为一种小分子多肽，成熟的 nisin 分子由 34 个氨基酸残基组成，分子量为 3510，分子式为 $C_{143}H_{228}N_{42}O_{37}S_7$。nisin 分子结构中包含 5 种稀有氨基酸，即 ABA、DHA、DHB、ALA-S-ALA 和 ALA-S-ABA，它们通过硫醚键形成五个内环，其活性分子常为二聚体或四聚体。在自然状态下，nisin 分子有两种形式：nisin A 和 nisin Z。nisin A 与 nisin Z 的差异仅在于氨基酸顺序上第 27 位氨基酸的种类不同，nisin A 是组氨酸（his），而 nisin Z 是天门冬酰胺（asn）。资料表明，在同样浓度下，nisin Z 的溶解度和抗菌能力都比 nisin A 强。

① 培养基 细菌素的产生受到培养基成分和培养条件的影响。一般而言，被选择的培养基必须满足菌体细胞生长的需要，才能保证产生并释放大量的细菌素。依据菌体具体情况，培养基可以是固体的也可以是液体的。有人用响应法对 nisin 的生产培养基进行了优化，在优化培养基中 nisin 产量增加了近 1 倍。研究表明，nisin 的产生受碳源、氮源和磷源的调控，蔗糖和磷酸二氢钾分别为其最佳碳源和磷源，大豆蛋白质和酵母膏为其理想氮源，nisin 生产最适培养基为 M17 培养基。另外，增加培养基的黏度（如添加琼脂、葡聚糖、甘油或淀粉等）可提高细菌素的产量。一定浓度的赖氨酸对细菌素合成起正向调控作用，半胱氨酸和甘氨酸能提高细菌素产量。

② 培养条件 nisin 的产生也受到培养温度、培养方式及 pH 的影响。一般情况下，大多数乳酸乳球菌的最适生长温度在 30～32℃之间，即 nisin 生产的最适温度也应在该温度范围内，在较高的培养温度下 nisin 的活力及产量都会有所降低。有研究表明，nisin 的产生的最适温度为 30℃。nisin 的产生及最大产生量可发生在菌体细胞生长周期的不同阶段，但多在对数生长后期和生长延滞期初期达到最大，随培养时间的延长，细菌素的活力和产量都有很大程度的降低。当培养基起始 pH 值为 6.5 时，细胞生长及活力均达到最大。此后，随 pH 升高，细胞生长略有下降，而 nisin 的活力基本不变。当 pH 值低于 6.5 时，随 pH 值降低，细胞生长及 nisin 活力均下降。nisin 的产生与培养方式也有一定的联系，与振荡培养方式相比，静止培养更有利于 nisin 的产生。

另外，金属离子对 nisin 的产生也有重要的影响，研究表明，$Mn^{2+}$ 对 nisin 的产生有促进作用，而 $Cu^{2+}$ 有严重的抑制作用。金属除了对 nisin 的产生有影响外，对 nisin 的作用活性也有影响。在 $Ca^{2+}$、$Mg^{2+}$、$Cd^{2+}$ 等二价或三价阳离子存在时，nisin 的作用效果显著下降。因为这些阳离子与磷脂头部基团的负电荷反应，一方面竞争性抑制了细菌素的正电荷与细胞膜的静电作用，另一方面中和了磷脂头部基团的负电荷，类脂体发生聚合使细胞膜更加坚固，从而使 nisin 的抑菌活性显著降低。

**(5) 纳他霉素** 纳他霉素是一种抗菌剂，它对真菌、酵母、某些原生动物和某些藻类有效，没有抗细菌活性，纳他霉素可用于治疗，也可用作一种食品添加剂。当它作为食品添加剂时，主要在奶酪、肉制品和葡萄酒及果汁中用作抗真菌剂。在葡萄酒中能取代山梨酸和其他抗真菌剂，它可使 $SO_2$ 的使用量减少。与传统的抗真菌素比较，纳他霉素很低浓度下具有活性。纳他霉素是国内批准使用的仅有的两种食品生物（抗生素）防腐剂之一。当前，纳他霉素的生产和应用已取得了巨大进步，但仍然存在生产成本高、菌种性能低、使用面窄等缺点。

### 4.2.1.5 防腐剂应用及发展趋势

**(1) 防腐剂性能比较**

① 安全性 山梨酸及其盐类＞对羟基苯甲酸及其酯类＞脱氢醋酸及其盐。

② 抗菌性 对羟基苯甲酸及其酯类＞山梨酸及其盐类＞脱氢醋酸及其盐。

③ 生产使用 山梨酸及其盐类成本高但毒性最低；对羟基苯甲酸及其酯类成本高，使用量少。

**(2) 影响防腐剂防腐效果的因素**

① pH 山梨酸及其盐类属于酸性防腐剂。食品 pH 对酸性防腐剂的效果有很大影响，pH 较低时效果好。酸性防腐剂的防腐作用主要依靠溶液内的未电离分子。如果溶液中氢离子浓度增加，电离被抑制，未电离分子比例就增大，所以低 pH 的防腐作用较强。

② 溶解与分散 防腐剂应该完全溶解和均匀分散在食品中，才能全面发挥作用。如果分散不均匀，有的部位过少则达不到防腐效果，有的部位过多甚至会超过使用卫生

标准。

③ 食品的染菌情况　食品染菌数量的多少及所染微生物种类等对防腐剂的效果也有很大影响。

④ 热处理　一般加热可增强防腐剂的防腐效果，在加热杀菌时加入防腐剂，杀菌时间可缩短。在某些情况下两种以上的防腐剂并用，往往具有协同作用，而比单独作用更为有效。

**(3) 发展趋势**　随着社会的发展，生活水平的提高，人们对食品安全越来越重视，食品防腐剂也在不断地更新发展和演变中，其发展将呈现出新的趋势。

① 由毒性较高向毒性更低、更安全方向发展。为了满足人们对食品越来越高的要求，为了可持续性发展的需要，也为了国民的健康，同时为了保护本土的食品工业，防腐剂应该向毒性小或无毒性、安全性好的方向发展，这样才能促进国家发展提高人们的物质生活水平。

② 由化学合成食品防腐剂向天然食品防腐剂方向发展。近十多年来，我国在生物防腐剂的研究、生产、应用方面都取得了一定的进展。除此之外，那他霉素、红曲（色）素等，动物源的溶菌酶、壳聚糖、鱼精蛋白、蜂胶等，植物源的琼脂低聚糖、杜仲素、辛香料、丁香、乌梅提取物等，微生物、动物和植物复合源的 $R$-多糖等也在进一步研究和发展中。

③ 由单项防腐向广谱防腐方向发展。目前广泛使用的食品防腐剂无论是化学合成的，还是天然的，它们的抑菌范围相对都比较狭小。所以，大多数食品生产企业添加多种防腐剂以达到防腐目的。人们渴望单一使用既能杀菌又能抑菌的广泛意义上的食品防腐剂。广谱防腐剂将成为业界的研究方向。

④ 由苛刻的使用环境向方便使用方向发展。目前广泛使用的食品防腐剂，对食品生产环境有较苛刻的要求，如有的对食品的 pH、加热温度等敏感；有的水溶性差；有的异味太重；有的导致食品褪色；等。发展趋势应该是研发对食品生产环境没有苛刻要求的食品防腐剂。

⑤ 由高价格的天然食品防腐剂向低价格方向发展。目前天然食品防腐剂的价格比较高昂，降低天然食品防腐剂如溶菌酶、乳酸链球菌素、那他霉素、鱼精蛋白等的价格，使生产企业能够承受，才有可能将其推广。

## 4.2.2　乳化剂

食品乳化剂是食品加工中使互不相溶的液体（油和水）形成稳定乳浊液的添加剂。目前已形成了以天然乳化剂大豆磷脂和脂肪酸多元醇酯及其衍生物为主的食品乳化剂体系。食品乳化剂品种多样，应用也很广，在食品添加剂中，乳化剂用量约占 1/2，是食品工业中用量最大的添加剂。

食品乳化剂的分类方法很多。按来源可分成天然乳化剂和合成乳化剂；按溶解性可分成水溶性乳化剂和油溶性乳化剂；按其在水中是否解离成离子可分成离子型乳化剂和非离子型乳化剂；按其在水中显示活性部分的离子可分成阴离子型、阳离子型和两性乳化剂；按其作用可分成油包水型和水包油型乳化剂。离子型乳化剂溶于水后若离解成一个较小的阳离子和一个较大的包括烃基的阴离子基团，且起作用的是阴离子基团，称为阴离子型乳化剂；若离解生成的是较小的阴离子和一个较大的阳离子基团，且发挥作用的是阳离子基团，则称为阳离子型乳化剂。特殊的是两性乳化剂，亲水的极性部分既包含阴离子，也包含阳离子。在离子型乳化剂工业中，阴离子型乳化剂发展得最早，产量最大，品种最多。在食品工业中，常用的阴离子型乳化剂有烷基羧酸盐、磷酸盐等；常用的两性乳化剂有卵磷脂等；阳离子型乳化剂应用较少。非离子型乳化剂溶于水时，疏水基和亲水基在同一分子上分别起到亲油和亲水的作用。

食品乳化剂的基本物理化学性质是表面活性和乳化增溶性。它必须同时具有亲水性和亲油性，即分子中有一个亲水基团和一个亲油基团。其乳化能力与其分子的亲水亲油能力有关。美国阿特拉斯（ATLAS）研究机构创立了衡量乳化性能的 HLB 值（亲水-亲油性平衡值），用以表示乳化剂的亲水亲油能力，HLB 值越大，表示亲水作用越大，HLB 值越小，则表示亲油性越大。

我国现在用的乳化剂主要有：铵磷脂，改性大豆磷脂，蔗糖脂肪酸酯，酪朊酸钠，山梨醇酐单硬脂酸酯，双甘油脂肪酸酯（油酸、亚油酸、棕榈酸、硬脂酸、月桂酸、亚麻酸），聚氧乙烯山梨糖醇酐单硬脂酸酯，聚氧乙烯木糖醇酐单硬脂酸酯，木糖醇酐单硬脂酸酯，双乙酰酒石酸单甘油酯，辛癸酸甘油酯，丙二醇脂肪酸酯，琥珀酸单甘油酯，柠檬酸脂肪酸甘油酯，氢化松香甘油酯，乳酸脂肪酸甘油酯，聚甘油蓖麻醇酸酯，聚甘油脂肪酸酯，硬脂酰乳酸钙，硬脂酰乳酸钠，果胶，卡拉胶，辛烯基琥珀酸淀粉钠，等。

### 4.2.2.1 大豆磷脂及其衍生物

**(1) 性质和用途** 大豆磷脂又称磷脂、卵磷脂、加萝乳化蜜。它是一种混合物，以卵磷脂为主，并含有脑磷脂、肌醇磷脂、丝氨酸磷脂和少量糖脂。其结构式为：

$$
\begin{array}{l}
CH_2-OCOR \\
\quad | \\
CH-OCOR' \\
\quad | \\
CH_2-O-PO(OH)-OM
\end{array}
$$

式中，R 和 R′ 是饱和或不饱和的烃基。

精制液体磷脂是淡黄色至褐色透明或半透明的黏稠状物质，稍带特异的气味和味道。经过精制的新鲜产品几乎无气味，为半透明体，在空气中或光线照射下，迅速变为黄色，渐次变成不透明的褐色。精制固体磷脂为黄色至棕褐色粉末或呈颗粒状，无臭。新鲜制品呈白色，在空气中能迅速被氧化为黄色或棕褐色。吸湿性极强，不溶于水，在水中膨润，呈胶体溶液。它溶于氯仿、乙醚、石油醚和四氯化碳，不溶于丙酮。在热水中或 pH 值在 8 以上时更易乳化，添加乙醇或乙二醇能与磷脂形成加成物，乳化性提高。添加酸式盐类可破坏乳化而出现沉淀。磷脂不耐高温，80℃就开始变棕色，到 120℃时开始分解。精制的磷脂含有维生素 E，较易保存。

磷脂是食用油生产中最重要的副产品，它在食品加工中具有特殊的功能并得到广泛应用。磷脂主要应用于涂层、巧克力和人造奶油中。磷脂的特殊功能及它的天然性，使其在现代化的食品加工业中，成为一种理想的食品添加剂。它除了用作乳化剂外，还用作增溶剂、湿润剂、脱模剂、黏度改良剂和营养添加剂。磷脂不只是一种添加剂，而且是一种食品。它能降低胆固醇，并在减轻神经紊乱症状上有一定疗效。其 ADI 没有特殊规定。

**(2) 生产方法**

① 技术路线

② 生产工艺 生产流程见图 4-5。

a. 脱胶过程 油脂脱胶过程可分为间歇和连续两种。间歇法是先将粗油升温至 70～82℃，然后加入 2%～3% 的水以及一些助剂，在搅拌的情况下，油和水于反应釜内充分进行水化反应 30～60min。反应后的物料送入脱胶离心机。

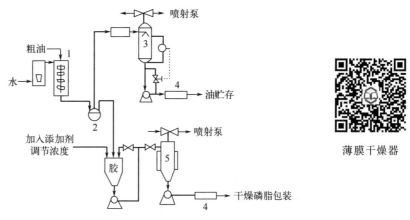

图 4-5　大豆磷脂生产流程

1—混合器；2—脱胶离心机；3—脱胶油干燥器；4—冷却器；5—薄膜干燥器

薄膜干燥器

最常用的脱磷脂的助剂除醋酐之外，大部分对磷脂是有害的。醋酐与磷脂反应生成某种乙酰化的磷脂酰乙醇胺；而其他的添加剂就不同了，如磷酸在磷脂干燥的过程中有可能产生氧化，草酸使磷脂产生毒性，无机盐影响磷脂的物理性质和功能特性。要特别注意的是，加水量应尽量少，以使胶质沉淀为准。水若过量，不但油会更多地参与水化反应而引起不必要的损失，而且还会影响磷脂的质量。

连续法脱胶是在管道中进行的，即原料粗油经过油脂水化、磷脂分离、成品入库等工序基本实现连续生产。投料方式是将定量的水或水蒸气与油同时连续送入管道，在管道中使油与水充分混合。连续水化、脱胶工艺具有高功效、低能耗、质量稳定、操作方便、无污染和占地面积少等优点，其工艺流程见图 4-6。

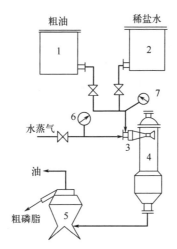

图 4-6　油脂喷射水化连续脱胶工艺流程

1—油贮罐；2—稀盐水贮罐；3—蒸汽喷射器；4—水化罐；5—离心机；6—压力计；7—真空计

b. 脱水过程　粗油脱胶后，经离心机分离出来的油和磷脂，必须用提浓设备（如薄膜干燥器）进行脱水处理。脱水方式也可采用间歇脱水和连续脱水两种。间歇脱水是在 65～70℃下真空蒸发；连续脱水则用薄膜干燥器，在 2.0～2.7kPa 的压力下，115℃左右蒸发 2min。最终获得的产品水分含量可小于 0.5%。脱水后的胶状物必须迅速冷却至 50℃以下，以免颜色变深。由于胶状磷脂一般贮存的时间要超过几个小时，因此为了防止细菌的腐败作用，常在湿胶中加入稀释的双氧水以起到抑菌的作用。

c. 脱色过程　为了获得较浅颜色的磷脂产品，还需进行脱色处理。采用 3％的双氧水，用量为 1.5％时，一次脱色色度可减少 14。采用 1.5％的过氧化苯甲酰两次脱色，色度可减少 12。不同过氧化物作用于不同的颜色体系：双氧水减少棕色色素，对处理黄色十分有效；过氧化苯甲酰可减少红色素，对处理红色更有效。上述两种脱色剂一起使用，可得到颜色相当浅的磷脂。脱色温度在 70℃为最佳。此外，也有用次氯酸钠和活性炭等物质进行脱色的。

d. 干燥　将磷脂进行分批干燥是最常用的方法，而真空干燥是最合理的方法。由于磷脂在真空干燥时要防止泡沫产生，因此真空干燥有一定难度，必须小心地控制真空度并采用较长的干燥时间（3～4h）。

另外，薄膜干燥也是一种很成功的方法，它可通过冷却回路防止磷脂变黑，并对除去脱胶过程中所加入的醋酸残存物有良好效果。

e. 精制　精制的目的是将存在于粗磷脂中的油、脂肪酸等杂质除去，从而获得含量较高的磷脂。一般采用丙酮精制处理。将粗磷脂和丙酮按 1：（3～5）的比例配制，在冷却的情况下进行搅拌，油与脂肪酸溶于丙酮，磷脂沉淀，将其分离出来。沉渣中再加入丙酮，同样地在搅拌下处理 2～3 次，直至将磷脂搅拌成粉末状为止，然后将粉末状磷脂与丙酮混成糊状，加入篮式离心机中分离，除去绝大部分丙酮，再将粉末状磷脂揉松过筛，置于真空干燥箱中干燥。烘箱真空度控制在 47.4kPa 左右，在 60～80℃下烘至无丙酮气味即可包装。

除用丙酮进行精制外，还可用混合溶剂（己烷：丙酮：水＝29.5：68.0：2.5，体积比）进行处理，处理后的产品纯度可高达 99％。还可用 $CaCl_2$、$Al_2O_3$ 等进行精制处理。

**(3) 大豆磷脂的改性**

① 物理改性　物理改性就是通过利用一些分离溶剂和分离技术将混合磷脂中的某些组分纯化、富集。在磷脂物理改性中，磷脂组分的结构并未发生改变，仅对某种组分进行分离或提纯，不影响磷脂应用的安全性，磷脂组分的功能特性未有根本改变。目前，常用于或正在研究的磷脂物理改性的方法有：低级醇分离法、吸附分离法、膜分离法、超临界萃取法等。

② 化学改性　大豆磷脂中含有大量脑磷脂，脑磷脂为一种氨基物，在空气中容易被氧化。化学改性就是利用某些化学试剂与磷脂分子中的官能团进行反应，使磷脂分子结构发生变化，改变磷脂的某些功能特性从而改善和提高其稳定性、乳化性以及在水溶液体系中的分散性，但化学方法改性易破坏大豆磷脂的天然构型，安全性不好，不符合一些国家的食品法标准，因而在食品中应用受限。化学改性主要包括：酸或碱水解酰化、羟化、磺化、羟氯化和氢化反应等。本书主要介绍大豆磷脂的酰化改性。

a. 技术路线　大豆磷脂的酰化改性反应一般利用磷脂中磷脂酰乙醇胺的氨基，与酰氯、乙酸酐或乙酸乙酯等酰化试剂进行反应，生成酰化磷脂酰乙醇胺，使两性离子基被阻断，改变了原磷脂的性质和功能，增强了抗氧化性，同时也增强了水包油的乳化性。反应式为：

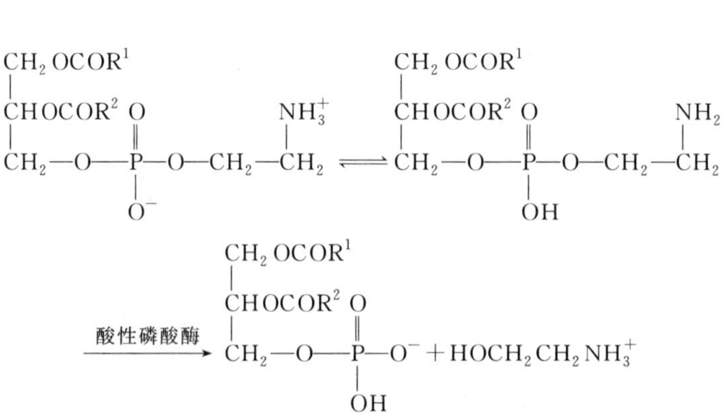

$$\text{磷脂酰乙醇胺结构}\ (\text{R}^1\text{CO--O--CH}_2,\ \text{R}^2\text{CO--O--CH},\ \text{CH}_2\text{--O--P(O)(OH)--O--CH}_2\text{CH}_2\text{NH}_2) + (\text{CH}_3\text{CO})_2\text{O} \longrightarrow$$

$$\text{乙酰化磷脂}\ (\text{R}^1\text{CO--O--CH}_2,\ \text{R}^2\text{CO--O--CH},\ \text{CH}_2\text{--O--P(O)(OH)--O--CH}_2\text{CH}_2\text{NHOC--CH}_3) + \text{CH}_3\text{COOH}$$

b. 改性工艺流程

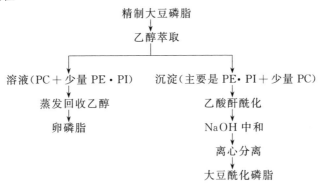

```
                    精制大豆磷脂
                        │
                     乙醇萃取
                ┌───────┴───────┐
   溶液(PC＋少量 PE·PI)       沉淀(主要是 PE·PI＋少量 PC)
        │                         │
   蒸发回收乙醇                 乙酸酐酰化
        │                         │
      卵磷脂                   NaOH 中和
                                  │
                              离心分离
                                  │
                             大豆酰化磷脂
```

PC—大豆卵磷脂；PE—磷脂酰乙醇胺；PI—磷脂酰肌醇

c. 理化指标　大豆磷脂经乙酰化改性后，在吸潮、风味、色泽，特别是乳化、亲水性、抗氧化性方面较精制大豆磷脂均有改善，是一种优良的功能性食品基料。其理化指标为：丙酮不溶物 97.78％、乙醚不溶物 0.02％、水分 1.91％、酸值 16、过氧化值 1.67、色价 11、外观为浅黄色粉末。

③ 酶改性　磷脂的酶改性具有反应条件温和，反应进行完全，副产物少，酶制剂作用部位准确，酶源广泛等优点，最有意义的酶是专一性较强的磷脂酶，它包括磷脂酶 $A_1$、$A_2$、C、D 等。这里主要介绍通过磷脂酶 $A_2$ 对大豆磷脂改性得到溶血磷脂的例子。

a. 性质用途　溶血磷脂产品品质良好，润湿能力、乳化抗酸碱能力、乳化抗高温能力、乳化抗盐能力优异，大大优于普通磷脂。

在食品工业中，溶血磷脂可与直链淀粉形成强复合体而延缓老化、改善质构；在肉制品中，可作为罐头、香肠的乳化剂及禽肉的调味剂；由于其高胆碱含量而具有治疗乙酰胆碱缺乏引起的代谢紊乱的作用；溶血磷脂具有广谱抗菌作用，而且不受 pH 值影响。

b. 技术路线

$$\text{磷脂}\ (\text{R}_1\text{CO--O--CH}_2,\ \text{R}_2\text{CO--O--CH},\ \text{CH}_2\text{--O--P(O)(OH)--O--X}) \xrightarrow[\text{Ca}^{2+}]{\text{磷脂酶 }A_2} \text{溶血磷脂}\ (\text{R}_1\text{CO--O--CH}_2,\ \text{CH--OH},\ \text{CH}_2\text{--O--P(O)(OH)--O--X}) + (\text{R}_2\text{COO})_2\text{Ca}^{2+}$$

c. 工艺流程　在含氯化钙，由二氯甲烷和水构成的水包油型乳状液体系中加入天然磷脂和磷脂酶 $A_2$，在 40℃ 温度下持续搅拌 24h，水解得到 1-硬脂酰-2-羟基-甘油基-3-磷脂酰胆碱（或乙醇胺等），即溶血磷脂。酶促反应通常是可逆的，易形成平衡，为提高产品得率，在反应中加入 $Ca^{2+}$，其结合反应中生成的脂肪酸，使平衡向右移动，有利于溶血磷脂的生成。反应转化率可达 75%。

#### 4.2.2.2　甘油酯及其衍生物

**(1) 性质和用途**　甘油酯分单酯、双酯和三酯，三酯没有乳化能力，双酯的乳化能力也只有单酯的 1% 以下。最常用的为甘油单硬脂酸酯。

甘油单硬脂酸酯是乳白色至微黄色的粉末或蜡块状物，无臭，无味。不溶于水，但与热水强烈振荡混合时可分散在水中呈乳化态，溶于乙醇和热脂肪油。目前工业产品分为：单酯含量在 40%～50% 的单双混合酯（MDG）及经分子蒸馏的单酯含量高于或等于 90% 的分子蒸馏单甘酯（DMG）。单甘酯的 HLB 值为 2～3，是 W/O 型乳化剂。

单甘酯在面包中添加 0.1%～0.3% 可改良保存性。在巧克力制品中添加 0.2%～0.5%，可防止砂糖结晶和油水分离，增加细腻感。泡泡糖中加入基料的 5%～15%，奶糖以油脂计，添加 5%～10% 可防止油脂分离，增加光泽及防止食用时黏牙。人造奶油中添加 0.3%～0.5%，可防止油水分离。冰淇淋中加入 0.1%～0.2%，可防止冰晶生成或扩大，并可增大体积，罐头中加入 0.8% 左右，可防止油水分离。ADI 不需要特殊规定。

为了改善甘油酯的性能，甘油酯可与其他有机酸反应生成甘油酯的衍生物，如聚甘油酯、二乙酰酒石酸甘油酯、乳酸甘油酯、柠檬酸甘油酯等，其特点是改善了甘油酯的亲水性，提高了乳化性能和与淀粉的复合性能等，在食品加工中有独特的用途。

**(2) 生产方法**

① 直接酯化法

a. 技术路线　以甘油单硬脂酸酯的制备为例。

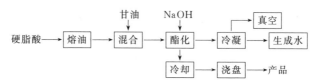

b. 生产工艺　200 型硬脂酸与甘油的摩尔比为 1:1.2，催化剂 NaOH 按硬脂酸计用量为 0.1%，按上述技术路线进行酯化反应，反应在真空条件下进行，加热 160℃ 开始生成水，冷凝下来，再继续升温至 230℃，保温 1h，取样化验，游离酸小于 2.5%，方可结束反应进行浇盘。一般产品中单甘酯含量为 40%～60%。

② 甘油醇解法

a. 技术路线

b. 生产工艺　在反应釜中加入硬化油和甘油，在 0.06%～0.1% 的 $Cu(OH)_2$ 催化作用下，于 180～185℃ 搅拌通入氮气，交酯反应 5h，再减压脱臭 1h，在氮气流下冷却至 100℃ 出料，冷却即得褐色粗单甘酯，单甘酯含量为 40%～60%。粗单甘酯经分子蒸馏，即得到乳白色粉末状单甘酯。

③ 酶解法

a. 技术路线　同上述甘油醇解法。

b. 生产工艺　同化学法一样，酶解法也分为甘油三酯的水解、醇解及甘油解。单甘酯的酶法合成直到目前还处于实验室阶段，其优势是能耗低，产品质量可得到保证，其劣势是成本较高。

**(3) 其他甘油酯**　辛癸酸甘油酯的英文名字是 glyceryl octadecanoate 缩写成 ODO。实际上它是一种中碳链脂肪酸甘油酯（medium chain triglycerides），因此在国外也称作 MCTs 或 MCT。它有单酯（monoester）、双酯（diester）、三酯（triester）之分。

$C_6 \sim C_8$ 酸甘油酯与 $C_8 \sim C_{10}$ 酸甘油酯一样具有下述特点：

① 被公认为是一种食用油脂；

② 完全饱和；

③ 氧化性能完全稳定，如采用活性氧化方法（AOM）试验，它达到过氧化值 100，所需时间在 20h 以上，而一般棉油、玉米油为 15h 和 19h；

④ 几乎无色无臭；

⑤ 可溶于醇和其他溶剂；

⑥ 与液体石蜡具有很高的混溶性。

辛癸酸甘油酯（ODO）是将辛癸酸与甘油在催化剂作用下直接反应制得的。反应时间以 2.5～3h 较佳。反应可在较宽的温度范围内进行，但反应温度太低，往往使反应不完全，导致产品中游离酸含量增加，收率降低。提高温度虽有利于反应进行完全，但温度过高会使产品颜色加深。两者均影响产品的质量。选择 220℃ 左右较合适。酸、碱、金属化合物等对本反应具有催化作用，若以金属化合物为催化剂，其用量为辛癸酸用量的 2.0%。

**(4) 聚甘油脂肪酸酯**　聚甘油脂肪酸酯（polyglyceryl fatty acid esters，简称聚甘油酯或 PGFE）是由多种脂肪酸与不同聚合度的聚甘油反应制成的一类优良的非离子型表面活性剂，它属于单甘油酯的衍生物，但又不同于有机酸单甘酯。在聚甘油酯中含有较多亲水性羟基，通过适当选择聚甘油的聚合度、脂肪酸种类及酯化度，可制取从亲油性到亲水性的各种聚甘油酯产品。食品级聚甘油酯 HLB 值范围为 2～16 之间可任意调整。

聚甘油脂肪酸酯的合成分两步进行。第一步，经甘油缩合或甘油酯与甘油加成反应制备聚甘油。第二步，聚甘油混合物通过与脂肪酸进行直接酯化反应，或与甘油三酯进行酯交换反应，即可得到相应的聚甘油酯。制备方法如下。

首先，制备聚甘油。

① 碱法　制备方法以碱作催化剂，反应方程式如下：

$$n\,HOCH_2CHOHCH_2OH \longrightarrow HO\left(CH_2CHOHCH_2O\right)_n H + (n-1)H_2O$$

所用催化剂一般为碱性物质，其催化效果大致有如下顺序：碳酸钾＞碳酸锂＞碳酸钠＞氢氧化钾＞氢氧化钠＞甲醇钠＞氢氧化钙＞氢氧化锂＞碳酸镁＞氧化镁。食品级聚甘油必须精制，可用活性炭、酸性白土或离子交换树脂脱色，然后再用离子交换树脂进一步脱色，除去催化剂。

② 从甘油蒸馏残渣制取　以醇等有机溶剂，从甘油蒸馏残渣中提取聚甘油，然后用活性炭等精制而得聚甘油。但本方法原料来源有限。

③ 氯醇直接合成聚甘油　将氯醇与浓氢氧化钠水溶液反应，可高效率地得到聚甘油，副产物可用电渗析除掉，这是一种效果很好的方法。但由于原料昂贵，工业上应用不多。

④ 其他方法　将二烯丙醚与氯水反应，进行氯代醇化，再用碱水脱氯，可得二聚甘油或三聚甘油。将甘油或缩水甘油与单氯代醇反应制得聚甘油。甘油或二缩甘油与氢氧化钠反应，使部分羟基烷氧基化，再使之与二氯代醇反应可得聚甘油。目前这些合成路线所用原料都十分昂贵，尚未能工业化生产。

其次，合成聚甘油酯。

合成聚甘油酯的酯化工艺条件是在搅拌条件下，使聚甘油与脂肪酸充分混合，在 $200\sim240℃$ 下反应 $1\sim2h$ 可用酸价接近零来判断反应终点，可在常用的酯化反应釜内完成，其酯化反应与常规酯化机理相同，生成的聚甘油酯结构通式如下：

$$CH_2-CH-CH_2-O\!\!\left[\!\!\begin{array}{c}\end{array}\!\!CH_2-CH-CH_2-O\!\!\right]_n\!\!CH_2-CH-CH_2$$
$$\quad OR\quad OR\qquad\qquad OR\qquad\qquad OR\quad OR$$

式中，$n=0,1,2,3,\cdots$；$R=H$ 或脂肪酸残基

所用脂肪酸可以是硬脂酸、棕榈酸、油酸、月桂酸等高级脂肪酸，也可以是低级脂肪酸。聚甘油酯聚合度越高，脂肪酸的链越短，酯化度越低，聚甘油酯亲水性越强。可设计不同的甘油聚合度，有意识地控制聚甘油酯分子中亲水性羟基和亲油性脂肪酸残基之比，就可得到不同 HLB 值产品。

典型的硬脂酸聚甘油酯的生产工艺如下：取精甘油 500kg，溶解 5kg 氢氧化钠，蒸去水分后，于 260℃ 下，24h 吹入 $CO_2$，加热，搅拌，缩合，除去生成的水分，在 0.26kPa 压力下，通入惰性气体，在 $220\sim225℃$ 下蒸去甘油，最后在氮气流下冷却得到暗琥珀色黏稠的聚甘油。

将 450kg 硬脂酸与 485kg 聚甘油加入反应釜中，搅拌下于 $220\sim230℃$ 加热 2h，反应后在 $CO_2$ 气流中冷却，未反应的少量聚甘油混合物经过静置与酯分离。生成的酯含游离脂肪酸在 0.3% 以下，无不愉快气味，呈浅黄色，冷却后为脆状固体物。

### 4.2.2.3 蔗糖脂肪酸酯

**(1)性质和用途** 蔗糖脂肪酸酯（sucrose fatty acid ester）简称蔗糖酯，其结构通式为：

$R^1$、$R^2$、$R^3$ 为脂肪酰基或 H

蔗糖分子内的 8 个羟基中有 3 个羟基化学性质与伯醇类似，酯化反应主要发生在这 3 个羟基上，因此控制酯化程度可以得到单酯含量不同的产品。

蔗糖酯一般为白色至微黄色粉状、蜡状或块状物，也有无色至微黄色的黏稠状液体，无臭或稍有点特殊臭味。含 12 个碳以下脂肪酸的蔗糖酯有苦味。蔗糖酯一般无明显熔点。在 120℃ 以下很稳定，如加热至 145℃ 以上则分解。蔗糖单酯易溶于水，二酯、三酯和多元酯却难溶于水，而易溶于油类和非极性溶剂中。在酸性或碱性条件下加热可被皂化。蔗糖酯的 HLB 值可以为 $1\sim16$，产品可按 HLB 值分档。蔗糖单酯 HLB 值高，亲水性强；而双酯和三酯则反之，HLB 值低，亲油性强。据测定，单酯的 HLB 值是 $10\sim16$，二酯是 $7\sim10$，三酯是 $3\sim7$，多酯是 1。蔗糖酯有长链脂肪酸酯，也有短链脂肪酸酯。

蔗糖酯最大使用量：面粉制品（5%），方便米面制品（5%），稀奶油（淡奶油）及其类似品（10%），巧克力（10%），冰淇淋（1.5%），调味料（5%），果酱（5%），饮料（1.5%），等。其大鼠经口 $LD_{50}>30g/kg$，ADI 为 $0\sim10mg/kg$。

**(2)生产方法**

① Snell 法（DMF 法）

a. 技术路线

$$脂肪酸酯+蔗糖\xrightarrow[\text{无水 }K_2CO_3\text{ 为催化剂}]{\text{酯交换反应}}蔗糖酯$$

b. 生产工艺　　以 DMF($N,N$-二甲基甲酰胺)为溶剂,在 $K_2CO_3$ 催化剂存在下,使脂肪酸和非蔗糖醇形成的酯与蔗糖进行酯交换反应。蔗糖一般过量 2～3 倍,在 90℃ 和残压 9.2～13.2kPa 下进行酯化,反应生成的甲醇(用甲酯时)不断排出,反应时间 2～3h。未反应的蔗糖需用甲苯分离除去。

② Nebraska Snell 法(微乳胶法)

a. 技术路线　　同 Snell 法。

b. 生产工艺　　以丙二醇作溶剂,制得蔗糖溶液,在催化剂无水碳酸钾存在下以硬脂酸钠为乳化剂,与硬脂酸乙酯作用,生成透明的乳胶。反应在 100～140℃ 下进行,在 21.1～14.5kPa 的压力下,反应时间 6～8h。反应中不断蒸出乙醇和丙二醇。物料比例为:蔗糖:硬脂酸乙酯:无水碳酸钾:硬脂酸钠:丙二醇＝1:0.6:0.01:0.5:900(体积比)。粗产物溶在丙酮里,滤去过量的蔗糖和硬脂酸钠。滤液用酸酸化后冷却至 5～10℃,结晶析出过滤后,真空干燥,即得纯净蔗糖酯。

③ 无溶剂法(直接法)

a. 技术路线　　同 Snell 法。

b. 生产工艺　　将硬脂酸乙酯(甲酯)和表面活性剂水溶液加热至 100℃,搅拌使其形成微乳液,均匀地加入 100 目以上的糖粉。加表面活性剂的目的是防止蔗糖颗粒变大。反应过程中不断抽真空逐渐蒸出水,待全部水分蒸出后,加入碱性催化剂碳酸钾粉末,升高温度进行酯交换反应。反应的最佳温度为 90～160℃,在真空下将乙醇(甲醇)蒸出。粗蔗糖酯用 15％ 食盐水溶液将其中催化剂和蔗糖溶解,沉于底部分出。用乙醇纯化蔗糖酯,除去未反应的硬脂酸乙酯(甲酯)。

④ 微生物法(酶法)

a. 技术路线　　同 Snell 法。

b. 生产工艺　　酶催化合成蔗糖酯的方法主要有两种:第一种是将蔗糖和酰化剂溶解在溶剂中合成蔗糖酯;第二种是基于被修饰蔗糖的疏水性在无溶剂状态下合成蔗糖酯,或者通过活化酯进行酯交换。

当前,蔗糖酯的合成过程仍旧面临产物难以高效分离、过程经济效益有待提高、单一活性位的催化剂活性低、选择性差等一系列问题。因此,需要更加系统和深入地研究新型催化剂并开发界面强化技术。

### 4.2.2.4　山梨醇酐硬脂酸酯及其衍生物

**(1)性质和用途**　　山梨醇酐硬脂酸酯(sorbitan tristearate),其商品名为司盘(Span 60),其结构通式是:

$$
\begin{array}{c}
\text{OH} \\
\text{O}\;\diagdown\;\text{CHCH}_2\text{O—R} \\
\text{CH}_2 \\
\text{CH———CH} \\
\text{OH}\quad\text{OH}
\end{array}
$$

R 为硬脂酰基

Span 60 是白色至浅黄色蜡状固体,HLB 值为 4.7,相对密度为 0.98～1.03,熔点 51℃。分散于热水,溶于油及有机溶剂,常温下在不同的 pH 溶液中均稳定,与高浓度电解质共存时也较稳定。

可用于搅奶油、食用油(<0.4%)、糕点(<0.61%)、糖果涂层(<0.7%),咖啡、牛奶饮料或奶油(<0.4%),特别是可可晶(<1%),还可用于生鲜果、蔬菜的涂层剂。ADI 为 0~25mg/kg。

Span 60 在碱催化下与环氧乙烷发生加成反应,可得到 Tween(吐温)60 乳化剂,亲水性好,乳化能力很强,但产品有不愉快气味,用量过大则口感发苦。

吐温 60 是聚氧乙烯山梨醇酐硬脂酸酯,为淡黄色膏状物,HLB 值为 14.6,易溶于水和乙醇等多种有机溶剂。1%水溶液的 pH 值为 5~8,常温下耐酸碱和盐。要注意吐温能和尼泊金酯键合而影响其防腐能力。ADI 为 0~25mg/kg。

**(2)生产方法**

① 一步合成法　将硬脂酸、山梨醇和一定量的碱性催化剂一次加入反应器中,在 3.95~14.5kPa 的绝对压力下,缓慢升温,在 1h 内升至 220℃并保持 3h(共 4h),然后将温度降至 85~95℃,用双氧水脱色 30min,最终得到色度浅的 Span 类乳化剂产品。

② 先酯化后醚化法　首先在碱性催化剂存在下,山梨醇与硬脂酸先酯化,当酸值小于 10 时,再加入酸性催化剂使之成酐。

③ 先醚化后酯化法

a. 技术路线

$\alpha$-山梨醇

b. 生产工艺　山梨醇先在酸性催化剂及脱色剂存在下,于 140℃下脱水生成山梨醇酐。经过滤后,山梨醇酐在 0.5%左右碱性催化剂存在下,于 200~250℃下与脂肪酸进行反应,形成脱水山梨醇酐硬脂酸酯。

三种方法中所用的碱性催化剂有 NaOH、NaHCO$_3$、KOH、Na$_2$CO$_3$、OP(ONa)$_3$ 等。酸性催化剂有 H$_3$PO$_4$、H$_2$SO$_4$、$p$-甲苯磺酸。

一步合成法是较古老的方法,其反应温度高,易成内醚及聚合物,产品颜色深而且规整性差。先酯化后醚化法产品杂质较多,颜色深,流动性差,透明度不好。先醚化后酯化法是较新的方法,该法反应条件温和,杂质较少,颜色较浅,但此法工艺复杂,山梨醇易于胶化。

Span 60 在 100℃,在甲醇钠的催化下,通入环氧乙烷,即可生成聚氧乙烯山梨醇酐硬脂酸酯,即 Tween 60 乳化剂。

### 4.2.2.5　丙二醇脂肪酸酯及其衍生物

**(1)性质和用途**

丙二醇脂肪酸酯又称丙二醇酯。其性状随结构中的脂肪酸的种类不同而异,为白色至黄色的固体或黏稠液体,无臭味。如丙二醇的硬脂酸和软脂酸酯多数为白色固体;以油酸、亚油酸等不饱和酸制得的产品为淡黄色液体。此外,还有粉状、粒状和蜡状。丙二醇单硬脂酸酯是 W/O 型乳化剂,不溶于水,可溶于乙醇、乙酸乙酯、氯仿等。

丙二醇酯乳化能力比同纯度的单甘酯差,但它却具有对热稳定、不易水解的特点。往往与其他乳化剂混合使用。由于它具有非常优秀的充气能力,形成的泡沫轻而稳定,因而在酥蛋面包、干酪面包和蛋糕裱花奶油等食品中具有广阔的市场。粉状蛋糕乳化剂配方:单脂肪酸丙二醇酯60%、单甘酯24%、乳酸甘油酯15%。由于单丙酯的亲油性强,在大豆油等油脂中加入8%～10%单丙酯,可制备贮存稳定性好的起酥油。奶油中加入9%～12%的单丙酯和少量单甘酯,可制备起泡性奶油。大鼠经口$LD_{50}$大于10g/kg,ADI 0～25g/kg。

(2)生产方法  丙二醇硬脂酸酯的合成如下。

① 技术路线

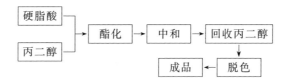

② 生产工艺

在一具搅拌器、温度计、短回流柱及氮气导入管的四口烧瓶中,加入硬脂酸、丙二醇及催化剂。通氮气下升温至130～200℃之间反应7h,酸值可降到4以下。反应结束后,降温,中和,抽真空,收集未反应的丙二醇,在100℃左右,脱色剂用量0.9%以下,脱色10～20min即可得到丙二醇硬脂酸酯。产品熔化时为淡黄色透明液,室温为乳白色固体。

#### 4.2.2.6  发展动向

随着食品工业的迅速发展,食品乳化剂正在向系列化、多功能、高效率、便于使用等方面发展。食品乳化剂的种类是相对稳定的,但新型食品和新的食品加工工艺却层出不穷。用有限的乳化剂经过科学复配,可以得到满足多方面需要的众多系列化复合产品。

从便于使用角度出发,食品乳化剂正在从块状产品向粉状或浆状商品过渡。例如,采用溶剂结晶法生产的粉状甘油单硬脂酸酯,有效物含量可达95%,比表面积为1000～7000cm$^2$/g,直接与粉状食品原料混合,即可获得良好的使用效果。将食品乳化剂单体预先溶于少量水中,再添加适量的淀粉、胶体物质、糖类物质和防腐剂等,混合均匀后,经干燥、粉碎,制成低熔点商品,其有效物含量为25%～40%,可在常温(低于35℃)水中乳化分散,故十分便于生产上使用。如将30%～60%单甘酯与39%～69.5%植物油一起熔融混合,再加入0.5%～1.0%淀粉酶和蛋白酶,即可制得在常温条件下可以乳化分散的浆状商品,用于面包、糕点、饼干等食品,具有较高的防老化效果。

目前,国外已研制出硬脂酸与苹果酸、硬脂酸与柠檬酸、硬脂酸与乳酸、硬脂酸与乙酸或硬脂酸与琥珀酸之类的混合酸甘油酸酯,并已获准作为食品添加剂,其综合使用性能及效果均优于通常的食品乳化剂。此类食品乳化剂用于酸性饮料或者酸性食品的制造,兼有杀菌、防腐和抗氧化等多种功能,属于一类很有发展前途的食品乳化剂。

## 4.2.3  酸性调节剂

为了得到色香味俱佳的食品,离不开食品调味剂(flavoring agent)。调味剂一般可分为:咸味剂、酸味剂、甜味剂、香料、辣味剂、鲜味剂、清凉剂等。

酸味剂也称酸性调节剂(acidity regulator)。在食品中添加酸味剂,可以给人们爽快的刺激,起增进食欲的作用,并具有一定的防腐作用。它一般分为无机酸和有机酸。食品中常用的无机酸是磷酸。常用的有机酸有:醋酸、柠檬酸及其钠盐、钾盐、酒石酸、偏酒石酸、苹果酸、富马酸、抗坏血酸、乳酸、乳酸钙、乳酸钠、葡萄糖酸、氢氧化钙、氢氧化钾、碳酸钾、碳酸钠、碳酸氢钾、碳酸氢三钠、盐酸、乙酸钠。以下将分别介绍它们的性质、用途和生产工艺。

#### 4.2.3.1  磷酸

(1)性质和用途  磷酸(phosphoric acid)为熔点42.35℃的不稳定的结晶或透明浆状液

体,其稀溶液有愉快的酸味。市售的有 50%、75%及 85%浓度的磷酸。食品级磷酸浓度在 85%以上,相对密度 1.69,为无色、无臭的透明浆状液体。磷酸的酸味度为 2.3～2.5,有强烈的收敛味与涩味。

磷酸在饮料业中可代替柠檬酸和苹果酸,特别是在不宜使用柠檬酸的非水果型饮料中作酸味剂,其用量为 0.6g/kg;用于汽水为 0.10%～0.15%;用于酸梅汁浓缩液为 0.22%。在酿造业中可作 pH 调节剂,啤酒糖化用磷酸代替乳酸调节 pH 值时,用量为 0.004%。在酵母厂作酵母营养液,促进细胞核生长,用量按干酵母计为 0.53%。在动物脂肪中还可与抗氧化剂并用,在制糖过程中作蔗糖液澄清剂。磷酸的最大用量可按生产需要确定。ADI 为 0～70mg/kg。

**(2)生产方法** 目前世界上仍以热法磷酸为主。磷矿石、硅石和焦炭配合,炉中熔融,使磷氧化,得五氧化二磷,吸水即为磷酸。热法粗磷酸经净化除杂质即可得食品级磷酸。

① 工艺路线

粗磷酸 ——→ 降硫 ——→ 除砷 ——→ 脱色去浊 ——→ 食用磷酸

② 生产工艺 工艺流程见图 4-7。

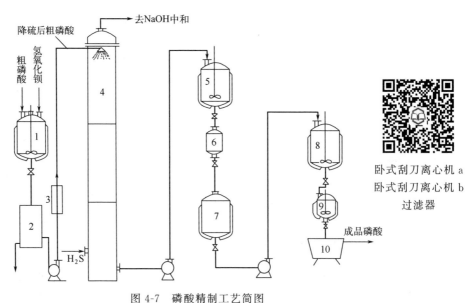

图 4-7 磷酸精制工艺简图
1—降硫罐;2—陈化罐;3—换热器;4—填充塔;5—凝聚罐;
6—过滤罐;7—调节罐;8—吸收罐;9—滤浆罐;10—离心机

卧式刮刀离心机 a
卧式刮刀离心机 b
过滤器

a. 降硫 在热的粗磷酸中慢慢加入沉淀剂氢氧化钡,搅拌加热至 95℃,并维持 20min,放入陈化罐,陈化 26 天左右,下层浊液去过滤以回收磷酸,上层清液泵入填充塔除砷。

b. 除砷 将已降硫的粗磷酸经换热器泵入填充塔上部喷淋而下。换热器出口磷酸温度为 85℃。从塔底通入 $H_2S$,过剩的 $H_2S$ 从塔顶导入 NaOH 溶液中和槽。这样气体、液滴逆向而行,充分接触,反应后带有悬浮块状物的磷酸液浆,从塔底出料,进入凝聚罐。在凝聚罐中磷酸被加热至 90℃,悬浮块状物不断增大,经过滤罐滤去悬浮块的磷酸去调节罐。

c. 脱色去浊 经过滤罐出来的磷酸带有乳白色,需进行脱色精制。将磷酸从恒定在 80℃的调节罐泵入吸附罐,吸附罐温度也控制在 80℃。加入活性炭、硅藻土进行吸附。搅拌 1h 左右进入滤浆罐,滤浆罐温度维持 55℃。一定时间后出料过滤即得产品磷酸。

食品级磷酸的生产关键在于杂质的脱除,以满足食品级磷酸的质量要求。

#### 4.2.3.2　柠檬酸

**(1)性质和用途**　柠檬酸（citric acid），又称 3-羟基-1,3,5-戊三酸，其结构式是

$$\begin{array}{c} CH_2COOH \\ | \\ HO-C-COOH \\ | \\ CH_2COOH \end{array}$$，存在于植物与动物组织和乳汁中，柑橘类水果中含量较高。结晶柠檬酸为

白色透明晶粒或白色结晶性粉末，熔点 100～133℃。无水柠檬酸为无色晶粒或白色粉末，无臭，无酸味，相对密度 1.67，熔点 153℃，易溶于水和乙醇。无水柠檬酸的酸味是结晶柠檬酸的1.1 倍左右，吸湿性比结晶柠檬酸低。

柠檬酸是功能最多、用途最广的酸味剂，有较高的溶解度，对金属离子的螯合能力强，在食品中除作酸味剂外，还用作防腐剂、抗氧化增效剂、pH 值调节剂等。其最大用量按正常生产需要确定，ADI 不需要限制。

**(2)生产方法**　柠檬酸的生产方法主要是发酵法。

$$淀粉、糖蜜等 \longrightarrow 发酵 \longrightarrow 提取 \longrightarrow 产品$$

1)发酵工艺　发酵法生产柠檬酸有固体发酵法、浅盘发酵法和深层发酵法等。我国大量柠檬酸是由薯干通过深层发酵而制成的。

发酵法所用的原料主要有薯干、木薯、马铃薯、糖蜜、正烷烃等；此外用玉米，小麦淀粉的水解液，制备葡萄糖的母液等均可生产柠檬酸。

① 固体发酵法　固体发酵法也称曲法，是将薯渣加水使其含水量不大于 65％，进行汽蒸。蒸熟的薯渣和淀粉料冷却后补水至含水量 71％～77％，放入曲盘，曲盘装盘厚度 5cm 左右，再接种黑曲霉孢子。由于原料内含有微量元素，能抑制柠檬酸的生成，因此必须选择在多种微量金属存在下能够生成柠檬酸的菌种。

将曲盘搬进曲室，按一般制曲法进行制曲。曲室要保持清洁，经常用甲醛、硫黄熏蒸。曲室保持 30℃，培养基的 pH 值约 5.5。当发酵开始时，由于黑曲霉淀粉酶的作用，淀粉转变为糖，以后再转变为柠檬酸，其结果 pH 值降低至 2.0 以下。淀粉也可以先用 α-淀粉酶等酶制剂进行液化和糖化，再进行发酵。在最适条件下，发酵完成时间为 90h。发酵完毕的固形物在简单的对流浸出器中用温水抽提，抽出液含柠檬酸约 4％，可按常法制成柠檬酸。

固体发酵法的工艺流程见图 4-8。

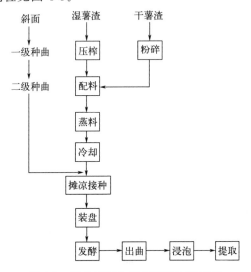

图 4-8　固体发酵法制柠檬酸工艺流程

② 浅盘发酵法　浅盘发酵法又名表面发酵法,是将培养基盛于浅盘中接种进行发酵。

当用糖蜜为原料时,将糖蜜稀释至含糖15%～20%,添加适量营养盐并加酸调节至 pH=6.0～6.5,再加热18～45min,最后加六氰基铁(Ⅲ)酸钾于热溶液中。六氰基铁(Ⅲ)酸钾有两个功用:一是它可沉淀复杂的微量金属;二是当它用量多时可作为代谢抑制剂,限制生长并促进产酸。培养基冷至约40℃后,再进行接种。每立方米的培养基需要100～150mg的孢子。

孢子的发芽需要1～2天。此时如温度太低,可通入加热的湿空气。当柠檬酸生成时,产生大量的热,可通入空气使温度维持在30℃。孢子萌芽后形成菌丝,培养基表面形成皱皮,千万不要让皱皮下沉,否则有碍酸的生成。当菌丝生成时,柠檬酸开始生成,pH 值降低至2,发酵时间6～8天。柠檬酸生成量最盛时为 0.9～1.1kg/(m³·h),平均生产力为 0.2～0.4kg/(m³·h)。发酵液中含柠檬酸200～250g/L,每100g葡萄糖生成柠檬酸为75g。

③ 深层发酵法　所谓深层发酵,一般是指用带有通风与搅拌的发酵罐使菌体在液体培养基内进行培养的发酵工艺。国外是将玉米淀粉用酸法或酶法转变为糖后,再进行发酵。国内则以薯干为原料进行发酵。发酵过程分成三个阶段:试管斜面菌种培养;种子扩大培养;发酵积累产物。工艺流程见图4-9。

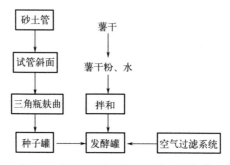

图 4-9　深层发酵法制柠檬酸工艺流程

薯干中含有大量淀粉和少量营养物质。贮藏时以片、丝状保存,到临用时将其粉碎,粉应通过40目筛子。薯干粉需先称量,然后与水拌匀,用泵打入发酵罐,经高压蒸汽灭菌后即可作为发酵原料。

种子罐培养基主要原料是薯干粉,浓度为14%左右,另添加硫酸铵0.15%左右以补充氮源。投料前先将空罐灭菌一次,冷却后按比例投料,用蒸汽保持121℃灭菌20min。待料液温度降至35℃后接入一定数量的三角瓶麸曲,其数量视种子罐大小而定,一般2500L罐可接7只三角瓶麸曲。

菌种培养时控制罐压100kPa;风量在12h前为1:1.0,12h后为1:1.3;搅拌转速视种子罐大小而异,一般2500～3000L罐为170～180r/min;培养温度为34℃±1℃,时间25h左右。

种子扩大培养时,移种应符合如下的条件:培养时间25h左右;pH值3.0以下,产酸1%左右;镜检菌丝生长良好,菌球紧密,无杂菌。

对于发酵罐的培养,一般发酵罐容为80%～85%,薯干粉浓度18%左右;加入原料量0.05%左右的淀粉酶。发酵罐使用前用蒸汽灭菌,110℃保持10min。

待料液温度降至35℃后移入种子。如采用二级发酵,接种量约10%;如采用一级发酵,25000L罐可接14只三角瓶麸曲。

培养时控制罐压100kPa,风量为前期小后期大。一般采用二级风量,以24h为界。也可采用三级或四级风量,风量比从1:0.1逐渐增加到1:0.2。培养温度为34℃±1℃。搅拌速度对25000～30000L罐为120r/min,50000L罐为110r/min。培养时间80h左右。当发酵到培养基中的还原糖基本消耗完,二次测定产酸量相近或有所下降时,即可结束发酵。发酵操作要点如下。

a. 投料　按配比称料。

种子罐直接投料时,先在处理好的罐里放水至第一档搅拌,边搅拌边加水边投料,速度要慢。加完料后用水清洗罐壁再加水定容。

发酵罐投料时,先在拌料池内放一定量的水,开动搅拌,按配方将料逐渐投入,搅匀后用泵打入发酵罐内,再用少量水冲洗罐壁并定容。

b. 灭菌　首先将罐洗净进行空消。打开排气阀后三路进气,排气 10min 后加大进气量,并保压 200kPa,维持 40～60min。

投料定容后进行实罐灭菌。种子罐先采用夹套加热至 80℃后,蒸汽直接进内层,发酵罐采用排管先加热至 60℃,再三路进气。升压至 20kPa 时打开所有小排气阀,慢慢升压至 100kPa。种子罐温度达 121～123℃时维持 20min,发酵罐在 110℃维持 10min 或达到 114℃就结束。

种子罐的分过滤器每用一次消毒一次,发酵罐过滤器每用两次消毒一次,遇不正常情况,换过滤介质后再消毒。消毒开始慢慢进蒸汽,开小排气阀,维持压力 150～200kPa,保持 60min。然后关排气阀,关蒸汽阀,再进压缩空气,开顶上小排气阀,以便吹干滤纸,保持在 250kPa 待用。

总过滤器消毒时升压到 200～230kPa,保压 2.5h,然后关排气阀,关蒸汽阀,慢慢进入压缩空气,开顶上排气阀,吹干棉花为止。

移种管道的消毒在移种前 2h 进行。用 150～200kPa 蒸汽灭菌 1h。灭菌时打开所有小阀门,灭菌结束时先关闭小阀门,再关蒸汽阀,并立即用无菌空气保压。

c. 接种与移种　种子罐接种时先关掉接种口套管上的小阀门,用火焰封住接种口,然后将接种瓶橡胶管接住接种口,迅速拿去火焰。调罐压至 100kPa,再徐徐降低罐压,但不低于 20kPa。利用压力将种子压入罐中,如一次接种不完,可重复操作。调好罐压和风量进行培养。

发酵罐移种时,先将种子罐停止搅拌,罐升压到 150kPa。调整发酵罐压力至 20kPa,然后开种子罐出料口阀门,利用压差将种子压入发酵罐。压完后关闭发酵罐上接种阀门,用蒸汽冲洗消毒移种管道,同时调好罐压和风量进行培养。

d. 放罐　种子罐在移种后即清洗干净,下一次上罐前必须作空消。

在培养结束时,待发酵液计量后加热到 80℃,压入贮罐中,然后进行发酵罐清洗。

2)提取工艺　柠檬酸发酵液中大部分是柠檬酸,但还有许多代谢产物和杂质,必须通过一系列物理和化学方法将杂质除去,以提纯柠檬酸。

发酵结束后先将发酵液加热到 80℃,然后从管道输入板框内,开始时为自然过滤,待滤液澄清后再逐渐加压,压力的增加以滤液不浑浊为依据。压完后用 80℃热水洗涤,再用压缩空气吹干滤渣,回收菌丝中的酸。也可用适量的水将第一次过滤下来的滤渣调浆后再过滤一次,这样可以提高收率 3%～4%。滤液用以下方法进行处理。

① 直接提取法　如果发酵液含酸高、杂质少,滤液经吸附、沉淀或抽提等方法去除部分杂质后,即可浓缩得到结晶。这类方法称为"直接结晶"方法。用这些方法得到的结晶,质量较差,经重结晶后才可获得符合规定的产品。

② 钙盐法　国内外大多数工厂都采用此法提纯柠檬酸。其工艺流程如图 4-10 所示。

a. 中和　一般采用高温中和,先将滤液加热到 80℃,再加入碳酸钙,可直接加入,也可以先调浆后再用泵送入中和桶。除用碳酸钙外,也可用石灰乳。操作时先测酸度,估计好要加入的碳酸钙量。加入速度以泡沫不溢出桶外为好。中和终点的 pH 值为 5.0～5.5,滴定残酸为 0.2%。80℃保温 0.5h。然后放入真空吸滤桶中洗糖,用 80℃热水翻洗多次,洗至将一滴

1%～2%高锰酸钾滴入 20mL 洗涤水中在 10min 内不褪色为止。

b. 酸解、脱色　酸解是将浓硫酸与柠檬酸钙作用,得到柠檬酸液与硫酸钙,弃去硫酸钙。此过程能除去部分酸不溶性杂质。

酸解时先将水或淡酸放入酸解桶内,其加入量使分解液酸度控制在 15%～20%,将洗好糖的柠檬酸钙加入水或稀酸中,同时开动搅拌,当全部钙盐加完后,慢慢加入浓硫酸直到 pH 值达 1.8,加温至 90℃,搅匀后取样。用双管法测定终点,双管清后加入柠檬酸量 1%～3% 的糖用活性炭,保温 0.5h,再测定终点及酸度。合格后放入吸滤桶中吸干,用 90℃ 热水洗至残酸 0.5% 以下,pH=3～4,洗下的稀酸供下次酸解用。

脱色可以用活性炭法,也可以用树脂法,但目前主要用活性炭法。活性炭脱色又可用粉状的和粒状的活性炭,粉状的为一次性间隙操作,粒状的可装在柱中连续使用。

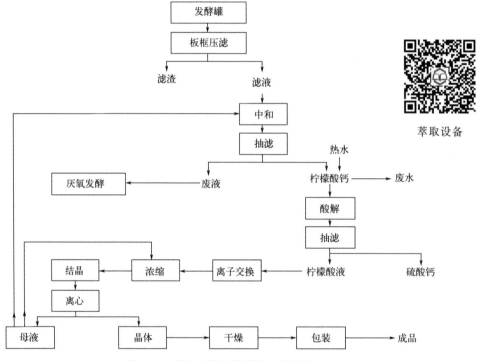

图 4-10　钙盐法提取柠檬酸工艺流程

c. 离子交换　离子交换就是利用强酸型阳离子交换树脂(732 阳离子树脂)来除去柠檬酸液中的各种阳离子。

离子交换时,将酸解液引入交换柱,当 pH 值为 4 时,表示已有柠檬酸流出,即可开始收集。流速以每小时为树脂体积的 1～1.5 倍为宜。终点的检测是将一滴 5% 黄血盐滴入 2mL 流出液中,如为蓝色,说明终点已到,应停止收集。

再生时将柠檬酸放出,边加水边放到酸解工序,到 pH=4 为止。再用水冲至 pH=7。然后用 2mol/L 盐酸再生,流速开始可以快些,以后慢些,平均流速与离子交换相同。终点检测为取 1mL 再生液用 40% 氨水中和至 pH 为中性,加入 3.5% 草酸铵 2 滴,如浑浊,说明终点未到。终点到后用水从上面、下面反复冲洗至 pH=7,备用。

d. 浓缩　经离子交换后的交换液中含 15%～20% 的柠檬酸,将它在真空 80kPa 左右,温度 55～60℃,蒸气压力 50～100kPa 时,进行边添加料液边浓缩,到相对密度为 1.335～1.340 时,停止加热,放入结晶锅中。

e. 结晶 将浓缩液放入结晶锅后,先采取自然冷却料温,从 65℃ 降至 40℃,然后用自来水冷却,到降温不下时用冷冻水冷却。以每小时下降 3～4℃ 为宜,最好在 10～14h 下降至 10～15℃。然后用离心机分离晶体与母液,再用少量冷蒸馏水冲洗晶体至硫酸盐含量在 200mg/kg 以下,冲洗下的水根据杂质情况决定处理方法。

f. 干燥及包装 离心后的柠檬酸晶体含有游离水,一般在 35℃ 热风下干燥。干燥后冷却再进行包装。

③ 萃取法 按化学结构抽提柠檬酸的萃取剂分四类:仅含 C、H、O 三种元素的化合物,如乙酸乙酯、乙基乙醚、甲基异丁酮;含磷氧键化合物,如磷酸三丁酯;含硫氧键化合物,如亚砜;有机胺类,如三辛胺。

萃取与温度有关,还必须选择好萃取相比、萃取级数及萃取设备。据报道,当柠檬酸溶液浓度为 10%,萃取剂体积∶柠檬酸液体积=2.5∶1 时,经 9 级连续萃取,96% 以上柠檬酸可进入有机相。反之,用 2.5 倍水在 80℃ 反萃取,经 10 级连续反萃,98% 以上柠檬酸可反萃入水相中。

### 4.2.3.3 苹果酸

**(1)性质和用途** 苹果酸(apple acid,malic acid),学名为 $\alpha$-羟基丁二酸,其结构式是

$$\begin{array}{l} HO-CHCOOH \\ \quad\quad | \\ \quad CH_2COOH \end{array}$$

,在苹果中含量较多。苹果酸为无色或微黄色的结晶或粉末,无臭,略带有刺激性爽快酸味;D-苹果酸熔点为 101℃,L-苹果酸熔点为 131～132℃;常见的苹果酸为左旋体;易溶于水,微溶于酒精及醚;吸湿性强,保存时易受潮。其 1% 水溶液 pH 值为 2.4。

由于苹果酸的酸味柔和且持久性长,从理论上讲,可以全部或大部分取代用于食品及饮料中的柠檬酸,并且在获得同样效果的情况下,苹果酸用量平均可比柠檬酸少 8%～12%(质量分数)。特别是苹果酸用于水果香型食品、碳酸饮料及其他一些食品中,可以有效地提高其水果风味。在美国,苹果酸正在不断被用于新型食品中。最大用量按正常生产需要确定,ADI 不需特别规定。

**(2)生产方法**

① 丁烯二酸水合法

a. 技术路线

顺酐 → 水合 → 分离 → 结晶 → 精制 → 产品

$$\begin{array}{c} CH-C \\ \| \quad\quad O \\ CH-C \end{array} O \xrightarrow[180℃,1.0MPa]{H_2O} HOOCCH(OH)CH_2COOH$$

b. 生产工艺 工艺流程见图 4-11。

将 200kg 顺丁烯二酸酐溶于放有 400kg 蒸馏水的不锈钢高压釜内(耐压 1.5MPa)。升温至 185℃±3℃,压力控制在 1.0MPa 下搅拌,加成反应 6～8h 后停止加热,冷却至 100℃ 以下时放物料进入蒸馏釜内,开启真空减压至 60℃/8.0kPa,浓缩,冷却结晶,过滤,干燥,即得苹果酸约 200kg。

DL-苹果酸精制方法很多,可采用有机溶剂提取法:德国采用乙酸异丁酯或二乙基酮、乙醚等,用以除去顺、反丁烯二酸;日本将含有 1.2% 顺丁烯二酸的 DL-苹果酸加热到 100℃,2h,使杂质达到痕量;法国采用钯碳催化氢化,使丁烯二酸转化为丁二酸分离除去;美国用强碱性阴离子交换树脂 Diaion SA OA 处理精制。

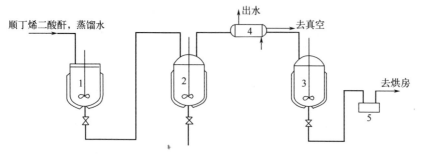

真空蒸发-冷却型结晶器

图4-11 丁烯二酸水合法制苹果酸工艺流程

1—高压釜；2—蒸馏釜；3—结晶釜；4—冷凝器；5—离心机

在反应过程中，顺丁烯二酸、反丁烯二酸和DL-苹果酸形成以下平衡：

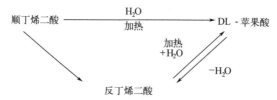

平衡时，反丁烯二酸与DL-苹果酸的比例为1∶1.7，若在反应时按比例加入反丁烯二酸，则顺丁烯二酸全部水合为DL-苹果酸，收率由63%上升至90%以上。

② 其他方法

a. 以糠醛为原料，经 $H_2O_2$ 处理，在超声波作用下，转变为DL-苹果酸和丁烯二酸，反应如下：

$$\text{（糠醛）} CHO \xrightarrow[\substack{超声波\\(25\sim30℃)}]{H_2O_2} HOOCCH_2CH\underset{OH}{-}COOH + \underset{CHCOOH}{CHCOOH}$$

b. 以 $\beta$-内酯为原料，在70℃下水解0.5h，再经碱水处理，获得5%苹果酸溶液，经离子交换树脂分离，在乙酸-苯内结晶，得到DL-苹果酸：

$$Cl_3C\underset{O-C=O}{-C=CH} \xrightarrow[70℃,0.5h]{H_2O} Cl_3C\underset{OH}{-}CHCH_2COOH \xrightarrow{碱水} \underset{CH_2COOH}{\overset{OH}{\underset{|}{CHCOOH}}}$$

c. 以淀粉、葡萄糖和反丁烯二酸等为原料，用黄色短杆菌、黄曲霉菌、少根根霉等进行发酵，糖的转化率为30%~86%，产品结晶后可得纯度98%以上的产品。

发酵法生产苹果酸有利用糖质原料直接发酵法和混种两步发酵法两种。

近年来，有17种微生物被用于苹果酸转化研究，这些微生物可分为3种类型：细菌、酵母和丝状真菌。对于发酵过程，通常采用3种类型的发酵模型，包括深层发酵、固体发酵和酶催化。影响发酵的主要因素包括溶解氧、中和剂、微生物形态、二氧化碳及细胞状态等。未来苹果酸生物炼制研究总体趋势为：在原料利用上实现同步糖化发酵，利用细胞耐受性的改善提高其发酵适应性，并进而提升碳糖的共发酵、碳固定化及能量平衡能力，以提高苹果酸产量。

### 4.2.3.4 酒石酸

**(1) 性质和用途** 酒石酸（tartaric acid）化学结构式为 $HOOCCH(OH)CH(OH)COOH$，有 D 型、L 型和 $d_1$ 型三种旋光异构体，一般多使用 D 型。D 型酒石酸是无色或白色结晶状粉末。无臭，有酸味。易溶于水，可溶于乙醇，难溶于乙醚。熔点为 168~170℃，旋光度 $[\alpha]_D^{20}=+11.5°\sim13.5°$（20%水溶液），稍有吸湿性，但比柠檬酸弱。

在自然界中酒石酸以钙盐或钾盐存在，广泛存在于植物中，尤以葡萄中含量较多。酸味是柠檬酸的 1.2～1.3 倍，但风味独特，所以可用于一些有特殊风味的罐头食品。与柠檬酸并用制作酸苹果等一些特殊酸味的食品。加入酒中可增加酒的香味，使酒晋级。酒石酸还可作为焙烤食品的膨松剂和发酵剂。在清凉饮料中一般用量为 0.1%～0.2%，且不单独使用。与柠檬酸、苹果酸等有机酸混合使用，糖果中用量可达 2% 左右。其 ADI 为 0～30mg/kg。

**(2) 生产方法**

① 前体发酵法

a. 技术路线

$$\boxed{\text{顺丁烯二酸酐}} \xrightarrow{-H_2O} \boxed{\text{马来酸}} \xrightarrow[H_2O_2]{\text{钨酸钠}} \boxed{\text{顺式环氧琥珀酸}} \xrightarrow{\text{酶}} \text{酒石酸}$$

b. 生产工艺　顺丁烯二酸酐经水解得到马来酸，再以钨酸钠作为催化剂将马来酸与过氧化氢反应制得顺式环氧琥珀酸，再用微生物将顺式环氧琥珀酸转化为酒石酸。其关键在发酵一步。用于发酵产酶的主要是细菌，有无色杆菌、产碱杆菌、醋酸杆菌、不动杆菌、土壤杆菌、诺卡菌、根瘤菌、假单胞菌和棒杆菌。在菌体的培养过程中，预先在培养基中加入顺式环氧琥珀酸盐，或先加葡萄糖等物质进行菌体培养，而后在适当时候添加顺式环氧琥珀酸盐。一般顺式环氧琥珀酸钙盐的粒度应小于 $100\mu m$，否则会影响转化速率和转化率。在发酵期间，加入一些表面活性剂可以促进转化发生。发酵后期用钙盐法进行结晶分离，采用 $CaSO_4$ 循环可减少废料的排放。其生产工艺流程如图 4-12 所示。

活塞推料离心机
密闭加耙过滤机

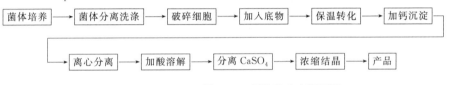

图 4-12　钙盐法生产酒石酸

也可以用离子交换法进行酒石酸的连续化生产，见图 4-13。

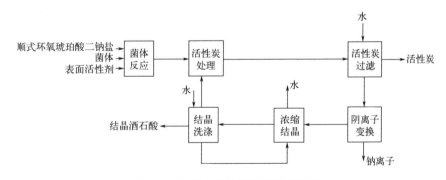

图 4-13　连续化生产酒石酸工艺流程

② 直接发酵法　生产流程见图 4-14。

D-葡萄糖 ⟶ D-葡萄糖酸 ⟶ 5-酮基葡萄糖酸 ⟶ 4-酮基葡萄糖酸 ⟶ 酒石酸＋羟乙醛
　　　　　　　　　　　　　　　　　　　　　　　　　　　　　羟乙酸

图 4-14　直接发酵法生产酒石酸

由于直接发酵法生产酒石酸异性物质多，各阶段成分都存在，因而提取困难，收率低。经济上目前还没有吸引力。

③ 提取法　从果实中可以提取酒石酸，一般先做成钙盐。从罗望子果实提取酒石酸的工艺如图 4-15。

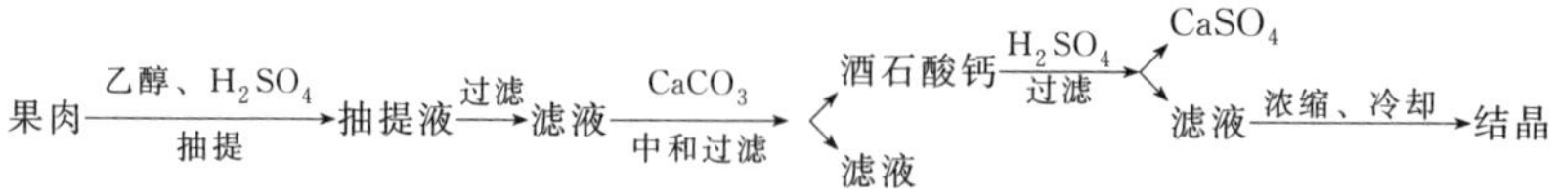

果肉 —乙醇、H$_2$SO$_4$/抽提→ 抽提液 —过滤→ 滤液 —CaCO$_3$/中和过滤→ 酒石酸钙／滤液 —H$_2$SO$_4$/过滤→ CaSO$_4$／滤液 —浓缩、冷却→ 结晶

图 4-15　提取法生产酒石酸

④ 顺丁烯二酸酐合成法　在反应锅内按比例加入水、顺丁烯二酸水溶液和钨酸（加入量使其浓度达到 0.5%），加热至 65～75℃，逐渐滴加双氧水，保持温度反应 8h 后，浓缩，活性炭脱色，过滤，冷却结晶，过滤，干燥而得成品。

反应物比例为：双氧水（30%）为 1100；钨酸为 0.006；顺丁烯二酸酐（工业品）为 930。

#### 4.2.3.5　乳酸

**(1) 性质和用途**　乳酸（lactic acid）又称 α-羟基丙酸，其结构式是 $CH_3CH\overset{OH}{-}COOH$。因最初在酸奶中发现，故称为乳酸。乳酸为无色或浅黄色浆状液体，无臭或略有脂肪酸味。可与水、乙醇、乙醚、丙酮混溶，不溶于氯仿。完全不含水的乳酸是吸湿潮解性很强的结晶，熔点为18℃，沸点为 122℃（1867.7～1999.8Pa）。它存在旋光异构体，市场上供应的均是外消旋体。

食品用乳酸（50%含量）可用于清凉饮料、酸乳饮料、合成酒、合成醋、辣酱油、酱菜等，作酸味剂。用乳酸发酵制成的泡菜、酸菜不仅有调味作用，还有防杂菌繁殖的作用。使用时添加量按正常生产所需而定。其 ADI 不需规定。

**(2) 生产方法**

① 发酵法

a. 技术路线

板框压滤机
立式进动卸料离心机

b. 生产工艺　生产工艺流程见图 4-16。

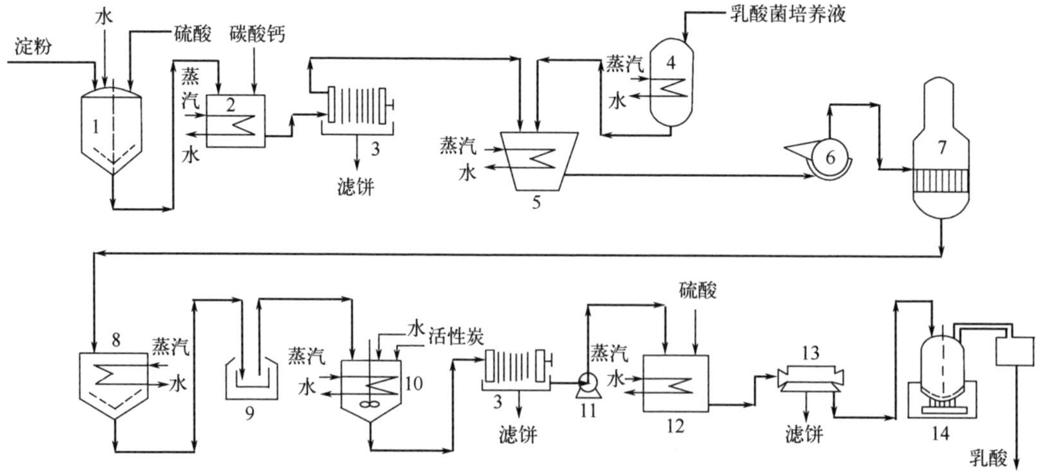

图 4-16　发酵法制乳酸生产工艺流程

1—糖化罐；2—中和罐；3—压滤机；4—预发酵罐；5—主发酵罐；6—过滤机；7—多效蒸发罐；8—结晶机；
9—离心机；10—溶解罐；11—泵；12—硫酸分解槽；13—沉析机；14—真空蒸馏机

**普通发酵法** 淀粉在糖化罐内用硫酸糖化，糖化后的淀粉送入中和罐，用碳酸钙中和，中和液经压滤，滤液与培养的乳酸菌一起送至发酵罐中进行发酵。发酵温度控制在 48～50℃。发酵液经过滤机过滤，滤液在多效蒸发罐和结晶机中浓缩，即得粗制乳酸钙晶体。将粗制乳酸钙晶体溶于水，加活性炭过滤，滤液送至硫酸分解槽，加入硫酸而滤去生成的硫酸钙，滤液在真空下蒸馏，即得乳酸成品，浓度为 70%。

将所得工业乳酸溶于乙醚，用活性炭脱色，过滤，蒸去乙醚即得浓缩乳酸。

**连续发酵法** 将含 15% 的甜菜糖浆、0.625% 营养成分和 10% 氢氧化钙溶液加入培养槽，维持 pH 值在 5.8～6.0，在 49℃下放置 24h 后，用于发酵罐接种。发酵罐为菌体循环连续搅拌式，发酵系统的体积产率为 75g/（L·h），以葡萄糖计收率为 95%，乳酸浓度可高达 15%，在发酵罐中的停留时间为 2h。发酵罐出来的溶液进入浆液槽，在此加入 CaSO₄ 过滤助剂，滤液去漂白槽，滤饼送去处理。漂白槽中加入活性炭，漂白后的乳酸钙溶液在单效蒸发器中浓缩到 32%，再送入酸转换槽，加入硫酸，转换成乳酸溶液。乳酸溶液经漂白、蒸发浓缩后得产品乳酸。

② 乙醛、氢氰酸合成法制乳酸

a. 技术路线

$$CH_3CHO + HCN \longrightarrow CH_3CH(OH)CN \xrightarrow[H_2O]{H_2SO_4} CH_3CH(OH)COOH + NH_4HSO_4$$

（乳氰）

$$\downarrow C_2H_5OH$$

$$C_2H_5OH + CH_3CH(OH)COOH \longleftarrow CH_3CH(OH)COOC_2H_5 + H_2O$$

b. 生产工艺 工艺流程见图 4-17。

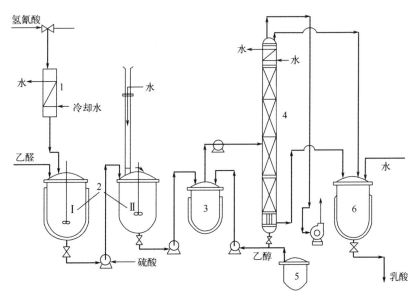

图 4-17 乙醛、氢氰酸合成法制乳酸生产工艺流程
1—冷却器；2—反应器；3—酯化罐；4—精馏塔；5—乙醇罐；6—分解浓缩罐

将乙醛及冷却的氢氰酸连续送入反应器 2-Ⅰ中，反应产生乳氰。继而将乳氰泵入反应器 2-Ⅱ中，同时在其中注入硫酸，加水使乳氰分解得粗乳酸和硫酸氢铵。在酯化罐 3 中，使粗乳酸与乙醇发生酯化反应得到乳酸酯。乳酸酯在精馏塔 4 精馏后，送入分解浓缩罐 6，加热分解得精乳酸。

③ 丙醇腈法制乳酸

a. 技术路线

$$丙醇腈 \xrightarrow[\triangle]{H_2SO_4} 乳酸 \xrightarrow[\triangle]{CH_3OH} 乳酸甲酯 \longrightarrow 精乳酸$$

b. 生产工艺　工艺流程见图 4-18。

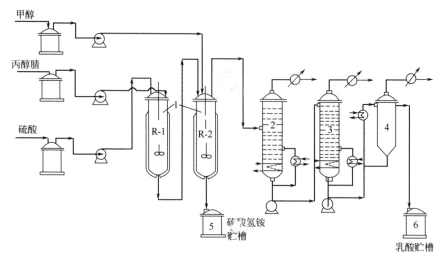

图 4-18　丙醇腈法制乳酸生产工艺流程

1—反应器；2—第一蒸馏塔；3—第二蒸馏塔；4—真空浓缩器；5—硫酸氢铵贮槽；6—乳酸贮槽

将丙醇腈和硫酸连续送入反应器 R-1 中，反应生成粗乳酸和硫酸氢铵的混合物。再把混合物送入反应器 R-2 中，在此使混合物与甲醇反应产生乳酸甲酯和硫酸氢铵。把硫酸氢铵分出后，粗乳酸甲酯连续进入第一蒸馏塔 2，塔底获得的精乳酸甲酯在第二蒸馏塔 3 中使乳酸甲酯加热分解，塔底得到稀乳酸。稀乳酸泵入真空浓缩器 4 中，经浓缩即得纯乳酸产品。

#### 4.2.3.6　发展动向

食品酸味剂用途广，在全世界都广泛使用，是现代食品工业中重要的食品添加剂之一，根据有关部门预测，酸味剂的市场收益率为 6%，并呈逐年增长趋势，酸味剂中柠檬酸年销售量 18.5 万吨，年增长 3.4%。酸味剂的应用与发展直接关系食品加工企业的经济效益，随着社会的不断发展，消费者开始追求天然、有营养功能、低脂健康的食品，人们在追求美味的同时也广泛关注食品酸味剂的安全使用。因此，开发天然的食品酸味剂与确定其安全使用范围是探索食品酸味剂今后研究的主要方向。

酸味剂的生产方法主要有化学合成法、发酵法以及提取法和酶法等。发酵法生产食品酸味剂健康环保，但是不能完全保证目前酸味剂巨大的使用量。因此，研发新的、环保的酸味剂提取技术来获得食品酸味剂是人们追求天然食品的基础。食品酸味剂作为一种常用的食品添加剂应该严格限制使用量，严格禁止为获取更高利益不择手段地在食品生产中添加大量酸味剂等食品添加剂。

我国物质来源丰富，在保证生产食品酸味剂安全的前提下，应逐步拓宽我国酸味剂的市场，不断完善酸味剂生产技术，让食品酸味剂走向国际市场，提高其经济效益。

### 4.2.4　增味剂

增味剂也称呈味剂或风味增强剂，主要是能增强食品风味，使之呈鲜味感的一些物质。肉类、鱼类、贝类、酱油、香菇等都具有特殊的鲜美滋味，这是由于各种食品都含有不同的呈味剂。如谷氨酸钠是味精的主要成分；天门冬酰氨酸存在于竹笋、酱油中；琥珀酸存在于贝类及酿造酒中；5′-肌苷酸存在于鸡、鱼、肉汁中；5′-鸟苷酸存在于香菇中。以上这些呈味料多与食物中的氨基酸、肽、碱类等结合，很难将其分离出来。目前，多用发酵法制取增味剂。

我国现在使用的增味剂主要有：甘氨酸，L-丙氨酸，琥珀酸二钠，5′-呈味核苷酸二钠，5′-肌苷酸二钠，5′-鸟苷酸二钠，谷氨酸钠，等。

食品中的鲜味物质从广义上来说包括两大类：呈鲜成分和增鲜成分。增味剂分为（按组成）氨基酸类、核苷酸类、有机酸类和复合增味剂四类。前三类为传统的单一型增味剂，复合增味剂包含复配型和天然型增味剂两类。氨基酸类的鲜味物质代表是谷氨酸一钠盐，而核苷酸类的主要呈鲜味物质是其二钠盐；有机酸类的鲜味物质主要是琥珀酸、琥珀酸一钠和琥珀酸二钠。其中谷氨酸钠只在我国作为调味剂使用，在其他国家作为食品添加剂使用而不单独使用。

#### 4.2.4.1 氨基酸类增味剂

**(1) 性质和用途**　味精是人们最常用的第一代增味剂，主要成分是 L-谷氨酸钠。

L-谷氨酸钠又称 L-麸氨酸钠，其结构式是 $HOOC—\overset{NH_2}{\underset{}{CH}}—CH_2CH_2—COONa \cdot H_2O$。它是无色或白色柱状结晶粉末，无臭，有特异鲜味。易溶于水，微溶于乙醇，不溶于乙醚，无吸湿性。对光稳定，水溶液加温也较稳定，于 100℃下加热 3h，分解率为 0.6%。在 120℃时失去结晶水，在 155～160℃或长时间受热，会失水而发生吡咯烷酮化生成焦谷氨酸钠，则呈味力降低。

L-谷氨酸钠可用于家庭及各种食品行业作为添加物，用量在 0.01%～10%，视具体生产而定。1988 年，FAO/WHO 联合食品添加剂专家委员会第 19 次会议宣布取消对谷氨酸钠的食用限制。其毒性小鼠经口 $LD_{50}$ 为 16200mg/kg，属实际无毒。ADI 无限制。

**(2) 生产工艺**　谷氨酸生产主要包括以下工序：谷氨酸发酵的原料处理和培养基配制；种子培养；发酵工艺条件；谷氨酸的提取。谷氨酸提取后再进行中和精制得到味精。

谷氨酸发酵生产的工艺流程见图 4-19。

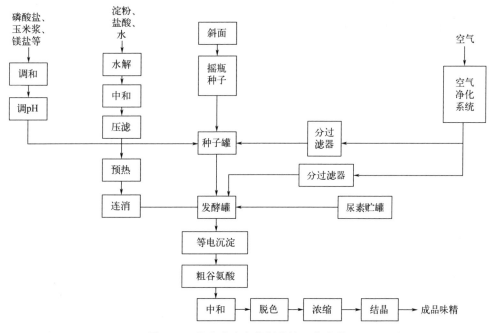

图 4-19　发酵法生产谷氨酸钠工艺流程

① 谷氨酸发酵的原料处理和培养基配制

a. 培养基　谷氨酸发酵生产中的培养基包括：斜面培养基、种子培养基和发酵培养基。各厂家的培养基成分与配比不尽相同。

b. 谷氨酸发酵培养基糖质原料的处理　已知所有谷氨酸生产菌株都不能直接利用淀粉或糊精，必须先水解成葡萄糖，又称水解糖。制取水解糖的方法有酸水解法和酶水解法。糖蜜中因含有丰富的生物素，必须先将它处理掉才行，或在发酵液中加入 Tween 60 或青霉素。

c. 谷氨酸发酵培养基的生物素　生物素是谷氨酸生产菌的必需生长因子，但又必须控制在适当的浓度才能使菌体正常生长且利于积累大量谷氨酸。一般需经摇瓶试验后才能确定其合适用量。

d. 谷氨酸发酵中的氮源　谷氨酸分子中含氮量为 9.5%，所以培养基中必须提供充足的氮源物质。硫酸铵、氯化铵、氨水、尿素、液氨和液氮等都可作为谷氨酸生产菌的氮源。

② 种子培养、谷氨酸发酵生产的工艺条件及其控制　谷氨酸发酵生产包括斜面种子培养、摇瓶扩大培养、种子罐培养和发酵等阶段。

a. 斜面种子培养　菌种需活化培养后方可供生产用。培养温度 32℃，时间为 18～24h。

b. 摇瓶扩大种子培养　一般用 1000mL 三角烧瓶装培养液 200mL，100kPa 灭菌 20min，32℃往复式摇瓶机振荡培养 12h。

c. 种子罐（二级）种子培养　种子罐的接种量通常为 0.5%～1.0%，培养温度 30～32℃，时间 7～10h，罐压 100kPa，通气比为 1：(0.25～0.5)［VVM（每分钟单位体积通风量）］。

d. 发酵阶段培养条件　接种量为 0.5%～1.0%，发酵罐装料比 0.7，培养温度前期（0～12h）为 30～32℃，中后期 34～37℃，通气比 1：(0.11～0.13)(VVM)(50t 罐)。溶氧系数，国内认为以控制 $K_d = (1～2) \times 10^{-6}$ mol/(mL·min·atm)(1atm=101kPa) 为好，罐压 50～100kPa，培养 12h 后，开始流加尿素及消泡剂。

e. 谷氨酸发酵过程氮源流加和 pH 控制　在谷氨酸发酵的中、后期，还必须根据 pH 的变化情况流加尿素。发酵约 12h 后菌体已分裂完成，光密度（O.D. 值）不再上升，pH 值出现短暂升高后下降至 6.8 左右，这时应流加尿素（0.6%～0.8%），补充供给 $NH_4^+$，流加后 pH 值上升至 7.0 以上。约经 6h，发酵液 pH 值再次下降，需再次流加尿素，以后还需流加尿素 1～3 次。临近发酵结束，流加尿素量可适当减少。

③ 发酵工艺实例　我国的谷氨酸发酵开始时是一次性低糖发酵，以后围绕经济效益开发了许多新工艺。

a. 一次性中糖发酵　常州味精厂以 FM820-7 生产菌，淀粉水解糖浓度 15.5% 左右，3 万升生产 65 罐，产酸 6.71%，转化率达 43.5%。发酵控制要点：采用糖蜜、麸麦水解液、玉米浆复合生物素适量。控制菌体净增殖 0.75～0.80，分三级管理温度与风量，控制尿素流加及 pH 值等。

b. 一次性高糖发酵　以平均糖浓度 17.0%～18.3%（水解糖）进行发酵，平均产酸 7.65%～8.04%，转化率为 44.69%～49.94%。工艺控制要点：高浓度驯养谷氨酸生产菌，控制发酵液 C：N=1.00：(0.28～0.29)。O.D. 值净增 0.8～1.0。另外，转化率还与所采用的菌种有关。

c. 发酵后期补料工艺　采用低初糖、中高糖、后期补料工艺，提高谷氨酸发酵生产水平，每立方米发酵容积年产 100% 味精 10t 以上。补料糖源采用 18%～20% 的木薯淀粉水解糖，待低初糖（10%～14%）发酵残糖约 1.5%，中、高糖（含糖 15%～18%）发酵残糖 2.5% 左右补料，控制在提高发酵总投糖量 1%～2% 一次补入。可充分利用产酸期菌体细胞原有的酶系大量合成谷氨酸，加快产酸速度，缩短生产周期，提高产酸率及罐产量，还可使放罐总体积从一般的 75% 左右升高到 80%～84%。

d. 分割法大种量工艺　用三只等体积发酵罐配套成一个整体，取一罐作种子罐（母罐）专门培养足量健壮的产酸型细胞，当产酸达 2%、含糖 8% 时控制适宜的 pH，分别等量压入 2 只子罐（子罐内已装 50% 容量的培养基），控制正常发酵条件至发酵结束。可直接利用罐中的葡萄糖合成谷氨酸，并在菌体外大量积累，发酵周期只需 20h。周期缩短 1/3，相当于用 4 只发酵罐的产量，可节约大量动力消耗。该工艺注意在种子罐培养时适当提高生物素及磷盐用量，比正常用量大 10%～20%，生物素以糖蜜、玉米浆复合使用为好，并控制好风量。

e. 其他工艺　由于甘蔗糖蜜黏度较高及生物素含量高，在发酵中要加表面活性剂 Tween 60 控制菌体生长。

每吨味精发酵中需用 0.55t 尿素，也可以用氨水或液氨代替，从而降低生产成本。

用纯生物素与玉米浆混合发酵，比全部用玉米浆作生物素可提高发酵产酸量及有利于谷氨酸提取效果。

④ 谷氨酸的提取　谷氨酸提取工艺的设计应根据谷氨酸的结晶理论来确定。

随着味精行业的发展，谷氨酸提取工艺也不断改进。

谷氨酸的提取一直是关注的焦点，因为提取工艺不仅关系到收率和生产效益，也关系到环境污染问题。

从发酵液中提取谷氨酸的常用方法有：等电点法，离子交换法，锌盐法，浓缩等电结晶，等。

a. 水解等电点法　水解等电点法的工艺流程如图 4-20 所示。

本工艺操作要点：在 70℃、80kPa 下浓缩至相对密度（70℃）为 1.27；水解时工业盐酸的用量为浓缩液体积的 0.8～0.85 倍，在 130℃下水解 4h；滤液的脱色可用活性炭，也可用弱酸性阳离子交换树脂 122#；为了除尽氯化氢，可先浓缩至相对密度为 1.25，然后再调回至 1.23，接着用碱液中和；先中和至 pH 值 1.2 左右，加入 1.5% 活性炭搅拌脱色 40min，滤液再中和至 pH 值 3.2，搅拌 48h 后，低温放置，待谷氨酸结晶析出。

微孔式滤膜过滤器

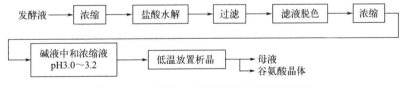

图 4-20　水解等电点法提取谷氨酸工艺流程

b. 低温等电点法　低温等电点法的工艺流程如图 4-21 所示。

发酵液 —边冷却、边用盐酸调pH→ pH值4.0～4.5发酵液 —加晶种 25℃育晶 2h→ 边冷却、边调节pH→ pH值3.0～3.2发酵液 —搅拌16h→ 4℃静置4h→ 母液 / 谷氨酸晶体

图 4-21　低温等电点法提取谷氨酸工艺流程

本工艺操作要点：发酵液中谷氨酸含量控制在 3.5%～8.0% 之间；温度越低越有利于

结晶，但冷却速度要控制好；加酸速度要缓慢，尽量做到不回调；晶种的投入，一般为发酵液的 0.2%～0.3%，通常谷氨酸含量在 5% 左右的发酵液，在 pH 值 4.0～4.5 投晶种；3.5%～4.0% 的发酵液，在 pH 值 3.5～4.0 投晶种。

c. 离子交换法　单柱法的工艺流程如图 4-22 所示。

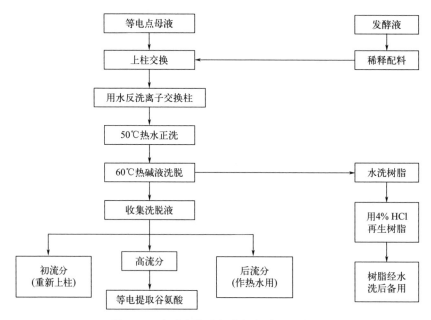

图 4-22　离子交换法提取谷氨酸工艺流程

本工艺操作要点：先配制上柱液，将待交换的上柱液用水稀释至 2～2.5°Bé❶，然后调节 pH 值至 5～6，测定上柱液中的谷氨酸离子和 $NH_4^+$ 的量，计算出上柱量；上柱交换时，上柱流速以 2.0～3.0 $m^3$/（$h \cdot m^3$）为宜，注意在操作结束前，时时检验终点，以防谷氨酸流失；由于正上柱会造成离子交换柱堵塞，所以国内大多数工厂都采用反上柱；洗脱前先用水冲去杂质，再用 70℃ 热水洗柱，然后才 60℃ 左右 4.5% NaOH 溶液进行洗脱；碱用量以 100% NaOH 溶液计，大致是树脂全交换量的 0.75～0.85 倍；pH 值在 2.5 以下的洗脱液为初流分，收集后重新上柱或作反冲水用；pH 值在 2.5～8.0 这部分，波美度为 4.5 左右，谷氨酸含量约 6%，称高流分，可直接用于等电点法提取谷氨酸，注意 pH 值在 4 以上时上升得很快；pH 值在 8.0～10.0 的这部分，称后流分，经加热除氨后，可重新上柱，也可直接上柱作洗脱剂。

d. 锌盐法　其工艺流程如图 4-23 所示。

本工艺操作要点：用 NaOH 溶液调 pH＝6.3 制备谷氨酸锌时，要尽可能做到一次调准，加碱速度不宜过慢，要求在 10min 内将碱液加完；硫酸锌质量的好坏，不仅关系到谷氨酸的提取收率和谷氨酸的纯度，而且对后道精制也有影响；由锌盐制备谷氨酸时，需要提高温度和调节 pH 值，先使谷氨酸锌全部溶解，此时 pH 值不能超过 3.2，然后才缓慢调 pH 值至 2.4±0.2，使谷氨酸析出；育晶时为防止晶体黏结要进行搅拌，搅拌速度为 25～30r/min。

机械搅拌装置

----

❶ $1°Bé = 144.3 / \left(144.3 \pm \dfrac{Bh}{Bl}\right) g/cm^3$。

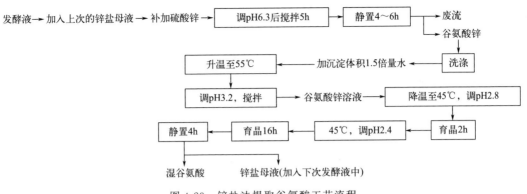

图 4-23 锌盐法提取谷氨酸工艺流程

⑤ 提取工艺进展

a. 一次冷冻等电点法　根据谷氨酸在 pH＝3.2 及温度越低时溶解度越低的原理，进行谷氨酸结晶析出而分离得到谷氨酸，冷冻使发酵液终温在 2℃ 左右，一次收率可达 75％～80％。该工艺具有操作简化，劳动强度降低，生产周期缩短，设备利用率提高等特点；缺点是收率较等电离子交换及锌盐法低，但总效益仍非常合算。废液中尚有 1.3％ 左右谷氨酸有待进一步回收利用。

b. 新浓缩等电点工艺　此工艺提取收率≥82％，含量≥95％（谷氨酸），收率比一般等电点法提高 8％～10％。每吨谷氨酸耗盐酸比一般浓缩等电点法降低 55.2％、耗碱降低 66.4％，生产成本每吨下降 1200 元。周期缩短，生产稳定。其生产工艺流程见图 4-24。

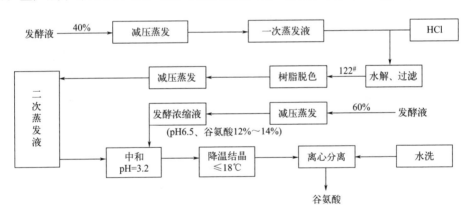

图 4-24　新浓缩等电点法提取谷氨酸生产工艺流程

本工艺操作要点：一次蒸发液的制备是将 40％ 的发酵液减压蒸发（87kPa，85℃ 四效蒸发），使发酵液中谷氨酸从 5.5％ 浓缩到 32％；发酵浓缩液的制备是将其余 60％ 的发酵液减压蒸发（73.3kPa、35℃ 四效蒸发），使谷氨酸从 5.5％ 提高到 32％；二次蒸发液的制备是将一次蒸发液与 HCl 以 1∶0.8（体积）混合，加热（120～130℃）水解 4h，压力为 390kPa，使蒸发液中菌体蛋白、谷氨酰胺及焦谷氨酸等水解，然后降温到 70℃，过滤脱色；谷氨酸中和是以二次蒸发液为底料，加热 60℃，发酵浓缩液作中和剂，快速中和到 pH＝3.2，沉降，冷却，分离。

c. 连续等电点提取谷氨酸　该工艺是锌盐法提取工艺及一次冷冻等电点提取工艺的深化。锌盐法连续等电点以 α-谷氨酸作晶种，也可用少量已制成谷氨酸的反应液，提取缸连续进入谷氨酸锌溶液（浓度 22～24°Bé）并通过盐酸控制 pH 值始终保持 2.4±0.1，温度可以是常温或 45～48℃。与直接一次冷冻连续等电点原理相同，连续流加发酵液与盐酸，温度控制在 15～25℃，始终保持 pH＝3.0～3.2。一次起晶法需 6～8h，连续法效率提高 3～4 倍。2010 年后，产业化的谷氨酸提取工艺以浓缩连续等电工艺为主。

采用连续等电点法时，加入发酵液和盐酸立即产生均匀的谷氨酸。再育晶、沉淀、分离。连续等电结晶流程示意图见图 4-25。

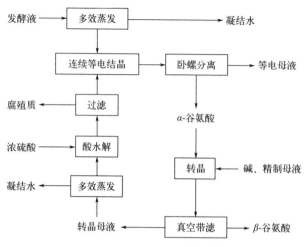

图 4-25　连续等电结晶流程示意图

d. 双柱离交法提取谷氨酸　双柱离交法是等电离交工艺的深化。将等电提取后的母液以过量上柱交换，当离交流出液浓度由保持到回升一定浓度时，开始收集流分。由于过量交换，母液中阳离子能将部分谷氨酸从树脂中置换出来。少部分结合于树脂上的谷氨酸，只需少量碱液洗脱并去掉部分离子，使第一次收集的谷氨酸含量由 1.5% 增加到 2.5%～3.0%，NH₃ 含量由 0.4%～0.45% 下降到 0.25%～0.35%；第二次上柱交换量增加，收集的高流分体积减小，而谷氨酸含量由 4.0%～6.0% 增加到 6.0%～7.0%，有利于谷氨酸的等电结晶，使等电提取收率达 92%，烧碱用量降低 35%～40%。

e. 提取工艺中可改进的因素

Ⅰ. 等电离交工艺中，等电母液原用 NaOH 溶液洗脱离子交换柱上的谷氨酸，可改用 NaCl 与 NaOH 钠离子相等的混合洗脱液代替，有较好的效果。

Ⅱ. 对锌盐法提取工艺，原用液碱将谷氨酸制成谷氨酸锌，可以改用工业氨水代替液碱提取谷氨酸，氨水与液碱用量相同（指 30% 的碱浓度与 18% 以上的氨水浓度）。此法对正常发酵液比较适用，不影响提取收率。

用氨水代液碱提取要解决泡沫问题，发酵液质量好、氨水质量好、糖液质量好及始终掌握 pH 值在 6.5 时会减少泡沫。还须防止过碱，过碱虽能减少泡沫，但会造成大量菌体蛋白沉淀，影响谷氨酸收率与质量。不能用农用氨水，工业氨水也要把好质量关，否则将严重影响生产收率与质量。

Ⅲ. 无论用哪种方法提取谷氨酸，均需用盐酸调节谷氨酸的等电点。可以用工业硫酸（98%）代替盐酸。每吨 98% 硫酸相当于 2.35t 31% 的盐酸，因而可以节省生产成本，且不影响谷氨酸质量及收率，产品纯度高，色泽好。

用硫酸代替盐酸时应注意：硫酸浓度高，发热量大，要放慢调酸速度，充分搅拌均匀，不能让缸内升温；冷冻效果要好；硫酸质量要保证；注意烫伤。硫酸对不正常发酵液的提取效果还需进一步研究。

Ⅳ. 利用碟片式分离机和超滤膜组合对谷氨酸发酵液中的蛋白进行分离去除，通过小试证明了谷氨酸发酵液预处理工艺能够有效降低发酵液的黏度，使谷氨酸等电结晶环境得到改善，从而提高了谷氨酸晶体成核和生长速率，改善了结晶产品的质量。

蒸发型结晶器
涡轮式（装有挡板）搅拌器

⑥ 谷氨酸精制　将谷氨酸溶液用碳酸钠中和，硫化钠除铁，活性炭脱色，过滤，滤液进行真空浓缩，加入晶种使之结晶，过滤后即得产品 L-谷氨酸钠。其精制工艺的流程见图 4-26。

a. 中和脱色　在中和桶中加入 2 倍湿谷氨酸量的清水或上一次用于脱色的活性炭洗涤水，加热至 60℃，开动搅拌器，先投入部分湿谷氨酸晶体（麸酸），然后将 0.3%～0.34% 倍麸酸量的纯碱和麸酸交替投入。在此过程中始终将中和液保持在酸性。在纯碱全部投完前，先加入总投入量（0.013 倍麸酸量）一半的活性炭，待中和结束后再投入剩余的半量，搅拌 0.5h。最后用水将浓度调至 21～23°Bé。

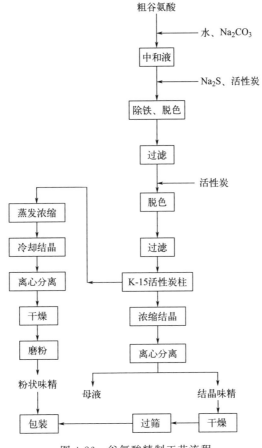

图 4-26　谷氨酸精制工艺流程

将中和液冷却到 50℃ 以下，并调节其 pH 值到 6.4 左右，接着加入浓度为 18°Bé 的硫化钠溶液和适量活性炭，边加边搅拌，直至中和液 pH 值上升至 6.7 左右。硫化钠加完后，检查 $Fe^{2+}$ 是否除尽，并在液面上加少许自来水进行水封，以促使 FeS 沉淀。静置 8h，先取上清液压滤，然后再取沉淀部分压滤，收集到的滤液，用活性炭进行脱色处理。

将除铁液加热至 60～65℃，开动搅拌器，用粗麸酸将除铁液的 pH 值调至 6.5～6.7。

往除铁液中加入 2%粉末活性炭，搅拌 1h，静置 1h，然后进行压滤，滤液再上 K-15 活性炭柱或离子交换柱做进一步脱色。

将 40～50℃经粉末活性炭脱色后的滤液，以每小时炭柱体积的 2～3 倍量顺向通过炭柱，收集流出液。上柱结束，用 40℃温水洗柱，直至流出液的波美度为 0°Bé。将收集到的洗涤液与第一次的收集液合并，进行浓缩结晶。

中和时少含 $Ca^{2+}$、$Mg^{2+}$ 高的自来水，以免影响谷氨酸钠的溶解度，使溶液发浑。应尽量用蒸馏水与洗炭渣水，且须重视原料纯碱等的质量，提高味精透光度。

由异常发酵液提取的谷氨酸质量低，混有菌体蛋白等胶体物质，谷氨酸与纯碱的中和液黏度大，单用活性炭脱色过滤非常困难，可以采取以下办法：一是添加助滤剂，可用硅藻土或 GK-112 型珍珠岩助滤剂（与活性炭同时加入），硅藻土的添加量为 0.1%，珍珠岩助滤剂的添加量为 1%；二是将味精中和液加热到 90℃，维持 20min，使胶体粒子变性凝固，沉淀物沉淀，抽取上清液重新脱色除铁，过滤速度可大大加快。

用通用 1 号树脂代替 $Na_2S$ 除铁，可除去砷、铅等杂质，还可解决 $Na_2S$ 除铁产生 $H_2S$ 气体污染环境、危害人体健康的问题；用通用 1 号树脂与 K-15 活性炭混合床对谷氨酸中和加炭过滤液除铁脱色，味精母液不含铁，可直接蒸发结晶。

b. 浓缩结晶　在 5000L 浓缩结晶锅中，先加入 3000L 中和除铁液作为底料，接着用蒸汽加热，在 80kPa 真空度以上、65℃以下，边浓缩边补料，始终保持一定体积。当料液浓度达到 30～32°Bé（65℃）时，开始搅拌，并投入晶种。经过一段时间后，晶体种长大，但同时有小晶核出现，此时需要将罐温提高到 75℃，并加入 45℃热水进行整晶，将小晶核溶解掉。然后，再将罐温调回到 65℃，继续边补料边浓缩，其间晶体不断长大。若出现小晶核，则再次采取整晶的方法。待晶体大小符合要求而准备放罐时，需加入适量的蒸馏水，一方面是为了溶解掉小晶核；另一方面是调节罐液浓度到 29.5°Bé（65℃）。最后将晶液放入助晶槽内，进一步将晶液浓度调整至 29.5°Bé。然后在 70℃、搅拌转速 8～10r/min 下养晶 4h。

c. 分离和干燥　将养好的晶液用离心机除去母液，此时得到含水量在 1%左右的湿晶体。将它放在匣盘中铺成薄薄的一层，进烘房，在 80℃下干燥 10h。干燥后的味精即可包装出厂。

#### 4.2.4.2　核苷酸类增味剂

**(1) 5′-肌苷酸钠**

① 性质和用途　5′-肌苷酸钠（sodium inosinate）又称肌酸磷酸二钠、肌苷-5′-磷酸二钠，简称 IMP，其结构式为：

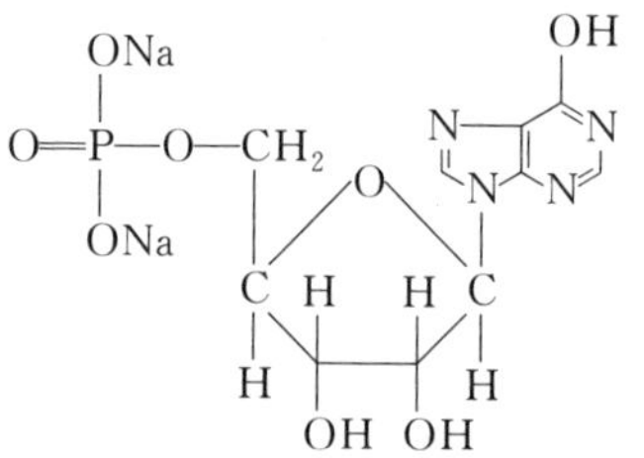

它是无色结晶或白色粉末，无臭，有特异鲜鱼味。易溶于水，20℃时溶解度为 13g/mL。微溶于乙醇，不溶于乙醚，稍有吸湿性。对酸、碱、盐和热均稳定，可被动植物组织中的磷酸酯酶分解而失去鲜味。经油炸（170～180℃）加热 3min，其保存量为 99.7%。通常大约有 7.5 个分子结晶水。它是核苷酸类型的增味剂，与谷氨酸钠有协同作用。其味阈值是 0.012%，在 0.1%谷氨酸钠水溶液中味阈值是 0.0001%，因而常与鸟苷酸钠一起，以 2%

加入味精中以提高鲜味。它的 ADI 不需特殊规定。

② 制法

a. 发酵合成法　以葡萄糖发酵得肌苷，磷酸化得肌苷酸钠。

b. 直接发酵法　以糖发酵得肌苷酸钠。

c. 核糖核酸酶解法　由菌体提取核糖核酸，经酶解得腺苷酸，脱氨得肌苷酸。

**(2) 5′-鸟苷酸钠**

① 性质和用途　5′-鸟苷酸钠（disodium guanylate），又称鸟苷-5′-磷酸钠、鸟苷酸二钠，简称 GMP，其结构式是：

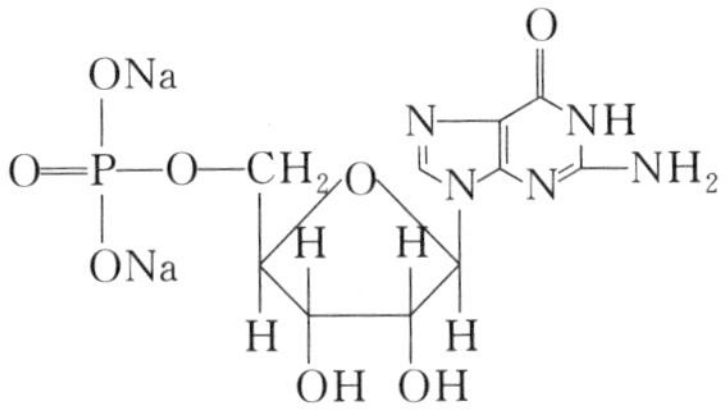

它是无色或白色结晶或白色粉末。通常含 7 个分子结晶水。无臭，有特有类似香菇的鲜味。易溶于水，微溶于乙醇，几乎不溶于乙醚，吸湿性较强。加热至 240℃变为褐色，至 250～251℃分解。在通常的食品加工条件下，对酸、碱、盐和热均稳定。油炸时，加热 3min，其保存量为 99.3%。是核苷酸类型增味剂，与味精有协同作用。其味阈值为 0.0035%，在 0.1%谷氨酸钠水溶液中味阈值为 0.00003%。常与 5′-肌苷酸钠一起，以 2%加入味精中来提高鲜味。其 ADI 不需要特殊规定。

② 制法

a. 发酵合成法　糖经发酵得鸟苷或 5-氨基-4-甲酰胺咪唑核糖苷，再经磷酰化制得。还可用糖发酵得黄苷酸，再经氨基化制得。

b. 核糖核酸酶解法　由菌体提取核糖核酸，再经酶解得鸟苷酸。

### 4.2.4.3　增味剂小结

**(1) 增味剂的呈味机理**　有研究表明，具有鲜味物质的通用结构式为$^-O—(C)_n—O^-$，$n$ 为 3～9。也就是说，鲜味分子需要有一条相当于 3～9 个碳原子长的脂链，而且两端都带有负电荷，当 $n$ 为 4～6 时鲜味最强。脂链不限于直链，也可为脂环的一部分，且其中的 C 原子可被 O、N、S、P 等取代。保持分子两端的负电荷对鲜味很重要，基团经过酯化、酰胺化或加热脱水形成内酯、内酰胺后，均将降低鲜味。但其中一端的负电荷也可用一个负偶极替代，例如口蘑氨酸和鹅膏蕈氨酸等，其鲜味比谷氨酸钠强 5～30 倍。

谷氨酸型增味剂属脂肪族化合物，在结构上有空间专一性要求，若超出其专一性范围，将会改变或失去鲜味。其定味基（呈味部分）是分子两端带负电的功能团，如—COOH、—SO₃H，—SH 和═C═O 等；助味基（呈味辅基）是具有一定亲水性的基团，如—NH₂、—OH 等。凡与谷氨酸羧基端连接有亲水性氨基酸的二肽、三肽也有鲜味，如 Glu-Asp 的鲜味为味精的 15%，Glu-Gly-Ser 的鲜味为味精的 2 倍。

核苷酸型增味剂属于芳香杂环化合物，结构上也有空间专一性要求。其定味基是亲水的核糖磷酸，助味基是芳香杂环上的疏水取代基。

**(2) 增味剂的特点及协同增效效应**　每一种增味剂都具有独特的风味，如谷氨酸钠具有很强的肉味鲜味，DL-丙氨酸能增强腌制品风味，甘氨酸有虾及墨鱼味，蛋氨酸有海胆味，肌苷酸钠呈鲜鱼味，鸟苷酸钠呈香菇鲜味，而琥珀酸有特异贝类鲜味。不同的增味剂，其呈鲜味的阈值不同，L-谷氨酸的呈味阈值为 0.03%、谷氨酸钠为 0.012%、天冬氨酸钠为 0.10%、肌苷酸钠为 0.025%、鸟苷酸钠为 0.0125%、琥珀酸二钠为 0.03%。

不同增味剂之间存在显著的协同增效效应。这种协同增效不是简单的叠加效应，而是相乘的增效。在食品加工或家庭的食物烹饪过程中，并不单独使用核苷酸类增味剂，一般与谷氨酸钠配合使用，有较强的增鲜作用。如12%鸟苷酸钠和88%谷氨酸钠组成的混合物的鲜味强度相当于谷氨酸钠的8.1倍。市场上的强力味精等产品就是以谷氨酸钠和IMP、GMP、水解蛋白、酵母抽提物复配，从而增强其鲜味强度。对相同程度鲜味的谷氨酸钠（MSG）和核苷酸（MP）而言，当MSG浓度增大时，鲜味增大，但MP浓度增大，其鲜味变化不大，若将二者混合后，鲜味成倍增大。鲜味相乘效用的产生，是由于 $5'$-核苷酸存在时，鲜味的受容蛋白质与核苷酸结合而产生变构后更易与MSG结合，其相乘效用也会因溶液中所含物质的不同而有所不同。除此之外，不同的氨基酸类鲜味物质或核苷酸类鲜味物质之间也存在相互作用。

（3）影响增味剂鲜味效果的因素

① 高温　不同增味剂对热的敏感程度差异较大。通常情况下，氨基酸类增味剂性能较差，易分解。因此，应在较低温度下使用氨基酸类增味剂。核酸类增味剂、水解蛋白、酵母抽提物较耐高温。

② pH值　pH值6～7时，绝大多数增味剂鲜味最强。当食品pH值<4.1或pH值>8.5时，绝大多数增味剂失去其鲜味。IMP在一般食品的pH值（4～6）范围内，100℃加热1h几乎不分解；但在pH＝3以下的酸性条件，长时间加压、加热时，则有一定分解。IMP和GMP在固体状态比较稳定，在pH＝3的溶液中115℃下加热40min损失29%，在pH＝6.0进行同样的加热则损失23%。可见IMP和GMP的热稳定性和它们的状态和酸碱度皆有关。IMP和GMP的溶解度大小和溶解温度呈正比关系。但酵母味素在低pH值情况下不产生混浊，保持溶解的状态，使鲜味更柔和。

③ 无机离子　缺少 $Na^+$ 的水产品合成抽提物的甜味、鲜味和特征风味明显下降；缺少 $Cl^-$ 的合成抽提物几乎无味；而缺少 $K^+$ 的合成抽提物味道变淡。只有当大量的 $Na^+$ 与 $HOOCCH(NH_2)(CH_2)_2COO^-$ 相遇在一起而相互作用时，对味觉受体的刺激才能大大增强，因此明显地提高了谷氨酸钠的鲜味感。最适于利用的呈鲜味氨基酸是一钠型的谷氨酸盐，而其他离子形式几乎不具有活性。核苷酸与无机离子之间不存在明显的相互作用，只有核苷酸二钠盐才有鲜味，主要是因为核苷酸第 $5'$ 位碳上的磷酸酯的两个羟基（—OH）在解离时才呈现鲜味，如果这两个羟基被酯化或酰胺化，则鲜味消失。

④ 其他物质　通常情况下，氨基酸类增味剂对大多数食品比较稳定，但核酸类增味剂对生鲜动植物食品中的磷酸酯酶极其敏感，易导致生物降解而失去鲜味。这些酶类在80℃下会失去活性，因此在使用核酸类增味剂时，应先将生鲜动植物食品加热至85℃，将酶钝化后再加入。琥珀酸及其钠盐与氨基酸类增味剂合用时，增鲜效果明显。琥珀酸与味精一起使用具有相乘效用，但用量不能超过味精的10%，否则两者将产生消杀作用。

#### 4.2.4.4　增味剂发展动向

从1908年日本科学家证实谷氨酸及其盐类具有鲜味并于1910年成功采用水解法实现谷氨酸的工业化生产以来，增味剂发展到现在取得了很大的进步，传统的味精已经不能完全迎合市场的需求。增味剂的发展将呈现以下4个特点。

（1）天然型复合增味剂将会得到进一步发展　天然食物的鲜味均有一定的独特风格，如海带的味道主要是由其所含的谷氨酸钠而带来，香菇的味道主要是鸟苷酸的味道，贝类的味道主要是由琥珀酸盐带来的。但这些滋味均不是单一的物质，而是与氨基酸、肽等结合在一起，所以很难作为纯的成分分离。利用新的萃取技术，用一定的溶剂（一般用水）提取这些食物中的呈味物质，然后浓缩、喷粉制成复合调味料，既具有天然鲜味，同时具有该食品的香气。

**(2) 复配型增味剂具有很大的市场和发展前景**　在各式快餐食品如方便面汤料中，加入复配型增味剂会突出肉类香味和增强鲜味。复配型增味剂可根据生产需要，由氨基酸、味精、核苷酸、天然水解物或萃取物、有机酸、甜味剂、香辛料、油脂等调配而成，可开发成千上万的品种，而且口感各异，适合不同食品的应用需求，因此前景很好。

**(3) 营养强化和保健型增味剂是今后开发的重点**　在调味料中添加多种氨基酸、维生素或矿物质，开发营养强化和保健型调味料，发挥其营养与调味双重功能，可生产具有保健功能的特种调味料，这是增味剂的发展重点。

**(4) 生物技术在增味剂的生产中将会得到越来越广泛的应用**　目前，有不少增味剂是采用化学方法进行生产的，这不仅对生态环境造成压力，也会给产品品质带来一些不好的影响。因此，随着生物技术相关学科的飞速发展，今后利用生物技术，包括植物组织培养法、微生物发酵法、酶转化法等生产增味剂将成为重要途径。随着现代生物技术的飞速发展，新型食品增味剂的开发和生产正成为生物技术的重要应用领域，也将会越来越受到市场的欢迎。

## 4.2.5　甜味剂

甜味剂是指能赋予食品甜味的调味剂。甜味剂的使用可以追溯到史前蜂蜜的发现。科学研究已经表明人类对甜味剂的需求是先天的，而不是后天对环境要求的一种客观反映。

到目前为止，世界各国已获批准的甜味剂20多种，其中我国批准使用的有非能量型天然甜味剂甘草苷；人工提取的非能量型天然甜味剂甜菊糖苷、罗汉果甜苷；人工生物合成的能量型甜味剂异麦芽酮糖（帕拉金糖）；人工化学合成的能量型甜味剂山梨糖醇、D-甘露糖醇、木糖醇、麦芽糖醇、乳糖醇、赤藓糖醇；人工化学合成的非能量型甜味剂安赛蜜（A-K糖）、甜味素（阿斯巴甜）、天门冬酰苯丙氨酸甲酯乙酰磺胺酸、索马甜、甘草酸一钾、甘草酸三钾、甘草酸胺（甘草酸一铵）、三氯蔗糖、纽甜等。

### 4.2.5.1　甜味剂的分类

甜味剂按其来源可以分为天然甜味剂和人工合成甜味剂。其中天然甜味剂还可以进一步分为糖质甜味剂与非糖质甜味剂。糖质甜味剂可以根据其化学性质的不同分为糖类和糖醇类，糖醇是糖经加氢（还原）后制得的。非糖质甜味剂也可分为苷类（配糖体）和蛋白质两类。甜味剂的分类情况如下所示：

甜味剂 {
天然甜味剂 {
糖质甜味剂 {
糖类（如葡萄糖、果糖、木糖、蔗糖、麦芽糖、乳糖、低聚麦芽糖、大豆低聚糖、低聚果糖、高果糖浆等）
糖醇（如木糖醇、山梨糖醇、麦芽糖醇、乳糖醇等）
}
非糖质甜味剂 {
苷类（如甘草苷、甜菊糖苷、罗汉果提取物等）
蛋白质（如索马甜、植物甜蛋白等）
}
}
人工合成甜味剂（如A-K糖、三氯蔗糖、阿斯巴甜、新橙皮苷二氢查耳酮、Sacralose、I. actitol等）
}

### 4.2.5.2　一些常用和新型甜味剂介绍

**(1) 阿斯巴甜**　又名甜味意、天冬甜母、天冬甜精。化学名称为天门冬酰苯丙氨酸甲酯，于1965年由美国Searle公司在合成四肽的研究时偶然发现，1967年申请将其作为甜味剂使用。阿斯巴甜（Aspartame）是由L-天冬氨酸和L-苯丙氨酸分别转化为L-天冬氨酸酐盐和L-苯丙氨酸甲酯盐酸盐，经过缩合得到的一种二肽类物质，是一种白色结晶状粉末。它的特点是：安全性高；甜度是蔗糖的200倍；甜味纯正，无任何后味，是迄今开发成功的甜味剂中甜味最接近蔗糖的；低热量；无需胰岛素助消化，故适合于肥胖症、糖尿病和心血管病人食用；抗微生物、不怕发霉、无虞龋齿；与其他甜味剂混合使用有协同效应。但不耐高温高酸，患有遗传性代谢病苯丙酮酸尿症者不宜食用，对苯丙氨酸代谢障碍，因而也有一定的局限性。阿斯巴甜目前已在包括我国在内的 100 多个国家批准使用。进入 20 世纪 80 年代以来，世界市场上阿斯巴甜的年消费增长率在 20％以上，大大超过其他人工合成甜味剂平均增长率 5％的速度。美国国内高甜度市场中阿斯巴甜占了 90％，年消费 7000t，相当于 140 万吨蔗糖。

**(2) 索马甜** 索马甜 (thaumatin) 是一种重要的天然甜味剂，其成分为蛋白质，是从尼日利亚盛产的一种竹芋植物 *Thaumatococcus daniellii Benth* 的成熟果实里提取的。索马甜的甜度极高，是蔗糖的 2000～2500 倍。本品含有 17 种氨基酸，含量最高的为甘氨酸 (<23％)，最低的为蛋氨酸 (1％)，人食用后转化为人体必需的氨基酸，有望成为极为理想的甜味剂。索马甜无毒、安全，广泛应用于食品中，也用于烟草、牙膏等行业。自发现以来，受到许多国家极大重视，目前已得到欧美十几个国家认可。美国、日本和英国等国正在对索马甜做进一步的开发，采用基因工程方法生产索马甜是当前热门的研究课题。

**(3) 甜菊糖苷** 甜菊糖苷 (stevia) 又称作甜菊糖 (stevia sugar)，是从原产南美巴拉圭、巴西等地的甜叶菊叶子提取的，不含糖分和热量。甜菊糖苷属糖苷类天然非营养型甜味剂，小鼠经口 $LD_{50}$ 为 16g/kg。色泽白色至微黄色、口感适宜、无异味，甜度是蔗糖的 200～350 倍，是发展前景广阔的新糖源。甜菊糖苷是目前世界已发现并经我国卫生部批准使用的甜味剂，其天然低热值并且非常接近蔗糖口味。是继甘蔗、甜菜糖之外第三种有开发价值和健康推崇的天然甜味剂，被国际上誉为"世界第三糖源"。我国于 1976 年引种成功，1986 年批准使用，食品添加剂使用卫生标准对其使用量无规定。现在全国甜菊糖总产量已经超过 6000t，80％～90％的甜菊糖出口海外市场。

**(4) 新橙皮苷二氢查耳酮 (dihydrochalcone)** 从柑橘皮中提取，其甜度高达蔗糖的 1500～2000 倍，风味纯正，耐高酸但不耐热，性质稳定，无吸湿性，安全性也高。尽管 JEFCA 和 FDA 均未对本品进行评价，但已在我国和英国许可使用，日本也有使用。

**(5) 安赛蜜 (乙酰磺胺酸钾、acesulfame potassium)** 乙酰磺胺酸钾简称 A-K 糖，1967 年由德国 Hoechst 公司开发，1980 年得到美国 FDA 认可。本品甜度为蔗糖的 200 倍，甜味清爽。风味稍逊于阿斯巴甜，突出优点是稳定性高、耐酸，适用酸性饮料和焙烤食品。价格便宜，在等甜条件下，价格仅为蔗糖的 1/4。其性能优于阿斯巴甜，被认为是最有前途的甜味剂。目前已在 40 多个国家批准使用。

**(6) 三氯蔗糖** 三氯蔗糖 (trichlorosucrose) 是由蔗糖通过氯化作用形成的，最早由 Tate & Lyle 公司于 1976 年合成并申请专利。甜度为蔗糖的 600 倍，风味似蔗糖，稳定性高，温度和 pH 值对它几乎没有影响，有可能是一种颇有前途的无热能甜味剂。以蔗糖为原料，在催化剂对苯磺酸作用下，与原甲酸三酯反应生成蔗糖-6-乙酸酯，再用氯化亚砜进行选择性氯化生成三氯蔗糖-6-乙酸酯，最后脱去乙酰基得到三氯蔗糖产品，总收率高于 30％。

**(7) 低聚果糖** 低聚果糖是功能性低聚糖的一种。低聚糖具有某些独特的生理功能。能活化人体肠道内双歧杆菌，促进双歧杆菌的增殖，提高人体免疫力。低能量或零能量，很难或不被人体消化吸收，适用于糖尿病、肥胖病、高血压患者。减少有毒发酵物及有害细菌酶的产生。不被口腔微生物利用，具有防龋齿功能，属于水溶性膳食纤维，具有部分和优于膳食纤维的功能。能防止便秘，抵抗肿瘤。

低聚果糖工业生产上一般采用黑曲霉等产生的果糖转移酶作用于高浓度 (50％～60％) 的蔗糖溶液，经过一系列的酶转移作用而获得。

**(8) 木糖醇** 木糖醇为戊五醇，分子式 $C_5H_{12}O_5$，纯品为白色结晶或结晶性粉末，熔程 92～96℃，甜度为蔗糖的 0.65～1.0，发热值 17kJ/g，小鼠经口 $LD_{50}$ 为 22g/kg，溶解热为 -153J/g，直接食用时会感到凉爽的口感。木糖醇等糖醇类可按正常生产需要用于糖果、糕点、果汁 (味) 型饮料、白酒等。木糖醇具有与蔗糖类似的甜味，可用木糖醇代替糖的产品。木糖醇不宜多用，一天不要超过 50g，否则，会引起腹泻。此外，尚未发现其他毒副作用。

**(9) 麦芽糖醇**　麦芽糖醇化学名称为 4-O-α-D-吡喃葡萄糖基山梨醇，分子式 $C_{12}H_{24}O_{11}$。麦芽糖氢化的主要流程：麦芽糖精制（过滤，离子交换，浓缩，备料），反应，氢化液沉降，经过过滤除去催化剂，进入离子交换柱脱盐，最后用真空蒸发器浓缩至 75% 成品。也可喷雾干燥而生产一种粉末状产品。

**(10) 异麦芽酮糖醇**　异麦芽酮糖醇（isomalt），亦称帕拉金糖醇（palatimit）或益寿糖，实际上是一种商业名称，其构成是等分子的葡萄糖甘露醇苷和葡萄糖山梨糖醇苷的混合物。是一种无味、白色、结晶状和低吸湿性的物质，熔点约 145℃。其甜度大约是蔗糖的一半，没有任何味后效应。

**(11) 甘草甜素**　甘草甜素（含甘草提取物、甘草一钾盐及三钾盐、甘草二钠盐等）是由甘草中提取加工制成的。甘草生长在干旱地区，如我国西北部、俄罗斯南部、阿富汗、伊朗等地，生长期较长。甘草在我国主要用于中草药，也是传统的甜味剂，民间多用于酱及酱制品，日本广泛用于调味品、饮料中。甘草甜素的甜度为食糖的 200 倍左右，有后甜味。我国标准使用范围有肉类罐头、调味料、糖果、饼干、蜜饯、饮料等，按生产需要适量使用。

**(12) 罗汉果糖苷**　罗汉果糖苷（mogroside）属于我国广西特产罗汉果的提取物，含有比蔗糖甜度大 300 倍的三萜苷甜味物质。在我国罗汉果是民间作为解热、止咳及促进胃肠功能等所用的药物和保健品。在安全性方面 $LD_{50} \geqslant 10mg/kg$，Amess 试验为阴性。其水溶性好，在 100℃ 中性水溶液中连续加热 25min、120℃ 长时间加热均不被破坏，对弱酸和弱碱较稳定，国内有少量生产并出口日本等。

**(13) 纽甜**　纽甜（NTM），是阿斯巴甜天冬氨酸的氨基修饰以后的产物，也称为乐甜。2001 年由澳大利亚和新西兰最早批准应用，是目前最甜的甜味剂，代表着人类为开发强力甜味剂而取得的最高水平的最新成就。甜度为蔗糖的 7000~13000 倍，甜味纯正，甜味特性与蔗糖几乎一样，稳定性好，无龋齿性。纽甜对人体健康无不良影响，起有益的调节或促进作用，适用于老人、儿童及糖尿病患者。2002 年 7 月 9 日通过美国 FDA 食品添加物审核允许应用于所有食品及饮料。中华人民共和国卫生部 2003 年第 4 号公告也正式批准纽甜为新的食品添加剂品种，是唯一不限量使用的无糖甜味剂，使用范围为各类食品饮料，添加量在一般饮料类中为 8~17mg/L，食品类中为 10~35mg/kg。

#### 4.2.5.3　发展动向

糖精钠、甜蜜素等早期合成的甜味剂由于其口感及安全性问题，应用受到限制，并有逐步被取代的趋势。甜味剂正向着"低热量、口感好、高纯度、多功能"的方向发展，开发新型功能性高倍甜味剂是食品工业未来重要的方向。

由于单一甜味剂在甜度、甜味、稳定性、加工特点等方面各有千秋，用量大时常有不良风味和后味。将甜味剂复合后，一定程度上可以解决单一甜味剂存在的不足，合适的复合甜味剂可以将各种甜味剂的特点综合起来，取长补短，改善口味和增加风味、提高甜味的稳定性、增加甜度和减少甜味剂总使用量、降低成本。如将安赛蜜和阿斯巴甜复配（双甜）在乳饮料中有甜美清醇的效果等。

我国约有 14 亿人口，有不少老年退行性疾病特殊人群，如高血脂者 4 亿人，高血压者 2.74 亿人，糖尿病者 1.41 亿人，还有超重和肥胖者人口占比达 34.8%，他们不宜或不能吃糖。还有些年轻人因怕"三高症"、超体重，也想少吃糖，但他们仍希望有甜味的享受。所以高倍甜味剂，将会有较大的发展空间。

# 4.3 其他品种简介

## 4.3.1 食品保鲜剂

食品保鲜和食品防腐是两个既不同又关联的概念。前者强调食品的鲜，后者着重于食品的藏。食品保鲜剂用于保持食品原有的色、香、味和营养成分。食品添加剂的 23 个分类中没有食品保鲜剂，其功能被包含在其他分类中，由于在生产中经常使用，在此特别介绍。根据使用方法可分为药剂熏蒸、浸泡杀菌、涂膜保鲜等；按照保鲜的对象，可分为大米保鲜剂、果蔬保鲜剂、禽畜肉保鲜剂和禽蛋保鲜剂等。

### 4.3.1.1 大米保鲜剂

目前贮粮害虫的防治国内外仍主要采用农药杀虫剂。例如磷化铝熏蒸杀虫剂、溴氰菊酯杀虫剂。近十年来溴氰菊酯是发展最快的一种人工合成的拟除虫菊酯杀虫药剂，对仓虫有触杀、胃毒及驱避作用。溴氰菊酯对光、酸和中性液都较稳定，药效期长，安全系数高，对人畜毒性低。

陕西省化工研究所前几年研制了 $S_p$-3 型大米保鲜剂，是一种以活性铁粉为主剂的新型粮食保鲜剂，它能改变正常大气中氮、氧、二氧化碳的比例，在容器中产生一种对贮粮害虫致死的环境，对消灭害虫、抑制霉菌的产生有明显效果，并能延缓大米品质的劣变，较好地保持了大米原有的色、香、味。

钦州市植物激素研究室发明的低毒、高效、安全可靠、不拘条件方便使用的中西药结合的保鲜剂（细辛、野紫苏、氰戊菊酯等），对稻谷、玉米和豆类等粮食及种子仓储害虫具有理想的杀灭和驱避作用。

### 4.3.1.2 水产品和畜禽肉保鲜剂

鱼制品和虾类的抗氧化和防止褐变，国内外现在主要采用抗坏血酸水溶液浸泡。水产品的防腐保鲜剂通常采用山梨酸与其他化学试剂的复配液。

肉类保鲜剂也可用山梨酸复配液，如山梨酸 27%，葡萄糖酸-$\delta$-内酯 20%，醋酸钠 15%，甘油 5%，明矾 10%，其他 23%。

近年来，为了防止水分蒸发、风味散失和防止细菌引起二次污染，开发了肉类涂覆剂。一般以乙酰化单甘油酯为主要成分，如果配合蔗糖脂肪酸酯，可取得更好的保鲜效果。

### 4.3.1.3 禽蛋保鲜剂

鸡蛋保鲜开始使用最多的是由无机化合物配制的保鲜液浸泡，如用凉开水 50kg、熟石膏 500g、白矾 200g，溶成水溶液，把洗净的蛋浸入配制溶液中，可保存 200～300 天；浸在 33% 水玻璃加水 10 倍的溶液中，可保鲜 3～5 个月。近年来，国内外已广泛采用涂膜剂保鲜，如用医用液蜡、一些高分子材料、蔗糖脂肪酸酯成膜保鲜；还有用一些复配液成膜保鲜的。

### 4.3.1.4 蔬菜保鲜剂

除常用杀菌剂喷洒防腐外，主要还采用保鲜膜保鲜，如用尼龙纱布浸入硅氧烷聚合物，取出烘干形成的保鲜膜。日本研制出了蔬菜活性剂和生长调节剂，是一种以钾、镁、钙为主要成分的蔬菜活性剂，它可使蔬菜长时间保鲜。德国的"乳霉生"溶液能维持植物细胞的渗透力并使其得到恢复，是一种有效的果蔬保鲜剂。上海向阳化工厂研制的青鲜素，其主要成分是顺丁烯二酸酰肼 $C_4H_4O_2N_2$，简称 MH，是一种植物生长调节素，可使洋葱、马铃薯、大蒜等在贮存期间不抽芽，保持新鲜。

#### 4.3.1.5 水果保鲜剂

目前应用的有：杀菌剂、熏蒸剂、抗氧化剂、乙烯吸收剂、涂膜剂等。

**(1) 杀菌剂喷浸** 所用的杀菌剂主要有甲基托布津、涕必灵、多菌灵、百菌清和 2,4-D 等。

**(2) 熏蒸剂** 常用的熏蒸剂有二溴四氯乙烷（溴氯烷）、仲丁胺及其衍生物和二氧化硫。

**(3) 抗氧保鲜剂** 据研究，苹果的"虎皮病"是由 $\alpha$-法尼烯引起的，可用 6-乙氧基-2, 2,4-三甲基-1,2-双氢喹啉处理。

**(4) 涂膜保鲜剂** 与鸡蛋保鲜相同，涂膜剂有液态膜剂（以植物蜡、动物蜡和矿物蜡为主要原料加工制得的）、蔗糖酯、水解淀粉、甘露聚糖以及一些中草药保鲜剂。

**(5) 乙烯吸收保鲜剂** 可将高锰酸钾溶液载于沸石分子筛上或用 $ClO_2$ 来吸收乙烯。

**(6) 可食用的水果保鲜剂** 美国某农业食品公司研制出一种可食用的水果保鲜剂，它是用砂糖、淀粉、脂肪酸和聚酯物调配制成的半透明液状物，可用喷雾、浸渍、涂刷的方法成膜后覆盖在苹果、梨、柑橘、香蕉等水果的表面。

## 4.3.2 抗氧化剂

抗氧化剂能推迟食品的氧化变质，延长食品的保藏期。氧化对一切含油食品，不论是天然的动植物脂肪，还是添加的油脂或油炸食品，都能引起酸败。为保持食品新鲜度，延长货架期，可以采取很多措施，如冷冻、气调、真空包装、改进加工方法等。使用抗氧化剂就是一种经济而又理想的方法。理想的抗氧化剂必须无毒或毒性小，不影响食品的色香味，微量即有抗氧化作用，性质稳定，对热稳定，无挥发性，溶解性好，并容易制得。分为油溶性抗氧化剂和水溶性抗氧化剂。

#### 4.3.2.1 丁基羟基茴香醚

丁基羟基茴香醚（butylated hybroxyanisole），又称叔丁基-4-羟基茴香醚，简称 BHA。通常是以下两种异构体的混合物：

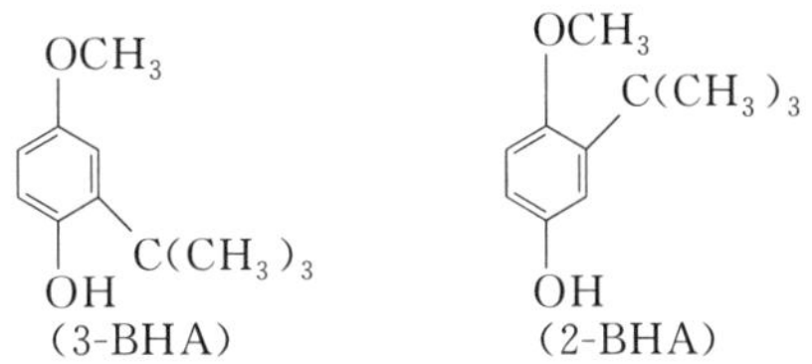

BHA 为白色或微黄色结晶状粉末，微有石炭酸的刺激臭味；熔点 48～63℃，沸点 264～270℃，视混合物比例不同而异。3-BHA 的抗氧化效果比 2-BHA 高 1.5～2 倍。不溶于水，易溶于乙醇、丙二醇及油脂类；对热稳定，长时间日光照射颜色变深；在弱碱性下不被破坏。

BHA 的制法有两种。

① 对羟基茴香醚与叔丁醇以硫酸、磷酸为催化剂而制成。

② 对苯酚和叔丁醇，以磷酸为催化剂，在 101℃ 下反应，产生中间体叔丁基对苯二酚，再与硫酸二甲酯进行半甲基化反应而制得。

BHA 以 0.005%～0.02% 的浓度使用，超过 0.02%，效果反而下降。ADI 为 0.5mg/kg。

#### 4.3.2.2 二丁基羟基甲苯

二丁基羟基甲苯（butylated hydroxytoluene），又称 2,6-二叔丁基对甲酚，简称 BHT，结构式为：

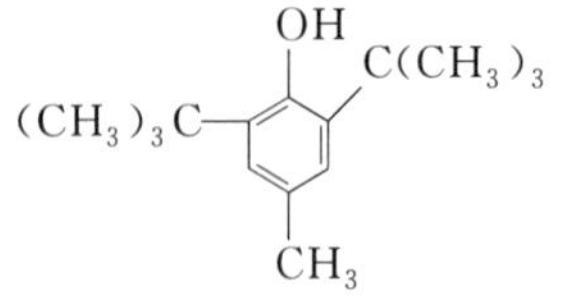

$$(CH_3)_3C \underset{CH_3}{\overset{OH \quad C(CH_3)_3}{\bigcirc}}$$

BHT 为白色结晶性粉末；无臭无味；不溶于水及甘油，溶于乙醇、油脂及有机溶剂；对热、光稳定；遇金属离子不变色。熔点 69.5～71.5℃；沸点 265℃。

BHT 以对甲酚和异丁醇为原料，用硫酸、磷酸为催化剂，在加压下反应而制得。

猪油中加入 0.01%BHT，能使酸败的诱导期延长 2 倍；可与 BHA 配合使用。ADI 为 0～0.5mg/kg。

#### 4.3.2.3 没食子酸丙酯

没食子酸丙酯（propyl gallate），简称 PG，结构式为：

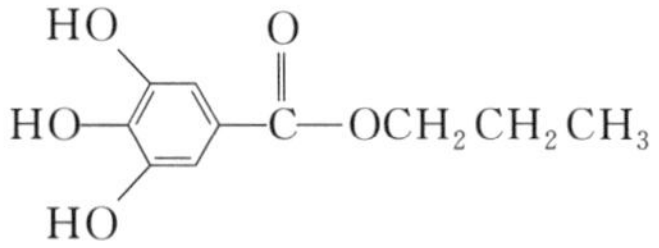

$$HO\underset{HO}{\overset{HO}{\bigcirc}}\overset{O}{\underset{}{C}}-OCH_2CH_2CH_3$$

PG 为白色或淡褐黄色的结晶粉末，无臭，稍有苦味；难溶于水，易溶于乙醇，微溶于油脂；对热较稳定；熔点 146～150℃。

用没食子酸与正丙醇，以硫酸为催化剂，加热 120℃，酯化而制得。

用于油炸食品时，可用 PG 0.01%，混入油中。ADI 为 0～0.2mg/kg。

#### 4.3.2.4 L-抗坏血酸及其衍生物

L-抗坏血酸（ascorbic acid），即维生素 C，化学结构式为：

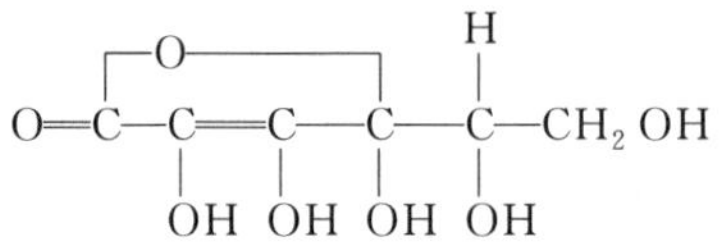

$$O=C-C=C-C-\underset{OH\ OH\ OH\ OH}{\overset{H}{C}}-CH_2OH$$

维生素 C 为白色或带微黄色结晶，无臭，有酸味，受光作用会慢慢变化，在干燥状态下比较稳定，在水中即很快分解，溶于水，不溶于溶剂。

维生素 C 常以钠盐形式使用，其添加量为 0.003%～0.05%。ADI 没有规定。其常以葡萄糖为原料进行发酵生产。

L-抗坏血酸高级脂肪酸酯不仅保持了 L-抗坏血酸的抗氧化性能和生理活性，而且在动植物油等非水体系中溶解性和稳定性均有显著提高，是一种安全、高效、无毒和营养型脂溶性抗氧化剂。

#### 4.3.2.5 茶多酚

茶多酚的主要成分为儿茶素类及其衍生物。茶多酚具有很强的抗氧化活性，且对葡萄球菌、大肠杆菌、枯草菌、金黄色链球菌等有抑制作用，防止食品腐败变质，茶多酚与 VE（维生素 E）、VC（维生素 C）、磷脂和琥珀酸等添加剂合作使用具有显著的协同增效作用，茶多酚还具有对热、酸稳定，水溶性好，安全性佳等特点，其根本作用是清除体内氧自由基而产生的抗氧化作用。另外这种茶多酚的抗氧化和抗诱变性还表现在它能抑制致癌物质亚硝酸铵形成，具有防癌作用。

茶多酚已被广泛应用于食用动植物油脂、油炸食品、水产品、肉制品、乳制品、焙烤食品、糖果食品、饮料、调味品、功能性食品等产品中，是油脂和含油食品的理想天然抗氧化剂。

目前常用的茶多酚制品有 20％褐色稠状液体，45％、60％、80％、95％浅黄色粉剂和应用于油脂上的油悬剂。

茶多酚的提取方法主要有溶剂萃取法、沉淀法、树脂法三类。

萃取法一般工艺路线如下：

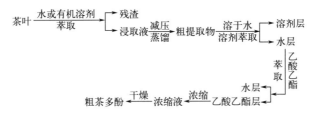

萃取机

沉淀法提取工艺路线如下：

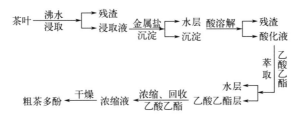

树脂法提取茶多酚的研究 1998 年以后才有文献报道，其分离原理是利用吸附树脂对多酚类有机物有选择性吸附的特性。该工艺流程如下：

茶叶 —浸取→ 残渣 / 浸取液 —大孔树脂吸附→ 负载树脂 —解吸附→ 再生树脂 / 洗脱剂 —回收溶剂 减压蒸馏→ 浓缩液 —干燥→ 粗茶多酚

除此之外还有效率高、操作简便、时间短、节能的超声波提取法，可以保持提取物化学结构和质量稳定的微波辅助提取法。

### 4.3.2.6　黄酮类化合物

黄酮类化合物是指两个苯环通过一个三碳链构成的环相连的一类化合物总称，其化学结构有多种基本母核，各类基本母核上常有羟基、甲氧基及萜类侧链存在。黄酮类化合物的抗氧化强弱与其结构有关，黄酮醇的抗氧化能力强于黄酮。

黄酮类化合物是一类植物性多酚，在植物界中广为分布，以豆科、芸香科、唇形科、菊科等植物中较多，而植物各器官中又以叶和花为多，其他各器官中亦有存在。可由植物叶子、果皮中经溶剂浸提分离得到。

一般提取方法是：样品充分研磨粉碎，加入碳酸钠，加热浸提，过滤并用热水反复洗涤滤渣，滤液减压蒸馏成糊状，乙醚萃取除去脂质，以稀盐酸调 pH＝4～5，乙酸乙酯萃取；萃取液合并，蒸馏除去大部分溶剂，自然干燥得黄酮抗氧剂。

植物体内的黄酮类化合物除少数游离存在外，大多数与糖结合成苷，且多为氧苷，只有少数为糖苷。如五羟基黄酮，俗名槲皮素，为黄酮类化合物中的一种，其存在形式为糖苷或苷元。槲皮素及其衍生物是植物界分布最广、具有多种生物活性的黄酮类化合物，大豆异黄酮也是一种在自然界中广泛存在的黄酮。以大豆异黄酮作为食品添加剂的食品和本身含有大豆异黄酮的保健食品，目前在日本市场已十分普遍，而我国及欧美国家这几年的发展也相当迅速。

图 4-27 和图 4-28 分别为大豆异黄酮配基和大豆异黄酮葡萄糖苷的结构式：

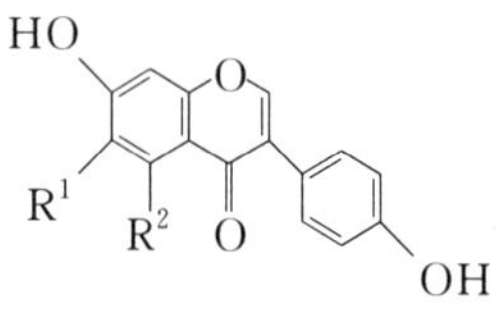

图 4-27　大豆异黄酮配基 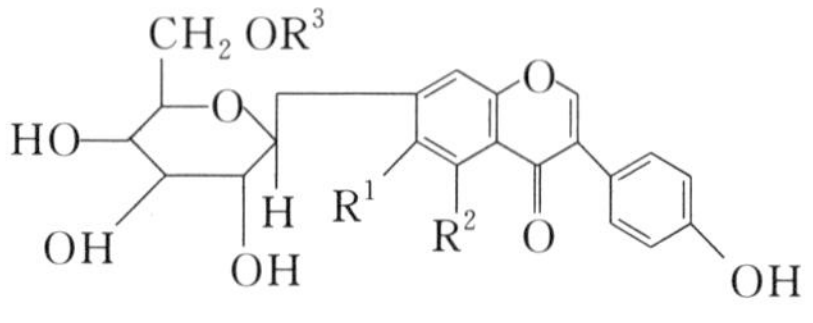　　　　　图 4-28　大豆异黄酮葡萄糖苷

其中 $R^1$、$R^2$、$R^3$ 所代表原子或原子团见表 4-1。

**表 4-1　大豆异黄酮化合物的结构式**

| 序号 | | 英文名 | $R^1$ | $R^2$ | $R^3$ |
|---|---|---|---|---|---|
| 大豆异黄酮葡萄糖苷 | 1 | Daidzin | H | H | H |
| | 2 | Glycitin | $OCH_3$ | H | H |
| | 3 | Genistin | H | OH | H |
| | 4 | 6″-O-Malonyl Daidzin | H | H | $COCH_2COOH$ |
| | 5 | 6″-O-Malonyl Genistin | $OCH_3$ | H | $COCH_2COOH$ |
| | 6 | 6″-O-Malonyl Genistin | H | OH | $COCH_2COOH$ |
| | 7 | 6″-O-Acetyl Daidzin | H | H | $COCH_3$ |
| | 8 | 6″-O-Acetyl Daidzin | $OCH_3$ | H | $COCH_3$ |
| | 9 | 6″-O-Acetyl Daidzin | H | OH | $COCH_3$ |
| 糖苷配基 | 1 | Daidzein | H | H | — |
| | 2 | Glycitein | $OCH_3$ | H | — |
| | 3 | Genistein | H | OH | — |

其典型结构如下：

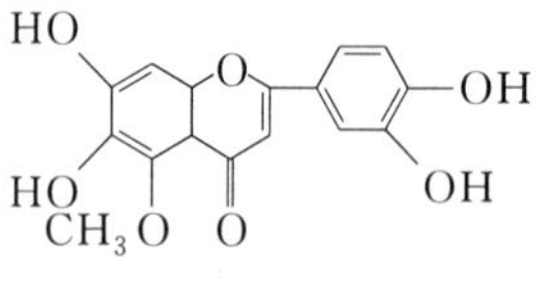

山楂黄酮 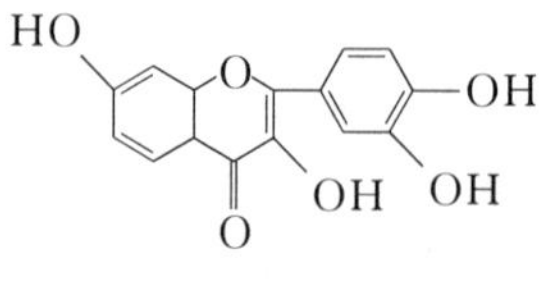　　　　　　　　　　高粱黄酮

### 4.3.2.7　植酸

植酸即维生素 B 族的一种肌醇六磷酸酯。是以米糠、玉米等高等植物为原料，用现代科技手段提纯、浓缩而成。主要用于食品工业抗氧化剂、防腐剂、发酵促进剂和整合剂等，是一种性能优越的绿色食品添加剂。它在发达国家已成应用新宠，涉及工、农、医、食品等诸多领域。

分子式：$C_6H_{18}O_{24}P_6$

结构式：

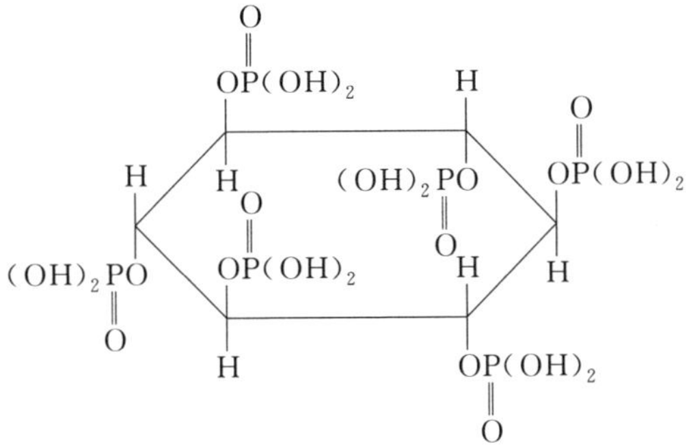

$$
\begin{array}{c}
\text{O} \\
\parallel \\
\text{OP(OH)}_2
\end{array}
$$

（结构式图——环己六醇六磷酸酯，各羟基及磷酸基团如图所示）

**(1) 植酸的性质**  分子量 660.04；外观为淡黄色或淡褐色黏稠液体；级别为食品级，GB 2760—2014；含量≥50%；密度≥1.39g/mL；易溶于水、含水乙醇、丙酮，水溶液呈强酸性；难溶于无水乙醇、甲醇；不溶于无水醚类、苯、己烷、氯苯等。其分子中有 12 个酸性氢原子，可分三步电离。无致毒性，安全可靠。植酸的半数致死剂量 $LD_{50}$ 为 4.2g/kg，食盐的半数致死剂量 $LD_{50}$ 为 4.0g/kg，植酸比食盐作为食品添加剂更安全。植酸的水溶液在高温下受热会分解，但在 120℃以下，短时间内大致稳定，须低温、避光条件下贮存。

**(2) 植酸的应用**  可应用在酒类及发酵品中、油脂的抗氧化、水产品保鲜（防腐）、果蔬保鲜、豆腐及豆制品保质等。

**(3) 植酸的制备**  从原料、生产过程以及对人、畜、环境的安全性来看，植酸符合绿色食品和 A 级绿色食品的概念及有关规定，是一种单 A 绿色食品添加剂。

植酸的原料来自高等植物玉米、米糠等。化工辅料为工业一级品的氢氧化钠、盐酸、硫酸以及各种阴阳离子交换树脂、脱色树脂、分析纯活性炭。其废水为氢氧化钠、盐酸、硫酸的中和产物，pH 呈中性，对环境无害。根据专家用植酸对人、畜等进行多种试验如急性毒性试验、蓄积毒性试验、致突变试验的结果，食品级植酸属于低毒、弱积蓄类物质，对生殖细胞和体细胞未见遗传危害作用，这些充分说明植酸具有无毒、安全、绿色食品性。现以玉米淀粉厂生产的废弃物植酸钙（菲汀）为原料，简单介绍植酸生产的 3 种工艺流程。

① 传统型
菲汀→酸溶→过滤→中和→洗涤（反复）→酸化→过滤→阳离子交换柱→浓缩→脱色→成品检测→包装。

② 新工艺  主要用新型树脂进行除杂和脱色等。
菲汀→酸溶→过滤→阳离子交换柱→阴离子交换柱→阳离子交换柱→脱色（树脂）→浓缩→成品检测→包装。

③ 与现代纳米技术相结合
菲汀→酸溶→过滤→超滤膜（纳滤膜）过滤（反复）→阳离子交换柱→脱色（树脂）→浓缩（或用纳滤膜浓缩）→成品检测→包装。

#### 4.3.2.8  类胡萝卜素

过去人们认为母乳中只有抗氧化剂 $\beta$-类胡萝卜素、维生素 A、维生素 E。后来发现，母乳中有 34 种类胡萝卜素存在，且参与人体化学反应及代谢。在婴儿食品中，添加的抗氧化剂最好与母乳相符合。如番茄中提取的 $\beta$-类胡萝卜素。

纳滤膜

## 4.3.3  着色剂

着色剂是用以使食品着色的食品添加剂。着色剂按来源分为天然色素及合成色素两类。

化学合成色素一般颜色鲜艳，着色力强，坚牢度大，性质较稳定，曾一度广泛应用。但随着着色剂安全性试验技术的发展，发现有的合成色素有致癌作用和诱发染色体变异，因而许可使用的合成色素品种减少，产量降低。天然色素色泽较差，但安全性高，有的还有一定的营养价值或药理作用，且来源丰富，因而日益受到人们的重视，增长趋势很快。

### 4.3.3.1　食用合成色素

食用合成色素通常是指以化工原料制成的着色剂。我国使用的合成色素有：胭脂红，苋菜红，日落黄，柠檬黄，靛蓝，亮蓝，番茄红，黑豆红，黑加仑红，柑橘黄，红花黄，红米红，等。其性质见表 4-2。食用合成色素毒理学数据及使用限量见表 4-3。

表 4-2　合成色素性能

| 色素名称 | 0.1%水溶液色调 | 溶解度 20℃（50%） | 稳定性 | | | | | | | |
|---|---|---|---|---|---|---|---|---|---|---|
| | | | 热 | 光 | 氧化 | 还原 | 酸 | 碱 | 食盐 | 微生物 |
| 胭脂红 | 红色 | 41(51) | ○ | ○ | △ | × | ○ | △ | ★ | △ |
| 苋菜红 | 带紫红色 | 11(17) | | ○ | △ | × | ○ | | △ | △ |
| 日落黄 | 橙色 | 26(38) | ★ | ○ | △ | × | ★ | ○ | | |
| 柠檬黄 | 黄色 | 12(60) | ★ | ○ | △ | × | ★ | ○ | | |
| 亮蓝 | 蓝色 | 18 | ★ | ★ | △ | ○ | ★ | ○ | ★ | |
| 靛蓝 | 紫蓝色 | 1.1(3.2) | △ | △ | △ | × | | △ | △ | |

注：★非常稳定；○稳定；空栏一般；△不稳定；×差。

表 4-3　食用合成色素的毒理学实验及其使用限量

| 色素名称 | 毒理学实验 | | 最大使用量 /(g/kg) | 安全性分析 |
|---|---|---|---|---|
| | LD$_{50}$/(mg/kg) | ADI/(mg/kg) | | |
| 胭脂红 | 大鼠经口＞8000 | 0～0.125 | 0.05～0.10 | 超剂量使用产生毒性 |
| 苋菜红 | 大鼠腹腔注射＞1000 | 0～0.75 | 0.05～0.3 | 慢性毒性试验对肝脏、肾脏的毒性均低，一直被视为安全性较高 |
| 日落黄（橘黄） | | | 0.05～0.3 | 安全性相对较高 |
| 柠檬黄 | 大鼠经口＞2000 | 0～0.75 | 0.05～0.3 | 安全性较高 |
| 亮蓝 | | 12.50 | 0～0.3 | 安全性较高,无致癌性 |
| 靛蓝 | 大鼠经口为2000 | 0～0.25 | 0.05～0.10 | 较安全 |

### 4.3.3.2　食用天然色素

天然色素种类繁多，存在于自然界的植物、动物和微生物体内，而且又溶于水或乙醇等有机溶剂。其生产工艺如下。

（1）提取法　将采集的原料经分选、洗净、干燥、粉碎后，用溶剂（如水、稀乙醇）提取，再经分离、浓缩、干燥、精制等工序制得成品。

（2）组织培养法　用植物组织细胞在人工精制条件下，进行培养增殖，短期内培养出大量有色素的细胞，然后用通常方法提取。

（3）粉碎法　将采集的绿色叶片用水洗净后，浸渍于含碳酸氢钠和氯化钠各 1% 的弱碱性渗透液中，待叶片表面完全黏附有渗透液时，于 −25～−30℃ 冷冻几小时使细胞液膨胀，破坏细胞膜。再在室温下解冻，于离心机中脱水，除去细胞液。再经清洗和脱水，干燥，用粉碎机粉碎，制得绿色粉末。

**（4）微生物发酵法** 常用的红曲色素就是将籼米或糯米经水浸、蒸熟后，加红曲霉发酵制取的。

**（5）酶法** 日本采用酶处理法生产栀子蓝色素、栀子红色素和栀子绿色素等。

常用食品天然色素的性质见表4-4。

表 4-4　常用食品天然色素性质

| 色素名称 | 溶解性 | | | 分散乳化性 | 颜色 pH变色值 3 4 5 6 7 8 | 稳定性 | | | | | | | | | | | 染着性 | 特异臭 |
|---|---|---|---|---|---|---|---|---|---|---|---|---|---|---|---|---|---|---|
| | 水 | 乙醇 | 油 | | | 热 | 光 | 氧化 | 还原 | 维生素C | 酸 | 碱 | 蛋白 | 微生物 | 金属 | 食盐 | | |
| $\beta$-胡萝卜素 | × | △ | ○ | ○ | 黄黄黄 | ○ | ○ | × | ○ | ○ | | | | ○ | | ○ | × | △ |
| 辣椒色素 | × | △ | ★ | ○ | 黄橙 | ○ | ○ | | ○ | ○ | | × | | ○ | ○ | ○ | | ○ |
| 栀子黄色素 | ★ | ○ | × | | 鲜黄 | △ | △ | ○ | ○ | ○ | | | | ○ | | ○ | ★ | × |
| 红花黄 | ★ | ○ | × | | 黄黄黄 | △ | △ | | ○ | ○ | | | | ○ | | ○ | | △ |
| 甜菜红 | ★ | ○ | × | | 红黄　鲜红 | △ | △ | | ○ | ○ | | | | | | ○ | | △ |
| 胭脂虫红色素 | ★ | ○ | × | | 红橙红红紫 | ★ | ★ | ○ | | | | | | ○ | | ○ | | △ |
| 虫胶色素 | △ | △ | × | | 红橙红红紫 | ★ | ★ | | | | | | | ○ | | ○ | | △ |
| 叶绿素 | × | ○ | ★ | | 褐变←绿色 | ○ | △ | | | | × | | | | | | | |
| 高粱色素 | △ | △ | × | | 不溶→红褐色 | | | | | | × | | | △ | △ | △ | | |
| 可可色素 | ★ | △ | × | | 褐色 | ★ | ★ | ★ | | ○ | | | | ○ | | ○ | | ○ |
| 红曲色素 | ○ | ★ | × | | 不溶←红橙 | ○ | △ | | | ○ | | | | ○ | | ○ | ★ | |
| 核黄素 | | | | | 黄色 | ○ | △ | ○ | △ | ○ | ○ | × | | ○ | | ○ | | |
| 焦糖 | ★ | ○ | × | | 红褐 | ★ | ★ | ○ | | | | | | ○ | | ○ | ★ | |
| 姜黄 | △ | ★ | ○ | ○ | 黄色 | | | × | △ | | | | | ○ | | ○ | ○ | × |
| 叶绿素铜钠 | ○ | △ | | | 褐变←绿色 | △ | △ | | | | | | | ○ | ○ | △ | ★ | × |
| 红米色素 | ★ | ★ | × | | | ○ | ○ | | | | | | | ○ | | ○ | | |

注：★非常好；○良好；△不好（溶解性为微溶）；×差（溶解性为不溶）。

### 4.3.4　增稠剂

能增加液态食品混合物或食品溶液的黏度，保持体系的相对稳定性的亲水性物质，称为食品增稠剂，又称糊料。增稠剂的种类很多，大多数是从含有多糖类的黏质物的植物和海藻类，或从动物蛋白中提取的，少数是人工合成的。

常用的增稠剂有淀粉、明胶、果胶、海藻酸钠、海藻酸丙二醇酯、羧甲基纤维素及其盐类，以及各种变性淀粉。植物胶类有阿拉伯胶、鹿角菜胶、古阿胶及由黄杆菌培养后制取的黄原胶（汉生胶）等。

#### 4.3.4.1　明胶

明胶（gelatin）为动物的皮、骨、软骨、韧带、肌膜等含有的胶原蛋白，是经提纯和初级水解得到的高分子多肽化合物。其生产方法有碱法、酸法、盐碱法和酶法四种。国内外普遍使用的是碱法。

碱法生产是将分类整理后的骨或切碎后的畜皮经浸灰（用氢氧化钙溶液）、盐酸中和、水洗，在 $60\sim70℃$ 下熬制成胶水，再经防腐、漂白、凝胶、刨片、烘干后制得成品。

酶法生产时，用蛋白酶将原料皮酶解后，再用石灰处理 24h，经中和、熬胶、浓缩、凝胶、烘干制得成品。

#### 4.3.4.2　果胶

果胶（pectin）是从植物组织中提取的一种线型高分子聚合物。它的平均分子量在 50000～150000 之间。甲氧基含量占总分子量 7.0%～16.3% 之间的称为高甲氧基果胶，即普通果胶，其酯化度为 50%～100%。甲氧基含量在 7.0% 以下，酯化度小于 50% 的称低甲氧基果胶。

果胶的生产方法如下：以柠檬、柑橘、柚皮、苹果皮或苹果渣、蚕沙、向日葵盘及梗等为原料，将原料预处理后，在稀酸下加热，使之变成水溶性果胶，将其萃取精制而成。水溶性果胶也可用喷雾干燥法、酒精沉淀法和金属盐析法。

#### 4.3.4.3　海藻酸钠

海藻酸钠（sodium alginate）又名褐藻酸钠，藻朊酸钠，褐藻胶，藻酸钠，海带胶。是从褐藻类植物——海带中提取出来的，有如下两种提取工艺。

**(1) 酸凝法**　将海带等褐藻类海藻切碎、水洗。经碱提取，过滤，加酸至滤液，使褐藻酸析出，再经脱水、漂白、碱中和转化，干燥而得到制品。

**(2) 钙化法**　与上法不同，在碱提取过滤后，加钙盐至滤液，使褐藻酸钙析出，然后加酸脱钙，得游离褐藻酸，脱水、中和、转化、干燥而制得。

#### 4.3.4.4　羧甲基纤维素钠

羧甲基纤维素钠（sodium carboxymethyl cellulose）简称 CMC-Na，有时就称 CMC。它是葡萄糖聚合度为 100～200 的纤维素衍生物。其制法如下：

将棉花或纸浆等纤维用氢氧化钠溶解后，与一氯醋酸反应，放冷后用盐酸中和，再经洗涤，分离，粉碎，干燥而制得。

#### 4.3.4.5　鹿角菜胶

鹿角菜胶（carrageenin）又称卡拉胶、角叉菜胶、角叉菜聚糖、爱尔兰苔浸膏（Irishmoss extract）。它是高分子量的 D-吡喃半乳糖硫酸酯（钾、钠、镁和钙）以及 3,6-脱水半乳糖直链聚合物。

其制备方法是将海藻原料以碱和碱土金属的盐配成盐碱处理液，对原料进行化学处理，再经漂洗、暴晒、煮胶、过滤、冷冻、脱水、烘干、破碎、杀菌后而制得；或者在过滤后将滤液倒入异丙醇中，同时搅拌，使卡拉胶沉淀出来，经离心分离、干燥，然后粉碎而得。

#### 4.3.4.6　亚麻籽胶

亚麻籽胶是一种新型天然亲水胶体。其主要成分是由阿拉伯糖、半乳糖、鼠李糖、木糖、岩藻糖、葡萄糖构成的多糖与蛋白质形成的共价复合物。该胶体具有黏度高、乳化性强、保湿性和悬浮稳定性突出等特点，还可形成弹性很好的软质凝胶。

可用于冰激凌（0.05%～2%）、果冻（0.1%）、含乳饮料（0.05%～1%）等。

#### 4.3.4.7　微生物代谢胶

微生物代谢胶也称生物合成胶。许多微生物在生长代谢过程中，在不同的外部条件下都能产生一定量的各种多糖。它通常可分为三大类：细胞壁多糖、细胞体内多糖及细胞体外多糖。目前工业化生产的微生物多糖有黄原胶（xanthan）、结冷胶（gellan）、右旋葡聚糖 (dextran)、普鲁蓝（pullulan）、热凝胶（curdlan）等。

**(1) 黄原胶**　黄原胶又称汉生胶，苦芸胶，甘蓝黑腐病黄单胞菌胶，黄杆菌胶，黄单胞杆菌胞多糖，黄单胞多糖。它是一种生物高分子聚合物，由 D-葡萄糖、D-甘露糖、D-葡萄糖醛酸以 2：2：1 的摩尔比组成的高分子酸性杂多糖。

其制备方法是以蔗糖或葡萄糖、玉米糖浆为碳源，蛋白质水解物为氮源，加入钙盐和少量的 $K_2HPO_4$ 和 $MgSO_4$ 及水共同作培养基，加入黄杆菌属（*Xanthomonas*）的 *Campestris* 菌种（甘蓝黑腐病黄单胞菌），经发酵后，用乙醇或异丙醇等有机溶剂提取，或用高价金属盐经沉淀作用后从培养液中分离出黄原胶。

**(2) 结冷胶** 结冷胶是近年来最有希望的微生物多糖之一。在碳水化合物中接种伊乐藻假单胞菌（*Pseudomonas eladea*），经发酵、调 pH、澄清、沉淀、压榨、干燥、碾磨制成。结冷胶为阴离子型线性多糖，具有平行的双螺旋结构。结冷胶胶体链由 4 个糖分子组成的基本单元重复聚合组成。每一基本单元包括一分子鼠李糖和葡萄糖醛酸以及两分子葡萄糖。其中葡萄糖醛酸可被钾、钙、钠、镁中和成混合盐。并含有 *O*-配糖醚酯的酰基（甘油酰基和乙酰基）。其分子量约为 $0.5 \times 10^6$。

结冷胶特有的性质是在极低的用量下（0.05%）即可形成澄清透明的凝胶。它的用量通常只为琼脂和卡拉胶用量的 $1/3 \sim 1/2$，通常用量为 0.1%～0.3%。制成的凝胶富含汁水，具有良好的风味释放性，有入口即化的口感。

**(3) 热凝胶** 热凝胶是一种由葡萄糖结构单元以 $\beta$-1,3-键连接而成的直链胞外同型多糖，其分子式为 $(C_5H_{10}O_5)_n$，分子结构式如图 4-29 所示。与常见的其他凝固剂（如琼脂）在加热后经冷却才凝固成胶有所不同，热凝胶可以在加热时便形成凝胶，即使在温度高于 100℃ 时都不会熔化，因此被称为热凝胶。

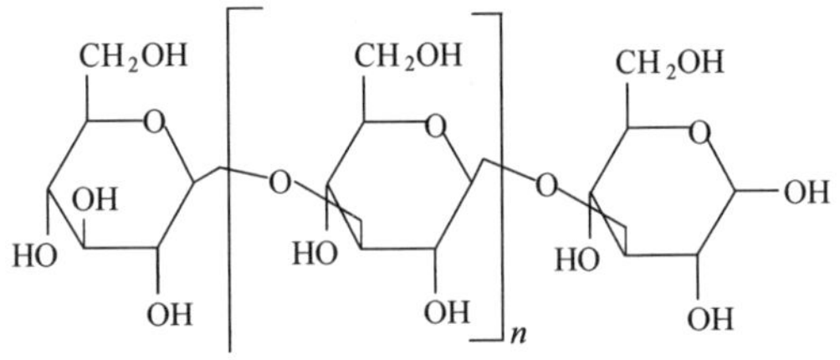

图 4-29　热凝胶的分子结构式

干燥的热凝胶是一种流动性极好的无臭、无味的白色或灰白色粉末固体，加热时会凝固，在密封的聚乙烯袋中可长期稳定地保存，不会失去凝胶化特性。

产生热凝胶的菌种有 *Alcaligenes faecalis var myxogene*（10C3）的一株变异菌 10C3k，NTK-$\mu$（ATCC21680）和其变异菌 ATCC31749。

#### 4.3.4.8　纯胶

辛烯基琥珀酸淀粉酯商品名为纯胶，是一种特殊的食用变性淀粉胶。日摄入量无需作特殊的规定，它可用于食品中，是一类新型的食品乳化剂和增稠剂。

纯胶的制备方法有湿法、干法及有机相法三种方法，以湿法为主。

湿法是将淀粉颗粒混合悬浮在水中，加热使其糊化，然后加入淀粉酶，通过酶法转化来降低黏度，然后灭菌，与小于 3% 的辛烯基琥珀酸酐进行酯化反应，用稀的氢氧化钠调节 pH 值为 7 左右，待反应结束时，调节好 pH，将产物倒入足量的乙醇中，使其沉淀，过滤，干燥得到最终产品。

纯胶为白色粉末，无毒无臭无异味。在冷水中可溶解，在热水中可加快溶解，呈透明液体。在酸、碱性的溶液中都有好的稳定性。根据不同的需求可使用不同黏度的产品。

#### 4.3.4.9　甲壳素改性物

甲壳素经过一系列化学修饰和改性，如磺化、羧甲基化、酰化等反应，可以获得具有特定用途的甲壳素系列衍生物。甲壳素及其衍生物资源丰富、性质独特、安全无毒，其应用范围相当广泛，尤其在食品、医药、化妆品、农业、环保等方面最为活跃。

**(1) 壳聚糖**　甲壳素不溶于水、酸、碱及普通有机溶剂，使其应用受到很大限制。甲壳素经 50% 左右的浓碱处理后，3 位碳上的乙酰氨基被脱乙酰而得到壳聚糖（chitosan，又称甲壳胺、壳多糖、几丁聚糖等），其结构见图 4-30。由于氨基能被酸质子化而溶解于无机或有机的稀酸中，因此壳聚糖的应用范围大为增加。壳聚糖是少有的天然聚阳离子，这使其具有许多独特的功能。因为甲壳素的脱乙酰反应一般不完全，壳聚糖工业品的脱乙酰度常在 70%～90% 之间，所以实际上壳聚糖可视为甲壳素和壳聚糖两种单体单元的无规共聚物。要得到 100% 脱乙酰的壳聚糖，必须用浓碱重复处理多次。

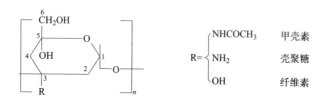

图 4-30　甲壳素、壳聚糖和纤维素的化学结构

甲壳素制备工艺流程如下：

虾壳→水洗→碱浸→水洗→酸泡→脱色→水洗→干燥→粉碎→成品

壳聚糖制备工艺流程如下：

甲壳素→碱煮→再次碱煮→水洗→干燥→壳聚糖

**(2) 羧甲基壳聚糖**　羧甲基壳聚糖（carboxymethyl chitosan，CMC）是壳聚糖在碱性条件下与一氯乙酸反应得到的一类壳聚糖的衍生物，根据羧甲基的取代位置不同，可以获得 O-羧甲基壳聚糖（O-CMC）、N-羧甲基壳聚糖（N-CMC）、N,O-羧甲基壳聚糖（N,O-CMC）三种衍生物。

① 壳聚糖为原料合成羧甲基壳聚糖方法　传统的羧甲基壳聚糖合成方法一般分为以下几步：溶胀、碱化、羧甲基化、提纯。其中溶胀这一步采用乙醇、异丙醇等有机溶剂浸泡数小时即可；碱化，采取浓度为 38%～60% 的碱液为佳，温度可控制在 20～60℃ 之间，且时间也是一个关键的控制参数；羧甲基化，将适量的氯乙酸加到碱化后的壳聚糖中，反应温度 65℃ 为最佳，反应数小时后得粗品；最后一步为提纯，提纯的目的是除去反应过程中生成的盐类，一般的方法是采用 75% 或 80% 的乙醇或甲醇溶液进行洗涤。也可采用膜析法除去盐，但是成本较高。除盐后需在真空状态下干燥，得黄色或白色纤维状粉末，干燥温度不超过 65℃，否则产品变性。

② N-羧甲基壳聚糖的制备方法　壳聚糖溶于乙醛酸水溶液中，形成席夫碱后，用氢氧化钠将 pH 值调整至 6，再用氢硼酸钠在室温下搅拌处理数小时，使席夫碱还原，将反应液倒入乙醇中，将会析出白色沉淀物，过滤，取滤出物用无水乙醇及丙酮洗涤后，在五氧化磷存在下，真空干燥得到白色粉末的 N-羧甲基壳聚糖产品。

③ 甲壳素为原料合成羧甲基壳聚糖方法　甲壳素浸于 40%～60% NaOH 溶液中，一定温度下浸泡数小时后，在搅拌过程中缓慢加入氯乙酸，于 70℃ 反应 0.5～5h，酸碱质量比控制在 (1.2～1.6):1，反应混合物再在 0～80℃ 时保温 5～36h，然后用盐酸或醋酸中和，将分离出来的产物用 75% 乙醇水溶液洗涤后于 60℃ 干燥。

④ 微波作用下合成羧甲基壳聚糖　用微波辐射代替传统的加热方法，可提高加热的效率，使反应时间大大缩短，适当提高反应收率。

将 20g 预处理过的壳聚糖在 200mL 异丙醇中制成悬浮液，在搅拌下往其中加入 50mL 10mol/L 的 NaOH，在 20min 内分六等份加入，然后再将 24g 固体氯乙酸分五等份每间隔 5min，加一次到上述悬浮液中，将制好的样品放置到微波炉中，微波辐射若干分钟，接着将 17mL 冷蒸馏水加到此混合物中，并用冰醋酸将它的 pH 值调到 7.0，然后将反应后的混合物过滤，固体产物先用 70% 的甲醇水溶液洗涤，再用无水甲醇洗涤，所得的羧甲基壳聚糖在真空干燥箱中 60℃ 真空干燥。

⑤ 半干微波法合成羧甲基壳聚糖　将经纯化超微波粉碎的壳聚糖 20～50 质量份，加入 35% 氢氧化钠溶液 50～500 质量份，加活化剂（对甲苯磺酸、聚乙二醇、四丁基溴化铵、二甲亚砜中的一种或其混合物）30% 过氧化氢 0.1～0.8 质量份，混合均匀装入反应器中，采用 100～300W 微波 5～10min，置于 10℃ 以下温度冷却，化冻后加入 30% 氢氧化钠微波 3 次，冷却后再加入氢氧化钠，微波，冷却即制成成品，再经过甲醇和乙醇洗去多余的氯乙酸、氢氧化钠等即制成纯品。

## 4.3.5　面粉处理剂

新制面粉中含有类胡萝卜素及蛋白质分解酶，不易制成品质优良的面制品。因此需放置一段时间，使其经空气中氧气的作用而自然地进行一定程度的漂白和"后熟"，一般需要 2～3 个月。添加适量的面粉处理剂可以缩短这个时间，或有助于改变加工性能，提高质量。小麦粉国家标准规定，小麦粉为由普通小麦（六倍体小麦）经过碾磨制粉，去除部分麸皮和胚并达到一定加工精度要求的、未添加任何物质的、能够满足制作面制食品要求的产品。在新标准实施后，添加添加物或添加剂的小麦粉将被列为"专用粉"范畴。

### 4.3.5.1　面粉改性剂

**(1) 硬脂酰乳酸钙**　硬脂酰乳酸钙是白色至微黄的粉末，有臭味，不溶于水，溶于乙醚、苯、热油等。用于改善面团性质。面包用面粉中的用量为 0.5%。

**(2) 葡萄糖氧化酶**　葡萄糖氧化酶能将葡萄糖氧化成葡萄糖酸、水及氧，面筋蛋白中的 —SH—键经生成的氧氧化后，形成双硫键，生成更强更具弹性的面团，从而改善面团的耐机械搅拌特性、入炉急胀特性，最终显著改善面包体积。

葡萄糖氧化酶对面粉及其各种制品的生产，不论是在面团操作性能的改善或是在产品品质的提升方面均具有显著的作用。该酶与其他酶制剂和添加剂之间具有协同效应，使广大用户能得到更多的选择，用于取代溴酸钾。

该酶制剂由黑曲霉发酵制成。

### 4.3.5.2　面团膨松剂

**(1) 碳酸氢钠**　碳酸氢钠又称小苏打，为白色结晶性粉末，无臭，味咸。用量为面粉的 0.5%～1.5%。

**(2) 碳酸氢铵**　碳酸氢铵又称酸式碳酸铵，食臭粉，臭碱。为白色结晶粉末，有氨臭，对热不稳定。固体在 58℃，水溶液在 70℃ 可分解出氨和二氧化碳。

**(3) 复合膨松剂**　复合膨松剂又称发酵粉，其主要成分是碳酸盐和一些酸性物质。使用量一般糕点以面粉计为 1%～3%，馒头、包子等面食为 0.7%～2.0%。

**(4) 酒石酸氢钾**　可用于小麦粉及其制品，焙烤食品。按生产需要适量使用。

## 4.3.6　品质改良剂

品质改良剂是食品加工过程中用于改善各种食品品质的添加剂。例如，添加后可减少肉、禽制品加工过程中原汁的流失，增加持水性，改善食品风味，提高成品率；可防止鱼类冷藏时蛋白质变性，保持嫩度，减少冻融损失；可增加方便食品的复水性等。

磷酸盐是目前应用最广泛的品质改良剂，其品种很多，在食品加工中的功能见表 4-5。下面介绍几种需用量较大的产品。

表 4-5　磷酸盐系列产品在食品中的作用[①]

| 产品 | 磷酸盐的主要功能 | 采用的磷酸盐 | 建议用量（质量分数）/% |
|---|---|---|---|
| 烘烤物品 | | | |
| 　烤饼 | 发酵介质作用 | 酸式焦磷酸钠 | 1.6 |
| 　油饼 | 快速发酵作用 | 酸式焦磷酸钠 | 1.6 |
| 　冷藏生面 | 减缓发酵作用 | 酸式焦磷酸钠 | 1.6 |
| | 防止结晶形成 | 六偏磷酸钠 | 0.05～0.1 |
| 谷类 | | | |
| 　干燥谷物 | 减少加工时间 | 磷酸氢二钠 | 0.2～2.0 |
| 　快速煮沸 | 减少煮沸时间 | 磷酸氢二钠 | 0.2～2.0 |
| 乳酪 | | | |
| 　家用乳酪 | 使带酸性 | 磷酸 | 根据需要 |
| 　仿制品 | 乳化作用 | 二水磷酸氢二钠、磷酸氢二钠 | 2.0 |
| 　加工品 | 乳化作用 | 二水磷酸氢二钠、磷酸氢二钠 | 2.0 |
| | 降低酸性 | 磷酸三钠、十二水物磷酸三钠结晶 | 根据需要 |
| 咖啡 | | | |
| 　调味速溶咖啡 | 乳化作用 | 磷酸氢二钾 | 根据需要 |
| 蛋类 | | | |
| 　整个的 | 保持外观鲜艳 | 磷酸二氢钠 | 0.5 |
| 　蛋清 | 改进搅打、泡沫稳定性 | 六偏磷酸钠 | 2.5 |
| 　脂肪和油 | 乳化作用 | 三聚磷酸钠、焦磷酸钠六偏磷酸钠、磷酸氢二钠 | 根据需要 |
| 水果 | 抑制霉菌氧化 | 磷酸三钠, 磷酸氢二钠 | 5%溶液洗涤 |
| 果子冻 | 缓冲作用 | 磷酸氢二钠、磷酸二氢钠 | 根据需要 |
| 树胶 | | | |
| 　藻朊酸盐 | 控制凝胶强度 | 磷酸氢二钾、焦磷酸钠 | 根据需要 |
| 琼脂 | | | |
| 　角叉胶、其他树胶 | 控制凝胶强度 | 磷酸氢二钠、六偏磷酸钠、三聚磷酸钠 | 根据需要 |
| 冰淇淋 | | | |
| 　硬的、软的仿制品 | 防止搅乳 | 磷酸氢二钠、焦磷酸钠 | 0.2 |
| 　加入果酱的冰淇淋 | 不酸化，不变质 | 六偏磷酸钠 | 根据需要 |
| 从乳清中得到的乳糖 | 防止蛋白质沉淀 | 六偏磷酸钠 | 0.1 |
| 从乳清中得到的蛋白质 | 沉淀蛋白质 | 六偏磷酸钠 | 0.2 |
| 肉类制品 | | | |
| 　火腿 | 控制水分 | 三聚磷酸钠、六偏磷酸钠 | 0.3 |
| 　腊肉 | 控制水分 | 三聚磷酸钠、六偏磷酸钠 | 0.3 |
| 　香肠 | 加工处理加速剂 | 酸式焦磷酸钠 | 0.5 |
| 　牛肉（冷冻乳制品） | 控制水分 | 三聚磷酸钠、六偏磷酸钠 | 0.3 |

| 产品 | 磷酸盐的主要功能 | 采用的磷酸盐 | 建议用量(质量分数)/% |
|---|---|---|---|
| 饮料 | 螯合、乳化作用 | 磷酸氢二钠、焦磷酸钠 | 根据需要 |
| 酪乳 | 分散作用 | 焦磷酸钠 | 根据需要 |
| 奶油 | 稳定作用 | 磷酸氢二钠、焦磷酸钠 | 根据需要 |
| 炼乳 | 乳化作用 | 磷酸氢二钠 | 0.06 |
| 果胶提取 | 螯合作用,增加收率 | 六偏磷酸钠 | 1.0～2.5 |
| 马铃薯 | 防止发黑 | 酸式焦磷酸钠、焦磷酸钠 | 2%溶液浸 |
| 家禽 | 控制水分 | 三聚磷酸钠 | 0.3 |
| 肉丁 | 沉降盐类 | 磷酸氢二钠、焦磷酸钠 | 2.4 |
| 海味 | | | |
| 蚌 | 控制水分 | 三聚磷酸钠 | 6%～12%溶液浸 |
| 蟹肉罐头 | 防止结晶形成 | 酸式焦磷酸钠 | 0.25 |
| 鱼 | 控制水分 | 三聚磷酸钠 | 6%～12%溶液浸 |
| 龙虾 | 控制水分 | 三聚磷酸钠 | 6%～12%溶液浸 |
| 扇贝 | 控制水分 | 三聚磷酸钠 | 6%～12%溶液浸 |
| 河虾 | 控制水分 | 三聚磷酸钠 | 6%～12%溶液浸 |
| 金枪鱼罐头 | 防止结晶形成 | 酸式焦磷酸钠 | 0.25 |
| 淀粉 | 改进黏度和稳定性 | 磷酸二氢钠、磷酸氢二钠、三聚磷酸钠 | 根据需要 |
| 糖 | 净化 | 磷酸 | 根据需要 |
| 番茄汁 | 增稠剂 | 六偏磷酸钠 | 1.0 |
| 蔬菜 | | | |
| 干菜 | 防止褪色 | 焦磷酸钠 | 根据需要 |
| 罐头 | 保持质地增加柔软性 | 六偏磷酸钠 | 0.1～0.4 |
| 酵母 | 营养素 | 磷酸 | 根据需要 |

① 摘自美国 FMC 公司产品样本。

### 4.3.6.1 磷酸氢二钠

磷酸氢二钠 (sodium phosphate, dibasic) 是无色或白色的半透明结晶或粉末或块状。结晶磷酸氢二钠在空气中易失去 5 个结晶水。溶于水,溶液呈碱性,几乎不溶于醇。相对密度 1.5235,熔点 34～35℃。

中和法生产磷酸氢二钠的工艺如下:经净化除去铅、砷、氟等有害杂质的磷酸,用食用纯碱在中和器中中和至微碱性 (pH 值 8.2～8.6)。中和温度应维持在 95～100℃。趁热用板框压滤机过滤,清液在真空蒸发器中浓缩至 28～30°Bé,送至结晶器中冷却结晶。然后离心分离,并在 25～30℃下干燥,即得产品。

### 4.3.6.2 磷酸二氢钠

磷酸二氢钠 (sodium phosphate, monobasic) 是无色至白色的结晶或白色结晶状粉末,无臭,微有潮解性,易溶于水,水溶液呈酸性,不溶于醇。加热失去结晶水。相对密度 2.040。

磷酸二氢钠的制造可用以下方法：将 30％～35％的纯碱溶液在 30～35℃下与 25％～40％磷酸一起，分几次加入中和反应器，首先制得 $Na_2HPO_4$ 溶液，然后再加入少量酸，以中和过剩的 $Na_2CO_3$，使溶液的 pH 值控制在 4.4～4.5 之间。将反应物经浓缩、冷却、结晶，即得产品。

#### 4.3.6.3 六偏磷酸钠

六偏磷酸钠（sodium hexametaphosphate）又称磷酸盐玻璃，六聚磷酸钠。它是无色或白色玻璃状块或片，或白色纤维状结晶或粉末。有吸湿性，可溶于水，pH＝8～8.6，不溶于有机溶剂。熔点 620℃。

其制造方法是：首先将磷酸二氢钠干燥脱水，然后将其置于聚合釜中加热至 750～850℃（时间 1～1.5h），然后取出，骤冷，即得六偏磷酸钠；或者将磷酐与纯碱按 1∶0.8 的配比在高温下进行熔化、聚合，然后骤冷即成。

#### 4.3.6.4 焦磷酸盐

用于食品的主要是焦磷酸钠（pyrophosphate），它是无色或白色结晶，溶于水、甘油，不溶于乙醇。水溶液在 70℃以下稳定，煮沸即分解为磷酸氢二钠。加热至 100℃则失去结晶水。相对密度 1.82，熔点 880℃。

焦磷酸钠的生产如下：将除去砷、铅等有害物质的 70％～80％磷酸与烧碱或纯碱溶液中和，生成磷酸氢二钠。所得溶液 pH 值为 8.8～9.0，浓缩到 93～95g/L 与 3～4 份质量的返料混合（混合物中水分含量 10％～12％）之后，在焦化器中于温度大于 400℃下焦化，冷却即为无水焦磷酸钠。

# 4.4 我国食品添加剂生产现状与食品安全及发展动向

## 4.4.1 我国食品添加剂生产现状

食品添加剂是现代食品工业中不可缺少的组成部分，食品添加剂技术促进食品工业的快速发展。全球各类食品添加剂消费总量近一千万吨，其中美国食品添加剂消费量全球第一，西欧地区紧随其后，其中调味剂和酸味剂的消费量最大。总体来说，食品添加剂占我国食品工业份额的比例不高，但随着人们生活水平的提高，对食品的要求也会日益提高，必然会促进食品添加剂行业的持续快速发展。有关政策法规方面，《绿色食品产业"十四五"发展规划纲要（2021—2025 年）》明确"十四五"时期绿色食品产业发展的目标：产业规模稳步扩大，绿色食品企业总数达到 2.5 万家，产品总数达到 6.5 万个，绿色食品原料标准化生产基地达到 800 个；产品质量稳定可靠，绿色食品产品质量抽检合格率达到 99％；产业结构不断优化，绿色食品畜禽和水产品及加工产品比重明显提升；标准化生产能力明显提升，绿色生态、品质营养特色更加突出；品牌影响力进一步扩大，品牌知晓率达到 80％；产业效益显著提升，示范带动作用进一步增强。加快发展功能性食品添加剂，鼓励和支持天然色素、植物提取物、天然防腐剂和抗氧化剂、功能性食品配料行业的发展；重点利用生物工程技术提高酶制剂、生物发酵制品的技术水平，提高提取物质量。

中国食品添加剂行业发展前景广阔，未来行业内入场资本必将逐步增加，2021 年，中国食品添加剂行业内企业数量达 11.01 万家，同比增长 79.90％，行业内生产集中度较低；随着中国食品添加剂行业相关监管制度逐步完善，对相关生产要求逐步提高，行业内部分企业或将被逐步淘汰出局，行业内竞争必将进一步加剧，企业产品生产技术成为行业立足关键和竞争根本。

## 4.4.2　我国食品添加剂行业存在的问题

食品添加剂应该遵循以下原则：

① 经过规定的食品毒理学安全评价程序的评价，证明在使用限量内长期使用对人体安全无害；

② 不影响食品感官性质和原味，对食品营养成分不应有破坏作用；

③ 食品添加剂应有严格的质量标准，其有害杂质不得超过允许限量；

④ 不得由于使用食品添加剂而降低良好的加工措施和卫生要求；

⑤ 不得使用食品添加剂掩盖食品的缺陷或作为伪造的手段；

⑥ 未经卫生和计划生育委员会允许，婴儿及儿童食品不得加入食品添加剂。

食品添加剂是把"双刃剑"。在我国，由食品添加剂导致食品安全问题不是最近才出现，而近年来，食品安全事件更是频繁发生，从 2003 年的安徽阜阳劣质奶粉事件到后来的苏丹红事件、毛发酱油、石蜡火锅底料、含瘦肉精的猪肉、红心鸭蛋、毒大米、多宝鱼、腐竹米线加吊白块、地沟油、三聚氰胺、工业明胶等事件，以及食品中农药残留、重金属超标、非法使用食品添加剂等，假冒伪劣食品出现频率高、流通快、范围广。

总的来说，可将我国食品添加剂行业存在的问题分为以下四类。

**(1)** 违法使用非食品添加剂　非食品添加剂一般指化工原料或者非食用的化学物质，它们由于对人体健康具有很大的危害而严禁在食品中使用，但是由于其低价或者可以更好地改变食品的某一性能而被一些企业非法使用。例如，在食品中添加非食用物质（如孔雀石绿、苏丹红等）添加剂，在面粉、米粉中加入以甲醛和亚硫酸钠制剂的吊白块进行漂白；2003年浙江金华市查获用剧毒农药"敌敌畏"加工的火腿，用化工燃料"碱性绿"染色的海带，2005 年查出的在辣椒制品中含有工业染料"苏丹红"，2006 年在豆干制品中查出工业染料"碱性橙"；2008 年的三聚氰胺事件；卫生部《食品用香料、香精使用原则》明确把纯乳、原味发酵乳等 20 种食品列为禁加食用香料香精范围，但 2010 年 8 月份以来，惠氏、雅培、多美滋、雀巢等外品牌奶粉被查出奶粉中含有香兰素、乙基香兰素等违禁添加剂；2012 年"工业明胶"事件；2020 年江苏假牛肉案；等。

**(2)** 超范围、超限量使用食品添加剂　GB 2760—2014 中有各种食品添加剂使用的范围和剂量，超出这些范围和剂量就是不合格的产品。但在现实中为了达到更好的外观指标，不按国家规定标准而随意添加、超范围添加现象较为突出。超范围使用食品添加剂将可能与食品发生反应，造成食品营养成分的流失，更可能生成有害物质；过量摄入食品添加剂给人体带来的危害是潜在的，在短期内一般不会有很明显的症状，长期积累，其危害就会显现出来。

**(3)** 使用伪劣、过期的食品添加剂　合格优质的食品添加剂在一定的时间内对改善食品的某些功能具有一定的积极意义，对消费者的健康也不会造成威胁，但是劣质的或者过了保质期的食品添加剂含有的汞、铅、砷等有害的物质，对产品的质量和消费者的健康都有着严重的危害。

**(4)** 其他　在食品生产过程中，添加添加剂操作不规范、卫生不合格也能够引起食品的质量问题，这主要是由食品生产企业的原因造成的。同时，部分生产企业为了减少生产成本，采用非食品级的食品添加剂进行食品生产，如采用 AR（分析纯）级的食品添加剂，分析纯级的食品添加剂中仍然会含有少量的杂质如重金属等，从而影响到食品安全。

在我国，食品添加剂存在的另外一个问题就是由标准对食品中的食品添加剂的残余量没有严格控制而引起的，例如，在某种食品生产过程中，需要由几种材料构成，企业在最终食品的生产过程中并没有添加有关超范围的食品添加剂，但是在食品的质量抽查中却发现有该类超范围的食品添加剂存在，如肉制品中检测出微量的防腐剂苯甲酸钠，这是原料中添加了酱油，酱油中含有防腐剂苯甲酸钠，其原因是其中的生产原料含有该类食品添加剂而带入了最终的食品中，属于带入原则，从而引起了食品的质量问题。

### 4.4.3 部分非食品添加剂

(1) 苏丹红 对人体的肝肾器官具有明显的毒性作用。它属于化工染色剂，主要用于石油、机油和其他的一些工业溶剂中，目的是使其增色，也用于鞋、地板等的增光。苏丹红包括苏丹红1号、苏丹红2号、苏丹红3号、苏丹红4号等几种，国家禁止在食品加工中添加苏丹红，不法商贩主要将其用于辣椒粉等辣椒产品（食品）及其他需着色食品中染色、着色、增色、保色或喂养鸭禽炮制红心蛋等。常见的添加苏丹红的食品有：辣椒油、红豆腐、红心禽蛋等。鉴别苏丹红，可以看它是否溶于水，因为它们一般不溶于水易溶于有机溶剂。

(2) 吊白块 又称"雕白块"，主要成分为次硫酸钠甲醛，白色块状或结晶性粉粒，是一种工业用漂白剂。有强还原性，在工业上用作漂白剂。吊白块在120℃下分解产生甲醛、二氧化硫和硫化氢等有毒气体，其水溶液在60℃以上就开始分解出有害物质。甲醛会使蛋白质凝固并失去活性，长期食用掺有"吊白块"的食品，会损坏人体的皮肤黏膜、肾脏、肝脏及中枢神经系统，严重的会导致癌症和畸形病变等，直接危害消费者的生命健康。由于吊白块对食品的漂白、防腐效果明显，价格低廉，因此被不法商家在食品加工中长期使用。国家禁止在食品加工中添加吊白块，不法商贩主要将其用于米面制品中面条、米粉、粉丝、粉条、豆腐皮、腐竹、红糖、冰糖、荷粉、面粉、竹笋、银耳、牛百叶、血豆腐、海产品等食品中增白、增色、保鲜、增加口感、防腐，使食品外观颜色亮丽，延长食品保质时间和增加韧性，使食品久煮不烂，吃起来爽口。人体直接摄入10g"吊白块"就可致人死亡。

(3) 硼砂 工业化学名称硼酸钠，毒性较高，是一种毒化工原料。国家禁止在食品加工中添加和使用硼砂，不法商贩将其用于面条、饺子皮、粽子、糕点、凉粉、凉皮、肉丸等肉制品、腐竹等食品中增筋、强筋、增弹、酥松、鲜嫩、改善口感。硼砂口服有害。

(4) 王金黄 王金黄，又称块黄，主要成分为碱性橙Ⅱ，国家禁止在食品中添加和使用，工业化学名称碱性橙。过量摄取吸入以及皮肤接触该物质均会造成急性或者慢性的中毒伤害。易于在豆腐以及鲜海鱼上染色且不易掉色。不法商贩主要将其用于染普通鱼，冒充"黄鱼"销售，或者用于腐皮等食品中着色。

(5) 无根水 无根水是不法商贩用"特效黄豆激素""特效无根绿豆营养素""植物生长调节剂""8503AB"等农药范畴的农肥激素混兑加工豆芽的"肥水"统称。使加工的豆芽粗大、无根或少根有卖相。国家禁止在食品加工中添加和使用无根水。

(6) 瘦肉精 工业化学名称盐酸克伦特罗，又名沙丁胺醇，是一种肾上腺类受体神经兴奋剂。人食用了含"瘦肉精"的肉和内脏，会出现头晕、恶心、手脚颤抖、心跳加快，甚至心搏骤停致死的情况，特别对患有心律失常、高血压、青光眼、糖尿病和甲状腺功能亢进等疾病者危害更大，会造成群体性的恶性食物中毒事故。国家禁止在生猪饲养中添加和使用。一些不法生猪饲养户为使商品猪多长瘦肉少长脂肪，在饲料中添施"瘦肉精"能促进猪的骨骼肌（瘦肉）蛋白质合成和减少脂肪沉积，瘦肉率可明显增加，促使育肥猪在生长的蛋白质合成、脂肪转换和分解过程中谋求猪肉瘦肉率的提高，使猪少吃饲料，加快出栏，从而达到降低饲养成本，增加猪肉瘦肉率的目的。

(7) 孔雀石绿 孔雀石绿是一种化学制剂和禁用兽药，又名碱性绿、盐基块绿、孔雀绿。形状为绿色结晶体，国家禁止在食品加工中添加和使用，食用含有孔雀石绿食品，可致畸、致癌、致突变、患膀胱癌等，对人体危害较大。不法商贩主要将其用于活鱼、鱼类产品和罐头产品中延活、杀菌、着色、驱虫、防腐，有"苏丹红第二"之称。

（8）鱼浮灵　俗称氧气粉，不法商贩主要将其用于撒放水养海产品中增加水的含氧量，使要死的鱼等海产品活蹦乱跳卖相好。鱼浮灵为致癌的化学药剂，重金属铅和砷含量高，鱼等海产品无消化和稀减重金属含量功能。食用撒放鱼浮灵的鱼等海产品，会引起中毒，其中铅毒会伤害大脑，砷更是俗称的砒霜，伤害人体的肝脏，甚至致命。

（9）工业用双氧水　即工业级的双氧水。国家禁止在食品加工中添加和使用工业用双氧水，不法商贩主要将其用于竹笋、水发产品、水果和腐烂变质肉等食品中膨大、漂白、着色、去臭、防腐、杀菌。

（10）三聚氰胺　简称三胺，又叫蜜胺、2,4,6-三氨基-1,3,5-三嗪、氰尿酰胺、三聚氰酰胺，英文名 melamine，是一种有机含氮杂环化合物，含氮高达 66%，是一种有毒的化工原料。国家禁止在食品中添加和使用，由于奶粉、牛奶、小麦粉等含蛋白质食品和饲料工业蛋白质含量测试方法的缺陷，三聚氰胺也常被不法商人添加在奶粉、酸奶、液态奶等乳制品、小麦粉等含蛋白质食品或鱼粉等饲料中，以提升食品检测中的蛋白质含量指标，虚高蛋白含量，因此三聚氰胺也被人称为"蛋白精"。通用的蛋白质测试方法"凯氏定氮法"通过测出含氮量来估算蛋白质含量，因此，添加三聚氰胺会使得食品的蛋白质测试含量偏高，从而使劣质食品通过食品检验机构的测试。有人估算在植物蛋白粉和饲料中使测试蛋白质含量增加一个百分点，用三聚氰胺的花费只有真实蛋白原料的 1/5。三聚氰胺作为一种白色结晶粉末，没有什么气味和味道，掺杂后不易被发现。人或动物摄入含三聚氰胺的食品或饲料会造成生殖、泌尿系统的损害，可导致膀胱结石、肾结石等尿路结石，并可进一步诱发膀胱癌。

（11）工业明胶　工业明胶，是一种淡黄色或棕色的碎粒，无不适气味，无肉眼可见杂质。其分子量为 1 万～10 万，含 18 种氨基酸，水分和无机盐含量在 16% 以下，蛋白质含量在 82% 以上，是一种理想的蛋白源。所以有不法企业为降低生产成本，在果冻或老酸奶中添加工业明胶。但由于工业明胶的原料来源问题，工业明胶中含有大量六价铬和砷等对人体有害的物质，容易进入人体细胞，对肝、肾等内脏器官和 DNA 造成损伤，在人体内蓄积具有致癌性并可能诱发基因突变。

（12）工业用甲醛　俗称福尔马林，是一种工业漂白剂。甲醛为无色气体，易溶于水，具有刺激性气味，通常 35%～40% 的甲醛溶液具有防腐作用。国家禁止食品加工添加和使用甲醛。不法商贩主要将其用于海参、鱿鱼等干水产品，粉丝，腌泡食品，血制品等食品中。

### 4.4.4　我国关于食品安全问题的相关法规与政策

面对当前严峻的食品安全形势，我国已经颁布了一系列政策法规，如《中华人民共和国产品质量法》（2018 年 12 月 29 日第三次修正）、《食品生产许可管理办法（2020）》（2020年 3 月 1 日开始施行）、《中华人民共和国食品安全法》（2021 年修订）等。

从事食品添加剂生产活动，应当依法取得食品添加剂生产许可。申请食品添加剂生产许可，应当具备与所生产食品添加剂品种相适应的场所、生产设备或者设施、食品安全管理人员、专业技术人员和管理制度。

第十三届全国人民代表大会常务委员会第二十四次会议 2020 年 12 月 26 日通过了新的刑法修正案，自 2021 年 3 月 1 日起施行。对危害食品安全犯罪行为，依新刑法最高可判处死刑。

国务院在 2022 年 1 月颁布了《关于印发"十四五"市场监管现代化规划的通知》（简称《通知》），《通知》完善食品添加剂、食品相关产品等标准，提出要加快食品相关标准样品研制、加强进口食品安全监管，严防输入型食品安全风险。近年来，中国相关政府部门颁布的多部政策皆在加强中国食品添加剂行业监管，促进行业内相关规章、监管制度的建立，以规范食品添加剂生产活动，保障食品安全，推动健康中国行动。食品添加剂行业产品生产工艺流程复杂、过程较长，属于能耗较高的工业生产活动，同时由于行业内生产会使用相关化工产品，因此，行业内相关生产污染排放物管理要求较高。随着近年来中国在环境治理、环境污染监管方面力度不断加大，对工业生产过程中环境排污要求提高，中国食品添加剂行业面临较大的环保压力，要求相关企业缩短产品工艺流程、提高相关产品生产技术水平、研发新型生产加工设备，以达到生产过程中节能减排的目的，同时减少安全风险，提高装置利用效率，提高企业生产能力，降本增效。多项政策指明，绿色、高效、智能化、数字化是中国工业生产未来发展方向，中国食品添加剂生产必然要在研发相关产品生产技术的同时提高产品生产设备全自动化生产水平，行业内企业相关产品生产技术成为主要竞争力。

## 4.4.5 发展动向

随着国民生活水平的提高，人们对食品的要求也逐渐升高，消费者们普遍认为天然的更好，更安全，这使天然食品添加剂的研究成为热点。因此，食品添加剂未来的发展将是天然、营养、多功能、复合化等，代表产品有抗氧防腐保鲜剂、着色剂和调味剂等。有研究发现利用微生物大规模生产天然色素有望解决天然色素原料少、成本高的问题，生物技术的快速发展也必然促进微生物色素取代合成色素成为着色剂的主流。食品添加剂研究的热点将集中在生物工程技术研究、天然资源研究以及检测分析新技术的研究。除了生物工程技术的发展，提取工艺新技术的应用也将促进天然食品添加剂的研究与开发。

食品添加剂被喻为"现代食品工业的灵魂"，食品添加剂产业的健康发展直接影响食品工业的发展，随着科技水平的提高，食品添加剂的使用标准会发生变化，食品生产企业必须紧跟国家政策，依法依规使用食品添加剂。应当通过正确的宣传教育引导公众正确认识食品添加剂及食品安全问题，完善相关法律、法规和标准，完善检测技术，并加强对食品添加剂生产、销售及使用过程的监管，大力发展绿色安全的食品添加剂，促进食品添加剂行业的健康发展，保障人民食品安全和营养健康水平逐步提高。

## 参 考 文 献

[1] 化学工业出版社. 化工生产流程图解：上册. 3 版. 北京：化学工业出版社，1997.
[2] 化学工业出版社. 化工生产流程图解：下册. 3 版. 北京：化学工业出版社，1997.
[3] 马同江，杨冠丰. 新编食品添加剂手册. 北京：农村读物出版社，1989.
[4] 袁光成，张文艺，安邦. 小化工产品工艺 300 例. 合肥：安徽科学技术出版社，1987.
[5] 曹伯兴，许玉凤，李瑞华. 食品添加剂——丙酸及丙酸钙的制造. 化学世界，1991，32（6）：136.
[6] 金时俊. 食品防腐剂的现状及发展动向. 食品科学，1987（4）：17.
[7] 丘礼元，陈一飞. 从氢化猪油制取硬脂酸，甘油和单硬脂酸甘油酯. 化学世界，1987，29（10）：469.
[8] 项德律，陈兆鸿. 蔗糖酯的合成与应用. 食品发酵工业，1986（15）：50.
[9] 韦凤姣. 磷脂的制备方法. 天然气化工，1986（1）：53.
[10] 张虹译. 磷脂的生产与应用. 食品科学，1987（7）：32.
[11] 陈自珍，沈介仁. 食品添加物. 3 版. 台北：台湾文源书局有限公司，1982.
[12] 金其荣. 苹果酸的性质，生产与用途. 食品科学，1988（3）：12.
[13] 朱亨政. 柠檬酸发酵. 食品与发酵工业，1994（6）：69.

[14] 赵显铭，马立杨，阳艳萍．食品级磷酸的提制．湘潭大学自然科学学报，1986（2）：76.

[15] 李敬军．乳酸的生产，应用及其供需情况综述．广东化工，1988（3）：1.

[16] 张建国．L-酒石酸生产．无锡轻工业学院学报，1988，7（3）：107.

[17] 陈丽琼，田静．液体石蜡发酵产生丁烯二酸．微生物学报，1975，15（3）：197-204.

[18] R. W. 约翰逊，E. 弗里兹．工业脂肪酸及其应用．陆用海，胡征宇，译．北京：中国轻工业出版社，1992.

[19] 王福海．硬脂酸及脂肪酸衍生物生产工艺．北京：中国轻工业出版社，1991.

[20] 刘程．表面活性剂应用大全（修订版）．北京：北京工业大学出版社，1992.

[21] 陈陶声．有机酸发酵生产技术．北京：化学工业出版社，1991.

[22] 张万福．食品乳化剂．北京：中国轻工业出版社，1993.

[23] 李宗石，徐明新．表面活性剂合成与工艺．北京：中国轻工业出版社，1993.

[24] 尹光琳，战立克，赵根楠．发酵工业全书．北京：中国医药科技出版社，1992.

[25] 金时俊．食品添加剂——现状、生产、性能、应用．上海：华东化工学院出版社，1992.

[26] 陈陶声．氨基酸及核酸类物质发酵生产技术．北京：化学工业出版社，1993.

[27] 孙来九．食用磷酸盐的生产及其在食品工业中的应用．陕西化工，1988（6）：1.

[28] 冯才旺．新编实用化工小商品配方与生产．长沙：中南工业大学出版社，1994.

[29] 周秀琴．我国味精生产技术的发展（上）．中国调味品，1991（8）：5.

[30] 周秀琴．我国味精生产技术的发展（下）．中国调味品，1991（9）：2.

[31] 王海青，高忠良．羧甲基壳聚糖的制备及应用现状．中国食品添加剂，2002（6）：68-71.

[32] 詹晓北，韩杰，朱莉．一种新型的微生物多糖食品添加剂——热凝胶．冷饮与速冻食品工业，2001，7（1）：27-31.

[33] 卓训文，梁兰兰．新型微生物多糖——结冷胶．粮食与油脂，2001（9）：34-35.

[34] 杨起．食品添加剂——植酸及其制备．保鲜与加工，2002（4）：8-10.

[35] 吕绍杰．甜味剂的发展动向．现代化工，2001，21（10）：5-7.

[36] 计晓黎，来觉醒，吴元馨．辛癸酸甘油酯（O. D. O）的开发和应用．中国洗涤剂用品工业，2002（3）：30-34.

[37] 聂凌鸿．聚甘油脂肪酸酯合成．粮食与油脂，2003（1）：45-46.

[38] 崔建超，张柏林，郝凌宇．Nisin 的研究现状．河北农业大学学报，2001，24（4）：104-109.

[39] 周家春，周怀，徐玉佩．溶血磷脂的制备及其性能研究．中国食品添加剂，2000（1）：38-41.

[40] 王利亚．茶多酚提取工艺研究．适用技术市场，2001（6）：27-28.

[41] 吴丽玢．大豆改性磷脂．甘肃科技，2000（3）：24.

[42] 敬轩．绿色食品添加剂的研究与发展．渭南师范学院学报，2006，21（2）：63-65.

[43] 孔明，杨博，姚汝华．脂肪酶催化合成单甘酯的研究进展．中国油脂，2003，28（7）：11-14.

[44] 哈志瑞，郭宝芹，陈崇安，等．谷氨酸分离提取工艺进展．发酵科技通讯，2012，41（2）：31-35.

[45] 赵二红．谷氨酸生产的绿色工艺路线探讨．发酵科技通讯，2011，40（4）：36-37.

[46] 蒋光玉．发酵法生产L-丙氨酸提取工艺的研究．中国食品添加剂，2011（3）：101-106，137.

[47] 于学娟，陈英乡，马新亮．粉状酵母提取物生产工艺的研究．中国调味品，2012，37（2）：95-97.

[48] 洪镭，汪晓伟，陈颖秋，等．酵母抽提物鲜味剂的综述．广西轻工业，2010，26（6）：17-28，62.

[49] 孙芝杨．鲜味剂的应用及发展前景．中国调味品，2011，36（6）：1-3，9.

[50] 邓开野，谭梅唇．我国甜味剂工业的现状及对策．中国调味品，2010，35（9）：38-40.

[51] 吕咏梅．食品添加剂生产现状与发展趋势．精细化工原料及中间体，2007（1）：17-19.

[52] 韩明凯，赵慧敏．浅谈食品添加剂对食品安全的影响．科技传播，2011（2）：31，26.

[53] 左袖阳．食品安全刑法立法的回顾与展望．湖北社会科学，2012（5）：148-151.

[54] GB 2760—2014. 食品安全国家标准　食品添加剂使用标准．

[55] 陈凤，徐丽敏．我国食品防腐剂的应用和发展．经营管理者，2014（21）：388.

[56] 方芳，顾正彪，洪雁，等．淀粉基食品乳化剂及其应用．中国粮油学报，2014（12）：110-114.

[57] 杨雅轩，丁兆钧，杨柳，等．食品酸味剂使用现状及发展趋势．南方农业，2015（3）：165-167.

[58] 吴娜, 顾赛麒, 陶宁萍, 等. 鲜味物质间的相互作用研究进展. 食品工业科技, 2014 (10): 389-400.

[59] 褚添, 吴之翔. 甜味剂-鲜味剂的应用及发展. 中国调味品, 2014 (6): 138-140.

[60] 柳卫平. 看国外水果如何留住"青春". 新农村 (黑龙江), 2016 (6): 3-4.

[61] 崔紫娇. 甜茶总多酚提取纯化工艺及抗氧化作用的研究. 贵阳: 贵州师范大学, 2015.

[62] 杨双春, 李春雨, 潘一. 食品工业中微生物色素的研究进展. 食品研究与开发, 2014, 35 (1): 114-117.

[63] 吴佳煜, 孙毓, 陆晓丹, 等. 天然食品添加剂的研究现状及发展趋势. 北京农业, 2014 (3): 189.

[64] 中华人民共和国食品安全法 (2021 修正), 2021.

[65] 中华人民共和国食品安全法实施条例, 2019.

[66] 邓桥, 付子昂, 孔艳铭, 等. 回顾瞻望前行——新修订《食品安全法》实施一周年. 中国食品药品监管, 2016 (10).

[67] 宋玉卿, 于殿宇, 罗淑年, 等. 大豆磷脂改性技术综述. 大豆通报, 2007, 42: 22-25, 29.

[68] 宋寒冰, 李正军. 天然磷脂的化学改性方法及改性物的性能. 西部皮革, 2006 (6): 27-32.

[69] 陈都, 杨水金. 绿色合成对羟基苯甲酸乙酯催化剂研究进展. 精细石油化工进展, 2015, 16 (04): 44-47.

[70] 田华, 杨云峰, 高林. 双乙酸钠的合成研究. 食品科学, 2004 (5): 37-39, 46.

[71] 赵乐, 张晓桐, 孟祥晨, 等. 氨基酸对植物乳杆菌 KLDS1.0391 生长及细菌素合成的影响. 食品科学, 2021, 42 (18): 37-44.

[72] 王大红, 沈文浩, 原江锋, 等. 纳他霉素生物合成和调控机制的相关研究进展. 生物工程学报, 2021, 37 (4): 1107-1119.

[73] 张雄, 贾康乐, 文武, 等. 蔗糖酯表面活性剂化学合成工艺研究进展. 精细化工, 2020, 37 (11): 2193-2199.

[74] 姜绍通, 李兴江. 苹果酸生物炼制研究进展. 食品科学技术学报, 2019, 37 (2): 1-9.

[75] 金志红. 丙二醇硬脂酸酯的合成和应用. 中国食品添加剂, 1996 (1): 24-27.

[76] 王睿, 王倩, 林樟楠, 等. 谷氨酸提取技术及其废液资源化清洁生产研究进展. 中国调味品, 2021, 46 (12): 196-200.

[77] 李辉, 丛泽峰, 王兰刚, 等. 谷氨酸提取工艺改进研究. 发酵科技通讯, 2022, 51 (2): 81-85.

## 思考题与习题

1. 食品添加剂使用的基本要求是什么？

2. 食品防腐剂有哪几类？

3. 山梨酸酯的合成工艺有哪几种？请简述各个工艺特点。

4. 增味剂主要有哪些？

5. 谷氨酸钠是一种重要的鲜味剂，请简述其生产工艺过程。

6. 食品乳化剂有哪些？它们乳化原理是什么？

7. 大豆磷脂改性原理是什么？

8. 发展食品添加剂工业需要注意哪些问题？

9. 我国的食品安全问题主要有哪几类？产生的原因是什么？

# 第五章

# 胶黏剂

## 5.1 概述

胶黏剂是使物质与物质粘接成为一体的媒介，是赋予各物质单独存在时所不具有的功能的材料。胶黏剂亦称为黏合剂，或简称胶，为一类重要的精细化工产品，其社会、经济效益非常大。同金属、玻璃、木材、纸浆、纤维、橡胶和塑料等被粘接对象相比，其市场消费量虽然较少，但其如同酶、激素、维生素等一样，都是保持工业社会"健康"不可缺少的材料。胶黏剂在工业上如此重要以及胶黏剂工业能在短短的几十年内迅速地崛起，是由于胶黏剂的胶接方式和其他的连接方法相比有如下优点。

① 薄膜、纤维和小颗粒不能或根本不能很好用其他方法连接，但很容易用胶黏剂粘接。例如，玻璃纤维绝缘材料和玻璃纤维织物的复合材料，非织造织物，贴面家具，等。

② 应力分布广，比采用机械连接易得到更轻、更牢的组件。例如，可以用夹芯板（由蜂窝芯和薄的铝或镁面板构成）制造飞机的机翼、尾翼和机身，从而降低疲劳破坏的可能性。

③ 通过交叉粘接能使各向异性材料的强度、质量比及尺寸稳定性得到改善。例如，木材密度本身不均一，且对水敏感，但经木材纵横交叉粘接工艺后，可变成不翘曲且耐水的层压板。

④ 对电容器、印制电路、电动机、电阻器等的黏合面具有电绝缘性能。

⑤ 可黏合异种材料，如铝-纸、钢-铜等。若两种金属黏合在一起，胶层将它们分开，从而可防止腐蚀。若两种热膨胀系数相差显著的材料黏合在一起，柔性的胶层能降低因温度变化所产生的应力。

⑥ 利用胶黏剂黏合工艺与织布相比，与金属的焊接相比，或者与用铆钉、螺栓连接以及用钉子等机械方式连接相比，黏合可以更快、更经济。这一点往往是人们考虑关键的因素。

化学合成胶黏剂工业的兴起，迄今虽只有90余年，但天然胶黏剂的应用历史可以追溯到人类文明史的早期。其发展大致可以分为以天然材料、天然改性材料和化学合成材料为主要应用的三个划分时期。

### 5.1.1 沿革

早在几千年以前，人类已经用黏土、淀粉、松香和动物血等天然物质作胶黏剂，以粘接城墙砖块、棺椁缝口以及房屋木柱榫头等。我国是世界上应用胶黏剂最早的国家之一。例如，在 4000 多年前就开始烧制石灰，以此黏固土石与建造房舍和桥梁。在大约 3500 年前的夏、商朝，我国开始学会使用植物胶黏剂原料——漆。用以粘接与装饰物件。从三星堆祭祀坑挖掘出的青铜人头像金面罩的连接点，据考证是人类用大漆调配石灰粘接而成的。在约 3000 年前的周朝，我国已开始使用动物胶作为木船的嵌缝密封剂。用糯米浆糊制成的棺木密封剂，再配用防腐剂及其他措施，使 2000 多年后棺木出土时尸体不但不腐烂，而且肌肉和关节仍有弹性。在秦汉时期修建的秦城墙，人们曾将以糯米、石灰混合制成的灰浆用于长城城墙砖的粘接，使得万里长城至今屹立于亚洲的东方，成为中华民族古老文化的象征。东汉魏伯阳的《周易参同契》与东晋葛洪的《抱朴子·内篇》都比较详细地描述了一些胶黏剂的制造。北魏贾思勰的《齐民要术》虽是农书，但对制笔、保护书籍、修理房屋等使用胶黏剂的过程与煮制动物胶的方法做了专门的叙述。明朝宋应星的《天工开物》记述了我国农业与手工业的生产技术，其中包括胶黏剂的制造和工艺大量的应用经验。如《天工开物·佳兵》篇中写道："凡胶乃鱼脬杂肠所为……其东海石首鱼、浙中以造白鱼者，取其脬为胶，坚固过于金铁。"这里的"胶"指的是制造弓箭所用的鳔胶，其强度竟然可以与金属相比。

在进入 20 世纪以前，除 100 年前引入橡胶和火棉胶黏剂外，胶黏剂技术的进展甚微。20 世纪 30 年代，由于高分子材料的出现，生产出了以合成高分子材料为主要成分的新型胶黏剂，如酚醛-缩醛胶、脲醛树脂胶等。从此，胶黏剂开始了以合成树脂胶黏剂为主的发展道路。1930 年 R. G. Drew 将天然橡胶与低分子量树脂（如松香酯）共混制作压敏胶带；1935 年有人发明了用淀粉胶黏合的瓦楞纸快速制造法；为使其粘接性能适应更多方面的需要，后来又研制了氧化淀粉、磷酸酯淀粉、交联淀粉等新品种。二十世纪四五十年代，不饱和聚酯、环氧树脂和聚氨酯胶黏剂的问世，使合成橡胶和热塑性树脂在粘接领域中得到了广泛的应用；此后又开发了合成橡胶改性的合成树脂胶黏剂，即橡胶-树脂胶黏剂，并成功地用于粘接飞机机身部件，胶黏剂进入了粘接金属结构部件的重要发展阶段。20 世纪 50 年代末开发了单液型、在常温下能快速（几十秒钟）固化的氰基丙烯酸酯胶黏剂；20 世纪 60 年代后期开发了厌氧胶黏剂、热熔胶以及其他改性丙烯酸酯树脂胶黏剂；20 世纪 80 年代以来，世界胶黏剂年产量约 $8 \times 10^6$ t，有 5000 多个品种，其中合成胶黏剂占胶黏剂总产量的 70%～80%。近几十年更是出现了许多胶黏剂新品种，如光固化胶黏剂、导电胶黏剂、导热胶黏剂、耐热胶黏剂、低温胶黏剂、压敏胶黏剂及医用胶黏剂等，随着行业的发展与细分，胶黏剂品种也层出不穷。

### 5.1.2 胶黏剂的组成

胶黏剂通常是一种混合料，由基料、固化剂、填料、增韧剂、稀释剂以及其他辅料配合而成。下面分别简要介绍如下。

**(1) 基料** 亦称黏料，是构成胶黏剂的主要成分。常用的基料有天然聚合物、合成聚合物和无机化合物三大类。其中常用的合成聚合物有合成树脂（环氧树脂、酚醛树脂、聚酯树脂、聚氨酯、硅树脂等）及合成橡胶（氯丁橡胶、丁腈橡胶和聚硫橡胶等）等众多的品种种类；常用的无机化合物有硅酸盐类、磷酸盐类等。

**(2) 固化剂** 亦称硬化剂。其作用是使低分子聚合物或单体化合物经化学反应生成高分子化合物；或使线型高分子化合物交联成体型高分子化合物，从而使粘接具有一定的机械强度和稳定性。固化剂的种类和用量对胶黏剂的性能及工艺有直接影响。固化剂随基料品种不同而异。例如，脲醛胶黏剂选用乌洛托品或苯磺酸；环氧树脂胶黏剂选用胺、酸酐或咪唑类等。因此，在选择固化剂时要慎重，用量要严格控制。

**(3) 填料** 填料是为了改善胶黏剂的某些性能要求而使用的粉体材料，如提高弹性模量、冲击韧性和耐热性，降低线膨胀系数和收缩率，同时又可降低成本的一类固体状态的配合剂。常用的有金属粉末、金属氧化物、矿物粉末和纤维。例如，要提高胶黏剂的耐冲击强度，可采用石棉纤维、玻璃纤维、铝粉及云母等作填料；为提高硬度和抗压，可用石英粉、瓷粉、铁粉等；为提高耐热性，可加入石棉；为提高抗磨性，可加入石墨粉或二硫化钼；为提高黏力，可加入氧化铝粉、钛白粉；为增加导热性，则可加入铝粉、铜粉或铁粉等。总的说来，只要不含水和结晶水、中性或弱碱性、不与固化剂及其他组分起不良作用的物质均可作填料。表5-1列举了一些常用填料及其用量，以供参考。

表5-1中参考用量是对胶而言的。添加的填料用量，一般应满足如下三方面要求：①控制胶黏剂到一定黏度；②保证填料能被润湿；③达到各种胶接性能的要求。通常像石棉、未压缩的二氧化硅等轻质填料一般用量为胶料的25%（质量分数）以下；像滑石粉等中质填料，一般用量可为胶料的200%（质量分数）；像铜粉、银粉等重质填料，一般用量可达到胶料的300%（质量分数）。

表 5-1 胶黏剂中一些常用的填料

| 名称 | 细度/目 | 参考用量/% | 适应胶对象列举 | 名称 | 细度/目 | 参考用量/% | 适应胶对象列举 |
|---|---|---|---|---|---|---|---|
| 氧化铝 | 100～300 | 25～75 | 环氧胶 | 石膏粉 | 200～300 | 10～100 | 环氧胶 |
| 氧化镁 | 200～325 | 30～100 | 环氧胶、橡胶胶 | 高岭土 | 325 | >50 | 环氧胶 |
| 二氧化二铁 | 200～325 | 75～100 | 环氧、橡胶、聚酯胶 | 滑石粉 | 200 | 10～100 | 环氧、橡胶胶 |
| 铜粉 | 200～300 | 250 | 环氧胶 | 石棉粉 | 1/8～1/2 英寸① | <250 | 橡胶、环氧胶 |
| 碳酸钙 | 200～300 | <100 | 聚酯、环氧胶 | 电木粉 | 200 | 10～40 | 环氧 |
| 白炭黑 | — | 20～100 | 橡胶、环氧胶 | 石墨粉 | 325 | >50 | |
| 云母粉 | 200～325 | <100 | 环氧、酚醛、聚酯胶 | 瓷粉 | 200～300 | — | 聚酯、环氧 |

① 1 英寸=2.54cm。

**(4) 增韧剂** 增韧剂为能提高胶黏剂的柔韧性，改善胶层抗冲击性的物质。通常增韧剂是一种单官能团或多官能团的物质，能与胶料起反应，成为固化体系的一部分结构。一般情况下，随着增韧剂用量的增加，胶的耐热性、机械强度和耐溶剂性均会相应下降。增韧剂是结构胶黏剂的重要组分之一。

**(5) 稀释剂** 稀释剂是一种能降低胶黏剂黏度的液体，加入它可以使胶黏剂有好的浸透力，改善胶黏剂的施工工艺性能。稀释剂可分为活性与非活性稀释剂两类。前者参与固化反应，如环氧树脂中加入二缩水甘油醚、环氧丙烷丁基醚等。此类稀释剂多用于环氧型胶黏剂中，并且在使用此类稀释剂时，要把固化剂的用量增大，其增大的量要按稀释剂的活性基团数来计算，其用量一般控制在5%～20%（相对树脂的质量分数）之内，参见表5-2。非活性稀释剂即为常用的溶剂，不参与反应，只达到使胶黏剂机械混合和降低胶黏剂使用黏度的目的，如丙酮、丁醇、甲苯等属于此类溶剂。注意，非活性稀释剂在胶黏剂固化时有气体逸出，会增加胶层的收缩率，对胶黏剂胶层的力学、热变形温度等性能都有影响。稀释剂用量依不同胶黏剂品种而不同，最大用量可达树脂质量的400%，参见表5-2。

**(6) 偶联剂** 偶联剂是一种既能与被粘材料表面发生化学反应形成化学键，又能与胶黏剂反应提高胶接接头界面结合力的一类助剂。常用的偶联剂有硅烷偶联剂、钛酸酯偶联剂等。在胶黏剂中加入偶联剂，可增加胶层与胶接表面抗脱落和抗剥离，提高接头的耐环境性能。使用偶联剂的方式通常有两种：一种将偶联剂配成1%～2%的乙醇液，喷涂在被粘物的表面，待乙醇自然挥发或擦干后即可涂胶；另一种是直接将1%～5%的偶联剂加到胶黏剂基体中。

表 5-2　常用稀释剂

| 剂型 | 名称 | 结构式 | 分子量 | 沸点/℃ | 用量(相对胶料质量)/% |
|---|---|---|---|---|---|
| 活性稀释剂 | 环氧丙烷 | $CH_3-CH-CH_2$（O） | 58.08 | 35 | 5～20 |
| | 环氧氯丙烷 | $ClCH_2-CH-CH_2$（O） | 92.53 | 117 | 5～20 |
| | 环氧丙烷丁基醚 | $C_4H_9-O-CH_2-CH-CH_2$（O） | 130 | | 5～20 |
| | 苯基环氧乙烷 | | 120.14 | 191.1 | 10～15 |
| | 环氧丙烷苯基醚 | | 151 | 245 | 10～15 |
| | 二缩水甘油醚 | $CH_2-CH-CH_2-O-CH_2-CH-CH_2$（O…O） | 130 | | 10～30 |
| | 乙二醇二缩水甘油醚 | $CH_2-CHCH_2-OC_2H_4O-CH_2CH-CH_2$（O…O） | 174 | | 5～20 |
| | 二环氧丁二烯 | $CH_2-CH-CH-CH_2$（O…O） | 86 | | |
| | 糠醇缩水甘油醚 | $-CH_2-O-CH_2-CH-CH_2$（O） | | | 5～25 |

| 剂型 | 名称 | 结构式 | 分子量 | 沸点/℃ | 相对挥发度 |
|---|---|---|---|---|---|
| 非活性稀释剂 | 丙酮 | $CH_3-C-CH_3$（O） | 58.08 | 56.5 | 7.7 |
| | 甲乙酮 | $CH_3-C-CH_2CH_3$（O） | 72.10 | 79.6 | 4.6 |
| | 环己酮 | | 98.14 | 115.6 | |
| | 甲苯 | | 92.13 | 110.8 | |
| | 二甲苯 | | 106.16 | — | |
| | 正丁醇 | $C_4H_9OH$ | 74.12 | 117 | 0.5 |
| | 丁基溶纤剂 | $HOCH_2CH_2OC_4H_9$ | 118.19 | 171.2 | 0.1 |
| | 甲基溶纤剂醋酸酯 | $CH_3COOCH_2CH_2OCH_3$ | 118.16 | 144.5 | 0.3 |
| | 醋酸乙基溶纤剂 | $CH_3COOCH_2CH_2OC_2H_5$ | 132.16 | 156.4 | 0.2 |
| | 丁基溶纤剂醋酸酯 | $CH_3COOCH_2CH_2OC_4H_9$ | 160 | — | <0.1 |

（7）触变剂　触变剂是利用触变效应，使胶液静态时有较大的黏度，从而防止胶液流挂的一类助剂。常用的触变剂是白炭黑（气相二氧化硅）。

**(8) 增塑剂**　增塑剂具有在胶黏剂中提高胶黏剂弹性和改进耐寒性的功能。增塑剂与胶黏树脂混合时是不活泼的，可以认为它是一种惰性的树脂状或单体状的"填料"。增塑剂能使胶黏剂的刚性下降。增塑剂通常为高沸点、较难挥发的液体和低熔点固体。增塑剂按化学结构通常可分类为邻苯二甲酸酯类、脂肪族二元酸酯类、磷酸酯类、聚酯类和偏苯三酸酯类等。增塑剂在环氧型和橡胶型胶黏剂中应用得较多，在其他胶黏剂中使用得较少或不用。在环氧胶黏剂中（指结构胶黏剂）增塑剂一般用量为树脂质量的 5%～20%。

除了上述几种配合剂外，胶黏剂中有时还加有引发剂、促进剂、乳化剂、增稠剂、防老剂、阻聚剂、阻燃剂以及稳定剂等。

### 5.1.3　胶黏剂的分类

胶黏剂的分类方法很多，说法不一，迄今国内外还没有一个统一的分类方法。下面就目前常用的分类方法作一个简要介绍。

**(1) 按基料分类**　以无机化合物为基料的称无机胶黏剂，它包括硅酸盐、磷酸盐、氧化铅、硫黄、氧化铜-磷酸等。以有机聚合物为基料的称有机胶黏剂，有机胶黏剂又分为天然胶黏剂与合成胶黏剂两大类。有关胶黏剂的具体分类请参见表 5-3。天然胶黏剂来源丰富，价格低廉，毒性低，在家具、装订、包装和工艺品加工中广泛应用。合成胶黏剂一般有良好的电绝缘性、隔热性、抗震性和耐腐蚀性。通常有机胶黏剂在耐热性和耐老化性等方面不如无机胶黏剂。

表 5-3　胶黏剂分类

| 无机胶黏剂 | | | 硅酸盐、磷酸盐、氧化铅、硫黄、氧化铜-磷酸、水玻璃、水泥、$SiO_2$-$Na_2O$-$B_2O_3$、无机-有机聚合物等 |
|---|---|---|---|
| 有机胶黏剂 | 天然胶黏剂 | 动物胶 | 皮胶、骨胶、虫胶、酪素胶、血蛋白胶、鱼胶等 |
| | | 植物胶 | 淀粉、糊精、松香、阿拉伯树胶、天然树脂胶、天然橡胶等 |
| | | 矿物胶 | 矿物蜡、沥青等 |
| | 合成胶黏剂 | 合成树脂型　热塑性 | 纤维素酯、烯类聚合物（聚醋酸乙烯酯、聚乙烯醇、过氯乙烯、聚异丁烯等）、聚酯、聚醚、聚酰胺、聚丙烯酸酯、α-氰基丙烯酸酯、聚乙烯醇缩醛、乙烯-醋酸乙烯共聚物等类 |
| | | 合成树脂型　热固性 | 环氧树脂、酚醛树脂、脲醛树脂、三聚氰胺-甲醛树脂、有机硅树脂、呋喃树脂、不饱和聚酯、丙烯酸树脂、聚酰亚胺、聚苯并咪唑、酚醛-聚乙烯醇缩醛、酚醛-聚酰胺、酚醛-环氧树脂、环氧-聚酰胺等类 |
| | | 合成橡胶型 | 氯丁橡胶、丁苯橡胶、丁基橡胶、丁腈橡胶、异戊橡胶、聚硫橡胶、聚氨酯橡胶、氯磺化聚乙烯弹性体、硅橡胶等类 |
| | | 橡胶树脂型 | 酚醛-丁腈胶、酚醛-氯丁胶、酚醛-聚氨酯胶、环氧-丁腈胶、环氧-聚硫胶等类 |

**(2) 按物理形态分类**　由于市场上销售的胶黏剂外观不同，人们常将胶黏剂分为以下 5 种类型。

① 溶液型　合成树脂或橡胶在适当的溶剂中配成有一定黏度的溶液，目前大部分的胶黏剂是这一形式。所用的合成树脂可以是热固性的，也可以是热塑性的。

② 水基型（乳液型）　合成树脂或橡胶分散于水中，形成水溶液或乳液。如大家熟知的胶黏木材用乳白胶（聚醋酸乙烯酯乳液）、脲醛胶，此外氯丁橡胶乳液、丁苯橡胶乳液和天然橡胶乳液等均属此类。这类胶黏剂由于不存在挥发性有机化合物（VOC）排放污染问题或 VOC 排放量很低，这类胶黏剂发展迅速。

③ 膏状或糊状型　这类胶黏剂是将合成树脂或橡胶配成易挥发的高黏度的胶黏剂。主要用于密封和嵌缝等方面。

④ 固体型　这类胶黏剂一般是将热塑性合成树脂或橡胶制成粒状、块状或带状形式，加热时熔融可以涂布，冷却后即固化，也称热熔胶。这类胶黏剂的应用范围颇为广泛，常用在道路标志、奶瓶封口或衣领衬里等。

⑤ 膜状型　这类胶黏剂涂布于各种基材（纸、布、玻璃布等）上，呈薄膜状胶带；或直接将合成树脂或橡胶制成薄膜使用。后者往往用于要求较高的胶接强度场合。

**(3) 按固化方式分类**　胶黏剂在胶接过程中一般均要求固化，方能使胶接件具有足够的强度，按其固化方式一般分为 6 种。

① 水基蒸发型　如聚乙烯醇水溶液和乙烯-醋酸乙烯（EVA）共聚乳液型胶黏剂。

② 溶剂挥发型　如氯丁橡胶胶黏剂。

③ 热熔型　如棒状、粒状与带状的乙烯-醋酸乙烯热熔胶。

④ 化学反应型　如 $\alpha$-氰基丙烯酸酯瞬干胶、丙烯酸双酯厌氧胶和酚醛-丁腈胶等。

⑤ 压敏型　受指压即粘接，不固化的胶黏剂，俗称不干胶。如橡胶或聚丙烯酸酯型的溶液或乳液，涂布于各种基材上，可制成各种材质的压敏胶带。

⑥ 光敏型　又称紫外光固化胶，是一种必须通过紫外线光照射才能固化的一类胶黏剂。光敏型胶黏剂的固化原理是光敏型胶黏剂中的光引发剂（或光敏剂）在紫外线的照射下吸收紫外光后产生活性自由基或阳离子，引发单体聚合、交联化学反应，使胶黏剂在数秒钟内由液态转化为固态。

**(4) 按用途分类**　有金属、塑料、织物、纸品、医疗、制鞋、木工、建筑、汽车、飞机、电子元件等各种不同用途胶。还有特种功能胶，如导电胶、导磁胶、耐高温胶、减振胶、半导体胶、牙科用胶、外科用胶等。

**(5) 按受力情况分类**　胶接件通常是作为材料使用的，因此人们对胶接强度十分重视。为此，通常将胶黏剂分为结构胶黏剂与非结构胶黏剂两类。

① 结构胶黏剂　能传递较大的应力，可用于受力结构件的连接。一般静态剪切强度要求大于 9.807MPa，有时还要求较高的均匀剥离强度等。这类胶黏剂大多由热固性树脂配成，常用环氧树脂（或改性环氧树脂）、酚醛树脂（或改性酚醛树脂）等作为主要组分。如用于飞机结构部件粘接的环氧-丁腈型胶黏剂。

② 非结构胶黏剂　为不能传递较大应力的胶黏剂。常用热塑性树脂、合成橡胶等作为主要组分。如用于电子工业的硅橡胶胶黏剂。

## 5.1.4　胶黏剂的应用

合成胶黏剂既能很好连接各种金属和非金属材料，又能对性能相差悬殊的基材，如金属和塑料、水泥和木材、橡胶和帆布等，实现良好的连接。其便利性是铆接、焊接所不及的，并且工艺简单、生产效率高、成本低廉，从而合成胶黏剂的应用遍及各个工业部门。从儿童玩具生产、工艺美术品的制作到飞机、火箭、人造卫星的制造等，到处都可以找到胶黏剂的应用。至今，从应用的角度统计，木材加工业、建筑和包装行业仍为胶黏剂的大宗消费对象，其用量接近全部用途的 90%。其次是纺织、密封、腻子、汽车、航天、航空、民用制品（如，制鞋、服装、地毯……）等，各国的消费结构不尽相同。另外，胶黏剂在机械维修和磨损部件尺寸修复方面也发挥着很大的作用。

胶黏剂最早应用于木材加工部门。木材有一个很重要的特性，即沿木纹的纵向强度要比横向强度大好几倍，如将木材切成薄片，按纹理的纵横交错粘接起来做成胶合板，可以提高木材性能，增加其应用范围。利用胶黏剂还可将木材加工中的下脚料（如刨花、木屑等）压制成各种纤维板、木屑板等板材。合成胶黏剂为木材资源的综合利用开辟了新途径。常用的木材胶黏剂有如下几大类：脲醛树脂、酚醛树脂、三聚氰胺、间苯二酚-甲醛、聚乙酸乙烯酯乳液、氯丁胶等。聚乙酸乙烯酯乳液各国的用量都相当可观，而且发展较快。值得注意的是，目前各国对木材用胶中存在的甲醛公害问题十分关注。

在建筑方面，胶黏剂的消耗量主要用于室内装饰和密封两个方面。例如大理石、瓷砖、天花板、塑料护墙板、塑料地板等都可以根据不同的材质选用聚乙酸乙烯酯、聚丙烯酸酯、氯丁橡胶、环氧树脂、聚酯等胶黏剂；在潮湿的条件下可用聚硅烷。另外，预构件之间的密封需要大量的胶黏剂；地下建筑的防水密封也是十分重要的，在这方面室温固化硅橡胶的应用收到了很好的效果。

在轻工业部门中，快速自动包装机的使用必须有快速固化的胶黏剂相配合；日益增加的塑料包装箱的使用，也要求更多的合成胶黏剂。包装用胶黏剂主要是用于以纸、布（包括无纺布、合成纤维织物）、木材、塑料、金属、复合材料等作包装容器的粘接。发展较快的是以橡胶、聚丙烯酸酯为基料的压敏胶和以低分子量聚乙烯、乙烯-醋酸乙烯（EVA）等为基料的热熔胶，以及聚醋酸乙烯酯乳液等。此外，在制鞋和皮革工业中也可以用黏合代替缝合，其常用的胶黏剂有氯丁橡胶浆（叔丁基酚醛改性）、接枝氯丁胶和聚氨酯胶等。在体育用具、乐器、文具、日用百货、文物的修复和古迹的保护中，合成胶黏剂的使用也是十分普遍的。

在航空工业、航天工业的发展过程中，胶黏剂的使用更有其举足轻重的作用，胶接已经成为整个设计的基础。例如，三叉戟飞机的胶黏面积占全部连接面积的67%；一架B-58超音速轰炸机用400kg胶黏剂代替了15万只铆钉；人造地球卫星、载人宇宙飞船的发射和返回，壳体穿过大气层时表面温度高达上千摄氏度，需耐高温的烧蚀材料同金属壳体之间的连接，用铆和焊是无法办到的，只有靠胶。

在医学上，合成胶黏剂也展示出了十分诱人的前景。用合成胶黏剂作为填充料预防和治疗龋齿，用粘接法代替传统补牙已十分普遍；用胶黏剂黏合皮肤、血管、骨骼和人工关节等应用均已有报道。

在电子工业和仪器仪表的制造中，除了使用一般性的胶接、定位胶黏剂外，还使用了许多具有特殊性的胶黏剂。例如，用导电胶可以代替原来的锡焊连接；在光学仪器中，透镜和元件之间的组合用一定折射率的透明胶黏合，可以达到折射率匹配，降低因界面反射所引起的能量损失；在真空系统中，已广泛采用真空密封胶来密封和堵漏。实际上，胶黏剂不仅广泛应用于当今产业社会的各个方面，而且作为家庭用品也已相当普及，在此不一一列举。

## 5.2　胶结的基本原理

胶接是两个不同的物体在接触时发生的相互作用，是一门边缘科学，它涉及表面与界面的化学和物理以及胶接接头的形变和断裂的力学等问题。本节的目的是希望学生通过本节的学习了解胶接接头这一体系，为理解胶黏剂胶接及胶接技术的发展提供基础。

### 5.2.1　胶接界面

胶接接头是由胶黏剂与被粘物表面依靠黏附作用形成的。胶接接头在应力-环境作用下会逐渐发生破坏，其破坏程度取决于应力、温度、水及其他有害介质等环境因素和胶接体系抵抗应力-环境作用的能力。但是对于胶接接头是怎样形成的，又是怎样破坏的，至今尚没有成熟的理论，主要原因之一是被粘物表面及其与胶黏剂之间的界面极其复杂。

图 5-1 为胶接界面的示意图。胶接界面由被粘物表面（如金属氧化物）及其吸附层（如空气、水、杂质）和靠近被粘物表面的底胶或胶黏剂组成。

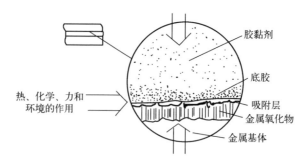

图 5-1　胶接界面示意图

胶接界面具有下列特性：界面中胶黏剂/底胶和被粘物表面以及吸附层之间无明显边界；界面的结构、性质与胶黏剂/底胶或被粘表面的结构、性质是不同的，这些性质包括强度、模量、膨胀性、导热性、耐环境性、局部变形和抵抗裂纹扩展等；界面的结构和性质是变化的，随物理、力学和环境的作用而变化，并随时间而变化。

胶接界面的结合包含物理结合和化学结合。物理结合指机械联结及范德瓦耳斯力（偶极力、诱导偶极力、色散力和氢键）；化学结合指共价键、离子键和金属键。各种作用力的能量见表 5-4。

表 5-4　各种原子-分子作用力的能量

| 类型 | 作用力 | 原子间距离/nm | 能量/(kJ/mol) | 类型 | 作用力 | 原子间距离/nm | 能量/(kJ/mol) |
|---|---|---|---|---|---|---|---|
| 范德瓦耳斯力 | 偶极力 | 0.3~0.5 | <21 | 化学键 | 离子键 | 0.1~0.2 | 590~1050 |
| | 诱导偶极力 | 0.3~0.5 | <2 | | 共价键 | 0.1~0.2 | 63~710 |
| | 色散力 | 0.3~0.5 | <42 | | 金属键 | 0.1~0.2 | 113~347 |
| | 氢键 | 0.2~0.3 | <50 | | | | |

虽然化学键合的能量比物理键合的能量大得多，但形成化学键必须满足一定的量子化学条件，并不是胶黏剂与被粘物的每个接触点都能成键；而物理结合基本上是整个接触面的作用（除缺陷以外）。化学键抵抗应力环境作用、防止解吸附和裂纹扩展的能力要比物理键好得多。

影响界面结合的主要因素有：被粘物表面的化学状态和吸附物（气体、水、杂质）；被粘物表面的细微结构（粗糙度）；胶黏剂/底胶分子的链结构（分子量、官能团等）、黏度和黏弹性；胶黏剂/底胶/被粘物表面的相容性和各组成及其界面对应力-环境作用的稳定性；胶接工艺（包括涂胶方法、晾干温度、晾干时间、固化温度、固化压力、固化时间、升温速率和降温速率等）。

## 5.2.2　胶黏剂对被粘物表面的润湿

### 5.2.2.1　润湿的热力学问题

胶黏剂与被粘物表面胶合的前提是两者必须达到分子水平的接触。因此，胶黏剂对被粘物表面良好润湿是形成优良胶接接头的必要条件。通常，液体润湿固体的程度用接触角 $\theta$ 来衡量。图 5-2 描述了水平固体表面上的一个液

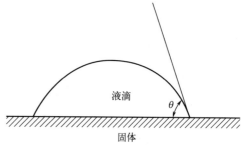

图 5-2　液滴在水平固体表面上的接触角

滴，接触角 $\theta > 90°$ 时液体不能很好润湿表面，$\theta < 90°$ 时液体能完全润湿表面。$\theta = 0°$ 时液体能在表面上自发展开。

实际的被粘物表面都不是理想平面，液体在固体表面的接触角随表面粗糙度而变化。

Wenzel 用下式表示接触角和粗糙度的关系：

$$r = \frac{\cos\theta'}{\cos\theta} = \frac{A}{A'}$$

式中，$r$ 为粗糙度系数；$A$ 为真实表面积；$A'$ 为表观表面积；$\theta$ 为真实接触角；$\theta'$ 为表观接触角。

固体表面的真实表面积 $A$ 比表观表面积 $A'$ 大得多。由上式可见，当 $\theta < 90°$ 时，$\theta' < \theta$，即易润湿的表面由于凹凸而更有利于润湿；当 $\theta > 90°$ 时，$\theta' > \theta$，这种难于润湿的表面由于凹凸而更加难润湿。

通常，表面处理的同时改变表面活性和粗糙度，因此，接触角的变化是表面几何面积变化和表面能变化两种效果的相加。在绝大多数的情况下，胶黏剂对被粘物的接触角小于 $90°$，在热力学平衡时胶黏剂均能完全浸润被粘物表面。

#### 5.2.2.2 润湿的动力学问题

固体表面是波形的、凹凸不平的，有一定的粗糙度，并有裂纹和孔隙。因此，可以近似地用毛细管结构来描述固体表面。如果把固体表面上的缝隙比作毛细管，黏度为 $\eta$，表面张力为 $\nu$ 的液体流过半径为 $R$、长度为 $L$ 的毛细管所需的时间为 $t$，依 Rideal-Washburn 公式有：

$$t = \frac{2\eta L^2}{R\nu\cos\theta}$$

因为各种有机液体的表面张力相差不会很大，低黏度的液体几秒钟之内就能充满表面上的缝隙，高黏度的液体往往需要几分钟甚至几个小时。胶黏剂对被粘物的润湿有些情况下在固化之前就完成了，有些情况下润湿在固化过程中进行。胶黏剂的黏度随着固化程度增加而不断增大，如果在完全润湿表面之前就失去流动性，那就会出现动力学不完全润湿的情况。

因此配制胶黏剂时要注意黏度问题，尤其是热熔胶。因为聚合物的熔融黏度随分子量提高而迅速增大，所以必须很好控制聚合物的分子量。有时为了降低黏度，热熔胶配方中还要加入大量的蜡。

#### 5.2.2.3 表面吸附对润湿的影响

被粘物固体表面容易吸附各种气体、水蒸气和杂质而形成吸附层。以金属为例，一般可分为工业的、清洁的和纯净的三类。工业金属表面有氧化物、防锈油、加工油、有机物和水分等；清洁金属表面有氧化物、水分；纯净金属表面是指不存在氧化物和有机物的真表面，这种表面只有在超高真空中才能存在，即使是刚镀膜的金属表面，只要在 0.0013Pa（$10^{-6}$ mmHg）真空中放置约 1s，就有氧分子参加反应而形成氧化物。

即使在固体表面上吸附了几个分子层的水或极微量的不纯物，也会改变其接触角。因此，测定接触角（$\theta$）是确认表面污染的一种有用的手段，可用来判别表面处理的效果。"水膜法"就是检验表面是否清洁的一个简便的应用实例。在处理过的金属表面上滴上水，如果表面是清洁的，水很容易润湿金属表面，形成连续的水膜。反之，如果表面有油污，则不能形成连续水膜。

### 5.2.3 黏附机理

关于胶黏剂对被粘物形成一定的黏合力的机理，至今尚不完善。现有的黏附理论，如吸附理论、机械结合理论、静电理论、扩散理论、化学键理论等，分别强调了某一种作用所做出的贡献。但是，各种作用的贡献大小是随着胶黏体系的变化而变化的。迄今还没有直接的实验方法可以测定各种作用对黏附强度的贡献。下面简要地介绍各种黏附理论。

**(1) 吸附理论** 只要胶黏剂能润湿被粘物表面，两者之间必然会产生物理吸附，并对黏附强度做出贡献。吸附理论认为胶黏剂和被粘物分子间的范德瓦耳斯力（见表5-4）对黏附强度的贡献是最重要的。在过去人们一直把分子间的相互作用分为"偶极"和"非偶极"两部分。但是根据Fowkes等的研究结果，在凝聚态下偶极作用的贡献是微不足道的，除了色散力以外，最重要的是"酸-碱"（电子受体和电子给体）相互作用。

根据计算，两个理想平面距离为1nm时，由于范德瓦耳斯力的作用，它们之间的吸引力可达$10 \sim 100$MPa；而距离为$0.3 \sim 0.4$nm时吸引力可达$100 \sim 1000$MPa。因此，只要胶黏剂能完全润湿被粘物的表面，分子之间的范德瓦耳斯力就足以产生很高的黏附强度。

人们并不怀疑物理吸附对黏附强度的重要贡献，但是对于一个性能优良的胶接接头来说，除要有良好的力学性能外，还必须经受各种使用环境的影响。物理吸附容易受环境的影响被解吸。许多研究已经证明，水对高能表面的吸附热远远超过许多有机物。如果胶黏剂和被粘物之间仅仅发生物理吸附，则必然会被空气中的水所解吸。因此，除了物理吸附以外，研究其他的黏附机理也是十分必要的。

**(2) 机械结合理论** 胶黏剂浸透到被粘物表面的孔隙中，固化后就像许多小钩和榫头似的把胶黏剂和被粘物连接在一起，这种细微机械结合对多孔性表面更明显。

当表面孔隙里存有空气或其他气体和水蒸气时，黏度高的胶黏剂不可能把这些空隙完全填满，界面上这种未填满的空洞将成为缺陷部分，破坏往往从这里开始。在航空结构胶接中，常用磷酸阳极化法制造铝合金表面的细微结构，接着喷涂低黏度的底胶，使底胶浸透表面的凹凸细微结构，然后再用与其相容的胶膜配合在一起固化，从而避免了空洞，有效地提高了胶接结构的耐久性。但机械结合理论不能解释胶黏剂对非多孔性表面的黏合。

**(3) 静电理论** 有学者提出胶黏剂与被粘物之间存在双电层，而黏附力主要由双电层的静电引力所引起，而建立静电理论的主要依据是实验测得的剥离时所消耗的能量与按双电层模型计算出的黏附功相符，但这还没有被更严格的实验数据所证明。

**(4) 扩散理论** 扩散理论是以胶黏剂与被粘物在界面处相容为依据提出的。如果被粘物也是高分子材料，认为胶黏剂与被粘物分子之间不仅是相互接触，而且存在相互扩散。在一定的条件下，由于分子或链段的布朗运动，两者在界面上发生扩散，互溶成一个过渡层，从而达到粘接。这就是说，两聚合物的胶接是在过渡层中进行的，它不存在界面，不是表面现象。

扩散理论可以解释高聚物胶接的一些现象。高聚物之间互相扩散也要考虑动力学问题，高聚物的链段运动只有在玻璃化温度$T_g$以上才具有显著的速度，整个分子链的运动必须在更高的温度下才能进行。

**(5) 化学键理论** 化学键理论认为胶黏剂与被粘物分子之间除相互作用力外，有时还有化学键产生。例如，硫化橡胶与镀铜金属的胶接界面，异氰酸酯对金属与橡胶的胶接界面，偶联剂在胶黏剂与被粘物之间的作用，均证明有化学键产生。化学键的键能比分子间的作用能高得多，它对提高胶接强度和改善耐久性都具有重要意义。但是化学键的形成并不普遍，化学键必须满足一定的量子化学条件才能产生，因此在单位面积上化学键的数目要比次价键少得多。

化学键理论在偶联剂的应用中更容易被人们接受和理解。化学键结合的耐应力环境性能更令人关注。

# 5.3 粘接工艺

## 5.3.1 胶黏剂的选择

胶黏剂品种很多，性能各异，而且被粘材质也千变万化，要想获得好的粘接效果，必须合理选用胶黏剂。选择胶黏剂的基本原则如下。

（1）根据被粘物的表面性状来选择胶黏剂　粘接多孔而不耐热的材料，如木材、纸张、皮革等，可选用水基型、溶剂型胶黏剂；对于表面致密，而且耐热的被粘物，如金属、陶瓷、玻璃等，可选用反应型热固性树脂胶黏剂；对于难粘的被粘物，如聚乙烯、聚丙烯，则需要进行表面处理，提高表面自由能后，再选用乙烯-醋酸乙烯共聚物热熔胶或环氧胶。

通常，胶接极性材料应选用极性强的胶黏剂，如环氧树脂胶、酚醛树脂胶、聚氨酯胶、丙烯酸酯胶以及无机胶等，胶接非极性材料一般采用热熔胶、溶液胶等进行。对于弱极性材料，可选用高反应性胶黏剂，如聚氨酯胶或用能溶解被粘材料的溶剂进行胶接。

一般介电常数在 3.6 以上的为极性材料；在 2.8～3.6 之间的为弱极性材料；在 2.8 以下的为非极性材料，表 5-5 列出了常用高分子材料的介电常数。

表 5-5　常用高分子材料的介电常数

| 高分子材料 | 介电常数 | 高分子材料 | 介电常数 |
|---|---|---|---|
| 聚四氟乙烯 | 2.0～2.2 | 聚砜 | 2.9～3.1 |
| 聚乙烯 | 2.3～2.4 | 聚氯乙烯 | 3.2～3.6 |
| 聚苯乙烯 | 2.73 | 聚甲基丙烯酸甲酯 | 3.5 |
| 硅橡胶 | 2.3～4.0 | 聚甲醛 | 3.8 |
| ABS | 2.4～5.0 | 尼龙 MC | 3.7 |
| 聚碳酸酯 | 3.0 | 不饱和聚酯 | 3.4 |
| 尼龙 6 | 4.1 | 脲醛树脂 | 6.0～8.0 |
| 聚酰亚胺 | 3.0～4.0 | 聚氨酯弹性体 | 6.7～7.5 |
| 双酚 A 环氧 | 3.9 | 丁腈橡胶 | 6.0～14 |
| 酚醛树脂 | 4.5～6.3 | 氯丁橡胶 | 7.3～8.5 |
| 聚乙烯醇缩丁醛 | 5.6 | | |

（2）根据胶接接头的使用场合来选择胶黏剂　胶接接头的使用场合，主要指其受力的大小、种类、持续时间、使用温度、冷热交变周期和介质环境。对于粘接强度要求不高的一般场合，可选用价廉的非结构胶黏剂；对于粘接强度要求高的结构件，则要选用结构胶黏剂；要求耐热和抗蠕变的场合，可选用能固化生成三维结构的热固性树脂胶黏剂；冷热交变频繁的场合，应选用韧性好的橡胶-树脂胶黏剂；要求耐疲劳的场合，应选用合成橡胶胶黏剂；对于特殊要求的考虑，如电导率、热导率、导磁、超高温、超低温等，则必须选择供这些特殊应用的胶黏剂。例如，被粘工件在 $-70$℃ 以下使用，就要选择耐低温或超低温胶黏剂，如环氧-聚氨酯胶、聚氨酯胶和环氧-尼龙胶等；普通环氧树脂胶、$\alpha$-氰基丙烯酸酯胶和氯丁胶等只能粘接在 100℃ 以下使用的工件；如果粘接 100～200℃ 以下使用的工件，胶黏剂可选用耐热环氧树脂或酚醛-丁腈胶；而粘接在 200～300℃ 使用的工件时，可选择聚酰亚胺胶或聚苯并咪唑胶。

**（3）根据胶接的成本来合理选择胶黏剂**　被选用的胶黏剂应成本低、效果好，整个工艺过程经济。

### 5.3.2　胶黏剂配方的影响因素

胶黏剂的力学性能与胶接强度之间的内在联系，是胶黏剂配方设计需要了解的重要问题之一。除胶接界面结合力外，胶接强度与胶层内聚强度（即胶黏剂的强度）有关。因此，要制备高强度胶接接头就必须配制高强度的胶黏剂。为了使胶黏剂具备综合的力学性能，人们展开了对胶黏剂各种成分复杂的配方的研究。为了清楚起见，现把一些影响胶黏剂配方性能的因素粗略地加以归纳并列入表 5-6 中。

表 5-6　胶黏剂配方中各种因素的影响

| 影响因素 | 第一方面的影响 | 第二方面的影响 |
|---|---|---|
| 聚合物分子量提高 | ①机械强度提高<br>②低温韧性提高 | ①黏度提高<br>②浸润速度减慢 |
| 高分子的极性增加 | ①内聚力提高<br>②对极性表面黏附力提高<br>③耐热性增加 | ①耐水性下降<br>②黏度增加 |
| 交联密度提高 | ①耐热性提高<br>②耐介质性提高<br>③蠕变减少 | ①模量提高<br>②延伸率降低<br>③低温脆性增加 |
| 增塑剂用量增加 | ①抗冲击强度提高<br>②黏度下降 | ①内聚强度下降<br>②蠕变增加<br>③耐热性急剧下降 |
| 增韧剂用量增加 | ①韧性提高<br>②抗剥离强度提高 | 内聚强度及耐热性缓慢下降 |
| 填料用量增加 | ①热膨胀系数下降<br>②固化收缩率下降<br>③使胶黏剂有触变性<br>④成本下降 | ①硬度增加<br>②黏度增加<br>③用量过多使胶黏剂变脆 |
| 加入偶联剂 | ①黏附性提高<br>②耐湿热老化提高 | 有时耐热性下降 |

另外，要使胶黏剂具有最佳性能，准确称取胶的各组分是十分重要的。例如，若固化剂用量不够，则胶黏剂固化就不完全。固化剂用量太大，又会使交联密度提高致使材料综合性能变差。所以，一般称取各组分时相对误差最好不要超过 2%～5%，以保证较好的胶接性能。也有一些例外，如环氧-低分子量聚酰胺胶黏剂、914 室温快干胶等，其称量要求就不十分严格，只需要目测差不多就不会对强度产生很大影响。

### 5.3.3　粘接工艺步骤

粘接工艺步骤是利用胶黏剂把被粘物连接成整体的操作步骤，其过程是：首先对被粘零件的待粘表面进行修整，使之配合良好；其次根据材质及强度的要求，对被粘表面进行不同的表面处理；然后涂布胶黏剂，将被粘表面合拢装配；最后通过物理或化学方法固化，就实现了胶接连接。其具体步骤如下。

**（1）表面处理**　被粘接材料及其表面是多种多样的，有金属的也有非金属的，有极性的也有非极性的，有光滑或致密的表面也有粗糙或多孔的表面，有洁净、坚硬的表面也有沾污、疏松的表面，等。为了获得胶接强度高、耐久性能好的胶接制品，就必须对各种胶接表面进行适宜的处理。其表面处理的基本原则有：①设法提高表面能；②增加粘接的表面积；③除去粘接表面上的污物及疏松层。表面处理的方法主要有：①溶剂及超声波清洗法；②机械处理法；③化学处理法；④放电法（对高分子材料）等。

**(2)** 胶黏剂的涂布　生产上最常用的是刷涂法，此外还有辊涂法和喷涂法等。一般平面零件可用辊涂法。薄胶层涂布宜用喷涂法，采用静电场喷涂可节省消耗和改善劳动条件。热熔胶的涂布可采用热熔枪。胶膜一般用手工敷贴；采用热压粘贴可以提高贴膜质量。

**(3)** 胶黏剂的固化　胶黏剂首先是以液体状态涂布的，并浸润于被粘物表面。然后通过物理的方法（例如溶剂挥发、乳液凝聚、熔融体冷却等方法）而固化，亦可通过化学方法使胶黏剂分子交联成体型结构的固体而固化。化学方法固化还可分为室温固化和加热固化两种。为了节省能源和快速固化，有些已在生产中采用辐射固化的新工艺，例如，利用紫外线、电子束等辐射固化。

## 5.4 合成树脂黏合剂

### 5.4.1 热塑性树脂胶黏剂

热塑性树脂胶黏剂常为一种液态胶黏剂，通过溶剂挥发、熔体冷却，有时也通过聚合反应，使之变成热塑性固体而达到粘接的目的。其力学性能、耐热性和耐化学性均比较差，但其使用方便，有较好的柔韧性。表 5-7 列出了常用热塑性树脂胶黏剂的特性及用途。

表 5-7　常用热塑性树脂胶黏剂的特性及用途

| 胶黏剂 | 特性 | 用途 |
|---|---|---|
| 聚醋酸乙烯酯 | 无色,快速粘接,初期黏度高,但不耐碱和热,有蠕变性 | 木料、纸制品、书籍、无纺布、发泡聚乙烯 |
| 乙烯-醋酸乙烯酯树脂 | 快速粘接,蠕变性低,用途广,但低温下不能快速粘接 | 簿册贴边、包装封口、聚氯乙烯板 |
| 聚乙烯醇 | 价廉、干燥好、挠曲性好 | 纸制品、布料、纤维板 |
| 聚乙烯醇缩醛 | 无色、透明、有弹性、耐久,但剥离强度低 | 金属、安全玻璃 |
| 丙烯酸树脂 | 无色、挠性好、耐久,但略有臭味、耐热性低 | 金属、无纺布、聚氯乙烯板 |
| 聚氯乙烯 | 快速粘接,但溶剂有着火危险 | 硬质聚氯乙烯板和管 |
| 聚酰胺 | 剥离强度高,但不耐热和水 | 金属、蜂窝结构 |
| $\alpha$-氰基丙烯酸酯 | 室温快速粘接、用途广,但不耐久、粘接面积不宜大 | 机电部件 |
| 厌氧性丙烯酸双酯 | 隔绝空气下快速粘接,耐水、耐油,但剥离强度低 | 螺栓紧固、密封 |

按固化机理，热塑性树脂胶黏剂又可分为：靠溶剂挥发而固化的溶剂型胶黏剂，靠分散介质挥发而凝聚固化的乳液型胶黏剂，靠熔体冷却而固化的热熔型胶黏剂，靠化学反应而快速固化的反应型胶黏剂。

热塑性树脂胶黏剂的玻璃化温度是影响热塑性胶黏剂性能的指标之一。玻璃化温度高于室温的树脂，作为胶黏剂使用时，粘接力低，形成的粘接层发硬发脆；反之，玻璃化温度大大低于室温的树脂，粘接层在室温下柔软，挠曲性、成膜性能好，粘接力也高。

这里只重点讨论热塑性树脂胶黏剂中的几个主要品种。

### 5.4.1.1 聚醋酸乙烯酯黏合剂

聚醋酸乙烯酯是醋酸乙烯酯的聚合物，其结构为：

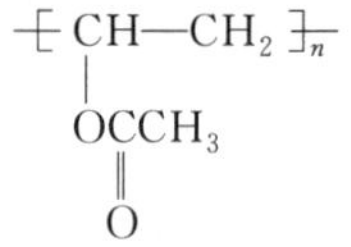

$$\begin{array}{c} \displaystyle \left[\!\!\begin{array}{c}CH{-}CH_2\\ |\\ OCCH_3\\ \|\\ O\end{array}\!\!\right]_n \end{array}$$

醋酸乙烯酯聚合是自由基反应机理，自由基通常由有机过氧化物分解而产生，例如过氧化苯甲酰或过氧化氢；或者无机过酸盐，如过硫酸钾、过硫酸铵都常作聚合反应的引发剂。反应一般需要在室温以上进行。聚合方法有本体聚合、溶液聚合和乳液聚合等。目前生产量最大的是乳液聚合。聚醋酸乙烯酯是无臭、无味、无毒的热塑性聚合物，基本上是无色透明的。其玻璃化温度为 $25\sim28℃$；线膨胀系数为 $8.6\times10^{-5}℃^{-1}$，吸水率为 $2\%\sim3\%$；密度（$20℃$）为 $1.19g/cm^3$。聚醋酸乙烯酯可配制乳液胶黏剂、溶液胶黏剂、热熔胶及醋酸乙烯共聚物胶黏剂，下面分别简述如下。

**(1) 聚醋酸乙烯酯乳液胶黏剂** 这是合成树脂乳液胶黏剂中生产最早、产量最大的品种。大部分聚醋酸乙烯酯胶黏剂是以乳液的形式来使用的，它具有一系列明显的优点：①乳液聚合物的分子量可以很高，因此机械强度很好；②与同浓度溶剂胶黏剂相比，黏度低，使用方便；③以水为分散介质，成本低、无毒、不燃。

聚醋酸乙烯酯乳液的合成工艺可大体描述为：在水介质中，以聚乙烯醇（PVA）作保护胶体，加入阴离子或非离子型表面活性剂（或称乳化剂），在一定的 pH 值时，采用游离基型引发系统，将醋酸乙烯酯进行乳液聚合。反应及结构示意如下：

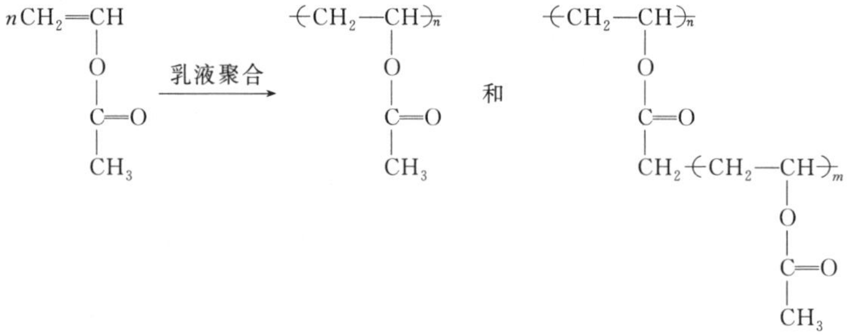

聚合反应时，乳化剂、保护胶体及引发剂的品种和用量与聚合温度、pH 值及单体的加入方式等有关，并对聚合物乳液的性质如黏度、乳液粒径、稳定性等均有影响，应根据需要而加以选择。一般来说，乳化剂和保护胶体的类型和用量对乳液性能影响较显著，如果所选类型和配伍不适当，就不可能得到均相乳液；用量过多时也将降低胶膜的耐水性，过少时乳液稳定性差，在运输、贮存或应用过程中可能产生分层或凝集。乳化剂除了有使乳胶粒分散的作用外，还可降低乳液的表面张力，使乳液在使用时易于润湿被粘基材的表面；但有些乳化剂易引起泡沫，在使用中会带来问题，因此，配制胶黏剂时需加入消泡剂。反应温度、搅拌速度等因素也对乳液粒径有较明显的影响，而乳液粒径的大小对乳液的黏度及稳定性又有直接影响。通常，细颗粒乳液具有较高的黏度，在贮存和应用时较稳定。大颗粒乳液结果相反。聚合体系中 pH 值影响着单体在水中的溶解度、乳化剂的胶束状态、引发剂的分解速率与反应速率等，因此，反应时需加入 pH 调节剂，如磷酸盐、碳酸盐、醋酸盐等。而最后乳液的 pH 值是个重要指标，因为与配制胶黏剂时采用什么样的添加剂及改性剂有关，否则不仅影响胶液的贮存稳定性，还会影响最后的粘接强度和使用情况。

在聚醋酸乙烯酯乳液中加入不同的增塑剂、填料、增黏剂、溶剂等添加物，即可调制成适合不同用途的胶黏剂。加入适量的增塑剂能提高胶膜的柔性和耐水性，并能提高乳液的湿态黏性和胶接强度。但是增塑剂用量过大，会使胶膜的蠕变增加。最普通的增塑剂是邻苯二甲酸二丁酯类。加入填料，可以在基本不影响性能的基础上降低成本，例如高岭土、轻质碳酸钙、淀粉衍生物等。甲基纤维素、明胶、聚丙烯酸盐、PVA、糊精等均可作增黏剂，一般以 PVA 作保护胶体制得的乳液均有足够高的黏度，不加入增黏剂也可使用。加入溶剂能提高稠度和黏性，还能降低成膜温度，使胶膜更加致密，并提高其耐水性，一般用甲苯、氯代烃或酯类作溶剂。消泡剂可采用醇类化合物，硅油也是十分有效的消泡剂。此外，为了防止发霉必须加入一些防腐剂。常用的防腐剂有甲醛、苯酚、季铵盐等化合物。

**【配方】**

| | | | |
|---|---|---|---|
| 聚醋酸乙烯酯乳液 | 100 份（质量） | 填料 | 30～50 份 |
| DBP | 8～10 份 | 溶剂 | 5 份 |

其质量指标一般为：固含量 45%～50%，pH 值 4～6，颗粒 0.5～5.0 $\mu m$，黏度为 1～2Pa·s。

这类胶黏剂适宜于胶接多孔性、易吸水的材料。它的固化过程大致如下：胶接之后由于乳液中的水渗透或扩散到多孔性材料中，并逐渐挥发而使乳液的浓度不断增大，表面张力的作用使聚合物析出。环境温度与胶膜性质有很大关系。每种乳液都有一个最低的成膜温度。使用乳液胶黏剂时环境温度不能低于最低成膜温度。不含增塑剂的聚醋酸乙烯酯乳液胶的最低成膜温度为 20℃，增塑剂能降低成膜温度。

使用聚醋酸乙烯酯乳液胶常遇到的主要问题是耐水性不够和蠕变较大。提高耐水性和降低蠕变的有效办法是加入交联剂。由于聚醋酸乙烯酯聚合时一部分酯基被水解，使其分子中含有羟基。因此可用乙二醛作其交联剂，使羟基和醛基反应生成缩醛；也可用二羟甲基脲、脲醛树脂、三聚氰胺树脂、酚醛树脂、丙酮-甲醛缩合物以及金属盐类作为聚醋酸乙烯酯的交联剂。

聚醋酸乙烯酯乳胶主要用于胶接纤维素质材料，如木材、纸制品。在家具制造、门窗组装、橱柜生产及建筑施工上，尤其在现场砌铺塑料地面、塑料墙纸的施工中普遍使用。与脲醛树脂并用，不仅可以降低成本，而且还可以提高其抗水性和耐热性。

**(2) 醋酸乙烯共聚物胶黏剂**　聚醋酸乙烯是一种刚性的材料。增加其柔韧性既可以通过与增塑剂共混得到，也可以与适当的单体共聚合而得到。当一种均聚物用一种增塑剂或溶剂共混而成为柔韧性胶黏剂时，增塑剂的渗出，会使生成的胶接力逐渐减弱而老化。当聚醋酸乙烯乳液用共聚单体进行内部增韧时，这种增塑作用将是持久的而不会渗出。这是由于共聚单体是聚合物主链的一部分，常有侧链基团，这样就增加了链的旋转自由度，从而引起聚合物软化，使聚合物对塑料表面的胶接作用较好。

常用来与醋酸乙烯进行共聚的单体有乙烯、氯乙烯、丙烯酸、丙烯酸酯、顺丁烯二酸酯等。共聚单体在聚合物中的比例从百分之几到 70%。共聚物胶黏剂也有乳液、溶液和热熔胶等形式。表 5-8 是一些醋酸乙烯共聚物胶黏剂的特性和用途。

**表 5-8　醋酸乙烯共聚物胶黏剂的特性和用途**

| 共聚单体 | 性能特点 | 主要用途 |
|---|---|---|
| 乙烯 | 提高柔性，提高耐水性，提高对非极性表面的黏附力 | 胶接金属、塑料、木材、纸制品 |
| 氯乙烯 | 提高对塑料的黏附力 | 胶接塑料、织物、纸制品 |
| 丙烯酸酯或顺丁烯二酸酯 | 提高柔性 | 胶接塑料、织物、木材、纸制品、金属 |
| 丙烯酸 | 提高对金属的黏附力，胶膜能溶于碱 | 装订 |

### 5.4.1.2　聚乙烯醇及其缩醛胶黏剂

**(1) 聚乙烯醇胶黏剂**　聚乙烯醇（PVA）产品都用聚醋酸乙烯酯作为起始原料（所谓理论单体乙烯醇 $CH_2{=}CHOH$ 并不存在）。聚醋酸乙烯酯转化为 PVA 采用碱性催化的甲醇醇解工艺，氢氧化钠是常用的碱。

$$\text{+\!\!-CH_2CH\!\!-\!\!}_{\overline{n}} \quad \xrightarrow{\text{水解}} \quad \text{+\!\!-CH_2\!\!-\!\!CH\!\!-\!\!}_{\overline{n}}$$
$$\qquad\quad | \qquad\qquad\qquad\qquad\quad |$$
$$\quad OCOCH_3 \qquad\qquad\qquad\qquad OH$$

醋酸乙烯酯聚合是由常规的工艺方法完成的，例如溶液聚合、本体聚合或乳液聚合。溶液聚合最受欢迎，因为后面的醇解反应还需要加入溶剂。

PVA 的水解度由醇解过程来控制，而与分子量无关。若甲醇醇解完全，则 PVA 就能完全水解。水解的程度与水的加入量成反比关系。加水的缺点是增加了副产物醋酸钠的生成，它作为灰分存在于商品 PVA 中。醇解反应可以在一种高速搅拌的浆状下进行，生成一种很细的沉淀物，再用甲醇洗涤、过滤和干燥。醇解工序产生的醋酸甲酯是一种副产物。

聚乙烯醇的性质取决于原始聚醋酸乙烯酯的结构和水解程度，见表 5-9。

表 5-9　聚乙烯醇类型的选择

| 用途要求 | 选用型号 | 聚合度 | 水解度/% | 性能特点 |
|---|---|---|---|---|
| 耐水要求很高的胶黏剂 | 17-99 | 1700 | ＞99.8 | 高强度 |
|  | 15-100 | 1500 | ＞99.5 | 高耐水性 |
| 耐水胶黏剂 | 05-100 | 500 | ＞99 | 耐水性好,胶黏剂稳定性好 |
| 再分散型乳液胶黏剂 | 05-88 | 500 | 88±2 | 易溶于水 |
|  | 09-88 | 900 | 88±2 |  |
|  | 10-88 | 1000 | 88±3 |  |
|  | 12-88 | 1200 | 88±2 |  |
|  | 15-88 | 1500 | 88±4 |  |
|  | 17-88 | 1700 | 88±2 |  |
|  | 20-88 | 2000 | 88±2 |  |
| 高固体含量胶黏剂 | 05-75 | 500 | 73～75 | 低黏度 |
| 高黏度胶黏剂 | 30-88 | 3000 | 88±2 | 高黏度 |
|  | 24-88 | 2400 | 88±2 | 触变性好 |

水解度 99.7%～100% 的 PVA 是高度结晶的聚合物，耐水性相当好；水解度 87%～89% 的 PVA 对水最敏感，易溶于水；而水解程度进一步下降时，对水敏感性又降低。

聚乙烯醇胶黏剂通常以水溶液的形式使用。在胶液中还需添加填料、增塑剂、防腐剂及熟化剂等配合剂。填料可以降低成本、调节胶接速度和固化速度。可用作填料的有淀粉、松香、黏土、钛白粉等。增塑剂如甘油、聚乙二醇、山梨醇、聚酰胺、尿素衍生物等，能够增加胶膜的柔性。为了提高 PVA 的耐水性，可以使它交联熟化，交联后的 PVA 不再溶解。能使 PVA 交联的有无机物如硫酸锌、硼酸以及多元有机酸和醛类化合物等。加热也能使聚乙烯醇熟化。

聚乙烯醇能形成坚韧透明的膜，这种膜具有很高的拉伸强度和耐腐蚀性。它的隔绝氧的特性（干燥膜）在现有的聚合物中是最令人惊奇的；它是优异的胶黏剂，且具有较高的耐溶剂、耐油和耐动物油脂的性能。PVA 主要用于纺织上胶和黏合纸制品，也大量用于建筑、医院洗衣袋用水溶性薄膜、化妆品乳化剂、避免强擦洗时擦伤表面的暂时性保护膜、木材、皮革加工等方面。

**（2）聚乙烯醇缩醛胶黏剂**　聚乙烯醇与醛类进行缩醛化反应即可得到聚乙烯醇缩醛。反应式如下：

$$\text{\footnotesize $\wwwww$CH}_2-\text{CH}-\text{CH}_2-\text{CH}\text{\footnotesize $\wwwww$} + \text{RCHO} \longrightarrow \text{\footnotesize $\wwwww$CH}_2-\text{CH}-\text{CH}_2-\text{CH}\text{\footnotesize $\wwwww$}$$

工业中最重要的缩醛品种是聚乙烯醇缩甲醛和聚乙烯醇缩丁醛。

聚乙烯醇缩甲醛的溶解性能决定于分子中羟基的含量。缩醛度为 50％时，可溶于水并配制成水溶液胶黏剂，市售的 106 和 107 胶黏剂就属于这种类型。缩醛度很高时不溶于水，而溶于有机溶剂中。

聚乙烯醇缩丁醛是安全玻璃层压制造最常用的胶黏剂，它既要求光学透明，又要求结构性能和黏合性能。聚乙烯醇缩醛对玻璃的黏附能力与缩醛化程度有密切的关系。适用于配制安全玻璃胶黏剂的是高分子量的缩醛化程度为 70％～80％、自由羟基占 17％～18％的聚乙烯醇缩丁醛。

聚乙烯醇缩甲醛的韧性不如聚乙烯醇缩丁醛，但耐热性比聚乙烯醇缩丁醛好。聚乙烯醇缩醛作为一般的热熔胶的主体树脂用得不多，主要是因为价格太高。但常和硝化纤维素、酚醛树脂、脲醛树脂等相配合，以改善这些树脂的韧性。如工业上具有重要意义的酚醛-缩醛胶黏剂。

### 5.4.1.3　丙烯酸胶黏剂

丙烯酸胶黏剂是指以丙烯酸、甲基丙烯酸及其酯类为主体的聚合物或共聚物所配制成的胶黏剂。通过不同配比的单体和不同形式的聚合方法，可制取热塑性或热固性的胶黏剂用树脂，其形态有乳液、溶液和液体树脂。丙烯酸胶黏剂的特点是：无色透明，成膜性好，能在室温下快速固化，使用方便，粘接强度高，耐一般酸、碱介质，耐老化性优良，适用于多种材料的粘接。

**（1）α-氰基丙烯酸酯胶黏剂**　α-氰基丙烯酸酯 $\left(\text{H}_2\text{C}=\text{C}\begin{smallmatrix}\text{CN}\\[2pt]\text{COOR}\end{smallmatrix}\right)$ 胶黏剂俗称快干胶或瞬干胶。由于强吸电子的氰基和酯基的存在，这类单体很容易在水或弱碱的催化作用下进行阴离子型聚合，成为一类快速固化的胶黏剂。α-氰基丙烯酸酯的酯基碳链越长，其固化产物的韧性和耐水性越好，但胶接强度也越差。通用品种以 α-氰基丙烯酸乙酯为主，医用品种有 α-氰基丙烯酸丁酯和 α-氰基异辛酯。

各种 α-氰基丙烯酸酯都是无色透明的液体，为了配制成便于贮存和使用的胶黏剂，必须在 α-氰基丙烯酸酯单体中加入其他的辅助成分。单体的贮存稳定性与水分含量有密切的关系，含水量超过 0.5％的单体是很不稳定的。为了防止贮存时发生聚合，需要加入一些酸性物质作稳定剂，常用的是二氧化硫（用量约为 60mg/kg）。此外醋酸铜、五氧化二磷、对甲苯磺酸、二氧化碳等也可用作稳定剂。α-氰基丙烯酸酯也有可能发生自由基型聚合反应，所以单体贮存时还必须加对苯二酚之类的阻聚剂（用量为 $100\sim500\,mg/kg$）。$\alpha$-氰基丙烯酸酯黏度很小，流动性太大，使用时胶黏剂容易流失（胶黏剂对皮肤有很强的黏附性，可能存在不安全因素），需加入一些高分子化合物作为增稠剂。例如，添加 $5\%\sim10\%$ 有机玻璃模塑粉，能使黏度显著提高，而胶接强度却没有明显下降。

为了提高 $\alpha$-氰基丙烯酸酯胶黏剂的韧性，还可以在配方中加入适量的增塑剂，如磷酸三甲酚酯、邻苯二甲酸二丁酯等。此外，还可加入多官能团的单体（如丙烯酸丙烯酯、邻苯二甲酸二丙烯酯等）进行共聚，提高胶黏剂的耐热性。

目前主要的国产 $\alpha$-氰基丙烯酸酯胶黏剂的牌号与性能见表 5-10。

表 5-10　$\alpha$-氰基丙烯酸酯胶黏剂的牌号与性能

| 牌号 | 成分 | 抗拉强度（钢-钢）/$(kgf/cm^2)$ | 主要用途 |
|---|---|---|---|
| KH-501 | $\alpha$-氰基丙烯酸甲酯<br>阻聚剂<br>稳定剂 | >250 | 金属、非金属材料胶接 |
| 502 | $\alpha$-氰基丙烯酸乙酯<br>聚甲基丙烯酸甲酯<br>磷酸三甲酚酯<br>阻聚剂<br>稳定剂 | >250 | 金属、非金属材料胶接 |
| 504 | $\alpha$-氰基丙烯酸丁酯<br>阻聚剂<br>稳定剂 | >150 | 医用 |
| 661 | $\alpha$-氰基丙烯酸异丁酯<br>阻聚剂<br>稳定剂 | >150 | 医用 |

注：$1\,kgf/cm^2=9.8\times10^4\,Pa$。

$\alpha$-氰基丙烯酸酯胶黏剂在使用时，应先将胶黏剂涂于经过处理的被粘物表面上，涂胶量以 $4\sim6\,mg/cm^2$ 为宜，在空气中晾置 5s 至几分钟，然后叠合在一起并加以接触压力。几分钟之内就可以粘住，$24\sim48\,h$ 内可以达到最高强度。如果胶接之后在 $70\sim100\,℃$ 进行后处理，强度还能显著提高。

该类胶的使用温度范围为 $-50\sim70\,℃$。耐介质性与被粘物种类有密切的关系。一般认为胶接金属、玻璃等材料，其耐酸碱、耐水和耐大气老化是不好的；但是胶接橡皮在自来水中浸泡一年之后，强度没有明显下降。

聚氰基丙烯酸酯类能溶于二甲基甲酰胺或硝基甲烷中，聚氰基丙烯酸乙酯及高级醇酯还能溶于丙酮、甲乙酮等溶剂中。所以胶接接头不能与这些溶剂接触。相反，如果胶接得不合适时，可用这些溶剂把胶去除。

$\alpha$-氰基丙烯酸酯具有一些不愉快的气味，对眼睛、鼻黏膜有刺激作用，大量使用时应注意通风。

总的说来，$\alpha$-氰基丙烯酸酯胶黏剂具有以下优点：①单组分、无溶剂、使用方便；②粘接速度快；③黏度低，润湿性好，用胶量少，胶层透明；④对多种材料具有良好的胶黏强度等。但也有一些缺点，主要是：①不宜大面积使用；②胶接金属、玻璃等极性表面，耐温、耐水和耐极性溶剂较差；③较脆，胶接刚性材料时不耐震动和冲击；④价格较贵。

$\alpha$-氰基丙烯酸酯胶黏剂应用面很广，可用于胶接金属、玻璃、陶瓷、宝石、有机玻璃、硫化橡皮、硬质塑料等多种材料。例如 KH-501 和 KH-502 常用于胶接仪器、仪表，制作工艺品，定位，机器的修复等方面；504 和 661 常用于止血，黏合皮肤，连接血管、骨骼等方面。

**(2) 丙烯酸酯胶黏剂** 丙烯酸酯类胶黏剂通过不同单体的聚合或共聚可制得许多品种。常用的丙烯酸酯单体有丙烯酸的甲酯、乙酯、丁酯和异辛酯，甲基丙烯酸甲酯，其他尚有丙烯酸、丙烯腈和丙烯酰胺等。工业上大多采用在引发剂的存在下加热，进行自由基型聚合的反应。其反应可示意如下：

$$x\,CH_2{=}CH{\atop\underset{COOR}{|}} \quad +\quad y\,CH_2{=}C{\atop\underset{COOCH_3}{\overset{CH_3}{|}}} \quad +\quad z\,CH_2{=}CH{\atop\underset{COOH}{|}} \quad \longrightarrow$$

$$\left[CH_2CH\right]_x{\atop\underset{COOR}{|}} \quad \left[CH_2C\right]_y{\atop\underset{COOCH_3}{\overset{CH_3}{|}}} \quad \left[CH_2{-}CH\right]_z{\atop\underset{COOH}{|}}$$

丙烯酸酯胶黏剂可以制成各种物理形态，如乳液型、溶液型和反应性液体型等。下面分别作一简述。

① 丙烯酸酯乳液胶黏剂 这类胶黏剂的特性是粘接力强、成膜呈透明、耐光老化性好、耐皂洗、耐磨、胶膜柔软。作为浆料用的乳液在应用前可加入少量氨水、丙烯酸钠或甲基纤维素来提高乳液的黏度。

丙烯酸酯乳液主要用于织物方面，如作为无纺布用黏结剂，其含固量在 30% 左右；作为印花黏结剂的含固量为 40% 左右；静电植绒用黏结剂的含固量也在 40% 左右；纤维上浆液的含固量在 15%～25% 之间。其他还可用作压敏胶液和粘接聚氯乙烯片材及皮革等。

② 丙烯酸酯溶液胶黏剂 丙烯酸酯溶液胶是以甲基丙烯酸甲酯、苯乙烯等单体共聚制得的溶液，再与不饱和聚酯、固化剂和促进剂配合而形成溶液型胶黏剂，能在常温或 40～60℃ 固化。有的也用聚甲基丙烯酸甲酯（有机玻璃）直接溶解于有机溶剂中或单体中配制成溶液胶黏剂，还可添加邻苯二甲酸二丁酯作增韧剂，这主要用于有机玻璃的粘接。

这类胶黏剂能粘接铝、不锈钢、耐热钢等金属材料。室温剪切强度可达 $19.614 \times 10^6$ Pa，耐水、耐油性好；但胶膜柔韧性较差，不宜用于经受强烈攻击的场合。使用温度可在 -60～60℃。除粘接上述材料外，尚可粘接有机玻璃、聚苯乙烯、硬聚氯乙烯、聚碳酸酯及 ABS 塑料等。

③ 反应性丙烯酸酯液体胶黏剂 这类胶黏剂在国内称为改性丙烯酸酯胶黏剂，国外叫作第二代丙烯酸酯胶黏剂，简称 SGA。是由（甲基）丙烯酸酯和弹性体配合，采用活性大的氧化-还原引发剂体系进行接枝聚合而成。

胶液一般由主剂和底胶，或者均是主剂组成的双组分胶。主剂由丙烯酸酯单体、弹性体、引发体系中的还原剂和稳定剂等组成。常用的丙烯酸酯单体有甲基丙烯酸甲酯、丙烯酸甲酯及丙烯酸羟乙酯或羟丙酯等；弹性体有氯磺化聚乙烯、丁腈橡胶、聚丁二烯、氯丁橡胶、ABS 树脂及聚氨酯等；还原剂是二甲基苯胺或二乙基对甲苯胺等；稳定剂有对苯二酚等。底胶通常是引发体系中的氧化剂，由过氧化氢异丙苯、过氧化苯甲酰及过氧化环己酮等溶解于溶剂氯仿中；有的还添加成膜剂、增塑剂等。

双主剂型则是在丙烯酸酯单体、弹性体和稳定剂的组成物中，一个主剂中加入引发体系中的氧化剂过氧化物；另一个主剂中加入促进剂如硫脲、乙烯基硫脲、环烷酸钴、抗坏血酸及叔胺等。

该胶的用法是将底胶先涂于两种被粘材料上，干燥后，再在其中之一的材料上涂上主剂，然后合拢。双主剂型胶黏剂则可将胶液各涂于被粘材料上，合拢。它们经过 $5\sim30$min 即初步固定，一天后可达较高强度。胶液也可按等量混合后立即涂胶。

改性丙烯酸酯胶黏剂具有下列优点：a. 室温固化快；b. 使用时，双组分胶剂不需称量混合，使用方便；c. 能粘接金属和非金属材料，甚至表面有油污的材料；d. 粘接强度高，抗冲击性和剥离强度高。主要用于各种铝铭牌的粘贴、瓷砖粘贴、地板砖粘贴等。适应于钢、铜、铝、玻璃、硬质 PVC、ABS 塑料、有机玻璃等金属和非金属的粘接。

**(3) 厌氧胶黏剂** 厌氧胶是丙烯酸酯树脂胶黏剂中最重要的一种类型。是一种单包装胶液，利用氧气对自由基的阻聚作用而长期贮存，在隔绝空气时由于表面的催化作用可很快固化形成牢固胶接。厌氧胶黏剂可分为非结构型和结构型两类。前一类以多缩乙二醇双甲基丙烯酸酯单体为主剂，也是目前的主要产品，用于金属件的紧固密封等；后一类以环氧树脂或二异氰酸酯的双甲基丙烯酸酯为主剂，用于金属结构件的粘接或装配等。

① 厌氧胶黏剂的组分 在厌氧胶配方中除了单体为主剂之外，还包含引发剂、促进剂、稳定剂、黏度调节剂等成分。

a. 单体 三缩四乙二醇双甲基丙烯酸酯是最为常用的单体，其分子式是：

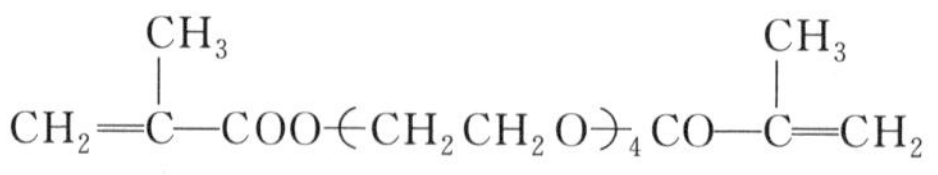

结构型厌氧胶黏剂常用的单体有二异氰酸双甲基丙烯酸烷酯或环氧树脂双甲基丙烯酸酯，其分子式分别是：

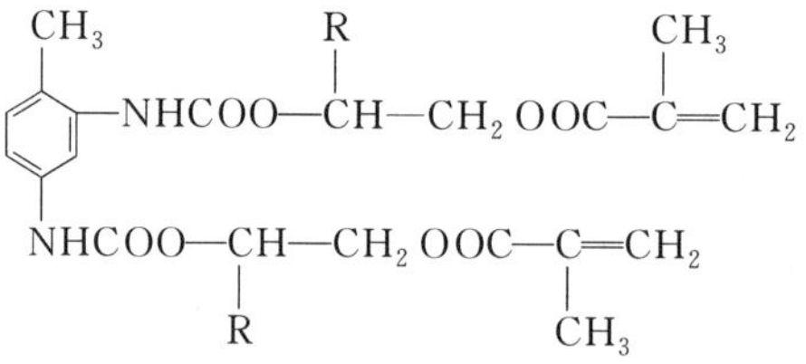

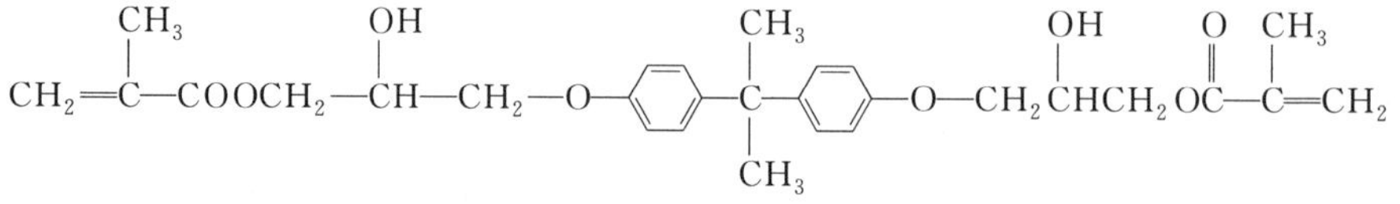

商品厌氧胶一般不只是单独使用某一种树脂，而是把几种不同结构的树脂混合起来使用，以满足一定的性能要求。

b. 引发剂 是使胶液固化的物质，加入后会使胶液的贮存期缩短。因此，要求其既不影响贮存又不减缓使用中快速固化时的引发作用，有机过氧化物具备这种特性。常用的引发剂有过氧化氢异丙苯、叔丁基过氧化氢等，一般用量为总单体量的 $2\%\sim5\%$。

c. 促进剂 能使引发剂加速分解。为了不影响贮存稳定性，可使用不含氧的潜性促进剂，在绝氧条件下能起到促进作用。通用的是胺类促进剂，以叔胺最佳，如三乙胺、$N,N$-二甲基苯胺。用量一般在 $0.3\%\sim5\%$。邻磺酰苯酰亚胺（糖精）也有促进剂作用。

d. 稳定剂 作用是延长胶液的贮存期。常用的有对苯醌等，用量为 0.01 左右。

为了配制各种黏度规格和各种胶接强度的厌氧胶，在配方中还要添加增塑剂（如多缩乙二醇二辛酯）、增稠剂（如聚苯乙烯、聚甲基丙烯酸甲酯）、触变剂（气相二氧化硅）等。配成的胶液应盛装于不透明的聚乙烯容器中，装入容器容积的一半，密闭贮存。下列举一实例：

**【配方】**

| | | | |
|---|---|---|---|
| 三缩乙二醇双甲基丙烯酸酯 | 100 份（质量） | 对苯二醌 | 200～400mg/kg |
| 过氧化氢异丙苯 | 2～3 份 | 糖精 | 0.5 份 |
| 1,2,3,4-四氢喹啉 | 0.5 份 | 其他（增稠剂、染料等） | |

上述配方用以黏合直径 10mm 的钢螺栓与螺帽，10min 后脱出力矩可达 117kgf·cm，30min 之后达到 338kgf·cm（1kgf＝9.80665N）。

② 厌氧胶黏剂的固化　厌氧胶进行自由基聚合反应时，其固化情况往往受被粘物质表面及接触氧气情况的影响。被粘物表面对厌氧胶的影响可以分为三类：清洁的铜、铁、钢、硬铝等金属表面能加速厌氧胶的固化，称为活性表面；纯铝、不锈钢、锌、镉、钛等金属表面为非活性表面；某些经过阳极化、氧化或电镀处理过的金属表面对厌氧胶的固化有抑制作用，称为抑制性表面。在非活性表面和抑制性表面上使用厌氧胶时，最好先在表面上涂表面处理剂。表面处理剂主要由固化促进剂组成。如有机酸的铜盐、2-巯基苯并噻唑或叔胺的溶液都可用作表面处理剂。热塑性塑料和多孔性材料不宜用厌氧胶黏剂胶接。

厌氧胶的固化情况还与间隙大小有关，胶接面积越大，间隙越小，则固化速度越快。胶缝一般要求小于 0.25mm。固化温度对厌氧胶的胶接有明显的影响。为了在低温下加速固化厌氧胶，可以在被粘物表面上先涂促进剂。

## 5.4.2　热固性树脂胶黏剂

热固性树脂胶黏剂是通过加入固化剂和加热，液态树脂经聚合反应交联成网状结构，形成不溶、不熔的固体而达到粘接目的的合成树脂胶黏剂，其黏附性较好。热固性树脂胶具有较好的机械强度、耐热性和耐化学性；但耐冲击和弯曲性差些。它是产量最大、应用最广的一类合成胶黏剂，主要包括酚醛树脂、三聚氰胺-甲醛树脂、脲醛树脂、环氧树脂等。表 5-11 列出了常用热固性树脂胶黏剂特性及用途。

**表 5-11　常用热固性树脂胶黏剂特性及用途**

| 胶黏剂 | 特性 | 用途 |
|---|---|---|
| 酚醛树脂 | 耐热、室外耐久；但有色、有脆性，固化时需高温加热 | 胶合板、层压板、砂纸、纱布 |
| 间苯二酚-甲醛树脂 | 室温固化、室外耐久；但有色、价格高 | 层压材料 |
| 脲醛树脂 | 价格低廉；但易污染、易老化 | 胶合板、木材 |
| 三聚氰胺-甲醛树脂 | 无色、耐水、加热粘接快速；但贮存期短 | 胶合板、织物、纸制品 |
| 环氧树脂 | 室温固化、收缩率低；但剥离强度较低 | 金属、塑料、橡胶、水泥、木材 |
| 不饱和聚酯 | 室温固化、收缩率低；但接触空气难固化 | 水泥结构件、玻璃钢 |
| 聚氨酯 | 室温固化、耐低温；但受湿气影响大 | 金属、塑料、橡胶 |
| 芳杂环聚合物 | 耐 250～500℃；但固化工艺苛刻 | 高温金属结构 |

从表 5-11 中可以看到，热固性树脂胶黏剂分常温固化和加热固化两种。两者固化均需较长时间，但加热可使固化时间缩短。在多数情况下用作胶黏剂组成的是预聚物和低分子量化合物，故粘接部分需要压紧。

这里，只重点讨论热固性树脂胶黏剂中的几个主要品种。

### 5.4.2.1　酚醛和改性酚醛树脂胶黏剂

酚醛树脂是最早用于胶黏剂工业的合成树脂。由于酚醛树脂黏合力强，耐高温，价格低廉，至今还大量地用于木材加工工业中。采用柔性聚合物改性的酚醛树脂结构胶黏剂，如酚醛-缩醛、酚醛-丁腈胶黏剂，在金属结构胶中占有很重要的位置，广泛应用于飞机、汽车和船舶等工业部门中。

**（1）酚醛树脂的结构与类型**　酚醛树脂是指由酚类和醛类缩合得到的产物。酚类包括苯酚、甲基苯酚、二甲基苯酚和间苯二酚等；醛类主要为甲醛，也有用糠醛的。最常用的是苯酚和甲醛。工业上用的酚醛树脂有两大类：线型酚醛树脂和热固性酚醛树脂。这两类酚醛树脂的制备方法、结构、性能和应用都有很大的不同，见表 5-12。

表 5-12　线型酚醛树脂和热固性酚醛树脂的比较

| 种类 | 线型酚醛树脂 | 热固性酚醛树脂 | 种类 | 线型酚醛树脂 | 热固性酚醛树脂 |
|---|---|---|---|---|---|
| 催化剂 | 酸 | 碱 | 树脂结构 | 基本上线型 | 高度支化 |
| （甲醛/苯酚）摩尔比 | <1 | >1 | 固化方法 | 加固化剂、加热 | 只需加热 |

苯酚和甲醛的反应是在酸或碱的催化作用下进行的。pH 值在 $1 \sim 4$ 范围内，其反应速率正比于氢离子的浓度；pH 值大于 5，其反应速率正比于羟基离子的浓度；pH 值在 $4 \sim 5$ 之间，其反应速率最低。

在酸性介质中，苯酚与甲醛反应，生成线型结构，其示意如下：

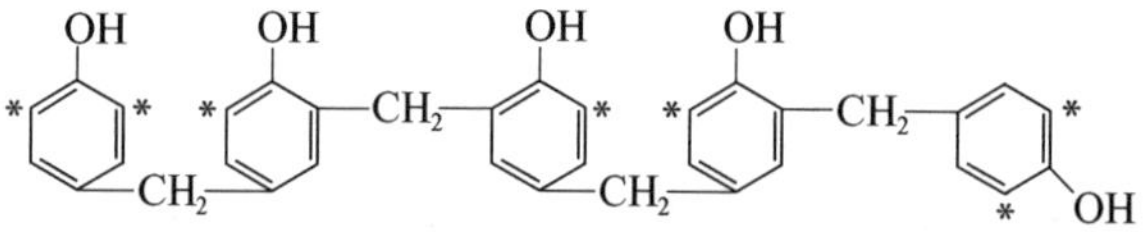

由于甲醛和苯酚加成反应的速率远低于所生成的羟甲基进一步缩合的速率，所以在线型酚醛树脂中基本上不存在羟甲基。甲醛的加成以及羟甲基的缩合可在酚羟基的邻位或对位上发生，所以反应产物的成分极其复杂。分子中未被取代的酚羟基的邻位和对位是活性点，在固化时它们将同固化剂进行反应，发生链的增长和交联。常用的固化剂是六亚甲基四胺或多聚甲醛。线型酚醛树脂是无定形固体，分子量通常在 1000 以下。

制备热固性酚醛树脂时，甲醛与苯酚之间的摩尔比应大于 1，采用碱性催化剂，常用的催化剂有 NaOH、$Na_2CO_3$、$Ba(OH)_2$、$NH_3$、$RNH_2$。此外，还有用 Zn、Mg、Al 或其他二价金属的氢氧化物或有机酸盐作催化剂的，以得到高度邻位取代的酚醛树脂。在碱性介质中，羟甲基的缩合反应比甲醛对苯酚的亲核取代反应缓慢，因此在反应初期生成羟甲基取代苯酚，在适当的条件下可以将其分离出来。

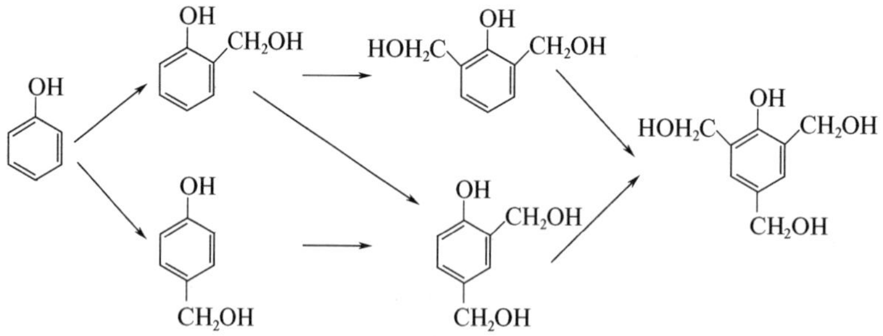

羟甲基苯酚进一步缩合变成高度支化的低聚物。可溶于水及有机溶剂的产物称为 A 阶段酚醛树脂或可溶性酚醛树脂。随着反应的进一步进行，产物的分子量不断增大，生成的产物称 B 阶段酚醛树脂或可凝性酚醛树脂，其不溶于水，但能熔融并部分地溶解于有机溶剂中。B 阶段树脂进一步缩合，变成不溶、不熔的 C 阶段酚醛树脂。至于 C 阶段酚醛树脂究竟是什么结构，现在尚无定论。实际上从 A 阶段到 B 阶段的过渡，以及到 C 阶段是逐渐进行的，不存在明显的界线。用于胶黏剂的热固性酚醛树脂都是 A 阶段树脂。

A 阶段酚醛树脂的结构决定于甲醛与苯酚的配比、催化剂的种类、反应的温度及反应时间。通常将苯酚与甲醛按一定的比例混合，加入催化剂，然后在指定的温度下反应。达到一定的反应程度后以弱酸中和催化剂。反应程度可以根据树脂在高温下的凝胶化速度或水溶液的浊点来表征。

**(2) 未改性的酚醛树脂胶黏剂** 未改性的酚醛树脂胶黏剂的品种很多，现在国内通用的有三种：钡酚醛树脂胶、醇溶性酚醛树脂胶、水溶性酚醛树脂胶。其中水溶性酚醛树脂胶是最重要的，因其游离酚含量低于 2.5%，对人体危害较小；同时，以水为溶剂可节约大量的有机溶剂。下面简单介绍一下水溶性酚醛树脂的合成方法。

在反应釜中加入 100 份（质量）的苯酚，26.5 份 40% 的氢氧化钠水溶液，开动搅拌器，加热至 40～50℃，保持 20～30min，然后在 0.5h 内，于 42～45℃ 下将 107.6 份 37% 的甲醛缓慢地加入反应釜内。反应物温度升高，在 1.5h 内上升到 87℃，继续在 20～25min 内使反应物温度由 87℃ 升到 94℃，在此温度下保持 18min，降温至 82℃，保持 13min，再加入 21.6 份甲醛，19 份水，升温至 90～92℃，反应至黏度符合要求时为止。冷却后即得到胶黏剂。该胶黏剂在室温下保存期可达 3～5 个月。

这类胶黏剂可制造高级胶合板。较好的胶合板是在加热加压下获得的。一般固化温度为 120～145℃，压力为 0.29～2.06MPa。除木材加工外，它还可用于泡沫塑料及其他多孔性材料粘接。

**(3) 酚醛-缩醛胶黏剂** 酚醛-聚乙烯醇缩醛（简称酚醛-缩醛）胶黏剂是第一个成功的结构胶黏剂。它第一次证明了用线型高分子聚合物来增韧热固性高分子的原理。可以说是现代结构胶黏剂的起点。

酚醛-缩醛胶黏剂有胶膜和胶液两种形式。它是最通用的结构胶黏剂之一，具有强度高、柔韧性好、耐寒、耐大气老化等优良性能。广泛用于各种民航和运输机的生产中，及汽车刹车片、轴瓦以及印制电路用铜箔板等的胶接。

配制酚醛-缩醛胶黏剂用的聚乙烯醇缩醛主要是聚乙烯醇缩甲醛和聚乙烯醇缩丁醛。其结构可示意如下：

$$\text{---}\!\!\left(\!CH_2\text{---}CH\!\right)_l\!\!\underset{\underset{OH}{|}}{} \qquad \text{---}\!\!\left(\!CH_2\text{---}CH\!\right)_m\!\!\underset{\underset{COCH_3}{\overset{|}{O}}}{} \qquad \text{---}\!\!\left(\!CH_2\text{---}CH\overset{\overset{H_2}{\overset{|}{C}}}{\underset{O\quad O}{}}CH\!\right)_n\!\!\underset{\underset{R}{\overset{|}{CH}}}{}$$

式中，当 R＝H 时，为聚乙烯醇缩甲醛；R＝$C_4H_9$ 时，为聚乙烯醇缩丁醛。

通常要求聚乙烯醇缩醛的聚合度在 650～1000 范围内。含羟基的链节占 6%～19%，含乙酸酯基的链节占 0.5%～12%，缩醛链节占 80%～88%。

配制酚醛-缩醛胶黏剂都用可溶性热固性酚醛树脂。在固化时酚醛树脂中的羟甲基与聚乙烯醇缩醛分子中的羟基发生缩合反应，或者与乙酸酯基发生酯交换反应，形成交联高分子。酸性物质能加速交联的进行。

酚醛树脂和聚乙烯醇缩醛的比例可以在很大的范围内变化，质量比可以从（1∶2）～（10∶1）。缩醛含量提高，胶黏剂的柔性也随之提高，但耐热性下降。相反，酚醛树脂的含量提高时，胶黏剂的交联密度随之提高，因而耐热性提高而柔性下降。

酚醛-缩醛胶黏剂的性能与聚乙烯醇缩醛的分子结构密切相关。聚乙烯醇缩丁醛与酚醛树脂相配合制成的胶黏剂韧性较好，室温下剥离强度可达到 6～7kN/m，但其强度随着温度的升高很快降低，最高使用温度为 80℃。由聚乙烯醇缩甲醛配制成的胶黏剂耐热性较好，最高使用温度达到120℃，但在室温下剥离强度较低，在3～4kN/m范围内。表5-13列出了此类胶的典型力学性能。

**表5-13 酚醛-缩醛胶黏剂的力学性能**

| 缩醛种类 | 酚醛/缩醛质量比 | 固化条件 | 剪切强度/MPa | | | | 剥离强度(22℃)/(kN/m) |
| --- | --- | --- | --- | --- | --- | --- | --- |
| | | | 22℃ | 83℃ | 121℃ | 145℃ | |
| 缩甲醛 | 50/100 | 165℃,30min | 39.2 | 32.2 | 17.5 | 7 | 3.2～4.0 |
| | 70/100 | 177℃,2h | 31.5 | 31.5 | 21.7 | 12.6 | 2.3～3.2 |
| 缩丁醛 | 50/100 | 165℃,30min | 42 | 28 | 9.8 | 3.5 | 4.5～5.4 |
| | 100/100 | 165℃,20min | 35 | 23.1 | 7.7 | — | 6.3～7.2 |

国产酚醛-聚乙烯醇缩甲醛胶黏剂有 FSC-1、FSC-2 及 FSC-3 等；酚醛-聚乙烯醇缩丁醛胶黏剂有 JSF-1、JSF-2 及 JSF-4 等。国外著名的牌号有 Narmco Narmtape 105、3M Scotchweld AF-1471、American Cyanamid FM-47 及 Ciba Redux 775 等。

酚醛-缩醛胶黏剂需要在 0.7～1.4MPa 压力下固化。固化温度必须超过140℃，固化时间比酚醛树脂本身固化所需的时间长。苛刻的固化条件是酚醛-缩醛胶黏剂主要缺点之一。

下列给出两个配方实例供参考。

**【配方-1】**

| | | | |
| --- | --- | --- | --- |
| 酚醛树脂 | 125份（质量） | 溶剂（苯：乙醇=6：4） | 干基含量的20%左右 |
| 聚乙烯醇缩甲醛 | 100份 | 防老剂 | 2%（树脂质量） |

本配方中的防老剂可选 N-苯基乙萘胺、没食子酸丙酯等。固化条件为：101.3kPa、160℃、3h。抗剪强度 22.7MPa，抗拉强度 33.3MPa，不均匀剥离强度 3.6kN/m。使用范围－70～150℃。可以用于金属材料、陶瓷、酚醛塑料、玻璃等的胶接，也可浸渍玻璃布用于制造层压玻璃钢。

**【配方-2】**

| | | | |
| --- | --- | --- | --- |
| 酚醛树脂 | 8.2份（质量） | 聚乙烯醇缩丁醛 | 8.2份 |
| 乙醇 | 8.36份 | | |

该胶可以制成胶膜使用。制胶膜是将胶液倒在硅酸盐玻璃表面上或聚氯乙烯塑料板上，待溶剂蒸发后将胶膜从板上取下待用。使用时涂上与胶膜相同成分的胶液为底胶，然后加压、加热固化。

**(4) 酚醛-丁腈胶黏剂** 酚醛-丁腈胶黏剂比酚醛-缩醛胶黏剂有更好的耐热性和耐油性，最高使用温度可以达到180℃，是目前在航空工业和汽车工业中广泛使用的最重要的结构胶黏剂之一。

酚醛-丁腈胶黏剂的主要成分包括酚醛树脂、丁腈橡胶、硫化剂、促进剂和补强剂等。酚醛树脂可以采用热固性酚醛树脂或线型酚醛树脂。选择酚醛树脂时必须考虑到酚醛树脂本身的固化速度与酚醛树脂和丁腈橡胶之间的反应速率相协调。如果酚醛树脂本身固化得太快，上述两类反应速率相差太大，所得到的胶黏剂就不可能有优良的性能。为了提高树脂与丁腈橡胶的相容性，常采用具有长碳链烷基取代的苯酚制备酚醛树脂。丁腈橡胶是丁二烯和丙烯腈的共聚物，在工业中用乳液聚合法制备。丁腈橡胶中腈基含量对橡胶和树脂的相容性以及胶黏剂的性能有很大的影响。配制酚醛-丁腈胶黏剂通常用腈基含量高的丁腈橡胶或羧基丁腈橡胶。国内一般采用丁腈-40。要获得性能优良的胶黏剂，在酚醛树脂和丁腈橡胶之间必须发生化学反应，形成共聚交联网络结构。到目前为止，对于酚醛树脂与丁腈橡胶的反应机理主要有两种解释：一为"次甲基醌机理"；一为"氧杂萘满机理"。

① 次甲基醌机理

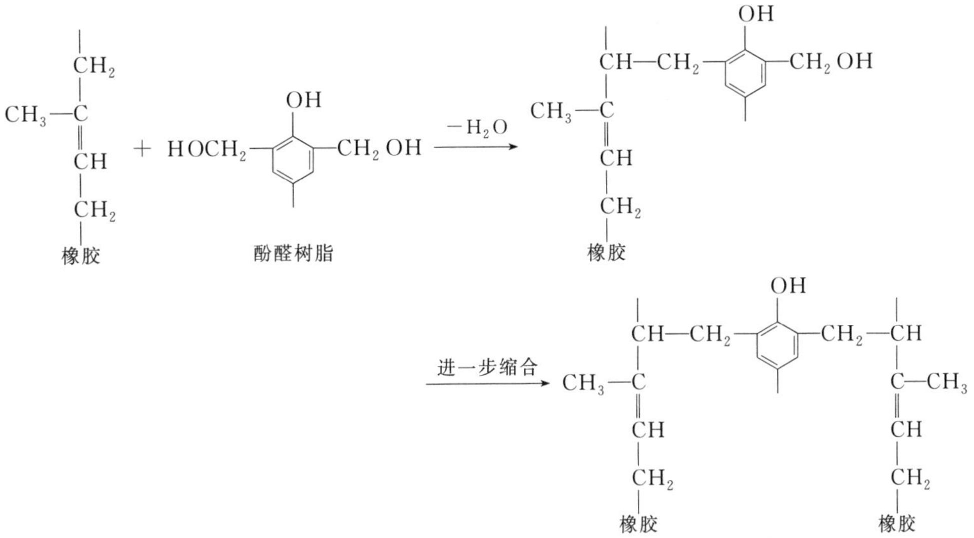

CH₃—C（橡胶结构）+ HOCH₂—苯酚（酚醛树脂）CH₂OH —H₂O→ 橡胶结构—CH₂—苯环（OH）—CH₂OH 橡胶

$$\xrightarrow{进一步缩合}$$ 橡胶—CH₂—苯环（OH）—CH₂—橡胶

② 氧杂萘满机理

苯酚—CH₂OH + CH₂=CH—C(CH₃)=CH₂（橡胶）—H₂O→ 苯环=CH₂（O）+ CH₂CH—C(CH₃)—CH₂ → 氧杂萘满环结构

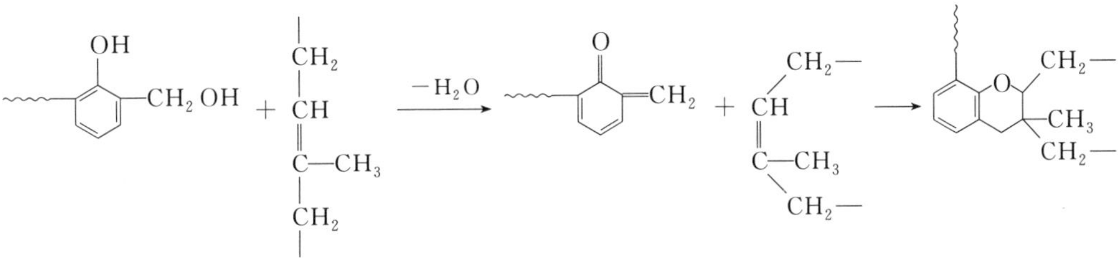

在确定丁腈橡胶与酚醛树脂的配比时，必须考虑到胶黏剂的韧性与耐热性之间的平衡。酚醛树脂与丁腈橡胶的质量比为 1∶1 时，胶黏剂的延伸率约为 50%，这时胶黏剂的强度、韧性和耐热性都比较好。

为了促进酚醛树脂与橡胶之间的反应，在配方中可以添加酸性的催化剂（如 $SnCl_2$、对氯苯甲酸）、硫化剂（如硫黄或过氧化物）、硫化促进剂（如二硫化二苯并噻唑、巯基苯并噻唑等）、无机硫化促进剂（如 ZnO、MgO）、补强剂（如炭黑）、防老剂（如没食子酸丙酯、喹啉）和软化剂等。表 5-14 给出了配方中各组分的用量范围。

表 5-14　酚醛-丁腈胶黏剂的组成

| 组分 | 用量范围(质量分数)/% | | 组分 | 用量范围(质量分数)/% | |
| --- | --- | --- | --- | --- | --- |
| | 胶液 | 胶膜 | | 胶液 | 胶膜 |
| 丁腈橡胶 | 100 | 100 | 防老剂 | 0~5 | 0~5 |
| 线型酚醛树脂 | 0~200 | 75~100 | 硬脂酸 | 0~1 | 0~1 |
| 可溶热固性酚醛树脂 | 0~200 | — | 炭黑 | 0~50 | 0~20 |
| 氧化锌 | 5 | 5 | 填料 | 0~100 | 0~100 |
| 硫黄 | 1~3 | 1~3 | 增塑剂 | — | 0~10 |
| 促进剂 | 0.5~1 | 0.5~1 | 溶剂 | 胶液固体含量 20~50 | — |

从表 5-14 可知，酚醛-丁腈胶黏剂有胶液和胶膜两种形式。配制胶液时先将丁腈橡胶塑炼，然后加入其他配合剂进行混炼。将混炼胶溶解于适当的有机溶剂中配制成胶液。为延长贮存期，有些胶液可分组包装，使用时再按规定的比例混合。制备胶膜常用流延法和压延法

两种工艺。

胶液的使用通常是在被粘物表面涂胶 2 次或 3 次，每次间隔 20～30min，使溶剂尽可能挥发掉。

胶膜的使用，通常是用稀释的胶液作底胶，待溶剂挥发后铺上胶膜，然后搭接并在压力下加热固化。

国产酚醛-丁腈胶黏剂有 J-01、J-02、J-03、J-04、J-15、J-16 及 JX-9、JX-10，国外著名的牌号有 Metlbond 4021（Narmco）、AF-30（3M）以及 BK-32-20、BK-32-250 等。

酚醛-丁腈胶黏剂具有优良的剪切强度、剥离强度和耐热性，可以在 -60～200℃ 范围内使用。用酚醛-丁腈胶黏剂制成的金属胶接接头具有优良的抗疲劳性能和耐大气老化性能。

### 5.4.2.2 环氧树脂胶黏剂

环氧树脂是指能交联聚合的多环氧化合物。由这类树脂构成的胶黏剂既可胶接金属材料，又可胶接非金属材料，俗称"万能胶"。

早期的环氧胶黏剂主要是在胺类固化的环氧树脂中添加铝粉等填料制成。为了降低脆性，发展了采用低分子聚酰胺类固化剂和聚硫橡胶改性的环氧胶黏剂品种。后来又出现了酚醛树脂固化的耐高温胶黏剂和聚酰胺改性的高剥离强度环氧胶黏剂。20 世纪 60 年代发展了丁腈橡胶增韧的环氧树脂结构胶黏剂；20 世纪 70 年代发展了第二代端羧基丁腈橡胶增韧的环氧树脂结构胶黏剂。随后，橡胶增韧的环氧胶黏剂成为结构胶黏剂的主流，它们不仅在次承力结构中得到了极其广泛的应用，也已应用于某些主承力结构中。如在现代航空和航天飞行器的制造中，环氧树脂胶黏剂就是不可缺少的。

**(1) 环氧树脂的类型**　环氧树脂的品种、牌号虽然很多，但双酚 A 缩水甘油醚型环氧树脂（通常称为双酚 A 环氧树脂）是最重要的一类。它占环氧树脂总产量的 90%，其分子结构如下：

$$CH_2-CH-CH_2-O-\left[\!\!\!\!\begin{array}{c} \end{array}\!\!\!\!\right]_n$$

在 $n=0$ 时，环氧树脂是低熔点结晶，熔融后成为黏度较低的液体。随着 $n$ 增大，树脂的黏度升高。高分子量环氧树脂在常温下是固体。表 5-15 列出了双酚 A 环氧树脂的主要牌号及物理性质。另外，在缩水甘油醚环氧树脂中，二酚基甲烷型（简称双酚 F 型）、二酚基砜型（简称双酚 S 型）等也是常用的环氧树脂。

**表 5-15　双酚 A 环氧树脂**

| 国产树脂牌号 | 25℃黏度/mPa·s(或软化点/℃) | 环氧值/(mol/100g) | 国外同类产品牌号 |
| --- | --- | --- | --- |
| 616/E55 | 6000～8000 | 0.55～0.56 | Epon 826 |
| 618/E51 | 10000～16000 | 0.48～0.54 | Epon 828 |
| 6101/E44 | 20000～40000 | 0.41～0.47 | — |
| 634/E42 | (21～27) | 0.38～0.42 | Epon 834 |
| 637/E33 | (20～35) | 0.28～0.38 | Epon 836 |
| 601/E20 | (64～76) | 0.18～0.22 | Epon 1001 |
| 604/E12 | (85～95) | 0.09～0.14 | Epon 1004 |

高官能度环氧树脂在分子中具有两个以上的环氧基。采用这类环氧树脂是为了提高固化物的交联密度，而提高树脂的交联密度是提高耐热性的途径之一。另外，环氧化烯烃类树

脂，特别是许多由脂环族烯烃氧化制得的脂环族环氧树脂，它们的固化物热变形温度很高，电性能和耐大气老化性能非常突出。而另一些环氧化烯烃类树脂主要作为稀释剂使用（如62000环氧树脂）。

**(2) 环氧树脂胶黏剂的配方剖析**　环氧树脂胶黏剂的工艺配方中，最主要和必不可少的是环氧树脂和固化剂，除此之外还常含有增韧剂、稀释剂、填料等。

① 固化剂　环氧树脂胶黏剂都是通过化学反应进行固化的。固化剂对固化物的性能有很大的影响，因此，配制环氧树脂胶黏剂时必须选择合适的固化剂体系。

能与环氧基发生加成反应的化合物有：胺类、羧酸、酸酐、酚和硫醇等。

$$-\overset{O}{\overset{\diagdown}{CH}}-CH_2 + R-NH_2 \longrightarrow -\underset{\underset{OH}{|}}{CH}-CH_2-NHR$$

$$-\overset{O}{\overset{\diagdown}{CH}}-CH_2 + R-COOH \longrightarrow -\underset{\underset{OH}{|}}{CH}-CH_2-O\overset{\overset{O}{\|}}{C}R$$

$$-\overset{O}{\overset{\diagdown}{CH}}-CH_2 + R-SH \longrightarrow -\underset{\underset{OH}{|}}{CH}-CH_2-S-R$$

但根据化合物的类型固化剂主要可分为胺类固化剂、酸酐类固化剂和树脂类固化剂等。

a. 胺类固化剂　包括脂肪族胺、芳香族胺和各种改性胺。胺类固化剂是环氧树脂最常用的，其中大部分能室温固化。

伯（仲）胺类固化剂的用量可按下式计算：

$$G = \frac{M}{Hn}E$$

式中，$G$ 为每 100g 环氧树脂所需胺的量，g（一般用 phr 表示）；$M$ 为胺的分子量；$Hn$ 为氨基上活泼氢的总数；$E$ 为环氧树脂的环氧值。

例如，E-42 环氧树脂（环氧值为 0.4）用乙二胺（分子量为 60，含有 4 个活泼氢）为固化剂，乙二胺的用量按上式计算为 6phr（即每 100gE-42 树脂用 6g 乙二胺）。在实际使用过程中考虑到胺类的挥发性，以及由于氨基上不同活泼氢的反应能力不同等因素，其用量一般要比上述计算量增加 10% 左右，可用 7phr。

常用的脂肪族伯（仲）胺有乙二胺、二乙烯三胺、三乙烯四胺、四乙烯五胺、二甲氨基丙胺等。它们在常温下就能使环氧树脂固化，且速度较快，常用于胶黏剂工艺配方中。缺点是固化时放热量较大，固化树脂耐热性较差（热变形温度低于 150℃）。

常用的芳香族伯（仲）胺有苯二胺、二氨基二苯甲烷、二氨基二苯硫醚等。它们在常温下虽然使环氧树脂固化，但速度较慢，故一般要在 150℃ 左右固化。固化树脂有较好的耐热性（热变形温度高于 150℃）与电性能。

叔胺是环氧树脂固化时的催化剂，在常温下就能使环氧树脂快速固化，固化树脂有良好的性能。常用的叔胺有苄基二甲胺、二甲基氨甲酚（DMP-10）、2,3,5-三（二甲氨基甲基）酚（DMP-30）等，它们可以单独使用（用量一般低于 5phr）或用作其他固化剂（如酸酐类固化剂）的促进剂。

其他的胺类固化剂，还包括由植物油脂肪酸的二聚体或三聚体与多胺（如二乙烯三胺、三乙烯四胺等）合成的低分子聚酰胺，它们可使环氧树脂室温固化，同时起固化剂与增韧剂的作用，用量可在 40～120phr 间变化。

b. 酸酐类固化剂　用酸酐类固化剂使环氧树脂固化后，比用胺类固化剂有更高的机械强度、耐热性、耐磨性，但一般均需加热固化。常用的酸酐有苯酐、四氢苯酐、顺丁烯二酸酐等。

酸酐类固化剂用量可按下式计算：

$$G = KME$$

式中，$K$ 一般取 $0.6 \sim 1$，根据酸酐活泼性及对粘接性的要求有所不同；$M$ 为酸酐分子量；$E$ 为环氧树脂的环氧值。

c. 树脂类固化剂　酚醛树脂、苯胺甲醛树脂等能使环氧树脂缓慢固化，固化后的树脂兼具两种树脂的性能。例如，用酚醛树脂固化的环氧树脂可进一步提高固化树脂的耐热性等。

除了上述介绍的三类固化剂外，还有双氰胺、咪唑类、潜伏性固化剂、离子型固化剂等，限于篇幅就不一一列举了。

② 增韧剂　环氧树脂固化后具有高度交联的结构，延伸率较低。如果胶黏剂没有足够的延伸率，在胶接接头中很容易发生应力集中，这样的接头容易发生破坏。因此配制胶黏剂时加入增韧剂克服树脂的脆性是不可忽视的。

在高分子材料中加入增塑剂能使分子运动变得容易，这样柔性就提高了。如在环氧树脂中可以加入 $10 \sim 20$phr 邻苯二甲酸二丁酯或邻苯二甲酸二辛酯。添加增塑剂的量不足，树脂的热变形温度会大幅度下降。此外，小分子增塑剂会慢慢挥发掉，体系也随着变脆，所以添加小分子增塑剂不是理想的方法。比较好的一些方法是使用内增塑剂，即使用具有增塑作用的基团，将其连接到环氧树脂或固化剂分子上。低分子聚酰胺是在固化剂分子中带有内增塑基团的一个实例。

对环氧树脂增韧研究得最多的是通过添加聚合物以提高柔性的方法。用具有柔性链的高分子作增韧剂，它们必须与环氧树脂互容，并且在分子中具有活性基团。可添加的聚合物增韧剂的种类很多，如液体聚硫橡胶、液体端羧基丁腈橡胶、液体端胺基丁腈橡胶和端羧基聚醚等。

③ 稀释剂　为了便于配制胶与涂布，必须加入适量的稀释剂以降低黏度。稀释剂分为活性与非活性稀释剂两类。活性稀释剂一般是低黏度的带环氧基的化合物，能参与环氧树脂的固化反应，对固化树脂的性能影响不大。662甘油环氧树脂（B-63）与脂环族环氧树脂由于黏度低，也可用作双酚 A 型环氧树脂的稀释剂。常用的非活性稀释剂为丙酮、甲苯、甲乙酮等溶剂，由于它们在固化树脂中会不断地逸出，影响性能，故一般用量不超过 $15\%$。

④ 填料　加入填料虽有降低成本的作用，但这并不是主要的。在胶黏剂中加入填料主要是为了提高性能。例如降低收缩率，降低热膨胀系数，提高耐热性，提高导热或导电性能，改善流变行为，以获得更好的胶接强度等性能。

环氧树脂胶黏剂中用于改善力学性能的填料有石棉、玻璃纤维、碳纤维、氧化铝、铝粉和云母粉等；加入银粉、铜粉等惰性金属粉末，能提高导电性；配制导热胶黏剂，可以添加金属粉、石墨粉等填料；为了防止在固化过程中液体胶黏剂的流失，通常加入胶体二氧化硅或改性黏土作为触变剂。

一般来说，轻质填料如石棉粉、水泥粉等，用量可在 $30\%$ 左右；重质填料如铝粉、铜粉、二氧化钛等，用量可达 $150\% \sim 200\%$。

环氧树脂胶黏剂的工艺配方往往比较复杂，但若进行仔细的剖析，则不难发现无非包括上述四种组分。最后必须指出，只要能达到胶接要求，工艺配方应尽可能地简单，并不一定要求同时包括上述四种组分，然而环氧树脂与固化剂则是必不可少的。

**(3) 糊状环氧胶黏剂**　糊状环氧结构胶黏剂的制造成本低于膜状胶黏剂，而且便于机械化施胶。但是糊状胶黏剂的剥离强度比不上膜状胶黏剂。近年来的一个重要发展动向就是研制剥离强度更高的糊状环氧胶黏剂。希望能够用它来取代航空和航天领域中使用的膜状胶黏剂。

① 室温固化的糊状环氧胶黏剂　室温固化的糊状环氧胶黏剂通常是双组分包装，一个组分是环氧树脂，另一组分是固化剂。最通用的是以低分子聚酰胺为固化剂。

【配方】

| | | | |
|---|---|---|---|
| 环氧树脂（E-51 或 E-44） | 100 份（质量） | DMP-30 | 0~5 份 |
| 低分子聚酰胺（200# 或 300#） | 80 份 | 无机填料 | 0~100 份 |

这类胶黏剂使用期为 1~3h，在 15℃以上的室温下固化时间为 1~3d，它具有较好的柔性，可以用于胶接金属、陶瓷、玻璃、水泥、木材、硬塑料等。胶接金属的剪切强度可达到 15~20MPa。

② 加热固化的糊状环氧胶黏剂　这类胶黏剂常用的固化剂有芳香胺、咪唑类固化剂和双氰胺。以芳香多胺为固化剂的胶黏剂，其固化温度为 150~170℃；以咪唑类化合物为固化剂的胶黏剂，在 80~120℃下固化。

【配方】

| | | | |
|---|---|---|---|
| 环氧树脂（E-51 或 E-44） | 100 份（质量） | 2-乙基-4-甲基咪唑 | 10 份 |
| 液体端羧基丁腈（丙烯腈30%） | 20~25 份 | 气相二氧化硅 | 3 份 |

这种胶黏剂用于胶接钢或硬铝时，剪切强度可达 30~40MPa，不均匀剥离强度为 60kN/m。这类胶黏剂可在 120℃下长期使用。

单组分包装的糊状环氧胶黏剂主要以双氰胺为固化剂。固化温度为 160~180℃，在室温下贮存期大于半年。如果加促进剂，固化温度可降至 120℃，但是贮存期有所缩短。这类胶黏剂可以采用端羧基丁腈橡胶作增韧剂，如市售 KH-802 胶黏剂就属这种产品。这类胶黏剂具有很高的强度与韧性，胶接钢或硬铝在室温下剪切强度为 30~40MPa，不均匀剥离强度为 60kN/m。

**(4) 膜状环氧胶黏剂**　膜状环氧胶黏剂通常包括下列组分：高分子量的线型聚合物，高分子量的环氧树脂；低分子量的高官能度环氧树脂；固化剂和促进剂等。膜状胶黏剂具有更好的韧性，更高的剥离强度和更长的疲劳寿命。除此之外，膜状胶黏剂的突出优点是使用可靠性高。这类胶黏剂都在专业工厂中作业，组成配比及胶膜的厚度都有严格的控制，在使用时不需进行称料、混合和脱泡等操作。因此膜状胶黏剂在航空及航天飞行器的制造中广泛地被采用。

① 环氧-聚酰胺胶黏剂　环氧-聚酰胺胶黏剂中采用高分子量的线型聚酰胺。一般作为纤维或工程塑料用的聚酰胺具有高度的结晶性，不能与环氧树脂混溶。在环氧-聚酰胺胶黏剂配方中可采用共聚物，例如聚酰胺6、聚酰胺66与聚酰胺610的三元共聚物，或采用酰胺基部分羟甲基化了的聚酰胺。

在环氧-聚酰胺胶黏剂中通常采用双氰胺作为固化剂，固化温度为 170~180℃。

② 环氧-丁腈胶黏剂　一种较新的环氧-丁腈胶黏剂的组成如下。

【配方】

| | | | |
|---|---|---|---|
| 环氧树脂 | 78 份（质量） | 2,4-甲苯二异氰酸酯-二甲胺加成物 | 5 份 |
| 羧基丁腈橡胶 | 13 份 | 颜料 | >0.1 份 |
| （高分子量橡胶与液体橡胶混合） | | 聚酯毡 | 4 份 |

在航空领域中最重要的被粘材料是铝合金。在 150℃以上高温下进行固化，容易引起铝合金的晶间腐蚀，当前，趋向于采用中温固化的体系，即添加促进剂使固化温度降低到 120℃。这样的胶膜在常温下贮存期较短，为了延长有效使用期，胶膜应在低温下保存。

#### 5.4.2.3 聚氨酯胶黏剂

**(1) 聚氨酯化学** 以多异氰酸酯和聚氨基甲酸酯（简称聚氨酯）为主体的胶黏剂统称为聚氨酯胶黏剂。聚氨酯指具有氨基甲酸酯链的聚合物。它们通常由多异氰酸酯与多元醇反应制得。如

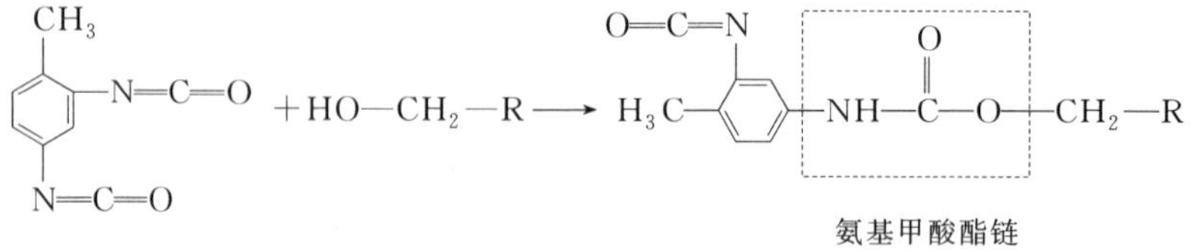

氨基甲酸酯链

常用的多异氰酸酯有：甲苯二异氰酸酯（TDI）、二苯甲烷-4,4′-二异氰酸酯（MDI）、六亚甲基-1,6-二异氰酸酯（HDI）等。常用的多元醇有：端羟基聚酯（如聚己二酸乙二醇酯、聚己二酸-1,4-丁二醇酯等）、端羟基聚醚。

由端羟基聚酯（或端羟基聚醚）与不同比例的多异氰酸酯反应得到聚氨酯预聚体。其反应式为

$$n\,HO-R'-OH+(n+1)OCN-R''-NCO \longrightarrow OCN\left(R''NH\overset{\overset{O}{\|}}{C}-OR'O-\overset{\overset{O}{\|}}{C}-NH\right)_n R''NCO$$

端异氰酸酯基聚氨酯预聚体（Ⅰ）

$$(n+1)HO-R'-OH+n\,OCN-R''-NCO \longrightarrow HO\left(R'O-\overset{\overset{O}{\|}}{C}NHR''NH\overset{\overset{O}{\|}}{C}-O\right)_n R'OH$$

端羟基聚氨酯预聚体（Ⅱ）

聚氨酯预聚体（Ⅰ）和预聚体（Ⅱ）可作为单组分胶黏剂，亦可配合使用或者用交联剂交联成为双组分胶黏剂。聚氨酯胶黏剂交联时的反应主要有以下几种。

① 氨基甲酸酯交联　多异氰酸酯化合物（或端异氰酸酯基聚氨酯）和多羟基化合物（如三羟基丙烷、甘油、多官能端羟基聚氨酯等）反应，形成氨酯键而交联，见（Ⅰ）结构。

② 取代脲交联　异氰酸酯和胺、水反应形成脲键，成为大分子或网状结构，其反应式为

$$\sim\sim NH_2 + OCN\sim\sim \longrightarrow \sim\sim\overset{H}{N}-\overset{\overset{O}{\|}}{C}-\overset{H}{N}\sim\sim$$

$$\sim\sim NCO + H_2O + OCN\sim\sim \longrightarrow \sim\sim NH-\overset{\overset{O}{\|}}{C}-NH\sim\sim + CO_2$$

采用二元胺［如3,3′-二氯-4′-二氨基二苯基甲烷（简称MOCA)］作为端异氰酸酯聚氨酯预聚体的交联剂，可配制成高性能的聚氨酯胶黏剂。异氰酸酯容易和水起反应，对空气中的湿度也十分敏感，在制备时应避免异氰酸酯与湿气的接触，采用的试剂、溶剂、填料必须预先干燥。

③ 缩二脲交联　异氰酸酯和脲可进一步反应形成缩二脲链，使聚氨酯大分子链形成交联的网状结构，胶黏剂能有较大的抗蠕变性能和较好的耐热性能，其反应式为

$$\sim\sim NH\overset{\overset{O}{\|}}{C}NH\sim\sim + \sim\sim NCO \longrightarrow \sim\sim NH-\overset{\overset{O}{\|}}{C}-\underset{\wr}{N}-\overset{\overset{O}{\|}}{C}-NH\sim\sim$$

④ 脲基甲酸酯交联　异氰酸酯和聚氨酯分子中的氨酯基反应生成脲基甲酸酯，形成交联网状结构。此反应速率相当缓慢，需在140℃以上的高温时才能完成，其反应式为

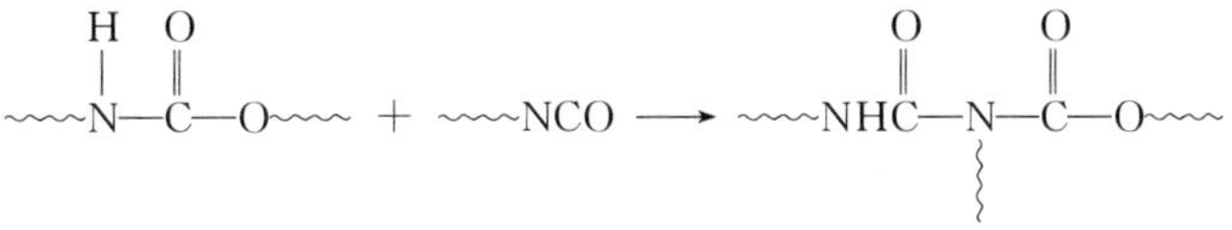

⑤ 酰脲交联　当聚氨酯分子中存在酰胺基时，异氰酸酯基可与其中酰胺基交联形成酰脲，其反应式为

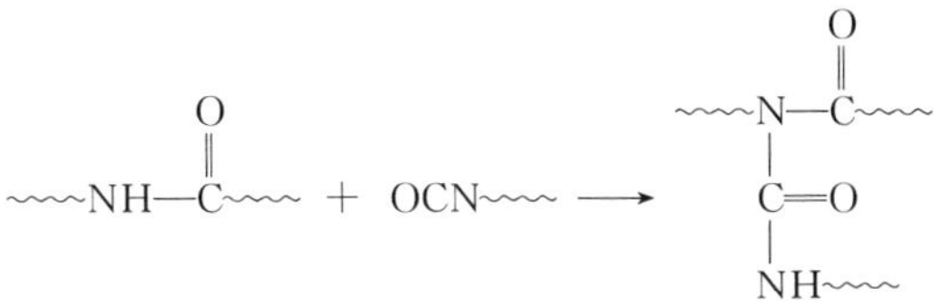

**(2) 聚氨酯胶黏剂的类型**　按化学特性可将聚氨酯胶黏剂分为三种类型。

① 多异氰酸酯类　它可单独使用或与橡胶混合使用。它对橡胶和金属的黏结机理是，异氰酸酯与金属表面的羟基发生化学反应，异氰酸酯又可溶解橡胶，在橡胶中聚合，这样就使金属和橡胶形成了强的黏合力。在黏结橡胶和纤维时，同样，异氰酸酯和纤维中的活泼氢基团反应，使橡胶和纤维很好地黏结在一起。这类胶黏剂是属于非结构型胶黏剂，适用于橡胶-金属、橡胶-纤维、塑料、皮革等材料的粘接。

② 预聚体胶黏剂类　由多官能活泼氢化合物与过量的多异氰酸酯反应而得到。它具有异氰酸酯的一切反应特性。为了提高胶的强度，一般可加入交联剂，所有多官能活泼氢化合物都可作交联剂，常用的有多元醇和多元胺。此类聚氨酯可作结构胶黏剂，用于金属-金属、金属-陶瓷、木材-木材的黏结，同时亦可粘接橡胶、塑料等非结构材料。

③ 用多异氰酸酯改性的聚合物类　为含活泼氢聚合物或与多异氰酸酯化合得到的具有活泼氢的聚合物，包括聚酯、聚醚、端羟基聚氨酯、聚乙烯醇等。异氰酸酯用量接近聚合物的羟基当量，因此聚合物的分子量大大增加。例如，热塑性聚氨酯的分子量为数万至数十万，溶解在极性溶剂中是优良的溶液型聚氨酯胶黏剂。

若按使用形态分类，聚氨酯胶黏剂则又分为无溶剂型、溶剂型、热熔型、水基型等。

**(3) 聚氨酯胶黏剂的组成及用法**　聚氨酯胶黏剂因原料品种和配比不同，可制得各种性能的品种。现以 101 聚氨酯胶黏剂为例作一叙述。

101 聚氨酯胶黏剂是由线型聚酯与异氰酸酯共聚，生成端羟基的线型聚氨酯弹性体与适量溶剂配成 A 组分，再由羟基化合物与异氰酸酯的反应物作为交联剂组分，该组分为端异氰酸酯基即 B 组分。根据 A、B 两组分的不同配合，可以适用于不同材料的粘接。

| 胶液配比 | 用途 |
| --- | --- |
| A：B=100：(10~15) | 纸张、皮革、木材的粘接 |
| 100：20 | 一般使用 |
| 100：(20~50) | 金属粘接 |

其使用方法是：将胶液按配比混合均匀，涂于材料上晾干，片刻后贴合。在室温下固化需 5~6 天；加温固化可缩短时间，100℃下固化需 1.5~2h；130℃下固化仅需 0.5h。

聚氨酯结构胶黏剂具有优异的低温强度。在各种耐低温胶黏剂中聚氨酯的性能最突出。

**【配方】**

三羟基聚氧化丙烯醚聚氨酯预聚体　　　　　　　二氯二氨基二苯甲烷　　　　　　　20 份
　　　　　　　　　　　100 份（质量）

此配方有良好的耐低温性。固化条件为 20kPa、100℃、4h。抗剪切强度室温时为 12MPa，

−196℃时为25MPa。在低温下的抗剪切强度比室温更好。这种胶黏剂对高技术的发展有重要的意义。

**(4) 聚氨酯胶黏剂的特性和用途**

① 聚氨酯胶黏剂的特性

a. 粘接力强，适用范围广　由于在它们的分子链中含有异氰酸酯基（—NCO）和氨基甲酸酯基（—NH—COO—），因而具有高度的极性和活泼性。特别是异氰酸酯可以和多种含活泼氢的官能团（如—OH、—COOH、—NH₂、—SH、—NHR、—CONH₂、—CONHR、—SO₂NH₂ 等）反应，形成界面化学键结合；而且分子间能形成氢键，有较高的内聚力。因此对木材、金属、皮革塑料、橡胶、纤维等各种物质，甚至对能被它溶解的非极性材料（如聚苯乙烯等）均有很好的粘接力。

b. 可配制不同硬度的胶黏剂　使用不同原料配制的聚氨酯胶黏剂，由于其配比不同，可以得到从柔软到坚硬一系列不同硬度的胶黏剂，粘接不同的被粘物。

c. 可在常温接触压下固化　由于聚氨酯胶在常温下有一定的反应速率，反应中没有低分子物产生，所以该胶可在常温接触压下进行固化。

d. 突出的耐低温性能　一般的高分子材料在极低的温度下都转化为玻璃态而变脆，因而在−100℃以下已不能使用；而聚氨酯胶黏剂甚至在−250℃以下仍能保持较高的剥离强度。

尽管聚氨酯胶黏剂有上述一些优点，但也存在一些缺点。首先，多异氰酸酯单体毒性大，易水解，施工时要求环境湿度小；其次，为双组分，固化时间长；第三，大多数聚氨酯胶耐热性不好；第四，尽管聚氨酯胶黏附力强，但本身内聚强度不太高，多用作非结构胶。

② 用途　聚氨酯胶黏剂在鞋类制造业方面的应用非常成功，其对各种制鞋用材料均能进行很好的粘接；由于其工艺简便，耐汽油性好，具有优良的柔韧性及结构强度，也是汽车工业理想的胶黏剂。另外，在塑料加工业、包装业、建筑业以及低温工程等中，聚氨酯胶黏剂以其粘接力强、适应面广、耐低温性优良等优点得到了日益广泛的应用。

### 5.4.2.4　间苯二酚-甲醛树脂、脲醛树脂和三聚氰胺-甲醛树脂胶黏剂

**(1) 间苯二酚-甲醛树脂胶黏剂**　间苯二酚-甲醛树脂胶黏剂能在中性或接近中性的条件下室温固化。这是它优于需要强酸催化才能室温固化的可溶性酚醛树脂胶黏剂的地方。

间苯二酚与甲醛的反应是三官能度的。由于受间位第二个羟基的影响，其对邻位和对位的定位作用更强、活性也更大。等物质的量的间苯二酚与甲醛在室温下就会反应到凝胶状态。故使用的间苯二酚-甲醛胶黏剂必须采用两步法合成：制备线型树脂；加入甲醛将线型树脂固化。线型树脂的制备，通常是通过控制甲醛与间苯二酚的反应摩尔比〔(1.0～1.5)：2〕，在酸性或碱性条件下加热完成的。强酸条件 pH 值可以低于 1，碱性条件以 pH 值不超过 9 为宜。较典型的制备方法如下：将 1mol 间苯二酚的水溶液加热到 90～100℃，在少量酸性或碱性催化剂存在下，搅拌并逐渐（或分批）加入 0.5～0.7mol 的甲醛。反应物进行短时间的回流，最后进行真空脱水，调整产物的 pH 值接近 7，即得所需的线型间苯二酚-甲醛树脂。其反应过程可大致描述如下：

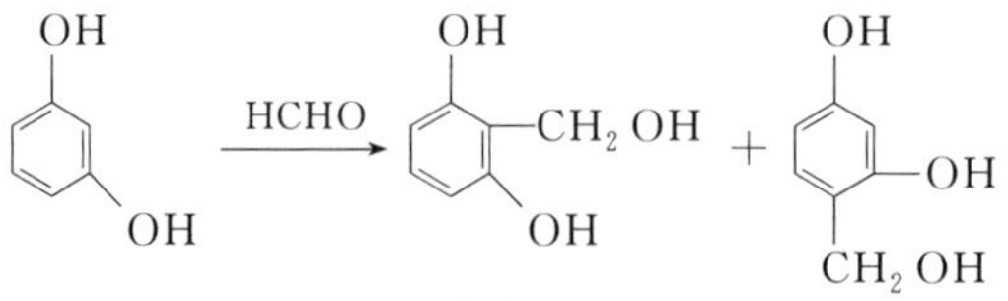

在进行胶接前，再加入甲醛或三聚甲醛使树脂固化。理论上，甲醛的用量要达到甲醛：间苯二酚的摩尔比为 1：1 的范围，实际上是稍微过量的。常用的是三聚甲醛，它在低温下的解聚速率很慢，在高温下则很快，并能被酸或碱进一步催化；可溶性酚醛树脂可以单独用来固化间苯二酚-甲醛树脂胶黏剂，而且能在 5℃ 这样低的温度下固化。

间苯二酚-甲醛树脂胶黏剂的胶接工艺绝大多数是在室温下完成的，提高温度能加速固化速率。用三聚甲醛时，80℃ 以上的固化温度是不适合的，因为其解聚速率太快，过多的气态甲醛会在胶接处产生气泡。如果用含羟甲基的三聚氰胺或尿素作为甲醛的来源，则可在更高的温度下固化。用适当的可溶性酚醛树脂作固化剂可在 130℃ 以上的温度固化。

固化后的间苯二酚-甲醛树脂胶黏剂可以耐各种气候条件的老化，并抗水蒸气和化学蒸气的作用，广泛地用来制造高级胶合板以及建筑业中各种木质结构的胶接及金属、塑料、皮革、橡皮等各种材料的胶接。

像酚醛树脂一样，间苯二酚-甲醛树脂胶黏剂也可用丁腈橡胶、聚乙烯醇缩醛或其他弹性高聚物进行改性。

间苯二酚-甲醛树脂胶黏剂的主要缺点是成本比较高。为了降低成本，可用苯酚代替部分间苯二酚，一般取代到酚的总量的一半。但苯酚比例增加，凝胶后室温固化的过程变长，而且胶接件会散发出苯酚特有的气味。

**(2) 脲醛树脂与三聚氰胺-甲醛树脂胶黏剂**　脲醛树脂与三聚氰胺-甲醛树脂又称氨基树脂。在胶黏剂中，脲醛树脂是用量最大的品种之一。它具有以下优点：在室温及 100℃ 以上均能很快地固化，成本低、毒性小，胶接强度比动植物胶高，耐光性好。缺点是耐水性及胶接强度比酚醛树脂差。与脲醛树脂相比，三聚氰胺-甲醛树脂成本较高，但性能较好。

脲醛树脂的结构尚未完全弄清。决定反应速率和聚合物分子生成类型的主要因素有下列5个：尿素与甲醛的摩尔比；反应介质的 pH；反应温度；溶液浓度和反应时间。作为胶黏剂使用的脲醛树脂，一般尿素与甲醛的摩尔比为 1：（1.75～1.9），产物平均分子量为 400 左右，含有大量活性端基，如羟甲基、酰胺基等，所以能溶于水。

① **脲醛树脂的制法**　现以国产 RC-1 脲醛树脂合成为例。将 37% 的甲醛溶液 372 份及六亚甲基四胺 5.2 份加入反应釜中。待其全部溶解后加入 100 份尿素。由于是吸热反应，反应物温度降至 10℃ 以下时，加热至 20℃ 使尿素全部溶解。升温至 60℃ 保持 15min，再升温并保持在 94～96℃。每隔 10min 取样分析 1 次；当 pH＝6 时，则每隔 5min 取样分析 1 次，直到树脂由橙黄色变为红色，1 份试样与 2 份水混合后不呈现浑浊。由此时开始继续反应 40min，样品经冷却至 20℃ 后，透明而无沉淀，则停止反应。降温至 60℃，加入 10% NaOH 中和至 pH＝7。真空脱水，直至相对密度达 1.29～1.30 为止。冷却后出料，即得 RC-1 脲醛树脂。

三聚氰胺与甲醛的反应相似于脲醛的反应。即在中性或弱碱性条件下，首先生成能溶于水的羟甲基三聚氰胺。继续反应，树脂水溶性减小，但能迅速溶于水-醇混合溶液，一般情况下树脂反应到此即加碱，至 pH＝10 而终止。如果反应在 pH 值为 6 以下进行，就很快生成不溶性的聚合物。

② **胶黏剂的配方和使用工艺**　脲醛胶的配方中，除树脂外，一般还需加入固化剂、缓冲剂及填料等。固化剂可以是酸，但更常用的是强酸的铵盐，如氯化铵，它跟树脂混合后，能与游离甲醛或缩合过程放出的甲醛反应而释放出酸来，温度越高释放得越快：

$$4NH_4Cl + 6CH_2O \longrightarrow 4HCl + (CH_2)_6N_4 + 6H_2O$$

为了避免 $NH_4Cl$ 与甲醛作用过快而使胶液的酸性不断增加,可在胶液中加入一种缓冲剂来调节胶液的 pH 值,一般采用氨水和六次甲基四胺。有些配方还同时加入一些尿素,其作用是与胶液中的游离甲醛及树脂固化过程中放出的甲醛起反应。脲醛树脂固化时发生收缩现象,产生内应力,故需加入填料及增塑剂。填料通常为木粉、泥粉、谷粉、矿物粉等。

脲醛树脂胶黏剂市售有两种:液体和粉体。后者是将液体脲醛树脂经喷雾干燥后制得的。一般可存放 1～2 年之久。从固化条件上看可分为室温固化和加热(100℃以上)固化两种。三聚氰胺-甲醛胶则必须加热固化。室温固化配方的特点是固化剂(氯化铵)量要加够;树脂与固化剂混合后会发热,从而影响胶液使用期,因而要注意控制温度。温度对胶液使用期的影响见表 5-16。

表 5-16　温度对胶液使用期的影响

| 温度/℃ | 使用期/min | 温度/℃ | 使用期/min |
|---|---|---|---|
| | RC-1 脲醛胶 | | RC-1 脲醛胶 |
| 15 | 177 | 25 | 58 |
| 20 | 100 | 30 | 34 |

冷固树脂对压力条件要求不高,一般从接触压至 1.47MPa,视粘接材料情况而定。在热压配方中,需用的固化剂较少,对于三聚氰胺-甲醛胶及三聚氰胺改性的脲醛胶,通常不需加固化剂。热压温度一般为 110～140℃,压力一般采用 1～2MPa,时间一般只需 5～7min,涂胶量约为 150g/m²。

脲醛胶耐水性能较差,可在固化剂组分中加入间苯二酚或三聚氰胺来改性。但这样价格较贵,仅用于耐水性要求较高的情况。

氨基树脂胶黏剂由于成本低廉,广泛应用于制造胶合板、层压板、装饰板、木结构家具、碎木板等。

## 5.5　合成橡胶胶黏剂

合成橡胶胶黏剂是一类以氯丁、丁腈、丁苯、丁基、聚硫等合成橡胶为主体材料配制成的非结构胶黏剂,是高分子胶黏剂的一个重要分支。它具有许多重要的特性,为其他高分子胶黏剂所不及。这些特性可概述如下。

① 有良好的黏附性。使用合成橡胶胶黏剂胶接时只需要较低的压力或接触的压力。一般均可在常温固化。

② 由于主体材料本身富有高弹性和柔韧性,因此,能赋予接头优良的挠曲性、抗震性和较低的蠕变性。适用于动态下的粘接和不同膨胀系数材料之间的黏合。

③ 由于橡胶具有较高强度、较高内聚力,为胶接接头提供了必要的强度和韧性。

④ 由于橡胶具有优良的成膜性,因此,胶黏剂的工艺性能良好。

合成橡胶胶黏剂有非硫化型和硫化型之分。前者是将生胶与防老剂、补强剂等混炼后溶于有机溶剂中制得。它价廉,使用方便,但耐热和耐化学介质性能较差。后者是将生胶与硫化剂、促进剂、补强剂、增黏剂等配合剂混炼后,再溶于有机溶剂而制得。硫化型合成橡胶胶黏剂又有室温硫化型和加热硫化型两种。室温硫化型合成橡胶胶黏剂制造工艺简便,不需要加热设备,节省能量,所以发展很快,例如硅橡胶密封胶。

合成橡胶胶黏剂按剂型又可分为溶剂型、胶乳型和无溶剂型三类。溶剂型胶黏剂工艺性能好，黏合力强，胶液稳定，但溶剂易燃、有毒。胶乳型胶黏剂不燃、无毒，但工艺性能和粘接性能均不如溶剂型胶黏剂。无溶剂型胶黏剂是以液体橡胶为主要原料制成的胶黏剂，本身就是一种黏稠的液体，经化学反应可固化成弹性体，主要用作密封胶。

表 5-17 为主要合成橡胶胶黏剂的性能及用途。

表 5-17　主要合成橡胶胶黏剂的性能及用途

| 胶黏剂种类 | 性能 | | | | | 用途 |
| --- | --- | --- | --- | --- | --- | --- |
| | 黏附性 | 弹性 | 内聚强度 | 耐热性 | 耐溶剂性 | |
| 氯丁橡胶 | 良 | 中 | 优 | 良 | 中 | 金属-橡胶、塑料、织物、皮革粘接 |
| 丁腈橡胶 | 中 | 中 | 中 | 优 | 良 | 金属-织物 |
| 丁苯橡胶 | 中 | 中 | 中 | 中 | 差 | 橡胶制品粘接 |
| 丁基橡胶和聚异丁烯橡胶 | 差 | 中 | 中 | 中 | 差 | 橡胶制品粘接 |
| 羧基橡胶 | 良 | 中 | 中 | 中 | 良 | 金属-非金属粘接 |
| 聚硫橡胶 | 良 | 差 | 差 | 差 | 优 | 耐油密封 |
| 硅橡胶 | 差 | 差 | 差 | 优 | 中 | 耐热密封 |
| 氯磺化聚乙烯弹性体 | 中 | 差 | 中 | 良 | 良 | 耐酸碱密封 |

氯丁橡胶胶黏剂是合成橡胶胶黏剂中产量最大、应用最广的品种。它是直接在乳液聚合产物中加入各种配合剂而制成的乳液型胶黏剂。此外，耐油的丁腈橡胶胶黏剂，耐溶剂的聚硫橡胶胶黏剂，黏附性较好的羧基橡胶胶黏剂，耐酸、碱的氯磺化聚乙烯橡胶胶黏剂，粘接难粘材料的聚异丁烯橡胶胶黏剂等都获得较广的应用。近期，还开发了以热塑性丁苯嵌段橡胶为基料的热熔胶料剂。本节只重点讨论合成橡胶胶黏剂的几个主要品种。

## 5.5.1　氯丁橡胶胶黏剂

氯丁橡胶由氯丁二烯经乳液聚合制得：

$$n CH_2\!=\!CH\!-\!\underset{\underset{Cl}{|}}{C}\!=\!CH_2 \longrightarrow \left(\!CH_2\!-\!CH\!=\!\underset{\underset{Cl}{|}}{C}\!-\!CH_2\!\right)_n$$

在聚合物分子链中 1,4-反式结构占 80% 以上，结构比较规整，加之链上极性氯原子的存在，故结晶性大，在 −35～32℃ 之间皆能结晶（以 0℃ 为最快）。这些特性使氯丁橡胶在室温下即使不硫化也具有较高的内聚度和较好的黏附性能，非常适宜作胶黏剂使用。此外，由于氯原子的存在，氯丁胶胶膜具有优良的耐燃、耐臭氧和耐大气老化的特性，以及良好的耐油、耐溶剂和耐化学试剂的性能。氯丁橡胶胶黏剂的主要缺点是贮存稳定性较差及耐寒性不够。

### 5.5.1.1　氯丁橡胶胶黏剂的基本配方剖析

氯丁橡胶胶黏剂主要有填料型、树脂改性型和室温硫化型三种。主要由氯丁橡胶（常用的有通用型和专用型两种）、硫化剂、促进剂、防老剂、补强剂、填充剂及溶剂等配制而成。4phr 氧化镁和 5phr 氧化锌是氯丁橡胶最常用的硫化剂，并有满意的硫化效果。防老剂的加入不仅能进一步提高胶膜的热氧老化性能，而且还可以改善胶液的贮存稳定性。常用的有防老剂 D（N-苯基-β-萘胺）和防老剂 A（N-苯基-α-萘胺），用量一般为 2phr。溶剂的选择和用量不但影响胶接强度，而且还与胶液的黏度、贮存稳定性、涂刷性能、黏性保持时间等方面有很大的关系。以通用型氯丁橡胶配制胶黏剂，可用乙酸乙酯和汽油的混合溶剂［比例在（8∶2）～（4∶6）范围内］。对专用型氯丁橡胶胶黏剂，可采用甲苯∶汽油∶乙酸乙酯为3.0∶4.5∶2.5配比的混合溶剂，胶液的浓度通常在30%左右为宜。填充剂的加入可起补强作用和调节黏度的作用，并可降低成本，常采用碳酸钙、陶土、炭黑。促进剂一般采用促进剂C（二苯基硫脲）和氧化铝，以加快室温硫化。增黏剂常用叔丁基苯酚树脂，以提高胶液的黏着性和耐热性，并延长胶黏剂的黏着保持时间。

### 5.5.1.2 氯丁橡胶胶黏剂的制造工艺

氯丁橡胶胶黏剂的制造包括橡胶的塑炼、混炼以及混炼胶的溶解等基本过程。塑炼能显著改变生胶的分子量和分子量分布，从而影响胶黏剂的内聚强度和黏附性能。生胶的塑炼在炼胶机上进行，滚筒温度一般不宜超过40℃。塑炼后在胶料中依次加入防老剂、氧化镁、填料等配合剂进行混炼，混炼的目的是借助炼胶机滚筒的机械力将各种固体配合剂粉碎并均匀地混合到生胶料中去。为了防止混炼过程中发生焦烧（早期硫化）和粘滚筒的现象，氧化锌和硫化促进剂应该在其他配合剂与橡胶混炼一段时间后再加入。混炼温度也不宜超过40℃。在混炼均匀的前提下混炼时间应尽可能短。混炼胶的溶解一般在带搅拌的密封式溶解器中进行：先将混炼胶剪成细碎的小块，放入溶解器中，倒入部分溶剂，待胶料溶胀后搅拌使之溶解成均匀的溶液，再加入剩余的溶剂调配成所需浓度的胶液。也可以将塑炼了的生胶和各种配合剂不经混炼而直接加入溶剂中溶解（直接溶解法），但这样制成的胶液贮存稳定性差，一般不采用。

### 5.5.1.3 填料型氯丁橡胶胶黏剂

填料型氯丁橡胶胶黏剂成本较低，一般适用于那些对性能要求不太高而用量又比较大的胶接场合。例如，用于PVC地毡与水泥的胶接。

【配方】 按混炼顺序

| | | | |
|---|---|---|---|
| 氯丁橡胶（通用型） | 100 份（质量） | 氧化锌 | 10 份 |
| 氧化镁 | 8 份 | 汽油 | 136 份 |
| 碳酸钙 | 100 份 | 乙酸乙酯 | 272 份 |
| 防老剂D | 2 份 | | |

该胶在室温下贮存期为1个月。室温抗剪强度为0.42MPa；剥离强度为1.53kN/m。

### 5.5.1.4 树脂改性型氯丁橡胶胶黏剂

能有效地改善氯丁橡胶胶黏剂的耐热性，对常温胶接性能也无明显影响的树脂是热固性烷基酚醛树脂（如对叔丁基酚醛树脂）。由于这种树脂分子的极性较大，加入后能明显增加对金属等被粘材料的黏附能力，故用对叔丁基酚醛树脂改性的氯丁橡胶胶黏剂已发展成为氯丁胶黏剂中性能最好、应用最广的重要品种。

对叔丁基酚醛树脂的分子量一般选用700～1100为宜（熔点在80～90℃）。用量则依据具体使用要求而定。一般来说，用于橡胶与金属胶接时宜多用些树脂；用于橡胶与橡胶胶接时宜少用些树脂。但通常都在45～100phr范围内。在配制胶时，最好先将对叔丁基酚醛树脂与氧化镁进行预反应，然后再与混炼胶的溶液混合。氧化镁用量为树脂的10%最为适宜，反应时可采用甲苯、正己烷等非极性溶剂作介质，添加树脂用量0.5%～2.0%的水作催化剂，并在室温下（25～30℃）进行。反应16～24h。表5-18列举了4种专用的氯丁树脂胶液的配方和性能，供参考。

树脂改性型氯丁橡胶胶黏剂除胶接橡胶与金属、橡胶与橡胶外，还广泛应用于织物皮革、塑料木材、玻璃等材料，具有一定的通用性。其胶接工艺也甚为方便：常温下在干净的被粘表面涂（刷）胶2次，每次晾干5～10min，然后黏合，施加接触压力，室温下放置1～

2 天即可，胶接接头在 100℃ 以下有较好的胶接强度。

表 5-18 专用氯丁树脂胶液配方和性能举例

| 项目 | | 配方号 | | | |
| --- | --- | --- | --- | --- | --- |
| | | 1 | 2 | 3 | 4 |
| 组分 | 氯丁橡胶 AC 或 AD | 50 | — | 50 | 100 |
| | 氯丁橡胶 WHV | 50 | 50 | 50 | — |
| | 氯丁橡胶 W | — | 50 | — | — |
| | 氧化镁 | 2 | 4 | 4 | 4 |
| | 防老剂 | 1 | 2 | 2 | 2 |
| | 白炭黑 | 5 | — | 5 | 15 |
| | 轻质碳酸钙 | — | 15 | — | — |
| | 氧化锌 | 2 | 5 | 2 | 2 |
| | 热固性烷基酚醛树脂 | 60 | 40 | 30 | 50 |
| | 氧化镁 | — | 4 | 3 | 5 |
| | 水 | — | 0.4 | 0.3 | 0.5 |
| | 氢化松香酯 | 10 | 5 | — | — |
| | 甲苯 | 144 | 67 | 307 | 320 |
| | 正己烷 | 288 | 134 | 131 | 134 |
| 溶剂 | 乙酸乙酯 | — | 53 | — | 53 |
| | 丙酮 | 288 | 80 | — | — |
| | 氯甲烷 | — | — | — | 27 |
| | 操作油 | — | 5 | — | — |
| 性能 | 胶液黏度/mPa·s | 318 | 1900 | 3360~3480 | 2800 |
| | 黏性保持期/min | — | 245 | 55~80 | — |
| | 适用场合 | 聚氨酯海绵 | 木材，尤其是建筑用木预制板 | 木器，家具 | 皮鞋等 |

#### 5.5.1.5 室温硫化型双组分氯丁胶黏剂

在氯丁橡胶胶液中加入多异氰酸酯或二苯硫脲、乙酰硫脲等促进剂，可使胶膜在室温下快速硫化，提高胶膜的耐温性和改善对非金属材料的胶接性。由于这类胶液活性大，室温下数小时就可全部凝胶，故一般配比双组分贮存。

【配方】 氯丁-多异氰酸酯（列克那）胶液

甲液：通用型氯丁橡胶　　100 份（质量）　　　　防老剂　　　　　　2 份

　　　氧化镁　　　　　　4 份　　　　　　　　　氧化锌　　　　　　5 份

乙液：20% 三苯基甲烷三异氰酸酯的二氯乙烷溶液。

混炼后溶于乙酸乙酯∶汽油＝2∶1 的混合溶剂中，配成 20% 浓度的胶液。

使用前将甲、乙液按 10∶1 的比例混合，即可使用，使用期小于 3h。

### 5.5.2 丁腈橡胶胶黏剂

丁腈橡胶由丁二烯与丙烯腈经乳液共聚制得：

$$n\mathrm{CH_2{=}CH{-}CN} + m\mathrm{CH_2{=}CH{-}CH{=}CH_2} \longrightarrow \underset{}{\{\mathrm{CH_2{-}CH{=}CH{-}CH_2}\}_m} \{\mathrm{CH_2{-}\underset{\underset{\mathrm{CN}}{|}}{CH}}\}_n$$

根据丙烯腈的含量不同，有丁腈-18、丁腈-26 和丁腈-40 等几种类型。作为胶黏剂，一般最为常用的是丁腈-40。如前所述，丁腈橡胶不仅可用来改性酚醛树脂、环氧树脂以制取性能很好的金属结构胶黏剂，而且其本身可作为主体材料胶黏剂，用于耐油产品中橡胶与橡胶、橡胶与金属、织物等的粘接。

#### 5.5.2.1 丁腈橡胶胶黏剂的配方剖析

丁腈橡胶有两类硫化剂：一类是硫黄和硫载体（如秋兰姆二硫化物）；另一类是有机过氧化物。硫黄/苯并噻唑二硫化物/氧化锌（2/1.5/5）是一个常用硫化体系。丁腈橡胶结晶性小，必须用补强剂来增加内聚强度。常用的补强剂有炭黑、氧化铁、氧化锌、硅酸钙、二氧化硅、二氧化钛、陶土等。其中以炭黑（尤以槽黑）的补强作用最大，用量一般为 40～60phr。增塑剂常用硬脂酸、邻苯二甲酸酯类、磷酸三甲酚酯或醇酸树脂，或液体丁腈橡胶等，以提高耐寒性并改进胶料的混炼性能。有时还加入酚醛树脂、过氯乙烯等树脂等作为增黏剂，以提高初黏力。没食子酸丙酯是最常用的防老剂。常用的溶剂为丙酮、甲乙酮、甲基异丁酮、乙酸乙酯、乙酸丁酯、甲苯、二甲苯等。

#### 5.5.2.2 配方列举及使用

表 5-19 列举 3 种丁腈橡胶胶黏剂配方。

**表 5-19　丁腈橡胶胶黏剂配方示例（质量份）**

| 组分和适应性 | 配方号 | | |
| --- | --- | --- | --- |
| | 1 | 2 | 3 |
| 丁腈橡胶 | 100 | 100 | 100 |
| 氧化锌 | 5 | 5 | 5 |
| 硬脂酸 | 0.5 | 1.5 | 1.5 |
| 硫黄 | 2 | 2 | 1.5 |
| 促进剂 M 或 DM | 1 | 1.5 | 0.8 |
| 没食子酸丙酯 | 1 | — | — |
| 炭黑 | — | 50 | 45 |
| 适应性 | 一般通用 | 适于丁腈-18 | 适于丁腈-26 和丁腈-40 |

丁腈橡胶与上述各配合剂混炼后用乙酸乙酯、乙酸丁酯、甲乙酮、氯苯等溶剂溶解，就可制得浓度为 15％～30％范围内的丁腈橡胶胶液。使用时，将这种胶液涂于未硫化的橡胶制品上，晾干并黏合后，与制品一起加热加压硫化，硫化温度一般在 80～150℃之间。若使用促进剂 MC（环己胺和二硫化碳的反应产生）、TMTD（二硫化四甲基秋兰姆）等，可以制得能在室温下硫化的双组分耐油丁腈胶黏剂。

### 5.5.3　其他合成橡胶胶黏剂

#### 5.5.3.1　丁苯胶黏剂和聚硫橡胶

丁苯胶黏剂由丁苯橡胶和各种烃类溶剂所组成。由于它的极性小，黏性差，因而限制了它的应用，不如氯丁胶黏剂、丁腈胶黏剂那样广泛。

丁苯橡胶胶黏剂通常采用与丁腈橡胶相似的硫黄硫化体系。常用的溶剂有苯、甲苯、环己烷等。为了提高黏附性能，往往加入松香、古马隆树脂和多异氰酸酯等增黏剂。在丁苯胶液中加入三苯基甲烷三异氰酸酯后，胶接强度可增加 3～5 倍，但胶液的使用寿命却大大缩短了。

丁苯胶黏剂是将丁苯胶与配合剂混炼，再溶于溶剂中制得的。丁苯橡胶胶黏剂可以用于橡胶、金属、织物、木材、纸张等材料的胶接。

聚硫橡胶是一种类似橡胶的多硫乙烯基树脂。它由二氯乙烷与四硫化钠起缩合反应制得，其反应如下：

$$n\,ClCH_2CH_2Cl + n\,Na_2S_4 \longrightarrow \{CH_2CH_2S_4\}_n + 2n\,NaCl$$

这种类似橡胶的聚合物工业上称聚硫橡胶。聚硫橡胶胶黏剂具有独特的耐油、耐溶剂、耐水和气密性能，以及较好的黏附性能。在液体聚硫橡胶中配入某些合成树脂和其他合成橡胶、多异氰酸酯以及松香等增黏剂即可制得。用于织物与非金属、金属与金属、玻璃与玻璃之间胶接，也可用来制造聚硫腻子带和压敏胶黏剂。

#### 5.5.3.2　硅橡胶胶黏剂

硅橡胶是由硅-氧原子交替排列成主链的线型聚硅氧烷，这种类似于硅酸盐结构的聚合物兼有无机物和有机物两者的特性。以硅橡胶为主体材料配制而成的胶黏剂与一般橡胶胶黏剂一样，胶层柔软，有弹性，还有突出的耐高温（可耐 200℃以上）、耐低温性能，优异的防潮性能和电气性能。

硅橡胶胶黏剂主要由硅橡胶、补强剂、交联剂、固化催化剂等组成。按其固化过程中需要温度的情况，分为高温固化和室温固化两类。高温固化型由于加工设备复杂，胶接强度低，其应用受到很大限制。室温固化型硅橡胶胶黏剂是以羟基封端线型聚硅氧烷为主体的材料，通过交联剂与羟基作用，使胶黏剂固化。这类胶黏剂操作简单，使用方便，而且胶接强度也比高温固化型好。因此，在各工业部门得到越来越广泛的应用，是近几年发展较快的胶黏剂品种之一。

# 5.6　无机胶黏剂与天然胶黏剂

## 5.6.1　无机胶黏剂

由无机物制成的胶黏剂，也称无机胶黏剂。无机胶黏剂是人类历史上最早使用的胶接材料，其共同特点是耐热性好，性质脆，主要用来胶接刚性体或受力较小的物体。无机胶黏剂大体可分为四类：普通水泥和矾土水泥等水泥类；软合金和硬合金等金属类；熔接玻璃的玻璃类；水玻璃等水基无机物类。

构成水基无机胶黏剂的主要胶黏剂品种中，都有产生粘接力的水性黏料，如硅酸钠、硅酸钾、硅酸铝等。这些硅酸盐水溶液是由硅酸盐的单体及聚合物离子组成的，它们都溶解或分解于水中。在水分挥发并逐渐干燥的过程中，硅酸盐离子表面羟基发生脱水缩合，从而显现出粘接力。

水泥类（石膏类）无机胶黏剂为水固化性胶黏剂，它们通过水合反应而产生粘接力；金属氧化物与磷酸（或磷酸盐）、金属氧化物与水玻璃是通过化学反应而固化的；熔接玻璃或金属（软合金、硬合金）则是由熔融状态到固化时才显现出粘接力的。

#### 5.6.1.1　水溶性硅酸钠（水玻璃）

水溶性硅酸钠中氧化钠（$Na_2O$）和二氧化硅（$SiO_2$）的物质的量比在（1∶4）～（1∶

2）范围内，则为黏稠的液体而显示粘接性。粘接力是由水分的挥发而产生的，因此被粘物若不是多孔质（例如纸），其粘接效果就差。但水溶性硅酸钠具有其他胶黏剂所不具备的耐热性。

水玻璃类胶黏剂可用于玻璃与玻璃的粘接，金属与金属以及金属与其他材料的粘接，纸张与纸张以及纸张与其他材料的粘接，木材与木材以及木材与其他材料的粘接，石棉的粘接，等。

### 5.6.1.2 磷酸盐胶黏剂

磷酸盐胶黏剂有 4 种类型，分别为磷酸的硅化物、磷酸锌、磷酸氧化物及其他磷酸盐等。磷酸硅化物常作牙科用胶黏剂，其热膨胀系数与人的牙齿相同，且耐口腔中各种食物的侵蚀。磷酸的金属盐胶黏剂中，最重要的是磷酸锌盐和铜盐。磷酸锌盐也是一种牙科用胶黏剂（$ZnHPO_4 \cdot 3H_2O$）。将氧化锌和磷酸二者加以混合，便引起激烈的放热反应而粘接。磷酸-氧化铜胶黏剂则主要应用于陶瓷车刀、硬质合金车刀和铰刀等刀具的胶接。氧化铜和磷酸作用，产生较强氢键作用 $CuHPO_4 \cdot \frac{3}{2}H_2O$ 形成晶态或无定形态，并与胶黏剂中未作用的 CuO 形成牢固的胶接层。其使用方法简便，即在磷酸溶液（加有氢氧化铝）中，按比例加入特制的氧化铜粉，混合均匀，涂刷在经粗化的粘接面上，经化学反应而粘接。

磷酸氧化物与铝、铬等金属之间，在 200℃ 能发生氧化键合，加热至 300℃，在沸水中该胶层也不会溶解。

### 5.6.1.3 水固化性胶黏剂（水泥）

水泥由石灰石和黏土（硅铝酸质）以 4∶1（质量）混合，在回转窑中煅烧，并加入少量石膏磨碎制得。主要成分是硅酸三钙（$3CaO \cdot SiO_2$）、硅酸二钙（$2CaO \cdot SiO_2$）和铝酸三钙（$3CaO \cdot Al_2O_3$）等。这种水泥是普通水泥。此外还有快干水泥、白水泥、矿渣水泥、氧化铝水泥。

硅酸盐水泥单独与水混合时，发热较大，收缩厉害，而且强度不高，应该与砂子、石子甚至钢筋相配合使用。一般按容积比以水泥 1 份、砂子 2 份配成泥灰，制混凝土时再以 4 份石子混合。

### 5.6.1.4 熔接玻璃或金属类

熔接玻璃的主要成分是以硼酸盐为基础的金属氧化物，主要有 $PbO$-$B_2O_5$-$ZnO$，$PbO_2$-$B_2O_3$-$ZnO$-$SiO_2$，$Pb_2$-$B_2O_3$-$SiO_2$-$Al_2O_3$ 等。这些氧化物粉末的细度为 100～200 目，使用时加水调成糊状。这种玻璃软化温度在 200～500℃ 之间，熔融温度为 400～600℃，能在 500～600℃ 时呈透明玻璃态黏合。主要用于真空管工业中玻璃、金属、云母的黏合以及显像管的黏合。若熔接玻璃熔融后进一步加热，使之具有晶体结构，就成为熔接玻璃陶瓷，其性能比熔接玻璃更好。

熔接金属主要用于金属间的粘接。以 Ag-Cu-Zn-Cd-Sn 为代表，熔点在 450℃ 以上的称硬合金；以 Pb-Sn 为代表，熔点在 450℃ 以下的称软合金。

## 5.6.2 天然胶黏剂

天然胶黏剂按来源分为动物胶、植物胶和矿物胶。按化学结构又可分为多糖类、氨基酸类、多羟基类及其他等。天然胶黏剂来源丰富，价格低廉，多数是水溶性或水分散性，无毒或低毒。

从 20 世纪 50 年代开始，随着合成胶黏剂的大量出现，天然胶黏剂在胶黏剂中所占比例逐年下降。但直到 80 年代包装工业使用的胶黏剂中，天然胶黏剂仍占一半以上。70 年代以来，天然胶黏剂的开发又重新受到重视。主要是用有机合成和高分子化学的方法和新成果来改进其性能。如通过改性，提高现有天然胶黏剂的耐水性，充分利用造纸业副产的木质素来制造胶黏剂以及开发利用海洋生物等原料资源。

### 5.6.2.1 多糖类

多糖类胶黏剂主要是淀粉及其衍生物。淀粉不溶于水，仅能在热水中糊化。糨糊就是它的糊化物。淀粉经碱、酸、氧化剂或其他化学方法处理后，可制得可溶于热水的透明体——可溶性淀粉。而可溶性淀粉在一定温度下煅烧（也可直接将淀粉在高温下煅烧）便制得可溶解于冷水的黏稠胶体——糊精。

淀粉类胶黏剂的最大弱点是耐水性差、抗霉性不好。现在大多通过交联、接枝、共混或加入某些助剂的方法对它进行改性。淀粉类胶黏剂主要用于木材、织物、纸张的胶接和作为药物色膜及保护胶体等。

另外，多糖类胶黏剂还有甲壳质、海藻酸钠等。甲壳质经氢氧化钠处理可得到可溶性甲壳质，它可作为织物处理剂，印染固色剂，木材、纸张的胶黏剂。由于其自然资源极为丰富，近几年人们对其产生了很大的兴趣。海藻酸钠是海藻类植物的碱液提取物，其水溶液非常稳定，受热不凝固，遇冷不凝胶。其用途十分广泛，可作为乳化剂、增稠剂、分散剂、保护胶体等。

### 5.6.2.2 氨基酸类

天然氨基酸类胶黏剂主要是指骨胶、鱼胶、干酪素、血胶等。

骨胶是由动物的皮或骨等经化学处理或熬煮而制得的不透明胶体。通常由牛皮制得的也叫作牛皮胶。骨胶除去杂质，色泽变浅、外观透明的便是明胶，而按其纯度又可分为照相明胶、食用明胶及工业明胶等。骨胶胶黏剂的配制较为麻烦，一般需在冷水中浸渍 24h 以上，然后采用水浴在 60℃ 以下溶解。高温直接配制易于使胶质变质而失效。骨胶主要用于木材、纸张的黏合，如胶合板、家具、乐器（提琴等）的制造；瓦楞纸、纸板箱的制造；照相感光材料与基底的胶接等。

鱼胶则是由鱼皮、鱼头、鱼尾、鱼鳍以及某些鱼内脏等与水共热而制得的胶体。其化学结构与骨胶相类似，但分子量较小，因而是液态的。其配制与使用都比骨胶方便得多。使用鱼胶的不足是带有鱼腥味和耐水性差。前者往往通过加以香料来调整，后者则可加入醛类进行改性。鱼胶对玻璃、陶瓷、金属、木材、纸张、皮革等都有很好的粘接性，尤其适用于异种材料的粘接，而且它的干燥膜坚韧耐腐蚀，耐热性好（达 200℃ 以上）。

干酪素亦称酪朊，是从脱脂乳汁中凝固分离而得到的一种粉末状固体。干酪素可以直接加水配制成高强度的胶黏剂；但耐水性较差，黏度增加很快，易于形成凝胶而使之失效。碱性物质、消石灰或甲醛等可调节其黏度，延长胶液使用期并提高耐水性。干酪素可用于木材、金属、陶瓷、纸张、玻璃等的胶接。

血胶、豆胶是早期胶合板工业及家具制造业的主要胶黏剂之一，由于在抗霉、抗水等方面较差，现已较少使用。

### 5.6.2.3 多羟基类

天然多羟基类胶黏剂主要是指虫胶、生漆、木质素、单宁等物质。

虫胶亦称紫胶，是一种天然树脂，是虫胶虫树上的紫胶虫吸食树汁后的消化分泌物。主要成分是光桐酸（9,10,16-三羟基软脂酸）为主的羟基脂肪酸和以紫胶酸为主的羟基脂环酸以及它们的酯类的复杂混合物。由精制的虫胶制得的薄片称为洋干漆（虫胶片）。溶于乙醇和碱性溶液。微溶于酯类和烃类。虫胶膜具有优良的硬度和电绝缘性。出色的耐磨性，较低的收缩率；但质地较脆，耐气候性较差，耐热性也不好，故虫胶的最主要用途是将虫胶片用酒精溶解（亦称虫胶清化）后用于木器家具打底。用乙醇、杂酚油溶解虫胶片并加入少量碱性物时，可配制成性能较好的虫胶胶黏剂，主要用于木材、金属、陶瓷、棉布、纸张等的胶接。

单宁亦称鞣质，存在于植物的干、皮、根、叶或果实中，尤以树皮中含量最多。单宁是含有多元酚基和羧基的有机物质，加入甲醛后，能像酚醛树脂那样进行固化反应而作为胶黏剂。从植物中提取单宁是一个繁复的过程。利用这一特点目前已开发了从树皮直接合成胶黏剂的技术，即将树皮用氢氧化钠处理后加入苯酚、甲醛制成胶黏剂。此胶黏合力强、活性期长、抗水性好，其适用范围与通常的酚醛树脂基本相似，它主要用于木材的胶接。

木质素的主要来源是造纸废液，即从硫代木质素与木质素磺酸中提取。目前已发展到用纸浆废液经直接浓缩、羟基化后，在碱性条件下与苯酚、甲醛缩合，制得与普通酚醛树脂性能相近的木材用胶黏剂。

生漆是我国特产，由漆树的分泌物经浓缩提纯而制得。主要成分是漆酚。对木材、纸张、陶瓷、织物都有很好的附着力，而且有很好的耐腐蚀和耐土壤腐蚀特性。但生漆有两点不足：一是色泽较深，难于在需要浅色的场合使用；二是固化速率慢，初始黏合力小。在生漆中直接加入淀粉，可以提高它的初始黏合力和最终胶接强度，但它的固化速率仍很慢，若使用糊化的淀粉则可加快固化速率，一般 24h 内就可达到其最高胶接强度。

#### 5.6.2.4　天然橡胶胶黏剂

天然橡胶是由栽培的橡胶树（主要由三叶橡胶）割取的胶乳，经稀释、过滤、凝聚、滚压、干燥等步骤而制得，俗称生胶。其化学主要成分是顺-1,4-聚异戊二烯。根据不同的制取方法，有皱片胶、烟胶片等。天然橡胶胶黏剂是由天然烟胶片、硫化剂、促进剂、防老剂和溶剂（汽油或苯）等配制成的含量为 10%～16% 的溶液型胶黏剂，黏结强度不高，主要用于一般要求不高的天然硫化胶之间的黏合，如人力车内胎、雨鞋的修补等。常将天然橡胶进行化学改性以提高黏结性能，其中最有意义的品种是氯化天然橡胶。含氯量 60% 左右的氯化天然橡胶溶于有机溶剂中即可制得氯化天然橡胶胶黏剂。改性后的胶黏剂的黏结性得到了大大改善，可用于极性橡胶和金属等的粘接。

# 5.7　特种黏合剂

粘接是一项涉及范围宽广的连接技术。有时要连接特定的胶接对象及满足特种工艺上的某种需要，所以对胶黏剂也就提出了特殊的性能要求。本节将专门讨论这类胶黏剂。这里主要简单介绍一下热熔胶黏剂和压敏胶黏剂。

## 5.7.1　热熔胶黏剂

热熔胶黏剂是一种在热熔状态进行涂布，借冷却固化实现粘接的高分子胶黏剂。它不含溶剂，百分之百固含量，主要由热塑性高分子聚合物所组成。与其他类型胶黏剂相比，其主要特点是：①不含溶剂，能防止火灾与污染；②粘接迅速，适于连续与自动化操作；③粘接面广，可粘接多种同类或异类材料；④百分之百固含量，便于贮运；⑤具有再熔性，使用余胶可再用，粘接件胶层可借热重新活化。由于它具有这些优点，近年来发展异常迅速。这类胶的最大不足是胶液熔融时流动性小，润湿作用差，机械强度偏低，耐热性较差，使用时需专用设备。

#### 5.7.1.1　热熔胶黏剂的主要组分及其作用

热熔胶黏剂一般由主体聚合物、增黏剂、蜡类、增塑剂、抗氧化剂及填料等组成。

许多热塑性聚合物均可作热熔胶的主体聚合物，使用较多的主要是乙烯和醋酸乙烯酯的无规共聚物（EVA）、聚酯和聚氨酯等。加入增黏剂的目的是降低熔融温度，控制固化速率，改善润湿和初黏性，达到改进工艺、提高强度的目的。常用的增黏剂有松香、改性松香、萜烯树脂、古马隆树脂等。配合剂蜡类加入的作用是降低熔融温度与黏度，改进操作性能，降低成本；同时还可以防止胶黏剂渗透基材。常用的蜡有烷烃石蜡、微晶石蜡、聚乙烯蜡等。增塑剂的作用是使胶层具有柔韧性和耐低温性，并有利于降低熔融温度；但对内聚强度却有明显的影响。使用增塑剂时要考虑与其主体聚合物及其他组分的相容性，也要考虑被粘体的性能及增塑剂的迁移特性。常用的增塑剂有邻苯二甲酸酯类和磷酸酯类化合物。抗氧剂的作用是防止热熔胶在高温下长时间的熔融过程中氧化变质，保持黏度稳定。常用的抗氧剂有2,6-二叔丁基对甲酚（BHT）、4,4′-双（6-叔丁基间甲酚）硫醚（RC）等，用量一般为0.5phr。填料的作用是防止渗胶，减少固化时的收缩率，保持尺寸稳定性，降低成本；但用量一定要适度。常用的填料有碳酸钙、滑石粉、黏土、石棉粉、硫酸钡、二氧化钛、炭黑等。

### 5.7.1.2 几种主要的热熔胶

**(1) 乙烯-醋酸乙烯的无规共聚物（EVA）热熔胶**　在聚乙烯分子结构中引入醋酸乙烯酯（VAc）可使结晶度降低，黏合力和柔韧性提高，耐热和耐寒性兼顾，流动性和熔点可调。此外EVA价格低廉，易与其他辅料配合，因而EVA是十分理想的热熔胶的基体。下列举两个十分通用的EVA热熔胶配方。

【配方】

| | | | |
|---|---|---|---|
| 乙烯-醋酸乙烯共聚体 | 100份（质量） | 合成石蜡树脂 | 7份 |
| 滑石粉 | 20份 | 2,6-二叔丁基对甲酚 | 1份 |
| 香豆酮-茚树脂 | 25份 | | |

该品种胶软化温度为72～80℃，脆化温度在−40℃以下，可在−40～60℃内长期使用。对各种材料均有优良的胶接性能。

**(2) 聚酯热熔胶**　聚酯热熔胶一般是由二元酸与二元醇共聚而得。它们可以是无规共聚物或嵌段共缩聚物，在特殊条件下也可制得交替共缩聚物。从化学结构来看，聚酯类热熔胶可分为共聚酯类、聚醚型聚酯类、聚酰胺聚酯类等三大类。目前多采用多种原料混合制取的共聚酯。

聚酯热熔胶的性能与分子量的大小有关，随着分子量的增加熔融黏度和熔点均有所提高。一般聚酯热熔胶的分子量比较大，分子链上有大量的极性基团，有的还含有相当量的氢键，因此它的黏合力和内聚力都比较好。因此，聚酯热熔胶具有较好的粘接强度和耐热、耐寒、耐干湿洗性，耐水性比EVA、聚酰胺好，价格比较便宜。聚酯热熔胶主要用于织物加工、无纺布制造、地毯背衬、服装加工、制鞋等。

聚酯热熔胶的生产可充分利用涤纶（PET聚酯）生产和加工过程中的边角料，这对配合涤纶厂做好综合利用具有十分重要的意义。

**(3) 聚氨酯热熔胶**　聚氨酯热熔胶的主体材料是由末端带有羟基的聚酯或聚醚与二异氰酸酯通过扩链剂进行缩聚反应而制得的线型热塑性弹性体。聚氨酯热熔胶的特点是强度较高，富有弹性及良好的耐磨、耐油、耐低温和耐溶剂等性能，但耐老化性较差。从强度和软化点考虑，一般多采用聚酯型聚氨酯。常用的端羟基聚酯有聚乙二醇己二酸酯、聚丁二醇己二酸酯、聚己二醇己二酸酯等。常用的二异氰酸酯有甲苯二异氰酸酯、4,4′-二苯基甲烷二异氰酸酯等。

聚氨酯热熔胶主要用于塑料、橡胶、织物、金属等材料，特别适用于硬聚氯乙烯塑料制品的粘接，它具有较大的实用性。

**【配方】**

| | | | |
|---|---|---|---|
| 聚乙二醇己二酸酯（$M=2000$） | 50mL | 二苯基甲烷二异氰酸酯 | 150mL |
| 1,4-丁二醇 | 100mL | | |

此配方软化点为 130℃。胶膜抗张强度 38MPa，伸长率 600%。胶接织物剥离强度 250～350N/cm，耐热水性、耐湿热老化性均优良。主要用于织物胶接。

### 5.7.2 压敏胶黏剂

压敏胶是制造压敏型胶黏带用的胶黏剂。胶黏带是胶黏剂中一种特殊的类型，它是将胶黏剂涂于基材上，加工成带状并制成卷盘供应的。胶黏带有溶剂活化型胶黏带、加热型胶黏带和压敏型胶黏带。由于压敏型胶黏带使用最为方便，因而发展也最为迅速。压敏胶黏带如图 5-3 所示。压敏型胶黏剂是其中最重要的部分。它的作用是使胶黏带具有对压力敏感的黏附特性。基材是支承压敏胶黏剂的基础，要求有较好的机械强度，较小的伸缩性，对溶剂润湿性好等。常用于织物、塑料薄膜和纸带。底层处理剂的作用是增加胶黏剂与基材之间的黏附强度，以便在揭除胶黏带时不会导致胶黏剂与基材脱开而沾污被粘表面，并使胶黏带具有复用性。常用的底层处理剂是用异氰酸酯部分硫化的氯丁橡胶、改性的氯化橡胶等。背面处理剂一般由聚丙烯酸酯、聚氯乙烯、纤维素衍生物或有机硅化合物等材料配制而成。背面处理剂不仅可以在胶黏带卷成卷盘时起到隔离作用，有时还能提高基材的物理力学性能。常用的隔离纸有半硬聚氯乙烯薄膜、聚丙烯薄膜以及涂有背面处理剂的牛皮纸等。

压敏胶黏剂是一种有一定抗剥离性能的胶黏剂。它的黏附特性决定压敏胶黏带的压力敏感性能。压敏胶黏剂的黏附特性由四部分组成：快黏力 $T$、黏附力 $A$、内聚力 $C$、黏基力 $K$（见图 5-4）。好的压敏胶黏剂的黏附性必须满足 $T<A<C<K$ 的关系，否则，就会产生各种质量问题。根据主体材料不同，压敏胶黏剂可分为橡胶型和树脂型两大类。其组成见表 5-20。

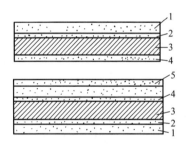

图 5-3 压敏胶黏带构成示意

1—压敏型胶黏剂；2—底层处理剂；3—基材；
4—背面处理剂；5—隔离纸

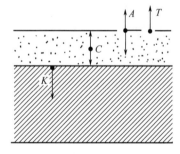

图 5-4 压敏胶黏剂作用力示意

$T$—快黏力；$A$—黏附力；
$C$—内聚力；$K$—黏基力

表 5-20 压敏胶黏剂的组成

| 组分 | 聚合物 | 增黏剂 | 增塑剂 | 填料 | 黏度调节剂 | 防老剂 | 硫化剂 | 溶剂 |
|---|---|---|---|---|---|---|---|---|
| 用量 | 30%～50% | 20%～40% | 0～10% | 0～40% | 0～10% | 0～2% | 0～2% | 适量 |
| 作用 | 给予液层足够内聚强度和粘接力 | 增加胶层黏附力 | 增加胶层快黏性 | 增加胶层内聚强度、降低成本 | 调节胶层黏度 | 提高使用寿命 | 提高胶层内聚强度、耐热性 | 便于涂布施工 |
| 常用原料 | 各种橡胶，无规聚丙烯，顺醋共聚物，聚乙烯基醚，氟树脂等 | 松香，萜烯树脂，石油树脂等 | 邻苯二甲酸酯癸二酸酯等 | 氧化锌，二氧化钛，二氧化锰，黏土等 | 蓖麻油，大豆油，液体石蜡，机油等 | 防老剂A，防老剂D 等 | 硫黄，过氧化物等 | 汽油，甲苯，醋酸乙酯，丙酮等 |

压敏胶黏带在现代工业和日常生活中有着广泛的应用。除了大量用于包装、电气绝缘、医疗卫生以及粘贴标签外，在喷漆和电镀作业中用来遮蔽不需要喷涂和电镀的部位；在复合材料制造过程中用来固定盖板和粘贴脱膜布；铺设石油管道和地下管道时，也常用来包覆金属管，以防管道腐蚀；以及办公、画图、账面修补等。

**【配方】**

| | | | |
|---|---|---|---|
| 橡胶弹性体 | 100 份（质量） | 防老剂 | 1~3 份 |
| 增黏剂 | 40~100 份 | 溶剂 | 400~1000 份 |
| 软化剂 | 0~100 份 | | |

橡胶型压敏胶具有黏附力强、耐低温性好、价廉等优点，但在光和热作用下易老化。

# 5.8 胶黏剂生产现状及发展动向

胶黏剂是我国精细化工领域中的一个重要组成部分。在科学技术发展突飞猛进的今天，合成胶黏剂已成为世界各国发展的重点。作为一种新型的粘接材料，合成胶黏剂已广泛地应用于国民经济各个行业中，特别是航天、航空、机械、电子、交通、建筑、装潢、纺织、医药、水电工程等各行业都离不开它。毫不夸张地说，没有不能粘接的材料。

## 5.8.1 全球胶黏剂生产的现状及胶黏剂应用市场构成

工业用胶黏剂的世界应用市场构成的大致比例是：纸包装及其有关领域为 35%，建筑业为 24%，木材加工业为 22%，汽车等运输业为 10%，其他行业为 9%。目前，胶黏剂产品类型以水溶性为主，约占 50%；热熔性占 18%；溶剂型占 13%；反应型 10%；其他 9%。

世界胶黏剂销售量最大的 10 大厂商是：Henkel，National Starch，H. B. Fuller，Loctite，Total，Borlen，Konishi，Morton，Teroson，Ceca。上述厂商销售额占世界总销售额的 42% 左右。德国、美国、英国、丹麦、日本等国是胶黏剂工业最发达的国家，尤其是德国，长期以来，称雄国际胶黏市场，号称世界黏胶王国。

据中国胶粘剂和胶粘带工业协会统计，2020 年我国胶黏剂行业产量达到 709 万吨，同比增长 4.42%。2020 年，中国胶黏剂行业市场规模达到 260 亿元以上，到 2025 年，中国胶黏剂行业市场规模将达到 300 亿元以上。从建筑胶黏剂的品种上看，国内目前有 100 多个品种，但用量最大的建筑胶黏剂品种只有三类：聚乙烯醇类、聚醋酸乙烯乳液类、聚丙烯酸酯乳液类。有专家提出值得大力发展聚丙烯酸酯胶黏剂，一方面可提高我国非结构胶的水平；另一方面可逐步发展结构胶。聚丙烯酸酯胶黏剂具有许多优良性能，原材料来源也比较丰富。当然，这类胶黏剂也有一些缺点，不过可通过一定的方法来改进。如用有机硅聚合物进行改性，以提高其耐热性、耐寒性、憎水性、电绝缘性和耐候性。

## 5.8.2 发展动向

合成胶黏剂是一类新型连接材料。目前，在环保法、安全法等法规和成本的限制下，将以低能耗、无公害、低成本、高性能为目标发展。

### 5.8.2.1 生产动向

**(1) 无溶剂胶黏剂发展迅速** 当前无溶剂胶黏剂是各国发展的重点。无溶剂胶包括水基胶、热熔胶、100% 固含量胶、反应性的工程结构胶等，其中以水基胶的生产量最大。目前溶剂型胶正逐步向无溶剂型的方向发展，溶剂型胶黏剂已大部分被无溶剂型胶所代替。但由于溶剂型胶黏剂具有快干性及某些特殊用途，因此，溶剂型胶黏剂也会向低毒溶剂和提高胶液固含量的方向发展。

**（2）压敏胶带的发展**　由于压敏胶带使用工艺简便，应用范围广泛，发展异常迅速。除了常用的医用橡皮膏、电器绝缘胶带、玻璃纸胶带和包覆胶带等外，现也开发了包装胶带、压敏标签带、双面胶带和乳液压敏胶、高强度反应型压敏胶、热熔型压敏胶等。

**（3）功能胶黏剂的开发**　随着宇航、电子、光学仪器、医疗事业的发展，对胶黏剂提出了各种功能性的要求。如要求耐超高温的陶瓷胶黏剂；电子、半导体部件要求的导电瞬间粘接的胶黏剂；大型集成电路要求散热性良好的导热胶黏剂；光学领域要求折射率与玻璃的折射率相近、透明度好、膨胀系数小和有较高机械强度和适宜韧性的胶黏剂；医疗手术要求瞬间黏合伤口的胶黏剂和医用压敏胶带等。

### 5.8.2.2　市场动向

在我国，木材加工业仍是胶黏剂的较大消费市场，但其发展速度不快。近年来发展速度较快的是包装和纸制品用胶黏剂。建筑业也是消费胶黏剂较大的一个行业，日本、美国和西欧由于应用开发广泛，建筑用胶的发展较快。由于各国重视节能，建筑密封胶用量也较突出，已由高性能的有机硅、聚硫、聚氨酯等密封胶取代了低性能的油灰腻子。另外，近年来家用胶黏剂需求量增多。

### 5.8.2.3　研究动向

不断研制开发具有特色的新品种已成为胶黏剂研究的永恒主题。水乳型胶黏剂和热熔型胶黏剂是当前有发展前途的品种。为了改善它们的性能以适应不同的使用要求，通常可采用共聚、共混和交联的方法进行改性。

胶黏剂生产
事故案例

通过共聚合成高分子胶黏剂既可降低大分子链端间的规整性和结晶度，还可以引进各种极性或非极性侧链和双键的链节，从而改善共聚物的力学性能和耐老化性能；共混方法工艺简便，容易获得性优、价廉的产品；交联可提高高分子聚合物的使用温度、耐老化性和抗蠕变性。又如聚丙烯酸酯胶黏剂有脆性大、强度差等缺点，用ABS或丁腈橡胶等弹性体进行改性，成功开发出了第二代丙烯酸酯结构胶黏剂。在此基础上利用氨基甲酸酯改性环氧树脂，研制出第二代环氧胶黏剂，提高了韧性和强度。另外，研究开发节能、快速固化、无公害的紫外线或电子束固化胶黏剂也是一个热点课题。

综上所述，我国胶黏剂工业正逐步趋于成熟，对胶黏剂产品的要求也由数量转向质量，各类型的胶黏剂普遍追求低公害、节能、工艺性、高性能、低成本，以提高制品高产值，不断推动胶黏剂制造水平的提高。

## 参 考 文 献

［1］《胶粘剂技术标准与规范》编写组．胶粘剂技术标准与规范．北京：化学工业出版社，2004.
［2］ 宋小平，韩长日．胶黏剂实用配方与生产工艺．北京：中国纺织出版社，2010.
［3］ 张跃军，王新龙．胶粘剂新产品与新技术．南京：江苏科学技术出版社，2003.
［4］ 张玉龙．水基胶黏剂．北京：化学工业出版社，2009.
［5］ 张军营，等．丙烯酸酯胶黏剂．北京：化学工业出版社，2006.
［6］ 李东光．脲醛树脂胶粘剂．北京：化学工业出版社，2002.
［7］ 贺曼罗．环氧树脂胶粘剂．北京：中国石化出版社，2004.

[8]　肖卫东，何培新，胡高平．聚氨酯胶黏剂——制备、配方与应用，北京：化学工业出版社，2009.

## 思考题与习题

1. 在胶黏剂配方中稀释剂有什么作用？什么是活性稀释剂和非活性稀释剂？请分别举例说明。

2. 什么叫厌氧胶？厌氧胶配方主要由哪些组分构成？

3. 环氧树脂胶黏剂配方主要由哪些组分构成？为什么环氧树脂系胶黏剂产品要采用 A、B 两支分装？A、B 组分依据什么比例来确定其用量？

4. 在胶黏剂的使用过程中，被粘接材料及其表面是多种多样的，为了获得胶接强度高、耐久性能好的胶接点，就必须对各种胶接表面进行适宜的处理。其表面处理的基本原则是什么？表面处理的主要方法有哪些？

5. 聚氨酯胶黏剂是指具有氨基甲酸酯链的聚合物，它们通常由多异氰酸酯与多元醇反应制得。请用化学反应通式示意写出直线端羟基聚醚与直线端异氰酸酯反应得到端羟基聚氨酯预聚体的反应式。如果想合成设计交联型聚氨酯胶黏剂你打算怎样完成这个工作？

6. 热熔胶黏剂的主要特点是什么？常用的热熔胶黏剂品种有哪些？请列举出在日常生活中你所见到的热熔胶黏剂应用的产品。

7. 为了更好地满足对不同基材的黏合需要，在选择应用胶黏剂时，怎样去选用与其相适应的胶黏剂？对这一问题你是怎样理解的，并举例（至少举两个例子）说明。

8. 请说明压敏胶的黏附性必须满足 $T$（快黏力）$<A$（黏附力）$<C$（内聚力）$<K$（黏基力）的理由。

9. 什么是材料的玻璃化温度？玻璃化温度对热塑性胶黏剂性能有怎样影响？

10. 热塑性树脂胶黏剂按固化机理可以分为哪几类？请分别举例说明。

11. 结构胶黏剂有什么特点？这类胶黏剂大多由什么树脂组成？

12. 在胶黏剂配方中加入偶联剂能起什么作用？常用的偶联剂有哪些？使用偶联剂的方式通常有哪两种？

13. 何谓最低成膜温度？成膜助剂的作用是什么？请分别举例说明。

# 第六章

# 涂　料

## 6.1　概论

### 6.1.1　涂料的定义

涂料是应用于物体表面而能结成坚韧保护膜的物料的总称，多数是含有或不含颜料的黏液，通常叫油漆。自古以来，我国人民一直使用植物油和天然漆来装饰物品表面，这是人类文明的瑰宝和珍贵遗产。

石油化工和有机合成工业的发展，为涂料工业提供了新的原料来源，使许多新型涂料不再使用植物油脂，"油漆"这个名词就显得不够贴切，而代之以"涂料"这个新的名词。因此，可以对涂料下一个定义：涂料是一种可借特定的施工方法涂覆在物体表面上，经固化形成连续性涂膜的材料，通过它可以对被涂物体进行保护、装饰和其他特殊的作用。

### 6.1.2　涂料的作用及组成

#### 6.1.2.1　涂料的作用

人类自远古以来就使用涂料。例如，埃及古代木乃伊箱上就已使用漆，我国也有长期制造漆器的历史。进入近代文明社会以来，涂料的应用更是日益广泛，涂料的作用大致如下。

**(1) 保护作用**　金属、木材等材料长期暴露在空气中，会受到水分、气体、微生物、紫外线的侵蚀，涂上涂料就能延长其使用期限，因为涂料漆膜能防止材料磨损以及隔绝外界的有害影响。对金属来说，有些涂料还能起缓蚀作用，例如磷化底漆可使金属表面钝化。一座钢铁结构桥梁，如果不用涂料仅有几年寿命；如果用涂料保护并维修得当，则可以有百年以上的寿命。

**(2) 装饰作用**　房屋、家具、日常用品涂上涂料使人感到美观舒适，焕然一新。

**(3) 色彩标志**　目前，应用涂料作标志的色彩在国际上已逐渐标准化，各种化学品、危险品的容器可利用涂料的颜色作为标志；各种管道、机械设备也可以用各种颜色的涂料作为标志；道路划线、交通运输也需要用不同色彩的涂料来表示警告、危险、停止、前进等信号。

**(4) 特殊用途**　这方面的用途日益广泛，船底被海洋生物附殖后就会影响航行速度，用船底防污漆就可使海洋生物不再附着；导电的涂料可移去静电，而电阻大的涂料却可用于加热保温；空间计划中需要能吸收或反射辐射的涂料，导弹外壳的涂料在其进入大气层时能消耗掉自身同时也能使摩擦生成的强热消散，从而保护了导弹外壳；吸收声音的涂料可使潜艇增加下潜深度。

（5）其他 在日常生活中，涂料用于纸、塑料薄膜、皮革等上面，使它们能抗水和抗油，以及能使服装具有抗皱的性质。

涂料的应用十分广泛，因此必须生产性能和规格各异的产品，以满足各种不同使用的要求。

### 6.1.2.2 涂料的组成

涂料一般由不挥发分和挥发分两部分组成。它在物体表面上涂布后，其挥发分逐渐挥发逸去，留下不挥发分干后成膜，所以不挥发分又称为成膜物质。成膜物质又可以分为主要、次要、辅助成膜物质三类。主要成膜物质可以单独成膜，也可以与黏结颜料等次要成膜物质共同成膜，它是涂料组成的基础，简称为基料。涂料的各组分可由多种原材料组成，见表6-1。

表 6-1 涂料的组成

| 组 成 | | 原 料 |
|---|---|---|
| 主要成膜物质 | 油料 | 动物油：鲨鱼肝油、带鱼油、牛油等 |
| | | 植物油：桐油、豆油、蓖麻油等 |
| | 树脂 | 天然树脂：虫胶、松香、天然沥青等 |
| | | 合成树脂：酚醛、醇酸、氨基、丙烯酸、环氧、聚氨酯、有机硅等 |
| 次要成膜物质 | 颜料 | 无机颜料：钛白、氧化锌、铬黄、铁蓝、铬绿、氧化铁、炭黑等 |
| | | 有机颜料：甲苯胺红、酞菁蓝、耐晒黄等 |
| | | 防锈颜料：红丹、锌铬黄、偏硼酸钡等 |
| | 体质颜料 | 滑石粉、碳酸钙、硫酸钡等 |
| 辅助成膜物质 | 助剂 | 增塑剂、催干剂、固化剂、稳定剂、防霉剂、防污剂、乳化剂、润湿剂、防结皮剂、引发剂等 |
| 挥发物质 | 稀释剂 | 石油溶剂（如200号油漆溶剂油）、苯、甲苯、二甲苯、氯苯、松节油、环戊二烯、乙酸丁酯、乙酸乙酯、丙酮、环己酮、丁醇、乙醇等 |

表中组成是对一般色漆而言，由于涂料的品种不同，有些组分可以省略。如各种罩光清漆就是没有颜料和体质颜料的透明体；腻子则是加入大量体质颜料的稠厚浆状体；色漆（包括磁漆、调和漆和底漆在内）是加入适量的颜料和体质颜料的不透明体；由低黏度的液体树脂作基料，不加入挥发稀释剂的称为无溶剂涂料；基料呈粉状而又不加入溶剂的称为粉末涂料；一般用有机溶剂作稀释剂的称溶剂型涂料；而水作稀释剂的则称为水性涂料。

# 6.1.3 涂料的分类及命名

### 6.1.3.1 涂料的分类

涂料有各种分类方法。按成膜物质分类见表6-2。

表 6-2 涂料分类

| 序号 | 代号（汉语拼音） | 成膜物质类别 | 主要成膜物质 |
|---|---|---|---|
| 1 | Y | 油性漆类 | 天然动植物油、清油（熟油）、合成油 |
| 2 | T | 天然树脂漆类 | 松香及其衍生物、虫胶、乳酪素、动物胶、大漆及其衍生物 |
| 3 | F | 酚醛树脂漆类 | 改性酚醛树脂、纯酚醛树脂、二甲苯树脂 |
| 4 | L | 沥青漆类 | 天然沥青、石油沥青、煤焦沥青、硬质酸沥青 |
| 5 | C | 醇酸树脂漆类 | 甘油醇酸树脂、季戊四醇醇酸树脂及其他改性醇酸树脂 |
| 6 | A | 氨基树脂漆类 | 脲醛树脂、三聚氰胺甲醛树脂 |
| 7 | Q | 硝基漆类 | 硝基纤维素、改性硝基纤维素 |
| 8 | M | 纤维素漆类 | 乙基纤维、苄基纤维、羟甲基纤维、醋酸纤维、醋酸丁酸纤维等 |

| 序号 | 代号（汉语拼音） | 成膜物质类别 | 主要成膜物质 |
|---|---|---|---|
| 9 | G | 过氯乙烯漆类 | 过氯乙烯树脂、改性过氯乙烯树脂 |
| 10 | X | 乙烯漆类 | 氯乙烯共聚、聚醋酸乙烯及共聚物、聚乙烯醇缩醛、含氟树脂等 |
| 11 | B | 丙烯酸漆类 | 丙烯酸酯、丙烯酸共聚物及其改性树脂 |
| 12 | Z | 聚酯漆类 | 饱和聚酯、不饱和聚酯树脂 |
| 13 | H | 环氧树脂漆类 | 环氧树脂、改性环氧树脂 |
| 14 | S | 聚氨酯漆类 | 聚氨基甲酸酯 |
| 15 | W | 元素有机漆类 | 有机硅、有机钛、有机铝等元素有机聚合物 |
| 16 | J | 橡胶漆类 | 天然橡胶及其衍生物、合成橡胶及其衍生物 |
| 17 | E | 其他漆类 | 无机高分子材料、聚酰亚胺树脂等 |
| 18 | | 辅助材料 | 稀释剂、防潮剂、催干剂、脱漆剂、固化剂 |

按用途可分为建筑、车辆、船舶、家具、标志、导电、电绝缘、防蚀、耐热、防火、示温、发光、杀虫等专用的系列漆种。按施工方法可分为刷用漆、喷漆、烘漆、电泳漆等。按涂料的作用可分为打底漆、防锈漆、防火漆、防腐漆、头道漆、二道漆等。按漆膜外观可分为大红漆、有光漆、无光漆、半光漆、皱纹漆等。按形态可分为溶剂型、水性、乳胶、粉末、固体、单组分、双组分涂料等。

### 6.1.3.2　涂料的命名法

《涂料产品分类和命名》（GB/T 2705—2003）中，对涂料命名有如下原则规定。

**(1) 命名原则**

涂料全名＝颜色或颜料名称＋成膜物质名称＋基本名称

例如：红醇酸磁漆、白硝基磁漆。

对某些有专门用途和特性的产品，必要时可以在成膜物质后面加以说明。例如，醇酸导电磁漆。关于基本名称及其编号见表6-3。

**表 6-3　基本名称及编号**

| 代号 | 基本名称 | 代号 | 基本名称 | 代号 | 基本名称 |
|---|---|---|---|---|---|
| 00 | 清油 | 22 | 木器漆 | 53 | 防锈漆 |
| 01 | 清漆 | 23 | 罐头漆 | 54 | 耐油漆 |
| 02 | 原漆 | 30 | （浸渍）绝缘漆 | 55 | 耐水漆 |
| 03 | 调和漆 | 31 | （覆盖）绝缘漆 | 60 | 防火漆 |
| 04 | 磁漆 | 32 | 绝缘（磁,烘）漆 | 61 | 耐热漆 |
| 05 | 粉末涂料 | 33 | 黏合绝缘漆 | 62 | 变色漆 |
| 06 | 底漆 | 34 | 漆包线漆 | 63 | 涂布漆 |
| 07 | 腻子 | 35 | 硅钢片漆 | 64 | 可剥漆 |
| 09 | 大漆 | 36 | 电容器漆 | 66 | 感光涂料 |
| 11 | 电泳漆 | 37 | 电阻漆,电位器漆 | 67 | 隔热涂料 |
| 12 | 乳胶漆 | 38 | 半导体漆 | 80 | 地板漆 |
| 13 | 其他水溶性漆 | 40 | 防污漆,防蛆漆 | 81 | 渔网漆 |
| 14 | 透明漆 | 41 | 水域漆 | 82 | 锅炉漆 |
| 15 | 斑纹漆 | 42 | 甲板漆,甲板防滑漆 | 83 | 烟囱漆 |
| 16 | 锤纹漆 | 43 | 船壳漆 | 84 | 黑板漆 |
| 17 | 皱纹漆 | 44 | 船底漆 | 85 | 调色漆 |
| 18 | 裂纹漆 | 50 | 耐酸漆 | 86 | 标志漆,路线漆 |
| 19 | 晶纹漆 | 51 | 耐碱漆 | 98 | 胶液 |
| 20 | 铅笔漆 | 52 | 防腐漆 | 99 | 其他 |

**（2）涂料的型号**　涂料的型号分三部分：第一部分是成膜物质，第二部分是基本名称，第三部分是序号，以表示同类品种间的组成、配比或不同用途。例如 C04-2，C 代表成膜物质是醇酸树脂，04 代表磁漆，2 是序号。

**（3）辅助材料型号**　辅助材料型号分两部分：第一部分是种类，第二部分是序号。表 6-4 为辅助材料编号表。例如 G-2，G 为催干剂，2 为序号。

表 6-4　辅助材料编号

| 代号 | 名称 | 代号 | 名称 |
| --- | --- | --- | --- |
| X | 稀释剂 | T | 脱漆剂 |
| F | 防潮剂 | H | 固化剂 |
| G | 催干剂 | | |

# 6.2　涂料的基本作用原理

## 6.2.1　涂料的黏结力和内聚力

一般来说，低极性、高内聚力的物质（例如聚乙烯）有很好的机械性质，但黏结力很差。这种物质由于不能黏附在基质上，作为涂料是没有价值的；而内聚物质又常常很难溶解，有低度的内聚就有低度薄膜强度及薄膜完整性。例如，高胶黏性的压敏黏合剂事实上可以黏附于任何基质，但都不能给材料提供任何保护作用。这种黏附膜对摩擦没有任何抵抗力，不具有硬度和张力强度，没有溶剂抵抗力和冲击抵抗力，而且对气体是可渗透的。所有这些性质都是由它是低内聚力物质所致，因此也不可能用作涂料。

内聚力是"向内的"力，黏结力则是"向外的"力。具有高度"内向"力的物质就不再有更多的黏结力。这个问题尽管十分简单，但却集中了涂料化学家们的主要研究精力。另一个相关的问题是收缩，当溶剂和水蒸发时，高分子薄膜必须收缩，当不饱和聚酯或环氧树脂涂料应用时要发生聚合，也就是固化。高分子固化时伴随着收缩，收缩引起了张力，破坏了黏合，造成薄膜从基质上剥离。假如黏结力很强，它就能收缩平衡。颜料和其他填充剂，特别是无机化合物也有相同的作用。如果薄膜有一定的伸缩性，即使内聚力较小，收缩也小，例如，环氧树脂的黏结力强，收缩很小；而不饱和聚酯的收缩则较大。

## 6.2.2　涂膜的固化机理

涂料的固化机理有三种类型，一种是物理机理，其余两种是化学机理，分述如下。

### 6.2.2.1　物理机理干燥

只靠涂料中液体（溶剂或分散相）蒸发而得到干硬涂膜的干燥过程称为物理机理干燥。高聚物在制成涂料时已经具有较大的分子量，失去溶剂后就变硬而不黏，在干燥过程中，高聚物不发生化学反应。

### 6.2.2.2　涂料与空气中的氧反应

氧与干性植物油或其他不饱和化合物交联固化，产生游离基引起聚合反应，水分也能和异氰酸酯发生缩聚反应，这两种反应都能得到交联的涂膜，所以在贮存期间，涂料罐必须密封良好、与空气隔绝。属于这个机理的涂料有油脂漆和醇酸树脂漆等。

#### 6.2.2.3　涂料组分间的反应使其交联固化

涂料在贮存期间必须保持化学上稳定，固化反应必须要求发生在涂料施工以后进行。为了达到这个目的，可以有两种方法。第一种方法是采用将相互能发生反应的组分分罐包装，在使用时现用现配，但有时这种方法在施工时比较麻烦。因此也有用溶剂将两种组分充分稀释，使其相互间的反应进行得十分缓慢，而当涂料施工后，溶剂挥发而使反应性组分的浓度提高，反应才能很快进行，当然这种涂料贮存期是不会很长的。另一种方法是选用在常温下互不发生反应，而只有在高温下或受辐射时才发生反应的组分。不论用哪种方法，这种交联型涂料的反应性组分一般是黏性的、分子量较小的聚合物或简易化合物，它们只有在施工后发生交联反应才能变为硬干的涂膜。属于这种机理的涂料有以氨基树脂交联的热固性醇酸树脂、聚酯和丙烯酸涂料等。

### 6.2.3　涂料配方的基本知识

在涂料制造过程中，首先要正确选择合适的组分，使每种组分本身的性能均能满足涂料的使用要求，然后要拟定各组分的相对比例，这就是配方设计的内容。涂料配方的精益求精，需要用严谨科学的方法和态度不断完善提高品质，更好地服务于国家和人民。着手进行配方设计时，一般将采取三个步骤：

① 先根据涂料的使用要求选定基料树脂和颜料；

② 据施工要求和已选定的基料树脂来确定溶剂和稀释剂；

③ 决定是否需要加入其他助剂、需要什么样的助剂。

色漆的配方在选定了合适的组分之后，决定涂料特性的最重要的因素是颜料体积浓度。颜料体积浓度就是涂料中颜料和填料的体积与配方中所有非挥发分（包括基料树脂、颜料和填料等）的总体积之比。溶液的组成影响涂料的干燥时间、成膜性能和施工特性，同时，它对控制和改进涂料的黏度及流平性也有极大的作用。

当前，涂料工业已得到极大的发展，据不完全统计，现有涂料品种已逾万种，而新的涂料品种还在不断地涌现与开发之中，要逐一讨论所有的涂料配方是不可能的，主要是要掌握配方设计的基本原理。

由于底材的使用环境不同，故对涂膜的性能也提出种种不同的要求（如防锈要求，耐酸、碱性要求，装饰要求等）。而涂料配方中各组分的用量及其相对比例又对涂料的使用性能（如流平性、干燥性等）和涂膜性能（如光泽，硬度等）产生极大的影响。所以，建立一个符合使用要求的涂料新配方是一个复杂的课题。根据一些基本知识、原理所设计的涂料配方，还需进行必要的试验，才能寻找出真正符合使用要求的涂料配方。

下面按照不同的分类方法，介绍不同品种的涂料。

### 6.2.4　涂料的主要性能指标

#### 6.2.4.1　原漆性能

原漆性能是指涂料在生产合格后到使用前这段过程中所具备的性能，也可以称作涂料原始状态的性能。

① 原漆外观：也称开罐效果，指涂料在容器中的状态，液态或厚浆型涂料一般都要求能搅拌均匀，无结块。

② 黏度：是指液体的黏稠状态。贮存时黏度要高，黏度太低，容易出现分层、结块等，施工时一般要使用稀释剂将原漆稀释剂到适当的黏度。

③ 密度：指单位体积涂料的质量，单位一般有 g/ml、kg/L，俗称比重。

④ 细度：表示涂料中颗粒大小和分散情况，单位为：$\mu m$。

⑤ 贮存稳定性：表示涂料在贮存过程中的性能变化。涂料贮存性越好，涂料的保质期、有效储存期越长。

### 6.2.4.2 施工性能

施工性能是指涂料在施工过程中表现出来的性能及施工参数。

① 施工性：指辊涂及刷涂时的手感、涂料飞溅性、消泡性等。

② 涂布量：也称耗漆量，指单位面积底材上涂装达一定厚度时所消耗的涂料量。

影响涂布量的因素有：涂料本身的因素（黏度、施工性等）、底材平整度和粗糙度、底材的吸收能力、气候条件、管理及施工水平、涂装要求等。

③ 干燥时间：表干，是指漆膜表面干燥所需的时间；指压干，是指大拇指用力压在涂料表面不会留下指压痕迹或破坏涂层表面的时间；打磨干，是指从涂布到打磨不黏砂纸的这一段时间；实干，也称硬干时间，是指漆膜基本干燥所需的时间。

④ 重涂时间：指一遍涂料涂装好到下一遍涂料开始涂装的时间。

⑤ 填充性：指底漆对木眼的填平能力，填充性是相对性能，一般是对比测试，填充性与底漆的体质颜料的含量多少有很大的关系，所以填充性与透明度有很大的关系（填充性好的底漆涂刷遍数少）。

⑥ 打磨性：漆膜干燥后，用砂纸将其磨成平整表面的难易程度（打磨性好的底漆，施工时更加方便）。

### 6.2.4.3 漆膜性能

漆膜性能是指涂料在涂装之后，形成的漆膜所具备的性能。

① 涂膜外观：指漆膜是否平滑，有无颗粒、气泡、缩孔、发花、施工痕迹等。

② 光泽：衡量漆膜反射光线能力的参数。光泽是漆膜的一个很显著特征，对涂料装饰性能影响很大，光泽高的涂料容易显现底材的缺陷，因此对底材的平整度和粗糙均匀程度要求比较高。

③ 硬度：是指漆膜对于外来物体侵入其表面时所具有的阻力。漆膜硬度是物理性能的重要指标之一。一般说来，漆膜硬度与涂料的组成及干燥程度有关。

可以用中华牌铅笔为标准进行刻划，观察漆膜的破坏情况。

④ 附着力：表示漆膜对底材黏合的牢固程度。附着力是漆膜的一个非常重要的指标，附着力差，漆膜容易剥落。常用划格法进行测试（1mm 和 2mm 画格器）

⑤ 透明度：漆膜显现底材状况的清晰程度（透明度好的油漆做出来木纹立体感强，深色板材对透明度要求较高）

⑥ 遮盖力（实色）：表示实色漆遮盖底层颜色的能力（遮盖力好的油漆，施工时可以减少涂刷的遍数）。

⑦ 耐黄变色：表示漆膜保持原有色泽不易变色的能力（浅色板材作透明工艺时对耐黄变性要求较高）

⑧ 耐划伤性：硬划伤（用硬度适中的物体同等力度刮、擦、划实干后的漆膜表面，观察破损程度）、软划伤（指拿打印纸用适度的力度摩擦漆膜表面，观察破坏程度）

⑨ 柔韧性：弯曲、缠绕、扭转而被破坏或不破坏，能恢复或不能恢复的性能。

⑩ 丰满度：涂层给人的肉质感，是面漆比较重要的性能，一般也是相比较而测定的。

⑪ 手感：漆膜实干后用手触摸在漆膜上的润滑感觉。

# 6.3 按剂型分类（重要涂料）

## 6.3.1 溶剂型涂料

商业上的溶剂型涂料包含颜料、高聚物和溶于溶剂中的添加剂。涂料工业是溶剂的最大用户，一半以上的溶剂是烃类，其余是酮、醇、乙二醇醚、酯、硝基直链烃以及少量的其他物质。溶剂有利于薄膜生成，当溶剂蒸发时，高聚物就互相结合，假如溶剂混合物保持一个适当的蒸发速率，就会形成平滑和连续的薄膜。

高聚物溶解进入溶液之前，必先经过溶胀阶段，高分子链完全分开而开始溶解。

溶质和溶剂可区分为非极性、弱极性和极性三类。分子结构对称而又不含极性基团的烃类是非极性的；分子结构不对称，又含有极性基团的分子都带有极性。偶极矩是表示极性程度的一种尺度，极性溶质易溶于极性溶剂中，但不溶于非极性溶剂。弱极性的溶质则不溶于极性溶剂而溶于非极性溶剂中。

极性溶剂分子间互相缔合，黏度要比分子量接近的非极性溶剂的高，其沸点、熔点、蒸发潜热也较高，内聚能较高，挥发度较低。溶剂的这些不同性质可用溶度参数解释，见表 6-5。

**表 6-5 溶剂和高分子的溶度参数**

| 溶剂 | 溶度参数 $\delta$ | 高分子 | 溶度参数 $\delta$ |
|---|---|---|---|
| 正己烷 | 7.3 | 聚四氟乙烯 | 6.2 |
| 环乙烷 | 8.2 | 聚氯三氟乙烯 | 7.2 |
| 1,1,1-三氯乙烷 | 8.3 | 聚二甲基硅氧烷 | 7.3~7.6 |
| 四氯化碳 | 8.6 | 乙丙橡胶 | 7.9 |
| 甲苯 | 8.9 | 聚乙烯 | 7.9~8.1 |
| 乙酸乙酯 | 9.1 | 聚苯乙烯 | 8.6~9.1 |
| 三氯乙烷 | 9.2 | 聚甲基丙烯酸酯 | 9.3 |
| 甲基乙基酮 | 9.3 | 聚氯乙烯 | 9.5~9.7 |
| 甲酸乙酯 | 9.6 | 环氧树脂 | 9.7~10.9 |
| 环己酮 | 9.9 | 聚氨树脂 | 10.0 |
| 二氧杂环己烷 | 10 | 乙基纤维素 | 10.3 |
| 丙酮 | 10 | 聚氯乙烯醋酸乙烯酯 | 10.4 |
| 二硫化碳 | 10 | 对苯二甲酸-乙二醇缩聚物 | 10.7 |
| 硝基苯 | 10 | 醋酸纤维 | 10.4~11.3 |
| 二甲基甲酰胺 | 12.1 | 硝基纤维 | 9.7~11.5 |
| 硝基甲烷 | 12.6 | 苯酚-甲酰胺树脂 | 11.5 |
| 乙醇 | 12.7 | 聚二氯乙烯 | 12.2 |
| 二甲基亚砜 | 13.4 | 尼龙 66 | 13.6 |
| 碳酸乙烯酯 | 14.5 | | |
| 苯酚 | 14.5 | | |
| 甲酚 | 14.5 | | |
| 水 | 23.2 | | |

在大多数情况下，溶剂的溶度参数相差不大于1就可以互溶；高聚物也要求溶解于溶度参数相似的溶剂中，高聚物的分子量越大，它和溶剂之间溶度参数的允许差值就越小。

对于挥发性漆所用溶剂可以分为三类：第一，真溶剂，是有溶解此类油漆所用高聚物能力的溶剂；第二，助溶剂，在一定限量内可与真溶剂混合使用，并有一定的溶解能力，还可影响油漆的其他性能；第三，稀释剂，无溶解高聚物性能，也不能助溶，但它价格较低，它和真溶剂、助溶剂混合使用可降低成本。这种分类是相对的，三种溶剂必须搭配合适，在整个过程中要求挥发率均匀且有适当溶解能力，避免某一组分不溶而产生析出现象。涂料常用溶剂的性质见表 6-6。

表 6-6　涂料常用溶剂的性质

| 溶剂 | $\rho \times 10^{-3}/(\text{kg/m}^3)$ | 沸点 $t/℃$ | 相对蒸发速率 $E$[①] | 闪点 $t/℃$ |
|---|---|---|---|---|
| 丙酮 | 0.79 | 56 | 9.44 | $-18$ |
| 乙酸正丁酯 | 0.88 | 125 | 1.00 | 23 |
| 正丁醇 | 0.81 | 118 | 0.36 | 35 |
| 乙酸乙酯 | 0.90 | 77 | 4.80 | $-4.4$ |
| 乙醇 | 0.79 | 79 | 2.53 | 12 |
| 2-乙氧基乙醇 | 0.93 | 135 | 0.24 | 49 |
| 甲乙酮 | 0.81 | 80 | 5.72 | $-7$ |
| 甲基异丁基酮 | 0.83 | 116 | 1.64 | 13 |
| 甲苯 | 0.87 | 111 | 2.14 | 4.4 |
| 溶剂汽油 | 0.80 | 150～200 | 约 0.18 | 38 |
| 二甲苯 | 0.87 | 138～144 | 0.73 | 17～25 |

① 以乙酸正丁酯为比较标准，$E=1$。

## 6.3.2　水性涂料

### 6.3.2.1　水性涂料的特点

目前几乎整个涂料界的技术人员都在关注低溶剂含量、无溶剂的黏结剂的研究和发展。而水性涂料，是一种极有发展前景的以水为溶剂或分散介质的新型涂料。水性涂料发展速度非常快，目前已形成多品种、多功能、多用途的庞大体系。这种涂料对环境的相容性和保护性，符合国家环保和可持续发展的战略需求，使水性涂料的市场占有率迅速提高。

**(1) 水与溶剂性能的比较**　取代涂料中的溶剂，常用水作溶剂和分散介质的作用，在水性涂料中，水与普通的溶剂相比，有明显不同的性质，见表 6-7，其主要特点如下。

表 6-7　水与溶剂性能的比较

| 性能 | 水 | 有机溶剂(二甲苯) | 性能 | 水 | 有机溶剂(二甲苯) |
|---|---|---|---|---|---|
| 沸点/℃ | 100.0 | 144.0 | 25℃时的蒸气压/kPa | 23.8 | 7 |
| 凝固点/℃ | 0.0 | $-25.0$ | 比热容/[J/(g·℃)] | 4.2 | 1.7 |
| 综合溶度参数/(J/cm³)$^{1/2}$ | 49.3 | 18.0 | 汽化热/(J/g) | 2300 | 390.0 |
| 氢键指数 | 39.0 | 4.5 | 介电常数 | 78.0 | 2.4 |
| 偶极矩 $D_\text{b}$ | 1.8 | 0.4 | 传热系数/[kW/(m²·℃)] | 5.8 | 1.6 |
| 表面张力 $\sigma/(\text{mN/m})$ | 73.0 | 30.0 | 相对密度 $d_4^{20}$ | 1.0 | 0.9 |
| 黏度/mPa·s | 1.0 | 0.8 | 折射率 $n_\text{D}^{20}$ | 1.3 | 1.5 |
| 相对挥发性(二乙醚=1)[①] | 80.0 | 14.0 | 闪点/℃ | — | 23 |

① 以二乙醚的挥发性为比较值。

① 水在0℃结冰，水性涂料应保存在凝固点以上，并且应随时检查涂料的技术性能（如稳定性、使用性、表面特性等）是否因凝固而变化。

② 水在100℃沸腾，单一的水挥发性比溶剂低得多。含溶剂的涂料混合溶剂会随时间均匀挥发而形成光滑的涂料表面，而对水性涂料要形成好的涂层表面就很困难，需要在水性涂料中加入辅助溶剂、成膜助剂和正确选择黏结剂。

③ 水的表面张力明显比有机溶剂高，这就导致对被涂基底浸润较差。所以在使用水性涂料时必须提供清洁的基底。同时还要加入辅助溶剂来降低水的表面张力。

④ 与溶剂相比，水的汽化热高，水性涂料干燥需较多的能量，干燥困难，干燥时间长。

⑤ 水是不燃的，这一优点可以降低保险费用，也有利于贮存和运输，使用时人体接触也安全得多。使用过程中没有燃烧的危险。

⑥ 水具有与有机溶剂完全不同的溶度参数。它比有机溶剂有明显的极性，能形成强得多的氢键。黏结剂的极性必须与水接近，而且最好有较强的氢键。

⑦ 水的偶极矩和介电常数与有机溶剂有不同的值，利用这一点可以预测水性涂料的性质。

⑧ 水的电导率和热导率与有机涂料有显著区别，与溶剂相反，涂料中所用的水不是绝缘体，所以构思水性涂料静电喷涂的基本原理是很困难的。

**(2) 水性涂料的特点**　水性涂料相对于溶剂性涂料，具有以下特点。

① 以水作溶剂，水来源方便，易于净化，节省大量其他资源；消除了施工时火灾危险性；降低了对大气的污染；仅采用少量低毒性醇醚类有机溶剂，改善了作业环境条件。一般的水性涂料中有机溶剂含量（占涂料）在10%～15%之间，而现在的阴极电泳涂料已降至1.2%以下，对降低污染、节省资源效果显著。

② 水性涂料在湿表面和潮湿环境中可以直接涂覆施工；对材质表面适应性好，涂层附着力强。

③ 涂刷工具可用水清洗，大大减少清洗溶剂的消耗。

④ 电泳涂膜均匀、平整、展平性好；内腔、焊缝、棱角、棱边部位都能涂上一定厚度的涂膜，有很好的防护性；电泳涂膜有很好的耐腐蚀性，厚膜阴极电泳涂层的耐盐雾性高达1200h。

总之，水性涂料具有无色、无味、无毒、黏度低、快干性、丰满度好、固含量高、成本低、来源广、无有机挥发物、硬度高、可用水稀释和清洗、对操作要求相对较宽等特点。这些是其他溶剂型涂料所无法相比的。如果加入其他助剂，还可以改善其性能，使其具有良好的光泽性、流平性、耐折性、耐磨性和耐化学药品性等。所以特别适合食品、药品等包装物的表面处理与印后上光，并广泛应用在水性金属防腐涂料、水性木器家具涂料上。

### 6.3.2.2　水性涂料的类型

水性涂料可以根据下面几个方面来划分类型：①黏结剂的类型；②干燥方法；③应用领域。

比较明确的方法是考虑不同的黏结剂在水中的稳定状态，分成"真溶液"、胶体溶液、分散液和乳液等几种。

一般水性涂料按其黏结剂与水相的关系可分为溶液涂料、胶体溶液涂料和乳液涂料三种。

水性涂料中所含的黏结剂分为两种情况：一种是其结构具有强极性，结构的特点使其能够溶于水或在水中溶胀；另一种是通过化学反应，生成黏结剂的盐而变成水溶状态。水溶性黏结剂一般可分为非离子型、阴离子型、阳离子型等几类。

常用的单体有：丙烯酸酯、甲基丙烯酸酯、苯乙烯、醋酸乙烯酯、乙烯、丁二烯、氯乙烯及其他乙烯酯等。

常用的乳液树脂有：醇酸树脂乳液、环氧树脂乳液、硅树脂乳液、沥青乳液等。

其中改性的醇酸树脂和环氧树脂的水凝胶特别重要，各种形式的分散液和乳液一般具有两相结构的性质，可分为分散相和连续相，即固-液或液-液。当颗粒的热运动能小于静电排斥力与范德瓦耳斯吸引力的能量之和时，液体处于稳定状态，为了保证黏结剂和水性涂料体系不出现絮凝现象，必须小心保持这种平衡。下列是出现絮凝的重要影响因素：①酸；②盐；③水溶性物质（如溶剂）；④带有相反电荷的胶体；⑤热；⑥冻结；⑦高剪切力或压力；⑧水的蒸发；⑨电流。在以上所有的工艺影响因素中，对液体的稳定性的影响是最重要的。

除上面所说的分散液的稳定性之外，涂料形成涂层之后，漆膜的稳定性也同样重要。其中包括涂层的防水性、耐久性、耐各种化学物质性能及耐紫外光（UV）性等多个方面。在这一点上，溶剂涂料干燥的基本原理适用于水性涂料，基本上可分为如下几类。

① 物理干燥　水分、胺（阴离子黏结剂）及酸（阳离子黏结剂）挥发，有时也包括辅助溶剂挥发；

② 氧化干燥　由氧引发交联；

③ 热交联（烘烤磁漆）　加热导致自身官能团缩合交联或与交联树脂缩合交联。

涂料的干燥原理和过程不同，导致了涂料有下列两种形式：

① 单组分涂料，即涂料配方中的一种或多种黏结剂组分混合在一起可以稳定贮存；

② 两组分或多组分涂料。

由于黏结剂组分混合后的贮存时间（使用寿命）很短，所以必须在使用前按配方比配合。

### 6.3.2.3　水性涂料的发展趋势

**(1) 应用范围不断扩大**　随着人们对环保的日益关注，水性涂料已成为涂料工业的一个主要发展方向。水性涂料是以水作为主要挥发成分的涂料，以水来代替有机溶剂，它大大节约了有机溶剂，降低了成本，改善了施工条件，保证了施工的安全，具有低成本、低污染、易净化等优点，因而近年来发展迅猛。目前汽车工业已普遍采用水性涂料的电泳法涂装底漆；建筑行业广泛采用水性内、外墙涂料，开发耐久、防霉的外墙水性涂料仍然是涂料工业的研究热点之一。同时，水性金属防腐涂料、水性木器涂料也在开发应用，其应用范围正在不断扩大，发展前景广阔。水性涂料也有一些缺点，一般在常温下干燥较慢，需适当延长晾干时间才能烘烤，否则漆膜易产生水斑或起泡等弊病；漆膜的耐水性较差。

**(2) 继续向低毒低污染方向发展**　涂料配方的技术进步应当首推其树脂基料品种的发展。在涂料配方中，为了降低 VOC，水性乳液作为基料是最有前途的。2001 年拜耳美国公司因为所开发的两组分水基聚氨酯组合料荣获了总统绿色化学挑战奖。据报道，2002 阿托-菲纳化学公司在美国费城推出了一种创新的水性丙烯酸酯改性的含氟聚合物树脂。这种树脂广泛用在一些具有特殊要求的建筑物如水塔和桥梁、特殊手术室之类的外表面涂料配方中。其固化机理与水性丙烯酸系列树脂相同，但具有烘漆型含氟聚合物的性能。

丙烯酸、乙烯基丙烯酸和醋酸乙烯-乙烯系列以及硅丙树脂等仍然是水性建筑涂料的主要树脂基料品种。降低溶剂含量而不改变其使用性能，向低气味型、耐久、防霉方向努力，向高档次建筑涂料方向发展是主要的改进方向。向水性化、多功能化和高性能化方向发展，将显著提高中国建筑涂料行业的技术水平，增强我国涂料的国际竞争力。

**(3) 水性涂料生产向更高的技术水平迈进**　水性涂料是涂料工业在严格的环境保护法规推动下，研制成的一类低污染涂料，它与高固体分涂料和粉末涂料一起，标志着涂料生产提高到更高的技术水平。

《环境标志产品技术要求　水性涂料》对家装中使用比较普遍的水性涂料的环保、绿色、健康、安全等标准作了强制性规定。该标准对水性涂料的发展不是限制而是促进，对其技术水平提出了更高的要求，是水性涂料被广泛应用的保证。具有良好环保性能的水性涂料的广泛使用符合国家可持续发展战略。

# 6.4　按成膜物质分类（重要涂料）

## 6.4.1　醇酸树脂涂料

自从1927年发明醇酸树脂以来，涂料工业的发展迎来一个新的突破，涂料工业开始摆脱了以干性油与天然树脂并合熬炼制漆的传统旧法而真正成为化学工业的一个部门。它所用的原料简单，生产工艺简便，性能大大提高，因而得到了飞快的发展。

用醇酸树脂制成的涂料，具有以下的特点：

① 漆膜干燥后形成高度网状结构，不易老化，耐候性好，光泽持久不退；

② 漆膜柔韧坚牢，耐摩擦；

③ 抗矿物油、抗醇类溶剂性良好，烘烤后的漆膜耐水性、绝缘性、耐油性都大大提高。

醇酸树脂涂料也存在一些缺点：

① 干结成膜快，但完全干燥的时间长；

② 耐水性差，不耐碱；

③ 醇酸树脂虽不是油脂漆，但基本上还未脱离脂肪酸衍生物的范围，在防湿热、防霉菌和防盐雾等"三防"性能上还不能完全得到保证，因此在品种选择时都应加以考虑。

### 6.4.1.1　醇酸树脂的原料

醇酸树脂是由多元醇、多元酸和其他单元酸通过酯化作用缩聚而得，也可称为聚酯树脂。其中多元醇常用的是甘油、季戊四醇，其次为三羟甲基丙烷、山梨醇、木糖醇等；多元酸常用邻苯二甲酸酐，其次为间苯二甲酸、对苯二甲酸、顺丁烯二酸酐、癸二酸等；单元酸常用植物油脂肪酸、合成脂肪酸、松香酸，其中以油的形式存在的如桐油、亚麻仁油、梓油、脱水蓖麻油等干性油，豆油等半干性油和椰子油、蓖麻油等不干性油；以酸的形式存在的如上述油类水解而得到的混合脂肪酸和饱和合成脂肪酸、十一烯酸、苯甲酸及其衍生物等。单元酸的作用是终止缩聚分子链的增长，限制树脂的分子量，从而改善多元醇和多元醇缩聚而得的纯醇酸树脂的不溶不熔性，以便使其能作为涂料应用。

### 6.4.1.2　醇酸树脂的分类

**（1）按油品种不同分类**

① 干性油醇酸树脂　由不饱和脂肪酸或碘值在125～135或更高的干性油、半干性油为主来改性制得的树脂，能溶于脂肪烃、萜烯烃（松节油）或芳烃溶剂中，碘值高的油类制成的醇酸树脂干燥快，硬度较大而且光泽也较强，但易变色。桐油反应太快，漆膜易起皱，可与其他油混用以提高干燥速率、硬度。蓖麻油比较特殊，它本身是不干性油，含有约85%蓖麻油酸，在高温（260℃以上）及酸性催化剂存在下，可脱去一分子水而增加一个双键，其中20%～30%为共轭双键，因此脱水蓖麻油就成了干性油，由它改性的醇酸树脂漆膜的共轭双键比例较大，耐水和耐候性都较好，烘烤和暴晒不变色，常与氨基树脂并用制烘漆。

② 不干性油醇酸树脂　由饱和脂肪酸或碘值低于125的不干性油为主来改性制得的醇

酸树脂，不能在室温下固化成膜，需与其他树脂经加热发生交联反应才能固化成膜。其主要用途是与氨基树脂并用，制成各种氨基醇酸漆，具有良好的保光、保色性，用于电冰箱、汽车、自行车、机械电器设备，性能优异；其次可在硝基漆和过氯乙烯漆中作增韧剂以提高附着力与耐候性；醇酸树脂加入硝基漆中，还可起到增加光泽、漆膜饱满、防止漆膜收缩等作用。

**(2) 按油含量不同分类** 根据醇酸树脂中油脂（或脂肪酸）含量多少或含苯二甲酸酐多少，可以分成长、中、短油度三种：长油度为含油量 $60\%\sim70\%$（或苯二甲酸酐 $20\%\sim30\%$）；中油度为含油量在 $46\%\sim60\%$（或苯二甲酸酐 $30\%\sim34\%$）；短油度为含油量在 $35\%\sim45\%$（或苯二甲酸酐 $>35\%$）；还有一种超长油度（油度在 $70\%$ 以上或含苯二甲酸酐 $<20\%$）和超短油度（油度在 $35\%$ 以下）。醇酸树脂的性能主要决定于所用油类与油度。

① 短油度醇酸树脂 它可由豆油、松浆油酸、脱水蓖麻油和亚麻油等干性、半干性油制成，漆膜凝结快，自干能力一般，弹性中等，有良好的附着力、耐候性，光泽及保光性好。烘干干燥快，可用作烘漆。烘干后，短油度醇酸树脂比长油度的硬度、光泽、保色、抗摩擦性都好，用于汽车、玩具、机器部件等方面作面漆。

② 中油度醇酸树脂 它主要以亚麻油、豆油制得，是醇酸树脂中最主要的品种。这种漆可以刷涂或喷涂。中油度漆干燥很快，有极好的光泽、耐候性、弹性，漆膜凝固和干硬都快。可以自己烘干，也可加入氨基树脂烘干，烘干时间要长一些，但其保光、保色性比短油度漆差。中油度醇酸树脂用于制自干或烘干磁漆、底漆、金属装饰漆、建筑用漆、车辆用漆、家具用漆等。

③ 长油度醇酸树脂 它有较好的干燥性能，漆膜富有弹性，有良好的光泽，保光性和耐候性好，但在硬度、韧性和抗摩擦性方面不如中油度醇酸树脂。另外，这种漆有良好的刷涂性，用于制造钢铁结构涂料，户室内外建筑用漆，因为它能与某些油基漆混溶，因而可用来增强油基树脂漆，也可用来增强乳胶漆。

④ 超长油度醇酸树脂 其干燥速度慢，易刷涂，一般用于油墨及调色基料。

总之，不同油度的醇酸树脂涂料，一般来说，油度越高，涂膜表现出油的特性越多，比较柔韧耐久，漆膜富有弹性，适用于涂装室外用品，长中油度树脂溶于脂肪烃、芳香烃和松节油中。油度越短，涂膜表现出树脂的特性多，比较硬而脆，光泽、保色、抗摩擦性能较好，易打磨；但不耐久，适用于室内用品的涂装。

⑤ 油度的计算方法举例

**【例 6-1】** 已知一醇酸树脂涂料的配方：亚麻仁油，100g；甘油（98%），43g；邻苯二甲酸酐（99.5%），74.5g；氧化铅，0.015g；二甲苯，200g。试求：油度（树脂含油量）。

**解** 反应式如下：

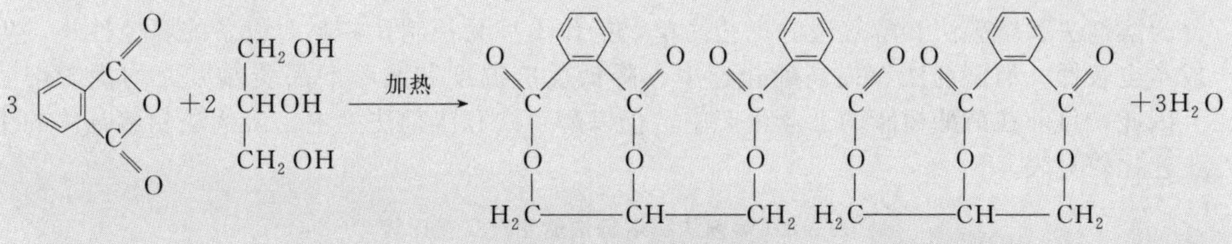

在反应过程中，苯酐损耗 2%，亚麻仁油和甘油损耗不计，甘油超量加入，3mol 苯酐视为全部反应而副产 3mol 水。

所以酯化出来的水量为苯酐量的 $54/444=12\%$（3mol 苯酐的质量为 444g，3mol 水的质量为 54g）。

实际反应的苯酐量为：$(74.5-74.5×2\%)×99.5\%=73$（g）

实际反应的甘油量为：$43×98\%=42$（g）

酯化失去水量为：$73×12\%=9$（g）

所以　生成醇酸树脂的质量为：$100+73+42-9=206$（g）

树脂含油量（油度）为：

$$\frac{油脂投料量×100\%}{油脂投料量+苯酐投料量(1-2\%)×苯酐强度(1-12\%)+甘油投料量×甘油纯度}$$

$$=\frac{100×100\%}{100+74.5×98\%×99.5\%×88\%+43×98\%}=49\%$$

### 6.4.1.3　醇酸树脂漆的常用品种

涂料用合成树脂中，醇酸树脂的产量最大，品种最多，用途最广，约占世界涂料用合成树脂总产量的 15% 左右。我国醇酸树脂涂料产量占涂料总量的 25% 左右。已从国外引进了若干套年产 4500t 的装置。

**(1) 醇酸树脂清漆**　醇酸树脂清漆是由中或长油度醇酸树脂溶于适当溶剂（如二甲苯），加催干剂（如金属钴、锌、钙、锰、铅的环烷酸盐），经过滤净化而得。醇酸树脂清漆干燥很快，漆膜光亮坚硬，耐候性、耐油性都很好；但因分子中还有残留的羟基和羧基，所以耐水性不如酚醛树脂桐油清漆。主要用作家具漆及作色漆的罩光，也可用作一般性的电绝缘漆。

**(2) 醇酸树脂色漆**　醇酸树脂色漆中产量最大的是中油度醇酸树脂磁漆，它具有干燥快、光泽好、附着力强、漆膜坚硬、耐油、耐候等优点，可在常温下干燥，也可烘干。主要用于机械部件、卡车、农机、钢铁设备等，户内外使用都可以，比较适用于喷涂。

铁红醇酸树脂底漆是最常用的一种底漆，在钢铁物件涂漆时作打底漆用，干燥快，附着力强，因而可以作硝基纤维素漆等挥发性漆的底漆。

用长油度干性醇酸树脂制成有代表性的外用漆是桥梁面漆，其最大特点是耐候性优越，涂膜硬度不高，柔韧性优良；缺点是光泽不强，长油度树脂漆有较好的刷涂性，适于用毛刷施工。

**【配方】**　醇酸有光色漆（质量分数）

| | | | |
|---|---|---|---|
| 树脂 | 60.0% | 干燥剂 | 2.9% |
| 钛白粉 | 27.0% | 松香水 | 10% |

### 6.4.1.4　醇酸树脂合成工艺实例

醇酸树脂主要是通过脂肪酸、多元酸和多元醇之间的酯化反应制备的。根据使用原料的不同，醇酸树脂的合成可分为醇解法、酸解法和脂肪酸法三种，若从工艺过程上区分，则又可分为溶剂法和熔融法。醇解法的工艺简单，操作平稳易控制，原料对设备的腐蚀性小，生产成本也较低。而溶剂法在提高酯化速率、降低反应温度和改善产品质量方面均优于熔融法。因此，目前在醇酸树脂的工业生产中，仍以醇解法和溶剂法为主。溶剂法和熔融法的生产工艺比较见表 6-8。

表 6-8　溶剂法和熔融法的生产工艺比较

| 方法 | 项目 | | | | |
|---|---|---|---|---|---|
| | 酯化速度 | 反应温度 | 劳动强度 | 环境保护 | 树脂质量 |
| 溶剂法 | 快 | 低 | 低 | 好 | 好 |
| 熔融法 | 慢 | 高 | 高 | 差 | 较差 |

通过比较可以看出，溶剂法优点较突出。因此，目前多采用溶剂法生产醇酸树脂，其装置见图 6-1。该工艺流程见图 6-2。

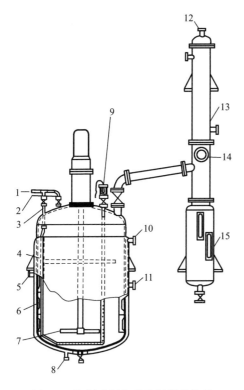

图 6-1　溶剂法制备醇酸树脂的装置
1—惰性气体入口；2—外套；3—分布器；4—消泡器；
5,8—道氏热载体出口；6—折流板；7—搅拌器；
9—取样装置；10,11—道氏热载体入口；12—放空口；
13—列管换热器；14—视镜；15—回收器

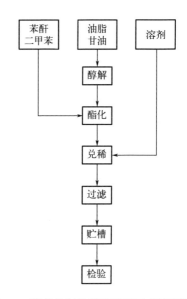

图 6-2　溶剂法制备醇酸树脂工艺流程框图

【例 6-2】　62％油度豆油季戊四醇醇酸树脂的配方如下：

| 名称 | 投料量/kg | $n$/kmol | 名称 | 投料量/kg | $n$/kmol |
|---|---|---|---|---|---|
| 豆油（双漂） | 1250.0 | 1.44 | 黄丹 | 0.052 | |
| 季戊四醇（工业品） | 327.0 | 2.30 | 二甲苯 | 回流用溶剂 | |
| 邻苯二甲酸酐 | 600.0 | 4.05 | | | |

反应结束后溶解于 1567kg 200 号溶剂油中，所得产品规格如下：
黏度（25℃加氏管）$\eta$/s　　7～9
酸值/(mg/g)　　　　　≤15
固体含量/%　　　　　5±2

### 6.4.1.5　改性醇酸树脂

除去油改性的甘油苯酐醇酸树脂外，还可以采用不同的多元酸、多元醇和其他树脂或单体改性的醇酸树脂。

**(1) 用多元醇改性**　用季戊四醇代替甘油，由于其活性较大，一般用于制长油度树脂漆，涂刷性、干燥、抗水、耐候、保色等性能均优于甘油醇酸树脂。如果季戊四醇和乙二醇配合，当摩尔比为1∶1时，其平均官能度为3，与甘油相同，可用以代替甘油制短油度树脂，性能较甘油制造的为好；而季戊四醇的生产工艺比甘油简单，是可行的办法。

用三羟甲基丙烷代替甘油制成的醇酸树脂烘漆，烘干所需要时间短，漆膜硬度较大，耐碱性较好，漆膜的保色、保光性较好，耐烘烤性能也较好。

**(2) 用多元酸改性** 如果用己二酸或癸二酸代替苯酐，制得的醇酸树脂特别柔软，只能作增塑剂用；用顺酐来代替苯酐，生成的树脂黏度大，颜色浅；用含氯二元酸代替苯酐，制得的醇酸树脂耐燃性好；用十一烯酸改性制得的树脂色浅不易泛黄；用间苯二甲酸代替苯酐，生成的醇酸树脂干燥速率有改进，耐热方面也更优越。

**(3) 其他改性醇酸树脂** 在醇酸树脂中，除脂肪酸、多元醇、苯酐外，还可以另外加入其他合成树脂或单体进行改性，改性后醇酸树脂的性能与应用范围见表6-9。

表6-9 醇酸树脂改性效果

| 改性树脂或单体 | 优点 | 缺点 | 应用范围 |
|---|---|---|---|
| 松香与松香甘油酯 | 价廉，干性快，涂刷性较好，有较好的硬度、抗磨性和附着力 | 易变黄，对室外耐候性较差，日久易变脆 | 制造室内用的快干磁漆 |
| 酚醛树脂 | 有较好的硬度、耐水性、抗溶剂性、耐碱性提高 | 易泛黄，贮存性差，室外曝晒有粉化现象 | 制造耐水性好的绝缘漆 |
| 苯乙烯、甲基苯乙烯 | 干性快、色泽浅、光亮、硬度高 | 抗溶剂性差，多层涂刷要咬底 | 制造快干机械用磁漆 |
| 甲基丙烯酸、丙烯酸酯 | 改进保光、保色性、耐化学性，用热固性丙烯酸酯可改善泛黄 | 稳定性、耐室外大气性中等 | 制车辆漆，仪表仪器漆 |
| 有机硅 | 改进耐热性、耐高温震动性，能阻止粉化，减少磨耗，室外耐候性大大提高 | 价格高，漆膜在高温下烘烤才能有良好性能 | 制耐高温漆，桥梁漆，铝粉漆 |
| 环氧树脂 | 硬度好，耐碱性、耐溶剂性、耐洗擦性好，附着力好 | 颜色较深，泛黄，在室外会早期粉化、价格高 | 制船舶漆，甲板漆，化工防腐漆 |
| 对叔丁基苯甲酸、苯甲酸 | 可控制树脂对稀后胶化，干燥快、硬度高，改进光泽、颜色和耐化学性 | 溶解性差，柔韧性差 | 制交通车辆用漆，金属快干底漆 |
| 氨基树脂 | 保光、保色性好，硬度大，易热固化，耐热性提高 | 柔韧性差，常温下只能表干，不能固化 | 制氨基烘漆 |
| 异氰酸酯 | 耐磨，耐水，附着力强，干性快 | 易泛黄，耐候性差 | 木器家具漆 |
| 硝化纤维素及其他纤维素 | 快干，耐汽油，可打磨抛光 | 固分低，柔韧性下降 | 作汽车喷漆改进剂 |
| 聚酰胺树脂 | 有触变性，静止时呈胶冻状，涂刷时变成低黏度液体，并不易流挂 | 泛黄，价贵 | 制触变性醇酸漆 |

## 6.4.2 丙烯酸树脂涂料

丙烯酸树脂漆是由丙烯酸酯或甲基丙烯酸酯的聚合物制成的涂料，这类产品的原料是石油化工生产的，其价格低廉，资源丰富。为了改进性能和降低成本，往往还采用一定比例的烯烃单体与之共聚，如丙烯腈、丙烯酰胺、醋酸乙烯、苯乙烯等。不同共聚物具有各自的特点，所以可以根据产品的要求，制造出各种型号规格的涂料品种。它们有很多共同特点：

① 具有优良的色泽，可制成透明度极好的水白色清漆和纯白的白磁漆；

② 耐光耐候性好，耐紫外线照射不分解或变黄；

③ 保光、保色，能长期保持原有色泽；

④ 耐热性好；

⑤ 可耐一般酸、碱、醇和油脂等；

⑥ 可制成中性涂料，可调入铜粉、铝粉，使之具有金银一样光耀夺目的色泽，不会变暗；

⑦ 长期贮存不变质。

丙烯酸酯涂料由于性能优良，已广泛用于汽车装饰和维修、家用电器、钢制家具、铝制品、卷材、机械、仪表电器、建筑、木材、造纸、黏合剂和皮革等生产领域。其应用面广，是一种比较新型的优质涂料。

### 6.4.2.1 丙烯酸酯单体

由联碳公司开发的丙烯氧化合成丙烯酸工艺，是目前各国合成丙烯酸的主要方法：

$$CH_2=CHCH_3 + \frac{3}{2}O_2 \longrightarrow CH_2=CHCOOH + H_2O$$

可用直接酯化法和酯交换法合成各种丙烯酸酯单体。

**(1) 直接酯化法**

$$CH_2=\overset{R^1}{\underset{|}{C}}-COOH + R^2OH \longrightarrow CH_2=\overset{R^1}{\underset{|}{C}}-COOR^2 + H_2O$$

式中，$R^1$ 为 H 或 $CH_3$；$R^2$ 为烷基。

**(2) 酯交换法**

$$CH_2=\overset{}{\underset{}{C}}-COOR^2 + R^3OH \longrightarrow CH_2=\overset{}{\underset{}{C}}-COOR^3 + R^2OH$$

式中，$R^1$ 为 H 或 $CH_3$；$R^2$ 为烷基；$R^3$ 为比 $R^2$ 碳原子数更多的烷基。

为了保证聚合反应的正常进行，烯类单体必须达到一定的纯度。除了用仪器分析测量单体中的杂质含量外，还可用各项物理常数来鉴别单体纯度的高低，见表 6-10。

表 6-10 丙烯酸酯单体的物理常数[①]

| 性质单体 | 分子量 | 沸点 $t/℃$ | $\rho(25℃)$ /(kg/m³) | $n_D^{25}$ | 闪点[②] $t/℃$ | 溶解度(25℃)/g 单体在水中 | 水在单体中 | 汽化热 $-\Delta H/$(kJ/mol) | $c_p$ /[kJ/(kg·K)] |
|---|---|---|---|---|---|---|---|---|---|
| 甲酯 | 86.09 | 80 | 950 | 1.402 | 10 | 5 | 2.5 | 385 | 2.01 |
| 乙酯 | 100.12 | 100 | 917 | 1.404 | 10 | 1.5 | 1.5 | 347 | 1.97 |
| 正丁酯 | 128.17 | 147 | 894 | 1.416 | 49(K) | 0.2 | 0.7 | 192 | 1.92 |
| 异丁酯 | 128.17 | 62(8886Pa) | 884 | 1.412 | 30 | 0.2 | 0.6 | 297 | 1.92 |
| 叔丁酯 | 128.17 | 120 | 879 | 1.408 | 19 | 0.16 | | | |
| 2-乙基己酯 | 184.27 | 213 | 881 | 1.433 | 90(K) | 0.01 | 0.15 | 255 | 1.92 |
| β-羟乙酯 | 116.06 | 82(667Pa) | 982(20℃) | 1.427(20℃) | 77 | 5.5 | 2.5 | | |
| β-羟丙酯 | 130.08 | 77(667Pa) | 1057(20℃) | 1.445(20℃) | 99(K) | | | | |
| 2-氰乙酯 | 125.13 | 103(1333Pa) | 1069(20℃) | 1.443(20℃) | | 4.2 | 5.7 | | |
| 环己酯 | 154.11 | 75(1476Pa) | 976.6(20℃) | 1.460(20℃) | | | | | |

注：① 表中括号内数据为该物理量测试条件。

② 注有 K 者为用克利夫兰开口杯测定法测试的数据，其余数据用塔式开口杯法测定。

在贮存过程中，丙烯酸酯单体在光、热或混入的水分以及铁作用下，极易发生聚合反应，为防止单体在运输和贮存过程中聚合，常添加阻聚剂。

常用的阻聚剂有各种酚类化合物，如对苯二酚、对甲氧基苯酚、对羟基二苯胺等。

加入的阻聚剂在单体进行聚合前必须除去，否则会影响聚合反应的正常进行。通常采用蒸馏法或碱溶法除去丙烯酸酯单体中的阻聚剂。

### 6.4.2.2　热塑性丙烯酸酯漆

热塑性丙烯酸酯漆依靠溶剂挥发干燥成膜。漆的组成除丙烯酸树脂外，还有溶剂、增塑剂、颜料等，有时也和其他能相互混溶的树脂并用以改性。因此热塑性树脂作为成膜物，其$T_g$要尽量低些，但又不能低到使树脂结块或胶凝。它的性质主要取决于所选用的单体，单体配比和分子量以及其分布。由于树脂本身不再交联，因此用它制成的漆若不采用接枝共聚或互穿网络聚合，其性能如附着力、$T_g$、柔韧性、抗冲击性、耐腐蚀性、耐热性和电性能等还不如热固性树脂。

一般说，分子量大的树脂物理力学及化学性能好，但高分子量树脂在溶剂中溶解性能较差，黏度高，喷漆施工中易出现"拉丝"现象，所以一般漆用丙烯酸树脂的分子量都不是太高。这类树脂的主要优点是：水白色透明，有极好的耐水和耐紫外线等性能。因此早先用它作为轿车的面漆和修补漆；近来也用作外墙涂料的耐光装饰漆；另一主要用途是作为水泥混凝土屋顶和地面的密封材料和用作塑料、塑料膜及金属箔的涂装及油墨。热塑性树脂漆可以制成清漆、磁漆和底漆出厂。

**(1) 丙烯酸树脂清漆**　以丙烯酸树脂作主要成膜物质，加入适量的其他树脂和助剂，可根据用户需要来配制。例如，航空工业使用丙烯酸树脂漆要求高耐光性和耐候性；而皮革制品则需要优良的柔韧性。加入增塑剂可提高漆膜柔韧性及附着力，加入少量硝化纤维素可改善漆膜耐油性和硬度等。

热塑性丙烯酸树脂清漆干燥快（1h可实干），漆膜无色透明，耐水性强于醇酸清漆，在户外使用耐光耐候性也比一般季戊四醇醇酸清漆好，但由于是热塑性，耐热性差，受热易发黏，同时不易制成高固含量的涂料，喷涂时溶剂消耗量大。

**【配方】**　热塑性丙烯酸树脂清漆（质量比）

| | | | |
|---|---|---|---|
| 丙烯酸共聚物（固体分50%） | 65 | 甲苯 | 16 |
| 邻苯二甲酸丁苄酯 | 3 | 甲乙酮 | 16 |

**(2) 丙烯酸树脂磁漆**　向丙烯酸树脂加入溶剂、助剂与颜料碾磨可制得磁漆。要注意，当采用含羧基的丙烯酸树脂配制磁漆时，不能用碱性较强的颜料，否则易发生胶凝作用或影响贮存稳定性。

高速电气列车应用丙烯酸磁漆，比醇酸磁漆检修间隔大、污染小、耐碱性好，并干燥迅速。

**【配方】**　丙烯酸树脂磁漆（质量比）

| 组分 | B-04-6 | B-04-12 | 组分 | B-04-6 | B-04-12 |
|---|---|---|---|---|---|
| 丙烯酸树脂 | 1 | 1 | 磷酸三甲酚 | 0.016 | 0.03 |
| 三聚氰胺甲醛树脂 | 0.125 | 0.054 | 钛白粉 | 0.44 | 0.39 |
| 苯二甲酸二丁酯 | 0.016 | 0.03 | 溶剂 | 4.70 | 4.50 |

**(3) 丙烯酸树脂底漆**　丙烯酸树脂底漆常温干燥快、附着力好，特别适用于与各种挥发性漆（如硝基漆）配套作底漆。丙烯酸树脂底漆对金属底材附着力很好，尤其是浸水后仍能保持良好的附着力，这是它突出的优点。一般常温干燥，但如经过 $100\sim120℃$ 烘干后，其性能可进一步提高。

### 6.4.2.3 热固性丙烯酸酯漆

热固性丙烯酸酯涂料是树脂溶液的溶剂挥发后，通过加热（即烘烤）或与其他官能团（如异氰酸酯）反应才能固化成膜。这类树脂的分子链上必须含有能进一步反应而使分子链节增长的官能团数，因此在未成膜前树脂的分子量可以低一些，而固体分则可高一些。

这里有两种情况，其中一类树脂是需在一定温度下加热（有时还需加催化剂），使侧链活性官能团之间发生交联反应，形成网状结构；另一类树脂则必须加入交联剂才能使之固化。交联剂可以在制漆时加入，也可在施工应用前加入（双组分包装）。改变交联剂可制得不同性能的涂料。

除交联剂外，热固性丙烯酸树脂中还要加入溶剂、颜料、增塑剂等，根据不同的用途而有不同的配方。例如，将含 25%甲基丙烯酸-$\beta$-羟乙酯、25%乙烯基甲苯和 50%丙烯酸乙酯的共聚体树脂与三聚氰胺甲醛树脂以 7∶3 的比例配合，加入含 50%正丁醇和 50%芳烃的溶剂，以苯二甲酸二丁酯和磷酸三甲酚酯为增塑剂，制得的汽车漆光泽好，漆膜丰满而硬，保光、保色性好。配方中的溶剂起到流平、光泽等作用。

**【配方】 轿车漆 （质量比）**

| | | | |
|---|---|---|---|
| 含羟基丙烯酸树脂 | 59.6 | 甲基硅油（0.1%二甲苯溶液） | 3.0 |
| 丙烯酸树脂黑漆片 | 15.5 | 140℃烘烤 1h，固化 | |
| 低醚化度三聚氰胺甲醛树脂（60%） | 24.8 | | |

## 6.4.3 环氧树脂涂料

环氧树脂可作为黏合剂，也可作为涂料。由于其具有很多独特的性能，品种繁多，因而发展较快，产量也较大。1980 年世界环氧树脂产量约 36 万吨，涂料工业消费量占 45%～50%。目前，环氧树脂产量正在稳步上升，特种用途的品种不断出现，应用范围日益扩大，在电子工业、宇宙飞行器和结构材料等方面，都有效地采用了环氧树脂。在实际生产中，为了更好地改善性能、降低成本，还常常使其与其他树脂交联改性。环氧树脂本身是热塑性树脂，大多数环氧树脂是由环氧氯丙烷和二酚基丙烷在碱作用下缩聚而成的高聚物，根据配比和工艺条件的变化，其平均分子量一般在 300～700 之间。将其与固化剂或植物油脂肪酸反应，交联成网状结构的大分子，才能显示出各种优良的性能。其分子结构如下：

环氧树脂涂料的优点大致概括如下。

① 漆膜具有优良的附着力，特别是对金属表面的附着力更强。耐化学腐蚀性好，这是因为环氧树脂涂料结构中含有脂肪族羟基、醚基和很活泼的环氧基，由于羟基和醚基的极性环氧树脂分子和相邻表面之间产生引力，而且环氧基能和含活泼氢的金属表面形成化学键，所以大大提高了其附着力。

② 环氧树脂涂料在苯环上的羟基能形成醚键，漆膜保色性、耐化学药品及耐溶剂性能都好；另外，结构中还含有脂肪族的羟基，与碱不起作用，因而耐碱性也好。环氧树脂漆耐碱性明显优于酚醛树脂和聚酯树脂。

③ 环氧树脂有较好的热稳定性和电绝缘性。

环氧树脂也有一些缺点：耐候性差、易粉化、涂膜丰满度不好，不适合作户外高装饰性涂料；环氧树脂中具有羟基，如处理不当，涂膜耐水性差；环氧树脂涂料中有的品种是双包装，制造和使用都不方便；环氧树脂固化后，涂层坚硬，用它制成的底漆和腻子不易打磨。

### 6.4.3.1 环氧树脂涂料的分类与应用

**(1) 环氧树脂涂料的分类** 环氧树脂涂料是合成树脂涂料的四大支柱之一，环氧树脂涂料大体上有五种分类方法。

① 以施工方式分类 喷涂用涂料、滚涂用涂料、流涂用涂料、浸涂用涂料、静电用涂料、电泳用涂料、粉末流动涂料和刷涂用涂料等。

② 以用途分类 建筑涂料、汽车涂料、舰船涂料、木器涂料、机器涂料、标志涂料、电气绝缘涂料、导电及半导体涂料、耐药品性涂料、防腐蚀涂料、耐热涂料、防火涂料、示温涂料、润滑涂料、食品罐头涂料和阻燃涂料等。

③ 以固化方法分类 自干型涂料有单组分、双组分和多组分液体涂料，烘烤型涂料有单组分和双组分固体或液体涂料，辐射固化涂料。

④ 以固化剂名称分类 胺固化型涂料、酸酐（或酸）固化型涂料以及合成树脂固化型涂料等。

⑤ 以涂料状态分类 溶剂型涂料、无溶剂型（液态和固态）涂料以及水性（水乳化型和水溶型）涂料。

涂料工业中，以用途和涂料状态分类较好。

**(2) 环氧树脂涂料的应用** 现在，石油化工、食品加工、钢铁、机械、交通运输、电子和船舶工业等迅速发展，使用着大量环氧树脂涂料。

① 防腐蚀涂料 人们以防腐蚀涂料的特定要求为依据，设计出溶剂型、无溶剂型（包括粉末）和高固体分等环氧防腐涂料，应用于钢材表面、饮水系统、电机设备、油轮、压载舱、铝及铝合金表面和耐特种介质等的防腐蚀，并获得优异的效果。

② 舰船涂料 海上潮湿、盐雾、强烈的紫外线和微碱性海水的浸袭等苛刻环境，对涂料是一种严峻的考验。环氧树脂涂料附着力强，防锈性和耐水性优异，机械强度和耐化学药品性良好，在舰船防护中起着重要作用。环氧树脂涂料用于船壳、水线和甲板等部位。发挥了耐磨、耐水、耐油和黏结性强等特点。环氧树脂饮水舱涂料，已经广泛应用。

③ 电气绝缘涂料 环氧树脂涂料形成的涂层具有电阻系数大、介电强度高、介质损失少和"三防"（耐湿热、耐霉菌、耐盐雾）性能好等优点，广泛用于浸渍电机和电器等设备的线圈、绕阻和各种绝缘纤维材料，各种组合配件表面涂覆，黏结各种绝缘材料，裸体导线涂装，等。

④ 食品罐头内壁涂料 利用环氧树脂涂料的耐腐蚀性和优异的黏结性制成抗酸、抗硫等介质的食品罐头内壁涂料。环氧树脂与甲基丙烯酸甲酯/丙烯酸进行接枝反应，制得的饮料内壁涂料，是一种水溶性环氧树脂涂料，用于啤酒和饮料瓶内壁，已工业化生产，使用效果良好。

⑤ 水性涂料 用环氧树脂配制的水性电泳涂料有独特的性能，涂层不但有良好的防腐蚀性，而且有一定的装饰性和保色性，电泳涂料除去汽车工业上应用外，还用于医疗器械、电器和轻工产品等领域。

双组分水性环氧树脂涂料用于新与旧混凝土间粘接，有优异的黏结强度，能有效地防止机械损伤和化学药品危害。它对核反应堆装备进行防护，容易除去放射性污染。

⑥ 地下设施防护涂料 地下设施的防护，是环氧树脂涂料或改性环氧树脂涂料的重要用途之一，因为环氧树脂涂料有优良的防水渗漏效果。环氧-聚氨酯涂料用于地下贮罐的防腐蚀，已取得举目公认的效果。

⑦ 特种涂料 以环氧-有机硅为基料制成的高温涂料和烧蚀隔热涂料，用于高温环境和宇宙飞行器的防护；环氧润滑涂料，用于铁轨润滑；环氧-有机硅示温涂料，用于指示设备

或仪器的温度；改性环氧树脂涂料和环氧阻燃涂料，用于金属膜电阻器和碳膜电阻器，均获得满意效果；环氧标志涂料，用于各种电阻器的色环标志。

### 6.4.3.2　以固化剂名称分类的环氧树脂涂料

**(1) 胺固化环氧树脂漆**　胺固化环氧树脂漆是常温下进行固化的，固化剂主要是多元胺、胺加成物和聚酰胺树脂，由于环氧基团和固化剂的活泼氢原子交联而达到交联固化的目的。

① 多元胺固化环氧树脂漆　这类环氧树脂漆是双组分包装，施工前现配，使用期很短。漆膜附着力、柔韧性和硬度好，完全固化后的漆膜对脂肪烃溶剂、稀酸、碱和盐有优良的抗性。选用分子量在 900 左右的环氧树脂，分子量在 1400 以上时，环氧值较低，交联度小，固化后漆膜太软；分子量在 500 以下时，漆膜太脆，配漆后使用期太短，不太方便。固化剂采用乙二胺、己二胺、二亚乙基三胺等，乙二胺易挥发，毒性较大，漆膜脆，一般少用；己二胺固化的漆膜柔韧性较好。

② 胺加成物固化环氧树脂漆　由于多元胺具有毒性、挥发性、刺激性和臭味以及当其配制量不准确时可能造成性能下降等缺点，目前常采用改性的多元胺加成物作为固化剂。例如，采用环氧树脂和过量的乙二胺反应制得的加成物来代替多元胺，消除了臭味，也避免了漆膜泛白现象。

③ 聚酰胺固化环氧树脂漆　低分子聚酰胺是由植物油的不饱和酸二聚体或三聚体与多元胺缩聚而成。由于其分子内含有活泼的氨基，可与环氧基反应而交联成网状结构。由于聚酰胺基有较长的碳链和极性基团，具有很好的弹性和附着力。因此，除了起固化剂作用外，也是一个良好的增韧剂。此外，耐候性和施工性能也较好。

常用的环氧树脂分子量在 900 左右，采用酮类、芳烃类和醇类的混合溶剂，与环氧树脂有良好的相容性，对颜料也有较好的润湿性。

聚酰胺作固化剂时固化速度较胺固化慢，而且用量配比不像胺固化严格，因而使用上要方便得多。

**(2) 合成树脂固化的环氧树脂漆**　许多带有活性基团的合成树脂，它们本身都可以用作涂料的主体成膜物质，例如，酚醛树脂、聚酯树脂、脲醛树脂、三聚氰胺甲醛树脂、苯胺甲醛树脂、醇酸树脂、糠醛树脂和多异氰酸酯等，当它们与环氧树脂配合，经高温烘烤（150～200℃），可以交联成优良的涂膜。

① 酚醛树脂固化环氧树脂漆　一般采用分子量为 2900～4000 的环氧树脂，由于其含羟基较多，与酚醛树脂的羟甲基固化反应较快；同时分子量大的环氧树脂分子链长，漆膜的弹性较好。这类树脂漆是环氧树脂漆中耐腐蚀性最好的品种之一，具有优良的耐酸碱、耐溶剂、耐热性能；但漆膜色深，不能作浅色漆。酚醛树脂可以采用丁醇醚化二酚基丙烷甲醛树脂，它与环氧树脂（分子量 2900）并用时，可以得到机械强度高和耐化学品性能好的涂料，贮藏稳定性也好。

【配方】　耐酸碱腐蚀环氧酚醛清漆（质量比）

| 环氧树脂（E-06） | 30 | 二甲苯 | 15 |
| 环己酮 | 15 | 40％二酚基丙烷甲醛树脂液 | 25 |
| 二丙酮醇 | 15 | | |

力学性能：耐冲击强度 5MPa；弯曲试验 1mm。

② 氨基树脂固化环氧树脂漆　这类树脂漆颜色浅，光泽强，柔韧性很好，耐化学品性能也较好，适用于涂装医疗器械、仪器设备，以及用作罐头漆等。

环氧树脂适用分子量为 2900 和 3750，氨基树脂可用丁醇醚化脲醛树脂等，环氧树脂和氨基树脂的质量比在 70：30 时性能最好。

【配方】 环氧氨基漆（质量比）

| | | | |
|---|---|---|---|
| 环氧树脂 | 28.0 | 二丙酮醇 | 26.0 |
| 60%丁醇醚化脲醛树脂 | 20.0 | 二甲苯 | 26.0 |

性能：耐化学品性、光泽、硬度均好；205℃下烘 20min。

③ 环氧-氨基-醇酸漆 这类树脂漆是采用不干性短油度醇酸树脂和环氧树脂、氨基树脂相混溶而交联固化的，其漆膜具有更好的附着力、坚韧性和耐化学品性，可作底漆和防腐蚀漆用，常用的环氧树脂分子量为 900，环氧：醇酸：氨基＝30：45：25（质量分数）。三种成分的烘干条件是：180℃，烘 15min；150℃，烘 30min；120℃，烘 60min。

【配方】 环氧-氨基-醇酸烘漆（质量比）

| | | | |
|---|---|---|---|
| 环氧树脂 | 15.4 | 环己酮 | 17.2 |
| 中油度蓖麻油醇酸树脂（50%） | 32 | 二甲苯 | 13.4 |
| 丁醇醚化三聚氰胺甲醛树脂（50%） | 21.4 | 1%硅油溶液 | 0.5 |

性能：干燥时间为 150～170℃下烘 1h；弯曲试验为 1mm；耐冲击强度为 50MPa。

④ 多异氰酸酯固化环氧树脂漆 高分子量（1400 以上）环氧树脂的仲羟基和多异氰酸酯进行的交联反应，在室温下即可进行，生成聚氨基甲酸酯，因此可以制成常温干型涂料。干燥的涂膜具有优越的耐水性、耐溶剂性、耐化学品性和柔韧性，用于装涂水下设备或化工设备等。其反应如下：

$$
\begin{matrix} | \\ H\!-\!C\!-\!OH \end{matrix} + R\!-\!NCO \longrightarrow \begin{matrix} | \\ HC\!-\!O\!-\!\overset{\displaystyle O}{\overset{\|}{C}}\!-\!NHR \end{matrix}
$$

多异氰酸酯固化环氧树脂漆一般是双组分的：环氧树脂、溶剂（色漆应加颜料）为一组分；多异氰酸为另一组分。固化剂一般用多异氰酸酯和多元醇的加成物，如果使用封闭型的聚异氰酸酯为固化剂，就可以得到贮存性稳定的涂料。但这种涂料必须烘干，才能使漆膜交联固化。所有溶剂中不能含水，配漆时 NCO：OH 在（0.7～1）：1。

【配方】 聚异氰酸酯环氧磁漆

组分 1

| 组成 | 质量分数/% | 组成 | 质量分数/% |
|---|---|---|---|
| 钛白 | 34.0 | 环己酮 | 21.5 |
| 环氧树脂（E-30） | 21.0 | 醋酸溶纤剂 | 10.75 |
| 环己酮树脂 | 2.0 | 二甲苯 | 10.75 |

组分 2 TDI 加成物（由甲苯二异氰酸酯和三羟甲基丙烷加成）

主要规格：

| | | | |
|---|---|---|---|
| 固体含量（乙酸乙酯溶液） | （75±1）% | 游离甲苯二异氰酸酯 | 0.5%以下 |
| 异氰酸基含量 | （13.0±0.5）% | | |

配比：100 份环氧树脂加 TDI 加成物 89 份，即组分 1 为 100 份（环氧树脂含量 21%），加组分 2 为 18.7 份。

性能：干燥时间（常温）为硬干 2h；使用期限为 4 天。

对金属附着力较胺固化环氧漆差，不适于作底漆。

**(3) 酯化型环氧树脂漆** 又称环氧酯漆，它是将植物油脂肪酸与环氧树脂经酯化反应而制得，生成环氧酯。以无机碱或有机碱作催化剂，反应可加速进行。

环氧树脂可当作多元醇来看，一个环氧分子相当于两个羟基，可与两个分子单元酸（即一个羧基）反应生成酯和水。常用的酸有：不饱和酸（如桐油酸、亚油酸、脱水蓖麻油酸等）、饱和酸（如蓖麻油酸等）、酸酐（如顺丁烯二酸酐等）。用不同品种的不同配比进行反应可以制得不同性能的环氧酯漆品种。环氧酯漆可溶于价廉的烃类溶剂中，因而成本较低，可以制成清漆、磁漆、底漆和腻子等。环氧酯漆用途很广泛，是目前环氧树脂涂料中生产量和用量较大的一种。如作各种金属底漆、电器绝缘漆、化工厂室外设备防腐漆等。环氧酯底漆对铁、铝金属有很好的附着力，漆膜坚韧、耐腐蚀性较强，大量用于汽车、拖拉机或其他设备打底，近年来水稀释性环氧酯底漆大量应用于电泳涂漆工艺中。

环氧基较羟基活泼，所以羧基与环氧基先发生反应，其次与羟基发生反应，反应过程如下式：

① 酯化

a.

$$-\overset{\text{O}}{\underset{}{C}}-OH + CH_2-CH\diagup\!\!\!\!\backslash \longrightarrow -\overset{\text{O}}{\underset{}{C}}-OCH_2-\overset{}{\underset{OH}{CH}}$$

b.

$$-\overset{\text{O}}{\underset{}{C}}-OCH_2-\overset{}{\underset{OH}{CH}} + -\overset{\text{O}}{\underset{}{C}}-OH \longrightarrow -\overset{\text{O}}{\underset{}{C}}-OCH_2-CHOOC- + H_2O$$

c.（环氧树脂中羟基和脂肪酸酯化）

$$-\overset{}{\underset{OH}{CH}} + -\overset{\text{O}}{\underset{}{C}}-OH \longrightarrow -\overset{}{\underset{OC}{CH}}\hspace{-4pt}\underset{O}{} + H_2O$$

② 醚化　环氧基和羟基反应

$$-\overset{}{\underset{OH}{CH}}- + CH_2-CH\diagup\!\!\!\!\backslash \longrightarrow -\overset{}{\underset{OCH_2-\underset{OH}{CH}}{CH}}-　（羟基醚）$$

这个反应是环氧树脂分子间的交联，由此产生网络结构；另外，脂肪酸中双键间也可以交联，这也是产生分子间交联的因素。

环氧树脂采用分子量较大的品种，其平均分子量多在 1500 左右，也有采用 900～1000 的，酯化后多用于制造水溶性电泳漆。酯化后的涂料性质与脂肪酸的性质、配比、酯化工艺方法以及环氧树脂品种有直接关系。酯化后的环氧酯漆和醇酸树脂涂料一样，附着力强，韧性好，其耐碱性因酯键的存在而稍差，耐腐蚀性也不如未酯化的漆膜；但成本低，抗粉化性能有改善。这类漆可在常温下干燥，也能烘干。常温干燥品种所用的干性油脂肪酸的油度不能太短，一般要加入催干剂。如用苯乙烯或硝化纤维素改性，可以制成快干漆，2～4h 即可干燥。加入氨基树脂可提高烘烤温度，增加漆膜光泽，改善流平性；若再加入醇酸树脂构成三组分漆，则柔韧性好，易于打磨，可用来制底漆和腻子。为了改善耐水和防腐性能，可添加部分酚醛树脂。

【配方】　环氧酚醛罐头内壁清漆（质量比）

| | | | |
|---|---|---|---|
| 环氧树脂 | 24 | 芳烃 | 22.6 |
| 酚醛树脂 | 8 | 磷酸 | 0.1 |
| 乙二醇乙醚 | 45.3 | | |

## 6.4.4　聚氨酯涂料

聚氨酯涂料均含有异氰酸酯或其反应产物。其漆膜中含有氨酯键—NH—COO—。它是由羟基—OH 和异氰酸酯基—NCO 反应生成的。分子结构中除氨酯键外，还可含有许多酯键、醚键、脲键、脲基甲酸酯键等，习惯上总称为聚氨酯漆。由于聚氨酯分子中具有强极性氨基甲酸酯基团，所以与聚酰胺有某些类似之处，如大分子间存在氢键，聚合物具有高强度、耐磨、耐溶剂等特点。同时，还可以通过改变多羟基化合物的结构、分子量等，在较大范围内调节聚氨酯的性能，使其在塑料、橡胶、涂料、黏合剂和合成纤维中得到广泛的应用。

聚氨酯涂料的固化温度范围宽，有在 0℃ 下能正常固化的室温固化漆，也有在高温下固化的烘干漆。其形成的漆膜附着力强，耐磨性、耐高低温性能均较好，具有良好的装饰性。

此外，聚氨酯与其他树脂的共混性好，可与多种树脂并用，制备适应不同要求的涂料新品种。由于聚氨酯漆膜具有较全面的耐化学药品性，能耐多种酸、碱和石油制品等，所以可用作化工厂的维护涂料。

### 6.4.4.1 聚氨酯涂料的主要原料

**(1) 异氰酸酯** 异氰酸酯的化学性质活泼，含有一个或多个异氰酸根，能与含活泼氢原子的化合物反应，因而能制造出多品种的聚氨酯涂料。常用的异氰酸酯有芳香族的甲苯二异氰酸酯（简称 TDI）、二苯基甲烷二异氰酸酯（简称 MDI）等，脂肪族的六亚甲基二异氰酸酯（HDI）、二聚酸二异氰酸酯（DDI）等。

**(2) 含羟基化合物** 作为聚氨酯漆的含羟基组分有：聚酯、聚醚、环氧树脂、蓖麻油及其加工产品（氧化聚合油、甘油醇解物），以及含羟基的热塑性高聚物（如含有 $\beta$-羟乙基的聚丙烯酸树脂等）。应该指出，小分子的多元醇只可作为制造预聚物或加成物的原料，而不能单独成为聚氨酯双组分漆中的乙组分，这是因为小分子醇是水溶性物质，不能与异氰酸酯甲组分混合；其次，吸水性大易在成膜中使漆膜发白，而且分子太小，结膜时间太长，即使结膜，内应力也大。

### 6.4.4.2 聚氨酯涂料的类别与性能

聚氨酯漆是根据成膜物质聚氨酯的化学组成与固化机理不同而分类的，生产上有单包装和多包装两种。

**(1) 聚氨酯改性油漆（单包装）** 此涂料又称氨酯油。先将干性油与多元醇进行酯交换，再与二异氰酸酯反应而成。它的干燥是在空气中通过双键氧化而进行的。此漆干燥快。酰胺基的存在增加了其耐磨、耐碱和耐油性，适用于室内、木材、水泥的表面涂覆；但流平性差，易泛黄，色漆易粉化。反应式如下：

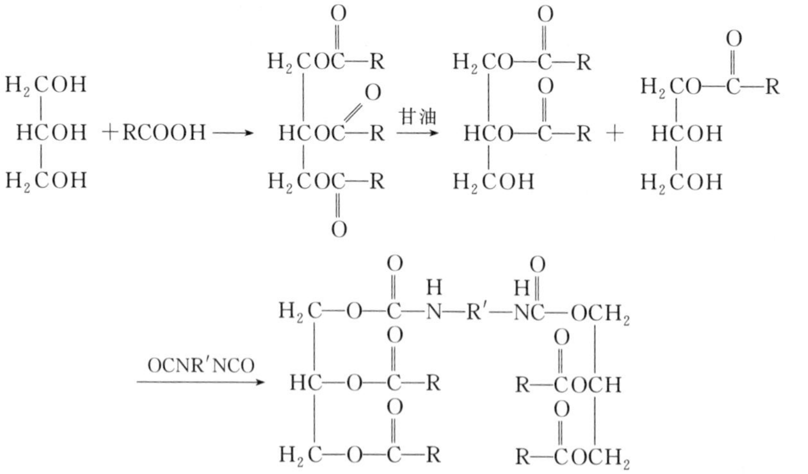

**(2) 湿固化型聚氨酯漆（单包装）** 此漆是端基含有—NCO 的分子结构能在湿度较大的空气中与其水分反应，生成脲键而固化成膜。它是一种使用方便的自干性涂料，漆膜坚硬强韧、致密、耐磨、耐化学腐蚀并有良好的抗污染性和耐特种润滑油。可用于原子反应堆临界区域的地面、墙壁和机械设备作核辐射保护涂层，可制成清漆或色漆。

**(3) 封闭型聚氨酯涂料（单包装）** 所谓封闭型，是将二异氰酸酯的游离—NCO 用苯酚等含活泼 H 原子的化合物暂时封闭起来，这样可以和带有羟基的聚酯或聚醚等配合后单包装，在室温下不反应，而在使用时，漆膜烘烤到 150℃ 苯酚挥发，使游离出来的—NCO 与—OH 反应而固化成膜。该漆主要用作电绝缘漆，具有优良的绝缘性、耐水性、耐溶剂和耐磨性。

**(4) 羟基固化型聚氨酯漆（多包装）** 一般为双组分涂料，一个组分是带—OH 的聚酯等，另一组分是带异氰酸基—NCO 的加成物。使用时按比例配合，—NCO 和—OH 反应而使漆膜固化。可分为清漆、磁漆和底漆。它是聚氨酯涂料中品种最多的一类，可以制造从柔软到坚硬、具有光亮漆膜的涂料。其性能优良，用途很广，可用于金属、水泥、木材及橡胶、皮革等材料的涂布。

**(5) 催化固化型聚氨酯漆（多包装）** 这类涂料是利用催化剂（单独包装）作用而使预聚物的—NCO 与空气中水分子反应而固化成膜，其干燥快，附着力、耐磨性、耐水性和光泽都较好。可用于木材、混凝土表面。品种多为清漆。

### 6.4.4.3 聚氨酯涂料的特点

**(1) 聚氨酯涂料的主要优点**

① 漆膜坚硬耐磨 是各类涂料中最突出的，因而可以用于特殊的场合，例如，船舶甲板、地板、超音速飞机等表面用漆，漆膜可承受高速气流冲刷。

② 漆膜光亮丰富 可用于高级木器、钢琴和大型客机等表面涂装。

③ 漆膜具有优异的耐化学腐蚀性能 包括酸、碱、盐、石油产品、溶剂、水等介质。因而可广泛用作化工设备的防腐涂料及溶剂贮罐、油罐、油库及石油管等适用的涂料。

④ 漆膜的弹性及其成分配比可以据需要而调节 可以从极坚硬到极柔韧，而一般的涂料（如环氧、聚酯等）则没有这种性能。

⑤ 良好的耐热性和附着力 其耐热性仅次于有机硅漆，对各种物体（如金属、木材、水泥、橡胶、塑料等）均有良好的附着力。能在高温烘干，也能在低温固化，可在 0℃ 正常固化。

⑥ 可制取耐 −40℃ 低温的品种 利用游离异氰酸基可以对醇酸、环氧、酚醛、丙烯酸、不饱和聚酯等树脂改性，制得多种性能优异的涂料。

**(2) 聚氨酯涂料的缺点**

① 保光保色性差 由甲基二异氰酸酯为原料制成的聚氨酯涂料不耐日光，也不宜于制浅色漆。

② 有毒性 异氰酸基及其酯类对人体有害，生产中要加强劳动保护，其中芳香族异氰酸酯的毒性更大。

③ 稳定性差 异氰酸酯十分活泼，对水分和潮气敏感，易吸潮，遇水则贮存不稳定。

④ 施工麻烦 有些聚氨酯涂料品种是多包装的，因此，施工时较麻烦。

## 6.4.5 聚乙烯树脂涂料

聚醋酸乙烯涂料是这类树脂中的主要品种。聚醋酸乙烯（PVA）以前是由乙炔和乙酸合成的，副反应较多：

$$CH{\equiv}CH + CH_3COOH \xrightarrow{[Hg]} CH_2{=}CHOOCCH_3$$
$$\longrightarrow {+}CH_2{-}CH{)_n}$$
$$\quad\quad\quad\quad | $$
$$\quad\quad\quad OCOCH_3$$

现在由乙烯合成：

$$CH=CH_2 + CH_3COOH + O_2 \xrightarrow[\text{[CuCl]}]{\text{[PdCl}_2\text{]}} CH_2=CHOOCCH_3$$
$$\longrightarrow \left(CH_2-CH\right)_n$$
$$\qquad\qquad\qquad | $$
$$\qquad\qquad\quad OCOCH_3$$

聚醋酸乙烯乳液适用于室内涂层。它黏着性好、耐光、耐磨并且价格低廉；但耐水、耐候性及耐碱性都较差。

聚醋酸乙烯-顺丁烯二丁酯是乳胶漆，适于建筑用。

醋酸乙烯水解后得聚乙烯醇，由它制得的聚乙烯醇缩丁醛树脂，是电气用漆包线的主要涂料。

聚乙烯树脂的保护性很好，特别是在酸性大气中。但另一方面它的内聚力很大，故黏合得不牢。因此，它需和所谓的磷化底漆合用，后者是磷酸、聚乙烯醇缩丁醛黏合剂和防腐铬盐颜料的混合物，是在醇中的分散液，颜料能够使金属面上的细小的腐蚀电池极化，在底漆之上需几层加了颜料的聚乙烯树脂的涂料薄层。聚乙烯薄膜的形成是很重要的，因为薄膜比厚膜黏结得更牢固。

所以，在洁净的金属表面涂上具有强黏结性的磷化底漆，并加上几层聚乙烯树脂薄膜，可以使保护性涂层的寿命长达 10 年或更久。但多层涂刷使劳动力耗费较高，低固体含量又消耗溶液较多，而且大容积的溶剂会造成一定的污染。

现在已提出一种方法制备高固体含量的聚乙烯树脂涂料。溶剂基的聚乙烯树脂是聚氯乙烯共聚物，它比水性乙烯漆抗腐蚀性更强。顺丁烯二酸酐、醋酸乙烯和丙烯酸酯常常用作共聚单体，它们较聚氯乙烯内聚力小，而酐类水解形成的羧酸基加强了对金属面的黏合。

另一制备黏结而内聚涂料的方法是用黏结剂使较厚的无支撑的涂料薄膜固着于金属表面，常用的薄膜是聚氯乙烯共聚物。这种技术常用于办公仪器的金属表面和冰箱门等器具的表面上。

**【配方】 磷化底漆（质量比）**

| | | | |
|---|---|---|---|
| 聚乙烯醇缩丁醛 | 10.95 | 酒精 | 62.20 |
| 33.3%铬酸水溶液 | 1.40 | 正丁醇 | 14.50 |
| 10.0%磷酸丙酮溶液 | 10.95 | | |

# 6.5　涂料的添加剂

涂料实际上是一个中间产品，需经涂装施工后才能形成最终产品，即漆膜。因此必须处理好在各道工序中可能产生的各式各样问题，以保证最终漆膜的质量。这里就需要多种添加剂。归纳起来，从制造涂料开始到最终成膜后的使用状态，添加剂可按作用不同分成以下几类。

## 6.5.1　用于提高涂料性能的添加剂

**(1) 增稠剂、防流挂剂**　在实际进行涂料施工时，常会出现颜料沉降分离、流挂、流平的问题。特别是进行厚层施涂时，更需要使用能够调整流变性能的添加剂，如无机类的膨润土、超细粒碳酸钙、有机类的金属皂、氢化蓖麻油蜡等。

**(2) 防沉降剂**　颜料粒子的沉降、分离、结块是造成涂膜色差、发花和光泽差的原因。常用的防沉降剂也可用与增稠剂相同的化合物；另外，还普遍采用氧化聚乙烯。

**(3) 防发花剂和防浮色剂**　涂料施工后，由于多种颜料分布不均而显出条纹的现象称为

"发花"；而混合颜料中的一种或几种发生分离，在表面呈现出上层和下层颜色不同的层状色差现象称为"浮色"。防止这类现象发生的添加剂是一种浸润分散剂。目的是使颜料粒径达到相互接近的程度，并形成胶体结构以限制颜料的活动。

（4）流平剂　使涂料流动并形成光滑涂面的辅助添加剂。它能改善浸润性和分散性。如碱敏性丙烯酸聚合物增稠剂和聚环氧乙烷骨架的缔合性增稠剂，均对乳胶漆的施工性能和成膜性能有很大的改进。

（5）黏弹性调整剂　又称流变性改性剂。目的是使涂料适应于进行涂料施工，以防止滴垂，提高平整度和保持颜料的悬浮稳定性等。

（6）浸润分散剂　能加快浸润速度、缩短分散过程的添加剂。它能使亲水性的、难以分散的颜料变得易分散于亲油性的载色剂中，并使分散稳定；同时还能产生光泽、遮盖性、着色力、降低黏度等辅助效果，又能起防止沉降和流挂的作用。一般为表面活性剂。

此外，还有其他用于提高涂料性能的添加剂，如消除气泡现象的消泡剂以及使金属钝化并抑制腐蚀物质向金属表面扩散和移动的防锈剂等。

### 6.5.2　用于提高漆膜功能的添加剂

（1）增滑剂和防擦伤剂　用于涂料的这类添加剂主要是石蜡类产品，如聚乙烯蜡、聚丙烯蜡；此外，还采用脂肪酸酰胺、有机硅类和四氟乙烯蜡。添加的目的是防止漆膜擦伤，提高漆膜的平滑性，特别是对常温干燥型的涂料。

（2）催干剂　常用于以常温干燥的醇酸树脂、干性油为主体材料的氧化聚合型涂料中，以促进漆膜均匀干燥固化，并提高漆膜强度。常用的催干剂的主要成分为可溶于溶剂的脂肪酸金属皂。

### 6.5.3　具有特殊功能的添加剂

（1）导电剂　加入导电剂使涂料具有导电性，这使绝缘体的基材获得导电性，在某些场合很有用，例如抗静电、印制电路、电磁屏蔽、电接头等。常用金属类、金属氧化物、导电炭黑与石墨等。

（2）荧光颜料　含有荧光物质的荧光涂料应用十分广泛，从飞机到招牌、广告画、路标以及仪器仪表、儿童玩具等。可施涂的基材可以是金属、塑料、玻璃、木材、纤维、纸张、道路等。荧光涂料品种很多，但价格一般都较贵，耐候性也差些。

具有特殊功能的添加剂除上述两种以外，还有抗静电剂、阻燃剂、电泳涂料的改性剂等，其中有些已在有关章节中讨论过，这里就不赘述。

## 6.6　涂料生产工艺实例

醇酸树脂大分子是由简单的酯化反应而逐步增长的。

酯化反应：

$$RCOOH + R'OH \rightleftharpoons RCOOR' + H_2O$$

酯化反应速率取决于将酯化反应生成的水引出反应体系外的速度。工艺设备要围绕这个目标来设计。加快酯化反应速率的另一个途径是添加催化剂，使酯化反应能加速进行。

### 6.6.1　酯化催化剂的应用

许多研究证实，无外加催化剂存在下，多元酸、一元酸和多元醇的酯化缩聚反应是三级反应：

$$\frac{d[M]}{dt} = k[COOH]^2[OH]$$

因为，在等物质的量（mol）反应时，$[COOH]=[OH]=[M]$，所以在无催化剂存在下，反应速率方程式变为：$\frac{d[M]}{dt}=k[M]^3$。

有催化剂存在时，反应速率方程为

$$\frac{d[M]}{dt}=k[COOH][OH][催化剂]=k'[M]^2$$

此式为二级反应。

在无催化剂存在下反应速率与单体浓度的 3 次方成正比，由于在反应后期，单体浓度大大降低，反应速率变得很慢。引入催化剂后，反应速率只与单体浓度的平方成正比，故在有催化剂存在下，反应后期的反应速率要快些。

从实验中得知，一般初期酯化速率较快，当反应程度达到 80%～85%，反应速率减慢，后期为反应速率的控制步骤。

采用固体酸 506 催化酯化反应，可以降低酯化温度 20～40℃，缩短酯化时间 1/3 以上，分子量分布窄。这在国内是一个进展。

近期，国外有在常温下合成高固体分醇酸涂料用的模型树脂的报道。这对于一直采用高温炼制工艺已经工业化 60 多年的醇酸树脂来说，无疑是一个突破性的尝试。进行这个大胆探索的是美国北达克达州立大学 L. Kangs 和 N. Jones。如合成 50%油度（脂肪酸法）、醇超量 7%的醇酸树脂，添加 DCC 二环己基碳二亚胺 ⟨S⟩—N=C=N—⟨S⟩，用 PSTA/吡啶作催化剂，反应瓶置于 25℃水溶液里进行搅拌反应。生成的树脂过滤，洗涤净化后使用。

常温合成的醇酸树脂的分子量分布提供了重要信息，分子量分布系数 $d$ 多数在 1.6～3.1 之间，最高为 4.6，而同样配方（油度、醇超量相同）的醇酸树脂，采用传统的高温炼制工艺，220℃酯化到预定指标，树脂分子量分布系数 $d$ 在 11 以上。与高温法合成的传统醇酸树脂相比，常温合成的醇酸树脂黏度低，可得到高固体分，涂膜干燥快，化学抗性好，只有冲击强度不如传统醇酸树脂。

这一研究离工业化尚有很大距离，但它是一个极有意义的探索，必将受到世界同行们的重视。

## 6.6.2　醇酸树脂酯化反应回流系统的改进

醇酸树脂是通过—OH 和—COOH 发生酯化反应，逐步聚合成线型大分子。但每一步酯化反应都副产水（苯酐开环反应例外）：

$$RCOOH + R'OH \rightleftharpoons RCOOR' + H_2O$$

要使反应迅速进行，在酯化过程中，必须及时有效地将反应水引出反应体系外，溶剂法一般采用二甲苯与水共沸法蒸出反应生成的水，蒸出水的速度越快反应就加速。

水和二甲苯蒸气经冷凝后进入分离器，水排出体系外，二甲苯返回反应釜，循环使用。如果二甲苯和水分离不好，二甲苯夹带少量的水回到反应釜内，酯化反应平衡向左移动，使酯化时间延长，树脂透明度差。国内一些较先进的醇酸树脂生产装置对冷凝回流系统比较重视，如控制合适的冷凝器尾温，分水器的高径比适当增大，使水与二甲苯尽量能分离好。这些改进措施只是让二甲苯尽可能地少带水回反应釜，但不能达到回流二甲苯完全不带水。

联邦德国 RH Handel 工程公司在 1983 年设计了用电子计算机控制和操作的醇酸树脂合成装置，共沸蒸出和回流系统是首创。该流程由一台 6.3m³ 反应釜和 12.5m³ 反应釜与

$35m^3$ 对烯釜两套装置为中心组成，年产醇酸树脂 7000t 左右。原化工部涂料工业研究所和北京红狮漆业有限公司合作在 $5m^3$ 反应釜上实现该工艺，效果显著，工艺流程见图 6-3。

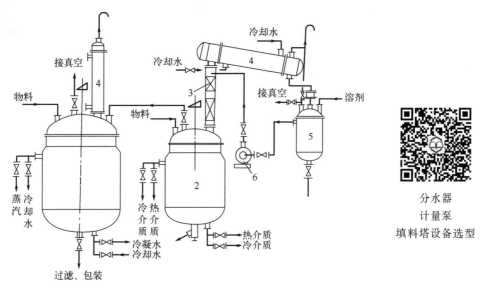

图 6-3  改进酯化反应回流系统后的溶剂法制醇酸树脂工艺流程
1—对烯釜；2—合成反应釜；3—填料塔；4—冷凝器；5—分水器；6—回流泵

该装置还可多设一个二甲苯贮槽连接计量泵，酯化初期保证完全不含水的二甲苯回流。该流程中的共沸蒸出和回流装置与国内（包括引进）装置以及大多数国家常用的醇酸树脂生产装置是不同的，用填料塔代替通常的蒸出管，分水后的溶剂不直接回流入反应釜中，而是用循环泵打至填料塔顶部，回流液与釜内蒸出的共沸物蒸气在填料塔内进行良好的传热传质，使共沸物蒸气中夹带的低分子多元醇、脂肪酸冷却流回至反应釜，以减少低分子反应物的损失。进入反应釜的冷溶剂在填料塔内被初步加热，进反应釜后不致使反应物温度波动过大，减少热量的消耗。

这套装置可以保证二甲苯和水迅速蒸出，经冷凝后在分水器内可充分分离（酯化开始时可用泵向反应釜内补充新鲜二甲苯），整个酯化过程中流入反应釜内的二甲苯基本不会带水。这样可以缩短酯化时间，树脂透明度提高，树脂分子量分布要窄一些，改进了树脂的性能。

由于使用填料塔代替蒸出管，避免了酯化聚合过程中低沸点反应物的损失，保证配方实现，从而保证了树脂的质量。

这套装置还有一些优点：

**(1)** 由于使用了填料塔，反应釜使用性能提高，除生产醇酸树脂外，还可生产其他缩聚型树脂；

**(2)** 填料塔中有恒量热溶剂回流，可以防止积聚污垢。

酯化回流改进装置，可以在一些油漆厂进一步推广应用。

### 6.6.3  加热和净化方式改进

加热均匀有效，能保证醇酸树脂酯化聚合均匀。加热方式有变频电感应加热法、蒸汽或高压热水加热法、载热体液相加热法、直接火加热法。其中高压热水加热法为无毒、无臭味，但对设备及管道要求较高。现以载热体液相加热法最为普遍。国内除少数涂料厂采用载热体液相加热法外，中小涂料厂大多采用烧煤和柴油的直接火加热。采用直接火加热法，反应体系中容易产生局部过热，酯化聚合不均匀，所得树脂性能不稳定，且热效率低（30%左右）。根据国情应逐步采用载热体液相加热法，以保证树脂质量。

树脂合成完毕，用溶剂稀释后过滤，净化。国内过滤净化一般采用油水分离器、高速离心机、板框过滤机、纸芯过滤器、水平加压过滤器等，添加少量助滤剂，树脂透明度高，贮存稳定。

板框过滤机

# 6.7 涂料工业生产现状及发展动向

## 6.7.1 涂料工业生产现状及特点

### 6.7.1.1 涂料工业生产发展现状

最近几年，中国涂料正以两位数的增长速度飞速发展。2009 年，中国涂料产业总产量首次突破 700 万吨大关，超过美国，中国顺理成章成为全球涂料生产第一大国。2011 年我国涂料行业总产量达到 1079.5 万吨，首次突破千万吨大关，我国涂料工业继续保持全球产销量第一的宝座。2017 年，我国涂料总产量突破 2000 万吨，达到 2036.4 万吨。之后，我国涂料总产量稳步上升，2019 年达到 2416 万吨。从发展的时间上不难看出，中国涂料借助于中国经济腾飞的动力，产销量呈现井喷之势，如今，涂料已经成为国民生活和国家经济建设中不可或缺的重要化工产品。

**(1) 涂料工业发展迅速，大大缩短了我国与世界先进水平的差距** 经过十多年的摸索发展，如今中国涂料行业正在经历着经济大环境、房地产业的动荡以及国外知名品牌的巨大压力，竞争激烈、市场不稳、压力增大、发展减缓。

数据显示：2019 年 1~12 月，全国涂料的产量达 2416 万吨，同比增长 38.37%，稳步突破两千万吨大关。从各省市的产量来看，作为涂料生产大省的广东省 2019 年 1~12 月的涂料产量达 475.74 万吨，同比增长 9.3%，占全国总产量的 19.51%。

中国建筑涂料伴随着房地产业的发展得到了持续、健康、快速的发展，但产品品质和制造技术与国外相比依然存在一些差距。工业涂料领域则严重缺乏核心竞争力。截至 2021 年，10000 多家涂料企业中，年销售量过 10 万吨的有 34 家，年销售量过百万吨的大型涂料企业仅 3 家，近 80% 的企业属于中小型企业，其中绝大部分缺乏自主开发能力，主要依赖模仿型技术创新来推动发展，导致产品同质化现象十分严重。即使是曾经占据市场主导地位的几个大品牌，也逐渐显露出后继乏力的迹象。

**(2) 缺失行业标准，同质化严重** 尽管中国涂料行业拥有悠久的历史，但相关行业标准长期缺失，正在不断完善和提高中。《建筑防水涂料有害物质限量》则在 2008 年获得发布批准；而中国首个儿童家具国家标准《儿童家具通用技术条件》历时 4 年，于 2012 年 8 月 1 日正式实施，这一标准的出台将终结儿童和成人合用一个家具国标的情况；相关建筑用墙面涂料有害物质限量国家标准已在 2020 年发布。

随着空气质量问题日益受到关注，公众对 VOC 污染防治的意识逐渐增强。然而，目前国内涂料行业尚未制定具体的 VOC 排放标准。据报道，2022 年我国涂料产量为 3488 万吨，而 VOC 排放总量则高达 400 万吨。根据《中国涂料行业"十四五"发展规划——环保篇》，我国溶剂型涂料的使用比例已大幅下降，2022 年低污染型涂料（如水性、粉末、UV 固化涂料）约占总量的 60%，而溶剂型涂料的占比则为 40%。这一比例正在逐渐接近国外水平，日本的溶剂涂料使用比例不到 38%，而德国的比例则低于 20%。

相关专家表示，目前我国涂料行业没有具体的 VOC 排放标准，只针对相关产品有相应的标准。据了解，相关部门在 2001 年制定、2009 年和 2020 年分别修订了室内装饰材料关于木器装修溶剂型涂料和内外墙涂料的 VOC 标准，其中硝基漆 VOC 含量≤700g/L，聚氨酯涂料（底漆）为≤600g/L，不饱和聚酯为≤420g/L，丙烯酸和醇酸涂料为≤450g/L。其中 2020 版的国家标准相对 2009 版 VOC 含量均有一定程度的降低，但还是和发达国家有差距。

**(3) 涂料产品品种高、中、低档并存**　我国目前涂料业的"引进多于原创"，即使是创新，也仅仅只是模仿性创新，也就是模仿国外先进技术，生产出类似的产品销往国内中低端市场。虽然我国已经是世界涂料第一生产大国，但是我国涂料企业生产出来的产品大多处于中低端水平，具有自主知识产权、处于国际领先水平的涂料产品在国内涂料企业中还是较少。

目前中国涂料市场上，国外知名品牌林立。国际知名品牌不断涌入中国，并以其较好质量的产品迅速占领市场。2012 年是立邦进入中国的第 20 年，立邦漆凭借先进的市场营销理念以及高质量产品，俘获了中国众多涂料代理商及消费者的心。

我国涂料工业还存在较严重的结构性矛盾，现应积极转变生产发展方式，今后应重点发展汽车漆、防腐漆、航空漆、集装箱漆、道路标志漆、水性涂料等。

### 6.7.1.2 涂料工业的特点

进入 21 世纪，面临"开发符合有利环境保护和施工安全、减少使用有机溶剂、高性能和高品质"等新要求，国内涂料界应发扬民族精神，坚定意志，努力发挥创造性的想象，探求解决未知的新技术问题，为提升我国涂料工业的竞争力和提升我国经济发展水平作贡献。

低污染涂料主要指环境适应性好的涂料，包括水性涂料、无溶剂涂料、粉末涂料、高固体分涂料、辐射固化涂料等。为适应高性能低污染的发展方向，国外通过各种方法对树脂改性、不断推出水性树脂、氟碳树脂、硅树脂、高固体分树脂、超细无机填料、各种低毒高装饰耐候性颜料、水性涂料专用原材料等。

涂料工业除具有化学工业共同的特点之外，还有如下的特点。

**(1) 广泛性和专用性**　涂料广泛地应用于国民经济各部门、国防和人民生活中，无所不在，其服务面十分广泛。但每一部门，每一服务对象对涂料性能的要求各不相同，必须生产不同性能、不同规格的多品种涂料产品，以满足不同的使用要求。所以涂料品种的用途具有专用性。这决定了涂料工业品种繁多。

在众多的涂料品种中，有一些通用性的品种，具有较好的综合性能，能满足诸多方面的使用要求，这类品种产量大，应用广，是涂料工业的主体。

**(2) 涂料工业投资少、见效快**　涂料属于精细化工产品（fine chemicals）之列，和大宗化工产品（mass chemicals）相比，具有投资少、利润高、返本期短、见效快的特点。

**(3) 带有加工工业的性质**　涂料工业生产品种多，使用原料多。除少数专用树脂之外，大部分原料需要其他工业部门供应。如颜料需由颜料工业供应，大多数合成树脂、溶剂、助剂和化工原料等需由高分子工业、基本有机合成工业、炼焦工业、石油化工、化工原料工业等供应，从而使涂料工业带有"来料加工"的性质。

涂料工业原是从小作坊手工业发展起来的，设备工艺简单，很多涂料品种可以在相同的设备上采用不同原料，不同的配方生产，生产工艺过程大致相同，带有加工工业的性质。

另外，涂料产品只是一种半成品，必须在涂装之后体现其作用，离开了使用对象，涂料也就失去了意义。这说明涂料产品只是一种服务性的配套材料。从使用上看，涂料工业也带有加工工业的性质。

**(4) 技术密集度高、涉及学科多**　虽然涂料生产过程雷同，生产周期短，工艺设备简单；但其产品多性能，多用途。由于品种繁多，所用原材料多，因而在原料选择、产品配方设计上具有很高的技术性。

在涂料实际制造过程中，涉及的学科较多。因此，一个优秀的涂料工程师，不仅要具有无机、有机、物化、分析等化学知识，还要懂得物理学、机械、计算机、高分子化学工艺学等多学科的知识。由于知识密集度高，要求分工合作密切并掌握复杂的生产工艺技术。在理论上和实践上，都要不断学习新知识、积累工作经验。所以说，涂料工业的技术密集度高，新品种的技术垄断性强。日本将制造业的技术密集度定为 100，而涂料工业则为 279，这说明涂料工业的技术密集度是较高的。

**(5) 需要加强涂料用树脂聚合工艺的安全控制措施**　为了提高相关企业安全控制系统设计、实施或改造工作的质量，可以参照国务院办公厅印发的《关于全面加强危险化学品安全生产工作的意见》和国务院安全生产委员会 2022 年印发的《全国危险化学品安全风险集中治理方案》。同时，结合 2021 版《广东省涂料用树脂聚合工艺安全控制实施指导方案》的要求，根据本企业采用的危险化工工艺及其特点，确定需要重点监控的工艺参数和设备，并完善自动控制系统。对于大型和高度危险化工装置，应按照推荐的控制方案，配备紧急停车系统。

根据生产装置的规模、危险性与复杂程度，可选用不同类型的控制系统以保证生产安全，以满足产品质量性能等因素要求。

通过安全控制系统改造，可进一步提高树脂聚合工艺的本质安全，使树脂聚合反应平稳、可控，产品质量均匀、稳定。

由于各企业树脂聚合的工艺差异较大，应结合企业的实际情况，对工艺装置可能存在的危险性进行定性和定量分析，深入分析在役工艺装置的运行状况和存在问题，按照"安全、可靠、经济、实用"的原则进行设计、实施或改造，并结合新技术、新材料和新工艺进行不断改进，认真总结经验，以取得更好的效果。实现安全生产，使涂料工业的发展实现"科学发展、安全发展"。

涂料生产
事故案例

### 6.7.2　涂料工业的发展动向

#### 6.7.2.1　重视环保，发展"绿色涂料"

随着环保、健康概念的普及及人类对环境保护重要性的认知逐渐加深，以及涂料生产技术的不断提高，"多色彩、环保、健康、多功能"将是中国涂料未来发展路上的主题曲。环保健康的水性涂料或者说环保多功能型涂料将是全球消费者共同的追求，同样这也是保护地球、建立健康宜居环境的必经之路。

为了满足市场需要和环保要求，不少涂料企业也加大技术研发力度，不断对产品进行改进。因此，水性、UV 以及超低 VOC 等健康环保型涂料将会是中国乃至整个世界涂料的发展趋势。

环保法规的加强，迫使世界各大涂料公司纷纷致力于节能低污染的水性涂料、粉末涂料、高固体分涂料和辐射固化涂料的开发应用。建筑涂料水性化已成必然趋势。工业涂料也正在向着水性涂料、粉末涂料、高固体分涂料和辐射固化涂料等方向发展。

#### 6.7.2.2　功能性涂料成消费需求热点

同样也是由于产品同质化越来越严重的原因，涂料市场将更加被细分。一些定位清晰明确的功能性涂料，如儿童漆、老人漆等将会被市场热捧。这种以某一细分市场而定位的涂料产品，虽然需求面看似变小了，实际上是从功用上直接引导了消费者购买，也无形中促进了产品的销售。

另外，艺术涂料由于满足了新一代消费者追求个性、时尚的需求而受到热捧。

而具有无溶剂、无污染、可回收、环保、节省能源和资源、减轻劳动强度和涂膜机械强度高等特点的粉末涂料也将受到市场重视。未来五年，随着汽车内饰和零部件等产业选用粉末涂料做表面涂装处理方式的增多，粉末涂料在汽车制造业中的应用比例将会有大幅上升。此外随着船舶工业、管道工业、热敏材料等领域对粉末涂料需求的增长，粉末涂料将会成为工业涂料中一匹颇具实力的"黑马"。

### 6.7.2.3　加强市场和品牌营销力度

与国外知名品牌相比，除了生产技术、产品质量之外，中国涂料企业相对欠缺的还包括市场营销以及品牌宣传方面。在市场竞争环境之中，涂料品牌的营销竞争不再靠一个点子或者一组点子，它需要品牌从其战略、机制、体制到整个营销模式都发生系统的变化。总的来说，就是整合营销传播。在技术研发、产品质量方面没有占据绝对的优势，那么营销方法创新也是个不错的方法。在产品同质化日趋严重的情况下，行业发展基本靠营销来支撑。中国涂料企业，需在原有基础上，更加注重营销策略的改进，不断完善产品、价格、渠道、流程、环境等市场策略，进一步加强品牌宣传。涂料品牌需明确做好营销战略，着力打造特色品牌，更好地满足人民需求和服务于国民经济建设的宏观目标。

### 6.7.2.4　加大研发投资力度，加强"产、学、研"一体化

受企业生存、竞争压力的影响，中国涂料企业在未来需加大对技术研究的投资力度。未来5年内，世界涂料知名品牌用在技术开发上的费用将会占到销售额的20％以上；而中国的技术研发费用也将会从现在总消费额的3％上升到10％左右。

同样，涂料企业也需继续深入"产、学、研"一体化战略，亦即继续把产业、学校、科研机构相互配合，发挥各自优势，形成强大的研究、开发、生产一体化的先进系统，并在运行过程中体现出综合优势。从当前经济发展来看，科技利益日益重要。"产、学、研"是推进高等院校和科研院所科技创新成果转化的有效途径，同样是顺应科技经济发展一体化趋向的必然要求。

此外，涂料企业也需加大投资，引进国外先进技术设备，积极培养专业人才。这一系列举措将会有助于我国涂料企业自身和行业的竞争力，为国民经济发展和实现中华民族伟大复兴做贡献。

### 6.7.2.5　涂料工业向集团化、规模化、专业化方向发展

当今世界涂料工业发展的最显著特点是，一些世界级的大公司通过相互收购、合资合作、技术转让等方式，使涂料生产向集团化、规模化、专业化方向发展，以强化其在某一产品市场领域的竞争能力，从而达到全球化、合理化经营的目的。

中国经济高速的发展和城市化进程的不断推进，带动了中国涂料行业有效的提升。经过数十年的发展，通过挖潜改造和科研开发，乡镇企业和三资企业异军突起。进入21世纪，国内涂料产业并购风潮渐渐强劲起来。2006年，规模位列全球第六的美国威士伯公司以2.81亿美元的价格收购了我国民营涂料业的龙头老大华润涂料。目前，国家投入较大力量开展涂料发展的前沿性课题研究，并进行"产、学、研"相结合，开发新产品，并向集团化、规模化、专业化方向发展。

总之，涂料工业的发展趋势是：管理科学化、经营全球化、规模大型化、产品功能化、清洁绿色化、品种多样化、生产专业化、质量多元化、助剂专业化。涂料产品的发展方向是高质量、节约能源、环境友好、节约资源、功能化。

## 参考文献

[1]　丁志平，陆新华．精细化工概论．北京：化学工业出版社，2020.

[2]　冯胜．精细化工手册（上）．广州：广东科技出版社，1993.

[3]　程侣柏，等．精细化工产品的合成及应用．大连：大连理工大学出版社，2007.

[4]　闫福安．涂料树脂合成与应用．北京：化学工业出版社，2008.

[5]　刘国杰，耿耀宗．涂料应用科学与工艺学．北京：中国轻工业出版社，1994.

[6]　闫福安．水性树脂和水性涂料．北京：化学工业出版社，2010.

[7]　司政凯，张梦，苏向东，等．环保型水性涂料的研究现状及发展趋势．涂层与防护，2021，42（02），24-29.

[8]　华经情报网．2021年全球涂料行业市场现状、重点企业经营情况及发展趋势．湖南：华经情报网，2022-09-22.

[9]　广东省安全生产宣教中心．危险化学品继续教育资料汇编——《广东省涂料用树脂聚合工艺安全控制实施指导方案》．广州：广东省安全生产宣教中心，2010；41-42，48-49.

[10]　百度网．中国工业涂料行业发展趋势分析与未来前景预测报告．北京：百度网观研天下，2022-09-19.

[11]　搜狐网．木器漆 VOC 新标 GB 18581—2020 新旧对比解读．北京：搜狐网，2021-03-01.

## 思考题与习题

1. 什么叫油漆和涂料？涂料一般由什么组成？它们都起什么作用？

2. 涂料常用的分类方法有哪些？如何进行命名？其型号、编码的含义是什么？

3. 涂料干燥固化的方法有哪些？试述涂膜的干燥固化成膜机理。

4. 如何进行涂料配方的设计？如何评价涂料的性能？

5. 溶剂型涂料中的溶剂起什么作用？如何判断涂料中溶剂的溶解能力？

6. 和溶剂型涂料对比，水性涂料有哪些特性？有哪几种分类方式？水性涂料的未来发展方向是什么？

7. 醇酸树脂涂料具有哪些独特的特点？醇酸树脂有哪些分类方式？油脂在醇酸树脂中起着什么作用？

8. 丙烯酸树脂涂料有何特点？生产丙烯酸酯单体有哪几种方法？

9. 环氧树脂涂料有何特点？环氧树脂涂料如何分类？

10. 什么是聚氨酯涂料？其有哪些特点？

11. 有哪些种类的添加剂可以用于涂料？它们各有何独特的功能？

12. 提高醇酸树脂酯化工艺的关键是什么？有哪些方法可以改进醇酸树脂工艺？

13. 试述涂料工业的特点和发展动向。

# 第七章

# 香料

## 7.1 概述

### 7.1.1 香的概念

能产生嗅觉刺激的挥发性物质称为气味，其中具有令人喜爱的气味称为香气。至今，人们已发现有气味的物质有 40 万种以上，被人类开发利用或工业化应用的香气物质称为香料。

人和一般动物都具有五种感觉器官：视觉、听觉、触觉、味觉和嗅觉。光线刺激视觉器官产生视觉；听觉和触觉是压力差的感应结果。因此，视觉、听觉和触觉都属于物理感觉。但嗅觉和味觉与其他感觉器官不同，味觉是和某种物质接触产生的，而嗅觉是和某种物质接近产生的。例如，白糖和桂花与口腔、鼻中的感觉器官发生化学作用，属于化学感觉，即形成香感觉，这种香感觉受人的嗅觉神经支配。所以当你因感冒而鼻塞时，食物就变得平淡无味。这是因为，通过咀嚼，食物中易挥发的化学物质由于鼻孔中的通道被阻塞，而不能触及嗅觉细胞。这些细胞仅占 $1in^2$❶，但却包含有 10000000 个嗅觉细胞。

化学学说认为香与香物质的分子结构、发香团的种类及人的嗅觉生理构造等有关。人的嗅觉器官——嗅黏膜位于鼻腔的上部 1/3 处，该部位有呈黄色的嗅黏膜，在嗅黏膜中含有感觉细胞和嗅神经末梢，神经末梢中长有许多嗅纤毛，这些嗅纤毛是嗅觉特殊受感器，整个嗅黏膜表面与香物质直接发生化学变化产生化学感应，然后传至神经系统到大脑嗅中枢。人从嗅到有香物质到产生香感觉需 $0.2\sim0.3s$ 的时间。

### 7.1.2 香与化学构造

香与化学结构之间的关系非常密切。有香分子中分子量最低的可以说是氨（$NH_3$，分子量 17），而有香物质分子量的上限一般认为与官能基、槛限值有关，通常它们的分子量在 300 以内。经典的香化学理论认为有香物质的分子中必须含有 $-OH$ 、$-\overset{O}{\overset{\|}{C}}-$ 、$-NH-$ 、$-\overset{O}{\overset{\|}{C}}-O-$ 、$-SH$ 、$-CN$ 、$-NH_2$ 等原子团，它们被称为发香团或发香基。这些原子团使嗅觉产生不同的刺激而赋予人们不同的香感觉。

1957 年，Beets 提出了分子结构外型-官能基假说，简称 PFG 假说（profile-fuctional

---

❶ $1in^2 = 6.4516cm^2$。

group)。他认为在嗅觉受客体与香分子相互作用的过程中，分子的结构外型和分子中官能基的位置起重要作用，从而决定其香型和香强度。随后（1959 年），日本学者小幡弥太郎提出，有香物质必须具备下列条件：

① 具有挥发性；

② 在类脂类、水等物质中具有一定的溶解度；

③ 分子量在 26～300 之间的有机化合物；

④ 分子中具有某些原子（称为发香原子）或原子团（称为发香团），发香原子在周期表中处于ⅣA～ⅦA 族中，其中 P、As、Sb、S、Te 属于恶臭原子；

⑤ 折射率大多数在 1.5 左右；

⑥ Raman 光谱测定吸收波长，大多数在 $1400～3500cm^{-1}$ 范围内。

香化学理论比较复杂。近年来，虽有许多学者在这方面进行了研究，提出了各种理论假说，但皆有一定局限性，都是从不同角度阐明香与分子结构的关系，尚未发展成完整的理论体系。此处不作详述。

经过长期的实验、观察和分析，人们发现，烃类化合物中，脂肪族烃类化合物一般具有石油气息，其中 $C_8$ 和 $C_9$ 的香强度最大。随着分子量的增加香气变弱。$C_{16}$ 以上的脂肪族烃类属于无香物质。链状烃比环状烃的香气要强，随着不饱和性的增加，其香气相应变强。例如，乙烷是无臭的，乙烯具有醚的气味，而炔则具有清香香气。

醇类化合物中，羟基属于强发香团，但当分子间以及分子内形成氢键时，香气减弱（这一点对调香者来说比较重要）。$C_4$ 和 $C_5$ 醇类化合物具有杂醇油的香气，$C_8$ 醇香气最强，碳数再增加时，出现花香香气。$C_{14}$ 醇几乎无香。另外，—OH 数量增加时，香气变弱；当引入双键、三键时，香气增强；不饱和键位置接近—OH 的物质，其香气显著增强。

醛类化合物中，脂肪族低级醛具有强烈的刺鼻气味，$C_4$ 和 $C_5$ 醛具有黄油型香气，$C_8$、$C_{12}$ 等醛类化合物则有花香香气和油脂气味，其中 $C_{10}$ 醛香气最强，$C_{16}$ 醛无臭味。在芳香族醛类及萜烯醛类中，大多具有香草、花香等香气。

酮类化合物中，$C_{11}$ 脂肪族酮香气强，并且有蕺菜的香气。$C_{16}$ 酮是无臭的，含有 $C_{11}$～$C_{13}$ 的大环酮类有樟脑气味；$C_{14}$ 的大环酮，具有柏木香气，$C_{15}$～$C_{18}$ 大环酮则具有细腻而温和的天然麝香香气。

脂肪族羧酸化合物中，$C_4$ 和 $C_5$ 羧酸具有酸败的黄油香气、$C_8$ 和 $C_{10}$ 羧酸有不快的汗臭气息。$C_{14}$ 羧酸无臭味。酯类化合物的香气介于醇和酸之间，但均比原来的醇、酸的香气要好。由脂肪酸和脂肪醇所生成的酯，一般具有花、果、草香。$C_8$ 羧酸乙酯香气最强，$C_{17}$ 羧酸酯是无臭的。内酯化合物的香气接近于化学结构类似的酯类化合物，但由于取代基的位置不同，其香气有显著的变化。随着内酯环的增大，香气随之增强，而尖刺的气味相应减弱。大环化合物中环十五内酯有麝香香气，一般大环为 $C_{14}$～$C_{19}$ 时，有较强的麝香香气，等等，诸如这种含有不同碳数、不同分子官能团、有不同香气特征的例子还能列举很多，此处不一一详述。

香气也因分子的立体异构而造成差异。有人发现：l-薄荷脑与 d-薄荷脑、l-羧酸与 d-羧酸等香物之间存在着香气的差异。例如，(R)-香芹酮有留兰香味，而 (S)-香芹酮具有芫荽香味。

## 7.1.3 香料的分类

香料按来源可分为天然香料和合成香料。天然香料又可分为植物香料和动物香料两类。广义的合成香料称为单体香料，其又可分为单离香料和人造香料。单离香料取自成分复杂的天然复体香料，其工业使用价值较高，大量应用于调配香精。狭义的合成香料系指将石油化工产品、煤焦油、萜类等廉价原料，通过各种化学反应而合成的香料。合成香料按结构又可分为天然结构和人造结构两类。

### 7.1.3.1 天然结构

通过分析天然香料的成分，确定其香成分的化学结构，然后利用化学原料合成出化学结构与之完全一致的香料化合物。如合成 *l*-薄荷醇、樟脑、香豆素等等。该类香料约占合成香料中的绝大部分。

### 7.1.3.2 人造结构

人造结构这类香料化合物在天然香料成分中尚未被发现，其香气与某些天然品相似。这一类香料的香味特点是应用于调香使香品具有新颖的风格和较强的个性。属于人造结构的合成香料有各种合成麝香、洋茉莉醛和茉莉醛等等。

天然香料和合成香料都属于香原料，一般情况下香原料不单独使用，而是用香原料调配成香精后才被广泛应用。香精是香料成品（亦称调和香料）。天然香料、合成香料和香精三者之间关系可用下图表示：

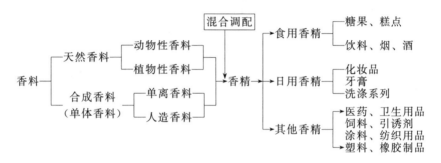

## 7.1.4 香料化合物的命名概说

香料的发展历史悠久，源远流长。所以香料的名称也非常复杂。香料化合物的名称多数来源于天然精油和药材等名称。这些名称多属于植物和动物名称，植物名称又多数来自花名和果实名。例如，桂醛是肉桂中的主要醛类化合物成分；从灵猫的香腺中发现的大环酮类化合物则命名为灵猫酮。诸如此类的名称在香料化合物中举不胜举。

随着化学工业的发展，许多香料化合物开始了人工合成。合成香料工业技术的进步和香料应用的扩大，促进了香料化合物品种的骤增，原有的天然品名称已经满足不了香料化合物命名的需要。于是在天然品名称如桂醛、灵猫酮、香兰素等惯用名的基础上，又派生出许多新的香料化合物名称。例如，甲基桂醛、二氢灵猫酮、乙基香兰素等半惯用名。

在香料的广泛应用过程中，香料化合物又出现了俗名，例如，洋茉莉醛（1）、香蕉油（2）、茉莉醛（3）等。

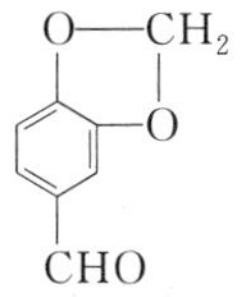

洋茉莉醛（1） 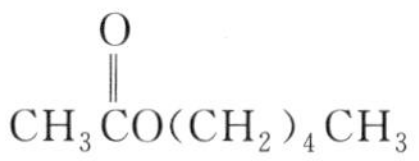　　　　　香蕉油（2）

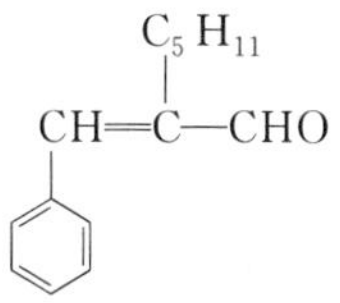

$$CH_3CO(CH_2)_4CH_3$$

茉莉醛（3）

近年来，许多合成香料又出现了商品名和代号。例如，草莓醛（4）、大环化合物麝香-103（5）和麝香-83（6）等。

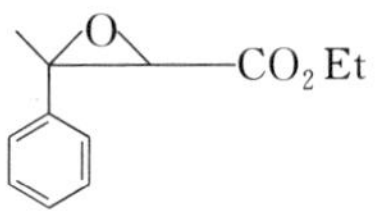

草莓醛（4） 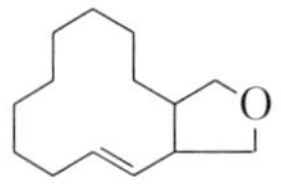　　　　　大环化合物麝香 -103（5） 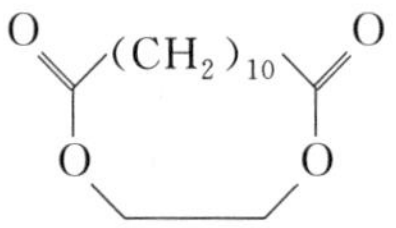　　　　　麝香 -83（6）

S. Arctander 在 1969 年出版的"*Perfume and Flavor Chemicals*"一书中，共收录了 3102 个香料化合物，每个化合物少者一个名称，多者十个名称以上。此外，还有香用语如香型、香调、香韵，用来描绘和表现香的各种性质，往往属于人的情感用语。目前，在世界上能生产的天然香料有 500 多种，合成香料已达 7000 多种，已成为精细化工的重要组成部分。上述这些香料化合物的名称和香用语要想全部记住，可以说不可能。因此，对香料化合物名称的统一和系统化是非常重要的。命名应该具有客观的唯一性。这一命名的原则，就是系统命名法，亦称 IUPAC 命名法。

在香料化合物中，IUPAC 命名法不是否定所有的惯用名。对于那些经典的 $C_4$、$C_5$ 的低碳简单化合物，复杂化合物和特殊化合物等的惯用名，如萜类、甾族、糖类等，IUPAC 命名法都予以承认，但有些违背 IUPAC 命名原则的，则采取禁止、限制和不推荐使用的原则来逐步清除不合理的一些惯用名。所谓半惯用名是将系统名和惯用名结合起来，按一定原则命名的名称，例如，茉莉酮（惯用名）分子中的一个双键被饱和后的化合物，称为二氢茉莉酮，即为半惯用名。

在 IUPAC 命名法中，香料化合物命名主要采用下列三种基本方法。

### 7.1.4.1　S 法

该法在 IUPAC 命名法中称为取代命名法（substitutive nomenclature），取英文字头 S 简称为 S 法。用 S 法命名的名称为 S 名。大多数有机化合物具有链状或环状碳骨架，是以烃和杂环为母体的。母体名表示化合物的母体结构，母体名由词头、词干、词尾构成。词干表示骨架（骨架中的碳数），词头和词尾都是修饰母体的，属于母体中不可分割的部分。接头词和接尾词都是表示取代基和官能团的，当一个化合物含有几个取代基时，S 法命名原则规定一个 S 名只允许采用一个接尾词，其余的取代基只能作为接头词安排。例如：

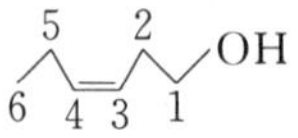

*cis*-3- 己烯 -1- 醇

"*cis*-3"接词表示母链的 3 位处为顺式双键；"己"词干表示母链上的碳数为 6；"烯"词尾表示母链有双键，"1"接词表示后面的羟基在母链的 1 位上，接尾词"醇"表示官能团为羟基。

### 7.1.4.2　R 法

亦称为根基官能命名法（radicofunctional nomenclature），其英文词头为 R，故简称 R 法。如乙醇、丁醇。对于那些比较简单的，仅含有两个特殊取代基的化合物，可以不使用 S 法中的接尾词，而母体名也由基名构成。

### 7.1.4.3　C 法

亦称为接合命名法（cemented nomenclature）。当一个化合物属于下列几种场合，如具有同一环的一些结构，同一基的一些结构，或者具有环状和主要取代基的链状结构中的碳-碳键直接相连，该类化合物的名称是由连接不同的 S 名或基名构成的，如：

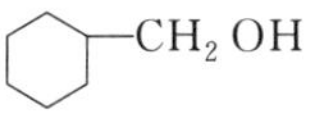

环己基甲醇 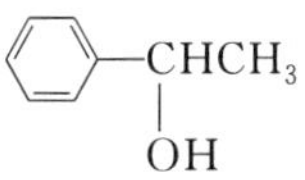 　　　　　　　　　　 α-甲基苯基甲醇

## 7.1.5　香料工业发展的历史概况

香料在人类文明发展的早期已进入了人类的生活中。早在 5000 年前人类已知用草根、树皮作为医药或宗教仪式等场合使用，例如，祭坛上的供物要进行薰香，以增加祭祀的庄严肃穆气氛，使宗教在人们的心中产生并达到一种境地。

中国自古以来就十分喜爱香料，很早就发现了麝香、白檀、广藿香以及各种香树脂等。中国也是开展香料对外贸易最早的国家之一。

随着远洋航海事业的发展、美洲新大陆的发现，世界对香料的需求量骤然增加，草根、木皮等天然物香料不便于处理和搬运，花卉也无法四季供应，于是有许多学者开始研究从天然物中采用蒸馏方法提取芳香成分——精油。到 16~17 世纪精油已成为重要的商品，精油品种数量达 170 种以上。闻名至今的古龙香水也是在此时期问世的。至此，香料从固态（薰香树脂）发展成液态（精油），这是香料史上划时代的转变。香料的应用亦日益广泛。18 世纪，新科学和新技术的出现，促进了植物精油工业的发展和技术的进步，萃取、分馏、水蒸气蒸馏等分离技术和其他各种化学反应已被应用于香料的生产。如将松节油与氯化氢反应制得所谓的"人造樟脑"，通过蒎烯氢氯化物与硬脂酸、钡作用生成具有旋光性的各种异构体等。1874 年，近代合成香料的奠基人 F. Tiemann 成功地合成了香豆素，1891 年又从丁香酚出发再次合成了香兰素。1870~1900 年间，合成问世的香料还有水杨醛、大茴香醛、紫罗兰酮、洋茉莉醛、人造麝香、桂醛等。

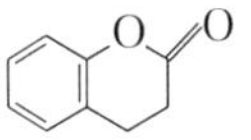

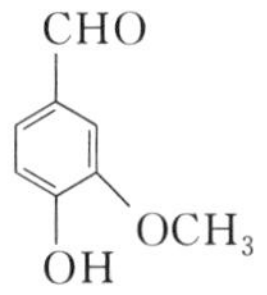

20 世纪初是香料工业史上的一个重要转折时期，此期间，萜类化学和香料制造得到了迅速发展，特别是在立体化学结构研究领域取得了惊人的成就，如薄荷、龙脑等各种立体异构体的确定等。被人们誉为萜类化学"救世主"的德国人 O. Wallach 为现代萜类化学作出了不可磨灭的贡献，他提出"异戊二烯定则"生源学说。这为单离精油中的香成分制造单体香料，进而模仿天然精油调配"人造精油"奠定了基础。1841 年由龙脑氧化得到樟脑，到 20 世纪初，工业上已经采用 G. Kompas 合成方法生产樟脑。1926 年，瑞士化学家 L. Ruzicka 确定了麝香酮和灵猫酮的化学结构。

随着现代科学技术的进步，许多先进的分析、测试技术应用于香料工业中，如紫外吸收光谱、红外线吸收光谱、质谱、拉曼光谱、X 射线、原子光谱等精密分析方法的应用，以及各种色谱、核磁共振等现代结构分析技术的采用，探知了许多天然香料中未知香成分的化学结构，这为合成这些香物质提供了依据。有机合成技术的进步和石油化学工业的高度发展，为香料化学的发展更是提供了广阔的前景。目前，世界各国广泛地应用石油化工产品为原料合成芳樟醇、香叶醇、紫罗兰酮等数以千计的香料化合物。如果说以精油为代表的天然香料的利用给香料工业带来了早期的繁荣，那么可以说以单离香料、煤化工原料、石油化工原料为基础的有机香料合成是现代乃至未来香料工业繁荣的标志。合成香料因其具有香气纯正、价格低廉、可以大量生产等许多优点而逐渐取代了部分天然香料原有的统治地位。

目前，世界存在的天然香料资源并不多，如香茅油、薄荷油、樟脑油、柠檬草油、松节油和柑橘油等是其中产量最大的几个品种。这些植物精油除了直接用于调香外，也用作合成香料的原料。有些香料品种，已形成了天然品与合成品共存的竞争局面。随着人们的环保、健康意识以及对天然产品追求日益加强，天然香料的应用与开发将日益受到重视。

目前，用于香料合成的石油化工原料有异戊二烯、丁二烯、丙酮、乙炔、乙烯、苯乙烯等。"异戊二烯定则"的应用，使萜类香料工业由半合成达到了全合成的新水平。至 1967 年由 $\alpha$-蒎烯向 $\beta$-蒎烯转位技术开发成功后，更将萜类化学推向了新的高度。蒎烯是合成樟脑、龙脑、松油醇、芳樟醇、香叶醇等的重要原料。1972 年，合成薄荷新路线的投产，使蒎烯的应用更加广泛。

香料工业可分为精油工业、合成香料工业、香精业和食品香料工业。食品用香料与化妆品用香料有所不同，其在味和食品卫生等方面要求具有食品的可食属性。

在我国，香料工业是新兴工业之一，它同医药、染料等工业同属于精细化学品范畴，是投资少、收效快的行业。我国有着丰富的天然资源。据统计，我国芳香植物有 56 科 380 余种，主要分布于广东、广西、云南、福建、四川、浙江等南方各省。天然香料已能生产 100 多种，合成香料已达 600 余种。出口香料品种达 50 余种，如龙脑、薄荷脑、香兰素、香豆素、松油醇、苯乙醇、洋茉莉醛、酮麝香、桂皮油、香茅油、山苍子油等在国际上享有信誉。

# 7.2 天然香料的生产

## 7.2.1 动物性天然香料

动物性香料虽只有少数几种，如麝香、灵猫香、龙涎香、海狸香和麝香鼠等，但在香料中占有重要地位，是天然香料中最好的定香剂。名贵的香精配方中几乎都含有动物性香料。动物香料一直被世界各国所珍视，我国是使用动物性香料最早的国家之一。由于价格昂贵，其在使用上受到很大限制。

### 7.2.1.1 麝香

麝香来源于麝鹿。此外还有 20 多种动、植物中也含有麝香型香成分。一般商业所指的麝香只是麝香、灵猫香和麝香鼠三种。

二岁的雄麝鹿开始分泌麝香，十岁左右为最佳分泌期，每只麝鹿可分泌 50g 左右，位于脐部的麝香香囊（小蜜橘大小）呈圆锥形。自阴囊分泌的成分贮积于此，传统的方法是杀麝取香，切开香囊从中取出红褐色或暗褐色的胶状颗粒物，干燥后即得成品，重约 30g，有时有白色结晶析出。现代的科学方法是活麝刮香。麝香成分大部分属于动物性树脂类和色素等，其中香成分含量约 2%。粗麝香具有不快气息，用水或酒精高度稀释后有独特的动物香气。目前世界上麝香年产量约为 350kg（含纯品 70%）。

麝香本身属于高沸点难挥发物质，在调香中被用作定香剂，使各种香成分挥发匀称，提高香精的稳定性，同时也赋予诱人的动物性香韵，是不可多得的调香原料。1926 年瑞士化学家 L. Ruzicka 发现麝香的主要成分是麝香酮（3-甲基环十五酮），并首次合成成功，其化学结构式为：

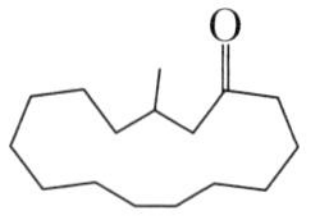

$$C_{16}H_{30}O$$

3-甲基环十五酮

### 7.2.1.2　灵猫香

灵猫有大灵猫和小灵猫两种。雌雄灵猫均有 2 个囊状分泌腺，它们位于肛门及生殖器之间，香囊分泌的黏稠状物质，即为灵猫香。传统的采香方法是将灵猫杀死，割下 2 个 30mm×20mm 的腺囊，刮出灵猫香封闭于瓶中贮存。现代方法是饲养灵猫，采取活灵猫定期刮香的方法，每次刮香数克，一年可刮 40 次，300～360g。现在世界灵猫香年产量约 340kg。

新鲜的灵猫香为淡黄色流动物体，长期与空气接触后，颜色逐渐变黑，黏度增大。浓时具有不愉快的恶臭，稀释之后则放出令人愉快的香气。其主要香成分仅占 3% 左右，大部分为动物性黏液质、动物性树脂及色素。1926 年由 Ruzicka 发现其香成分为 9-环十七烯酮（灵猫酮）。

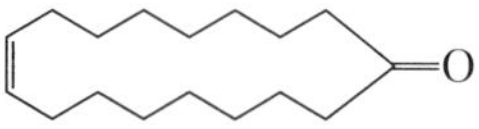

$$C_{17}H_{30}O$$

9-环十七烯酮

灵猫香气比麝香更为优雅，常作高级香水、香精的定香剂。作为名贵中药材，它具有清脑的功效。

### 7.2.1.3　海狸香

海狸栖息于小河岸或湖沼中，主要产地为加拿大、喜马拉雅高原、西伯利亚等地。不论雌雄海狸，在生殖器附近均有 2 个梨状腺囊，内藏白色乳状黏稠液即为海狸香。干燥后的海狸香为褐色树脂状。经稀释后具有温和的动物香香韵，主要用于东方型香精的定香剂。

1977 年，瑞士化学家发现，海狸香的香成分主要是由生物碱和吡嗪等含氮化合物构成。

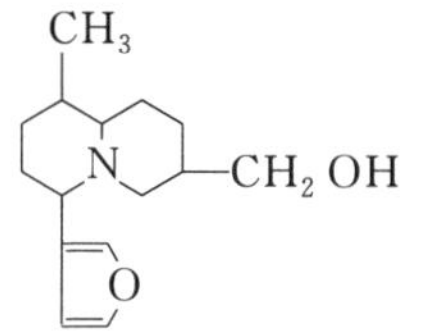

海狸胺 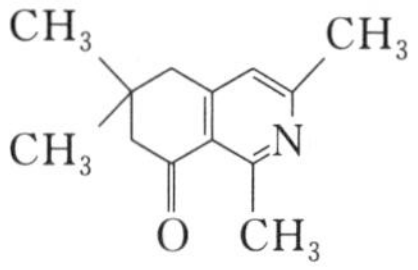　　　　　　喹啉化合物

吡嗪化合物

### 7.2.1.4　龙涎香

龙涎香是存在于抹香鲸的胃和肠等内脏器官中的一种病态分泌结石（其成因说法不一），目前主要来自捕鲸业。最大的龙涎香膏重达 400kg 以上，一般为 1～2kg。外观呈灰白色的质量最好，青色或黄色的质量次之，而黑色的质量最次。由抹香鲸体内新排出的龙涎香香气较弱，经海上长期漂流、自然熟化或经长期贮存、自然氧化后香气逐渐增强。现代的龙涎香几乎都制成酊剂，一般经过 1～3 年成熟后再使用。这样，其特征香气才能得以充分发挥，

高档的名牌香精大多含有龙涎香。

龙涎香主要由两种成分构成，即三萜醇类的龙涎醇和胆甾醇类的甾醇。

## 7.2.2　植物性天然香料

植物性天然香料是从芳香植物的叶、茎、干、树皮、花、果、籽和根等提取的有一定挥发性、成分复杂的芳香物质。大多数呈油状或膏状，少数呈树脂或半固态。根据它们的形态和制法通常称为精油、浸膏、净油、香脂和酊剂。

此外，利用发酵过程等生物技术生产的香料，如丁酸、丁二酸、苯甲醛等也都归属于天然香料。近年来，这类香料在食用香精中得到了重视和发展。

含精油的植物分布在许多科属，主要有唇形科、桃金娘科、菊科、芸香科、松科、伞形科、禾本科和豆科等，其产区遍布于世界各地。例如，中国的薄荷、桂皮、桂叶、八角茴香、山苍子、香茅、桂花和小花茉莉、白兰、树兰等，印度的檀香和柠檬草，埃及的大花茉莉，圭亚那的玫瑰木，坦桑尼亚的丁香，斯里兰卡的肉桂，马达加斯加的香荚兰，巴拉圭的苦橙汁，法国的薰衣草，保加利亚的玫瑰，美国的留兰香以及意大利的柑橘等，这些香料在国际上都久负盛名。国际上常用的天然香料 300 余种，我国生产 135 种以上，其中小花茉莉、白兰、树兰等是中国的独特产品。

植物性天然香料的主要成分都是具有挥发性和芳香气味的油状物，它们是植物芳香的精华，植物精油是最有代表性的植物性香料。此外，具有不挥发或者难挥发的树脂状分泌物，如油树脂、香脂、树胶和树脂等也是很重要的植物香料，它与精油的关系非常密切，通常与之共存。精油往往以游离态或苷的形式积聚于油胞或细胞组织间隙中。

### 7.2.2.1　植物性天然香料的化学成分

至今，从天然香料中分离出来的有机化合物成分已有 3000 多种。根据它们的分子结构特点，大体上可分为四大类：萜类化合物、芳香族化合物、脂肪族化合物和含氮含硫化合物。

**(1) 萜类化合物**　萜类化合物广泛存在于天然植物中，它们大多是构成各种精油的主体香成分。例如，松节油中的蒎烯（含量 80% 左右）、山苍子油中的柠檬醛（含量 80% 左右）等均为萜类化合物。根据碳原子骨架中碳的个数来分类有单萜（$C_{10}$）、倍半萜（$C_{15}$）、二萜（$C_{20}$）、三萜（$C_{30}$）和四萜（$C_{40}$）之分。从结构角度来分类有开链萜、单环萜、双环萜、三环萜、四环萜。除此之外，还有不含氧萜和含氧萜等。这里仅选一些有代表性的萜类化合物作介绍。

① 萜烃

② 萜醇

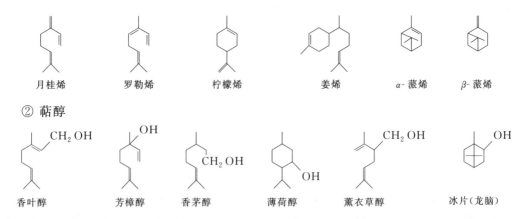

③ 萜醛

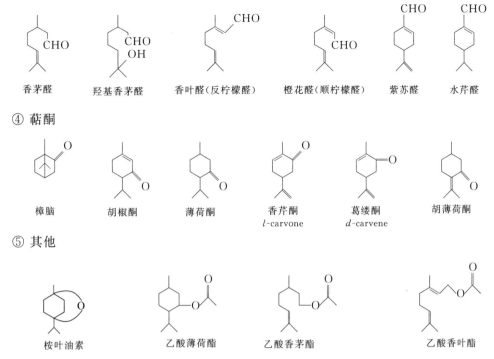

香茅醛　　　羟基香茅醛　　　香叶醛(反柠檬醛)　　橙花醛(顺柠檬醛)　　紫苏醛　　水芹醛

④ 萜酮

樟脑　　　胡椒酮　　　薄荷酮　　　香芹酮　　　葛缕酮　　　胡薄荷酮
　　　　　　　　　　　　　　　　*l*-carvone　　*d*-carvene

⑤ 其他

桉叶油素　　　乙酸薄荷酯　　　乙酸香茅酯　　　乙酸香叶酯

**(2) 芳香族化合物**　在植物性天然香料中，芳香族化合物的存在仅次于萜类。例如，玫瑰油中苯乙醇（2.8%）、香荚兰油中香兰素（2%左右）、肉桂油中桂醛（80%左右）、茴香油中大茴香脑（80%左右）、丁香油中丁香酚（80%左右）等。

桂醛　　　　香兰素　　　　大茴香脑　　　丁香酚　　　黄樟油素

**(3) 脂肪族化合物**　脂肪族化合物在植物性天然香料中也广泛存在着，但其含量和作用一般不如萜类化合物和芳香族化合物。在茶叶及其他绿叶植物中含有少量的顺-3-己烯醇，由于它具有青草的青香，所以也称为叶醇。2-己烯醛亦称叶醛，是构成黄瓜青香的天然醛类。在芸香油中含有70%左右的甲基壬基甲酮，因是芸香油的主要成分而得名芸香酮。鸢尾油中肉豆蔻酸的含量高达85%。

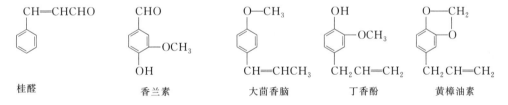

$CH_3CH_2CH=CHCH_2CH_2OH$　　　　$CH_3C(CH_2)_8CH_3$　　　$CH_3(CH_2)_{12}COOH$
叶醇　　　　　　　　　　　　　　芸香酮　　　　　　　　肉豆蔻酸

**(4) 含氮含硫化合物**　含氮含硫化合物在天然芳香植物中的存在及含量极少，但在肉类、葱蒜、谷物、豆类、可可、咖啡等食品中常有发现。虽然它们属于微量化学成分，但由于气味极强，所以不容忽视。

CH₃SCH₃     CH₃—S—S—CH₃

二甲基硫醚
(姜油、薄荷)

二甲基二硫
(洋葱、番茄)

2-乙酰基吡咯
(茶叶)

吲哚
(茉莉、腊梅)

2,3-二甲基吡嗪
(咖啡、可可)

邻氨基苯甲酸甲酯
(茉莉、橙花)

#### 7.2.2.2 植物性天然香料的生产方法

植物性天然香料的生产方法有五种：水蒸气蒸馏法、压榨法、浸取法、吸收法和超临界流体萃取法。

用水蒸气蒸馏法和压榨法制取的天然香料，通常是芳香挥发性油状物，所以在商品上统称为精油。如桂皮、山苍子、柠檬、柑橘等果类的提油。浸取法主要用于鲜花、芳香植物树脂、辛香料的加工，所用挥发性有机溶剂有石油醚、乙醇、丙酮等，视不同原料而选定。自鲜花浸取后的浸液，经脱除溶剂后所得的物质在商品上统称浸膏，如茉莉浸膏、白兰浸膏等；若得自树脂类则称香树脂，如防风香树脂、安息香树脂等；得自辛香料，则称油树脂，如辣椒油树脂、芹菜籽油树脂等。用非挥发性溶剂吸收法生产的植物性天然香料称为香脂。浸膏或香脂因含蜡质较多，溶解性能较差，常用高纯度乙醇将醇溶性香成分提出，滤去不溶性的蜡质，最后减压蒸去乙醇，而得到的浓缩物称净油。

**(1) 水蒸气蒸馏法**　把植物采集后装入蒸馏釜中，通入水蒸气加热，使水和精油成分（沸点 100～300℃）蒸出，冷凝后把精油分出。大部分精油不溶于水。

水蒸气蒸馏法生产精油有三种形式：水中蒸馏、水上蒸馏和水汽蒸馏。图 7-1 为三种蒸馏方法设备简图。

三种蒸馏方式各有所长，适应于各种不同的情况。水中蒸馏加热温度一般为 95℃ 左右，这对植物原料中的高沸点成分来说，不易蒸出；另外，在直接加热方式中易出现糊焦。水上蒸馏和水汽蒸馏不适应易结块及细粉状原料，但这两种蒸馏法生产出的精油质量较好。采用水汽蒸馏在工艺操作上对温度和压力的变化可自行调节，生产出的精油质量也最佳。

水蒸气蒸馏法生产设备主要由蒸馏器、冷凝器、油水分离器三个部分组成。图 7-2 所示为水上蒸馏设备。

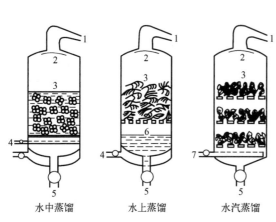

图 7-1　三种蒸馏方法设备简图

1—冷凝器；2—挡板；3—植物原料；4—加热蒸汽；

5—出液口；6—水；7—水蒸气入口

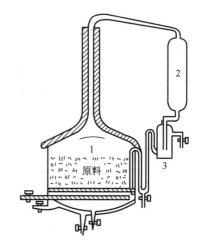

图 7-2　水上蒸馏设备简图

1—蒸馏器；2—冷凝器；3—油水分离器

其生产工艺流程：

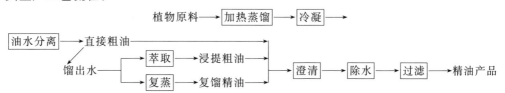

水蒸气蒸馏法是最常用的一种，该方法的特点是：热水能浸透植物组织，能有效地把精油蒸出，并且设备简单、操作容易、成本低、产量大。绝大多数芳香植物均可用水蒸气蒸馏法生产精油。但请注意加热时成分容易发生化学变化，而且对水溶性成分含量比较多的精油不适用，例如茉莉、紫罗兰、金合欢、风信子等一些鲜花。

**(2) 压榨法**　压榨法主要用于红橘、甜橙、柠檬、柚子、佛手等柑橘类精油的生产。过去各地根据果实种类采用各种独特的方法，如用锉榨法、海绵吸收法生产橘油。现在，精压压榨已列入浓缩果汁的制造过程中，从采取精油到果汁分离已全部实现了自动化。这里介绍目前常用的压榨方法。

① 螺旋压榨法　螺旋压榨法的主要生产设备是螺旋压榨机。这种压榨机既可压榨果皮生产精油，也可压榨果肉生产果汁，是最常用的现代化生产设备。由于这种机器旋转压榨力很强，果皮很容易被压得粉碎而导致果胶大量析出，产生乳化作用而使油水分离困难。如果用石灰水浸泡果皮，使果胶转变为不溶于水的果胶酸钙，在淋洗时用 0.2%～0.3%硫酸钠水溶液，可防止胶体的生成，提高油水分离效率。下面以红橘油的制备简单介绍生产工艺。

其生产工艺流程：

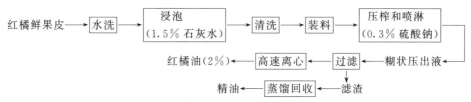

红橘油的主要成分有柠檬烯、月桂烯、莰烯、芳樟醇、辛醛等。主要用在食品、牙膏香精香料中。

② 整果磨橘法　整果磨橘法的主要设备有平板式磨橘机和激振式磨橘机，这两种磨橘机都是柑橘类整果加工的近代化定型设备。装入磨橘机中的是柑橘类整果，但实际上磨破的是皮上的油胞。油胞磨破后精油渗出，然后被水喷淋下来，经分离而得到精油。下面简单介绍由柠檬加工生产柠檬油的工艺过程。

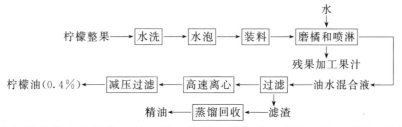

柠檬油中主要成分有柠檬烯、松油烯、蒎烯、柠檬醛、芳樟醇等。其主要用在食品和化妆品香精中。

**(3) 浸取法**　浸取法也称固液萃取法。系用挥发性有机溶剂将植物原料中芳香成分提取出来。当不适合用水蒸气蒸馏法或植物精油含量低时，可采用此法。浸取法的特点是：①可以不加热在低温下进行，这点对于花精油是很必要的；②除了可以提取挥发性成分外，还可以提取重要的、不挥发性呈味成分，这点对于食品香料是很有效的方法。所以，浸取法所适用用的原料多为鲜花、树脂、香豆、枣子等。

工业上浸取法生产浸膏主要有四种浸取方式：固定浸取，搅拌浸取，转动浸取和逆流浸取。四种浸取方式各有所长，表7-1列出了四种浸取方式的比较。

表7-1　浸取方式比较

| | 固定浸取 | 搅拌浸取 | 转动浸取 | 逆流浸取 |
|---|---|---|---|---|
| 方法 | 原料浸泡在有机溶剂中静止不动，溶剂可以静止，也可以回流循环 | 原料浸泡在有机溶剂中，采用刮板式搅拌器，使原料和溶剂缓慢转动 | 原料和溶剂在转鼓中，设备转动时原料和溶剂做相对运动 | 原料和溶剂做逆流方向移动，以提高浸取效率 |
| 原料要求 | 适于大花茉莉、晚香玉、紫罗兰等娇嫩花朵 | 适于桂花、米兰等小花或粒状原料 | 适于白兰、茉莉、墨红等花瓣较厚原料 | 适应于产量大的多种原料 |
| 生产效率 | 较低 | 较高 | 高 | 最高 |
| 浸取率 | 60%～70% | 80%左右 | 80%～90% | 90%左右 |
| 产品质量 | 原料静止，不易损伤，浸膏杂质少 | 搅拌很慢，原料不易损伤，浸膏杂质较少 | 原料易损伤，浸膏杂质多 | 浸取较充分，提取效果好，杂质也较多 |

① 浸膏生产工艺

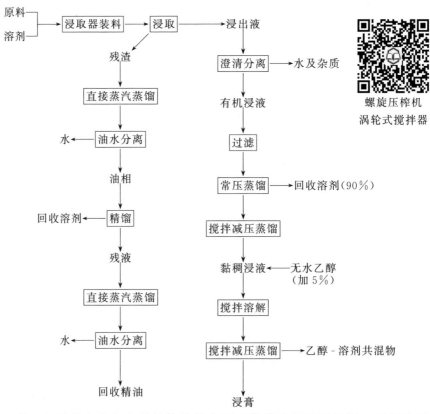

螺旋压榨机
涡轮式搅拌器

② 净油制备工艺　在浸膏中含有大量植物蜡等杂质，使其应用受到限制。利用乙醇对芳香成分溶解受温度变化影响小，而乙醇对植物蜡等杂质溶解随温度降低而下降的特点，先用乙醇溶解浸膏，经降温除去不溶杂质，然后再除去乙醇的方法制取净油，其生产工艺

如下：

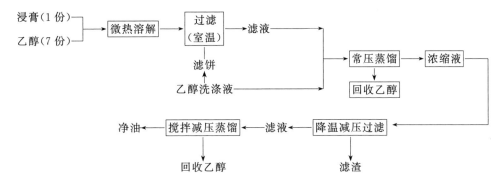

对浸取法所用有机溶剂的要求是沸点要低，容易回收；无色无味，化学稳定性好；毒性小，安全性好。目前常用的溶剂有石油醚、乙醇、丙酮、二氯乙烷等。

**(4) 吸收法** 吸收法手工操作多，生产周期长，效率低，一般不常使用。所加工的原料，大多是芳香化学成分容易释放、香势强的茉莉花、兰花、橙花、晚香玉、水仙等名贵花朵。

生产上吸收法基本上有两种形式：非挥发性溶剂吸收法和固体吸附吸收法。

① 非挥发性溶剂吸收法 根据吸收时的温度不同分为温浸法和冷吸收法。温浸法所用非挥发性溶剂为精制的动物油脂、橄榄油、麻油等。生产工艺过程与搅拌浸取法类似。由于是在50～70℃下浸取，所以称为温浸法。其工艺流程如下：

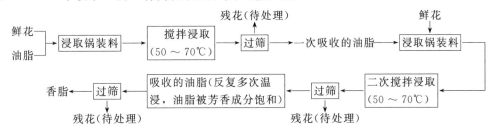

残花可用挥发性溶剂浸取法进一步加工处理，还可得到副产品浸膏。

冷吸收法所用非挥发性溶剂为精制的猪油和牛油（脂肪基），由于是在室温下用脂肪基吸收鲜花芳香成分，所以称为冷吸收法。冷吸收法主要设备是 $50cm \times 152cm \times 5cm$ 的木制花框。在花框中间夹入玻璃板，在玻璃板的两面涂上脂肪基，然后在脂肪基上铺满鲜花，铺花、摘花反复多次，直至脂肪基被鲜花释放出的气体芳香成分吸收饱和。

② 固体吸附吸收法 所用的固体吸附剂为活性炭、硅胶等。鲜花释放出的芳香成分被固体吸附剂吸收后，再用石油醚洗涤活性炭，然后将石油醚蒸除，即可得到精油。所加工的原料为香势很强的比较娇嫩的花朵，例如大茉莉花等。

**(5) 超临界流体萃取法** 超临界流体萃取是一种较新的萃取工艺，目前只应用于少数名贵植物香料的萃取。它是利用超临界流体在临界温度和临界压力附近具有的特殊性能而进行萃取的一种分离方法。因为在超过临界温度与临界压力状态下的流体具有接近液体的密度，接近气体的黏度和扩散速度等特性，具有很大的溶解能力，很高的传质速率和很快达到萃取平衡的能力。超临界流体萃取分离过程的原理是在超临界状态下，将超临界流体与待分离的物质接触，使其有选择性地萃取其中某一组分，然后借助减压、升温的方法，使超临界流体变成普通气体，被萃取物质则完全或基本析出，从而达到分离提纯的目的，所以，超临界流体萃取过程是由萃取和分离组合而成的一种分离方法。在香料的提取中，超临界二氧化碳是最常用的萃取剂，这是由于二氧化碳具有以下特性：

① 二氧化碳的临界温度为 31.1℃，临界压力为 7.4MPa，因此可以在接近室温和不太高的压力下达到超临界状态；

② 二氧化碳是一种不活泼的气体，萃取过程不会发生化学反应，且属于不燃性气体，无味、无臭、无毒、安全性好；

③ 二氧化碳价格便宜，纯度高，容易获得；

④ 超临界二氧化碳能有选择地提取无极性或弱极性的物质，对纯酯类、萜类等化合物具有良好的溶解能力。

除了用二氧化碳作萃取剂外，也可用液态丙烷、丁烷等作超临界萃取剂使用。

表 7-2 为利用超临界二氧化碳萃取啤酒花的结果，其中葎草酮的萃取率高达 99%。

表 7-2  利用超临界二氧化碳萃取啤酒花　　　　　单位：%

| 名称 | $CO_2$ 萃取 | | $CO_2$ 萃取物 | 萃取率 | 名称 | $CO_2$ 萃取 | | $CO_2$ 萃取物 | 萃取率 |
| | 前 | 后 | | | | 前 | 后 | | |
|---|---|---|---|---|---|---|---|---|---|
| 水分含量 | 6.00 | 5.40 | 7.00 | | 葎草酮 | 12.60 | 0.20 | 41.20 | 99.00 |
| 树脂含量 | 30.30 | 4.30 | 9.00 | 89.90 | 蛇麻酮 | 14.00 | 1.10 | 43.60 | 94.40 |
| 软树脂 | 26.60 | 1.30 | 84.80 | 96.50 | 硬树脂 | 3.70 | 3.00 | 5.20 | 18.92 |

啤酒花使啤酒具有独特的香气、清爽度和苦味，其有效成分由精油葎草酮、蛇麻酮形成的软树脂组成。以往啤酒花香精是利用二氯甲烷、正己烷、甲醇萃取的。利用溶剂萃取，除获得有效成分外，也含有硬树脂、脂肪、胶质、色素等成分，且萃取率也不如超临界萃取高。

超临界流体萃取分离技术是一门综合性技术，涉及化学、化工、机械、热力学等方面的技术，技术与设备开发应用目前较为成熟，在不久的将来，超临界流体萃取分离技术在香料提取方面应用定会有长足的发展。

### 7.2.2.3　植物性天然香料生产实例

为了加深对植物性香料生产工艺的理解，下面选几个生产实例进一步加以说明。

**(1) 玫瑰油生产工艺流程**

原料：玫瑰花（蔷薇科植物）；

生产方法：水中蒸馏；

主要成分：香茅醇、香叶醇、苯乙醇、橙花醇、氧化玫瑰等。

用途：食用、烟用香料；花香型高级化妆品香精原料。

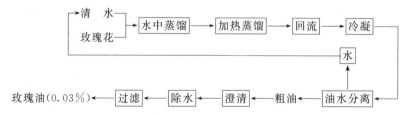

**(2) 樟脑的生产工艺流程**

原料：樟树干、枝、叶、根均可（樟树科植物）；

生产方法：水汽蒸馏；

主要成分：樟脑（50%）、桉叶油素（20%）、黄樟油素等；

用途：皂用、除臭剂香料，单离樟脑。

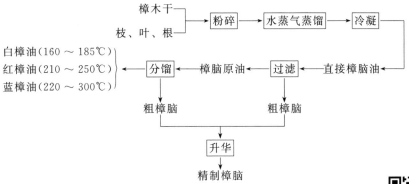

**（3）墨红浸膏生产工艺流程**

原料：墨红花（蔷薇科植物）；

生产方法：转鼓式浸取-石油醚溶剂；

主要成分：香茅醇、芳樟醇、香叶醇等；

用途：食品、化妆品香精原料。

机械挤压式压滤机

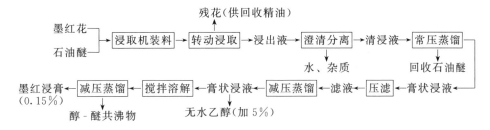

## 7.3 合成香料的生产

合成香料包括全合成香料、半合成香料、单离香料和生物合成香料。全合成法是从各种基本有机化工原料出发，经一系列有机反应合成香料化合物，如从乙炔、丙酮合成芳樟醇等香料的 Roche 合成法、异戊二烯合成法等。用物理或化学方法从精油中分离出较纯的香成分称单离香料，如从山苍子油中分离柠檬醛、从柏木油中分离的柏木脑等。由单离香料或精油中的萜烯化合物经化学反应衍生而得的香料称半合成香料，如从柠檬醛制得的紫罗兰酮、从蒎烯合成松油醇等，常用的单离香料有蒎烯、柠檬烯和单萜类化合物等。合成香料的生产由于不受自然条件的限制，产品质量稳定，价格较廉，而且有不少产品是自然界不存在而具独特香气的，故近 20 多年来发展迅速。生物合成法尚不成熟。

纵观众多的合成香料，可以认为合成香料的开发主要表现在三个方面：

① 天然产物的合成，如香叶醇（牻牛儿醇）、鸢尾酮等天然香料的化学合成；

② 大宗精油原料的化学加工，如以蒎烯（松节油）、香茅醛（香茅油）等为原料的化学合成；

③ 有机化工原料的利用，如煤焦油产物、石油化工原料的利用等。

### 7.3.1 主要生产原料及单离香料的化学纯化

#### 7.3.1.1 生产原料

合成香料生产所用原料非常丰富，其来源主要可分为农林加工产品、煤炭化工产品、石油化工品这三类。

**（1）用农林加工产品生产合成香料**　目前，已能以从很多农林产品中得到的精油和油脂为原料，生产出大量的合成香料。由于篇幅的限制，下面仅以松节油、山苍子油、香茅油、八角茴香油、蓖麻油、菜籽油等几个主要原料品种进行简单介绍。

① 松节油　为无色至深棕色液体。由烃的混合物组成，主要成分是萜烯类化合物，其中 $\alpha$-蒎烯约占 64%，$\beta$-蒎烯约为 33%。溶于乙醇、乙醚、氯仿等有机溶剂。根据所用原料和制法的不同，可分为：a. 松脂松节油（即普通的松节油），用蒸汽蒸馏松脂而得，透明，几乎无色；b. 提取松子油，从松根明子用有机溶剂浸提加工而得，透明，略带淡黄色；c. 干馏松节油。

$\alpha$-蒎烯　　　$\beta$-蒎烯

$\alpha$-蒎烯经空气氧化、氯化氢处理等反应，可制成薄荷醇；经催化氢化、氧化等一系列反应，可合成芳樟醇。

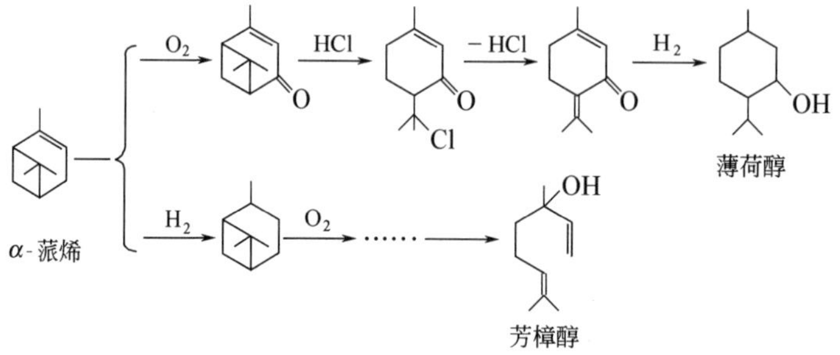

$\beta$-蒎烯在 600℃ 左右通过反应管热解开环，可得到月桂烯 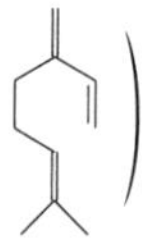 。从月桂烯出发，可以合成出橙花醇、芳樟醇、香茅醇、柠檬醛、香茅醛、羟基香茅醛和紫罗兰酮等一系列合成香料。

② 山苍子油　亦称木姜子油。主要由山苍子（山胡椒）树的果实经蒸汽蒸馏而得。主要成分是柠檬醛，含量达 70%～80%。从山苍子油中单离出来的柠檬醛是一种很重要的香料原料。例如，将柠檬醛与丙酮作用，得假紫罗兰酮，再用浓硫酸处理、环合，可得具有紫罗兰香气的 $\alpha$-紫罗兰酮和 $\beta$-紫罗兰酮：

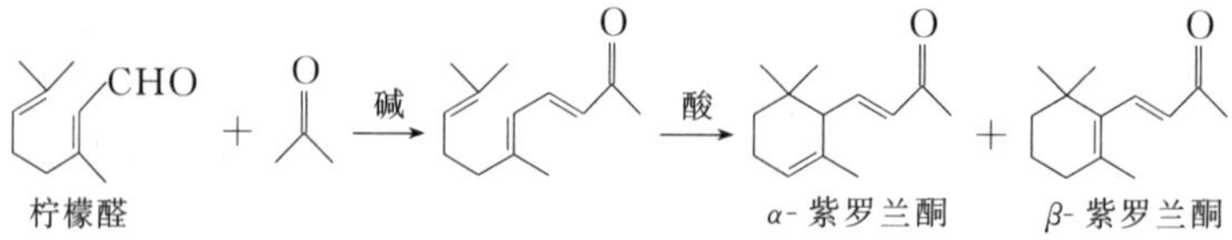

柠檬醛　　　　　　　　　　　　　　　　　　　　　$\alpha$-紫罗兰酮　　$\beta$-紫罗兰酮

③ 香茅油　又称香草油或雄刈萱油。由香茅的全草经蒸汽蒸馏而得。淡黄色液体，有浓郁的山椒香气。主要成分是香茅醛、香叶醇和香茅醇。用于提取香茅醛，供合成羟基香茅醛、香叶醇和薄荷脑，也可用作杀虫剂、驱蚊药和皂用香料。在香茅油和柠檬桉油中，分别含有 40% 和 80% 的香茅醛。香茅醛用亚硫酸氢钠或乙二胺保护醛基，再进行水合反应，可以合成具有百合香气的羟基香茅醛和具有西瓜香气的甲氧基香茅醛：

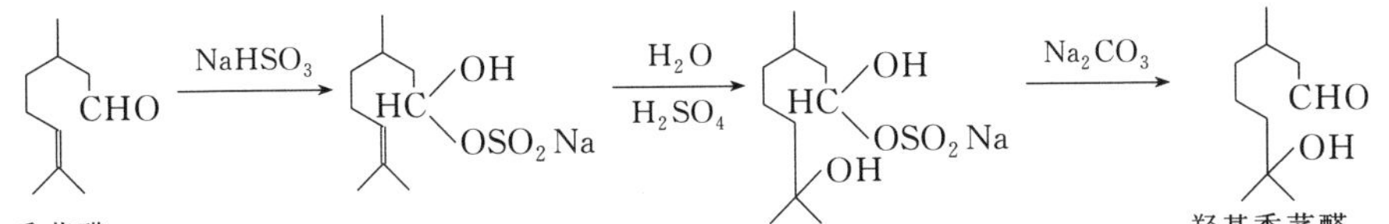

香茅醛　　　　　　　　　　　　羟基香茅醛

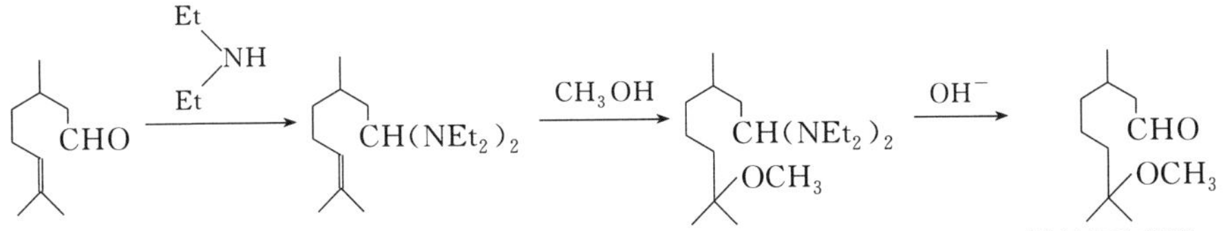

甲氧基香茅醛

④ 八角茴香油　又称茴油，由大（八角）茴香的果实或枝叶经蒸汽蒸馏而得。无色或淡黄色液体，有茴香气味，溶于乙醇和乙醚。主要成分是大茴香脑，含量达 80%左右。单离出来的大茴香脑，经臭氧还原水解或高锰酸钾氧化，可制得具有山楂花香的大茴香醛：

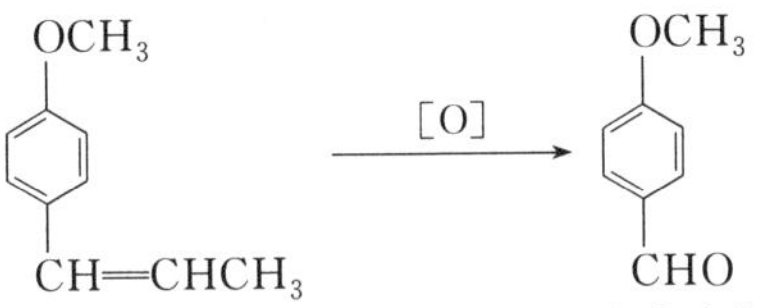

大茴香脑　　　　大茴香醛

另外，在八角茴香油中还含有黄樟油素，从精油中分离出来的黄樟油素，经异构化反应，再氧化可制得具有葵花香的洋茉莉醛：

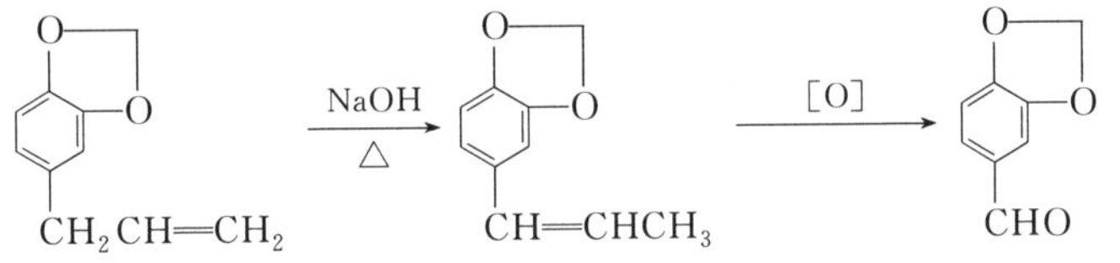

黄樟油素　　　　洋茉莉醛

⑤ 蓖麻油　蓖麻籽经压榨后可以得到蓖麻油，主要成分是蓖麻酸的甘油酯。蓖麻油进行碱裂解可得 $\omega$-羟基癸酸；高温裂解可得到庚醛；蓖麻籽干馏可得到十一烯酸。这些单离体是合成 11-氧杂十六内酯麝香香料、椰子醛及具有花香-清香的庚醛缩乙二醇的原料，它们都是新型的香料。

⑥ 菜籽油　由芸苔菜籽（含油 35%～48%）所得的半干性油，来源非常丰富。精炼菜籽油时可得到大量芥酸[$CH_3(CH_2)_7CH=CH(CH_2)_{11}CO_2H$]。芥酸经氧化、酸化、缩合、氢化、酯化等多步反应可制得具有麝香香气的环十五酮。

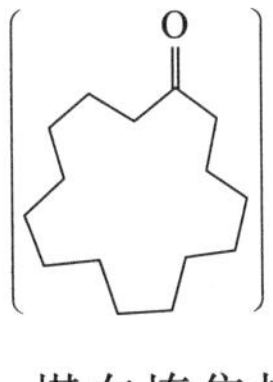

**(2)** 用煤炭化工产品生产合成香料　煤在炼焦炉炭化室中受高温作用发生热分解反应，除生产炼铁用的焦炭外，尚可得到煤焦油和煤气等副产品。这些焦化副产品经进一步分馏和纯化可得到酚、萘、苯、甲苯、二甲苯等基本有机化工原料。这些含芳环结构基本原料的来

源情况，可用下列简图表示：

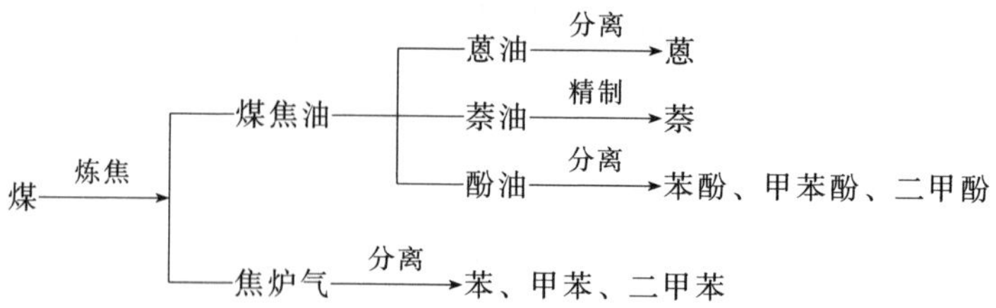

例如，以苯酚为原料可合成大茴香醛、双环麝香-DDHI 等：

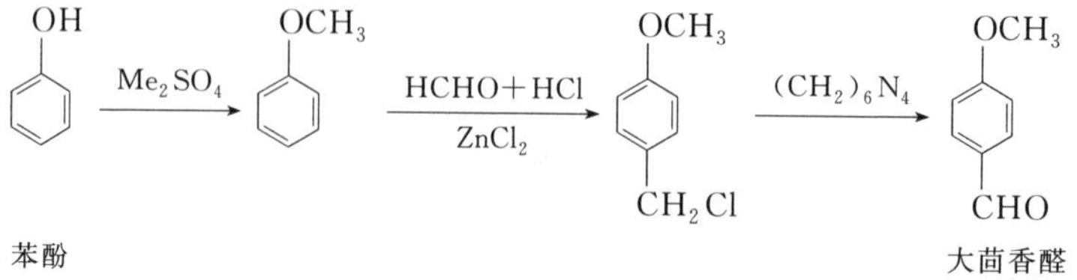

$\beta$-萘酚与甲醇或乙醇在硫酸存在下，经醚化反应即可得到具有橙花香气的 $\beta$-萘甲醚和具有草莓-橙花香的 $\beta$-萘乙醚，它们都是常用的花香型香精原料：

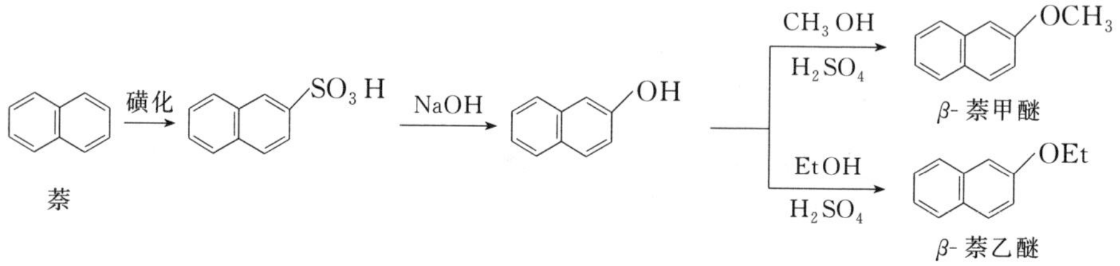

二甲苯是合成硝基麝香的主要原料。它是合成香料中世界产量最大的一类。

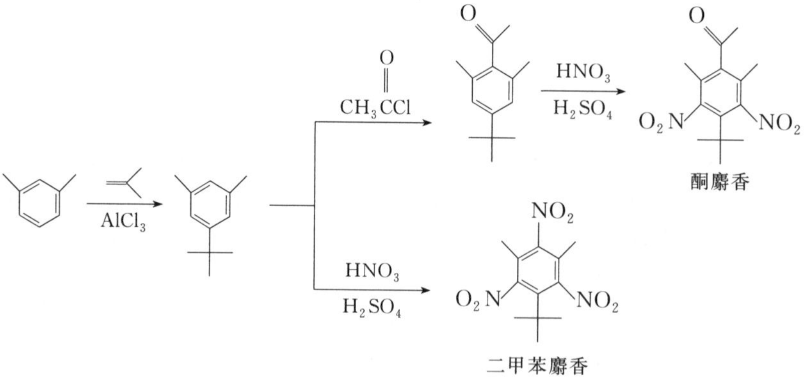

**（3）用石油化工产品生产合成香料** 从炼油和天然气化工中，可以直接或间接得到大量有机化工基本原料。例如，苯、甲苯、乙炔、乙烯、丙烯、异丁烯、丁二烯、异戊二烯、乙醇、异丙醇、环氧乙烷、环氧丙烷、丙酮等。在 40 多年前，已经开始以乙炔、丙酮、异戊二烯等石油化工品为原料，进行萜类香料化合物的全合成实验。由于工艺不断完善，以廉价石油化工品为基本原料的香料化合物的全合成，已成为国内外香料工业界开发的重要领域。例如，异戊二烯是一种很受香料制造者注意的石油化工原料，其与氯化氢反应，可生成异戊烯氯，再与异戊二烯反应，则可制备香叶醇和薰衣草醇：

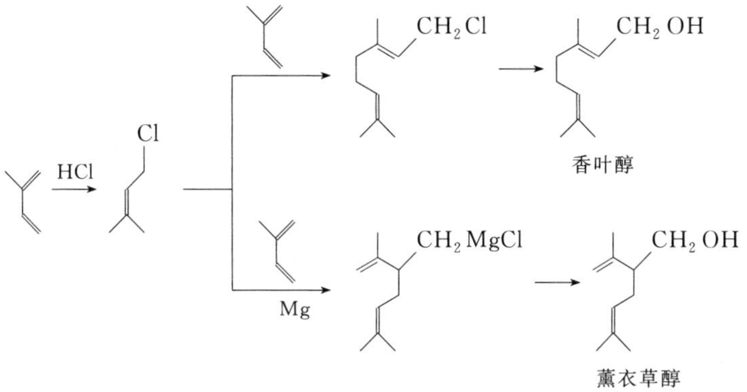

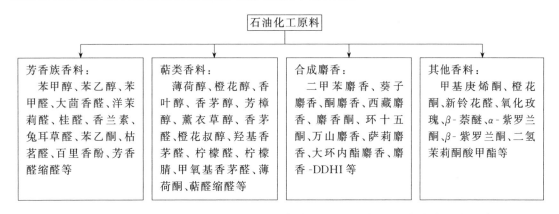

以乙炔和丙酮为基本原料，经一系列反应可得到芳樟醇、香茅醇等许多合成香料：

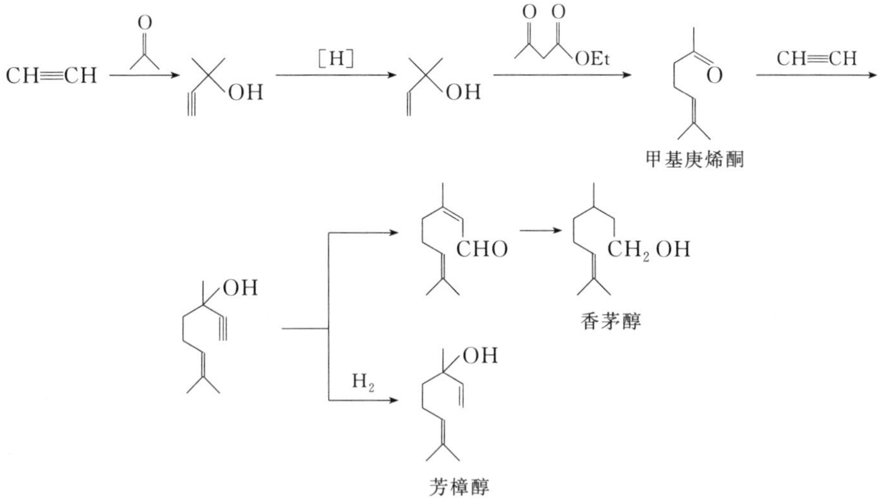

CH≡CH ... [H] ... OEt ... 甲基庚烯酮 ... CH≡CH

香茅醇

芳樟醇

利用石油化工原料，除可以合成大量众所周知的脂肪族醇、醛、酮、酯等一般香料化合物外，还可以合成芳香族香料、萜类香料、合成麝香等香料化学品。根据有关文献资料，可以对以石油化工原料合成香料的情况列成大致如下的图表。

石油化工原料

**芳香族香料：**
苯甲醇、苯乙醇、苯甲醛、大茴香醛、洋茉莉醛、桂醛、香兰素、兔耳草醛、苯乙酮、枯茗醛、百里香酚、芳香醛缩醛等

**萜类香料：**
薄荷醇、橙花醇、香叶醇、香茅醇、芳樟醇、薰衣草醇、香茅醛、橙花叔醇、羟基香茅醛、柠檬醛、柠檬腈、甲氧基香茅醛、薄荷酮、萜醛缩醛等

**合成麝香：**
二甲苯麝香、葵子麝香、酮麝香、西藏麝香、麝香酮、环十五酮、万山麝香、萨莉麝香、大环内酯麝香、麝香-DDHI等

**其他香料：**
甲基庚烯酮、橙花酮、新铃花醛、氧化玫瑰、β-萘醚、α-紫罗兰酮、β-紫罗兰酮、二氢茉莉酮酸甲酯等

可以肯定，以石油化工品为基本原料进行合成香料的生产，品种将会不断增加。

### 7.3.1.2 单离香料的化学纯化

香料的合成涉及许多的有机反应，主要可归为氧化、还原、酯化、取代、缩合、加成、环化和异构等几大类。这些反应在基础有机化学中大都已学过，在随后的香料合成中也会经常遇到，故在此不再专门论述。从天然精油中单离出来的有机香料化合物往往需要纯化，下

面仅就单离香料常用化学纯化方法介绍如下。

**(1) 羰基与亚硫酸氢钠加成纯化** 在香茅油中约含 40%的香茅醛，分馏香茅油可得粗香茅醛。粗香茅醛与浓度为 35%亚硫酸氢钠发生加成反应，可生成磺酸钠盐沉淀物，经过滤将其分离出来后再用氢氧化钠水溶液处理可得纯香茅醛。

粗香茅醛　（沉淀）　纯香茅醛

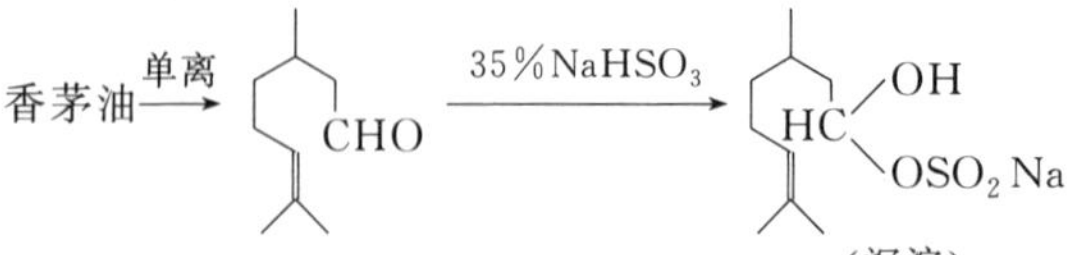

**(2) 利用酚羟基与氢氧化钠反应** 在丁香油中含有 80%左右的丁香酚，经分馏后可分离出粗丁香酚。向粗丁香酚中加入氢氧化钠水溶液，可生成溶于水的丁香酚钠。经分离除去不溶于水的有机杂质后，再用硫酸溶液处理，即可分离出不溶于水的丁香酚。

粗丁香酚（不溶于水）　（溶于水）　纯丁香酚（不溶于水）

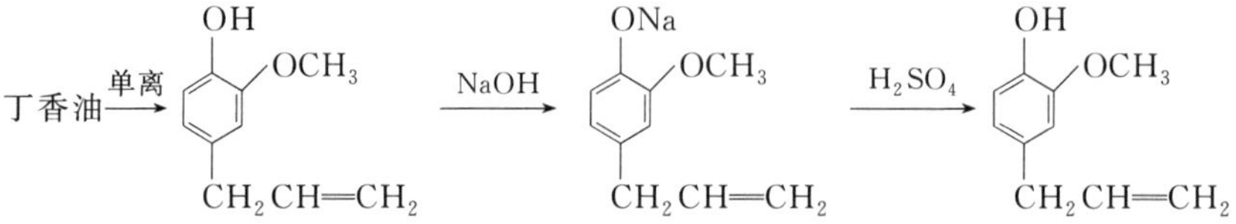

**(3) 利用醇羟基与硼酸的酯化反应** 芳樟油、玫瑰木油中均含有 80%左右芳樟醇。粗芳樟醇与硼酸或硼酸丁酯反应，能生成高沸点的硼酸芳樟酯，经减压蒸馏除去低沸点的有机杂质，留下高沸点的硼酸芳樟酯加热水解，可生成纯芳樟醇和硼酸沉淀。

粗芳樟醇　纯芳樟醇

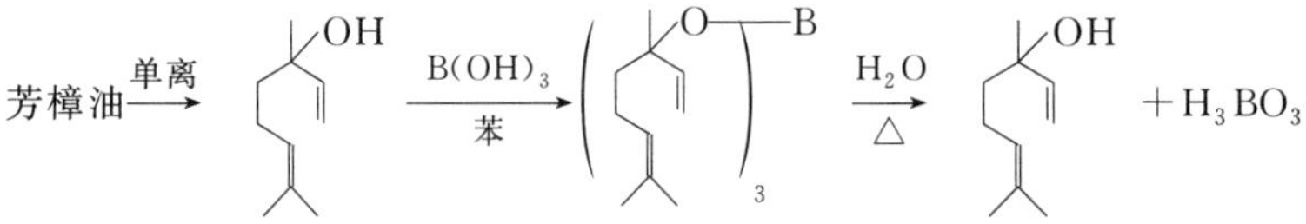

桶管式结晶器

香料中只要有不愉快气味的微量杂质存在，就将破坏香料的整体质量，因此，香料的精制是一个极重要的问题。另外，香料常用的物理精制手段是蒸馏和结晶。

## 7.3.2 香料生产的工艺特点和生产设备

### 7.3.2.1 工艺特点

合成香料生产工艺过程的实施方式和生产设备与有机合成工业大体相似。但由于合成香料工业属于精细化工，故也有其本身的特点：

① 合成香料品种多，生产量少，故在生产上大多采用生产规模较小的间歇式生产方式；

② 生产合成香料所用的化工原料种类多，要求纯度较高，其性质各不相同，而且合成香料本身大多具有一定的挥发性，因此，要特别注意安全生产等问题；

③ 有些合成香料原料对温度、光或空气不稳定，因此在工艺确定、包装方法和贮存运输等方面应给予重视；

④ 合成香料与人们的日常生活和身体健康息息相关，因此其产品质量应有安全卫生管理制度和必要的检测分析设备，必要时还应作毒理检验。

### 7.3.2.2 生产设备

在合成香料工业中，用于进行化学过程的反应设备，最常使用的是缩合反应器、加成反应器、酯化反应器、硝化反应器、磺化反应器、高温异构化反应器、氧化或氢化反应器等。

对于香料成品和半成品的分离纯化设备则包括过滤器、压滤机、离心机、干燥器以及精馏塔等设备。由于在合成香料的生产过程中，酸和碱等腐蚀性化工原料是经常使用的，加之对香料产品的纯度要求严格，合成香料生产所用设备，在材质上大多选用不锈钢、搪瓷或玻璃等材料制备，容易锈腐的碳钢一般很少使用。

另外，在合成香料过程中，加热和冷却设备也是必不可少的。在大多数情况下加热采用锅炉蒸汽作为载热体。如果反应温度或分馏温度在150℃以上，有时也采用电热、油浴加热。冷却一般采用自来水或冷盐水。

# 7.4　合成香料的制造

## 7.4.1　醇类香料

醇类化合物是香精、香料中重要的组成部分，在许多天然精油、香花和水果成分中，脂肪醇和萜醇占了很大的比例，而且种类繁多。所以，不论在化妆品香精或是食品香精之中，醇类香料占有重要的地位。醇类香料主要可分为脂肪族醇、萜醇和芳香族醇等。

醇类化合物的合成，通常可采用卤代烃水解、烯烃水合、羰基化合物的还原及由格利雅（Grignard）试剂制备等方法来实现。下面将介绍一些常用重要的醇类香料化合物的常规合成方法。

### 7.4.1.1　$\beta$-苯乙醇

无色液体，沸点220℃（98～100℃/1600Pa），$d_4^{15}=1.023\sim1.027$，$n_D^{20}=1.531$。广泛存在于玫瑰油、橙花油、白兰花油和风信子油等多种天然精油中，主要存在于玫瑰油中，具有柔和、愉快而又持久的玫瑰香气。广泛应用于玫瑰、茉莉、紫丁香等香精的配制。

苯乙醇的制备方法较多。我国主要由苯乙烯为原料合成得到苯乙醇。

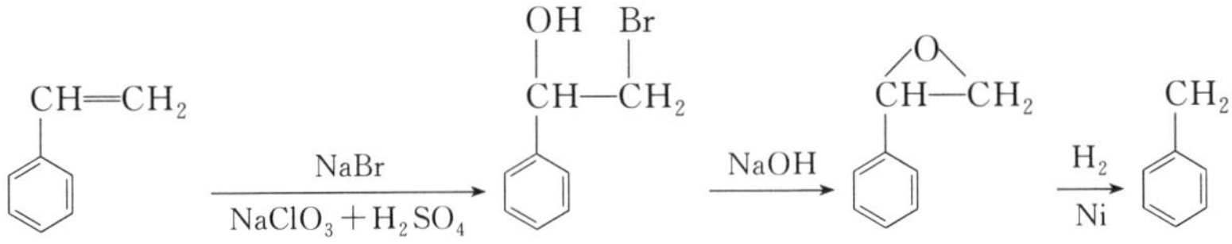

氢化反应进料

生产工艺流程：

苯乙烯、溴化钠 ┐
　　　　　　　├→ 卤醇化反应 →溴代苯乙醇→ 环化反应 →苯基环氧乙烷→ 氢化反应 →苯乙醇
氯酸钠、硫酸 ┘

用该方法生产的苯乙醇，香气质量好，所用原料简单、易得，成本低，工艺合理，工业生产是适用的。苯乙醇的提纯是苯乙醇生产中的重要部分。可以采用将其变为硼酸酯或与氯化钙生成加成物的方法进行提纯。

### 7.4.1.2　桂醇（$\beta$-苯丙烯醇）

白色结晶，熔点33℃，沸点256.6℃，$n_D^{20}=1.5819$。在自然界中存在于风信子油和肉桂皮油里，以桂酸酯形态存在于秘鲁香膏、安息香和龙脑香树脂中。桂醇具有温和、持久而舒适的香气，类似风信子香气，常与苯乙醛共用，是配制风信子、铃兰、紫丁香等多种花香型香精的重要香料。

桂醇可以从天然精油中提取，但成本高，价格贵。我国工业上采用桂醛还原制取：

$$\underset{\text{(CH=CHCHO structure on benzene ring)}}{} \xrightarrow[\text{H}_2\text{SO}_4]{\text{丁醇/丁醇铝}} \underset{\text{(CH=CHCH}_2\text{OH structure on benzene ring)}}{} +C_3H_7CHO$$

$$6C_3H_7CH_2OH+2Al \longrightarrow 2(C_3H_3CH_2O)_3Al+3H_2$$
$$\text{丁醇铝}$$

生产工艺流程：

桂醛、丁醇 丁醇铝 → 还原反应 → 酸化、分解 → 苯萃取 → 常压蒸馏 → 减压蒸馏 → 桂醇
（常压蒸馏上方：回收苯）

将桂醛、丁醇和丁醇铝按一定比例投入反应锅中，加热反应约 8h，然后加入稀硫酸分解丁醇铝，同时剧烈搅拌并冷却反应混合物。静置后分层，上层主要含有桂醇和剩余的丁醇，下层用苯萃取，回收其中的桂醇。将苯萃取液与上层液合并，加入碳酸钠溶液搅拌，以除去痕量的硫酚。分出上层油层，常压蒸馏回收苯，再减压蒸馏，收集 116℃/93Pa 馏分，即为桂醇成品，收率可达理论量的 95％。

与桂醇同时生成的丁醛，在丁醇铝催化剂的影响下转化成丁酸丁酯，后者可在上述减压蒸馏中与桂醇分开，回收，它是一种很有用的副产品。

### 7.4.1.3　香茅醇 [3,7-二甲基-6(-7)-辛烯-1-醇]

无色透明液体，沸点 224～225℃，$d_4^{20}=0.8590$，$n_D^{20}=1.4560$。香茅醇有 α-式、β-式两种异构体，有时把 β-香茅醇称玫瑰醇。由于在它们的分子里存在着不对称碳原子，香茅醇和玫瑰醇两个异构体都有右旋（＋）、左旋（－）、消旋（±）的旋光型结构，通常以混合物存在。在香叶油、香茅油中存在的香茅醇主要为右旋体，在玫瑰油中存在的香茅醇主要为左旋体，用柠檬醛氢化得到的香茅醇主要为消旋体。香料工业上生产的香茅醇有似玫瑰样香气，用于配制各种花香型香精、皂用香精、香水香精以及食品香精。

α-香茅醇　　　　　　　β-香茅醇

我国现在主要由天然精油——香茅油制取香茅醇。先将香茅油进行分馏得到香茅醛。将得到的香茅醛与乙醇铝进行还原反应，然后分别加酸、加碱、加水进行分解、中和、洗涤，得到香茅醇粗品，再进行精馏，收集 $n_D^{20}=1.4590～1.4600$ 的馏分，即为香茅醇成品，含醇量大于 95％：

$$\underset{\text{CHO}}{} \xrightarrow[\text{EtOH}]{\text{(EtO)}_3\text{Al}} \underset{\text{CH}_2\text{OH}}{} +CH_3CHO$$

生产工艺流程：

香茅醛 铝粉、无水乙醇 → 还原反应 → 分解、中和、洗涤 → 减压分馏 → 香茅醇

用柠檬醛合成香茅醇的路线是：柠檬醛在 Raney 镍催化作用下进行氢化，得到香茅醛和香茅醇的混合物。利用硼酸酯化法，蒸出香茅醛和非醇物质，剩下的香茅醇硼酸酯，用烧碱溶液共热，进行皂化，蒸出香茅醇，然后再精馏得到香茅醇。

## 7.4.2　醛及酮类香料

醛类和酮类香料均属羰基类化合物，它们无论在食用或日用化妆品香精中均占有极为重

要的地位。在芳香族醛类及萜烯醛类中，有许多常用的香料，如具有香草香气的香兰素、乙基香兰素，具有菩提树花香和铃兰花香的羟基香茅醛，具有葵花香气的洋茉莉醛等。许多环戊烯酮类具有强烈而又令人愉快的茉莉花香气，如茉莉酮、二氢茉莉酮等；环己烯衍生物主要具有柏木、紫罗兰、鸢尾的香气，代表物有紫罗兰酮、异甲基紫罗兰酮、鸢尾酮等，广泛应用于调香。酮类香料化合物较醛类化合物稳定，它们广泛用于各种类型的香精配方中。

醛、酮类香料化合物的制备方法很多，主要有醇的氧化和脱氢、炔烃水合、烯烃的醛化、不饱和化合物的臭氧化等合成方法。

**7.4.2.1　桂醛**（3-苯基-2-丙烯醛）

淡黄色液体，沸点 252℃（120℃/1333Pa）。桂醛广泛存在于自然界中，是肉桂油和桂皮油的主要成分。具有强烈的桂皮香气和辛辣味，是配制辛香和东方型香精的主要香料。

工业生产桂醛是由苯甲醛同乙醛在稀氢氧化钠溶液存在下经缩合反应而制得：

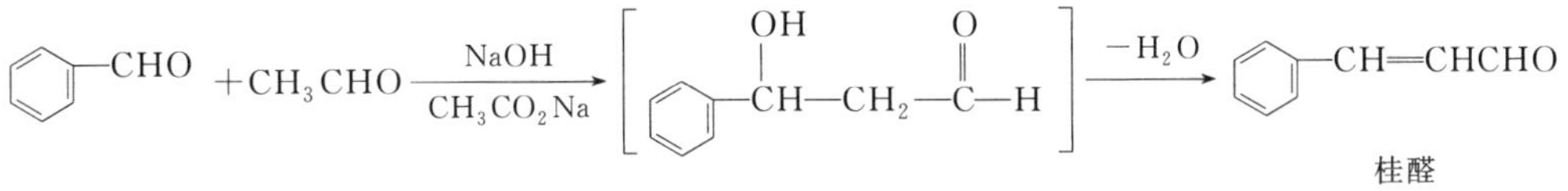

桂醛

生产工艺流程：

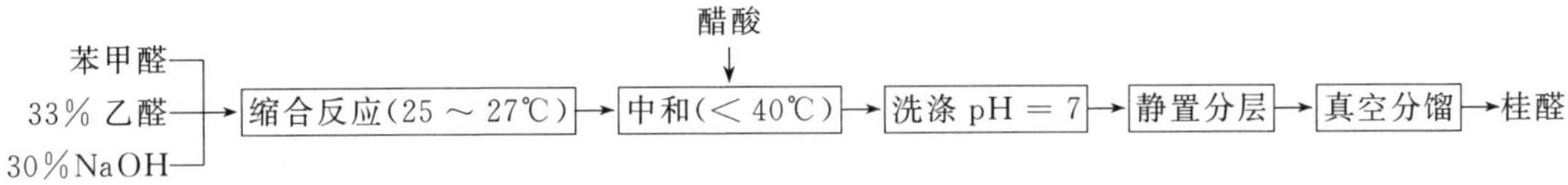


**7.4.2.2　香兰素**（3-甲氧基-4-羟基苯甲醛）

无色结晶，有针状和四方两种结晶形式，针状结晶的熔点为 77～79℃，四方结晶的熔点为 81～83℃。它广泛应用于化妆品、烟草、糖果、糕点以及冰淇淋中，是目前用途最广的合成香料之一。

最早发现香兰素以香兰素葡萄糖苷的形式存在于香草豆荚中。有类似天然香荚兰香气。香兰素可由香兰素葡萄糖苷在酶的存在下水解得到：

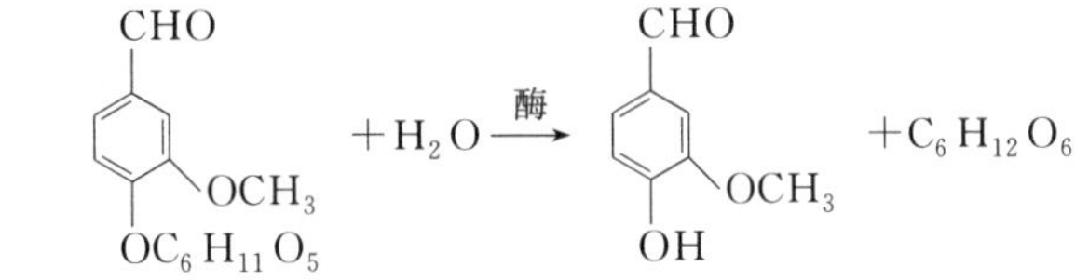

香兰素葡萄糖苷　　香兰素

香兰素的用量很大，单靠由天然原料分离提取已满足不了工业的需要，取而代之的是以化学合成法制备香兰素。人们对香兰素合成方法的研究、报道颇多，但目前大规模生产则是愈创木酚-甲醛路线、愈创木酚-乙醛酸路线和亚硫酸纸浆废液路线。

① 愈创木酚-甲醛路线　将愈创木酚、甲醛和芳基羟胺进行缩合反应，生成席夫碱，再将其水解而引入醛基，得到香兰素。目前许多国家采用此路线：

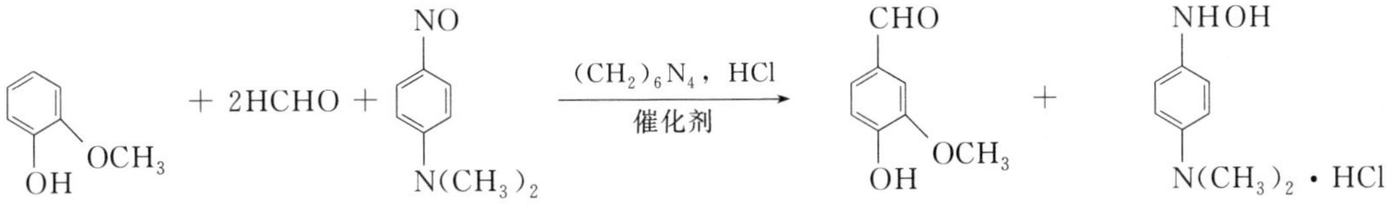

香兰素　　对二甲氨基苯胺

催化剂使用氯化锌、氯化锰、硫酸铜。经过缩合、水解，产物用苯萃取，再进行减压蒸馏，可得香兰素粗品，最后用乙醇重结晶，得到香兰素成品。

② 愈创木酚-乙醛酸路线　愈创木酚在碱性溶液中同乙醛酸反应，生成 3-甲氧基-4-羟基苯基羟乙酸钠盐（Ⅰ），（Ⅰ）在氢氧化铜催化下，于 95℃通入空气即可选择氧化成香兰素：

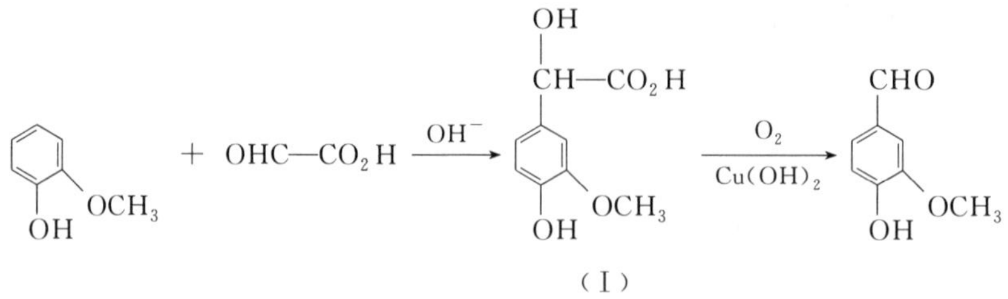

（Ⅰ）

该路线的优点是所用原料成本较低，而且大大减少了"三废"污染。

③ 亚硫酸纸浆废液路线　从造纸制浆排出的废液中，一般含固形物 10%～12%，其中含木质素磺酸钙 40%～50%。利用造纸废液内含有相当数量的木质素，将其在碱性介质中经水解、氧化，可生成香兰素：

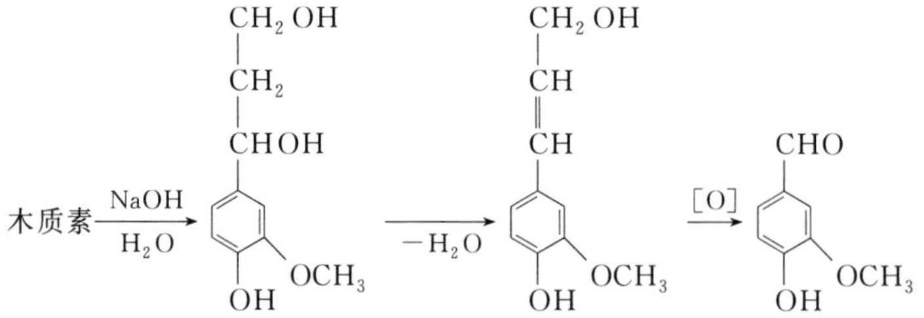

在处理过的亚硫酸制浆废液中，添加按木质素计约 25%的氢氧化钠，然后在反应釜中加热至 140～160℃，工作压力为 $(6.06～9.09)\times10^5\,Pa$，同时在有效搅拌下通入适量空气，1～1.5h 反应结束。一般转化率可达木质素的 8%～11%。

### 7.4.2.3　二氢茉莉酮（3-甲基-2-戊基-2-环戊烯-1-酮）

无色至淡黄色液体，沸点 230℃（102℃/667Pa），$d_{25}^{25}=0.915～0.920$，$n_{D}^{20}=1.4750～1.4810$。具有天然茉莉香气，是茉莉油主要香型成分之一。它有增强香柠檬、薰衣草、香紫苏和其他药草香型的香气功能。

二氢茉莉酮是名贵香料之一，其合成较茉莉酮更为容易，因而价格较便宜。其合成方法有 30 多种，其中有一种是以丙烯酸丁酯与 2-辛醇为起点，通过游离基加成反应，然后经重排得到二氢茉莉酮的路线。该工艺相当简单，原料易得，收率高，"三废"易于处理，为一条较有实用价值的路线：

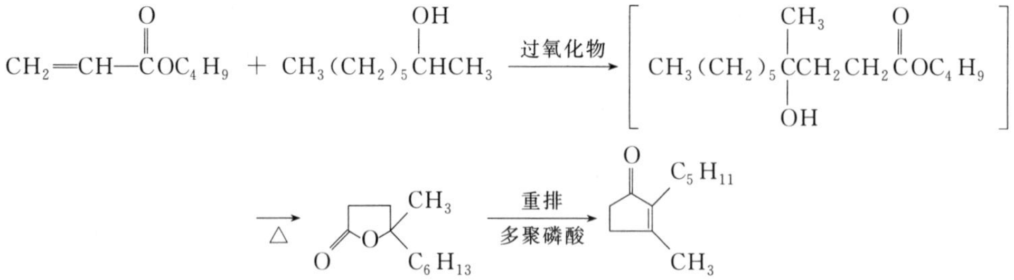

## 7.4.3　缩羰基类香料

近十几年来，缩羰基类合成香料发展很快，新品种不断出现。这是由于该类化合物的香气比缩合前的醛、酮等羰基类的香气更为和润。有时香气还可改变，别具风格，留香持久。另外，羰基类化合物在生成缩羰基化合物（即缩醛、缩酮）后，其化学稳定性相应增加。

所谓缩羰基化合物，即是将酮、醛等羰基化合物与一元醇或多元醇缩合，或与原甲酸酯等反应而得。它们的通式为：

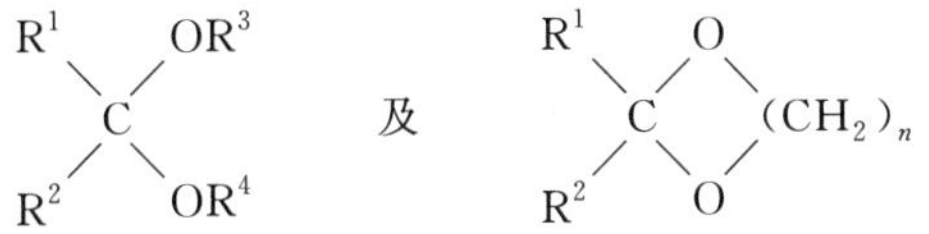

$$R^1R^2C(OR^3)(OR^4) \qquad 及 \qquad R^1R^2C(O(CH_2)_nO)$$

环缩醛、环缩酮类是近十几年来兴起的一类用途广泛、香气韵调独特的新型合成香料，这类化合物的化学性质极为稳定。它们主要具有清香和花香香韵。

缩羰基化反应是典型的可逆反应。在酸催化下，羰基化合物和醇反应生成缩羰基化合物的关键是尽量降低水的浓度，使平衡向右移动。

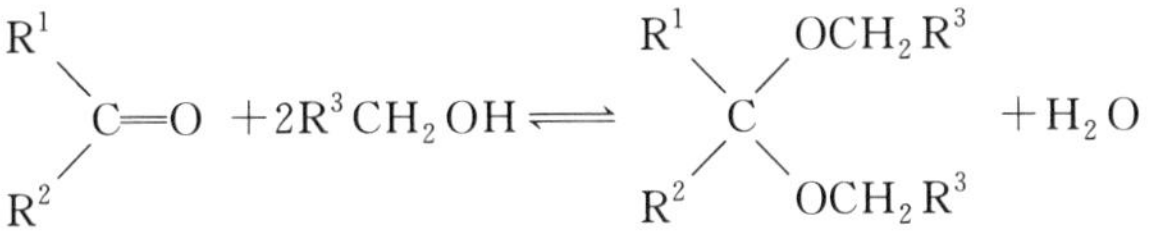

$$R^1R^2C{=}O + 2R^3CH_2OH \rightleftharpoons R^1R^2C(OCH_2R^3)(OCH_2R^3) + H_2O$$

有时，可采用醇大为过量而不除去水的直接缩合法，但在工业生产上大多采用共沸连续脱水（分去水分或用干燥剂脱水）或用原酸酯或亚硫酸二烷基酯与羰基化合物反应。与酯的合成相似，合成缩羰基化合物时，尤其在制取缩酮时，也常使用交换法。

### 7.4.3.1　苯乙醛二甲缩醛

无色透明液体，沸点 219～221℃（101～102℃/2000Pa），$n_D^{20}=1.4930\sim1.4960$。具有玫瑰、风信子、百合和广藿香气，香气比苯乙醛柔和，是缩醛类香料使用最广的一种。它主要用于配制玫瑰、紫丁香、茉莉、铃兰等花香型香精。

在香料工业上，苯乙醛二甲缩醛是采用直接缩合法制备的。由苯乙醛和甲醇在氯化氢（或甲基硫酸）的存在下，温度 50～55℃，进行缩合得到。

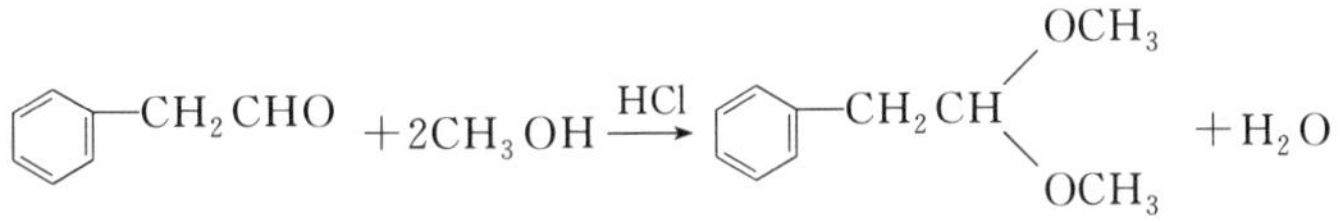

$$\text{苯}CH_2CHO + 2CH_3OH \xrightarrow{HCl} \text{苯}CH_2CH(OCH_3)(OCH_3) + H_2O$$

生产工艺流程：

苯乙醛、甲醇／氯化氢 → [缩合反应] → [中和洗涤] → [减压蒸馏] → 苯乙醛二甲缩醛

### 7.4.3.2　苹果酯（2-甲基-2-乙酸乙酯基-1,3-二氧茂烷）

无色液体，沸点 100℃/2266Pa，$d_4^{20}=1.0856$，$n_D^{20}=1.4326$。具有新鲜苹果的香气。是一种新型香料，可用于配制花香型和果香型香精。由乙酰乙酸乙酯和乙二醇在酸性催化剂存在下进行缩合反应得到：

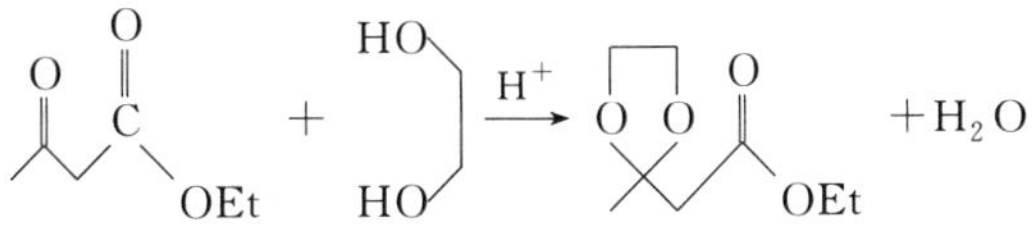

$$\text{（乙酰乙酸乙酯）} + \text{（乙二醇）} \xrightarrow{H^+} \text{（环缩酮产物）} + H_2O$$

## 7.4.4　羧酸酯及内酯类香料

羧酸一般没有愉快的香气，不常单独作为香原料使用，而作为合成酯类的基本原料广泛用于酯类生产中。羧酸酯类是一类极重要的香料。在食品香精中，酯类香料是用途最广、用量最大的一类。以它们为主经合理配伍，可制成各种香型的香精，赋予白酒、无酒饮料、糕点、糖果及其他食品所需香气。内酯类化合物在香气上与酯类有许多共同之处，但也有自己的特征香味，而且留香长兼具增香作用。例如，γ-内酯大多具有桃、椰子、苹果等水果香

味；而 δ-内酯则往往具有奶香和奶酪香味，香气比相应的 γ-内酯更为柔软。

在酯类香料的生产中，最常用的方法是直接酯化法：

$$R-\overset{O}{\underset{|}{C}}-OH + R'OH \rightleftharpoons R-\overset{O}{\underset{|}{C}}-OR' + H_2O$$

反应中通常采用酸催化剂，如硫酸、盐酸、对甲苯磺酸、三氟化硼、阳离子交换树脂。近年来，有一种耐高温的吸水性大孔径强酸性阳离子交换树脂问世，它既具催化作用，又兼吸水功能，故无须共沸脱水装置就能快速完成酯化反应。利用酰化法制取酯类（采用酸酐或酰氯与醇类直接反应）的反应是不可逆反应，收率较高，适用于一般难于用直接酯化法制备的酯类，或在直接酯化中产生副反应的酯类。当卤代烃原料易于获得时，可采用卤代烃与羧酸盐反应制取酯类。另外，利用交换反应也是制备酯类的常用方法。

制备内酯则往往采用一些特定的反应。如 Reformatsky 反应、取代环氧乙烷与丙二酸酯缩合反应、烷基环戊酮的扩环反应等许多途径。

### 7.4.4.1 乙酸苄酯

无色液体，沸点 216℃（93～94℃/1333Pa），$d_4^{20}=1.0550$，$n_D^{20}=1.5015\sim1.5055$。存在于多种天然精油中，是风信子、茉莉、栀子等精油的主要成分，具有茉莉花样香气。常用于配制皂用香精，是一种用量很大的合成香料。

其工业上制备主要是由苯甲醇和冰醋酸在硫酸存在下进行酯化反应来完成：

$$\text{C}_6\text{H}_5-CH_2OH + CH_3COOH \rightleftharpoons \text{C}_6\text{H}_5-CH_2O-\overset{O}{\underset{|}{C}}-CH_3 + H_2O$$

生产工艺流程：

$$\begin{array}{c}\text{苯甲醇} \\ \text{冰醋酸、硫酸}\end{array} \rightarrow \boxed{\text{酯化反应}} \rightarrow \boxed{\text{中和洗涤}} \rightarrow \boxed{\text{减压蒸馏}} \rightarrow \text{乙酸苄酯}$$

### 7.4.4.2 乙酸芳樟酯（3,7-二甲基-1,6-辛二烯-3-乙酸酯）

无色至淡黄色液体，沸点 220℃，$d_4^{20}=0.8998$，$n_D^{20}=1.450$。为一种名贵香料，存在于香柠檬、香紫苏、薰衣草等植物的精油中。具有良好的香柠檬香气，是芳樟醇最重要的酯类化合物。广泛用于调香中，为一种优良的日用香精用香料。用于配制茉莉、桂花、紫丁香等香型及幻想型香精。

芳樟醇为叔醇，易发生脱水、环化、异构化等反应，故采用与醋酸在无机酸的存在下加热酯化的制备方法是不行的。工业上合成乙酸芳樟酯是采用芳樟醇与醋酐在低温条件下反应，使用磷酸与醋酐制成的复合体为催化剂来制取的：

$$3(CH_3CO)_2O + H_3PO_4 \longrightarrow (CH_3CO)_3PO_4 + 3CH_3COOH$$

复合体催化剂的制备是：醋酐 90 份与磷酸（$d=1.17$）10 份均匀混合，放置 24h 即可使用。取芳樟醇 100 份与醋酐 76 份混合后，加入复合体催化剂 4.5 份，连续搅拌 24h，反应在 25～30℃ 下进行。反应完后中和洗涤反应混合物至中性，干燥后减压蒸馏，即可得乙酸芳樟酯。

生产工艺流程：

$$\begin{array}{c}\text{芳樟醇、醋酸酐} \\ \text{复合体催化剂}\end{array} \rightarrow \boxed{\text{酯化反应}} \rightarrow \boxed{\text{中和洗涤}} \rightarrow \boxed{\text{减压蒸馏}} \rightarrow \text{乙酸芳樟酯}$$

### 7.4.4.3　香豆素（邻羟基桂酸内酯）

白色结晶，熔点 $69\sim70℃$。在自然界中存在于天然的黑香豆、肉桂、薰衣草等植物中，具有强烈的新割的干草香气，类似黑豆、巧克力香气。现全世界年产合成香豆素 2000t 左右，主要应用在香皂、化妆品和烟用香精中，在橡胶、医药、电镀等制品中也用作祛臭剂、增香剂和光亮剂等，用途极为广泛。

工业上合成香豆素的方法是采用水杨醛与醋酐在无水醋酸钠存在下缩合的 Perkin 反应路线。这虽然是一条很老的路线，但因其收率较高、工艺简单而沿用至今。当然，随着石油化工的发展，现已开发了一些具有工业价值的合成路线。

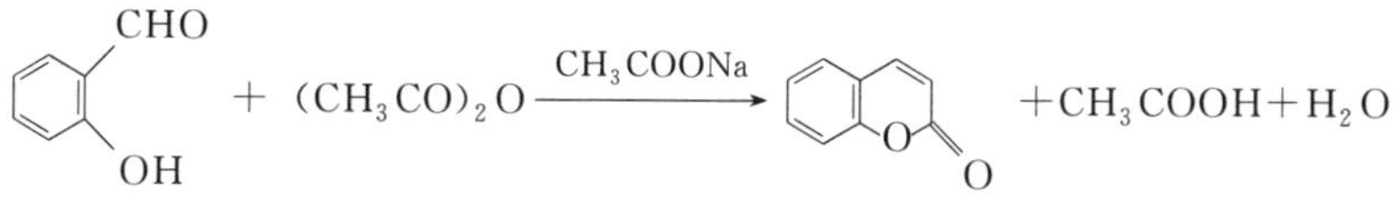

生产工艺流程：

乙醇 →

水杨醛、醋酸酐 ┐
　　　　　　　├→ 缩合反应 → 中和洗涤 → 减压蒸馏 → 重结晶 → 香豆素
醋酸钠 ┘

当水杨醛与醋酐的摩尔比为 1:3.2，与醋酸钠的摩尔比为 1:0.8，反应温度在 $180\sim200℃$ 时，香豆素的收率为 75%。若将醋酸与醋酸钠制成二乙酸钠作为 Perkin 反应的催化剂，香豆素的收率按水杨醛计则可提高至 81.5%。

## 7.4.5　麝香类香料

麝香香气纯正、浓郁，留香持久，素有"香料之王"美誉。麝香化合物对于配制日化香精是不可缺少的。在配方中，它除了本身的珍贵香气外，还作为定香剂。通常，在香精中加入千分之几至万分之几，就可使香精的香气圆熟、谐调和柔和，提高香气效果。

麝香的合成代用品——人造麝香的研究很早以前就开始了。目前世界上已商品化的合成麝香香料已有 50 多种，年产量达 2000t 左右。按化学结构分类，目前作为麝香型香料生产并使用的有以下几类：硝基麝香化合物、多环麝香化合物和大环麝香化合物。近几年又出现了一系列无硝基苯环、双环和多环类麝香化合物。

### 7.4.5.1　葵子麝香（2,6-二硝基-3-甲氧基-4-叔丁基甲苯）

淡黄色至淡绿色的结晶体，熔点 $84\sim86℃$。葵子麝香在天然物中未曾发现。它具有优美的麝香香气，是已知硝基麝香中使用最广的产品，用于配制化妆品香精和皂用香精，作香精的定香剂，特别适用于高级香水香精的使用。

工业上葵子麝香以间甲酚为原料，经甲基化、叔丁基化、硝化等步反应制得：

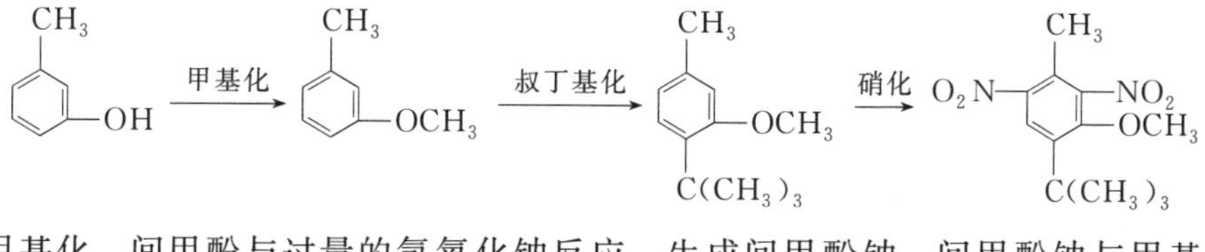

① 甲基化　间甲酚与过量的氢氧化钠反应，生成间甲酚钠，间甲酚钠与甲基硫酸钠相互作用，生成间甲苯甲醚：

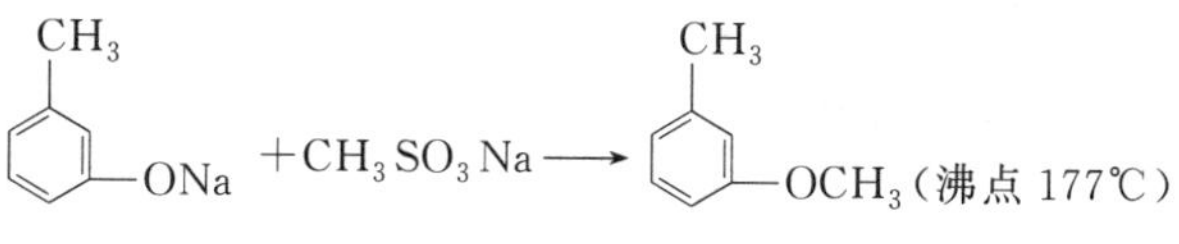

该反应也可用硫酸二甲酯制得，但硫酸二甲酯毒性较大，故生产上多采用甲基硫酸钠。

② 叔丁基化　叔丁基化可用石油化工产品异丁烯在无水三氯化铝或 $BF_3 \cdot Et_2O$ 存在下进行。这是一种较为经济的方法。当然，也可用叔丁醇在浓硫酸存在下完成：

（凝固点：$23 \sim 24℃$）

③ 硝化　硝化是制备葵子麝香工艺中较为关键的一步，用发烟硝酸与醋酐，在 $-10 \sim 5℃$ 下进行。其工艺过程如下：在装有夹层冷冻的反应锅中，加入醋酐 200 份，冷却到 $-6℃$。然后在搅拌下，滴加 178 份叔丁基-3-甲氧基甲苯溶于 263 份醋酐的混合液，同时滴加发烟硝酸 356 份，控温在 $-10 \sim -5℃$。在 15min 内将反应液升温到 $0℃$，在 $0 \sim 2℃$ 下搅拌 1h。硝化反应结束后，在 15min 内加入 1100 份冷水和 1700 份碎冰，搅拌 0.5h，过滤，得淡黄色结晶。用水和 1% 碳酸钠溶液洗去结晶中的游离酸。粗品用乙醇脱色、石油醚萃取，最后用乙醇重结晶，干燥，即得到葵子麝香成品。

生产工艺流程：

间甲酚
甲基硫酸钠 ——→ 甲基化反应 ——→ 叔丁基化反应 ——→ 硝化反应 ——→ 中和洗涤 ——→ 重结晶 ——→ 葵子麝香
氢氧化钠

### 7.4.5.2　昆仑麝香（十三烷二羧酸亚环乙基酯）

无色至淡黄色黏稠液体，沸点 $332℃$，$d_4^{20} = 1.050$，$n_D^{25} = 1.4690 \sim 1.4730$。在自然界中未发现，具有甜而强烈的麝香香气，广泛用于各种调和香料、化妆品及皂用香精中，为香精的定香剂，是国际市场上销用量最大的一种大环麝香香料。

昆仑麝香的工业生产工艺比较简单。以十三烷二羧酸和乙二醇为原料，经缩聚反应生成聚酯，然后在四氧化三铅催化剂存在下，加热，经解聚、环化、减压蒸馏而得到：

生产工艺流程：

十三烷二羧酸
　　　　　　 ——→ 缩聚反应 ——→ 纯化聚酯 ——→ 解聚、环化 ——→ 减压蒸馏 ——→ 昆仑麝香
乙二醇

### 7.4.5.3　萨利麝香（1,1-二甲基-6-叔丁基-4-乙酰基茚满）

白色结晶体，熔点 $77 \sim 78℃$。具有纯正、稳定和令人愉快的麝香香气。用作配制香水、香皂和化妆品等高档产品用的香精，用作香精的定香剂。

萨利麝香的合成方法不少，其中简单易行的工业合成路线是以叔丁苯为起始原料，在酸性催化剂存在下，与异戊二烯进行环化反应，生成烷基取代的茚满；再继之以三氯化铝为催化剂，与乙酰氯进行乙酰化反应而生成萨利麝香。

① 环化反应

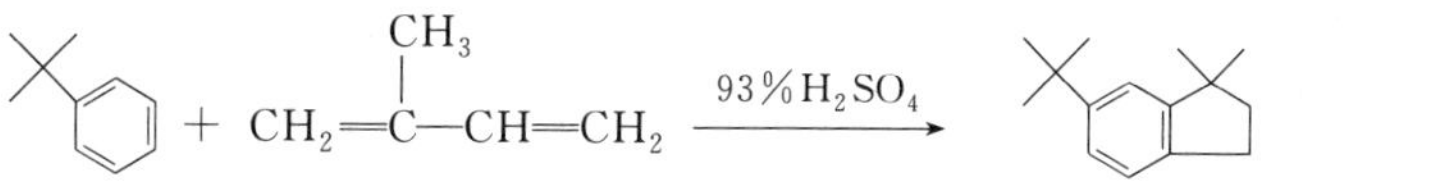

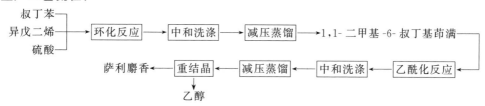

1,1-二甲基-6-叔丁基茚满

② 乙酰化反应

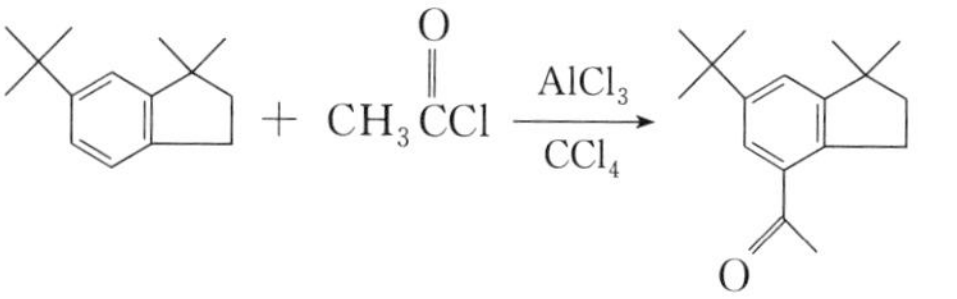

生产工艺流程：

叔丁苯
异戊二烯 —→ 环化反应 —→ 中和洗涤 —→ 减压蒸馏 —→ 1,1-二甲基-6-叔丁基茚满
硫酸

萨利麝香 ←— 重结晶 ←— 减压蒸馏 ←— 中和洗涤 ←— 乙酰化反应

乙醇

## 7.4.6　含氮、含硫及杂环类香料

在谷物、蔬菜、水果、咖啡、茶叶和肉类的化学成分分析中，发现含有大量的含氮、含硫和各种杂环化合物香料。这些香料化合物在食品中的含量虽然甚少，但由于香势特别强，对食品香味的影响非常大，有的甚至是关键性的香味成分。例如，2-甲基-3-呋喃硫醇具有强烈的烤肉香，在肉汤中只需添加 0.25mg/kg，即可起到肉味增香剂的作用。随着人们生活水平的不断提高和生活节奏的不断加快，快速方便食品和植物蛋白食品的大量上市，食用香料市场对这类香料的需求也将越来越大。科学家们模仿这些化合物的分子结构，大力开展了相关的有机合成研究工作，并取得了很大的成功。近几年来，食品香料市场每年都以 30% 的速度增长。

### 7.4.6.1　含氮香料

在含氮化合物中，作为香料使用的品种甚多。例如，在橙花、茉莉花中存在的邻氨基苯甲酸甲酯，在腊梅、茉莉花中存在的吲哚，以及众所周知的硝基麝香，均属于含氮香料化合物。此处将要介绍的是含氮香料中的新家族——腈类香料。

腈类香料化合物包括脂肪族、芳香族、萜类和脂环的腈基衍生物。作为一类新型的香料化合物已引起了人们的高度重视。它们对光、热、氧、酸、碱具有较高的稳定性，对皮肤的刺激性和化学性比相应的醛小。一般认为，其香气类似相应的醛类，因此，许多调香师把它们作为醛类的代用品使用，其目的是克服醛类稳定性方面的许多缺点。

腈类化合物香料在自然界中的存在不如硫化物那么广泛。根据文献报道，只有苯甲腈存在于可可、牛乳中，苯乙腈存在于番茄、红茶中。大部分腈类香料属于完全人工合成品。

腈类香料化合物的合成反应有醛通过肟转化为腈、羧酸转化成酰胺再脱水成腈、卤代烷烃与氰化钾（钠）合成腈等方法。

例如，由山苍子油制造柠檬腈（3,7-二甲基-2,6-辛二烯-1-腈），柠檬腈为无色或微黄色油状液体，沸点 222℃，$d_4^{25}=0.87$，$n_D^{20}=1.471\sim1.478$。不溶于水，溶于乙醇和油类。具有强烈和持久的柠檬香气。可代替柠檬醛使用于日化香精之中，由于在碱性介质中比相应的醛稳定，所以，尤其适用于香皂、洗涤用品之中。以天然精油山苍子油或单离出来的柠檬醛为原料，经过肟化反应可获得柠檬醛 a（Ⅰ）（顺式构型，又称香叶醛）和柠檬醛 b（Ⅱ）（反式构型，又称橙花醛），以及与两种异构体相应的醛肟（Ⅲ）、（Ⅳ）。将醛肟用醋酐脱水，得到顺式和反式两种构型的混合物（Ⅴ）、（Ⅵ），即柠檬腈：

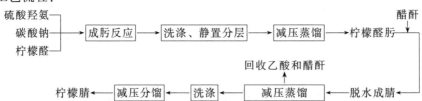

生产工艺流程：

硫酸羟氨
碳酸钠      →  成肟反应  →  洗涤、静置分层  →  减压蒸馏  →  柠檬醛肟
柠檬醛                                                              ↑醋酐

回收乙酸和醋酐

柠檬腈  ←  减压分馏  ←  洗涤  ←  减压蒸馏  ←  脱水成腈

### 7.4.6.2 含硫香料

最近十几年来，从食品中检出大量含硫化合物香料。例如，已发现有 46 种含硫化合物分别存在于烤咖啡和高压煮牛肉中。虽然它们都是食品的微量成分，但对食品香味的好和坏均有重大影响。例如，5-甲基糠硫醇（ 结构式 SH）在大于 $1\mu g/kg$ 浓度时，即具有硫黄样气息；但当进一步稀释至 $0.5\sim1\mu g/kg$ 时，就变成肉香。使用不到亿万分之一的 4-甲基-4-巯基-2-戊酮（ 结构式 ），就能赋予饮料咖啡香味。大量的科学研究表明，这些含硫化合物常常是在食品加工和贮存过程中，由含硫的半胱氨酸、胱氨酸、蛋氨酸与木糖、核糖等相互作用而产生的。它们大多具有肉香、葱蒜香或坚果香，可以作为肉味增香剂，广泛应用于肉类加工品和方便食品汤料中。

含硫类香料的合成，通常采用的方法有：卤代物与硫化氢反应制取硫醇，$\alpha,\beta$-不饱和羰基化合物与硫化氢加成制硫醇，Grignard 反应制取硫醇以及硫基卤化物与硫醇反应制取二硫醚类等。例如，将紫罗兰酮或二氢茉莉酮与硫化氢进行 Michael 加成反应，就可制得添加极少量于香水中可增加其新鲜感的硫代物。其反应式为：

紫罗兰酮                                    二氢茉莉酮

又如，从黑薰子花芽中提取到的一种微量花香成分 $HSC(CH_3)_2CH_2CH_2OCH_3$（Ⅰ），它可以用氯甲醚在氯化亚汞存在下与异丁烯进行加成反应生成 $(CH_3)_2\overset{Cl}{C}CH_2CH_2OCH_3$，再将其制成格氏试剂，与硫黄反应，最后水解即可得到。其反应式如下：

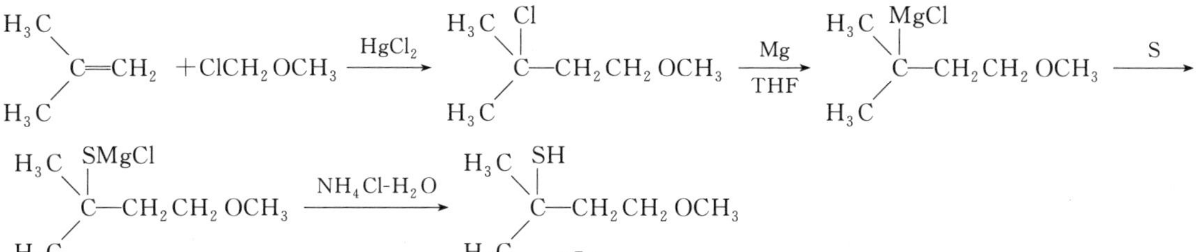

近年来，采用相转移催化技术，使合成硫醚类香料的收率有较大的提高。例如，硫醇对 $\alpha,\beta$-不饱和羰基化合物的 Michael 加成反应中，采用 $Bu_4\overset{+}{N}F^-$ 相转移催化剂，收率可高达 99%：

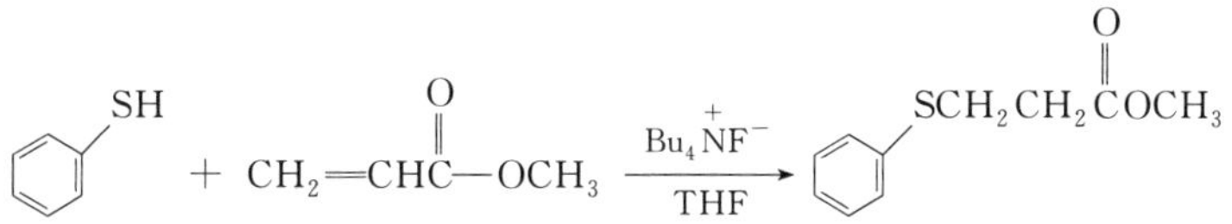

### 7.4.6.3 杂环香料

在环状化合物中，构成环的原子除了碳原子外，还有其他元素，如含氧、硫、氮、硼等的环都属于杂环类化合物。杂环中可以有 1 个、2 个或更多的杂原子，而环的种类也可以是四元环、五元环、六元环或稠杂环。在杂环类香料中最重要的是五元和六元的杂环化合物。现将各种杂环类香料的一些主要合成方法简述如下。

**(1) 五元杂环类香料** 在香料化合物中，含有 1 个及 2 个杂原子的五元环中最重要的是呋喃类、噻吩类、吡咯类、噻唑类、吡唑类和异噁唑类等衍生物。例如在黄兰花挥发性香气物质中含有下列 4 种微量异噁唑衍生物，被证明是黄兰花的关键香气成分：

5-戊基-3,4-二甲基异噁唑(Ⅰ)　　3-戊基-4,5-二甲基异噁唑(Ⅱ)　　β-紫罗兰酮环氧异噁唑(Ⅲ)　　β-紫罗兰酮异噁唑(Ⅳ)

其中 β-紫罗兰酮异噁唑的特征香气具有引人的紫罗兰花香并带有烟草香韵，其可以以相应的酮为起始原料来合成制备：

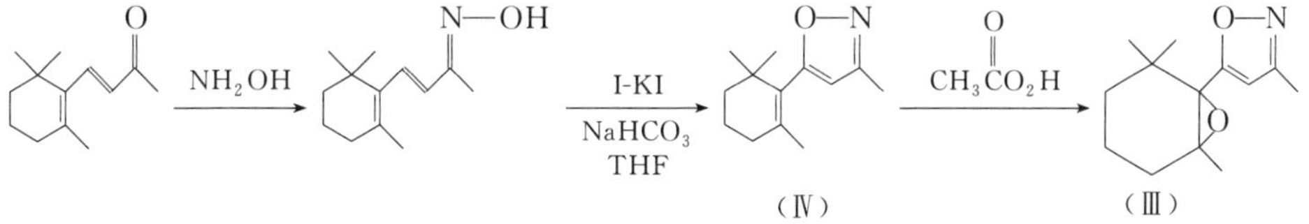

呋喃、噻吩和吡咯类化合物可由 1,4-二羰基化合物合成得到，如：

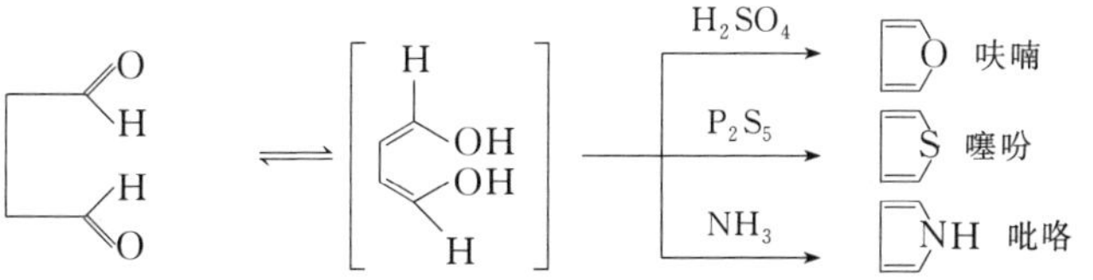

更为有趣的是，将呋喃、噻吩和吡咯类化合物在一定条件下用某些试剂处理，就可以互变：

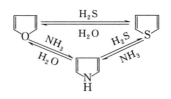

吲哚及其衍生物为含有 1 个杂原子的五元环杂类香料。吲哚广泛存在于多种香花中，如素馨兰、茉莉、橙花和紫丁香花的挥发成分中均含有吲哚或其衍生物。纯的吲哚具有不愉快的臭气，但当极度稀释时，却会散发出幽雅的花香。因而广泛地用于花香型香精中。吲哚的合成主要有三种方法：①邻氨基苯乙醛脱水缩合法；②N-甲酰基邻甲基苯胺法；③邻氨基乙苯催化脱氢法。第③种方法是工业生产上经常采用的方法：

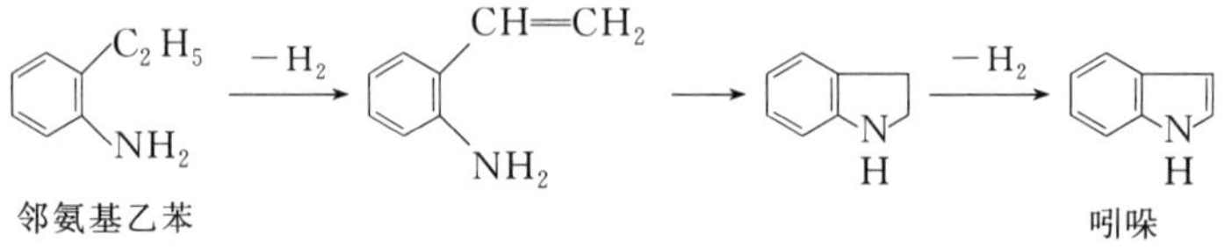

邻氨基乙苯

催化脱氢常采用活性炭载氧化铝为催化剂，在 660～680℃时进行脱氢、环化。N-取代的吲哚衍生物可采用相转移催化制取：

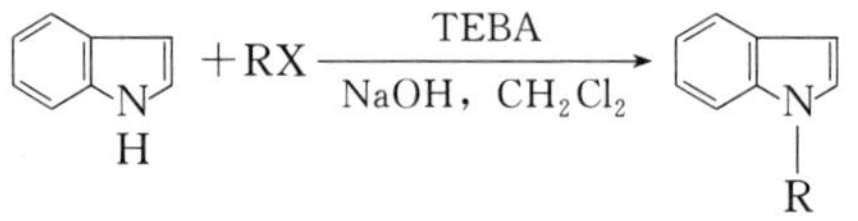

吡唑、咪唑、噻唑类香料是含有 2 个杂原子的五元杂环类衍生物，其中噻唑类香料应用最为广泛。例如，4-甲基-5-噻唑基乙醇，它具有特有的不愉快的噻唑类化合物气味，但在高度稀释时，却具有好闻的坚果香气。其制备可由硫代甲酰胺与溴代乙酰丙醇缩合制得：

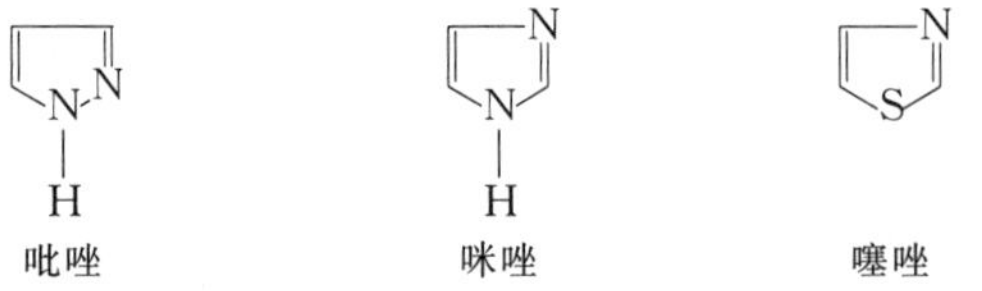

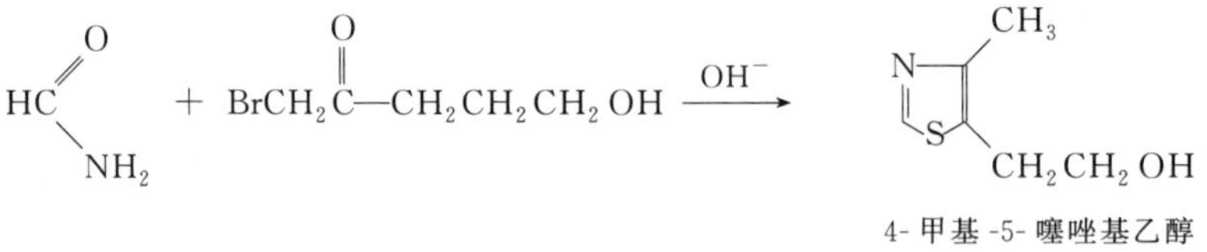

吡唑　　　　　咪唑　　　　　噻唑

4-甲基-5-噻唑基乙醇

对于 2-取代的噻唑类香料，其合成方法主要是利用二聚巯基乙醛与氨及脂肪醛反应来制备。该类化合物是许多坚果、肉香、洋葱香和烤肉香中的主要成分：

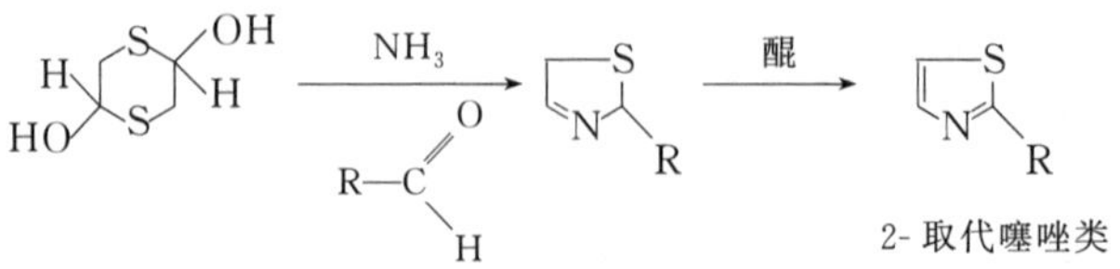

2-取代噻唑类

**(2) 六元杂环类香料**　吡啶、吡喃、吡嗪和嘧啶类香料均属于六元杂环类化合物。它们的香气、香味特征和合成方法分述如下。

① 吡啶类香料　吡啶及其衍生物存在于煤焦油中，工业上用稀硫酸处理煤焦油中的轻油馏分，使吡啶分离并加以分馏提纯而得到。许多吡啶类化合物具有不同的香气和香味

特征。

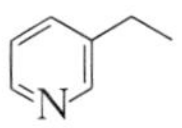

天然存在：咖啡
香气特征：烟草香
化学名：3-乙基吡啶

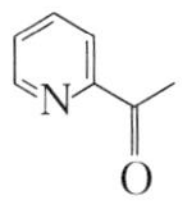

天然存在：面包、牛肉
香气特征：焙烤香
化学名：2-乙酰吡啶

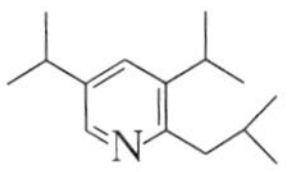

天然存在：炸鸡
香气特征：烤肉香
化学名：2-异丁基-3,5-二异
丙基吡啶

② 吡喃类香料　麦芽酚和乙基麦芽酚就是吡喃类香料中两个很重要的食品香料。麦芽酚（2-甲基-3-羟基-γ-吡喃酮）为白色结晶，熔点 159～162℃，具有愉快的焦甜香味。加入食品中有增香作用，广泛应用于各种食品香精中。乙基麦芽酚（2-乙基-3-羟基-γ-吡喃酮）的香气与用途跟麦芽酚相似，但香味更为强烈，更为甜蜜，具有非常持久的焦糖样香味，其强度是麦芽酚的 4～6 倍。熔点 89～93℃。

由于麦芽酚和乙基麦芽酚的需要量迅速增加以及合成化学的突破，目前已能以糠醇或糠醛为原料制备它们。以糠醇原料路线为例介绍如下：

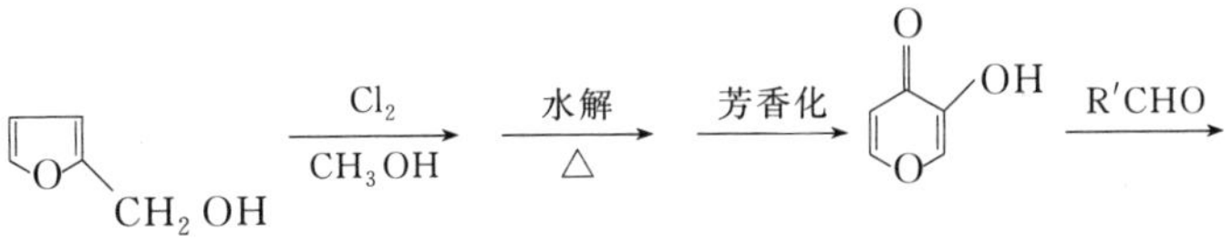

$$\text{糠醇} \xrightarrow[\text{CH}_3\text{OH}]{\text{Cl}_2} \xrightarrow[\triangle]{\text{水解}} \xrightarrow{\text{芳香化}} (\text{V}) \xrightarrow{\text{R}'\text{CHO}}$$

（V）

$$(\text{VI}) \xrightarrow{\text{Zn-HCl}} (\text{VII})$$

R＝—CH₃ 为麦芽酚
R＝—C₂H₅ 为乙基麦芽酚

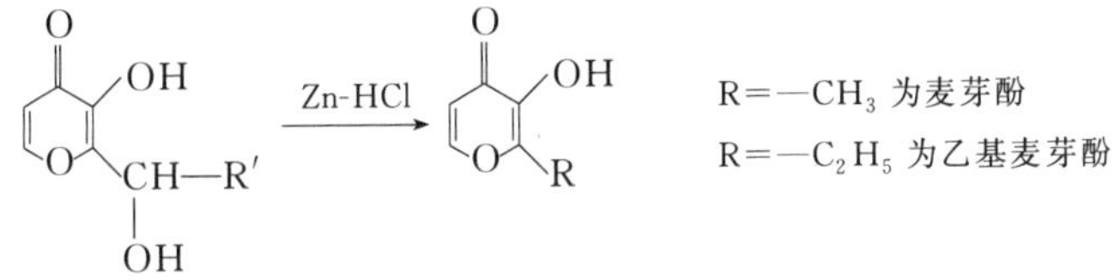

（VI）　　（VII）

糠醇经氯代水解和芳香化反应可制得焦袂康酸 [3-羟基对吡喃酮（V）]，（V）在碱性条件下与甲醛或乙醛缩合，得到羟甲基或羟乙基焦袂康酸（VI）。（VI）用锌粉在盐酸中将羟甲基或羟乙基还原，即可制得麦芽酚或乙基麦芽酚（VII）。

③ 吡嗪类香料　吡嗪类香料是新型的食品香味料，这类香料具有许多独特的香气和香味。至今已从 30 多种食品中鉴定出 50 多个不同的烷基吡嗪。它们的特点是香味特别强，大多具有葱肉香和坚果香。其广泛应用在咖啡、巧克力和肉等的增香剂中。

其合成可用乙二胺与丙酮醛或丁二酮及其衍生物缩合、环化，先制成二氢吡嗪，然后在金属氧化物存在下脱氢制得：

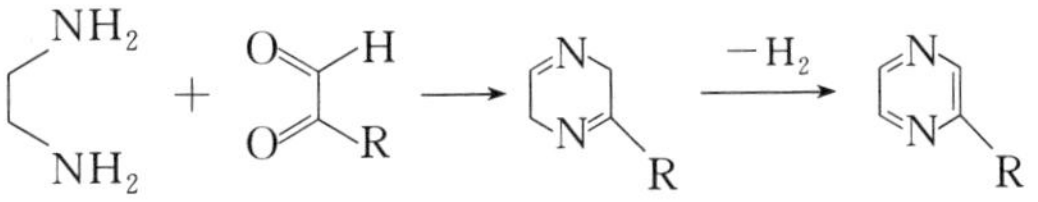

$$\text{NH}_2 + \begin{matrix} O & H \\ O & R \end{matrix} \longrightarrow \xrightarrow{-\text{H}_2}$$

吡嗪衍生物

例如，2-巯甲基吡嗪是一种具有烤肉样香味的香味料，它可以 2-甲基吡嗪为原料，通过侧链甲基的氯化和与硫氢化钠的取代制得：

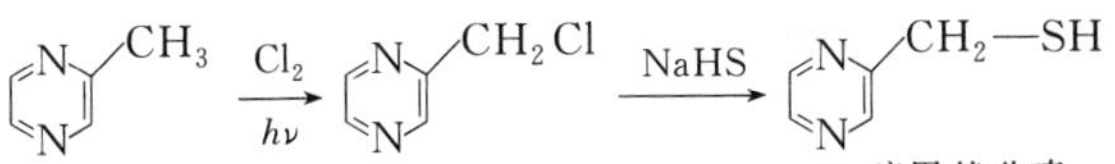

$$\xrightarrow[h\nu]{\text{Cl}_2} \xrightarrow{\text{NaHS}}$$

2-巯甲基吡嗪

④ 嘧啶类香料 一些嘧啶类衍生物具有增香和改善食品、烟草制品、动物饲料等香味品质的效果，尤其对肉类食品的增香效果更佳。其中酰基嘧啶类应用尤广。例如，2-甲基-4-乙酰基嘧啶具有烤肉、焦糖、坚果样香气，其合成可采用将乙脒与 $\gamma$-甲氧基丙烯酸乙酯缩合，先制得羟基嘧啶，再经卤代、腈基化及 Grignard 反应，即可得到该化合物：

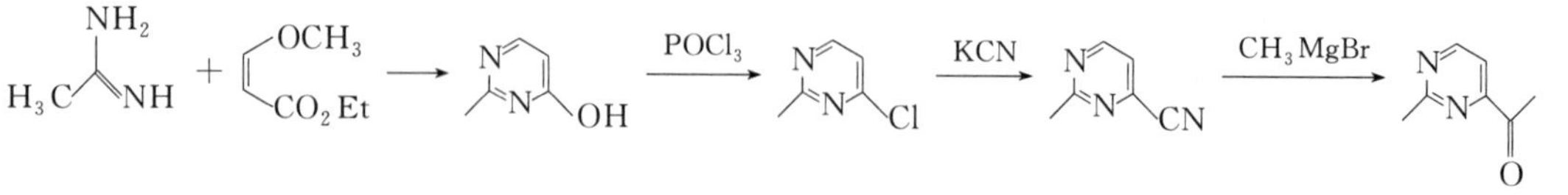

## 7.4.7 香料工业生产合成实例

合成香料属于精细化工产品，对其纯度要求很高。其生产过程一般分为两个阶段——产品的合成与产品的纯化。在合成生产中常用缩合、酯化、硝化、卤化、氧化、还原、异构化等反应，其所用的常压下的液-液合成设备均大同小异；高压加氢和高压氧化生产主要合成设备流程也有相似之处。在纯化过程中，合成香料产品的分离纯化，所采用的方法是常压蒸馏、真空蒸馏、水蒸气蒸馏、精密分馏和重结晶等技术手段。下面将介绍几个有代表性的工业合成香料的合成过程和纯化方法。

### 7.4.7.1 合成实例

**(1) 水杨酸异戊酯的生产** 水杨酸异戊酯为无色透明液体，略带黄色，有强烈持久的草莓香气。相对密度（$d_{25}^{25}$）1.047～1.053，沸点 273℃（151～152℃/2000Pa），$n_D^{20}=1.505$～1.508。旋光度±（0～2.3°）。溶于乙醇、乙醚，不溶于甘油。本品是各种戊酯中最重要的品种，用于各种花香料中。一般用水杨酸和异戊醇经酯化制取：

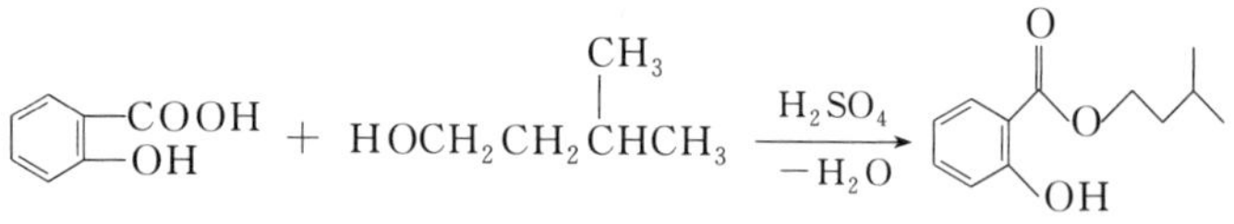

生产工艺流程：

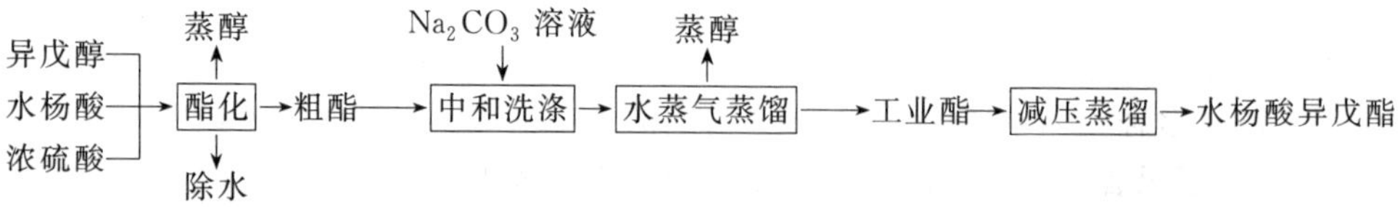

其工艺流程如图 7-3 所示。称取过量的水杨酸，用斗式升降机 4 加到反应器 5 中。异戊醇则借真空自盛器吸入高位槽 3，从这里再自行流入反应器中。浓硫酸用压缩空气自压气升液机 1 压到高位槽 2 中，在高位槽上侧应具有出口管以备溢流，这样过剩的酸就会流到特备的容器中。在钢质搪玻璃反应器 5 中，装配有 80～100r/min 的马蹄式搅拌器、温度计、人孔、加料管、出料管以及蒸汽加热夹层。

加完料后，关好人孔和加料管路上的阀门。然后开动搅拌器，打开通到夹层的蒸汽管阀，使加热设备逐渐接通。当加热到100℃左右反应混合物开始沸腾，蒸出异戊醇和水的混合物。异戊醇和水蒸气，沿着馏出管路到达铜质冷凝器 6，馏出物从冷凝管流向铜质油水分离器 7 中。上层是醇，下层是水。油水分离器盛满时，上层即返回反应器，水则经过油水分离器下面的鹅颈管而流入下水道。酯化将近完成时，生成的水量减少。当反应结束后，水就完全停止分出，同时在反应器中蒸汽温度也相应地上升，达到反应终点时，温度就与异戊醇

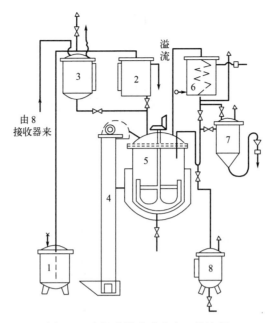

图 7-3　水杨酸异戊酯生产工艺流程

1—自压气升液机；2,3—高位槽；4—升降机；5—反应器；6—冷凝器；7—油水分离器；8—接收器

的沸点相吻合（130～132℃）。因此可以从水量和温度两方面来判断反应是否完成。反应结束后，打开直接通到弯管的回流管阀和弯管下面的阀，异戊醇就可收集在钢质接收器 8 中，以供重复利用。醇蒸毕后，关闭搅拌器并停止加热，然后将反应物予以中和洗涤，经水蒸气蒸馏和真空蒸馏等工序，最后得到水杨酸异戊酯产品。

**（2）兔耳草醛的生产**　其为无色液体，是一种极有价值的香料，它具有兔耳草-百合香气，常用于皂用香精中。其合成反应式如下：

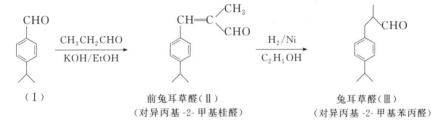

（Ⅰ）　　　　　　　　　　前兔耳草醛（Ⅱ）　　　　　　　　　兔耳草醛（Ⅲ）
　　　　　　　　　　　　（对异丙基 -2- 甲基桂醛）　　　　　　（对异丙基 -2- 甲基苯丙醛）

①（Ⅱ）的合成　将氢氧化钾溶于乙醇中，在 10℃ 时与枯茗醛（Ⅰ）混合。在 2～6h 内，在搅拌下将丙醛慢慢加到此溶液中，温度保持在 10～15℃，然后用二氧化碳或乙酸中和反应混合液中的碱，蒸出乙醇。在减压下蒸馏回收未反应的枯茗醛。随后在 152～158℃/1200Pa 下收取（Ⅱ）。折射率 $n_D^{20}=1.5860$。

② 高压催化氢化　将（Ⅱ）的乙醇溶液置于高压釜中，添加 10％（质量分数）的还原镍或钯/碳催化剂，在 100℃ 时进行加氢。图 7-4 为高压氢化工艺流程图。高压釜 5 是不锈钢制成的，在 5 上装有搅拌器、电热夹层、高温计套管、氢气导入接管、出气接管以及用盖紧闭的加料管。高位槽 3 供盛（Ⅱ）用槽，高位槽 4 供盛乙醇用槽。

因为在高压釜中空气里所含的氧气不但会妨碍反应过程，而且可能引起爆炸，因此必须将空气从高压釜中逐出。为此将氢气从钢瓶 1 通入高压釜，使其压力达到（5～7）×10⁵Pa，然后关闭氢气管路阀并打开通气阀。当压力下降后，重复充装氢气 1～2 次，直至从出气管

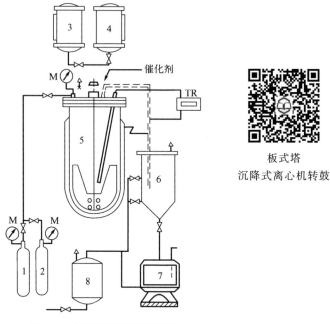

图 7-4　高压氢化工艺流程图

1—氢气瓶；2—氮气瓶；3—高位槽；4—高位槽；5—高压釜；6—澄清器；7—离心机；

8—接收器；M—压力表；TR—控温器

出来的气样在检验时平稳燃烧而无爆鸣声。此时可将氢气充入高压釜中，使压力达到 $50 \times 10^5 Pa$。关闭氢气管阀，开动搅拌器和电热器，直至高压釜中温度达 80℃ 时为止。起初，高压釜中的压力会随温度的上升而增大，但只要反应一开始，氢气不断被吸收，压力就会降下来。如果高压釜的容积、温度和压力都已知，不难算出所吸收的氢气量。当此量与化学反应式所算出的量相符时，氢化就算完成。

反应完成后，关闭电热器和搅拌器，等温度降至 60℃ 时，可打开通气管路放出多余的氢气。然后将气瓶 2 中的惰性气体充入高压釜中，以吹出釜内的氢气。再打开加料管的螺帽，将出料管插入釜中（图中虚线表示），关好出气管，借惰性气体的压力，将高压釜中的所有物质压入钢质澄清器 6 中。在澄清器中，催化剂沉在下面，反应物则从旁侧的出口管流入接收器 8 中，经减压分馏，收取 133～137℃/1200Pa 馏分，即得兔耳草醛（Ⅲ），折射率 $n_D^{20} = 1.5030 \sim 1.5080$。把催化剂放到离心机 7 以除去剩余反应物，并经充分洗涤后供重复使用或再生。

生产工艺流程：

### 7.4.7.2　分离纯化实例

**(1)** 合成香料粗产品的精馏　精馏是液体香料最常用的纯化方法之一。当一个溶液由两个或两个以上互溶的液体组成时，虽然它们的沸点并不相同，但用简单的蒸馏方法很难将其完全分离。为了制得更加纯净的香料产品，则必须进行精馏。下面以筛板式精馏装置为例就精馏的操作过程说明如下。

图 7-5 为一精馏装置简图。将蒸馏器 1 内的混合物在操作压力下加热至沸。生成的蒸气进入精馏塔 2 内，通过筛孔进入分凝器 3，开始时尽量将冷却水通入分凝器，以使所有的蒸气都完全冷凝。如此形成的回流液经过流量计 6 及弯管，而达精馏柱的最高塔板，在板上满起来直到满至溢流管的平面。然后沿着溢流管从上流到第二层塔板上，依次下来，直流到蒸馏器为止。回流液不可能从塔板的小孔内滴下来，因为通过小孔的蒸气已将其阻止。这样，蒸气在每片塔板上都穿过回流液并使其沸腾，同时使一部分回流液蒸发，另一部分蒸气被冷凝。在每一片塔板上都重复着这一过程，所以蒸气就不断地为低沸点物质所丰富。通常只需 20～30min，就已使塔中蒸气含有丰富的易挥发组分，直到塔本身效率所能达到的极限。这时将通入分凝器中水量减少，使进入其中的部分蒸气不被冷凝，而经冷却器 4 后集于接收器 5 中。收集适当的精馏馏分，即为纯品。

**(2) 合成香料粗产品的重结晶** 为制取高纯度的固体香料，粗产品一般需要重结晶。这里以香豆素的重结晶为例，将其设备和操作过程简述如下（见图 7-6）。

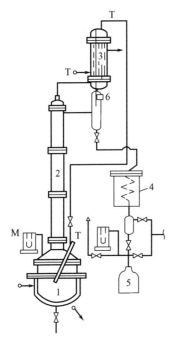

图 7-5　精馏装置简图

1—蒸馏器；2—精馏塔；3—分凝器；
4—冷却器；5—接收器；6—流量计；
T—温度计；M—压力计

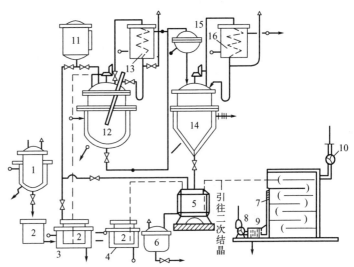

图 7-6　重结晶工艺流程图

1,6—接收器；2—活动容器；3—加热浴；4—冷却浴；5—离心机；
7—干燥室；8,10—通风机；9—加热炉；11—高位槽；12—溶解器；
13,16—冷凝器；14—结晶器；15—压滤器

将粗香豆素收集于带有加热设备的接收器 1。然后转到可移动的活动容器 2 中，将活动容器 2 安放在加热浴 3 中，再从高位槽 11 把稀乙醇加入其中，制成粗香豆素的乙醇溶液。为了得到大块香豆素晶体，将活动容器 2 移至冷却浴 4 中，生成大块结晶后，将晶体-乙醇混合物放入离心机 5 中，将乙醇母液分离出去。然后在离心机中用乙醇将香豆素结晶洗涤一次，这样即可得到一次重结晶香豆素。为得到更高纯度，可重复以上过程进行第二次重结晶。重结晶完后，将所得晶体放在托盘上安放在干燥室 7 的架子上。空气经过通风机 8 和加热炉 9 吹入干燥室。为了加强干燥室中气流的转换能力，在干燥室上方另装一个通风机 10。干燥室中流动空气温度控制在 30～35℃。

如果需得到纯度更高的细小结晶的香豆素产品，则可按下列操作进行：将香豆素乙醇溶

液从活动容器 2 中转到溶解器 12 中，同时从高位槽 11 将需要量的乙醇加入其中，搅拌加热回流使香豆素晶体全部溶解。再用氮气将香豆素乙醇溶液通过压滤器 15 压入结晶器 14。结晶器的夹层中输入冷盐水，结晶过程则在搅拌下进行。结晶结束后，将晶体乙醇混合物放入离心机 5 中，将乙醇母液分离出去，再用乙醇洗涤一次，所得为第一次重结晶。重复上过程可得二次重结晶。经干燥后即得到纯度更高的细小结晶香豆素产品。

# 7.5 调香

使物质有香气时，很少单独直接使用天然香料、单离香料及合成香料，而大都用调和香料。调和香料大体分为日用香料、食品香料和工业用香料。

调配香精简称调香。就是将几种乃至数十种香料（天然香料和合成香料）通过一定的调配技艺，配制出酷似天然鲜花、鲜果香或幻想出具有一定香型、香韵的有香混合物。这种有香混合物称为调和香料，习惯上称为香精。

调和香料的用途除了在化妆品、牙膏、肥皂、洗涤剂等中之外，也随着文化的进步而范围扩大，普及烟草业、医药品、溶剂、杀虫剂、防臭剂、涂料、印刷油墨、造纸等行业。就调和的香料来说，其香气和香味是非常重要的，可以说它们是香料的灵魂。因为一种香料即使纯度很高，而香气较差也是不会受欢迎的。

调香不仅是一项工业技术，同时也是一门艺术。像音乐和绘画一样，音乐家以一系列音符建立主题，画家凭色调创作题材，而调香师则通过调配一定的香基，创造出令人喜悦的香气。例如，20 世纪 60 年代调香师们创作的代表作——古龙香水，现代的古龙香水在头香中持有果香和醛香等清香香气，体香则有鲜花香气，而基香更有一种优美飘逸的麝香香气，可谓男女皆宜，风行不衰，一直受到了人们的喜爱。

尽管现代科学技术已经相当发达，但欲配出令人满意的香精，鼻子是迄今仪器所不能取代的"工具"。因此，作为调香者在学习调香时，具备和掌握以下几方面的基本知识是很有必要的。

① 应不断地训练嗅觉，提高辨香能力，能够辨别出各种香料的香气特征，并能评定其品质等级。

② 学习和掌握各种典型配方，尤其是对某些著名的成方以及某些基本的花香型的配方结构要熟悉牢记，为以后创作配方时作参考。

③ 要熟悉和掌握各种香料的香气及性能，了解各种香花和天然精油的挥发香成分以及天然香料的产地、取香部位、加工方法，合成香料的起始原料、合成路线和精制方法等。因为上述诸因素都会直接影响香气的质量，造成同一产品会有细微的香气差别。例如，从玫瑰木油中单离出的芳樟醇质量为佳，具有较高的香料使用价值；而来自芳樟油的芳樟醇带有樟脑气息，会使香气受很大影响。

④ 了解不同消费者的消费心理。例如，男人多喜欢玫瑰型，女人喜欢茉莉型；北方人多喜欢香气浓郁，而南方人喜欢清雅；欧洲人多喜欢清香型，而东方人喜欢沉厚香型。这样调香者根据不同消费对象，调配出各种不同的香精产品，供不同喜好的人选用。

## 7.5.1 香气的分类

随着合成香料的发展，香料的品种数目已迅速增多，这样，采取寻常的方法记忆香料品种渐渐会感到困难起来。为了便于记忆，必须对香料进行分类，分类以后就可以用逻辑的方法记住许多香料。由于香气类型千差万别，不同的人，感觉器官也各有所异，所以对香气的分类方法也五花八门。在这里仅介绍一种比较实用的里曼（Rimmel）分类法。1865 年里曼根据各种天然香气特征将香气类型归纳为表 7-3 所示的 18 种类型。

掌握和了解分类法，对于香料的使用有一定的指导意义。

表 7-3　里曼香气分类

| 序号 | 种 | 类型 | 相同类型的香气列举 |
|---|---|---|---|
| 1 | 玫瑰 | 玫瑰 | 香叶、香茅 |
| 2 | 茉莉 | 茉莉 | 铃兰、依兰 |
| 3 | 橙花 | 橙花 | 金合欢 |
| 4 | 月下香 | 月下香 | 百合、水仙、黄水仙、洋水仙 |
| 5 | 紫罗兰 | 紫罗兰 | 刺毯花、鸢尾根 |
| 6 | 树脂 | 香兰 | 香脂类、安息香、苏合香、香豆、洋茉莉 |
| 7 | 香辛 | 玉桂 | 桂皮、肉豆蔻、肉豆蔻衣、众香子 |
| 8 | 丁香 | 丁香 | 康乃馨 |
| 9 | 樟脑 | 樟脑 | 广藿香、迷迭香 |
| 10 | 檀香 | 檀香 | 岩兰草、柏木、杉 |
| 11 | 柑橘 | 柠檬 | 香柠檬、甜橙、白柠檬 |
| 12 | 薰衣草 | 薰衣草 | 穗薰草、百里香、花薄荷 |
| 13 | 薄荷 | 薄荷 | 绿薄荷、芸香、圆丹参 |
| 14 | 茴香 | 大茴香 | 葛缕子、莳萝、胡荽子、小茴香 |
| 15 | 杏仁 | 杏仁 | 月桂树 |
| 16 | 麝香 | 麝香 | 灵猫香 |
| 17 | 龙涎香 | 龙涎香 | 橡苔 |
| 18 | 果实 | 生梨 | 苹果、菠萝 |

## 7.5.2　香精的基本组成

作为调香原料的香料，如果根据它们在香精中的用途进行分类，可以分为主香剂、合香剂、修饰剂和定香剂四种。

**(1) 主香剂**　主香剂是构成香精的主体香气——香型的基本香料。因此，起主香剂作用的香料香型必须与所配制香精的香型相一致。香精中有的只用一种香料作主香剂，例如调和橙花香精，往往只用橙叶油作主香剂；但多数情况下都是用多种至数十种作主香剂，例如调和玫瑰香精，则常用香叶醇、香茅醇、苯乙醇等数种香料作主香剂。

**(2) 合香剂**　合香剂亦称协调剂。其作用是将各种香料混合在一起，使之能产生协调一致的香气，其香气与主香剂属于同一类型，使主香剂的香气更加明显突出。例如，茉莉香精的合香剂常用丙酸苄酯 、松油醇等；玫瑰香精则以芳樟醇、羟基香茅醛等作合香剂。

**(3) 修饰剂**　修饰剂亦称变调剂。其作用是用某种香料的香气去修饰另一种香料的香气，使之在香精中能发挥特征香气效果。其香气与主香剂不属于同一类型。通过修饰剂调整后，可使香精增添某种新风韵。例如，茉莉香精常以玫瑰类香原料作修饰剂，而玫瑰香精的修饰剂也常采用茉莉或其他花香香料。

**(4) 定香剂**　定香剂亦称保香剂。其作用是调节调和成分的挥发度，使香精的香气稳定持久。一种香精质量的优劣除了香韵外，与其香气的持久性和稳定度有直接关系。例如，某些香精最初香气很好，可是到后来其香气面目全非。因此，香型变异的大小、留香时间的长短是香精质量的重要标志。一般分子量较大、沸点较高的物质，如大环化合物、固体物质、有香味的树脂胶都可以作为定香剂。

动物性定香剂是一种重要的定香剂，其不仅能使香气持久，而且能使香气变得更加柔和和圆熟。其中，天然麝香是香料中最好的定香剂之一，其香气优美名贵，并能使得香精的香气变得更加温暖而富有情感。麝香在香精中扩散力极大，留香时间亦长。龙涎香是动物香中留香时间最长的定香剂，但它的扩散力较小。常用的植物性定香剂有：檀香油、广藿香油、吐鲁香脂、鸢尾等精油、浸膏净油。可作为定香剂的合成香料也很多，凡是沸点超过 200℃ 的合成香料都有定香作用，合成定香剂有些是有香气的，有些几乎是无香气的。

除上述四种主要成分外，为使香精头香突出强烈，能够给使用者提供一个良好的第一印象，有时需添加一些容易挥发扩散的香料组分，如辛醛、壬醛、柑橘油、橙叶油等作头香剂。

另外，按照组成香精配方中香料的挥发度和留香时间的不同，也可大体将香精分为基香、体香和头香三个部分。

**（1）基香**　基香亦称尾香。挥发度低，留香时间长的香料称为基香。在评香纸上留香时间超过 6h 者均可作基香。基香代表香精的香气特征，是香精的基础部分。麝香类的香料在评香纸上留香时间可长达 1 个月以上。

**（2）体香**　具有中等挥发度的香料称为体香。在评香纸上的留香时间为 2～6h。体香是构成香精香韵的重要部分。

**（3）头香**　亦称为顶香，属于挥发度高的香料。其在评香纸上的留香时间在 2h 以下。消费者比较容易受头香香韵的影响。头香可以赋予人们最初的喜爱感，但头香绝不是香水或香精的特征香韵。表 7-4 列出了常用作基香、体香和头香的一些香料物质。

表 7-4　常用作基香、体香和头香的香料

| 天然香料 | | | 合成香料 | | |
|---|---|---|---|---|---|
| 基香 | 体香 | 头香 | 基香 | 体香 | 头香 |
| 乳香油 | 罗勒油 | 香柠檬 | 草莓醛 | 松油醇 | 芳樟醇 |
| 柏木油 | 格蓬油 | 柠檬油 | 桃醛 | 香叶醇 | 乙酸戊酯 |
| 檀香油 | 马鞭草油 | 柑橘油 | 己基桂醛 | 香茅醇 | 乙酸乙酯 |
| 橡苔净油 | 百里香油 | 酸柠檬油 | 戊基桂醛 | 香茅醛 | 甲酸苯乙酯 |
| 岩兰草油 | 香茅油 | 橘子油 | 苯乙醇 | 癸醛 | 辛醛 |
| 广藿香油 | 橙花油 | 薰衣草油 | 合成麝香 | 乙酸苄酯 | 苯甲醛 |
| 芹菜籽油 | 香叶油 | 杂薰衣草油 | 麝香酮 | 乙酸香茅酯 | 苯乙醛 |
| 玫瑰净油 | 丁香油 | 橙叶油 | 灵猫酮 | 乙酸香叶酯 | 甲酸苄酯 |
| 茉莉净油 | 保加利亚玫瑰油 | 玫瑰油 | 甲基紫罗兰酮 | 龙脑 | 樟脑 |
| 薰衣草净油 | 留兰香油 | 芫荽油 | 紫罗兰酮 | 柠檬醛 | 异松油烯 |
| 秘鲁香脂 | 松针油 | 月桂油 | cis-茉莉酮 | 丁香酚 | d-柠檬烯 |
| 泰国安息香 | 众香子油 | 薄荷油 | 香兰素 | 乙酸松油酯 | 甲酸香茅酯 |
| 香荚兰豆香树脂 | 依兰油 | | 桂醇 | 苯乙酮 | 乙酸环乙酯 |
| 银白金合欢净油 | 樟脑白油 | | 兔耳草醛 | 麝香草酚 | |

| 天然香料 | | | 合成香料 | | |
| --- | --- | --- | --- | --- | --- |
| 基香 | 体香 | 头香 | 基香 | 体香 | 头香 |
| 当归根油 | | 榄香脂油 | 金合欢醇 | 异丁香酚 | |
| | | 桉树油 | γ-癸内酯 | 乙酸龙脑酯 | |
| | | 迷迭香油 | 柏木脑 | 乙酸苯乙酯 | |
| | | 香柠檬薄荷油 | 乙酸柏木酯 | 异丁酸苯乙酯 | |
| | | | 苯乙酸苯乙酯 | 丙酸苄酯 | |
| | | | 苯乙酸丁香酯 | | |

### 7.5.3 香精的调配

图 7-7 表明了各类香料之间的内在联系和过渡关系，为一张很有用的调香参考图。从图中看出，植物香料、动物香料和合成香料分别处于三角形的顶点，在三角形同一边线上的香料香气性质相似，如花香和果香的香气相似，而皮革和木香的香气则不相似。下面以调配玫瑰型香精为例，简单说明在调香中如何运用该图。

首先，需要找出属于玫瑰香型的基香香料和体香香料，再选择头香香料。属于玫瑰型香气的基香香料通常有苯乙醇、乙酸苯乙酯、苯基乙酸乙酯、乙酸二甲基苄基甲酯、异丁酸苯乙酯等；作为体香剂，具有天然玫瑰主香成分的香料有香茅醇、香叶醇、乙酸香叶酯等；具有玫瑰型香气的头香剂有甲酸香叶酯、甲酸香茅酯、苯乙醛、玫瑰醚等。但是基香的香气还是比较单调，还需调配一些不直接属于玫瑰型香气的香料。这些类似玫瑰香气的其他香料，可以从图 7-7 中三角形同一边线上选择。例如，从果香型香料中选择出草莓醛和桃醛；为了使香精香气更加生动焕发，还可以从同边线附近的青香型和柑橘型香料中选择叶醇、庚酸甲酯、香柠檬油；要使香气爽朗明快并赋予甜润，还可以在三角形同一边线继续延伸到薄荷型乃至樟脑型香料中，再从中选择乙酸薄荷酯和樟脑等香料。经过如此扩展后的基香香气变得比较丰润和协调。但还缺乏天然玫瑰的生机，比较空洞枯燥，为此需要调配少量与玫瑰香型不同的其他香料成分。例如，从三角形图的对边上选择出脂肪醛型中的壬醛，动物香中的麝香 T，酒香中的杂醇油，木香中的龙脑，树脂中的泰国树胶，根型中的鸢尾根油、香脂中的秘鲁香脂油，等。经过如此调配后的香精香域宽厚、香韵丰满。表 7-5 列出了玫瑰型香精的配方构成和配方组分。

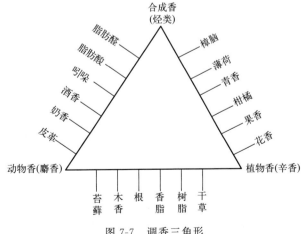

图 7-7 调香三角形

表 7-5 玫瑰型香精调配方法举例

| 组分 | 调香原料 | 香精组成/% | 组分 | 调香原料 | 香精组成/% |
|---|---|---|---|---|---|
| 基香和体香组分 | 苯乙醇 | 35 | 合香剂组分 | 草莓醛(10%) | 2 |
| | 乙酸苯乙酯 | 3 | | 桃醛(10%) | 1 |
| | 苯基乙酸乙酯 | 1 | | 叶醇(10%) | 0.5 |
| | 乙酸二甲基苄基甲酯 | 4 | | 庚酸甲酯(1%) | 1 |
| | 异丁酸苯乙酯 | 3 | | 香柠檬油 | 2 |
| | 香茅醇 | 15 | | 乙酸薄荷酯 | 1 |
| | 香叶醇 | 10 | | 樟脑(10%) | 2 |
| | 乙酸香叶酯 | 3 | | | |
| 头香组分 | 甲酸香叶酯 | 2 | 修饰剂组分 | 壬醛(10%) | 2 |
| | 甲酸香茅酯 | 2 | | 麝香 T | 2 |
| | 苯乙醛(10%) | 1 | | 杂醇油(10%) | 0.5 |
| | 玫瑰醚(10%) | 2 | | 龙脑(10%) | 1 |
| | | | | 泰国安息香 | 1 |
| | | | | 鸢尾根油(10%) | 2 |
| | | | | 秘鲁香脂 | 1 |

香水的调配过程更为复杂，作为香水的主香剂不是一种而是几种香料构成。但是调配的基本方法是相同的。此外，调香者在调香中还要注意到香精的变质、变色、刺激性和毒性等方面的技术问题。这些问题往往与加香产品和使用的香料种类有关，或者受 pH 值影响，或者与加香介质发生化学反应引起异变现象。调香者要熟悉易变色、有刺激性等香料的品种。常用的易变色的香料有吲哚、硝基麝香、醛、酚等类化合物；有刺激性和有毒的香料有万山麝香、葵子麝香、香豆素等。

### 7.5.4 香精的配制

#### 7.5.4.1 配方的拟定

从上面的介绍可以知道，一个香精配方的拟定大体可分为以下几个步骤：

① 明确所配制香精的香型和香韵，以此作为调香的目标；

② 依香精的应用要求，选择质量等级相应的头香、体香和基香香料；

③ 用主香剂香料配制香精的主体部分——基香；

④ 基香香气基本符合要求后，便可加入使香气浓郁的合香剂、修饰剂及有魅力的顶香剂，使香气持久的定香剂；

⑤ 经过反复拟配后，先试配 5～6g 香精小样，进行香气质量评估；

⑥ 小样评估认可后，再配制 500～1000g 香精大样，在加香产品中做应用性考查实验，考查通过后，香精配方拟定才算完成。

#### 7.5.4.2 生产工艺过程

**(1) 液体香精的生产工艺** 如图 7-8 所示。

熟化是香料制造工艺中应该注重的环节之一。目前采取的最普通的方法是把制得的调和香料在罐中放置一定时间，令其自然熟化。其目的是使调和香料达到终点时的香气变得和谐、圆润、柔和。熟化是一个复杂的化学过程，至今尚不能用科学理论完全解释。

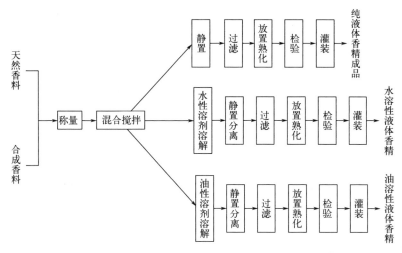

图 7-8 液体香精的生产工艺过程示意

水溶性香精溶剂常用 40％～60％的乙醇水溶液，一般占香精总量的 80％～90％；油溶性香精溶剂常用的是精制天然油脂，一般占香精总量 80％左右。

**（2）粉末香精生产工艺**

① 粉碎混合法　当所用香原料均为固体时，采用粉碎混合法是制造粉末香精最简便的方法。下面以香荚粉末香精为例介绍其配方和操作工艺：

② 载体吸收法　制造粉末化妆品所需的粉末香精，可用载体吸收法来制备。将制成的粉末（或液体）香精与其他载体混合，即可制成粉类化妆品。例如：

三维混合机

粉末香精载体常选用精制的碳酸镁、碳酸钙粉末。

③ 微胶囊包埋法　采用特定的微胶囊工艺将液体香精微滴用固体成膜材料包裹来制备。

液体香精＋成膜材料溶液→分散均匀→微胶囊化→固化→微囊粉末香精

### 7.5.5　调香实例——素心兰香型的调制

首先，确定素心兰香型的典型基香。橡苔净油是素心兰香型的特征基香原料，它的挥发度低，留香时间长。可用作素心兰基香原料的还有岩兰草油、檀香油、赖百当净油和龙涎香等。从中再选择出与橡苔净油相调和且能表现出素心兰香型香韵的香料。通过调配后，选择确定合成龙涎香和橡苔净油作为素心兰香型的基香系列香料，二者的比例为 4∶6。由于一般素心兰香型都具有类似于麝香的香韵，因此，在素心兰的基香配方中还需要配入适当的麝香香料，从合成麝香中选择酮麝香，其调配比例为：6 份橡苔净油，4 份合成龙涎香，1 份酮麝香。

其次，再确定体香。按上面调配的基香香气是浓重的，初闻的香气也是不愉快的，这样的基香需要进一步进行调整和修饰，选择具有中等挥发度的体香香料作修饰剂。如选择一种具有玫瑰香气的玫瑰净油或合成玫瑰油，这种玫瑰香韵将使沉厚的基香变得淡雅些，并能消除初闻时的不愉快气息，从而达到悦人的修饰效果。在玫瑰香韵中再配入微量的灵猫净油，是为了赋予素心兰香精隐约的动物香。玫瑰净油（或合成玫瑰油）与灵猫净油（10%）之比为 3∶1。

确定了体香和基香配比之后，再为素心兰香型选择一个协调的头香。同基香选法一样，亦可选择几种头香香料，分为几组配比，经过多次反复试调、对比、择优后，决定用甜橙油、香柠檬油作为头香，甜橙油与香柠檬油之比为 4∶1。

完成了素心兰香型的极其简单的基香、体香、头香的配比后，再确定其总体配方的百分比。

基香（55%）6 份橡苔净油，4 份龙涎香，1 份酮麝香

体香（20%）3 份玫瑰油或净油，1 份灵猫净油

头香（25%）4 份甜橙油，1 份香柠檬油

上述配方并不是一个完全的配方，只是一个最基本的调和基，也称为香基。仅仅用来说明创作香精配方的基本方法。调香中三类（基香、体香、头香）香料之间的百分比是极其重要的，它与香精的持久性密切相关。如果某一香水的构成包括 20% 的基香、30% 的体香和 50% 的头香，那么，这一香水将缺乏持久性，因为基香的百分比与易挥发的头香和体香的百分比相比显得太低了。总之，各类香料百分比的选择应使各种原料的香气前后相呼应，在香精的整个挥发过程中，各层次的香气能循序挥发形成连续性，使它的典型香韵不前后脱节而过于变异。这样，上述香基还需要进一步扩展和修饰，按照调香师的艺术观点和香气爱好，素心兰型特征香气的基香还可以增加新香料品种。例如甲基紫罗兰酮、岩兰草油、广藿香油、海狸香、灵猫净油等。用甜橙花香韵、茉莉花香韵或者其他任何花香香韵来代替体香玫瑰香韵进行修饰和调整。方法如前，不再赘述。下面将经过四次修饰、调整后的配方罗列如下。

**【素心兰香型配方】**

| | | | |
|---|---|---|---|
| 香柠檬油 | 300g | 橡苔净油 | 40g |
| 柠檬油 | 80g | 香荚兰豆香树脂 | 10g |
| 依兰油 | 20g | 吐鲁香脂 | 10g |
| 芳樟醇 | 50g | 香豆素 | 10g |
| 玫瑰油 | 5g | 赖百当油 | 5g |
| 玫瑰净油 | 10g | 葵子麝香 | 20g |
| 香叶油 | 10g | 酮麝香 | 70g |
| 茉莉净油 | 12g | 海狸香酊 | 5g |
| 苯乙醇 | 25g | 麝香酊 | 10g |
| γ-甲基紫罗兰酮 | 80g | 灵猫净油（10%溶液） | 10g |
| 广藿香油 | 50g | 玫瑰香基 | 40g |
| 檀香油 | 30g | 康乃馨香基 | 20g |
| 岩兰草油 | 35g | 茉莉香基 | 40g |

## 7.5.6　香料的应用及香精配方列举

无论是天然香料还是人造香料，其生产目的主要是为了配制香精。各种类型的香精配制好以后，再应用到各种加香产品中，以改善和美化人们的生活。

### 7.5.6.1　食用香精

我国使用的食用香精主要是水溶性香精和油溶性香精两大类。在香型方面，大多是模仿各种果香而调和的果香型香精，其中使用最广的是橘子、柠檬、香蕉、菠萝、杨梅五大类果

香型香精，也有一些其他香型的香精，如香草香精、奶油香精等。

（1）食用水溶性香精　采用蒸馏水、乙醇、丙二醇或甘油为稀释剂调和香料而成的水溶性香精。将各种香料与稀释剂按一定的配比与适当的顺序互相混溶，经充分搅拌，再经过滤而成。香精若经一定成熟期贮存，其香气往往更为圆熟。

在使用一些天然精油于这类香精时，为了提高其在水中的溶解度，在调和前宜先适当去除其中萜类。目前国内较多采用冷法去萜的工艺，即先将精油、蒸馏水和部分乙醇在容器内充分搅拌混合，静置。因萜烯在稀乙醇中溶解度低，大部分上浮；而含香的主体物质——含氧化合物（指醇、酯、醛、酮、酚等成分）则易溶于乙醇溶液中。将其放入调和容器中，加其他香料与所余的稀释剂，充分搅拌，再经过滤，即制得食用水溶性香精。

经用冷法去萜制得的食用水溶性香精，溶解度较好，比较稳定，香气也较浓厚。这对于要求呈澄明状态的加香饮料来说是很重要的。若使用去萜不良的香精，就会呈现浑浊。

食用水溶性香精适用于冷饮品及配制酒等食品的赋香。其用量：在汽水、冰棒中一般为 $0.02\%\sim0.1\%$，在配制酒中一般为 $0.1\%\sim0.2\%$，在果味露中一般为 $0.3\%\sim0.6\%$。通常的橘子、柠檬香精中含有相当量的天然香料，香气比较清淡，故其使用量可以略高一些；而全部用人造香料配制的香精，则其使用量要低一些。

食用水溶性香精易于挥发，不适于在高温操作下的食品赋香之用。

下面选编一些典型配方（百分比）介绍给读者，仅供参考用。

**【橘子香精配方】**

| | | | |
|---|---|---|---|
| 甜橙油 | 10 | 酒精（95%） | 50 |
| 癸醛 | 0.01 | 蒸馏水 | 45 |
| 香豆素 | 0.01 | | |
| 甘油 | 5.0 | 除萜后约 | 100 |

**【菠萝香精配方】**

| | | | |
|---|---|---|---|
| 乙酸乙酯 | 0.8 | 环己基丙酸烯丙酯 | 0.03 |
| 乙酸戊酯 | 0.3 | 苯丙醇 | 0.002 |
| 乙酸芳樟酯 | 0.006 | 乙基香兰素 | 0.01 |
| 丁酸乙酯 | 1.2 | 橘子油粗品 | 1.1 |
| 丁酸戊酯 | 1.3 | 柠檬油粗品 | 1.5 |
| 丁酸香叶酯 | 0.05 | 乙醇（95%） | 61.70 |
| 己酸烯丙酯 | 0.4 | 蒸馏水 | 30 |
| 庚酸乙酯 | 1.5 | | |
| 苯甲酸乙酯 | 0.1 | | 100 |

（2）食用油溶性香精　系用精炼植物油、甘油或丙二醇等作稀释剂调和以香料而成的油溶性香精。将各种香料与稀释剂按一定的配比与适当的顺序相互混溶，经充分搅拌、过滤而制得。

食用油溶性香精比较适用于饼干、糖果及其他焙烤食品的加香。其用量：在饼干、糕点中一般为 $0.05\%\sim0.15\%$，在面包中为 $0.04\%\sim0.1\%$，在糖果中为 $0.05\%\sim0.1\%$。

**【香蕉香精配方】**

| | | | |
|---|---|---|---|
| 乙酸戊酯 | 22.0 | 丁香油 | 0.6 |
| 乙酸丁酯 | 4.0 | 甜橙油 | 2.0 |
| 丁酸乙酯 | 4.0 | 香兰素 | 0.2 |
| 丁酸戊酯 | 6.0 | 茶油 | 60.0 |
| 乙酸乙酯 | 1.0 | | |
| 橙叶油 | 0.2 | | 100 |

**【樱桃香精配方】**

| | | | |
|---|---|---|---|
| 乙酸乙酯 | 7.06 | 甜橙油 | 1.0 |
| 丁酸乙酯 | 1.6 | 十四醛 | 0.04 |
| 丁酸戊酯 | 2.8 | 人造苦杏仁油 | 1.6 |
| 甲酸戊酯 | 1.0 | 洋茉莉醛 | 1.0 |
| 乙酸戊酯 | 1.0 | 庚酸乙酯 | 0.4 |
| 大茴香醛 | 0.2 | 苯甲酸乙酯 | 0.8 |
| 香兰素 | 0.6 | 植物油 | 80.0 |
| 桂醛 | 0.1 | | |
| 丁香油 | 0.6 | | 100 |
| 橙叶油 | 0.2 | | |

### 7.5.6.2　日用香精

在香料的应用中日用香精占有很重要的地位。包括香水、花露水、室内清香剂、生发水、香皂、洗衣粉、洗涤剂、雪花膏、冷霜、营养霜、唇膏、香粉、胭脂、痱子粉、祛臭粉、洗发香波、发乳、牙膏等。香水是化妆品中香精含量比较高的日用品，约20%，用95%的乙醇溶解调配而成。花露水与香水的区别在于其香气比较清淡，香水多为女性所用，花露水男女适宜。花露水的调配是以柑橘类香料为主的，如香柠檬、橙花、柠檬、橙叶油等，通常香精的含量为3%～5%，调配用乙醇的浓度为80%左右。

**【水基玫瑰香水香精配方】**

| | | | |
|---|---|---|---|
| 香叶醇 | 10 | 玫瑰醇 | 25 |
| 苯乙醇 | 15 | 橙花醇 | 3 |
| 芳樟醇 | 5 | 乙酸玫瑰酯 | 5 |
| 乙酸香叶酯 | 1 | 羟基香茅醛 | 3 |
| 甲酸香叶酯 | 1 | 玫瑰净油 | 2 |
| 玫瑰油 | 10 | 苏合香油 | 3 |
| 广藿香油 | 1 | 酮麝香 | 1 |
| 麝香 BRB | 2 | $C_{11}$ 醛（10%） | 2 |
| $C_9$ 醛（10%） | 1 | | |
| 香茅醇 | 10 | | 100 |

**【玫瑰洗涤剂香精配方】**

| | | | |
|---|---|---|---|
| 香叶醇 | 30 | 结晶玫瑰 | 4 |
| 愈创木油 | 6 | 酮麝香 | 2 |
| 苯乙醇 | 15 | 乙酸芳樟酯 | 5 |
| 玫瑰醇 | 5 | $\alpha$-紫罗兰酮 | 2 |
| 乙酸香叶酯 | 3 | 苯乙酸（10%） | 2 |
| 乙酸苯乙酯 | 4 | 丁酸香叶酯 | 1 |
| 香叶油 | 15 | 广藿香油 | 2 |
| 肉桂醇 | 3 | | |
| 二苯醚 | 3 | | 100 |

### 7.5.6.3　工业用香精

一般将日用和食用以外的香精称为工业用香精。如防臭、除臭剂用香精，杀虫剂用香精，蚊香、卫生香用香精，饲料用香精，驱避剂用香精及塑料、造纸、合成草、溶剂、纤维等用香精。这类香精发展较快，几乎渗透到了各行各业。例如，随着近代工业的迅速发展，城市污染越来越严重，用于缓和以及消除公害用的香精骤然增加。下面列举这样一些用途的香精配方实例供参考。

**【塑料加工用玫瑰型香精配方】**

| | | | |
|---|---|---|---|
| 苯乙醇 | 10.0 | 玫瑰油 | 2.0 |
| 香茅醇 | 9.0 | 紫罗兰酮 | 1.0 |
| α-紫罗兰酮 | 1.0 | 玫瑰醇 | 3.0 |
| 乙酸香叶酯 | 2.0 | 橙花醇 | 1.0 |
| 丁子香酚 | 0.5 | 酮麝香 | 1.0 |
| $C_{11}$ 醛（10%） | 1.5 | 蜡 | 50.0 |
| 葵子麝香 | 1.0 | | |
| 香叶醇 | 15.0 | | 100 |

**【消毒剂用香精配方】**

| | | | |
|---|---|---|---|
| 松油醇 | 50 | 乙酸苄酯 | 8 |
| 松针油 | 10 | 香茅油 | 10 |
| 异松油烯 | 7 | | |
| 乙酸龙脑酯 | 5 | | |
| 柠檬草油 | 10 | | 100 |

# 7.6 香料的评价和安全性

评价一种香料的优劣，目前主要还是通过人的嗅觉和味觉等感官来进行香的检验。香料包括单体香料、天然香料和由它们配合而成的香精。后者按照用途又分为食品香料和化妆品香料。这些香料各自采用在某种程度上有所不同的官能评价法。

## 7.6.1 各种香料的香评价

### 7.6.1.1 单体香料的评价

单体香料包括合成香料和单离香料。其香评价主要有三个方面：香气质量、香气强度和留香时间。

(1) 香气质量评价 可以采用香料纯品或稀乙醇溶液，直接闻试或者通过评香纸进行闻试之后判断质量。此外，亦可将单体香料稀释至一定浓度（溶剂主要是水），放入口中，香气从口中通过鼻腔，从稀释度与香之间的相互变化关系来评价香质量。

(2) 香气强度评价 香气强度一般用阈值来表示，所谓阈值是指能够感觉到香气的有香物质的最小浓度。从阈值的定义可看出：阈值越小的香料香气越强。但此概念也不是绝对的，由于溶剂的不同，亦会出现微妙的变化，另外单体香料中存在的微量杂质，对其阈值的影响也是不容忽视的。

(3) 留香时间评价 单体香料中，有些品种的香气很快消失，但也有些香料的香气能保持较久，香料的留香时间就是对该特征的评价。一般是将香料蘸到一张清洁、无臭、质量上乘的厚纸（15cm×1cm）上，再测定香料在评香纸上的香气保留时间。

### 7.6.1.2 天然香料的评价

天然香料的评价方法和单体香料一样，也是从香气质量、香气强度、保香性三方面进行评价。但因为天然香料是多成分香料，所以香的感官评价又不同于单体香料。在同一评香纸上要检验出不同阶段香的变化，即顶香、体香和基香。三者香气之间的合理平衡，是天然香料香评价的重点。

### 7.6.1.3 香精

香精就香质量和香气强度来看，评价方法和单体香料、天然香料大致相同。但食用香精却有所不同，其香评价还包括味的评价。一般是在食用香精中添加一定量的水或者某种浆液，将其含在口中，进行香气和香味的感官评价。此外，还要进行加香产品的香评价，因为即使同一种香精，由于加香介质不同，其香亦要产生变异。例如，出现强度不足或香气平衡被破坏的现象，并且还会随放置时间的增加而发生变化，导致香气劣化。所以当制品中加入香料并对目的香气和味进行感官评价之后，还必须用恒温槽等进行稳定性试验，以便对调和香料做出最终评价。

## 7.6.2 香料的安全性

香料的安全性，一般是对日用香料和食用香精而言的，但是，以这二者为对象的法规很难制定。因为各种香料之间存在千差万别的变化，因此，要想对于这些香精逐个做出法律规定是非常困难的，所以便把目标转移到食品香精和日用香精的制造原料——天然香料与合成香料方面。

### 7.6.2.1 日用香精

日用香精主要用于化妆品、香皂、洗涤剂等产品，其安全性问题主要是指对人皮肤的刺激性。通常，从日用香精安全性考虑，按其生理作用分为下列几项：急性毒性、代谢障碍、皮肤反应等。

日用香精确实有一定的安全性问题。日用香精的安全性取决于原料的安全性。只要原料是安全的，日用香精的安全性就有保证，因为香精的调配是一种物理混合过程，应用场合不同配方千变万化。因此，日用香精的安全性取决于所用香料以及辅料的安全性。只要构成日用香精的原料经过安全评价，品种和质量符合法规标准要求，则其安全性是有保证的。目前，人们已发现天然存在的香气或香味物质达数万种，已对其中的食用香料的安全性进行了评价，并制定了相应的法规和标准。

美国日用香料香精研究所（简称 RIFM）是评价日用香料安全性的科学权威机构。RIFM 的工作主要有以下几个方面：①从事日用香料的研究和评价；②评价日用香料的安全性；③收集、分析和发表有关日用香料的科学信息；④向 RIFM 会员、工业协会和其他团体分发科学资料和安全评价结果；⑤保持与官方的国际机构的积极对话。RIFM 自 1983 年开始建立香料数据库，已拥有世界上有关日用香料资料最为完整的数据库。人们对日用香料香精的安全性评价已从对人体的危害评价（刺激、过敏、光毒性和系统毒性）上升到对环境的危害评价（日用香料的持久性、生物体内的累积性及对水生生物的毒性等）；从接触皮肤的危害评价到通过呼吸道的安全评价；从较为定性的评价到完全定量的评价。2007 年 3 月，RIFM 公布了《日用香料的皮肤过敏定量危险评估》。

国际日用香料香精协会（简称 IFRA）是全球日用香料香精工业的组织，其会员均来自世界各个国家级或地区级的日用香料香精协会。其成员国所生产的日用香料香精约占整个世界份额的 90%。

日用香料的安全性评价由 RIFM 进行。IFRA 负责收集并向 RIFM 提供待评的日用香料的有关信息，包括该香料的使用量、在日用香精配方中的含量以及从科学期刊所取得的所有试验结果（包括香料对人体和环境的不良作用）。日用香料制造商对商业化生产的产品必须向 RIFM 提供安全资料，并录入日用香料数据库。RIFM 对日用香料的安全性进行评价后，对禁用物质和限用物质等做出建议，然后由 IFRA 讨论，经同意后以 IFRA 实践法规的形式公布。

目前，IFRA实践法规将日用香料分为3类：一是禁用物质，即它们由于对人体或环境有害，或由于缺乏足够的资料证明它们可安全使用，故被禁止作为日用香料使用。二是限量使用的日用香料，即它们的应用范围和在最终消费品中的最高允许浓度受到限制。目前已将使用日用香精的最终产品分为11类，IFRA实践法规对限用的日用香料在这11类产品中的限量分别做出规定。三是某些香料，尤其是天然香料，由于含有某些有害杂质会对人体造成不良影响，只有当它们的纯度达到一定要求后方可作为日用香料使用。凡IFRA不做出规定的日用香料一般视为可以安全使用。可以说IFRA实践法规提供的是一种否定表，而不是肯定表，这与食用香料完全不同。

欧盟化妆品指令对日用香料的规定几乎全部接受IFRA提出的禁用名单。2003年欧盟化妆品指令作了第7次修改。此次修改将26种日用香料作为过敏源，当这些香料的用量在驻留型化妆品中 $\geqslant 10 \times 10^{-6}$（质量分数）、在即洗型化妆品中 $\geqslant 100 \times 10^{-6}$（质量分数）时，就必须在产品标签上标明其名称。事实上，欧盟化妆品指令只要求标示这些香料，而IFRA的实践法规要求它们在11类产品中的使用浓度不超过一定限量，以保证其安全性。

2007年，我国卫生部颁布《化妆品卫生规范》。该规范中禁用的日用香料名单与欧盟化妆品指令中的禁用名单完全相同，而对欧盟化妆品指令第7次修改中有关过敏香料的标示要求则完全没有采纳。一是因为欧盟的标示要求不能从根本上来防止因过敏香料引起的对使用者的健康问题；二是定量依据不够充分，26种香料引起过敏的情况各不相同，用一种尺度来处理不够妥当；三是该指令只在欧盟执行，美国、日本、澳大利亚和东南亚等国家和地区并不执行这一指令。

2017年为了规范日用香精的生产和使用颁发了GB/T 22731—2017《日用香精》标准。该标准不但规定了日用香精的质量要求，还根据日用香精发展趋势以及市场需求，参考IFRA实践法规，提出了日用香精的安全性要求。该标准中规定了82种在日用香精中禁用的香料，这既符合IFRA实践法规的规定，也符合中国《化妆品卫生规范》（2007年版）的相关规定；同时将使用日用香精的最终产品分为11类，并规定了99种限用香料。

### 7.6.2.2　食用香精

近些年食用香精香料安全性更成为人们关注的重点。食用香精香料功能主要表现在两个方面：一是为食品提供香味；二是补充和改善食品香味。一些加工食品由于加工工艺、加工时间等的限制，香味往往不足，或香味不正、香味特征性不强。加入食用香精香料后能使食品香味得以补充、加强和改善。

在食用香精香料安全性问题上，影响食用香精香料安全性最关键因素是其原料。大多数食用香精系由食品香料调配而成，其中同样包含溶剂如乙醇、植物油，或其他载体，如粉末香精中变性淀粉等。香料生产绝不能采用未经许可品种，更不能使用化工原料香料单体替代食品级香料，以降低成本或提高产品留香效果。食用香精只能使用经毒理学评价试验证明对人体无害香料，在《食品安全国家标准　食品安全性毒理学评价程序》中有具体规定。我国允许使用食用香料达1853种，其化合物复杂性，可能在使用过程中会导致滥用、错用等安全与应用风险。有些食用香精香料化合物因纯度不高，例如含有重金属残留、密度和折射率指标不符合标准等，也会导致使用安全隐患。其次，影响食用香精香料安全性的因素是加工工艺。一些调味香精是通过热反应方法制成，但对大部分热反应型香精安全评价及各种成分毒性分析数据不多。例如，油炸马铃薯和焙烤食品含有丙烯酰胺的问题。丙烯酰胺对人体具有神经毒害、生殖毒性及潜在致癌性，会对大脑及中枢神经造成损害，并被国际癌症研究机构列为"可能对人体致癌物质"。目前，对食品中丙烯酰胺形成机制研究并无确切结论，然而由氨基酸和还原糖在高温加热条件下通过美拉德反应生成丙烯酰胺这一反应机理已得到确认；脂肪氧化反应，反应条件控制适宜，可产生大量芳香风味物质；若反应条件不佳，则可能产生酸败。

另外，食用香精香料在储藏时被微生物污染主要受环境、包装及形态等因素影响的安全性问题。食用香精香料大多数由有机化合物组成，日光、温度、湿度等环境因素对其质量影响较大，应在阴凉通风、无异杂气味场所存放，防止杂气污染。食用香精香料形态主要包括精油、酊剂、浸膏、粉末等，不同物质形态在储藏过程中受微生物污染程度差别很大。对于一些特殊、易挥发氧化、稳定性差香料还应于低温避光贮存，所盛容器应选择质量稳定、食品专用包装材质盛装，以减少污染；否则，容器中金属离子、塑料制品填充剂等易于引起原料变质。

我国虽已逐渐完善食用香料法规标准体系，但质量规格标准缺失较为严重。目前我国正式批准允许使用食用香料品种已达 1800 多种，但其中已制定国家标准、行业标准的有 150 多种。长期以来食用香料标准缺失主要由于以下几个方面：

第一，食用香料品种繁多、用量小，国家主管部门考虑优先制定关注程度更高其他食品添加剂标准；

第二，受我国制定标准的人力、物力限制，一些用量较小食用香料未能列入标准制订计划中；

第三，我国生产食用香料只占总体数量一部分，而另外一部分主要依赖进口，不宜制定相应质量规格标准。

从食用香精香料长远发展趋势看，尽快制定食用香精使用原则标准及其他相关法规和规定，以规范食用香精使用，保护消费者权益和健康。尽快制定酶反应香料香精标准和检验方法标准，重点是禁用物质检验方法标准、天然香料中有害物质分析检测方法研究等。

## 7.7　香料生产现状及发展动向

### 7.7.1　国外香料香精现状

全球著名的香料跨国公司有：美国的 IFF、瑞士的奇华顿（Givaudan）和芬美意（Firmenich）、英国的 Quest 和 BBA（BushBook Allen）、日本的高砂（Takasago）和长谷川（Hasegawa）、森馨和德威龙等。世界八大香料公司占有世界 2/3 的市场份额。世界香料工业在 20 世纪 80 年代还是一个高度分散的工业，但随着世界香料工业集团的合并和重组，这些跨国公司的销售额都大为提高，并且都更加重视科研创新。在天然香料方面，法国是天然香料生产最发达的国家，主要集中在法国东部地中海岸的山区城市格拉斯。主要的品种有薰衣草油、伊兰、香叶等。美国是最主要的香料生产国和消费国之一，其进口和出口的数额较大，但美国生产的品种却不多，主要生产的品种是椒样薄荷油、柠檬油、甜橙油。摩洛哥是生产天然香料的重要国家之一，种植大量玫瑰和部分薰衣草、香紫苏、薄荷等。保加利亚的薄荷精油、玫瑰油被公认为世界上最好的品种之一，国际上用以制造香水和香精的玫瑰油，有 70% 是来自保加利亚。日本的香料香精销售额约占世界总量的 12%。

### 7.7.2　国内香料香精现状

我国合成香料的生产，主要产品生产规模不断扩大，工艺稳定，出口增加。2020 年我国香料香精市场销售额为 511.3 亿元，同比增长 2.5%，行业正处于结构转型期，市场规模增速变缓。我国目前香精香料企业 900 多家，主要为香精生产厂家，合成香料的生产，与十年前相比，有不断集中的趋势。在我国有"三资"企业 50 余家，国际著名的香料香精生产企业已基本在中国领土建厂落户，例如美国国际香料公司（IFF）、瑞士的奇华顿公司和芬美意香料公司、英国奎斯特公司、德国德威龙和哈门及雷默公司、日本高砂香料株式会社、日本长谷川香料株式会社和法国曼氏香精香料公司等。我国的香料香精工业已形成国内市场国际化局面，直接面对激烈的国际竞争。但是，当前中国的香料香精生产企业 90％以上为中小型，年销售额亿元以上的企业还不多。世界上已知的合成香料有 7000 多种，我国生产的只有 1000 多种。天然原料成为香精香料行业发展趋势，需求不断上升。美国、日本是我国天然香料主要出口国，美国、印度、土库曼斯坦、新加坡、日本是我国天然香料产品主要进口国。我国在香料植物资源上，已成为天然香料的生产大国之一。如广西是我国天然香料植物资源大省，广西八角种植面积和年产量占全国总量的 85％以上，肉桂种植面积和桂品（含桂皮、桂油）产量占全国总量的 50％以上。云南香料香精总产量居全国第 4 位，天然香料产量占全国的 50％以上，已成为我国主要的天然香料基地。云南省对外出口的香料主要以天然香料为主，其中桉叶油已占有全球 95％的市场份额，香叶油和香茅油销量也占全球 50％。

### 7.7.3 发展动向

当今世界科学技术飞速向前发展，香精香料工业的发展也日新月异。从香精香料工业大的方面来说，未来的发展趋势大概有如下几点：

① 各大公司不断联合兼并，香精香料工业将继续经历一个公司兼并的时代；

② 各大公司均视香精为龙头并作为最终产品走向市场，创造效益，回过头来提供科研经费，扩大生产，形成良性循环；

③ 顺应回归大自然的时代潮流；

④ 充分利用计算机技术和现代分析技术等各种先进技术手段配合调香；

⑤ 分离提取技术不断更新进步，如萃取分离和膜分离技术等；

⑥ 应用领域不断加深扩大，例如，利用微囊化技术将香料加入纺织品中能使其长期保香（微胶囊技术属于控制释放技术之一，日化香精的优异性能是否得以充分利用以及如何控制才能持续地在产品中发挥其功能，都与控制释放技术有关。其他控制释放技术还有多孔性基材的空穴置换法、环糊精法、凝胶法、乳化、渗透性薄膜法等）；

⑦ 产品系列化；

⑧ 广泛应用生物技术合成香料，目前应用的生物技术大致有微生物突变技术、基因重组技术、植物组织培养和发酵技术。

利用微生物发酵来模拟植物次级代谢过程可生产出香料化合物，而且这些香料化合物已被欧洲和美国食品法规界定为"天然的"。这种标识体现着市场的一种强烈要求。全世界约有 80％的香精香料是由化学法合成的，然而在德国（1990 年）约有 70％的食用香料是天然的，这一趋势要归功于新型营养健康生活观念的建立。"天然的"标记对于利用微生物技术生产香料的研究是非常重要的，因为天然的和化学合成的香料在价格上差距是巨大的，例如每公斤合成香兰素的价格为 12 美元左右，而每公斤从香荚兰豆提取的香兰素是 4000 美元。此外，生物技术还会显现出其他的优点，香料是生物活性物质，手性对其香味具有重要的影响，而生物催化剂可选择性地催化合成出手性化合物。生物技术进一步的优点是：

① 独立于农业之外，可不受于地方不利环境条件所限制；

② 可利用工程技术方法进行放大和工业化生产，产品易于回收；

③ 可为发展中国家保护天然资源。

## 参考文献

[1]  朱洪法.精细化学品辞典.北京:中国石化出版社,2016.
[2]  舒宏福.新合成食用香料手册.北京:化学工业出版社,2005.
[3]  斯图尔特·法里蒙德.香料科学.丛龙岩,译.北京:中国轻工业出版社,2021
[4]  范有成.香料及其应用.北京:化学工业出版社,1990.
[5]  丁德生,龚隽芳.实用合成香料.上海:科学技术出版社,1991.
[6]  何坚,季儒英.香料概论.北京:中国石化出版社,1993.
[7]  王箴.化工辞典.4版.北京:化学工业出版社,2000.
[8]  徐易,曹怡,金其璋.食用香料香精安全性与国内外法规标准.中国食品添加剂,2009 (2):49-54.
[9]  汤晨,张蕾,仇智宁.试论食品香精的安全性.粮食与油脂,2012 (7):50-51.
[10]  徐易,曹怡,金其璋,等.日用香料香精安全性与法规标准.日用化学品科学,2009,32 (5):36-39.

## 思考题与习题

1. 简述超临界流体萃取分离过程的原理及特点。常用的超临界流体二氧化碳萃取剂有哪些特性?

2. 制备粉末香精有哪些方法?具体生产工艺流程如何?

3. 试述在调配主香剂、合香剂、修饰剂时,对于香气类型的选择应注意什么。

4. 由浸膏制备净油主要是利用什么原理去除浸膏中的什么杂质?

5. 植物性天然香料的产品,根据它们的形态和制法通常称为哪几种?根据它们的分子结构特点,大体上可分为哪几类?其生产方法通常有哪几种?

6. 植物性天然香料的生产方法有哪几种?精油通常采用什么方法制备?水蒸气蒸馏方法生产精油有几种形式?水蒸气蒸馏生产设备主要由几个部分组成?水蒸气蒸馏法通常不适用什么精油的生产?

7. 在香茅油中约含40%的香茅醛,分馏香茅油可得粗香茅醛。请用化学反应式表达粗香茅醛纯化制备纯香茅醛的过程。

8. 何谓单体香料?何谓单离香料?何谓半合成香料?何谓精油?精油的主体香成分是什么化学结构?

9. 蒸气蒸馏法是最常用的一种制取天然香料精油的方法,该方法有什么特点?通常不适用什么精油的生产?

10. 如何认识和评价香精香料的安全性?

# 第八章

# 电子化学品

## 8.1 概论

电子工业的发展与化学过程密切相关，其生产过程需用大量的专用化学品，因而出现了电子化学品行业，成为电子行业日新月异发展的基础支撑。电子化学品是电子工业中的关键基础化学材料，支撑着现代通信、计算机、信息网络技术、微机械智能系统、工业自动化和家电等新兴高科技产业。电子工业的发展要求电子化学品与之同步发展，不断地更新换代，以适应其在技术方面不断推陈出新的需要。

电子化学品产品按用途可分为集成电路（IC）用化学品、印刷电路（PCB）用化学品、平板显示（FPD）用化学品等几大门类，每个大门类下面又有若干细分的子门类，据不完全统计产品品种在 2 万余种以上。电子化学品质量的优劣决定着能否制造出高性能的电子元器件。在某种程度上，电子化学品决定着下游及终端产业的发展与进步。

电子化学品成为世界各国电子工业优先开发的关键材料之一，电子化学品也因此成为化工行业中发展最快的领域。我国老一辈的科学家为电子化学品的发展作出了不可磨灭的贡献。比如 20 世纪 50 年代，林兰英先生冲破美国的重重封锁，投身新中国。虽然林先生积蓄全被美国当局扣押，回国后已经身无分文，但她还是毅然将自己冒险带回来的"药"——价值 20 多万元的锗单晶和硅单晶，无偿地赠给了中国科学院，为我国半导体科学工作者提供了求之不得的无价参考。

### 8.1.1 电子化学品定义

电子化学品就是为电子工业配套的专用化工产品。

电子工业是最近 30 年发展最迅速的高技术产业，以计算机和超大规模集成电路为核心的电子工业发展水平已成为衡量一个国家科技水平的重要标志。

电子化学品（electronic chemicals），也叫电子化工材料，泛指专为电子工业配套的精细化工材料，包括集成电路、电子元器件、印制线路板、工业及消费类整机生产和包装用的各种化学品及材料。电子化学品系化学、化工、材料科学、电子工程等多学科结合的综合学科领域。

### 8.1.2 电子化学品特点

**(1) 品种多、专用性强、专业跨度大**　电子化学品品种规格繁多，可分为半导体材料、磁性材料及中间体、电容器化学品、电池化学品、电子工业用塑料、电子工业用涂料、打印材料化学品、高纯单质、光电材料、合金材料、缓蚀材料、绝缘材料、特种气体、电子工业用橡胶、压电与声光晶体材料、液晶材料、印制线路板材料等十几个大的门类，每一个大类又可分为若干子类，据不完全统计产品品种有 2 万余种。如半导体材料可分为集成电路和分立器件生产工艺所用的光刻胶、封装材料、高纯化学试剂等；电池化学品按电池材质可分为锂离子电池化学品、碱锰电池化学品、燃料电池化学品、镍氢电池化学品等品种。

电子化学品系化学、化工、材料科学、电子工程等多学科结合的综合学科领域，各种电子化学品之间在材料属性、生产工艺、功能原理、应用领域之间存在差异，产品之间专业跨度大，单一产品具有高度专用性、应用领域集中的特点。比如，电池化学品、合金材料、压电与声光晶体材料之间在生产工艺和应用领域就存在本质区别。

（2）子行业细分程度高、技术门槛高  由于电子化学品品种多、专业跨度大、专用性强等，单个企业很难掌握多个跨领域的知识和工艺技术，内部形成了多个子行业。不同于上游石油化工等基础化学原材料行业，精细化工领域的电子化学品存在市场细分程度高、技术门槛高的特点。细分行业市场集中度较高，龙头企业市场份额较大，是电子化学品行业的普遍特点。

（3）技术密集、产品更新换代快  电子化学品系多学科结合的综合性学科领域，要求企业研发人员、工程技术人员具备多学科及上下游行业的知识背景和研究能力，具备较高技术门槛。电子化学品与下游行业结合紧密，新能源、信息通信、消费电子等下游行业日新月异地快速发展，势必要求电子化学品更新换代速度不断加快，企业科技研发压力与日俱增。

（4）功能性强、附加值高、质量要求严  电子化学品是"电子化学品-元器件/部件-整机"产业链的前端，其工艺水平和产品质量直接对元器件/部件的功能和性状构成主要影响，进而通过产业传导影响到终端整机产品的性能。例如，功能电解液对铝电解电容器的电容量、使用寿命及工作稳定性等具有关键性影响，而电容器质量将直接影响下游家电、汽车、信息通信设备等终端产品的工作质量和寿命。

元器件乃至整机产品的升级换代，有赖于电子化学品的技术创新和进步。电子化学品功能的重要性决定了产品具有附加值较高、质量要求严的特点。下游客户尤其是品牌客户，对电子化学品质量控制要求非常严格，其合格供应商的认证时间长、程序复杂，认证通过后通常会与其合格供应商建立长期稳定的合作关系。

# 8.2  印制线路板（PCB）化学品

## 8.2.1  概述

印制线路板（简称 PCB）于 1936 年诞生，美国于 1943 年将该技术大量使用于军用收音机内；自 20 世纪 50 年代中期起，PCB 技术开始被广泛采用。目前，PCB 板已然成为"电子产品之母"，其应用几乎渗透于电子产业的各个终端领域中，包括计算机、通信、消费电子、工业控制、医疗仪器、国防军工、航天航空等诸多领域。PCB 产业链及其相关联电子化学品如图 8-1 所示。PCB 板在整机中起着元器件和芯片的支撑、层间互连和导通、防止焊接桥搭和维修识别等作用，其设计和制造质量直接影响到整个产品的质量和成本，决定商业竞争的成败。而印制线路板的所有功能及性能的稳定性、可靠性同印制线路板生产过程中的化学品都息息相关。

PCB 电子化学品的不断革新伴随着整个 PCB 制板技术发展史，可以说没有众多不同用途的化学品，就不可能制成印制线路板，更无法生产出适合于各种高科技电子使用的高端多层板、HDI 板、芯片载板、刚挠结合板。另外，PCB 化学品的发展趋势又受到 PCB 板厂的

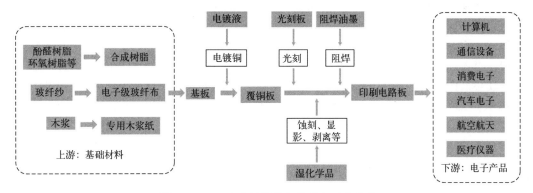

图 8-1　PCB 产业链及其相关联电子化学品

市场需求、生产设备、生产工艺以及政策法规等多方面的影响，理清这些因素，也就能够明确 PCB 电子化学品的机遇与挑战所在。

### 8.2.2　PCB 化学品的分类

印制线路板生产化学品可分为 13 个类型，包括酸性和碱性蚀刻液、层压制程黑化或棕化、除环氧沾污和化学沉铜、板面镀铜和图形镀铜、电镀锡（或铅锡）、外层板加工化学品、表面涂敷化学品、内层线路感光胶、液态感光成像阻焊剂、字符印刷油墨、插头镀镍/金化学品、线路油墨、图形镀镍/金等。各个类型还包括系列用化学品，如除油剂、微蚀剂、活化剂、中和剂等溶液。印制线路板用化学品按用途可分为以下四大类。

**(1) 印制线路板基材**　PCB 基材是指板材的树脂及补强材料部分，可作为铜线路与导体的载体及绝缘材料。它是由树脂、玻纤布、玻纤席或白牛皮纸所组成的胶片（prepreg）作为黏合剂层，即将多张胶片与外敷铜箔先叠合，再在高温高压/中压下合成的复合板材，其正式学名为铜箔基板。新一代精密电子高密度互连多层电路板应用广泛，它们对于基板的热性能、力学性能、环保要求都变得更为严格，层数结构及制作工艺也变得复杂。

PCB 基材按材质可分为有机材质和无机材质两种。有机材质中的覆铜箔层压板，因其性价比高，应用非常普遍，如 FR4 ［环氧树脂有阻燃（FR）和非阻燃两种］。另外，酚醛树脂玻璃纤维复合材料 CEM、BT/Epoxy 混合树脂和聚酰亚胺（PI），在硬性基板和柔性基板上都应用广泛。目前最典型的基板材质有两种，即覆铜箔层压板（CCL）和涂树脂铜箔（RCC）。CCL 目前应用最广，而 RCC 是一种新型的多层板制作材料，它是生产积层板的重要基材。而树脂品质的优劣，很大程度上决定着印制层压板的可靠性，PCB 焊盘和焊点的坑裂有时就是树脂品质造成的。高密度组装板对树脂特性的要求较高，PCB 硬性层压板通常较多地采用环氧树脂、多元酯、聚酯，以及 BT 树脂与环氧树脂的混合材料。BT 树脂通常与环氧树脂混合制成基板，这种基板的 $T_g$ 点可高达 180℃，耐热性能非常好，BT 树脂制成的覆铜箔板材，铜箔的抗撕强度、挠性强度也很理想，介质常数小，可用于高频和高速传输的电路板。

**(2) 线路成像用光致抗蚀剂和网印油墨**　光致抗蚀剂又称光刻胶，为由感光树脂、增感剂和溶剂三种主要成分组成的对光敏感的混合液体，是制造印制线路板电路图形的关键材料。感光树脂经光照后，在曝光区能很快地发生光固化反应，使得这种材料的物理性能，特别是溶解性、亲和性等发生明显变化。经适当的溶剂处理，溶去可溶性部分，得到所需图像。目前光致抗蚀剂主要有两大类：一类是液体光致抗蚀剂，包括普通的液体光致抗蚀剂和电沉积液体光致抗蚀剂（简称 ED 抗蚀剂）；另一类是干膜抗蚀剂，干膜抗蚀剂具有工艺流程简单，对洁净度要求不高和容易操作等特点，自问世以来，很快受到印制电路企业的欢迎，几经改进和发展，现在已经在印制电路制造各种抗蚀剂中占 90% 以上，成为主流产品。PCB 网用网印油墨的主要产品有阻焊剂、字符油墨和导电油墨等。

**(3) 电镀用化学品**　除主要用于镀铜工艺外，在镀镍、锡、金及其他贵金属的电镀工艺中也有使用。因为一般电镀工艺较直接金属化电镀工艺具有应用方便、成本低、导电性及产品可靠性高的特点，目前普遍使用。常用的电镀化学品有 $Na_2S_2O_7$、$Na_2SO_3$、$NaOH$、$CuSO_3$、$HNO_3$、$HCl$ 和甲醛等。

**(4) 用于显影、蚀刻、黑化、除胶、清洗、保护、助焊等工艺的其他化学品**　如 $Na_2SO_4$、$FeCl_2$、$HCl$、$CuCl_2$、$H_2SO_4$、$H_2O_2$、$NaOH$、保护涂料、消泡剂、黏合剂和助焊剂等，其需求增长迅速。

# 8.3　半导体化学品

## 8.3.1　概述

半导体集成电路是现代信息社会的基石，广泛应用在手机、电脑、汽车、工业等各个领域。半导体行业于 20 世纪 50 年代起源于美国，属于技术密集、资金密集的行业。伴随着技术和经济的发展，半导体行业经历了三次大规模的产业链转移。第一次从美国转移到了日本，发生在 20 世纪 80 年代；第二次发生在 20 世纪 90 年代，从日本转移到韩国、中国台湾和新加坡等地；第三次发生在 21 世纪以来，我国正在承接第三次大规模的半导体技术转移。半导体包括集成电路、分立器件、光电子器件和传感器等四大类，广泛应用于计算机、消费电子、通信产品、汽车电子和工业控制等领域。半导体化学品是半导体制造和封装环节必不可少的原料，按照半导体在工艺流程的应用，可分为光刻胶及辅助原料、超净高纯化学品、电子气体、CMP 材料、硅片和硅基材料以及封装材料等几大类。集成电路产业链及其相关联电子化学品见图 8-2。

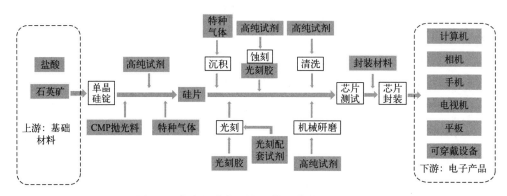

图 8-2　集成电路产业链及其相关联电子化学品

## 8.3.2　半导体材料

半导体材料（semiconductor material）是一类具有半导体性能（导电能力介于导体与绝缘体之间，在 $1m\Omega \cdot cm \sim 1G\Omega \cdot cm$ 范围内）、可用来制作半导体器件和集成电路的电子材料。在一般情况下，半导体随温度的升高而增大，这与金属导体恰好相反。凡具有上述两种特征的材料都可归入半导体材料的范围。反映半导体内基本性质的是各种外界因素如光、热、磁、电等作用于半导体而引起的物理效应和现象，这些可统称为半导体材料的半导体性质。

半导体材料可按化学组成来分，再将结构与性能比较特殊的非晶态与液态半导体单独列为一类。按照这种分类方法可将半导体材料分为元素半导体、无机化合物半导体、有机化合物半导体和非晶态与液态半导体。

（1）元素半导体　在元素周期表的ⅢA族至ⅦA族分布着12种具有半导体性质的元素，表8-1所列即这12种元素半导体，其中C表示金刚石。C、P、Se具有绝缘体与半导体两种形态；B、Si、Ge、Te具有半导性；Sn、As、Sb具有半导体与金属两种形态。P的熔点与沸点太低，Ⅰ的蒸气压太高，容易分解，所以它们的实用价值不大。As、Sb、Sn的稳定态是金属，半导体是不稳定的形态。B、C、Te也因制备工艺上的困难和性能方面的局限性而尚未被利用。因此这12种元素半导体中只有Ge、Si、Se 3种元素已得到利用。Ge、Si仍是所有半导体材料中应用最广的两种材料。

表8-1　具有半导体性质的元素

| 周期 | ⅢA | ⅣA | ⅤA | ⅥA | ⅦA |
|---|---|---|---|---|---|
| | B | C | | | |
| | | Si | P | S | |
| | | Ge | As | Se | |
| | | Sn | Sb | Te | I |

（2）无机化合物半导体　无机化合物半导体分二元系、三元系、四元系等。

二元系包括：

① Ⅳ-Ⅳ族：SiC和Ge-Si合金都具有闪锌矿的结构。

② Ⅲ-Ⅴ族：由周期表中Ⅲ族元素Al、Ga、In和Ⅴ族元素P、As、Sb组成，典型的代表为GaAs。它们都具有闪锌矿结构，它们在应用方面仅次于Ge、Si，有很大的发展前途。

③ Ⅱ-Ⅵ族：Ⅱ族元素Zn、Cd、Hg和Ⅵ族元素S、Se、Te形成的化合物，是一些重要的光电材料。ZnS、CdTe、HgTe具有闪锌矿结构。

④ Ⅰ-Ⅶ族：Ⅰ族元素Cu、Ag、Au和Ⅶ族元素Cl、Br、I形成的化合物，其中CuBr、CuI具有闪锌矿结构。

⑤ Ⅴ-Ⅵ族：Ⅴ族元素As、Sb、Bi和Ⅵ族元素S、Se、Te形成的化合物具有的形式，如$Bi_2Te_3$、$Bi_2Se_3$、$Bi_2S_3$、$As_2Te_3$等是重要的温差电材料。

⑥ 第四周期中的B族和过渡族元素Cu、Zn、Sc、Ti、V、Cr、Mn、Fe、Co、Ni的氧化物，为主要的热敏电阻材料。

⑦ 某些稀土族元素Sc、Y、Sm、Eu、Yb、Tm与Ⅴ族元素N、As或Ⅵ族元素S、Se、Te形成的化合物。

除这些二元系化合物外还有它们与元素或它们之间的固溶体半导体，例如Si-AlP、Ge-GaAs、InAs-InSb、AlSb-GaSb、InAs-InP、GaAs-GaP等。研究这些固溶体可以在改善单一材料的某些性能或开辟新的应用范围方面起很大作用。

三元系包括：

① Ⅱ-Ⅳ-Ⅴ族：这是由一个Ⅱ族和一个Ⅳ族原子去替代Ⅲ-Ⅴ族中两个Ⅲ族原子所构成的。例如$ZnSiP_2$、$ZnGeP_2$、$ZnGeAs_2$、$CdGeAs_2$、$CdSnSe_2$等。

② Ⅰ-Ⅲ-Ⅵ族：这是由一个Ⅰ族和一个Ⅲ族原子去替代Ⅱ-Ⅵ族中两个Ⅱ族原子所构成

的，如 $CuGaSe_2$、$AgInTe_2$、$AgTlTe_2$、$CuInSe_2$、$CuAlS_2$ 等。

③ Ⅰ-Ⅴ-Ⅲ族：这是由一个Ⅰ族和一个Ⅴ族原子去替代族中两个Ⅲ族原子所组成，如 $Cu_3AsSe_4$、$Ag_3AsTe_4$、$Cu_3SbS_4$、$Ag_3SbSe_4$ 等。

此外，它的结构基本为闪锌矿的四元系（例如 $Cu_2FeSnS_4$）和更复杂的无机化合物。

**(3) 有机化合物半导体** 已知的有机化合物半导体有几十种，熟知的有萘、蒽、聚丙烯腈、酞菁和一些芳香族化合物等，它们作为半导体尚未得到应用。

**(4) 非晶态与液态半导体** 这类半导体与晶态半导体的最大区别是不具有严格周期性排列的晶体结构。

### 8.3.3　半导体工艺化学品

半导体制造在很大程度上是一种与化学有关的工艺过程，高达 $20\%$ 工艺步骤是清洗和晶圆表面的处理。业内将硅片制造中使用的化学材料称为工艺用化学品，有不同种类的化学形态（液态和气态）并且要严格控制纯度。这些工艺用化学品主要作用如下：①用湿法化学溶液和超纯水清洗硅片表面；②用高能离子对硅片进行掺杂得到 P 型或 N 型硅材料；③淀积不同的金属导体层及导体层之间必要的介质层；④生成薄的 $SiO_2$ 层作为 MOS（金属-氧化物-半导体）器件主要栅极介质材料；⑤用等离子体增强刻蚀或湿法试剂，有选择地去除材料，并在薄膜上形成所需要的图形。

#### 8.3.3.1　液态化学品

在半导体制造的湿法工艺步骤中使用了许多种液态化学品。在硅片加工厂减少使用化学品是长期的努力目标。许多液体化学品都是非常危险的，需要采取特殊处理和销毁手段。另外，化学品的残余不仅会沾污硅片，还会产生蒸气通过空气扩散后沉淀在硅片表面。在硅片加工厂，液态工艺用化学品主要有以下几类：酸、碱、溶剂。

**(1) 酸** 以下是一些在硅片加工中常用的酸及其用途：

① HF　　　　　　　　　　刻蚀二氧化硅及清洗石英器皿

② HCl　　　　　　　　　　湿法清洗化学品，2 号标准液一部分

③ $H_2SO_4$　　　　　　　　清洗硅片

④ $H_3PO_4$　　　　　　　　刻蚀氮化硅

⑤ $HNO_3$　　　　　　　　刻蚀去 PSG（磷硅玻璃）

**(2) 碱** 在半导体制造中通常使用的碱性物质：

① NaOH　　　　　　　　　湿法刻蚀

② $NH_4OH$　　　　　　　　清洗剂

③ KOH　　　　　　　　　　正性光刻胶显影剂

④ TMAH（氢氧化四甲基铵）　正性光刻胶显影剂

**(3) 溶剂** 是一种能够溶解其他物质形成溶液的物质。半导体制造中常用的溶剂：

① 去离子水　　　　　　　　清洗剂

② 异丙醇　　　　　　　　　清洗剂

③ 三氯乙烯　　　　　　　　清洗剂

④ 丙酮　　　　　　　　　　清洗剂

⑤ 二甲苯　　　　　　　　　清洗剂

去离子水：不含任何导电的离子，pH 值为 7，是中性的，能够溶解其他物质，包括许多离子化合物和共价化合物。通过克服离子间离子键使离子分离，然后包围离子，最后扩散到液体中。

半导体工厂消耗大量的酸、碱、溶剂和水，为达到精确和洁净的工艺，需要非常高的品质和特殊反应机理。同时在使用电子化学品时，务必做好自身防护。2019 年 8 月 29 日，在菲律宾的一个电子化学品工厂，一名 29 岁女工遭到 HF 药水喷溅下肢，导致左腿 3%、右大腿全被腐蚀，最终伤重不治而亡。

#### 8.3.3.2　气态化学品

在半导体制造过程中，全部大约 450 道工艺中大概使用了 50 种不同种类的气体。由于不断有新的材料比如铜金属互连技术被引入半导体制造过程中，所以气体的种类和数量是不断发生变化的，通常分为两类：通用气体和特种气体。所有气体都要求有极高的纯度：通用气体控制在 7 个 9 以上的纯度；特种气体则要控制在 4 个 9 以上的纯度。许多工艺气体都具有剧毒性、腐蚀性、活性和自燃性。因此，在硅片厂，气体通过气体配送（BGD）系统以安全、清洁和精确的方式输送到不同的工艺站点。

通用气体：对气体供应商来说就是相对简单的气体。被存放在硅片制造厂外面大型存储罐里，常分为惰性、还原性和氧化性三种气体。

① 惰性　　　　　　　　　　$N_2$，$Ar$，$He$
② 还原性　　　　　　　　　$H_2$
③ 氧化性　　　　　　　　　$O_2$

特种气体：指供应量相对较少的气体。比通用气体更危险，是制造中所必需的材料来源，大多数是有害的，如 HCl 和 $Cl_2$ 具有腐蚀性，硅烷会发生自燃，砷化氢和磷化氢有毒，$WF_6$ 具有极高的活性。

通常气体公司（如林德、法液空、AP、普莱克斯等）用金属容器（钢瓶）将气体运送到硅片厂，钢瓶放在专用的储藏室内。

常用特种气体有：

| | | |
|---|---|---|
| ① 氢化物 | $SiH_4$ | 气相淀积工艺的硅源 |
| | $AsH_3$ | 掺杂的砷源 |
| | $PH_3$ | 掺杂的磷源 |
| | $B_2H_6$ | 掺杂的硼源 |
| ② 氟化物 | $NF_3$、$C_2F_4$、$CF_4$ | 等离子刻蚀工艺的氟离子源 |
| | $WF_6$ | 金属淀积工艺中的钨源 |
| | $SiF_4$ | 淀积、注入、刻蚀工艺硅和氟离子源 |
| ③ 酸性气体 | $ClF_3$ | 工艺腔体清洁气体 |
| | $BF_3$、$BCl_3$ | 掺杂的硼源 |
| | $Cl_2$ | 金属刻蚀中氯的来源 |
| ④ 其他 | $HCl$ | 工艺腔体清洁气体和去污剂 |
| | $NH_3$ | 工艺气体 |
| | $CO$ | 刻蚀工艺中 |

## 8.4　液晶材料

### 8.4.1　概述

液晶材料一般是指在一定的温度下既有液体的流动性又有晶体的各向异性的一类有机化

合物，是液晶平板显示行业重要的基础材料，是生产液晶显示器（LCD）的关键性光电专用材料之一，其技术直接影响着液晶显示整机产品性能（响应时间、视角、亮度、分辨率、使用温度等关键指标）。液晶材料在制造过程中有三个主要环节：首先从基础的化工原料合成制备液晶中间体，液晶中间体主要包括苯酚类、环己酮类、苯甲酸类、环己烷酸类、卤代芳烃类等；第二步由液晶中间体化学合成普通级别的液晶单体，经过纯化去除杂质、水分、离子，升级为电子级别的液晶单体，液晶单体主要包括烯类、联苯类、环己烷苯类、酯类及其他含氟的液晶材料等；第三步再由这些电子级别的液晶单体以不同的比例混合在一起达到均匀稳定的液晶形态形成混合液晶。LCD 的结构如图 8-3 所示。

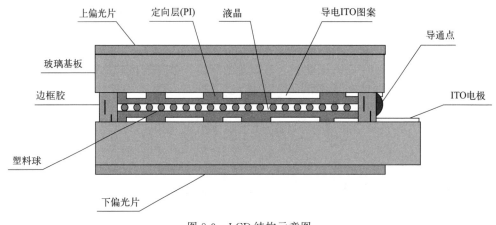

图 8-3　LCD 结构示意图

ITO—铟锡氧化物

## 8.4.2　液晶的分类

目前，各种形态的液晶材料基本上都用于开发液晶显示器，现在已开发出的有各种向列相液晶、聚合物分散液晶、双（多）稳态液晶、铁电液晶和反铁电液晶显示器等。人们通常根据液晶形成的条件，将液晶分为溶致液晶（lyotropic liquid crystals）和热致液晶（thermotropic liquid crystals）两大类。

### 8.4.2.1　溶致液晶

将某些有机物放在一定的溶剂中，由于溶剂破坏结晶晶格而形成的液晶，被称为溶致液晶。比如：简单的脂肪酸盐、离子型和非离子型表面活性剂等。溶致液晶广泛存在于自然界、生物体中，和生命息息相关，但在显示中尚无应用。

### 8.4.2.2　热致液晶

热致液晶是由于温度变化而出现的液晶相。低温下是晶体结构，高温时则变为液体，这里的温度用熔点（$T_M$）和清亮点（$T_C$）来表示。当处于熔点和清亮点中间就以液晶形态存在。目前用于显示的液晶材料基本都是热致液晶。在热致液晶中，又根据液晶分子排列结构分为三大类：胆甾相、近晶相、向列相。

**(1) 胆甾相液晶**　这类液晶大都是胆甾醇的衍生物。胆甾醇本身不具有液晶性质，其中只有当—OH 基团被置换，形成胆甾醇的酯化物、卤化物及碳酸酯，才成为胆甾相液晶。并且随着相变而显示出特有颜色的液晶相。胆甾相液晶在显示技术中很有用，扭曲向列（TN）、超级扭曲向列（STN）等显示都是在向列相液晶中加入不同比例的胆甾相液晶而获得的。另外温度计也应用于此液晶。

**(2) 近晶相液晶**　虽然目前液晶显示技术中主要应用的是向列相液晶，而近晶相液晶黏度大，分子不易转动，即响应速度慢，被认为不宜作显示器件。但是向列相液晶显示模式几乎已接近极限，从 TN 到 STN 直至格式化超级扭曲向列（formulated super twisted nematic，FSTN），对其应用没有新的理论模式。因而，人们将目光重新转移到了近晶相液晶上，目前各近晶相中的手性近晶相，即铁电相引起人们广泛兴趣。铁电液晶具备向列相液晶所不具备的高速度（微秒级）和记忆性的优异特征，它们在最近几年得到大量研究。

**(3) 向列相液晶**　向列相液晶又称丝状液晶。在应用上，与近晶相液晶相比，向列相液晶各个分子容易顺着长轴方向自由移动，因而黏度小，富于流动性。向列相液晶分子的排列和运动比较自由，对外界作用相当敏感，因而应用广泛。向列相液晶与胆甾相液晶可以互相转换，在向列相液晶中加入旋光材料，会形成胆甾相，在胆甾相液晶中加入消旋光向列相材料，能将胆甾相转变成向列相。

### 8.4.3　液晶材料的主要分类

**(1) 扭曲向列（twist nematic，TN）型液晶材料**　TN 型液晶材料的发展起源于 1968年，当时美国公布了动态散射液晶显（DSM-LCD）技术。但由于提供的液晶材料的结构不稳定性，它们作为显示材料的使用受到极大的限制。1971 年扭曲向列相液晶显示器（TN-LCD）问世后，介电各向异性为正的 TN 型液晶材料便很快开发出来。特别是 1972 年相对结构稳定的联苯腈系列液晶材料由 G. Gray 等合成出来后，满足了当时电子手表、计算器和仪表显示屏等 LCD 器件的性能要求，从而真正形成了 TN-LCD 产业时代。TN-LCD 用的液晶材料已发展出了很多种类。它们的特点是分子结构稳定，向列相温度范围较宽，相对黏度较低。不仅可以满足混合液晶的高清亮点、低黏度，而且能保证体系具有良好的低温性能。联苯环类液晶化合物的 $\Delta n$ 值较大，是改善液晶陡度的有效成分。嘧啶类化合物的 $K_{33}/K_{11}$ 值较小，只有 0.60 左右，在 TN-LCD 和 STN-LCD 液晶材料配方中，经常用它们来调节温度序数和 $\Delta n$ 值。而二氧六环类液晶化合物是调节"多路驱动"性能的必需成分。TN 型液晶一般分子链较短，特性参数调整较困难，所以特性差别比较明显。

**(2) 超扭曲向列（super TN，STN）型液晶材料**　自 1984 年发明了超扭曲向列相液晶显示器（STN-LCD）以来，由于它的显示容量扩大，电光特性曲线变陡，对比度提高，要求所使用的向列相液晶材料电光性能更好，到 20 世纪 80 年代末就形成了 STN-LCD 产业，其代表产品有移动电话、电子笔记本、便携式微机终端。STN 型与 TN 型结构大体相同，只不过液晶分子扭曲角度更大一些，特点是电光响应曲线更好，可以适应更多的行列驱动。STN-LCD 用混晶材料的主要成分是酯类和联苯类液晶化合物，这两类液晶黏度较低，液晶相范围较宽，适合配制不同性能的混晶材料。另外为了满足 STN 混晶的大 $K_{33}/K_{11}$ 值和适度 $\Delta n$ 的要求，通常需要在混晶中添加炔类、嘧啶类、乙烷类和端烯类液晶化合物。调节混晶体系的 $\Delta n$ 通常用炔类单体、嘧啶类单体、乙烷类单体等。$K_{33}/K_{11}$ 值对 STN-LCD 的阈值锐角有很大影响，较大的 $K_{33}/K_{11}$ 值使显示有较高的对比度。为了提高 $K_{33}/K_{11}$ 值，往往需要在混晶中添加短烷基链液晶化合物和端烯类液晶化合物。

**(3) 薄膜晶体管（thin film transistor，TFT）显示型**　液晶材料由于采用薄膜晶体管阵列直接驱动液晶分子，消除了交叉失真效应，因而显示信息容量大；配合使用低黏度的液晶材料，响应速度极大提高，能够满足视频图像显示的需要。因此，TFT-LCD 较之 TN型、STN 型液晶显示有了质的飞跃。TFT-LCD 用液晶材料与传统液晶材料有所不同。除了要求具备良好的物化稳定性、较宽的工作温度范围之外，TFT-LCD 用液晶材料还须具备以下特性：低黏度、高电压保持率、与 TFT-LCD 相匹配的光学各向异性（$\Delta n$）。目前针对TFT-LCD 用液晶材料的合成设计趋势集中于以下几个方面：①以氟原子或含氟基团作为极性端基取代氰基；②在液晶分子侧链、桥键引入氟原子来调节液晶相变区间、介电各向异性等性能参数；③含有环己烷，尤其是双环己烷骨架的液晶分子得到广泛重视；④亚乙基类柔性基团作桥键的液晶。在液晶显示器中，液晶材料大都由几种乃至十几种单体液晶材料混合而成。向列相液晶和胆甾相液晶目前已具有非常广泛的应用，尤其是在液晶平板显示器上的应用，市场极大。随着液晶化合物种类的不断增加，液晶化合物的结构与性能之间的关系逐渐为人们所认识。反过来，由性能-结构之间的关系又可以指导具有新型结构、具备特定功能的液晶分子的合成。单一的化合物难以满足实际应用中的苛刻要求，通过将不同的液晶单体进行科学混配，则可以弥补相互性能上的不足之处。这样，通过合成出在某些性能上具有独到之处的液晶化合物，并将其应用于混合液晶配方中，也能达到提高显示性能的目的。

（4）液晶聚合物（liquid crystal polymer，LCP）　上述液晶均为低分子液晶，其分子长度只有 2～3nm，直径约 0.15nm。而液晶材料的另一重要领域是液晶聚合物，即高分子溶液或熔体呈现的液晶态，也称为液晶高分子材料。20 世纪 50～70 年代，美国 DuPont 公司投入大量人力财力进行高分子液晶方面的研究，1959 年推出芳香酰胺液晶，但分子量较低；1963 年，用低温溶液缩聚法合成全芳香聚酰胺，并制成阻燃纤维 Nomex；1972 年研制出强度优于玻璃纤维的超高强、高模的 Kevlar 纤维，并投入使用。根据液晶形成的条件，液晶聚合物，可分为热致液晶高分子（thermotropic liquid crystalline polymer，TLCP）和溶致液晶高分子（lyotropic liquid crystalline polymer，LLCP）两大类。前者的主要代表是热致液晶性聚芳酯，目前已经实现商品化的有 Xydar、Vectra、Rodrun LC 5000。后者的主要代表是溶致液晶性聚芳酰胺，如 Kevlar、Nomex。另外，按照液晶元所处的位置可分为主链液晶聚合物、侧链液晶聚合物。基于以上出色的性能，LCP 已经用于微波炉容器、印制线路板、人造卫星电子部件、喷气发动机零件、电子电气和汽车机械零件或部件，以及医疗方面；在加入高填充剂后作为集成电路封装材料，以代替环氧树脂作线圈骨架的封装材料，作光纤电缆接头护头套和高强度元件，代替陶瓷作化工用分离塔中的填充材料等；还可与聚砜、PBT、聚酰胺等塑料共混制成合金，制件成型后机械强度高，用以代替玻璃纤维增强的聚砜等塑料，既可提高机械强度性能，又可提高使用强度及化学稳定性等，如用来制造高强度的防弹衣、舰船缆绳等。

## 8.5　MLCC 流延用聚乙烯醇缩丁醛

### 8.5.1　概述

片式多层陶瓷电容器（MLCC）广泛应用于电脑、手机以及移动通信终端设备。为了满足电子设备不断向微型化、薄层化、高性能化发展的要求，MLCC 也不断向小型化、大容量、低成本和高可靠性方向发展。要实现 MLCC 的小型化、大容量和低成本，最有效的方法就是增加介质层数以及减少介质层厚度。然而，介电层尺寸的大幅度缩减以及叠层数量的增大对于 MLCC 器件介电层的质量提出了极高的要求，对介电层缺陷几乎零容忍，否则会造成电场击穿，导致器件失灵。特别是要做出 $2\mu m$ 以下的介质膜片，则对于原材料的纯度与性能提出了更高的要求。

制备新型片式的 MLCC 元件主要采用流延工艺，如图 8-4。浆料制作决定了介电层的质量，是兼容高良品率以及高电容量的关键品控点。浆料中的主要成分包括：黏结剂、增塑剂、分散剂、陶瓷粉体等。其中，黏结剂有可观的占比。有学者研究对比了几种不同的黏结剂体系，发现相对于其他树脂体系，比如甲基丙烯酸等，聚乙烯醇缩丁醛（PVB）有机体系

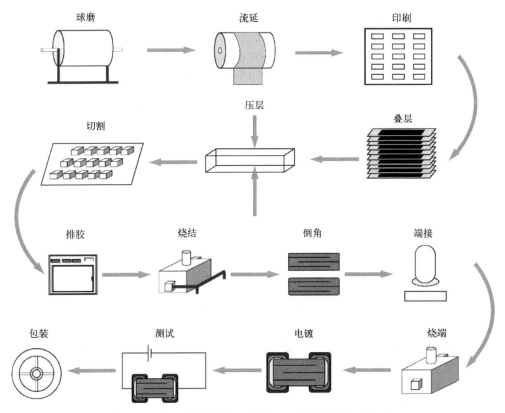

图 8-4　MLCC 陶瓷膜片流延制备工艺及其后续封装工艺

具有适中的黏度和较好的流平性能，从而保证烧结的陶瓷膜光滑致密、无针孔。因此 PVB 有机体系成为 $2\mu m$ 以下的介质膜片的主流黏结剂。PVB 是决定 MLCC 介电膜片性能的关键起始原料（图 8-5）。

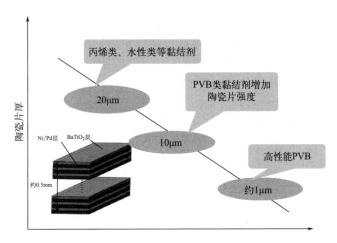

图 8-5　MLCC 陶瓷膜片用黏结剂的发展方向

在全球市场中，MLCC 用 PVB 树脂生产企业主要是美国首诺（被美国伊斯曼收购）、美国杜邦、日本积水化学、日本可乐丽等。这些企业均为大型跨国化工企业，产业链布局完善，研发技术水平高，具有高端 PVB 树脂生产能力，在全球 MLCC 用 PVB 树脂市场中处于垄断地位。

相比较而言，我国PVB相关企业数量较多，但大部分企业不具备PVB树脂生产能力，是以回收得到的PVB胶片为原料进行再生产，PVB产品在质量稳定性上差距较大。仅有少数企业具备PVB树脂生产能力，但相关产品目前基本都用于胶层玻璃以及建筑用偏光片等领域，目前没有国内企业可以提供$2\mu m$以下的介质膜片流延用PVB。总之，MLCC用PVB对外依存度几乎为$100\%$，产业供应链几乎没有任何可控性。在当前国际技术封锁及国内区域竞争加剧的背景下，迫切需要加快补齐产业链短板，提升产业链、供应链稳定性、安全性，为推动制造业高质量发展提供有力支撑。国外打击和封锁行业的供货时，首当其冲的是如"风华高科""华为"等技术强排名靠前的企业。事实上，我国作为一个化工基础设计健全的大国，完全有能力自主研发MLCC用高端PVB原料。世界范围内PVB的生产工艺几乎都是基于PVA改性技术。我国PVA原料厂家较多，包括川维、皖维等，有着半个世纪的生产经验与工业基础。PVA整个工艺中所涉及的其他化合物，包括化学纯的丁醛、酸、溶剂等，也都是国产大宗化学品。因此，解决MLCC用PVB国产化的关键在于培育国内供应链，构建内循环；关键难点在于如何在技术上建立上游PVB原料生产工艺以及下游ML-CC流延工艺的精确对接。

为此，要求明确$2\mu m$以下介质层流延工艺用PVB原料的关键指标：首先，满足分子一级结构以及产品纯度要求；进一步，在实验室内探索PVB对标物的合成条件与工艺，从而明确条件-工艺-性质的关键影响因素；更进一步，针对全供应链的安全性与稳定性问题，开发品质监管系统，实现PVB生产工艺的原料以及PVB产品品质的高效精准监控。由此，明确下游MLCC厂家对上游PVB厂家提出具体可行的理化参数，建立全产业链企业工艺包标准。该工作有利于提高MLCC产业供应链的安全性与完整性。在当前背景下，有利于加快补齐产业链短板，提升产业链、供应链稳定性、安全性，为推动制造业高质量发展提供有力支撑。

## 8.5.2 PVB生产工艺

在工业界，目前世界各大PVB生产厂家主要采用的PVB生产工艺包括：一步法、沉淀法和溶解法（图8-6）。

虽然以上工业方法较为成熟，但各有一些缺点。一步法缺点：催化剂酸的用量较大，在大量酸的催化下，反应迅速，导致PVB树脂以硬块析出。沉淀法缺点：温度、反应时间和反应物浓度难控，易形成难溶的树脂状产物且PVB树脂缩醛率较低。溶解法缺点：需要大量甲醇作溶剂，且工艺控制聚乙烯醇在甲醇中悬浮较为困难。反应过程中需加入增稠剂，增稠剂和PVB亲和力大，导致机器难清洗。因此，我国工业PVB生产较多采用沉淀法，但是在反应过程中产物的析出会导致丁醛接枝率不稳定；为了改善该问题，工业上也会经常在体系内加入表面活性剂，可以使反应物和产物更好地分散，防止结块，使缩醛化均匀，甚至可以提高缩醛度。比如，Nomura Shigeru等在反应体系中加入烷基磷酸酯或聚氧乙烯烷基磷酸酯。Wang等采用十二烷基硫酸钠作为分散剂，对甲苯磺酸作为催化剂，也实现了可控的丁醛修饰率的PVB生产。

同时，学术界主要针对反应媒介进行了改进，开发出了一些新型的PVB合成方法，比如，Matsumoto等采用超临界$CO_2$作为溶剂发展了无溶剂PVA后修饰法，实现了高黏性PVB。但是，该方法反应压力较高，为15MPa，而且丁醛化率也比较小（$<70\%$）。为了提高丁醛化率，Fernandez等采用二甲基亚砜（DMSO）、二甲基吡咯烷酮（NMP）等溶剂实现了均相PVB合成工艺。由于DMSO与NMP可以同时溶解PVA以及PVB，所以确保了反应体系的均一性以及高丁醛化率（$>80\%$），但是，该方法面临着溶剂回收、样品纯化等问题。为了改进修饰率对接枝率的依赖性，Yang等采用水-乙醇体系反向溶解法，实现了超

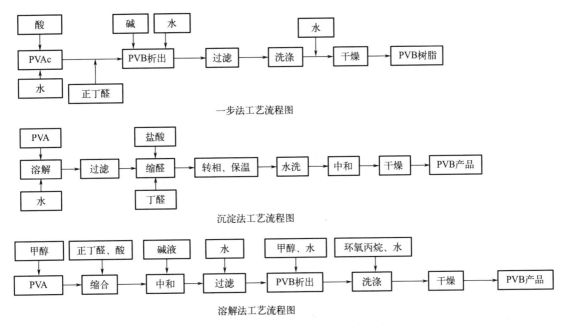

图 8-6  工业上常见的三种 PVB 生产工艺

过 80％丁醛化的 PVB。但是，由于反应初期，水-乙醇只是溶胀 PVA，而 PVA 的溶胀又强烈依赖于凝聚态结构，比如结晶度等，因此该方法的可控性尚需探索。

为了明确定义 PVB 分子结构，首先总结了 PVB 的三个结构参量如下（图 8-7）：

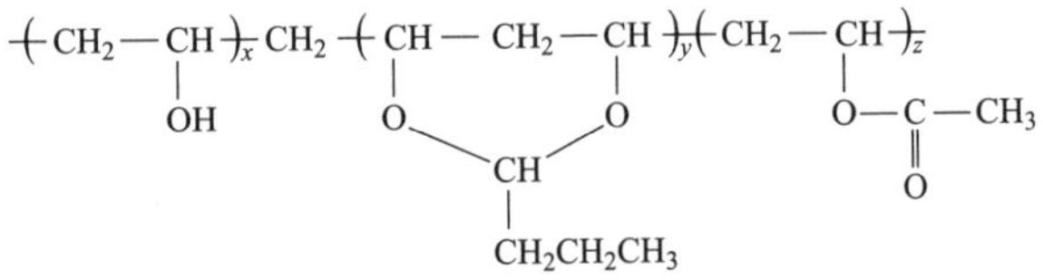

$$+CH_2-CH+_xCH_2+CH-CH_2-CH+_y(CH_2-CH+_z$$
$$\quad\; OH \qquad\qquad O\quad\; O \qquad\qquad O-C-CH_3$$

三个结构参量：$[x+y+z,\; 2y/(x+y+z),\; z/(x+y+z)]$

图 8-7  PVB 一级结构及其结构参量的定义

其中，$x+y+z$ 为分子量大小，$2y/(x+y+z)$ 为丁醛取代率，而 $z/(x+y+z)$ 为乙酰基取代率

由于 PVB 大分子分子量的分散度，还需要引入分子量多分散指数（PDI）来描述 PVB 产品。除此之外，一个被长期忽视的问题是 PVB 分子的构型也可能会影响相关性能，因此也需要检测是否 PVB 分子具有一定的嵌段性（$B$）。为因此，可以通过（$x$，$y$，$z$，PDI，$B$）唯一定义一款 PVB 产品中的 PVB 分子结构。

除了以上分子层面的结构，还需要研究 PVB 产品的纯度，结合 PVB 生产工艺过程，拟对 PVB 中的残留酸、挥发物以及游离醛等做出痕量（ppm）评估（图 8-8 和图 8-9）。

聚乙烯醇缩丁醛（PVB）在合成过程中，除了会残留丁醛以外，也会存在丁醛的自缩合，从而产生 2-乙基-2-己烯醛副产物，采用气相色谱法来检测 PVB 样品的这两种残留醛。

总的来说，以往的研究主要专注于 PVA 分子结构（如缩醛率）调控。尽管 PVB 分子是如何影响介质膜片性能的尚有争议，但是通常可总结如下：①聚合度的影响，聚合度增大，浆料黏度上升、膜片强度越大、热压着性也增大；②缩醛基含量的影响，含量的增高，可以降低黏结剂的黏度，提高与增塑剂的相溶性，提高膜片的柔软性和热压着性；③羟基含量的影响，羟基含量增高，溶液黏度升高，膜片强度增大，吸湿性也增高；④乙酰基含量影响，乙酰基含量增加，黏度下降，膜片柔软性增加，热压着性也增大。

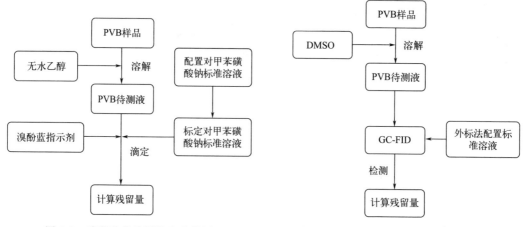

图 8-8　残留酸的检测技术路线图　　　　图 8-9　残留醛的检测技术路线图

### 8.5.3　PVB分子结构调控策略

以上所总结的PVB合成工艺表明：PVB都来自PVA与丁醛在酸性催化下的羟醛缩合反应，这是一个可逆平衡过程，反应物中的丁醛量将大于反应当量，否则难以达到预期的修饰率。有的生产工艺还采用了乳化剂，因此PVB粗产品中，常常伴有未反应的丁醛、酸等。游离酸会造成PVB的水解，同时也有可能会腐蚀陶瓷粉料，使其离子比例发生失衡，从而影响介电效果。而残留的丁醛会导致PVB易于发生黄变并变脆，严重降低膜片的力学性能。因此，PVB产品的纯度尤为关键。为了降低游离酸的残留，Qin等采用了酸性离子液体作为催化剂，替代常用的无机酸（HCl），由于离子液体不具有挥发性，因此可以很大程度上回收再利用。最近，毛德棋等采用固体酸（比如强酸性离子交换树脂）作为催化剂，实现了非均相酸催化PVB合成，且修饰率可达到70%以上，满足一般夹胶玻璃的需求。但是这些研究尚没有实现大规模生产。

### 8.5.4　PVB的品质管理

我国PVB产品有时会出现产品不稳定的问题，根本上来说是因为生产工艺相对比较落后，包括缺乏高效的产品品质监管。由于我国主要采用了沉淀法生产PVB，产品性能的可控性较差。因此，在培育上游原料商时，需要建立完整高效的品控管理体系。虽然可以通过传统的化学分析方法对PVB及其生产原料进行分析，但该分析方法费时费力，而且测试需要高端设备（比如核磁）以及高度专业的分析技术人员进行解析匹配，更难以做到原位监测。

## 8.6　电子化学品的现状和发展动向

### 8.6.1　电子化学品的发展概况

电子化学品85%以上的市场集中在美国、日本、西欧，从生产品种（约2万种）、数量和消费来说都是如此，但随着时间推移，这种情况已在缓慢改变。从区域上看，亚太地区包括韩国、马来西亚及我国电子工业的飞速增长，已形成了一定规模的生产和消费市场。尤其是中国，已经成为全球电子业及其化学品的主导市场。包括罗门哈斯（现陶氏）、霍尼韦尔、三菱化学和巴斯夫等公司竞相将电子化学品业务重点放在包括中国在内的亚太地区。中国丰富的原材料、相对低廉的劳动力成本以及靠近下游需求等方面的优势明显，电子化学品产能向国内转移已成为大势所趋。电子化学品主要应用领域和产品类别见表 8-2。

**表 8-2　电子化学品主要应用领域和产品类别**

| 应用领域 | 产品类别 | 典型品种 |
| --- | --- | --- |
| 半导体产业 | 硅片 | 300mm 硅片、200mm 硅片 |
| | 光刻胶 | 环化橡胶型负型光刻胶、g 线正性光刻胶、i 线正型光刻胶、248nm 光刻胶、193nm 光刻股、电子束胶等 |
| | 高纯试剂 | 硫酸、过氧化氢、盐酸、氢氟酸、硝酸、氨水、异丙醇等 |
| | 电子特种气体 | 氯气、氧气、二氧化碳气体、氟化物气体等和 MO 源（As、Sb、Cd、Ga、In、Te、Zn、Be、Bi、B、Fe、Mg、P、Hg、Se、Si、Sn、Ta、Ti 和 W 等） |
| | 封装材料 | 环氧塑封料（如 EL-4000、EL-6000、KH407、KH850、KH950 子）、聚酰亚胺模塑料 |
| | CMP 抛光材料 | 抛光液、抛光垫 |
| 印刷电路板 | 基板材料 | FR-4/FR-5（环树脂板）、改性环氧树脂、BT2600（BT 树脂板）、聚丁二烯板等 |
| | 板上专用化学品 | 阻辉剂、线路成像抗蚀剂、网印油墨、电缓用化学品、其他化学品（保护涂料、消池剂、黏合剂和助辉剂） |
| 平板显示（FPD）产业 | LCD 专用化学品 | ITO 导电玻璃、液品、彩色滤光片（CF）、光源模映、偏光片、光刻胶、导电胶及黏合剂清洗剂等 |
| | FPD 专用化学品 | 光刻导电银浆、黑矩阵形成光刻浆料、三基色荧光粉光刻浆料、降壁光刻装料和光刻介质浆料等 |

近年来，全球电子化学品行业持续蓬勃发展，得益于集成电路、显示面板、太阳能光伏等新兴领域的推动，全球电子化学品市场规模不断扩张。据中国电子材料行业协会的数据显示，截至 2022 年，全球电子化学品市场规模已达到 639.1 亿元，同比增长 6.7%。预计到 2025 年，该市场规模将进一步扩大至 825.2 亿元，年复合增长率预计达到 8.9%。在 2022年，我国湿电子化学品市场整体规模约为 176.7 亿元，同比增长 11.20%。

电子化学品各子行业分化明显。在行业高成长的同时，各个电子化学产品的分化越来越明显。对于部分需求集中同时又长期依赖进口的材料，例如锂电池材料和光伏材料，无论是政策鼓励、政府支持还是资本投入，都极大地在促进行业的快速发展。但是需要注意到，这种快速发展并不是稳扎稳打，产业出现了大量重复建设的产能，产品品质参差不齐。同时从下游行业来看，以锂电池为例，消费类产品用锂电池增长需求趋缓，低速电动车锂电池市场不温不火，并不能快速消化过剩的产能，相关电子化学品利润率出现下滑。但随着新产能投放高峰过去，下游需求逐渐复苏，相关化学品利润将企稳并缓慢进入复苏通道。

## 8.6.2　电子化学品的发展动向

电子设备更小、更快和功能更强大的发展趋势不断提升人们对电子化学品的需求。例如，消费者追求更新和更快的移动设备正在推动芯片制造商开发更先进的芯片。此外，新一代信息技术——物联网（IOT）的发展也要求使用更多的芯片。为适应市场需要，电子设备制造商必须应对更多的技术挑战，这就要求他们与电子化学品生产商进行更密切的合作，并不断开发出新的化学品。

电子化学品行业为资金密集型、知识密集型产业。随着我国电子化学品行业的不断发展，市场规模不断扩大，研发能力和技术水平也不断进步，国内电子化学品产品结构急需实现从中低端产品为主向高端化学品市场突破，加快品种更替和质量升级，满足电子产品更新换代的制造需求。

具体有如下发展趋势：

**(1) 手机汽车用电子化学品**　近几年来手机已经成为电子化学品需求的主要驱动力，预计这种趋势还将持续下去。据统计，2027 年全球智能手机将达到 12.5 亿部，2023—2027 年将实现 2.6% 的复合增长率。移动通信快速发展一方面带动半导体行业发展，同时也在推动集成电路板需求的增长。另外，汽车是另一个电子产品快速增长的市场。不只是智能汽车和无人驾驶汽车，所有的汽车不论是高档车还是普通车都在增加芯片的使用。

**(2) 半导体技术**　所有电子化学品都将随着集成电路（IC）需求一同成长。半导体和集成电路工艺化学品市场主要由硅晶片主导，还包括超纯气体、光致抗蚀剂辅助设备、光致抗蚀剂、CMP 和抛光剂、湿化学品以及溅射靶材等。一些顶级半导体制造商工艺技术正从 22nm 节点向 14nm 过渡。生产更小的节点可以满足更高性能要求，如更高的运行速度和更低功耗，同时还能提高热管理和降低材料成本，给芯片制造带来挑战的同时也为高纯度化学品提供了市场机遇。

**(3) 区块链、物联网商机**　最近几年，云计算服务器及其移动设备已成为电子市场需求的主要驱动力，这一趋势还将继续。区块链技术、物联网的快速发展将成为市场增长的新推手。所以需求更多、更快的一些通信芯片、天线及一些其他设备，以及对相关电子化学品的需求一定大大增加。

我国的电子化学品行业起步晚，在电子信息制造过程中的占比低，然而电子信息产业制造的自给能力关乎我国电子信息产业完整性和盈利能力，对我国信息安全也起到至关重要的作用。因此我国相继出台了多项针对性的产业文件，明确了新材料、新一代电子信息技术是国家的战略性新兴产业，与其相关的配套电子化学品材料也是未来重要的发展领域。目前，我国电子化学品行业还存在很多问题，主要是：

（1）生产与科研的整体水平不高；

（2）企业规模较小，竞争力弱，研发和设备投入不足；

（3）专利战略意识薄弱，缺乏知识产权保护体系及战略计划制定；

（4）行业标准研究有待深入，亟待统一制定和完善新的行业标准；

（5）战略性、创新型人才短缺，制约企业和行业发展。

以 PCB 用电子化学品行业为例，PCB 作为电子信息产业的基础性制造技术，具有典型的多学科交叉融合，产业链长，应用覆盖面广，前沿基础科学技术研究与应用研究、产业化技术开发同步发展的特点。因此，我国 PCB 电子化学品的进一步发展面临一些关键性问题。如企业规模小而散，其中 90% 为民营企业；研发力量分散、人才短缺，缺乏共性技术研究平台，发展环境不完善；测试标准体系建设明显滞后；学术方面缺乏"权威机构"，市场推广过程中缺乏质量保障。

---

**参 考 文 献**

[1]　汤进康. 中国电子特用化学品行业市场结构与竞争策略研究. 兰州：兰州大学，2011.

［2］ 高富赓．全球 PCB 化学品及半导体封装材料市场综述．精细与专用化学品，2014，22（6）：15-17.

［3］ 杨应喜．浅析中国 PCB 电子化学品市场的机遇与挑战．印制电路信息，2015（6）：9-12.

［4］ 汤雁，刘攀，徐友龙．锂离子电池正极材料的研究现状与发展趋势．电子元件与材料，2014，33（8）：1-6.

［5］ 2023 年中国半导体行业现状调研分析及市场前景预测报告（2024 年版）．报告编号：1802630．中国产业调研网．

［6］ 中国手机行业现状调研与市场前景分析报告（2024 年）．报告编号：1377612．中国产业调研网．

［7］ 2024 年中国电子化学品市场现状调查与未来发展前景趋势报告．报告编号：1958589．中国产业调研网．

［8］ 李岩．电子化学品市场趋势与潜力．化学工业，2014，32（2/3）：1-7.

［9］ 中国锂电池市场调研与发展前景预测报告（2024 年）．报告编号：1580305．中国产业调研网．

［10］ 任海东，曹秀华，赵亮等．聚乙烯醇缩丁醛的甲苯-乙醇溶液及其非溶剂诱导相分离研究．功能高分子学报，2022，35（4）：328-338.

## 思考题与习题

1. 简述电子化学品的定义与特点。

2. 试述电子化学品对我国发展的重要意义，并从技术层面，提出应对国外霸权垄断的技术建议。

3. 简述 PCB 相关化学品的分类及其特点。

4. 简述光致抗蚀剂的组成及作用原理。

5. 简述半导体的性质及半导体化学品的作用。

6. PVB 材料的合成工艺都有哪些？

7. MLCC 流延工艺的基本步骤是什么？

8. 简述溶致液晶和热致液晶的区别与联系。

9. 根据本章知识结合平时时间，列举说明 3～5 项接触到的电子化学品。

10. 请举例说明在使用电子化学品的时候，需要如何做好个人防护。

# 第九章

# 化妆品

## 9.1　化妆品概论

化妆品的发展是与人类追求美的天性相辅相成的。公元前，我国已有使用化妆品的记载。随着人民生活水平的提高，人们追求美容、美发的愿望日益迫切，化妆品的使用已成为美化自己、尊重他人的文明行为。

很多人，特别是女性几乎每天都在使用化妆品。质量优良的化妆品既美化了生活，又保护了皮肤的健康。社会对化妆品的需求与科学技术的进步使得化妆品的品种日益增多、日新月异。不论是化妆品的使用者，还是研究制造者，都有必要了解并掌握化妆品的知识。

化妆品是对人体皮肤、毛发和指甲和口唇起保护、美化和清洁作用的日常生活用品，通常是以涂敷、揉擦或喷洒等方式施于人体不同部位的，并能散发出令人愉悦的香气，有益于身体健康，使容貌整洁，增加魅力。

化妆品的品种十分丰富，分类方式亦有多样。按照风险程度可概括地分为普通化妆品和特殊化妆品。按照使用的部位不同又可分为：毛发用化妆品，皮肤用化妆品，唇、眼部、指甲用化妆品，口腔用化妆品，全身用制品。此外，还可按化妆品的产品形态分为：水剂、乳剂、油膏剂、粉末剂和喷雾剂等类型。

## 9.2　化妆品工艺基础

### 9.2.1　主要原料

化妆品现已深入人们的日常生活，人们几乎每天都在使用它，并且是长期连续地使用，所以化妆品对人体的安全健康有直接的影响。发达国家对于化妆品生产的厂房、车间、原材料、成品标准、卫生指标和安全性都有严格的规定。在我国，随着有关法规的健全和管理手段的日趋完善，对化妆品的生产与销售都要依照质量安全及有关法规进行严格的跟踪管理与检查。

化妆品的安全性是很重要的，它与原料直接有关系，故必须使用对人体无害的原料；制品经过长期使用，不得对皮肤产生刺激、过敏现象或使皮肤色素加深，更不准有累积毒性和致癌性。

化妆品因用途不同而种类繁多、成分各异，即不同类别的化妆品其原料与配比都各有自己的特点。但就整个化妆品体系而言，仍存在共性。主要的原料包括以下几大类：①油脂与蜡；②表面活性剂；③保湿剂；④香料；⑤色料与粉剂；⑥水溶性高分子；⑦其他添加剂。下面将分别予以介绍。

### 9.2.1.1　油脂与蜡

油脂与蜡可分为动物性、植物性及矿物性油脂与蜡。动植物油脂的主要成分是甘油和高级脂肪酸化合而成的脂肪酸三甘油酯，亦称为甘油脂肪酸酯。常温下，这类化合物中呈液态者为油，呈固态者为脂。至于蜡，是高级脂肪酸与高级脂肪醇化合而成的酯，一般为固态，熔点在 35～95℃ 之间，具有特殊的光泽与气味。另一类矿物性油脂和蜡，则是烃类化合物，其中包括不饱和烃与饱和烃两种。化妆品用原料多使用饱和烃，分子中含碳原子数在 15～21 者为油，24～34 者为脂，30 以上者为蜡。

在化妆品中，油脂和蜡是很重要的原料，主要应用于口红和面霜等其他油膏类制品和乳化制品中，其与粉末料捏合可作各种浓妆用化妆品。这类原料中的精品大致对皮肤和毛发无副作用，有些油脂还有滋润皮肤和毛发的功能。

**(1)** 动植物性油脂、蜡　动植物性油脂与蜡种类较多，但作为化妆品原料，有些限于色泽与气味而无法被使用。下面介绍几种常用的品种。

① 椰子油　白色或淡黄色液体，具有椰子的特殊香味。熔点 20～28℃，相对密度为 0.914～0.938（15℃），皂化值为 245～271，碘值为 7～16。甘油酯中脂肪酸组成为（质量分数）：月桂酸 47%～56%，肉豆蔻酸 15%～18%，辛酸 7%～10%，癸酸 5%～7%。它是香皂的重要油源，与棉籽油混合、半硬化后用于乳膏类化妆品。椰子油还是制造表面活性剂十二醇硫酸钠、十二醇醚硫酸钠的重要原料。

② 蓖麻油　无色或淡黄色黏稠状液体。凝固点为 -10～13℃，相对密度为 0.950～0.974（15℃），皂化值为 176～187，碘值为 81～97。因其脂肪酸分子含羟基和双键两个官能团，易溶于低碳醇而难溶于石油醚。此外，其黏度受温度影响变化小，凝固点低，因而应用较广。它对皮肤、毛发的渗透性优于矿物油，但弱于羊毛脂。主要用于口红、发用油的基剂，指甲油的可塑剂。硬化蓖麻油是浓妆化妆品的重要原料。

③ 羊毛脂　淡黄色半透明、黏稠油状半固体。熔点为 34～48℃，皂化值为 94～106，碘值为 18～32，灰分含量小于 0.15%。它属于蜡类，不含三甘油酯，96% 的主要成分为脂肪酸和脂肪醇化合成的酯，或是脂肪酸与等量甾醇、三萜烯等构成的酯，还有 3%～4% 的游离脂肪醇、微量游离脂肪酸与烃类化合物。能溶于氯仿、三氯乙烯。具有独特的柔软性、浸透性，是口红不可缺少的原料，亦作滋润用的乳化、油膏制品。

此外，动植物油脂、蜡中还有橄榄油、棕榈油、花生油、木蜡、牛脂、蜜蜡和卵磷脂等，均可作化妆品原料，在此不一一详述。

**(2)** 矿物性油脂、蜡　对沸点 300℃ 以上的高级烃，作为化妆品原料，多使用含碳数在 15 以上的直链饱和烃。与动植物性油脂相比，其性质稳定，不易腐蚀、氧化而变质。

以凡士林为例，它是无味、无臭、白色半透明黏性软膏状半固体，熔点为 38～54℃，相对密度为 0.820～0.865（60℃）。不溶于酒精、甘油，但溶于苯、氯仿、乙醚。为各种乳化制品及油膏状制品的油相原料，亦作药剂的软膏原料。这类油脂与蜡中，石蜡、白蜡与微晶蜡也常用作化妆品基料。

在早期化妆品中，天然油脂是主要的润肤原料。到 20 世纪，则被黏度较低、对水分和氧更稳定的矿物油所替代，它们比天然油脂稀薄，涂在皮肤上无天然油脂的油腻感。然而，目前这种趋势发生了逆转，烃类油被合成的三甘油酯及由天然产物衍生的液状酯所取代。配方上的这一重大改革，与皮肤病学和毒理学的安全性有关，也适应了人们渴望"回归大自然"的心理。

### 9.2.1.2 表面活性剂

化妆品用表面活性剂的主要功能为乳化作用、分散作用、增溶作用、起泡作用、清洁作用、润滑作用和柔软作用等，它对生产出来的化妆品的外观、理化性质以及贮存均有极大的影响。

同一般的表面活性剂类似，化妆品用表面活性剂主要分四种：阴离子型、阳离子型、非离子型与两性型。表9-1列举如下。

表9-1 化妆品用表面活性剂

| 类别 | 常用品种示例 |
| --- | --- |
| 阴离子型 | 肥皂、月桂酸锌、十二烷基硫酸钠、十八烷醇聚氧乙烯醚磷酸、卵磷脂 |
| 阳离子型 | 十八烷基三甲基氯化铵、十六烷基异喹啉鎓、月桂基二甲基-2-苯氧基乙基溴化铵 |
| 两性型 | β-月桂基氨基丙酸钠、月桂基二甲氨基乙酸三甲胺乙内酯 |
| 非离子型 | 聚氧乙烯硬化蓖麻油、油酸单甘油酯、单月桂酸失水山梨醇酯、椰子油脂肪酸二乙醇酰胺 |

以上是从表面活性剂的分子结构来分类。若从用途上看，表面活性剂也可分为四种：乳化剂、增溶剂、分散剂和起泡洗净剂。

**(1) 乳化剂** 选择乳化剂应考虑下列因素：

①亲水基的化学结构；②亲水基的数目和位置；③亲油基的化学结构；④亲油基的数目；⑤亲水亲油平衡值（HLB）；⑥连接部分的结构；⑦分子量。

表9-2列出了当液体石蜡与大豆油之比为1∶1时，不同结构的乳化剂对它的乳化能力。

表9-2 不同结构乳化剂的乳化能力

| 乳化剂 | 油相[①] | HLB | 乳化剂 | 油相[①] | HLB |
| --- | --- | --- | --- | --- | --- |
| 山萮醇聚氧乙烯醚 | Ⅰ | 8～11 | 聚氧乙烯失水山梨醇四油酸酯 | Ⅰ | 9～11 |
| | Ⅱ | 8.5～8.9 | | Ⅱ | 7.5～9.5 |
| 聚氧乙烯甘油脂肪酸酯 | Ⅰ | 9.3～10.9 | 聚氧乙烯失水山梨醇单硬脂酸酯 | Ⅰ | 9.8～10.5 |
| | Ⅱ | 8.3～8.9 | | Ⅱ | 不乳化 |

① Ⅰ为液体石蜡；Ⅱ是液体石蜡与大豆油之比为1∶1。

乳化剂在化妆品中对调节剂型起很重要作用。从市售的化妆品可以看到，化妆品中以乳化状剂型居多。因为乳化状剂是将油性与水性两种原料混合在一起，与单纯的油性制品相比，在使用感、外观上要令人舒适；此外，乳化状剂型还能调节对皮肤作用的成分，使微量成分在皮肤上均匀涂敷。

**(2) 增溶剂** 在化妆水、生发油、生发养发剂的生产中，增溶剂能使油性成分呈透明溶解状，从而对提高化妆品附加价值起重要作用。

作为增溶剂的表面活性剂有：聚氧乙烯硬化蓖麻油、聚氧乙烯蓖麻油、脂肪醇聚氧乙烯醚、聚甘油脂肪酸酯及蛋白质、蔗糖酯、卵磷脂等。

由于香料、油脂、油溶性维生素（A、D等）等油性原料在极性与结构上不同，增溶情形也不相同，必须选择最适宜的表面活性剂，并且要注意其不能改变香料的气味及药剂的性能等。

**(3) 分散剂** 美容化妆常采用表面活性剂作分散剂，被分散的原料有滑石、云母、二氧化钛和酞菁蓝等无机、有机颜料。这些原料赋予化妆品良好的色泽及遮盖底色、防晒等功效，必须将其均匀分散于化妆品，以利发挥功效。

分散剂吸附在固-液界面上，降低界面能，使分散体系稳定；吸附在粉体表面，使其带电，粒子间产生同性电荷排斥作用，使体系稳定；吸附在胶体表面，形成溶剂化层，使体系稳定，即保护胶体；提高分散介质的黏度。

用作分散剂的表面活性剂有：硬脂酸皂、脂肪醇聚氧乙烯醚、脂肪酸聚氧乙烯酯、失水山梨醇脂肪酸酯等。在选择表面活性剂时，还要考虑粉体表面与分散介质的亲水亲油平衡。

表 9-3 列出不同非离子表面活性剂加成环氧乙烷的量与吸附性能和分散性能的关系。

表 9-3　非离子表面活性剂在二氧化钛上的吸附性能和分散性能

| 环氧乙烷加成的量/mol | 锐钛矿 | | | 金红石矿 | | |
| --- | --- | --- | --- | --- | --- | --- |
| | 醚型 | 酯型 | 胺型 | 醚型 | 酯型 | 胺型 |
| 1 | | | +○○ | | | +○○ |
| 2 | −● | −● | +○○ | −● | ● | +○○ |
| 3 | −● | −● | +○○ | −● | ○○ | +○ |
| 4 | −● | −● | +○○ | +○○ | | +○○ |
| 5 | −● | −● | −● | −● | +○○ | +● |
| 6 | −● | −● | −● | −● | | +● |
| 7 | −● | −● | −● | −● | +○○ | |
| 8 | −● | −● | −● | −● | +○ | ● |
| 9 | −● | ● | | | −● | |
| 10 | | ● | ● | | −● | ● |

注：1. 表中"＋、－"标记为吸附性能，"＋"表示吸附，"－"表示不吸附。

　　2. "○、●"标记为分散能力，"○○"和"○"表示能分散，"●"表示不分散。

从表中可见，任何表面活性剂，其吸附性能均与分散能力良好地对应。胺型表面活性剂既在锐钛矿吸附也在金红石矿吸附；醚型表面活性剂在这两者上均不吸附；酯型表面活性剂在锐钛矿上不吸附，而在金红石矿吸附（环氧乙烷加成数高于 8 以上的除外）。

**(4) 起泡洗净剂**　肥皂、固体洗净剂、香波均需要起泡洗净剂，其主要成分为阴离子表面活性剂、两性表面活性剂。在实际生产中，选择类型要依洗净剂的类型和使用部位而定。

### 9.2.1.3　保湿剂

保湿剂既能防止皮肤角质层的水分挥发从而保持其湿润，又能防止化妆品中水分挥发而发生干裂现象。这种原料在化妆品中起着相当重要的作用。

最早应用的化妆品保湿剂是甘油（即丙三醇）。它无色、无臭、澄清、吸湿性强，是具有甘味糖浆的黏稠液体，对皮肤有柔软润滑作用，是化妆水、牙膏、粉末制品的重要原料。以此为代表，常用的保湿剂是多元醇类化合物；此外，还有少数非多元醇类化合物。具体保湿剂种类与应用见表 9-4。

表 9-4　保湿剂种类与应用

| 种类 | | 名称 | 性质 | 用途 |
| --- | --- | --- | --- | --- |
| 多元醇 | 二元醇 | 乙二醇 | | 经皮肤吸收易被氧化成草酸,对人体有害,弃用 |
| | | 丙二醇 | 无色、无臭、略甜、黏稠液体 | 乳化制品及各种流体制品的保湿剂,色素、香精的溶剂 |
| | | 聚乙二醇 | 无色、无臭、液或固体 | 分子量＜600 可作保湿剂(称为 P.E.G)；分子量＞600 可作亲水性软膏基剂 |

| 种类 | | 名称 | 性质 | 用途 |
|---|---|---|---|---|
| 多元醇 | 三元醇 | 甘油 | 无色、无臭、甜味液体 | O/W 型乳化制品,粉膏的润湿剂,化妆水、牙膏、粉末制品保湿剂 |
| | 六元醇 | 山梨醇 | 固体、性质温和、味道好 | 牙膏 |
| 非多元醇 | 2-吡咯烷酮-5-羧酸钠（PCA-Na） | | 无色、无臭、略咸、液体,吸湿性强于上述多元醇,黏度低 | 乳化制品,用于化妆水、洗发露、牙膏（日本开发） |
| | 尿囊素 | | 曾作药物治疗皮肤干燥症,可直接涂用,也可作化妆品基剂,对皮肤、毛发、口腔均有柔软赋予弹性与光泽 | |

保湿剂的保湿能力常常以在一定空气湿度下表现出的吸湿能力来表示。上述品种中,以吡咯烷酮羧酸盐的吸湿性最强,在相对湿度 65% 的情况下,放置 20 天后其吸湿性高达 56%,30 天后其吸湿性为 60%;而同样条件下,甘油经 30 天后吸湿性为 40%,丙二醇为 30%,山梨醇为 10%。

制造化妆品、选择保湿剂时要以皮肤的自然保湿成分为基础。皮肤角质层中,含脂 11%,天然保湿因子为 30%。这些油脂成分与天然保湿因子共同作用,控制水分的挥发。在天然保湿因子中,氨基酸占 40%,吡咯烷酮羧酸盐和乳酸化合物各占 12%,尿素占 7%,此外,钙、钾、钠、糖和肽等也占一定比例。从以上数据不难理解,吡咯烷酮羧酸钠为何是很好的化妆品保湿剂。另外,化妆品中的基料——油脂也具备一定的保湿性能,但单独用油脂保湿还不够,因此,本章未将油脂归入保湿剂一类。

### 9.2.1.4 香料

香料在化妆品中用量极少,但却起着关键性的作用。市场上出售的化妆品能否取得成功,香料往往是决定性的因素。因为,调配得当的香味不仅为产品增添美感,还能掩盖产品中某些成分的不良气味。

香料的种类丰富,一般可分为天然香料与合成香料,天然香料又包括动物性香料与植物性香料。合成香料则有单离与调和两类。化妆品的香气常常是由十几种甚至二十多种香料调和而成的,而调香则是一门实践性很强的技艺。从化学性质看,香料是含碳、氢、氧、氮等芳香性有机物的混合物,能发出香味的官能团有—CHO、—OH、—O—、—COOR、—COOH、—NH$_2$ 和—NO$_2$ 等。下面介绍化妆品常用香料。

（1）动物性香料 动物性香料有四种,分别为麝香、灵猫香、海狸香和龙涎香,均为调制高级香料用,见表 9-5。可用纯品,也可配成乙醇溶液。

表 9-5 动物性香料

| 名称 | 色状 | 来源 | 产地 | 主要成分 | 含量 |
|---|---|---|---|---|---|
| 麝香 | 暗褐色颗粒 | 公鹿的生殖腺分泌物 | 印度北部,我国云南、西藏、青海,中亚的高原地带 | 麝香酮 $(CH_2)_{12}$—CH—CH$_3$ OC————CH$_2$ | 0.5%~2.0% |
| 灵猫香 | 褐色的半流体 | 灵猫的囊状物分泌腺 | 埃塞俄比亚、印度、马来西亚、缅甸 | 灵猫酮 CH—$(CH_2)_7$ CH—$(CH_2)_7$ C=O | 2%~3% |

续表

| 名称 | 色状 | 来源 | 产地 | 主要成分 | 含量 |
|---|---|---|---|---|---|
| 海狸香 | 褐色或乳白色的黏液 | 海狸的生殖器旁的梨状腺囊 | 西伯利亚、加拿大的河川、湖泊 | 树脂状物、水杨基物质、内酯、苯甲醇对乙基苯酚、海狸香素 | 树脂状物含量40%～70% |
| 龙涎香 | 白色或褐色的蜡状固体 | 抹香鲸胃肠结石病态分泌物 | 印度、非洲与我国南部海岸 | 龙涎香醇、$C_{24}H_{44}O$、苯甲酚酯、脂肪 | 龙涎香醇20%～45% |

**(2) 植物性香料** 当人们步入鲜花丛中，立刻会有迷人的香味扑鼻而来。这是花中含有的香精油在起作用。香精油是天然香料的主要形态，它存在于植物的花、叶、树皮、果实等各个部位中。表9-6列举了主要的植物性香料分类情况。

表9-6 植物性香料分类

| 植物部位 | 香料品种 | 植物部位 | 香料品种 |
|---|---|---|---|
| 花 | 玫瑰、茉莉、橙花、水仙、薰衣草、金合欢、蜡菊 | 种子 | 黑香豆、茴香、肉豆蔻、苦杏仁 |
| 叶 | 马鞭草、桉叶、香茅、月桂、香叶、橙叶、冬青、向日葵 | 根 | 当归、黄樟 |
| | | 苔衣 | 橡苔 |
| 木材 | 檀香木、玫瑰木、羊齿木、雪松、沉香、白檀 | 地下茎 | 菖蒲 |
| 树皮 | 桂皮、中国肉桂 | 草 | 薰衣草、薄荷、留兰香、迷迭香、百里香、龙蒿 |
| 树脂 | 安息香、吐鲁香脂、秘鲁香脂 | 果实 | 甜柑、柠檬 |
| 果皮 | 柠檬、柑橘 | | |

植物中的香精油可以通过蒸馏法、挤压法和萃取法获得。蒸馏法主要依靠蒸汽系统与真空装置操作得到香味纯正的精油；萃取法则以溶剂来溶解植物中所需成分，进一步处理得到所需香料。常用的溶剂有石油醚、苯、三氯甲烷、乙醇和油脂等。

**(3) 合成香料** 上述方法可得到多种芳香物质的混合物。若采用更精密的方法，便可获得实用价值特别高的某一成分，此即单离香料。如，用真空精馏从山苍子油中分离出柠檬醛，它的用途很广泛，既可作化妆品、食品香料，又可作合成紫罗兰酮、维生素A和维生素E的原料或中间体。

此外，合成类的还有分别以天然油脂和石油烃为原料经一系列化学反应而得到合成香料。如，以松节油为原料，经水合、脱水和减压蒸馏等步骤后得到香料松油醇。至于纯人工香料，其原料与产品种类很多，就不一一列举。真正用于化妆品，均需多种香料调和，详见第7章。

### 9.2.1.5 色料与粉剂

在美容化妆品如口红、眼影膏（粉）、粉底等及日用品如牙膏、香皂中，少不了要用色料与粉剂。其中色料包括通常说的颜料、色素等；粉剂多为白色，在用量少（2%～5%）时，可称为白色颜料，用量多（30%～80%）时，则作为化妆产品的填充剂或基剂，因而将其通称为粉剂。

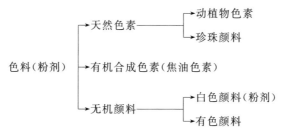

（1）天然色素

① 胭脂虫红　是由寄生于仙人掌上的胭脂虫雌性体干燥粉中提取的红色色素。西方自古以来用作口红色素。在酸性中呈橙色至红色色调，在碱性中则呈紫红色。价格昂贵，现已为煤焦色素所取代。

② 红花苷　是从红花花瓣中提取的红色素，为鲜艳红色。

③ 天然鱼鳞片　来自带鱼、鲱鱼的鳞片，用有机溶剂精制而得，主要成分为鸟嘌呤。珍珠光泽，用于制作口红、指甲油及化妆水。

（2）有机合成色素（焦油色素）　这类色素品种与颜色都很丰富，大致有染料、色淀和颜料三类。在染料中，按生色基团分类有偶氮系、呫吨系、氮萘系、蒽醌系等，它们广泛用于乳膏、香波、头油、口红等化妆品中。色淀与颜料类似，仅在着色力、遮盖力上有区别，它们广泛应用于口红、胭脂及其他浓妆化妆品中。

（3）无机颜料　无机颜料过去多使用其天然矿物，如把以氧化铁为主要成分的红土、黄土、绿土以及天然琉璃（群青）等粉碎后作颜料用。由于含有杂质，颜色不鲜艳。现在，则以合成的无机化合物为主。

① 有色颜料　主要有氧化铁、群青和炭黑等品种。其中，氧化铁是以硫酸亚铁为原料制成的，根据不同的烧成温度、升温方法和空气量等制成从黄色到黑色的氧化铁，用它们可以调制不同色调的眼影粉或其他彩色化妆品。红色氧化铁与白色颜料调和可得最接近人体健康肤色的色调。群青的天然品由天然琉璃石加以研细而成，合成品是将硫黄、碳酸钠、氢氧化钠、高岭土和还原剂（木炭、沥青、松香）混合后于 $700 \sim 800 ℃$ 煅烧而成，有青色到紫色各色调，为化妆品及香皂的着色剂。炭黑是天然气经不完全燃烧所得的碳素，为黑色粉末，化学性质稳定，可制作眼影、眼线及眉笔等墨类制品，但有的国家禁用此原料作化妆品。

② 白色颜料（粉剂）　可作爽身粉、粉饼及香皂、洗衣粉的填充剂；也可利用其遮盖力、吸着力强之特性作白色颜料，但对它们的品质要求很严格。常用的有滑石粉、高岭土、锌白等，还有遮盖力最强的二氧化钛，因不透紫外光，涂在皮肤上不发白，多用于防晒化妆品。此外，碳酸钙、硬脂酸锌等也是粉剂型化妆品的重要原料。

### 9.2.1.6　水溶性高分子

水溶性高分子，指结构中具有羟基、羧基或氨基等亲水基的高分子化合物，它们易与水发生水合作用，形成水溶液或凝胶，亦称黏液质。可作化妆品的基质原料，也在化妆品的乳剂、膏霜和粉剂中作为增稠剂、分散剂或稳定剂。水溶性高分子的种类多，其分类见表9-7。

表 9-7　化妆品用水溶性高分子分类

| 天然高分子化合物 | 动物性：明胶，酪蛋白 |
| | 植物性：淀粉 |
| | 植物性胶质：阿拉伯胶 |
| | 植物性黏液质：榅桲提取物、果胶 |
| | 海藻：爱尔兰海藻酸钠 |
| 半合成高分子化合物 | 甲基纤维素、乙基纤维素、羧甲基纤维素、羟乙基纤维素 |
| 合成高分子化合物 | 乙烯类：聚乙烯醇、聚乙烯吡咯烷酮 |
| | 丙烯酸及其衍生物 |
| | 聚氧乙烯 |
| | 其他：水溶性尼龙、无机物等 |

水溶性高分子在化妆品中的主要功能如下：

①对分散体系的稳定作用；②增稠、凝胶化作用和流变学特性；③乳化和分散作用；

④成膜作用；⑤黏合性；⑥保湿性；⑦泡沫稳定作用。

#### 9.2.1.7 其他添加剂

**(1) 防腐剂与杀菌剂** 化妆品中应用的防腐剂与杀菌剂，是为了防止产品腐化或酸化所添加的化学药物。这些化学药物虽不是主要原料，但其作用不能忽视。另外，对于防腐剂与杀菌剂的质量又必须有较高要求，即含量极少就有抑菌效果。颜色淡、味轻、无毒、无刺激、贮存期长、配伍性能好、溶解度大，只有这样，才能使化妆品在起到美容作用的同时，又可保护消费者的健康。特别是面部与眼部用化妆品，更要慎重选用。表9-8为日本对化妆品中防腐剂用量的规定示例。

常用的防腐剂有酸类（如安息香酸）、酚类（如对氯代苯酚）、酰胺类（如3,4,4′-三氯代-N-碳酰苯胺）、季铵盐类（如烷基三甲基氯化铵）、醇类（如乙醇、异丙醇），还有一些香料中具备酚结构或不饱和香叶烯结构的化合物（丁香酚、柠檬醛）也具有抑菌效果。此外，其他如双（2-巯基吡啶氧化物）锌（ZPT），都可作防腐杀菌剂。

**表9-8　某些防腐剂在化妆品中的用量**

| 种类 | 100g产品中的用量/g | 种类 | 100g产品中的用量/g | 种类 | 100g产品中的用量/g | 种类 | 100g产品中的用量/g |
|---|---|---|---|---|---|---|---|
| 安息香酸 | 0.2 | 水杨酸盐 | 1.0 | 脱氢乙酸及其酯 | 0.5 | 硼酸 | 0.5 |
| 安息香酸盐 | 1.0 | 酚 | 0.1 | 对羟基苯甲酸 | 1.0 | | |
| 水杨酸 | 0.2 | 清凉茶醇及其盐 | 0.5 | 对氯代间甲酚 | 0.5 | | |

**(2) 抗氧剂** 为了防止化妆品中的动植物油脂、矿物油等组分在空气中自动氧化而使化妆品变质，要采用一些抗氧剂来防止上述现象的发生。抗氧剂主要有苯酚系、醌系、胺系、有机酸、酯类及硫黄、磷等无机物。

在制造化妆品时，一方面可选用合适的抗氧剂保证质量，另一方面更要注意在选用原料时，要用那些不含有促进氧化的杂质的优质原料。同时，采取正确的处理方法，尽量避免混进金属和其他促氧剂。

**(3) 溶剂** 溶剂在很多精细化工产品中是不可缺少的，如油漆、防水建筑材料等。在化妆品中，也需要溶剂，但所需种类不多，主要有香水、透明香皂、指甲油等。对化妆品用溶剂的要求高于其他工业溶剂。一般常用的有醇类、醚类、酯类，还有作喷雾制品用的冷媒溶剂，主要是 $CClF_3$ 等类型的氟化物。

**(4) 特效添加剂** 对于强调功效的化妆品，如祛斑、防晒、营养或减肥等，常添加化学、生化或天然提取物作为特效添加剂。具体示例参见表9-9、表9-10。

**表9-9　目前常用的特效添加剂**

| 类别 | 品种 | 作用 |
|---|---|---|
| 化学类 | 维生素 A | 调节上皮细胞的生长和活性，延缓衰老 |
| | 维生素 $B_2$ | 防治皮肤粗糙、斑症、粉刺、头屑 |
| | 维生素 $B_1$ | 防治脂溢性皮炎、湿疹，增进皮肤健康 |
| | 维生素 C（衍生物） | 抑制皮肤上异常色素的沉着，阻止黑色素的产生和色素的沉积 |
| | 维生素 $D_2$ | 防止皮肤干燥、湿疹，防止指甲和毛发异常 |
| | 维生素 H | 保护皮肤，防止皮肤发炎 |
| | 维生素 E | 抑制由紫外线照射引起的老化作用，促进头发生长及抗炎 |
| | 氨基酸 | 提供皮肤与毛发所必需的营养 |

| 类别 | 品种 | 作用 |
|---|---|---|
| 生化类 | 曲酸（及衍生物） | 抗菌、吸收紫外线、保湿、减少皱纹、改善皮肤色斑和肝斑的形成，为美白添加剂，亦作去头屑剂 |
| | 熊果苷（及衍生物） | 抑制酪氨酸酶的活性，阻止黑色素形成，具美白效果；还可补充表皮细胞的各种营养成分 |
| | 透明质酸 | 保湿 |
| | 修饰 SOD | 去皱，抗衰，淡化色斑，有美白效果 |

表 9-10　中草药添加剂及其功效

| 中草药功效 | 消炎止痒 | 保湿 | 护发 | 软化皮肤 | 防治皱纹 | 防治皮肤粗糙 | 防粉刺 | 祛斑 |
|---|---|---|---|---|---|---|---|---|
| 人参 | | √ | √ | √ | √ | | | |
| 白芷 | √ | | | √ | √ | | | |
| 甘草 | √ | √ | | √ | | | | |
| 当归 | √ | | | | √ | √ | √ | √ |
| 杏仁 | | | | | √ | √ | | |
| 芦荟 | √ | √ | √ | | | | | |
| 桂皮 | | | | | | √ | | √ |
| 连翘 | | | | √ | | | √ | |
| 益母草 | | | | | √ | | | √ |
| 花粉 | | √ | | √ | √ | √ | | |

注：表中画"√"的为左边栏中物质具有的功效。

综上所述，化妆品中的主要原料包括油脂、香料、表面活性剂、保湿剂、颜料，还有防腐杀菌剂、抗氧剂等。如何用这些原料制成化妆品成品，将在下面介绍制造化妆品的工艺方法。

## 9.2.2　化妆品的研发程序和配方设计

### 9.2.2.1　化妆品的研发程序

化妆品属流行产品，更新换代比较快。一个产品从问世到被新产品替代，一般都经历萌芽期、成长期、饱和期和衰退期。因此，只有不断创新，开发新品种、新剂型、新配方，提高产品的竞争能力，才能迎合消费者心理，满足市场需求。为提高产品的竞争能力，必须坚持不断地开展科学研究，及时掌握国际最新信息，同时熟悉市场。可见，在开发新产品的过程中，掌握科技动态和了解市场需求是必需的。通常，化妆品的开发程序大致有以下环节：

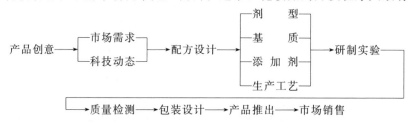

在开发化妆品过程中，创意一般是由企业市场部或销售人员、策划部门经过广泛的市场

调查，了解目前国内外化妆品市场最热销、最流行的产品行情后，向研发部门提出的建议。同时企业的研发部门要充分调研和了解当前国内外化妆品的科技发展动态和信息。企业高层管理、科研和市场策划负责人一起确立企业近期要开发的新产品，并进一步制订出企业的中、长期研发计划，即生产一代、研制一代和储备一代。

在化妆品配方设计过程中，首先要考虑剂型问题。比如开发防晒化妆品，先要确定其剂型是防晒油、防晒霜还是防晒凝胶；剂型确定之后，就要确定基质（基质对药物来说就是赋形体，化妆品由其基质和多种添加剂组成，添加剂在基质中发挥它的功能作用），而其中的主要添加剂防晒剂，可选择物理性纳米超微细钛白粉，加上化学性的防晒剂，组成广谱的复合防晒剂。进入生产工艺设计环节后，根据乳化原则、溶剂极性相容原则和化学惰性原则，确定原料的添加顺序及溶解顺序、加入的温度和搅拌速度及时间等工艺条件。

经配制形成产品后，产品还需要经过质量检测。合格后，再经灌装、包装，最后形成商品进入市场。

### 9.2.2.2　化妆品的配方设计原则

**(1) 安全性设计**　因为化妆品是人们在日常生活中每天、长期和连续使用的日用品，因此其安全性被视为首要质量特性。化妆品的安全性是指：化妆品应无毒（经口毒性）、对皮肤（发）及眼黏膜无刺激性和无过敏性等。为遵循我国化妆品监督管理法规，在配方设计选择原料时不选用化妆品禁用原料，选用限用原料时要遵守其用量规定。

中国法规规定的禁用物质从 1999 年 12 月 1 日起由 359 种增至现在的 1399 种，限用组分 43 项，50 项准用防腐剂，26 项准用防晒剂，157 项准用着色剂，73 项准用染发剂。对重金属汞、铅、砷和对人体有害的甲醇均有限量规定。因此，在设计化妆品配方时对一些特殊化妆品（如祛斑、染发等）要特别注意。

**(2) 稳定性设计**　化妆品产品质量问题主要表现在两方面：一是微生物污染的卫生安全性问题和变色、变味等现象；二是产品乳状液的热力学不稳定性引起的析水、析油、分层、沉淀和膨胀现象等问题。可从以下几点考虑。

① 科学合理设计基质　对于膏霜类产品，工程技术人员必须根据 O/W 型或 W/O 型乳化体基质配方设计原理进行产品设计，注意控制油水两相比例、乳化剂选择及用量、加热温度、乳化加料方式、乳化机转速等因素，通过 HLB 值的计算设计出科学合理的产品基质配方。最后通过耐热、耐寒和离心实验测试样品的稳定性。

② 添加合适的抗氧剂、防腐剂　亚硫酸钠、过氧化氢、乙酰苯胺等抗氧剂要根据基质特点添加，尼泊金酯等防腐剂亦视基质特点适量加入。

**(3) 功效性设计**　在化妆品配方设计中，必须选择添加适量的功效组分，并应进行效果测试，如保湿效果达到几级，美白祛斑达到几度，减肥达到的脂肪层厚度为多少等，其结果应与产品标明的功效相符，否则可视为对消费者的欺骗行为。有些标准的量化正在逐步完善，这将必然对功效性化妆品的配方设计要求更科学、更严谨。

**(4) 配伍性**　在主剂基质的复配及添加剂加入时，原料间的配伍性是贯穿配方设计过程的重要问题。如设计洗发护发二合一护理液时，不能简单地将洗发护理液和护发素的主要原料——阴、阳离子表面活性剂混合在一起，因为它们构成配伍禁忌。可考虑阳离子型高聚物，如聚季铵盐类表面活性剂优于 1831、1631 等低分子阳离子表面活性剂，因其高分子链起着隔离的作用，阻碍阴、阳离子间的配合作用，故阴离子表面活性剂与聚季铵盐有良好的配伍性。又如某些原料与防腐剂尼泊金酯配伍时，可降低其抑菌作用，因此可考虑采用复配防腐剂。

**(5) 感官性、实用性及可操作性**　如膏霜产品要求其香气逼人、细腻、光滑柔软及有良好的涂抹性和铺展性，这些感官效果多与配方中油性成分的品种、用量及其理化性质有密切关系，如常用的低强度二甲基硅油、环状挥发性硅油、异构烷和异构酯等都有油而不腻的感觉。中草药类化妆品应注意去除异味。

在设计化妆品的配方和生产工艺时，必须考虑该配方在实际生产时的可行性问题，要尽量使其在生产操作上方便。

**(6) 经济性（成本/性能比）** 经济性是配方设计过程中必须重视的又一个问题。目前常以产品的价格性能比作为评估化妆品产品配方水平的指标。成本与性能之比值越小（即该产品的成本越低，而产品的性能越优时），表明该产品的配方设计水平越高。因此，在设计化妆品配方时，必须根据配方中各组分的价格对该配方的成本进行核算，通过对配方的进一步修正、改进，求得用低价位的成本配制出高性能的产品。

### 9.2.3 化妆品生产的主要工艺

化妆品与一般化学原料相比，其生产工艺是比较简单的。生产中主要是物料的混配，很少有化学反应发生；且多采用间歇式批量化生产，毋须用投资大、控制难的连续化生产线。因此，过程所使用的设备也较简单，包括混合设备，分离设备，干燥设备，成型、装填及清洁设备等。以下介绍化妆品生产涉及的主要工艺。

#### 9.2.3.1 乳化

乳化技术是化妆品生产中最重要、最复杂的技术。从生活经验中可知，化妆品的剂型中，以乳化型居多，像面部皮肤用的润肤露、营养霜等，头发用的洗发香波、发乳等。而在化妆品原料中，既有亲水性成分，如水、酒精；也有亲油性成分，如油脂、高碳脂肪酸、醇、酯、香料、有机溶剂及其他油溶性成分；还有钛白粉、滑石粉这样的粉体成分。欲使它们混合为一体，必须采用良好的混合技术——乳化。

**(1) 乳化液的生产**

① 选择合适的乳化剂　表面活性剂具有乳化作用，在 9.2.1.2 小节已介绍了选择乳化剂应考虑的因素，其中包括亲水亲油平衡值（HLB）。关于各类乳化剂（如阴、阳离子型、非离子型等）的 HLB 值的计算，可在有关书中查到。一般地说，HLB 值在 3~6 的表面活性剂主要作油包水（W/O）型乳化剂；在 8~18 时主要作水包油型（O/W）乳化剂。对于像洗发香波之类的洗涤用品，其主表面活性剂就是良好的乳化剂，不必再另选择；但其他化妆品则不然。

选择乳化剂还要考虑经济性，即在保证乳化效果的前提下，尽量少用或选择较便宜的乳化剂。所选择的乳化剂还要与产品中其他配方原料有良好的配伍性，不影响产品的色泽、气味、稳定性等。当然，比较重要的是乳化剂与乳化工艺设备的适应性。先进的乳化工艺及设备可以保证产品的优越性能，甚至使用较少或效率较低的乳化剂就可以达到满意效果。

② 乳化方法　乳化剂选定后，需要用一定的方法将所设计的产品生产出来，这就是乳化法，常用的有以下几种：

a. 转相乳化法。在制备 O/W 型乳化液时，先将加有乳化剂的油相加热成液态状，一边搅拌一边徐徐加入热水。热水被分散成小颗粒，成 W/O 型乳化液；继续加入热水至水量为60%时，发生转相，形成 O/W 型。以后可快速加水，并充分搅拌。此法关键在转相，转相结束时，分散相粒子不会再变小。

b. 自然乳化法。将乳化剂加入油相中，混匀后一齐投入水相，配以良好的搅拌，可得很好的乳化液。像矿物油这样易流动的液体，常采用此法。若油的黏度较高，可在较高温度（40~60℃）下进行。但多元醇酯类乳化剂不易形成自然乳化。

c. 机械强制乳化法。均化器和胶体磨是用于强制乳化的机械，它们用很大的剪切力将被乳化物撕成很细、很匀的粒子，形成稳定的乳化体。用前述两种乳化法无法制备的乳化体可用此法生产。

d. 低能乳化法。在生产乳液、膏霜类化妆品时广为采用的是低能乳化法。用一般乳化法制备乳化体，大量的能量耗费在加热过程中，产品制成后，又需冷却。这样既耗费能量，又耗费时间。而低能乳化法只在乳化过程的必要环节中供给所需能量，从而提高了生产效率。此法的原理是将乳化体的外相分成 A、B 两部分，其质量分数分别为 $\alpha$、$\beta(\alpha+\beta=1)$。假设加热内外两相所需的总热能为 $H$，乳化时，仅对内相和外相的 B 部分加热，因而节省热能为 $(1-\beta)=\alpha H$。外相/内相值越大，或 $\alpha/\beta$ 之值越大，节能越有效。

通常采用的是二釜法，如图 9-1 所示。以制备 O/W 型乳化体为例。将油相置下釜加热，将 $\beta$ 水相注于上釜加热，然后将 $\beta$ 水相与油相一起于下釜搅拌制成浓缩乳状液。再通过自动计量仪将常温蒸馏水（$\alpha$ 相）注入下釜的浓乳液，搅拌后即完成制备。

此法的关键在于 $\alpha$ 相的多少和乳化的温度。在生产中要探索经验以选择合适的工艺条件。

**(2) 乳化设备** 通常采用的有搅拌器、胶体磨、高压阀门均质机等，国外有些最新专用设备，如刮板式搅拌机、分散搅拌机、管道式搅拌器等。可针对不同物料的不同要求加以选用。

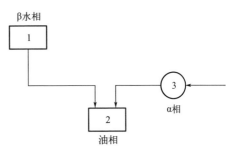

图 9-1 二釜式低能乳化法
1—上釜；2—下釜；3—计量仪

#### 9.2.3.2 其他工艺

对于液态化妆用产品，主要工艺是乳化；而对于固态化妆用产品，涉及的单元操作有干燥、分离等，在产品制作的后阶段，还需要进行成型处理、装填和清洁。

分离操作包括过滤和筛分。过滤是滤去液态原料中的固体杂质。应用于化妆品的设备有批式重力过滤器和连续真空过滤机。筛分是舍去粗的杂质，得到符合粒度要求的均细物料。有振筛、旋转筛等设备。干燥则是除去固态粉料、胶体中的水分（或液体成分）。化妆品中的粉末制品及肥皂需要干燥过程，有些原料和清洁后的瓶子亦需经此过程。采用的设备有厢式干燥器、轮机式干燥器等。至于成型和装填，则是多种化妆品所需的，关键在于设备的设计和选用。

# 9.3 各类化妆品生产工艺

## 9.3.1 保护类化妆品

皮肤是人体的表面组织，能够保护人体免受外来刺激和伤害。保护类化妆品具有保湿、补充皮脂不足、滋润皮肤、促进皮肤新陈代谢等重要皮肤保护作用。其种类较多，化妆水、膏霜、乳液、精华液、面膜是常用的保护类化妆品，下面介绍这五类化妆品的制作工艺和特点。

### 9.3.1.1 化妆水

多为透明液体，能收敛、中和及调整皮肤生理作用，进而防止皮肤老化、恢复活力。一般用于洗脸后、化妆前。有适于油性皮肤的收敛性化妆水，补充皮肤水分和油分的柔软性化妆水以及清洁功能好的碱性化妆水等。

收敛性化妆水的原料，主要是具有凝固皮肤蛋白质、变成不溶性化合物的收敛剂，分阳离子性和阴离子性收敛剂两种：阳离子收敛剂有明矾、硫酸铝、氯化铝、硫酸锌等，其中以铝盐的收敛作用最强；阴离子收敛剂有单宁酸、柠檬酸、硼酸、乳酸等，常用的为柠檬酸。此外，原料中还有 10%～15% 的酒精，5% 左右的甘油。所用香料为一般调和香料，或加配医药用香精油，如丁香油等。还需能够溶解精油的乳化剂，如吐温 20 等，这类非离子表面活性剂的添加使制品质地温和，提高化妆效果。

**【配方】** 收敛性化妆水

| 组分 | 质量分数/% | 组分 | 质量分数/% |
|---|---|---|---|
| 明矾 | 1.5 | 乙醇 | 11.0 |
| 苯甲酸 | 1.0 | 甘油 | 5.0 |
| 硼酸 | 3.0 | 香精 | 0.5 |
| 吐温 20 | 2.5 | 蒸馏水 | 75.5 |

**制法** 将明矾、苯甲酸、硼酸、甘油溶于水，制成水部；将香精、吐温 20 溶于乙醇，制成醇部。略加热以增加溶解。将醇部加入水部，快速搅拌使之溶解、过滤、灌装，即成。

其他类型化妆水，如碱性化妆水的配方中，酒精含量高些，约为 20%，还加有碳酸钾、硼砂等碱，具有去垢和软化皮肤角质层的作用。柔软性化妆水则以保湿剂成分居多，除了甘油，还有一缩二甘油、丙二醇、季戊四醇、山梨糖醇等，另外，还添加有提高黏度的成分，如半乳糖、果胶等。

#### 9.3.1.2 膏霜

膏霜是具有代表性的传统化妆品，它能在皮肤上形成一层保护膜，供给皮肤适当的水分和油脂或营养剂，从而保护皮肤免受外界不良环境因素刺激，延缓衰老，维护皮肤健康。近年来，随着乳化技术的改进，表面活性剂品种的增加以及天然营养物质的使用，开发出了各种不同的膏霜制品，其种类与消耗量之多，是其他化妆品望尘莫及的，因而是主要的基础化妆品。

**（1）雪花膏** 膏霜中的 O/W 型制品，为白色似雪花的软膏，擦在皮肤上先成乳白痕迹，继续擦则消失，与雪的融化相似，因而称为雪花膏。它是水和硬脂酸乳化而成的，乳化剂是碱性化合物（如氢氧化钾、氢氧化钠、三乙醇胺）与硬脂酸中和反应后生成的硬脂酸盐。由此可知，生产雪花膏的主要原料有硬脂酸、碱、水，还有香精和保湿剂。雪花膏的膏体应洁白细腻，无粗粒，香味宜人，不刺激皮肤，主要用作润肤、打粉底（有人称之为粉底霜）和剃须后用化妆品。

**【配方】** 雪花膏

| 组分 | 质量分数/% | 组分 | 质量分数/% |
|---|---|---|---|
| 硬脂酸 | 10 | 氢氧化钾 | 0.2 |
| 十八醇 | 4 | 香精 | 1 |
| 甘油单硬脂酸酯 | 2 | 防腐剂 | 适量 |
| 硬脂酸丁酯 | 8 | 蒸馏水 | 64.8 |
| 丙二醇 | 10 | | |

**制法** 将丙二醇与氢氧化钾加于蒸馏水中，加热至 70℃，制成水相；除香料外，其余成分混合，加热至 70℃，制成油相。把油相缓缓加入水相中搅拌乳化，在约 45℃时加香精，继续搅拌至冷。注意搅拌时要定方向、定速度。两相混合后开始冷却至室温的过程中不能停止搅拌。搅拌速度视搅拌桨型而定。

下面介绍含美白效果的雪花膏。

**制法** 除香精外，将各成分混合，加热至 85℃，搅拌下进行乳化，冷却至 45℃时加香精，继续冷却至室温。

**薏苡仁提取物的制备** 将薏苡仁粉末 1kg 加于 2L 的 2mol/L 盐酸中，搅拌下加热至 98℃左右，保持 2.5h，直至成为浆状流动液时停止加热，冷却。加入同量的三氯三氟乙烷，在 300r/min 的速度下搅拌 15～20min，静止分层，取上中层液于 40℃减压蒸馏除去盐酸，变成黏稠物；再加 3 倍水稀释溶解，后加 2mol/L 的 NaOH 溶液，过滤，再于 40℃下减压蒸馏成干固物。

这种含薏苡仁提取物的雪花膏具有良好的保湿和柔软作用，能防止黑色素生成，还能增加皮肤的光泽。除此之外，大枣、蜂蜜、当归等天然物中的有效成分也可加入雪花膏中，赋予其特别的美容护肤效果。

**(2) 冷霜** 为含油量较高的膏霜，它能供给皮肤适量油分。冬天擦用时，体温使水分蒸发，同时所含水分被冷却成冰雾，因而产生凉爽感，故而得其名。冷霜通常为 W/O 型，也有 O/W 型的，根据不同乳化剂配成不同形态。基本成分为蜂蜡、液体石蜡、硼砂和水，含油量可达 65%～85%，乳化剂为蜂蜡中的二十六酸与硼砂中和生成的二十六酸钠。对原料中蜂蜡的质量要求较高，硼砂用量则可根据中和反应的比例计算出来。因硼砂与二十六酸中和后产物中有硼酸，会影响乳化，还需添加非离子表面活性剂。其余成分较单纯。下面分别介绍瓶装和盒装的冷霜。本配方仅做参考，硼砂已被列为禁用组份。

**【配方1】** 瓶装冷霜

| 组分 | 质量分数/% | 组分 | 质量分数/% |
|---|---|---|---|
| 蜂蜡 | 10 | 乙酰化羊毛醇 | 2 |
| 白凡士林 | 7 | 蒸馏水 | 41.4 |
| 18# 白油 | 34 | 硼砂 | 0.6 |
| 鲸蜡 | 4 | 香精、防腐剂和抗氧化剂 | 各加适量 |
| 司盘 80 | 1 | | |

**制法** 将硼砂溶解在蒸馏水中，加热至 70℃；将油相成分混合，加热至 70℃。然后将水相加于油相内，在开始阶段剧烈搅拌，当加完后改为缓慢搅拌，待冷却至 45℃时加入香精，40℃时停止搅拌，静置过夜，再经三辊机或胶体磨研磨后，装瓶。

**【配方2】** 盒装冷霜

| 组分 | 质量分数/% | 组分 | 质量分数/% |
|---|---|---|---|
| 三压硬脂酸 | 1.2 | 双硬脂酸铝 | 1 |
| 蜂蜡 | 1.2 | 丙二醇单硬脂酸酯 | 1.5 |
| 天然地蜡 75℃ | 7 | 氢氧化钙 | 0.1 |
| 18# 白油 | 47 | 蒸馏水 | 41 |

**制法** 将双硬脂酸铝加于白油中进行搅拌，待其完全溶解后，经过滤后流入带夹套搅拌釜内；将预先加热至 110℃的油质成分与之混合，保持 80℃。将氢氧化钙加于 80℃的蒸馏

水中，溶解后注入油相内，搅拌冷却至 45℃ 加香精，至 28℃ 停止搅拌。经三辊机研磨和真空脱气，于 40℃ 耐热合格后，即可包装。

（3）柔软霜　霜体的油性介于雪花膏和冷霜之间，油水含量平衡，擦用后皮肤感觉爽快。其油性含量变化多，可加入各种有效成分制成特别功用的霜体，满足不同消费者需求，如营养霜、增白霜、去皱霜和夜霜等。这里介绍对湿疹、暗疮、蚊虫叮咬等有一定疗效的营养霜。

**【配方】** 特效营养霜

| 组分 | | 质量分数/% | 组分 | | 质量分数/% |
|---|---|---|---|---|---|
| $A_1$ | 甘油 | 10 | $C_4$ | 珍珠 | 0.3 |
| $A_2$ | $\alpha$-丙二醇 | 5 | $C_5$ | 丹皮 | 0.25 |
| $B_1$ | 硬脂酸 | 12 | $C_6$ | 玉竹 | 0.3 |
| $B_2$ | 甘油单硬脂酸酯 | 5 | $C_7$ | 薏苡仁 | 0.25 |
| $B_3$ | 羊毛脂 | 1 | $C_8$ | 磷酸酯 | 0.8 |
| $B_4$ | 吐温 | 0.2 | $D_1$ | BHT | 0.03 |
| $B_5$ | 尼泊金乙酯 | 0.01 | $D_2$ | 柠檬酸 | 0.02 |
| $C_1$ | 乙醇 | 0.5 | $E_1$ | 白油 | 0.8 |
| $C_2$ | 对氯-3,5-二甲基苯酚 | 0.05 | $E_2$ | 香精 | 适量 |
| $C_3$ | 蒸馏水 | 63.49 | | | |

**制作流程：**

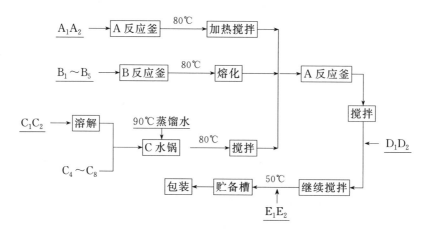

#### 9.3.1.3　乳液

乳液是流动性的乳化制品，功能与膏霜相同。搽用方便，可在皮肤上形成清爽的保护膜，因而深受消费者欢迎。

依形态分，乳液有 O/W 和 W/O 型两种乳化体，以前者居多。由于黏度小、流动性好，往往稳定性不好，在贮运过程中容易破乳而分层，因此要选用乳化性好而不过分增加黏度的表面活性剂作乳化剂。成分类似膏霜，有油脂、高级醇、高级酸、乳化剂和低级醇、水溶性高分子等。制作条件比膏霜严格，要选择好最合适的乳化、温度、搅拌、冷却等条件。通常是在油相中加乳化剂，热溶后加于水相中，以强力乳化器进行乳化，边搅拌边用热交换器冷却乳液。在此介绍 O/W 型和 W/O 型润肤露各一种。

**【配方 1】** O/W 型润肤露（适于油性皮肤）

| 组分 | 质量分数/% | | 组分 | 质量分数/% |
|---|---|---|---|---|
| | | | 甲基羟丙基纤维素 | 0～0.3 |
| 2-辛基十二烷醇 | 1～3 | | 聚丙烯酸酯 | 0～0.3 |
| 蜂蜡 | 0.5～1 | B | 尼泊金甲酯 | 0.2～0.4 |
| A 硬脂酸异辛酯 | 3～7 | | 蒸馏水 | 余量 |
| 十六醇十八醇聚甘油醚 | 1～3 | | | |
| 山梨糖甘油单月桂酸酯 | 0.5～1 | C | 香精 | 适量 |
| B 甘油 | 3～5 | | | |

**制法** 将 A 组混合，加热至 75℃；将 B 组混合，加热至 75℃。在搅拌下，将 A 组加于 B 组，待温度降至 45℃时加入香精。

**【配方 2】** W/O 型润肤露（适于干性皮肤）

| 组分 | 质量分数/% | | 组分 | 质量分数/% |
|---|---|---|---|---|
| | | A | 失水山梨醇倍半油酸酯 | 4 |
| 微晶石蜡 | 1 | | 吐温 80 | 1 |
| 蜂蜡 | 2 | | | |
| A 羊毛脂 | 2 | B | 丙二醇 | 7 |
| 液体石蜡 | 20 | | 蒸馏水 | 53 |
| 异三十烷 | 10 | C | 香精、防腐剂 | 适量 |

**制法** 将 A 组混合，加热至 70℃；将 B 组混合，加热至 70℃。在搅拌下，将 B 组加入 A 组，待温度降至 40℃时加入 C 组。搅拌冷却至 30℃，灌装。

代表性的例子，无论是化妆水、膏霜还是乳液，其中在每一种类中都有极大的开发潜力。

### 9.3.1.4 精华液

精华液也叫作精华素，是指将添加于一般美容护肤品的精华物质（即有效成分）单独提炼而制成的一种新型的高效美容护肤品，即护肤品精华物质浓缩液。采用高科技超临界技术，萃取天然动、植物或矿物质中的活性成分，它料体均匀细腻，分子小，渗透力较强，很容易被皮肤吸收，自上市以来受到广大消费者的青睐。它能给皮肤提供最有效的水分，并且含有抑制皮肤老化的高浓缩成分，承担着皮肤营养供给的任务。强力保湿，即补充润肤水所不能提供的水分是精华液的起点，逐渐向机能性化妆品靠近，现在又发展出营养供给的同时高浓缩保湿、抑制老化、美白功能，以及防晒、激活细胞机能等高机能性基础化妆品。

按成分精华液可分为植物精华液、动物精华液、矿物质精华液、维生素精华液、果酸精华液等。其中所添加的微量元素、胶原蛋白、血清等营养成分对修护肌肤细胞，淡化色素，减少皱纹，调节肌肤酸碱度，延缓衰老，补充保湿因子和人体所需蛋白质、维生素和活细胞素等有显著效果。在使用方面，要针对不同的肤质选择不同的精华液。干性肌肤选择保湿成分较多、锁水性较好的精华液；油性肌肤则要选用能够控制油脂分泌、收缩毛孔的精华液；局部有皱纹肌肤适合含有胶原成分或去皱精华液；中性肌肤的人可以涂抹一些自身需要的精华液如美白、除皱等。

精华液一般在化妆水后，护肤霜之前使用，通过手指的按摩可快速被肌肤吸收，化妆水能够帮助皮肤形成皮脂膜，有效地吸收水分，去除老旧角质，辅助肌肤吸收精华液的营养，令精华液的养分更充分、直接地进入皮肤深层，但个别的精华产品是作导出或导入用，需专业美容师在美容院做专业护理时使用；精华液成分浓度高，使用时只需几滴，夏天每次 2~3 滴，冬天每次 3~5 滴，即可补充肌肤所需营养。

**【配方 1】** EGF-人类肽弹力精华液

| 组分 | | 质量（用量）/kg | 组分 | | 质量（用量）/kg |
|---|---|---|---|---|---|
| A（水相） | 玫瑰花露 | 44 | B（油相） | 玫瑰果油 | 1 |
| | 表皮生长因子 | 10 | | 维生素 E | 1 |
| | 植物胎盘 | 10 | | 薰衣草精油 | 5 滴 |
| | 鱼子酱提取物 | 10 | | 玫瑰精油 | 5 滴 |
| | 磷脂质 PMB | 0.5 | | 乳香精油 | 3 滴 |
| | PCA 钠 | 8 | C（增稠剂） | RMA | 1 |
| | 透明质酸 | 10 | D（增溶剂） | 生物溶解剂 | 1 |
| | 腺苷 | 3 | E（后添加材料） | 天然防腐剂 | 1 |
| B（油相） | 鱼肝油 | 1 | | | |

**制法** 将 B 相和增稠剂、增溶剂混合均匀，将已混合好的 A 相缓缓倒入 B 相，保持搅拌至均匀。

**【配方 2】** 石榴精华液

| 组分 | | 质量（用量）/kg | 组分 | | 质量（用量）/kg |
|---|---|---|---|---|---|
| A（水相） | 玫瑰花露 | 45 | B（油相） | 维生素 E | 1 |
| | 石榴提取物 | 17 | | 薰衣草精油 | 6 滴 |
| | 发酵红参提取物 | 10 | | 蔷薇木精油 | 4 滴 |
| | 积雪草提取物 | 10 | | 玫瑰精油 | 3 滴 |
| | 磷脂质 PMB | 0.5 | C（增稠剂） | PMA | 1 |
| | 透明质酸 | 10 | D（增溶剂） | 橄榄油 | 2 |
| B（油相） | 大麻籽油 | 1 | E（后添加材料） | 柚籽提取物 | 1 |
| | 貂油 | 1 | | | |

**制法** 将 B 相和增稠剂、增溶剂混合均匀，将已混合好的 A 相缓缓倒入 B 相，保持搅拌至均匀。

#### 9.3.1.5 面膜

面膜涂于面部皮肤上形成一层薄膜，将皮肤与外界隔离开。在此过程中，面膜中的有效成分，如维生素、水解蛋白及各种营养物质即可渗入皮肤，滋润和营养皮肤。面膜干燥时的收缩作用，使皮肤绷紧，毛孔缩小，细小皱纹即消除。当面膜被剥离下来时，皮肤上的污垢和皮屑等随之除去，呈现出洁白、柔软而爽适的面孔，可谓焕然一新。

面膜的主要原料有成膜剂、营养剂、药物及表面活性剂等。

**【配方 1】** 洁肤面膜

| 组分 | 质量分数/% | 组分 | 质量分数/% |
|---|---|---|---|
| 精制硬脂酸 | 6.0 | 水 | 71.7 |
| 三乙醇胺 | 0.3 | 精细高岭土 | 15.0 |
| 硅酸铝胶体 | 5.0 | 二氧化钛 | 2.0 |

**制法** 将硅酸铝溶胀于 30 份水内，再将硬脂酸在 75℃熔融于含有三乙醇胺的 40 份水中，在 80℃时，将二者混合均匀，冷却至 35℃时，加高岭土和二氧化钛，搅匀。产品呈膏状。

有些面膜主要由营养成分组成，制作简单，具有美容作用，可防止皮肤干燥，减轻面部皱纹。这些营养成分包括：蛋黄、蛋清、蜂蜜、牛奶、蔬菜果汁等。适于自制。

**【配方 2】 蛋黄蜂蜜面膜**

原料：蛋黄 1 个、蜂蜜 1 匙、植物油 1 匙（橄榄油、桃仁油或玉米油）。

**制法与用法** 将三者混匀。使用前，先在面部涂上护肤膏霜，然后涂上面膜，过 20～25min，用温水洗去。

## 9.3.2 美化修饰类化妆品

美化修饰类化妆品在化妆美容过程中起着锦上添花的作用。它能赋予人艳丽的色彩和芳香的气味。

### 9.3.2.1 基本美容品

主要包括化妆前打底用的粉底类、赋予身体芳香及遮盖瑕疵的香粉类和爽身扑粉。

**(1) 粉底** 所谓"打底"，即包括遮盖斑点、皱纹等，改变不良肤色，吸收过多油脂，从而充分发挥其他美容品的色彩效果，达到美容目的。其优越性是化妆水、膏霜及清洁用品无法替代的，因而粉底是美容的必需品。

从它的作用中，不难理解粉底的原料必须具备被覆性、吸收性、附着性和柔滑性，常用的有二氧化钛、硅酸盐、碳酸盐、碱土金属氧化物和碱土金属脂肪酸盐等化合物，其粒度要求在 40μm（$1\mu m = 10^{-3}mm$）以下，可采用 325 目的筛子来筛分。粉底霜及粉底锭配方如下。

**【配方 1】 粉底霜（O/W 型）**

| | 组分 | 质量分数/% | | 组分 | 质量分数/% |
|---|---|---|---|---|---|
| A | 白油 | 25 | B | 蒸馏水 | 55 |
| | 硬脂酸 | 4 | | 颜料 | 适量 |
| | 鲸蜡醇 | 2 | | 防腐剂 | 适量 |
| | 甘油单硬脂酸酯 | 2.5 | | 三乙醇 | 1.5 |
| B | 干燥白粉料 | 10 | C | 香精 | 适量 |

**制法** 将粉料与少量油料捏合、分散后与油相成分混合，加热熔化；将水相成分混合，加热。再将水相加于油相，进行乳化、均质后，加入香精，搅拌冷却后包装。

**【配方 2】 粉底锭**

| 组分 | 质量分数/% | 组分 | 质量分数/% |
|---|---|---|---|
| 钛白粉 | 20 | 固体石蜡 | 5 |
| 高岭土 | 10 | 巴西棕榈蜡 | 3 |
| 云母粉 | 10 | 液体石蜡 | 34 |
| 氧化锌 | 4.5 | 肉豆蔻酸异丙酯 | 5 |
| 红色氧化铁 | 1.4 | 失水山梨醇倍半油酸酯 | 3 |
| 黄色氧化铁 | 4 | 香精 | 适量 |
| 黑色氧化铁 | 0.1 | | |

**制法** 将粉料进行粉碎（可用球磨机），向粉末中加入部分液体石蜡和失水山梨醇倍半油酸酯，用乳化器使之均匀分散，其中加入热溶解的其余成分，充分搅拌，注入容器中冷却。

粉底除了以上介绍的霜型和锭型外，还有乳液型，它使用方便，便于快速化妆，原料与上相似，但加了非离子表面活性剂作乳化剂。

**（2）香粉** 香粉亦称粉饼，有白色、肉色和粉红色等几种。既能遮盖瑕疵，又能留香味于人体。有适于不同肤质使用的品种。

原料要求：粉质原料颗粒的 99.9％以上通过 200 目筛子（＜74μm），85％以上小于 10μm；重金属含量小于 20mg/kg；每克杂菌数小于 20 个；颜色洁白。

主要工艺是混合、研磨和过筛。

**【配方】** 香粉

| 组分 | 质量分数/% | 组分 | 质量分数/% |
|---|---|---|---|
| 滑石粉 | 74 | 失水山梨醇倍半油酸酯 | 2 |
| 高岭土 | 10 | 山梨醇 | 4 |
| 钛白粉 | 5 | 丙二醇 | 2 |
| 液体石蜡 | 3 | 颜料、香精 | 适量 |

**制法** 将粉末原料和颜料在混料机内充分搅拌，再均匀添加其余成分，混合物用粉碎机处理，压缩成型。

**（3）扑粉** 沐浴后扑粉应用于全身，具有适度收敛汗液，爽身护肤作用。

**【配方】** 香型扑粉

| 组分 | 质量分数/% | 组分 | 质量分数/% |
|---|---|---|---|
| 玉米淀粉 | 5～10 | 奶油 | 2.5～5 |
| 硬脂酸锌 | 10～15 | 香精 | 0.5～1 |
| 钛白粉 | 2～5 | 叶蜡石 | 余量 |

**制法** 将香精加于奶油中混合均匀后加入玉米淀粉，将硬脂酸锌、钛白粉和叶蜡石混合均匀，然后将两者混合搅拌均匀。

#### 9.3.2.2 色彩美容品

化妆美容最重要的步骤是着色，为面部、眉眼部和唇部各自涂上合适的色彩，起到明眸皓齿、肤色健康美丽的效果。这类化妆品品种丰富，下面择取重要品种介绍。

**（1）胭脂** 胭脂是一种古老的美容化妆品。不过，在古代所使用的原料是天然红色料，包括天然无机物和植物红花；而到了现代，其来源已丰富多了。

与其他粉末制品相比，差异性主要在于色彩浓淡。胭脂的着色剂含量是同形态粉质化妆品的 1～3 倍。现代的胭脂有四种形态，即粉状、块状、膏状和液状。粉状与块状胭脂的原料与香粉大致相同；膏状的则有油膏和乳化膏霜两种，这二者与水液型胭脂均需表面活性剂。下面介绍几种配方与制法。

**【配方 1】** 透明膏状胭脂

| 组分 | 质量分数/% | 组分 | 质量分数/% |
|---|---|---|---|
| 聚酰胺树脂(分子量 8000) | 20.0 | 无水乙醇 | 5.0 |
| 聚酰胺树脂(分子量 600～800) | 5.0 | 羊毛醇 | 8.0 |

| 组分 | 质量分数/% | 组分 | 质量分数/% |
|------|-----------|------|-----------|
| 丙二醇单月桂酸酯 | 28.0 | 二乙二醇单乙烯醚 | 10.0 |
| 蓖麻油 | 12.6 | 聚氧乙烯(5)羊毛醇醚 | 10.1 |
| D 与 C 红 21 号 | 0.3 | 香精 | 1.0 |

**制法** 除颜料、香精外，所有原料混合后加热，溶解，搅拌均匀后冷却至略高于凝固温度时，加颜料、香精，混合后注入包装容器。

**【配方 2】** 油膏型胭脂

| 组分 | 质量分数/% | 组分 | 质量分数/% |
|------|-----------|------|-----------|
| 棕榈酸异丙酯 | 32.0 | 羊毛脂 | 2.0 |
| 卡拉巴蜡 | 8.0 | 18 号白油 | 22.0 |
| 地蜡 | 4.0 | 颜料 | 适量 |
| 蜂蜡 | 2.0 | | |

**制法** 将油脂加热熔化，搅拌加热至 60℃时加颜料，用三辊机研磨数次。再加热熔化，搅拌加热至略高于凝固点时加香精，混合后浇注入包装容器。天热时应冷冻冷却成型，避免颜色沉淀。

**(2) 唇膏** 点染红唇是美容化妆的核心之一，嘴唇的化妆对面部的感觉有着显著的改变，可使人显出聪明娴雅或妖冶妩媚等不同气质。

由于唇膏入口，所以对其原料的毒性控制很严。唇膏有口红、口白两种，原料主要有油分、色素与香精。在制作中，要保持恒定的浇模温度、恒定的快速冷却速度，使产品能保持正常的结晶，避免"发汗"（小油滴渗出）。

色素是唇膏的主要成分，其种类如下：

唇膏色素 ┌ 溶解性染料：溴酸红（橘红、朱红、紫红和荧光红四种色调）
　　　　 └ 不溶性颜料 ┌ 不透明颜料：钡钙色淀 D 与 C 红系列，锶色淀 D 与 C 红
　　　　　　　　　　　 └ 半透明颜料：钙铝色淀 D 与 C 橙，D 与 C 黄，D 与 C 蓝等

油分是唇膏的主要成分，有蓖麻油、单元醇及多元醇的高级酯，还有滋润性物质羊毛脂、凡士林等。下面介绍几种配方。

**【配方 1】** 日本口红

| 组分 | 质量分数/% | 组分 | 质量分数/% |
|------|-----------|------|-----------|
| 12-羟基硬脂酸 | 17 | 香精 | 0.2 |
| 松香酸季戊四醇酯 | 17 | 抗氧化剂 | 0.1 |
| 日本红 202 | 1 | 二甘油二油酸酯 | 55.7 |
| 蓖麻油 | 9 | | |

**【配方 2】** 口白

| 组分 | 质量分数/% | 组分 | 质量分数/% |
|------|-----------|------|-----------|
| 大戟类植物提取蜡 | 5 | 失水山梨醇月桂酸酯 | 1 |
| 黄色地蜡 | 3.5 | 加氢羊毛脂 | 3 |

| 组分 | 质量分数/% | 组分 | 质量分数/% |
|---|---|---|---|
| 巴西棕榈蜡 | 2 | 乳酸十四酯 | 2 |
| 羊毛蜡 | 2 | 无臭油醇 | 12 |
| 石蜡 | 2 | 蓖麻油 | 61.5 |
| 蜂蜡 | 1 | 蒸馏的羊毛酸异丙酯 | 5 |

**制法**　将所有成分混合，加热至熔化，注入模型。

**(3) 眼影、眼线与眉笔**　眼睛是心灵的窗户，眼部化妆也是整个面部美容的核心之一。眼影增强眼睛的立体感，眼线与眉笔加深眉眼轮廓。使用质量好的眼部化妆品加上一定的美容技巧，确能增加眼睛的魅力，使人精神焕发。

① 眼影　有块状、膏状和液状眼影。眼影粉与眼影膏分别类似于胭脂块和胭脂油膏，它们的色素和基料相同，制法亦相似，都是先将原料均匀混合，然后压制成型或是冷却后包装。

**【配方 1】**　眼影粉

| 组分 | 质量分数/% | 组分 | 质量分数/% |
|---|---|---|---|
| 液体石蜡 | 8 | 香精 | 0.2 |
| 角鲨烷 | 8 | 云母 | 51.3 |
| 失水山梨醇倍半油酸酯 | 2 | 涂钛白云母 | 20 |
| 防腐剂 | 0.5 | 群青 | 10 |

**【配方 2】**　眼影膏

| 组分 | 质量份 | 组分 | 质量份 |
|---|---|---|---|
| 二氧化钛微粒 | 10 | 小烛树蜡 | 2 |
| 球形二氧化钛(粒径 4.1μm) | 40 | 巴西棕榈蜡 | 2 |
| 二氧化钛 | 2 | 肉豆蔻酸十八酯 | 15 |
| 红色氧化铁 | 1 | 甘油三-2-乙基己酸酯 | 40 |
| 群青 | 7 | 失水山梨醇倍半油酸酯 | 0.3 |
| 微晶蜡 | 5 | 香精 | 适量 |
| 纯地蜡 | 3 | | |

② 眼线　常用的为眼线笔，这里介绍一种。此外，还有眼线液，制法较简单，在此从略。

**【配方】**　眼线笔

| 组分 | 质量分数/% | 组分 | 质量分数/% |
|---|---|---|---|
| 氢化蓖麻油 | 10 | 甘油三油酸酯 | 10 |
| 纯地蜡 | 15 | 聚乙二醇二硬脂酸酯 | 5 |
| 甘油三异辛酸酯 | 10 | 颜料 | 50 |

**制法**　与前面的眼影粉、胭脂块相似，先将油脂类原料混合熔化，加入颜料，混匀。区别在于要预先制好铅笔模型，将其制成笔芯。

③ 眉笔及其他　眉笔与眼线笔在配方与制法上都相似，区别在于眉笔中常有炭黑颜料。

除了上述眼用化妆品外，还有睫毛液。此外，在化妆的同时，也少不了卸妆。此处介绍一种眼部卸妆剂。

【配方】　醇剂型眼影去除剂

| 组分 | 质量分数/% | 组分 | 质量分数/% |
| --- | --- | --- | --- |
| 壬二酸丙二醇酯(合成油) | 40 | 香精 | 0.6 |
| 硅氧烷聚醚共聚物 | 29.3 | 磷脂 | 0.05 |
| 丁醇 | 30 | 维生素 A | 0.05 |

**(4) 指甲油与其去除剂**　美化指甲也是化妆的一部分。指甲油在指甲上形成的涂层不仅有保护指甲的作用，而且还增加指甲的美观。

鉴于此，指甲油应该具有黏度适当、涂膜均匀、干燥迅速和颜料分散均匀这些特点；另外，涂膜既要牢固，又要容易被去除剂洗净。指甲油的原料不应有毒或损坏指甲，它们主要含有成膜剂、树脂类、增塑剂和色素。由于原料硝化纤维素等易燃，因此在生产中特别要注意防火。下面介绍指甲油与去除剂（洗甲水）各一种。

【配方1】　指甲油

| | 组分 | 质量/g | | 组分 | 质量/g |
| --- | --- | --- | --- | --- | --- |
| A | 硝化纤维素 | 14 | B | 邻苯二甲酸二丁酯 | 7 |
| | 树脂 | 6 | | 磷酸三甲苯酯 | 3 |
| B | 甲苯 | 35 | C | 骨胶原、角朊水解物 | 6 |
| | 乙酸丁酯 | 25 | | 颜料 | 4 |

**制法**　将 B 组混合，加入 A 组，再加入 C 组，均化，灌装入容器。

【配方2】　洗甲水

| 组分 | 质量分数/% | 组分 | 质量分数/% |
| --- | --- | --- | --- |
| 乙酸丁酯 | 70 | 三乙醇胺 | 3.5 |
| 硬脂酸 | 10 | 蒸馏水 | 15.5 |
| 蓖麻油 | 1 | 香精、防腐剂 | 适量 |

**制法**　将硬脂酸、蓖麻油和乙酸丁酯加热（不可直接用火，以防溶剂燃烧）至 50℃，使完全熔化。将三乙醇胺溶于水，在不断搅拌下加于油相，继续搅拌，加入香精与防腐剂。

#### 9.3.2.3　香水

香水散发出芬芳气味，从嗅觉上给人以美感，在美化形象过程中起着画龙点睛的作用。

香水的主要原料是香料与溶剂。如前文所述，香料没有单独一种使用的。制成的香料必须经固定、稀释与调和熟成后方可应用。一般的化妆品中均应用了香料，而香水中用的比它们多得多（前者为 10～30 种，后者多达 100 种）。

**(1) 香料的处理**

① 固定与稀释　香料有挥发性，依品种而不同。为延缓香料的挥发时间，保持某一香型的气息不变，要加些无味物质或低挥发性香料，起定香的作用。常用动物性香料、树脂、结晶体合成香料作为定香剂。

香料的香味浓，强烈刺激嗅觉，必须加入稀释剂进行适当地稀释，才能使之放出香气。对稀释剂的要求是稀释剂本身完全无臭，易溶解一切香料，稳定性与安全性好且价格低廉。乙醇是应用最广的稀释溶剂，此外还有苯甲醇、二丙基二醇等。

② 调香与熟成　调香所需原料有以下几类：基剂、调和剂或变调剂、定香剂及辅助剂。

基剂是调和香料的骨干，单离香料和混合物均可作基剂，如玫瑰油的香茅醇。调和剂可加强基剂的香味又不影响其协调性，变调剂则补充调和剂香味的不完全，二者意义相同。定香剂前文已叙及，其他辅助剂有水、有机溶剂、表面活性剂、抗氧剂等。

制造香水时，调制后放在阴凉处一定时间是必不可少的，即熟化。因为刚制出的香料或香水的香味是粗糙的，经熟化后就变成醇郁甘美的香味了。此外，稀释剂乙醇经熟化后可大大减少刺激味，而发出其自身的醇香。

**(2) 香水的制法**　香水中香精用量较大，在 8%～30% 范围内，使用 90%～95% 的乙醇水溶液。香水的各种原料包括香料、乙醇和水都要有较高的要求。要求乙醇中不得有杂醇油味和其他不愉快的气味，可用闻香纸蘸取乙醇用鼻嗅来检验，也可进行加热至挥发时闻气味鉴别；要求水是新鲜蒸馏水或去离子水，不能用自来水代替。生产设备均用不锈钢制品，避免用铁铜制品。

香料的香味是关键，分为头香、体香和尾香。开瓶后，能与乙醇同时散发出的香味为头香，应是无刺鼻性的轻柔芳香；乙醇散发后，香味主调连续保持一段时间不变，此为体香，应该纯正无杂味；洒在皮肤上，不因体臭或体温而消失或变调，且与人体气味协调，此为尾香，尾香应是持久而安定的基础芳香，它是评价香水好坏的重要依据。

简而言之，香水的制法就是将各种调配妥当的精油，按所希望的浓度，溶解在乙醇中，然后放在暗室，使之熟成。熟成时间长则 1 年，短则 6 个月。有人为缩短熟成时间，通入短波或超声波，加速其熟成；或将新旧香水混合，加快新制香水的熟成。

香水的香型大致有以下几种：清凉型；花香、清香型；花香、草香型；花香型；醛香、花香型；醛香、花香、木香、粉香型；醛香、清香、苔香型；素馨兰型；苔香、果香型；东方型；烟草、皮革香型；馥奇香型。香水是化妆品中的高贵极品，品级高低既要看调配技术，也要看香精好坏。高级香水多选用天然花、果的芳香油和动物香料来配制；低档香水多用人造香料来配制。

与香水同类的化妆品还有古龙水、花露水等，其制法相似，只是在香料的品种和用量上有区别。

美化修饰类化妆品无疑为人们的生活增添了光彩，其名目繁多，新产品开发层出不穷。但在美容的同时，不能忽视对人体健康的保障。这就要求生产者严格控制原料品级及精良的制作工艺，保证每一件产品都符合质量标准和卫生标准；另外，要求消费者提高识别能力，使用时亦需适度。"清水出芙蓉，天然去雕饰"才是最真的求美哲学。

### 9.3.3　清洁类化妆品

皮肤的健康与其清洁程度密切相关，清洁类化妆品具有清洁皮肤表面，减轻肌肤负担，维持皮肤屏障的作用。

#### 9.3.3.1　洗发护理液

拥有一头清洁、健康而亮泽的秀发绝对能令人魅力四射。洗发护理液不仅能除去头发和头皮上的污垢，还能促进头发、头皮的生理机能，使头发光亮、美观和服帖，起到美容作用。

洗发液的主要成分为表面活性剂和添加剂。表面活性剂能够去污和起泡，添加剂则使护理液增添其他性能。

**【配方1】** 普通洗发液

| 组分 | 质量分数/% | 组分 | 质量分数/% |
|---|---|---|---|
| 油酸 | 5 | 乙二胺四乙酸四钠 | 0.4 |
| 椰子油脂肪酸 | 4 | 香精、色素 | 适量 |
| 三乙醇胺 | 5.4 | 蒸馏水 | 80 |
| 甘油 | 5.2 | | |

**制法** 将油酸、椰子油脂肪酸、三乙醇胺和甘油加热至65℃，搅拌至混合均匀，加入乙二胺四乙酸四钠和水，继续搅拌，加入香精和色素，搅拌至均匀，注意不要混入空气。

目前市场上出售的除普通护理液外，更热销的是具备一些特殊作用的护理液，如调理护理液和去头屑护理液。常用的调理剂有聚季铵化物-2，结构式如下：

$$\left[\begin{matrix}CH_3\\|\\N^+-(CH_2)_3NHCO(CH_2)_xCONH(CH_2)_3\\|\\CH_3\end{matrix}\quad\begin{matrix}CH_3\\|\\N^+-CH_2CH_2OCH_2CH_2\\|\\CH_3\end{matrix}\right]_n ZnCl_2^{2-}$$

它是阳离子嵌段聚合物，溶于水，能与阴离子、非离子表面活性剂配伍。此外还有水解蛋白质、非离子表面活性剂等。

**【配方2】** 调理护理液

| | 组分 | 质量分数/% | | 组分 | 质量分数/% |
|---|---|---|---|---|---|
| A | 聚季铵化物-2 | 2.1 | D | 月桂醇聚氧乙烯醚硫酸钠 | 15 |
| B | 1-乙酸基-2-椰子基-1-亚乙氧基乙酸内咪唑啉鎓 | 15 | E | 月桂酸二乙醇酰胺 | 2 |
| | | | F | 聚山梨醇酯(20) | 1.5 |
| C | N-油酰胺乙基-N-羟乙基-N-羟丙胺基磺酸盐 | 15 | G | 蒸馏水 | 49.4 |

**制法** 将A溶于水中，加入B、C、E和F，加热溶解，再加入D，用盐酸调pH值至7.2。

常用的去头屑剂有锌基吡啶、硫、硫化硒、水杨酸、十一烯酸衍生物等，它们具有抗微生物和杀菌作用，从而减少和抑制头屑产生。

#### 9.3.3.2 洗浴剂

用于沐浴、淋浴或盆浴以除去身体污垢和气味，赋予香气的浴用化妆品，有浴盐、浴油和泡沫浴等。

**(1) 浴盐** 主要成分为倍半碳酸钠，即碳酸钠和碳酸氢钠的混合盐，或硼砂与磷酸钠的混合物等无机盐，还有色素、香精、调理剂等添加剂。制法是将干燥粉末用混料机搅拌混合，然后通过喷涂含染料和香精的醇液或将醇液搅拌入内的方式着色和加香。

**【配方】** 浴盐

| 组分 | 质量分数/% | 组分 | 质量分数/% |
|---|---|---|---|
| 碳酸钠 | 5 | 香精 | 0.2 |
| 碳酸氢钠 | 45 | 聚氨基葡萄糖乳酸酯 | 3 |
| 荧光素钠颜料 | 0.3 | 硫酸钠 | 46.5 |

（2）浴油 是在洗浴后能敷在皮肤上的类似皮脂膜的油制品，可防止因洗澡以后而皮肤发干，对皮肤有特殊的保护作用，还可赋予皮肤以清香。分为漂浮浴油和乳化浴油两类。

漂浮浴油是疏水性的，能漂浮在水面，使浴者离开浴盆即已涂布全身。其主要成分有油脂类、香精和表面活性剂。油脂不能过于油腻，常用矿物油和肉豆蔻酸异丙酯；香精可用得多些，含量在 5%～10%；表面活性剂使油铺展在水面，避免呈滴状，常用聚氧乙烯（40）失水山梨醇过油酸酯，用量仅需 1%左右。

**制法** 在室温下搅拌均匀即可。

**【配方】** 乳化浴油

| 组分 | 质量分数/% | 组分 | 质量分数/% |
|---|---|---|---|
| 轻质矿物油 | 65 | 十八醇聚氧乙烯(40)醚 | 10 |
| 肉豆蔻酸异丙酯 | 20 | 香精 | 5 |

制法同漂浮浴油。

乳化浴油溶解在水中，而不浮在水面。浴后不会在浴盆留下浊污圈和沉淀物。用后身体皮肤感觉良好，不油腻。

（3）泡沫浴 有粉状、颗粒状和液状等多种形态，在水中产生丰富的泡沫，能去污和促进血液循环。

**【配方】** 泡沫浴（液状）

| 组分 | 质量分数/% | 组分 | 质量分数/% |
|---|---|---|---|
| 直链烷基苯磺酸三乙醇胺 | 20 | 丙二醇 | 4 |
| 十二烷基硫酸三乙醇胺 | 30 | 香精、色料 | 2 |
| 油酰肌氨酸钠或三乙醇胺 | 5 | 蒸馏水 | 39 |

**制法** 将各组分依次加入水中，混合均匀。

#### 9.3.3.3 牙膏

牙膏是人们熟悉的生活必需品，是保护牙齿、防止口腔疾病的重要"工具"。本节将介绍牙膏的一些性质与制作工艺。

牙膏是一种不溶性摩擦剂颗粒在具有三维聚合网络结构的液体润湿剂中的悬浮体系，其主要成分如表 9-11 所示。

表 9-11 牙膏主要成分

| 成分 | 作用 | 常用品种名称 |
|---|---|---|
| 摩擦剂 | 清洁、去污垢 | 轻质碳酸钙、碳酸镁、磷酸三钙、磷酸氢钙、氢氧化铝、二氧化硅等 |
| 黏合剂 | 防止牙膏中粉末成分的分离,使之有黏性、成型性 | 羧甲基纤维素（CMC）、羟乙基纤维素、聚乙烯醇、天然胶、天然混合聚合物等 |
| 保湿剂 | 保持膏体的水分、黏度,防止硬化 | 甘油、山梨醇、丙二醇、丁二醇、聚乙二醇等 |
| 表面活性剂 | 去污、发泡 | 十二烷基硫酸钠、月桂酰甲胺乙酸钠等 |
| 甜味剂 | 矫正香料的苦味和粉末成分的粉尘味 | 糖精钠（含量仅为 0.05%～0.25%） |
| 防腐剂 | 保护牙膏不变质 | 苯甲酸钠、尼泊金甲酯与丙酯、山梨酸等 |
| 香精 | 赋予膏体清新爽口的感觉 | 薄荷油、留兰香油、冬青油、丁香油、茴香油、肉桂油等 |

牙膏的制作工艺有两种：湿法溶胶制膏和干法溶胶制膏。

湿法是较为广泛采用的方法。先用甘油等润湿剂（不能与黏合剂形成溶胶）使黏合剂均匀分散，然后加入水使黏合剂膨胀胶溶，并经贮存陈化后，拌和粉料并加入表面活性剂、香精，经研磨、贮存陈化，进行真空脱气即成。

干法是将黏合剂粉料与摩擦剂粉料预先用粉料混合机混合均匀，在捏合设备内与水、甘油溶液一次捏合成膏。此法流程缩短，有利于自动化生产。下面介绍几种牙膏配方。

**【配方 1】** 普通型牙膏

| 组分 | 质量分数/% | 组分 | 质量分数/% |
| --- | --- | --- | --- |
| 碳酸氢钙 | 49 | 十二烷基硫酸钠 | 3 |
| CMC | 1.2 | 焦磷酸钠 | 1 |
| 糖精 | 0.3 | 蒸馏水 | 19.2 |
| 甘油 | 25 | 香精 | 1.3 |

**【配方 2】** 防龋齿型、双氟型牙膏（德国）

| 组分 | 质量分数/% | 组分 | 质量分数/% |
| --- | --- | --- | --- |
| $\alpha$-氧化铝水合物 | 38 | 糖精钠 | 0.08 |
| 山梨醇 | 10 | 胶态二氧化硅 | 3.5 |
| 甘油 | 5 | 甲基对羟基苯甲酸钠 | 0.25 |
| 甲基纤维素 | 0.8 | 1-羟基亚乙基二膦酸三钠 | 0.85 |
| 羟乙基纤维素 | 0.4 | 焦磷酸四钠 | 3.75 |
| 单氟磷酸钠 | 0.76 | 尿囊素 | 0.25 |
| 氟化钠 | 0.11 | 香精 | 1 |
| 十二烷基硫酸钠 | 1.2 | 蒸馏水 | 余量 |

### 9.3.4 特殊化妆品

2021 年 1 月 1 日开始实施《化妆品监督管理条例》，国家按照风险程度对化妆品、化妆品原料实行分类管理。化妆品分为特殊化妆品和普通化妆品。

用于染发、烫发、美白祛斑、防晒、防脱发的化妆品以及宣称新功效的化妆品为特殊化妆品。下面重点介绍防晒和美白祛斑类化妆品。

#### 9.3.4.1 防晒化妆品

阳光中的紫外线能杀死或抑制皮肤表面的细菌，促进皮肤中的脱氢胆固醇转化为维生素 D，对人体生长发育、增强体质具有重要作用。但一分为二地看待，过度日晒对人体是有害的。随着人们自身保护意识的增强，意识到过度暴露于紫外线下是皮肤老化的主要原因。防晒化妆品的需求近年来迅速增长，过去只当作时令产品，如今已四季通用。

**(1) 防晒剂** 防晒化妆品是一类加入防晒剂从而达到防止紫外线对人体损伤的产品。从配方结构来看，主要是在各种基剂中添加防晒剂。防晒剂包含三类：一为物理性防晒剂，如钛白粉、氧化锌、高岭土、碳酸钙和滑石粉等；二为化学性防晒剂，一般为具有羰基共轭的芳香族有机物，如水杨酸薄荷酯、苯甲酸薄荷酯、水杨酸苄酯、肉桂酸酯、二苯甲酮衍生物等；三为天然动植物提取液，如沙棘、芦荟、薏苡仁、胎盘提取液、貂油等。

**(2) 防晒系数** 国际上对防晒产品效能测试的主要指标是 SPF 值。防晒化妆品的防晒能力大小以 SPF 值（防晒红斑指数，或防晒率）来表示。

$$SPF = \frac{涂用防晒产品的皮肤的 \, MED \, 值}{未涂用防晒产品的皮肤的 \, MED \, 值}$$

式中，MED 指最小红斑量。

美国 FDA 在 1993 年的终审规定，最低防晒品的 SPF 值为 2～6，中等防晒品的 SPF 值为 6～8，高度防晒品的 SPF 值为 8～12，超高强防晒品的 SPF 值为 20～30。皮肤病专家认为，一般使用 SPF 为 15 的防晒品已经足够。

（3）防晒化妆品配方　市售防晒化妆品中，按形态主要分为：防晒油、防晒水、防晒乳液和防晒霜等。

【配方 1】　防晒油

| 组分 | 质量分数/% | 组分 | 质量分数/% |
|---|---|---|---|
| 棉籽油 | 50.0 | 水杨酸薄荷酯 | 6.0 |
| 橄榄油 | 23.0 | 香精 | 0.5 |
| 液体石蜡 | 20.5 | | |

**制法**　将防晒剂溶解于油相混合物中，溶解后加入香精再经过滤即可。

【配方 2】　防晒霜

| 组分 | 质量分数/% | 组分 | 质量分数/% |
|---|---|---|---|
| 甲氧基肉桂酸辛酯 | 5.0 | 石蜡油 | 6.0 |
| $C_{12～15}$ 苯甲酸酯 | 2.5 | 羊毛醇 EO75 | 2.0 |
| 甲基葡萄糖苷脂肪酸酯 | 0.8 | 十六醇～十八醇 | 4.0 |
| 乙氧基化甲基葡萄糖苷脂肪酸酯 | 1.2 | 去离子水 | 73.0 |
| 丙二醇 | 5.0 | 香精及防腐剂 | 适量 |

制法与普通膏霜相同。

#### 9.3.4.2　美白祛斑化妆品

祛斑化妆品，主要是指用于减轻或祛除面部皮肤色素沉着斑的化妆品。祛斑剂是这类化妆品所必需的添加剂。常用的祛斑剂包括：化学制剂，如氢醌及其衍生物（因为皮肤安全性已限制使用）、维生素及其衍生物等；生化制剂，如曲酸、熊果苷等；中草药提取物，如芦荟、人参、当归、薏米等的提取物。此外，还有紫外线吸收剂和屏蔽剂。

市售祛斑化妆品有祛斑蜜、祛斑霜、祛斑面膜和祛斑洗面奶等。下面介绍常见的祛斑霜。

【配方】　祛斑霜

| 组分 | 质量分数/% | 组分 | 质量分数/% |
|---|---|---|---|
| 单硬脂酸甘油酯 | 7.0 | 白油 | 8.5 |
| 十六醇～十八醇 | 10.0 | 羊毛脂 | 1.0 |
| 豆蔻酸异丙酯 | 4.0 | 甘油 | 5.0 |
| 十二醇硫酸钠 | 1.0 | 熊果苷 | 0.1 |
| 曲酸衍生物 | 0.5 | 香精 | 0.2 |
| 去离子水 | 62.7 | 防腐剂 | 适量 |

# 9.4 化妆品生产现状及发展动向

爱美之心人皆有之，人类自古以来就对化妆品情有独钟。尤其随着社会经济的快速发展与人民生活水平的不断提高，人们对自身的修饰也越来越注重，对化妆品的需求也日益增大。化妆品的产量与品种不断增加，化妆品贸易迅速发展，市场规模越来越大。对于企业而言，尽管化妆品市场不断增大，但未来的市场竞争日趋激烈，因此，必须不断提高产品质量、改进产品包装设计、扩大影响，时刻把握市场情况，不断创新，顺应时代潮流，以满足消费者的需求，才能够使规模稳定并得到发展壮大。

## 9.4.1 国外化妆品市场现状

国外的化妆品市场主要分为以美国为主的北美市场、欧洲市场、拉美市场及亚太市场。通过调研得知，2019年，美国家庭平均在化妆品、香水和沐浴用品上花费约197美元。年收入在10万美元或以上的家庭中，约34%的家庭在皮肤护理、化妆品和香水上的花费在500～999美元之间，其中32%的家庭花费在500美元以下。

欧洲有45个国家和地区，大部分国家经济发展水平高，其中包含非常多的发达国家。欧洲的化妆品产业尤其是欧洲发达国家的化妆品产业仍然保持增长态势。德国、法国、意大利、英国和西班牙等国家的化妆品行业在整个欧洲市场占有率最高。这些国家的化妆品品牌相对高端，有些为奢侈品。例如法国，琳琅满目的化妆品品牌吸引着全世界的购物群体。Chanel、Christian Dior、Lancome、YSL和Nina Ricci等品牌在国际化妆品市场上排名居高不下，受到许多消费者的青睐。护肤、护发、防晒、香水等不同类型的化妆品品牌占据着欧洲化妆品市场将近四分之一的份额。德国化妆品对健康的要求极为重视，不同类型的化妆品品牌如护肤品、彩妆品、婴儿化妆品、防晒品、护发品等都大量采用纯天然的草药成分，很多化妆品品牌都是在德国的药店上架销售。

日本和韩国的日化知名品牌也经历了逐步发展壮大的过程。比如日本的资生堂、花王、嘉娜宝、高丝以及韩国的爱茉莉等，这些国家的高速发展是从20世纪70年代开始的。经过40多年的努力，目前日本和韩国本土化妆品的品牌均已趋于国际前沿，在本土化妆品零售总额均超过90%。其中日本的资生堂、花王和韩国爱茉莉的营业收入都达千亿元以上。与此同时，在拉美和中东市场，虽然有金融危机的影响，但是化妆品产业恢复迅速，均取得快速增长。

## 9.4.2 我国化妆品市场现状

我国化妆品行业起步于20世纪80年代中期，经过30多年的不断发展，化妆品行业已经从最初的摸索性阶段逐渐成长到中级的思考性发展阶段。中国化妆品行业已经形成涉及包括专业美容、化妆品、洗护用品、美容器械、教育培训、专业媒体、专业会展和市场营销等多个领域的综合服务流通行业。尤其是近几年，我国化妆品工业发展更为迅速，中国巨大的化妆品市场潜力吸引了国际一流化妆品知名品牌如欧莱雅、宝洁、雅诗兰黛、资生堂、联合利华、LVMH、香奈儿等国际大牌化妆品集团企业来华投资，跨国公司、合资公司、本土公司相互争夺市场份额会使化妆品工业领域的竞争越来越激烈。

我国化妆品市场的规模1982年为2亿元，1985年为10亿元，1990年为40亿元，1995年为190亿元，2000年国内的化妆品市场规模已达335亿元，2005年生产销售总额960亿元，2010年的全国化妆品销售总额1530亿元，2015年的销售总额达到了2049亿元，2020

年达到 3400 亿元，2021 年突破 4000 亿，中国市场约占全球化妆品市场的 13.8％，并已成为全球仅次于美国的第二大化妆品市场。

目前全国约有 2.5 万个化妆品品牌，有 5000 多家大大小小具有生产能力的化妆品企业，从地域分布来看，他们主要集中在华东的长江三角洲和华南的珠江三角洲地区，其中广东省有 3000 多家，"江浙沪"三省共有 900 多家化妆品生产商。他们追求产品差异化、品牌个性化的营销模式，期望以独具特色的优势来占领化妆品市场，实现最佳的经济效益。

与此同时，我国的化妆品行业逐渐融入世界范围的大市场，"中国制造"的化妆品已经出口到了 150 多个国家及地区。2021 年，我国化妆品外贸总额约 297.8 亿美元，同比增长 21.6％。其中，进口额 249.3 亿美元，同比增长 23.2％；出口额 48.5 亿美元，同比增长 14.4％。但是，与国外市场不同，我国化妆品市场呈现出"跨国大型企业垄断中高端，本土中小企业众多而力薄"的竞争格局。例如知名跨国企业宝洁和联合利华等占明显优势，稳居中高端市场。国产品牌相宜本草等，则聚集于中低端市场。未来化妆品行业市场"强者越强，弱者越弱"的格局将更加明显。国产化妆品企业生存压力倍增，如何在日益激烈的市场竞争中提升竞争力，成为国产化妆品企业亟待解决的问题。

### 9.4.3　化妆品市场发展动向

随着全球化妆品市场的成长以及消费者需求的不断增长，全球化妆品市场出现了一些新的趋势。从国内外化妆品行业的发展情况可以看出，全球化妆品行业正在稳步增长，化妆品市场出现的新的发展趋势也值得关注。

#### 9.4.3.1　抗衰老化妆品

目前人们生活比较安定富足，对外貌表观的美化要求也越来越高，而且随着经济社会的发展，包括中国在内的不少国家已进入老龄化社会的行列。在第 7 次人口普查中，中国 30～60 岁的女性人口已超过 3 亿，预计到 2030 年将超过 4 亿。值得注意的是，高端护肤品销售额的增长与抗衰老产品的热销有密切关系，2014～2020 年，高端护肤品增长额为 35 亿美元，等同于整个高端美容行业绝对增长的 40％，而这主要的驱动因素则是亚洲市场对抗衰老产品的强烈需求，尤其是中国对抗衰老产品的需求。西方市场亦是如此，如在美国，人们对抗衰老给予的重视比其他美容及个人护理产品都要多。由此可见抗衰老化妆品是将来一个持续的发展趋势。

目前市场上抗衰老化妆品品种较多，消费者购买欲望也很强，但效果不是很理想，这是因为人体皮肤衰老的机理和影响因素复杂。生物学、分子生物学研究认为，皮肤的衰老是人类基因预先安排的程序，但又存在外源性的损伤加速衰老进程，前者不可抗拒，针对后者即皮肤外源性的损伤，是当前化妆品及其相关科学研究发展的热点。

**(1) 有效保湿**　人体皮肤中的天然保湿系统主要由水、脂类、天然保湿因子（NMF）组成，当年龄增长和外界环境影响时，皮肤的保湿机构受到损伤，皮肤组织细胞和细胞间的水分含量减少，导致细胞排列紧密，胶原蛋白失水硬化，当角质层中水分降到 10％以下时，皮肤就会显得干燥、失去弹性、起皱，皮肤老化进程加速。因此，水分对皮肤健康至关重要，保水保湿是防止皮肤衰老的措施之一。现如今已开发的保湿剂包括天然保湿剂和化学合成保湿剂。其中天然保湿剂包括角鲨烷、霍霍巴油、蜂蜜、灵芝提取液、芦荟提取物、透明质酸、神经酰胺、丝蛋白类保湿剂、胶原蛋白等天然物质；化学合成保湿剂包括多元醇类保湿剂、乳酸钠、葡萄糖衍生物、聚丙烯酸树脂、蓖麻油及其衍生物、甲壳素、壳聚糖及其衍生物、吡咯烷酮羧酸钠等化学合成物。日本资生堂公司的"BH-24"精华素添加透明质酸，吸收性很强，起到很好的保湿效果；美国 Revlon 公司的"MOONDROPS"保湿剂、法国

Maybellin 公司的 Hydrobella 润肤霜也是这类产品。

**(2) 清除自由基** 自由基可以进攻、浸润和损伤皮肤细胞结构，在细胞受损部位产生类脂过氧化物，加速皮肤老化。超氧化歧化酶（SOD）可清除体内过多的超氧自由基，在化妆品中已得到广泛应用，如国内的大宝 SOD、康妮 SOD、SOD 康舒达霜等。另外，脂类氨基酸、植酸络合锗、多种天然植物提取物对自由基的清除均有良好的效果，例如木瓜巯基酶能有效清除机体内超氧化自由基和羟基自由基，降低皮肤中过氧化脂质的含量，武汉锦天、上海冰王等公司均已推出含有木瓜巯基酶的抗衰老化妆品；研究发现黄芩提取物黄芩素和黄芩苷可减少自由基的生成或有效地清除已生成的自由基，竹叶黄酮具有有效抗自由基、抗氧化和抗辐射活性的作用。DSM/PENTAPHARM 推出的天然活性成分就包括 Alp Sebum 和 Nectapu SP 以及火绒草、接骨木果和黄芩等植物的提取液。

**(3) 加速表皮角质层代谢更新** 衰老的实质是组织细胞功能的衰退，促进细胞活性是延缓皮肤衰老的根本对策。$\alpha$-羟基酸（AHAs）、维 A 酸以及表皮生长因子（EGF）等能够促进表皮细胞转换增值，越来越普遍地应用于抗衰老产品中。Shiseido Urara Multy-Vitalizing Emulsion 是一款专为中国女性配制的新产品，含有表皮生长因子活性成分，可令肌肤光滑紧致；DHC EGF Cream 保湿面霜，该产品含有技术先进的多肽表皮生长因子、抗衰老维生素、矿物质和氨基酸，能够促进皮肤细胞的新陈代谢，增强皮肤弹性和光泽。目前亚洲表皮生长因子使用量急剧增长，美国和欧洲也正在逐步采用这种高科技成分，在动植物乃至海洋生物中，寻找新的、更有效的此类生物活性物质是抗衰老化妆品开发的新课题。雅诗兰黛 LAMER 面霜中所含的深海矿物质不但能抗衰老，连续使用后，还能使烫伤的受损肌肤恢复平滑细致。此外 ANNA SUI 安娜苏水娃娃保湿精华、DHC 的海洋胶原蛋白美容液以及 Shu-uemura 植村秀深海养护精华等一经推出，便成了抢手的产品。

**(4) 减少蛋白质的消耗和增加蛋白质的合成** 皮肤由胶原蛋白、弹性蛋白组成，皮肤的状态取决于蛋白质的流失与皮肤中细胞合成蛋白的能力，可从抑制蛋白酶的活性、减少蛋白质的消耗和激活细胞增加蛋白质的合成水平两个措施减缓衰老。红景天提取物可抑制弹性蛋白酶活性，维持皮肤的弹性，可用于皮肤的抗皱、抗衰老。羽西赋颜萃优致乳霜，蕴含天然植物成分红景天和抗老成分 Pro-Xylane$^{TM}$，可促进肌肤新生；ReVive 光彩睛亮眼膜特别添加玻尿酸钠和乳木果油等多种有效成分，可促进胶原蛋白的合成和快速增加水分，让眼部肌肤快速丰润、饱满而富有弹性。

### 9.4.3.2 防晒化妆品

万物生长靠太阳，阳光是生物赖以生存、生长的基础，适当的紫外线能促进皮肤的新陈代谢，有助于人体健康。随着社会和科学的发展，现代化工业和人类现代化的生活方式产生大量废气，严重破坏了地球的臭氧保护层，人们越来越意识到到达地面的紫外线不断增强，损害人体免疫系统，加速肌肤老化，导致各种皮肤病，甚至产生皮肤癌。防晒已为当今国际上化妆品发展的热门话题之一。

太阳中的紫外线分为 UVA（长波紫外线）和 UVB（中波紫外线）、UVC（短波紫外线）。UVC 由于能量高，通过大气层时全部被电离吸收，不能到达地面，真正引起皮肤色素沉着和造成皮肤皱纹的是 UVA 和 UVB。太阳光的紫外线全年存在，即使在多云或阴天，仍有较强的紫外线到达地面，在秋天和春天到达地面的紫外线也不比夏天少，尤其是 UVA，每个季节变化很小，且透射能力可达真皮，破坏真皮中弹性纤维排列的有序性，导致整个弹性纤维聚集体的松弛，同时使胶原蛋白发生降解反应，使皮肤松垂、弹性降低。所以防晒护肤每天都必要，防晒化妆品将是近代化妆品发展中一个永恒的主题。据日本花王公司关于防晒化妆品的社会调查，现在防晒化妆品的使用率和使用频率都不断增加，夏天使用的人占总人数的 70%，全年都使用防晒品的人达到 40%，不外出仍使用防晒品的人达到 50%。

目前国内市场上防晒产品主要有防晒霜、防晒乳液、防晒水、防晒油、防晒凝胶、防晒粉底蜜等剂型。根据皮肤防晒剂作用原理，可分为物理防晒剂、化学防晒剂、天然防晒剂。物理防晒剂主要有二氧化钛、氧化锌、陶土、高岭土等粉末状物质；甲氧基肉桂酸异辛酯（OMC）、对氨基苯甲酸（OCS）、聚羟基硬脂酸等是较常用的化学防晒剂；部分天然防晒剂如黄芩苷、茶多酚、甘草黄酮等也运用于化妆品中。由于防晒化妆品涂抹面积大，使用时间长，且承受烈日暴晒，防晒品的安全性、稳定性及有效性非常重要。

从防晒化妆品技术发展来看：

① 防晒剂复合使用的趋势不会改变　复合使用防晒剂，可更好地发挥各防晒剂单体之间的协同效应，有效克服单体在广谱性及防晒效力方面的不足，提高防晒化妆品的防晒性能。

② 防晒剂的稳定性将备受关注　防晒剂的稳定性包括化学稳定性及光学稳定性，直接关系到防晒化妆品的安全性及防晒性能，光学稳定性不好会影响到有效防护时间。

③ 天然有效成分的利用将成主流之一　天然成分防晒作用已取得了一些进展，如燕麦等的萃取物可明显减轻紫外线引起的皮肤损伤，橘子果实提取物也可抑制皮肤细胞中角鲨烯因 UVA 照射引起的过氧化反应等。此外，芦荟、甘草、紫草、桂皮、沙棘、白芝等也可应用在防晒剂中，自然界中发现的天然植物除具有吸收紫外线的化学成分作用外，还同时具有抗菌、消炎等作用，且安全性较好，越来越受到人们的重视。

④ 集物理防晒、化学防晒与生物防晒功能于一体　物理防晒剂防护范围广、分子量大，能给敏感肌肤提供安全保障；化学防晒剂吸收紫外线且质地轻薄，涂在皮肤上非常清爽；生物防晒剂可添加在配方中。添加的抗氧化成分如绿茶萃取物等能中和自由基，提高肌肤自身对紫外线的抵抗力。另外，同时拥有美白、隔离、祛斑、无油、抗汗、补水等功能，既防晒又保养的产品，在市场上表现也不错，比如"3 合 1"智能高效防晒霜，可同时达成防晒、粉底液、隔离紫外线三个步骤的效果，受到众多女性的青睐。

### 9.4.3.3　美白化妆品

"肤如凝脂"一直是东方女性崇尚的肌肤至高境界，不管是李白"镜湖水如月，耶溪女似雪"还是韦庄的"垆边人似月，皓腕凝霜雪"，都强调了"如雪"般的肌肤，而现如今"水润、通透、白皙"已成为理想肌肤专业美白的黄金标准。美白产品一直是东方消费者所热衷的化妆品之一，近年来随着观念的改变，人们已不再满足于用粉底等来掩盖面部瑕疵，而是追求更加自然的美白效果和更加健康的美白方式，对美白产品的要求和期待也越来越高。

自从世界第一款美白护肤品于 1897 年诞生于日本资生堂，美白护肤品发展主要历经以下阶段。第一阶段——"增白"阶段，主要以表面遮盖、物理性"增白"成分为主，只是简单强调产品表观特性，对肌肤无实质增白作用，还会因长期使用造成毛孔或皮脂腺等堵塞，如早期的增白粉蜜；第二阶段——"漂白"阶段，通过添加矿物等物理磨剥成分或果酸等化学腐蚀成分，促使表皮角质细胞快速脱落，从而达到增白的目的，长期使用可致肌肤免疫力下降，如磨砂膏或换肤霜等；第三阶段——协同"美白"阶段，即通过添加过氧化氢、氯化氨基汞以及各种酚类衍生物等成分，促使黑色素组织迅速瓦解，达到快速美白的功效，但对皮肤有腐蚀性、细胞毒性和过敏性，在许多国家的卫生规范中已禁用；第四阶段——绿色"养白"阶段，通过作用于皮肤代谢过程中抑制黑色素生成且符合规范的物质，更强调唤醒肌肤自我能力，激活其新陈代谢能力，加速黑色素的正常分解代谢，真正达到健康养白的目的，成为解决肌肤美白问题的最终途径。原料取材在天然有机化的基础上进一步向生物仿生等高科技绿色环保成分延伸，各种生长因子，橙皮苷、桑葚、火棘等天然植物提取物，可以根据其各异的美白作用机制进行科学合理复配，以达到美白的效果。

当前化妆品市场上的美白产品，几乎绝大多数以酪氨酸酶抑制剂为主，依据抑制机理的不同，可分为酪氨酸酶的破坏型抑制和酪氨酸酶的非破坏型抑制。新型美白剂 Arlatone DCA 能渗透入黑色素细胞，阻断形成新酪氨酸酶的信号，降低黑色素细胞中的酪氨酸酶进一步形成黑色素，从根本上抑制新的酪氨酸酶的生成。目前皮肤美白剂多采用安全性较高，对人体皮肤无毒无刺激的成分，熊果苷、维生素 C 及其衍生物和曲酸是目前国内外美白化妆品中较常使用的美白成分。另外，一些天然活性美白成分如芦荟、桑树、甘草、海洋生物提取物等应用于化妆品中，如甘草活性成分的美白作用主要是通过抑制酪氨酸酶和多巴色素互变酶的活性，阻碍 5,6-二羟基吲哚（DHI）的聚合，来阻止黑色素的形成。羽西天然润白膏配方中加有甘草精华、葡萄籽提取液、桑树根及天然水藻提取液；雅芳美白系列产品中也含有甘草提取物、胎盘素；迪奥美白护肤露中同时加入了维生素 C、熊果苷和甘草酸盐 3 种美白成分。

### 9.4.3.4 天然化妆品

化妆品发展史的初期阶段是利用天然产物如黄瓜水、丝瓜汁搽手、擦脸以保持皮肤的柔软白嫩，随着科学的进步发展，人们发现人工合成的化学制品比天然产物更容易取得，价格更低廉，而且在很多方面也确实达到一定的皮肤护理效果，于是弃天然化妆品转向化学制品，化学合成的化妆品在相当长的时期内占据了化妆品市场的主导地位。然而，化学制品使用后，其毒性、刺激性和过敏性、长期使用效果和安全性等总是引起人们的担忧，同时，化工产品引起的环境保护问题也随之而来，于是人们开始重新追求无毒、无污染的天然化妆品。天然化妆品安全性高，副作用小，具有多方面的生理功效，越来越引起人们的重视。

现代的天然化妆品不同于古代。它是利用精细化工、生物化学技术，将具有独特功能和生物活性的化合物从天然原料（如中草药、动物器官、海洋植物和微生物）中提取分离、提纯改性制成的，具有更好的稳定性、安全性，其使用性能、营养性和疗效性也大大提高。

天然化妆品原料主要来源于天然动植物提取液、微生物发酵产品、基因工程生物制剂，一部分已用于化妆品中。南京伽侬日化的丁家宜教授发现了人参的美白功效，成功推出了"丁家宜"人参美白霜；上海家化的"六神"沐浴露、"六神"花露水，则采用 6 种中草药为主要活性成分；水解蚕丝蛋白、胶原蛋白和角蛋白等源自动物的蛋白质活性成分，由于对皮肤和头发的亲和力好，可提高皮肤保湿性，因此，广州柏丽斯推出的胶原蛋白系列洗发水受到市场的青睐。

从制备来看，发达国家特别注重相关的工艺技术控制与过程副产物的控制，它们具有较为完善的质量控制体系和检验检测设备；而国内在自主开发、过程控制及相关副产物的控制方面还有待加强与完善，相关方面的法规也有待加强和完善。还应当在微波萃取、分子级精馏和超临界萃取等方面努力，力求与世界接轨，一些新兴技术如缓释技术、脂质体、空心球技术和微胶囊包裹技术的应用，对提高产品配方的稳定性和功效成分的维护都有很大帮助，也值得国内企业借鉴学习、探讨与应用。

对中国而言，发展天然植物尤其是中草药成分的功效性产品有得天独厚的条件。①中国中草药的研究和临床应用历史悠久，在药性、功效、毒副作用等方面积累了丰富的资料和经验；②中国对中草药有效成分的提取、药理机制进行了大量的研究，为当代化妆品提供了可靠的文献基础；③中国中草药资源丰富，素有"天然药物王国"之称，在国际上享有盛誉，开发的产品易被接受。中草药作用温和、药性缓慢、药力持久、对皮肤刺激性小、安全性较高、连续使用无副作用等，将中草药用于化妆品中，符合当今世界化妆品发展的潮流。我国幅员辽阔，天然植物众多，又有着几千年的中草药发展历史，以中医理论和皮肤养生学为基础，采用现代先进技术提取中草药功效成分，是我国开发现代天然化妆品最有前景的途径。

"中草药"是具有特定含义的一类物质，它是中国数千年文化底蕴的积累、中国中医药理论体系指导且经过无数临床事实证明有效的产物。对于中草药化妆品的定义，不同学术背景的专家或学者有不同的诠释，大概归纳为两种：第一，中草药化妆品是由纯中药制成或在基质中添加中药有效成分的化妆品；第二，在传统中医药理论指导下对中草药进行组方遣药，然后复配入特定体系中的化妆品为中草药化妆品。

中草药作为现代化妆品中的原料，往往兼具营养和药效双重作用，且作用温和，它的主要作用如下。

① 营养滋润作用　这类中药大多含有蛋白质、氨基酸、脂类、多糖、果胶、维生素及微量元素等营养成分，尤以补益药为多。

② 保护作用　一是含脂类、蜡类物质的中药通过在皮肤表面形成覆盖的油膜而保护皮肤；二是通过防晒作用使皮肤免受紫外线的侵扰。

③ 抑菌消炎作用　中药中许多祛风药、清热药具有不同程度的抑菌及消炎作用。

④ 美白作用　这类中药具有祛风、除湿、补益脾肾、活血化瘀等作用，这些药物往往含有能够抑制酪氨酸酶活性的化学成分，通过抑制黑色素生成而起到美白作用，有些酸味药物含有机酸，对皮肤有轻微剥脱作用，使其也有美白作用。

⑤ 乳化作用　具有此作用的中药多含有皂苷、树胶、蛋白质、胆固醇、卵磷脂等成分。

⑥ 防腐抗氧作用　具有防腐作用的中药多含有有机酸、醇、醛及酚类等化学成分；具有抗氧化作用的中药多含有酚、醌、有机酸等化学成分；具有抗菌作用的中药一般有防腐作用，也有抗氧化作用。

⑦ 赋香作用　来源于中药的赋香剂使用安全，有大的发展优势，具有此作用的中药均含有芳香性挥发油类成分。

⑧ 调色作用　合成色素中多含有重金属汞、铅等毒性大的成分，对皮肤刺激性大，中药色素是今后化妆品色素的发展方向。

⑨ 皮肤渗透促进作用　有些中药具有皮肤渗透促进作用，且安全性高。

数据显示植物类化妆品2013年至2019年的年复合增长率达到10％以上，可见中草药化妆品作为化妆品中的后起之秀，正处于快速成长阶段。天然植物类化妆品将成为今后发展的主要趋势，不仅亚洲人对中草药情有独钟，欧美等发达国家也改变以往观念，重视传统中草药在化妆品中的应用。上海家化已经建立了国内最先进的中草药研究机构，旗下的"佰草集"产品受到好评；资生堂、高丝、欧莱雅在上海也设立了研发中心，将中草药化妆品列为开发重点。日本第二大化妆品品牌佳丽宝旗下芙丽芳丝2005年进入中国市场，英国知名药妆品牌Simple（清妍）2006年进入中国市场，欧莱雅集团旗下薇姿、理肤泉也纷纷进入中国市场，这无疑给中国药妆品牌形成巨大压力。在我国常使用的5000余种中草药中，已有3700种了解了有效成分，人参益补血气、当归养血活血行气、茯苓润泽皮肤已经为人们所熟知；胡萝卜、当归、灵芝、鹿茸、胎盘和牛乳等提取物含丰富的氨基酸、天然保湿因子，受到国际权威专家的好评和消费者的公认。将中西医结合起来，运用现代高新技术，开发具有功效性的中草药化妆品对我国来讲是一个很好的发展前景。

### 9.4.3.5　男士化妆品

男士化妆品自2004年开始进入中国市场以来，正在不断地改变中国男士的消费习惯，男士对化妆品的要求也随之提高，并会根据不同肤质及需要而购买不同功效的产品。尤其是随着80后和90后年轻男性消费者对个人清洁护理的日益重视，越来越多的品牌开始切入男士洗护品类，各大品牌对消费者的教育与普及也推动了男士洗护用品市场的快速成长。2020

年中国男士洗护品类销售额为 110 亿元。2013～2020 年，复合增长率达到 23.1%，远高于化妆品行业整体增速，是行业增速最快的品类。

从目前市场现状来看，男士化妆品高端市场以欧莱雅集团的碧欧泉为主，中端市场以妮维雅的销售最好，欧莱雅、妮维雅、曼秀雷敦等品牌一直占据市场，而对于国内品牌来说男士化妆品更多的是附属产品。从消费者的需求来看，男士化妆品功效诉求可分为：清洁、控油、抗痘、去体味、口腔护理、生发护发、剃须护理、皮肤舒缓、毛孔细致、恢复活力、抗氧化、抗衰老、抗疲劳以及眼部护理等。从男女化妆品的不同来看，由于肤质的不同，男性化妆品要求以保持肌肤清爽通畅为原则，在制作中必须充分考虑这一特点；香型也是男士化妆品区别于女性化妆品的重要因素，男士香型以清香和草木香为主，可选择薰衣草、松木、麝香、柑橘、檀香、素馨、百合花等香型，总之要求香气雅而不俗、清而不混、独特超群。

男士化妆品市场作为一个诱人的"蛋糕"，其竞争也非常激烈。为了扩大男士护肤用品的供应，世界最大的日用消费品制造商宝洁公司收购男士护肤品牌瑟雅和 The Art of Shaving；联合利华将旗下的多芬产品系列扩张至男士美容领域；上海家化重金赞助体育赛事，以助力旗下的"高夫"。尽管如此，男士化妆品的市场规模目前不到女士化妆品的 5%，且在洁面、控油几个点上扎堆，如何开拓新市场成为众多化妆品企业关心和正在研究的课题。部分企业正朝着精确定位品牌、打造品牌内涵和优质产品方面努力，如碧欧泉男士，明确提出"专属都市精英男士"，资生堂俊士强调"俊士风度"，高夫强调"优雅品味"。不少国内品牌也进行整合、更新，如丁家宜男士、相宜本草男士、东洋之花男士、伊亿莉男士等，力求快速打造出个性十足的优质产品，满足广大男同胞的需求。

### 9.4.3.6 婴幼儿化妆品

婴童护理依然是化妆品行业中增速较快的品类。受益于消费者对婴童洗护品类需求的增加以及各品牌新产品的大力推广，据统计，2022 年我国婴童护理市场规模为 297 亿元，2016—2022 年 CAGR（复合年均增长率）为 8.1%，历史年均复合增速超过全球。销售渠道以超市大卖场为主，电商渠道占比近年来快速上升。

我国非常重视儿童化妆品的质量安全，2021 年专门发布《儿童化妆品监督管理规定》来指导儿童化妆品的健康发展。

目前来看中国的儿童化妆品市场从总体来说还不够成熟和完善，但从其前景来看具有很大的发展潜力，人们在关心子女健康成长的同时也逐步认识到儿童化妆品的重要性。儿童化妆品市场是一个与成人化妆品市场不同的领域，儿童化妆品的细分程度还远远不如成人化妆品，因此需要对儿童化妆品进行市场细分，不断开发新产品。儿童化妆品市场将会是一个不断增长和具有投资潜力的巨大市场，而目前的产品及种类还远远满足不了市场的需求，因此，儿童化妆品市场必将会发展、成熟、壮大起来。

### 9.4.3.7 中老年化妆品

随着中老年人群比例的逐渐增大，借助化妆品延缓衰老和抗衰老已经成为一项重要的研究课题，特别是现在使用抗衰老化妆品的女性年龄提前，也增加了对这类化妆品的需求。新世纪的化妆品将不再是年轻人的专用品，中老年化妆品市场孕育着大量的商机。针对目前市场中老年化妆品贫乏的现象，深度挖掘中老年化妆品市场的潜力，抓住中老年人心理和实际需求，研究开发具有防老抗衰功能的新产品，正引起化妆品厂商的重视。

## 9.4.4 化妆品的技术发展趋势

### 9.4.4.1 纳米技术

随着纳米材料和纳米技术在各个领域迅速发展和广泛应用，人们对"纳米"这个名词也不再陌生。将纳米技术应用于化妆品中将是一个增强功效，提升产品科技含量、价值感和竞争力的重要方向。对纳米级化妆品原料及纳米化妆品的研究开发已成为国内外众多厂家关注的焦点。目前，市场上有超过 1000 种以纳米材料作为关键原料的化妆品。

目前，科学家们已经证实某些矿物质，如被广泛应用于防晒霜中的氧化锌，当它们处于自然状态时，呈现白色的油脂状；但当它们被分解成纳米微粒时，这些矿物质便会转变成更为透明，同时更易于被皮肤吸收的状态。再如经常被用于护发素和卸妆液中的乳化剂在被分解成纳米微粒的时候，其油性特性也有所减弱，而对发质和皮肤的作用则更加明显。纳米化妆品的技术原理形象地描述为人体表皮细胞的间隙即 1/10 头发丝粗细，而纳米微粒则为几万分之一头发丝的粗细，为表皮细胞间隙的几千分之一，因此纳米级的物质能自由渗入表皮细胞，其有效成分能让皮肤充分吸收。

现如今，发展比较迅速的纳米化妆品的成分主要有以下几种：

① 纳米氧化锌和纳米氧化钛。纳米氧化锌与纳米氧化钛的无机粒子悬浮液具有无毒、分散性好、粒径尺寸较好等优点，能够保证较好的防晒效果；另外高分散性的悬浮液能够迅速使用，携带方便。

② 维生素 E。维生素 E 被加工至纳米尺寸时，其物理特性和生物特性都会发生比较明显的改变，维生素 E 的祛斑功能要比其他有机化合物的好。

③ 壳聚糖。壳聚糖的成分与人体皮肤脂膜层的成分比较相似，具有保湿和刺激皮肤再生的功能。壳聚糖在进行纳米级别的处理后，就可以渗入皮肤的毛囊孔之中，在一定程度上可以消除由其他微生物入侵引起的粉刺和皮炎。另外有研究结果表明，纳米级别的壳聚糖分子还可以用来消除由微生物堆积而产生的色素和色斑。

纳米胶囊技术也是纳米材料在化妆品中的应用之一。它将功效成分包裹在直径为纳米尺寸的胶囊中，以纳米胶囊作为载体，自动而均匀地缓释作用于皮肤组织，使功效成分长时间维持在有效浓度内，起到稳定有效成分、减少特殊添加剂对皮肤的刺激等作用。法国欧莱雅公司是化妆品界的著名厂商，其在化妆品纳米微胶囊技术的开拓上也起到了先锋作用。巴黎欧莱雅公司研究开发的第一个纳米产品，充分使用了纳米微胶囊的专利技术，将维生素 A 包囊在聚合物中，这种胶囊像一种海绵，吸收并维持乳液，直到外面壳体溶解。

纳米微胶囊制作的化妆品的优势主要体现在以下几个方面：

① 提高营养及药物利用率，长循环纳米技术是药物体结合研究热点。研究药物及化妆品在体内的吸收、分布及作用强度，发现表面电荷、粒径大小及表面亲水亲脂性是影响药物及化妆品成分的吸收和疗效的主要因素。不能解决某些活性物质存活时间及皮肤吸收问题，其难以广泛应用或功效不理想。但使用纳米微胶囊技术，其主要作用是获得大量纳米级结构材料，将物质分子超微破碎、乳化、均质、分散成小分子。用该技术处理化妆品用的抗衰老剂 SOD、氨基酸等物质，可为皮肤全部吸收。以其技术加工中草药，可达到常规草药难以取得的功效。以纳米破壁的花粉，可为皮肤全部吸收，且保健功效大为提高。这一技术为中草药及营养素在化妆品中的应用提供了广阔的前景，并可使添加的活性物质保持鲜活和稳定。

② 提高抑菌抗菌作用，纳米微粒在抗菌灭菌材料上应用广泛，可干扰细菌蛋白质的合成，从而有效抑制细菌繁殖。根据大部分细菌的细胞膜带有负电荷的特性，将阳离子正电荷接到其表面，利用电荷正负相吸作用，使细菌窒息、死亡，达到杀菌目的。这为化妆品质量控制提供了新的思路。纳米级材料自身有抑菌作用，研制出的细胞体调理霜，对皮肤有很好的免疫调节、抗菌消炎及防敏脱敏功效。

### 9.4.4.2 基因芯片技术

化妆品新产品的开发，尤其是新功效成分的开发是化妆品开发的重要组成部分。化妆品中功效成分的多样性、多途径和多靶点的作用特点决定了其系统化研究的趋势，基因芯片技术以其高通量、并行和高内涵的优势为化妆品研究开辟了崭新的领域。基因芯片在新产品开发中的应用方向包括：功效成分作用靶点研究、功效成分筛选和作为高通量筛选平台以及开发"量身定做"化妆品。

利用基因芯片进行化妆品功效成分作用靶点的研究有2种模式。一种是直接检测功效成分对生物大分子（如受体、酶、离子通道和抗体等）的结合及作用；另一种是检测功效成分作用于皮肤细胞后基因表达的变化，尤其是 mRNA 的变化。采用表达谱基因芯片研究基因表达与传统的 Northern Blot 相比有许多优点，如样品、试剂需要量非常小；同时获得大量基因的表达变化信息，效率明显提高；更多地揭示基因之间表达变化的关联关系，从而研究基因与基因之间内在的作用；检测基因表达变化的灵敏度高；节约费用和时间等。最重要的是，基因芯片有效扩大了功效成分筛选的作用靶标数目，促进了功效成分发现的机会。基因芯片易于实现自动化操作，是功效成分高通量筛选、揭示机理的重要手段。

基于作用靶标、靶分子的药物筛选模型也是适合化妆品功效成分筛选的技术路线。基因芯片技术的出现使得人们可以同时观察功效成分对多个靶蛋白、靶基因甚至整个组织、个体的基因和靶标的作用情况，这符合现代化妆品作用多靶点、多途径的作用方式，也符合中医药注重整体性协调的思维模式，所以利用以基因芯片为基础的筛选技术，进行化妆品功效成分筛选是开发新型中药化妆品的有效途径。

高速、低成本的高通量筛选已成为功效成分筛选的首选。基因芯片作为一种新型技术平台，完全可以满足高通量筛选的微型化和自动化需要。基因芯片技术应用于高通量筛选有2个发展方向：微流体芯片技术和液相芯片技术。其中，微流体芯片是利用微机电技术将一般实验室所使用的装置微小化到芯片上，进行生化反应、过程控制或分析。因为其具有使用样品和试剂量少、反应速率快和平行处理量大等优点，因此在高通量筛选上的应用具有非常大的优势。

开发"量身定做"化妆品是未来高端化妆品研发的一大发展趋势。"人类基因组计划"的研究表明，由于不同个体存在单核苷酸多态性（single nucleotide polymorphisms，SNP），化妆品的使用效果也会显示个体差异。通过基因组学手段研究基因多态性对化妆品的影响，以便对不同的基因型个体"量身定做"化妆品，从而充分发挥化妆品的功效，同时把不良反应减少到最小。

### 9.4.4.3　其他新技术

如今化妆品发展也与智能互联模式密不可分，坚信化妆品行业一直是由技术推动的全球最大化妆品公司欧莱雅，在数字技术与化妆品行业的结合方面再次走在了行业前列。他们所设计的穿戴设备，以"手机客户端＋可穿戴设备"的智能联动，通过精准紫外线监测与定制化防晒产品推荐，来保护消费者免受紫外线伤害。除了移动互联＋可穿戴设备，关于化妆品成分的手机 APP 也是一大亮点，"美丽修行"APP 已建立起了涵盖三百万种化妆产品以及2.7万条成分的"大数据"库，用户输入希望查询的化妆品名，就可以看到其成分，点击成分化学名词，就能了解其功效或作用。

3D 打印技术也运用到了化妆品领域，比如通过扫描皮肤，使用 3D 打印技术制成模型，让消费者感受到和真实皮肤相似的质感。顾客可以定期到店内观察产品对皮肤改善的功效，是否皱纹减少、毛孔收缩等。未来，皮肤护理将延伸至里层，通过植入保湿、营养分子的技术，为皮肤提供长期的保养。总之，随着化妆品行业以及未来科学技术的不断发展，化妆品必然会向安全、高效、温和、绿色、高科技的方向延伸，市场的前景也会越来越广阔。

# 参考文献

[1] 中国化妆品蓝皮书编委会.2020 中国化妆品蓝皮书.北京：中国健康传媒集团中国医药科技出版社，2021.

[2] 中国健康传媒集团，中国药品监管研究会.2021 中国化妆品蓝皮书.北京：中国健康传媒集团中国医药科技出版社，2021.

[3] 裘炳毅，高志红.现代化妆品科学与技术（上、中、下）.北京：中国轻工业出版社，2016.

[4] 国家药品监督管理局.化妆品安全技术规范（2015 版）.

[5] 赵大程，颜江瑛.化妆品监督管理条例释义.北京：中国民主法制出版社，2021.

[6] 彭冠杰，郭清泉.美白化妆品科学与技术.北京：中国轻工业出版社，2019.

[7] 杜志云.中国化妆品产业研究报告.北京：社会科学文献出版社，2022.

[8] 孟宏，董银卯，刘月恒.皮肤养生与护肤品开发.北京：化学工业出版社，2020.

[9] 郭苗苗，董银卯.化妆品生物技术.北京：化学工业出版社，2022.

[10] 梅鹤祥，马彦云.精准护肤科学原理与实践.北京：清华大学出版社，2022.

[11] 龚盛昭，揭育科.化妆品配方与工艺技术.北京：化学工业出版社，2019.

[12] 李丽，董银卯，郑立波.化妆品配方设计与制备工艺.北京：化学工业出版社，2019.

[13] 董银卯，李丽，刘宇红，等.化妆品植物原料开发与应用.北京：化学工业出版社，2020.

[14] 杨玉兰，刘海军，黄小梅，等.新法规下防晒产品现状和趋势.日用化学品科学，2022，9：13-18.

[15] 刘颖慧，贺鑫鑫，曹进，等.化妆品安全报告及稳定性研究内容的探讨.日用化学品科学，2022，2：19-23.

[16] 薛绘，杨盼盼，吕旭阳，等.化妆品常用肤感改良粉体的性质与发展趋势.日用化学工业，2022，52（1）：77-83.

[17] 苏哲，张铮，张筱雨，等.5 种纳米原料的透皮吸收及安全评估研究进展.药物评价研究，2022，45（11）：2371-2378.

[18] 高家敏，苏哲，余振喜，等.欧盟化妆品纳米原料法规管理现状及思考.香料香精化妆品，2022，5：82-88.

[19] 李帅涛，石钺，何森，等.化妆品植物原料现状及应用发展.中国化妆品，2022，6：72-77.

[20] 张倩洁，王平礼，张冬梅，等.天然固体颗粒稳定 Pickering 乳液的研究进展及其在化妆品中的应用.精细化工，2022，8：1-13.

[21] 吴少娟，郭清泉.基于 BP 神经网络的化妆品色彩配方设计.日用化学工业，2020，50（7）：464-469.

[22] 何健华，郭清泉，王雅馨，等.斑马鱼胚胎行为学在化妆品原料舒缓功效评价中的应用.轻工学报，2022，37（3）：117-126.

## 思考题与习题

1. 化妆品的主要原料组成中，哪些属于"大料"，哪些属于精细添加物？

2. 简述化妆品油脂原料的分类。

3. 简述低能乳化法的一般操作及其特点。

4. 简述化妆品配方设计开发的一般步骤。

5. 何为防晒化妆品的 SPF 值？简述常见防晒剂类型及对应机理。

6. 试述化妆品的开发一般要求和发展的新技术。

# 第十章

# 工业水处理剂

## 10.1　工业用水概述

### 10.1.1　工业用水含义

所谓工业用水，是指工矿企业的各部门在工业生产过程中制造、加工、洗涤、冷却等处使用的水及厂内职工生活用水的总称。

### 10.1.2　工业用水的分类

在工业企业内部，不同工厂、不同设备需要的水质和水量有所不同，工业用水的种类繁多，从不同角度可以提出不同的分类方法。

**(1)** 按生产过程主次分类　可将工业用水分为主要生产用水、辅助生产用水和附属生产用水三类。

**(2)** 按水的用途分类　如下所示。

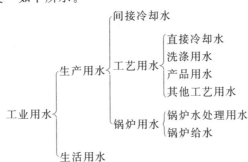

**(3)** 按行业分类　可以分为钢铁行业、医药行业、造纸行业、火力发电行业等用水。

**(4)** 在企业内部按水的具体用途及水质分类

① 在啤酒行业分为糖化用水（投料水）、洗涤用水（洗槽用水、刷洗用水等）、洗瓶装瓶用水、锅炉用水、冷却用水、生活用水等。

② 在味精行业分为淀粉调浆用水、酸解制糖用水、糖液连消用水、谷氨酸冷却用水、交换柱清洗用水、中和脱色用水、结晶离心烘干用水、成品包装用水、锅炉用水等。

③ 在火力发电行业分为锅炉给水、锅炉补给水、冷却水、冲灰水、消防水、生活用水等。

再如，按水质来分，可分为纯水（除盐水、蒸馏水等）、软化水（去除硬度的水）、清水

（天然水经混凝、澄清、过滤处理后的水）、原水（天然水）、冷却水、生活用水等。

### 10.1.3  工业用水的水质指标

**(1) 悬浮物**  用每升水中所含固形物的质量（mg/L）来表示；

**(2) 含盐量**  表示水中各种盐含量的总和。可由全分析所测得的全部阳离子和全部阴离子的质量相加得出，单位为 mg/L。也可用蒸干称重法求得，但其结果误差较大，还可应用电导率法测出；

**(3) 硬度**  表示水中高价金属离子的总浓度。在一般天然水中主要指 $Mg^{2+}$ 和 $Ca^{2+}$；

**(4) 碱度**  表示水中 $OH^-$、$HCO_3^-$、$CO_3^{2-}$ 及其他弱酸强碱盐类的总和。因为这些盐类的水溶液呈碱性，可以用酸中和，所以归纳为碱度；

**(5) 酸度**  表示水中能与强碱起中和作用的物质的含量。这些物质包括：

① 能全部电离出 $H^+$ 的强酸类，如 $HNO_3$、$HCl$、$H_2SO_4$ 等；

② 强酸弱碱盐类，如铝、铁、铵等离子与强酸组成的盐；

③ 弱酸类，如 $CH_3COOH$、$H_2S$、$H_2CO_3$ 等；

**(6) 表示水中有机物含量的指标**  目前常用的表示水中有机物含量的指标有化学需氧量（COD）、生化需氧量（BOD）、总有机碳和紫外吸收。

# 10.2  工业废水概述

### 10.2.1  工业废水的含义

所谓工业废水是指各行业生产过程中所产生和排出的废水。

### 10.2.2  工业废水的分类

工业废水通常有以下三种分类方法：

① 按行业的加工对象和产品分类：如纺织废水、造纸废水、冶金废水、制革废水等；

② 按工业废水中所含的主要污染物性质分类：无机废水为含无机污染物为主的废水，有机废水为含有机污染物为主的废水。如矿物加工和电镀过程中所产生的废水是无机废水，石油或食品加工过程所产生的废水是有机废水；

③ 按废水中所含污染物的主要成分分类：如酸性废水、含酸废水、碱性废水、含氟废水、含有机磷废水、含铬废水等。这种分类方法突出了废水中主要污染成分，针对性强，有利于制定适宜的处理方法。

### 10.2.3  工业废水的危害

水污染是我国面临的主要环境问题之一。随着我国工业的蓬勃发展，工业废水的排放量日益增加，未达标的工业废水排入水体后，会污染地表水和地下水。几乎所有物质排入水体后都有造成水污染的可能性，不同物质的污染程度虽有差别，但超过某一浓度后都会产生危害，比如：

**(1)** 含有毒物质的有机废水和无机废水产生的污染；

**(2)** 含无毒物质的有机废水和无机废水产生的污染；

**(3)** 酸性和碱性废水产生的污染；

**(4)** 含氮、磷工业废水产生的污染；

**(5)** 含有大量不溶性悬浮物废水的污染；

**(6)** 高浊度和高色度废水产生的污染；

**(7)** 含油废水产生的污染；

**(8)** 含有多种污染物质废水产生的污染。

因此，制定严格的工业水排放标准是实现"十四五"节能减排目标的有力举措，符合国家环保和可持续发展的战略需求。

### 10.2.4　工业废水的排放标准

我国有关部门规定，各地方可以根据当地情况制定水质标准，但原则上应严格执行国家、部和行业标准，如：

**(1)**《电子工业水污染物排放标准》（GB 39731—2020）；

**(2)**《污水排入城镇下水道水质标准》（GB/T 31962—2015）；

**(3)**《放射治疗辐射安全与防护要求》（HJ 1198—2021）；

**(4)**《农田灌溉水质标准》（GB 5084—2021）；

**(5)**《渔业水质标准》（GB 11607—1989）；

**(6)**《海洋生物水质基准推导技术指南（试行）》（HJ 1260—2022）。

## 10.3　工业水处理剂主要类型

为了使工业污水达到排放或工业用水的标准，需对其进行系统处理。通常，需要先进行预处理，如工业用水的预处理技术有地下水除铁、地下水除锰、自来水脱氯等，而工业废水的预处理技术有调节池处理、离心分离、除油、过滤等方式。预处理后视情况加入不同的工业水处理剂可达到最佳的水处理效果。本章重点介绍工业水处理剂，通常可分为以下几个大类。

### 10.3.1　氧化还原剂

在化学反应中，如果发生电子转移，则参与反应的物质所含元素的价态将发生改变。这种反应称为氧化还原反应。电子转移是简单无机物氧化还原过程的本质。有机物的氧化还原过程涉及共价键，电子的移动情形更复杂，许多反应是原子周围的电子云密度发生变化，而并非电子的直接转移。可认为，凡是加氧或脱氢的反应都称为氧化反应，而加氢或脱氧的反应则称为还原反应。凡是经强氧化剂作用使有机物分解成简单的无机物如 $CO_2$、$H_2O$ 等的反应，可判断为氧化反应。失去电子的元素被氧化，作还原剂；得到电子的元素被还原，作氧化剂。其氧化还原能力可根据标准氧化还原电位的大小判断，电极电位值越高，电对中氧化剂得电子能力越强，氧化能力越强。

根据溶解于废水中的有毒有害物质，在氧化还原反应中能被氧化或还原的性质，可把其转化为无毒无害的新物质，这个过程称为氧化还原反应。按照污染物的净化原理，废水的氧化还原处理剂主要分为氧化剂和还原剂两大类，如表 10-1 所示。

在选择氧化还原剂时，应当遵循下面的一些原则：

① 操作特性好，在常温和较宽的 pH 范围内具有较快的反应速度；当提高反应温度和压力后，其处理效率的提高能克服费用增加的不足；当负荷变化后，调整操作参数可维持稳定的处理效果。

表 10-1　氧化还原剂分类

| 分类 | | | 方法 | 常见处理剂 |
|---|---|---|---|---|
| 氧化剂 | 氧化法 | 常温常压 | 空气氧化法 | 空气中的氧、纯氧、臭氧、氯气、漂白粉、次氯酸钠、三氯化铁等 |
| | | | 氯氧化法 | |
| | | | Fenton 氧化法 | |
| | | | 臭氧氧化法 | |
| | | | 电解(阳极) | |
| | | | 光氧化法 | |
| | | | 光催化氧化法 | |
| | | 高温高压 | 湿式催化氧化 | |
| | | | 超临界氧化 | |
| | | | 燃烧法 | |
| 还原剂 | 还原法 | | 药剂还原法(亚硝酸钠、硫代硫酸钠、硫酸亚铁、二氧化硫) | 硫酸亚铁、亚硫酸盐、氯化亚铁、铁屑、锌粉、二氧化硫、硼氢化钠等 |
| | | | 电解(阴极) | |
| 高分子表面活性剂 | 物理沉淀法 | | | 高分子絮凝剂、甲壳素、壳聚糖、铬酸盐、锌盐、聚磷酸盐、有机磷酸盐等 |

② 处理效果好，反应产物无毒无害，不需进行二次处理。

③ 处理费用合理，所需药剂和材料易得。

④ 与前后处理工序的目标一致，搭配方便。

化学氧化还原过程与生物氧化过程相比，需较高的运行费用。因此，目前化学氧化还原剂仅用于有毒工业废水处理、特种工业用水处理、饮用水治理以及以回用为目的的废水深度处理等有限场合。根据有毒有害物质在氧化还原反应中的性质不同，废水的氧化还原剂又可分为氧化剂和还原剂两大类。

#### 10.3.1.1　氧化剂

**(1) 药剂氧化剂**　在废水处理中常用的氧化剂有空气中的氧、纯氧、臭氧、氯气、漂白粉、次氯酸钠、三氯化铁等。本章以氯氧化剂为例，详细介绍其用于氰化物、硫化物、酚、醇、醛、油类的氧化去除及脱色、脱臭、杀菌、防腐等。

以含氰废水的处理为例，用于低浓度含氰废水的处理剂有碱性氯化剂、硫酸亚铁石灰、电解剂、吹脱剂、生化剂等。其中碱性氯化剂技术成熟，在国内外的应用较多。

① 碱性氯化剂的作用原理　碱性氯化剂通常为次氯酸钠、漂白粉、液氯等氯氧系氧化剂。其作用原理是在碱性条件下，利用次氯酸根将污水中的氰化物氧化为无毒的物质。

漂白粉的主要成分在水中的反应为：

$$Ca(OCl)_2 + 2H_2O \Longrightarrow 2HClO + Ca(OH)_2 \tag{1}$$

常用的碱性氯化剂分为局部氧化剂和完全氧化剂两类。局部氧化剂为一级处理剂，完全氧化剂为两级处理剂。

a. 局部氧化剂。该过程为氰化物在碱性条件下被碱性氯化剂氧化为氰酸盐，其反应如下：

$$CN^- + ClO^- + H_2O \longrightarrow CNCl + 2OH^- \tag{2}$$

$$CNCl + 2OH^- \longrightarrow CNO^- + Cl^- + H_2O \tag{3}$$

pH 为任意值时反应式(2) 的反应速率都很快；而对于反应式(3)，pH 值越高反应速率越快。

通常除游离氰外，电镀含氰废水中还含有氰与重金属的络离子。因此，氯系氧化剂的用量应按废水中总氰计算。破坏游离氰所需氧化剂的理论用量为：

$$CN^- : Cl_2 = 1 : 2.73$$

$$CN^- : NaOCl = 1 : 2.85$$

$$CN^- : 漂白粉（有效氯为 20\% \sim 25\%） = 1 : 4 \sim 5$$

破坏络离子时，如铜氰络离子，需按下列反应计算：

$$2Cu(CN)_4^{2-} + 9ClO^- + 2OH^- + H_2O \Longrightarrow 8CNO^- + 9Cl^- + 2Cu(OH)_2 \downarrow \tag{4}$$

理论用量为 $CN^- : NaOCl = 1 : 3.22$。

由于电镀废水中常含有 $Fe^{2+}$、有机添加剂等其他还原物质，实际上氧化剂的用量以 NaOCl 计为含氰量的 $5 \sim 8$ 倍。

b. 完全氧化剂。完全氧化剂是继局部氧化剂后，再将生成的氰酸根 $CNO^-$ 进一步氧化成 $N_2$ 和 $CO_2$，从而消除氰酸盐对环境的污染。

$$2NaCNO + 3HOCl \Longrightarrow 2CO_2 + 2NaCl + HCl + H_2O + N_2 \tag{5}$$

如果经局部氧化后有残余的氯化氰，也能被进一步氧化：

$$2CNCl + 2HOCl + O_2 \Longrightarrow 2CO_2 + N_2 + 2HCl + Cl_2 \tag{6}$$

反应中控制反应的 pH 是关键，当 pH 值大于 12 时，该反应停止；pH 值太低时氰酸根会水解生成氨并与次氯酸生成有毒的氯胺。氧化剂的用量一般为局部氧化法的 $1.1 \sim 1.2$ 倍。完全氧化法处理含氰酸水必须在局部氧化法的基础上进行，药剂应分两次投加，以保证有效地破坏氰酸盐。适当的搅拌可加速反应进行。

② 碱性氯化氧化剂处理含氰废水的工艺流程　碱性氯化法适用于处理电镀生产过程中所产生的各种含氰废水。废水中氰离子含量不大于 50mg/L。应避免铁、镍离子混入含氰废水处理系统。碱性氯化法处理含氰废水时，一般情况下可采用一级氧化处理（图 10-1），有特殊要求时可采用两级氧化处理（图 10-2），第一级氧化和第二级氧化所需氧化剂必须分级投加。

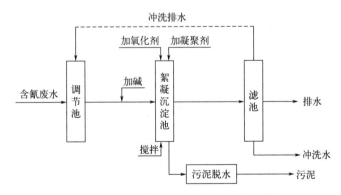

图 10-1　一级氧化处理含氰废水工艺流程图

碱性氯化法处理含氰电镀废水时需设置调节池。调节池应设计成两格，其总有效容积可按 $2 \sim 4h$ 平均废水量计算，并设置除沉淀物、除油等设施。若采用间歇式处理并设两格絮凝沉淀池交替使用时，可不设调节池。

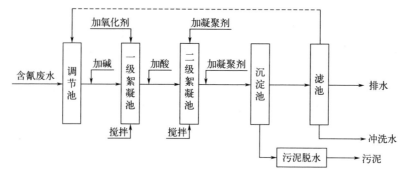

图 10-2　两级氧化处理含氰废水工艺流程图

废水与投加的化学药剂混合反应时需进行搅拌，可采用机械搅拌或水力搅拌。氧化剂可采用次氯酸钠、漂白粉、漂粉精和液氯。投药量需通过试验确定，当无条件试验时，应按氰离子与活性氯的质量比计算确定。其质量比，一级氧化处理时为 1∶3～1∶4，两级处理时宜为 1∶7～1∶8。当采用次氯酸钠、漂白粉、漂粉精进行一级氧化处理时，反应时废水的 pH 值应控制在 10～11；当采用液氯作氧化剂时，pH 值应控制在 10～11，反应时间为 3min。当采用两级氧化处理时，一级氧化废水 pH 值应控制在 10～11，反应时间为 10～15min；二级氧化的 pH 值应控制在 6.5～7.0，反应时间为 10～15min。

含氰废水经氧化处理后，应进行沉淀和过滤处理。间歇式处理时，沉淀方式采用静置沉淀；连续式处理时，可采用斜板沉淀池等设施。滤池可采用重力式滤池，也可采用压力式滤池。滤池的冲洗排水应排入调节池或沉淀池，不得直接排放。

废水水质的自动检测装置和投药的自动控制装置需在采用连续式处理工艺流程时设置。反应器应采取封闭或通风措施以防止有害气体逸出。

③ 应用实例　图 10-3 为某厂氰化镀铜-锡合金废水连续完全氧化处理流程。含氰废水总氰浓度为 90～100mg/L，氢氧化钠和次氯酸钠在泵前投入，pH 值控制在 10 以上。Cl⁻∶CN⁻=2。废水经泵混合后送入第一隔板翻腾式反应池，反应时间约 20min，然后进入第二隔板翻腾式反应池，投加硫酸和次氯酸钠，控制 pH 值为 6.0～6.5，次氯酸钠投加量（以氯计）为一级的 1.2 倍，反应时间为 10min。出水余氯量以 6mg/L 为宜，可用沉淀法或气浮法进行固液分离，出水排放，污泥脱水后进行处置或利用。

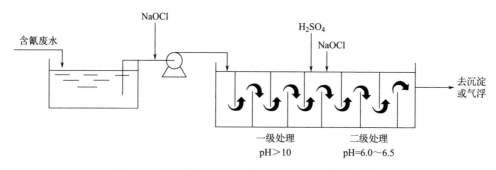

图 10-3　氰化镀铜-锡合金废水连续完全氧化处理流程

**（2）臭氧**　臭氧在废水处理中的主要作用是使污染物氧化分解，用于降低 BOD、COD，脱色，除臭，除味，杀菌，杀藻，除铁、锰、氰、酚等。主要优点是氧化能力强，对去除有机物和无机物、除臭、脱色、杀菌都有显著效果，处理过程中不产生污泥且处理后的臭氧易分解不产生二次污染，操作管理较方便。但其也存在造价高、成本高等问题。

① 印染废水处理　臭氧作为氧化剂处理印染废水，主要用来脱色。一般认为，染料颜色是由于染料分子中有不饱和原子团存在，其能吸收一部分可见光，所以又将其称为发色基团。臭氧能将其不饱和键打开，使之失去显色能力，最终生成有机酸和醛类等分子较小的物质。采用臭氧氧化法脱色，能将含直接染料、阳离子染料、酸性染料、活性染料等水溶性燃料的废水几乎完全脱色，对不溶于水的分散染料也能得到良好的脱色效果，但对不溶于水的染料脱色效果差。

② 含氰废水处理　在电镀铜、锌等过程中会排出含氰废水。氰与臭氧反应如下：

$$KCN + O_3 \Longrightarrow KCNO + O_2 \uparrow \tag{7}$$

$$4KCNO + 2H_2O + 4O_3 \Longrightarrow 4KHCO_3 + 2N_2 \uparrow + 3O_2 \uparrow \tag{8}$$

按上述反应，处理到第一阶段，每去除 1mg $CN^-$ 需臭氧 1.84mg，生成的 $CNO^-$ 的毒性为 $CN^-$ 的 1%。

氧化到第二阶段的无害状态时，每去除 1mg $CN^-$ 需臭氧 4.61g。活性炭能催化臭氧的氧化，降低臭氧消耗量，因此可使用臭氧、活性炭同时处理含氰废水。向废水中投加微量的铜离子，也能促进氰的分解。臭氧处理含氰废水工艺流程，如图 10-4 所示。在前处理装置内把废水中的六价铬还原成三价铬去除，第一氧化塔出来的臭氧空气继续送入第二氧化塔进行反应。

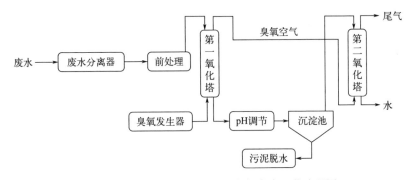

图 10-4　臭氧作为氧化剂处理含氰废水工艺流程图

同样臭氧氧化法对于含酚废水的处理也具有较好的效果。但由于臭氧发生器耗电耗能高，设备昂贵等，目前应用很少。但从总体的综合效益上来看，该方法的处理效果优于碱性氯化法。

**(3) 电解**　电解质溶液在电流的作用下，发生电化学反应的过程称为电解。与电源负极相连的电极为电解槽（如图 10-5）的阴极，从电源接受电子，与电源正极相连的电极为电解槽的阳极，把电子传给电源。电解时，电源阴极放出电子，使废水中某些阳离子得到电子被还原，阴极起还原作用；电源阳极得到电子，使废水中某些阴离子因失去电子而被氧化，阳极起氧化作用。废水电解时，其中的有毒物质在阳极和阴极分别进行氧化和还原反应，生成新物质。这些新物质在电解过程中或沉积于电极表面或沉淀下来或生成气体从水中逸出，从而降低了废水中有毒物质的浓度。

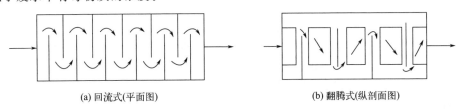

(a) 回流式(平面图)　　　　　　　(b) 翻腾式(纵剖面图)

图 10-5　电解槽示意图

传统电解法采用直流电源，但电流效率较低，且镀银废水中所含银离子浓度低、杂质多，导致回收银的纯度达不到回用镀银的要求，因此开发了脉冲电解法。此外，常见的直流电解法主要还存在浓差极化问题。脉冲电解法使用直流电，时而接通，时而关断，可减小浓差极化，且脉冲电源的频率很高。在关断的时间间隔内，浓度差使电解槽内废水中的金属离子向阴极扩散，可减小浓差极化，降低槽电压，提高电流效率，缩短电解时间。电源关断时，因废水中的杂质和氢从阴极向废水中扩散，不容易在阴极沉积，所以可提高回收银的纯度。此外，由于脉冲峰值电流大大高于平均电流，可促使金属晶体加速形成，而在电源关断的衔间内又阻碍晶体的长大，结果晶种形成速度远远大于晶体长大速度，这样，在阴极沉积的金属结晶细化，排列紧密，孔隙减少，电阻率下降。下边以电解法处理含铬废水为例，重点介绍电解法的基本原理及处理废水的工艺流程。

① 基本原理　通常在电解槽中放置铁电极，发生电解时，铁板阳极溶解生成强还原剂亚铁离子。酸性条件下，可将废水中的 Cr(Ⅵ) 还原为三价铬，反应方程如下：

$$Fe-2e^-\xlongequal{}Fe^{2+} \tag{9}$$

$$Cr_2O_7^{2-}+6Fe^{2+}+14H^+\xlongequal{}2Cr^{3+}+6Fe^{3+}+7H_2O \tag{10}$$

$$CrO_4^{2-}+3Fe^{2+}+8H^+\xlongequal{}Cr^{3+}+3Fe^{3+}+4H_2O \tag{11}$$

由反应式可看出，还原 1 个含 Cr(Ⅵ) 化合物需要 3 个亚铁离子，阳极铁的消耗，理论上是铬质量的 3.22 倍。若忽略电解过程中副反应消耗的电量和阴极的直接还原作用，可算出 $1A \cdot h$ 的电量理论上可还原 $0.3235g$ 铬。

在阴极，除氢离子获得电子生成氢气外，废水中的含 Cr(Ⅵ) 化合物直接还原为三价铬。离子反应方程式为：

$$2H+2e^-\xlongequal{}H_2\uparrow \tag{12}$$

$$Cr_2O_7^{2-}+6e^-+14H^+\xlongequal{}2Cr^{3+}+7H_2O \tag{13}$$

$$CrO_4^{2-}+3e^-+8H^+\xlongequal{}Cr^{3+}+4H_2O \tag{14}$$

从上述反应可知，随着电解过程的进行，废水中的氢离子浓度将逐渐减小，使废水碱性增强。在碱性条件下，可生成氢氧化铬和氢氧化铁沉淀，其反应方程为：

$$Cr^{3+}+3OH^-\xlongequal{}Cr(OH)_3\downarrow \tag{15}$$

$$Fe^{3+}+3OH^-\xlongequal{}Fe(OH)_3\downarrow \tag{16}$$

铁阳极腐蚀严重的现象可证明，电解时阳极溶解产生的亚铁离子将 Cr(Ⅵ) 还原为三价铬是主要因素，而阴极直接将 Cr(Ⅵ) 还原为三价铬是次要因素。因此，采用铁阳极并在酸性条件下进行电解是有利于提高电解效率的。

值得注意的是，铁阳极在产生亚铁离子的同时，阳极区氢离子的消耗和氢氧根离子浓度的增加，导致氢氧根离子在铁阳极上放出电子，最终生成铁的氧化物，其反应式如下：

$$4OH^--4e^-\xlongequal{}2H_2O+O_2\uparrow \tag{17}$$

$$3Fe+2O_2\xlongequal{}FeO+Fe_2O_3 \tag{18}$$

将上述两个反应相加得：

$$8OH^-+3Fe-8e^-\xlongequal{}Fe_2O_3 \cdot FeO+4H_2O \tag{19}$$

随着 $Fe_2O_3 \cdot FeO$ 的生成，铁板阳极表面生成一层不溶性的钝化膜。这种具有吸附能力的钝化膜，往往使阳极表面黏附着一层棕褐色的吸附物（主要是氢氧化铁），阻碍亚铁离子进入废水，影响处理效果。因此，需尽量减少阳极的钝化，保证阳极的正常工作。

② 工艺流程　电解法适用于处理生产过程中所产生的各种含铬废水。此过程中，含铬废水的 pH 值宜为 4.0～6.5，Cr(Ⅵ) 含量不宜大于 100mg/L。

电解法除铬的工艺有连续式和间歇式两种。一般多采用连续式工艺，其工艺流程如

图 10-6 所示。从车间排出的含铬废水汇集于调节池内,之后进入电解槽,电解后流入沉淀池,经沉淀的废水再经滤池处理,符合排放标准后可直接排放或重复使用。

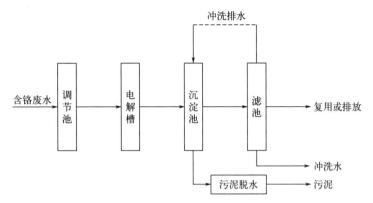

图 10-6  电解用于含铬废水处理工艺流程

调节池的作用是调节含铬废水的水量和浓度,使进入电解槽的废水量和浓度比较均匀,以保证电解处理效果。调节池设计成两格,容积应根据水量和浓度的变化情况确定,如无资料参考时可按 2~4h 平均流量设计。

沉淀池的作用是将电解过程中产生的氢氧化铬和氢氧化铁从水中分离出来。当废水中 Cr(Ⅵ) 含量为 50~100mg/L 时,沉淀时间应为 2h,污泥量可估算为废水体积的 5%~10%。当废水中 Cr(Ⅵ) 含量为 100mg/L 时,每立方米废水处理后产生的污泥干重可计算为 $1kg/m^2$。沉淀在沉淀池中的污泥被送入污泥脱水设备,脱水后取出处理。

滤池的作用是去除未被沉淀池除去的氢氧化铬和氢氧化铁。滤池可采用重力式或压力式滤池。滤池反冲洗水排入沉淀池处理。

**(4) 空气**

① 基本原理  目前,通常利用空气中的氧气作为氧化剂对废水中的有毒有害物质进行氧化分解,此方法被广泛用于石油化工行业处理含硫(硫化物含量小于 800~1000mg/L)的废水。众所周知,炼油厂含硫废水中的硫化物一般以钠盐(NaHS 或 $Na_2S$)或铵盐 $[NH_4HS$ 或 $(NH_4)_2S]$ 形式存在。废水中的硫化物与空气中的氧发生氧化反应如下:

$$2HS^- +2O_2 \Longrightarrow S_2O_3^{2-} +H_2O \tag{20}$$

$$2S^{2-} +2O_2 +H_2O \Longrightarrow S_2O_3^{2-} +2OH^- \tag{21}$$

$$S_2O_3^{2-} +2O_2 +2OH^- \Longrightarrow 2SO_4^{2-} +H_2O \tag{22}$$

在处理过程中,废水中有毒的硫化物和硫氢化物被氧化为无毒的硫代硫酸盐和硫酸盐。在该反应中,反应式(20)进行得比较缓慢。当反应温度为 80~90℃,接触时间为 1.5h 时,废水中约有 90% 的 $HS^-$ 和 $S^{2-}$ 被氧化为 $S_2O_3^{2-}$,其中约有 10% 的 $S_2O_3^{2-}$ 进一步被氧化为 $SO_4^{2-}$。若向废水中投加少量的氯化铜或氯化钴作催化剂,则几乎全部的 $S_2O_3^{2-}$ 被氧化为 $SO_4^{2-}$。

② 工艺流程  空气氧化法处理含硫废水工艺流程如图 10-7 所示。含硫废水与脱硫塔出水换热后,用蒸汽直接加热至 80~90℃进入脱硫塔,从塔底通入空气,使废水中的硫化物与空气中的氧接触,进行氧化还原反应,从塔顶排出的水与塔进水换热后,进入气液分离器,废气排入大气,废水排入含油废水管网。

**(5) 光**

① 机理  除空气外,光也可以作为氧化剂或与氧化剂相互作用,发生很强的氧化反应

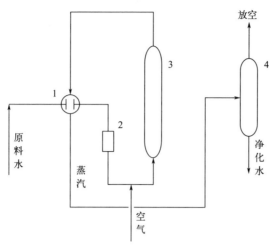

图 10-7　空气作为氧化剂处理含硫废水工艺流程图
1—换热器；2—混合器；3—脱硫塔；4—气液分离器

来氧化分解废水中有机物或无机物。污染物氧化分解时光起催化作用。一般情况下，光源多为紫外光，但它对不同的污染物有一定的差异，有时某些特定波长的光对某些物质比较有效。下面重点介绍光辅助氯气（$Cl_2$）氧化处理有机废水。

$Cl_2$ 和 $H_2O$ 作用生成的次氯酸吸收紫外光后，被分解产生初生态氧 [O]，这种初生态氧很不稳定且具有很强的氧化能力。初生态氧在光的照射下，能把含碳氢有机物氧化成二氧化碳和水。简化后反应过程如下：

$$Cl_2 + H_2O \Longrightarrow HOCl + HCl \tag{23}$$

$$HOCl \xrightarrow{\text{光}} HCl + [O] \tag{24}$$

$$[H \cdot C] + [O] \xrightarrow{\text{光}} H_2O + CO_2 \tag{25}$$

式(25) 中，[H·C] 代表含碳氢有机物。

② 工艺流程　光辅助 $Cl_2$ 氧化处理有机废水工艺流程如图 10-8 所示。废水经过滤器去除悬浮物后进入反应池。废水在反应池内的停留时间与水质有关，一般为 0.5～2.0h。光氧化的氧化能力比氯氧化高 10 倍以上，处理过程一般不产生沉淀物，不仅可处理有机废水，还可以处理能被氧化的无机物。该方法用于深度处理废水时，COD、BOD 可接近于零。光氧化法除对一小部分分散染料的外，其脱色率可达 90% 以上。

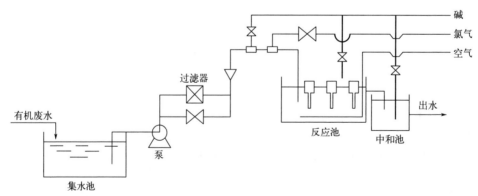

图 10-8　光辅助 $Cl_2$ 氧化处理有机废水工艺流程

上述五种污水处理剂均利用处理剂的氧化作用，将污水中的有毒物质转化为无毒物质。以下是常用还原剂用于污水处理的应用案例。

### 10.3.1.2 还原剂

向废水中投加试剂，使废水中的有毒有害物质还原为无毒的或毒性小的新物质，该试剂称为还原剂。常用的还原剂有：亚硫酸钠、亚硫酸氢钠、焦亚硫酸钠、硫代硫酸钠、硫酸亚铁、二氧化硫、水合肼、铁屑、铁粉等。

目前，常用亚硫酸钠和亚硫酸氢钠作为还原剂，此外还有焦亚硫酸钠（$Na_2S_2O_5$）。实际上，$Na_2S_2O_5$ 溶于水后便水解为亚硫酸氢钠，反应如下：

$$Na_2S_2O_5 + H_2O \Longrightarrow 2NaHSO_3 \tag{26}$$

$Cr(Ⅵ)$ 与亚硫酸氢钠的反应如下：

$$2H_2Cr_2O_7 + 6NaHSO_3 + 3H_2SO_4 \Longrightarrow 2Cr_2(SO_4)_3 + 3Na_2SO_4 + 8H_2O \tag{27}$$

$Cr(Ⅵ)$ 与亚硫酸钠的反应如下：

$$H_2Cr_2O_7 + 3Na_2SO_3 + 3H_2SO_4 \Longrightarrow Cr_2(SO_4)_3 + 3Na_2SO_4 + 4H_2O \tag{28}$$

还原后，用 NaOH 中和至 pH＝7～8，使 $Cr(Ⅲ)$ 生成 $Cr(OH)_3$ 沉淀，然后过滤回收铬污泥。

$$Cr_2(SO_4)_3 + 6NaOH \Longrightarrow 2Cr(OH)_3 \downarrow + 3Na_2SO_4 \tag{29}$$

采用 NaOH 中和生成的 $Cr(OH)_3$ 纯度较高，可以综合利用。也可用石灰进行中和沉淀，费用较低，但操作不便，增加化石灰工序，反应速率慢，生成的污泥量大，且难于综合利用。亚硫酸盐还原法的工艺设计参数如下。

① 废水 $Cr(Ⅵ)$ 浓度一般控制在 $100～1000mg/L$。

② 废水 pH 值为 2.5～3，如果 $CrO_3$ 浓度大于 $0.5g/L$，还原要求 pH＝1，还原反应后要求 pH 值保持在 3 左右。

③ 还原剂用量与 $Cr(Ⅵ)$ 浓度和还原剂种类有关。电镀废水中 $Cr(Ⅵ)$ 的浓度在通常范围内时，还原剂理论用量（质量比）：$Cr(Ⅵ)$ 为 1 时，亚硫酸氢钠、亚硫酸钠、焦亚硫酸钠分别为 4、4、3。投量不宜过大，否则既浪费药剂，又会生成 $[Cr_2(OH)_2SO_3]^{2-}$，沉淀不下来。

④ 还原反应时间约 30min。

⑤ 氢氧化铬沉淀 pH 值控制在 7～8。

⑥ 沉淀剂可根据实际情况选用 NaOH、石灰、碳酸钠。

硫酸亚铁还原法处理含铬废水是一种成熟的方法。由于还原剂容易获得，若用钢铁酸洗废液的硫酸亚铁，不仅成本较低，除铬效果也较好，至今有些小企业还在采用。在硫酸亚铁中，主要是亚铁离子起还原作用。在酸性条件下（pH＝2～3），废水中 $Cr(Ⅵ)$ 主要以 $Cr_2O_7^{2-}$ 形式存在。其还原反应为：

$$H_2Cr_2O_7 + 6H_2SO_4 + 6FeSO_4 \Longrightarrow Cr_2(SO_4)_3 + 3Fe_2(SO_4)_3 + 7H_2O \tag{30}$$

用硫酸亚铁还原 $Cr(Ⅵ)$，最终废水中同时有 $Cr(Ⅲ)$ 和 $Fe^{3+}$，所以中和沉淀时，$Cr(Ⅲ)$ 和 $Fe^{3+}$ 会一起沉淀，沉淀的污泥是铬氢氧化物和铁氢氧化物的混合物。若用石灰乳进行中和沉淀，污泥中还有 $CaSO_4$ 沉淀。中和反应如下：

$$Cr_2(SO_4)_3 + 3Ca(OH)_2 \Longrightarrow 2Cr(OH)_3 \downarrow + 3CaSO_4 \downarrow \tag{31}$$

此法又称为硫酸亚铁石灰法。生成的污泥量比亚硫酸盐还原法大 3 倍以上，基本上没有回收利用价值，需要妥善处理，以防止二次污染，这是此法的最大缺点。

硫酸亚铁石灰法的主要工艺参数为：

① 废水中 $Cr(Ⅵ)$ 浓度为 $50～100mg/L$；

② 还原时废水 pH＝1～3；

③ 还原剂用量 Cr(Ⅵ)：FeSO₄·7H₂O＝1：25～30；

④ 反应时间不小于 30min；

⑤ 中和沉淀 pH＝7～9。

在中性或微碱性条件下，水合肼 $N_2H_4·H_2O$ 能迅速还原 Cr(Ⅵ) 并生成 $Cr(OH)_3$ 沉淀，反应为：

$$4CrO_3 + 3N_2H_4 \Longrightarrow 4Cr(OH)_3\downarrow + 3N_2\uparrow \tag{32}$$

这种方法可处理铬酸盐钝化工艺中产生的含铬漂洗水，也可用来处理镀铬生产线第二回收槽带出的含铬废水。

### 10.3.2 吸附剂

除了通过氧化还原过程将污水中的有毒物质转化为无毒或毒性较小的物质外，污水还可以通过吸附法进行处理。

物质在两相界面层中自动富集的现象称为吸附。例如，在一定条件下，在液-固或气-固界面处，液体中的溶质或气体分子会自发地聚集到固体表面。如在苯酚溶液中加入洁净的活性炭颗粒，苯酚就会聚集到活性炭表面，或者说活性炭吸附苯酚。又或在装满溴气的玻璃瓶中加入活性炭，可以看到气体的颜色慢慢变淡，说明溴气被吸附在活性炭表面。因此，通常将具有吸附能力的物质，如活性炭，称为吸附剂，被吸附在吸附剂表面的物质称为吸附质。根据吸附机理，吸附可分为物理吸附和化学吸附两大类。吸附的过程通常伴随着能量的变化，称为吸附热。由于吸附机理不同，吸附热、吸附速率和吸附选择性也不同。物理吸附作用力为分子间作用力，即范德瓦耳斯力，其吸附热低，吸附速率快，无选择性。化学吸附作用力为化学键力，其吸附热比较高。由于化学键类型的不同，吸附速率差别较大，且吸附具有一定的选择性。下面重点介绍几种常用的污水吸附剂。

#### 10.3.2.1 活性炭

**(1) 基本原理** 几乎任何含碳原料都可以用来制造活性炭，包括木材、锯末、煤、泥炭、果壳、果核、沥青、皮革废料、造纸厂废料等。天然煤和焦炭也是制造粒状活性炭的材料。原料的灰分含量是衡量其质量的一个重要因素。一般来说，灰分越少越好。活性炭外观为黑色多孔颗粒状，化学稳定性好，可耐强酸强碱，能经受水浸和高温等。活性炭由于其独特的制造工艺，具有较大的比表面积，因此具有良好的吸附性能。一般活性炭的比表面积可以达到 $1000m^2/g$ 以上。在活性炭生产过程中，由于氧化及活化作用，活性炭内部形成了复杂的孔隙结构（如图 10-9 所示）。同时，活性炭表面还形成了复杂的含氧官能团和烃类，包括羧基、酚羟基、醚、酯和环状过氧化合物。这些官能团的存在和相对数量将决定活性炭的极性强度和吸附性能。从"相似相溶"原理来看，具有弱极性、中性和非极性表面的活性炭对非极性分子的吸附能力强，但对极性分子和离子的吸附能力较弱。

通常用来表征活性炭吸附性质的参数有亚甲蓝吸附值、碘吸附值、苯酚吸附值、BET 比

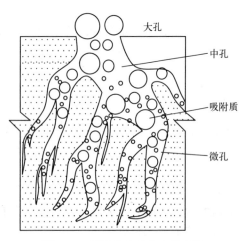

图 10-9　活性炭空隙分布示意图

大孔

中孔

吸附质

微孔

表面积等，具体数值参见标准 GB/T 12496—2015。

① 亚甲蓝吸附值　亚甲蓝吸附值是指在规定的试验条件下，活性炭与亚甲蓝溶液充分吸附后，当剩余亚甲蓝溶液浓度达到规定范围时，每克活性炭吸附亚甲蓝的毫克数。亚甲基蓝的分子量为 319.85，分子直径较大。一般认为亚甲蓝主要被吸附在孔径较大的中孔内。亚甲蓝吸附值主要代表活性炭中孔数量的多少。测试方法是：取一定量的活性炭样品与已知浓度的亚甲蓝溶液充分混合吸附后，用分光光度计测试亚甲蓝溶液浓度的变化，计算出每克活性炭样品吸附亚甲蓝的毫克数。

② 碘吸附值　碘吸附值指在规定的试验条件下，活性炭与碘液充分振荡吸附后，活性炭吸附碘的毫克数。碘的分子量为 253.81，分子直径较小，一般认为其数值高低与活性炭中微孔的数量有较高的相关性。测定原理是在规定条件下，定量的活性炭样品与碘标准溶液充分振荡吸附后，用滴定法测定溶液中剩余碘量，计算出每个试样吸附碘的毫克数，绘制吸附等温线，用剩余浓度为 0.02mol/L 时每个试样吸附的碘量表示活性炭对碘的吸附值。

③ 苯酚吸附值　苯酚吸附值指在规定的试验条件下，每克活性炭吸附苯酚的毫克数。苯酚分子量为 94.11，分子直径小，一般认为其主要吸附在孔径相对较小的微孔内，数值的高低主要代表活性炭的微孔数量的多少。测定原理是用苯酚溶液充分振荡吸附样品，过滤后用硫代硫酸钠标准溶液滴定，求出每克试样吸附苯酚的毫克数。

④ BET（Brunauer-Emmet-Teller）比表面积

BET 比表面积在理论上是一个非常有用的参数，其物理意义是活性炭表面饱和吸附并存在氮气分子时，氮气分子所占的活性炭表面积。假设活性炭表面覆盖了一层氮分子，已知单位数量氮分子的表面积时，可根据氮气吸附量确定 BET 面积。BET 面积是针对氮气分子而言的。在水处理中，许多吸附质的分子尺度远大于氮气分子。因此，并不是所有的 BET 面积都可以在水处理过程中得到应用。

**(2) 工艺流程**　活性炭广泛应用于饮用水和废水的处理。在饮用水的处理中，活性炭的功能可以表现为以下几个方面：总有机碳的去除；臭和味的去除；挥发性有机物的去除；消毒副产物前驱体的去除；人工合成有机物的去除；等。同样，在城市污水和工业废水的处理中，活性炭吸附也有着广泛的应用，均将其作为深度处理的一个单元过程。下面以颗粒活性炭为例介绍其在水污染处理中的应用。

粒状活性炭吸附装置的构造类似滤池，只是用粒状活性炭作为滤料。粒状活性炭层下部也设置卵石垫层和排水系统，用于定期反冲洗。当饮用水的原水受到严重污染时，需要长期使用活性炭；或者处理废水时，常常由于粒状活性炭易于再生而采用粒状活性炭滤池。粒状活性炭一般作为一个单元处理过程应用于水处理的某个环节。粒状活性炭的吸附可设在滤前吸附、滤后吸附和过滤吸附三种位置，如图 10-10 所示。这三种方式往往具有不同的特点。放置在混凝/沉淀以前的炭滤池，由于吸附量比较大，再生的频率比较高，需要另配吸附滤池。在滤池后建吸附滤池，也需要增加基建投资。另一种常用方式是吸附/过滤装置，即由砂滤池改造而成的活性炭滤池。砂滤池改造成的活性炭滤池可以用活性炭代替砂滤池上部部分滤砂，也可以用活性炭代替全部滤砂。作为一种过滤吸附装置，其基建费用比较低。但它

图 10-10　粒状活性炭作为一个单元处理过程应用于水处理工艺示意图

反冲洗的频率要比滤后吸附滤池大，跑炭量会由于反冲洗频繁而上升，同时操作成本会由于活性炭的使用率降低而升高。

由于活性炭是一种具有还原性的物质，因此在水处理过程中，活性炭常常和氧化性的物质，如氧、氯、二氧化氯、高锰酸盐反应。例如，活性炭与水中游离氯的反应：

$$HClO + C^* =\!=\!= C^* O + H^+ + Cl^- \tag{33}$$

$$OCl^- + C^* =\!=\!= C^* O + Cl^- \tag{34}$$

这些反应有时可以用于去除水中的余残。例如在反渗透过程中，对游离氯敏感的反渗透膜前常设活性炭滤柱，在去除有机物的同时保证进入的余氯浓度控制在安全范围之内。

### 10.3.2.2 大孔吸附树脂

大孔吸附树脂是一种合成物，最早是酚醛类化合物的缩合物，20 世纪 60 年代以后出现了聚苯乙烯、聚丙烯酸酯、聚丙烯酰胺类的交联聚合物树脂，有的带有极性基团，称为极性吸附剂，有的不含极性基团，称为非极性吸附剂。常见的大孔吸附树脂种类如表 10-2 所示。吸附树脂的选择性和专一性在很大程度上是可以人为控制的，通过使用致孔剂、特殊聚合技术人为地控制和调节孔径、孔容、比表面积等结构特性，制成不同孔径、不同性能的树脂，以满足不同处理的需要。

表 10-2　常见的大孔吸附树脂种类及性质

| 树脂种类 | 树脂名称 | 极性 | 比表面积/$(m^2/g)$ |
|---|---|---|---|
| DX-906 | 苯乙烯 | 极性 | 51.2 |
| AmberliteXAD(11♯~12♯) | 氧化氮类 | 极强 | 25~170 |
| AmberliteXAD(9♯~10♯) | 亚砜、丙烯酰胺 | 强 | 69~250 |
| AmberliteXAD(6♯~8♯) | 丙烯酸酯、$\alpha$-甲基丙烯酸酯 | 中 | 140~498 |
| AmberliteXAD(1♯~5♯) | 苯乙烯 | 非 | 100~750 |
| DiaionHP(10~50) | 苯乙烯 | 非 | 400~700 |
| GDX(101~203) | 苯乙烯 | 非 | 330~800 |
| SD(300~302) | 苯乙烯 | 非 | 500~800 |
| SD-500 | 丙烯酸 | 极性 | — |

吸附树脂有两种主要类型，一种骨架是苯乙烯系，另一种骨架是丙烯酸系。前者最具代表性的是 DX-906，开发较早，是一种弱碱性交换基团的吸附树脂；后者丙烯酸骨架体系是近年来发展起来的，其代表产品为 SD-500。工业吸附树脂与交换树脂的主要特性相似，呈颗粒状，具有耐热、耐酸碱、抗氧化、耐渗透压、耐气流擦洗、不溶于有机溶剂和不同的膨胀特性等性能。孔隙数量较多的大孔吸附树脂内部体系松散无序，取向不规则，自然光折射杂乱，不能连续通过。因此，肉眼下外观呈乳白色。

以苯乙烯类吸附树脂为例，它是苯乙烯与二乙烯苯的共聚体。球状大孔吸附树脂是由许多微观小球组成的，微观小球之间有孔隙，孔隙的直径称为孔径，孔隙的体积与树脂球体积的比值称为孔度。不同吸附树脂的孔径、孔度、比表面积和极性不同。使用时应根据吸附质的性质进行区分。例如，当吸附质分子较大时，应使用孔径较大的吸附树脂；当吸附质分子较小时，应选用孔径较小、比表面积较大的吸附树脂；吸附质是极性的，需选用极性吸附树脂等。

**(1) 苯乙烯系大孔吸附树脂**　以 DX-906 为例。国内生产的 DX-906 大孔吸附树脂与德国 MP-500A 吸附树脂相当，为苯乙烯系吸附树脂，它含有一定的交换基团，氢氧型全交换容量约 3.3mmol/g，强碱基团约 2.9mmol/g，弱碱基团 0.4mmol/L。因此，它的性能与大孔型强碱阴离子树脂有些相似。

DX-906 的比表面积约为 50m²/g，苯乙烯系大孔弱碱阴离子树脂 D-354 仅有 12m²/g，孔径较小，对低分子有机物吸附容量较高，而对废水中天然有机物吸附量则下降 [图 10-11(a)]。水溶液的 pH 对吸附也有影响，该树脂可以在中性水中吸附水中有机物，也可以在酸性水中吸附，但在酸性水中吸附时，DX-906 吸附容量上升 [图 10-11(b)]。

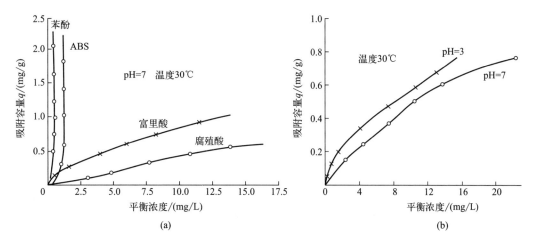

图 10-11　DX-906 对废水中有机物的吸附等温线（a）和 pH 对 DX-906 对废水中有机物吸附的影响（b）

DX-906 大孔吸附树脂抗氧化能力较差，对水中游离氯较敏感，遇游离氯后易发生胶溶、降解。DX-906 的工业运行条件是：流速 20～30m/h，层高大于 1.2m，对水中有机物去除率周期平均值为 35%，对 CODM 吸附容量约为 4g/L，失效终点通常以 CODM 去除率低于 20% 为限，失效后可以用 3～4 倍床层体积的 8% NaCl 和 4% NaOH 混合液再生，再生后吸附能力可恢复 85%。DX-906 在工业条件下可重复使用，再生方便，比活性炭优越。

**(2) 丙烯酸大孔吸附树脂**

丙烯酸大孔吸附树脂为淡黄色（或白色）不透明球状颗粒，其性能与大孔丙烯酸弱碱树脂相似。丙烯酸系吸附树脂与苯乙烯系大孔吸附树脂相比，丙烯酸树脂是一种更好的有机物吸附剂。其吸附性能比苯乙烯大孔吸附树脂更好（图 10-12）。丙烯酸大孔吸附树脂对大分子有机物腐殖酸和富里酸的吸附效果比大孔苯乙烯树脂好，而且容易洗脱。

① 丙烯酸系吸附树脂和活性炭对水中有机物吸附性能比较　实验以某城市自来水中有机物浓缩样品作为吸附质，对 SD-500 丙烯酸吸附树脂和活性炭吸附性能进行比较，结果如图 10-13 所示。从图上看出，有机物平衡浓度低时，活性炭和丙烯酸吸附树脂吸附容量相近，有机物平衡浓度高时，丙烯酸吸附树脂吸附容量明显大于活性炭。另外，二者吸附类型也不同。随水中有机物浓度上升，活性炭吸附容量成比例上升，多为富兰德里胥型吸附等温线；而大孔吸附树脂在平衡浓度高时，吸附容量急剧上升，有多层吸附发生，类似于 BET 型吸附。

介质 pH 对活性炭吸附容量影响较大。低 pH 介质中，活性炭吸附容量明显上升；但对于 SD-500 大孔吸附树脂，介质 pH 对吸附容量的影响不显著。

② 丙烯酸系吸附树脂和活性炭对水中不同分子量有机物去除性能比较　实验仍以某城市自来水中有机物作为吸附质，比较丙烯酸系吸附树脂和活性炭对水中不同分子量有机物去除情况，结果如下：

a. 大孔吸附树脂与活性炭对水中有机物的总去除率相当或略优于活性炭；

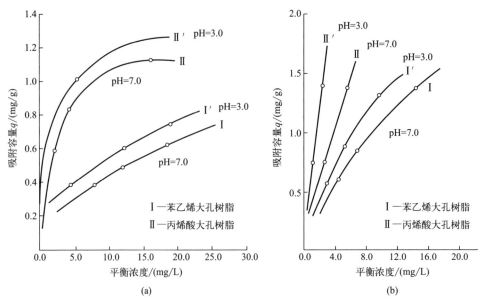

(a)                                          (b)

图 10-12　苯乙烯大孔吸附树脂与丙烯酸大孔吸附树脂对废水中腐殖酸吸附性能的比较（a）和
苯乙烯大孔吸附树脂与丙烯酸大孔吸附树脂对废水中富里酸吸附性能的比较（b）

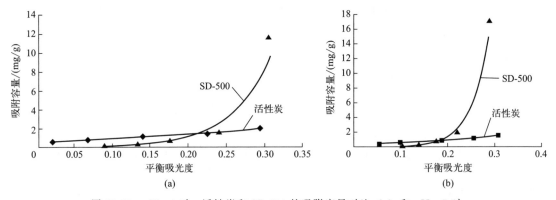

(a)                                          (b)

图 10-13　pH＝4 时，活性炭和 SD-500 的吸附容量对比（a）和 pH＝7 时，
活性炭和 SD-500 的吸附容量对比（b）

　　b. SD-500 丙烯酸吸附树脂对水中大分子有机物（分子量大于 5 万）的吸附效果优于活性炭；

　　c. 对水中分子量为 4000～6000 的有机物进行吸附时，大孔吸附树脂吸附率和活性炭相当；

　　d. 在对水中小分子量（特别是小于 2000）的有机物进行吸附时，活性炭的吸附效果优于大孔吸附树脂。

　　总的来说，大孔吸附树脂优于活性炭的地方就在于它能反复再生，且再生条件要求不高，再生液一般采用 NaOH 和 NaCl 的混合溶液。由于可反复使用，其比活性炭更经济。

### 10.3.2.3　废弃的阴离子交换树脂

　　在水处理系统中，废弃的阴离子交换树脂也可以作为吸附剂使用，这已在工业上得到成功应用。废弃的阴离子交换树脂一般指由于强碱基团减少、工作交换容量下降、除硅能力变差、出水水质恶化等原因而废弃的树脂，但此时树脂对水中有机物仍有较好的吸附能力，即可用这种废弃的阴离子交换树脂来充填吸附床，吸附水中有机物质，这种吸附床（以及充填大孔吸附树脂的吸附床）又称为有机物清除器。用作有机物吸附剂的废弃的阴离子交换树脂有氯型和氢氧型两种。

**（1）氯型阴离子交换树脂** 将阴离子交换树脂再生为氯型树脂，氯型树脂对水中有机物去除效果较好，初期去除率约为 80%，在运行末期也可达 30%～40%，周期制水量为床层体积的 1000～1500 倍。吸附饱和后用 NaOH 和 NaCl 混合液进行再生，运行曲线见图 10-14。从图中可看出，在实际运行中，当阴离子交换树脂有机物清除器运行至进出水中 Cl⁻ 相等时（相当于离子交换树脂完全失效时），通过水量约为树脂层体积的 750 倍，但此时对水中有机物去除率仍很高，只有当通过水量为树脂体积的 1500 倍后，出水有机物去除率才降至 50% 以下，所以它的运行方式不同于离子交换，其吸附饱和（失效）时间应当由出水有机物去除率决定。

充填氯型阴离子交换树脂的有机物清除器可以在中性水中运行（位于过滤器之后阳床之前），也可以在酸性水中运行（位于阴床之前，即脱 $CO_2$ 器之后）。当在中性水中运行时，由于进水中存在 $SO_4^{2-}$、$HCO_3^-$ 等阴离子，它们会与阴离子交换树脂进行如下交换反应：

$$RCl + \begin{cases} SO_4^{2-} \\ HCO_3^- \\ HSiO_3^- \end{cases} \longrightarrow \begin{cases} R_2SO_4 \\ RHCO_3 \\ RHSiO_3 \end{cases} + Cl^- \tag{35}$$

结果是出水 Cl⁻ 浓度上升，碱度（$HCO_3^-$）下降。运行中出水 Cl⁻ 浓度的变化曲线见图 10-14。从图中可知，运行开始时出水 Cl⁻ 浓度很高，其量约等于进水中总阴离子量，随后逐渐下降，至 RCl 型树脂消耗完毕，出水中 Cl⁻ 浓度等于进水中 Cl⁻ 浓度。

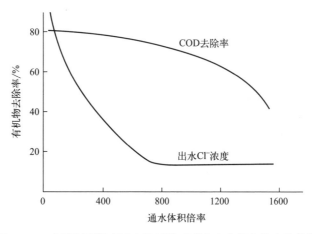

图 10-14　充填氯型阴离子交换树脂对废水中有机物的去除情况

在工业水处理中，这种变化规律就使得氯型阴离子交换树脂有机物清除器在阳床前的中性水中运行时，出水 Cl⁻ 浓度很高，引起除盐系统中阳床出水酸度上升，Na⁺ 浓度升高，并引起阴床运行周期缩短，出水电导率升高，除盐系统出水水质恶化。当氯型阴离子交换树脂有机物清除器位于阴床前时，此时由于进水为酸性且已去除 $CO_2$，因此不会发生明显缩短阴床运行周期等现象，对阴床出水水质影响也比前者小得多。

**（2）氢氧型阴离子交换树脂**

该种形式是将阴离子交换树脂再生为氢氧型，可以避免氯型阴离子交换树脂出水 Cl⁻ 浓度增高带来的影响。这种有机物清除器中阴离子交换树脂采用氢氧型，吸附饱和失效后，采用 NaOH 再生，将树脂再转变为氢氧型，NaOH 再生时有机物洗脱率不高，需要每隔几个运行周期后用 NaOH 和 NaCl 混合溶液进行复苏处理，彻底清除吸附的有机物。采用 NaOH

再生时，虽然没有彻底清除吸附的有机物，但投运后有机物去除率仍可保持 50% 以上，产水量约为床层体积 1000 倍。某工业试验装置试验运行曲线如图 10-15 所示。

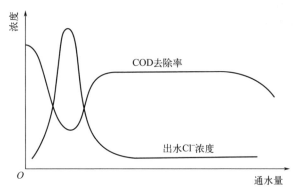

图 10-15　氢氧型阴离子交换树脂有机物去除曲线

产生这种现象的原因是 $Cl^-$ 对树脂中有机物洗率高，离子交换过程失效后，树脂中交换的 $Cl^-$ 被释放，树脂中吸附的一部分有机物被洗脱，使有机物去除率降低，当离子交换过程达到饱和后，出水 $Cl^-$ 浓度下降到与进水水质相同的较低浓度，$Cl^-$ 的洗脱过程结束，树脂又恢复了对有机物的吸附功能。

该氢氧型阴离子交换树脂位于过滤器之后，阳床之前，进水为有硬度的中性水，当遇到碱性的氢氧型阴离子交换树脂后，会在阴离子交换树脂中形成 $CaCO_3$ 和 $Mg(OH)_2$ 沉淀，反应如下：

$$Ca(HCO_3)_2 + OH^- \longrightarrow CaCO_3 \downarrow + H_2O \tag{36}$$

$$Mg^{2+} + 2OH^- \longrightarrow Mg(OH)_2 \downarrow \tag{37}$$

#### 10.3.2.4　沸石

沸石是一种疏松的网架状铝硅酸盐矿物，被广泛应用于石油化工行业，对推动我国石油化工行业高质量发展及增强国际竞争力起到了重要的作用。沸石分子筛的骨架是由硅氧（$SiO_2$）四面体和铝氧 $[(AlO_2)^-]$ 四面体通过氧桥相互联结而形成的笼状（a 或 à）结构单元。其中 A 型结构中 a 笼之间是通过 4 个氧原子相互联结形成 a 笼（图 10-16），X 或 Y 型结构中 a 笼之间通过 6 个氧原子相互联结产生超笼。沸石中含有移动性较大的阳离子和水分子，可进行阳离子交换。由于天然沸石具有离子交换和吸附性质，可被制成各种复合吸附剂或离子交换剂，用来处理含金属离子废水。但是天然沸石的吸附性能往往比较差，由于其

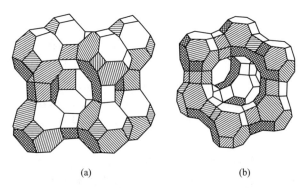

(a)　　　　　　　　　(b)

图 10-16　A 型（a）和 X 型、Y 型（b）沸石分子筛结构示意图

孔道比较小，吸附量也比较小。天然沸石本身结构的限制使其应用受到限制，一般采用经人工处理的沸石。为改善天然沸石的吸附特性，将其粉体和易燃性微粉按一定比例混合，在高温下灼烧成多孔质高强度沸石颗粒，从而拓宽了其孔洞和通道，不仅增大了沸石颗粒的表面积，而且还使沸石颗粒中的水溶液的渗透性更加顺畅，提高了其对污水中金属离子的吸附性能。

对颗粒吸附剂进行适当处理后，就其对铜离子的吸附性能及有关影响因素进行了实验。结果表明，多孔天然沸石颗粒对铜离子有较强的吸附性。除了吸附金属离子外，沸石还可以作为吸附剂吸附污水中的氨氮、有机污染物、藻类以及悬浮物等。

**(1) 氨氮去除剂**　沸石因具有对阳离子的选择性交换能力以及可再生能力可以被用来去除水中氨氮。

**(2) 有机污染物吸附剂**　利用沸石的高选择性和吸附性能，研制了有机污染物吸附剂。沸石对有机物的吸附能力取决于有机物分子的大小和极性。由于沸石本身的结构以及性质，极性有机物分子更容易被吸附。含极性基团的有机分子能够与沸石表面产生很强的吸附作用。微小的非极性分子可以直接进入沸石的孔隙内。

**(3) 废水滤料**　沸石表面粗糙，吸附能力强，比表面积大，属于天然轻质滤料，可以用来去除悬浮物藻类等。

**(4) 离子交换剂**　沸石具有优良的离子交换性能，可作为离子交换剂软化硬水以及去除工业废水中重金属离子。天然沸石用食盐改性后可作为优良的硬水软化离子交换剂。

### 10.3.2.5　硅藻土

硅藻土是一种硅质岩石，主要分布在中国、美国、日本、丹麦、法国、罗马尼亚等国。是一种生物成因的硅质沉积岩，它主要由古代硅藻的遗骸所组成。其化学成分以 $SiO_2$ 为主，可用 $SiO_2 \cdot nH_2O$ 表示，矿物成分为蛋白石及其变种。我国硅藻土储量 3.2 亿吨，远景储量达 20 多亿吨，主要集中在华东、西南及东北地区，其中规模较大、储量较多的有吉林、浙江、云南、山东、四川等省。矿石组分以硅藻为主，其次是水母和高岭石。纯净的硅藻土一般呈白色、土状，含杂质时呈灰白、黄、灰绿直至黑色，有机质含量越高、湿度越大颜色越深。由于硅藻土具有低密度、大比表面积、多孔性等特点，还具有化学稳定性和相对不可压缩性等特殊性质，而且价格低廉、资源丰富，被广泛地用于化工建材、冶金、环境保护、食品等工业。作为精滤剂，硅藻土广泛用于啤酒工业以及医药业的过滤过程。在水处理领域，硅藻土大多用在废水处理领域，如处理造纸废水、印染废水等。使用过的硅藻土，水冲洗后即可再生，恢复其吸附性能。自 2003 年 10 月，硅藻土壁材在北京上市以来，这种具有全新材料配方并承袭了传统施工方法的功能型内墙饰面材料，可以有效去除空气中的游离甲醛、苯、氨、VOCs 等有害物质以及宠物体臭、吸烟、生活垃圾所产生的异味，全面解决室内空气污染，明显改善了室内生活环境。除污效果明显优于国外同等次产品，显著增强了我国硅藻土的国际竞争力。

### 10.3.2.6　粉煤灰

粉煤灰是火力发电厂等燃煤锅炉排放出的废渣，我国年排放量约为 1.6 亿吨，是一种会对环境产生严重污染的工业固体废弃物。由于粉煤灰中含有大量以活性氧化物 $SiO_2$ 和 $Al_2O_3$ 为主的玻璃微珠，因此粉煤灰具有很好的吸附性能。所以，人们早已开始重视实现粉煤灰的综合利用、变废为宝的研究工作，并进行了深入研究。目前，利用粉煤灰开发制备各种新型水处理剂的研究已经取得了较大进展。

由于粉煤灰中含有许多形状不规则的玻璃状颗粒，这些颗粒中还含有不同数量的微小气泡和微小活性通道，因此粉煤灰表面呈多孔结构，比表面积大，且其表面上的原子力都呈未饱和状态，使得粉煤灰具有较好的表面活性和较高的比表面能。此外，粉煤灰中含有少量沸石、活性炭等具有交换特性的微粒，又富含铝和硅等元素，使得粉煤灰具有很强的物理吸附和化学吸附性能。粉煤灰对于阳离子特别是重金属离子具有很好的吸附效果。同时，粉煤灰具有较大的比表面积和静电吸附作用，还有显著的去除 COD 和脱色效果。

### 10.3.3　萃取剂

#### 10.3.3.1　基本原理

液-液萃取是一种水处理的重要单元过程。向废水中投加一种与水不互溶，但能良好溶解污染物的溶剂，使其与废水充分混合接触。由于污染物在溶剂中的溶解度大于在水中的溶解度，因而大部分污染物转移到溶剂相，然后分离废水和溶剂，即可达到分离、浓缩污染物和净化废水的目的。采用的溶剂称为萃取剂，被萃取的污染物称为溶质，萃取后的萃取剂称为萃取液（萃取相），残液称为萃余液（萃余相）。萃取过程达到平衡时，溶质在萃取相中的总浓度 $y$ 与在水相中总浓度 $x$ 的比值为分配系数（或称分配比）$D$，即 $D = y/x$。可见，$D$ 值越大，被萃取组分在萃取相的浓度越大，越容易被萃取。实际废水处理中，上述分配定律具有如下曲线形式：

$$D = y/x_n$$

萃取的驱动力是实际浓度与平衡浓度之差。要提高萃取速度和设备生产能力有以下几种途径：

**(1) 增大两相接触面积**　通常使萃取剂以小液滴的形式分散在水中，分散相液滴越小，传质表面积越大。但由于溶剂过度分散而出现乳化现象，会给后续分离萃取剂带来困难。对于界面张力不太大的物系，仅以重力差推动液相通过筛板或填料，即可获得适当的分散度；但对于界面张力较大的物系，需通过搅拌或脉冲装置来达到适当分散的目的。

**(2) 增大传质系数**　在萃取设备中，通过分散相液滴反复地破碎和聚集，或强化液相的湍动程度，使传质系数增大。但表面活性物质和某些固体杂质的存在，会使相界面上的传质阻力增加，传质系数显著降低，应预先除去。

**(3) 增大传质推动力**　通过逆流操作，整个萃取系统可维持较大的推动力，既能提高萃取相中溶质浓度，又可降低萃余相中的溶质浓度。逆流萃取时的过程推动力是一个变值，其平均推动力可取废水进、出口处推动力的对数平均值。

#### 10.3.3.2　萃取剂的选择原则

在萃取过程中，萃取剂是影响萃取效果的关键因素之一。对于特定的溶质而言，可供选择的萃取剂有多种，选择萃取剂主要考虑以下几个方面。

① 分离效果好，萃取过程中不乳化、不随水流失。溶剂与水的密度差越大越好；界面张力适中，既有利于传质的进行，又不易形成稳定的乳化层；黏度小。

② 萃取能力要大，即分配系数越大越好。

③ 容易制备，来源较广，价格便宜。

④ 化学稳定性好，难燃不爆，毒性小，腐蚀性小，沸点高，凝固点低，蒸气压小，便于室温下贮存和使用，安全可靠。

⑤ 容易再生和回收溶质。萃取剂的用量往往很大，有时达到与废水量相等，如不能将其再生回用，有可能丧失经济合理性；另外，萃取相中的溶质量也很大，如不能回收，则造成极大浪费和二次污染。

#### 10.3.3.3　萃取工艺

**(1) 萃取操作过程**　萃取操作过程包括以下三个主要工序：

① 混合。把萃取剂与水进行充分接触，使溶质从水中转移至萃取剂。

② 分离。使含有萃取物（即水中溶质）的溶剂（称为萃取相）与经过萃取的水分层分离。

③ 回收。萃取后的萃取相需再生，分离出萃取物，才能继续使用；与此同时，把萃取物回收。

**(2) 萃取操作方式** 根据萃取剂（或称有机相）与水（或称水相）接触方式的不同，萃取操作可分为间歇式和连续式两种。按照有机相与水相两者接触次数的不同，萃取过程可分为单级萃取和多级萃取，后者又分为"错流"与"逆流"两种方式。

① 单级萃取 萃取剂与水经一次充分混合接触，达到平衡后相分离，称为单级萃取。这种萃取流程的操作是间歇的，在一个设备或装置中即可完成。单级萃取一般在萃取罐内进行，设备简单，操作灵活。但萃取剂消耗量大，若需萃取大量水时，操作麻烦。因此，这种萃取方式主要用于实验室或者少量水的萃取过程。

② 多级逆流萃取 多级逆流萃取过程是将多个单级萃取操作串联起来，实现水与萃取剂的逆流操作。在萃取过程中第一级加入水，最后一级加入萃取剂，萃取相和萃余相逆向流动，逐级接触传质，最终萃取相由进入端排出，最终萃余相从萃取剂加入端排出。这一过程可在混合沉降器或各种塔式装置（或设备）中进行。多级逆流萃取只在最后一级使用新鲜的萃取剂，其余各级都是与后一级萃取过的萃取剂接触，以充分利用萃取剂。该工艺体现了逆流萃取传质推动力大、分离程度高、萃取剂用量少的特点，因此，这种方法也称为多级多效萃取，简称多效萃取。

#### 10.3.3.4 萃取剂在废水处理中的应用

萃取法适用于能形成共沸点的恒沸化合物，废水组分不能用蒸馏、蒸发方法分离回收；热敏性物质，在蒸发和蒸馏的高温条件下，易发生化学变化或易燃易爆的物质；沸点非常接近，难以用蒸馏方法分离的废水组分；难挥发性物质，用蒸发法需要消耗大量热能或需用高真空蒸馏，例如含乙酸、苯甲酸和多元酚的废水；某些含金属离子的废水，如含铀和钒的洗矿水和含铜冶炼废水，可采用有机溶剂萃取、分离和回收。

### 10.3.4 离子交换剂

#### 10.3.4.1 离子交换概述

离子交换过程被广泛地用来去除水中呈离子态的成分，例如钙、镁等离子的去除，或者选择性地去除水中的重金属。离子交换是一类特殊的固体吸附过程，一般的离子交换剂是一种不溶于水的固体颗粒状物质，它能够从电解质溶液中吸取某种阴离子或阳离子，而把本身所含的另外一种带相同电荷符号的离子等当量地交换下来并释放到溶液中去。离子交换剂包括：无机离子交换剂、有机合成离子交换树脂和磺化煤等。

典型的阳离子交换反应：

$$2RNa + \begin{Bmatrix} Ca^{2+} \\ Mg^{2+} \\ Fe^{2+} \end{Bmatrix} \longrightarrow \begin{Bmatrix} Ca \\ Mg \\ Fe \end{Bmatrix} + 2RNa^+ \tag{38}$$

典型的阴离子交换反应：

$$2RCl + [SO_4^{2-}] \longrightarrow R_2[SO_4^{2-}] + 2Cl^- \tag{39}$$

#### 10.3.4.2 离子交换树脂的结构

离子交换树脂的结构比较复杂，主要分为两大部分：一部分是高分子骨架，它具有庞大的空间结构，是一种不溶于水的高分子化合物，这部分在交换反应中不发生变化，是树脂的支撑体，常用 R 代表；另一部分是可交换的活性基团，起提供可交换离子的作用。活性基团也由两部分组成：一是固定部分，与骨架牢固结合，不能自由移动，称为固定离子；二是活动部分，遇水可以解离，并能在一定范围内自由移动，可与周围水中的其他带有相同电荷的离子进行交换反应，称为可交换离子。

### 10.3.4.3　离子交换树脂的分类

**(1) 按活性基团性质分类**　离子交换树脂根据交换基团不同，可分成两大类：凡可与溶液中阳离子进行交换反应的树脂，称为阳离子交换树脂，阳离子交换树脂可电离的离子是氢离子及金属离子；凡可与溶液阴离子进行反应的树脂，称为阴离子交换树脂，阴离子交换树脂可电离的离子是氢氧根离子和酸根离子。离子交换树脂和低分子酸碱一样，根据它的电离度不同，又将阳离子交换树脂分成强酸性树脂和弱酸性树脂，阴离子交换树脂又可分成强碱性树脂和弱碱性树脂。

**(2) 按结构特征分类**　离子交换树脂随制造工艺不同内部可形成各种孔型结构，常见的产品有凝胶型、大孔型和均孔型树脂。凝胶型树脂孔径一般很小，所以它只能通过直径很小的离子，直径较大的分子则易堵塞孔道而影响树脂的交换能力，特别是强碱阴离子交换树脂易受有机物污染。大孔型树脂是在制造过程中加入了致孔剂，从而形成大量的毛细孔道，可使直径较大的分子畅通无阻，加快离子交换的反应速率。大孔型交换树脂可以防止有机物污染，常常用于去除含有表面活性物质、腐殖酸、木质素、酚等杂质的水处理过程。但是，因其交换能力比凝胶型树脂低且需较多的再生剂来充分恢复其交换能力等缺点，使装设离子交换设备的投资和运行成本增加。而且，这种树脂的价格也比较高，因而限制了其推广使用。均孔型树脂的出现解决了大孔树脂应用中的问题。所有均孔型树脂制品的孔隙都有大致相近的尺寸，均在数百埃（$1\text{Å}=10^{-10}\text{ m}$）左右，因而它既保持了一般大孔型树脂的各种优点，而且还改善了大孔型树脂在交换容量和再生方面的一些缺点，实际上是一种改良型的大孔型树脂。

### 10.3.4.4　离子交换树脂的应用

**(1) 水的软化**　离子交换软化水处理是利用阳离子交换树脂中可交换的阳离子（如 $Na^+$、$H^+$）把水中所含的钙、镁离子交换出来。这一过程称为水的软化过程，所得的水称为软化水，在软化处理中，目前常用的有钠离子交换法、氢离子交换法和氢-钠离子交换法等。以钠离子交换法为例。

钠离子交换是最简单的也是最常用的一种软化方法，其去除水中暂时硬度和永久硬度的反应流程如图 10-17 所示。

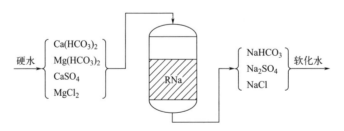

图 10-17　钠离子交换法用于水的软化示意图

由图 10-17 可见，水中 $Ca^{2+}$、$Mg^{2+}$ 被 RNa 型树脂中 $Na^+$ 置换出来以后，就存留在树脂中，使离子交换树脂由 RNa 型变成 $R_2Ca$ 或 $R_2Mg$ 型树脂。Na 离子交换软化法的优点是处理过程中不产生酸性水，再生剂为食盐，设备和防腐设施简单。经 Na 型离子交换后的水硬度可大大降低或基本消除，出水残留硬度可降至 0.03mmol/L 以下，水中碱度则基本不变，但交换后水中含盐量略有增加。

**（2）离子交换树脂除盐**　离子交换除盐是指去除水中强电解质盐类大部分或全部的处理过程。离子交换除盐工艺可使水的含盐量低到几乎不含离子的纯净程度，即它可作为深度的化学除盐方法，同时它亦可作为部分化学除盐的方法。离子交换除盐法分为复床法和混床法，一般利用强酸性氢型阳离子交换树脂先去除水中各种阳离子（除氢外），再用强碱性氢氧型阴离子交换树脂去除水中各种阴离子（除氢氧离子外），有各种不同的组合方式。以混床除盐为例。

混床是指将阴、阳离子交换树脂按一定比例均匀混合装在同一个离子交换器中，水通过混合床就能完成许多级阴、阳离子交换过程。混合床按再生方式分内部再生和外部再生两种。其原理就是把阴、阳离子交换树脂放在同一个交换器中，在运行前，先把它们分别再生成 OH 型和 H 型，然后混合均匀。所以混合床可以看作是由许多阴、阳离子树脂交错排列而组成的多级式复床。

在混合床中，由于运行时阴、阳离子交换树脂是相互混匀的，所以其阴、阳离子的交换反应几乎是同时进行的。也就是说，水中阳离子交换和阴离子交换是多次交错进行的，因此经 $H^+$ 交换所产生的 $H^+$ 和经 $OH^-$ 交换所产生的 $OH^-$ 都不会累积起来，而是马上互相中和生成 $H_2O$，这就使交换反应进行得十分彻底，出水水质很好。其交换反应可用下式表示：

$$2RH+2R'OH+\begin{matrix}Ca^{2+}\\Mg^{2+}\\Na^+\end{matrix}\bigg\} \longrightarrow R_2\begin{Bmatrix}Ca\\Mg\\Na_2\end{Bmatrix}+R'_2\begin{Bmatrix}SO_4^{2-}\\(Cl)_2^{2-}\\(HCO_3)_2^{2-}\\(HSiO_3)_2^{2-}\end{Bmatrix}+2H_2O$$

为了区分阳离子交换树脂和阴离子交换树脂的骨架，上式中将阴离子交换树脂的骨架用 $R'$ 表示。混合床中树脂失效后，应先将两种树脂分离，然后分别进行再生和清洗。再生和清洗后，再将两种树脂混合均匀，又投入运行。

### 10.3.5　选择性透过膜

#### 10.3.5.1　选择性透过膜概述

膜广泛存在于自然界生物体内，它本质上是一种分离介质，是两相分离的手段和物质选择性传递的屏障。如图 10-18 所示。膜既可以是均质的，也可以是非均质的；既可以是固态的，也可以是液态或气态的；既可以是对称的，也可以是非对称的；既可以是中性的，也可以是带电的。其厚度一般从几微米到几毫米。

膜滤过程中，以选择性透过膜作为分离介质，在其两侧施加某种驱动力，使原料侧组分选择性地透过膜，从而达到分离或提纯的目的。这种推动力可以是温度差、压力差、电位差或浓度差。在水处理领域中，广泛使用的驱动力是压力差和电位差，其中压力驱动膜滤工艺主要有反渗透、微滤、纳滤、超滤等，电位差驱动膜滤工艺主要有电渗析。在允许压差范围内，去除能力随膜孔径的减小而增大。膜滤技术的分类一般有以下几种，见表 10-3。

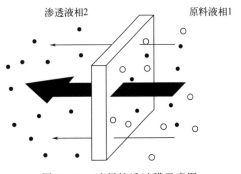

渗透液相2　　　　　　　原料液相1

图 10-18　选择性透过膜示意图

表 10-3　膜滤分类及基本特征

| 膜滤过程 | 推动力 | 分离机理 | 渗透物 | 截留物 | 膜结构 |
|---|---|---|---|---|---|
| 微滤 MF | 压力差（0.01～0.2MPa） | 筛分 | 水、溶剂、溶解物 | 悬浮物、颗粒、纤维和细菌（0.08～10$\mu$m） | 对称和不对称多孔膜（孔径 0.08～10$\mu$m） |
| 超滤 UF | 压力差（0.1～0.5MPa） | 筛分 | 水、溶剂、离子和小分子（分子量<1000） | 生化制药、胶体和大分子（分子量 1000～3000） | 不对称结构的多孔膜（孔径 2～100nm） |
| 纳滤 NF | 压力差（0.5～2.5MPa） | 筛分＋溶解/扩散 | 水、溶剂（分子量<200） | 溶质、二价盐、糖和燃料（分子量 200～1000） | 致密不对称膜和复合膜 |
| 反渗透 RO | 压力差（1.0～10.0MPa） | 溶解/扩散 | 水和溶剂 | 全部悬浮物、溶质和盐 | 致密不对称膜和复合膜 |
| 电渗析 ED | 电位差 | 离子交换 | 电离离子 | 非解离和大分子物质 | 阴、阳离子交换膜 |
| 渗析 D | 浓度差 | 扩散 | 离子、低分子量有机质、酸和碱 | 分子量大于 1000 的溶解物和悬浮物 | 不对称膜和离子交换膜 |

### 10.3.5.2　选择性透过膜分类

**(1) 按膜的来源分类**　主要有天然膜（生物膜）和人工合成膜，人工合成膜按材料分为有机膜和无机膜。有机膜材料主要有聚酰胺、氟树脂、纤维素、聚砜、芳香杂环、聚烯烃、聚碳酸酯等，无机膜材料主要有碳、陶瓷、金属和玻璃等。

**(2) 按膜的组件分类**　主要有板框式、卷式、中空纤维式和管式等。膜的面积越大，单位时间透过量就越多，因此，在实际应用中，膜都被制成一定形式的组件作为膜滤装置的分离单元。管式和中空纤维式膜组件的区别是：膜管直径大于 10mm，称为管式膜组件；膜管直径小于 0.5mm，称为中空纤维膜组件。一般情况下，板框式与管式组件装填密度小，处理量小；而中空纤维式和卷式膜装填密度大，处理量大。

**(3) 按分离机理分类**　主要有多孔膜、无孔膜和载体膜。多孔膜是根据颗粒的大小进行分离，主要应用于微滤和超滤。无孔膜利用分离体系中各组分的扩散系数或溶解度的差异进行分离，主要应用于渗析。载体膜是利用膜上载体分子对溶液中某一成分的高度亲和性来实现不同组分的分离。

### 10.3.5.3　选择性透过膜在废水处理中的应用

随着环保法规日趋严格以及人们对水质要求的提高，开发新型水处理技术与工艺以更好地服务于国家和人民已成为目前我国的研究热点。膜滤技术具有节能、经济、高效、无二次污染、适应性强等一系列优点，广泛应用于饮用水处理、工业给水处理、海水与苦咸水淡化、废水处理、纯水及超纯水制备、污水处理与回用等水处理领域。

传统饮用水的生产流程为加氯预氧化、混凝、沉淀、砂滤以及后加氯消毒，虽然这种传统工艺可以去除水中大部分悬浮物和细菌，但是存在增加致癌质三卤甲烷形成、难以杀灭抗氯性病原体等缺点。膜滤技术的应用能有效克服传统水处理工艺的局限性，提供优质饮用水，不仅可以降低浊度，去除铁、锰化合物，还可以减少絮凝剂用量，甚至无需投加混凝剂。

近年来，我国水处理科学家将膜滤技术引入废水生物处理系统，开发了一种新型高效的污水处理系统——膜生物反应器，具有处理效率高、固液分离效果好、抗冲击负荷能力强、基建费用低、出水水质好以及运行管理简单方便、工艺流程简单、结构紧凑、易于实现自动控制等优点，显著提升了我国选择性透过膜在工业废水处理应用中的国际竞争力，促进了我国经济高质量发展。膜生物反应器应用于污水处理的示意图见图 10-19。

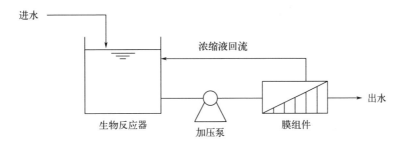

图 10-19　膜生物反应器应用于污水处理示意图

### 10.3.6　高分子表面活性剂

高分子表面活性剂主要为水溶性聚合物，主要用作循环水的絮凝剂和阻垢分散剂。

**(1) 高分子絮凝剂**　高分子絮凝剂是目前国内外普遍采用的既经济又简便的水处理剂之一，其原理是利用净水剂使溶液中的溶质、胶质或悬浮颗粒产生絮状沉淀而使污水达到净化。从来源上看，有机净水剂可分为合成有机高分子净水剂、天然有机高分子净水剂和微生物净水剂三类。与无机净水剂相比，有机高分子净水剂对无机物和有机物净化效果好，具有用量少、成本低、絮凝速度快、毒性小、受盐类和体系 pH 及温度影响小、产生污泥量少且容易处理等优点，成为净水剂研究和开发的重点。

合成有机高分子净水剂有阳离子、阴离子和非离子型三种。目前应用于水处理中的高分子絮凝剂大多数是高聚合度的水溶性有机高分子聚合物或共聚物，如用作絮凝剂的高分子 SAA 品种。其分子中含有许多能与胶粒和细微悬浮物表面上某些点位发生作用的活性基团，分子量在数十万至数百万。为充分发挥絮凝剂的吸附接连作用，应使它的长链伸展到最大限度，同时让可离解的基团达到最大的离解度且得到充分的暴露，以便产生更多的带电部位，并与微粒有更多的碰撞机会。

**(2) 天然改性有机高分子化合物**　在水处理中大量使用天然高分子改性阳离子型絮凝剂。由于天然高分子物质具有分子量分布广、活性基团多、结构多样化等优点，易于制成性能优良的絮凝剂。同时，还由于其原料来源广、价廉、可以再生且无毒，所以这类絮凝剂的开发前景广阔，国外已有不少商品化产品。

甲壳素与壳聚糖是很好的阳离子絮凝剂，能特别有效地除去水中的有害物质，如对汞、铅、锌、铜、铬、钚、铀等金属的脱除能力已得到证实，主要用于城市污水、工业废水的活性污泥处理。我国天然高分子资源极为丰富，应大力开发甲壳素与壳聚糖在水处理及其他方面的应用。

**(3) 生物絮凝剂**　生物絮凝剂是一类具有絮凝活性的微生物代谢产物。它作为一类高效、安全、无污染的新型水处理剂越来越引起国内外研究工作者的重视。它所表现出的广谱絮凝活性、安全性、絮凝剂产生菌的不致病性以及制备条件简单等特点均显示了它在水处理、食品加工和发酵工业等方面的广阔应用前景。

**(4) 绿色环保阻垢分散剂**　对于生产过程用水，控制管道系统的腐蚀、沉积物和微生物是冷却水面临的主要问题。一些无机物或有机物（如铬酸盐、锌盐、聚磷酸盐、有机磷酸盐等）已被成功用作冷却水中的缓蚀阻垢剂。但这些药剂对环境存在污染，其使用受到限制。近年来，国内外最活跃的两个领域是有机磷酸缓蚀阻垢剂和高聚物阻垢分散剂：有机多元磷酸及其盐。其具有化学性能稳定、耐较高温度和较高 pH、有明显的溶限效应和协同效益等特点。因此，它的出现使水处理技术得到了进步，是目前广泛使用的一类水处理剂，同时开发低磷或无磷的新型绿色阻垢剂已成为国内外水处理剂方面研究的重要课题。

### 10.3.7　其他污水处理剂

#### 10.3.7.1　中和剂

中和剂主要用于含酸或含碱废水的处理。对于酸含量为 4% 或碱含量为 2% 以下的废水，如果不能进行经济有效的回收、利用，则应调整 pH 值，使废水在排放前通过中和反应达到中性，而对于浓度高的废水，则必须考虑回收并开展综合利用。

（1）酸性废水的中和处理

① 使酸性废水通过石灰石滤床。

② 与石灰乳混合。

③ 向废水中投加碱性物质，表 10-4 为中和酸所需消耗的碱性物质的质量。

表 10-4　中和酸所需消耗的碱性物质的质量

| 酸的种类 | 中和 1kg 酸所需碱性中和剂的质量/kg | | | | | | |
| --- | --- | --- | --- | --- | --- | --- | --- |
| | CaO | Ca(OH)$_2$ | CaCO$_3$ | MgCO$_3$ | CaMg(CO$_3$)$_2$ | NaOH | Na$_2$CO$_3$ |
| H$_2$SO$_4$ | 0.570 | 0.755 | 1.02 | 0.860 | 0.940 | 0.815 | 1.08 |
| HCl | 0.770 | 1.01 | 1.37 | 1.15 | 1.26 | 1.10 | 1.45 |
| HNO$_3$ | 0.455 | 0.590 | 0.795 | 0.668 | 0.732 | 0.635 | 0.840 |
| HAC | 0.466 | 0.616 | 0.830 | 0.695 | — | 0.666 | 0.880 |

④ 与碱性废水混合，使 pH 值近于中性。

⑤ 向酸性废水中投加碱性废渣，如电渣、磷酸钙、碱渣等。

通常，尽量选用碱性废水（或渣）来中和酸性废水，达到"以废治废"的目的。

（2）碱性废水的中和处理

① 向碱性废水中鼓入烟道气。

② 向碱性废水中注入压缩 CO$_2$ 气体。

③ 向碱性废水投入酸或酸性废水，表 10-5 为中和碱所需消耗的酸性物质的质量。

表 10-5　中和碱所需消耗的酸性物质的质量

| 碱的种类 | 中和 1kg 碱所需酸性中和剂的质量/kg | | | | | |
| --- | --- | --- | --- | --- | --- | --- |
| | H$_2$SO$_4$ | | HCl | | HNO$_3$ | |
| | 100% | 98% | 100% | 36% | 100% | 65% |
| NaOH | 1.22 | 1.24 | 0.910 | 2.53 | 1.37 | 2.42 |
| KOH | 0.880 | 0.900 | 0.650 | 1.80 | 1.13 | 1.74 |
| Ca(OH)2 | 1.32 | 1.34 | 0.990 | 2.70 | 1.70 | 2.63 |
| NH3 | 2.88 | 2.93 | 2.12 | 5.90 | 3.71 | 5.70 |

用烟道气中和碱性废水，主要是利用烟道气中 CO$_2$ 和 SO$_2$ 两种酸性氧化物中和碱，这是"以废治废"、开展综合利用的好办法。既可以降低废水的 pH 值，又可除去烟道气的灰尘，并促使 CO$_2$ 和 SO$_2$ 气体从烟道中分离出来，防止对大气的污染。

（3）酸性和碱性废水中和处理　若有酸性废水和碱性废水同时均匀排出，且两者各自所含的酸、碱又能互相平衡，则可直接在管道内混合，无需设中和池。但在排水经常波动的情况下，则必须设置中和池，在中和池内进行中和反应。图 10-20 即为酸、碱性废水的中和处理流程。

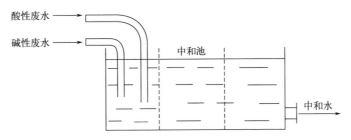

图 10-20　酸、碱性废水的中和处理流程

中和池一般平行设计两套，交替使用。设计时应考虑废水在中和池内停留的时间约为 15min，根据具体情况，控制经中和后的出水 pH 值为 5～8。

### 10.3.7.2　化学沉淀剂

化学沉淀剂是指向水中投加某种化学物质，使之和水中某些溶解性物质，如重金属（如汞、镉、铅、铬等）离子、碱土金属（钙、镁）及某些非金属（如硫、氟、砷等），发生直接的化学反应，生成难溶的沉淀物，然后进行固液分离，从而除去废水中的溶解性物质。

基本原理是水中的难溶盐服从溶度积原则，即在一定温度下，在含有难溶盐 $M_m N_n$（固体）的饱和溶液中，各种离子浓度的乘积为一常数，称为溶度积常数，记为 $L_{M_m N_n}$：

$$M_m N_n \rightleftharpoons m M^{n+} + n N^{m-} \tag{40}$$

$$L_{M_m N_n} = [M^{n+}]^m [N^{m-}]^n \tag{41}$$

式（40）、式（41）对各种难溶盐都成立。当 $[M^{n+}]^m [N^{m-}]^n > L_{M_m N_n}$ 时，溶液过饱和，超过饱和的部分溶质将析出沉淀，直至符合式（40）时为止；如果 $[M^{n+}]^m [N^{m-}]^n < L_{M_m N_n}$，溶液不饱和，难溶盐将继续溶解，直到符合式（40）时为止。

根据这种原理，可用它来去除水中的金属离子 $M^{n+}$。向水中投加含有 $N^{m-}$ 的某种化合物，使 $[M^{n+}]^m [N^{m-}]^n > L_{M_m N_n}$，形成 $M_m N_n$ 沉淀，从而降低水中离子的浓度。通常称具有这种作用的化学物质为沉淀剂。

从式（40）、式（41）可以看出，为了最大限度地使 $[M^{n+}]^m$ 值降低，也就是使 $M^{n+}$ 更充分地被去除，可以考虑增大 $[N^{m-}]^n$ 值，也就是增大沉淀剂的用量，但是沉淀剂的用量也不宜过多，一般不超过理论用量的 20%～50%。根据使用的沉淀剂的不同，化学沉淀法可分为氢氧化物法、硫化物法、钡盐法等。

## 10.4　工业水处理剂现状与前景展望

### 10.4.1　我国工业水处理现状

我国工业废水排放主要集中在石化、造纸、纺织、制药、煤炭、冶金、食品等行业。其中，造纸和纸制品行业废水排放量占工业废水总排放量的 16.4%，化学原料和化学制品制造业排放量占总排放量的 15.8%，煤炭开采和洗选业排放量占总排放量的 8.7%。我国一直高度重视工业废水治理技术的研发与应用，自 20 世纪 70 年代起，国家就集中科研院所、大学等优势力量，投入大量人力、物力、财力，开展工业废水处理技术研究，着力解决了一批占国民经济比重较大的工业废水处理技术难题，显著改善了工业废水对生态环境的危害，极大促进了国家可持续发展战略和中华民族伟大复兴目标的实现。为强化工业废水的处理力度，保护生态环境，国家颁布相关政策，将工业企业逐步迁入废水处理设施较为完善的工业园区，以实现工业废水集中收集、统一处理。根据生态环境状况公报数据，截至2018年9月底，全国97.8%的省级及以上工业集聚区建成了污水集中处理设施并安装自动在线监控装置。在政府与企业的共同努力下，采取了包括淘汰落后产能、革新生产技术、降低单位产品水耗、注重废水再生利用等一系列措施，使我国工业废水排放量自2011年开始逐年下降。根据《中国环境统计年鉴》数据，2010年我国工业废水排放量为237.5亿立方米，2015年工业废水排放量为199.5亿立方米，2020年工业废水排放量为177.2亿立方米，而2022年下降到了146.7亿立方米。随着《中国制造2025》战略的深入推进，我国工业生产技术不断更新，满足人们物质文化需要的工业品不仅门类多，产量巨大，由此产生的工业废水也具有新的特征，水中污染物特性各异、种类增多，处理难度增大，排入环境后造成的危害和持久性增加。

虽然工业废水处理获得不错的成效，但是工业废水处理还面临着很大的技术挑战，废水处理的把控存在系列问题，需加以优化与完善，如资源化处理水平不高，废水处理的投入与管理不善以及废水的针对性不强等。

### 10.4.2　前景展望

随着"十四五"节能减排任务深入推进及人民环保意识的不断增强，需进一步完善和提高工业废水处理技术及工艺以满足人民日益增长的生活需求。因此，着力开发有效的工业废水处理技术，打造特色民族工业水处理品牌，提升国际竞争力，才能更好地服务于国民经济建设的宏观目标，为实现中华民族伟大复兴做贡献。

**（1）不断开发和使用对环境友好的绿色水处理剂**　应围绕环境、性能和经济等主要目标设计化学品的分子结构，对化学品建立合理的评价体系，从而引导新药剂的开发和应用。开发价廉、低毒、无毒、无污染、一剂多效的水处理剂，如开发新型高效多功能的高分子絮凝剂，开发一些兼有絮凝、缓蚀等多种功能的合成有机高分子水处理剂（如聚吡啶和聚喹啉的季铵衍生物、季铵盐型阳离子絮凝剂等一类多效水处理剂）。这些药剂不仅具有良好的絮凝性能，而且有缓蚀、杀菌作用。

我国淀粉、木质素及虾、蟹壳等天然资源极为丰富，应充分利用这些天然高分子资源，开发出更多高效、无毒、价廉的天然高分子改性阳离子型絮凝剂。同时对天然高分子物质做进一步化学改性，使其不仅有絮凝功能，而且还具有其他水质处理性能，以满足复杂水质情况下多种水质处理的需要，使高分子表面活性剂在水处理剂中得到更加广泛应用。复合型缓蚀剂、阻垢剂已成为被广泛使用的水处理剂。因此，研究无磷环保型复合缓蚀阻垢剂是今后发展趋势。

随着人们环保意识的提高，绿色水处理剂的开发必将成为国内外水处理行业研究的新热点，今后研究的主要方向：

① 进一步深入研究现有产品，不断提高质量，降低成本，使其成为多功能、高效、价廉、无毒的绿色环保型的水处理剂，并能逐步推广应用；

② 从分子结构水平出发，设计合成出具有特殊结构的、可生物降解的新一代水处理剂，使表面活性剂在水处理剂的产品开发中，得到新的更加广泛的应用。

**（2）进一步解决在节水与废水资源开发中的一些重大关键技术及集成技术**　我国的工业节水技术，从以仿制为主，逐步实现由仿制到自主创新的重大转变，从侧重水处理剂的创新开发到侧重药剂产业化技术的开发，以期加快创新品种工业化及进入市场的步伐，侧重工业节水成套技术的集成开发及应用研究，以期为工业企业大幅度节水提供技术支持。

对于工业节水，一方面，要引导企业采用已开发成功的一些国内外先进成熟技术，如高浓度倍率循环冷却水节水成套技术，以提高用水系统的用水效率；另一方面要学习国外先进的水处理技术，深入开展海水淡化技术和工业废水回用技术的研究开发，特别是工程化技术和集成技术的开发，并进行多行业的应用工程示范，为解决工业用水供需矛盾提供技术支持。

**(3) 制度顶层设计助推工业水处理行业发展**　按照我国"十四五"规划确定的刚性指标，到 2025 年全国年用水总量控制在 6400 亿立方米以内，万元国内生产总值用水量、万元工业增加值用水量分别比 2020 年降低 16% 左右和 16%，农田灌溉水有效利用系数提高到 0.58 以上。加强缺水地区非常规水的多元、梯级和安全利用。水处理产业已成为"十四五"规划明确的七大战略性新兴产业之一的节能环保产业的重要子行业。"十四五"期间我国工业水处理的投资将达到 4300 亿元，市政污水处理领域将迎来 4500 亿元的投资，污水厂的扩能提标、污泥处置等需求将为水处理发展带来机遇。

**(4) 一体化解决方案和全周期服务提升盈利空间**　水处理技术企业有能力提供一体化的解决方案和全周期服务将成为未来提升盈利水平的有效手段，要能够针对人们或企业的个性化需求，提供定制型的复杂产品和服务，甚至帮助人们或企业优化并改造现有流程，降低污水排放，并通过产业链的整合与延伸，参与到客户水处理系统的设计、采购、施工、运营和维护中。这样才能在大宗化学品的竞争中以较低的价格谋求市场份额，在更专业的领域依靠高品质的服务获得丰厚回报。

水是人类宝贵的自然财富，是工农业生产不可缺少的物质资源，充分利用好水处理剂和节水技术，为节水和保护水源作出更大的贡献，过去我国的经济发展付出了沉重的环境代价，未来不应再走"先污染后治理"的老路，解决好发展经济与保护环境的矛盾，实现从"应对式保护"向"预防式保护"的转变。依靠科技进步，更需进行制度上的创新，走出一条具有中国特色的可持续发展道路。

## 参 考 文 献

[1]　林华，许立巍. 工业水处理技术. 成都：电子科技大学出版社，2019.
[2]　姜虎生，李长波. 工业水处理技术. 北京：中国石化出版社，2019.
[3]　张俊甫. 精细化工概论. 北京：中央广播电视大学出版社，1992.
[4]　佚名. 工业水处理使用的膜有哪些类型？工业水处理，2022，42（2）：190.
[5]　李俊. 水处理工艺技术在工业废水处理中的应用研究. 皮革制作与环保科技，2020，1（14）：46-50.
[6]　张统，李志颖，董春宏，等. 我国工业废水处理现状及污染防治对策. 给水排水，2020，46（10）：1-3，18.
[7]　杨帆，盛亮，岳晓霞. 工业水处理技术的发展概况与技术进步. 中国资源综合利用，2020，38（4）：140-168.
[8]　吴远斌. 工业水处理技术的发展趋势. 能源与环境，2018，6：73-76.

## 思考题与习题

1. 简述工业废水的定义及危害。
2. 试述工业废水的主要污染物及排放标准。

3. 我国工业废水处理剂中经常用到的氧化剂有哪些？并对比其特点。

4. 我国工业废水处理剂中经常用到的还原剂有哪些？并简述其各自特点。

5. 工业废水吸附剂的种类有哪些？并简述各自特点。

6. 工业废水萃取剂与离子交换剂的区别及使用范围有何不同？

7. 试论述工业水处理剂的种类、作用机理及优缺点。

8. 简述我国工业水处理现状及发展趋势。

# 第十一章

# 精细化工发展新动向

## 11.1 概述

多年来，世界各国化学工业领域都将精细化工作为石油和化学工业发展的战略重点之一，同时也将精细化工发展作为衡量一个国家综合国力与综合技术水平的标志，是国民经济和社会发展的重要制高点。

经过近两个世纪，精细化工得到极大的发展，特别是 20 世纪 50～60 年代以来，随着科学技术和石油化工的发展，精细化工的发展速度超过人们所料，新兴门类、新品种犹如雨后春笋。它们的功能和专用性不断得到用户的认可，同时用户也不断地提出了新的要求，与时俱进，这又促进了精细化工的发展。

精细化工的发展，促进了其他行业，例如农业、医药、纺织印染、皮革、造纸、电子信息产业、新材料、国防工业等，以及人们衣、食、住、行水平的提高和发展，同时也增强了国民经济整体实力。

精细化工的发展，为生物技术、电子信息技术、新材料、新能源技术、绿色环保、航空航天等高新技术的发展提供了保障。

精细化工的发展，直接为石油和石油化工三大合成材料的生产及加工，电子信息产品、农业化学品的生产，提供催化剂、助剂、特种气体、特种材料——防腐、耐高温、耐溶剂，阻燃剂，膜材料，各种添加剂，超纯试剂，工业表面活性剂，环境保护治理化学品，等。保证和促进了石油和化学工业的发展，提高了化学工业及石油化工的加工深度，进一步的深加工，提高了化工公司、石油化工公司的经济效益。

目前，西欧、美国的化工精细化率已达 68%，日本达 68%以上，德国达 69%。而中国目前的精细化率只有 55%左右。

作为精细化工还不算发达的我国，将如何面对挑战；以什么思路加快精细化工的发展；如何扬长避短，发挥优势，提高精细化工产品的竞争力；如何做到合理有效利用资源，清洁生产，保证持续发展；等。这些问题的解决，需要我们进一步了解国内外精细化工发展新动向。

## 11.2 乙烯工程与精细化工的发展

### 11.2.1 我国乙烯的大发展

我国石油化工工业已经成为国民经济的支柱产业，要求它的发展既能适应国内市场需要，又能促进国民经济各行各业的进步。国内市场的巨大需求，我国经济的高速发展，为石油化工的发展提供了大好形势和良好机遇。随着实现"双碳"目标的日期越来越近，新能源产业的不断发展，石油作为能源的需求逐渐减弱，作为化工龙头的作用逐渐加强。

目前，中国乙烯装置能力与产量有较大提高。2021 年中国乙烯的生产能力排名世界第二位，见表 11-1。

**表 11-1　2021 年世界主要国家与地区乙烯世界排名**

世界主要国家和地区乙烯生产能力

| 排名 | 国家或地区 | 2010 年/(万吨/年) | 2021 年/(万吨/年) | 排名 | 国家或地区 | 2010 年/(万吨/年) | 2021 年/(万吨/年) |
|---|---|---|---|---|---|---|---|
| 1 | 美国 | 2759 | 4427 | 6 | 印度 | | 822 |
| 2 | 中国 | 1504 | 4368 | 7 | 德国 | 574 | 576 |
| 3 | 沙特阿拉伯 | 1196 | 1586 | 8 | 加拿大 | 553 | 537 |
| 4 | 韩国 | 563 | 1095 | 9 | 日本 | 727 | 523 |
| 5 | 伊朗 | 473 | 865 | 10 | 中国台湾省 | 401 | 461 |

如果以 1921 年乙烯生产工业化作为开端，世界乙烯工业已走过 100 多年历程。2021年，世界乙烯产能 2.1 亿吨，比上一年增长 6.2%，新增乙烯产能达到 1385.4 万吨/年。美国仍是世界上最大的乙烯生产国，2021 年乙烯生产能力为 4427 万吨，占世界总产能的21.08%，中国排名第二，占世界总产能的 20.8%。在中国乙烯产能推动下，亚太地区乙烯总产能已经升至 8330 万吨/年，占世界乙烯总产能的 40%，位于世界第一位；北美占乙烯总产能的 25%；中东占乙烯总产能的 15%；西欧占乙烯总产能的 11%；东欧及原苏联地区占 5%；南美占 3%；非洲占 1%。

过去几年，中国乙烯产能和需求量均呈现增长态势，产能从 2011 年的 1536.5 万吨增至2021 年的 4368 万吨，年均增幅为 9.6%；产量从 2011 年的 1553.6 万吨增至 2021 年的 2825.7万吨，年均增幅为 5.8%；当量需求量从 2011 年的 3132.4 万吨增至 2021 年的 5832 万吨，年均增幅为 6.0%。2021 年世界乙烯装置总数约 340 套，乙烯装置的平均规模约为 62 万吨/年。

乙烯是石化工业的基础原料，生产路线众多，主要商业化路线包括石脑油裂解、甲醇制烯烃、烯烃催化裂解、催化裂化/裂解、烯烃转化、乙醇脱水等。

#### 11.2.1.1　石油路线乙烯工艺

**（1）管式炉蒸汽裂解制乙烯**　对于一套乙烯装置来说，裂解炉技术和可操作性是基石。大型化、提高裂解深度、缩短停留时间、提高裂解原料变化的操作弹性已成为裂解炉技术的主要趋势。近年来，各乙烯技术专利商在炉膛设计、烧嘴技术、炉管结构、炉管材料、抑制结焦技术等方面均取得了一些进展，Coolbrook Oy 公司称，其 ROTO Dynamic 反应器专利技术可以将乙烯收率提高 34%。已建的最大石脑油裂解炉能力为 20 万吨/年，最大的乙烷裂解炉能力为 30 万吨/年。

国家"十四五"期间结构调整步伐还将加快，应充分利用裂解副产物多样化的优势，做好碳四、碳五和芳烃的综合利用。下游的配套产品应充分体现差异化、高端化、高附加值化，避免加剧产品过剩。

经过多年开发，管式炉蒸汽裂解工艺已经成熟，现有工艺装置主要通过各种先进技术和流程的组合，不断进行工艺整体优化。未来蒸汽裂解生产乙烯技术的发展方向仍是向低能耗、低投资、提高裂解炉对原料的适应性和延长运转周期方向发展。

（2）**石脑油催化裂解制乙烯**　石脑油催化裂解是结合传统蒸汽裂解和催化裂化技术（FCC）优势发展起来的，表现出了良好的原料适应性和较高的低碳烯烃收率。多年来经过学术界和工业界的不懈努力，取得了许多进展。

根据反应器类型，石脑油催化裂解技术主要分为两大类。一类是固定床催化裂解技术，代表性技术有日本工业科学原材料与化学研究所和日本化学协会共同开发的石脑油催化裂解新工艺，以 10% La/ZSM-5 为催化剂，反应温度 650℃，乙烯和丙烯总产率可达 61%，$P/E$ 质量比约为 0.7。尽管固定床催化裂解工艺的烯烃收率较高，但反应温度降低幅度不大，难以从根本上克服蒸汽裂解工艺的局限。

另一类是流化床催化裂解技术，代表性技术有韩国化工研究院和 SK 能源公司共同开发的 ACO 工艺，该工艺结合 KBR 公司的 ortho-flow 流化床催化裂化反应系统与 SK 能源公司开发的高酸性 ZSM-5 催化剂，与蒸汽裂解技术相比，乙烯和丙烯总产率可提高 15%～25%，$P/E$ 质量比约为 1。

我国也有多家机构从事相关研究。中国石化北京化工研究院从 2001 年开始进行石脑油催化裂解制低碳烯烃研究，在反应温度为 650℃、水/油质量比为 1.1、空速为 1.97h$^{-1}$ 的条件下，乙烯收率为 24.18%，丙烯收率为 27.85%。另外中国石化上海石油化工研究院、中国科学院大连化学物理研究所等研究机构也开发了石脑油催化裂解制烯烃技术。

（3）**重油催化裂解制乙烯**　我国在重油催化裂解制乙烯领域进行了卓有成效的开发研究并取得了重要进展。中国石化洛阳石油化工工程公司开发的重油接触裂解技术（HCC），在提升管出口温度为 700～750℃、停留时间小于 2s 的工艺条件下，以大庆常压渣油为原料，选用选择性、水热稳定性和抗热冲击性能优良的 LCM-5 催化剂，乙烯产率可达 17%～27%，总烯烃的产率可达到 50%。2001 年采用该工艺在中国石油抚顺石化分公司建设了工业试验装置。

中国石化石油化工科学研究院在深度催化裂化技术（DCC）基础上开发的催化热解技术（CPP），采用具有碳正离子反应和自由基反应双重催化活性的专用催化剂 CEP-1，在反应温度 620～640℃、反应压力 0.08～0.15MPa（表压）、停留时间 2s、剂油比 20～25 条件下，以大庆减压瓦斯油掺 56% 渣油为原料，按乙烯方案操作，乙烯收率为 20.37%，丙烯收率为 18.23%。2009 年，该技术在沈阳化工集团 50 万吨/年 CPP 装置上实现工业化应用。

（4）**原油直接裂解制乙烯**　为避免依赖于炼油厂或气体加工厂提供原料，一些公司开发出直接裂解原油的工艺，其主要特点在于省略了传统原油炼制生产石脑油的过程，使得工艺流程大为简化。

2014 年，埃克森美孚公司在新加坡建成了全球首套原油直接裂解制乙烯装置，乙烯产能为 100 万吨/年。其主要工艺改进是在裂解炉对流段和辐射段之间加入一个闪蒸罐，原油在对流段预热后进入闪蒸罐，气液组分分离，气态组分进入辐射段进行裂解，液态组分则作为炼油厂原料或直接卖出。以原油价格为 50 美元/桶计，东南亚地区石脑油价格高于原油价格，该工艺将显著降低裂解原料成本。

沙特阿美公司也拥有自主的原油直接制乙烯技术。该技术与埃克森美孚公司技术完全不同，其工艺过程为：原油直接进入加氢裂化装置，去除硫并将高沸点组分转化为低沸点组分；之后经过分离，瓦斯油及更轻的组分进入蒸汽裂解装置，重组分则进入沙特阿美公司自主研发的深度催化裂化装置，最大化生产烯烃。但是该技术目前还停留在设计阶段，并没有建成生产装置。IHS 认为，该技术比传统石脑油裂解生产成本低 200 美元/吨，但是加氢裂解和催化裂化装置将增加投资成本。以 15% 税前投资回报率计，该技术与沙特石脑油裂解成本相当。

原油制化学品的比例已从 10％提高到 76％，有望达到 80％。原油最大化生产低碳烯烃主要有三个方向，即最大量乙烯、最大量丙烯、最大量兼产乙烯和丙烯。催化裂解是原油最大化生产低碳烯烃的核心技术，催化裂解原料来源广泛，可以是常规催化裂化的各种重质原料，包括减压蜡油、脱沥青油、焦化蜡油、加氢减压蜡油、加氢裂化尾油等重质馏分油，以及常压渣油和掺入减压渣油的减压蜡油混合油，也可以是石脑油馏分、$C_4/C_5$ 轻烃等。较蒸汽裂解操作条件苛刻度低，产物分布可灵活调节。

### 11.2.1.2 非石油路线乙烯工艺

**（1）甲醇制烯烃** 甲醇制烯烃技术是以天然气或煤为原料转化为合成气，合成气生产粗甲醇，再经甲醇制备乙烯、丙烯的工艺，突破了石油资源紧缺、价格起伏大的限制。代表性工艺有 UOP/Hydro 的甲醇制烯烃（MTO）工艺、Lurgi 的甲醇制丙烯（MTP）工艺、中国科学院大连化学物理研究所的 DMTO 技术、中国石化上海石油化工研究院的 S-MTO 技术和清华大学 FMTP 技术，都已实现工业化应用。

中国石油化工集团开发的 S-MTO 工艺于 2012 年在中原石化 60 万吨/年甲醇制烯烃装置首次成功应用，该装置运行结果表明，以甲醇原料计双烯收率为 32.7％，产品总收率为40.9％，甲醇转化率 99.9％。

2006 年，DICP 团队在 DMTO 示范装置中完成了放大实验，甲醇的产能为 1.6 万吨/年，在甲醇转化几乎完全完成的情况下，实现了约 79％的低碳烯烃选择性。截至 2019 年年底，共有 26 个 DMTO 装置获得许可（乙烯和丙烯的产能为 1400 万吨/年），启动了 14 个 DMTO装置（乙烯和丙烯的产能为 767 万吨/年）并投入运行。

清华大学以交生相 SAPO 分子筛作为催化剂，且在乙烯、丁烯及高碳数烯烃到丙烯的高效转化技术的基础上，提出了流化床甲醇制丙烯技术。首先在一个流化床反应器中进行甲醇制烯烃反应，在另一个反应器中完成经过分离的乙烯和丁烯向丙烯的转化，最终获得丙烯产品。于 2009 年率先完成了 3 万吨/年的工业性试验，丙烯的碳基收率达到 72％以上。2021 年，由中国天辰工程有限公司总包，甘肃华亭煤业集团国内首套流化床 60 万吨甲醇制20 万吨聚丙烯（FMTP）装置一次投料成功。

**（2）生物乙醇制乙烯** 国内外已有多家公司可提供由生物乙醇原料生产乙烯及其副产品的技术，2010 年 9 月巴西 Braskem 石化公司的 20 万吨/年绿色乙烯装置建成投产，这是世界上第一套以甘蔗乙醇（采用蔗糖发酵）为原料生产乙烯再生产聚乙烯的装置。我国乙醇制乙烯尚处于小规模生产阶段。乙醇催化脱水制乙烯过程的技术关键在于选用合适的催化剂。已报道的乙醇脱水催化剂有多种，具有工业应用价值的主要有活性氧化铝催化剂和分子筛催化剂。

目前采用生物乙醇脱水路线制乙烯在技术上是可行的，但是尚需解决一些规模化生产的关键技术问题，如研究开发低成本乙醇生产技术；研究开发过程耦合一体化工艺技术，对乙醇脱水生产技术进行过程集成化；研究开发高性能催化剂，降低催化剂成本；装置大型化，提高能源综合利用效率，进一步降低生产成本，使生物乙醇制乙烯的生产路线和经济效益能够与当前石油制乙烯的价格持平或更具有经济效益。

**（3）合成气制乙烯** 合成气制低碳烯烃分为直接法和间接法，此处直接法是指由合成气经费托反应直接制备低碳烯烃。传统的催化剂体系是以改性 Fe 基、Co 基费托合成催化剂为主；由合成气合成乙烯大多采用进料比 $H_2/CO$ 在 1 以下，温度为 $250\sim350℃$，压力低于 2.1MPa。

日本在化学试验中成功地将合成乙醇的铑催化剂和脱水的硅铝酸盐催化剂结合使用，由合成气一步制得乙烯。这种方法是将两种催化剂分成两层装于管式反应器中，通入合成气同时进行反应，乙烯收率可达52％，选择性为50％。德国BASF公司在实验室已成功开发一种非均相催化剂，目前在进行中试，由于要高选择性地得到低碳烯烃有相当的难度，并且选择性费托合成的催化剂寿命还有待提高，近期难以实现工业化。中国科学院大连化学物理研究所提出的合成气直接转化制烯烃的新路线，创造性地采用一种新型的双功能纳米复合催化剂，可将合成气（纯化后的CO和$H_2$混合气体）直接转化，高选择性地一步反应获得低碳烯烃（选择性高达80％），且$C_2 \sim C_4$烃类选择性超过90％。

**（4）甲烷无氧乙烯** 近年来中国科学院大连化学物理研究所等单位对催化甲烷无氧转化技术进行了深入研究。大连化学物理研究所基于"纳米限域催化"新概念，开发出硅化物（氧化硅或碳化硅）晶格限域的单中心铁催化剂，实现了甲烷在无氧条件下选择活化，一步高效生产乙烯、芳烃和氢气等高位化学品。当反应温度为1090℃，每克催化剂流过的甲烷为21L/h时，甲烷单程转化率高达48.1％，生成产物乙烯、苯和萘的选择性大于99％，其中生成乙烯的选择性为48.4％。催化剂在测试的60h内，保持了很好的稳定性。与天然气转化的传统路线相比，该研究彻底摒弃了高耗能的合成气制备过程，大大缩短了工艺路线，反应过程本身实现了$CO_2$的零排放，碳原子利用效率达到100％。

#### 11.2.1.3 建议

在当前我国经济新常态、国际油价波动运行、全球石化市场竞争日趋激烈、高油价下，世界乙烯价格将保持高位震荡，世界化工品需求复苏预期放缓，因此乙烯需求增速放缓。我国乙烯生产企业既面临良好机遇，也面临严峻挑战，建议应从以下几个方面做好工作。

① 石脑油蒸汽裂解的发展应力争实现炼化一体化、裂解原料轻质化、多元化，生产装置园区化、基地化，下游产品差异化、高端化等，充分利用蒸汽裂解副产物多样化的优势，做好碳四、碳五和芳烃的综合利用，以降低生产成本，提升竞争力。同时强化过程节能与提高能效、提高裂解炉热效率、采用节能装备和高效分离技术、智能化赋能、能量系统优化与能源管控以及蒸汽驱动向电力驱动转变，特别是蒸汽裂解装置的电气化技术，包括长寿命和大功率电热炉设计、新型高效电热体材料技术、先进控制系统等。

② 煤制烯烃产业需要转变过去规模扩张型的粗犷发展模式，坚持精细化发展策略，创新建设运行模式、细化原料加工路径、提高资源利用率、降低成本。煤制烯烃项目投资大、原材料消耗及能耗大、水耗高、综合利用和环境治理要求严，项目投资必须慎重考虑煤炭资源、水资源、资金、交通、环境承载力等多方面因素的优化配置。

③ 甲醇制烯烃的发展主要取决于稳定廉价的甲醇来源，可考虑在中东布局天然气制甲醇项目作为国内制烯烃的原料，或者顺应"一带一路"的思路，特别是中亚布局天然气制甲醇到烯烃项目，降低原料成本，同时考虑延伸甲醇制烯烃产业链向精细化工发展，提高产品附加值，为提升产品的精细化率而不懈努力。

④ 可考虑进口乙烷裂解制乙烯，但应首先落实稳定、连续、价格合理的乙烷原料供应途径，避免原料断档造成装置不能运行，同时也要避免原料价格飙升造成装置运行成本高企。

⑤ 继续研究和开发甲烷制乙烯、合成气制乙烯技术。加强甲烷制乙烯和合成气制乙烯的研究开发投入，力争催化剂等核心技术的突破和解决工程技术问题，早日实现工业化应用。

⑥ 加快废塑料热解油净化技术、二氧化碳制乙烯技术的研发节奏，实现废物的低成本资源化利用。布局第3代生物质制乙烯技术和乙烷氧化脱氢制乙烯（ODH）技术，提升"可燃冰"等新能源的开发利用。

### 11.2.2 充分利用乙烯资源，大力发展精细化工

乙烯资源是指从乙烯裂解装置中出来的裂解气体经分离及初步处理后所能得到的各种基

础物料，主要是 $C_1 \sim C_9$ 等组分，其中有：甲烷、氢气、苯乙烯、丁二烯、甲苯、混合二甲苯、芳烃抽余油等。

大力开发以乙烯资源为基础的新原料领域，精细化工的发展有赖于原料的供应，否则精细化工就成了无米之炊。因此，利用乙烯资源适当布局一些精细化工原料项目是十分必要的。

**(1) 环氧乙烷** 环氧乙烷由乙烯氧化而成，是生产表面活性剂 AEO、NPE 和饲料添加剂氯化胆碱及其他许多精细化工的原料，目前茂名乙烯联产 30 万吨/年环氧乙烷，这样可按照发展有关项目来平衡环氧乙烷的产量。

**(2) 苯酚、丙酮** 以苯与丙烯为原料，进行烷基化反应生成异丙苯，进一步以空气为氧化剂生产过氧化氢异丙苯（CHP），CHP 分解即生成苯酚、丙酮，它是重要的有机化工原料，也可用其进一步生产交联剂——过氧化二异丙苯（DCP），它为优良的有机过氧化物，是精细化工产品，是高分子材料的引发剂、硫化剂及架桥交联剂，它作为橡胶、塑料的交联剂越来越受到人们重视，需求量猛增，年需求接近 2 万吨。本品外销势头很好，国外市场一直畅销。因此，用异丙苯法生产苯酚、丙酮，联产 DCP 产品，使其附加值大大提高，产品品种增多，经济效益好。

**(3) 壬基酚** 壬基酚是由丙烯三聚获得壬烯，再与苯酚进行烷基化制得。壬基酚是 NPE（壬基酚聚氧乙烯醚）原料，国内紧缺，各地都在计划发展。在丙烯三聚过程中，得到一定比例的四聚物十二烯，由十二烯制得的十二烯烷基酚供润滑油添加剂生产硫化烷基酚盐清净剂。

**(4) 甲基叔丁基醚（MTBE）** MTBE 是混合 $C_4$ 组分中的异丁烯与甲醇反应而制得的。MTBE 可用作无铅高辛烷值汽油添加剂，以提高其辛烷值。同时又是制造纯异丁烯的中间体，即用部分 MTBE 经裂解后获得纯异丁烯。然后纯异丁烯分别进行烷基化和聚合，其中烷基化可制取叔丁基酚类，供抗氧剂作原料，而聚合则可制取低分子量聚异丁烯，供无灰分散剂丁二酰亚胺生产用。

**(5) 丙烯腈** 丙烯腈由丙烯进行氨氧化而制取，丙烯腈一部分供生产丙烯酰胺作原料，而另一部分可供茂名或其他乙烯工程拟在建设的 ABS 装置中作原料之一用。

**(6) 丁、辛醇** 丁、辛醇是由丙烯经羰基合成生成正丁醛，然后再分别进行加氢或缩合等反应制得。丁、辛醇可用作增塑剂和丙烯酸酯的原料。

**(7) 异壬醇** 原料为 1-丁烯，经过高压羰基合成工艺生产，下游主要用于生产 DINP（邻苯二甲酸二异壬酯）。DINP 是目前相对环保且优良的 PVC 增塑剂产品，用 DINP 生产的 PVC，具有优良的耐热性、耐光性、耐老化性和电绝缘性，广泛应用于玩具膜、汽车、电线、电缆、地坪、建筑等领域。并且，异壬醇被称作"新基建"的重要原料，可以广泛应用于精细化学品及新材料产品等。

**(8) 顺酐** 顺酐可用来自裂解装置的 $C_4$ 馏分，即经过抽提丁二烯和异丁烯后的 $C_4$ 馏分作原料，在催化剂的存在下，经氧化而成，一部分顺酐供生产润滑油中的丁二酰亚胺无灰分散剂用。

**(9) 苯酐** 苯酐由邻二甲苯氧化而成，苯酐一部分用作增塑剂原料，生产 DOP 或其他邻苯二甲酸酯类，少量用作生产 2-乙基蒽醌的原料。

**(10) 双环戊二烯** 由于双环戊二烯在精细化工领域中应用广泛，自 $C_5$ 馏分中单独分离出双环戊二烯加以利用已成为当今广泛采用的方法。1995 年美国双环戊二烯需求量为 6.7 万吨/年，其中 39% 用于制造石油树脂产品，36% 用于生产不饱和聚酯树脂，16% 用作乙丙橡胶第三单体，其他 9% 用于农药、阻燃剂、聚环烯烃和化学合成等。

**(11) 异戊二烯** 从 $C_5$ 馏分中分离出聚合级异戊二烯并以生产聚异戊二烯合成橡胶

（IR）为主要目的，可以优先发展需求量大的精细化工产品；用异戊二烯可生产苯乙烯-异戊二烯-苯乙烯嵌段共聚物（SIS）热塑弹性体，可用作黏度改进剂、黏合剂和润滑油添加剂等。异戊二烯是合成香料的重要原料，可合成异戊烯氯、甲基庚烯酮、芳樟醇、月桂烯等中间体，可生产香料50余种，广泛用于化妆品、肥皂、洗衣粉、食品、香烟、刷墙粉等。

**（12）低聚烯烃**　从乙烯或丙烯出发，经三聚或四聚得到低聚烯烃。四聚丙烯烃主要用于生产洗涤剂、表面活性剂、增塑剂及石油添加剂、润滑油添加剂。

# 11.3　新型功能高分子和智能材料发展动向

### 11.3.1　新型功能高分子材料的发展

新型材料已成为当代高技术的重要组成部分，加速发展高技术新材料及其产业化、商品化是国际高技术激烈竞争夺取"制高点"的重要目标。同时也需学会有效利用一定的技术手段把最新的科技成果迅速转化为商品，它才能为社会进步发挥巨大的作用。

当前高技术新材料发展的趋势和特点表现为：①单一材料向多种材料扬长避短的复合化；②结构材料和功能材料整体化；③材料多功能的集成化；④功能材料和器件一体化；⑤材料制备加工智能化、敏捷化；⑥材料科技微型化、纳米化（从下至上）；⑦材料的制备和功能仿生化；⑧材料产品多元化、个性化；⑨材料设计优选化、创新化；⑩材料研究开发环境意识化、生态化；⑪材料科技多学科渗透综合化、大科学化；⑫走低成本高性能化；⑬科技与文化相互作用越来越明显化；⑭科技成果转让更多地走向合作化，促进商品化。

功能高分子材料一般是指除了具有一定的力学性能之外，还具有特定功能（如导电性、光敏性、化学性、催化性和生物活性等）的高分子材料。

由于现代航天、军工、计算机等技术的发展对材料有特殊的需求，高分子材料科学得到了进一步的发展，从而出现了耐高温、高强度、高绝缘性等特种高分子材料，如有机氟聚合物、有机硅聚合物、聚芳烃、杂环高分子等，通常人们使用这类高聚物的着眼点在于它在特定环境中（如高温、低温、腐蚀及高电压）具有很好的物理力学性能，如高强度、高弹性及高绝缘等。这种高分子材料品种多，用途较为专一，且产量少、价格贵，通常称之为特种材料，与有机化学工业观念相对应，也有人称为精细高分子材料。

近年来，高科技的发展对材料提出了许多新的要求，例如微电子工业、冶金工业、宇航工业、化学工业以及医疗、医药工业等提出了许多新的课题，使得高分子化学发展提高到了一个新的阶段，即进入高分子分子设计的时代，因而相继出现了许多所谓的"功能高分子材料"。即经过化学家精心设计，利用高分子本身结构或聚集态结构的特点，引入功能基团，形成新型的具有某种特殊功能的高分子材料。例如具有分离功能的材料——离子交换树脂，以及近些年来出现的对特定金属离子具有螯合功能的螯合性树脂、吸附性树脂、混合气体分离膜、混合液体分离膜、具有催化性能的高分子催化剂、导电高分子、感光树脂、光刻胶、液晶高分子、生物活性高分子、高分子医用材料、药物高分子等。

4D打印技术是在3D打印技术基础上发展起来的新兴智能增材技术，其智能特性表现在打印产品具备应激自响应特性，可在不同激励条件下实现相应的形态及性质上的演变，是一种"动态"产品。主要具备形状记忆、性质变化以及功能演变等特性。当前4D打印智能材料可分为金属材料、聚合物材料、凝胶材料以及陶瓷材料等。

功能高分子材料的迅速发展，出现了各种各样的新品种，功能高分子材料的功能设计原理和制备方法也日趋成熟，因此，在各行各业中获得了广泛应用。功能高分子材料已成为材料科学与工程中的一个重要分支。但由于其产量小、价格高、制造工艺复杂，价格往往为通用高分子材料的 100 倍以上，因而也常将它归为精细化工产品领域。

功能高分子材料的研究内容，概括地说就是研究各种功能高分子的合成、结构、聚集态对功能的影响和它的加工工艺及其应用。但是，由于功能高分子实际涉及的学科十分广泛，如化学方面的分离、分析、催化等，物理方面的光、热、电、磁等，生命科学的生物、医学、医药等以及非线性光学材料等，内容丰富、品种繁多，许多情况下学科之间又相互渗透交叉，因而对其分类也造成了一定的困难。迄今尚未见有统一的分类方法。一般是按其功能特性和应用特点进行分类，参见表 11-2。

表 11-2　功能高分子材料种类及应用

| 功能特性 | | 种类 | 应用 |
| --- | --- | --- | --- |
| 化学 | 离子交换 | 离子交换树脂 | 水净化分离 |
| | 催化 | 高分子催化剂 | 化工 |
| | 反应性 | 高分子试剂 | 高分子反应、农药 |
| | 吸附 | 螯合树脂、絮凝剂、高吸水树脂 | 稀有金属处理、水处理 |
| 光 | 光化学反应 | 感光性树脂 | 印刷、微电子、光刻胶 |
| | 偏光 | 高分子液晶 | 显示、连接器 |
| | 光电 | 光致变色高分子、发光高分子 | 显示、记录 |
| | 光传导 | 光导纤维 | 通信、显示 |
| 电磁 | 导电 | 导电、超导电高分子材料 | 电报、电池材料 |
| | 光电 | 光导电高分子材料 | 电子照相、光电池 |
| | 介电 | 压电高分子材料 | 开关材料 |
| | 热电 | 热电高分子材料 | 显示、测量 |
| | 磁性 | 塑料磁石、磁性橡胶、光磁材料 | 显示、记录、存贮、中子吸收 |
| 其他 | 分离 | 高分子分离膜 | 海水淡化 |
| | 生物 | 医用高分子材料、高分子药物 | 医疗 |
| | 仿生 | 仿生高分子材料 | 生物医学工程 |
| | 声 | 声功能高分子材料 | 建筑 |

功能高分子材料的品种很多，用途亦越来越广泛，除了上述几种功能高分子外，还有许多诸如能量转换高分子材料、热变形高分子材料、形状记忆高分子材料以及不断发现的各种新型功能高分子材料等。目前这些领域的研究工作也十分活跃，并取得了一定的成果。读者可根据需要参考其他有关文献或专著。

聚合物合成方法的改进、结构修饰与分子设计成为寻求高性能功能高分子材料首先要解决的问题，在分子水平上研究高分子的光、电、磁行为，揭示分子结构和光、电、磁的特性关系将导致新一代功能高分子材料的出现。有人预计，21 世纪它将向模糊高分子材料发展。

## 11.3.2　智能材料的发展动向

目前，在新材料领域中，正在形成一门新的分支学科——智能材料，也有人称为机敏材料。所谓智能材料是指对环境可感知且可响应，并具有功能发现能力的新材料。它与普通功能材料的区别在于它具有反馈功能，与仿生和信息密切相关，其先进的设计思想被誉为材料学史上的一大飞跃，已引起世界各国政府和多种学科科学家的高度重视。智能材料是一门交叉学科。智能结构常常把高技术传感器或敏感元件与传统结构材料和功能材料结合在一起，赋予材料崭新的性能，使无生命的材料变得似乎有了"感觉"和"知觉"。

任何学科的发展都来源于实际的需要。由于在社会实际中经常发生飞机失事，桥梁或一些关键结构的灾难性故障，因此科学家们希望找到在失事之前能报警的材料，或预感到要失事时能自动加固或自动修补伤痕或裂纹的材料。比如，人的皮肤划伤后过一段时间就会自然长好，且自我修补得天衣无缝；骨头折断后，只要对好骨缝，断骨就会自动长在一起。那么飞机的机翼、桥梁的支架出现裂纹之后能否自我修补呢？如果可能，那就可以防止许多灾难性的事故发生。这就是目前世界上一大批科学家致力于研究智能材料并将它发展成为一门学科的原因。

1990 年，英国帝国化学工业公司制造的一台耐高温而不需要冷却系统的陶瓷汽车发动机，可以说是研究仿生智能材料的一个典型实例。虽然它很耐高温，但由于陶瓷很脆，禁不住在飞速行驶汽车中的颠簸和振动，容易碎裂而久久得不到应用。于是该公司的威廉·克莱格博士领导的研究小组从研究贝壳这种生物材料入手，终于发明了一种摔不破的陶瓷。他们收集了许多贝壳，这种物质很硬且不容易摔破，将其制成样片在显微镜下观察，结果发现，贝壳是由许多层状的碳酸钙组成的，而在每层碳酸钙中间夹着一层有机质，把层层碳酸钙粘在一起。贝壳中的碳酸钙之所以不易碎裂是因为在每层碳酸钙中出现的裂纹不会扩张到其他碳酸钙层中去，而被中间的那层柔软的有机质挡住了。威廉·克莱格由此得到启示，他选择碳化硅陶瓷，烧成薄片，然后在每片碳化硅陶瓷上涂上石墨层，再把涂有石墨层的碳化硅陶瓷层层叠起来加热挤压，使坚硬的碳化硅陶瓷粘在石墨上，石墨和贝壳中的有机质一样，起黏结剂作用，而且粘得很牢固。碳化硅在遇到冲击力时会破裂，但这种冲击力顶多也只能使表面的几层破裂脱掉，而表面很薄几层脱掉即能吸收大部分能量，从而避免整个零件的破坏。他进行的试验证明，想折断涂有石墨层的碳化硅陶瓷所用的力要比折断没有石墨层的整块碳化硅陶瓷高出 100 倍，而其韧性接近木材的韧性。这是一个很有创意的试验。

1992 年 1 月，第一份专门介绍智能材料学科的刊物《智能材料系统和结构》杂志在苏格兰主持召开的第一届欧洲智能材料和结构讨论会上亮相。1992 年 3 月，日本科技厅主办了第一届国际智能材料研讨会。

英国多伦多大学光纤智能结构实验室的科学家们 1993 年之前就开始设计各种方案，试图使桥梁、机翼和其他关键结构具有自己的"神经系统""肌肉"和"大脑"，使其能感觉到即将出现的故障并能自行解决，如在飞机发生故障之前向飞行员发出警报，或在桥梁出现裂痕时能自动修复。他们研制机翼用智能材料的方法之一是在高性能的复合材料中嵌入细小的光纤材料，由于在复合材料中布满了纵横交错的光纤，它们就能像"神经"那样感受到机翼上受到的不同压力，通过测量光纤传输光时的各种变化，可以测出飞机机翼承受的不同压力。在极端严重的情况下，光纤会断裂，光传输就会中断，于是就能发出即将出现事故的警告。

日本住友化学工业功能开发研究所的研究员冈本秀穗和尾田十八，对竹子和竹节的功能非常感兴趣，并加以精心研究，进行仿生复合材料的设计。他们发现：竹子内侧和外侧的纤维排列并不相同，这种结构使它能抵御风雪，不怕弯曲；而竹节则能起到防止裂痕扩大的作用，当裂痕扩大到竹节时，就能中止。因此，他们试图将竹子和竹节的抗弯、抗裂机制广泛用于飞机、火箭及其他结构。

以上研究情况足以表明，各国科学家一直在不懈地努力进行智能材料或仿生智能材料的探索。智能材料按材料主体性质可划分为金属系智能材料、无机非金属系智能材料和高分子系智能材料。高分子智能材料尚有超分子聚合物、介观高分子材料等许多有待开发的新领域。高分子材料因其具有结构层次丰富多样、便于分子设计和精细控制的特点，加之质轻、柔软且容易涂覆，是一类很有前途的智能材料。金属系智能材料是当代金属材料研究的高级阶段。具有形状记忆效应的材料在金属、陶瓷和聚合物中都有发现。可以肯定，不久的将来会出现各种实用、新型的智能材料和仿生智能材料。

从功能材料到智能材料，这是材料领域的一次飞跃。这方面的研究与开发孕育着新理论、新材料的出现，显示了其良好的应用前景：在医学领域、航空航天领域、土木建筑领域、高精密仪器及自动化的生产中、机械工业、抑制振动和噪声方面、国防工业、汽车工业等将得到广泛应用。随着材料科学的发展，终有一天会出现各种实用的仿生智能材料。

# 11.4　纳米技术与纳米材料发展动向

21世纪是社会发展、经济振兴的关键时期，一场以节省资源和能源、合理利用资源和能源、优化人类生存环境的新工业革命已经到来。正像20世纪70年代微米技术在世纪之交的信息革命中起着关键作用一样，纳米技术将成为这场新工业革命的主导技术之一。1990年7月，在美国召开了第一次国际纳米科技会议。纳米科技包括纳米材料学、纳米电子学、纳米机械加工学、纳米生物学、纳米化学、纳米力学、纳米物理学和纳米测量学等若干领域。进入21世纪以来，各种纳米材料已经可以被大规模生产，并且在工业、农业、食品、生活日用品、医药等领域的消费品和工业产品中广泛使用，以提高原有的性能或获得新的功能。纳米科技向各个领域渗透，其速度之快、影响面之广已出乎人们的意料。纳米材料在各个领域都发挥着巨大的作用，已成为人们日常生活中密不可分的一部分，正在对国民经济发展和社会进步作出巨大的贡献。

## 11.4.1　纳米和纳米结构、纳米技术与纳米材料

### 11.4.1.1　纳米和纳米结构

人类对物质的认识逐渐发展为两个层次，即宏观领域与微观领域。前者以人肉眼可见的物体为下限，后者则以分子原子为上限。然而，随着认知的不断深入，发现在此宏观领域和微观领域之间存在着一个不同于上述两者的所谓介观领域，这个领域包括了从微米、亚微米、纳米到团簇尺寸的范围。纳米（nanometer）是一个长度单位，$1nm = 10^{-3}\mu m = 10^{-9}m$，通常界定$1\sim100nm$的体系称为纳米体系。由于这个微尺度空间约等于或略大于分子的尺寸上限，恰好能体现分子间强相互作用，因此具有这一尺度的物质粒子的许多性质均与常规物质的相异，甚至发生质变。正是这种性质特异性引起了人们对纳米的广泛关注。

纳米结构定义为：以具有纳米尺度的物质单元为基础，按一定规律构筑或营造的一种新物系，包括一维、二维及三维的体系，或至少有一维的尺寸处在$1\sim100nm$区域内的结构。这些物质单元包括纳米微粒、稳定的团簇或人造原子、纳米管、纳米棒、纳米丝及纳米尺寸的孔洞。通过人工或自组装，这类纳米尺寸的物质单元可组装或排列成维数不同的体系，它们是构筑纳米世界中块体、薄膜、多层膜等材料的基础构件。

### 11.4.1.2　纳米技术

纳米技术是20世纪80年代末诞生并崛起的高科技，所谓纳米技术是指在纳米尺度下（$0.1\sim100nm$）操纵原子和分子，对材料进行加工，制造具有特定功能的产品，或对物质及其结构进行研究，并掌握其原子、分子运动规律和特性。纳米技术的出现标志着人类的认知领域已拓展至原子、分子水平，标志着人类科学技术的新时代——纳米科技时代的来临。

纳米技术是一门以许多现代先进科学技术为基础的科学技术，是现代科学（量子力学、分子生物学）和现代技术（微电子技术、计算机技术、高分辨显微技术和热分析技术）结合的产物。纳米技术在不断渗透到现代科学技术的各个领域的同时，形成了许多与纳米技术相关的、研究纳米自身规律的新兴学科，如纳米物理学、纳米化学、纳米材料学、纳米生物

学、纳米电子学、纳米加工学及纳米力学等，正是这些新兴学科构成了纳米科技的主要内容。

发生于18世纪中叶，以蒸汽机为代表的第一次工业革命是毫米技术应用的标志，使人类从此跨进了以机械代替人力的工业时代。进入20世纪，以微电子学为代表的第二次工业革命是微米技术应用的标志，使人类进入了计算机和通信网络的新时代。可以预见，以纳米技术为代表的新兴科学技术，将可能在21世纪给人类带来第三次工业革命。纳米技术在给人类创造出许多新物质、新材料的同时，更会给我们带来认知观念上的深刻变革。以电子技术为例，在当今的微米时代，微电子技术在人类的发展与生活中起到了决定性作用；在纳米技术时代，由于电子器件体积极度缩小至纳米甚至单分子，因而纳米电子技术对未来电子技术发展的作用将是无可估量的。

纳米技术是一门多学科交叉的学科，它是在现代物理学、化学和先进工程技术相结合的基础上诞生的，是一门与高技术紧密结合的新型科学技术。

### 11.4.1.3 纳米材料

纳米材料是纳米科技发展的重要基础，也是纳米科技最为重要的研究对象。自1861年以来，随着胶体化学的建立，人们开始了对直径1～100nm的粒子系统即所谓胶体的研究，但真正有意识地把纳米粒子作为研究对象始于20世纪60年代。广义上，纳米材料是指在三维空间中至少有一维处于纳米尺度范围或由它们作为基本单元构成的材料，即纳米材料是物质以纳米结构按一定方式组装成的体系，或纳米结构排列于一定基体中分散形成的体系，包括纳米超微粒子、纳米块体材料和纳米复合材料等。换句话说，纳米材料是指组织或晶粒结构在1～100nm尺度的材料，该尺度处于原子簇和宏观物体之间，其所具有的独特性质如小尺寸效应、体积效应、表面效应、量子尺寸效应和宏观量子隧道效应使得纳米材料在力学、电学、磁学、热学、光学和化学活性等领域的研究及其在工程学、材料学等方面的应用逐步拓展与深入。

组成纳米材料的基本单元在维数上可分为三类：
① 零维　指在空间三维尺寸均在纳米尺度内，如纳米尺度颗粒、原子簇等；
② 一维　指在空间有两维处于纳米尺度，如纳米丝、纳米棒、纳米管等；
③ 二维　是指在三维空间中有一维处于纳米尺度，如超薄膜、多层膜、超晶格等。

构成纳米材料的物质类别可以有多种，分为金属纳米材料、半导体纳米材料、纳米陶瓷材料、有机-无机纳米复合材料及纳米介孔固体与介孔复合体材料等。

纵观纳米材料的发展历史，大致可以分为三个阶段：第一个阶段限于合成纳米颗粒粉体或合成块体等单一材料和单相材料；第二个阶段则集中于各类纳米复合材料的研究；第三个阶段表现为对纳米自组装、人工组装合成的纳米阵列体系、介孔组装体系、薄膜嵌镶体系等纳米结构材料的关注。纳米材料的研究内涵也从最初的纳米颗粒以及由它们所组成的薄膜与块体，扩大至纳米丝、纳米管、微孔和介孔材料等范畴。

近年来，纳米材料领域出现了一个新的趋势，这就是研究纳米结构的热潮。人们有更多的自由度去设计和合成纳米结构，有人称纳米结构将给纳米材料合成和应用带来新的机遇，甚至是一场革命。

## 11.4.2　纳米材料的制备方法

纳米材料的制备方法总体上可分为物理法、化学法和机械力学法。相对而言，化学法制备过程更为简便、可操作性强，且可实现在原子或分子水平上的组装，从而在合成中可实现对粒子尺寸、形状和晶型等方面的控制。下面简单介绍几类常见的制备方法。

（1）真空冷凝法　真空冷凝法是采用真空蒸发、加热与高频感应等方法使金属原子气化或形成等离子体，然后快速冷却，最终在冷凝管上获得纳米粒子的方法。通过调节蒸发温度场和气体压力等参数，可以控制纳米微粒的尺寸。用这种方法制备的纳米微粒的最小颗粒可达 2nm。真空冷凝法的优点是纯度高、结晶组织好及粒度可控且分布均匀，适用于任何可蒸发的元素和化合物；其缺点是对技术和设备的要求较高。

（2）机械球磨法　机械球磨法以粉碎与研磨相结合来实现材料粉末的纳米化。适当控制机械球磨法的条件，可以得到纯元素、合金或复合材料的纳米超微颗粒。机械球磨法的优点是操作工艺简单，成本低廉，制备效率高，能够制备出常规方法难以获得的高熔点金属合金纳米超微颗粒；其缺点是颗粒分布不均匀，纯度较低。

（3）气相沉积法　气相沉积法是利用金属化合物蒸气的化学反应来合成纳米微粒的一种方法。如近年兴起的激光诱导化学气相沉积（LICVD），具有清洁表面、粒子大小可控、无黏结及粒度分布均匀等优点，易于制备出从几纳米到几十纳米的非晶态或晶态纳米微粒。LICVD 法已成功用于单质、无机化合物和复合材料纳米微粒的制备过程。

（4）化学沉淀法　化学沉淀法属于液相法的一种。常用的化学沉淀法可分为共沉淀法、均相沉淀法、多元醇沉淀法、沉淀转化法以及直接转化法等方法。具体的方法是将沉淀剂加入包含一种或多种离子的可溶性盐溶液中，使其发生水解反应，形成不溶性的氢氧化物、水合氧化物或者盐类而从溶液中析出，然后将溶剂和溶液中原有的阴离子洗去，并经过热水解或者脱水处理，就可以得到纳米颗粒材料。其优点是工艺简单，适合于制备纳米氧化物粉体等材料。缺点是纯度较低，且颗粒粒径较大。

（5）水热合成法　水热合成法是在高压釜的高温、高压反应环境中，采用水作为反应介质，使得通常难溶或不溶的物质溶解，反应还可进行重结晶。水热技术具有两个特点：一是其相对低的温度；二是在封闭容器中进行，避免了组分挥发。水热条件下粉体的制备有水热结晶法、水热合成法、水热分解法、水热脱水法、水热氧化法和水热还原法等。近年来还发展出电化学热法以及微波水热合成法。前者将水热法与电场相结合，而后者用微波加热水热反应体系。与一般湿化学法相比较，水热合成法可直接得到分散且结晶良好的粉体，不需作高温灼烧处理，避免了可能形成的粉体硬团聚，而且水热过程中可通过实验条件的调节来控制纳米颗粒的晶体结构、结晶形态与晶粒纯度。

（6）溶胶-凝胶法　溶胶-凝胶（sol-gel）法广泛地应用于金属氧化物纳米粒子的制备。前驱物用金属醇盐或者非醇盐均可。方法的实质是前驱物在一定的条件下水解成溶胶，再制成凝胶，经干燥等低温热处理后，制得所需纳米粒子。

无机材料的制备大多要经过高温的退火处理，而溶胶-凝胶法的优点之一是可以大大降低合成温度，加上溶胶-凝胶法温和的反应条件，该法成为制备有机-无机纳米复合材料的最有效方法之一。此法通常是在有机金属化合物中引入有机相聚合物，在适当的条件下水解成溶胶后转化成凝胶；或在无机溶胶中加入单体，在聚合过程中形成凝胶，使聚合物原位生成并均匀地嵌入在无机网络中。

（7）原位生成法　原位生成法也是制备纳米复合材料的重要方法之一。其中，无机粒子不是预先制备的，而是在反应中原位生成的。聚合物基质可以预先制备，也可以在复合过程中形成。例如：将水溶性聚合物与金属离子螯合后，用还原剂还原金属离子，便可以原位制得纳米复合材料。

另外，还有几种较前沿的纳米材料制备技术。如：模板技术、自组装技术。此外，表面活性剂分子在溶液中的自组装行为及一些特殊结构共聚物的自组装行为是近年来所谓仿生合成的研究热点之一。

综上所述，纳米材料的制备及合成技术仍然是当前纳米材料一个主要的研究方向。

### 11.4.3 纳米材料的发展动向

#### 11.4.3.1 纳米结构研究的进展和趋势

纳米结构体系是当前纳米材料领域派生出来的含有丰富的科学内涵的一个重要分支学科，由于该体系的奇特物理现象及与下一代子结构器件的联系，因而成为人们十分感兴趣的研究热点。

扫描隧道电子显微镜（STM）在纳米科技领域既是重要的测量工具，也是操纵微观世界的加工工具。扫描隧道电子显微镜的发明是"纳米革命"的象征。随后，科学家们在STM的基础上研制出了一系列的扫描探针显微镜，如原子力显微镜（AFM）、磁力显微镜（MFM）和开尔文力显微镜（KFM）等。在纳米技术领域所运用的分析仪器还包括：透射电子显微镜（TEM）、扫描电子显微镜（SEM）、中子散射仪（SANS）、X射线衍射仪、光学相干层析仪（OCT）等。

20世纪末纳米结构体系与新的量子效应器件的研究取得引人注目的新进展，与纳米结构组装体系相关的单电子晶体管原型器件在美国研制成功，代表了纳米材料发展的一个重要趋势，从这个意义上来说，纳米结构和量子效应原理性器件是目前纳米材料研究的前沿，并逐渐用制造的纳米微粒、纳米管、纳米棒组装起来营造自然界尚不存在的新的物质体系，从而创造新的奇迹。

从基础研究来说，纳米结构的出现，把人们对纳米材料出现的基本物理效应的认识不断引向深入。无序堆积而成的纳米块体材料，由于颗粒之间的界面结构的复杂性，很难把量子尺寸效应和表面效应对奇特理化效应的机理研究清楚。纳米结构可以把纳米材料的基本单元（纳米微粒、纳米丝、纳米棒等）分离开来，这就使研究单个纳米结构单元的行为、特性成为可能。更重要的是人们可以通过各种手段对纳米材料基本单元的表面进行控制，这就使我们有可能从实验上进一步调制纳米结构中纳米基本单元之间的间距，进一步认识它们之间的耦合效应。因此，纳米结构出现的新现象、新规律有利于人们进一步建立新原理，这为构筑纳米材料体系的理论框架奠定了基础。

#### 11.4.3.2 纳米晶金属材料的新进展

金属材料在室温下表现出很好的韧性和延展性，特别是贵金属材料，如金、银、铜等室温延展性均高于其他金属材料。空心立方金属材料普遍存在低温脆性，即使金、银这种高延展性的金属在极低温度下也表现出脆性。纳米晶金属材料的问世，为解决这一问题提供了新的机遇。纳米金属铜多层结构，在室温下表现出高的延展性。我国科学家在这方面作出了重要的研究工作。美国科学家利用纳米技术制成了铜、铬交替的多层结构，每个单层均为金属纳米晶，这种由一层铜纳米晶、一层铬纳米晶交替排列的叠层结构在液氮的温度下，具有极高的延展性。随着晶粒尺度的减小，强度和韧性同步提高。这种异常的特性，是传统金属材料所不具备的。一般来说，随着晶粒尺度的减小，常规金属材料的强度增加，但韧性下降，这说明纳米晶金属材料的力学性质与传统的金属材料不同，具有新的特性和新的规律。纳米晶铜与纳米晶铌叠层结构在极低温度下也表现出超延展性，这方面的研究正在深入地进行。

纳米晶体材料的应用研究尚处于探索阶段，由于具有独特的物理化学性质，世界各国对纳米材料的应用抱有极大的兴趣，使其在化学工业、新能源材料、生物医药、催化等领域存在巨大的应用价值，如作为化工催化材料、敏感（气光）材料、吸波材料、阻热涂层材料、陶瓷的扩散连接材料等。但三维尺寸纳米晶体材料的应用尚待进一步开发。纳米晶体材料具有广泛的应用前途，块体纳米金属材料在实验中展现出比传统金属材料更好的力学性能和抗腐蚀性，能够适应更多的应用场景。但纳米材料的实用化还依赖于制备技术的发展和完善，以及人们对其结构性能进一步深入认识和理解。

### 11.4.3.3　纳米硅基陶瓷粉及其应用发展前景

纳米陶瓷是指晶界宽度、晶粒尺寸、缺陷尺寸和第二相分布都在纳米量级上。其尺寸的纳米化大大提升了晶界数量，使材料的超塑性和力学性能大为提高，极为有效地克服了传统陶瓷的弊端。

纳米陶瓷粉末的制备直接关乎最终纳米陶瓷成品的质量。影响纳米陶瓷粉末的因素包括尺寸大小、尺寸分布、形貌、表面特性和团聚度等。目前合成纳米陶瓷粉末的方法有物理方法和化学方法，或根据合成时的条件不同，分为固相、液相和气相法。在实验室中固相法运用较多，因为所用设备较简单，条件适宜，但是得到的纳米陶瓷粉体纯度较低，且颗粒分布较宽。通过气相法制得的粉体具有较低的团聚度，且纯度较高，烧结性能优良。但是这种方法对实验设备的要求较高，且产量较低，这极大地限制了其应用。目前，应用较广泛且合成质量较高的是液相合成法。此方法设备简单，实验中无需较高的真空度，得到的粉体较纯净，聚合度较低，因此成为当今及以后制备纳米陶瓷粉体的主流方法。

将粉体固化的方法众多且工艺简单，但获得致密性较高且均匀的生坯，仍是纳米陶瓷制备中的难点问题。科学家发现，用较高的成形压力可使团聚的粉体破裂，并有利于后期致密化，得到较高的生坯密度。目前成型方法较多，可分为干法、湿法和半干法。干法可分为冷等静压成型法、超高压成型法、橡胶等静压成型法；湿法种类较多，最经典的有原位成型法、凝胶直接成型法、凝胶浇注成型法、渗透固化制备法。

在烧结过程中，纳米晶粒迅速生长，晶粒极易长大。因此，如何将颗粒粒径限制在纳米级别上，成为了一个难点问题。目前，烧结方法分无压烧结和压力烧结。无压烧结包括反应烧结和气氛烧结，压力烧结包括热压烧结、放电等离子烧结、超高压烧结、热等静压烧结和高压气相反应烧结等。

纳米陶瓷的力学性能主要体现在硬度、弯曲强度、延展性和断裂韧度等方面。

就硬度而言，纳米陶瓷是普通陶瓷的 5 倍甚至更高。在 $100℃$ 下，纳米 $TiO_2$ 陶瓷的硬度是 $1.3GPa$，而普通陶瓷则为 $0.1GPa$ 左右。Sun 等制备了 $Al_2O_3$ 纳米陶瓷，具有 $97.6\%$ 的理论密度和 $1.1\mu m$ 的平均粒度，其硬度高达 $23GPa$，远远高于普通 $Al_2O_3$ 陶瓷。由于纳米陶瓷具有较大的晶界界面，在界面上原子排列无序，在外界应力的作用下很容易发生迁移，因此展现出优于普通陶瓷的延展性与韧性。通常认为，颗粒增强、裂纹偏转和晶粒拔出是最主要的增韧机制。为获得更强的断裂韧性，人们尝试在陶瓷中添加不同的物质来形成复合物。Nekouee 等通过火花等离子体烧结（SPS）方法制备了完全致密的 $\beta\text{-SiAlON/TiN}$ 复合材料，纳米粉体具有低于 $155nm$ 的平均粒度。机械性能评价表明，通过添加微尺寸 $TiO_2$，获得 $14.6GPa$ 的硬度和 $63MPa/m^2$ 的断裂韧性的最佳机械性能。

超塑性是指在拉伸试验中，在一定的应变速率下，材料会产生较大的拉伸形变。普通陶瓷是一种脆性材料，在常温下没有超塑性，很难发生形变。原因是其内部滑移系统少，错位运动困难，错位密度小。只有达到 $1000℃$ 以上，陶瓷才具有一定的塑形。一般认为，若想具有超塑性，则需要有较小的粒径和快速的扩散途径。纳米陶瓷不但粒径较小，且界面的原子排列较复杂、混乱，又含有众多的不饱和键。原子在变形作用下很容易发生移动，因此表现出较好的延展性和韧性。Zhang 等经过拉伸负载分子动力学模拟，显示纳米晶 SiC 不仅具有韧性，而且在室温下，当晶粒尺寸减小到接近 2nm 时，表现出超塑性变形。计算的应变速率灵敏度为 $0.67$，说明在室温和典型应变速率（$10^{-2}s^{-1}$）下能达到 $1000\%$ 的应变。他们认为，超塑性的实现与在 $d=2nm$ 时的滑移速率异常上升到 $10^6s^{-1}$ 有关。

随着晶粒尺寸的减小，其铁电性能会逐渐降低。当其尺寸小到一定值时，材料的整个铁电性能会消失。Buscaglia 等发现，当纳米晶体 BaTiO$_3$ 的尺寸为 30nm 时，虽然它是非立方晶型结构，但仍观察到较高的介电常数（1600 左右）。Xiaohui 等制备并研究了平均粒径为 8nm 的钛酸钡（BTO）陶瓷。拉曼光谱显示，当温度从 360K 增加到 673K 时，BTO 纳米陶瓷发生从菱形到正交、正方形和立方的连续转变。介电测量显示，在 390K 下，得到最大介电常数（1800）。所有这些结果表明，铁电性可保留在直径小至 8nm 的晶粒尺寸的 BTO 陶瓷中。

高性能纳米复合硅基陶瓷最广泛地应用在涂层与包覆材料方面，能在高温、磨损、腐蚀、氧化等苛刻工作条件下制品产业化，用于隔热、抗氧化、耐磨、生物、压电和吸波涂层，如纳米复合陶瓷轴承、化工高温耐磨密封件、纳米复合陶瓷刀具、生物纳米陶瓷材料等。

### 11.4.3.4　有机-无机纳米复合材料研究的展望

目前，有机-无机纳米复合材料在多方面所表现出的广阔应用前景，已引起美国、英国、德国、日本等发达国家的重视，都把它的发展摆在了重要位置并制定了相应的发展计划。

在有机-无机纳米复合材料的研究过程中，应着重考虑发展如下的内容。

① 目前虽在磁性材料、非线性材料、导电材料及催化剂等方面取得了一些成果，但现在的研究大都局限于制备及性能的讨论上，如何能在分子基础上研究复合材料的特异性能，是当今科学工作者所面临的一大课题。

② 超晶格有机-无机纳米复合物是很有发展前途的，利用有机-无机相间具有的强相互作用可实现复合材料结构与形态的微观调控；尤其是通过模板的作用，合成无机纳米微粒的有序阵列。

③ 复合体系的形态和微相分离的程度对最终复合体的性能有重要的影响，要得到预先设计的物理特性，必须认识聚合动力学、微相分离及热力学之间的相互竞争作用。

④ 利用改性后的无机纳米微粒以及已有的高分子-无机纳米复合物与高分子共混，这对高分子合金的研究十分有价值。

当前对已有的合成方法进行不断改进，新的方法在不断被发现和采用，在复合涂层、复合乳液、复合微球、膜材料、相变储能材料、阻燃材料、荧光材料、催化材料、光电器件、气凝胶、高分子改性等方面取得了较大的进展，相信随着研究的不断深入和对复合机理了解的不断深化，必将会有突破性的进展，根据实际需要人们将能设计并合成出更多性能优异的无机-有机纳米复合材料。

### 11.4.3.5　纳米医用材料的发展趋势

生物医学材料是材料科学技术中一个正在发展的新领域，其研究涉及细胞生物学、材料科学、工程技术、临床医学等领域。生物医学材料学是一门新兴的学科，但是生物材料的应用有着悠久的历史，例如，公元前 700～公元前 500 年便有用黄金制造牙冠和桥体的记载。但是作为现代生物医学材料研究，国际上从 20 世纪 60 年代，国内从 20 世纪 70 年代开始发展。随着生物医学材料研究的不断发展，其应用范围也在不断扩大。例如：骨、关节、肌肉等骨骼-肌肉系统修复和替换材料；皮肤、呼吸道等软组织材料；人工心脏瓣膜、血管、心血管内插管材料；血液净化分离的过滤器；为尿毒症患者解毒的透析装置（即人工肾、人工肝脏等）；组织黏合剂和缝线材料；药物缓释载体材料；临床诊断及生物传感器材；等。它们的临床应用给医学特别是临床治疗学带来了革命性的影响。国际上从 1980 年开始，每 4 年召开一次世界生物材料大会，参加人数逐年增多。这从侧面反映了生物材料的研究是非常活跃的。十余年来，生物医学材料和医疗器械产业一直保持约 20％的速率持续增长，生物医学材料在挽救生命和提高人类生活质量方面的社会效益也越来越得到人们的认识。因此生物材料领域不论在学术研究方面还是在向产业化转变方面都仍处于活跃向上、迅速发展的阶段。

20世纪80年代末随着生物技术研究的进展，人类已开始将生物技术应用于生物材料的研制。在材料结构及功能设计中引入生物构架-活体细胞，也就是利用生物要素和功能去构成所希望的材料。即利用生物技术赋予"无生命"的材料以"生命"功能。这种新型材料包含活体细胞、组成细胞的物质以及细胞产物和模拟细胞生物合成的人工合成物质。其研究和发展将可能创造一个新的学科领域，即人体自身组织和器官的再生与重建。生物材料将为此提供构架，而生物技术则提供功能。因此，生物医学材料正在发生革命性变化，21世纪生物医学材料的主要研究内容将是有生命活性的材料，利用生物学原理可以设计和制造真正的仿生材料。纳米材料在21世纪很可能成为生物医用材料的核心材料，这是因为现在生物体的骨骼、牙齿、筋、腱等中发现由纳米微粒形成具有纳米结构的材料。从仿生的观点看，纳米生物医学材料的研究是重要的发展方向。

近些年，与生物相关的纳米生物技术发展极为迅速，成为国际生物技术领域的前沿和热点，在医药卫生领域有着广泛的应用和明确的产业化前景，特别是纳米药物载体、纳米医用材料、纳米生物传感器和成像技术、生物芯片、纳米机器人以及微型智能化医疗器械等，将导致诊断和治疗手段的新发展。

纳米生物技术具有很大的发展潜力，将对传统医学产生深刻影响，为临床治疗及诊断技术研究提供很大的创新机遇和市场前景。在临床上能够设计出具有良好生物相容性、靶向性更好的纳米药物、仿生材料和人造器官；设计集体内诊断和治疗为一体的纳米微粒是其发展方向。在诊断学上设计灵敏度更高、响应性更好的临床诊断试剂，将为疾病的提前预防和治疗提供宝贵的依据。针对患者之间的异质性，纳米临床医学和分子生物标记物相结合的个性化医疗会进一步提高疗效和安全性。

### 11.4.3.6 纳米材料在高科技中的应用

高技术是在前沿科学基础上发展起来的先进技术，它往往是工业革命的先导，也是技术竞争的"制高点"，在高技术基础上发展起来的高科技产业是衡量一个国家科学技术和经济实力的标志之一。世纪之交的高技术主要体现在信息科学领域技术中，随着纳米科技的发展，以纳米电子学为指导的新的器件相继问世，速度之快出乎人们的预料。有人预计单电子晶体管和超导相关器件以及微小磁场探测器很可能成为纳米电子技术的核心。20世纪80年代以来电路元件尺寸下降的速度是很快的，未来的20年电路元件尺寸将达到亚微米和纳米的水平，量子效应的原理性器件、分子电子器件和纳米器件成为电子工业的核心。在这些高技术集成的关键领域设计中，材料和加工技术都需要创新，纳米级的涂层材料及技术也将起关键的作用，纳米材料无疑将唱主角。纳米尺寸的开关材料、敏感材料、纳米级半导体/铁电体、纳米级半导体/铁磁体、纳米金属/纳米半导体集成的超结构材料、单电子晶体管材料、用于存储的巨磁材料、超小型电子干涉仪所需材料、电子过滤器材料、智能材料、新型光电子材料、3D打印材料等都是21世纪电子工业的关键材料，这些材料都具有纳米结构。纳米材料在高科技领域的应用主要有以下几个方面。

① 新型能源光电转换、热电转换材料及应用；高效太阳能转换材料及二次电池材料；纳米技术在海水提氢中的应用。

② 环境方面，光催化有机物降解材料、保洁抗菌涂层材料、生态建材、处理有害气体减少环境污染的材料。

③ 功能涂层材料（具有疏水疏油、阻燃、防静电、高介电、吸收散射紫外线和不同频段的红外吸收和反射及隐身涂层）。

④ 电子和电力工业材料、新一代电子封装材料、厚膜电路用基板材料、各种浆料、用

于电力工业的压敏电阻、线性电阻、非线性电阻和避雷器阀门；新一代的高性能 PTC、NTC 和负电阻温度系数的纳米金属材料。

⑤ 新型用于大屏幕平板显示的发光材料，包括纳米稀土材料。

⑥ 超高磁能第四代稀土永磁材料。

⑦ 纳米半导体展现出广阔的应用前景，纳米半导体粒子的高比表面积、高活性、特殊的特性使之成为应用在传感器方面最有前途的材料。尽管纳米半导体的研究刚刚起步，但它的一系列奇特性能使它成为纳米材料科学的一个前沿领域，相信一定会有更新的突破。

⑧ 量子计算机。利用硅基半导体制作的量子点成功实现量子计算机所需的操作精度。

⑨ 纳米材料在其他方面也有广阔的应用前景。美国、英国等国家已成功制备了纳米抛光液，并用于高级光学玻璃、石英晶体及各种宝石的抛光，纳米抛光液的发展前景方兴未艾。

此外，在密封胶、黏结剂、化妆品、抛光浆料以及医学、冶金等诸多行业中，也已有人着手进行纳米材料的应用研究，相信在不久的将来，运用纳米材料的产品将不断问世，纳米材料对传统产品的改造、产业结构的调整将起到不可估量的作用。

纳米技术也引起我国政府、科学界及社会各界的重视和关注。20 世纪 80 年代末，我国政府把纳米技术列入"攀登计划"和国家"重大攻关项目"，"纳米科技"重点专项已经连续设置多年，并委托科学院等一批科研机构、大专院校通过召开纳米技术专门会议制订计划、部署方案、调拨资金等大规模进行纳米技术研制工作。由中国科学院和教育部共同建设，2003 年 12 月获中央机构编制委员会办公室批复成立国家纳米科学中心，各省市也陆续设立了不少纳米科学技术中心。我国从 20 世纪 90 年代初开始申请纳米材料的专利，专利数量逐年增加。1997 年以来，我国纳米材料的应用出现可喜势头，大的集团公司已经开始介入纳米材料和纳米技术的开发。目前，纳米前沿被列入国家重点研发计划，围绕纳米材料的研究和应用领域正蓬勃展开。纳米材料将成为材料科学领域大放异彩的"明星"，展露在新材料、能源、信息、航空航天等各个领域，发挥举足轻重的作用，促使人们对这一崭新的材料科学领域和全新的研究对象努力探索，扩大其应用，从而将引起 21 世纪又一次产业革命，推动生产力的发展，改善人类生活的环境，为人类带来更多的利益。

21 世纪以来，全球 960 个最显著的科研方向中，89% 与纳米科技有关。作为多学科交叉融合而成的前沿型、基础型、平台型科学，纳米科技通过纳米尺度的精准操作，调控物质的属性，赋予纳米材料理想的力学、化学、电学、磁学、热学或光学性能，为物理、材料、化学、能源科学、生命科学、药理学与毒理学、工程学等七大基础学科提供了创新推动力，成为人类最具创新能力的科学研究领域之一，使这些新型纳米材料在传统和新兴工业制造领域得到广泛应用，成为变革性产业制造技术的重要源泉。

## 11.5 绿色化学与精细化工清洁生产工艺技术发展动向

### 11.5.1 绿色化学与绿色化工技术

#### 11.5.1.1 绿色化学的兴起和定义

绿色是地球生命的象征，绿色是持续发展的标志。

人类已跨入新的世纪，科学技术正以前所未有的速度突飞猛进地发展。绿色化学是 20 世纪 90 年代出现的一个多学科交叉的新研究领域，已成为当今国际化学化工研究的前沿，是 21 世纪化学科学发展的重要方向之一。绿色化学研究的目标就是运用现代科学技术的原理和方法从源头上减少或消除化学工业对环境的污染，从根本上实现化学工业的"绿色化"，走经济和社会可持续发展的道路。因此，从科学观点看，绿色化学是对传统化学思维的创新和发展，是更高层次的化学科学；从环境观点看，它是从源头上消除污染，保护生态环境的新科学和新技术；从经济观点看，它是合理利用资源和能源，实现可持续发展的核心战略之一。从某种意义上来说，绿色化学是对化学工业乃至整个现代工业的革命。因此，绿色化学及应用技术已成为各国政府、企业和学术界关注的热点。

1995 年 3 月 16 日美国政府设立"总统绿色化学挑战奖"，奖励旨在利用化学原理从根本上减少与消除化学污染物所取得的成就。从 1996 年起，每年颁奖一次。1999 年英国皇家化学会创办了"Green Chemistry"国际杂志。瑞典、荷兰、意大利、德国、丹麦等国家积极推行清洁生产工艺技术，实施废物最小化评估办法，取得了很大的成功。短短几年在绿色化学领域所取得的成就足以证明化学家们有能力对我们生存的地球负责。绿色化学是对人类健康和生存环境有益的正义事业！

我国由于人口基数大，资源相对紧缺，生态环境的破坏和污染日趋严重。因此，大力发展绿色化学化工是实现我国社会和经济可持续发展的必由之路。1994 年我国政府发表了《中国 21 世纪议程》白皮书，制定了"科教兴国"和"可持续发展"的战略，将积极推行清洁生产作为优先实施的重要技术。召开了各种不同类型的专业会议，提出了近期、中远期研究工作的重点和目标。这一切极大地推动了我国绿色化学化工研究的快速发展。

绿色化学又称环境无害化学、环境友好化学、清洁化学。绿色化学是一种对环境友好的化学过程，其目标是利用可持续发展的方法来降低维持人类生活水平及科学进步所需化学品与过程所使用与产生的有害物质。而在其基础上发展起来的技术称为绿色技术、环境友好技术或清洁生产技术，其核心是利用化学原理从源头上减少或消除化学工业对环境的污染。其内容包括重新设计化学合成、制造方法和化工产品来根除污染源，是最为理想的环境污染防治方法。

P. T. Anastas 和 J. C. Waner 于 2000 年提出绿色化学的 12 条原则，并于 2021 年进行了修正。

① 从源头制止污染，而不是在末端治理污染。

② 合成方法应具备"原子经济性"原则，即尽量使参加反应过程的原子都进入最终产物。

③ 在合成方法中尽量不使用和不产生对人类健康和环境有毒有害的物质。

④ 设计具有高使用效益低环境毒性的化学产品。

⑤ 尽量不用溶剂等辅助物质，不得已使用时它们必须是无害的。

⑥ 生产过程应该在温和的温度和压力下进行，而且能耗最低。

⑦ 尽量采用可再生的原料，特别是用生物质代替石油和煤等矿物原料。

⑧ 尽量减少副产品。

⑨ 使用高选择性的催化剂。

⑩ 化学产品在使用完后能降解成无害的物质并且能进入自然生态循环。

⑪ 发展实时分析技术以便监控有害物质的形成。

⑫ 选择参加化学过程的物质，尽量减少发生意外事故的风险。

这 12 条原则目前为国际化学界所公认，它也反映了近年来在绿色化学领域中所开展的多方面的研究工作内容，同时也指明了未来发展绿色化学的方向。绿水青山就是金山银山。

### 11.5.1.2 绿色化工技术

绿色化工技术是指在绿色化学基础上开发的从源头上阻止环境污染的化工技术。这类技术最理想的效果是采用"原子经济"反应，即原料中的每一原子转化成产品，不产生任何废物和副产品，实现废物的"零排放"，也不采用有毒有害的原料、催化剂和溶剂，并生产环境友好的产品。也可以说，绿色化工技术是指用绿色技术，进行化工清洁生产，制得环境友好产品的全过程。

绿色化工技术的内容较广泛，当前比较活跃的有如下方面。

**(1)新技术** 催化反应技术、新分离技术、环境保护技术、分析测试技术、微型化工技术、超重力技术、空间化工技术、等离子化工技术、纳米技术、智能技术等；

**(2)新材料** 功能材料（如光敏树脂、高吸水性树脂、记忆材料、导电高分子）、纳米材料、绿色建材、特种工程塑料、特种陶瓷材料、甲壳素及其衍生物等；

**(3)新产品** 水基涂料、煤脱硫剂、生物柴油、生物农药、磁性化肥、无滴薄膜、生长调节剂、无土栽培液、绿色制冷剂、绿色橡胶、生物可降解塑料、纳米管电子线路、新配方汽油、新的海洋生物防垢产品、新型天然杀虫剂产品等；

**(4)催化剂** 生物催化剂、稀土催化剂、低害无害催化剂（如以铑代替汞盐催化剂制乙醛）等；

**(5)清洁原料** 农林牧副渔产品及其废物、清洁氧化剂（如双氧水、氧气）等；

**(6)清洁能源** 氢能源、醇能源（如甲醇、乙醇）、生物质能（如沼气）、煤液化、太阳能、风能、潮汐能等；

**(7)清洁溶剂** 无溶剂、水作溶剂、超临界流体作溶剂等；

**(8)清洁设备** 特种材质设备（如不锈钢、塑料）、密闭系统、自控系统等；

**(9)清洁工艺** 配方工艺、分离工艺（如精馏、浸提、萃取、结晶、色谱等）、催化工艺、仿生工艺、有机电合成工艺、光化学合成工艺等；

**(10)节能技术** 燃烧节能技术、传热节能技术、绝热节能技术、余热节能技术、电力节能技术等；

**(11)节水技术** 咸水淡化技术，避免"跑、冒、滴、漏"技术，水处理技术，水循环使用和综合利用技术，等；

**(12)生化技术** 生化合成技术、生物降解技术、基因重组技术等；

**(13)"三废"治理** 综合利用技术、废物最小化技术、必要的末端治理技术等；

**(14)化工设计** 绿色设计、虚拟设计、原子经济性设计、计算机辅助设计等。

总之，在实施绿色化工生产过程中，绿色技术的运用包含两层意思，一层意思是整个生产过程或工艺符合绿色化学原则，即原料的充分利用，能源的分级利用，原料和产品与环境和生态系统的相容，循环工艺的运用，工艺的清洁性以及生命周期的服务系统等。除此之外，还有另一层意思，这就是高新技术和先进设备的应用。有些化工生产仅仅需要通过工艺的改变就能实现绿色化，但是更多涉及精细化工、电子材料、生物医用材料和复杂有机或高分子材料的合成，就必须借助最先进的技术设备才能实现，如超临界流体技术、微化工技术、超重力技术、基因工程技术、智能技术、高能辐射技术、等离子体技术、超高压技术、仿酶催化技术、微波技术、超声技术、膜技术等。

因此，大力发展绿色化工技术，走资源-环境-经济-社会协调发展的道路是我国化学工业乃至整个工业现代化发展的必由之路。

## 11.5.2 精细化工清洁生产工艺技术发展动向

### 11.5.2.1 实现清洁生产的途径

**(1)合理利用资源和能源** 据统计，地球上 $70\%\sim80\%$ 的污染是由资源、能源的浪费产生的。我国精细化工的资源、能源利用率低的问题尤为严重，不少企业浪费的资源、能源大多以"三废"形式排入环境。如生产香兰素的某家企业，每生产 1t 产品，需要投入 21t 原料，其生产过程中产生和排出的污染物，实际上是各工段浪费的能源和原辅材料、中间体和副产品的总和。因此，合理利用资源和能源是精细化工实现可持续发展的重要前提。

合理利用资源，除了国家要在宏观上对资源的投向作出合理的决策，如以原料产地为中心，发展资源产业，科学配置生产力，组建工业链和资源循环闭合圈等。对企业来说，要努力提高资源利用率，实现资源的综合利用和废物资源化。同时要强化资源管理，建立包括资源、环境价值观在内的新的经济核算体系，从而达到节省资源、减少物耗、降低成本、净化环境的目的。

工业发达国家十分重视二次资源的开发利用。以德国为例，47％的纸张和纸板是用废纸生产的，并且发现用再生纸浆造纸，可减少大气污染 74％，减少 35％用水量，同时减少了对森林的砍伐，保护了生态环境；75％的玻璃制品是用废玻璃生产的，节约了 1/3 的能源。

我国精细化工在二次资源的开发利用方面潜力很大，现也已取得了不少的成绩。例如，中国人民解放军九七一五厂（现河北新兴化工有限责任公司）采用溶剂萃取法从农药氧化乐果的生产废水中回收有用中间体氧硫磷酯获得成功，该技术不仅减轻了对水体的污染，而且对 5000t/a 生产装置来说，年创利润可达 60 万元；南京师范大学从农药甲胺磷胺化废水中回收精胺，年处理废水量 7500t/a，投资 1.25 万元，减少 COD 排放量 300t/a，年创利税 160 万元。

我国单位产值能耗是发达国家的 2.1 倍，而人均能源拥有量却只有世界人均量的 40％。能源仍以燃煤为主，其中 58.4％用于集中的电、热生产，约 33％用于工业及建筑业，约 8.6％作为民用散烧煤。因此发展清洁的燃煤、节煤技术，改造锅炉设备，开展煤的综合利用，提高能源利用率已成为我国的当务之急。近几年来这方面的开发研究进展很快，取得了不少具有实用价值的科技成果。

生物质是指由植物、动物或微生物生命体所合成得到的物质的总称，分为植物生物质、动物生物质和微生物生物质。据估算，目前地球每年新生成的植物生物质资源和可再生废弃物资源（包括农业废弃物、林业废弃物、畜牧业废弃物、水产废弃物和城市垃圾等）换算约为消耗石油天然气和煤等能源总量的 10 倍。生物质资源既可作为能源，也可加工成化学品。

目前我国主要生物质资源年产生量约为 34.94 亿吨，生物质资源能源化利用量约为 4.61 亿吨，实现碳减排约为 2.18 亿吨。截至 2020 年，我国秸秆理论资源量约为 8.29 亿吨，可收集资源约为 6.94 亿吨；生活垃圾清运量约为 3.1 亿吨；废弃油脂年产生量约为 1055 万吨。预计到 2030 年，我国生物质总资源量将达到 37.95 亿吨。

生物质是唯一的可再生碳源，具有很好的兼容性，可替代化石能源气化制氢，催化热解制取高品质液体燃料，催化热解制备多种含氧化学品［包括糖平台化学品（如糠醛、左旋葡聚糖酮）及酚类化学品］，热解改性转化为高价值的功能型炭材料，如多孔炭材料、碳纳米管，通过纤维素、半纤维素、淀粉、糖、木质素、油脂等平台制备精细化学品。也可通过调控热解过程，同时获得具有较高利用价值的可燃气、生物油以及焦炭产品，实现生物质热解综合利用价值最大化。生物质化学利用有光明的前景，同时基于碳中性的特性，结合 $CO_2$ 捕集可实现负碳排放。

**（2）实现产品生产全过程控制**

① 调整产品结构，发展"绿色产品"　现代精细化工必须改变以往那种只考虑赚钱，不考虑环境后果的状态。企业要对产品整个生命周期的各个阶段，即产品的设计、生产、流通、消费以及报废后的处置，进行环境影响评价。调整取消那些高投入、低产出、污染大，对环境和人体有害的产品，如制冷剂氟利昂、杀虫剂六六六、DDT、试剂联苯胺、多氯联

苯等。积极发展对环境和人体无害的"绿色产品"，如高效、低毒、低残留农药，生物农药，水溶性涂料，新型材料，无磷洗涤剂，无害纺织染料，等。

② 选用无毒或低毒的原料　生产聚氯乙烯，老工艺是以电石为原料，生产过程中有大量的"三废"产生，以每吨产品计，产生的"三废"有电石粉尘 20kg，电石渣浆 2～3t，碱性含硫废水（pH＞12）10t，还有硫化氢、磷化氢等有毒气体释放出来，并存在汞污染问题。能耗也大，每生产 1t 乙炔要消耗 1 万 kW·h 电。如实行清洁生产，废除重污染原料电石，以乙烯为原料，改用氧氯化法，结果不仅解决了环境污染问题，而且使聚氯乙烯成本下降 50％。

③ 应用先进的工艺和设备　合理采用新工艺新技术（如高效催化技术、生物技术、树脂和膜分离技术、机电一体化技术、电子信息技术等），优化工艺参数，提高资源、能源的利用率，从源头根除污染。例如，南开大学高分子研究所开发的树脂催化无废工艺，以莰烯为原料，一步合成异龙脑获得成功，已在江西樟脑厂投入生产。山东济宁市化工设计院与天津大学合作开发了羰基合成法生产香料中间体苯乙酸新工艺获得成功，废除了以剧毒的氰化钠为原料的老工艺，取得了显著的环境效益和经济效益。

④ 强化企业管理　据统计，有 50％的三废是由企业管理不善，使资源白白流失而造成的。强化企业管理是企业实施清洁生产投资最少，见效最快的有力措施。

a. 加强人员培训，提高职工素质，建立有环境考核指标的岗位责任制和管理职责。

b. 完善统计和审核制度。

c. 配备必要的仪器仪表，加强计量管理和全面质量管理。

d. 实施有效的生产调度，组织安全文明生产。

e. 重视设备的维护、维修，杜绝"跑、冒、滴、漏"。

f. 做好原辅材料和产品的贮存、运输与保管。

g. 建立公平的奖惩制度。

⑤ 搞好必要的末站治理　开发经济、适用、先进、可行的"三废"处理技术，达到集中处理设施可以接纳的程度，这也是必要的。具体要求是：

a. 清浊分流，减少处理量，实现有用物料的再循环。

b. 对排放物进行适当的减量化处理（如脱水、压缩、过滤分离、焚烧等），以利于充分发挥集中设施的规模效益。

### 11.5.2.2　精细化工清洁生产工艺技术发展动向

（1）发展精细化工的新模式　为了彻底改变化学工业对环境造成的污染，从 20 世纪 80 年代开始，国际上，特别是西方工业发达国家，认真总结了"先污染，后治理"发展工业生产的经验教训，提高了对环境保护重要意义的认识。经过实践探索，形成了资源-环境-经济-社会协调发展（即可持续发展）的新模式。"可持续发展"理论的基本要点是：

① 工业生产要减少乃至消除废料。

② 强调工业生产和环境保护一体化。废除过去那种"原料-工业生产-产品使用-废物-弃入环境"这一传统的生产、消费模式，确立"原料-工业生产-产品使用-废品回收-二次资源"这种仿生态系统的新模式。

可持续发展已成为清洁生产的理论基础，而清洁生产正是可持续发展思想理论的具体实践。事实充分证明，清洁生产是实现经济与环境协调发展的最佳选择。

（2）不断研究和开发绿色化学新工艺　要形成化学工业的清洁生产，其关键在于研究和开发"绿色化学新工艺"，"绿色化学工艺"的核心则是构筑能量和物质的闭路循环。可以把它看作一门高超的科学艺术，因为，只有深刻理解和熟练掌握了有关化学化工各领域的知识，并做到融会贯通和灵活运用，才有可能创造出"绿色化学工艺"这门艺术的科学。

选择不同的清洁工艺，如磺化清洁工艺、硝化清洁工艺、卤化清洁工艺、还原清洁工艺等，如何正确地选择这些工艺路线，实行清洁生产，发展无废、少废磺化工艺，降低物耗、能耗，提高反应物的选择性和产品的收率与质量，减少对人体和环境的危害，是当今世界化工必须解决的重要问题，具有重大的战略意义。

**(3) 不断设计、生产和使用环境友好产品** 要求环境友好产品在其加工、应用及功能消失之后均不会对人类健康和生态环境产生危害。设计"更安全化学品奖"即是对这一类绿色化学产品的奖励。从美国学术和企业界在绿色化学研究中取得的最新成就和政府对绿色化学奖励的导向作用可以看出，绿色化学从原理和方法上给传统的化学工业带来了革命性变化，在设计新的化学工艺方法和设计新的环境友好产品两个方面，通过使用原子经济反应、无毒无害原料、催化剂和溶（助）剂等来实现化学工艺的清洁生产，通过加工、使用新的绿色化学品使其对人身健康、社区安全和生态环境无害化。可以预言，21 世纪绿色化学的进步将会证明我们有能力为我们生存的地球负责。绿色化学是对人类健康和我们的生存环境所做的正义事业。

**(4) 清洁催化技术的发展** 近几十年来，新型催化剂的研制和清洁催化技术的开发与应用研究进展十分迅速，成效卓著，大有替代反应性差、环境污染严重的传统催化剂之势，它已成为当今化学工业，特别是精细化工推行清洁生产的重要手段。

正确地选用催化剂，不仅可以加速反应的进程，而且能大大提高化学反应的转化率及选择性，达到降耗、节能、减少污染、提高产品的收率和质量、降低生产成本的目的。目前大多数化工产品的生产，均采用了催化反应技术，新的化工过程有 90％以上是靠催化技术来完成的。可以说现代化学工业中，最重要的成就都是与催化剂的应用密切相关。目前新开发的几种新型催化剂及其清洁催化技术主要包括：相转移催化剂、高分子催化剂、分子筛催化剂和固定化生物催化剂。它们在精细化工清洁生产工艺技术中将发挥越来越大的作用，有着广阔的发展和应用前景。

**(5) 发展对策**

① **各级政府部门予以重视，并制定相关政策** 我国各级政府部门应充分认识绿色化学及其产业革命对未来人类社会和经济发展所带来的影响，及时调整产业结构，大力发展绿色技术和绿色产业。因为绿色化学及其产业是既能适应我国当前的经济发展模式，又能适应我国民族特点的科学和产业。

为了全面推动绿色化学及其产业的发展，应加强对绿色化学与技术的宣传，制定对绿色化学与技术的奖励和扶持政策，以促进我国绿色化学及其产业的发展。

② **结合国情，选择重点领域开发绿色化学技术**

a. **防治污染的洁净煤技术** 洁净煤技术包括煤炭燃烧前的净化技术、燃烧过程中的净化技术、燃烧后的净化技术以及煤炭的转化技术。我国是世界上最大的煤炭生产国和消费国，大力研究开发洁净煤技术，有利于节省能源，改善我国大气的质量，减少环境污染，是实现绿色产业革命战略的重中之重。

b. **绿色生物化工技术** 将廉价的生物质资源转化为有用的化学工业品和燃料是发展我国绿色化学的战略目标。发展绿色生物化工技术包括微生物发酵技术、酶工程技术、基因工程技术和细胞工程技术。植物资源是地球上最丰富的可再生的有机资源，每年以 1600 亿吨的速度再生，相当于 800 亿吨石油所含的能量。我国每年农作物秸秆就有 10 多亿吨，但是利用率不到 5％（主要用于造纸）。若利用绿色生物化工技术将其转化为有机化工原料，则至少可制取 20 万吨乙醇、8000 万吨糠醛和 30 万吨木质素，创造数百亿元的价值。因此，生物质资源的转化和利用，绿色化学和技术将是大有作为的。在这个领域，绿色化学的发展具有巨大的现实意义和深远的历史影响。

c. 矿产资源高效利用的绿色技术　　我国是一个人口众多，资源相对紧缺的国家，开发矿产资源高效利用的绿色技术和低品位矿产资源回收利用的绿色技术，是绿色化学研究的重要目标。目前，生物催化技术、微波化学技术、超声化学技术、膜分离技术等在矿产资源利用领域的应用引起人们的极大关注，并且有的已投入工业应用，展示了广阔的发展前景。

d. 精细化学品的绿色合成技术　　精细化学品是高新技术发展的基础，关系到国计民生，在国民经济中占有极其重要的地位。然而，许多精细化学品的制备合成步骤多，原辅材料用量大，总产率比较低。因此，探索和研究既具有高选择性，又具有高原子经济性的绿色合成技术，对于精细化学的制备至关重要。例如，不对称催化合成技术大量用于精细化学品的制备，已成为绿色化学研究的热点。组合合成已成为绿色化学中实现分子多样性的有效捷径。

e. 生态农业的绿色技术　　我国是一个农业大国，发展生态农业，利在当代，功在千秋。研究开发高利用率、无污染的生态肥料和高效低毒的生态农药以及农副产物高附加值的绿色转化技术，对促进农业绿色产业化，发展我国的生态农业，绿色化学更是任重道远。

③ 加强技术改造，实施清洁生产工艺　　对现有企业的生产工艺用绿色化学的原理和技术来进行评估，借鉴当今先进的科学技术，加强技术改造的力度，实施清洁生产工艺，是绿色化学研究的又一重要课题。

④ 加强国际学术交流，注重技术创新　　21世纪是全球知识经济占主导地位的世纪。绿色化学和技术已是当今国际化学学科研究的前沿，欧美国家极为重视，发展很快。我们应该积极跟踪国外绿色化学的研究动向，加强国际学术交流，为我所用。同时也要结合我国国情特点，大力加强自主开发研究，尤其是绿色化学技术的应用研究，以促进我国绿色化学及其产业的发展和创新。

创新的主体是人，人才培养是关键。党的二十大报告提出"深入实施人才强国战略"。坚持科技是第一生产力、人才是第一资源、创新是第一动力，深入实施科教兴国战略、人才强国战略、创新驱动发展战略，方能开辟发展新领域新赛道，不断塑造发展新动能新优势。推进中国式现代化建设，必须培养造就现代化建设需要的高素质人才，发挥人才引领驱动现代化建设的作用，使人才自身在现代化建设中得到全面自由发展，着力探索强化人才支撑作用的实现路径。要推进产、学、研相结合，培养和造就一支高水平的从事绿色化学理论研究和技术开发的科技人才队伍，从而在绿色化学及其产业中发挥骨干作用。

绿色化学是可持续发展的新科学和新技术，是对传统化学思维的创新和发展，是21世纪的中心科学。因此，大力发展绿色化学化工，走资源-环境-经济-社会协调发展的道路是我国化学工业乃至整个工业现代化发展的必由之路，这是人类21世纪的必然选择。

## 11. 6　　其他新技术在精细化工产品中的应用

世界各主要国家尽管围绕碳排放问题就其各自的权力和责任竞相讨价还价，但却都在纷纷走上低碳经济之路。这不仅仅是为了要对保护世界环境作贡献，为应对全球性气候变化作出共同的努力，也是各大国基于相互之间进行战略力量竞争的现实考虑。

气候变化正在推动世界走向低碳经济，低碳经济是以低耗能、低污染、低排放为基础的经济模式。其实质是能源高效利用、清洁能源开发、追求绿色GDP的问题，核心是能源技术和减排技术创新，产业结构和制度创新及人类生存发展观念的根本性转变。

在美国，一直着力于将新能源经济打造成恢复美国经济活力的新增长点，致力于创造"绿色岗位"，将应对气候变化和减少碳排放问题与减少美国对石油和传统化石能源的过分依赖相联系，并将其上升到影响美国经济安全和国家安全的战略性问题。同样，欧盟、日本、印度等世界其他主要的国家或国家联盟，也都在寻找发展各自的低碳经济之路。

我国经济发展，必须改变过去"先发展、后治理，高消耗、高排放"的传统发展方式。随着中国经济的迅速发展，中国温室气体的排放也急剧飙升，目前已成为温室气体排放第一大国。中国推行节能减排还面临着基本国情的制约性：当今的中国还是一个人口众多，经济发展水平总体较低，能源结构以煤为主，应对气候变化能力相对较弱的发展中国家，还处在城镇化、工业化进程不断加快的发展过程和民众用能需求加速上升的过程之中。因此，中国在应对气候变化方面面临着严峻的挑战。2012 年 2 月 29 日第十一届全国人民代表大会常务委员会第二十五次会议通过了修正《中华人民共和国清洁生产促进法》，明确提出国家要建立清洁生产推行规划制度，进一步促进环境保护和节能减排，强化各级政府推行清洁生产的职责。这表明中国政府早已经决心加快国内经济发展方式转型，走绿色、低碳、可持续发展经济之路。以提高能效、发展清洁能源为核心，以转变经济发展方式、创新发展机制为关键，以经济社会可持续发展为目标的低碳发展，应该是今后我国经济社会发展的必然战略选择，也是精细化工产品生产技术发展的必然选择。

### 11.6.1　超临界流体萃取技术在精细化工产品开发中的应用

**(1) 超临界流体萃取技术简介**　在较低温度下，不断增加气体的压力时，气体会转化成液体，当压力继续增高时，液体的体积增大，对于某一特定的物质而言总存在一个临界温度（$T_c$）和临界压力（$p_c$），高于临界温度和临界压力，物质不会成为液体或气体，这一点就是临界点。在临界点以上的范围内，物质状态处于气体和液体之间，这个范围之内的流体成为超临界流体（SF）。超临界流体具有类似于气体的较强穿透力和类似于液体的较大密度和溶解度，具有良好的溶剂特性，可作为溶剂进行萃取、分离单体。

超临界流体萃取（supercriticad fluid extraction，简称 SFE）是一种独特、高效、清洁及较好选择性的新分离技术，可作为 SF 的物质很多，如二氧化碳、一氧化亚氮、六氟化硫、乙烷、庚烷、氨等，其中多选用 $CO_2$（临界温度接近室温，且无色、无毒、无味、不易燃、化学惰性、价廉、易制成高纯度气体）。超临界 $CO_2$ 萃取（SFE-$CO_2$）工艺，系在接近室温条件下的萃取，适用于热敏性成分的提取，特别适用于亲脂性、分子量较小物质的萃取。是一种适应低能耗，低污染，低排放的新技术。

SFE 中 $CO_2$ 作用、适用范围及其特点：

① 在超临界 $CO_2$ 萃取过程中，$CO_2$ 作为热载体，完成工艺所需的热能纳入和排出，进行介质间的热能交换。

② $CO_2$ 萃取剂作为一种溶剂，$CO_2$ 溶解能力与其极性相关，可谓"相似者相溶"。作为溶剂仅适用于挥发脂、油脂和脂溶性物质的萃取，产品的范围有限。

③ $CO_2$ 无毒无臭，在超临界状态（$p \geqslant 7.38MPa$，$T \geqslant 31℃$）下，通过 $CO_2$ 压力和温度的调节，将所需物质在高压下萃取出，而在低压下又能被释放和分离，这一过程进行得既迅速又快捷，正因为具有这些特点，促进了 SFE-$CO_2$ 萃取技术的推广和应用。

SFE-$CO_2$ 萃取技术具有简单、快速、对环境"友好"及有选择性良好的优点，因而有较大的应用价值。

**(2) 超临界流体萃取技术装备**　该装置由 $CO_2$ 气瓶、制冷系统、温度控显系统、压力控显系统、安全保护装置、携带剂罐、净化器、混合器、热交换器、储罐、双柱塞泵、萃取缸、分离器、精馏柱、电控柜、闸门、管件及柜架等组成，如图 11-1 所示。一般最高萃取压力为 50MPa，萃取温度为常温至 75℃。

**(3) 超临界流体萃取技术应用**　SFE 技术适用于天然产物有效成分提取与分离，在高

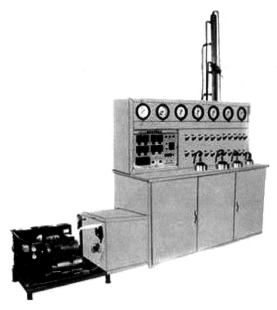

图 11-1　典型超临界流体萃取技术装备图

附加值物质生产、难分离物质回收和微量杂质的脱除方面展现出勃勃生机。已被广泛应用于香料、食品、医药、生物工程、化工环保、天然中草药分离提取等领域。

目前在啤酒花有效成分萃取、天然香科植物或果蔬中提取天然香料和色素及风味物质、动植物油脂、咖啡豆或茶叶中脱除咖啡因、烟草脱尼古丁、奶脂脱胆固醇及食品脱臭等方面的研究和应用都有了很大的进展。尤其适用于热敏挥发性化合物的提取，对于极性偏大的混合物，可加入极性的夹带剂如乙醇、甲醇等，改变其萃取范围，提高抽提率。目前，国内外可利用 SFE 技术的中草药资源很多，如丹参、当归、五味子、黄花蒿、穿心莲、蛇床子、降香叶等，我国学者对天然中草药的超临界萃取做了许多有益的研究。因此可以说，香料、药物、保健品、化妆品、食品添加剂、天然中草药、精细化工等的萃取和提纯仍然是超临界流体技术的研究和应用的重要领域。研究和开发工作可谓方兴未艾，其产业化程度不断提高。

随着超临界流体技术的迅速发展和应用范围的日益扩大，超临界流体萃取技术，在精细化工新产品开发中将得到更加广泛的应用。

### 11.6.2　微化工技术在精细化工产品开发中的应用

**(1) 微化工技术简介**　微化工技术通常包括微混合与多相微流动、微换热与传质、微尺度反应等，是化学工业可持续发展的关键技术之一。与传统化工过程相比，微化工过程在产品质量、生产效率和过程能耗等方面显现出了优势。

微化工技术已经被广泛地应用于化学、化工、材料、能源和环境等诸多研究领域中，并在纳米颗粒大规模可控制备、萃取分离过程强化和精细化学品生产等领域实现了工业应用，体现出广阔的发展前景。

**(2) 微化工技术典型装备**　微化工过程起步于对微混合器和微换热器的研究，其特点是混合特征尺度小，一般微混合器内流体通道或混合腔室的特征尺寸在微米量级（$1\mu m \sim 1mm$）。混合特征尺度小，一方面使传递距离更短，有利于快速完成混合过程，实现温度和浓度的均匀分布；另一方面，大多数微尺度流动的 $Re$ 值均远小于 2000，流动状态一般为层流，没有内部涡流，这又不利于混合的快速完成。因此，目前针对微混合过程的研究重点是新型微混合设备和方法的开发以及微尺度混合规律和强化研究。通常，在微通道内，气泡或气柱运动阶段传质系数可达 $10^{-3}$ m/s 量级，体积传质系数在 $1\sim10\mathrm{s}^{-1}$ 量级，较传统化工设备内气/液传质过程高 $1\sim2$ 个数量级；在微结构内部，气泡或气柱的生成阶段，传质系数在 $10^{-4}\sim10^{-3}$ m/s 之间，总传质量的 25% 以上可以在生成阶段完成。微尺度下液-液体系相间传质系数为 $10^{-6}\sim10^{-4}$ m/s 量级，体积传质系数为 $0.1\sim10\mathrm{s}^{-1}$ 量级，较传统化工设备高 $1\sim2$ 个数量级。

由于通道特征尺度在微米级，$Re$ 小于 2000，流动多呈层流，因此微流体混合过程主要基于层流混合机制，其基本混合机理主要是层流剪切、延伸流动、分布混合和分子扩散。按输入能量的不同分为非动力式微混合器和动力式微混合器。非动力式微混合器主要有 T 型微混合器、多交互薄层微混合器、静态微混合器和混沌微混合器，动力式微混合器主要有磁力搅拌型微混合器、声场促进型微混合器和电场促进型微混合器。

在微化工系统中，微反应器是重要的核心之一，一般是指通过微加技术和精密加工技术制造的带有微结构的反应设备，微反应器内的流体通道或者分散尺度在微米量级，而微反应器的处理量则依据其应用目的的不同达到从数微升/分钟到数万立方米/年的规模，其内部流体的流动或分散尺度一般在 $1\mu\mathrm{m}\sim1\mathrm{mm}$。微小的反应体积，使得反应器内反应物的滞存体积很小，这是微反应器具有固有安全性的主要原因。大部分情况下，微反应器内的流动接近平推流，特别是液柱流、液滴流等流型下，极大地削弱了反应器内的轴向扩散作用，使得可以精确控制反应时间。

微通道反应器是最广泛使用的微反应器，其他还有毛细管微反应器、降膜式微反应器、多股并流式微反应器、外场强化式微反应器、微孔阵列和膜分散式微反应器，见图 11-2。目前的微反应器还不能完全适用于所有的反应过程，对适应科学研究和生产过程要求的新型微反应器的深入开发仍然十分必要。

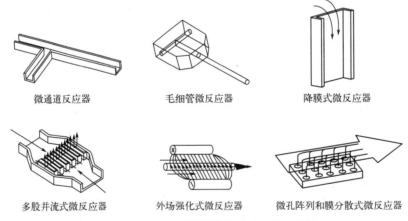

图 11-2　基于不同微结构的微反应器示意图

**(3) 微化工技术应用**　微反应器作为高性能的基础研究平台。由于体积小，混合迅速，反应时间容易控制，微反应器在化学、生物等基础学科研究中成为良好的研究工具，更是精细化学品合成的优良研究工具。其优点有：有效降低实验成本，提高实验效率，可以方便进行动力学研究，可以精确控制温度并快速实现升降温。

微通道是颗粒制备技术的新型研究平台，利用通道微小的混合尺度和可控的反应时间可以对颗粒的成核生长过程进行研究。利用微反应设备能够有效地强化体系中颗粒的成核，削弱生长，从而制备出纳米颗粒，并已经实现了工业化。膜分散技术和微孔阵列分散技术是大批量制备纳米颗粒的有效方法，这种方法通过低能耗的被动混合方式就可以使反应物在微反应器内高效混合并快速沉淀出纳米颗粒。利用这两种方法能够可控地合成 $TiO_2$、$BaSO_4$、$CaCO_3$、$SiO_2$、$CaHPO_4$、$FePO_4$、$ZnO$、$ZrO_2$ 等粒径在 $10\sim300nm$ 范围内的颗粒材料。

用于微尺度聚合反应与聚合物材料的制备，有两方面优势：①良好的混合和传递性能可以强化引发剂在单体中的分散和反应热的移除，从而获得窄分子量分布的聚合物；②利用微设备可以制备尺寸高度均一、内部结构可调控的聚合物材料。

借助微反应器良好的混合和传热性能，微反应器可以有效地控制反应物的混合状态和反应温度，从而提高化学反应的选择性。对于很多有机合成反应，利用微反应器可以有效地提高反应的选择性和收率。

硝化反应。硝化反应是一个放热反应，而且多硝基化合物通常容易发生爆炸，生产过程中容易由物料蓄积引发爆炸事故。研究人员成功地利用微反应器实现了多种化合物的硝化反应。以苯甲酸和发烟硫酸、浓硝酸反应连续合成 3,5-二硝基苯甲酸，苯甲酸转化率为100%，3,5-二硝基苯甲酸选择性达到97.2%。以环己醇和浓硫酸、硝酸反应连续合成硝基环己酯，硝基环己酯收率可达97.2%，硝基环己酯纯度达到99.1%。以二缩三乙二醇和浓硫酸、硝酸反应连续合成二缩三乙二醇硝酸酯，具有硝酸用量省、在线量少、停留时间短、收率高等优点。以 1,3,5-均三甲苯和硝酸、硫酸反应合成 1,3,5-三甲基-2-硝基苯，反应分两步进行，总停留时间60s，均三甲苯转化率达到99.8%，1,3,5-三甲基-2-硝基苯收率为95%，纯度为97%，与釜式反应器工艺相比，硫酸的消耗量仅为原来的 $\frac{1}{7.6}$，反应时间由4h缩短到60s，而且产品纯度有所提高。在一种液滴型微通道反应器中，使 3-[2-氯-4-(三氟甲基) 苯氧基] 苯甲酸与混酸在连续液滴模式下发生硝化反应，实现了三氟羧草醚的高效安全合成，3-[2-氯-4-(三氟甲基) 苯氧基] 苯甲酸的转化率为83.0%，三氟羧草醚的选择性为79.5%。采用内径 1.0mm 的不锈钢 T 型混合器与内径 0.6mm 的不锈钢毛细管线圈连接搭建了一种微通道反应器，混酸和 2-乙基-1-己醇通过平流泵并行泵入混合器，在优化反应条件下，2-乙基-1-己醇的转化率高达98%，2-乙基己基硝酸酯的选择性高于99%。

氧化反应。氧化反应通常为放热反应，反应的热量很难快速消散，容易造成温度失控，一次必须缓慢进行，微反应技术正好可用于解决这个问题。以 N-羟基邻苯二甲酰亚胺（NHPI）和亚硝酸叔丁酯（TBN）构成的无金属催化体系 NHPI/TBN 催化分子氧对四氢化萘等烷基苯类化合物的苄基选择性氧化，以 41.2%～90.3% 的收率得到相应的酮，氧化反应的效率较釜式反应器中提高 466 倍，且催化剂可循环使用。在通用的毛细管微通道反应器中，在偏钒酸钠催化下过氧化氢直接氧化苯生成苯酚，苯酚的收率和选择性分别达到15%和94%，这些结果为苯直接氧化合成苯酚工艺放大提供必要的支持。以过氧化氢为氧化剂，以 $V_2O_5$ 和 $H_3PW_{12}O_{40}$ 为组合催化剂，由丙烯酸氧化合成乙醛酸，在优化工艺参数下，丙烯酸的转化率达97.1%，乙醛酸的选择性为91.4%。较釜式间歇氧化反应，连续反应具有效率高、时间短、容易控制流态等优点，消除了氧化过程中双氧水分解带来的安全隐患和经济损失。N-甲基吗啉-N-氧化物（NMMO）由二氧化碳催化过氧化氢氧化 N-甲基吗啉生产，采用管道内径为 1mm 的反应器模块，组装成总长为 750mm 的微通道反应器，在优化反应条件下，N-甲基吗啉的转化率高达98%，NMMO 的收率为93.5%，转化率与停留时间密切相关，因而反应规模可通过增加反应器模块得以在一定范围内调变，从经济和安全两方面考虑，该连续反应工艺可替代工业上现行的釜式间歇反应工艺。

加氢反应。由于氢在有机溶剂中一般溶解度较低，因此高压操作是加氢反应的必要条件，另一方面，通常加氢催化剂比较昂贵，这些困难利用微通道连续流技术能够迎刃而解。

常规毛细管微通道反应器只适合于均相催化加氢，由于昂贵的催化剂与反应体系难以分离，只适用于特殊的催化加氢，如不对称催化加氢等。目前，用于催化加氢的微通道反应器主要是内壁由过渡金属活性组分或配合物修饰的毛细管微反应器（capillary reactors）、负载型催化剂直接填充于（毛细）管中的填充床反应器（packed-bed reactors）、活性组分沉积表面的毫米级平行通道挤出材料填充于管道中的蜂窝反应器（honeycomb reactors）和独体反应器（monolith reactors）。

将涂有钯纳米粒子催化剂层的毛细管与相同材质的 T 形管混合器连接搭建出各种类型的微反应器。在这些微反应器中，硝基苯的转化率和反应液中苯胺的浓度依赖于泵入的硝基苯的浓度，反应结果与反应器的结构相关，但苯胺的选择性无一例外有所提高。当反应在长度为 1.0m、内径为 0.6mm 的涂有钯纳米粒子催化剂层的聚四氟乙烯毛细管反应器中进行时，如果控制气体流速在 $0.01 \sim 0.35$ L/min，液体流速在 $5 \sim 25 \mu$L/min，硝基苯初始浓度 $30 \sim 90$ mmol/L，连续反应 40h，硝基苯的转化率可达 97%。

将钯纳米粒子均匀沉积在石英毛细管内壁上形成催化剂层，将催化剂层修饰的毛细管与 T 形管混合器结合，构建微通道反应器，用于 4-硝基苯酚的还原反应。当反应在 25℃、4-硝基苯酚的初始浓度 1mmol/L、底物和还原剂硼氢化钠的流速皆为 $30 \mu$L/min 的条件下，在很短的停留时间下，4-硝基苯酚的转化率就可达到 100%，在线运转 100h 催化剂活性未见明显下降。

将钝化的 Raney Ni 催化剂填充到内径 4.6mm、长度 15cm 的高效液相色谱柱中制得填充床微反应器，用于克唑替尼（crizotinib）合成中的千克级硝基中间体的还原。氢气压力为 $0.72 \sim 0.83$ MPa、反应温度 25℃、停留时间为 6s 时，氨基中间体的收率高达 98%。反应效率、选择性和安全性均显著提高，显示出此类微通道反应器在工业生产上的应用潜力。但该填充床反应器存在压降问题。

在直径 $530 \mu$m 的毛细管内壁涂覆 $Pd_{50}Zn_{50}/Ti_{0.95}Ce_{0.05}O_2$ 催化剂层制备了微通道反应器，用于 2-甲基-3-丁炔-2-醇（MBY）的选择性部分加氢合成 2-甲基-3-丁烯-2-醇。当控制反应温度 40℃、浓度 1mol/L 的 MBY 甲醇溶液流速 0.02mL/min、氢气压力和流速分别为 0.1MPa 和 0.06mL/min 时，连续在线 65h，MBY 的转化率和 2-甲基-3-丁烯-2-醇的收率始终分别保持在 99% 和 95.8%，表明催化剂层的优异催化性能和稳定性。相较于釜式反应，产品容易分离，收率明显提高，安全性得到改进。

将质量分数为 12% 的 $Pt/SiO_2$ 涂于内径 1.27mm、长度 5m 的 316L 不锈钢毛细管内壁形成催化剂层，制备出微通道反应器，在反应温度 150℃、$H_2$ 流速 3mL/min、浓度 0.8mol/L 的肉桂醛异丙醇溶液流速 0.2mL/min、反应压力 1.5MPa 的工艺条件下，肉桂醛的转化率高达 98.8%，肉桂醇的选择性为 90.0%，反应 110h 的转化数达到 3000，均优于釜式和固定床反应器中的结果。催化剂失活后经在线还原和溶剂冲洗恢复如初，表明催化剂涂层的稳定性以及反应器的规模化具有应用前景。

卤化反应。卤化反应主要是利用卤素分子对有机分子进行直接卤化。氟化反应中，不但氟气本身在使用中非常危险，而且是极度放热反应，当在釜式反应器中大规模进行氟化反应时，很难控制反应温度。在微通道反应器中直接氟化则可以平稳、安全地进行。

采用激光快速成型技术在硅或镍片材上刻蚀微通道和喷嘴，制备出微通道反应器，用于氟代碳酸乙烯酯（FEC）的直接氟化反应。氟化反应前，先向反应器中通入组成为 1:1（体积比）的氟、氮混合气体 3h，以便在反应器和喷嘴内壁形成稳定的氟化镍钝化层，这也是氟化反应器多采用镍材的原因。然后，在室温下以 28mL/h 的流速泵入氟代碳酸乙烯酯，同时控制氟氮混合气流速为 120mL/h 进行氟化反应，得到 3 个二氟代碳酸乙烯酯（$F_2EC$）和 1 个三氟代碳酸乙烯酯（$F_3EC$）的混合物，质量比为 13:53:30:3。其中 cis-和 trans-

$F_2EC$ 是潜在优异的锂离子电解液添加剂，可以延长锂离子电池的寿命。与釜式反应器中的反应结果相比，具有更高的反应效率。

一氯碳酸乙烯酯是制备锂离子电池添加剂碳酸亚乙烯酯的前体。Fukuyama 等设计了一种碳酸乙烯酯光氯化微通道反应器，管道切面为扁方形（2mm×6mm）以增加受光面积，同时反应器与水平面呈 5°倾角放置以提高液料停留时间。反应器以石英玻璃为材质，以避免副产物氯化氢对反应器的腐蚀。当以 UV-LED 为光源，控制停留时间为 30s 时，碳酸乙烯酯的转化率为 62%，一氯碳酸乙烯酯的选择性达 86%。整个反应过程平稳，目标产物的选择性比釜式反应器结果（65%～75%）有所提高。

3-氯-4-氧代戊基乙酸酯是合成维生素 $B_1$ 的关键中间体，首先 2-乙酰基丁内酯氯化生成 2-乙酰基-2-氯丁内酯（Ⅱ），中间体Ⅱ开环乙酰化得 3-氯-4-氧代戊基乙酸酯。陈芬儿等利用聚四氟线圈反应器，以氯气为氯化剂对 2-乙酰基丁内酯进行连续氯化反应，可安全、高效地生成中间体Ⅱ，进而合成 3-氯-4-氧代戊基乙酸酯。得到的最佳氯化反应条件为：反应温度 25℃、2-乙酰基丁内酯流速 2mL/min、停留时间 30s。在此条件下，中间体Ⅱ的收率高达 93%，纯度 98%。产物无需精制直接用于开环乙酰化反应生成 3-氯-4-氧代戊基乙酸酯，两步总收率（第 1 步和第 2 步的收率分别为 93%和 85%）比釜式间隙反应提高近 20%，反应的时效性和经济性大大提高。

微化工技术能够强化反应过程，降低过程的能耗、物耗，提高生产效率和安全性，加速推广微化工技术在精细化工特别是医药中间体合成危险工艺中的应用，实现反应、分相、萃取、洗涤、脱溶和蒸馏的全连续自动化生产是当务之急。相信，未来微化工技术在精细化学品生产中的应用前景光明，舞台更加宽广。

### 11.6.3　超重力技术在精细化工产品开发中的应用

**(1) 超重力技术简介**　超重力指的是在比地球重力加速度（9.8m/s²）大得多的环境下物质所受到的力。研究超重力环境下物理和化学变化过程的科学称为超重力科学，利用超重力科学原理而创制的应用技术称为超重力技术。

超重力技术对传递过程和微观混合过程的强化极大，因而它应用于需要对相间传递过程进行强化的多相过程和需要相内或拟均相内微观混合强化的混合与反应过程。超重力机所处理的物料可以是气-液、液-液两相，或气-液-固三相；气液可以并流、逆流或错流。无论采用何种形式，超重力机总是以气-液、液-液两相或气-液-固三相在模拟的超重力环境中进行传递、混合及反应为主要特征。

**(2) 超重力技术典型装备**　在地球上，超重力环境通过旋转产生离心力而模拟实现。这种旋转设备被称为超重力机，又称为旋转填充床。当超重力机用于气-液多相过程时，气相为连续相的气液逆流接触，又称逆流旋转填充床，其基本结构如图 11-3 所示。

它主要由转子、液体分布器和外壳组成。转子为核心部件，主要作用是固定和带动填料旋转，以实现良好的气液接触。超重力设备的工作原理为：气相经气体进口管引入超重力机外腔，在气体压力的作用下由转子外缘处进入填料。液体由液体进口管引入转子

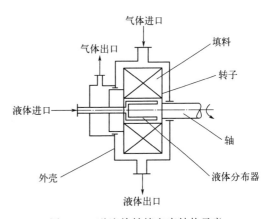

图 11-3　逆流旋转填充床结构示意

内腔，在转子内填料的作用下，轴向速度增加，所产生的离心力将其推向转子外缘。在此过程中，液体被填料分散、破碎形成极大的、不断更新的微元，曲折的流道进一步加剧了界面的更新。

液体在高分散、高湍动、强混合以及界面急速更新的情况下与气体以极大的相对速度逆向接触，极大地强化了传质过程。而后，液体被转子甩到外壳汇集后经液体出口管离开超重力机，气体自转子中心离开转子，由气体出口管引出，完成整个传质或反应过程。

超重力机具有如下特点：设备尺寸与质量大幅缩小；分子混合与传递过程高度强化；物料在设备内的停留时间极短（0.1~1.0s）；易于操作，开停车、维护与检修方便等。

超重力精馏技术的核心是折流式旋转床，其结构如图11-4所示。折流式旋转床的转子为动静部件组合结构，其中动部件为动盘和动折流圈（圈上开有小孔），静部件为静盘和静折流圈。动静两组折流圈相对且交错嵌套布置，动静折流圈之间的环隙加上动折流圈和静盘及静折流圈和动盘之间的缝隙，构成了气体和液体流动的曲折通道。操作时，液体由上而下顺序流过各个转子，在转子内受离心力作用自中心向外缘流动，气体自下而上依次流过各个转子，在转子内受压差作用自外缘向中心流动，这样便实现了单个壳体内气液两相接触级数的成倍提高。折流式旋转床独特的动静组合式结构决定了其具有以下突出优点：

① 折流式旋转床内气液接触元件为折流圈，其中动折流圈具有自分布功能，转子内液体被多次分散，因此无需液体的初始分布器。这样便可以简化内部结构降低制造成本。

② 折流式旋转床的转子的静盘和壳体固定连接，气体无法绕过转子形成"短路"，因此无需转子与壳体间的动密封。这便进一步简化了内部结构，同时提高了设备的可靠性。

③ 由于折流式旋转床转子中静盘的存在，因此进料设置非常灵活。进料既可以设置在转子径向上（图11-4），也可以设置在转子之间（图11-4中1，2）。这样便可以实现带有多股进料的复杂传质过程。

④ 由于转子与壳体间不存在动密封，再加之液体可以在转子间自动串联流动，因此折流式旋转床内可方便地实现多转子同轴串联，使单台设备的分离能力大幅度提高。

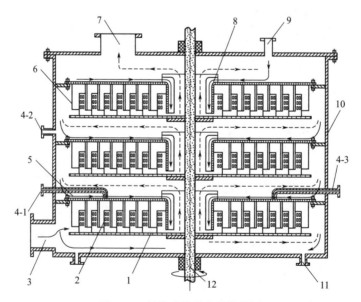

图 11-4　折流式旋转床结构简图

1—动盘；2—动折流圈；3—气体进口管；4—液体进口管；5—静盘；6—静折流圈；

7—气体出口管；8—导流管；9—回流管；10—壳体；11—液体出口管；12—转轴

折流式旋转床的这些优点解决了精馏过程的中间进料、分布器、多股进料以及设备结构复杂等问题，从而使得超重力技术在精馏中的应用成为可能。目前，折流式旋转床已成功应用于工业中的各种精馏过程，包括连续精馏、间歇精馏、萃取精馏、共沸精馏等，而且在某些吸收和汽提等过程也实现了工业化。

**(3) 超重力技术应用** 极具前景的超重力技术设想已变成现实。采用该技术已建成了世界上第一条采用超重力法生产纳米碳酸钙材料的工业生产线。超重力技术可应用于以下工业过程：热敏性物料的处理、昂贵物料或有毒物料的处理，选择性吸收分离，高质量纳米材料的生产，快速反应过程，聚合物脱除单体等。

1）超重力技术在强化分离过程的应用

① 超重力脱氧。北京化工大学先后为胜利油田研制了 50t/h、250t/h、300t/h 的多台超重力脱氧机，用天然气对水进行氧解吸，出口氧的质量浓度达到低于 $50\mu g/L$ 的注水要求（最低可达 $20\mu g/L$），与现有的真空脱氧技术相比，无论在脱氧指标上还是在动力消耗上都有较大的优越性。

② 超重力技术在废水处理中的应用。北京化工大学教育部超重力工程研究中心与原中国天然气总公司下属大型合成氨企业合作，开发建立了一套处理水量为 5t/h 的超重力尿素水解工业侧线，在 $220\sim230℃$、$2.4\sim2.6MPa$ 条件下，将尿素解吸，废水中尿素含量由 $100mg/L$ 左右降至 $5mg/L$ 以下，可以满足中压锅炉用水的要求。

③ 超重力技术在废气治理中的应用。工业及生活所排放的二氧化硫是空气的主要污染源，新型脱硫技术及设备的研究与开发成为当前迫切需要加强的环保科研课题之一。北京化工大学教育部超重力工程研究中心与国内硫酸厂合作，采用亚胺吸收法进行了超重力脱硫的工业侧线实验，经过超重力设备吸收后，尾气中二氧化硫含量降至 $100mg/L$（世界银行标准为 $300mg/L$）。若将单级超重力脱硫与喷射脱硫器相结合，可在设备投资、动力消耗、气相压降等方面较原有技术有较大优势。

④ 超重力脱挥技术。美国 Case Western Reserve 大学进行了超重力法脱除高黏度聚合物中挥发分的试验研究，试验中使用的聚苯乙烯的黏度为 $300Pa\cdot s$，温度控制在 $250℃$，由真空泵将操作压力控制在 $133.322\sim1333.22Pa$。经超重力机处理后，聚合物中的乙苯和苯乙烯单体含量分别由 $320\mu g/g$ 和 $900\mu g/g$ 降低到小于 $5\mu g/g$ 和 $22\mu g/g$，达到了食品级的要求。北京化工大学基于超重力旋转床（RPB）内高黏体系的试验与理论研究，开展了旋转填充床内丙烯腈聚合原液的脱挥试验研究。研究结果表明：RPB 能够很好地应用于丙烯腈聚合原液的脱挥过程，即使丙烯腈残留量很低（<1%，质量计），旋转填充床也能够强化脱挥过程，获得良好的脱挥效果（丙烯腈残留量小于 0.1%，达到工业要求）。该脱挥技术已成功应用于某型号碳纤维国产化千吨级工业生产线，这说明 RPB 能够很好地应用于高黏聚合物溶液脱挥过程，结构简单紧凑，具有广阔的工业应用前景。

2）超重力精馏 在美国得克萨斯州的奥斯汀大学，建立了一套半工业装置来考察超重力机的精馏特性，研究结果表明，在通常操作条件下，该装置的传质单元高度为 $30\sim50mm$。浙江大学进行过超重力技术应用于乙醇-水体系精馏过程的研究，得到的传质单元高度也在 40mm 左右。浙江工业大学又采用折流式超重力旋转床进行了连续精馏试验，得到的传质单元高度约为 50mm。北京化工大学发明了一种新型结构的超重力精馏装置，理论塔板高度为 $19.5\sim31.4mm$，与传统两台超重力旋转床连续精馏的理论塔板高度相当，与折流式超重力旋转床相比传质效率提高近一倍且最佳转速更低。涉及的体系有数十种，包括甲醇/水、乙醇/水、丙酮/水、DMSO/水、DMF/水、甲醇/甲缩醛/水、乙酸乙酯/水、乙酸乙酯/甲苯/水、甲醇/甲醛/水、甲醇/水/DMF、二氯甲烷/硅醚、甲醇/叔丁醇、甲醇/甲苯/水、氯化苯/异己烷、三乙胺/甲基异丙胺/水等的常规精馏过程，无水乙醇制备的萃取精馏过程，乙腈/水的共沸精馏过程，以及医药中间体分离、有机溶剂回收等。

3) 超重力强化快速复杂反应/分离新技术　围绕受分子混合/传递限制的复杂多相快速反应及反应分离体系，提出在 ms～s 量级内实现分子级混合均匀的新思想，形成了通过超重力强化混合/传递过程使之与反应相匹配的方法，发明了系列超重力强化新工艺，如缩合、磺化、聚合、贝克曼重排、尾气反应脱硫、脱碳、碱液氧化再生等新技术，成功应用于多种工业过程。

① 聚氨酯关键原料——二苯基甲烷二异氰酸酯（MDI）缩合反应超重力强化新工艺，使副产物减少 30%，反应进程加快 100%，产品质量明显提高。

② 超重力强化磺化反应新技术，可显著缩小反应器体积，简化工艺流程，实现磺化反应过程高效节能，大幅度提高反应转化率和选择性，产品活性物含量可达到 40% 以上，比现有釜式磺化工艺提高 30% 以上，总反应时间缩短至原来的 40% 以下。

③ 超重力强化丁基橡胶阳离子聚合反应新工艺，使反应时间由常规的 30～60min 缩短至 1s，丁基橡胶产品的分子量可达到 $2.89 \times 10^5 g/mol$，分子量分布指数可达到 1.99，单位设备体积生产效率提高了 2～3 个数量级。

④ 超重力强化反应脱硫、脱碳等新技术，并成功用于各工业尾气净化过程，与塔式工艺相比，设备体积减小至 1/10～1/5，压降可降低至 50%，实现了显著的节能减排效果。

⑤ 炼油行业废碱液超重力强化氧化再生新技术，用于液化气废碱液深度氧化再生过程强化，废碱液中硫醇钠氧化转化率高于 95%，再生碱液中二硫化物含量低于 $20\mu g/g$，在满足油品升级要求的同时又可实现碱渣近零排放，减轻了液化气深加工产业的环保压力。

超重力技术是一个极富前景和有活力的过程强化技术，具有微型化、高效、产品质量高和易于放大等显著特征，顺应了当代化工的发展潮流。随着对超重力技术研究与认识的不断深入，超重力技术将在传质受限的反应以及多个单元操作耦合的工艺中具有特别的优势，有望在吸收、解吸、吸附、蒸馏、萃取、快速反应、乳化、除尘等领域得以应用。可生产出传统设备所无法生产出的更小、更精、更安全、更高质量的产品，以及表现出更能适应环境和对环境友好等特殊性能，可望成为 21 世纪化学工程的支柱技术之一。

### 11.6.4　合成生物学在精细化工产品开发中的应用

**(1) 合成生物学简介**　合成生物学，即生物学的工程化。该技术突破自然进化的限制，以"人工设计与编写基因组"为核心，可针对特定需求从工程学角度设计构建元器件或模块。通过这些元器件对现有自然生物体系进行改造和优化，或者设计合成全新可控运行的人工生物体系。合成生物学是"自下而上"的研究体系，对科学发展产生了革命性和颠覆性影响，如图 11-5。

合成生物学从起初的概念验证阶段（大规模合成、编辑基因组和生物学研究工程化）发展到目前对化学品绿色制造的促进阶段。世界各国政府和权威评估机构日益关注和重视合成生物学及其对生产大宗化学品、精细化学品以及高附加值的生物医药产品的推动作用。

2016 年 5 月，中共中央、国务院印发了《国家创新驱动发展战略纲要》，指出要重视合成生物对工业生物领域的深刻影响，加快生物制造产业发展。同年，《"十三五"国家战略性新兴产业规划》再次重申了关于加强合成生物技术的研发与应用，并于 2018 年和 2020 年连续发布了"合成生物学"和"绿色生物制造"两个"十三五"国家重点研发计划重点专项的申报指南。同时，美国、欧盟等 2019 年以来实施的《工程生物学：下一代生物经济的研究路线图》《欧洲化学工业路线图：面向生物经济》等生物经济战略也将化学品生物制造列为重点方向。

全球生物基产品占石化产品的比例已从 2000 年的不到 1% 增长到现在的 10%，并以每

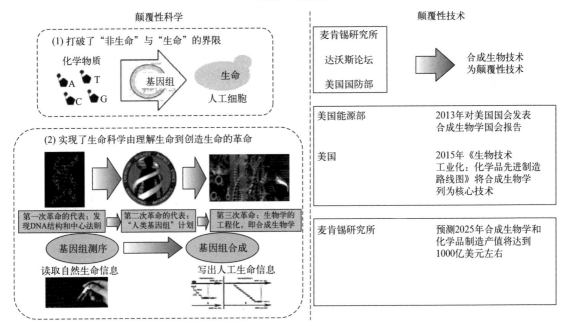

图 11-5　合成生物学对科学发展与技术创新的颠覆性影响

年高于 20％的速度增长。麦肯锡全球研究所发布的研究报告将合成生物学评价为未来的十二大颠覆性技术之一，预计 2025 年合成生物学和化学品制造产值将达到 1000 亿美元左右。世界经济论坛（WEF）发布的报告显示，利用可再生原料生产生物基产品是未来新兴生物经济的重要特征。据经济合作与发展组织（OECD）预测，到 2030 年，35％的化学品生产将由生物制造来实现。合成生物学技术将变革传统化学品生产模式，成为经济、民生和产业变革的主战场，是未来经济社会可持续发展的重要力量。

**（2）合成生物学应用**　合成生物学是绿色制造的核心，主要从原料到菌种再到过程进行全链条设计和优化。不同于传统微生物发酵生产模式，化学品先进制造并非依赖于对产物天然合成菌株进行优化，而是重新合成全新的人工生物体系，将原料以较高的速率最大限度地转化为产物。整个生产链条可分为原料的利用、底盘细胞的选择和优化以及产品的生产 3 个部分（图 11-6）。

2000 年，美国杜邦公司设计并构建了以葡萄糖为原料生产 1,3-丙二醇的细胞工厂，将来自酿酒酵母的甘油合成途径和来自克雷伯氏菌的 1,3-丙二醇合成途径导入大肠杆菌中，减少进入 TCA 循环的碳代谢流，促进葡萄糖向甘油代谢，显著提高了 PDO 的转化率，1,3-丙二醇产量达 135g/L，生产速率达 3.5g/（L·h），转化率达 1.21mol/mol。与传统的石油化工路线相比，杜邦公司的 1,3-丙二醇生产技术的能耗降低了 40％，二氧化碳排放降低了 40％。

2006 年，美国加州大学伯克利分校将改造过的多个青蒿素生物合成基因导入酵母菌中，使其产生青蒿酸，并通过代谢途径的改造和优化将产量提高了若干数量级，具有了工业生产的潜力，这是合成生物学在工业应用领域的标志性突破。美国麻省理工学院的研究者则利用大肠杆菌实现了大量紫杉醇的关键前体的发酵生产。

张学礼等通过合成途径的设计与构建、代谢进化及细胞性能优化，构建出了能够将葡萄糖高效转化为 L-丙氨酸的细胞工厂，在 250m³ 发酵罐中，发酵 40h，产量达 155g/L，糖酸

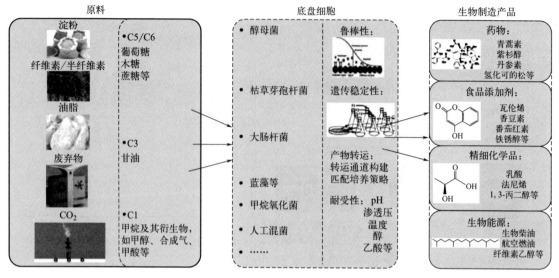

图 11-6　化学品绿色制造过程

转化率高达 95%。目前利用该技术在安徽华恒生物科技股份有限公司建成年产 2.6 万吨 L-丙氨酸的生产线，在国际上首先实现发酵法 L-丙氨酸的产业化，生产成本比传统技术降低 50% 以上。

韩国希杰集团拥有成熟的生物法制备 L-甲硫氨酸技术，其与阿克玛共同投资 4.5 亿美元在马来西亚建设世界首个生物 L-甲硫氨酸工厂，产能达 8 万吨/年，其生产 L-甲硫氨酸比化学法合成 DL-甲硫氨酸的生物利用率提高了 20%～40%。浙江工业大学采用系统分析的策略，上调或抑制了中央代谢和氨基酸合成途径中的 80 个基因，探究了它们对积累 L-甲硫氨酸的影响，并以此优化了 L-甲硫氨酸的代谢途径，最优菌株补料分批发酵 48h 产 16.86g/L 的 L-甲硫氨酸。

张学礼等通过对丁二酸合成途径进行设计、调控和性能优化，在产业化生产中将糖酸转化率提高至 1.02g/g。在山东兰典生物科技股份有限公司成功应用，已建成年产 2 万吨的生产线，在国内首次实现了发酵法生产丁二酸的产业化，成本与传统石化路线相比降低了 20%。以大肠杆菌为底盘细胞，使 D-乳酸成为厌氧条件下丙酮酸代谢的唯一途径，并通过进化代谢的方法构建出高效生产高光学纯度 D-乳酸的大肠杆菌细胞工厂。该技术在山东寿光巨能金玉米得到产业化应用，D-乳酸光学纯度超 99.5%。建成了年产 1 万吨 D-乳酸的生产线，在国内首次实现发酵法 D-乳酸的产业化。

Lygos 公司开发了一种丙二酸的发酵生产技术，利用蛋白质工程的方法，获得了高活性丙二酰辅酶 A 水解酶，能将丙二酰辅酶 A 催化为丙二酸，优化合成途径后，最终获得高效的酵母细胞工厂，丙二酸产量可达 100g/L 以上。

诺维信公司从米曲霉出发，强化了还原型 TCA 途径和苹果酸转运，发酵产 L-苹果酸产量可达 154g/L，转化率 1.03g/g。然而，丝状真菌发酵需要以葡萄糖或甘油为碳源，导致原料成本高；需常温（28～37℃）且要进行冷凝处理，导致能源成本高。针对这些问题，中国科学院天津工业生物技术研究所从能够耐高温且能以纤维素为原料的嗜热毁丝霉菌出发，构建了可在 45℃ 高温条件下发酵产 L-苹果酸的细胞工厂。在底物利用方面，不仅可以利用葡萄糖高效发酵合成 L-苹果酸，还可以直接利用纤维素和半纤维素，产量超过 180g/L。

北京化工大学设计了新的戊二酸合成途径，利用大肠杆菌自身的赖氨酸降解途径合成戊二酸，将降解途径中伴生的 L-谷氨酸和 NAD（P）H 回补于赖氨酸合成途径。辅因子被循环利用，形成强大的代谢驱动力，使代谢流最大程度地流向戊二酸合成途径。优化天然转运蛋白的表达，解决了中间产物尸胺（1,5-戊二胺）和 5-氨基戊酸的胞外积累问题。最终获得的戊二酸细胞工厂，在补料发酵的条件下产量达 54.5g/L，转化率 0.54mol/mol。

美国 Verdezyne 公司、荷兰 DSM 公司和美国 Genomatica 公司都在积极开展生物合成己二酸项目。江南大学将嗜热裂胞菌中的己二酸降解途径反转为己二酸合成途径，己二酸的产量达到了 0.36g/L。进一步确定了该途径的关键限速酶为 5-羧基-2-戊酰-CoA 还原酶，通过进一步的代谢调控，最终获得了己二酸细胞工厂，利用甘油发酵生产，产量达 68g/L。

Genomatica 公司根据已知化合物官能团的转换，计算出 10000 种可能的 1,4-丁二醇（1,4-BDO）合成途径。并基于操作可行性筛选出两种最优的 1,4-BDO 合成途径，在此基础上，在大肠杆菌中整合进多种不同来源的基因进而构建出 1,4-BDO 的合成途径，1,4-BDO 产量初步达到 18g/L。通过进一步调控，1,4-BDO 产量提升至 200g/L。

加州大学洛杉矶分校利用 2-酮酸和 Ehrlich 途径构建和优化了异丁醇合成途径。最终获得的细胞工厂在微氧条件下，112h 异丁醇产量达到 23g/L；进一步采用原位汽提技术，减小异丁醇对细胞的毒性，72h 异丁醇的产量高达 50g/L。

Sarkar 等利用 ALE 方法得到了比亲本利用率高 1.65 倍的进化菌株，并且在此基础上引入木糖转运蛋白，得到了在用双糖发酵的条件下木糖利用率［2.04g/(g·h)］与葡萄糖利用率［2.49g/(g·h)］相当的菌株，产物乙醇滴度也达到了 47.4g/L。

浙江工业大学郑裕国团队以蔗糖为底物发酵合成高丝氨酸的研究，在大肠杆菌中过表达蔗糖代谢基 scrA、scrB 和 scrK，发现菌株在摇瓶中的高丝氨酸产量达到了 11.1g/L，高于采用葡萄糖时的发酵产量。以甘油为底物，并修饰甘油氧化途径，可以使大肠杆菌很好地利用甘油进行生长，且 O-乙酰-L-高丝氨酸（OAH）在摇瓶中的发酵水平达到 9.21g/L。

北京化工大学袁其朋团队设计并构建了两条不同的 3-苯丙醇的人工生物合成途径。其中，依赖羧酸还原酶的苯丙醇生物合成途径具有较高的生产效率。在大肠杆菌中实现了以甘油为碳源，从头生物合成 3-苯丙醇，产量达 91mg/L。通过消除限速步骤、增加莽草酸途径碳通量以及敲除竞争途径等代谢工程策略的实施，将苯丙醇的产量提高到了 841mg/L，较初始菌株产量提高了 9.2 倍，为苯丙醇的绿色、可持续、大规模生产提供了基础。

天津大学元英进团队，通过阻断内源性麦角固醇合成途径，引入异源 24-脱氢胆固醇还原酶 DHCR24，在酿酒酵母实现了从葡萄糖到 7-DHC 合成维生素 D₃ 的重要前体的从头合成。随后，在先行失活 C22 位脱氢酶 ERG5 的前提下，通过挖掘鉴定非洲爪蟾等不同来源高活性 DHCR7，利用解脂耶氏酵母底盘建立了菜油甾醇的合成途径，在以葵花籽油作为碳源时，目标产物菜油甾醇的最高产量可达（453±24.7）mg/L。紧接着，通过进一步强化上游途径的过氧物酶体酰基 CoA 氧化酶 2，同时以具有更高活性的斑马鱼来源 DHCR7 替换先前使用的爪蟾 DHCR7，使得菜油甾醇的产量被提升至 942mg/L。2019 年，利用上述平台菌株为基础，通过引入由 CYP11A1、皮质铁氧还蛋白 AdX 以及相应的皮质铁氧还蛋白还原酶 AdR 组成一个细胞色素 P450 侧链裂解酶系统，同时结合元器件的适配优化等策略，成功创建了一株孕烯醇酮产量为 78.0mg/L 的解脂耶氏酵母工程菌。

为促进化学品绿色制造的飞速发展，提高绿色制造产品市场占有率，元英进院士建立"高效、清洁、低碳、循环"的制造模式，建议研究者应重点围绕原料、反应过程和底盘细胞 3 个方面，实现图 11-7 中技术瓶颈的突破。

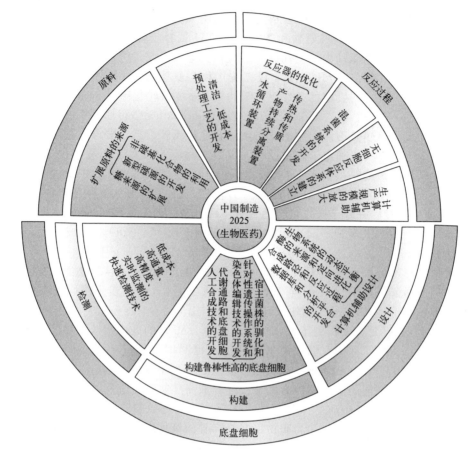

图 11-7  化学品先进制造未来发展方向

## 参 考 文 献

[1]  张旭之.中国石化工业的发展//广东省高分子材料研究开发应用及产业对策研讨会论文集.广州，2002：85-87.

[2]  李振宇，王红秋，等.我国乙烯生产工艺现状与发展趋势分析.化工进展，2017，36（3）：767-773.

[3]  凌君谊，杨再明，高海波.可燃冰的开发现状与前景.绿色科技，2021，23（16）：168-171，174.

[4]  盛依依.乙烯生产技术及进展分析.石油化工技术与经济，2021，37（5）：53-58.

[5]  黄磊.中国乙烯行业发展现状与趋势.云南化工，2019，46（12）：4-7.

[6]  赵婕.煤制烯烃工艺发展及我国装置建设现状.硫磷设计与粉体工程，2021（4）：43-46.

[7]  Mao Y, Peng T, Zhong M L. DMTO: A Sustainable Methanol-to-Olefins Technology. Engineering, 2021（7）：17-21.

[8]  曾汉民.先进材料设计的若干前瞻性思考//广东省高分子材料研究开发应用及产业对策研讨会论文集.广州，2002：46-47.

[9]  李和平，葛红.精细化工工艺学.北京：科学出版社，1997.

[10]  方云，等.纳米技术与纳米材料.日用化学工业，2003，33（1）：55-58.

[11]  张立德.超微粉体制备与应用技术.北京：中国石化出版社，2001.

[12]  张立德.纳米材料.北京：化学工业出版社，2002.

[13]  闵恩泽，吴巍，等.绿色化学与化工.北京：化学工业出版社，2000.

[14]  陈金龙，陈群.精细化工清洁生产工艺技术.北京：中国石化出版社，1999.

[15] 詹益兴．绿色化学化工．长沙：湖南大学出版社，2001.

[16] 汞长生．绿色化学——我国化学工业可持续发展的必由之路．现代化工，2002，22（1）：13-14.

[17] 广州市精细化工发展规划小组．广州市精细化工发展规划纲要．广州市精细化工规划暨招商引资新闻发布会会议材料．广州，2002：1-3.

[18] 陆辟疆，李春燕．精细化工工艺．北京：化学工业出版社，2018.

[19] 胡君华．精细化工发展趋势及中国精细化工"十二五"规划．北京：技术中心，2011.

[20] 冯韬，孟正华，郭巍．4D打印智能材料及产品应用研究进展．数字印刷，2022（3）：1-16.

[21] 晏亮，谷战军，赵宇亮．纳米科技简介．现代物理知识，2011，23（6）：3-6.

[22] 张强宏．纳米陶瓷的研究进展．表面技术，2017，46（5）：215-223.

[23] 杨慧，丁良，岳志莲．纳米生物技术在医学中的应用．生物技术通报，2016，32（1）：49-57.

[24] 宋照斌，郭清泉，宋启煌．超临界$CO_2$萃取技术与低碳经济．广东化工，2011（2）：1-2.

[25] 赵宇亮．纳米科技"以小博大"．人民日报，2020-11-07.

[26] 张淑芳，杨锦宗．生物质精细化学品的发展机遇．现代化工，2006，24（6）：1-5.

[27] 骆广生，王凯，徐建鸿，等．微化工过程研究进展．中国科学：化学，2014，44（9）：1404-1412.

[28] 骆广生，王凯，吕阳成，等．微反应器研究最新进展．现代化工，2009，29（5）：27-31.

[29] 乐军，陈光文，袁权．微混合技术的原理与应用．化工进展，2004，23（12）：1271-1276.

[30] 申桂英．微通道反应器在精细化工产品合成中的应用研究进展．精细与专用化学品，2021，29（10）：19-21.

[31] 骆广生，王凯，王玉军，等．微化工系统的原理和应用．化工进展，2011，30（8）：1637-1642.

[32] 张家康，张月成，赵继全．微通道反应器中精细化学品合成危险工艺研究进展．精细化工，2022，40（4）：728-740.

[33] 刘冰，杨林涛，刘东，等．微通道技术在精细化学品合成中的应用．染料与染色，2018，55（6）：44-49.

[34] 陈建峰，邹海魁，初广文，等．超重力技术及其工业化应用．硫磷设计与粉体工程，2012（1）：6-10.

[35] 王广全，徐之超，俞云良，等．超重力精馏技术及其产业化应用．现代化工，2010，30（增刊1）：55-57，59.

[36] 初广文，邹海魁，曾晓飞，等．超重力反应强化技术及工业应用．北京化工大学学报（自然科学版），2018，45（5）：33-39.

[37] 邹海魁，邵磊，陈建峰．超重力技术进展——从实验室到工业化．化工学报，2006，57（8）：1811-1816.

[38] 肖文海，王颖，元英进．化学品绿色制造核心技术——合成生物学．化工学报，2016，67（1）：119-128.

[39] 熊燕，刘晓，陈大明，等．合成生物学在生物基化学品上的应用趋势及展望．生物产业技术，2011，03：19-24.

[40] 杨琛，袁其朋，申晓林，等．化学品绿色制造的合成生物学．合成生物学，2021，2（6）：851-853.

[41] 于勇，朱欣娜，张学礼．大宗化学品细胞工厂的构建与应用．合成生物学，2020，1（6）：674-684.

[42] 牛坤，高利平，葛丽蓉，等．大肠杆菌代谢过程改造合成L-高丝氨酸及其衍生物研究进展．生物工程学报，2022，38（12）：4385-4402.

[43] 高虎涛，王佳，孙新晓，等．在大肠杆菌中从头生物合成3-苯丙醇．合成生物学，2021，2（6）：1046-1060.

[44] 熊亮斌，宋璐，赵云秋，等．甾体化合物绿色生物制造：从生物转化到微生物从头合成．合成生物学，2021，2（6）：942-963.

## 思考题与习题

1. 我国乙烯生产如何大发展？怎样充分利用乙烯资源大力发展精细化工？

2. 在"双碳"环境下，我国炼化生产企业应如何发展？

3. 简述制乙烯工艺路线。其中沙特阿美公司的"自主的原料油直接制乙烯技术"有何好处？如何实现？

4. 在当前我国经济新常态，国际油价变化不明，全球石化市场竞争日趋激烈的新形势下，我国乙烯生产企业既面临良好机遇，也面临严峻的挑战，你有何好的建议？

5. 智能材料的发展对社会的影响日益显著，其动向如何？

6. 智能高分子材料有哪些？

7. 论述精细化工发展的新动向——关于强调要牢固树立"科学发展、安全发展"的理念。

8. 试述微化工技术的特点及其在精细化工产品开发中的应用。

9. 纳米技术的发展突飞猛进，对精细化工的发展有何作用？

10. 什么是超重力技术？有哪些应用？

11. 什么是合成生物学？有哪些应用？

12. 试述超临界流体萃取技术（SFE-$CO_2$）在精细化工产品开发中的应用。

13. 什么是低碳经济？其核心是什么？

14. 为什么说，走"绿色、低碳、可持续发展之路"是今后我国经济社会发展的必然战略选择？

15. 试述 SFE-$CO_2$ 的技术如何为低碳经济服务。

16. 请想象未来智能化工技术的发展。